车削基本操作技能视频演示
（手机扫描二维码看视频）

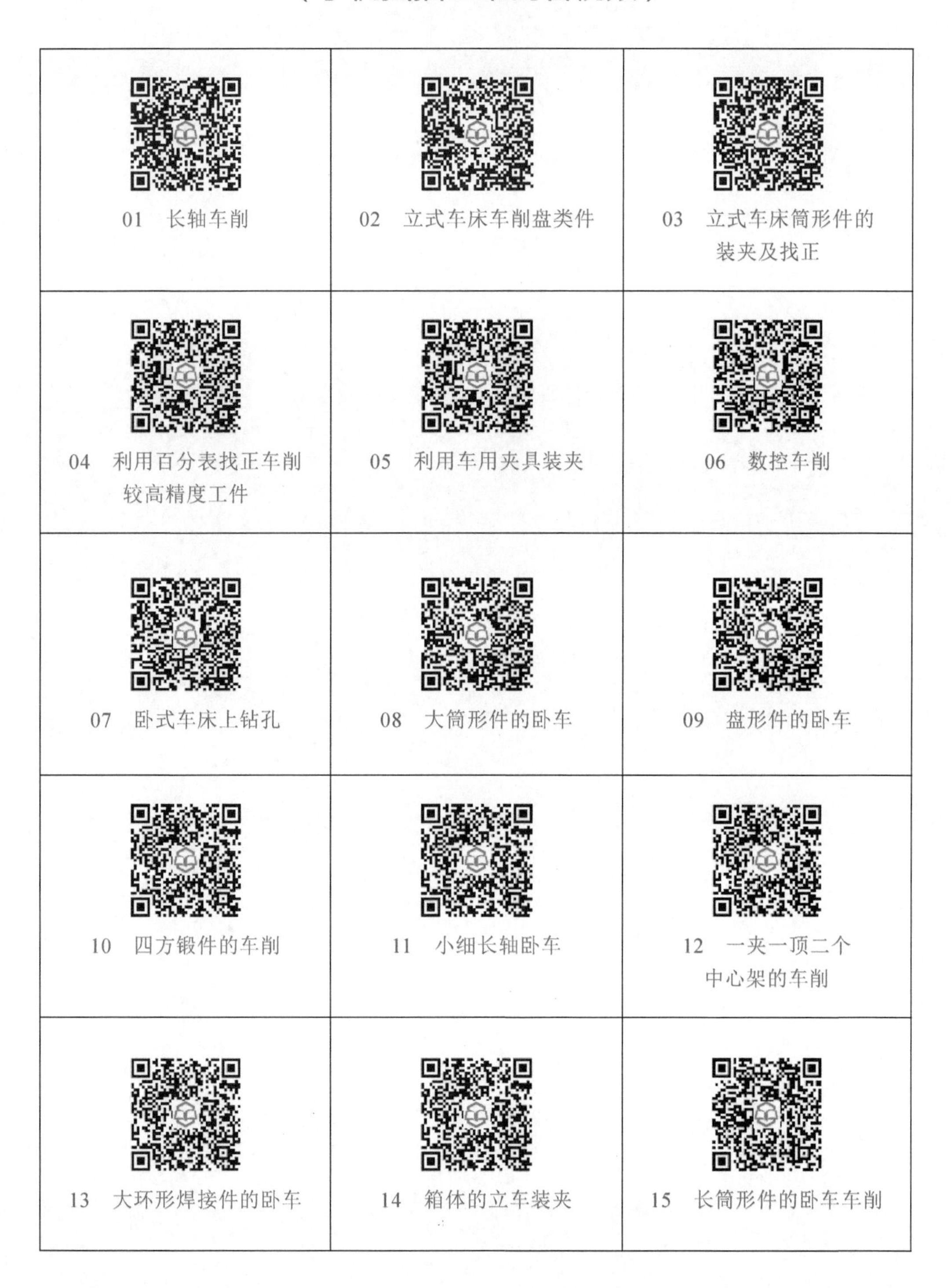

01　长轴车削	02　立式车床车削盘类件	03　立式车床筒形件的装夹及找正
04　利用百分表找正车削较高精度工件	05　利用车用夹具装夹	06　数控车削
07　卧式车床上钻孔	08　大筒形件的卧车	09　盘形件的卧车
10　四方锻件的车削	11　小细长轴卧车	12　一夹一顶二个中心架的车削
13　大环形焊接件的卧车	14　箱体的立车装夹	15　长筒形件的卧车车削

车削手册

钟翔山　主编

化学工业出版社

·北京·

内容简介

本书针对车削加工的实际工作需要，系统、全面地介绍了各项技能的操作手法、操作过程、操作技巧以及工艺步骤，总结了常见加工缺陷的防治措施。主要内容包括：车工工艺、车工操作基本技能、轴类工件的车削、轮盘套类工件的车削、圆锥面的车削、螺纹的车削、偏心工件和曲轴的车削、车成形面、绕弹簧及滚压、难加工材料的车削、难加工工件的车削、常见车削零件缺陷的处理、数控车削加工技术基础、数控车削加工工艺、数控车床编程基础、数控车床操作技术、FANUC 系统数控车床的编程、用 FANUC 系统的数控车床车削零件等。本书在讲解车工必备知识和基本操作技能的基础上，注重专业知识与操作技能、方法的有机融合，着眼于工作能力的培养与提高。

本书内容详尽实用、结构清晰明了，既可供普通车床和数控车床操作人员及从事机械加工的工程技术人员使用，也可供从事机械加工教学与科研的人员参考，还可作为高职院校相关专业学生的工具书。

图书在版编目（CIP）数据

车削手册 / 钟翔山主编. —北京：化学工业出版社，2020.11（2023.4 重印）
ISBN 978-7-122-37725-8

Ⅰ. ①车…　Ⅱ. ①钟…　Ⅲ. ①车削 - 手册　Ⅳ. ① TG51-62

中国版本图书馆 CIP 数据核字（2020）第 173130 号

责任编辑：贾　娜　　文字编辑：陈小滔　刘厚鹏
责任校对：张雨彤　　装帧设计：王晓宇

出版发行：化学工业出版社（北京市东城区青年湖南街 13 号　邮政编码 100011）
印　　装：北京建宏印刷有限公司
710mm × 1000mm　1/16　印张 $41^{1}/_{4}$　彩插 1　字数 803 千字　2023 年 4 月北京第 1 版第 2 次印刷

购书咨询：010-64518888　　售后服务：010-64518899
网　　址：http：//www.cip.com.cn
凡购买本书，如有缺损质量问题，本社销售中心负责调换。

定　　价：128.00 元

前言

车工是机械制造业中的一个重要工种。其工作内容是在车床或数控车床上，利用工件的旋转运动和刀具的直线运动或曲线运动来改变毛坯的形状和尺寸，将工件加工成为符合图纸要求的零部件。车削是最基本、最常见的切削加工方法，在生产中占有十分重要的地位，在汽车、农业机械、电机电器仪表、日常生活用品以及国防等各个工业生产部门获得广泛应用。

随着我国经济快速、健康、持续、稳定地发展和改革开放的不断深入，以及经济转型和机械加工业的发展，车工的需求量也在不断增加。为满足企业对熟练车工的迫切需要，本着加强技术工人的业务培训、满足劳动力市场的需求之目的，我们总结多年来的实践经验，以突出操作性及实用性为主要特点，精心编写了本书。

本书共分为 16 章，针对车工加工的实际工作需要，系统、全面地介绍了车工必须掌握的车工工艺、车工操作基本技能、轴类工件的车削、轮盘套类工件的车削、圆锥面的车削、螺纹的车削、偏心工件和曲轴的车削、车成形面、绕弹簧及滚压、难加工材料的车削、难加工工件的车削、常见车削零件缺陷的处理、数控车削加工技术基础、数控车削加工工艺、数控车床编程基础、数控车床操作技术、FANUC 系统数控车床的编程、用 FANUC 系统的数控车床车削零件等加工技术的操作手法、操作过程和操作技巧以及工艺步骤、常见加工缺陷的预防措施等内容。

在内容编排上，以工艺知识为基础、操作技能为主线，力求突出实用性和可操作性，全书在讲解车工必备知识和基本操作的基础上，注重专业知识与操作技能、方法的有机融合，着眼于实际操作能力的培养与提高。此外，本书将传统车削技术与现代数控车削技术融合起来进行分析、讲解，兼具传统性与现代性，以适应不同读者的需求。

本书具有内容系统完整、结构清晰明了和实用性强等特点，既可供普通车床和数控车床操作人员及从事机械加工的工程技术人员使用，也可供从事机械加工教学与科研的人员参考，还可作为高职院校相关专业学生的工具书。

本书由钟翔山主编，钟礼耀、曾冬秀、周莲英任副主编，参加资料整理与编写的还有周彬林、刘梅连、欧阳拥、周爱芳、周建华、胡程英，参与部分文字处理工作的有钟师源、孙雨暄、欧阳露、周宇琼等。全书由钟翔山整理统稿，钟礼耀审校。本书在编写过程中，得到了同行及有关专家、高级技师等的热情帮助、指导和鼓励，在此一并表示由衷的感谢。

由于笔者水平所限，疏漏之处在所难免，热忱希望读者批评指正。

钟翔山

目录

第1章　车削工艺

1.1　车削加工的内容

车工是机械制造业中的一个重要工种，它的工作内容是在车床上，利用工件的旋转运动和刀具的直线运动或曲线运动来改变毛坯的形状和尺寸，将之加工成为符合图纸要求的工件。其中，利用车床、车刀完成工件的加工称为车削加工。车削加工是一种在车床上利用工件相对于刀具旋转对工件进行切削加工的方法，是最基本、最常见切削加工的方法，在生产中占有十分重要的地位。

车削加工适用于加工回转表面，如内外圆柱面、内外圆锥面、端面、沟槽、螺纹和回转成形面等，此外，在车床上既可用车刀对工件进行车削加工，又可用钻头、铰刀、丝锥和滚花刀进行钻孔、铰孔、攻螺纹和滚花等操作。

表 1-1 给出了常见的车削加工形式及其示意图。

表 1-1　常见的车削加工形式及其示意图

车削形式	示意图	车削形式	示意图
车削外圆		切槽、切断	
车削端面		钻中心孔	

续表

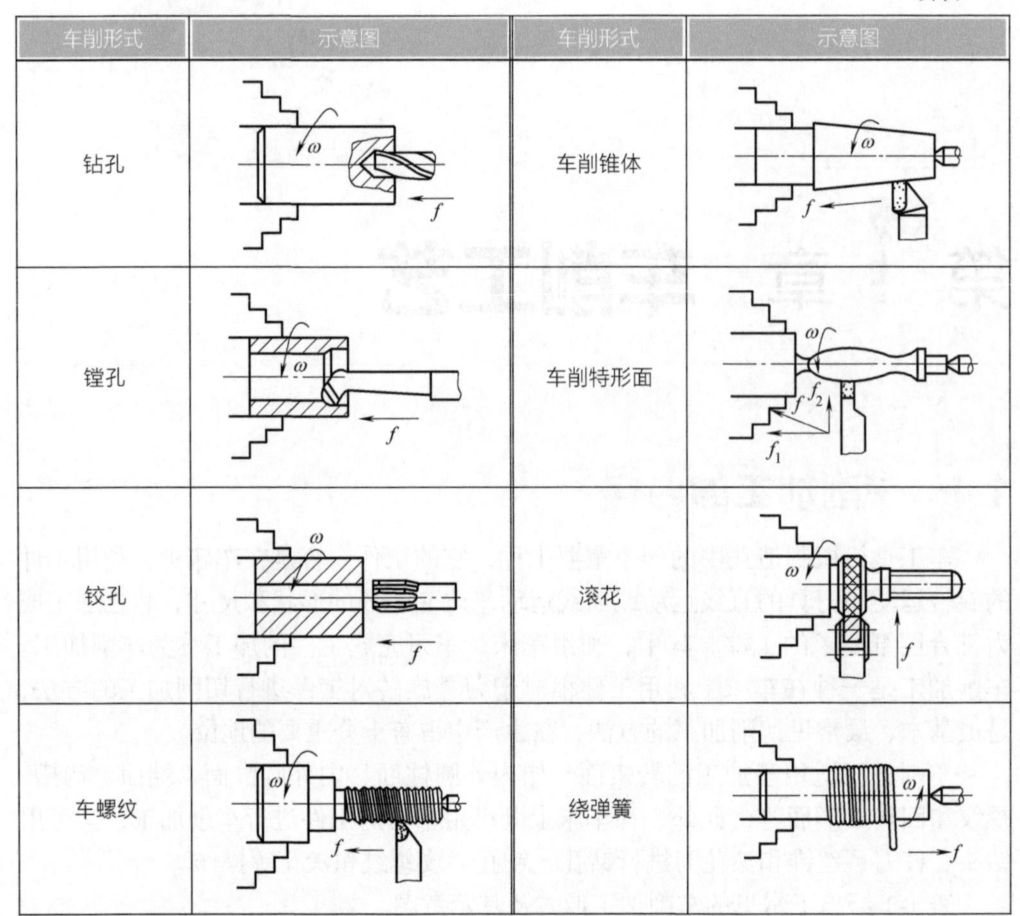

车削形式	示意图	车削形式	示意图
钻孔		车削锥体	
镗孔		车削特形面	
铰孔		滚花	
车螺纹		绕弹簧	

注：ω 为工件转速；f 为进给量。

1.2 车削常用设备与工具

车削加工是通过车床及刀具共同完成零件加工的。其中，车床是利用主轴的旋转运动（即主运动）和刀具的进给运动来加工零件的金属切削机床，是车削加工的主要设备；车刀是车削加工的主要刀具，通常由刀头及刀杆两部分组成。此外，为完成各类零件的定位及装夹，还需使用到多种装夹工具。

1.2.1 车床

机床是制造机器的机器，故称为“工作母机”，在机械制造业，车床是各种工作母机中应用最广泛的一种金属切削机床。常见车床的种类及结构组成主要有以下几方面的内容。

（1）机床的型号及编制方法

机床型号的编制是采用汉语拼音字母和阿拉伯数字按一定的规律组合排列的，用以表示机床的类别、使用与结构的特性和主要规格，机床型号的编制方法如图 1-1 所示。

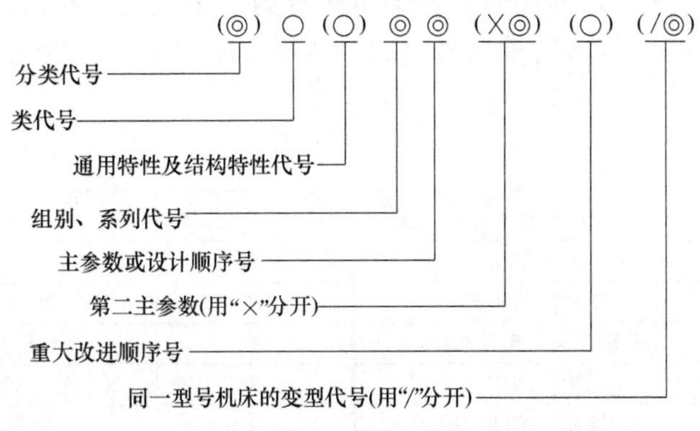

图 1-1　机床型号的编制方法

在图 1-1 中，若有“○”符号者，为大写的汉语拼音字母；有“◎”符号者，为阿拉伯数字；有“( )”的代号或数字，无内容时不表示，若有内容时则不带括号。

① 机床的类代号。机床的类别代号是以汉语拼音第一个字母（大写）来表示的。如“车床”用 C 表示，钻床用“Z”表示，在型号中是第一位代号。型号中的汉语拼音字母一律按其名称读音。机床的分类及类别代号参见表 1-2。

表 1-2　机床的分类及类别代号

类别	车床	钻床	镗床	磨床			齿轮加工机床	螺纹加工机床	铣床	刨插床	拉床	电加工机床	锯床	其他机床
代号	C	Z	T	M	2M	3M	Y	S	X	B	L	D	G	Q
读音	车	钻	镗	磨	二磨	三磨	牙	丝	铣	刨	拉	电	割	其

② 机床通用特性及结构特性代号。当某类机床除有普通型外，还有某些通用特性时，可用表 1-3 所示的方法表示。若此类型机床仅有表中所列通用特性而无普通特性，通用特性不予表示。一般在一个型号中只表示最主要的一个通用特性，少数机床可表示两个通用特性。

表 1-3　机床通用特性代号

通用特性	高精度	精密	自动	半自动	数控	加工中心（自动换刀）	仿形	轻型	加重型
代号	G	M	Z	B	K	H	F	Q	C
读音	高	密	自	半	控	换	仿	轻	重

对主参数相同而结构不同的机床，在类代号之后加结构特性代号予以区别。结构特性代号为汉语拼音字母，这些字母根据各类机床分别规定，在不同机床型号中意义可不同。通用特性代号已用的字母及“I”“O”字母不能作结构特性代号。当有通用特性代号时，结构特性代号应排在通用特性代号之后。

③ 机床的组别、系列代号。每类机床分为若干组别、系列，由两位阿拉伯数字组成，位于类代号或特性代号之后。通用车床的组别、系列代号见表 1-4 和表 1-5。

表 1-4 车床的组别

组别	车床组	组别	车床组
0	仪表车床	5	立式车床
1	单轴自动车床	6	落地及卧式车床
2	多轴自动半自动车床	7	仿形及多刀车床
3	回轮转塔车床	8	轮、轴、辊、锭及铲齿车床
4	曲轴及凸轮轴车床	9	其他车床

表 1-5 车床的组别、系列代号及主要参数

组	系	车床名称	主参数折算系数	主参数	第二主参数
4	7	凸轮轴中轴颈车床	1/10	最大工件回转直径	最大工件长度
4	8	凸轮轴端轴颈车床	1/10	最大工件回转直径	最大工件长度
4	9	凸轮轴凸轮车床	1/10	最大工件回转直径	最大工件长度
5	1	单柱立式车床	1/100	最大车削直径	最大工件高度
5	2	双柱立式车床	1/100	最大车削直径	最大工件高度
5	3	单柱移动立式车床	1/100	最大车削直径	最大工件高度
5	4	双柱移动立式车床	1/100	最大车削直径	最大工件高度
5	7	定梁单柱式立式	1/100	最大车削直径	
6	0	落地车床	1/100	最大工件回转直径	最大工件长度
6	1	卧式车床	1/10	床身上最大回转直径	最大工件长度
6	2	马鞍车床	1/10	床身上最大回转直径	最大工件长度
6	3	无丝杠车床	1/10	床身上最大回转直径	最大工件长度
6	4	卡盘车床	1/10	床身上最大回转直径	最大工件长度
6	5	球面车床	1/10	刀架上最大回转直径	最大工件长度
7	1	仿形车床	1/10	刀架上最大回转直径	最大车削长度
7	3	立式仿形车床	1/10	最大车削直径	
7	5	多刀车床	1/10	刀架上最大回转直径	最大车削长度
7	6	卡盘多刀车床	1/10	刀架上最大回转直径	
7	7	立式多刀车床	1/10	刀架上最大回转直径	

续表

组	系	车床名称	主参数折算系数	主参数	第二主参数
8	4	轧辊车床	1/10	最大工件直径	最大工件长度
8	9	铲齿车床	1/10	最大工件直径	最大模数
9	0	落地镗车床	1/10	最大工件回转直径	最大镗孔直径
9	1	多用车床	1/10	床身上最大工件回转直径	最大工件长度
9	2	单轴半自动车床	1/10	刀架上最大车削直径	

④ 机床主参数或设计顺序号。机床主参数用折算值（主参数乘以折算系数）表示。位于组别、系列代号之后。当折算数值大于1时取整数，前面不加“0”；当折算值小于1时，则以主参数表示，并在前面加“0”；某些通用机床，当无法用一个主参数表示时，则在型号中用设计顺序号表示，设计顺序号由01起始。

⑤ 第二主参数。第二主参数一般指主轴数、最大跨距、最大模数等，用数字表示。

⑥ 重大改进顺序号。当机床的性能及结构布局有重大改进时，可在原机床型号尾部加重大改进顺序号。序号按字母A、B、C…顺序选用。

⑦ 同一型号机床的变型代号。当在基本型号机床的基础上仅改变部分结构时，在基本机床型号后加变型代号1、2、3…以示区别。

⑧ 机床型号说明。例如CM6140表示最大车削直径为400mm的精密卧式车床。

（2）车床的结构组成

车床的种类很多，生产中尤以普通车床、立式车床、六角车床最为常见。

1）普通车床

普通车床由三箱（主轴箱、进给箱、溜板箱）、两杠（光杠、丝杠）、两架（刀架、尾架）、一床身组成。其中普通车床中又以卧式车床使用最为广泛。图1-2所示为CA6140型卧式车床（CA6140型卧式车床是在C6140型车床基础上改型得到）的外形图。各组成部分的名称和用途如下。

① 主轴箱。用来支承主轴，并通过图1-3中的手柄1、2来控制主轴转速。

② 三爪自定心卡盘。用来装夹工件并带动工件一起旋转。

③ 刀架。用来装夹刀具（图1-4）。

④ 切削液管。用来浇注切削液。

⑤ 尾座。用来安装顶尖、支顶较长的工件，还可以安装多种刀具，如钻头、中心钻、铰刀等，并可以偏移中心位置车削锥度；尾座可在导轨上做直线移动。

⑥ 床身。用来支持和安装连接车床的各个部件，如主轴箱、进给箱、溜板箱、溜板和尾座等。床身上面有两条精确的导轨，溜板和尾座可沿导轨面移动，是卧式车床的基础件。

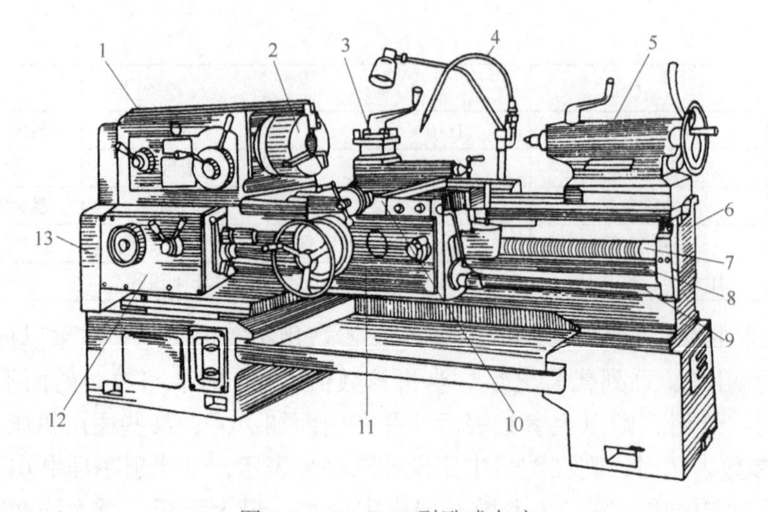

图 1-2 CA6140 型卧式车床

1—主轴箱；2—三爪自定心卡盘；3—刀架；4—切削液管；5—尾座；6—床身；7—长丝杠；8—光杠；9—操纵杆；10—溜板；11—溜板箱；12—进给箱；13—配换齿轮箱

⑦ 长丝杠。用来车螺纹，它能通过溜板使车刀按要求的传动比做很精确的直线移动。

⑧ 光杠。用来把进给箱的运动传给溜板箱，使车刀按要求的速度做直线进给运动。

⑨ 操纵杆。用来操纵主轴作正、反转运动和停止（图 1-5）。

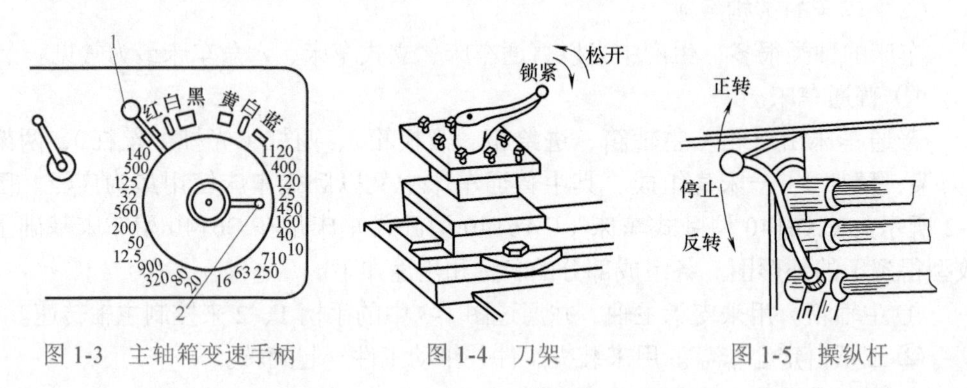

图 1-3 主轴箱变速手柄　　图 1-4 刀架　　图 1-5 操纵杆

⑩ 溜板。溜板上有床鞍、中滑板和小滑板。床鞍在纵向车削时使用；中滑板在横向车削和控制进给量时使用；小滑板在纵向车削较短的工件或圆锥时使用。

⑪ 溜板箱。把长丝杠或光杠的转动传给溜板，变换箱外手柄的位置，经溜板使车刀做纵向或横向进给。

⑫ 进给箱。把主轴箱的运动按所需速比通过丝杠或光杠传给溜板箱。进给箱上有 3 个手柄（图 1-6），2、3 为螺距及进给量调整手柄，1 为光杠、丝杠的变

换手柄，手柄3有八个挡位；手柄2有Ⅰ～Ⅳ四个挡位；手柄1有A、B、C、D四个挡位，其中A、C为光杠旋转，B、D为丝杠旋转。进给量及螺距的选择可由手柄1、2、3相配合来实现。各手柄的具体位置可在进给箱盖板上的表格中查到。

⑬ 配换齿轮箱　把主轴的旋转传动给进给箱。调换箱内的齿轮，并与进给箱配合，可以车削出各种不同螺距的螺纹。

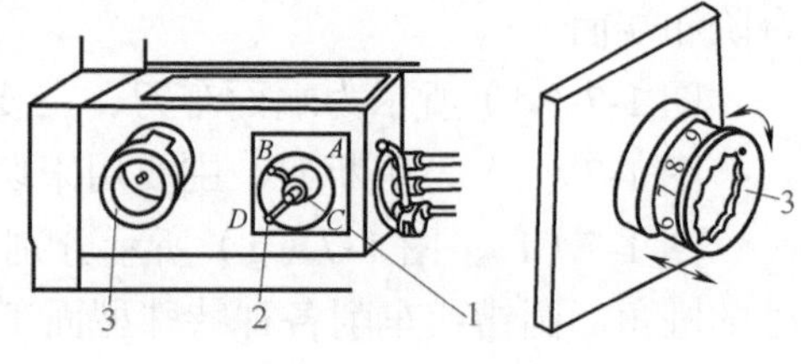

图1-6　进给箱
1—光杠、丝杠变换手柄；2—螺距调整手柄；3—进给量与螺距调整手柄

2）立式车床

立式车床主要特点是主轴垂直布置，并有一个很大的圆形工作台，供装卡工件之用，工作台台面在水平面内，工件的安装调整比较方便，而且安全，工作台由导轨支撑，刚性好，因而能长期地保持机床精度。立式车床适用于加工径向尺寸大而轴向尺寸相对较小的大型和重型零件，如各种盘、轮类零件。其主参数为最大车削直径。

3）六角车床

六角车床与普通车床的主要区别是：

① 没有尾架。在普通车床尾架位置上有一个可以同时装夹多种刀具的转塔刀架。

② 没有丝杠。一般只能用丝锥和板牙施工螺纹。

由于转塔刀架上的刀具多，而且该刀架设有多种定程装置，能保证其准确位移和转换，这样能减少装卸刀具、对刀、试切和测量尺寸等的辅助时间，所以生产率较高。

1.2.2 车刀

在金属切削过程中，直接承担切削工作的是车刀，而车刀的种类、规格较多，因此，了解常用车刀的用途，并能合理地选择刀具是保证车削加工质量的前提和基础。

（1）常用车刀的种类和用途

常用的车刀按其用途不同，可分为外圆车刀、端面车刀、切断刀、内孔车刀、螺纹车刀、成形车刀和机夹车刀等。常用车刀的种类、形状和用途见图1-7。

其中：图1-7（a）所示为直头外圆车刀，主要用于车削工件的外圆。

图1-7（b）所示为45°弯头外圆车刀（简称弯头刀），主要用于车削工件的外圆、端面和倒角。

图1-7（c）所示为90°外圆车刀（简称偏刀），主要用来车削工件的外圆、

台阶和端面。

图 1-7（d）所示为端面车刀，主要用于工件端面的车削。

图 1-7（e）为切断刀，主要用来切断工件或在工件上切出沟槽。

图 1-7（f）、图 1-7（g）所示分别为圆弧槽车刀、成形车刀，用来车削台阶处的圆角、圆槽或车削各种特殊型面工件。

图 1-7（h）所示为螺纹车刀，主要用来车削各种螺纹。

图 1-7（i）所示为车孔车刀，用来车削工件的内孔。

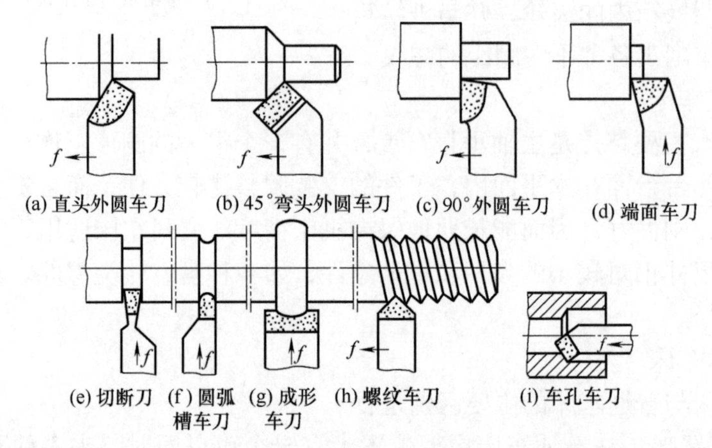

图 1-7 常用车刀的种类、形状和用途

f—进给量

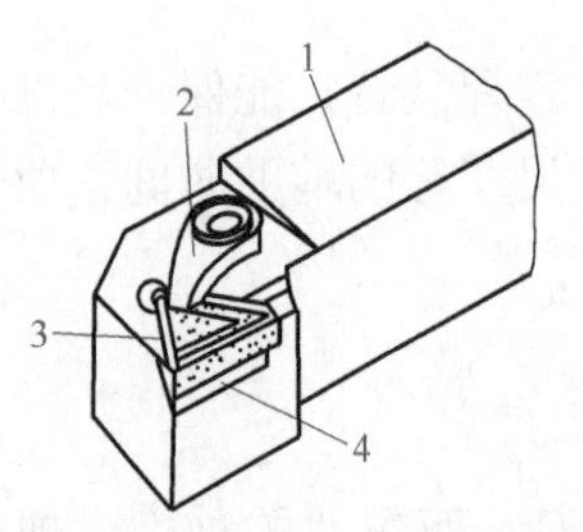

图 1-8 硬质合金可转位车刀

1—刀杆；2—刀垫；3—刀片；4—夹固元件

图 1-8 所示为硬质合金可转位车刀（机夹车刀），这种车刀由刀杆、刀片、刀垫和夹固元件组成。硬质合金刀片用机夹方式固定在刀杆上，当刀刃磨损后，只需调换另一个刀刃即可继续切削，从而大大缩短了换刀和磨刀时间，可提高劳动生产率。

刀片的形状很多，并已经标准化。常用的有正三边形、偏 8° 三边形、凸三边形、正四边形、正五边形和圆形等，如图 1-9 所示。

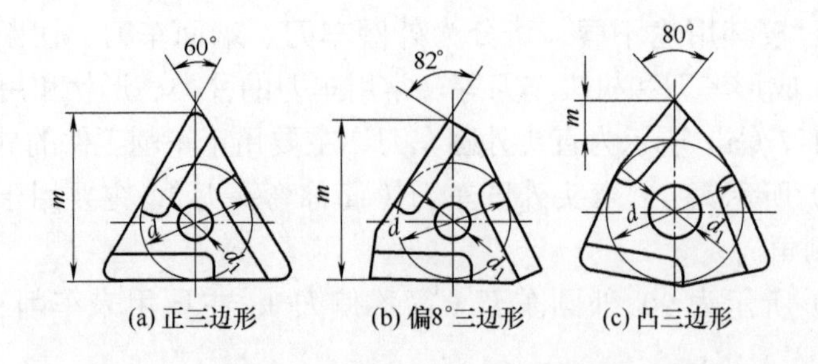

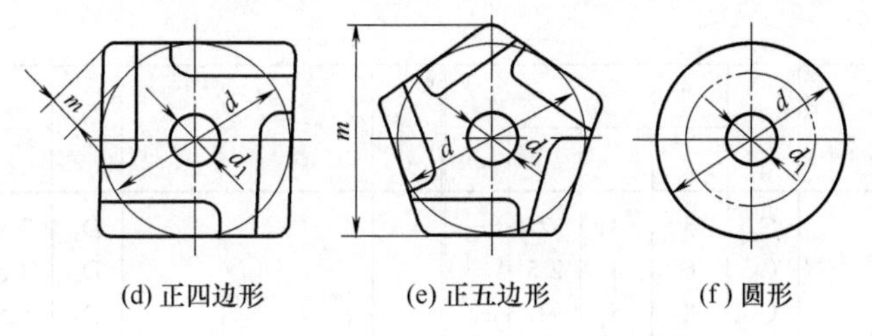

(d) 正四边形　(e) 正五边形　(f) 圆形

图 1-9　可转位车刀刀片的常用形状

（2）车刀的规格

车刀的规格包括刀杆（以外圆车刀为例）的规格和刀片的规格。

1）刀杆的规格

根据国标规定，在刀杆的规格中，有刀杆厚度 h、宽度 b 和长度 l 三个主要规格尺寸。

刀杆厚度 h 有 16mm、20mm、25mm、32mm、40mm 几种；刀杆宽度 b 和刀杆厚度尺寸规格完全相同，也有 16mm、20mm、25mm、32mm、40mm 几种；刀杆长度 l 有 125mm、150mm、170mm、200mm、250mm 几种。

2）刀片规格

根据刀片是焊接式还是可转位形式，刀片规格分两种。

① 焊接式硬质合金刀片。焊接式硬质合金刀片按国标规定有 A、B、C、D、E 五种，它们都以刀片长度来编号，如 A10 表示外圆右切刀刀片长度为 10mm。刀片长度规定为 5mm、6mm、8mm、10mm、12mm、16mm、20mm、25mm、32mm、40mm、50mm 等。其基本尺寸以长度 l、宽度 t、厚度 s 和圆角半径 r 四个尺寸为主。焊接式硬质合金刀片尺寸见表 1-6。

表 1-6　焊接式硬质合金刀片尺寸　单位：mm

形式	图形	型号	基本尺寸				形式	图形	型号	基本尺寸			
			l	t	s	r				l	t	s	r
A		A_5	5	3	2	2	B		B_5	5	3	2	2
		A_6	6	4	2.5	2.5			B_6	6	4	2.5	2.5
		A_8	8	5	3	3			B_8	8	5	3	3
		A_{10}	10	6	4	4			B_{10}	10	6	4	4
		A_{12}	12	8	5	5			B_{12}	12	8	5	5
		A_{16}	16	10	6	6			B_{16}	16	10	6	6
		A_{20}	20	12	7	7			B_{20}	20	12	7	7
		A_{25}	25	14	8	8			B_{25}	25	14	8	8
		A_{32}	32	18	10	10			B_{32}	32	18	10	10
		A_{40}	40	22	12	12			B_{40}	40	22	12	12
		A_{50}	50	25	14	14			B_{50}	50	25	14	14

续表

形式	图形	型号	基本尺寸				形式	图形	型号	基本尺寸			
			l	t	s	r				l	t	s	r
C	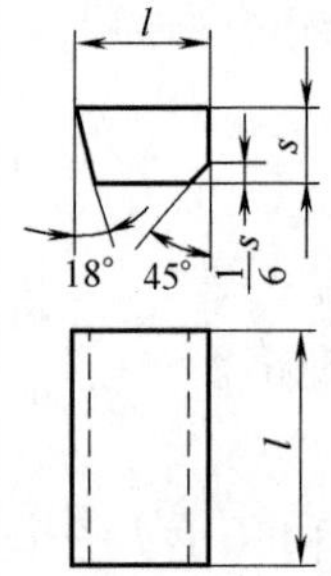	C_5	5	3	2	—	D	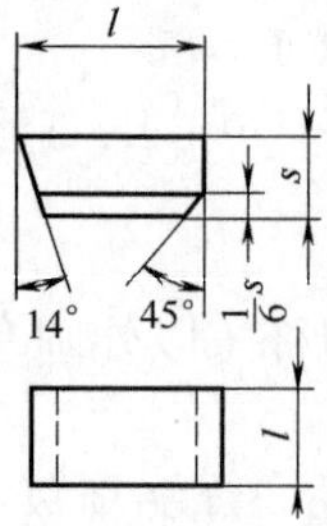	D_3	3.5	8	3	—
		C_6	6	4	2.5	—			D_4	4.5	10	4	—
		C_8	8	5	3	—			D_5	5.5	12	5	—
		C_{10}	10	6	4	—			D_6	6.5	14	6	—
		C_{12}	12	8	5	—			D_8	8.5	16	8	—
		C_{16}	16	10	6	—			D_{10}	10.5	18	10	—
		C_{20}	20	12	7	—			D_{12}	12.5	20	12	—
		C_{25}	25	14	8	—							
		C_{32}	32	18	10	—							
		C_{40}	40	22	12	—							
		C_{50}	50	25	14	—							
E	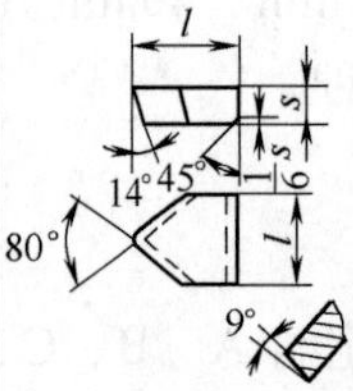	E_4	4	10	2.5	—		—	—	—	—	—	—
		E_5	5	12	3	—							
		E_6	6	14	3.5	—							
		E_8	8	16	4	—							
		E_{10}	10	18	5	—							
		E_{12}	12	20	6	—							
		E_{16}	16	22	7	—							
		E_{20}	20	25	8	—							
		E_{25}	25	28	9	—							
		E_{32}	32	32	10	—							

② 可转位（带孔）硬质合金刀片。其规格以刀片单边几何长度 l、刀片内切圆直径 d、刀片厚度 s、孔直径 d_1 以及刀片的圆角半径为基本尺寸。其单边几何长度一般有 16.5mm、22mm、27.5mm 几种。

（3）车刀的材料

车刀使用寿命的长短和生产效率的高低取决于刀具材料的切削性能。

1）刀具材料的基本要求

① 高硬度。车刀材料的硬度必须大于工件材料的硬度，常温硬度一般要在 HRC60 以上。

② 高耐磨性。耐磨性是指车刀材料抵抗磨损的能力。车刀的切削部分在切削过程中经受着剧烈的摩擦，因此，必须具有良好的耐磨性。一般情况下，刀具材料的硬度越高，耐磨性也越高。

③ 足够的强度和韧性。为了承受切削时较大的切削力、冲击力和振动，防止脆裂和崩刃，车刀材料必须具有足够的强度和韧性。

④ 高红硬性。红硬性是指车刀在高温下所能保持正常切削的性能。它是衡量车刀材料切削性能好坏的主要指标。

2）常用的刀具材料种类和牌号

① 碳素工具钢。碳素工具钢是含碳量为0.65%～1.35%的优质高碳钢。这种材料在受热至200～300℃时，硬度和耐磨性就迅速下降，故现应用不多。目前，多用于制造低速、手用工具，如锉刀、手用锯条等。

在车削加工中，考虑到其价格低廉、刀刃易刃磨得锋利，因此，可制作为精加工刀具，如制作样板刀、车削镁合金或非金属材料的车刀等。常见用于制作车刀材料的碳素工具钢有：T10、T10A、T12和T12A等。

② 合金工具钢。合金工具钢热处理后的硬度为HRC60～HRC65，与碳素工具钢相近，耐热性、耐磨性略高，切削速度和刀具寿命远不如高速钢，故其用途受到很大限制，一般只用于制造手用丝锥、手用铰刀等。

在车削加工中，常用的合金工具钢有9SiCr、CrWMn和CrW5等。其中9SiCr和CrWMn的热处理变形小，适用于制作细长轴刀具或型面曲线较长、形状复杂的样板刀等。

③ 高速工具钢（简称高速钢）。高速钢俗称锋钢、白钢、风钢，是一种含钨（W）、铬（Cr）、钼（Mo）、钒（V）等合金元素较多的工具钢，其红硬性比碳素工具钢和合金工具钢显著提高（550～650℃），切削速度比碳素工具钢高2～3倍。

高速钢是一种具有较高强度、韧性、耐磨性和红硬性的刀具材料，应用范围较广，常用于制造各种结构复杂的刀具，如成形车刀、铣刀、钻头、铰刀、齿轮刀具、螺纹刀具等。

④ 硬质合金。硬质合金是钨（W）和钛（Ti）的碳化物粉末加钴（Co）作为黏结剂，高压成型后再高温烧结而成的粉末冶金制品，是目前应用最为广泛的一种车刀材料，特别在高速切削时更为多见。

硬质合金的硬度很高，常温硬度达HRC74～HRC81，耐磨性好，红硬性高，在850～1000℃仍能保持良好的切削性能，因此，可采用比高速钢高几倍甚至十几倍的切削速度，并能切削高速钢无法切削的难加工材料。其缺点是韧性较差，怕冲击，刃口磨得不如高速钢刀具锋利。

根据国标规定，硬质合金有K类（相当于YG类）、P类（相当于YT类）和M类（相当于YW类）。

a. K类硬质合金　这类硬质合金呈红色，由WC和Co组成，其韧性、磨削性能和导热性好，适用于加工脆性材料（如铸铁、有色金属和非金属材料）。

K类硬质合金的牌号有K01、Kl0、K20、K30、K40等几种。随牌号编号的增大，其耐磨性降低，韧性增加；切削速度降低而进给量增大。

b. P类硬质合金　P类硬质合金为蓝色，由WC、TiC和Co组成。由于合金中加入了碳化钛（TiC），其耐磨性比K类硬质合金高，但抗弯强度、磨削性能和导热系数有所下降，脆性大，不耐冲击，故这类合金不宜用来加工脆性材料，只适用于高速切削一般钢材。

P 类硬质合金的牌号有 P01、P10、P20、P30、P40、P50 几种。随合金牌号增大耐磨性降低，韧性增加，切削速度降低，进给量增大。使用时，P01 用于精加工，P40、P50 用于粗加工。

c. M 类硬质合金　这类硬质合金呈黄色，在其组织中加入了碳化钽（TaC）或碳化铌（NbC）稀有难熔金属碳化物。其高温硬度、强度、耐磨性、黏结温度和抗氧化性、韧性都有提高，具有较好的综合切削性能，主要用于切削难加工材料，如铸钢、合金铸铁、耐高温合金等。

M 类硬质合金的牌号有 M10、M20、M30、M40 等，合金的性能和切削性能的变化与 K 类、P 类硬质合金相同。

⑤ 非金属材料。除金属材料外，还可用陶瓷作为刀具材料，其主要成分为氧化铝（Al_2O_3）。它的热硬性高达 1100 ～ 1200℃，耐磨性高，与金属的亲合力小，不易与被加工材料黏接，且价格便宜。但陶瓷材料性脆、怕冲击，刃磨困难，所以在推广使用上受限。为改进性质，在陶瓷中加入钨、钼、钛、镍等合金元素，生成的金属陶瓷，具有较高强度，其切削性能高于硬质合金，对加工脆性金属具有特殊作用。

此外，金刚石作为刀具材料，用于切削速度在 1000m/min 以上，作为零件精加工刀具，其加工精度和粗糙度能达到很高标准，耐用度为硬质合金的数十倍。但价格昂贵，使用受限。

1.3　机制工艺基础

工艺是指制造产品的技巧、方法和程序。机制工艺是机械制造工艺的简称，是机械制造全程（包括从原材料转变到产品的全过程）中的技巧、方法和程序。机械制造全程中，凡是直接改变零件形状、尺寸、相对位置和性能等，使其成为成品或半成品的过程，均为机械制造工艺过程。它通常包括零件的制造和机器的装配两部分。

为保证零件的加工及机器的装配质量，在生产加工前，工艺技术人员必须针对所加工零件的结构或装配机器的技术要求，确定加工工艺方案，制定相应的工艺规程（工艺规程是工艺技术人员根据产品图纸的要求和该工件的特点、生产批量以及本企业现有设备和生产能力等因素，拟订出的一种技术上可行、经济上合理的最佳工艺方案，是指导零件生产过程的技术文件）。此外，对于一些难以保证加工要求的零件或难以达到技术要求的装配，还往往需要通过设计夹具加工来满足相应的零件加工精度及装配要求。因此，对生产操作人员来讲，了解一些基本的机械制造工艺与夹具知识是很有必要的。

1.3.1 常见机械加工工艺

采用机械加工方法直接改变毛坯的形状、尺寸、各表面间相互位置及表面质量，使之成为合格零件的过程，称为机械加工工艺过程，它是由按一定顺序排列的若干个工序组成的。在机械制造过程中，机械加工工艺方法主要有机械加工及热加工两大类。机械加工中使用最广泛的为切削加工，常见的切削加工方法除了车削加工外，主要还有铣削、刨削、磨削等。

（1）车削加工

利用车床、车刀完成工件的切削加工称为车削加工。车削加工时，工件被夹持在车床主轴上做旋转主运动，车刀做纵向或横向的直线进给运动。常见的车削加工形式见表1-1。

1）工件的装夹

根据所切削工件形状、大小、加工精度的不同，工件装夹的方式也有所不同，最常用的有以下几种。

① 用三爪自定心卡盘装夹工件。三爪自定心卡盘是车床最常用的附件，具有装卸工件方便、能自动对心的特点，装夹直径较大的工件时，还可“反爪”装夹。

② 用四爪单动卡盘装夹工件。四爪单动卡盘的四个爪是用四根螺杆分别带动的，故四个爪可单独调整，适合装夹形状不规则的工件，如方形、长方形、椭圆形工件等。

③ 用顶尖装夹工件。用卡盘夹持工件，当所车削的工件细长时，工件若只有一端被固定，此时工件往往会出现“让刀”现象，导致车出的工件出现靠近卡盘的一端尺寸小、另一端尺寸大的现象。这就要采用一端用卡盘另一端用顶尖装夹的办法，以提高工件的刚度。有时需要用双顶尖来装夹工件，一些要求较高的长工件在用顶尖装夹时还需要用跟刀架。

在车削加工时，除了用上述方法外，有些还可用心轴、花盘来装夹工件。

2）车刀的安装

安装车刀时，应保证刀尖与工件的中心线等高；刀柄应与工件轴心线垂直；否则，即使车刀有了合理的车刀角度，也起不到应有的作用。

（2）铣削加工

利用铣床、铣刀共同完成工件的切削加工称为铣削加工。在铣削加工时，铣刀做旋转的主运动，工件被夹持在铣床工作台上做前后、上下、左右的直线进给运动。铣削加工是通过铣床及刀具共同完成零件加工的。其中：铣床是机械制造业的重要设备，是一种应用广、类型多的金属切削机床。由于铣削能完成多种任务的加工，为适应各类任务的切削加工需要，所用铣床必须配备多种类型的刀具。

铣床有多种形式，并各有特点，常见的有升降台式铣床。升降台式铣床又称曲座式铣床，它的主要特征是有沿床身垂直导轨运动的升降台（曲座）。工作台可随着升降台做上下（垂直）运动。工作台本身在升降台上面又可做纵向和横向运动，故使用灵便，适于加工中小型零件。因此，升降台式铣床是用得最多和最普遍的铣床。这类铣床按主轴位置可分为卧式和立式两种。

卧式铣床的主要特征是主轴与工作台台面平行，呈水平状态。铣削时，铣刀和刀轴安装在主轴上，绕主轴轴心线做旋转运动；工件和夹具装夹在工作台台面上做进给运动。卧式铣床主要用于铣削一般尺寸的平面、沟槽和成形表面等。

图 1-10 所示的 X6132 型卧式万能铣床是国产万能铣床中较为典型的一种，该机纵向工作台可按工作需要在水平面上做 45°范围内的左右转动。

立式铣床的主要特征是主轴与工作台台面垂直，主轴呈垂直状态。立式铣床安装主轴的部分称为立铣头，立铣头与床身结合处呈转盘状，并有刻度。立铣头可按工作需要，在垂直方向上左右扳转一定角度。这种铣床除了完成卧式升降台铣床的各种铣削外，还能加工带螺旋槽和斜面的工件。图 1-11 所示给出了立式升降台铣床的结构。

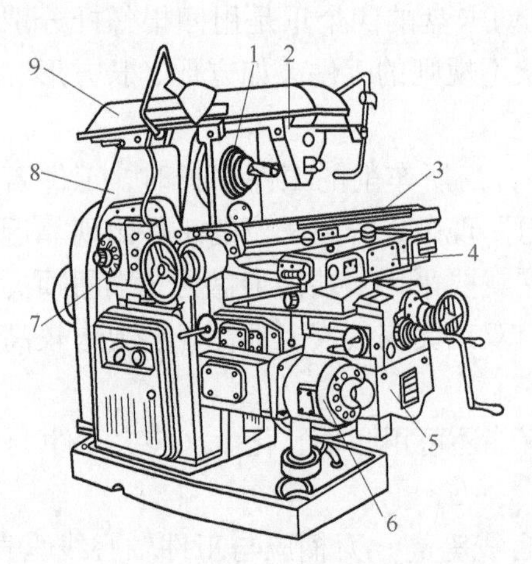

图 1-10　X6132 型铣床的外形及各部分名称

1—主轴；2—挂架；3—纵向工作台；4—横向工作台；5—升降台；6—进给变速机构；7—主轴变速机构；8—床身；9—横梁

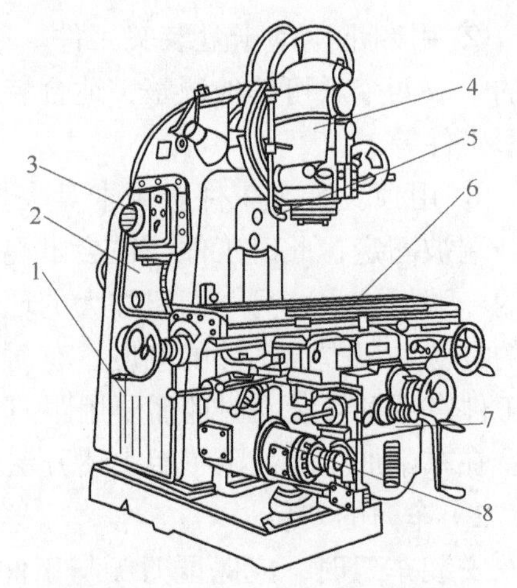

图 1-11　立式升降台铣床的结构

1—电器箱；2—床身；3—变速箱；4—主轴箱；5—冷却管；6—工作台；7—升降台；8—进给箱

1）铣削用量

铣削用量是表示主运动及进给运动大小的参数，包括铣削速度 v_c、进给量、背吃刀量 a_p 和侧吃刀量 a_e。

① 铣削速度。一般是指铣刀最大直径处的线速度，其公式为

$$v_c=\pi Dn/1000$$

式中 v_c——铣削速度，m/min；

n——铣刀转速，r/min；

D——铣刀直径，mm；

② 进给量。指铣刀与工件之间沿进给方向的移动量，单位为 mm/min。在铣床上有三种：

a. 每分钟进给量 v_f 指在 1min 内，工件相对于铣刀沿进给方向的位移，单位为 mm/min，这也是铣床铭牌上标志的进给量。

b. 每齿进给量 f_z 指铣刀每转过一个齿时，工件相对于铣刀沿着进给方向的位移，单位为 mm/z。

c. 每转进给量 f 指铣刀每转一周，工件相对铣刀沿进给方向的位移，单位为 mm/r。

它们三者的关系是：$v_f=fn=f_z zn$

式中 z——铣刀齿数，其他符号同前。

③ 背吃刀量 a_p 和侧吃刀量 a_e。在铣削时，铣刀是多齿旋转刀具，在切入工件时有两个方向的吃刀深度，即背吃刀量 a_p 和侧吃刀量 a_e，如图 1-12 所示。

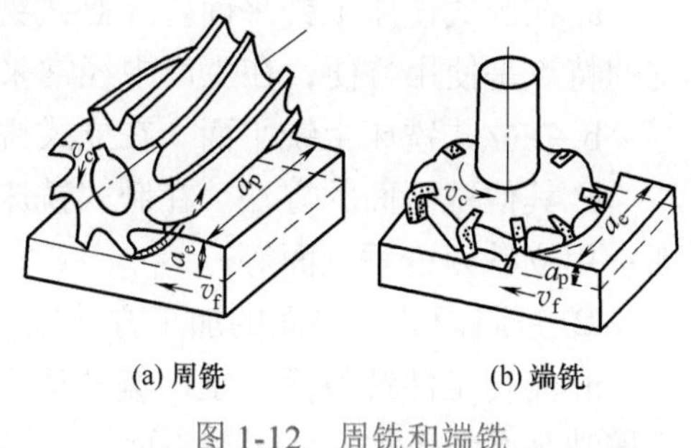

图 1-12 周铣和端铣

背吃刀量 a_p 是平行于铣刀轴线方向测量的切削层尺寸，即铣削深度，单位为 mm。

侧吃刀量 a_e 是垂直于铣刀轴线方向测量的切削层尺寸，即铣削宽度，单位为 mm。

铣削用量选择的原则是：在保证铣削加工质量和工艺系统刚度的条件下，先选较大的吃刀量（a_p 和 a_e），再选取较大的每齿进给量 f_z，根据铣床功率，并在刀具寿命允许的情况下选取 v_c。当工件的加工精度要求较高或要求表面粗糙度 Ra 值小于 6.3μm 时，应分粗、精铣两道工序进行加工。

2）铣刀

铣刀主要分为带孔铣刀和带柄铣刀两大类。带孔铣刀多用于卧式铣床。带孔铣刀又分为圆柱铣刀和三面刃铣床，如图 1-13（a）、图 1-13（b）所示。带柄铣刀分为直柄铣刀（一般直径较小）和锥柄铣刀（一般直径较大），多用于立式铣床，如图 1-13（c）、图 1-13（d）所示。

3）铣削加工的应用

铣削加工已成为机械加工中必不可少的一种加工方式。铣刀有较多的刀齿，连续地依次参加切削，没有空程损失。主运动是旋转运动，故切削速度可以提高。此外，还可进行多刀、多件加工。由于工作台移动速度较低，故有可能在移动的工作台上装卸工件，使辅助时间与机动时间重合，因此提高了工作效率。

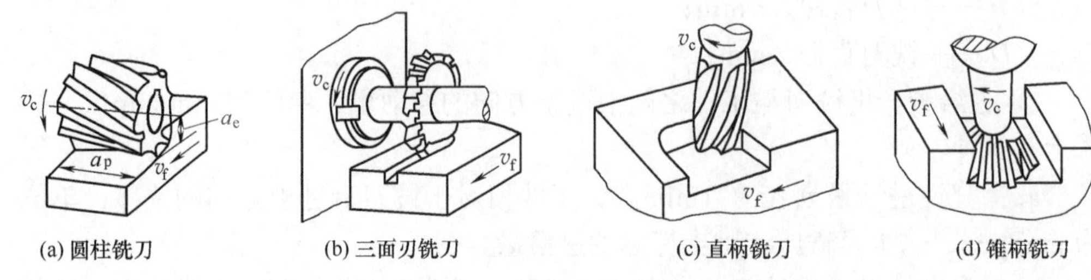

图 1-13 铣刀的种类

在铣床上可以实现的工作有以下几种。

① 铣平面。铣平面是铣削加工中最重要的工作之一，可以在卧式铣床或立式铣床上进行。

a. 在卧式铣床上铣平面。在卧式铣床上用圆柱形铣刀铣平面，称为周铣。周铣的特点是使用方便，在生产中经常采用。

b. 在立式铣床上铣平面。在立式铣床上用面铣刀铣平面，称为端铣。

c. 其他铣平面的方法。在卧式铣床或立式铣床上采用三面刃圆盘铣刀铣台阶面；用立铣刀铣垂直面等。

② 铣斜面。铣斜面的加工方法主要有以下几种。

a. 偏转工件铣斜面。工件偏转适当的角度，使斜面转到水平的位置，然后就可按铣平面的各种方法来铣斜面。

b. 偏转铣刀铣斜面。这种方法通常在立式铣床或装有万能铣头的卧式铣床上进行，即使铣刀轴线倾斜成一定角度，工作台采用横向进给进行铣削。另外，在铣一些小斜面工件时，可采用角度铣刀进行加工。

③ 铣沟槽。在铣床上对各种沟槽进行加工是最方便的。

a. 铣开口式键槽。可在卧式铣床上用三面刃盘铣刀进行铣削（盘铣刀宽度应按键槽宽度来选择）。

b. 铣封闭式键槽。封闭式键槽一般是在立式铣床上用键槽铣刀或立铣刀进行铣削。

c. 铣 T 形槽。T 形槽应用较广，如铣床、钻床的工作台都有 T 形槽，用来安装紧固螺栓，以便于将夹具或工件紧固在工作台上。铣 T 形槽一般在立式铣床上进行。

d. 铣半圆键槽。铣半圆键槽一般在卧式铣床上进行。工件可采用 V 形架或分度头等安装。采用半圆键槽铣刀，铣槽形状由铣刀保证。

e. 铣螺旋槽。在铣削加工中，经常会遇到铣削螺旋槽的工作，如圆柱斜齿轮、麻花钻头、螺旋齿轮刀、螺旋铣刀等。铣削螺旋槽常在万能铣床上用分度头进行。

④ 成形法铣直齿圆柱齿轮的齿形。在铣床上铣削直齿圆柱齿轮可采用成形法。成形法铣齿刀的形状制成被切齿的齿槽形状，称为模数铣刀（或齿轮铣刀）。用于立式铣床的是指形模数铣刀，用于卧式铣床的是盘形模数铣刀。

⑤ 铣成形面。在铣床上一般可用成形铣刀铣削成形面，也可以用附加靠模来进行成形面的仿形铣削。

（3）刨削加工

在刨床类机床上进行的切削加工称为刨削加工。在刨削加工时，对于牛头刨床，刀具的运动为主运动，工件运动为进给运动；对于龙门刨床，则工件运动为主运动，刀具的运动为进给运动。

牛头刨床如图 1-14 所示。它因滑枕和刀架形似牛头而得名。牛头刨床的滑枕可沿床身导轨在水平方向做往复直线运动，使刀具实现主运动。刀架座可绕水平轴线调整至一定的角度位置，以便加工斜面；刀架可沿刀架座的导轨上下移动，以调整吃刀深度。工件可直接安装在工作台上，或安装在工作台上的夹具（如台虎钳等）中。加工时，工作台带着工件沿滑板的导轨做间歇的横向进给运动。滑板还可沿床身的竖直导轨上下移动，以调整工件与刨刀的相对位置。

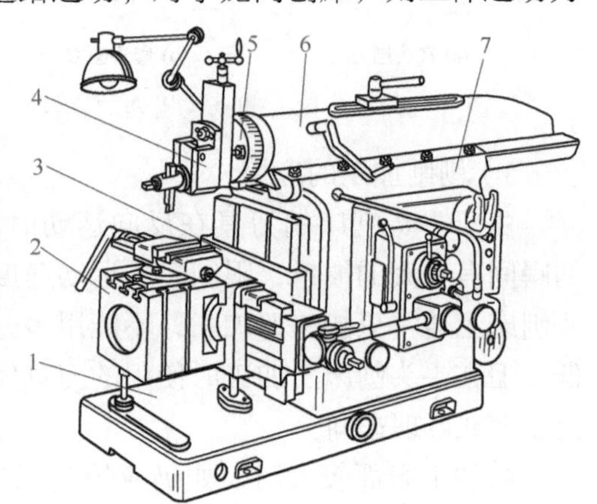

图 1-14　牛头刨床

1—底座；2—工作台；3—滑板；4—刀架；5—刀架座；6—滑枕；7—床身

1）刨刀的结构特点及种类

刨刀的几何参数与车刀相似，但由于刨削时受到较大的冲击力，故一般刨刀刀杆的横截面积较车刀大 1.25 ～ 1.5 倍。刨刀的前角、后角均比车刀小，刃倾角一般取较大的负值，以提高刀具的强度，同时采用负倒棱。

刨刀往往做成弯头，这是因为当刀具碰到工件表面的硬点时，能绕 O 点转动，如图 1-15 所示，使刀尖离开工件表面，防止损坏刀具及已加工表面。

刨刀的种类很多，按加工形式和用途不同，一般有平面刨刀、偏刀、切刀、角度刀及成形刀。

2）刨刀的安装

刨刀安装正确与否将直接影响到工件的加工质量。如图 1-16 所示，安装时将转盘对准零线，以便准确控制吃刀深度。刀架下端与转盘底部基本对齐，以增加刀架的强度。刨刀的伸出长度一般为刀杆厚度的 1.5 ～ 2 倍。刨刀与刀架上锁紧螺栓之间通常加垫 T 形垫铁，以提高夹持稳定性。夹紧时夹紧力大小要合适，由于抬刀板上有孔，过大的夹紧力会压断刨刀。

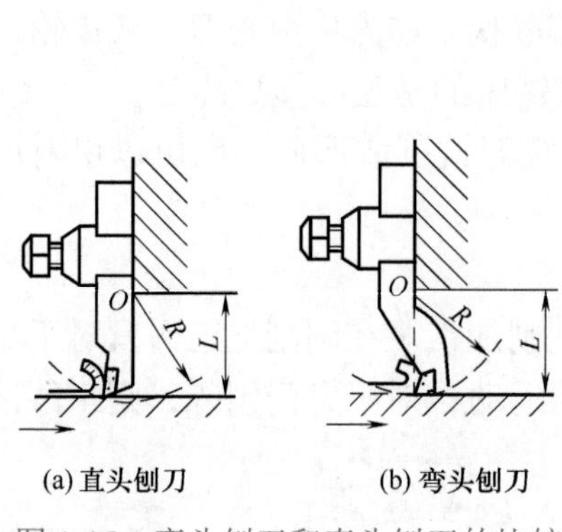

图 1-15　弯头刨刀和直头刨刀的比较

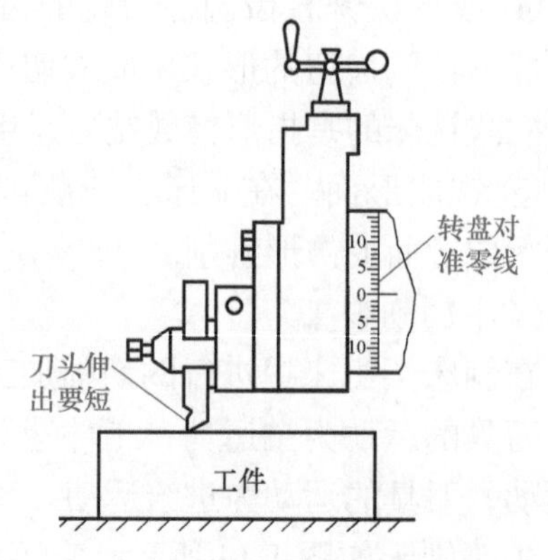

图 1-16　刨刀的正确安装

3）刨削加工的应用

由于牛头刨床的刀具在反向运动时不加工，浪费了不少时间；滑枕在换向的瞬间有较大的惯量，限制了主运动速度的提高，使切削速度较低；此外，在牛头刨床上通常只能单刀加工，不能用多刀同时切削，所以牛头刨床的生产率比较低。但在牛头刨床上加工时使用的刀具较简单。所以牛头刨床主要用于单件、小批生产或修理车间。

当加工表面较大时，如仍应用类似牛头刨床形式的机床，则滑枕悬伸过长，而且工作台的刚度也难以满足要求，这时就需采用龙门刨床。龙门刨床主要用来加工大平面，尤其是长而窄的平面，也可用来加工沟槽或同时加工几个中、小型零件的平面。应用龙门刨床进行精细刨削，可得较高的精度和较低的表面粗糙度（表面粗糙度 Ra=0.32 ～ 2.5μm），大型机床的导轨通常是用龙门刨床精细刨削来完成终加工工序的。使用刨床加工，刀具较简单，但生产率往往不如铣削高（加工长而窄的平面例外），所以刨床主要用于单件、小批生产及机修车间，大批量生产中它往往被铣床代替。

在刨床上可以实现的工作有以下几种。

① 刨平面。刨平面可按以下方法和步骤进行。

a. 刨平面时工件的装夹。小型工件可夹在平口台虎钳上，较大的工件可直接固定在工作台上。若工件直接装夹在工作台上，则可用压板来固定，此时应分几次逐渐拧紧各个螺母，以免夹紧时工件变形。为使工件不致在刨削时被推动，需在工件前端加挡铁。如果所加工工件要求相对的面互相平行，相邻的面互成直角，则应采用平行垫块和圆棒夹紧。

b. 刨削的步骤。

首先，工件和刨刀安装正确后，调整升降工作台，使工件在高度上接近刨刀。

然后，根据工件的长度及安装位置，调整好滑枕的行程和位置；调整变速手柄的位置，调出所需的往返速度；调整棘轮机构，调出合适的进给量。

再转动工作台的横向手柄，使工件移到刨刀下方，开动机床，慢慢转动刀架上的手柄，使刀尖和工件表面相接触，在工件表面上划出一条细线。

最后，移动工作台，使工件一侧退离刀尖 3 ～ 5mm 后停机。转动刀架，使刨刀达到所需的吃刀量，然后开机刨削。若余量较大可分几次进给完成。

刨削完毕后，用量具测量工件尺寸，尺寸合格后方可卸下工件。

② 刨垂直面和斜面。刨垂直面是指用刀架垂直进给来加工平面的方法。为了使刨削时刨刀不会刨到平口台虎钳和工作台，一般要将待加工的表面悬空或垫空，但悬伸量不宜过长。若过长，刀具刚度变差，刨削时容易产生让刀和振动现象。刨削时采用偏刀，安装偏刀时刨刀伸出的长度应大于整个刨削面的高度。

刨削时，刀架转盘的刻线应对准零线，以使刨出的平面和工作台平面垂直。为了避免回程时划伤工件已加工表面，必须将刀座偏转 10° ～ 15°，这样抬刀板抬起时，刨刀会抬离工件已加工表面，并且可减少刨刀磨损。

刨削斜面的方法很多，常用的方法为倾斜刀架法，即将刀架倾斜一个角度，同时偏转刀座，用手转动刀架手柄，使刨刀沿斜向进给。刀架倾斜的角度是工件待加工斜面与机床纵向铅垂面的夹角。刀座倾斜的方向与刨垂直面时相同，即刀座上端偏离被加工斜面。

③ 刨沟槽。刨直槽可用车槽刀以垂直进给来完成。可根据槽宽分一次或几次刨出，各种槽均应先刨出窄槽。

在刨削 T 形槽时，先刨出各关联平面，并在工件端面和上平面上划出加工线。用车槽刀刨出直角槽，使其宽度等于 T 形槽槽口的宽度，深度等于 T 形槽的深度。然后用弯切刀刨削一侧的凹槽，刨好一侧再刨另一侧。刨燕尾槽的过程与刨 T 形槽相似。

④ 刨矩形零件。矩形零件要求对面平行，相邻两面垂直。其刨削步骤为：

a. 选择一个较大、较平整的平面作为底面定位，刨出精基准面。

b. 将精基准面贴紧在钳口一侧，在活动钳口与工件之间垫一圆棒，使夹紧力集中在钳口中部，然后刨第二个平面（与精基准面垂直）。

c. 使精基准面紧贴钳口，将工件转 180°，刨第三个平面。

d. 把精基准面放在平行垫铁上，固定工件，刨出第四个平面。

（4）磨削加工

磨削是在磨床上利用砂轮或其它磨具、磨料作为切削工具对工件进行加工的工艺过程。磨削加工所用设备主要为磨床，磨床的种类较多，按其加工特点及结构的不同，常见的主要有：平面磨床、外圆磨床、内圆磨床及工具磨床、抛光机等。

图 1-17 所示给出了 M1432A 型万能外圆磨床的结构，该磨床的使用性能与制造工艺性都比较好。其主要由床身、工作台、头架、尾座、砂轮架、横向进给手轮和内圆磨具等组成。

1）磨削运动及磨削用量

磨削运动是为了切除工件表面多余材料，加工出合格、完整的表面，是磨具与工件之间必须产生的所有相对运动的总称。下面以磨削外圆柱面为例加以说明，如图 1-18 所示。

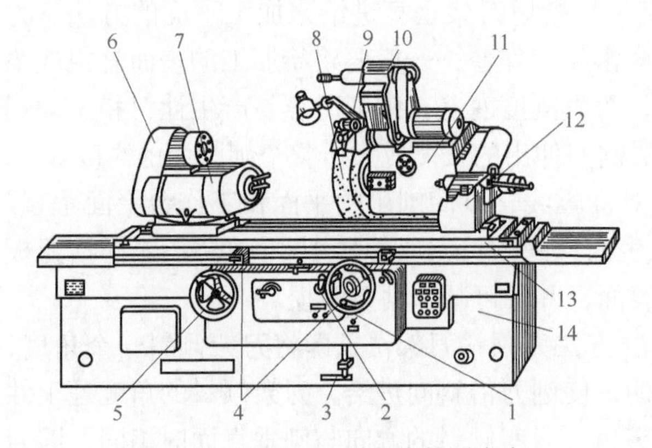

图 1-17 M1432A 型万能外圆磨床

1—横向进给手轮；2—快速手柄；3—脚踏操纵板；4—挡铁；5—工作台手轮；6—传动变速机构；7—头架；8—砂轮；9—切削液喷嘴；10—内圆磨具；11—砂轮架；12—尾座；13—工作台；14—床身

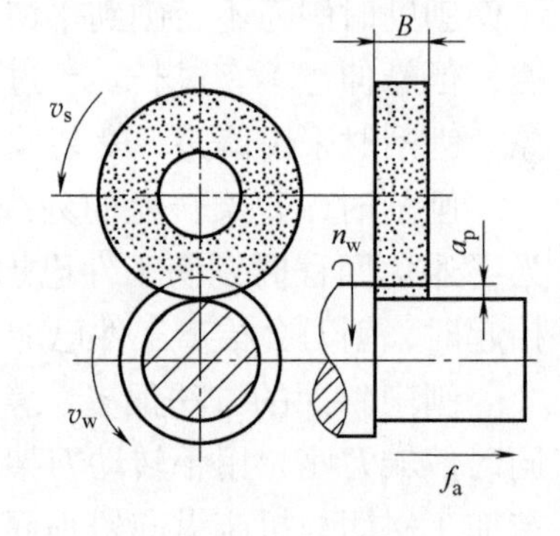

图 1-18 磨削时的运动

① 主运动。砂轮的高速旋转是主运动。用砂轮外圆的线速度 v_s 来表示，单位为 m/s。

② 圆周进给运动。指工件绕自身轴线的旋转运动。用工件回转时待加工表面的线速度 v_w 表示，单位为 m/s；图中 n_w 表示磨削工件的转速，单位为 r/min。

③ 纵向进给运动。指工作台带动工件做纵向往复运动。用工件每转一转沿自身轴线方向的移动量 f_a 表示，单位为 mm/r；图中 B 表示磨削砂轮的宽度，单位为 mm。

④ 横（径）向进给运动。工作台带动工件每一次纵向往复行程内，砂轮相对于工件的径向移动的距离 a_p 称为背吃刀量，单位为 mm。

2）磨削加工的应用

磨削属精加工，能加工平面、内外圆柱表面、内外圆锥表面、内外螺旋表面、齿轮齿形及花键等成形表面，还能刃磨刀具和进行切断钢管、去除铸件或锻件的硬皮及粗磨表面等粗加工。磨削以平面磨削、外圆磨削和内圆磨削最为常用，这些表面的加工都必须在相对应的平面磨床、外圆磨床、内圆磨床上进行。

① 磨平面。磨削平面一般在平面磨床上进行。钢和铸铁等导磁性工件可直接装夹在有电磁吸盘的机床工作台上。非导磁性工件，要用精密平口台虎钳或导磁直角铁等夹具装夹。根据磨削时砂轮工作表面的不同，磨削平面的工艺方法有两种，即周磨法和端磨法。

② 磨外圆及外圆锥面。磨外圆时工件常用前、后顶尖装夹，用夹头带动旋转，还可用心轴装夹，用三爪自定心或四爪单动卡盘装夹，用卡盘和顶尖装夹。磨削方法有纵磨法、横磨法、综合磨法、深磨法，如图 1-19 所示。

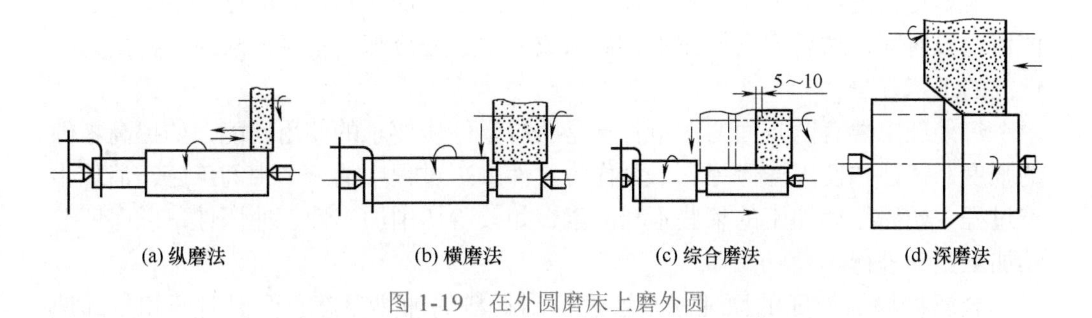

图 1-19　在外圆磨床上磨外圆

磨外圆锥面时可采用转动工作台、头架、砂轮架和用角度修整器修整砂轮等方法，如图 1-20 所示。

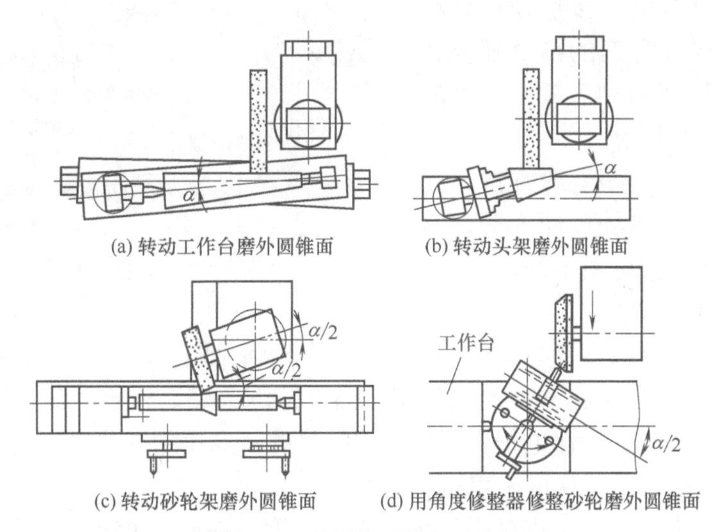

图 1-20　外圆锥面的加工方法

③ 磨内圆柱孔。内圆柱孔的磨削，可以在内圆磨床上进行，也可以在万能外圆磨床上用内圆磨头进行磨削。磨内孔时，一般都用卡盘夹持工件外圆，其运

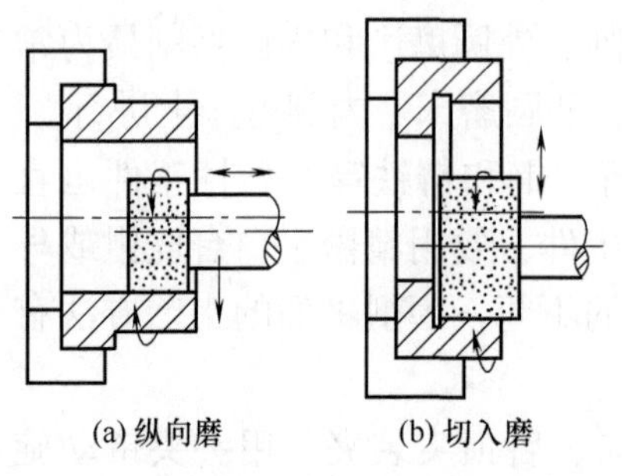

图 1-21 磨内孔方法

动与磨外圆时基本相同，但砂轮的旋转方向与前者相反。磨削的方法有两种：纵向磨和切入磨，如图 1-21 所示。

1.3.2 常见热加工工艺

在金属加工中，以高于金属再结晶温度进行的加工称为热加工。常见的热加工主要有：热处理、表面处理、铸造、锻造等加工工艺方法。

（1）热处理

金属材料的热处理是一种将金属材料在固态下加热到一定温度并在这个温度停留一段时间，然后把它放在水、盐水或油中迅速冷却到室温，从而改善其力学性能的工艺方法。

热处理主要有两方面的作用：一是获得零件所要求的使用性能，如提高零件的强度、韧性和使用寿命等；二是作为零件加工过程中的一个中间工序，消除生产过程中妨碍继续加工的某些不利因素，如改善切削加工性、冲压性，以保证继续加工正常进行。

金属材料热处理的原理就是通过控制材料的加热温度、保温时间和冷却速度，使材料内部组织和晶粒粗细产生需要的变化，从而获得所加工零件需要的力学性能。按热处理材料的不同，主要分为钢的热处理及有色金属的热处理两种。其中，钢的热处理应用最为广泛。

实际操作中，热处理方法分普通热处理和表面热处理两大类，常用钢的热处理方法见图 1-22。

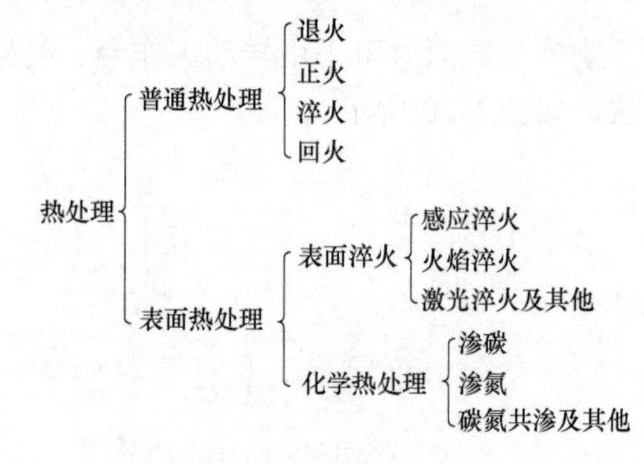

图 1-22 钢的热处理方法

1）普通热处理

普通热处理方法可分为退火、正火、淬火和回火四种，俗称“四把火”。

① 退火。退火是将材料加热到某一温度范围，保温一定时间，然后缓慢而均匀地冷却到室温的操作过程。根据不同的目的，退火的规范也不同，所以退火又分为去应力退火、球化退火和完全退火等。

钢的去应力退火，又称低温退火，加热温度是 500 ～ 650℃，保温适当时间后缓慢冷却。目的是消除变形加工、机械加工等产生的残余应力。

球化退火可降低钢的硬度，提高塑性，改善切削性能，减少钢在淬火时发生变形和开裂的倾向。

钢的完全退火，又称重结晶退火，即加热温度比去应力退火高，当达到或超过重结晶的起始温度时，经适当的时间保温后再缓慢冷却。完全退火的目的是细化晶粒，消除热加工造成的内应力，降低硬度。

② 正火。正火是将钢件加热到临界温度以上，保持一段时间，然后在空气中冷却，其冷却速度比退火快。正火的目的是细化组织，增加强度与韧性，减少内应力，改善切削性能。

正火与完全退火的加热温度、保温时间相当，主要不同在于冷却速度。正火为自然空冷（快），完全退火为控制炉冷（慢），因此同一材料，正火后的强度、硬度比完全退火要高。

表 1-7 为常用结构钢完全退火及正火工艺规范。

表 1-7 常用结构钢完全退火及正火工艺规范

<table>
<tr><th rowspan="2">钢号</th><th colspan="4">完全退火</th><th colspan="4">正火</th></tr>
<tr><th>加热温度/℃</th><th>保温时间/h</th><th>冷却速度/（℃/h）</th><th>冷却方式</th><th>加热温度/℃</th><th>保温时间/h</th><th>冷却方式</th><th>硬度 HBW</th></tr>
<tr><td>20</td><td>880 ～ 900</td><td rowspan="7">2 ～ 4</td><td>≤ 100</td><td rowspan="7">炉冷至500℃以下出炉空冷</td><td>890 ～ 920</td><td rowspan="7">透烧</td><td rowspan="7">空冷</td><td>＜ 156</td></tr>
<tr><td>35</td><td>850 ～ 880</td><td>≤ 100</td><td>860 ～ 890</td><td>＜ 165</td></tr>
<tr><td>45</td><td>800 ～ 840</td><td>≤ 100</td><td>840 ～ 870</td><td>170 ～ 217</td></tr>
<tr><td>20Cr</td><td>860 ～ 890</td><td>≤ 80</td><td>870 ～ 900</td><td>≤ 270</td></tr>
<tr><td>40Cr</td><td>830 ～ 850</td><td>≤ 80</td><td>850 ～ 870</td><td>179 ～ 217</td></tr>
<tr><td>35CrMo</td><td>830 ～ 850</td><td>≤ 80</td><td>850 ～ 870</td><td>—</td></tr>
<tr><td>20CrMnMo</td><td>850 ～ 870</td><td>≤ 80</td><td>880 ～ 930</td><td>190 ～ 228</td></tr>
</table>

③ 淬火。淬火是将材料加热到某一温度范围保温，然后以较快的速度冷却到室温，使材料转变成马氏体或下贝氏体组织的操作过程。淬火方法有：普通淬火、分级淬火及等温淬火等。

④ 回火。回火是将已淬火钢件重新加热到奥氏体转变温度以下的某一温度并保温一定时间后再以适当方式（空冷、油冷）冷却至室温的操作过程。

钢的回火是紧接淬火的后续工序，一般都是在淬火之后马上进行，工艺上都要求淬火后多少小时必须进行。回火方法有：低温回火（加热温度在 150 ～ 250℃）、中温回火（加热温度在 350 ～ 500℃）、高温回火（加热温度在 500 ～ 650℃）三种。

回火的目的是减少或消除淬火应力，提高工件的塑性和韧性，获得强度与韧性配合良好的综合力学性能，稳定零件的组织和尺寸，使其在使用中不发生变化。

⑤ 调质。淬火和高温回火的双重热处理方法称为调质。调质是热处理中一项极其重要的工艺，通过调质处理可获得强度、硬度、塑性和韧性都较好的综合

力学性能，主要用于结构钢所制造的工件。

2）表面热处理

表面热处理就是通过物理或化学的方法改变钢的表层性能，以满足不同的使用要求。常用的表面热处理方法有：表面淬火和化学热处理。化学热处理常用渗碳和渗氮两种方法。

① 表面淬火。表面淬火是将钢件的表面层淬透到一定的深度，而中心部分仍保持淬火前状态的一种局部淬火方法，它是通过快速加热，使钢件表层很快达到淬火温度，在热量来不及传到中心时就迅速冷却，实现表面淬火。

表面淬火的目的在于获得高硬度的表面层和具有较高韧性的内层，以提高钢件的耐磨性和疲劳强度。

② 化学热处理。

a. 渗碳。为增加低碳钢、低合金钢等的表层含碳量，在适当的媒剂中加热，将碳从钢表面扩散渗入，使表面层成为高碳状态，并进行淬火使表层硬化，在一定的渗碳温度下，加热时间越长，渗碳层越厚。根据钢件要求的不同，渗碳层的厚度一般在 0.5 ～ 2mm 之间。

b. 渗氮。渗氮通常是把已调质并加工好的零件放在含氮的介质中，在 500 ～ 600℃的温度内保持适当时间，使介质分解而生成的新生态氮渗入零件的表面层。渗氮的目的是提高工件表面的硬度、耐磨性、疲劳强度和抗咬合性，提高零件抗大气、过热蒸气腐蚀的能力，提高耐回火性，降低缺口敏感性。

（2）表面处理

金属表面处理是一种通过处理使金属表面生成一层金属或非金属覆盖层，用以提高金属工件的防腐、装饰、耐磨或其他功能的工艺方法。金属表面处理的方法有：

1）电镀

电镀是一种在工件表面通过电沉积的方法生成金属覆盖层，从而获得装饰、防腐及某些特殊性能的工艺方法。根据工件对腐蚀性能的要求，镀层可分为阳极镀层和阴极镀层两种，阳极镀层能起到电化学保护基体金属免受腐蚀的作用，阴极镀层只有当工件被镀层全部覆盖且无孔隙时，才能保护基体金属免受腐蚀。常用镀层的选择见表 1-8。

表 1-8 镀层的选择

镀层用途	基体材料	电镀类别
防止大气腐蚀	钢、铁 铝及其合金 镁及其合金 锌合金 铜及其合金	镀锌、磷化、氧化 阳极氧化 化学氧化 防护装饰镀铬 镀锡、镍

续表

镀层用途	基体材料	电镀类别
防止海水腐蚀	钢	镀镉
防止硫酸、硫酸盐、硫化物作用	钢	镀铅
防止饮食用具的腐蚀	钢、铁	镀锡
防止表面磨损	钢、铁	镀铬
修复尺寸	钢、铁 铜及其合金	镀铬、铁 镀铜
提高减摩性能	钢	镀铅、银、铟
提高反光性能	钢、铜及其合金	镀银、铜 - 镍 - 铬
提高导电性能	黄铜	镀银
提高钎焊性	钢、黄铜	镀铜、镀锡
防腐装饰性	钢、铁、铜、锌合金、铝及其合金	防护装饰镀铬、阳极氧化处理

2）化学镀

化学镀是借助于溶液中的还原剂使金属离子被还原成金属状态，并沉积在工件表面上的一种镀覆方法，其优点是任何外形复杂的工件都可获得厚度均匀的镀层，镀层致密，孔隙小，并有较高的硬度，常用的有化学镀铜和化学镀镍。

3）化学处理

化学处理是将金属置于一种化学介质中，通过化学反应，在金属表面生成一种化学覆盖层，使之获得装饰、耐蚀、绝缘等不同的性能的方法。常用的金属表面化学处理方法有氧化和磷化处理，氧化和磷化对工件精度无影响。氧化主要用于机械零件及精密仪器、仪表的防护与装饰，磷化的耐腐蚀性能高于氧化，并且具有润滑性和减摩性及较高的绝缘性，主要用于钢铁工件的防锈及硅钢片的绝缘等。

钢的氧化处理是将钢件置于空气 - 水蒸气或化学药物中，在室温下或加热到适当温度，使其表面形成一层蓝色或黑色氧化膜，以改善钢的耐蚀性和外观的处理工艺，又叫发蓝处理。表 1-9 给出了钢件磷化处理工艺及其性能、表 1-10 给出了钢件发蓝处理工艺。

表 1-9 钢件磷化处理工艺及其性能

工艺分类	处理溶液	膜层耐蚀性						
	组分的质量浓度 /（g/L）	温度 /℃	时间 /min	步骤 / 步	膜厚 /m	膜附着力 / 级	$CuSO_4$ 点滴时间 /min	室内防锈期 /h
常温磷化	磷酸锰铁盐 30 ～ 40 硝酸盐 140 ～ 160 氟化钠 2 ～ 5	0 ～ 40	30 ～ 45	4	6 ～ 7	1	3.5	＞ 1000

续表

工艺分类	处理溶液	膜层耐蚀性						
	组分的质量浓度/(g/L)	温度/℃	时间/min	步骤/步	膜厚/m	膜附着力/级	$CuSO_4$点滴时间/min	室内防锈期/h
常温磷化	磷酸二氢钠 80 工业磷酸 7mL/L 硝酸盐 6 氟化钠 8 活化剂 4	0～40	5～10	4	4～5	1	＞3.5	＞1400（2个月）
中温磷化	磷酸二氢锌 25～40 硝酸锌 30～90 硝酸镍 2～5	50～70	15～20	12	5～10	1	1.5	24
高温磷化	磷酸锰铁盐 30～35 硝酸锌 55～65	90～98	10～15	12	10～15	1	1.5	24
备注	常温磷化处理工艺仅有4步，即将钢件浸入常温除油除锈二合一处理液（或常温除油除锈除氧化皮三合一处理液）中，浸渍2～15min后除净，水洗1～2min，再浸入常温磷化液磷化，经一定时间后取出晾干或风干即可							

表1-10 钢件发蓝处理工艺

工艺分类	溶液成分的质量浓度/(g/L)	溶液温度/℃	处理时间/min	备注
碱性发蓝	氢氧化钠 650 亚硝酸钠 250 水 1L	135～143	20～120	加入50～70g/L硝酸锌和80～110g/L重铬酸钾，可缩短处理时间
酸性发蓝	$Ca(NO_3)_2$ 80～100 MnO_2 10～15 H_3PO_4 3～10	100	40～50	—
热法氧化	熔融碱金属盐	300	12～20	将钢件放在600～650℃的炉内加热后，再浸入发蓝液
回火发蓝	回火炉内气氛，再喷洒发黑剂	回火温度	—	可利用普通炉或流态粒子炉
常温发蓝	H_2SeO_4 10 $CuSO_4\cdot5H_2O$ 10 HNO_3 2～4mL/L SeO_2 20 NH_4NO_3 5～10 氨基磺酸酐 10～30 聚氧乙烯醚醇 1	0～40	5～10	硒化物体系，国外配方，碳钢发蓝膜呈亮晶黑色；低碳低合金铬钢发蓝膜，呈亮晶蓝黑色
	$CuSO_4\cdot5H_2O$ 3～5 SeO_2 2～3 NH_4NO_3 3～5 复合酸 5～7 复合添加剂 9～11 H_2O 余量	0～40	8～15	硒-铜体系和钼-铜体系，国内配方，发蓝膜呈亮晶蓝黑色，均匀平滑

4）阳极氧化处理

在含有硫酸、草酸或铬酸的电解液中，将金属工件作为阳极，电解后使其表面氧化而生成一层坚固的氧化膜，这种方法适用于铝、锆等金属的表面处理。常用的铝及其合金的阳极氧化处理是为了提高工件的耐蚀性、装饰性及耐磨性。用于耐蚀与装饰时氧化膜厚度为 10 ～ 20μm，用于提高耐磨性时氧化膜厚度为 60 ～ 200μm。阳极氧化处理广泛应用于航空、机械、电子、电器等工业。

（3）铸造

铸造是将液体金属浇注到与零件形状相适应的铸造空腔中，待其冷却凝固后，以获得零件或毛坯的加工工艺方法。采用铸造工艺生产的零件称为铸件，铸件在毛坯中占有很大的比例，这与铸造生产的特点有关。其一，铸造是应用金属液体成型，故可铸造复杂形状的铸件，如机床床身的加强肋等。这是其他许多成型方法无法实现的。铸件的质量可大可小，从几克到几百吨不等。大多数金属材料（如钢铁、铝、铜等）都适合于铸造，其中尤以灰铸铁铸造性能最佳，因此在铸造中应用范围广泛。其二，铸造生产应用的型腔形状、尺寸可以制成很接近于零件的形状、尺寸，有些精密铸件可以直接作为零件使用，故铸造可省材料，这为实现少切削、无切削加工提供了有利条件。另外，铸造造型的主要原料如型砂、芯砂来源广、价格便宜，并且铸造生产中可以利用废旧金属材料，这样也可降低生产成本。因此，铸造生产具有应用广、材料省、成本低的优点，但也存在着铸造组织较为粗糙、劳动条件较差、细长件和薄件较难铸造等缺点。随着机器造型和特种铸造方法的出现，这些问题正逐渐被克服。

铸造生产方法有多种，通常分为砂型铸造和特种铸造。其中，砂型铸造是应用最广泛、最基本的铸造方法。

1）砂型铸造生产工艺过程

砂型铸造的生产工艺过程主要包括：模样、芯盒、型砂、芯砂的制备，造型、造芯，合箱装配，熔炼金属及浇注，落砂、清理及检验等，其工艺过程如图 1-23 所示。

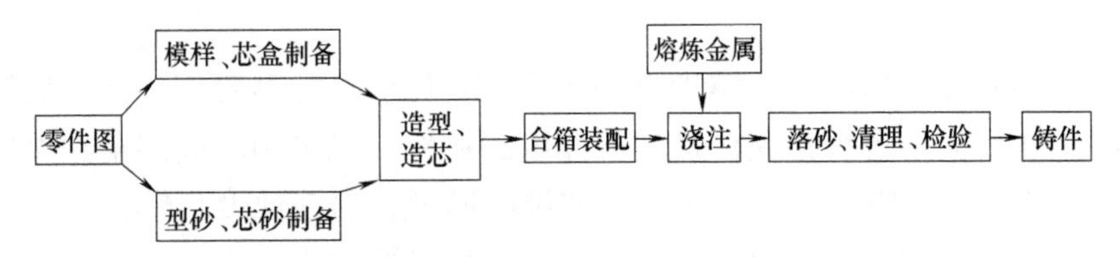

图 1-23　砂型铸造生产工艺过程

2）铸型的结构

以应用最多的两箱造型方法为例，铸型装配图如图 1-24 所示。铸型结构主要包括上、下砂箱，形成型腔的砂型、型芯以及浇注系统等。上、下砂箱多为金属框架。

金属液体在砂型里的通道称为浇注系统，主要包括浇口、冒口两大部分。浇口包括浇口杯、直浇道、横浇道、内浇道四个部分，如图 1-25 所示。浇口杯引导液体进入浇注系统。金属液先由直浇道引入横浇道并调节静压，再由横浇道引入内浇道，并撇渣、挡渣，最后由内浇道引入型腔，可控制浇注速度和方向。

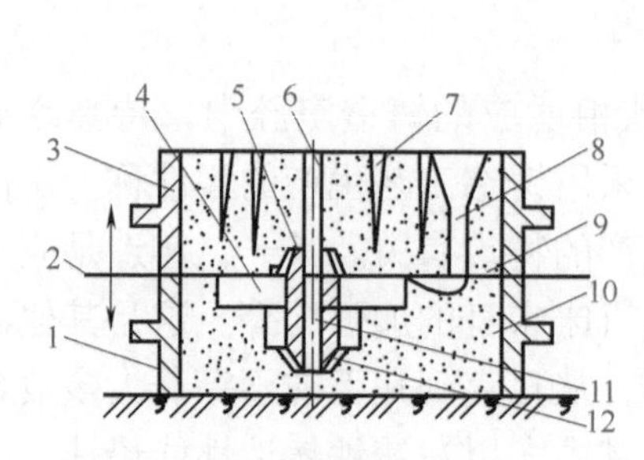

图 1-24　铸型装配图

1—下砂箱；2—分型面；3—上砂箱；4—型箱；5,11—型芯；6—型芯通气孔；7—出气孔；8—浇注系统；9—上砂型；10—下砂型；12—型芯座

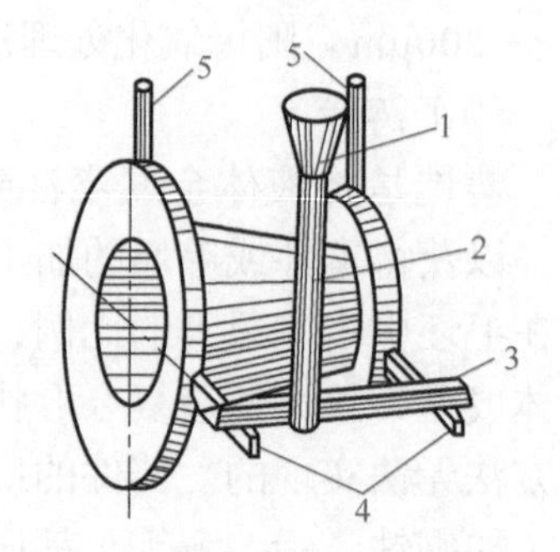

图 1-25　中间注入式浇注系统

1—浇口杯；2—直浇道；3—横浇道；4—内浇道；5—出气口

3）铸铁的熔炼

铸件中铸铁件占 60% ～ 70%，其余为铸钢件、有色金属铸件。目前铸铁的熔炼设备主要是冲天炉及感应电炉。

冲天炉炉料为新生铁、回炉旧铸铁件、废钢等，燃料主要是焦炭，也有用煤粉的。熔剂常用的有石灰石（$CaCO_3$）和氟石（CaF_2）等。

熔炼时先以木柴引火烘炉，烧旺；然后加入焦炭至一定高度形成底焦，鼓风烧旺；再依一定的比例，按熔剂、金属料、焦炭的顺序加料。铁液和炉渣分别由前炉的出铁槽和出渣口排出。

4）铸铁的浇注

浇注是将金属熔液浇入铸型，若操作不当，则容易引发安全事故，也影响铸件质量。

浇注前要做好充分准备，清理浇注场地，安排被浇注砂箱等。浇注前还要控制正确的浇注温度，各种金属浇注不同厚度的铸件，应采用不同的浇注温度，铸铁件一般为 1250 ～ 1350℃。采用适中的浇注速度，浇注速度与铸件大小、形状有关，但浇注开始和快结束时都要慢速浇注，前者可减少冲击，也有利于型腔中空气的逸出，后者将减少金属液体对上砂箱的顶起力。

（4）锻造

锻造是使金属材料在外力（静压力或冲击压力）的作用下发生永久变形的一种加工方法。锻造可以改变毛坯的形状和尺寸，也可以改善材料的内部组织，提高锻件的物理性能和力学性能。锻造生产可以为机械制造工业及其他工业提供各种机械零件的毛坯。一些受力大、要求高的重要零件，如汽轮机、发电机的主轴、转子、叶轮、叶片，轧钢机轧辊，内燃机曲轴、连杆，齿轮、轴承、刀具、模具以及国防工业方面所需要的重要零件等，都采用锻造生产。

锻造与其他机械加工方法相比，具有显著的特点：节约金属材料，能改善金属材料的内部组织、力学性能和物理性能，提高生产率，增加零件的使用寿命。另外，锻造生产的通用性强，既可单件、小批量生产，也可大批量生产。因此，锻造生产广泛地应用于冶金、矿山、汽车、拖拉机、工程机械、石油、化工、航空、航天、兵器等行业。锻造生产能力及其工艺水平的高低，在一定程度上反映了一个国家的工业水准。在现代机械制造业中，锻造生产具有不可替代的重要地位。

1）锻造的种类

锻造属于压力加工生产方法中的一部分，锻造生产可以按不同方法分类。

① 按毛坯锻打时的温度分类。

a. 热锻。将坯料加热到一定温度再进行锻造称为热锻，它是目前应用最为广泛的一种锻造工艺。

b. 冷锻。将坯料在常温下进行锻造称为冷锻，如冷镦和冷挤压等。冷锻所需的锻压设备吨位较大。冷锻可以获得较高精度和强度以及表面粗糙度值较小的锻件。

c. 温锻（又称半热锻）。坯料加热的温度小于热锻时的温度。它所需要的设备吨位较冷锻小，可锻造强度较高和表面较粗糙的锻件，是目前正在发展中的一种新工艺。

② 按作用力分类。

a. 手工锻造（手锻）。依靠手锻工具和人力的打击，在铁砧上将毛坯锻打成预定形状的锻件。常用于修配零件和学习训练等。

b. 机器锻造（机锻）。依靠锻造工具在各种锻造设备上将坯料制成锻件。按所用的设备和工具不同，又可分为自由锻造、模型锻造、胎模锻造和特种锻造四类。

2）自由锻的基本工序

自由锻造简称自由锻，它是将加热到一定温度的金属坯料放在自由锻造设备上下砧铁之间进行锻造，由操作者控制金属的变形而获得预期形状的锻件的一种方法。它适用于单件、小批量生产。

自由锻加工工序可分为基本工序和辅助工序。基本工序主要有镦粗、拔长、冲孔、弯曲，其次有扭转、错移、切割等。如锻件形状较为复杂，锻造过程就需由几个工序组合而成。辅助工序主要有切肩、压痕、精整（包括摔圆、平整、校直等）。自由锻的主要工序如图 1-26 所示。

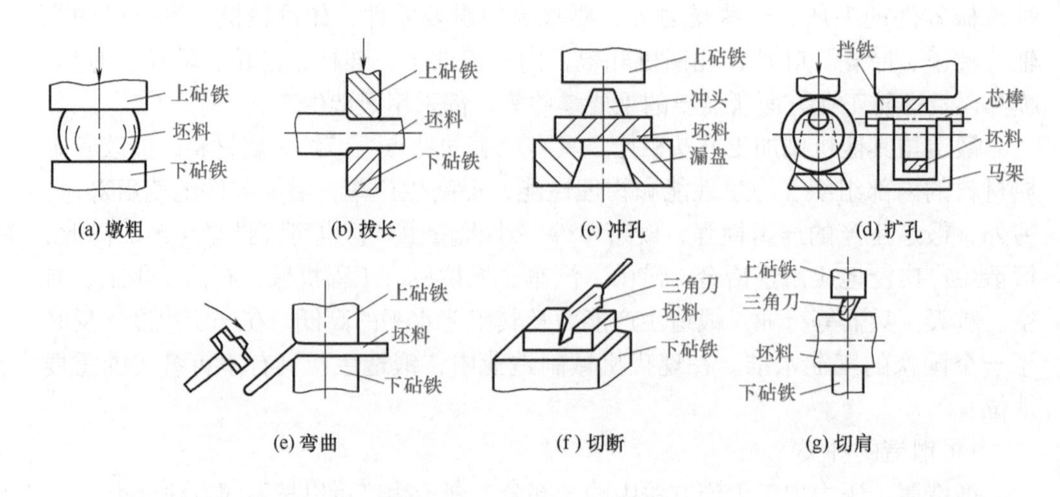

图 1-26　自由锻的主要工序

1.3.3　机械加工精度

零件经机械加工后的实际尺寸、表面形状、表面相互位置等几何参数符合其理想几何参数的程度称为机械加工精度。两者不符合的程度称为加工误差。加工误差越小，加工精度越高。

（1）零件的加工精度

零件的机械加工精度主要包括尺寸精度、形状精度、位置精度。

① 尺寸精度。尺寸精度是指加工后零件的实际尺寸与理想尺寸的符合程度。理想尺寸是指零件图上所注尺寸的平均值，即所注尺寸的公差带中心值。尺寸精度用标准公差等级表示，分为 20 级。

② 形状精度。加工后零件表面实际测得的形状和理想形状的符合程度。理想形状是指几何意义上的绝对正确的圆柱面、圆锥面、平面、球面、螺旋面及其它成形表面。形状精度等级用形状公差等级表示，分为 12 级。

③ 位置精度。它是加工后零件有关表面相互之间的实际位置和理想位置的符合程度。理想位置是指几何意义上的绝对的平行、垂直、同轴和绝对准确的角度关系等。位置精度用位置公差等级表示，分为 12 级。

零件表面的尺寸、形状、位置精度有其内在联系，形状误差应限制在位置公差内，位置公差要限制在尺寸公差内。一般尺寸精度要求高，其形状、位置精度要求也高。

（2）获得尺寸精度的方法

机械加工中，获得尺寸精度的方法有试切法、定尺寸刀具法、调整法和自动控制法四种。

① 试切法。试切法就是通过试切→测量→调整→再试切的反复过程来获得尺寸精度的方法。它的生产效率低，同时要求操作者有较高的技术水平，常用于单件及小批生产中。

② 定尺寸刀具法。加工表面的尺寸由刀具的相应尺寸保证的一种加工方法，如钻孔、铰孔、拉孔、攻螺纹、套螺纹等。这种方法控制尺寸十分方便，生产率高，加工精度稳定。加工精度主要由刀具精度决定。

③ 调整法。它是按工件规定的尺寸预先调整机床、夹具、刀具与工件的相对位置，再进行加工的一种方法。工件尺寸是在加工过程中自动获得的，其加工精度主要取决于调整精度。它广泛应用于各类自动机、半自动机和自动线上，适用于成批及大量生产。

④ 自动控制法。这种方法是用测量装置、进给装置和控制系统组成一个自动加工的循环过程，使加工过程中的测量、补偿调整和切削等一系列工作自动完成。图 1-27（a）所示为磨削法兰肩部平面时，用百分表自动控制尺寸 h 的方法。图 1-27（b）所示是磨外圆时控制轴颈的方法。

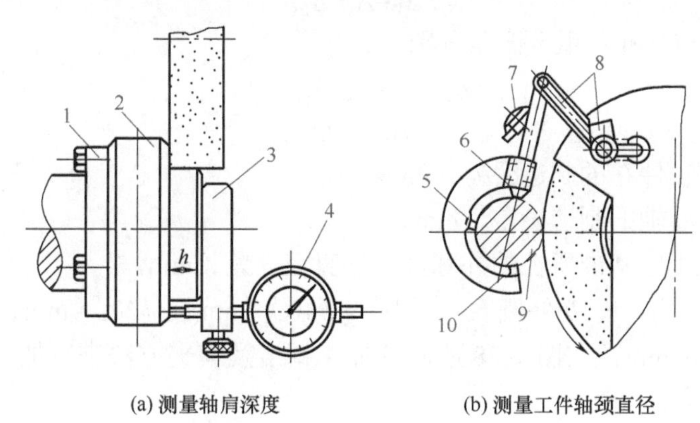

图 1-27　自动控制加工法

1—磨削用夹具；2—工件；3—百分表座；4，7—百分表；5，10—硬质合金支点；6—触头；8—弹簧支架；9—工件

（3）获得零件几何形状精度的方法

零件的几何形状精度，主要由机床精度或刀具精度来保证。如车圆柱类零件时，其圆度及圆柱度等几何形状精度，主要取决于主轴的回转精度、导轨精度及主轴回转轴线与导轨之间的相对位置精度。

（4）获得零件的相互位置精度的方法

零件的相互位置精度，主要由机床精度、夹具精度和工件的装夹精度来保证。如在车床上车工件端面时，其端面与轴心线的垂直度取决于横向溜板送进方向与主轴轴心线的垂直度。

（5）产生加工误差的原因及消减方法

加工误差的产生是由于在加工前和加工过程中，机床、夹具、刀具和工件组成的工艺系统存在很多的误差因素。

1）原理误差

加工时，由于采用近似的加工运动或近似的刀具轮廓而产生的误差，称为原理误差。如用成形铣刀加工锥齿轮、用形状近似的刀具加工模数相同而齿数不等的齿轮将产生齿形误差。

2）装夹误差

工件在装夹过程中产生的误差称为装夹误差。它是定位误差和夹紧误差之和。

① 定位误差。定位误差是工件在夹具中定位时，其被加工表面的工序基准在加工方向尺寸上的位置不定而引起的一项工艺误差。定位误差与定位方法有关，包括定位基准与工序基准不重合引起的基准不重合误差和定位基准制造不准确引起的基准位移误差。计算方法为：

$$\Delta_D=\Delta_y+\Delta_B$$

位移误差与基准不重合误差分别为：

$$\Delta_y=(T_h+T_S+X_{min})/2$$

$$\Delta_B=T_d/2$$

式中 T_h——工件孔的制造公差，mm；

T_S——心轴的制造公差，mm；

T_d——工序基准所在的外圆柱面的直径公差，mm。

例如某工件的 A、B 外圆直径分别为 $\phi40_{-0.10}^{0}$mm 及 $\phi20_{-0.10}^{0}$mm，它们的同轴度公差值为 0.07mm，按图 1-28 所示的加工精度及装夹方法进行加工，则可计算出其定位误差为：

由于加工时以 A 圆的下母线为工序基准，而定位基准是 B 圆中心线，属基准不重合误差。误差为垂直方向上 A 圆下母线与 B 圆中心线距离的变动量，包括 A、B 圆的同轴度误差 δ 及 A 圆下母线到 A 圆中心线的变动量。

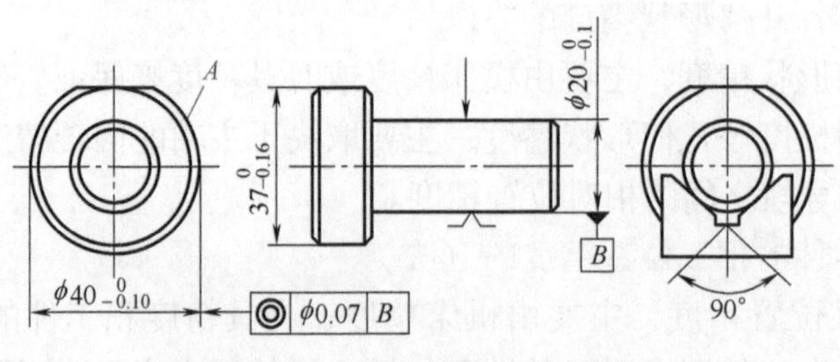

图 1-28 定位误差计算实例

$$\Delta_B=T_{SA}/2+\delta=0.05+0.07=0.12\text{mm}$$

B 圆在 90° 的 V 形架上定位，其中心线在垂直方向的变动量为基准位移误差：

$$\Delta_y=T_{SB}/2=\frac{0.10}{2\times0.707}=0.0707\text{mm}$$

因此　$\Delta_D=\Delta_B+\Delta_y=0.12+0.0707=0.1907\text{mm}$

此定位误差超过了尺寸精度公差，无法达到加工要求。

② 夹紧误差。结构薄弱的工件，在夹紧力的作用下会产生很大的弹性变形，在变形状态下形成的加工表面，当松开夹紧、变形消失后将产生很大的形状误差，如图 1-29 所示。

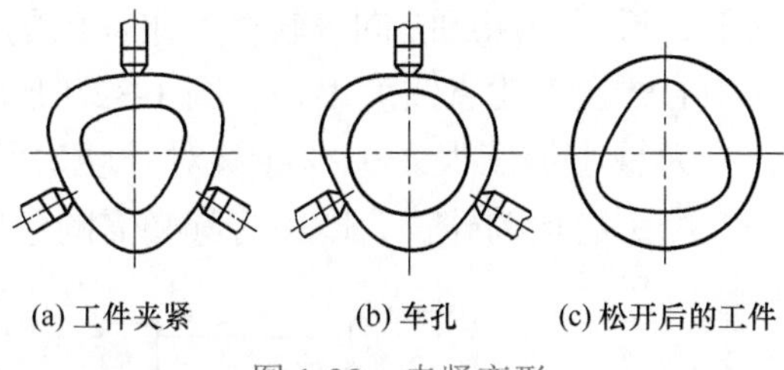

图 1-29　夹紧变形

③ 消减定位误差和夹紧误差的方法。

a. 正确选择工件的定位基准，尽可能选用工序基准（工艺文件上用以标定加工表面位置的基准）为定位基准。图 1-28 所示的加工实例，如果采用图 1-30 所示的方法进行装夹，则 Δ_B 为零，且 Δ_y 可以忽略不计，故 Δ_D 为零，可大幅度地降低其误差。如必须在基准不重合的情况下加工，一定要计算定位误差，判断能否加工。

b. 采用宽卡爪或在工件与卡爪之间衬一开口圆形衬套可减小夹紧变形，如图 1-31 所示。

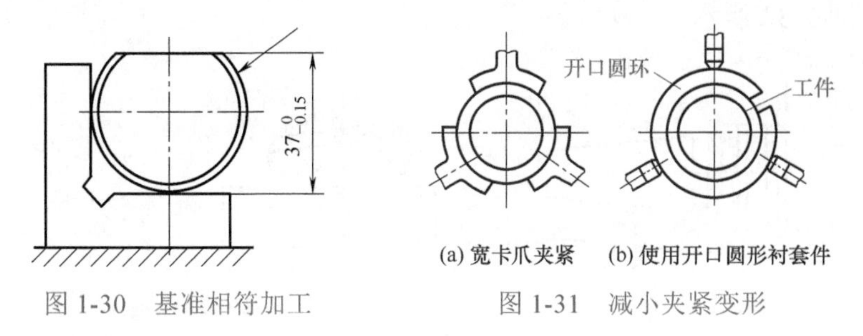

图 1-30　基准相符加工

图 1-31　减小夹紧变形

3）机床误差

机床误差对机械加工精度的影响主要有以下几方面。

① 机床主轴误差。它是由机床主轴支承轴颈的误差、滚动轴承制造及磨损造成的误差组成。主轴回转时将出现径向圆跳动及轴向窜动。径向圆跳动使车、磨后的外圆及镗出的孔产生圆度误差；轴向窜动会使车削后的平面产生平面度误差。因此，主轴误差会造成加工零件的形状误差、表面波动和表面粗糙度值大。

消减机床主轴误差，可采用更换滚动轴承、调整轴承间隙、换用高精度静压轴承的方法。在外圆磨床上用前、后固定顶尖装夹工件，使主轴仅起带动作用，是避免主轴误差的常用方法。

② 导轨误差。导轨误差是导轨副实际运动方向与理论运动方向的差值。它包括在水平面及垂直面内的直线度误差和在垂直平面内前后导轨的平行度误差（扭曲度）。导轨误差会造成加工表面的形状与位置误差。如车床、外圆磨床的纵向导轨在水平面内的直线度误差，将使工件外圆产生母线的直线度误差［图 1-32（a）］；卧式镗床的纵向导轨在水平面内的直线度误差，当工作台进给镗孔时，孔的中心线会产生直线度误差［图 1-32（b）］。

为减小加工误差，须经常对导轨进行检查及测量。及时调整床身的安装垫铁，修刮磨损的导轨，以保持其必需的精度。

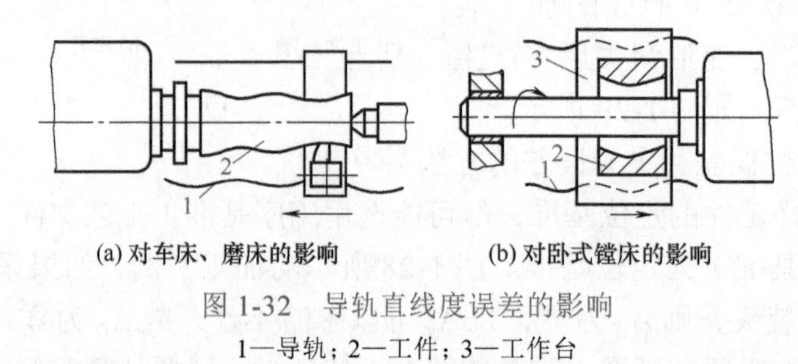

图 1-32　导轨直线度误差的影响

1—导轨；2—工件；3—工作台

③ 机床主轴、导轨等位置关系误差。该类误差将使加工表面产生形状与位置误差。如车床床身纵向导轨与主轴在水平面内存在平行度误差，会使加工后的外圆出现锥形；立式铣床主轴与工作台的纵向导轨不垂直，铣削平面时将出现下凹度，如图 1-33 所示。

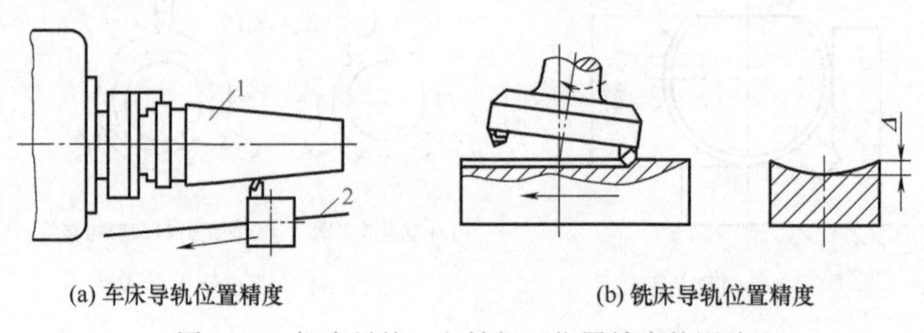

图 1-33　机床导轨、主轴相互位置精度的影响

1—工件；2—导轨

④ 机床传动误差。机床传动误差是刀具与工件速比关系误差。传动机构的制造误差、装配间隙及磨损，将破坏正确的运动关系。如车螺纹时，工件每转一转，床鞍不能准确地移动一个导程，会产生螺距误差。

提高传动机构的精度，缩短传动链的长度，减小装配间隙，可减小因传动机构而造成的加工误差。

4）夹具误差

使用夹具加工时，工件的精度取决于夹具的精度。影响工件加工精度的夹具误差有：

① 夹具各元件的位置误差。夹具的定位元件、对刀元件、刀具引导装置、分度机构、夹具体的加工与装配所造成的误差，将直接影响工件的加工精度。为保证零件的加工精度，一般将夹具的制造公差定为相应尺寸公差的1/3 ～ 1/5。

② 夹具磨损造成的误差。夹具在使用一定时间后，因与工件及刀具摩擦而磨损，使加工时产生误差。因此，应定期检查夹具的精度和磨损情况，及时修理和更换磨损的夹具。

5）刀具误差

刀具的制造误差、装夹误差及磨损会造成加工误差。用定尺寸刀具加工时，刀具的尺寸误差将直接反映在工件的加工尺寸上。如铰刀直径过大，则铰孔后的孔径也过大，此时应将铰刀直径研小。成形刀具的误差直接造成加工表面的形状误差，如普通螺纹车刀的刀尖角不是60°时，则螺纹的牙型角便产生误差。

刀具在使用过程中会磨损，并随切削路程增加而增大。磨损后刀具尺寸的变化直接影响工件的加工尺寸，如车削外圆时，工件的直径将随刀具的磨损而增大。因此，加工中应及时刃磨、更换刀具。

6）工艺系统变形误差

机床、夹具、刀具和工件组成的工艺系统，受到力与热的作用，都会产生变形误差。主要体现在以下几方面。

① 工艺系统的受力变形。工艺系统在切削力、传动力、重力、惯性力等外力作用下，产生变形，破坏了刀具与工件间的正确位置，造成加工误差。其变形的大小与工艺系统的刚度有关。

工艺系统刚度不足造成的误差有：工艺系统刚度在不同加工位置上的差别较大时造成的形状误差；毛坯余量或材料硬度不均引起切削力变化造成的加工误差；切削力变化造成加工尺寸变化。此外，刀具的锐、钝变化及断续切削都会因切削力变化使工件的加工尺寸产生较大的误差。

减少工件受力变形误差的措施包括：零件分粗、精阶段进行加工；减少刀具、工件的悬伸长或进行有效的支承以提高其刚度，减小变形及振动；改变刀具角度及加工方法，以减小产生变形的切削力；调整机床，提高刚度。

② 工艺系统受热变形误差。切削加工时，切削热及机床传动部分散发的热量，使工艺系统产生不均匀的温升而变形，改变了已调整好的刀具与工件的相互位置，产生加工误差。热变形主要包括：工件受热变形，即在切削过程中，工件受切削热的影响而产生的热变形；刀具受热变形，刀具体积较小，温升快、温度高，短时间内会产生很大的伸长量，然后变形不再增加；机床受热变形，机床结

构不对称及不均匀受热，会使其产生不对称的热变形。

减少热变形误差的措施有：减轻热源的影响，切削时，浇注充分的切削液，可减小工件及刀具的温升及热变形；进行空运转或局部加热，保持工艺系统热平衡；在恒温室中进行精密加工，减少环境温度的变化对工艺系统的影响；探索温度变化与加工误差之间的规律，用预修正法进行加工。

7）工件残余应力引起的误差

工件材料的制造和机械加工过程中会产生很大的热应力。热加工应力超过材料强度时，工件产生裂纹甚至断裂。因此，残余应力是在没有外力作用的情况下，存在于构件内部的应力。存在残余应力的工件处于不稳定状态，具有恢复到无应力状态的倾向，直到此应力消失。工件在材料残余应力的消失过程中，会逐渐地改变形状，丧失其原有的加工精度。具有残余应力的毛坯及半成品，经切削后原有的平衡状态被破坏，内应力重新分布，使工件产生明显的变形。减小工件残余应力的措施有：

① 铸、锻、焊接件进行回火后退火，零件淬火后回火。

② 粗、精加工应间隔一定时间，松开后施加较小的夹紧力。

③ 改善结构，使壁厚均匀，减小毛坯的残余应力。

8）测量误差

测量时，由量具本身的误差及测量方法造成的误差称为测量误差。减少测量误差，要选用精度及最小分度值与工件加工精度相适应的量具。测量方法要正确并正确读数；避免因工件与量具热胀系数不同而造成误差。精密零件应在恒温室中进行测量。要定期检查量具并注意维护保养。

（6）工艺尺寸链及其计算

在机械加工过程中，互相联系的尺寸按一定顺序首尾相接，排列成的尺寸封闭图就是尺寸链。在加工过程中有关尺寸形成的尺寸链，称为工艺尺寸链。

1）尺寸链的组成

一个尺寸链由封闭环、组成环组成。尺寸链图中的每一个尺寸都称为链环。

① 封闭环。尺寸链中，最终被间接保证的尺寸的那个环称为封闭环，代号为 A_{Σ}。一个尺寸链中只有一个封闭环。

② 组成环。尺寸链中，能人为地控制或直接获得的尺寸的环，称为组成环。组成环按其对封闭环的影响，又可分为增环与减环。组成环中，某组成环增大而其他组成环不变，使封闭环随之增大，则此组成环为增环，记为 $\vec{A}$；某组成环增大而其他组成环不变，使封闭环随之减少，此组成环为减环，记为 $\overleftarrow{A}$。

2）尺寸链的基本计算

尺寸链的基本计算公式为：

$$A_{\Sigma}=\sum_{i=1}^{m}\vec{A}_i-\sum_{i=1}^{n}\overleftarrow{A}_i\;;\quad A_{\Sigma\max}=\sum_{i=1}^{m}\vec{A}_{i\max}-\sum_{i=1}^{n}\overleftarrow{A}_{i\min}\;;\quad A_{\Sigma\min}=\sum_{i=1}^{m}\vec{A}_{i\min}-\sum_{i=1}^{n}\overleftarrow{A}_{i\max}$$

$$T_{\Sigma}=A_{\Sigma\max}-A_{\Sigma\min}=\sum_{i=1}^{m}\vec{A}_{i\max}-\sum_{i=1}^{m}\vec{A}_{i\min}+\sum_{i=1}^{n}\overleftarrow{A}_{i\max}-\sum_{i=1}^{n}\overleftarrow{A}_{i\min}=\sum_{i=1}^{m}\vec{T}_i+\sum_{i=1}^{n}\overleftarrow{T}_i=\sum_{i=1}^{m+n}T_i$$

式中 A_{Σ}——封闭环的公称尺寸，mm；

$A_{\Sigma\max}$——封闭环的上极限尺寸，mm；

$\vec{A}_i$——各增环的公称尺寸，mm；

$A_{\Sigma\min}$——封闭环的下极限尺寸，mm；

$\overleftarrow{A}_i$——各减环的公称尺寸，mm；

$\vec{A}_{i\max}$——各增环的上极限尺寸，mm；

$\vec{A}_{i\min}$——各增环的下极限尺寸，mm；

$\overleftarrow{A}_{i\max}$——各减环的上极限尺寸，mm；

$\overleftarrow{A}_{i\min}$——各减环的下极限尺寸，mm；

m——增环的环数；

n——减环的环数；

T_{Σ}——封闭环的公差，mm；

$\vec{T}_i$——各增环的公差，mm；

$\overleftarrow{T}_i$——各减环的公差，mm；

T_i——各组成环的公差，mm。

3）计算实例

如图1-34（a）所示的零件，工件平面1和3已经加工，平面2待加工，尺寸A及其公差可按以下方法求解。

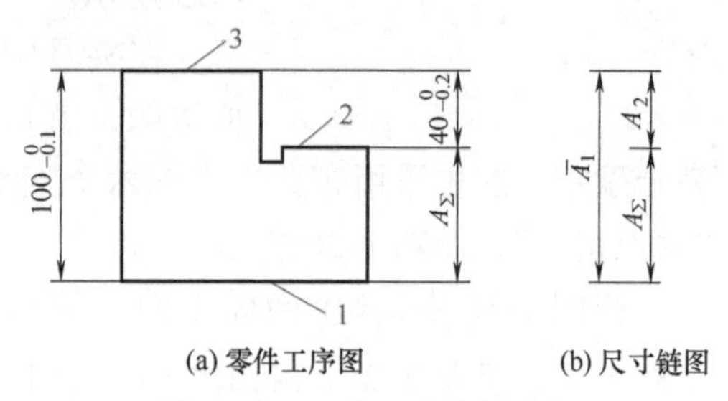

图1-34 工艺尺寸链的计算

根据零件的工序图要求，可画出如图1-34（b）所示的尺寸链图，已知组成环A_1、A_2，则

$$A_{\Sigma\max}=\sum_{i=1}^{m}\vec{A}_{i\max}-\sum_{i=1}^{n}\overleftarrow{A}_{i\min}=A_{1\max}-A_{2\min}=100-39.8=60.2\ \text{(mm)}$$

$$A_{\Sigma\min}=\sum_{i=1}^{m}\vec{A}_{i\min}-\sum_{i=1}^{n}\overleftarrow{A}_{i\max}=A_{1\min}-A_{2\max}=99.9-40=59.9\ \text{(mm)}$$

所以$A_{\Sigma}=60_{-0.1}^{+0.2}$mm

$$T_{\Sigma} = \sum_{i=1}^{m}\vec{T}_i + \sum_{i=1}^{n}\overleftarrow{T}_i = T_{A_1} + T_{A_2} = 0.1 + 0.2 = 0.3\ (\text{mm})$$

故 A_{Σ} 最大为 60.2mm，最短为 59.9mm。

1.3.4 工件的定位及夹紧

在切削加工中，要使工件的各个加工表面的尺寸、形状及位置精度符合规定要求，必须使工件在机床或夹具中占有一个确定的位置。使工件在机床上或夹具中占有正确位置的过程称为定位；使工件保持定位后正确的位置，当切削加工时，不使零件因切削力的作用而产生位移的过程称为夹紧。工件的定位可以通过找正实现，也可以由工件上的定位表面与夹具的定位元件接触来实现；而工件的夹紧则是通过夹紧装置来实现。

（1）工件的定位原理

工件的定位原理是通过六点定位来实现的。

1）六点定位原理

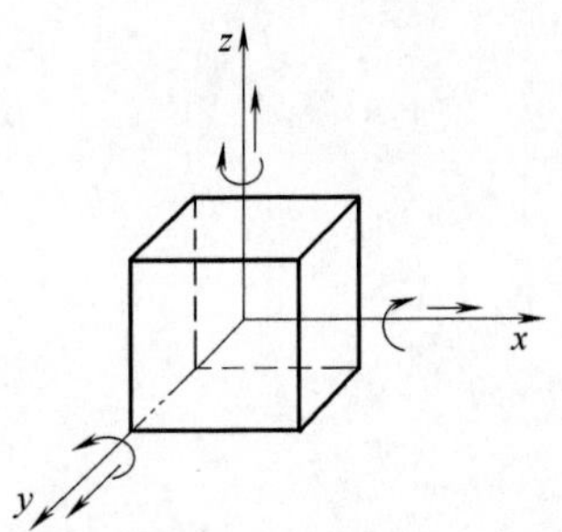

图 1-35 物体的六个自由度

物体在空间的任何运动，都可以分解为相互垂直的空间直角坐标系中的六种运动。其中三个是沿三个坐标轴的平行移动，分别以 $\vec{x}$ 、$\vec{y}$ 及 $\vec{z}$ 表示；另三个是绕三个坐标轴的旋转运动，分别以$\widehat{x}$、$\widehat{y}$及$\widehat{z}$表示。这六种运动的可能性，称为物体的六个自由度，如图 1-35 所示。

在夹具中适当地布置六个支承，使工件与六个支承接触，就可限制工件的六个自由度，使工件的位置完全确定。这种采用布置恰当的六个支承点来限制工件六个自由度的方法，称为“六点定位”，如图 1-36 所示。

在图 1-36 中，*xoy* 坐标平面上的三个支承点限制了工件的 $\vec{x}$ 、$\vec{y}$ 及 $\vec{z}$ 3 个自由度；*yoz* 坐标平面的两个支承点限制了$\widehat{x}$及$\widehat{z}$ 2 个自由度；*xoz* 坐标平面上的一个支承点限制了$\widehat{y}$ 1 个自由度。这种必须使定位元件所相当的支承点数目刚好等于 6 个，且按 3 ∶ 2 ∶ 1 的数目分布在 3 个相互垂直的坐标平面上的定位方法称为六点定则，或称为六点定位原理。

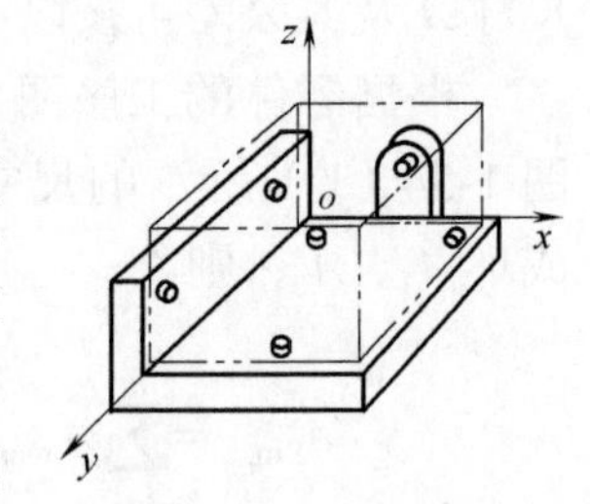

图 1-36 六点定位原理

2）六点定位的应用

① 完全定位。工件在夹具中定位时，如果夹具中的 6 个支承点恰好限制了工件的 6 个自由度，使工件在夹具中占有完全确定的位置，这种定位方式称为“完全定位”，简称“全定位”，参见图 1-36。

② 不完全定位。定位元件的支承点完全限制了按加工工艺要求需要限制的自由度数目，但却少于 6 个自由度，称为“不完全定位”。

如图 1-37 所示为阶梯面零件图，需要在铣床上铣阶梯面。

由于其底面和左侧面为高度和宽度方向的定位基准，阶梯槽是前后贯通的，故只需限制 5 个自由度（底面 3 个支承点，侧面 2 个支承点），装夹定位如图 1-38 所示。

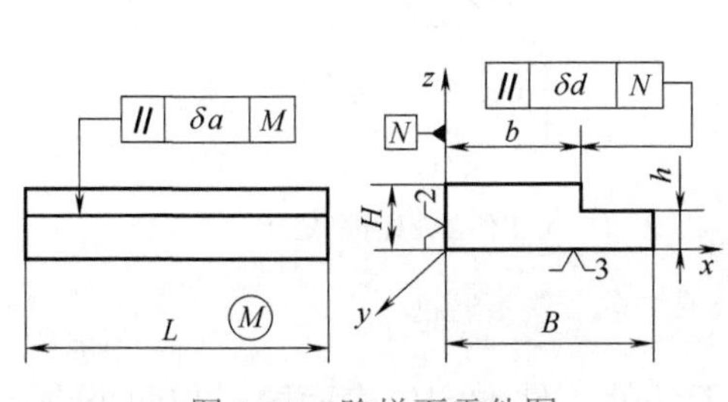

图 1-37　阶梯面零件图

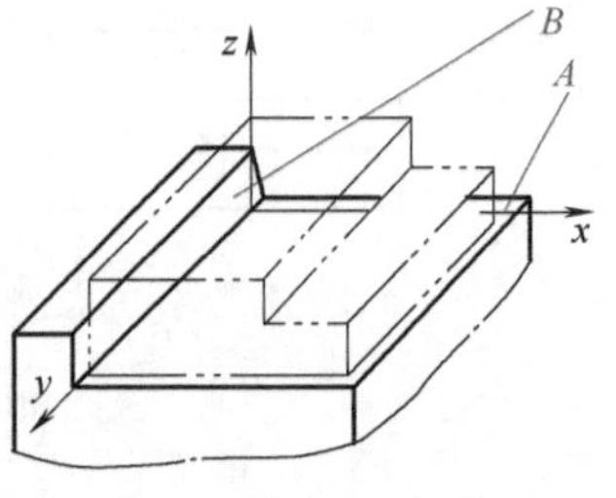

图 1-38　工件在夹具中的定位

又如在平面磨床上磨平面，如图 1-39 所示，要求保证工件的厚度尺寸 H 及平行度 δa，只需限制 $\vec{z}$ 、$\widehat{x}$、$\widehat{y}$ 3 个自由度即可。

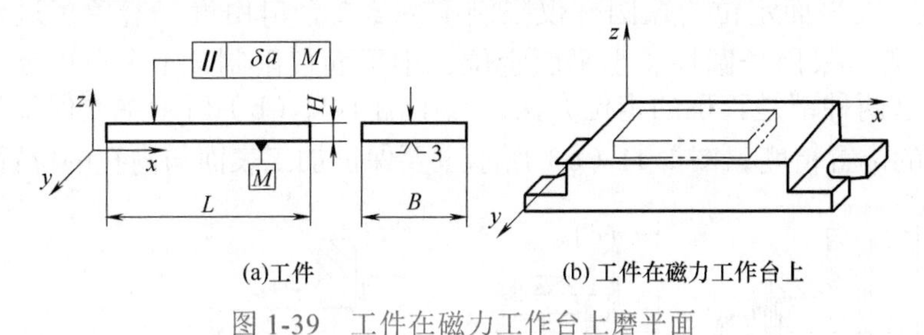

图 1-39　工件在磁力工作台上磨平面

以上说明，并非任何工件在夹具中一定要完全定位，只要满足加工工艺要求，限制的自由度少于 6 个也是合理的，且可简化夹具的结构。

③ 欠定位。工件定位时，定位元件所能限制的自由度数，少于按加工工艺要求所需要限制的自由度数，称为欠定位。欠定位不能保证加工精度要求，不允许在欠定位情况下进行加工。

如图 1-40（a）所示的零件，需在铣床上铣不通槽。如果端面没有定位点 C［参见图 1-40（b）］，铣不通槽时，其槽的长度尺寸不能确定，因此，不能满足加工工艺要求。

④ 过定位。定位元件所相当的支承点数多于所能限制的自由度数，即工件上有某一自由度被两个或两个以上支承点重复限制的定位，称为过定位，也称重复定位。

图 1-41（a）所示的装夹方法中，较长的心轴对内孔定位消除了 $\vec{y}$ 、$\vec{z}$ 及 $\widehat{y}$、

$\overset{\frown}{z}$ 4 个自由度，夹具平面 P 对工件大端面定位，消除 $\vec{x}$、$\overset{\frown}{y}$ 及 $\overset{\frown}{z}$ 3 个自由度，$\overset{\frown}{y}$ 和 $\overset{\frown}{z}$ 被心轴和平面 P 重复限制，故是过定位。

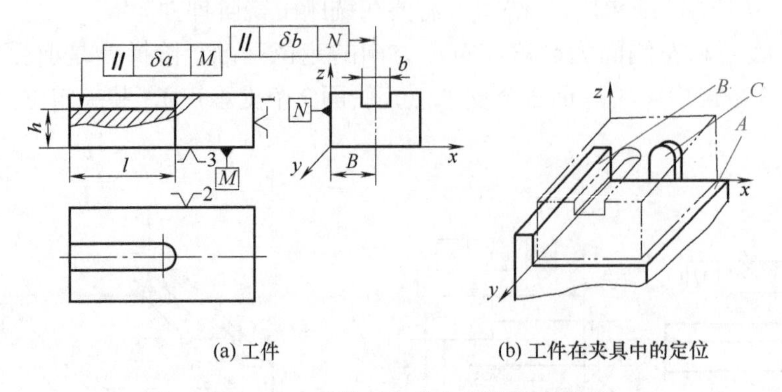

(a) 工件　(b) 工件在夹具中的定位

图 1-40　工件在夹具中安装铣不通槽

由于工件与定位元件都存在误差，无法使工件的定位表面同时与两个进行定位的定位元件接触，如果强行夹紧，工件与定位元件将产生变形，甚至损坏。

图 1-41（b）及图 1-41（c）所示是改进后的定位方法。图 1-41（b）所示采用短圆柱、大平面定位。短圆柱仅限制 $\vec{y}$、$\vec{z}$ 2 个自由度，避免了过定位。图 1-41（c）所示采用长圆柱、小平面定位，小平面仅限制 $\vec{x}$ 1 个自由度，避免了过定位。这两种都是正确的定位方法，其中图 1-41（b）所示主要保证加工表面与大端面的位置精度；图 1-41（c）所示主要保证加工表面与内孔的位置精度。

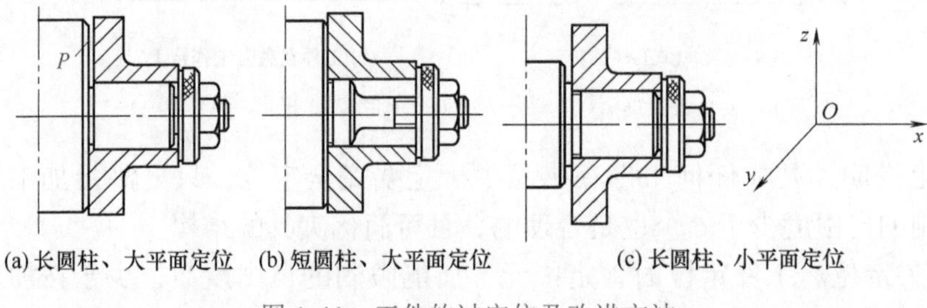

(a) 长圆柱、大平面定位　(b) 短圆柱、大平面定位　(c) 长圆柱、小平面定位

图 1-41　工件的过定位及改进方法

（2）常用的定位方法及定位元件

1）平面定位

工件以平面作定位基准，是常见的定位方式，如加工箱体、机座、平板、盘类零件时，常以平面定位。

当工件以一个平面为定位基准时，一般不以一个完整的大平面作为定位元件的工作接触表面，常用三个支承钉或两三个支承板作定位元件。

① 支承钉。支承钉主要用于毛坯平面定位。如图 1-42（a）、图 1-42（b）中分别为球头钉及尖头钉，可减小与工件的接触面；图 1-42（c）所示为网纹顶面

支承钉，能增大与工件的摩擦力；图 1-42（d）、图 1-42（e）所示为可调支承钉。当各批毛坯尺寸及形状变化很大时，可调节其高度，调节后用螺母锁紧。

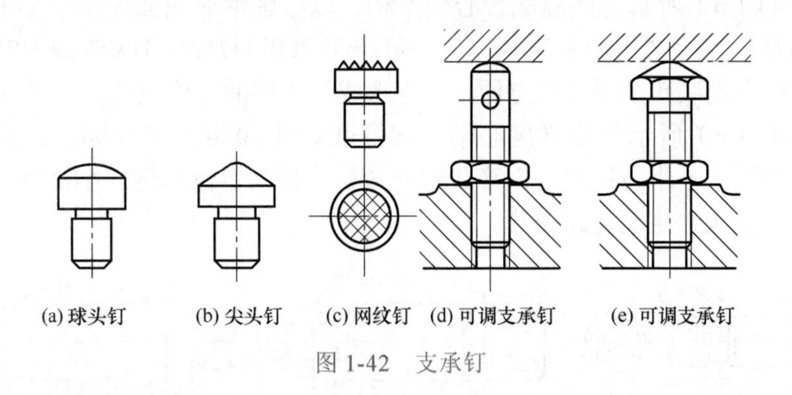

图 1-42　支承钉

② 支承板。支承板主要用于已加工过的大、中型工件的定位基准。它有 A 型和 B 型两种结构，如图 1-43 所示。其中 B 型接触面积小，有碎屑时不易影响定位精度。

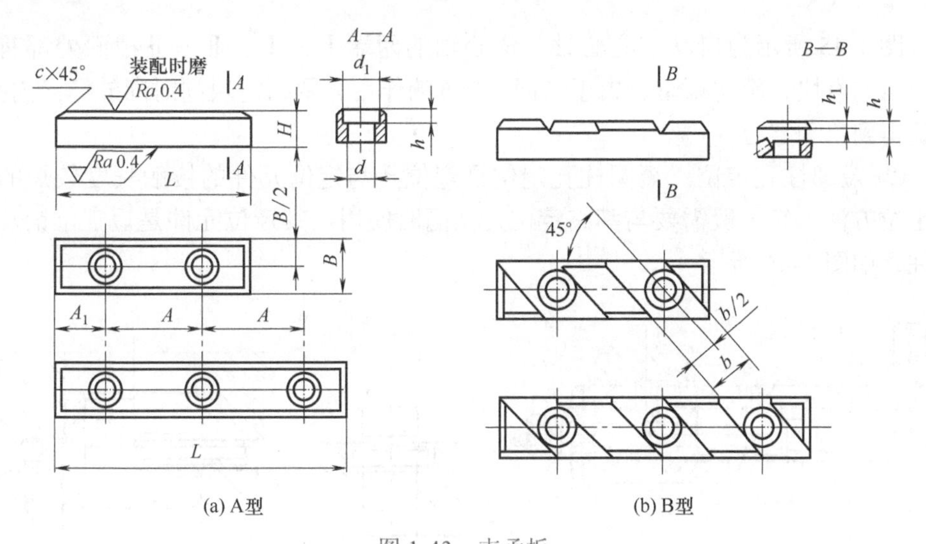

图 1-43　支承板

2）圆柱孔定位

利用工件上的圆柱孔作定位基准，也是常见的定位方式之一。根据所定位圆柱孔长短的不同，又可分为：长圆柱孔定位及短圆柱孔定位两种。

① 长圆柱孔定位。长圆柱孔定位是用相对于直径有一定长度的孔定位，是能限制工件 4 个自由度的定位方法。定位元件有刚性心轴与自动定心心轴两大类。其中：刚性心轴与工件孔的配合，可采用过盈配合、间隙配合或小锥度心轴。

当工件定位孔的精度很高，且要求定位精度很高时，可采用具有较小过盈量的过盈配合心轴。心轴的结构如图 1-44（a）所示。它由导向部分盘起引导作用，使工件能迅速套上心轴。

图 1-44（b）所示为间隙配合心轴结构，以心轴轴肩端面作小平面定位，工件由螺母作轴向夹紧。心轴直径与工件孔一般采用 H7/e7、H7/f6 或 H7/g5 的配合。间隙配合使装卸工件比较方便，但也形成了工件的定位误差。

图 1-44（c）所示为小锥度心轴。其锥度 C=1/5000 ～ 1/1000，工件套入心轴需要大端压入一小段距离，以产生部分过盈，提高定位精度。小锥度心轴消除了间隙，并且能方便地装卸工件。

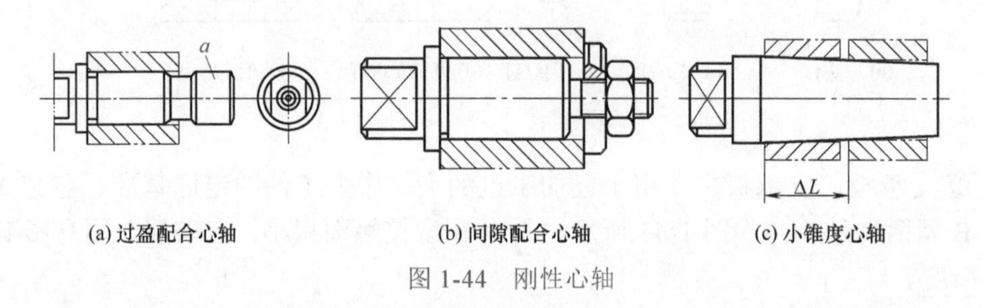

(a) 过盈配合心轴　(b) 间隙配合心轴　(c) 小锥度心轴

图 1-44　刚性心轴

图 1-45 所示为自动定心心轴。该心轴的两端 Ⅰ—Ⅰ、Ⅱ—Ⅱ 截面处都有三块一组的滑块，旋动螺母，由于斜面 A 与 B 的作用，两组滑块同时向外撑紧内孔，使孔得到自动定心。

② 短圆柱孔定位。短圆柱孔定位是定位孔与定位元件的接触长度较短的一种定位方法。它一般需要与其它定位方法同时使用。其定位元件是短定位销及短圆柱，如图 1-46 所示。

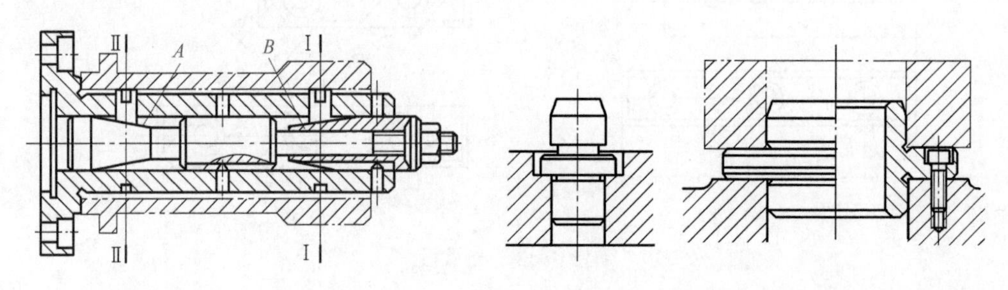

图 1-45　自动定心心轴　　图 1-46　短圆柱孔定位

3）外圆柱面定位

工件以外圆柱面定位，可分长、短圆柱表面定位。定位方法有以下几种。

① 自动定心定位。三爪自定心卡盘、弹簧夹头及双 V 形架自动定心装置都属于这种定位。这种定位方法一般用于长圆柱表面定位，如图 1-47 所示。

② 定位套定位。如图 1-48（a）所示为短圆柱套定位；图 1-48（b）所示为长圆柱套定位。

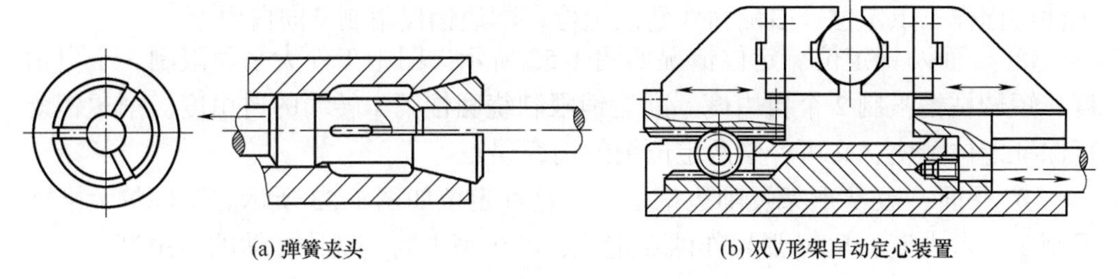
(a) 弹簧夹头　(b) 双V形架自动定心装置

图 1-47 外圆柱面的自动定心

③ V 形架定位。工件以 V 形架作定位元件，不仅安装方便，且对中性好。不论定位基准如何，均可保证工件定位基准线（轴线）落在两斜面的对称平面上，即 x 轴方向定位误差为零。但当圆柱直径大小有变化时，在 z 轴方向有定位误差。其定位情况如图 1-49 所示。

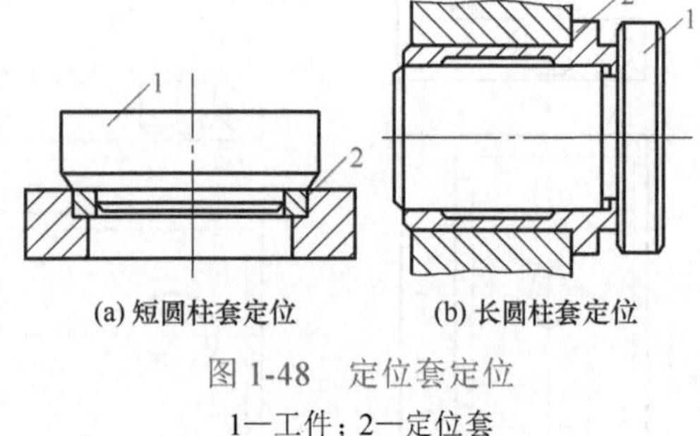

(a) 短圆柱套定位　(b) 长圆柱套定位

图 1-48 定位套定位

1—工件；2—定位套

V 形架有长、短之分，短 V 形架仅限制 2 个自由度；长 V 形架可限制 4 个自由度。为减小工件与 V 形架的接触面积，可将长 V 形架做成两个短 V 形架。

4）锥孔定位

锥孔定位有长锥孔与短锥孔定位。长锥孔一般采用锥度心轴定位，可限制 5 个自由度。锥度较小时，工件不再作轴向定位，不夹紧就可进行切削力较小的加工。锥度较大的工件应进行轴向夹紧［图 1-50（a）］。如果工件的定位表面是外圆锥面，可采用定位套定位［图 1-50（b）］。

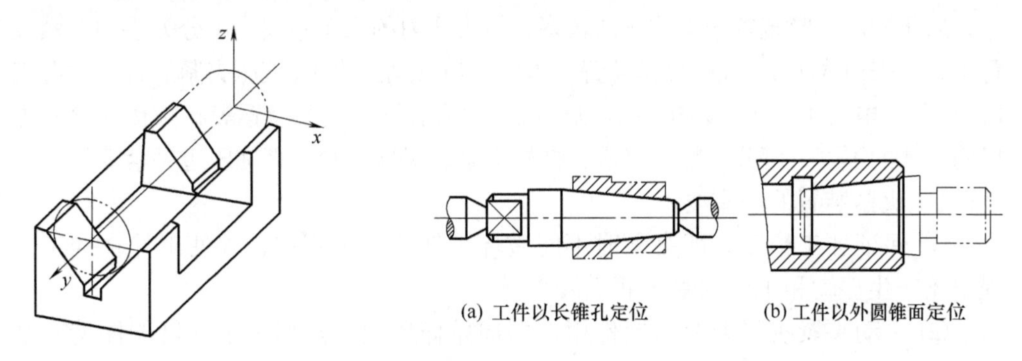

(a) 工件以长锥孔定位　(b) 工件以外圆锥面定位

图 1-49 圆柱体在 V 形架中定位

图 1-50 长锥孔、轴定位

锥孔定位时，工件与心轴间无间隙，且能自动定心，具有很高的定心精度。

5）几种定位方法的组合定位

① 两面一销定位。两面一销定位是一种完全定位，定位情况如图 1-51 所示。

工件底面作三点定位，右侧面作两点定位，削边销仅限制 $\vec{y}$ 向自由度。

② 一面两销定位。定位情况如图 1-52 所示。图中工件大平面限制 3 个自由度，短圆柱销限制 2 个自由度。削边销限制绕圆柱销 1 转动的自由度。削边销既可保证定位精度，又可补偿两定位销的销距误差。

③ 平面、短 V 形架及削边销定位。这种定位如图 1-53 所示。工件的大端面限制 3 个自由度；短 V 形架作两点定位，削边销限制绕轴线转动的自由度。

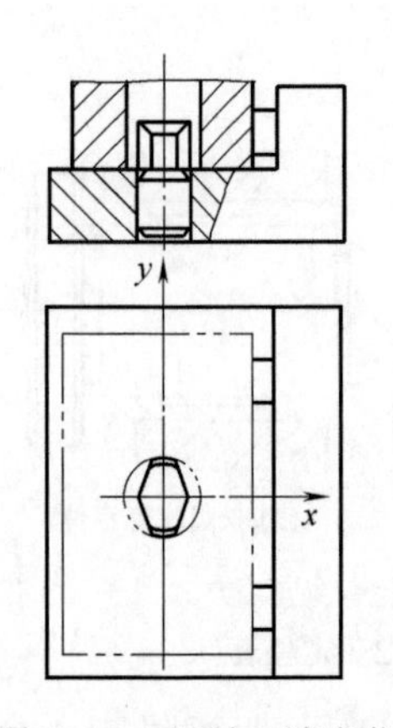

图 1-51 两面一销定位

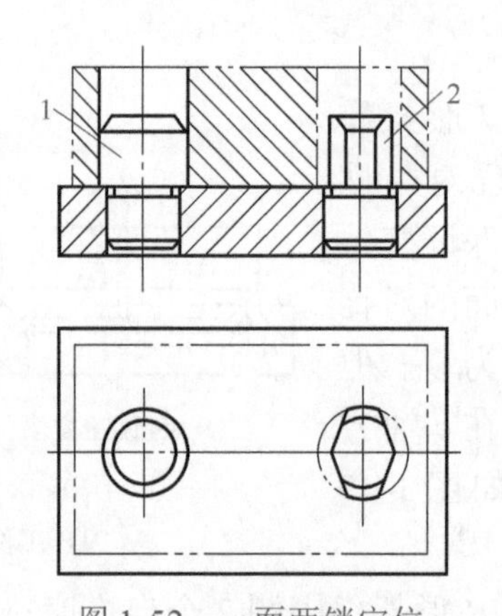

图 1-52 一面两销定位

1—圆柱销；2—削边销

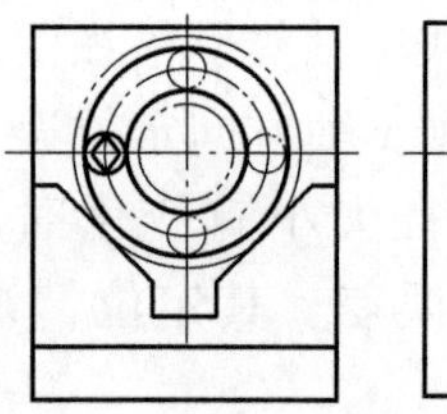

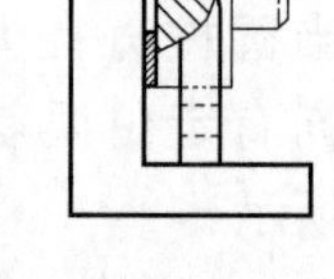

图 1-53 平面、短 V 形架及削边销定位

（3）工件的夹紧

工件在夹具上正确定位后，还必须通过夹紧装置来固定工件，使其保持正确的位置，当切削加工时，不使零件因切削力的作用而产生位移，从而保证零件的加工质量。

由于加工零件的外形结构、生产批量、技术要求不同，因此，所用的夹紧装置也有所不同。夹紧装置分类的方法较多，按夹紧力的来源不同，可分为手动夹紧装置（力源来自人力）、气压夹紧装置（力源来自气动压力）、液压夹紧装置（力源来自液压）、电力（力源来自电磁、电动机等动力装置）夹紧装置等；按传递夹紧力机构形式的不同，可分为螺旋夹紧、杠杆夹紧、斜楔夹紧、螺旋压边夹紧等。

1）夹紧装置的基本要求

① 保证加工精度，即夹紧时不能破坏工件的准确定位，并使工件在加工过程中不产生振动和工件的受压面积最小。

② 手动夹紧机构要有自锁作用，即原始作用力消除后，工件仍能保持夹紧状态而不会松开。

③ 夹紧机构操作时安全省力、迅速方便，以减轻工人的劳动强度，缩短辅助时间，提高生产效率。

④ 结构简单、紧凑，并具有足够的刚度。

2）常用夹紧装置的结构

① 斜楔夹紧机构。图1-54所示为斜楔夹紧机构，由螺杆1、楔块2、铰链压板3、弹簧4和夹具体5组成。当转动螺杆时，推动楔块向前移动，铰链压板转动而夹紧工件。

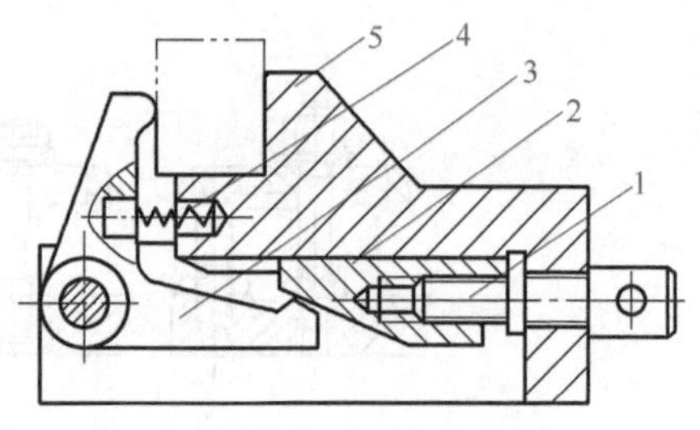

图1-54 斜楔夹紧机构

1—螺杆；2—楔块；3—铰链压板；4—弹簧；5—夹具体

② 螺钉夹紧机构。螺钉夹紧机构如图1-55所示。它通过旋转螺钉直接压在工件上，螺钉前端的圆柱部分通常淬硬。为了防止拧紧螺钉时其头部压伤工件表面，常制成压块与螺钉浮动连接。压块结构见图1-56。

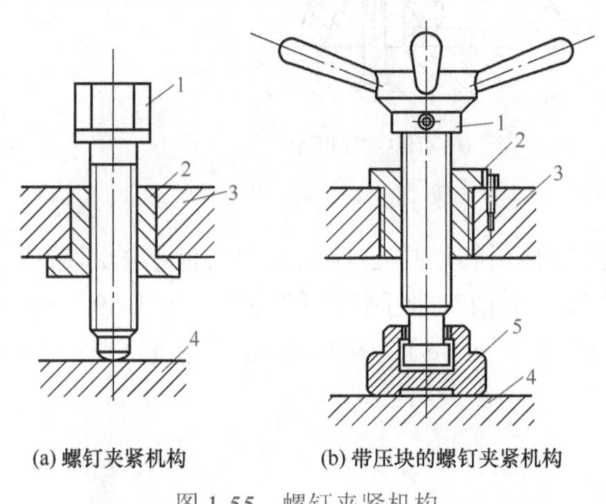

图1-55 螺钉夹紧机构

1—手柄；2—套；3—夹具；4—工件；5—压块

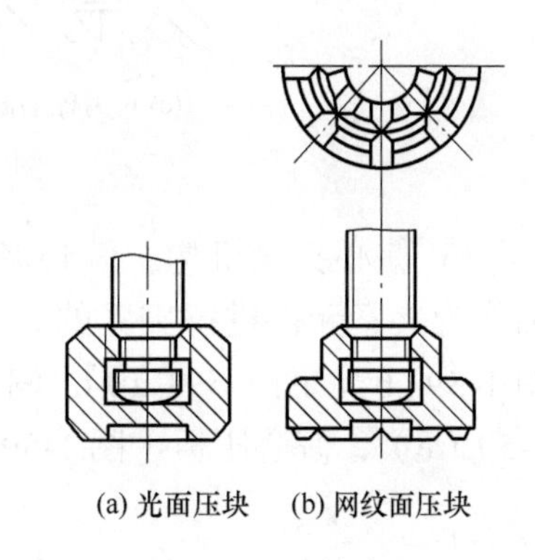

图1-56 压块结构

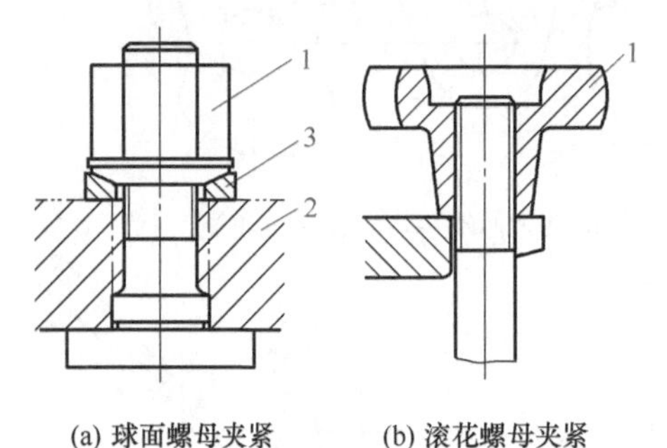

图1-57 螺母夹紧机构

1—螺母；2—工件；3—垫圈

③ 螺母夹紧机构。当工件以孔定位时，常用螺母夹紧。该机构具有增力大，自锁性好的特点，很适合于手动夹紧。螺母夹紧机构夹紧缓慢，在快速机动夹紧中应用很少，常见结构如图1-57所示。

④ 螺旋压板夹紧机构。螺旋压板夹紧机构是螺旋机构与压板及其他机构组合成的复合式夹紧机构。图1-58（a）、图1-58（b）、图1-58（c）所示的螺旋压板位于中间，螺母下用球面垫圈，压板尾部的支柱顶端也做成球面，以便在夹紧过程中做少量偏转。图1-58（d）所示是“L”型压板，结构紧凑，但夹紧力小。图1-58（e）所示是可调高度压板，它适应性强。图1-58（f）所示的螺旋压紧机构，在夹紧过程中做少量偏转及高度调整。

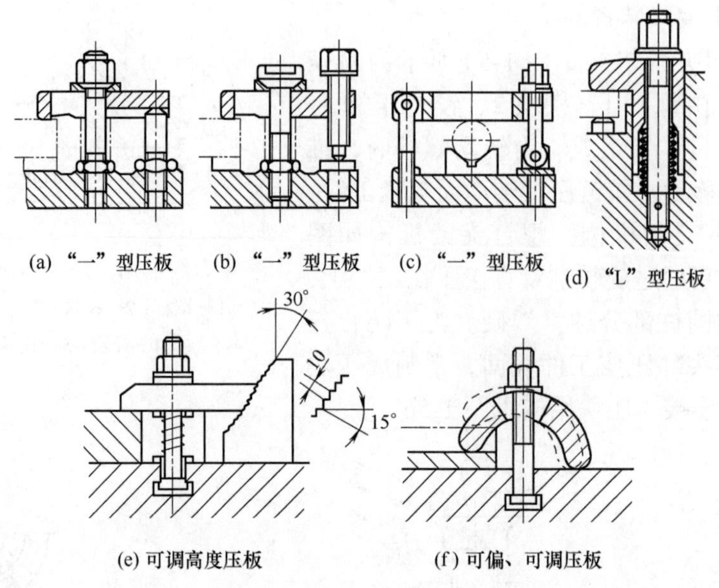

(a)“一”型压板 (b)“一”型压板 (c)“一”型压板 (d)“L”型压板

(e) 可调高度压板 (f) 可偏、可调压板

图 1-58 螺旋压板夹紧机构

⑤ 偏心夹紧机构。偏心夹紧机构是利用转动中心与几何中心偏移的圆盘或轴作为夹紧元件进行夹紧的。常用的偏心结构有带手柄的偏心轮［图 1-59（a）、图 1-59（b）、图 1-59（g）］，偏心凸轮［图 1-59（c）、图 1-59（d）］和偏心轴［图 1-59（e）］，偏心压板［图 1-59（f）］。

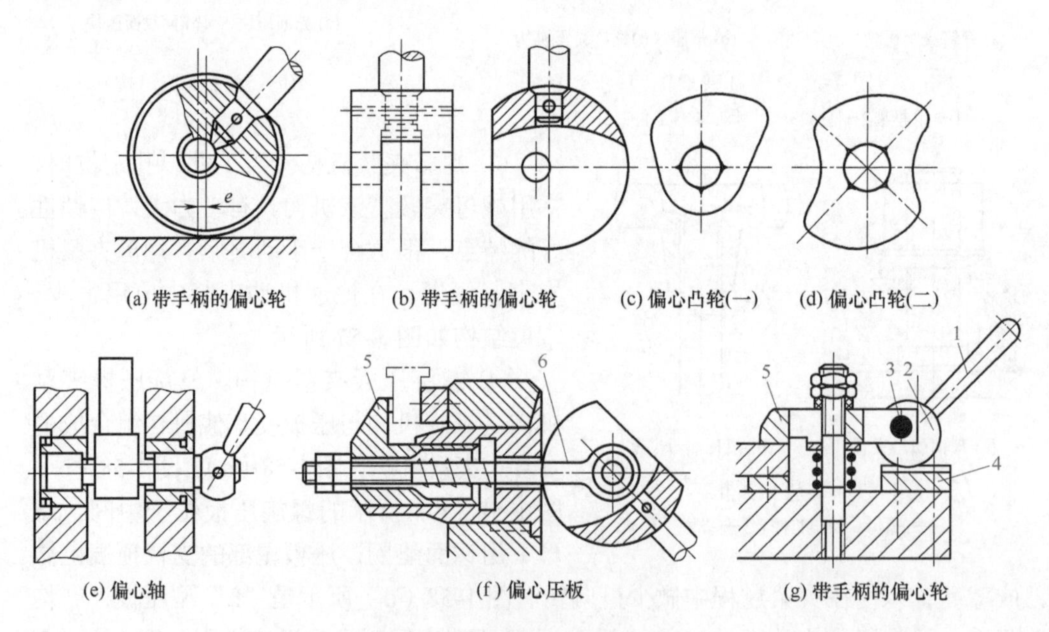

(a) 带手柄的偏心轮 (b) 带手柄的偏心轮 (c) 偏心凸轮(一) (d) 偏心凸轮(二)

(e) 偏心轴 (f) 偏心压板 (g) 带手柄的偏心轮

图 1-59 常用偏心夹紧机构

1—手柄；2—偏心轮；3—轴；4—槽块；5—压板；6—拉杆

1.4 车削加工工艺

在机械加工中，为保证零件的加工质量，工艺技术人员需要根据产品图样的要求和该工件的特点、生产批量以及本企业现有设备和生产能力等因素，拟订出一种技术上可行、经济上合理的最佳工艺方案，这个最佳工艺方案便称为零件加工工艺规程，它既是指导零件生产过程的技术文件，也是生产操作、生产管理必须遵守的规定。

对于一个较复杂且涉及多个专业工种的加工零件，车削加工工艺很可能仅仅是其中的一个或几个工序，此时，车削操作人员则应在遵守整个零件加工工艺的基础上，努力做好其中的车削加工并协调好各工序及各工种间的关系。

1.4.1 车削工件定位基准的选择

使工件在机床上或夹具中占有正确位置的过程，称为定位。选择定位基准是零件加工的基础。在工件车削加工过程中，合理地选择定位基准对保证工件的尺寸精度和相互位置精度起着重要的作用。

定位基准有粗基准和精基准两种。毛坯在开始加工时，都是以未加工的表面定位，这种基准面称为粗基准；用已加工的表面作为定位基准面称为精基准。

（1）粗基准的选择

选择粗基准时，必须要达到以下两个基本要求：其一应保证所有加工表面都有足够的加工余量；其二应保证工件加工表面和不加工表面之间具有一定的位置精度。粗基准的选择原则如下。

① 当加工表面与不加工表面有位置精度要求时，应选择不加工表面作为粗基准。如图1-60所示的手轮，因为铸造时有一定的形位误差，在第一次装夹车削时，应选择手轮内缘的不加工表面作为粗基准，加工后就能保证轮缘厚度口基本相等，如图1-60（a）所示。如果选择手轮外圆（加工表面）作为粗基准，加工后因铸造误差不能消除，使轮缘厚薄明显不一致，如图1-60（b）所示。也就是说，在车削前，应该找正手轮内缘，或用三爪自定心卡盘反撑在手轮的内缘上进行车削。

② 对所有表面都需要加工的工件，应选择加工余量最小的表面找正，这样不会因位置的偏移而造成余量太少的部位加工不出来。如图1-61所示的台阶轴是锻件毛坯，*A*段余量较小，*B*段余量较大，粗车时应找正*A*段，再适当考虑*B*段的加工余量。

③ 应选用工件上强度、刚性好的表面作为粗基准，否则会使工件夹伤或使装夹工件松动。

④ 粗基准应选择平整光滑的表面，铸件装夹时应让开浇冒口部分。

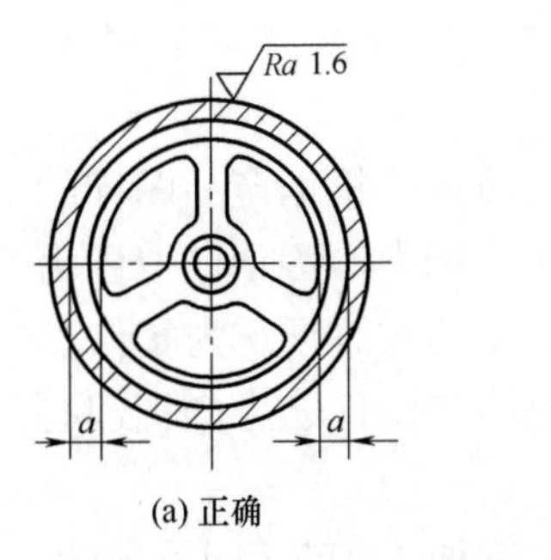

(a) 正确

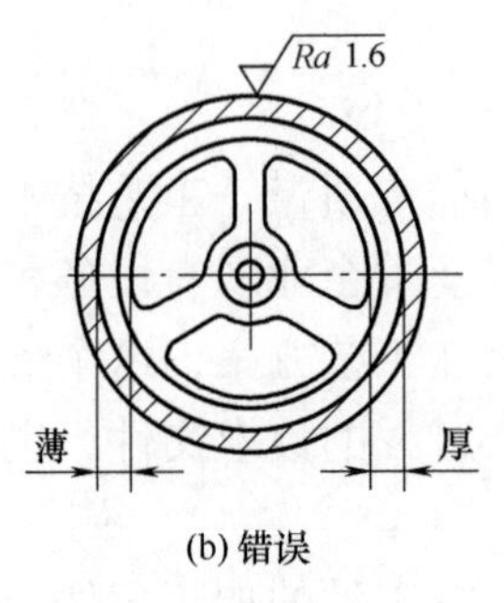

(b) 错误

图 1-60　车削手轮时粗基准的选择

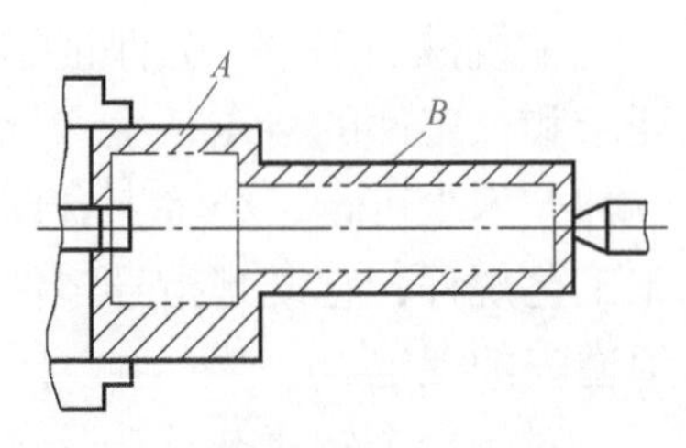

图 1-61　根据余量小的表面找正

⑤ 粗基准不能重复使用。

（2）精基准的选择

精基准的选择原则如下。

① 尽可能采用设计基准或装配基准作为定位基准。一般的套、齿轮坯和带轮，精加工时一般利用心轴以内孔作为定位基准来加工外圆及其他表面［图 1-62（a）～图 1-62（c）］。在车配三爪自定心卡盘法兰时［图 1-62（d）］，一般先车好内孔和螺纹，然后把它安装在主轴上再车配安装三爪自定心卡盘的凸肩和端面。这种加工方法，定位基准与装配基准重合，使装配精度容易达到满意的结果。应该说明的是：图 1-62 中⌵为定位基准符号。

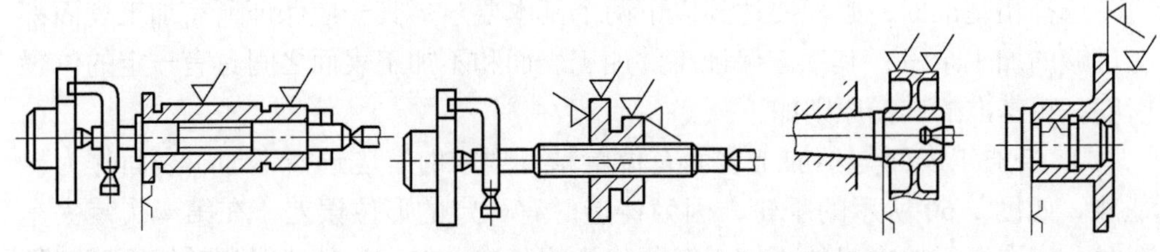
(a) 以内孔作为定位基准加工外圆　(b) 以内孔作为定位基准加工端面　(c) 以内孔作为定位基准加工外圆　(d) 以内孔作为定位基准加工端面

图 1-62　精基准的选择

② 尽可能使定位基准和测量基准重合。如图 1-63（a）所示的套，*A* 和 *B* 之间的长度公差为 0.2mm，测量基准面为 *A*。如图 1-63（b）所示心轴加工时，因为轴向定位基准是 *A* 面，这样定位基准与测量基准重合，使工件容易达到长度公差要求。如图 1-63（c）所示用 *C* 面作为长度定位基准，由于 *C* 面与 *A* 面之间也有一定误差，这样就产生了间接误差，误差累计后，很难保证（40±0.1）mm 的要求。

③尽可能使基准统一。除第一道工序外，其余加工表面尽量采用同一个精基准，因为基准统一后，可减少定位误差，提高加工精度，使装夹方便。如一般轴类工件的中心孔，在车、铣、磨等工序中，始终用它作为精基准。又如齿轮加工

时，先把内孔加工好，然后始终以内孔作为精基准。必须指出，当本原则与上述原则②相抵触而不能保证加工精度时，就必须放弃这个原则。

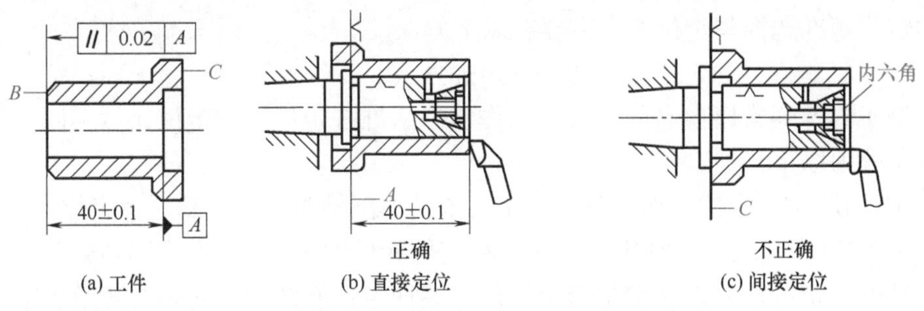

图 1-63　定位基准与测量基准

④ 选择精度较高、形状简单和尺寸较大的表面作为精基准。这样可以减少定位误差，使定位稳固，还使工件减小变形。如图 1-64（a）所示的内圆磨具套筒，外圆长度较长，内孔形状较复杂，在车削和磨削内孔时，应以外圆作为定位精基准。

车内孔和内螺纹时，应一端用软卡爪夹住，以外圆作为精基准，如图 1-64（b）所示。磨削两端内孔时，把工件安装在 V 形夹具［图 1-64（c）］中，同样以外圆作为精基准。

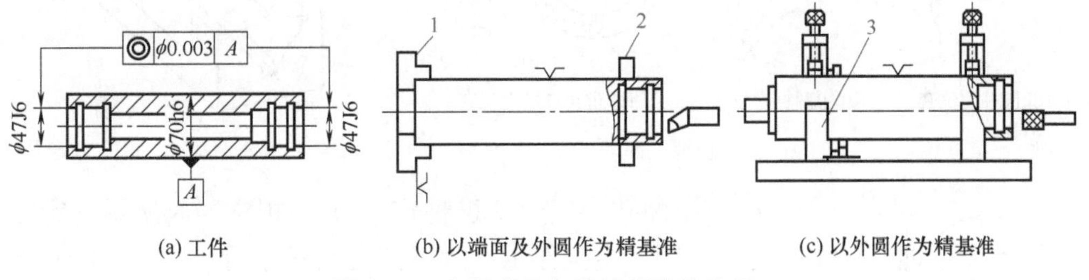

图 1-64　内圆磨具套筒精基准的选择

1—软卡爪；2—中心架；3—V 形夹具

又如内孔较小、外径较大的 V 带轮，就不能以内孔安装在心轴上车削外圆上的 V 形槽。这是因为心轴刚度不够，容易引起振动［图 1-65（a）］，切削用量无法提高。因此车削直径较大的 V 带轮时，可采用图 1-65（b）所示的反撑的方法，使内孔和各条 V 形槽在一次装夹中加工完毕，或先把外圆、端面及 V 形槽车好后，装夹在软爪中以外圆为精基准加工内孔，参见图 1-65（c）。

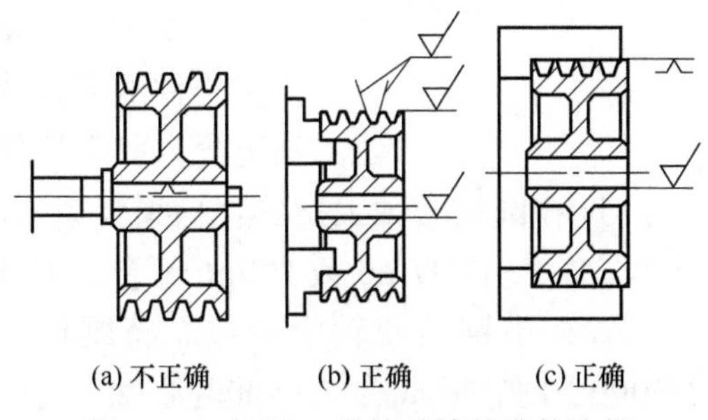

图 1-65　车削 V 带轮时精基准的选择

1.4.2 常见轴及套类零件的定位方法

工件的定位，一般应依据零件的形状及精度要求来确定，常见的轴及套类零件的定位基准选择与定位方法主要有以下方面。

（1）轴类零件的定位基准选择与定位方法

轴类零件通常以自身的外圆柱面作定位基准来定位。按定位元件不同，定位方法又分为以下几种。

① 自动定心定位。如用三爪自定心卡盘车削轴类零件就是这种定位方式。

② 定位套定位。这种定位方式是将定位元件做成定位套（图 1-66），工件以外圆柱面作定位基准，在定位套中定位。这种定位方法结构简单，适用于精基准定位。

③ 在 V 形架中定位。V 形架是常用的定位元件，如图 1-67 所示。用 V 形架对工件外圆柱面定位，具有自动对中的功能，能使工件的定位基准轴线与 V 形架两斜面的中心平面自动重合，且不受直径误差的影响（V 形架垂直放置）。

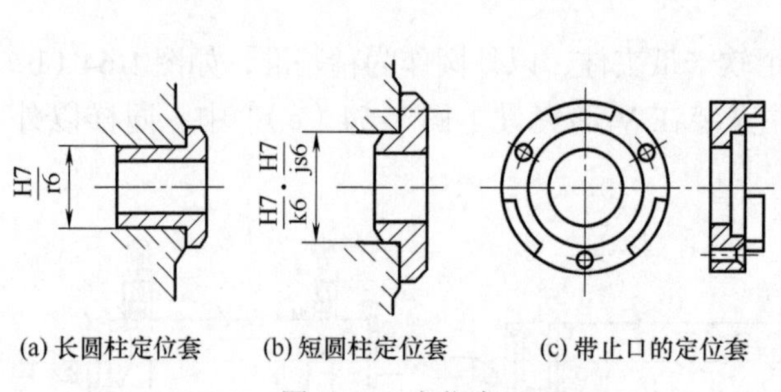

(a) 长圆柱定位套　(b) 短圆柱定位套　(c) 带止口的定位套

图 1-66　定位套

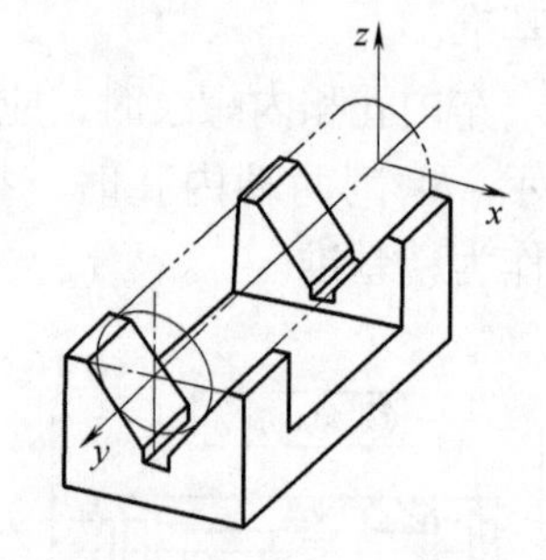

图 1-67　工件在 V 形架中定位

④ 在半圆孔中定位。这种定位方法如图 1-68 所示。定位元件的下半圆起定位作用，上半圆起夹紧作用。由于定位元件与工件表面接触面积大，故不易损伤工件表面，常用于大型轴类及不便于轴向安装的工件的精基准定位。

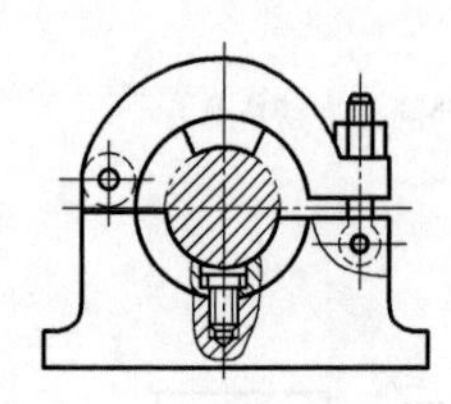
图 1-68　工件在半圆孔中定位

（2）套类零件的定位基准选择与定位方法

套类零件通常以内孔作为定位基准，按定位元件不同，定位方法可分为以下几种。

① 在圆柱心轴上定位。加工套类零件时，常用工件的孔在圆柱心轴上定位。孔与心轴常用 H7/h6 或 H7/g6 配合，如图 1-69 所示。

②在小锥度心轴上定位。将圆柱心轴改成锥度很小的锥体（C=1/1000 ～ 1/5000）时，就成为“小锥度心轴”。工件在小锥度心轴上定位，消除了径向间隙，提高了心轴的定心精度。定位时，工件楔紧在心轴上，靠楔紧产生的摩擦力带动工件，不需要再夹紧，且定心精度高（可达 0.005 ～ 0.01mm）。缺点是工件

在轴向不能定位。适用于工件的定位孔精度较高（IT7 以上）的精加工及磨削加工，如图 1-70 所示。

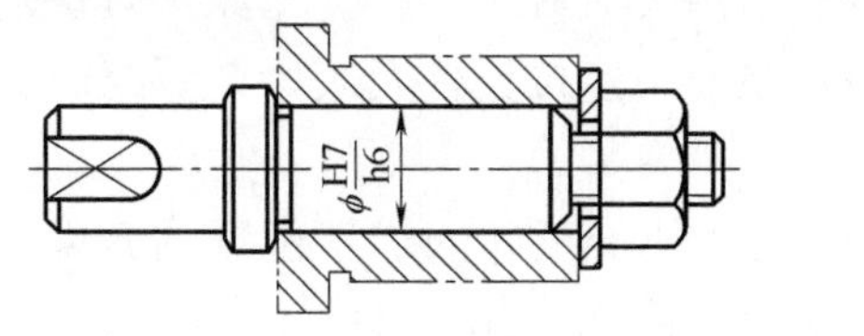

图 1-69 工件在圆柱心轴上定位

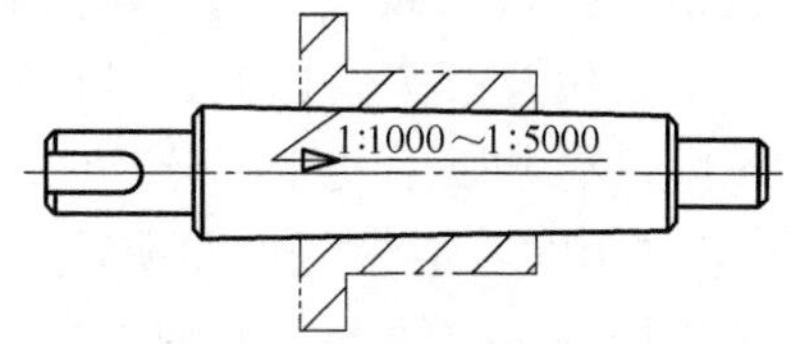

图 1-70 小锥度心轴定位

③ 在圆锥心轴上定位。当工件的内孔为圆锥孔时，可用与工件内孔锥度相同的锥度心轴定位，如图 1-71（a）所示。如圆锥半角小于自锁角（锥度 $C < 1/4$）时，为了便于卸下工件，可在心轴大端配上一个旋出工件的螺母，如图 1-71（b）所示。

④ 在螺纹心轴上定位。当工件的内孔是螺孔时，可用螺纹心轴定位。简易螺纹心轴见图 1-72（a）。工件旋紧以后，以其端面顶在心轴支承肩面上定位。为了拆卸工件方便，螺纹心轴上装有锁紧螺母，如图 1-72（b）所示。

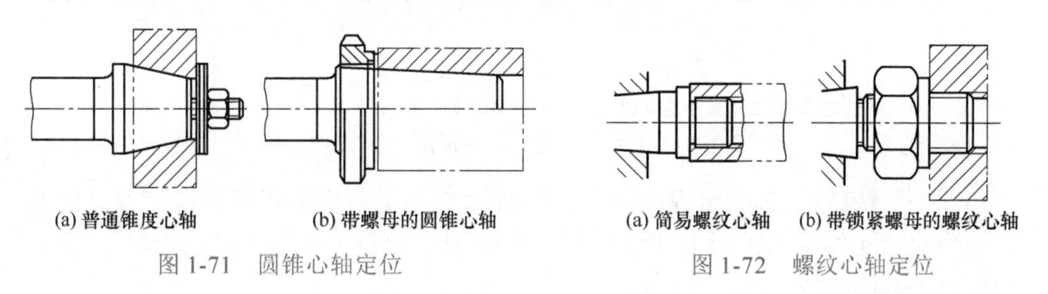

(a) 普通锥度心轴　(b) 带螺母的圆锥心轴

图 1-71 圆锥心轴定位

(a) 简易螺纹心轴　(b) 带锁紧螺母的螺纹心轴

图 1-72 螺纹心轴定位

⑤ 在花键心轴上定位。带有花键孔的工件，为了保证工件的外圆、端面与花键孔三者之间的位置精度，一般以花键心轴（图 1-73）定位车外圆和端面。为了保证定心精度和装卸工件方便，心轴工作部分外圆常制有 1/1000 ～ 1/5000 的锥度。

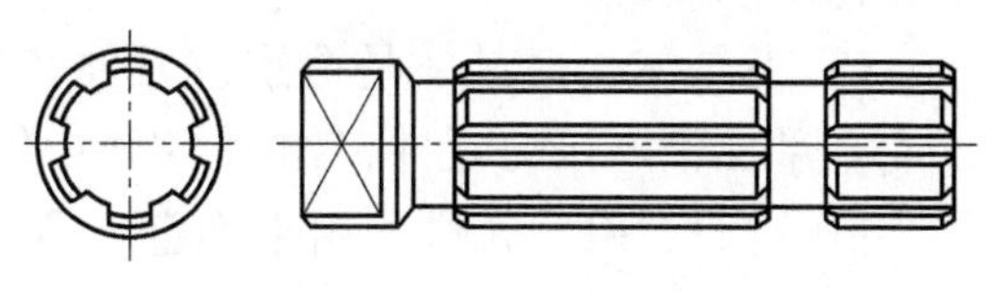

图 1-73 花键心轴定位

1.4.3 车床夹具的组成及种类

用于装夹工件，使之占有正确位置的工艺装备称为机床夹具。机床夹具的种类很多，按加工工种的不同，可分为钻床夹具、车床夹具、铣床夹具、磨床夹具、镗床夹具、拉床夹具等。车床夹具是安装在车床主轴上，车削之前，将零件夹紧，车削时与主轴一起转动的装夹工具。在车削加工过程中，有针对性地选用合适的车床夹具具有保证产品质量、提高生产率、改变车床用途与扩大车床工艺范围等作用。

(1) 车床夹具的组成

与其他种类机床夹具（如铣用夹具、钻用夹具等）一样，车床夹具也是用于完成工件的定位及装夹，因此，车床夹具主要由定位元件及夹紧装置组成，按其作用的不同，可分以下几个部分。

① 定位元件。定位元件是夹具中使工件处于正确的加工位置的元件。如V形架、定位销、定位块等，如图1-74中件1、件2。

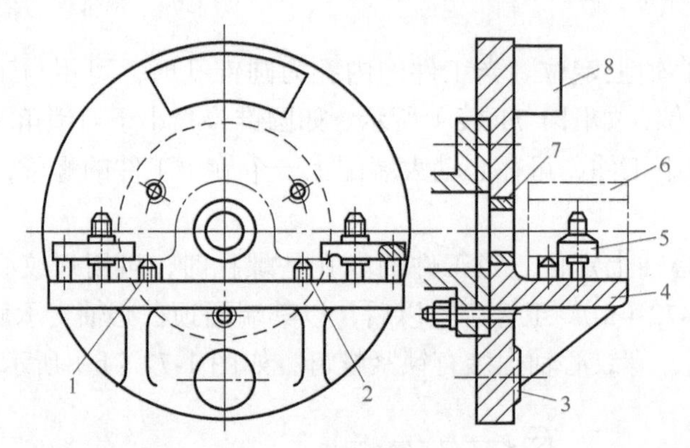

图1-74 角铁式车床夹具

1—削边定位销；2—圆柱定位销；3—轴向定程基面；4—夹具体；5—压板；6—工件；7—导向套；8—平衡铁

② 夹紧装置。夹紧装置是使工件在外力作用下，仍能保持其既定位置的装置。由夹紧元件（如压板）、增力装置（如杠杆、螺旋、凸轮）及动力源（气缸、液压缸）共同组成。

③ 夹具体。夹具体是把定位元件、夹紧装置等连接成一个整体，并且与车床有关部位相连接的元件，如图1-74中件4为夹具体。

④ 对刀、引导元件。用于确定、引导刀具与夹具定位元件相互位置的元件，如对刀块、钻套等（图1-74中的导向套7）。

⑤ 其他元件和装置。夹具上需要分度时就要有分度装置，用机械传动的夹具就有机械传动部件，以及起平衡作用的平衡铁（图1-74中的件8）等。

(2) 车床夹具的种类及应用

车床夹具根据其通用化程度的不同，可分为通用夹具及专用夹具、组合夹具三种，表1-11给出了车床夹具的分类及特点。

① 通用夹具。通用夹具通常由具有互换性、耐磨性的车床附件构成，其尺寸、规格已形成系列及标准，它通用性好，能用于不同形状、不同规格的各类零件的加工。

常用的通用夹具类型有：顶尖、卡头、卡盘、心轴、拨盘、花盘等。

表 1-11 车床夹具分类及特点

种类	夹具名称	特点
通用夹具	三爪自定心卡盘	装夹短棒料或盘类零件
	四爪单动卡盘	装夹方形、椭圆或不规则形状的工件。使用时应注意找正
	顶尖	支承较长或加工工序较多的轴类零件
	花盘	装夹形状复杂的零件。使用时应注意找正
	角铁	辅助装夹元件
	V 形架	辅助装夹元件
	压板	辅助装夹元件
专用夹具	为某一工件的某一工序设计	精度高，效率高，有一定的局限性
组合夹具	—	当加工对象改变时，只需稍作调整，可重复使用，也可与早已制定好的标准件拼装成新的专用夹具。兼有通用夹具和专用夹具的优点

② 专用夹具。专用夹具是针对某特定零件的某道加工工序，为保证其加工质量而有针对性地设计的夹具，一般只能用于该零件的加工。

③ 组合夹具。组合夹具是利用一套预先制造好的，不同形状，不同规格，具有互换性、耐磨性的标准元件和组合件，根据工件的不同加工要求，采用组合的方式，拼装而成的各种专用夹具。主要适用于产品变化较大的生产，如新产品试制，单件小批量生产和临时性突击任务等。

1.4.4 常见车床夹具的结构及使用特点

在车削操作过程中，通用夹具应用最广泛，而专用夹具、组合夹具由于具有专一性，因此，其使用、操作一般都有相应的操作工艺卡指导，其设计、制造、提出是由专门的工艺技术人员完成的。

（1）通用夹具的类型及使用特点

常用的通用夹具类型有：顶尖、卡头、卡盘、心轴、拨盘、花盘等，各类型的结构及使用特点主要有以下几方面。

1）顶尖

顶尖一般与卡头拨盘配合使用，顶尖与工件上的中心孔定位，卡头夹住工件的一端，拨盘与车床主轴连接，并通过拨杆带动卡头和工件转动。常用顶尖的类型如下。

① 固定顶尖。固定顶尖一般固定在车床上，工件的中心孔与顶尖接触并相对转动，其形式与结构参数如图 1-75 所示。

② 回转顶尖。回转顶尖具有转动功能，其结构形式如图 1-76 所示。

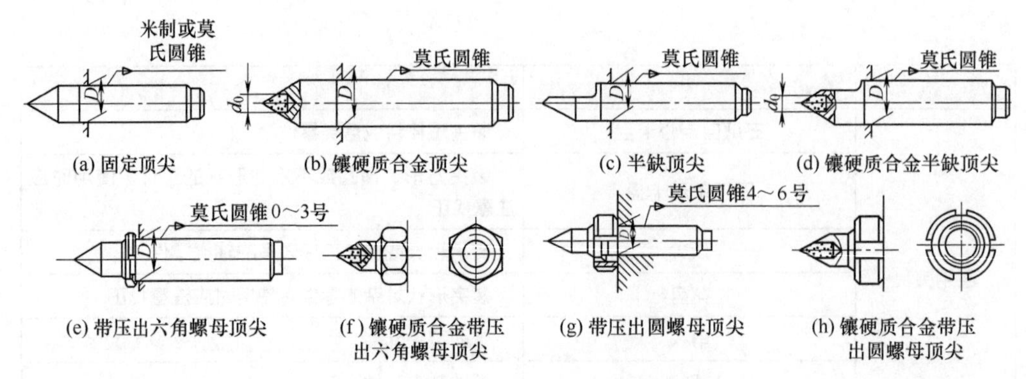

图 1-75　固定顶尖的形式与规格尺寸

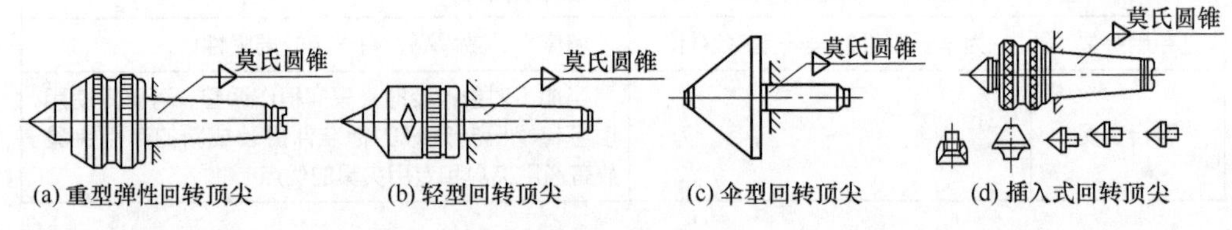

图 1-76　回转顶尖

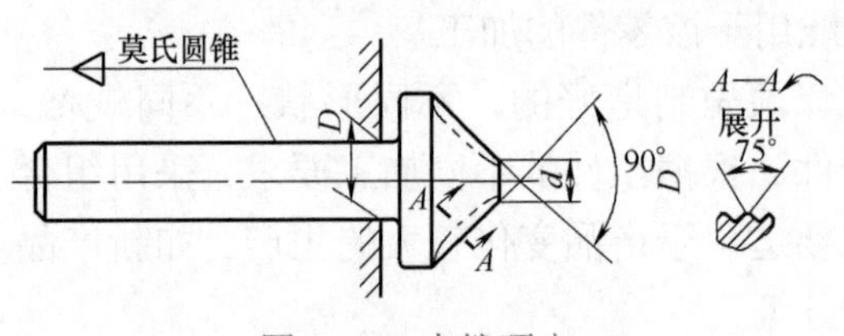

图 1-77　内拨顶尖

③ 内拨顶尖。内拨顶尖的外锥面上开有沟槽、与工件上的内锥面接触精度高，其结构形式如图 1-77 所示。

④ 夹持式内拨顶尖。夹持式内拨顶尖是削边的圆柱柄，锥面同内拨顶尖，其结构形式如图 1-78 所示。

⑤ 外拨顶尖。外拨顶尖的内锥面上开有槽，与工件的外锥面接触，其结构形式如图 1-79 所示。

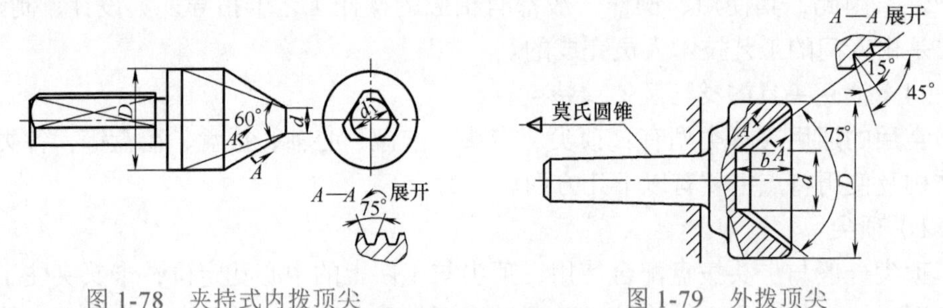

图 1-78　夹持式内拨顶尖　　　图 1-79　外拨顶尖

2）卡头

卡头用来夹紧工件，在拨盘或拨杆的带动下使工件旋转，其类型主要有鸡心卡头、卡环、夹板和快换卡头。

① 鸡心卡头。鸡心卡头夹紧工件的形式和结构参数如图 1-80 所示。

② 卡环。卡环夹紧工件的形式和结构参数如图 1-81 所示。

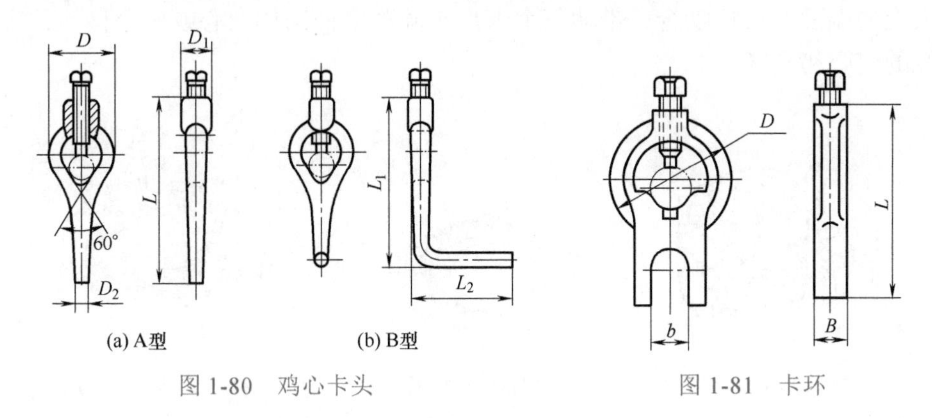

图 1-80 鸡心卡头　　图 1-81 卡环

③ 夹板。夹板夹紧工件的形式和结构参数如图 1-82 所示。

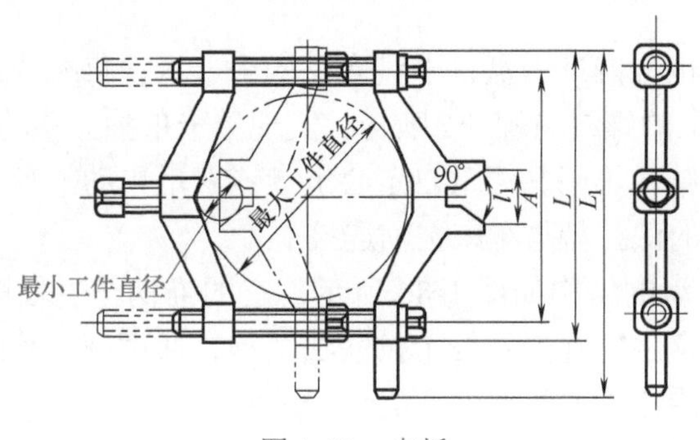

图 1-82 夹板

3）拨盘

拨盘的结构参数如图 1-83 所示。

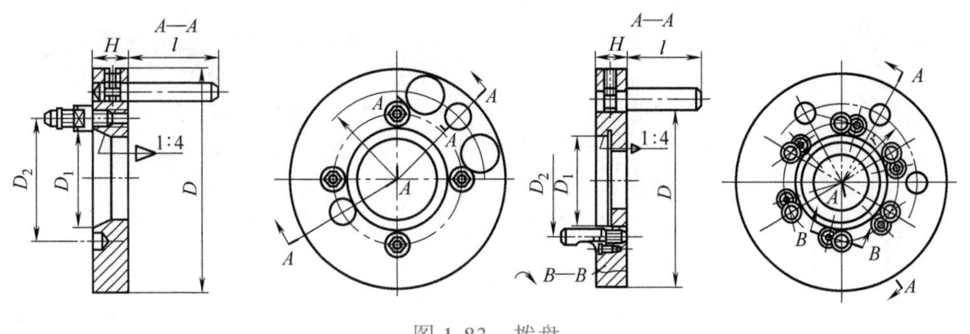

图 1-83 拨盘

4）卡盘

常用的卡盘主要有三爪卡盘和四爪卡盘。图 1-84 所示给出了三爪自定心卡盘的结构和工作原理。使用时，用扳手通过方孔 1 转动小锥齿轮 2 时，就带动大锥齿轮 3 转动，大锥齿轮 3 的背面有端面螺纹 4，如图 1-84（c）所示，与三个卡爪上的端面螺纹相啮合，带动三个卡爪 5 同时沿径向作向心或离心移动，实现工件的定心和夹紧。

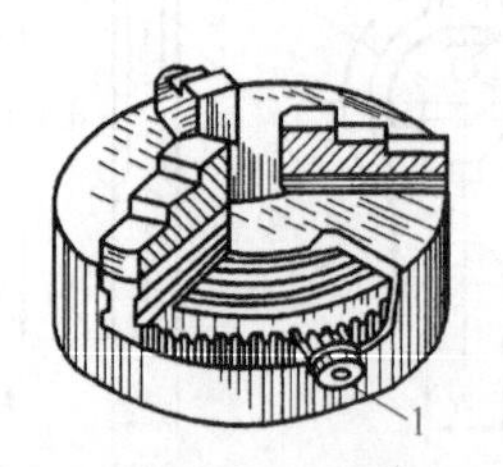

(a) 三爪自定心卡盘的外形

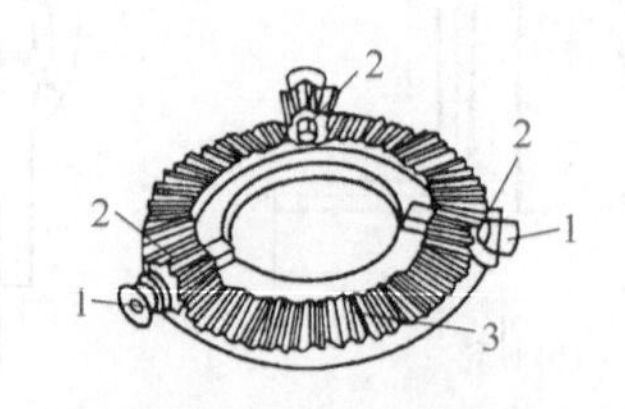

(b) 三爪自定心卡盘的工作原理

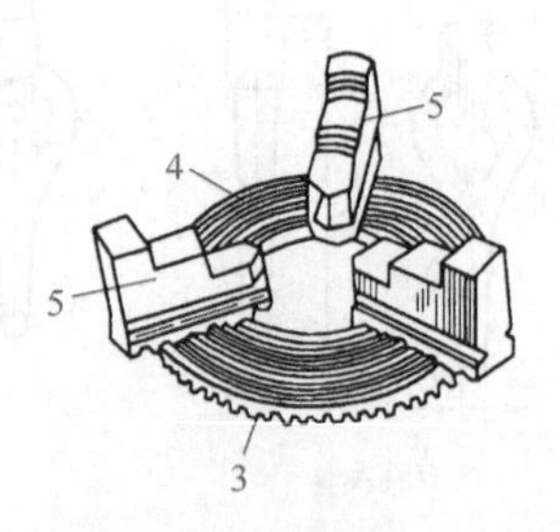

(c) 三爪自定心卡盘的工作原理

图 1-84　三爪自定心卡盘

1—方孔；2—小锥齿轮；3—大锥齿轮；4—端面螺纹；5—卡爪

四爪单动卡盘也称四爪卡盘，卡盘上有四个卡爪，每个卡爪都单独由一个螺杆来移动。卡爪 1 上的螺纹与螺杆 2 啮合，实现单卡爪独立移动，如图 1-85 所示。

根据车床主轴结构不同，三爪自定心卡盘或四爪单动卡盘一般通过带锥柄的法兰盘或带内锥孔的法兰盘与车床主轴连接。

带锥柄的法兰盘的结构如图 1-86 所示，它的锥柄与主轴前端内锥孔配合实现定位，并通过贯穿主轴孔的拉杆 1 拉紧法兰盘，通过圆锥面间的摩擦力，将主轴上的运动和动力传递给法兰盘。

带内锥孔的法兰盘的结构如图 1-87 所示，它的内锥孔与主轴的外圆锥面配合实现定位，法兰盘用螺钉紧固在主轴前端的法兰上，通过端面间的摩擦力，将主轴上的运动和动力传递给法兰盘。

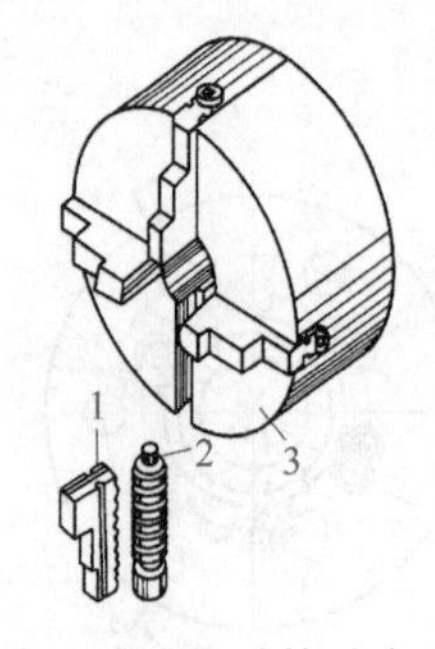

图 1-85　四爪单动卡盘

1—卡爪；2—螺杆；3—卡盘体

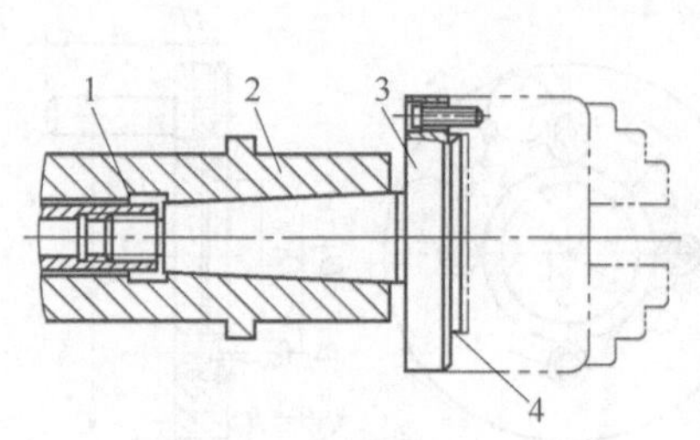

图 1-86　带锥柄的法兰盘

1—拉杆；2—主轴；3—法兰盘；4—定心圆柱面

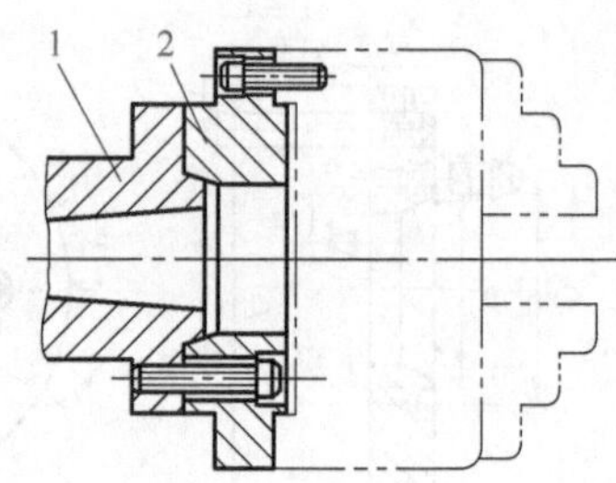

图 1-87　带内锥孔的法兰盘

1—主轴；2—法兰盘

5）心轴和堵头

车削（或磨削）套类零件时，需要保证内外圆的同轴度。一般的工艺路线是先将工件内孔加工好，然后再以工件内表面为定位基准加工外圆。这时就需要使用心轴或堵头装夹工件。

心轴两端有中心孔，将心轴装夹在车床前后顶尖中间，卡头则夹在心轴外圆上进行外圆加工，一般用于较长的套类工件车削或多件磨削，如图1-88所示。

对于定位精度要求高的工件，用小锥度心轴装夹工件，心轴锥度为1：1000～1：5000，如图1-89所示。这种心轴制造简单，定位精度高，靠工件装在心轴上所产生的弹性变形来定位并胀紧工件。缺点是承受切削力小，装夹工件不太方便。

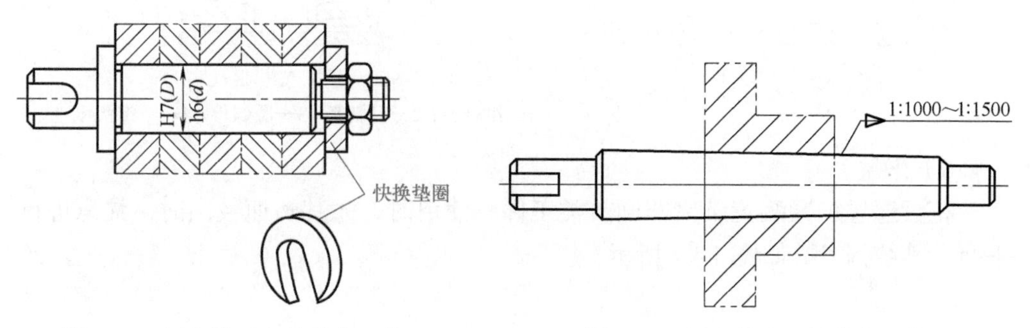

图1-88　用台阶式心轴装夹工件　　图1-89　用小锥度心轴装夹工件

用胀力心轴装夹工件的情况如图1-90所示。胀力心轴依靠材料弹性变形所产生的胀力来夹紧工件，由于装夹工件方便，定位精度高，使用广泛。

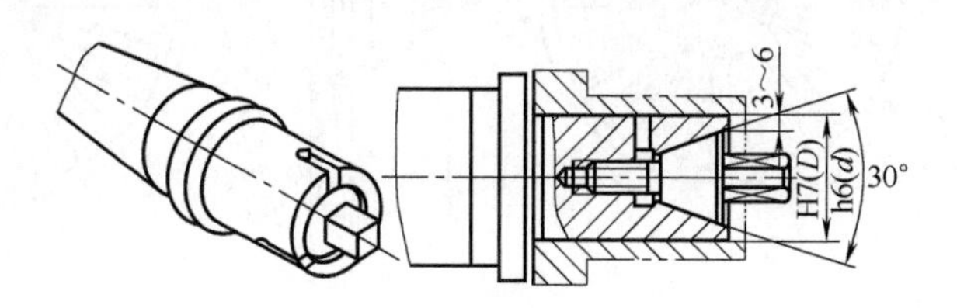

图1-90　用胀力心轴装夹工件

加工较长的空心工件时，不便使用心轴装夹，可在工件两端装上堵头，如图1-91所示，堵头上有中心孔，左端的堵头1压紧在工件孔中，右端堵头2以圆锥面紧贴在工件锥孔中，堵头上的螺纹供拆卸时用。

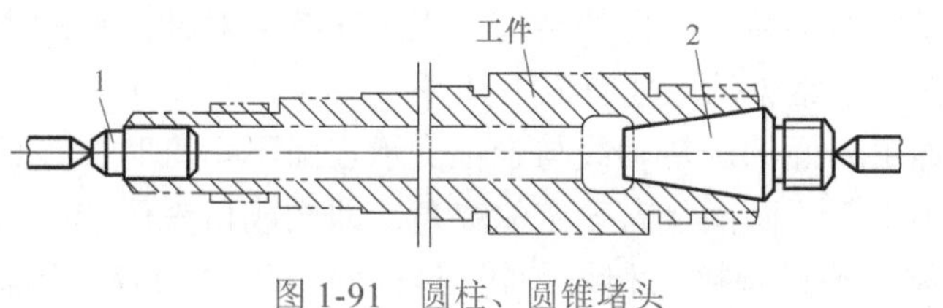

图1-91　圆柱、圆锥堵头

1，2—堵头

如图 1-92 所示的法兰盘式堵头，适用于两端孔径较大的工件。

如图 1-93 所示为可胀式中心孔柱塞。通过圆螺母 3 推动可胀套 2 沿圆锥塞体轴向移动，在圆锥面的作用下，可胀套 2 径向胀开，从而夹紧工件。该夹具适用于套筒类零件，或两端孔径较大的轴类零件加工。

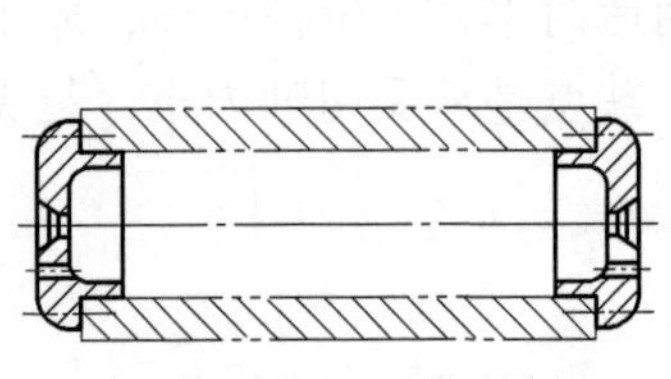

图 1-92 法兰盘式堵头

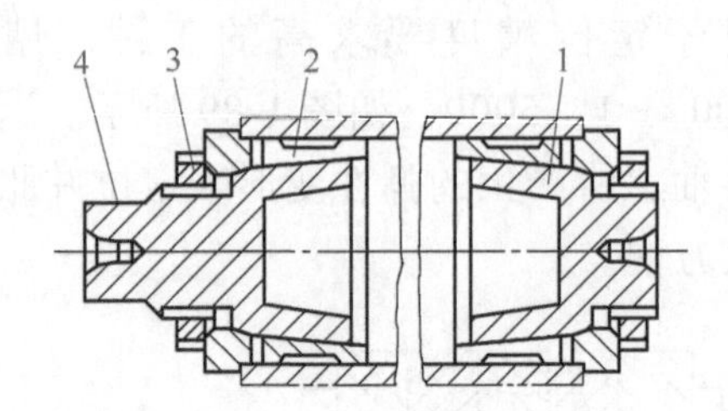

图 1-93 可胀式中心孔柱塞

1—组合塞；2—可胀套；3—圆螺母；4—圆锥塞体

6）花盘

花盘通过加紧装置装夹非回转类工件。使用时，尤其转速较高时，注意进行平衡。其结构参数如图 1-94 所示。

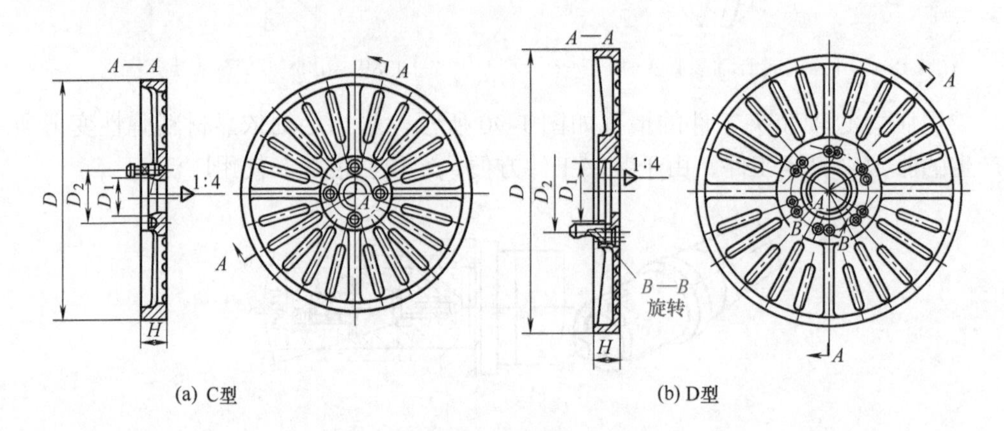

图 1-94 花盘

（2）专用夹具的结构及使用特点

对于一些外形复杂、畸形、精密的工件，此时，往往不能通过通用夹具完成装夹，往往需要使用专用夹具进行装夹加工。

专用夹具是针对某特定零件的某道加工工序有针对性设计的夹具，因此，其结构形式多样，一般常见的主要有以下几种。

当零件被加工表面的旋转轴线与定位支承表面不垂直时，夹具的定位支承面与安装平面就不平行，两面具有一定的夹角，即构成角铁形状。角铁式车床夹具多用于加工壳体、多通管接头和复杂的交角表面等。图 1-74 所示角铁式车床夹具，零件定位基准为一平面，被加工表面的轴线对基准面是平行的。

当加工表面与主要定位基准面要求相互垂直的复杂工件，可以装夹在花盘式车床夹具上加工，花盘式车床夹具主要适用于盘、环、套类和壳体类零件的加工。图 1-95 给出了利用花盘式车床夹具装夹连杆的加工示意图。

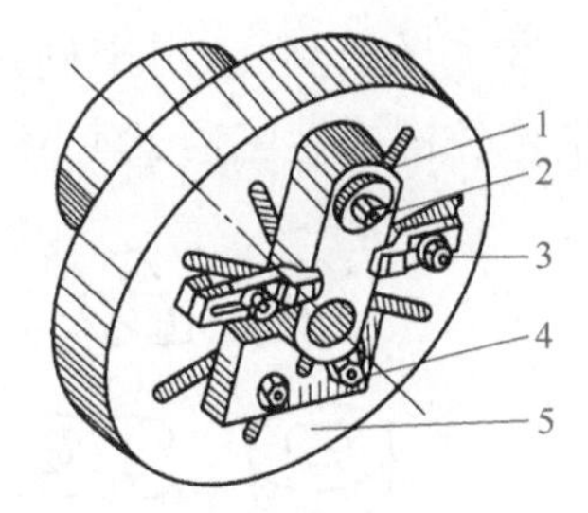

图 1-95 花盘式车床夹具装夹连杆

1—连杆；2—圆形压板；3—压板；4—V 形架；5—花盘

（3）组合夹具的结构及使用特点

组合夹具通常由工艺技术人员根据生产所需提出，交付企业专门设置的组合夹具管理部门组装完成后供生产操作人员使用。

1）组合夹具的元件

一套组合夹具主要由基础件、支承元件、定位元件、导向元件、压紧元件、紧固元件、其他元件及组合件八大元件组成。

① 基础件。基础件包括方形、圆形基础板和基础角铁（图 1-96），它是组合夹具的底座，相当于专用夹具的夹具体。

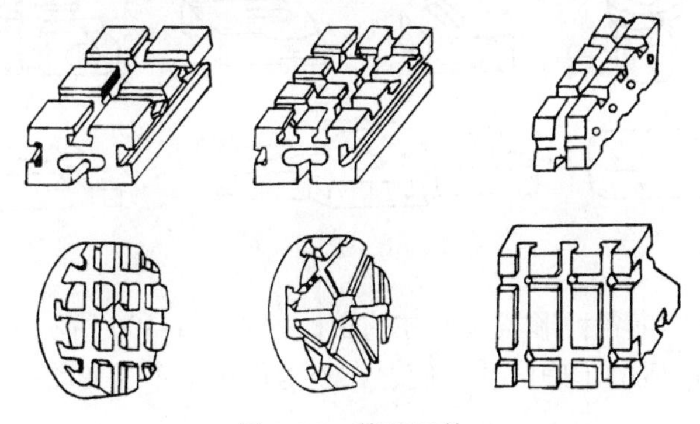

图 1-96 基础元件

② 支承元件。支承元件主要作为不同高度和各种定位的支承面，和基础件共同组成夹具体。它包括方形、角度支承，角铁，菱形板，V 形架等，如图 1-97 所示。

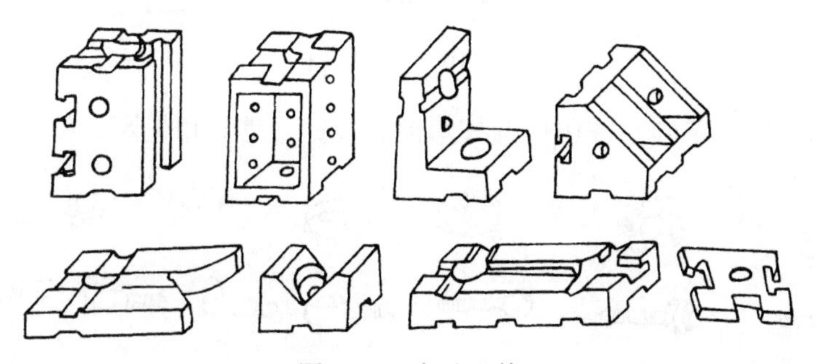

图 1-97 支承元件

③ 定位元件。用来确定各元件之间的相对位置，以保证夹具的组装精度。包括定位键、定位销、定位盘及各类定位支座、定位支承等，如图 1-98 所示。

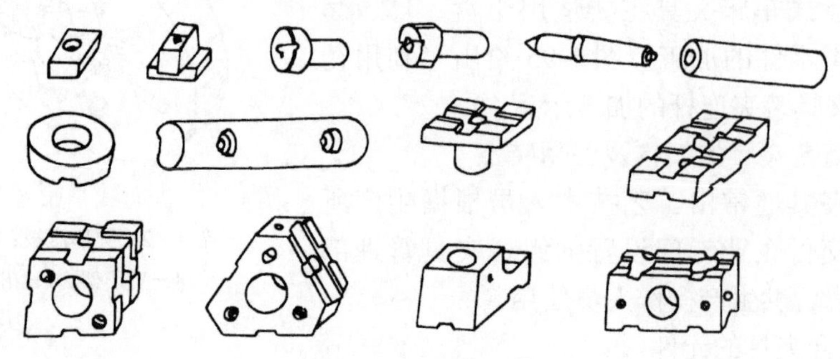

图 1-98 定位元件

④ 导向元件。包括各种结构形式和规格尺寸的模板、导向套及导向支承等，如图 1-99 所示，主要起引导刀具的作用。

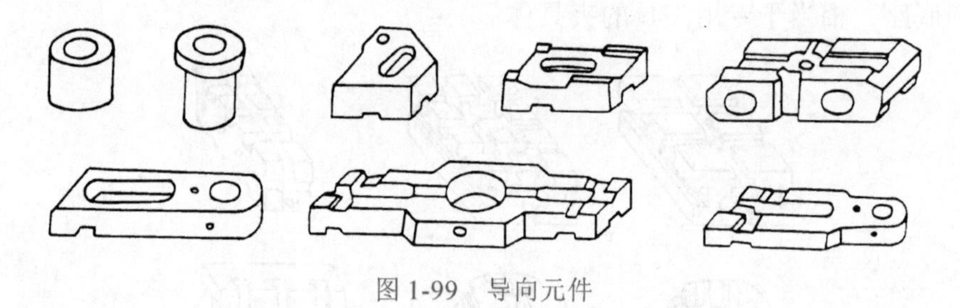

图 1-99 导向元件

⑤ 压紧元件。指各种形状和尺寸的压板，如图 1-100 所示。其作用是压紧工件，保持工件定位后的正确位置，使之在外力作用下不会变动。

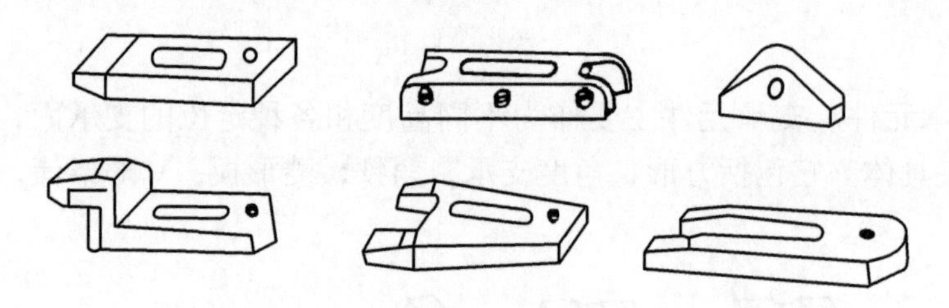

图 1-100 压紧元件

⑥ 紧固元件。紧固元件包括各种螺栓、螺钉、螺母和垫圈，如图 1-101 所示。

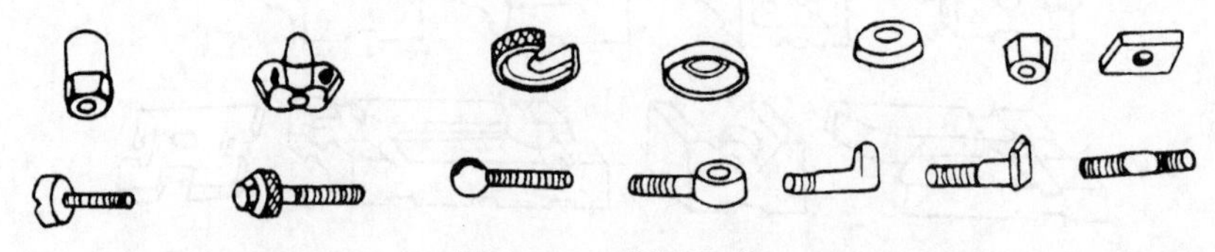

图 1-101 紧固元件

⑦ 其他元件。包括连接板、回转压板、浮动块、各种支承钉、支承帽，如图 1-102 所示。

⑧ 组合件。组合件是由几个元件组成的单独部件，在使用过程中，以独立部件参与组装。它用途广，结构合理，使用方便，与基础件、支承元件并列成为组合夹具的一种重要元件，如图 1-103 所示。

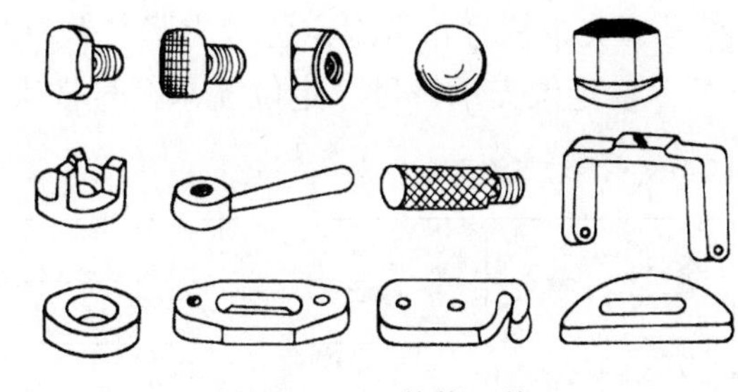
图 1-102 其他元件

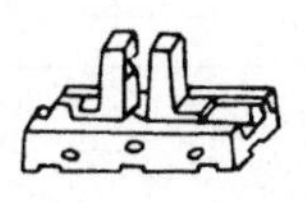
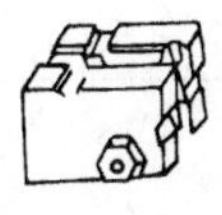
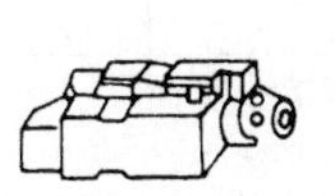
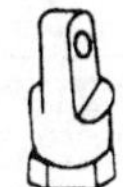

图 1-103 组合件

2）组合夹具的组装

① 熟悉零件图、工艺和技术要求，特别是对本工序所要求达到的技术要求要了解透彻。

② 确定组装方案，选择定位元件、夹紧元件，初步确定夹具的结构方案。

③ 试装。在有了初步设想后，进行试装，并在试装中不断地修改和完善组装方案。

④ 连接、调整和固定各元件，安装后检验。

1.4.5 车削常用的装夹方式

使工件在机床上占有正确位置并将工件夹紧的过程，称为工件的装夹。工件的装夹是切削操作的前提及基础。从本质上说，工件的装夹包括工件的定位及夹紧两个方面。对于车削操作来讲，工件定位就是按照车削加工工艺要求将工件置于通用夹具或专用夹具中，在夹紧之前工件相对于车床和刀具就占有一定的预定位置；而将已确定的工件位置固定下来，使之在车削过程中不因受车削力的作用而产生位移，这便是夹紧。工件的装夹通常在制定机械加工工艺规程时，工艺技术人员都会进行仔细地考虑，并且一般在工艺规程等技术文件中会进行指导，特别对于较复杂的加工工件，其会给出明确的定位及夹紧方式。

（1）定位与夹紧符号

在工艺规程等工艺技术文件中，为了简化作图工作，准确表达工件的定位和夹紧情况，常用规定符号来表示。

JB/T 5061—2006 规定了机械加工定位支承符号（简称定位符号）、辅助支承符号、夹紧符号和常用定位、夹紧装置符号（简称装置符号）的画法。

① 定位支承符号。定位支承符号按表 1-12 的规定。

表 1-12 定位支承符号

定位支承类型	符号			
	独立定位		联合定位	
	标注在视图轮廓线上	标注在视图正面	标注在视图轮廓线上	标注在视图正面
固定式				
活动式				

注：视图正面是指观察者面对的投影面。

② 辅助支承符号。辅助支承符号按表 1-13 的规定。

表 1-13 辅助支承符号

独立支承		联合支承	
标注在视图轮廓线上	标注在视图正面	标注在视图轮廓线上	标注在视图正面

③ 夹紧符号。夹紧符号按表 1-14 的规定。

表 1-14 夹紧符号

夹紧动力源类型	符号			
	独立夹紧		联合夹紧	
	标注在视图轮廓线上	标注在视图正面	标注在视图轮廓线上	标注在视图正面
手动夹紧				
液压夹紧	Y	Y	Y	Y
气动夹紧	Q	Q	Q	Q
电磁夹紧	D	D	D	D

④ 常用装置符号。常用装置符号按表 1-15 的规定。

表 1-15 常用装置符号

符号	名称	简图	符号	名称	简图
	固定顶尖	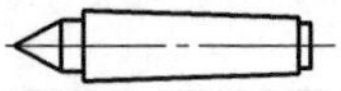		伞形顶尖	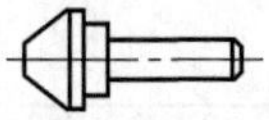
	内顶尖	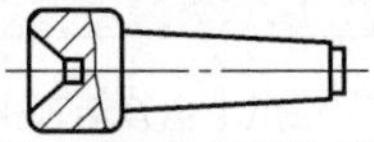		圆柱心轴	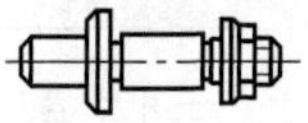
	回转顶尖	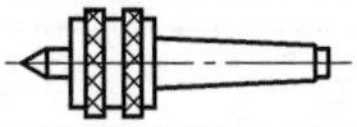		锥度心轴	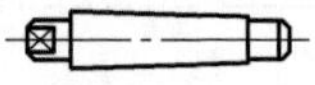
	外拨顶尖	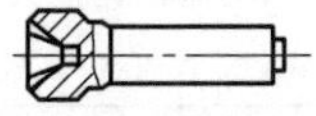		螺纹心轴、花键心轴	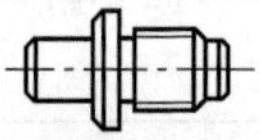
	内拨顶尖	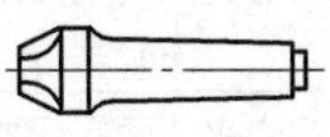		弹性心轴、塑料心轴、弹簧夹头	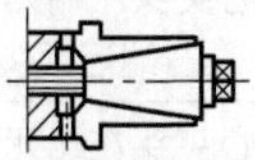
	浮动顶尖	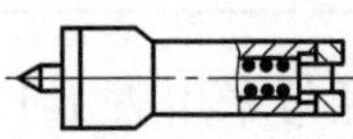		三爪卡盘	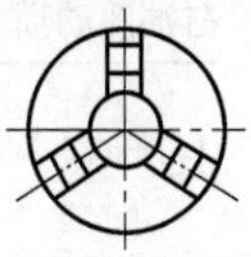
	垫铁	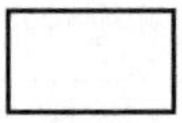		四爪卡盘	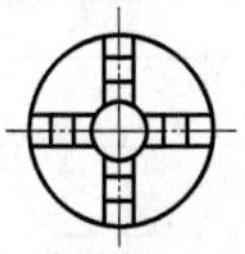
	中心架	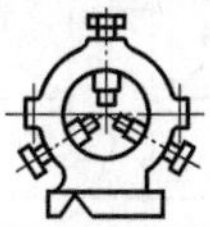		压板	
	跟刀架			角铁	
	圆柱衬套	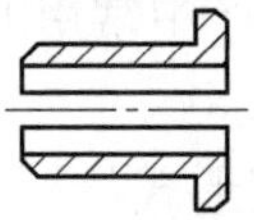		可调支承	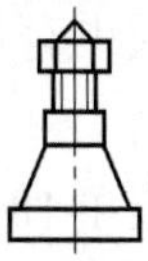
	螺纹衬套	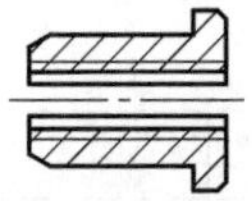		平口钳	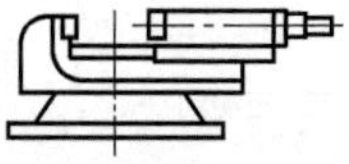
	止口盘	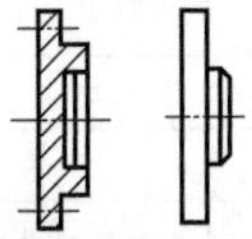		V 形铁	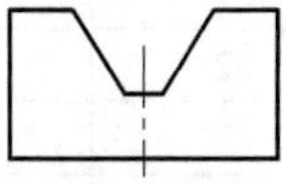
	拨杆	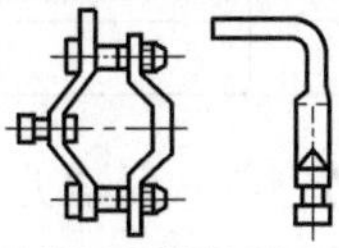		软爪	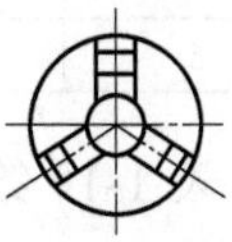

⑤ 生产中常用的定位及夹紧示意图。在生产中，还常用一些规定和形象示意符号来表达工件的定位和夹紧，其安装示意图见表1-16。

表1-16 机床通用夹具安装示意图

夹具名称	示意图	夹具名称	示意图
三爪卡盘	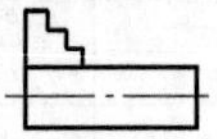	三爪卡盘及活顶尖	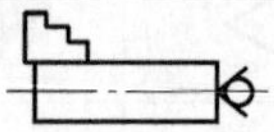
四爪卡盘	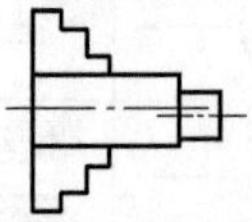	两端梅花顶尖	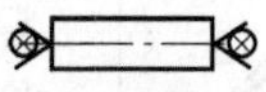
鸡心夹头左端死顶尖，右端活顶尖	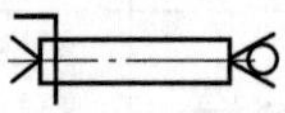	鸡心夹头两端死顶尖中心架	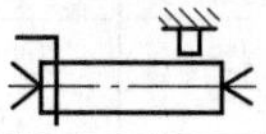
鸡心夹头左端死顶尖，右端浮动顶尖	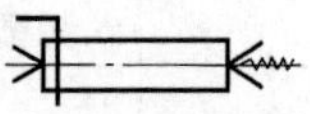	鸡心夹头两端死顶尖跟刀架	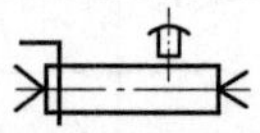

生产中，机床夹具的定位夹紧符号也经常采用表1-17所示的简化符号。

表1-17 机床夹具定位和夹紧符号

定位符号			辅助定位	定位兼夹紧符号		夹紧符号
主视图	俯视图			外表面定心夹紧	内表面定心夹紧	夹压中心点
定位基准	定位点在上面	定位点在下面				
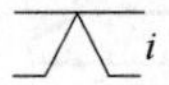 i	 i	 i	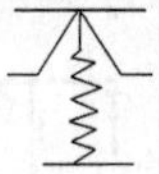	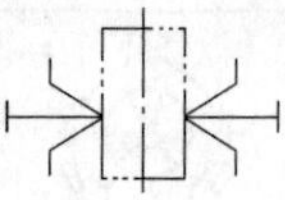	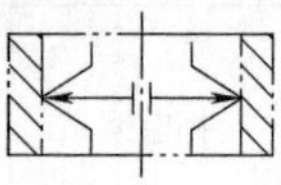	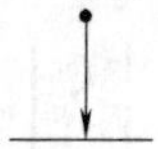

注：i为限制的自由度数目。

（2）工件常见的定位、夹紧方式

由于加工零件外形结构、生产批量、技术要求不同，因此，所用的定位及夹紧方式也有所不同。对于车削加工来说，生产中常用的定位及夹紧方式主要有以下方面。

表1-18概括总结了车床夹具常用的装夹形式及其定位件。

表1-18 车床夹具常用的装夹形式及其定位件

序号	装夹形式	定位件
1	一顶一夹	卡盘与床尾顶尖
2	两顶尖	床头顶尖与尾座顶尖
3	三爪	卡盘
4	台阶心轴	心轴圆柱面与心轴台阶端面
5	中心架与卡盘	卡盘与中心架

表1-19给出了车削加工中工件常见的定位、夹紧方式及其符号标注示意图。

表 1-19 常见的定位、夹紧方式及其符号标注示意图

序号	定位、夹紧方式	定位符号、夹紧符号标注示意图	装置符号标注或与定位符号、夹紧符号联合标注示意图
1	床头固定顶尖、床尾固定顶尖定位，拨杆夹紧	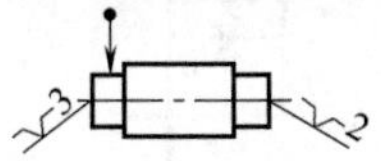 3; 2	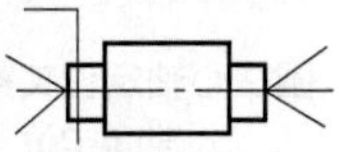
2	床头固定顶尖、床尾浮动顶尖定位，拨杆夹紧	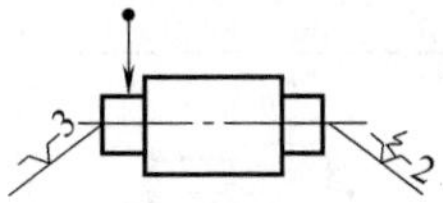 3; 2	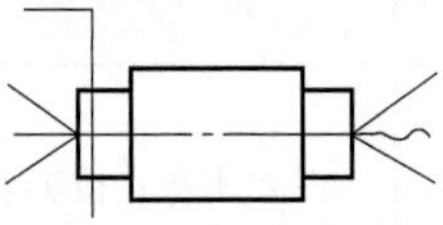
3	床头内拨顶尖、床尾回转顶尖定位夹紧	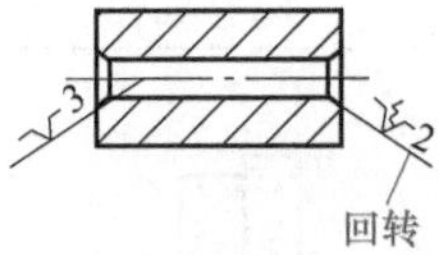 3; 2; 回转	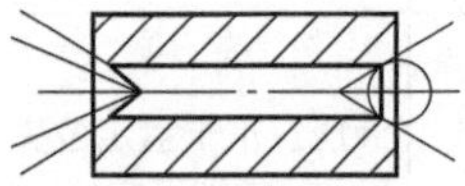
4	床头外拨顶尖、床尾回转顶尖定位夹紧	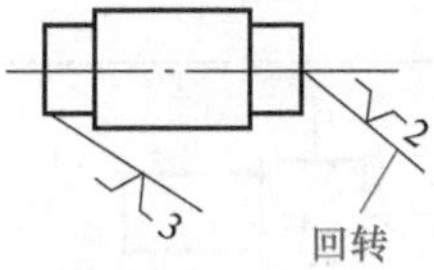 2; 3; 回转	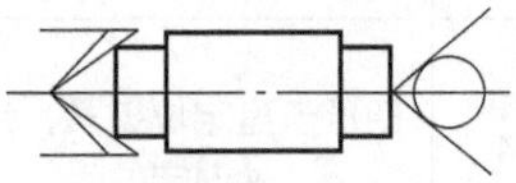
5	床头弹簧夹头定位夹紧，夹头内带有轴向定位，床尾内顶尖定位	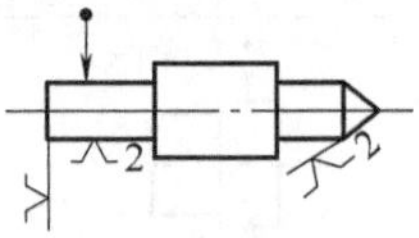 2; 2	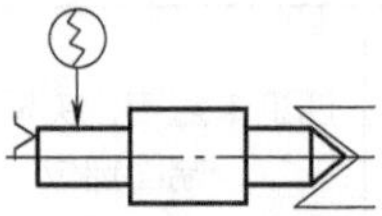
6	弹簧夹头定位夹紧	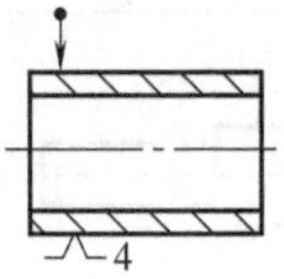 4	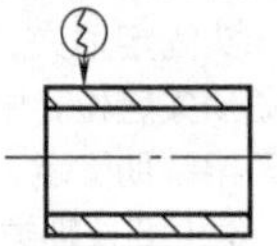
7	液压弹簧夹头定位夹紧，夹头内带有轴向定位	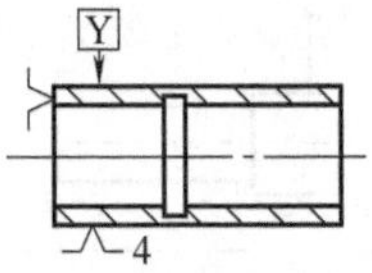 Y; 4	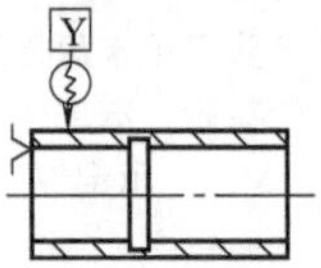 Y
8	弹性心轴定位夹紧	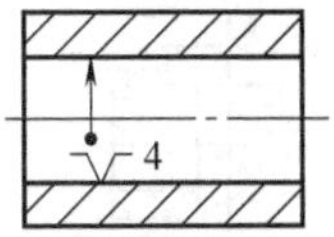 4	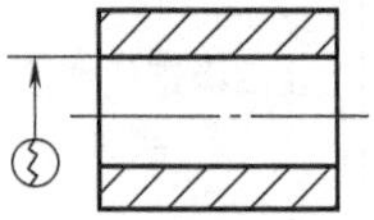
9	气动弹性心轴定位夹紧，带端面定位	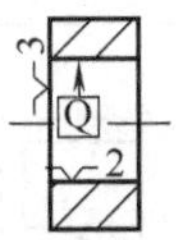 3; Q; 2	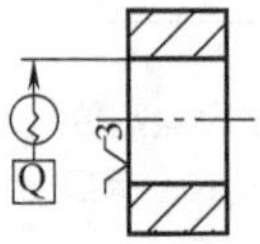 Q; 3
10	锥度心轴定位夹紧	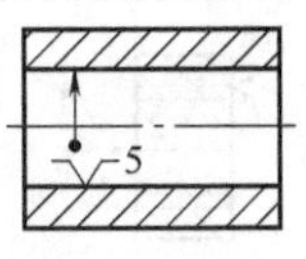 5	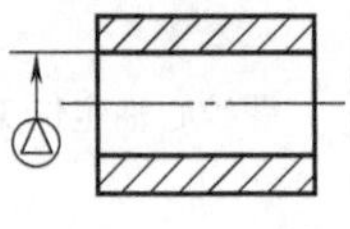

续表

序号	定位、夹紧方式	定位符号、夹紧符号标注示意图	装置符号标注或与定位符号、夹紧符号联合标注示意图
11	圆柱心轴定位夹紧，带端面定位	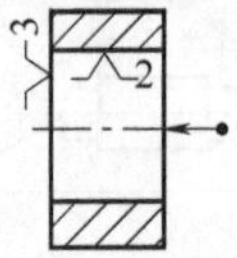	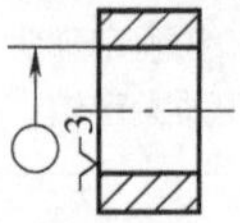
12	三爪卡盘定位夹紧	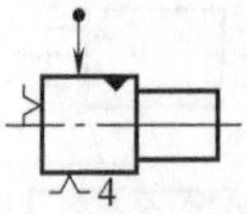	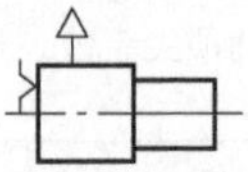
13	液压三爪卡盘定位夹紧，带端面定位	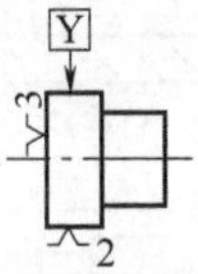	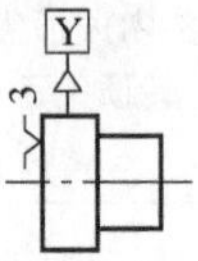
14	四爪卡盘定位夹紧，带轴向定位	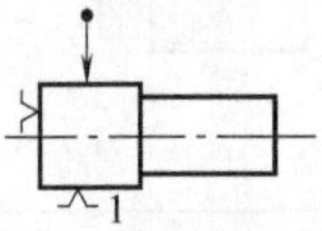	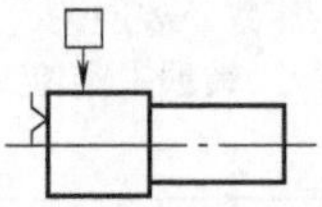
15	四爪卡盘定位夹紧，带端面定位	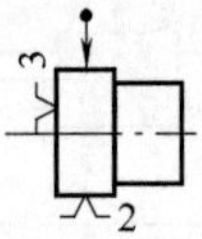	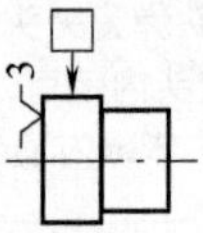
16	床头固定顶尖、床尾浮动顶尖定位，中部有跟刀架辅助支承，拨杆夹紧（细长轴类零件）	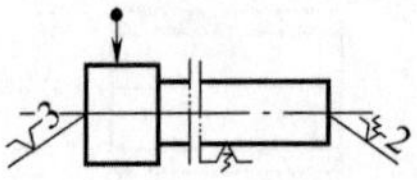	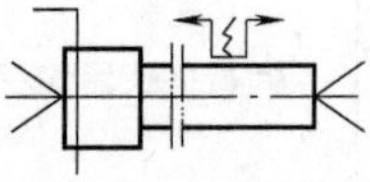
17	床头三爪卡盘带轴向定位夹紧，床尾中心架支承定位	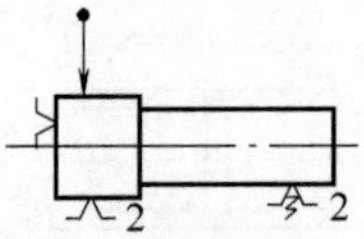	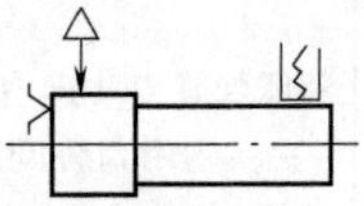
18	止口盘定位螺栓压板夹紧	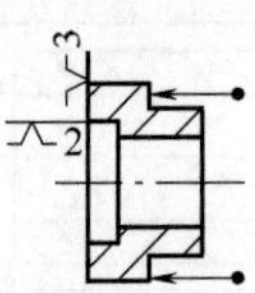	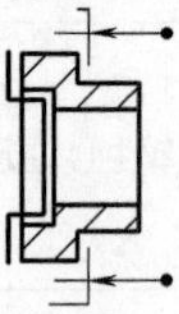
19	止口盘定位气动压板联动夹紧	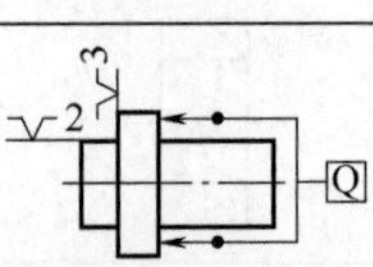	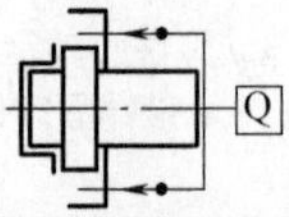
20	螺纹心轴定位夹紧	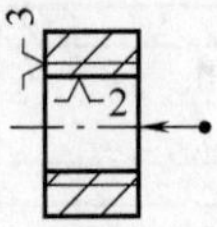	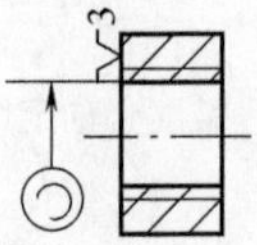

续表

序号	定位、夹紧方式	定位符号、夹紧符号标注示意图	装置符号标注或与定位符号、夹紧符号联合标注示意图
21	圆柱衬套带有轴向定位，外用三爪卡盘夹紧	1	
22	螺纹衬套定位，外用三爪卡盘夹紧	4	
23	平口钳定位夹紧	3 2	
24	电磁盘定位夹紧	3 D	
25	软爪三爪卡盘定位卡紧	4	
26	床头伞形顶尖、床尾伞形顶尖定位，拨杆夹紧	3 2	
27	床头中心堵、床尾中心堵定位，拨杆夹紧	2 2	
28	角铁、V形铁及可调支承定位，下部加辅助可调支承，压板联动夹紧	3 2	V
29	一端固定V形铁，下平面垫铁定位，另一端可调V形铁定位夹紧		可调

（3）工件定位与夹紧时的注意事项

① 所用夹具必须与车床安装紧固可靠。

② 选用卡盘时，应保证卡盘的最大直径小于车床最大回转直径，以免干涉。

③ 车床转速高时，应注意夹具平衡、夹紧力和刚度问题。

④ 卡盘一般通过过渡法兰盘与车床主轴连接，采用气动卡盘时，应选择适当的回转气缸、拉杆和过渡法兰盘，避免气缸与皮带罩干涉。

⑤ 当工件毛坯需要穿入主轴时，应采用空心卡盘和拉杆等。

1.4.6 车削余量的选择

车削加工时，为拟订出技术上可行、经济上合理的最佳工艺方案，需选择好不同加工阶段、不同加工工序的车削余量，车削余量的选择可参照表 1-20 ～表 1-30。

表 1-20 棒材夹持长度及夹紧余量 单位：mm

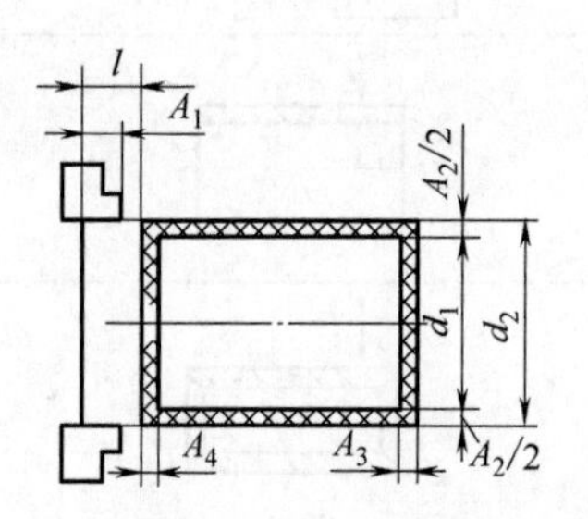

图（a） 棒材各部加工余量示意图

l—夹持长度；A_1—夹紧余量；A_2—直径余量；A_3—端面切削余量（一端）；A_4—切断余量；d_1—零件外径；d_2—工件外径

使用设备	夹持长度	夹紧余量	应用范围
卧式车床	5 ～ 10	7	用于加工直径较大、实心、不易切断的零件
	15		用于加工套、垫等零件，一次车好不调头
	20		用于加工有色薄壁管、套管零件
	25		用于加工各种螺纹、滚花及用样板刀车圆球和反车退刀件等
转塔车床	50	20	零件长度≤ 40
		25	零件长度＞ 40

注：1. 工件能调头装夹的不应加夹持长度。

2. 坯料加工成最后两件或者多件能调头互为夹持的，则不应加夹持长度。

表 1-21 切断刀具切出的切口宽度 单位：mm

刀具名称		刀具宽度	切割零件的最大规格
弓锯锯片	手用	0.63	—
	机用	1.2 ～ 1.7	—
圆锯锯片	ϕ800	6.5	切割圆料 ϕ240
	ϕ1500	11.0	切割圆料 ϕ500
切口铣刀		0.2	切口深度 10
		0.5	切口深度 15
		0.8	切口深度 15
锯片铣刀		1.0	锯口深度 15
		1.5	锯口深度 20
		2 ～ 3	锯口深度 35
		3 ～ 4	锯口深度 50
		4 ～ 5	锯口深度 70
车床用切断刀		5	最大切断直径 50
		6	最大切断直径 100
		8	最大切断直径 150
		10	最大切断直径 200
		12	最大切断直径 250
		30	最大切断直径 300 以上

注：圆锯能切割方料的最大尺寸为圆料的 20%。

表 1-22 外圆柱粗车及半精车外圆加工余量 单位：mm

零件基本尺寸	直径余量					
	经或未经热处理零件的粗车		半精车			
			未经热处理		经热处理	
	≤ 200	＞ 200 ～ 400	≤ 200	＞ 200 ～ 400	≤ 200	＞ 200 ～ 400
3 ～ 6	—	—	0.5	—	0.8	—
＞ 6 ～ 10	1.5	1.7	0.8	1.0	1.0	1.3
＞ 10 ～ 18	1.5	1.7	1.0	1.3	1.3	1.5
＞ 18 ～ 30	2.0	2.2	1.3	1.3	1.3	1.5
＞ 30 ～ 50	2.0	2.2	1.4	1.5	1.5	1.9
＞ 50 ～ 80	2.3	2.5	1.5	1.8	1.8	2.0
＞ 80 ～ 120	2.5	2.8	1.5	1.8	1.8	2.0
＞ 120 ～ 180	2.5	2.8	1.8	2.0	2.0	2.3
＞ 180 ～ 250	2.8	3.0	2.0	2.3	2.3	2.5
＞ 250 ～ 315	3.0	3.3	2.0	2.3	2.3	2.5

注：加工带凸台的零件时，其加工余量要根据零件的最大直径来确定。

表 1-23 研磨外圆加工余量 单位：mm

零件基本尺寸	直径余量	零件基本尺寸	直径余量
≤ 10	0.005 ～ 0.008	＞ 50 ～ 80	0.008 ～ 0.012
＞ 10 ～ 18	0.006 ～ 0.009	＞ 80 ～ 120	0.010 ～ 0.014
＞ 18 ～ 30	0.007 ～ 0.010	＞ 120 ～ 180	0.012 ～ 0.016
＞ 30 ～ 50	0.008 ～ 0.011	＞ 180 ～ 250	0.015 ～ 0.020

注：经过精磨的零件，其手工研磨余量为 3 ～ 8μm，机械研磨余量为 8 ～ 15μm。

表 1-24 抛光外圆加工余量 单位：mm

零件基本尺寸	≤ 100	＞ 100 ～ 200	＞ 200 ～ 700	＞ 700
直径余量	0.1	0.3	0.4	0.5

注：抛光前的加工精度为 IT7 级。

表 1-25 超精加工余量

上工序表面粗糙度 *Ra*/μm	直径加工余量 /mm
＞ 0.63 ～ 1.25	0.01 ～ 0.02
＞ 0.16 ～ 0.63	0.003 ～ 0.01

表 1-26 端面粗车后，正火调质的加工余量 单位：mm

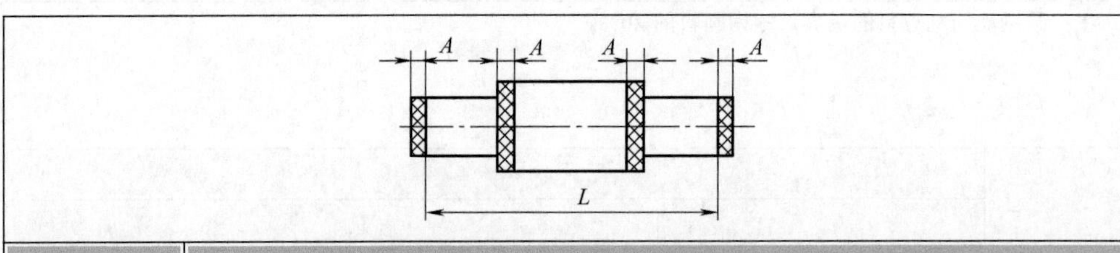

零件直径 *d*	零件全长 *L*					
	≤ 18	＞ 18 ～ 50	＞ 50 ～ 120	＞ 120 ～ 260	＞ 260 ～ 500	＞ 500
	余量 *A*					
≤ 30	0.8	1.0	1.4	1.6	2.0	2.4
＞ 30 ～ 50	1.0	1.2	1.4	1.6	2.0	2.4
＞ 50 ～ 120	1.2	1.4	1.6	2.0	2.4	2.4
＞ 120 ～ 260	1.4	1.6	2.0	2.0	2.4	2.8
＞ 260	1.6	1.8	2.0	2.0	2.8	3.0
长度偏差	0.18	0.21 ～ 0.25	0.30 ～ 0.35	0.40 ～ 0.46	0.52 ～ 0.63	0.7 ～ 1.50

注：1. 在粗车不需正火调质的零件，其端面余量按表中 $\frac{1}{2}$ ～ $\frac{1}{3}$ 选用。

2. 对薄形工件，如齿轮、垫圈等，按上表余量加 50% ～ 100%。

表 1-27 精车端面的加工余量 单位：mm

零件直径 d	零件全长 L					
	≤ 18	＞ 18 ～ 50	＞ 50 ～ 120	＞ 120 ～ 260	＞ 260 ～ 500	＞ 500
	余量 A					
≤ 30	0.4	0.5	0.7	0.8	1.0	1.2
＞ 30 ～ 50	0.5	0.6	0.7	0.8	1.0	1.2
＞ 50 ～ 120	0.6	0.7	0.8	1.0	1.2	1.2
＞ 120 ～ 260	0.7	0.8	1.0	1.0	1.2	1.4
＞ 260 ～ 500	0.9	1.0	1.2	1.2	1.4	1.5
＞ 500	1.2	1.2	1.4	1.4	1.5	1.7
长度偏差	−0.2	−0.3	−0.4	−0.5	−0.6	−0.8

注：1. 加工有台阶的轴时，每台阶的加工余量应根据该台阶的直径 d 及零件的全长分别选用。

2. 表中的公差系指尺寸 L 的公差。当原公差大于该公差时，尺寸公差为原公差数值。

表 1-28 精车端面后，经淬火的端面磨削加工余量 单位：mm

零件直径 d	零件全长 L					
	≤ 18	＞ 18 ～ 50	＞ 50 ～ 120	＞ 120 ～ 260	＞ 260 ～ 500	＞ 500
	磨削一端面余量 A					
≤ 30	0.1	0.1	0.1	0.15	0.15	0.20
＞ 30 ～ 50	0.15	0.15	0.15	0.15	0.20	0.25
＞ 50 ～ 120	0.2	0.20	0.20	0.25	0.25	0.30
＞ 120 ～ 260	0.25	0.25	0.25	0.30	0.30	0.35
＞ 260	0.25	0.25	0.25	0.30	0.30	0.40
长度公差	0.06 ～ 0.13	0.13 ～ 0.16	0.19 ～ 0.22	0.25 ～ 0.29	0.32 ～ 0.40	0.44 ～ 1.10

注：1. 加工有阶梯的轴时，每个阶梯的加工余量应根据其直径 d 及零件阶梯长 L 分别选用。

2. 在加工过程中一次精磨至尺寸时，其余量按上表减半选用。

表 1-29 磨端面的加工余量 单位：mm

零件直径 d	零件全长 L					
	≤ 18	＞ 18 ～ 50	＞ 50 ～ 120	＞ 120 ～ 260	＞ 260 ～ 500	＞ 500
	余量 A					
≤ 30	0.2	0.3	0.3	0.4	0.5	0.6
＞ 30 ～ 50	0.3	0.3	0.4	0.4	0.5	0.6
＞ 50 ～ 120	0.3	0.3	0.4	0.5	0.6	0.6
＞ 120 ～ 260	0.4	0.4	0.5	0.5	0.6	0.7
＞ 260 ～ 500	0.5	0.5	0.5	0.6	0.7	0.7
＞ 500	0.6	0.6	0.6	0.7	0.8	0.8
长度偏差	−0.12	−0.17	−0.23	−0.3	−0.4	−0.5

注：1. 加工有台阶的轴时，每个台阶的加工余量应根据该台阶直径 d 及零件的全长 £ 分别选用。

2. 表中的公差系指尺寸 L 的公差。当原公差大于该公差时，尺寸公差为原公差值。

3. 加工套类零件时，余量值可适当增加。

表 1-30 槽的加工余量及公差 单位：mm

工序	精车（铣、刨）槽				精车（铣、刨）后，磨槽			
槽宽 B	＜10	＜18	＜30	＜50	＜10	＜18	＜30	＜50
加工余量 A	1	1.5	2	3	0.30	0.35	0.40	0.45
公差	0.20	0.20	0.30	0.30	0.10	0.10	0.15	0.15

注：1. 靠磨槽时适当减小加工余量，一般加工余量留 0.10 ～ 0.20mm。

2. 本表适用于槽长小于 80mm、槽深小于 60mm 的槽。

1.4.7 车削工艺规程示例

零件机械加工工艺规程是规定零件机械加工工艺过程和方法等的工艺文件。它是在具体的生产条件下，将最合理或较合理的工艺过程，用图表（或文字）制成文本的形式，用来指导生产、管理生产的文件。

（1）机械加工工艺规程的内容

工艺规程中，一般明确规定了该零件所用的毛坯和它的加工方式、具体的加工尺寸；各道工序（工序指操作人员在一台机床或一个工作地点对工件所连续完成的那部分加工，是组成工艺过程的基本单元）的性质、数量、顺序和质量要求；各工序所用的设备型号、规格；各工序所用的加工工具（如辅具、刀具、模具等）形式；各工序的质量要求、检验方法和要求等。

（2）机械加工工艺文件格式

将工艺文件的内容，填入一定格式的卡片，即成为生产准备和施工依据的工艺文件。常用的工艺文件的格式有以下两种。

① 机械加工工艺过程卡片。这种卡片以工序为单位，简要地列出整个零件加工所经过的工艺路线（包括毛坯制造、机械加工和热处理等）。其内容包括工序号、工序名称、工序内容、加工车间、设备及工艺装备、各工序时间定额等，它是制订其他工艺文件的基础，也是生产准备、编排作业计划和组织生产的依据。在这种卡片中，由于各工序的说明不够具体，故一般不直接指导工人操作，而多被生产管理方面使用。但在单件小批生产中，由于通常不编制其他较详细的工艺文件，而就以这种卡片指导生产。

② 机械加工工序卡片。机械加工工序卡片更详细地说明了整个零件各工序的要求，是用来具体指导工人操作的工艺文件，一般用于大批大量生产的零件。机械加工工序卡片内容包括工序简图，零件的材料、重量、毛坯种类，工序号，工序名称，工序内容，工艺参数，操作要求以及采用的设备、工艺装备等。它通

过工序简图详细说明了该工序的加工内容、尺寸及公差、定位基准、装夹方式、刀具的形状及其位置等，并注明了切削用量、工步内容及工时等。

（3）轴承套的车削加工工艺过程

轴承套的结构如图 1-104 所示。该零件的主要技术要求为：轴承套大端 ϕ42 端面与外圆 ϕ34js7 轴线的垂直度为 0.01mm，外圆 ϕ34js7 面相对其轴线圆跳动为 0.01mm。

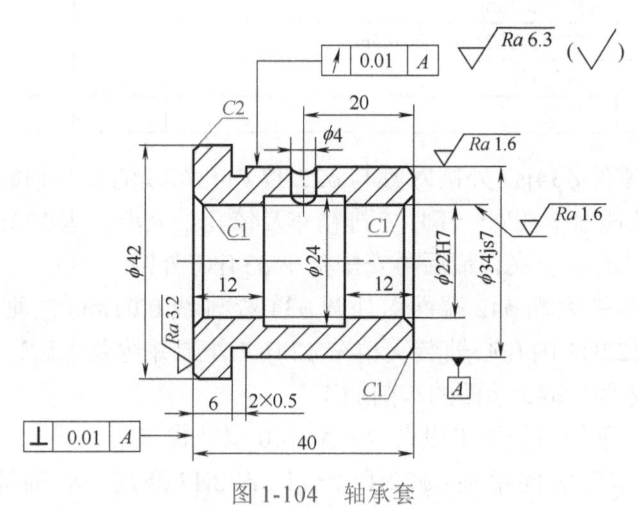

图 1-104 轴承套

轴承套的加工工艺过程参见表 1-31。从该零件的技术要求及加工工艺过程的加工内容描述可以了解到以下信息。

① 该零件外圆要求 ϕ34js7、表面粗糙度 Ra1.6μm，内孔要求 ϕ22H7、表面粗糙度 Ra1.6μm，尺寸精度及表面粗糙度要求均较高，工艺规程中分别安排了粗、精车二道工序加工，以保证尺寸精度。

表 1-31 轴承套车削加工工艺

工序	工种	工步	工序内容	设备	工具		
					夹具	刃具	量具
1	车		按图粗车 ϕ34js7 至 ϕ35mm；ϕ42mm × 6mm 至 ϕ42mm × $7^{+0.3}_{+0.2}$ mm；全长 40mm 至 $40.5^{+0.2}_{0}$mm	CA6140			
2	车		用软卡爪夹住 ϕ42mm 外圆，找正夹紧，钻孔 ϕ20.5mm	CA6140			
3	车	（1）	用软卡爪夹 ϕ35mm 外圆，找正夹紧，车 ϕ42mm 左端面，保证总长 40mm，表面粗糙度 Ra3.2μm。倒角 C2	CA6140		ϕ22H7 铰刀	ϕ22H7 塞规
		（2）	车内孔至 $\phi22^{-0.08}_{-0.12}$ mm，表面粗糙度 Ra3.2μm				
		（3）	车内槽 ϕ24mm × 16mm 至尺寸				
		（4）	前后两端倒角 C1				
		（5）	铰孔至 $\phi22\text{H7}^{+0.021}_{0}$mm，表面粗糙度 Ra1.6μm				

续表

工序	工种	工步	工序内容	设备	工具		
					夹具	刃具	量具
4	车	(1)	工件套心轴，装夹于两顶尖之间。车外圆至 ϕ34js7，表面粗糙度 Ra1.6μm	CA6140	心轴		
		(2)	车 ϕ42mm 后端面，保证厚度 6mm，表面粗糙度 Ra3.2μm				
		(3)	车槽，宽 2mm、深 0.5mm				
		(4)	倒角 C1				
5	检验		检验				

② 为保证零件 ϕ34js7 外圆对其与 ϕ22H7 内孔组成的公共轴线 0.01mm 的圆跳动要求，工艺规程中在同一工序安排精车及铰孔二工步，达 ϕ22H7 要求后，再通过 ϕ22H7 内孔心轴装夹，最后再安排精车 ϕ34js7 外圆。

③ 为保证零件大端 ϕ42 端面对外圆 ϕ34js7 轴线 0.01mm 的垂直度要求，工艺规程中通过 ϕ22H7 内孔心轴装夹精车 ϕ34js7 外圆并达要求后，再于同一工序不同工步中完成大端 ϕ42 端面的车削加工。

④ 该零件车削使用的加工设备为 CA6140 型卧式车床。

⑤ 加工该零件需使用到：ϕ22H7 铰刀、ϕ22H7 塞规、心轴等刀具、量具、夹具。

(4)支架的车削工序

如图 1-105 所示为某支架零件第 60 道工序的机械加工工序卡片，从工序卡片右边的文字描述，同时结合卡片中部所画的工序图可以了解到以下信息。

① 该零件以右端的 $\phi 27^{+0.027}_{0}$mm 孔及大端面为定位基准，以螺纹旋入心轴夹紧。

② 车削范围为粗实线部分，包括 $\phi 37^{-0.03}_{-0.10}$ mm 外圆及端面、ϕ（66±0.15）mm 台阶面及 21°±10′ 锥面，左端面 $\phi 19^{+0.2}_{0}$mm 台阶孔及中部 1 ∶ 5 的锥孔（换算为角度 $11°25'^{0}_{-4}$）。

③ 该零件的 ϕ37mm 外圆公差为 0.7μm，表面粗糙度 Ra12.5，要求不高；锥孔对基准孔 $\phi 27^{+0.027}_{0}$mm 有 0.05mm 的同轴度要求，且锥度公差为 4′，锥孔的表面粗糙度为 Ra1.6μm，要求较高，为本工序加工的重点与难点。

④ 该零件的第 60 道工序使用的加工设备名称为 N-084 数控车床。

⑤ 零件的材料为 ZG40Cr，材料硬度为 18 ～ 22HRC。

⑥ 该零件的第 60 道工序加工需使用装夹夹具，夹具名称为 01 号车夹具；夹具代号为 ZJ-04-CJ01。

⑦ 为保证所加工锥孔的质量，需使用量具进行检测，使用的量具名称为 01、02 号检具；量具代号为 ZJ-04-JJ01、ZJ-04-JJ02（1 ∶ 5 锥度塞规）。

⑧ 加工该零件的第60道工序需使用到以下车削刀具：机夹式车刀S32UMWLNL-08W、S12KSTFPL-11，$\phi12$ 锥柄麻花钻。

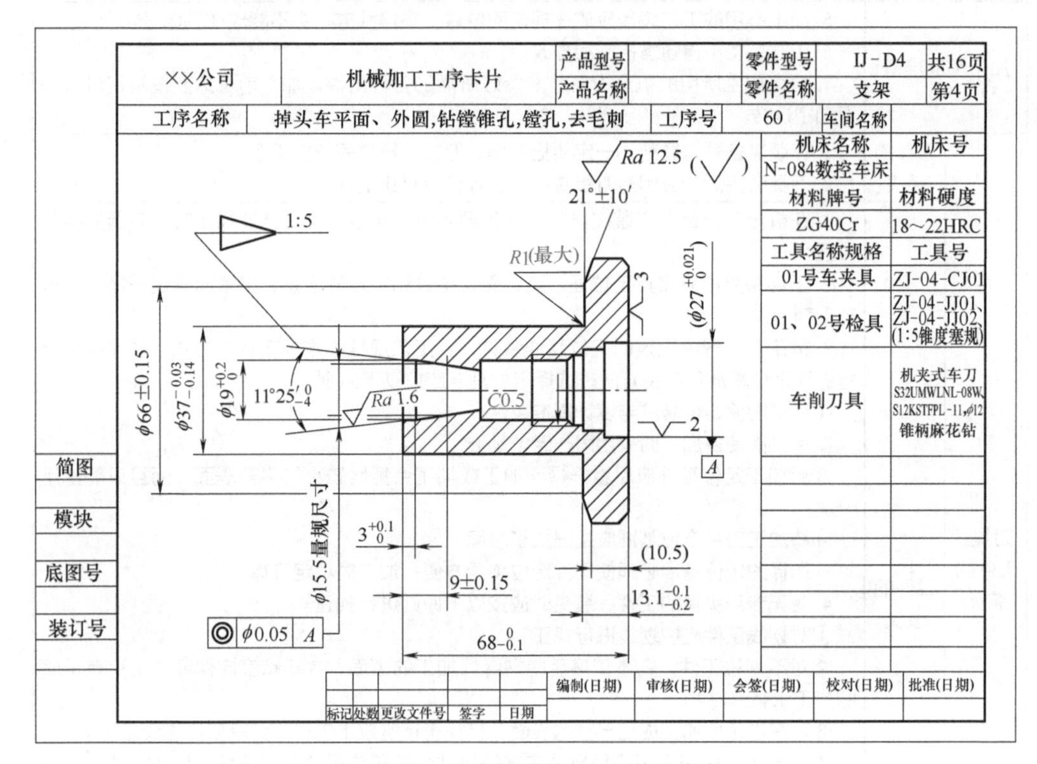

图 1-105　某支架零件第60道工序卡

1.5 车削的通用工艺守则

车削加工是在机械制造行业中使用得最为广泛的一种切削加工工艺，为保证车削加工件的产品质量，同时保证车削操作人员的人身及所操作设备的安全，在操作过程中，车削操作人员应遵守表1-32、表1-33的工艺守则要求。

表 1-32　切削加工通用工艺守则

项目	主要规则
加工前的准备	1. 操作者接到加工任务后，首先要检查加工所需的产品图样、工艺规程和有关技术资料是否齐全 2. 要看懂、看清工艺规程、产品图样及其技术要求，有疑问之处应找有关人员问清再进行加工 3. 按产品图样和工艺规程复核工件毛坯或半成品是否符合要求，发现问题应及时向有关人员反映，待问题解决后才能进行加工 4. 按工艺规程要求准备好加工所需的全部工艺装备，发现问题及时处理。对新夹具、模具等，要先熟悉其使用要求和操作方法

续表

项目		主要规则
加工前的准备		5. 加工所用的工艺装备应放在规定的位置，不得乱放，更不能放在机床导轨上 6. 工艺装备不得随意拆卸和更改 7. 检查加工所用的机床设备，准备好所需的各种附件。加工前机床要按规定进行润滑和空运转
刀具、工件的装夹	刀具的装夹	1. 在装夹各种刀具前，一定要把刀柄、刀杆、导套等擦拭干净 2. 刀具装夹后，应用对刀装置或试切等检查其正确性
	工件的装夹	1. 在机床工作台上安装夹具时，首先要擦净其定位基面，并要找正其与刀具的相对位置 2. 工件装夹前应将其定位面、夹紧面、垫铁和夹具的定位、夹紧面擦拭干净，不得有毛刺 3. 按工艺规程中规定的定位基准装夹，若工艺规程中未规定装夹方式，操作者可自行选择定位基准和装夹方法，选择定位基准应按以下原则： ①尽可能使定位基准与设计基准重合 ②尽可能使各加工面采用同一定位基准 ③粗加工定位基准应尽量选择不加工或加工余量比较小的平整表面，而且只能使用一次 ④精加工工序定位基准应是已加工表面 ⑤选择的定位基准必须使工件定位夹紧方便，加工时稳定可靠 4. 对无专用夹具的工件，装夹时应按以下原则进行找正： ①对划线工件应按划线进行找正 ②对不划线工件，在本工序后尚需继续加工的表面，找正精度应保证下工序有足够的加工余量 ③对在本工序加工成品尺寸的表面，其找正精度应小于尺寸公差和位置公差的 1/3 ④对于本工序加工到成品尺寸的未注尺寸公差和位置公差的表面，其找正精度应保证国标中对未注尺寸公差和位置公差的要求 5. 装夹组合件时，应注意检查结合面的定位情况 6. 夹紧工件时，夹紧力的作用点应通过支承点或支承面。对刚性较差的（或加工时有悬空部分的）工件，应在适当的位置增加辅助支承，以增强其刚性 7. 夹持精加工面和软材质工件时，应垫以软垫，如紫铜皮等 8. 用压板压紧工件时，压板支承点应略高于被压工件表面，并且压紧螺栓应尽量靠近工件，以保证压紧力
加工要求		1. 为了保证加工质量和提高生产率，应根据工件材料、精度要求和机床、刀具、夹具等情况，合理选择切削用量。加工铸件时，为了避免表面夹砂、硬化层等损坏刀具，在许可的条件下，切削深度应大于夹砂或硬化层深度 2. 对有公差要求的尺寸在加工时，应尽量按其中间公差加工 3. 工艺规程中未规定表面粗糙度要求的粗加工工序，加工后的表面粗糙度 *Ra* 值应不大于 25μm 4. 铰孔前的表面粗糙度 *Ra* 值应不大于 12.5μm 5. 精磨前的表面粗糙度 *Ra* 值应不大于 6.3μm 6. 粗加工时的倒角、倒圆、槽深等都应按精加工余量加工或加深，以保证精加工后达到设计要求 7. 图样和工艺规程中未规定的倒角、倒圆尺寸和公差要求应符合国家标准的规定 8. 凡下工序需进行表面淬火、超声波探伤或滚压加工的工件表面，在本工序加工的表面粗糙度 *Ra* 值应不大于 6.3μm

续表

项目	主要规则
加工要求	9. 在本工序后无法去毛刺工序时，本工序加工产生的毛刺应在本工序去除 10. 在大件的加工过程中应经常检查工件是否松动，以防因松动而影响加工质量或发生意外事故 11. 当粗、精加工在同一台机床上进行时，粗加工后一般应松开工件，待其冷却后重新装夹 12. 在切削过程中，若机床—刀具—工件系统发出不正常的声音或加工表面粗糙度突然变大，应立即退刀停车检查 13. 在批量生产中，必须进行首件检查，合格后方能继续加工 14. 在加工过程中，操作者必须对工件进行自检 15. 检查时应正确使用测量器具。使用量规、千分尺等必须轻轻用力推入或旋入，不得用力过猛；使用卡尺、千分尺、百分表、千分表等时，事先应调好零位
加工后的处理	1. 工件在各工序加工后应做到无屑、无水、无脏物，并在规定的工位器具上摆放整齐，以免磕、碰、划伤等 2. 暂不进行下道工序加工的或精加工后的表面应进行防锈处理 3. 用磁力夹具吸住进行加工的工件，加工后应进行退磁 4. 凡相关零件成组配加工的，加工后需做标记（或编号） 5. 各工序加工完的工件经专职检查员检查合格后方能转往下道工序 6. 工艺装备用完后要擦拭干净（涂好防锈油），放到规定的位置或交还工具库 7. 产品图样、工艺规程和所使用的其他技术要求，要注意保持整洁，严禁涂改

注：本表规定了各种切削加工应共同遵守的基本规则，适用于各企业的切削加工。

表 1-33 车削加工通用工艺守则

项目	主要规则
车刀的装夹	1. 车刀刀杆伸出刀架不宜太长，一般长度不应超过刀杆高度的 1.5 倍（车孔、槽等除外） 2. 车刀刀杆中心线应与走刀方向垂直或平行 3. 刀尖高度的调整 ①车端面、车圆锥面、车螺纹、车成形面及切断实心工件时，刀尖一般应与工件轴线等高 ②粗车外圆、精车孔时，刀尖一般应比工件轴线稍高 ③精车细长轴、粗车孔、切断空心工件时，刀尖一般应比工件轴线稍低 ④螺纹车刀刀尖角的平分线应与工件轴线垂直， ⑤装夹车刀时，刀杆下面的垫片要少而平，压紧车刀的螺钉要拧紧
工件的装夹	1. 用三爪卡盘装夹工件进行粗车或精车时，若工件直径小于或等于 30mm，其悬伸长度应不大于直径的 5 倍，若工件直径大于 30mm，其悬伸长度应不大于直径的 3 倍 2. 用四爪卡盘、花盘，角铁（弯板）等装夹不规则偏重工件时，必须加配重 3. 在顶尖间加工轴类工件时，车削前要调整尾座顶尖轴线与车床主轴轴线重合 4. 在两顶尖间加工细长轴时，应使用跟刀架或中心架。在加工过程中要注意调整顶尖的顶紧力，死顶尖和中心架应注意润滑 5. 使用尾座时，套筒尽量伸出短些，以减小振动 6. 在立式车床上装夹支承面小、高度高的工件时，应使用加高的卡爪，并在适当的部位加拉杆或压板压紧工件 7. 车削轮类、套类铸锻件时，应按不加工的表面找正，以保证加工后工件壁厚均匀

续表

项目	主要规则
车削加工	1. 车削台阶轴时，为了保证车削时的刚性，一般应先车直径较大的部分，后车直径较小的部分 2. 在轴类工件上切槽时，应在精车之前进行，以防止工件变形 3. 精车带螺纹的轴时，一般应在螺纹加工之后再精车无螺纹部分 4. 钻孔前，应将工件端面车平。必要时应先打中心孔 5. 钻深孔时，一般先钻导向孔 6. 车削 $\phi 10 \sim \phi 20$ 的孔时，刀杆的直径应为被加工孔径的 0.6 ～ 0.7 倍；加工直径大于 $\phi 20$mm 的孔时，一般应采用装夹刀头的刀杆 7. 车削多头螺纹或多头蜗杆时，调整好交换齿轮后要进行试切 8. 使用自动车床时，要按机床调整卡片进行刀具与工件相对位置的调整，调好后要进行试车削，首件合格后方可加工；加工过程中要随时注意刀具的磨损及工件尺寸与表面粗糙度 9. 在立式车床上车削时，当刀架调整好后，不得随意移动横梁 10. 当工件的有关表面有位置公差要求时，尽量在一次装夹中完成车削 11. 车削圆柱齿轮齿坯时，孔与基准端面必须在一次装夹中加工。必要时应在该端面的齿轮分度圆附近车出标记线

1.6 车削的安全文明生产

为保证车削操作人员的人身安全及产品加工质量，应做好文明生产和安全操作。主要有以下几方面的内容。

（1）正确使用车床

① 开车前，检查车床各部分机构是否完好，有无防护设备，各部传动手柄是否放在空挡位置，变速齿轮的手柄位置是否正确，以防开车时因突然撞击而损坏车床。启动后，应使主轴低速空转 1 ～ 2min，使润滑油散布到各处（冬天更为重要），待车床运转正常后才能工作。

② 工作中主轴需要变速时，必须先停车，变换进给箱手柄位置要在低速时进行。

③ 不允许在卡盘上、床身导轨上敲击或校直工件，床面上不准放工具或工件。

④ 为了保持丝杠的精度，除车螺纹外，不得使用丝杠进行自动进刀。

⑤ 装夹较重的工件时，应该用木板保护床面，下班时如工件不卸下，应用千斤顶支承。

⑥ 车刀磨损后，要及时刃磨，用钝刀继续切削会增加车床负荷，甚至损坏车床。

⑦ 车削铸铁，工件上的型砂杂质应去除，气割下料工件，导轨上的润滑油要擦去，以免磨坏床面导轨。

⑧ 使用切削液时，要在车床导轨上涂上润滑油。冷却泵中的切削液应定期调换。

⑨ 下班前应清除车床上及车床周围的切屑及切削液，擦净后按规定在加油部位加上润滑油。

⑩ 下班后将床鞍摇至车尾一端，转动各手柄放到空挡位置，关闭电源。

（2）正确组织工作位置

① 工作时所用的工具、夹具、量具以及工件，应尽可能靠近和集中在操作者周围。物件放置应有固定的位置，使用后放回原处。

② 工具箱的布置应分类，并保持清洁、整齐。要求小心使用的物件要放置稳妥。

③ 图样、工艺卡片应便于阅读，并注意保持清洁和完整。

④ 毛坯、半成品和成品应分开堆放，并按次序整齐排列。

⑤ 工作位置周围应经常保持清洁卫生。

⑥ 按工具用途使用工具，不得随意替用。例如，不能用扳手代替锤子使用。

⑦ 爱护量具，保持清洁，用后擦净、涂油，放入盒内保存。

（3）遵守安全操作规程

① 工作时应穿工作服，并扣紧袖口。女工应戴工作帽，把头发或辫子塞入帽内。

② 车削时，必须戴上防护眼镜，头跟工件不应该靠得太近，以防切屑飞入眼中。

③ 工作时必须集中精力，不允许擅自离开车床或做与车削工作无关的工作。身体不能靠近正在旋转的工件或车床部件。

④ 工件和车刀必须装夹牢固，卡盘必须装有保险装置。不准用手去刹住转动着的卡盘。

⑤ 车床开动时，不能测量工件，也不能用手去摸工件表面。

⑥ 用专用的钩子清除切屑，不允许用手直接清除。

⑦工件装夹后卡盘扳手必须随手取下，棒料伸出主轴后端过长应使用料架或挡板。

⑧ 在车床上工作时不准戴手套。

⑨ 不准任意装拆电气设备。电路有故障，由专业人员来修理。

⑩ 换交换齿轮（又称挂轮）时应切断电源。

⑪ 工件、毛坯等放于适当位置，以免从高处落下伤人。

⑫ 注意作业地点清洁卫生。

⑬ 交接班时要交接设备安全状况记录。一旦设备出现不安全因素必须记录并及时上报有关部门。

（4）车削加工的安全技术

由于车削加工具有加工范围广，使用的工具、卡具繁多等特点，所以车削加工的安全技术问题，就显得特别重要。主要有以下几方面的注意事项。

① 切屑的伤害及防护措施。车床上加工的各种钢料零件韧性较好，车削时所产生的切屑富于塑性卷曲，边缘比较锋利。在高速切削钢件时会形成红热的、很长的切屑，极易伤人，同时经常缠绕在工件、车刀及刀架上，所以工作中应经常用铁钩及时清理或拉断，必要时应停车清除，但绝对不许用手去清除或拉断。为防止切屑伤害常采取断屑、控制切屑流向和加设各种防护挡板等措施 。断屑是在车刀上磨出断屑槽或台阶；采用适当断屑器；采用机械卡固刀具。

② 工件的装卡。在车削加工的过程中，因工件装卡不当而发生损坏车床、折断或撞坏刀具以及工件掉下或飞出伤人的事故为数较多。所以，为确保车削加工的安全生产，装卡工件时必须格外注意。对大小、形状各异的零件要选用合适的卡具，不论三爪、四爪卡盘或专用卡具和主轴的连接必须稳固可靠。工件要卡正、卡紧，大工件卡紧可用套管，保证工件高速旋转并切削受力时，不移位、不脱落和不甩出。必要时可用顶尖、中心架等增强卡固。卡紧后立即取下扳手。

③ 安全操作。工作前要全面检查车床，确认良好方可使用。工件及刀具的装卡保证位置正确、牢固可靠。加工过程中，更换刀具、装卸工件及测量工件时，必须停车。工件在旋转时不得用手触摸或用棉丝擦拭。要适当选择切削速度、进给量和吃力深度，不许超负荷加工。床头、刀架及床面上不得放置工件、工卡具及其他杂物。使用锉刀时要将车刀移到安全位置，右手在前，左手在后，防止衣袖卷入。车床要有专人负责使用和保养，其他人员不得动用。

第2章 车削与车刀

2.1 车削原理

车削时，车刀切削部分的前刀面挤压金属切削层，使之变为车屑，并实现与零件的分离，从而得到所需要的加工表面，这个过程称为车削过程。研究车削过程中车屑的形成和在车削过程中产生的力、热与刀具磨损之间的相互关系，有助于车刀切削角度和切削用量的合理选择，从而有利于保证车削零件的产品质量。

2.1.1 车屑的形成

金属被切削时，金属表面首先受到刀具的挤压力。若压力在金属弹性极限内，工件仅被压陷下去一块，这时退出刀来，金属又将恢复原来的形状，如果继续吃刀，这时刀具对工件的压力超过金属弹性极限，那么工件表面的变形就不能恢复原来的形状，金属内部组织也将发生变化，这样继续下去，被切层成为切屑而脱离工件。因此，切屑是材料经过挤压变形被连续割裂而离开零件的。

(1)车屑形成的过程

零件材料有塑性材料（如钢、合金钢等）和脆性材料（如铸铁等），图 2-1 所示给出了车削塑性材料形成车屑的过程，其大致可以分为四个阶段。

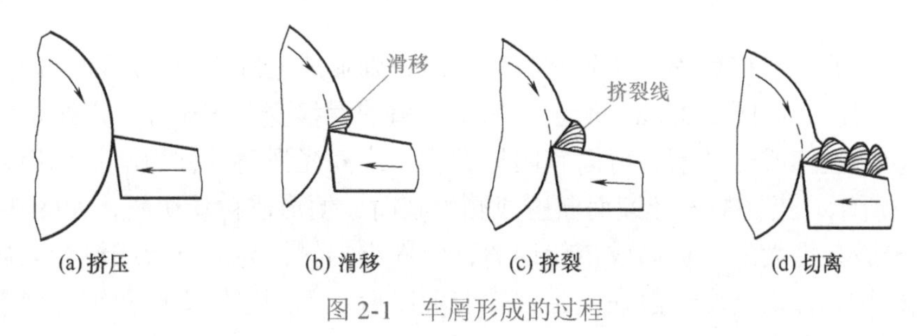

图 2-1　车屑形成的过程

① 挤压。车刀接触零件，零件材料受到挤压产生弹性变形。

② 滑移。零件材料受到更大的压力，使金属切削层发生塑性压缩变形，金属晶格沿着一定方向发生移动，称为滑移，但此时金属尚未分裂。

③ 挤裂。零件连续受到挤压，材料内部应力、应变不断增加，当应力达到断裂点时，金属即在某一面上出现裂痕，称为挤裂线。

④ 切离。材料出现裂痕的表面与零件表面分离，脱离刀具前刀面成为切屑，然后又开始接触下一块金属，继续重复挤压→滑移→挤裂→切离这四个阶段。必须指出，在切削时，被加工零件的切削速度很高，往往第一块金属来不及完全裂开，又开始切离第二块金属，所以这个过程是连续不断的。

如果被加工材料是脆性金属（如铸铁等），当刀具切入零件极少时，就有一块金属突然崩去，完成切离阶段。滑移和挤裂两个阶段很不明显，几乎不存在。

（2）车屑的变形情况

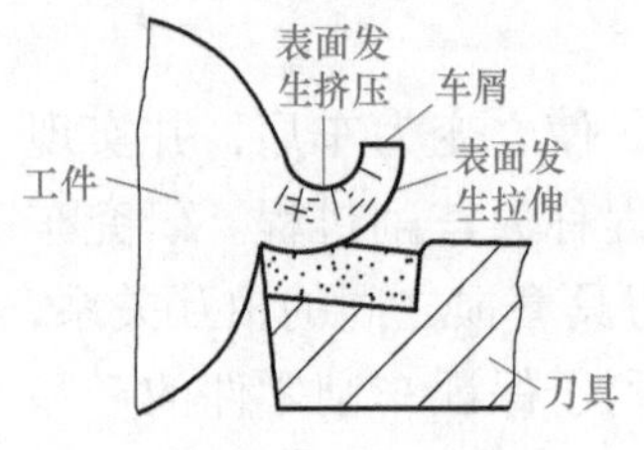

图 2-2　车屑的变形情况

应该指出的是，切削的各个阶段是连续的，并且很复杂。由于车刀对工件的挤压，使切屑近刀具一面发生拉伸现象，表面比较光滑，而背面受到挤压成毛绒状，如图 2-2 所示。

塑性变形是切削过程中一个很重要的物理现象。随着塑性变形会产生车屑、积屑瘤及加工表面硬化等现象。

（3）车屑的种类

在车屑形成过程中，会因塑性变形（滑移）程度的不同或零件材料塑性的不同而产生不同的切屑，参见图 2-3。

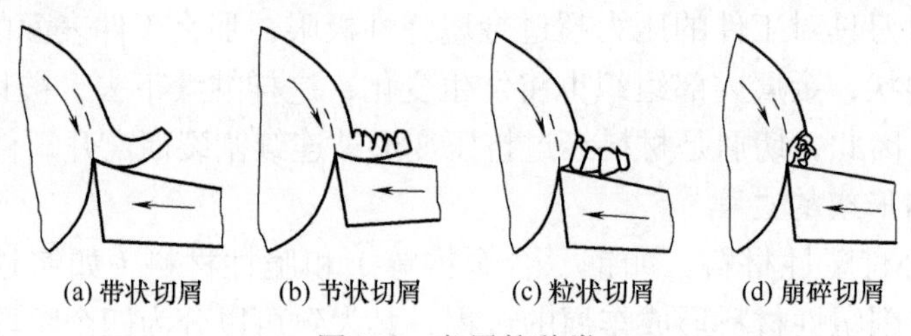

图 2-3　车屑的种类

如果切屑在滑移后尚未达到破裂程度时，则形成连绵不断、底面光滑背面粗糙的带状切屑，如图 2-3（a）所示。如果切屑的滑移变形较充分，以至达到破裂程度，切屑连续成一节节，背面有明显裂纹，底面光滑时，称为节状切屑，如图 2-3（b）所示。当切屑不连续而断裂成颗粒状时，便形成粒状切屑，如图 2-3（c）所示。一般塑性大的材料易成带状切屑，塑性小的材料易成节状或粒状切屑，切削脆性材料时，切削层一般在发生弹性变形以后，不经塑性变形即突然崩裂而成为碎粒状的切屑，称为崩碎切屑，如图 2-3（d）所示。

此外，车屑的形状还与刀具切削角度及切削用量有关。当切削条件改变时，车屑形状也会随之做相应地改变。例如在车削钢类工件时，如果逐渐增加车刀的锋利程度（如加大前角），提高切削速度，减小走刀量，车屑将会由粒状逐渐变为节状，甚至带状。同样，采用大前角车刀车削铸铁工件时，如果吃刀深度较大，切削速度较高，也可以使车屑由通常的崩碎切屑转化为节状。

在上述几种车屑中，带状切屑的变形程度较小，且切削时的振动较小，有利于保证加工表面精度与粗糙度，因此，这种车屑是车削时所希望得到的，但也应同时注意带状切屑的断屑问题。

2.1.2　车削过程的运动与切削力

车削是在车床上利用工件相对于车刀的旋转，以完成对工件内（外）表面切削的加工过程。车削工件时，车屑被车刀从工件上切下来，因此，研究车削过程中的车削运动及其切削力将有助于车刀的选择及车削质量的保证。

（1）车削运动

在切削过程中，为了切除多余的金属，必须使工件和刀具作相对的切削运动。在车床上用车刀切除工件上多余金属的运动称为车削运动。车削运动可分为主运动和进给运动，如图 2-4 所示。

① 主运动。直接切除工件上的切削层，使之转变为切屑，从而形成工件新表面的运动，称主运动。车削时，工件的旋转运动是主运动。通常，主运动的速度较高，消耗的切削功率较大。

② 进给运动。使新的切削层不断投入切削的运动。进给运动是沿着所要形成的工件表面运动。进给运动可以是连续运动，也可以是间歇运动，如卧式车床上车刀的进给运动是连续运动；牛头刨床上工件的进给运动为间歇运动。

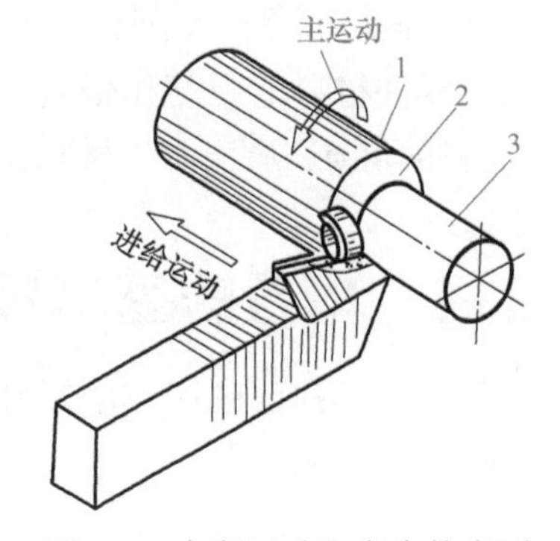

图 2-4　车削运动和产生的表面

1—待加工表面；2—加工表面；3—已加工表面

（2）切削过程的三种表面

在每一次车削行程中，零件上会出现三种表面，如图 2-4 所示。

① 待加工面。毛坯（零件）上即将切去切屑的表面。

② 已加工面。加工后已被切去切屑的表面。

③ 切削表面。车刀刀刃直接在工件上形成的表面。

（3）切削过程的切削力

金属在被切削时，切削层和被加工表面产生弹性变形和塑性变形，因此有变

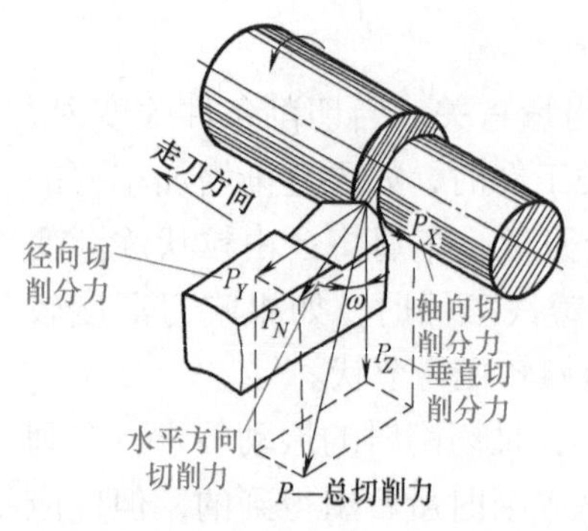

图 2-5 切削力的分解图

形抗力作用在车刀上。又因工件与刀具间有相对运动，切屑沿刀具流出，所以还有摩擦力作用在车刀上。这些力的合力称为切削阻力，简称为切削力 P。切削力大小和方向都不易测量。为便于分析理解，通常把切削力分解成在空间相互垂直的分力，如图 2-5 所示。

① 垂直切削分力 P_Z（简称主切削力）。此力垂直向下，与切削速度同向，是切削力中的主要分力。车床动力的 90% 消耗在主切削力上。所以它是计算车床电动机功率、车床刚度及计算夹具、刀杆刀头强度和选择切削用量的主要依据。

② 轴向切削分力 P_X（简称轴向力）。此力位于水平面上，是作用于进给方向的分力。轴向力作用于刀具上，使刀具产生轴向反作用力，在车削中工件受其影响产生弹性变形。

③ 径向切削分力 P_Y（简称径向力）。此力也位于水平面上，它垂直于纵走刀方向。径向力作用在刀具上，使工件在车削中受刀具径向反作用力影响产生弹性变形和振动。径向切削分力 P_Y 与轴向切削分力 P_X 的合力称为水平方向切削力 P_N。

零件材料的硬度和强度、切削用量、切削速度与进给量以及刀具因素如前角 γ、主偏角 φ、后角 α、材料、磨损情况和冷却润滑液等都是影响切削力的因素。

2.2 车刀的基本操作

为了顺利地进行车削零件，必须把车刀磨成一定的几何形状，以满足不同工序的车削加工要求。

2.2.1 车刀的几何形状及参数

车刀主要由刀头及刀杆两部分组成。其中，刀头主要承担切削工作，又称切削部分，刀杆主要用于车刀的安装。

（1）车刀的组成

刀头是车刀最重要的部分，由刀面、刀刃和刀尖组成，用于安装，并承担切削加工任务，如图 2-6 所示。

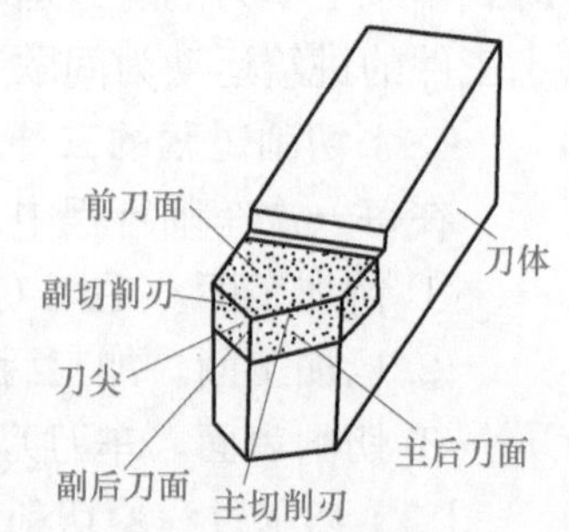

图 2-6 车刀的组成

其中，刀面由前刀面、主后刀面、副后刀面组成。前刀面指切屑流出时经过的刀面；主后刀面指与加工表面相对的刀面；副后刀面指与已加工表面相对的刀面。

刀刃由主切削刃、副切削刃组成。主切削刃指前刀面与主后刀面的交线，承担主要的切削工作；副切削刃指前刀面与副后刀面的交线，承担少量的切削工作。

刀尖是主切削刃和副切削刃的联结部位。为了提高刀尖强度，很多车刀都在刀尖处磨出圆弧形或直线形过渡刃［图 2-7(a)、图 2-7(b)］，又称刀尖圆弧。

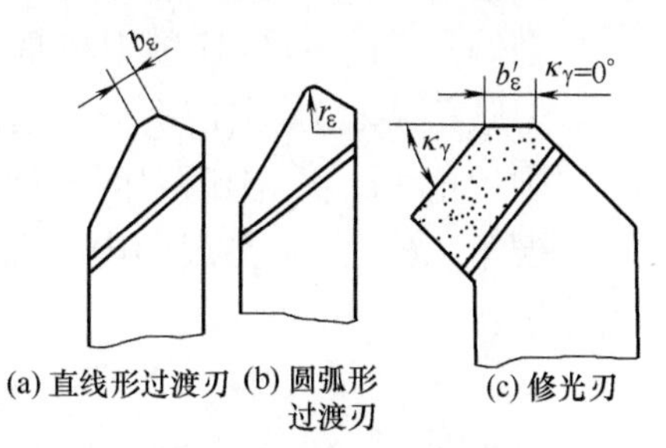

图 2-7 车刀的过渡刃和修光刃

修光刃是副切削刃接近刀尖处一小段平直的刀刃［图 2-7(c)］。装刀时需使修光刃与进给方向平行，且修光刃长度必须大于工件的进给量。

车刀的组成基本相同，但刀面、刀刃的数量、形式、形状不完全一样。如外圆车刀有三个刀面、两条刀刃和一个刀尖，而切断刀有四个刀面、三条刀刃和两个刀尖。刀刃可以是直线，也可以是曲线（如成形车刀）。

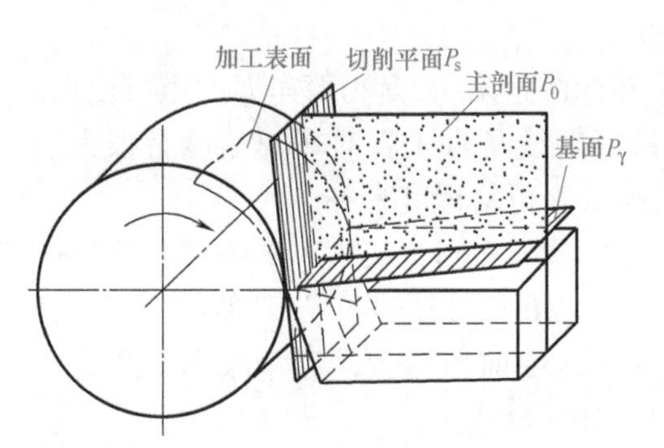

图 2-8 车刀的三个辅助平面

（2）确定车刀角度的辅助平面

为了便于确定和测量车刀的几何角度，需要假想以下三个辅助平面作基准，如图 2-8 所示。

① 基面（P_γ）。基面是指通过刀刃上某一选定点，垂直于该点切削速度方向的平面。

② 切削平面（P_S）。切削平面是指通过切削刃且垂直于基面的平面。

③ 主剖面（P_0）。主剖面是指通过主切削刃上的选定点，又垂直于基面和切削平面的剖面。

（3）车刀切削部分的几何角度

车刀切削部分的几何角度及标注方法如图 2-9 所示。其中：前角、主后角、主偏角、副偏角、刃倾角和副后角为六个基本角度，以及楔角、刀尖角两个角度。

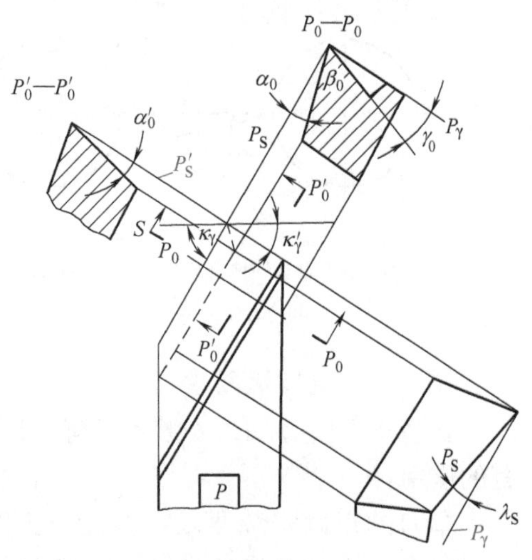

图 2-9 车刀切削部分的几何角度及标注方法

前角（γ_0）：前刀面与基面之间的夹角。

主后角（α_0）：主后面与切削平面之间的夹角。

主偏角（κ_r）：主切削刃在基面上的投影与进给方向间的夹角。

副偏角（κ_r'）：副切削刃在基面上的投影与进给反方向间的夹角。

刃倾角（λ_S）：主切削刃与基面之间的夹角。刃倾角有正值、负值和 0° 三种。

副后角（α_0'）：副后刀面与切削平面之间的夹角。

楔角（β_0）：在主截面内，前刀面与主后刀面之间的夹角。楔角大小可用下式计算：

$$\beta_0=90° -(\gamma_0+\alpha_0)$$

刀尖角（ε_r）：主切削刃和副切削刃在基面内的投影间的夹角。它影响刀尖强度和散热条件。大小可用下式计算：

$$\varepsilon_r=180° -(\kappa_r+\kappa_r')$$

（4）车刀的工作角度

上述车刀角度是静止状态下的角度（即标注角度），是刃磨车刀的重要依据。在实际切削中，车刀安装的高低，车刀刀杆轴线是否垂直对车刀角度有很大影响。因此，车刀的工作角度与车刀安装的高低、歪斜程度有关。

① 车刀安装的高低对车刀角度的影响。以车外圆（或横车）为例，正确的安装位置应是车刀刀尖与工件轴线等高［图 2-10（a）］，当车刀刀尖高于工件轴线时，因其切削平面与基面的位置发生变化，使前角增大，后角减小［图 2-10（b）］。反之，则前角减小，后角增大［图 2-10（c）］。

② 车刀安装的歪斜对车刀角度的影响。车刀安装歪斜，对主偏角、副偏角影响较大，特别是在车削螺纹时，会使牙形半角产生误差。

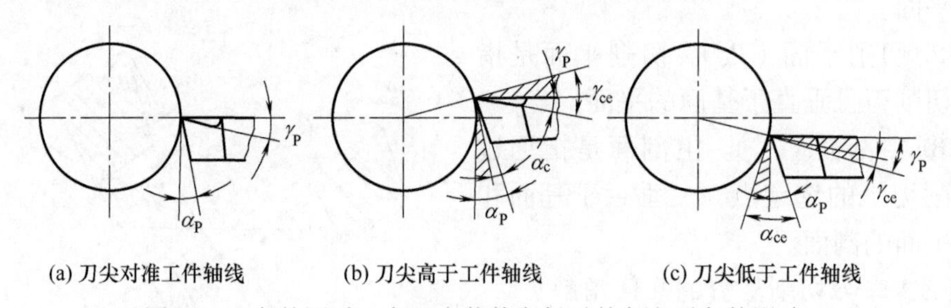

图 2-10　车外圆时，车刀安装的高低对前角和后角的影响

（5）车刀的安装要求

安装车刀时，如果安装不正确，即使车刀有了合理的车刀角度，也起不到应有的作用。

车刀的正确安装要求：刀尖与工件的中心线等高；刀柄应与工件轴心线垂直；车刀伸出方刀架的长度，一般应小于刀体高度的 2 倍（不包括车内孔）；车刀的垫铁要放置平整，且数量尽可能少。

2.2.2 车刀几何参数的选择

合理的选择车刀的几何参数是保证切削质量的重要条件之一。也是车工的基本操作技能之一。

(1)车刀几何参数的选择原则

表 2-1 给出了车刀几何参数的选择原则。

表 2-1 车刀几何参数的选择原则

名称	作用	选择原则
前角 γ_0	①加大前角，刀具锐利，可减少切削的变形 ②加大前角，可减少切屑在前刀面的摩擦 ③加大前角，可抑制或清除积屑瘤，降低径向切削分力 ④减小前角可增加刀尖强度	①加工硬度高、机械强度大的材料及脆性材料时，应取较小的前角 ②加工硬度低、机械强度小的材料及塑性材料时，应取较大的前角 ③粗加工应选取较小的前角，精加工应取较大的前角 ④刀具材料坚韧性差时前角应小些，刀具材料坚韧性好时前角应大些 ⑤车床、夹具、工件、刀具系统刚性差应取较大的前角
主后角 α_0 及副后角 α_0'	①减少刀具后刀面与工件切削表面和已加工表面间的摩擦 ②当前角确定之后，后角愈大，刃口愈锋利，但相应减小楔角影响刀头强度和散热面积	①粗加工应取较小主后角，精加工应取较大主后角 ②采用负前角车刀，主后角应取大些 ③工件和车刀的刚性差时应取较小的主后角 ④副后角一般选得与主后角相同，但切断刀例外，α_0' 取 1°～1.5°
主偏角 κ_r	①在相同的进给量 f 和切削深度 a_p 的情况下，改变主偏角大小可以改变主切削刃参加切削工作的宽度 a_w 及切削厚度 a_c ②改变主偏角大小，可以改变径向切削分力和轴向切削分力之间的比例，以适应不同车床、工件、夹具的刚性	①工件材料硬应选取较小的主偏角 ②刚性差的工件（如细长轴）应增大主偏角，以减小径向切削分力 ③在车床、夹具、工件、刀具系统刚性较好的情况下，主偏角尽可能选得小些 ④主偏角应根据工件形状选取，台阶 κ_r=90°，中间切入工件 κ_r=60°
副偏角 κ_r'	①减少副切削刃与工件已加工表面之间的摩擦 ②改善工件表面粗糙度和刀具的散热面积，提高刀具耐用度	①车床夹具、工件、刀具系统刚性好可选较小的副偏角 ②精加工刀具应取较小的副偏角 ③加工中间切入的工件 κ_r'=–60°
刃倾角 λ_s	①可以控制切屑流出的方向 ②增强刀刃的强度，当 λ_s 为负值时强度好，λ_s 为正值时强度差 ③使切削刃逐渐切入工件，切削力均匀，切削过程平稳	①精加工时刃倾角应取正值，粗加工时刃倾角应取负值 ②断续切削时刃倾角应取负值 ③当车床、夹具、工件、刀具刚性较好时刃倾角取负值，相反刃倾角取正值
过渡刃	提高刀尖的强度和改善散热条件	①圆弧过渡刃多用于车刀等单刃刀具上。高速钢车刀圆角半径 r_ε=0.5～5mm，硬质合金车刀圆角半径 r_ε=0.5～2mm

续表

名称	作用	选择原则
过渡刃	提高刀尖的强度和改善散热条件	②直线形过渡刃多用于刀刃形状对称的切断车刀和多刃刀具上。直线形过渡刃，长度一般为 0.5 ～ 2mm ③直线形过渡刃的 $\kappa_{\gamma\varepsilon}$ 角一般为主偏角的 1/2
修光刃	能减少车削后的残留面积，降低工件的表面粗糙度值，修光刃的长度一般为（1.2 ～ 1.5）f	在车床、夹具、工件、刀具系统的刚性较好的情况下，采用修光刃能取得好的效果

（2）车刀几何参数的参考值

表 2-2 ～表 2-7 分别给出了车刀前角、主后角、主偏角、副偏角及刃倾角的、刀尖圆弧半径参考值。

表 2-2　前角的参考值

工件材料		前角 γ_o/（°）	
		高速钢刀具	硬质合金刀具
结构钢	$\sigma_b \leqslant$ 800MPa	20 ～ 25	15 ～ 20
	$\sigma_b >$ 800 ～ 1000MPa	15 ～ 20	10 ～ 15
灰铸铁及可锻铸铁	≤ 220HBS	20 ～ 25	15 ～ 20
	＞ 220HBS	10	8
奥氏体不锈钢		—	15 ～ 20
淬硬钢＞ 40HRC		—	-5 ～ -10
铸、锻钢件或断续切削灰铸铁		10 ～ 15	5 ～ 10
钛合金		10 ～ 15	5
铝及铝合金		30 ～ 35	30 ～ 35
纯铜及铜合金（软）		25 ～ 30	25 ～ 30
铜合金（脆性）	粗加工	10 ～ 15	10 ～ 15
	精加工	5 ～ 10	5 ～ 10

注：表列硬质合金车刀的前角数值是指刃口磨有负倒棱的情形。

表 2-3　主后角的参考值

工件材料	工作条件及主后角 α_o/（°）	
低碳钢	粗车	8 ～ 10
	精车	10 ～ 12
中碳钢、合金结构钢	粗车	5 ～ 7
	精车	6 ～ 8
不锈钢	粗车	6 ～ 8
	精车	8 ～ 10
灰铸铁	粗车	4 ～ 6
	精车	6 ～ 8

续表

工件材料		工作条件及主后角 α_0/（°）
淬硬钢		12 ～ 15
铝及铝合金、纯铜	粗车	10 ～ 12
	精车	10 ～ 15
钛合金		10 ～ 15

注：外圆车刀的副后角 α_0' 一般取等于或稍小于主后角 α_0；切断或切槽车刀副后角 α_0'=1°～ 2°

表 2-4　主偏角的参考值

工作条件	主偏角 κ_r/（°）
在工艺系统刚性特别好的条件下以小切削深度进行精车，加工硬度很高的工件材料	10 ～ 30
在工艺系统刚性较好（1/d ＜ 6）的条件下加工盘套类工件	30 ～ 45
在工艺系统刚性差（1/d=6 ～ 12）的条件下车削、车孔	60 ～ 75
在毛坯上不留小凸柱的切断	80
在工艺系统刚性差（1/d=12）的条件下车台阶轴、细长轴	90 ～ 93

表 2-5　副偏角的参考值

工作条件	副偏角 κ_r'/（°）
用宽刃车刀及具有修光刃的车刀进行加工	0
切槽及切断	1 ～ 3
精车	5 ～ 10
粗车	10 ～ 15
粗车孔	15 ～ 20
中间切入的车削	30 ～ 45

表 2-6　刃倾角的参考值

工作条件及工件材料		刃倾角 λ_s/（°）
精车、精车孔	钢	0 ～ 5
	铝及铝合金	5 ～ 10
	纯铜	5 ～ 10
粗车且余量均匀	钢、灰铸铁	0 ～ -5
	铝及铝合金	5 ～ 10
	纯铜	5 ～ 10
车削淬硬钢		-5 ～ -12
断续车削钢、灰铸铁		-10 ～ -15
断续车削余量不均匀的铸铁、锻件		-10 ～ -45
微量精车、精车孔		45 ～ 75

表 2-7 刀尖圆弧半径的参考值 单位：mm

切削深度（a_p）	刀尖圆弧半径（r）	
	钢、铜	铸铁、非金属
3	0.6	0.8
4 ～ 9	0.8	1.6
10 ～ 19	1.6	2.4
20 ～ 30	2.4	3.2

2.2.3 车刀的刃磨及合理使用

在金属切削过程中，直接担当切削工作的是车刀的切削部分，为保证车削质量，车工不但应能正确地选择切削角度，还必须掌握车刀的实际刃磨和研磨操作以及车刀的合理使用。

（1）车刀的手工刃磨

车刀的刃磨分为机械刃磨和手工刃磨两种。机械刃磨效率高、质量好、操作方便，但必须具有专门的刃磨机床，一般在有条件的工厂才获得广泛应用。手工刃磨灵活，对设备要求低，一般中小型工厂仍普遍采用，手工刃磨车刀是车工必须掌握的基本功。车刀的手工刃磨主要有以下几方面的内容。

1）砂轮的选择

车刀刃磨时，一般磨削碳钢刀杆部分时选用普通氧化铝砂轮；磨削高速钢车刀时选用白色氧化铝砂轮；磨削硬质合金车刀时选用绿色碳化硅砂轮；磨削高钒钢车刀时选用单晶钢玉或碳化硅砂轮；如条件允许，在精磨高钒钢和精磨硬质合金车刀时，可采用金刚石砂轮。

2）刃磨步骤

① 先把车刀前刀面、主后刀面和副后刀面等处的焊渣磨去，并磨平车刀的底平面。

② 粗磨主后刀面和副后刀面的刀杆部分，其后角应比刀片的后角大 2° ～ 3°，以便刃磨刀片的后角。

③ 粗磨刀片上的主后刀面、副后刀面和前刀面，粗磨出来的主后角、副后角应比所要求的后角大 2° 左右，如图 2-11 所示。

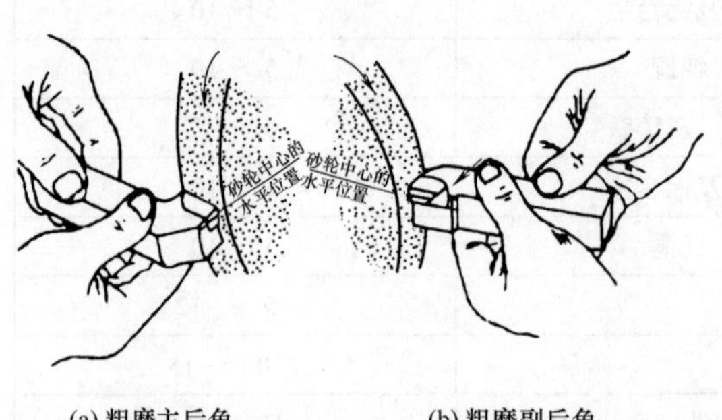

图 2-11 粗磨主后角、副后角

④ 精磨前刀面及断屑槽，断屑槽一般有两种形式，即直线形和圆弧形。刃磨圆弧形断屑槽，必须把砂轮的外圆与平面的交接处修整成

相应的圆弧。刃磨直线形断屑槽，砂轮的外圆与平面的交接处应修整得尖锐。刃磨时刀尖可向上或向下磨削（图 2-12），刃磨时应注意断屑槽形状、位置及前角大小。

⑤ 精磨主后刀面和副后刀面。刃磨时，将车刀底平面靠在调整好角度的台板上，使切削刃轻靠住砂轮端面进行刃磨。刃磨后的刃口应平直，精磨时应注意主、副后角的角度，如图 2-13 所示。

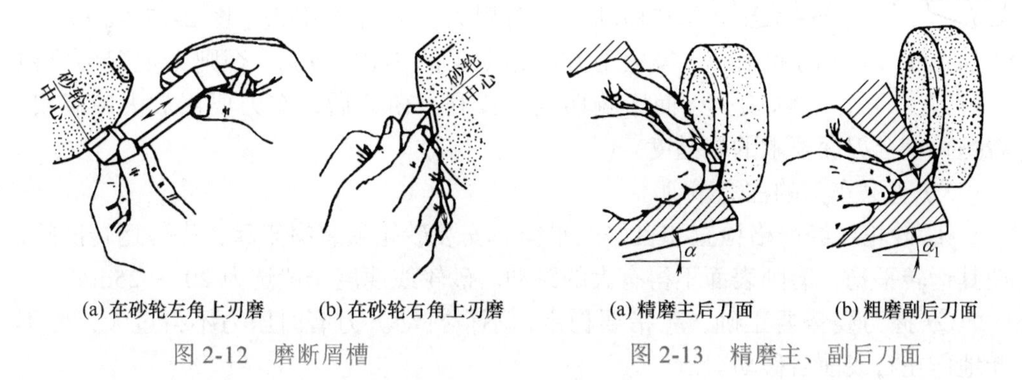

(a) 在砂轮左角上刃磨　(b) 在砂轮右角上刃磨

图 2-12　磨断屑槽

(a) 精磨主后刀面　(b) 粗磨副后刀面

图 2-13　精磨主、副后刀面

⑥ 磨负倒棱。刃磨时，用力要轻，车刀要沿主切削刃的后端向刃尖方向摆动。磨削时可以用直磨法和横磨法，如图 2-14 所示。

⑦ 磨过渡刃，过渡刃有直线形和圆弧形两种。刃磨方法和精磨后刀面时基本相同，见图 2-15。

对于车削较硬材料的车刀，也可以在过渡刃上磨出负倒棱。对于大进给量车刀，可用相同方法在副切削刃上磨出修光刃（图 2-16）。

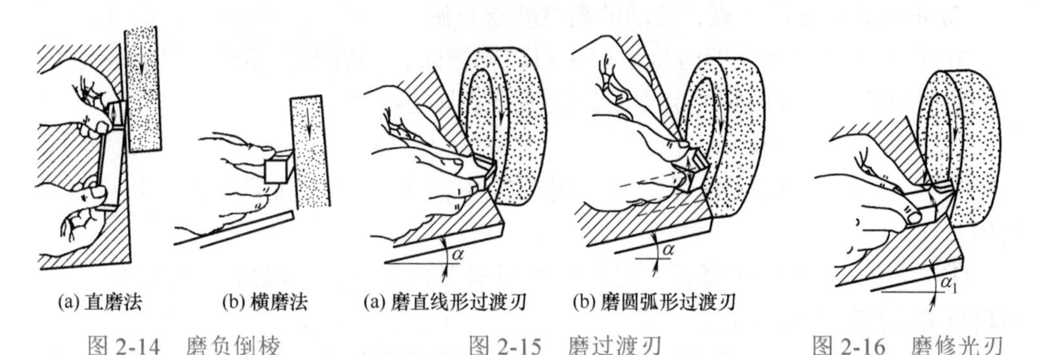

(a) 直磨法　(b) 横磨法

图 2-14　磨负倒棱

(a) 磨直线形过渡刃　(b) 磨圆弧形过渡刃

图 2-15　磨过渡刃

图 2-16　磨修光刃

⑧ 车刀的手工研磨。研磨车刀俗称“背刀”。经过砂轮刃磨过的车刀还必须经过研磨。这是由于砂轮振动或手的抖动，总会使砂轮与车刀之间有微量冲击而造成切削刃不够平整光洁。用放大镜可观察到刃口呈锯齿状凹凸不平，会直接影响被加工零件的表面粗糙度，而且也会降低车刀的使用寿命。硬质合金车刀还会在加工时掉渣或崩刃。

研磨车刀可用油石或研磨粉。研磨硬质合金车刀时采用碳化硼；研磨高速钢车刀时用氧化铝。

用研磨粉研磨，采用铸铁平板，用机油拌匀研磨粉即可使用。研磨顺序是先研后刀面，再研前刀面及刀尖圆弧，最后研负倒棱。

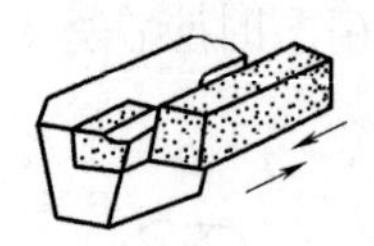

(a) 正确

(b) 不正确

图 2-17　油石研磨车刀

用油石研磨刀具时，手持油石要平稳。油石与刀具接触的被研磨表面要贴平前后刃面，沿刃面水平方向移动。推时用力，回程不用力［图 2-17（a）］。不得上下方向移动［图 2-17（b）］。否则会把刀尖磨钝而影响切削刃锋利。研磨后，车刀要用放大镜观察，看是否符合刃面要求的粗糙度。

3）刃磨车刀的注意事项

① 砂轮要经严格检查和良好的平衡。安装砂轮须装夹牢靠，先做运转试验，使其运转平稳，磨削表面不得有大的跳动。砂轮线速度一般选为 20 ～ 25m/s。

② 握刀姿势要正确，手指要稳定，不得抖动。刃磨时压力不得过大，要不断地作左右或前后移动。

③ 刃磨硬质合金车刀时，不要放入水中冷却，以防刀片突然收缩变形而碎裂。车刀刃磨不得过热，否则高速钢车刀会使刀尖退火烧伤而使切削刃部分硬度降低；硬质合金车刀过热则会产生裂纹。

④ 刃磨时砂轮旋转方向必须是由刀刃向刀体方向转动，否则在刀刃上会造成锯齿形缺口。刀刃不光滑，车削零件表面的粗糙度低。一般车刀切削刃粗糙度比工件粗糙度要高 2 ～ 3 级。

⑤ 角度导板必须平直，转动的角度要求正确。

⑥ 在盘形砂轮上磨刀时尽量避免用砂轮侧面；在碗形、杯形砂轮上磨刀时，不准磨砂轮的外圆或内圆。磨刀用砂轮不能磨其它物件。

（2）车刀的合理使用

车刀在刃磨和研磨好后，在使用过程中，应注意按以下要求进行合理的使用。

① 车刀在刃磨和研磨后，应先检查切削刃有无缺口、锯齿状等缺陷。表面粗糙度等级应比零件要高。

② 车刀安装应牢固可靠。刀垫应平整，螺钉要固紧。刀尖要对准主轴中轴线，这对加工直径小的零件、切断或车削端面时尤为重要。一般刀具的刀尖对准零件中心线偏差不大于 ±0.1mm；车削直径大于 ϕ100mm 的外圆时，刀尖可略高于零件中心线（一般不超过零件外径的 1/100）；加工内孔时，刀尖不能高于中心线。

③ 车刀安装好后，移动刀架和拖板时注意不得让车刀刃与零件或车床碰撞

或突然接触。车工往往习惯用零件来校对车刀位置，在刀刃与零件接触时往往会产生微小冲击，使刀片产生细微裂纹，在切削中就会崩刃。

④ 车刀新刃磨好后，在开始切削前应进行试切，这在批量生产时显得更重要。试切时切削速度和切削深度要比正常加工时降低 1/4 ～ 1/5，走完一次行程，检查刀刃、切屑排除和零件粗糙度等情况。如一切正常，再提高切削用量正式加工。

⑤ 在车削过程中，要经常查看刀具磨损情况，并及时用油石研磨刀刃。当在切削表面发现明亮的条状冷作硬化层或切削时发出尖叫声，常常是刀具发生严重磨损的征兆。这时就要重新刃磨刀具，不要等到刀具严重磨损或崩刃了才去刃磨。

如果加工锻、铸件毛坯时，第一刀切削深度要大些，使刀尖深入表面硬层内，从而避免刀具与硬层直接接触而过早磨损。

⑥ 刀具使用完毕要擦拭干净，放入工具箱，用木格分隔开，防止刀具间相互碰撞，损坏刀刃。

2.2.4 刀具寿命及提高寿命的方法

刀具随着切削过程的进行必然钝化，钝化后，改变了原有几何形状正常的切削性能，这时必须重新刃磨或更换切削刃，一把刃磨好的刀具，从开始切削至磨损量达到磨钝标准为止所使用的切削时间，称为刀具寿命。一把新磨好的刀具，从开始切削，经过反复刃磨、使用，直至完全失去切削能力而报废的实际总切削时间，称为刀具的总寿命。

刀具的磨损形式主要有正常磨损和非正常磨损两种。

（1）刀具的正常磨损

刀具的正常磨损主要有以下三种。

① 后刀面磨损。它是指磨损部位主要发生在后刀面上。磨损后形成 $\alpha_0=0°$ 的磨损带。它的磨损程度用表面高度 V_B 来表示，如图 2-18（a）所示。这种磨损比较常见，一般在切削脆性金属和切削厚度较小（$a_c < 0.1$mm）的塑性金属材料时发生。

② 前刀面磨损。这种磨损主要发生在前刀面上。磨损后，在前刀面靠近刃口附近出现月牙洼，如图 2-18（b）所示。其磨损程度用月牙洼的深度 KT 和宽度 KB 表示。

前刀面磨损一般在切削厚度较大（$a_c > 0.5$mm）和切削速度较大的塑性金属材料时发生。

③ 前、后刀面同时磨损。这是一种前刀面既有月牙洼，后刀面又有 $\alpha_0=0°$ 磨损带的综合性磨损，如图 2-18（c）所示。切削塑性金属且切削厚度为 $a_c=0.1 \sim 0.5$mm 的情况下发生。

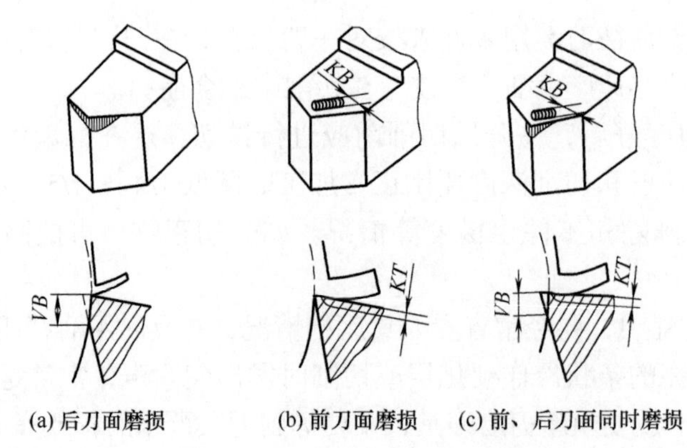

(a) 后刀面磨损　(b) 前刀面磨损　(c) 前、后刀面同时磨损

图 2-18　正常磨损的几种形式

（2）刀具的非正常磨损

刀具的非正常磨损主要有以下两种。

① 破损。在切削过程中，切削刃或刀面上产生裂纹、崩刃甚至整个刀片碎裂的现象称为破损。产生破损的原因是焊接或刃磨时因骤冷骤热而产生太大的热应力，或刀具的几何参数不合理，使切削刃过于脆弱或切削力过大。

② 卷刃。切削加工时，切削刃产生塌陷或隆起的塑性变形现象称为卷刃。这是因为刀具材料的强度或硬度太低，切削用量过大以致切削力太大或切削温度太高。

（3）刀具的磨损过程

刀具的磨损过程可以分为三个阶段，并且以后刀面的磨损量与切削时间的关系曲线表示，如图 2-19 所示。

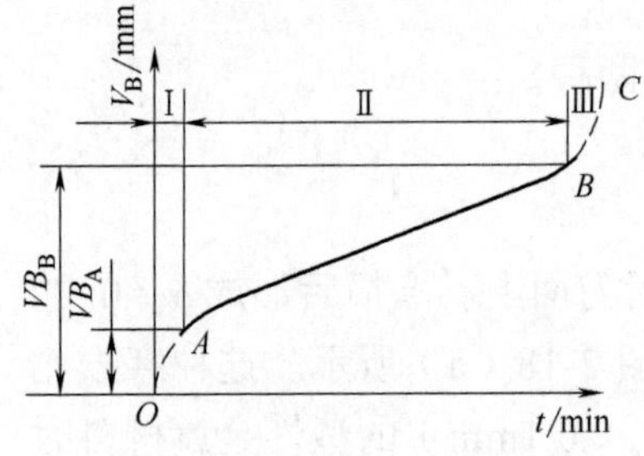

图 2-19　刀具的磨损过程曲线

① 初期磨损阶段（Ⅰ）。这个阶段刀具磨损较快。这是由于刃磨后的刀面微观不平，切削刃处的受力集中，因此磨损较快。

初期的磨损量与刀具的刃磨质量有很大关系。实践证明，经研磨的刀具其初期磨损量小，而且比未经研磨的刀具耐用得多。因此，应注意提高刀具的刃磨质量。初期磨损的磨损量通常为 0.05 ～ 0.1mm。

② 正常磨损阶段（Ⅱ）。经初期磨损后，刀具表面上的高低不平及不耐磨的表层组织已经被磨去，刀面上的压力分布均匀且压强减小，磨损高度随时间增长而均匀地增加。这个阶段是刀具工作的有效期。正常磨损阶段的曲线是一条略向上倾斜的直线。使用刀具时，不应超过这一阶段范围。

③ 急剧磨损阶段（Ⅲ）。刀具经过第Ⅱ阶段的磨损，磨损量达到某一数值 VB_B 以后，刀具变钝，摩擦力加大，切削温度急剧升高，刀具材料的切削性能急剧下降，导致刀具大幅度磨损或烧损，从而使刀具失去切削能力。因此，使用刀

具时，应尽量避免使刀具磨损进入这一阶段。

（4）提高刀具寿命的基本方法

影响刀具寿命的因素很多，主要有工件材料、刀具材料、刀具几何参数、切削用量等几个方面。在切削条件（即工件材料、刀具材料）已确定的情况下，选择合理的刀具几何参数和切削用量是提高刀具寿命的基本方法。

1）正确选择刀具几何参数

① 合理选择前角。刀具前角增大，能使切削力和切削变形减小，切削温度降低，刀具寿命提高。但前角太大，刀刃强度下降，切削时容易破损，刀具寿命反而下降。因此，在选择刀具前角时，既要考虑减小切削力和切削变形，又要保证刀尖强度和散热条件。

② 合理选择后角。在满足刀具与工件之间摩擦力减小的前提下，应尽量选择较小的刀具后角，以提高刀具寿命。

③ 合理选择主偏角。在不产生振动和工件形状许可的条件下，应选择较小的主偏角，增加刀具强度并改善刀具的散热条件，提高刀具寿命。

④ 合理选择刃倾角。在能控制切屑流向的情况下，应尽量选择较小的刃倾角，以保证刀刃有较高的强度，提高刀具寿命。而断续切削或粗加工大切深时，应取较大的负值刃倾角。

2）正确选择切削用量　切削用量对刀具寿命的影响主要是通过切削温度的高低来反映。在切削用量中，对刀具寿命影响最大的是切削速度 v，其次是进给量 f，影响较小的是切削深度 a_p。

① 切削速度 v。切削速度对切削温度的影响比较复杂。以硬质合金车刀为例，在切削淬硬钢时，切削速度 v 达到一定数值（约 60m/min）时，刀具寿命最长；随着 v 的继续提高，摩擦表面的滑动速度加大，切削温度升高较快，刀具磨损也加快，刀具寿命明显下降。

② 进给量。进给量增大，刀具寿命下降。当进给量 f 增大 20% 时，刀具寿命下降 19%；当进给量增大一倍时，刀具寿命下降 55%。

③ 切削深度。切削深度增大，刀具寿命下降。当切削深度增加 20% 时，刀具寿命下降 10%；当切削深度增加一倍时，刀具寿命下降 34%。

2.3 车削常用的工具及使用

（1）锤子

锤子主要用于找正工件时敲击用。

（2）划线盘

划线盘的结构如图 2-20 所示，主要用于找正工件或划线，划针位置可以按工作需要进行调整。

（3）扳手

扳手主要用来扳紧或松开螺钉和螺母。常用的扳手有：活扳手和呆扳手，如图 2-21（a）所示。

① 活扳手。活扳手的规格以扳手长度表示，常用的有 150mm（6in）、200mm（8in）、250mm（10in）和 300mm（12in）等。使用活扳手时应让固定钳口受主要作用力，如图 2-21（b）所示。

② 呆扳手。呆扳手一般作为专用附件，开口尺寸是与螺钉头的两边间距尺寸相适应的。

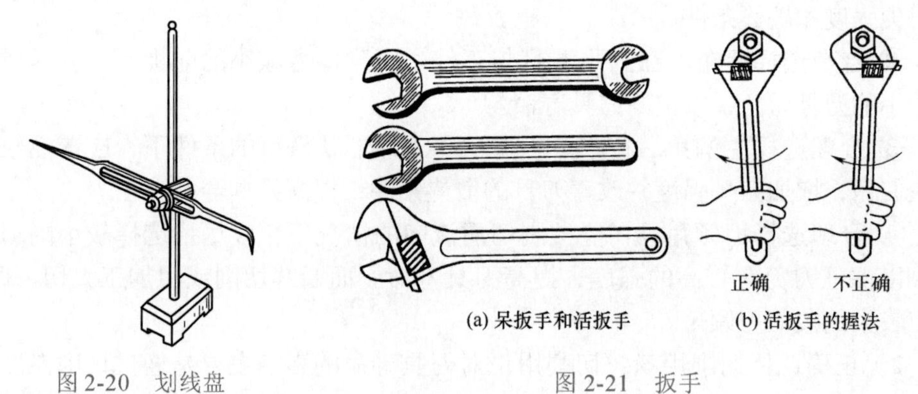

(a) 呆扳手和活扳手　(b) 活扳手的握法

图 2-20　划线盘

图 2-21　扳手

（4）螺钉旋具

螺钉旋具主要用来旋紧或松开螺钉，其规格以刀体部分长度表示，常用的有 150mm（6in）、200 mm（8in）和 400mm（16in）等。螺钉旋具有一字槽螺钉旋具和十字槽螺钉旋具两种，如图 2-22 所示。使用时可按螺钉沟槽形状选用。

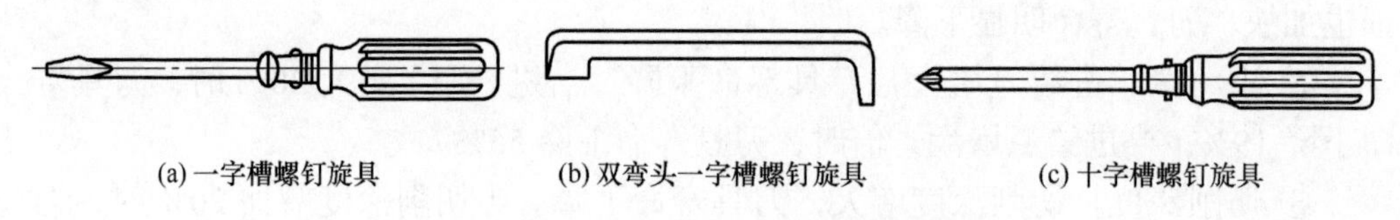

(a) 一字槽螺钉旋具　(b) 双弯头一字槽螺钉旋具　(c) 十字槽螺钉旋具

图 2-22　常用的螺纹连接装拆工具

（5）内六角扳手

内六角扳手用来扳紧或松开内六角螺钉，常用规格有 6mm、8mm 和 10mm（六角的对边尺寸）。

（6）卡爪与卡盘的装卸

三爪自定心卡盘是车床上最常用的自定心夹具，它夹持工件时一般不需要找正，装夹速度较快，其结构如图 2-23 所示。以下以它为例介绍卡爪与卡盘的装卸操作。

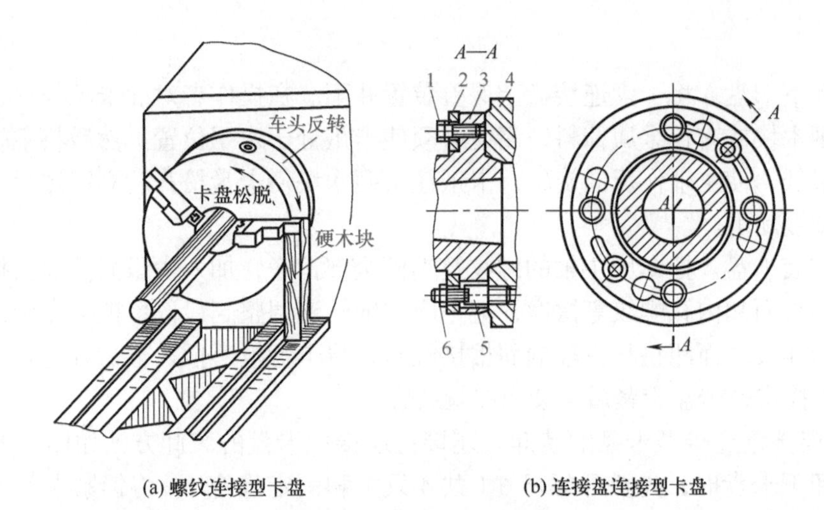

(a) 螺纹连接型卡盘　　(b) 连接盘连接型卡盘

图 2-23　装卸卡盘的方法

1—固定螺钉；2—连接板；3—主轴；4—卡盘；5—定位螺栓；6—螺母

1）卸下卡爪的操作步骤

① 将扳手插入卡盘的方形扳手孔内，逆时针转动扳手使卡爪作离心移动，直到卡爪伸出卡盘外圆后，用右手托住最下面的卡爪，左手继续转动，直到卡爪从卡盘上滑出或能用手拉出为止。

② 逐一将其余两只卡爪卸下。

2）安装卡爪的操作步骤

卡爪上一般都编有号码 1、2、3，安装时要与卡盘上的编号相符合，并按编号的顺序依次装入。安装卡爪一般按以下步骤进行操作。

① 将卡爪和卡盘上的三等分槽擦净并用油壶在平面上加少量机械油。

② 顺时针转动卡盘扳手，当平面螺纹最外圆的末端显露在 1 号槽时，将扳手作少量逆时针转动，使平面螺纹末端刚好退出 1 号槽。

③ 将 1 号卡爪插入，用力推压，直到感觉卡爪与平面螺纹相接触时止。

④ 顺时针转动卡盘扳手，并目测卡爪是否作向心移动，如卡爪未动应卸下重装。

⑤ 用同样方法装 2 号和 3 号卡爪。

⑥ 三只卡爪全部装入后，继续转动扳手，如三只卡爪能同时到终点并合在一起，说明安装正确。反之应卸下重新安装。

3）卡盘的装卸

卡盘与主轴的连接方式有两种，一种是螺纹连接，另一种是连接盘连接。装卸前应分清卡盘的连接方式。装卸前应在卡盘下方导轨上放置木板，在主轴孔和卡盘中插一根铁棒，以防装卸时卡盘不慎掉下，砸坏车床导轨面。

① 螺纹连接型卡盘的装卸方法。螺纹连接型卡盘的装卸方法如图 2-23（a）

所示。

a. 卸下卡盘。将卡盘连接盘上保险装置卸下。在操作者对面卡爪与导轨面之间放一硬木块或有色金属棒料，高度必须使卡爪处于水平位置。然后将主轴转速调整到最低，使主轴作反向旋转，卡爪撞击硬木块使卡盘松开后立即停手，用手将卡盘慢慢旋下。

b. 安装卡盘。把车床主轴的螺纹及端面全部擦净，加入少量润滑油。把卡盘连接盘的端面和内孔螺纹等擦净，把车床主轴转速调整到最低，把卡盘旋入主轴螺纹，当连接端面即将与主轴端面相接触时，将卡盘扳手插入卡盘方孔内向反转方向用力撞击，卡盘旋紧后再装上保险装置。

② 连接盘连接型卡盘的装卸。连接盘连接型卡盘的装卸方法如图 2-23（b）所示。卸下卡盘时，先松开螺母 6（共 4 只）和固定螺钉 1，将锁紧卡盘逆时针转动，使圆孔对准定位螺栓 5，即可把卡盘及定位螺栓 5、螺母 6 同时卸下。安装步骤与拆卸步骤相反。

2.4 切削用量和切削液的选择

切削时，切削用量和切削液的选择不仅对切削力、切削热、积屑瘤、工件精度和粗糙度有很大影响，还与提高生产率有着明确的关系。

2.4.1 切削用量的选择

切削用量是衡量切削运动大小的参数。合理选择切削用量是保证产品质量，提高生产效率的有效办法。

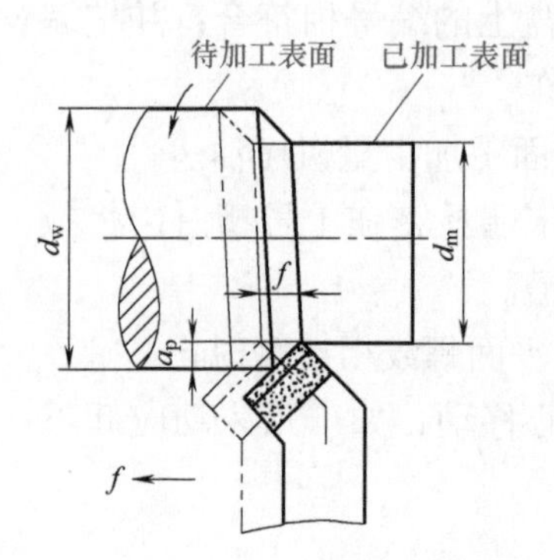

图 2-24 切削深度和进给量

（1）切削用量的概念

切削用量包括切削深度（背吃刀量）、进给量和切削速度。

① 切削深度（a_p）。工件上已加工表面和待加工表面间的垂直距离（图 2-24），称为切削深度，也就是每次走刀时车刀切入工件的深度。可按下式计算：

$$a_p=d_w-d_m$$

式中 a_p——切削深度，mm；

d_w——工件待加工表面的直径，mm；

d_m——工件已加工表面的直径，mm。

② 进给量（f）。指工件每转一转，车刀沿进给方向移动的距离（图 2-24），是衡量进给运动大小的参数。进给量分纵向进给量和横向进给量。纵向进给量指沿车床床身导轨方向的进给量。横向进给量指垂直于车床床身导轨方向的进

给量。

③ 切削速度（v）。主运动的线速度称切削速度。也可以理解为车刀在1分钟内车削工件表面的理论展开直线长度（假定切屑无变形或收缩），如图2-25所示。它是衡量主运动大小的参数。切削速度（v）的计算公式为：

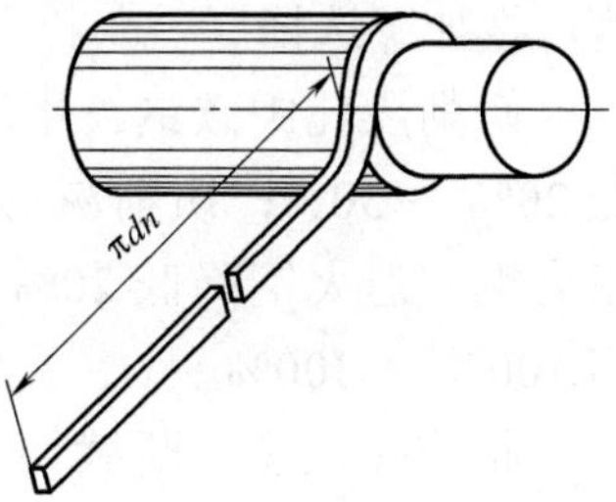

图2-25 切削速度示意图

$$v=\pi dn/1000$$

式中 v——切削速度，m/min；

d——工件待加工表面直径，mm；

n——车床主轴每分钟转数，r/min。

车削时，工件做旋转运动，不同直径处各点切削速度不同。计算时应以待加工表面直径处的切削速度为准。

在实际生产中，常常是已知工件直径，并根据工件材料、刀具材料和加工性质等因素选定切削速度。再将切削速度换算成车床转速，以便调整车床。如果计算所得的车床转速和车床铭牌上所列的转速有出入，应选取铭牌上和计算值接近的转速。

（2）切削用量的选择原则

粗车时，应考虑提高生产率并保证合理的刀具耐用度。首先要选用较大的吃刀深度，然后再选择较大的进给量，最后根据刀具耐用度选用合理的切削速度。

半精车和精车时，必须保证加工精度和表面质量，同时还必须兼顾必要的刀具耐用度和生产效率。

① 切削深度的选择。粗车时应根据工件的加工余量和工艺系统的刚性来选择。在保留半精车余量（约1～3mm）和精车余量（0.1～0.5mm）后，其余余量应尽量一次车去。

半精车和精车时的切削深度是根据加工精度和表面粗糙度要求由粗加工后留下的余量确定的。用硬质合金车刀车削时，由于车刀刃口在砂轮上不易磨得很锋利，最后一刀的切削深度不宜太小，以 a_p=0.1mm 为宜。否则很难达到工件的表面粗糙度要求。

② 进给量的选择。粗车时，选择进给量主要应考虑车床进给机构的强度、刀杆尺寸、刀片厚度、工件直径和长度等因素，在工艺系统刚性和强度允许的情况下，可选用较大的进给量。

半精车和精车时，为了减小工艺系统的弹性变形，减小已加工表面的粗糙度，一般多采用较小的进给量。

③ 切削速度的选择。在保证合理的刀具寿命前提下，可根据生产经验和有关资料确定切削速度。在一般粗加工的范围内，用硬质合金车刀车削时，切削速

度可按如下选择。

切削热轧中碳钢，平均切削速度为 100m/min；切削合金钢，将以上速度降低 20% ～ 30%；切削灰铸铁，平均切削速度为 70m/min；切削调质钢，比切削正火钢、退火钢降低 20% ～ 30%；切削有色金属，比切削中碳钢的切削速度提高 100% ～ 300%。

此外应注意，断续切削、车削细长轴、加工大型偏心工件的切削速度不宜太高。

用硬质合金车刀精车时，一般多采用较高的切削速度（80 ～ 100m/min 以上）；用高速钢车刀时宜采用较低的切削速度。

2.4.2　切削液的选择

在金属切削过程中，合理使用切削液能减少刀具与工件、切屑之间的摩擦，降低切削力和切削温度，这样不仅可以改善工件的表面质量，也可提高刀具的寿命。

（1）切削液的作用

① 冷却作用。切削液能吸收并带走大量的切削热，改善散热条件，降低刀具和工件的温度，从而延长了刀具的使用寿命，可防止工件因热变形而产生的尺寸误差。

② 润滑作用。切削液能渗透到工件与刀具之间，使切屑与刀具之间的微小间隙中形成一层薄薄的吸附膜，减小了摩擦系数，因此可减少刀具、切屑与工件之间的摩擦，使切削力和切削热降低，减少刀具的磨损并能提高工件的表面质量。对于精加工，润滑就显得更重要了。

③ 清洗作用。切削过程中产生的微小的切屑易粘附在工件和刀具上，尤其是钻深孔和铰孔时，切屑容易堵塞在容屑槽中，影响工件的表面粗糙度和刀具寿命。使用切削液，能将切屑迅速冲走，使切削顺利进行。

（2）切削液的种类

车削时常用的切削液有两大类。

① 乳化液。乳化液主要起冷却作用。乳化液是把乳化油用 15 ～ 20 倍的水稀释而成。这类切削液的比热容大，黏度小，流动性好，可以吸收大量的热量。使用这类切削液主要是为了冷却刀具和工件，提高刀具寿命，减少热变形。乳化液中水分较多，润滑和防锈性能较差。因此，乳化液中常加入一些极压添加剂（如硫、氯等）和防锈添加剂，以提高其润滑和防锈性能。

② 切削油。切削油的主要成分是矿物油，少数采用动物油和植物油。这类切削液的比热容较小，黏度较大，流动性差，主要起滑润作用。常用的是黏度较低的矿物油，如 10 号、20 号机油及轻柴油、煤油等。纯矿物油的润滑效果较

差，实际使用时常常加入极压添加剂和防锈添加剂，以提高它的润滑和防锈性能。动、植物油能形成较牢固的润滑膜，润滑效果比纯矿物油好，但这些油容易变质，应尽量少用或不用。

（3）切削液的选用

切削液应根据加工性质、工件材料、刀具材料和工艺要求等具体情况合理选用。选择切削液的一般原则如下。

1）根据加工性质选用

① 粗加工时，加工余量和切削用量较大，会产生大量的切削热，使刀具磨损加快。这时加注切削液的主要目的是降低切削温度，所以应选用以冷却为主的乳化液。

② 精加工时，加注切削液主要为了减少刀具与工件之间的摩擦，以保证工件的精度和表面质量。因此，应选用润滑作用好的极压切削油或高浓度的极压乳化液。

③ 钻削、铰削和深孔加工时，刀具在半封闭状态下工作，排屑困难，切削液不能及时到达切削区，容易使刀刃烧伤并严重破坏工件的表面质量。这时应选用黏度较小的极压乳化液和极压切削油，并应加大压力和流量。一方面进行冷却、润滑，另一方面将切屑冲刷出来。

2）根据刀具材料选用

① 高速钢刀具粗加工时，用极压乳化液。对钢料精加工时，用极压乳化液或极压切削油。

② 硬质合金刀具一般不加切削液。但在加工某些硬度高、强度好、导热性差的特种材料和细长工件时，可选用以冷却作用为主的切削液，如3%～5%乳化液。

3）根据工件材料选用

① 钢件粗加工一般用乳化液，精加工用极压切削油。

② 切削铸铁、铜及铝等材料时，由于碎屑会堵塞冷却系统，容易使车床磨损，一般不加切削液。精加工时，为了得到较高的表面质量，可采用黏度较小的煤油或7%～10%乳化液。

③ 切削有色金属和铜合金时，不宜采用含硫的切削液，以免腐蚀工件。切削镁合金时，不能用切削液，以免燃烧起火。必要时，可使用压缩空气。

（4）常用切削液的选用

表2-8给出了常用切削液的选用。

（5）选用切削液的注意事项

① 油状乳化液必须用水稀释（一般加15～20倍的水）后才能使用。

② 切削液必须浇注在切削区域。

表 2-8 常用切削液的选用

加工种类		工件材料					
		碳钢	合金钢	不锈钢及耐热钢	铸铁与黄铜	青铜	铝
车削	粗加工	3%～5%乳化液	①5%～15%乳化液 ②5%石墨化或硫化乳化液 ③5%氧化石蜡油制的乳化液	①10%～30%乳化液 ②10%硫化乳化液	①一般不用 ②3%～5%乳化液	一般不用	①一般不用 ②中性或含有游离酸小于4mg的弱酸性乳化液
车削	精加工	①石墨化或硫化乳化液 ②10%～15%乳化液（低速时）；5%乳化液（高速时）		①氧化煤油 ②煤油75%、油酸或植物油25% ③煤油60%、松节油20%、油酸20%	①7%～10%乳化液 ②硫化乳化液		①煤油 ②松节油 ③煤油与矿物油的混合油
切断与切槽		①15%～20%乳化液 ②硫化乳化液 ③硫化油 ④矿物油		①氧化煤油 ②煤油75%、油酸或植物油25% ③硫化油85%～87%、油酸或植物油13%～15%	—	—	—
钻孔与车孔		①15%～20%乳化液 ②硫化乳化液 ③硫化油 ④矿物油		①3%肥皂水加2%亚麻油水溶液（用于不锈钢钻孔） ②硫化切削油（不锈钢车孔）	①一般不用 ②煤油（用于铸铁）或菜籽油（用于黄铜）	①7%～10%乳化液 ②硫化乳化液	①一般不用 ②煤油 ③煤油与菜籽油的混合油
铰孔		①硫化乳化液 ②10%～15%乳化液 ③硫化油与煤油混合液（中速时）		10%乳化液或硫化油	①一般不用 ②煤油（用于铸铁）或菜籽油（用于黄铜）	①2#锭子油 ②2#锭子油与蓖麻油的混合油 ③煤油和菜籽油的混合油	

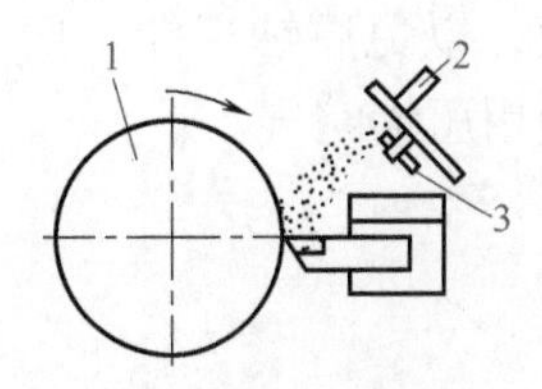

图 2-26 喷雾法

1—工件；2—压缩空气喷嘴；3—切削液喷嘴

③ 硬质合金刀具切削时，如用切削液必须一开始就连续充分地浇注。否则，硬质合金刀片会因骤冷而产生裂纹。

（6）切削液的加注方法

切削液常见的加注方法为浇注法，此外，还有高压内注法（用于深孔钻、套料刀、喷吸钻等）、喷雾法（用压缩空气将切削液雾化进行冷却润滑，如图 2-26 所示）。

实践证明，在使用等量切削液的情况下，喷雾法在相同时间内吸收的热量是浇注法的10倍。

切削液加注时流量应充分、均匀，流量的大小应根据加工性质而定。粗加工，以冷却为主的切削液流量要大；精加工，以润滑为主的切削液流量要小一些。

2.5　车削常用材料

材料分为金属材料与非金属材料两大类，车削加工使用金属材料最多，偶尔也会采用非金属材料。

2.5.1　金属材料

金属材料分黑色金属材料和非铁金属材料两类。金属材料与生产的关系相当密切，材料质量的好坏直接影响到加工工艺过程设计、零件质量、产品使用寿命和制造成本。因此，为稳定的生产出优良的工件，加工材料都应达到一定的性能指标要求，以适应车削加工过程中的变形要求。

（1）金属材料的性能指标

1）强度极限

强度极限是金属材料在外力作用下抵抗变形和断裂的能力。常用的强度极限主要有：

① 屈服极限 σ_S。屈服极限是指金属材料在外力的作用下发生塑性变形时的最小应力。单位为MPa。

② 抗拉强度 σ_b。抗拉强度是指金属材料所能承受的最大拉力与其原始截面之比值。单位为MPa。

③ 抗剪强度 τ。抗剪强度是指金属材料在剪切力作用下不致破坏的最大应力。单位为MPa。

2）塑性

金属材料在外力作用下，产生永久变形而不致引起破坏的性能叫塑性。常用的塑性指标有：

① 伸长率 δ。金属材料在受拉力作用断裂时，伸长的长度与原有长度的百分比称为伸长率。

② 断面收缩率 ψ。金属材料在受拉力作用断裂时，断面缩小的面积同原有断面积的百分比称为断面收缩率。

③ 杯突试验值。在杯突试验机上用标准球头凸模匀速下压板材试样，随凸模的压下，板材试样上出现一圆凹，其深度不断加大，直到出现能透光的裂纹为

止。此时的压凹深度即为杯突试验值。

3）硬度

金属材料抵抗更硬的物体压入其内的能力叫做硬度。硬度是材料性能的一个综合的物理量，表示金属材料在一个小的体积范围内抵抗弹性变形、塑性变形或破断的能力。

硬度值用硬度计来测量，常用的硬度指标有：布氏硬度（HB）和洛氏硬度（HRC）。

（2）黑色金属材料

黑色金属材料是以铁元素为基体的铁碳合金，含碳量大于 2.11% 的铁碳合金称为铸铁，含碳量小于 2.11% 的铁碳合金称为钢。

在工业生产中，钢铁材料通常也称为黑色金属，常用的钢铁材料包括以下几类。

① 普通碳素结构钢。

普通碳素结构钢用 Q 表示，数字表示材料的屈服极限 σ_S 数值，用 A、B、C、D 表示质量等级。F 表示沸腾钢，而镇静钢不标注。例如“Q235-A”表示普通碳素结构钢，σ_S=235MPa，A 级镇静钢。常用普通碳素结构钢的主要成分及性能特性见表 2-9。

表 2-9 常用普通碳素结构钢的主要成分及性能特性

材料牌号	等级	C/%	Mn/%	σ_S/MPa ≥	σ_b/MPa ≥	δ_S/% ≥	特性
Q195	—	0.06～0.12	0.25～0.50	195	315～390	33	伸长率较高，具有良好的焊接性能及韧性
Q215	A	0.09～0.15	0.25～0.55	215	335～410	31	
	B						
Q235	A	0.14～0.22	0.30～0.65	235	375～460	26	有一定的伸长率和强度，韧性及铸造性均好，适于冲压和焊接
	B	0.12～0.20	0.30～0.70				
	C	≤0.13	0.35～0.80				
	D	≤0.17					
Q255	A	0.18～0.28	0.40～0.70	255	410～510	24	焊接性尚好，可用于制造强度不高的机械零件
	B						
Q275	—	0.28～0.38	0.50～0.80	275	490～610	20	有较高的强度，一定的焊接性，切削加工性及塑性较好，完全淬火后，硬度可达 270～400HBS

② 优质碳素结构钢。优质碳素结构钢的两位阿拉伯数字为以平均万分数表示的碳的质量分数，沸腾钢后加 F，镇静钢不加注字母。如“45”表示优质碳素结构钢，碳的质量分数为 0.45%，镇静钢。表 2-10 为常用的优质碳素结构钢性能指标。

表 2-10 常用的优质碳素结构钢性能指标

材料牌号	σ_b/MPa	σ_s/MPa	δ_5/%	ψ/%	交货状态硬度（HBS）≤
08F	295	175	35	60	131
10F	315	185	33	55	137
15F	355	205	29	55	143
08	325	195	33	60	131
10	335	205	31	55	137
20	410	245	25	55	156
30	490	295	21	50	179
45	600	355	16	40	229
50	630	375	14	40	241
65	695	410	10	30	255
15Mn	410	245	26	55	163
65Mn	735	430	9	30	285

③ 碳素工具钢。碳素工具钢用“T”表示，后面的阿拉伯数字为以平均千分数表示碳的质量分数。优质碳素工具钢在牌号尾部加“A”。例如：“T8”表示碳素工具钢，含碳的质量分数为 0.8%。“T10A”表示优质碳素工具钢，含碳的质量分数为 1.0%。碳素工具钢经常用于制造简单的冲模工作零件。

④ 合金钢。钢中除了硅、锰、磷、硫等常存杂质之外，有时还需专门加入某些元素（如铬、钼、钨、钒、钛等），使其具有一定的特殊性能，这种钢叫合金钢。合金钢的表示方法是：首位标出的阿拉伯数字是以平均万分数表示的碳的质量分数（但是合金工具钢的平均碳的质量分数大于或等于 1.0% 时不予标出；小于 1.0% 时，以千分之几表示。不锈钢、耐热钢、高速钢等的含碳量，一般也不予标出）。合金元素的含量标在该元素符号之后，以百分数表示该元素的质量分数，但要将小数化为整数。如果合金元素的平均质量分数小于 1.5%，则不标出其含量。如“12Cr2Ni4”表示合金钢主要成分的质量分数为 C12%，Cr2%，Ni4%。合金工具钢常用于模具工作零件的制造。

（3）非铁金属材料

除钢铁之外的铝、镁、铜、铅等金属及其合金统称为非铁金属材料。在金属材料中，非铁金属材料占有重要地位。其中铝及铝合金、铜及铜合金、钛及钛合金等具有密度小、比强度（抗拉强度与密度的比值）高、耐热、耐蚀和导电等特性，且明显优于普通钢，甚至超过某些高强度钢，所以成为钣金中不可缺少的金属材料。常用有色金属的力学性能见表 2-11。

表 2-11 常用有色金属的力学性能

材料名称	牌号	材料状态	抗剪强度 τ /MPa	抗拉强度 σ_b /MPa	伸长率 δ_{10} /%	屈服强度 σ_s /MPa
铝	1070A（L1）、1050A（L3）、1200（L5）	退火	78	74 ～ 108	25	49 ～ 78
		冷作硬化	98	118 ～ 147	4	—
铝锰合金	3A21（LF21）	退火	69 ～ 98	108 ～ 142	19	49
		半冷作硬化	98 ～ 137	152 ～ 196	13	127
铝镁合金、铝铜镁合金	LF2（5A02）	退火	127 ～ 158	177 ～ 225	20	98
		半冷作硬化	158 ～ 196	225 ～ 275	—	206
高强度的铝镁合金	7A04（LC4）	退火	170	250	—	—
		淬火并经人工时效	350	500	—	460
镁锰合金	MB1	退火	120 ～ 240	170 ～ 190	3 ～ 5	98
	MB8	退火	170 ～ 190	220 ～ 230	12 ～ 14	140
		冷作硬化	190 ～ 200	240 ～ 250	8 ～ 10	160
硬铝（杜拉铝）	2A12（LY12）	退火	103 ～ 147	147 ～ 211	12	104
		淬火并经自然时效	275 ～ 314	392 ～ 432	15	361
		淬火后冷作硬化	275 ～ 314	392 ～ 451	10	333
纯铜	T1、T2、T3	软	157	196	30	69
		硬	235	294	3	—
黄铜	H62	软	255	294	35	—
		半硬	294	373	20	196
		硬	412	412	10	—
	H68	软	235	294	40	98
		半硬	275	343	25	—
		硬	392	392	15	245
铅黄铜	HPb59-1	软	300	350	25	145
		硬	400	450	5	420
锰黄铜	HMn58-2	软	340	390	25	170
		半硬	400	450	15	—
		硬	520	600	5	—
锡磷青铜、锡锌青铜	QSn6.5-2.5 QSn4-3	软	255	294	38	137
		硬	471	539	3 ～ 5	—
		特硬	490	637	1 ～ 2	535
铝青铜	QAl7	退火	520	600	101	186
		不退火	560	650	5	250
铝锰青铜	QA119-2	软	360	450	18	300
		硬	480	600	5	500

续表

材料名称	牌号	材料状态	抗剪强度 τ /MPa	抗拉强度 σ_b /MPa	伸长率 δ_{10} /%	屈服强度 σ_s /MPa
硅锰青铜	QSi3-1	软	280 ～ 300	350 ～ 380	40 ～ 45	239
		硬	480 ～ 520	600 ～ 650	3 ～ 5	540
		特硬	560 ～ 600	700 ～ 750	1 ～ 2	—
铍青铜	QBe2	软	240 ～ 480	300 ～ 600	30	250 ～ 350
		硬	520	660	2	—
钛合金	BT1-1	退火	360 ～ 480	450 ～ 600	25 ～ 30	—
	BT1-2		440 ～ 600	550 ～ 750	20 ～ 25	—
	BT5		640 ～ 680	800 ～ 850	15	—
镁合金	MB1	冷态	120 ～ 140	170 ～ 190	3 ～ 5	120
	MB8		150 ～ 180	230 ～ 240	14 ～ 15	220
	MB1	预热 300℃	30 ～ 50	30 ～ 50	50 ～ 52	—
	MB8		50 ～ 70	50 ～ 70	58 ～ 62	—

注：括号内牌号均为旧标准表示方法。

2.5.2 非金属材料

常用的非金属材料主要有纸板、胶木板、橡胶板、塑料板、复合板等。橡胶板具有良好的弹性、耐磨性、耐低温性和绝缘性，可用作弹性材料、密封材料和减振材料等。

由于工程塑料板具有较高的强度、良好的塑性、韧性和耐磨性，可代替金属制作钣金件，尤其是比强度很高，如玻璃纤维增强塑料可大大超过金属的比强度，广泛用于制作减轻自重的钣金结构件。

此外，大多数工程塑料对酸、碱、盐等介质具有良好的抗腐蚀能力，其中聚四氟乙烯和硬质聚氯乙烯还具有优良的耐强酸、强碱腐蚀性，故可用于制作化工耐蚀零件及耐蚀衬里、热交换器零件、化工管道及弯头等。

表 2-12 给出了常见的非金属材料板的名称、牌号、性质及应用。

表 2-12 非金属材料板的名称、牌号、性质及应用

材料名称	牌号	性质及说明	应用
耐油石棉橡胶板	NBR	属丁腈橡胶合成板，具有良好的耐油性，厚度为 0.4 ～ 3.0mm	用于钣金制品密封衬垫，如输油管、储油箱的密封圈等
耐酸碱橡胶板	SBR2030 SBR2040	属于丁苯橡胶板，具有耐寒、耐中温及耐老化性等	用于 -30 ～ 60℃、体积分数为 20% 酸碱液中的密封垫圈
耐油橡胶板	NBR3001 NBR3002	属于丁腈橡胶板，具有良好的耐油性	用于一定温度的机油、变压器油、汽油等有机溶液中的垫圈
耐热橡胶板	SBR4001 SBR4002	属于丁苯橡胶板，具有耐寒、耐高温及耐老化性等	用于 -30 ～ 100℃的压力不大的热空气、蒸汽介质垫圈和隔热垫板

续表

材料名称	牌号	性质及说明	应用
酚酞层压板	PF3302-1 PF3302-2	属于层压酚醛塑料板，强度较高，耐冲击和耐磨性好	用作汽车刹车片、电器开关盒、电话机壳体等结构件
聚四氟乙烯板	F-4-13	耐强酸强碱腐蚀性好，减摩和自润滑性优良，能耐250℃以下温度	用于腐蚀介质中的容器衬里、热交换器密封垫圈等
工业有机玻璃	PC	PC为聚碳酸酯被誉为“透明金属”，具有良好的电绝缘性能和耐气候性等	用于-60～120℃温度下工作并需透明的有机玻璃仪器等
工业用平面毛毡	112-44 232-36	厚度为1～40mm，112-44表示白色细毡；232-36表示灰色粗毡	用作钣金结构密封、防漏油、防振、缓冲等衬垫，按需要选用细毛、粗毛或半粗毛

2.5.3 金属材料的工艺性能

金属材料的工艺性能是指金属材料对于不同的加工工艺的适应能力。工艺性能好则加工容易，工艺质量和加工效率也比较高。具体主要指切削加工性能、铸造性能、可锻性能、可焊性能和热处理性能。

① 切削加工性能。金属材料的可切削加工性是指材料被切削加工的难易程度。它的评定标准通常是切削时所反映的生产率、刀具的寿命及是否容易得到规定的加工精度和表面粗糙度。

影响金属材料可切削加工性的有工件材料的硬度、强度、塑性、韧性、导热系数等力学性能和物理性能。

影响切削加工性能的主要因素是材料硬度。工件材料的硬度（含高温硬度）越高，切削力越大；切削温度越高，刀具的磨损越快，切削加工性能越差。同理，工件材料强度越高，切削加工性能也越差。一般认为硬度在160～230HBS范围时，切削加工性能最佳。铸铁、铜合金、铝合金及一般碳素钢均具有较好的切削加工性能。

工件材料的强度相同时，塑性和韧性大的，切削加工性能差；但工件材料的塑性太小，切削加工性能也不好。

工件材料的导热性用导热系数表示，导热系数大的，材料导热性能好，反之则差。

切削时，在产生热量相等的条件下，导热系数高的工件材料，其切削加工性好些；相反，导热系数低的材料，刀具容易磨损，切削加工性能较差。

② 铸造性。铸造性是指金属熔化后，浇注成合格铸件的难易程度。评定金属材料的铸造性主要依据其流动性（液态金属能够充满铸型的能力）、收缩性（金属由液态凝固时和凝固后的体积收缩程度）和偏析倾向（金属在凝固过程中，因结晶先后而造成的内部化学成分和组织的不均匀现象）等三个要素。一般说

来，灰铸铁、铸铝合金、青铜等都具有较好的铸造性。

③ 可锻性。可锻性是指金属材料在热压力加工过程中成型的难易程度。它与材料的塑性和强度有关。塑性好，强度低的材料，可锻性良好。低碳钢、低碳合金钢具有良好的锻压性能，而铸铁就不能锻压加工。

④ 可焊性。可焊性是指金属材料能适应常用的焊接方法和焊接工艺，其焊缝质量能达到要求的特性。焊接性能好的金属材料能获得无裂缝、气孔等缺陷的焊缝和较好的力学性能。低碳钢的焊接性能比较好，而铸铁的焊接性能较差。

⑤ 热处理性能。热处理性能是指金属材料通过热处理后改变或改善性能的能力。热处理性能包括可淬性、氧化脱碳、变形开裂等几个方面。钢是采用热处理最为广泛的材料。中碳钢的热处理性能较好。

第3章 车床基本操作技术

3.1 车床的操作控制

车床的操作控制图类型较多，不同工作岗位的人员接触及了解的侧重点也有不同。常见的车床操作控制图主要包括：车床操作控制面板、车床的传动系统原理图、车床的电气控制原理图等等。

对车床操作人员来说，接触最多的就是车床操作符号，对于普通车床，其操作控制符号通常都集中在车床各操作手柄、手轮、车床外壳的一些控制标牌等部位上［参见图 3-1（a）］；数控车床则主要集中在车床的操作面板上［参见图 3-1（b）］。

(a) 普通车床

(b) 数控车床

图 3-1　车床的操作控制符号的位置

车床操作符号主要包括车床运动的操作方向、车床操作面板上的操作指示符号和其它符号，了解这些符号的含义，对确保正确操作、安全生产具有重要意义。

与数控车床相比，普通车床的操作控制相对更简单一些，考虑到叙述的方便及连贯，本章仅介绍普通车床的操作控制，数控车床的操作控制参见本书“第 17 章 数控车床操作技术”有关内容。

3.1.1 车床运动的操作方向

车床运动件（如主轴、刀架、工作台等操作对象）的运动方向和运动状态（启动、停止、夹紧、松开），一般是用按钮、手柄或手轮等操作件来控制操作的。为了安全生产、正确操作，这些操作件的位置是按一定的规则进行合理布置的，操作方向按规定的符号明确地标识在车床标牌上，下面介绍这些符号代表的含义和正确的操作方法。

（1）手柄操作的操作方向

当车床运动件做直线运动，手柄的转轴一般垂直于车床的运动件安放，手柄两极限位置的连接线，应大致平行于运动件的移动轨迹，而手柄的操作方向应与运动件的运动方向相一致，如图3-2所示。对于左、右移动的车床运动件，手柄的操作方向（带箭头的实线和带箭头的虚线）与运动件的运动方向相一致，手柄若有三个位置，则中间位置代表空挡位置，如图3-2（a）所示；对于离开操作者的车床运动件，手柄的操作方向应为前推（离开）的操作方向，如图3-2（b）所示；对于向上移动的车床运动件，手柄的操作方向也应是向上操作方向，如图3-2（c）所示。

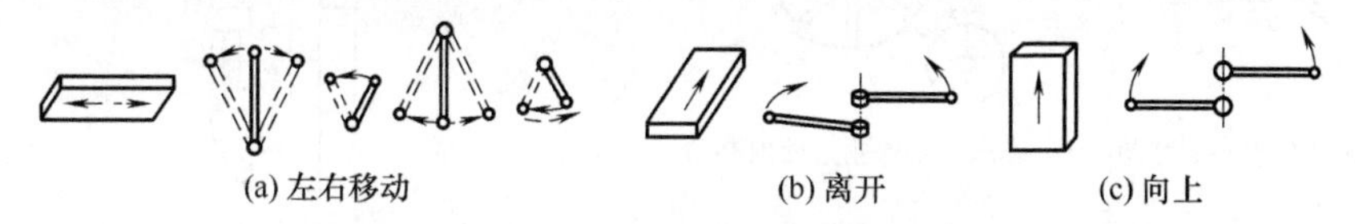

(a) 左右移动 (b) 离开 (c) 向上

图3-2 车床运动件直线运动的手柄操作方向

当车床运动件做回转运动，手柄的回转平面应与运动件的回转平面相平行，而手柄的操作方向应与运动件的回转方向相一致，如图3-3所示。

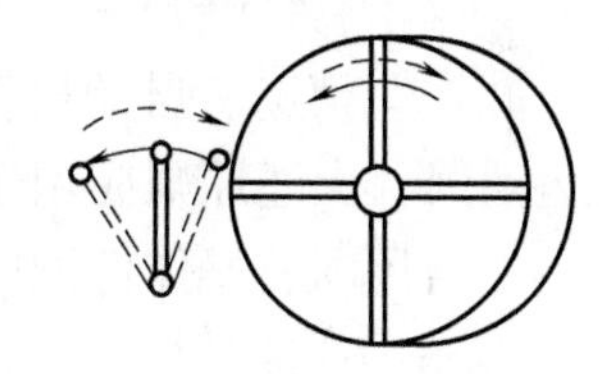

图3-3 车床运动件回转运动的手柄操作方向

（2）按钮操作的操作方向

按钮的排列直线应和运动件的运动方向相平行。

当车床运动件做直线运动时，面对一组直线排列的按钮，其最右、最远（离开操作者）和最上方的按钮应与运动件向右、离开和向上的运动方向相一致，如图3-4（a）～图3-4（c）所示。

当车床运动件做回转运动时，控制运动件回转运动的按钮位置的排列方向应与距该组按钮最近的运动件上的圆周线速度方向相一致，如图3-5所示。

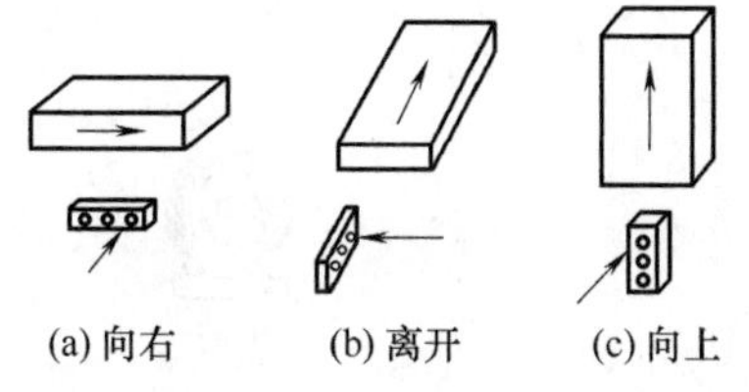

(a) 向右 (b) 离开 (c) 向上

图3-4 车床运动件直线运动按钮操作方向

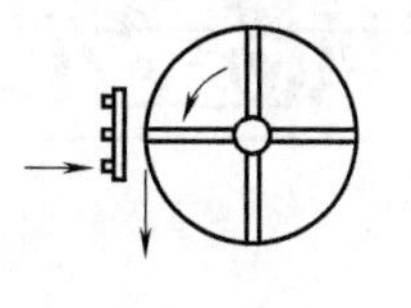

(a) 下按钮操作

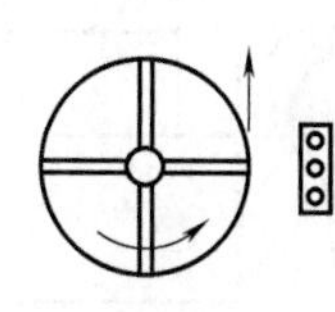

(b) 上按钮操作

图3-5 车床运动件回转运动按钮操作方向

（3）手轮操作的操作方向

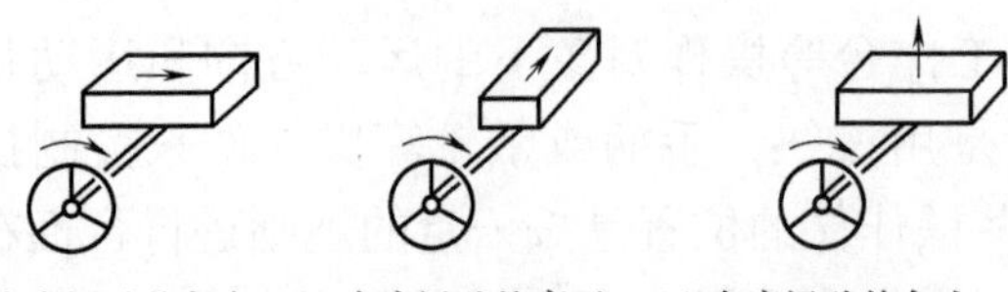

(a) 车床运动件向右　(b) 车床运动件离开　(c) 车床运动件向上

图 3-6　车床运动件直线运动的手轮操作方向

当车床运动件做直线运动，顺时针转动手轮（操作者面对手轮轴端）时，运动件的运动方向应为向右、离开（离开操作者）和向上，如图 3-6 所示。

当车床运动件做回转运动，顺时针转动手轮（操作者面对手轮轴端）时，运动件应做顺时针方向回转，如图 3-7 所示。

当运动件做径向运动，顺时针转动手轮（操作者面对手轮轴端）或扳手时，运动件应向中心方向运动，如图 3-8 所示。

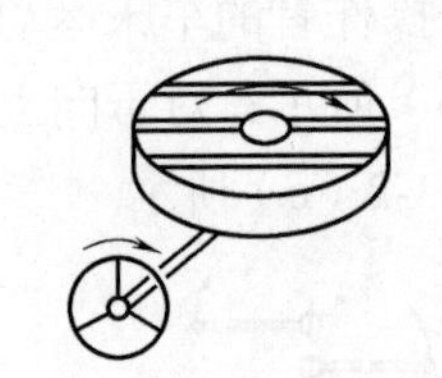

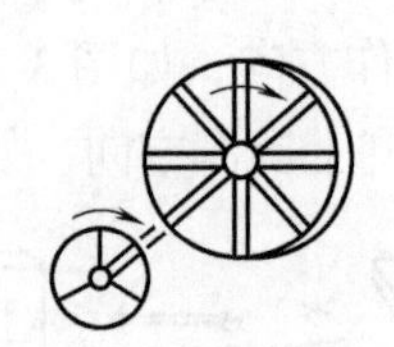

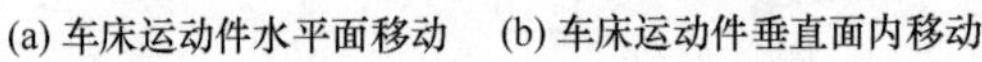

(a) 车床运动件水平面移动　(b) 车床运动件垂直面内移动

图 3-7　车床运动件作回转运动的手轮操作方向

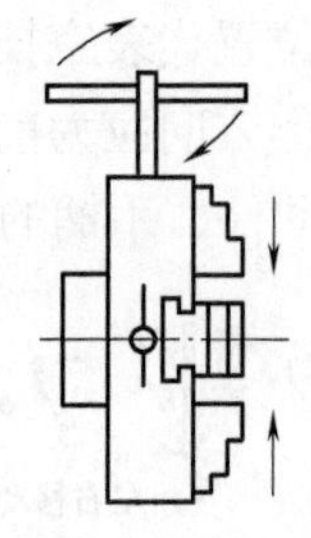

图 3-8　车床运动件作径向运动的手轮操作方向

（4）特殊情况

在有预选、自动机构或其他情况下，一个操作件可以使运动件实现多方向的运动时，上述原则应用于最常用的一个方向。

若用同一操作件同时操纵主运动及进给运动时，上述原则适用于进给运动。

（5）车床的操作方向

根据以上原则，车床运动件的运动方向和操作件（手柄、手轮）的操作方向以及按钮位置的布置，如图 3-9 和表 3-1 所示。

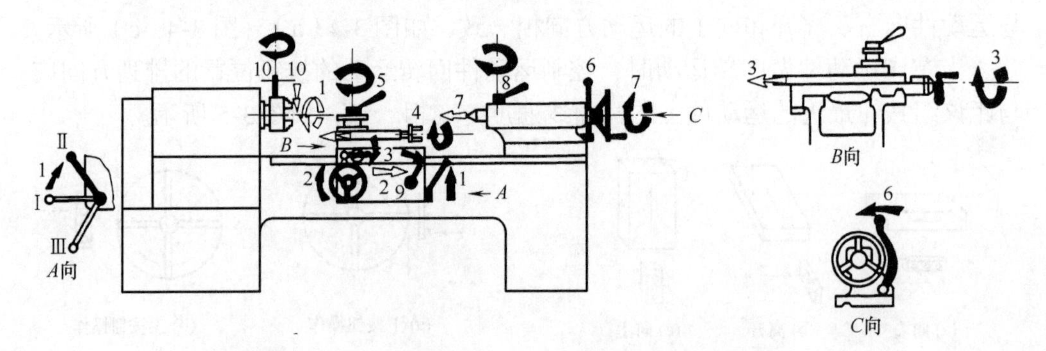

图 3-9　车床运动件的运动方向和操作件的操作方向

表 3-1　车床操作方向说明

编号	操作件		运动件	
	名称	方向	名称	方向
1	手柄	位置Ⅰ	主轴	停止
		位置Ⅱ		正转
		位置Ⅲ		反转
2	手轮	顺时针	溜板	向右
3	摇把	顺时针	横刀架	离开操作者
4	摇把	顺时针	小刀架	向左
5	手柄	顺时针	方刀架	夹紧
6	手柄	逆时针	尾座	夹紧
7	手轮	顺时针	尾座套筒	伸出
8	手柄	顺时针	尾座套筒	夹紧
9	手柄	压下	开合螺母	合上
10	卡盘扳手	顺时针	卡盘爪	向心移动

在车床操作方向图中，车床运动件的运动方向符号用空心线表示，车床操作件的操作方向符号用实心线表示，其意义说明如图 3-10 所示。

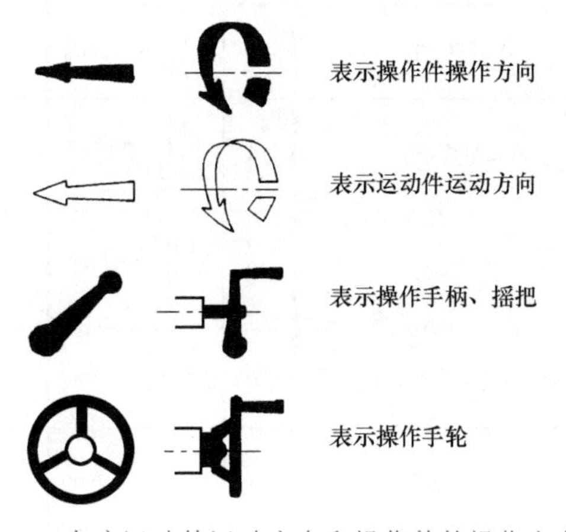

图 3-10　车床运动件运动方向和操作件的操作方向说明

3.1.2　车床指示符号

机床指示符号是在机床标牌上或操纵板上代替文字表示机床的运动、速度、工序、元件、操作等的符号，使操作者容易看懂。机床指示符号，根据需要，可单独使用，也可组合使用。车床指示符号也包含在其中。

（1）机床的运动和速度符号

机床的运动和速度符号是表示机床运动件的运动方向和速度的符号，其符号及意义见表 3-2。

表 3-2 机床的运动和速度符号

序号	符号	意义	序号	符号	意义
1		连续直线运动	19		纵向进给
2		双向直线运动	20		横向进给
3		不连续直线运动	21		垂直进给
4		限位直线运动	22	1/1	正常进给
5		限位直线运动及返回（单循环）	23	1/X	缩小进给
6		连续往复直线运动	24	X/1	扩大进给
7		自动循环	25	$x$mm/	每转进给量为 $x$mm
8		连续转动	26	$x$mm/min	每分钟进给量为 $x$mm
9		双向转动	27	x /min	每分钟往复 x 次
10		不连续转动	28	xm/min	刨削速度 xm/min
11		限位转动	29	xm/min	插、拉速度 xm/min
12		限位转动及返回（单循环）	30	xm/min	车削速度 xm/min
13		连续摆动	31	xm/min	镗削速度 xm/min
14		一转	32	xm/min	钻削速度 xm/min
15	x /min	每分钟 x 转	33	xm/min	铣削速度 xm/min
16		主轴旋转方向	34	xm/s	磨削速度 xm/min
17		进给	35		液流方向
18		快速移动	36		气流方向

（2）机床上的加工工序符号

机床上的加工工序符号及意义见表 3-3。

表 3-3　机床上的加工工序符号及意义

序号	符号	意义	序号	符号	意义	序号	符号	意义
1		车外圆	7		逆铣	13		外圆磨削
2		镗孔	8		顺铣	14		内孔磨削
3		钻	9	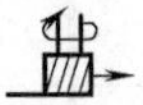	立铣	15		无心磨削
4		刨削	10		切断	16	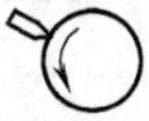	金刚石笔修整砂轮
5		插削、拉削	11		攻螺纹	17	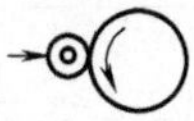	滚压修整砂轮
6		切螺纹	12		铰	18	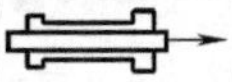	送料

（3）机床的操作符号

机床操作面板上的操作指示符号见表 3-4。

表 3-4　机床操作指示符号

序号	符号	意义	序号	符号	意义	序号	符号	意义
1	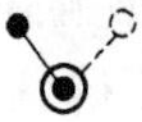	手柄	7		停止、断开	13	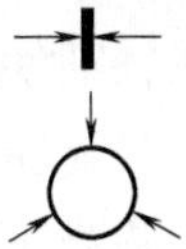	夹紧
2		手轮	8		启动及停止共用	14	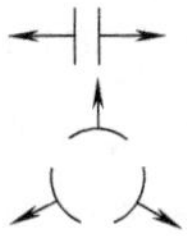	松开
3		手动	9		仅在按下时动作	15		开车时不许变速
4		可调	10		总停	16		只许开车时变速
5		无级调整	11		结合	17	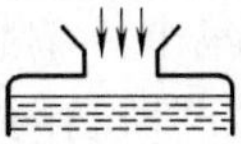	注入
6		启动、闭合	12		脱开	18	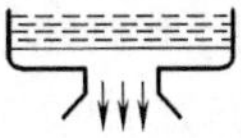	排出

（4）机床的其他指示符号

机床的其他指示符号见表3-5。

表3-5 其他指示符号

序号	符号	意义	序号	符号	意义
1		注意	6		液面最低标线
2		有电、危险	7		增值（例如速度等）
3	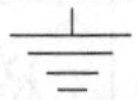	接地	8		减值（例如速度等）
4	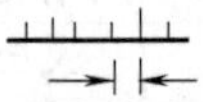	刻度值	9		失效、过载
5	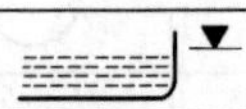	液面最高标线	—	—	—

3.2 车床的基本操作

在车削操作过程中，车工接触最多并直接影响到所加工零件质量的设备及工具主要是车床与刀具，因此，每个车工除应具备合理刃磨、选用使用好车刀的基本操作技能外，还应能熟练地调整好车床的工作状态，做好车床的维护保养，同时做好车床精度的检测。

3.2.1 车床的调整

车床在长期使用中发生磨损、变形是不可避免的，这些都将影响到车床的加工精度，为保证加工质量，在日常生产中就要很好地掌握车床的正确调整方法。

车床的调整主要是控制好车床各主要部位的间隙。以下以CA6140型卧式车床（其结构参见图3-11）为例进行说明。

（1）主轴与轴承间隙的调整

主轴轴承径向、轴向间隙过大或过小都会造成车床的故障。主轴间隙过大会使主轴跳动，车削出来的工件产生椭圆、棱圆或波纹等；主轴间隙过小，在高转速时，会使主轴发热而损坏。主轴径向间隙的调整如图3-11所示。调整时，先拧松锁紧螺钉5和螺母4，使圆锥孔双圆柱滚子轴承7的内圈相对主轴锥形轴颈向右移动。由于锥面的作用，轴承内圈产生径向弹性膨胀，将滚子与内、外圈之间的间隙减小。调整合适后，应将锁紧螺钉5和螺母4拧紧。圆锥孔双圆柱滚子轴承3的间隙可用螺母1调整。一般情况下，只需调整前轴承即可，只有当调整前轴承后仍不能达到要求的回转精度时，才需调整后轴承；后轴承能调整主轴的轴向间隙及精度。

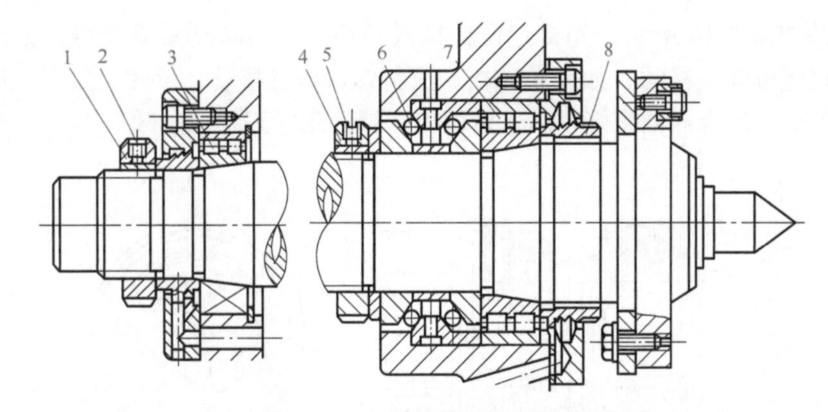

图 3-11 主轴径向间隙的调整

1，4，8—螺母；2，5—锁紧螺钉；3，7—圆锥孔双圆柱滚子轴承；6—角接触球轴承

调整前轴承时，可按以下步骤进行操作：

① 准备一把钩形扳手（图 3-12）、一把锤子、一个螺钉旋具，打开主轴箱盖并放置平稳。

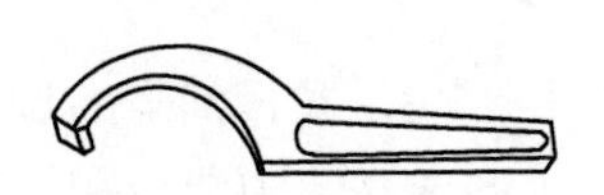

图 3-12 钩形扳手

② 用钩形扳手逆时针方向扳动主轴前端螺母（图 3-13）。若扳不动，可用锤子轻击钩形扳手，拧松螺母 8。

③ 旋松锁紧螺钉 5，再用钩形扳手逆时针方向扳紧调整螺母 4（图 3-14），调整完后，用螺钉旋具拧紧锁紧螺钉 5，拧紧螺母 4。

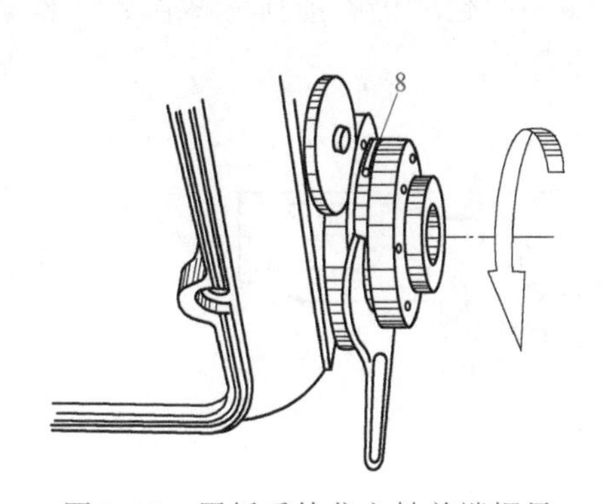

图 3-13 用扳手钩住主轴前端螺母

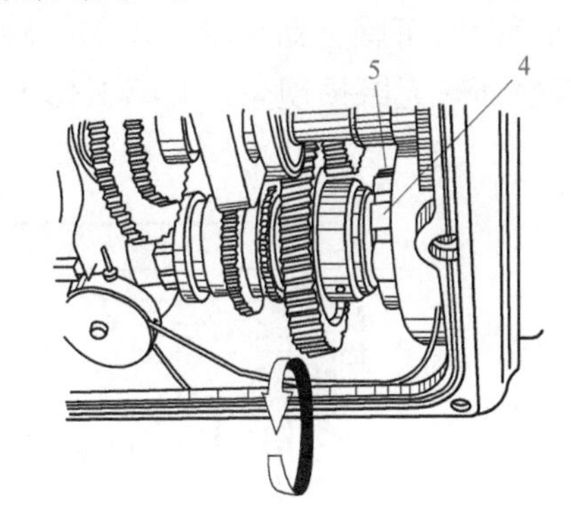

图 3-14 主轴轴承前端调整螺母及螺钉

④ 检查主轴轴承间隙大小，用手转动感觉灵活，无阻滞现象，再次测量主轴的径向跳动和轴向窜动使其小于等于 0.01mm，关闭主轴箱盖；使主轴高速运转 1h，轴承温度小于等于 60℃即可。

（2）摩擦离合器间隙的调整

离合器的内外摩擦片在松开状态时的间隙要适当。如间隙太大，压紧时摩擦片会相互打滑，不能传递足够的扭矩，易产生闷车现象，并易使摩擦片磨损；如间隙太小，易损坏操纵机构中的零件，严重时可导致摩擦片烧坏。调整摩擦离合器的方法如图3-15所示，先将定位销揿入圆筒，然后转动紧固螺母，如正转过松，应将螺母向左移动；如反转过松，应将螺母向右移动，反转过紧时，应将螺母向左移动。离合器调整好以后，定位销需弹回到紧固螺母的缺口中。

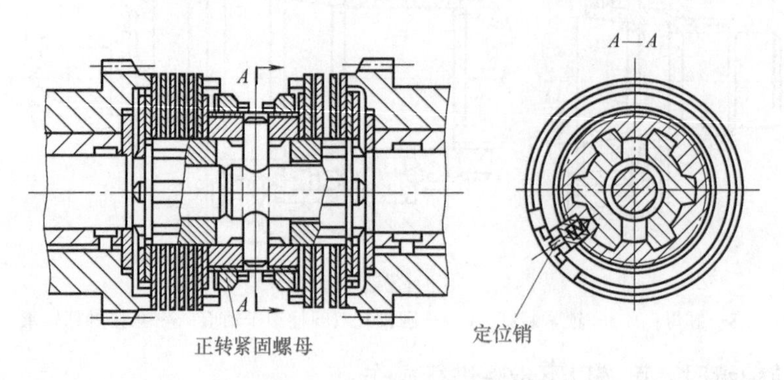

图3-15 摩擦离合器的调整

（3）溜板间隙的调整

床鞍、中滑板和小滑板滑动面的间隙过大或燕尾导轨表面不平直时，都会影响工件的加工精度。中滑板和小滑板的间隙大小可以通过调整燕尾镶条调节。床鞍的调整方法如图3-16所示，先拧松紧固螺母，适当调整螺钉，使平镶条与床身导轨底面保持0.04mm的间隙；调整后，若床鞍、中滑板和小滑板的间隙合适，则转动手柄时可感觉到平稳、均匀、轻便；如果调整后仍不能排除故障，可检查滑动导轨面有无磨损现象，并请机修人员修理。

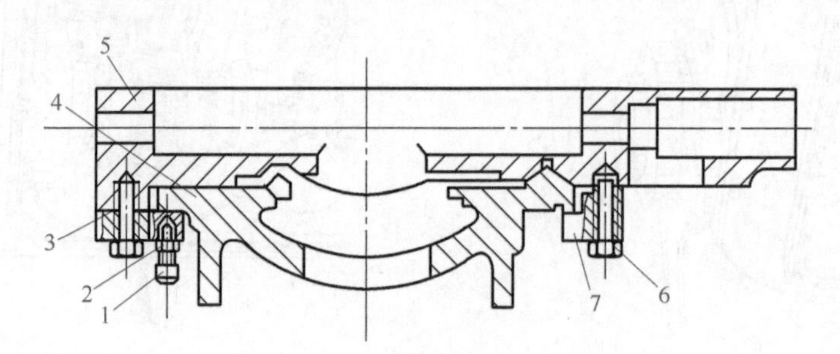

图3-16 床鞍的调整

1—调节螺钉；2—紧固螺母；3—平镶条；4—床身；5—床鞍；6—紧固螺钉；7—内侧压板

（4）开合螺母镶条间隙的调整

开合螺母与镶条的间隙过大会使床鞍产生纵向窜动，车削螺纹时造成螺距不等，出现“大小牙”或“乱牙”的现象。具体调整步骤为：

① 切断电源。

② 卸下溜板箱盖板。

③ 用扳手拧松紧固螺母3，用螺钉旋具适当地调节紧固螺钉4（图3-17）。

用 0.03mm 塞尺检查镶条与燕尾槽之间的间隙，塞尺塞不进为符合要求。再用手推动开合螺母，应在燕尾槽中滑动轻便。然后把紧固螺母 3 拧紧。

④ 装上溜板箱盖板。

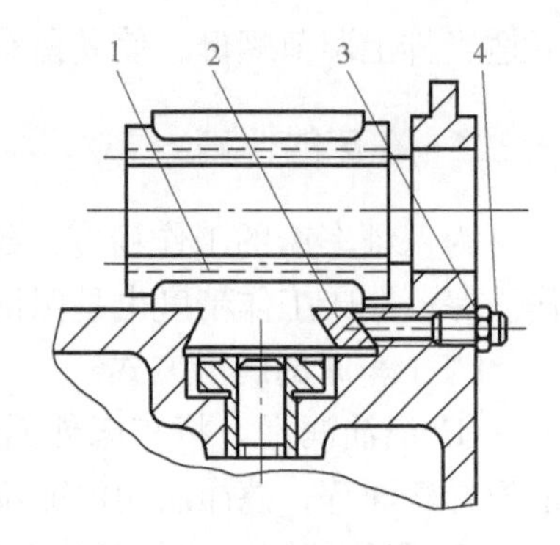

图 3-17 开合螺母镶条间隙的调整
1—开合螺母体；2—镶条；
3—紧固螺母；4—紧固螺钉

（5）长丝杠轴向间隙的调整

长丝杠轴向间隙对螺纹的加工精度有很大影响，轴向间隙过大同样会出现螺距不等和“乱牙”现象，在精车螺纹时牙型表面还会出现波纹。丝杠间隙的调整方法是：先拧松右边的圆螺母，再适当调整左边的圆螺母，调整后的轴向间隙不超过 0.04mm，轴向窜动不超过 0.01mm 时，将右边的圆螺母拧紧，参见图 3-18。

（6）中滑板丝杠螺母间隙的调整

中滑板丝杠螺母间隙过大的原因主要是磨损，其次是由于振动使丝杠螺母螺钉松动，影响车端面的精度，也影响刻度盘的使用。调整方法如图 3-19 所示，调整时，先将螺母拧松，然后将中间螺钉拧紧，楔块向上拉直至手柄摇动轻便，间隙控制在中滑板刻度盘的 $\frac{1}{20}r$ 左右为宜，再将前后螺钉拧紧固定前后螺母。

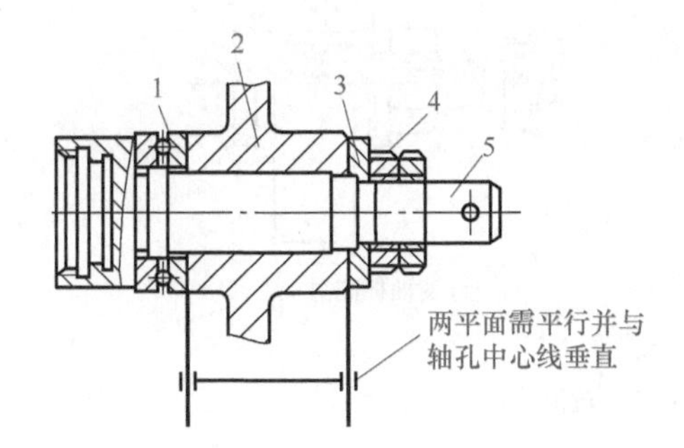

图 3-18 长丝杠轴向间隙的调整
1—推力球轴承；2—进给箱；3—垫圈；
4—圆螺母；5—丝杠连接轴

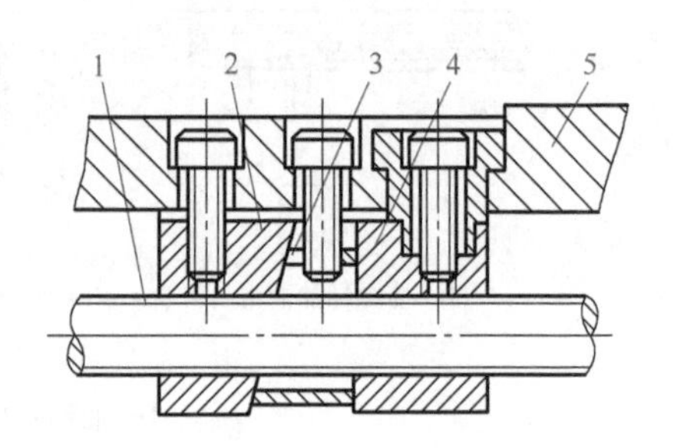

图 3-19 中滑板丝杠螺母间隙的调整
1—中滑板丝杠；2—前螺母；3—楔块；
4—后螺母；5—中滑板

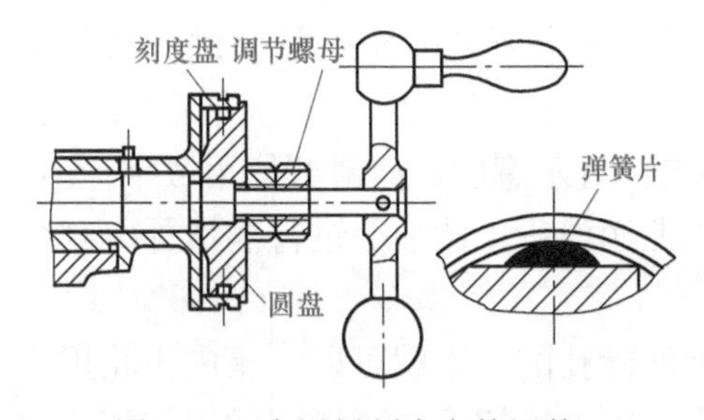

图 3-20 中滑板刻度盘的调整

（7）中滑板刻度盘的调整

中滑板刻度盘是横向进给标记的读数。刻度盘太松，中滑板手柄转动时无法得到准确的读数，调整方法如图 3-20 所示。先将两个调节螺母拧松，直至退出螺杆，拉出圆盘，把弹簧片扭弯，或更换新的弹簧片，以增加弹簧片的弹性压力。然后适当拧上调节螺母，使其留有间隙保持转动灵活、均匀，再将螺母拧紧。

3.2.2 车床的保养

为保证车床的工作精度，延长其使用寿命，为此，应做好设备的维护保养工作。保证车床工作精度也是保证车削加工件质量的需要。

（1）车床的润滑方式

① 浇油润滑。将车床外露的滑动表面，如床身导轨面、中滑板导轨面、小滑板导轨面等，擦净后用油壶浇油润滑。

② 溅油润滑。主轴箱内的零件一般利用齿轮转动时把润滑油飞溅到各处进行润滑。

③ 油绳润滑。用毛线绳浸在油槽中，利用毛细管作用把油引到所需的润滑处［图 3-21（a）]，如车床进给箱就是利用油绳润滑的。

④ 弹子油杯润滑。尾座和中、小滑板摇手柄转动轴承处，一般采用弹子油杯润滑。润滑时，用油嘴把弹子揿下，滴入润滑油［图 3-21（b）]。

⑤ 黄油（油脂）杯润滑。车床挂轮架的中间齿轮，一般采用黄油杯润滑。先在黄油杯中装满工业润滑脂，拧紧油杯盖时，润滑油就挤到轴承套内［图 3-21（c）]。

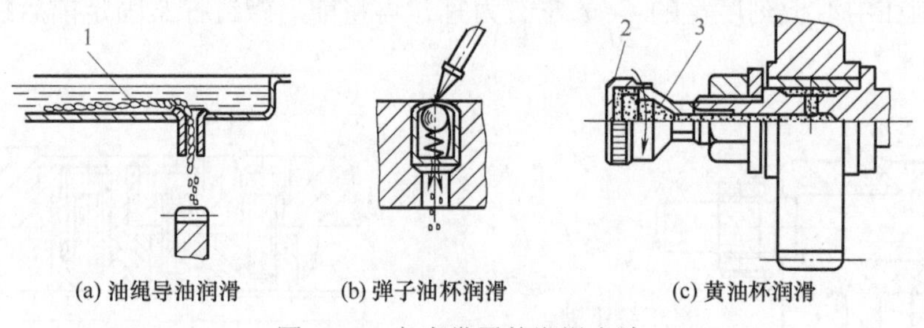

图 3-21 车床常用的润滑方法

1—油绳；2—黄油杯；3—黄油

⑥ 油泵循环润滑。油泵循环润滑是依靠车床内的油泵供应充足的油量来润滑的。

（2）车床的润滑

要使车床正常运转并减少磨损，必须对车床上所有的摩擦部分进行有效的润滑。

图 3-22 所示是 C620-1 型车床的润滑系统位置示意图。润滑部位用数字标出。除了图所注②与③处的润滑部位应用 3 号工业润滑脂（黄油）进行润滑外，其余都使用 30 号机械油。

主轴箱内应有足够的润滑油，一般加到油标孔的一半就可以。箱内齿轮用溅油法进行润滑，主轴后轴承用油绳润滑，主轴前轴承等重要润滑部位用往复式油

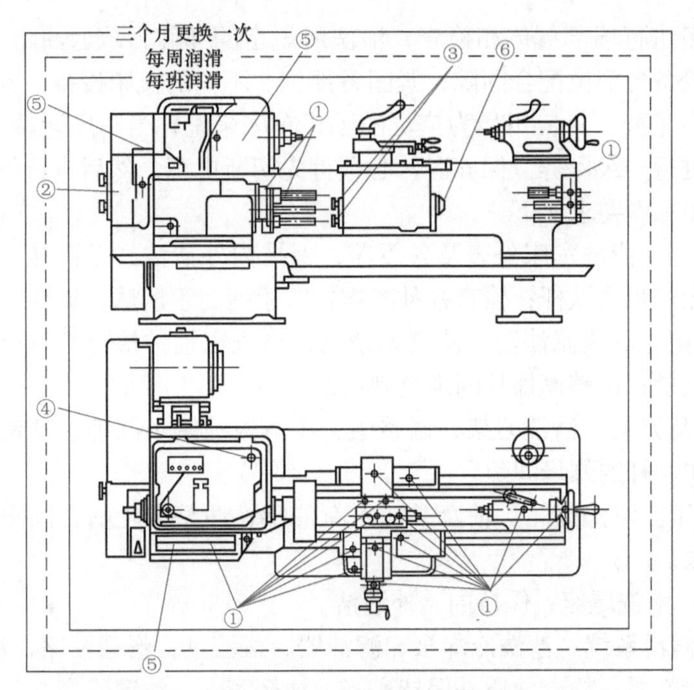

图 3-22 C620-1 型车床的润滑系统位置示意图

泵供油。如果发现窗孔内无油输出，说明主轴箱润滑系统有故障，应立即停车检查原因。

主轴箱、挂轮箱、进给箱和溜板箱内的润滑油一般 3 个月更换一次，换油时应把箱体内用煤油清洗干净后再加油。

挂轮箱上的正反机构主要靠齿轮溅油法进行润滑，油面的高度可以从油标孔中看出，换油期是 3 个月 1 次。

进给箱内的轴承和齿轮，除了用齿轮溅油法进行润滑外，还靠进给箱上部的储油槽，通过油绳进行润滑。另外，每班还要给进给箱上部的储油槽加油一次。

把油从溜板箱右侧的法兰盘孔中倒入溜板箱内，用以润滑脱落蜗杆机构。油面的高低以这个孔的下面边缘为准。溜板箱内的其他齿轮机构，用其上部储油槽里的油绳进行润滑。

床鞍及刀架部分、尾座套筒、丝杠和轴承靠油孔进行润滑（图 3-22 中标注①、④共 19 个油孔）。丝杠，光杠部位应做到每班加油。

润滑挂轮架中间齿轮轴承的油杯和润滑溜板箱内换向齿轮的油杯每周加黄油一次，每天向轴承中旋进一部分黄油。此外，床身导轨、滑板导轨和丝杠在工作前和工作后要擦净后加油。

（3）卧式车床的一级保养

一级保养是机床设备维护保养的重要方式，一般以操作工人为主，维修工人配合，对设备进行局部解体和检查，清洗所规定的部件，疏通油路，更换油绳、油毡，调整设备各部位配合间隙，紧固各部位。不同的机床设备，其保养时间及工作内容略有不同。对应用最为广泛的卧式车床来说，当车床运转 500 小时后，一般就需要进行一级保养。保养时，必须首先切断电源，然后进行保养工作。具体保养内容和工作要求如下。

① 外保养。清洗车床外表及各罩盖，保持内外清洁，无锈蚀，无油污；清洗长丝杠、光杠和操纵杆；检查并补齐螺钉、手柄、手柄球，清洗车床附件。

② 主轴箱。清洗滤油器，使其无杂物，检查主轴并检查螺母有无松动，紧固螺钉是否锁紧；调整摩擦片间隙及制动器。

③ 溜板及刀架。清洗刀架，调整中、小滑板的镶条间隙；清洗、调整中滑板、小滑板和丝杆的螺母间隙。

④ 挂轮箱。清洗齿轮、轴套并注入新油脂；调整齿轮啮合间隙；检查轴套有无晃动现象。

⑤ 尾座。清洗尾座，保持内、外清洁。

⑥ 冷却润滑系统。清洗冷却泵、滤油器、盛液盘，畅通油路，油孔、油绳、油毡清洁且无铁屑；检查油质并保持良好，油杯齐全，油窗明亮。

⑦ 电气部分。切断电源，清扫电动机、电器箱。使电气装置固定整齐。

3.2.3 车床常见故障及排除

影响车削加工质量的因素很多，除了车削方法，车刀切削角度、切削用量等因素外，车床精度也是一个重要的影响因素。不同种类的车床出现的故障有所不同，表 3-6 给出了普通车床常见故障及排除方法。

表 3-6 普通车床常见故障及排除方法

故障内容	产生原因	排除方法
圆柱类工件加工后外径发生锥度	①主轴箱主轴中心线对床鞍移动导轨的平行度超差 ②床身导轨倾斜一项精度超差过多，或装配后发生变形 ③床身导轨面严重磨损，主要三项精度均已超差 ④两顶尖支持工件时产生锥度 ⑤刀具的影响，刀刃不耐磨 ⑥由于主轴箱温升过高，引起车床热变形 ⑦地脚螺钉松动（或调整垫铁松动）	①重新校正主轴箱主轴中心线的安装位置，使工件在允许的范围之内 ②用调整垫铁来重新校正床身导轨的倾斜精度 ③刮研导轨或磨削床身导轨 ④调整尾座两侧的横向螺钉 ⑤修正刀具，正确选择主轴转速和进给量 ⑥如冷却检验（工件时）精度合格而运转数小时后工件即超差时，可按“主轴箱的修理”中的方法降低油温，并定期换油，检查油泵进油管是否堵塞 ⑦按调整导轨精度方法调整并紧固地脚螺钉

续表

故障内容	产生原因	排除方法
圆柱形工件加工后外径发生椭圆及棱圆	①主轴轴承间隙过大 ②主轴轴颈的椭圆度过大 ③主轴轴承磨损 ④主轴轴承（套）的外径（环）有椭圆，或主轴箱体轴孔有椭圆，或两者的配合间隙过大	①调整主轴轴承的间隙 ②修理后的主轴轴颈没有达到要求，这一情况多数反映在采用滑动轴承的结构上。当滑动轴承有足够的调整余量时可对主轴的轴颈进行修磨，以达到圆度要求 ③刮研轴承，修磨轴颈或更换滚动轴承 ④对主轴箱体的轴孔进行修整，并保证它与滚动轴承外环的配合精度
精车外径时在圆周表面每隔一定长度距离重复出现一次波纹	①溜板箱的纵走刀小齿轮啮合不正确 ②光杠弯曲，或光杠、丝杠、走刀杠三孔不在同一平面上 ③溜板箱内某一传动齿轮（或蜗轮）损坏或由于节径振摆而引起的啮合不正确 ④主轴箱、进给箱中轴的弯曲或齿轮损坏	①如波纹之间距离与齿条的齿距相同时，这种波纹是由齿轮与齿条啮合引起的，设法应使齿轮与齿条正常啮合 ②这种情况下只是重复出现有规律的周期波纹（光杠回转一周与进给量的关系）。消除时，将光杠拆下校直，装配时要保证三孔同轴及在同一平面 ③检查与校正溜板箱内传动齿轮，遇有齿轮（或蜗轮）已损坏时必须更换 ④校直转动轴，用手转动各轴，在空转时应无轻重现象
精车外径时在圆周表面上与主轴轴心线平行或成某一角度处重复出现有规律的波纹	①主轴上的传动齿轮齿形不良或啮合不良 ②主轴轴承间隙过大或过小 ③主轴箱上的带轮外径（或皮带槽）振摆过大	①出现这种波纹时，如波纹的头数（或条数）与主轴上的传动齿轮齿数相同，就能确定。一般在主轴轴承调整后，齿轮副的啮合间隙不得太大或太小，在正常情况下侧隙在0.05mm左右。当啮合间隙太小时可用研磨膏研磨齿轮，然后全部拆卸清洗。对于啮合间隙过大的或齿形磨损过度而无法消除该种波纹时，只能更换主轴齿轮 ②调整主轴轴承的间隙 ③消除带轮的偏心振摆，调整它的滚动轴承间隙
精车外圆时圆周表面上有混乱的波纹	①主轴滚动轴承的滚道磨损 ②主轴轴向游隙太大 ③主轴的滚动轴承外环与主轴箱孔有间隙 ④用卡盘夹持工件切削时，因卡爪呈喇叭孔形状而使工件夹紧不稳 ⑤四方刀架因夹紧刀具而变形，结果其底面与上刀架底板的表面接触不良 ⑥上、下刀架（包括床鞍）的滑动表面之间的间隙过大 ⑦进给箱、溜板箱、托架的三支撑不同轴，转动有卡阻现象 ⑧使用尾座支持切削时，顶尖套筒不稳定	①更换主轴的滚动轴承 ②调整主轴后端推力球轴承的间隙 ③修理轴承孔达到要求 ④产生这种现象时可以改变工件的夹持方法，即用尾座支持住进行切削，如乱纹消失，即可肯定系由于卡盘法兰的磨损所致，这时可按主轴的定心轴颈及前端螺纹配置新的卡盘法兰。如卡爪呈喇叭孔时，一般加垫铜皮即可解决 ⑤在夹紧刀具时用涂色法检查方刀架与小滑板结合面接触精度，应保证方刀架在夹紧刀具时仍保持与它均匀全面接触，否则用刮刀修正 ⑥将所有导轨副的塞铁、压板均调整到合适的配合，使其移动平稳、轻便，用0.04mm塞尺检查时插入深度应小于或等于10mm，以克服由于床鞍在床身导轨上纵向移动时，受齿轮与齿条及切削力的颠覆力矩而沿导轨斜面跳跃一类的缺陷 ⑦修复床鞍倾斜下沉 ⑧检查尾座顶尖套筒与轴孔及夹紧装置是否配合合适，如轴孔松动过大而夹紧装置又失去作用时，修复尾座顶尖套筒达到要求

续表

故障内容	产生原因	排除方法
精车外径时圆周表面在固定的长度上（固定位置）有一节波纹凸起	①床身导轨在固定的长度位置上碰伤、有凸痕 ②齿条表面在某处凸出或齿条之间的接缝不良	①修去碰伤、凸痕等毛刺 ②将两齿条的接缝配合仔细校正、遇到齿条上某一齿特粗或特细时，可以修整至与其他单齿的齿厚相同
精车外径时圆周表面上出现有规律性的波纹	①因为电动机旋转不平稳而引起车床振动 ②因为带轮等旋转零件的振幅太大而引起车床振动 ③车间地基引起车床的振动 ④刀具与工件之间引起的振动	①校正电动机转子的平衡，有条件时进行动平衡试验 ②校正带轮等旋转零件的振摆，对其外径、带轮三角槽进行光整车削 ③在可能的情况下，将具有强烈振动来源的机器，如砂轮机（磨刀用）等距车床一定距离，减少振源的影响 ④设法减少振动，如减少刀杆伸出长度等
精车外径时主轴每一转在圆周表面上有一处振痕	①主轴的滚动轴承某几粒滚柱（珠）磨损严重 ②主轴上的传动齿轮节径振摆过大	①将主轴滚动轴承拆卸后用千分尺逐粒测量滚柱（珠），如确系某几粒滚柱（珠）磨损严重（或滚柱间尺寸相差很大）时，须更换轴承 ②消除主轴齿轮的节径振摆，严重时要更换齿轮副
精车后的工件端面中凸	①溜板移动对主轴箱主轴中心线的平行度超差，要求主轴中心线向前偏 ②床鞍的上、下导轨垂直度超差，该项要求是溜板上导轨的外端必须偏向主轴箱	①校正主轴箱主轴中心线的位置，在保证工件正确合格的前提下，要求主轴中心线向前（偏向刀架） ②经过大修理后的车床出现该项误差时，必须重新刮研床鞍下导轨面；只有尚未经过大修理而床鞍上导轨的直线精度磨损严重并形成上凸变形时，才可刮研床鞍的上导轨面
精车螺纹表面有波纹	①因车床导轨磨损而使床鞍倾斜下沉，造成丝杠弯曲，与开合螺母的啮合不良（单片啮合） ②托架支撑轴孔磨损，使丝杠回转中心线不稳定 ③丝杠的轴向游隙过大 ④进给箱挂轮轴弯曲、扭曲 ⑤所有的滑动导轨面（指方刀架中滑板及床鞍）间有间隙 ⑥方刀架与小滑板的接触面间接触不良 ⑦切削长螺纹工件时，因工件本身弯曲而引起的表面波纹 ⑧因电动机、车床本身固有频率（振动区）而引起的振荡	①修理车床导轨、床鞍达到要求 ②托架支撑孔镗孔镶套 ③调整丝杠的轴向间隙 ④更换进给箱的挂轮轴 ⑤调整导轨间隙及塞铁、床鞍压板等，各滑动面间用0.03mm塞尺检查，插入深度应≤20mm，固定接合面应插不进去 ⑥修刮小滑板底面与方刀架接触面间接触良好 ⑦工件必须加入适当的随刀托板（跟刀架），使工件不因车刀的切入而引起跳动 ⑧摸索、掌握该振动区规律

续表

故障内容	产生原因	排除方法
方刀架上的压紧手柄压紧后（或刀具在方刀架上固紧后）小刀架手柄转不动	①方刀架的底面不平 ②方刀架与小滑板底面的接触不良 ③刀具夹紧后方刀架产生变形	均用刮研刀架座底面的方法修正
用方刀架进刀精车锥孔时呈喇叭形或表面质量不高	①方刀架的移动燕尾导轨不直 ②方刀架移动对主轴中心线不平行 ③主轴径向回转精度不高	①修刮方刀架的移动燕尾导轨 ②配刮并对研方刀架与小滑板的导轨接触面 ③调整主轴的轴承间隙，按“误差抵消法”提高主轴的回转精度
用割槽刀割槽时产生“颤动”或外径重切削时产生“颤动”	①主轴轴承的径向间隙过大 ②主轴孔的后轴承端面不垂直 ③主轴中心线（或与滚动轴承配合的轴颈）的颈向振摆过大 ④主轴的滚动轴承内环与主轴的锥度配合不良 ⑤工件夹持中心孔不良	①调整主轴轴承的间隙 ②检查并校正后端面的垂直要求 ③设法将主轴的颈向振摆调整至最小值，如滚动轴承的振摆无法避免时，可采用角度选配法来减少主轴的振摆 ④修磨主轴 ⑤在校正工件毛坯后，修顶尖中心孔
重切削时主轴转速低于表牌上的转速或发生自动停车	①摩擦离合器调整过松或磨损 ②开关杆手柄接头松动 ③开关摇杆和接合子磨损 ④摩擦离合器轴上的弹簧垫圈或锁紧螺母松动 ⑤主轴箱内集中操纵手柄的销子或滑块磨损，手柄定位弹簧过松而使齿轮脱开 ⑥电动机传动 V 带调节过松	①调整摩擦离合器，修磨或更换摩擦片 ②打开配电箱盖，紧固接头上螺钉 ③修焊或更换摇杆、接合子 ④调整弹簧垫圈及锁紧螺母 ⑤更换销子、滑块，将弹簧力量加大 ⑥调整 V 带的传动松紧程度
停车后主轴有自转现象	①摩擦离合器调整过紧，停车后仍未完全脱开 ②制动器过松没有调整好	①调整摩擦离合器 ②调整制动器的制动带
溜板箱自动走刀手柄容易脱开	①溜板箱内脱开蜗杆的压力弹簧调节过松 ②蜗杆托架上的控制板与杠杆的倾斜磨损 ③自动走刀手柄的定位弹簧松动	①调整脱落蜗杆 ②将控制板焊补，并将挂钩处修补 ③调整弹簧，若定位孔磨损可铆补后重新打孔
溜板箱自动走刀手柄在碰到定位挡铁后脱不开	①溜板箱内的脱落蜗杆压力弹簧调节过紧 ②蜗杆的锁紧螺母紧死，迫使进给箱的移动手柄跳开或挂轮脱开	①调松脱落蜗杆的压力弹簧 ②松开锁紧螺母，调整间隙
光杠与丝杠同时传动	溜板箱内的互锁保险机构的拔叉磨损、失灵	修复互锁机构
尾座锥孔内钻头、顶尖等顶不出来	尾座丝杠头部磨损	焊接加长丝杠顶端

续表

故障内容	产生原因	排除方法
主轴箱油窗不注油	①滤油器、油管堵塞 ②液压泵活塞磨损、压力过小或油量过小 ③进油管漏压	①清洗滤油器，疏通油路 ②修复或更换活塞 ③拧紧管接头

3.2.4 车床精度的检测

车床的精度是保证车削加工质量的关键因素之一，特别是在车床大修完成后，必须对其精度进行检测，检测前先要进行静态检查、空转试验、负荷试验，确认所有机构正常，且主轴等部件已达到稳定温度即可进行精度检验。车床的精度主要包括工作精度及几何精度两种。车床精度的检测具体可按以下内容进行。

（1）车床的静态检查

车床的静态检查是进行性能检查之前的检查，主要是检查车床各部传动机构，检查操纵机构是否转动灵活，定位准确、安全可靠。以保证试机不出事故。主要检查内容有以下几方面。

① 检查各传动件及操纵手柄，做到运转灵活、操纵安全、准确可靠。手柄转动力可用拉力器检查，应符合规定要求。

② 检查各连接件应固定可靠。

③ 各滑动导轨在行程范围内移动时，轻重应均匀平稳。

④ 开合螺母机构应开合准确，无阻滞和过松感觉。

⑤ 安全离合器应灵活可靠。

⑥ 润滑系统畅通，油线清洁、标记清楚。

⑦ 电器设备启动、停止安全可靠。

（2）车床的空转试验

车床的空运转是在无载荷条件下运转车床。目的是检验各机构的运转状态，温度变化、功率消耗，操纵机构动作的灵活性、平稳性、可靠性和安全性。车床空运转试验，在达到热平衡温度时，再进一步对有关项目进行检验和校正，为负荷试验奠定良好的基础。空转之后，车床应满足以下要求：

① 车床主运动机构从最低转速起，依次升速运转，每级速度的运转时间不少于 2min，在最高转速时应运转足够时间（不少于 1h），使主轴轴承达到稳定温度。

② 车床的进给机构同样作低、中、高进给量的空运转。

③ 在所有转速下，车床传动机构工作正常，无显著冲击振动，各操纵机构工作平稳可靠。噪声不超过规定标准。

④ 润滑系统正常，可靠，无泄漏现象。

⑤ 电气装置、安全保护装置和保险装置正常、可靠。

⑥ 在主轴轴承达到稳定温度时（即热平衡状态），轴承的温度和温升都不得超过如下规定，即滑动轴承温度60℃，温升30℃；滚动轴承温度70℃，温升40℃。

（3）车床的负荷试验

车床负荷试验的目的是考核车床主传动系统能否承受设计所允许的最大扭转力矩和功率。

（4）车床工作精度的检验

车床的工作精度检验，是通过对规定的试件和工件进行加工，来检验车床是否符合规定的设计要求。卧式车床的检验内容主要包括：精车外圆试验、精车端面试验和车槽试验、车螺纹试验。各种试验的目的及试验方法如下。

① 精车外圆试验。精车外圆试验的目的是检验车床在正常工作温度下，主轴轴线与溜板移动方向是否平行，主轴的旋转精度是否合格。

试验方法是：在车床卡盘上夹持尺寸为480mm×250mm的中碳钢（一般为45钢）试件，不用尾座顶尖。采用高速钢车刀，切削用量取转速n=400r/min，切削量a_p=0.15mm，进给量f=0.1mm/r。

精车后，若试件圆度误差不大于0.01mm，圆柱度误差不大于0.01mm/100mm，表面粗糙度Ra值不大于3.2μm，则为合格。

② 精车端面试验。精车端面试验的目的是检查车床在正常工作温度下，刀架横向移动对主轴轴线的垂直度和横向导轨的直线度误差。

试验方法是：取ϕ250mm的铸铁圆盘，用卡盘夹持，用YG8硬质合金45°右偏刀精车端面，切削用量取转速n=250r/min，切削量a_p=0.2mm，进给量f=0.15mm/r。

精车端面后试件的平面度误差不大于0.02mm（只许凹）为合格。

③ 车槽试验。车槽试验的目的是考核车床主轴系统的抗振性能，检查主轴部件的装配精度、主轴旋转精度，溜板刀架系统刮研配合面的接触质量及配合间隙的调整是否合格。

车槽试验的试件为ϕ80mm×150mm的中碳钢棒料，用前角γ_0=6°～10°，后角α_0=5°～6°的YT15硬质合金车刀，切削用量为：车削速度v=40～70m/min，进给量f=0.1～0.2mm/r。车刀宽度为5mm，在距卡盘端（1.5～2）d处车槽（d为工件直径）。不应有明显的振动和振痕。

④ 车螺纹试验。车螺纹试验的目的是检查车床上加工螺纹传动系统的准确性。

试验规范为：取ϕ40mm×500mm的中碳钢工件；高速钢60°标准螺纹车刀；切削用量为转速n=20r/min，切削量a_p=0.02mm，进给量f=6mm/r；两端用顶尖顶车。

精车螺纹试验精度，要求螺距累积误差应小于0.025mm/100mm、表面粗糙度不大于$Ra3.2\mu m$，无振动波纹为合格。

（5）车床几何精度的检验

车床的几何精度检验，是指最终影响车床精度的那些零部件精度检验，包括尺寸、形状、位置和相互之间的运动精度（如平面度、重合度、相交度、平行度和垂直度等）。卧式车床的几何精度检验主要包括以下内容：导轨在垂直平面内的直线度误差及在垂直平面内的平行度误差；溜板移动在水平面内的直线度误差；尾座移动对溜板移动的平行度误差；主轴的轴向窜动和主轴轴肩支承面的端面圆跳动误差；主轴定心轴颈的径向圆跳动误差；主轴锥孔轴线的径向圆跳动误差；主轴轴线对溜板移动的平行度误差；顶尖的斜向圆跳动误差；尾座套筒轴线对溜板移动的平行度误差；尾座套筒锥孔轴线对溜板移动的平行度误差；主轴和尾座两顶尖的等高度误差；小刀架移动对主轴轴线的平行度误差；横刀架横向移动对主轴轴线的垂直度误差；丝杆的轴向窜动误差；由丝杆产生的螺距累积误差。

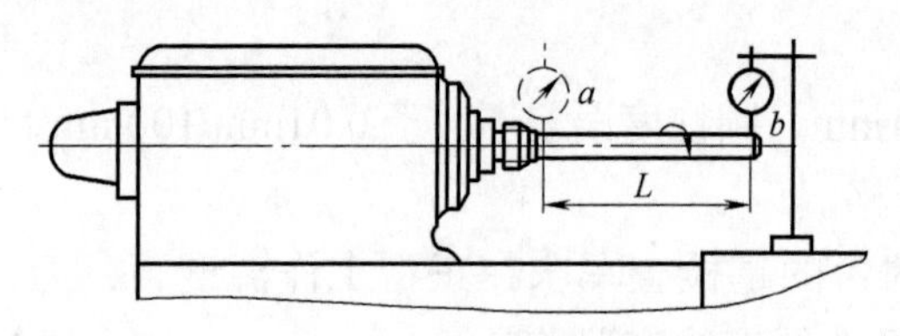

图3-23 主轴锥孔轴线径向圆跳动误差的检验

① 主轴锥孔轴线的径向圆跳动误差。卧式车床主轴锥孔轴线的径向圆跳动误差检验方法如图3-23所示。将检验棒插入主轴锥孔内，将百分表固定在车床上，使其测量头触及检验棒表面，旋转主轴，分别在靠近主轴端部的a处和距轴端L的b处检验。a、b的误差分别计算。主轴转一转，百分表读数的最大差值，就是主轴锥孔中心线的径向圆跳动误差。L的距离按$D_a/2$选取（D_a为工件最大回转直径）或不超过300mm。对于$D_a > 800mm$的车床，测量长度应增加至500mm。规定在a、b两个位置上进行检验，这是因为检验棒的轴线有可能在测量平面内与旋转轴线相交叉。

为了消除检验棒误差和检验棒插入孔内时的安装误差对主轴锥孔径向圆跳动误差起叠加或抵偿作用，因此应将检验棒相对于主轴每隔90°插入一次试验，共检验4次，4次测得结果的平均值就是主轴锥孔轴线的径向圆跳动误差。a、b的误差分别计算。

② 主轴锥孔轴线的轴向窜动误差。卧式车床主轴锥孔轴线的轴向窜动误差检验方法如图3-24所示。在主轴锥孔中心紧密地插入一根锥柄短检验棒，中心孔中装入钢球，平头百分表固定在床身上，使百分表测头顶在钢球上（钢球用黄油粘上），旋转主轴检查。百分表读数最大差值，就是轴向窜动误差值。

③ 尾座套筒轴线对溜板移动的平行度误差。卧式车床尾座套筒轴线对溜板

移动的平行度误差检验方法如图 3-25 所示，将尾座紧固在检验位置。当 D_c 小于或等于 500mm 时（D_c 为车床的工件最大加工长度）应紧固在床身导轨末端；当 D_c 大于 500mm 时，应紧固在 $D_c/2$ 处，但最大不大于 2000mm。尾座顶尖套筒伸出量，约为最大伸出量的一半，并锁紧。

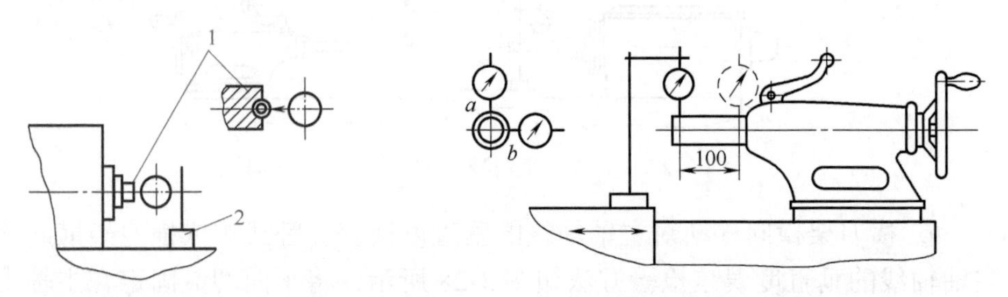

图 3-24　主轴锥孔轴线的轴向窜动误差检验
1—钢球短检验棒；2—磁性表座

图 3-25　尾座套筒轴线对溜板移动的平行度误差的检验

将指示器固定在溜板上，使其测量头触及尾座套筒表面：*a* 位置在垂直平面内；*b* 位置在水平面内，移动溜板进行检验。指示器读数的最大差值，就是尾座套筒轴线对溜板移动的平行度误差，*a*、*b* 位置分别计算。

④ 尾座套筒锥孔轴线对溜板移动平行度误差。卧式车床尾座套筒锥孔轴线对溜板移动平行度误差检验方法如图 3-26 所示，检验尾座的位置同检验尾座套筒轴线对溜板移动的平行度误差，顶尖套筒退入尾座孔内，并锁紧。

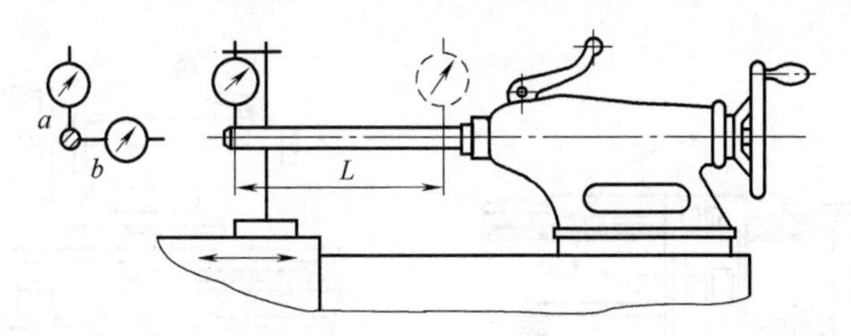

图 3-26　尾座套筒锥孔轴线对溜板移动平行度误差的检验

在尾座套筒锥孔中，插入检验棒。将指示器固定在溜板上，使其测量头触及测量头表面。*a* 位置在垂直平面内；*b* 位置在水平面内，移动溜板进行检验。一次检验后，拔出检验棒，旋转 180° 后重新插入尾座顶尖套锥孔中，重复检验一次。两次检验结果的平均值，就是尾座套筒孔轴线对溜板移动平行度误差，*a*、*b* 位置误差分别计算。

⑤ 主轴尾座两顶尖的等高度误差。卧式车床主轴尾座两顶尖的等高度误差检验方法如图 3-27 所示，在主轴与尾座顶尖间装入检验棒将指示器固定在溜板上，使其测量头在垂直平面内触及检验棒，移动溜板在检验棒的两个极限位置上进行检验，指示器在检验棒两端读数的差值就是主轴尾座两顶尖的等高度误差。检验时，尾座顶尖套应退入尾座孔内，并锁紧。

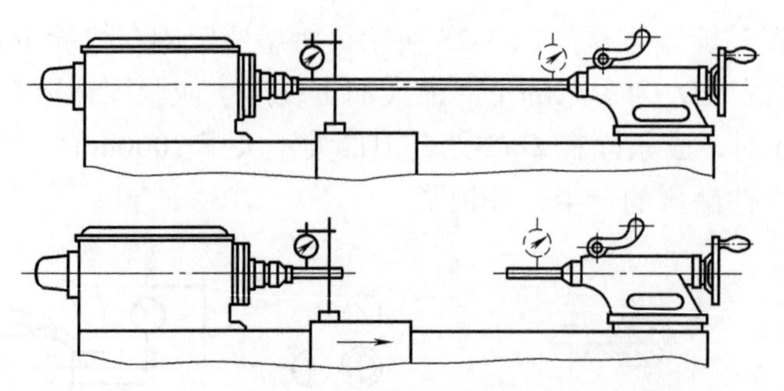

图 3-27 主轴尾座两顶尖的等高度误差的检验

⑥ 横刀架横向移动对主轴轴线的垂直度误差。卧式车床横刀架横向移动对主轴轴线的垂直度误差检验方法如图 3-28 所示，将平面圆盘固定在主轴上，指示器固定在横刀架上，使其测量头触及平盘，移动横刀架进行检验。

将主轴旋转 180°，再用同样方法检验一次，两次结果的平均值，就是横刀架横向移动对主轴轴线的垂直度误差。

⑦ 丝杆轴向窜动误差。卧式车床丝杆轴向窜动误差的检验方法如图 3-29 所示，固定指示器，使其测量头触及丝杆顶尖孔内用黄油粘住的钢球。在丝杆中段处闭合开合螺母，旋转丝杆进行检验。检验时，有托架的丝杆应在装有托架的状态下检验。指示器读数的最大差值，就是丝杆的轴向窜动误差。正转、反转均应检验，但由正转变换到反转时的游隙不计入误差内。

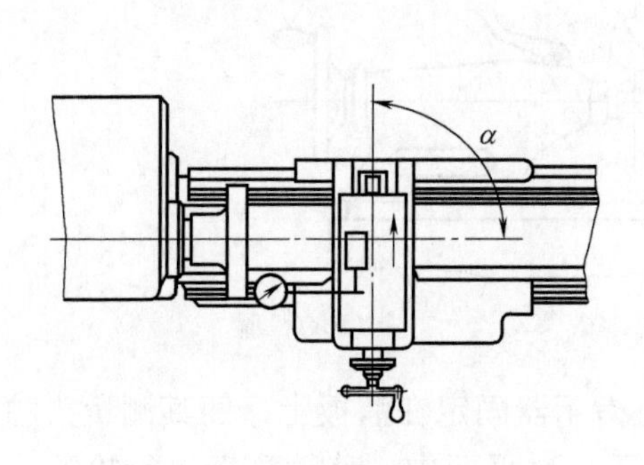

图 3-28 横刀架横向移动对主轴轴线的垂直度误差的检验

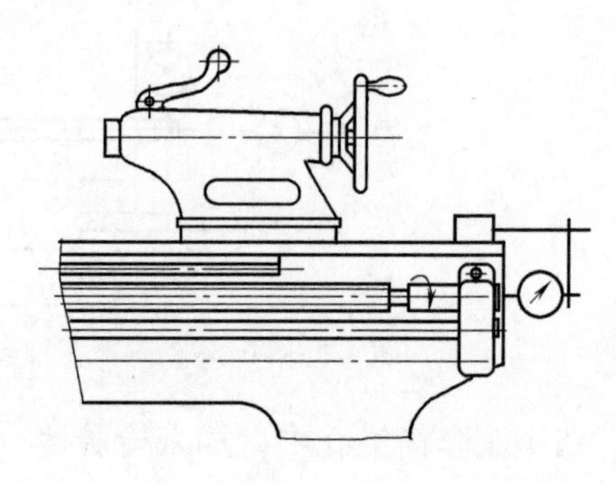

图 3-29 丝杆轴向窜动误差的检验

第4章 车削测量技术

4.1 公差与配合

在车削操作中，零件的加工及其加工后的产品质量都必须符合机械图样的要求。一张完整的机械图样除了用必要的视图、剖视、剖面及其他规定的画法，正确、完整、清晰地表达零件各部分内外结构、形状或各零件间的装配关系外，还需有完整的尺寸及尺寸公差标注，主要包括尺寸精度、形状位置精度和表面粗糙度等内容的要求，读懂这些要求是保证车削加工要求的基础。

4.1.1 尺寸公差

零件图上标注的尺寸，称为公称尺寸，尺寸标注除了要满足正确、完整、清晰的要求外，为便于评定实际尺寸制造的准确程度，还应给标注的零件尺寸一个误差范围，习惯上称为尺寸精度。尺寸精度就是实际尺寸对于公称尺寸的准确程度。目前，精度已作为评定许多可测量量值准确程度的一个概念。如图4-1（a）所示，假设轴径为$\phi30_{-0.041}^{-0.020}$，孔径为$\phi30_{+0.007}^{+0.040}$，则$\phi30$表示设计给定，即图纸上标注的尺寸称为公称尺寸。轴、孔的公称尺寸通常分别以d、D表示。孔、轴配合时，

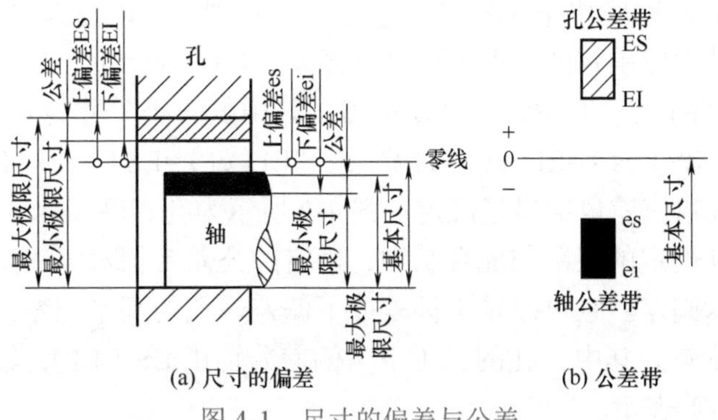

(a) 尺寸的偏差　　(b) 公差带

图4-1　尺寸的偏差与公差

两者公称尺寸应相同，即 $D=d$。

轴径 $\phi 30_{-0.041}^{-0.020}$ 中的 −0.020、−0.041 和孔径 $\phi 30_{+0.007}^{+0.040}$ 中的 +0.040、+0.007 分别表示轴的上、下极限偏差（其代号为 es、ei）及孔径的上、下极限偏差（其代号为 ES、EI）。意即加工后的轴径实际尺寸 d_n 不得上超最大极限尺寸 d_{max}（$d_{max}=d+es=29.980$），不得下越最小极限尺寸 d_{min}（$d_{min}=d+ei=29.959$），亦即 d_a 值落在 29.980 ～ 29.959 范围内才算合格；加工后的孔径实际尺寸 D_a 不得上超最大极限尺寸 D_{max}（$D_{max}=D+ES=30.040$）、下越最小极限尺寸 D_{min}（$D_{min}=D+EI=30.007$），亦即 D_a 值落于 30.040 ～ 30.007 范围内才算合格。

实际上确定尺寸合格与否，常以其实际偏差是否落在其上、下偏差范围内要方便得多。

孔与轴结合时，孔是包容面，孔径是包容尺寸；轴是被包容面，轴径是被包容尺寸。此定义亦可广义引申到非圆柱结合的场合，例如，键与键槽结合时，槽宽是包容尺寸，通常记作 L 或 B，键宽是被包容尺寸，通常记作 l 或 b。

最大极限尺寸与最小极限尺寸之差，亦即上、下偏差之差称为公差 T。因此，上例中，孔公差 T_D 为：T_D=ES−EI=0.040−0.007=0.033，轴的公差 T_d=es−ei=0.021。显然，T 值越大，尺寸精度越低。

应指出的是，不能混淆“偏差”与“公差”两者不同的定义和概念。偏差值有正有负，公差值是一绝对值，即正值。公差不存在负值，也不允许为零。

根据国家标准的规定，尺寸精度从高到低分成 20 个公差等级，用 IT 表示标准公差，后面的阿拉伯数字表示公差等级。等级数愈大，精度愈低，即尺寸准确程度愈差。

对公称尺寸相同的零件，可按其公差大小来评定其尺寸精度的高低，但公称尺寸不同的零件，就不能单看公差大小，还要看公称尺寸的大小。国家标准的 20 个公差等级，每一级的公差数值是随公称尺寸大小而变化的。为了使用上的方便，把公称尺寸分成若干尺寸分段，每一个尺寸分段和每一个公差等级有一个相应的公差数值。

将孔或轴的公称尺寸作为零线，零线以上为“+”，以下为“−”，利用其上、下偏差值及由其相应确定的公差值可画出图 4-1（b）所示的公差带图。公差值一经确定，公差带的上、下偏差中只要给出了其中的一个（称为基本偏差），另一个偏差即可按“ES（es）=EI（ei）+IT*X*”或“EI（ei）=ES（es）−ITX”计算获得。同样，国标对基本偏差也给出了规定，图 4-2 所示为孔、轴基本偏差示意图。

在国家标准规定的极限与配合制中，确定的公差带相对零线位置的那个极限偏差，称为基本偏差。它可以是上偏差或下偏差，孔的基本偏差为下偏差，轴的基本偏差为上偏差。其中：孔的上（下）偏差分别用 ES（EI），轴的上（下）偏差分别用 es（ei）表示。

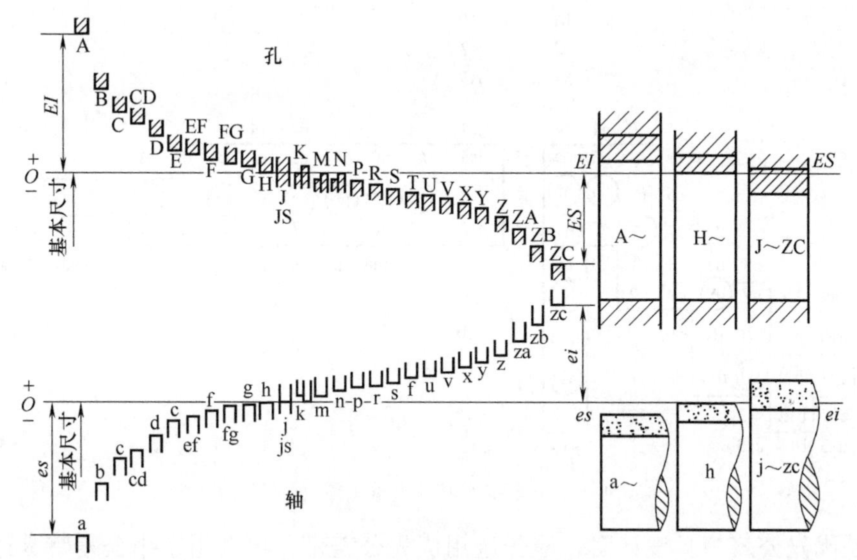

图4-2 基本偏差系列示意图

基本偏差的代号：对孔用大写字母A，…，ZC表示，孔的基本偏差从A～H为下偏差，且为正值，其中H的下偏差为0，孔的基本偏差从K～ZC为上偏差；对轴用小写字母a，…，zc表示，轴的基本偏差从a～h为上偏差，且为负值，其中h的上偏差为0，轴的基本偏差从k～zc为下偏差，各28个。其中，基本偏差H代表基准孔，h代表基准轴。

在国家标准中，对孔、轴分别规定了105、119个一般用途公差带，其中：对孔、轴又分别筛选出了44、59个常用公差带，在此基础上又进一步筛选出孔、轴各13个优先采用的公差带（图4-3和图4-4），方框内的是常用公差带，圆圈

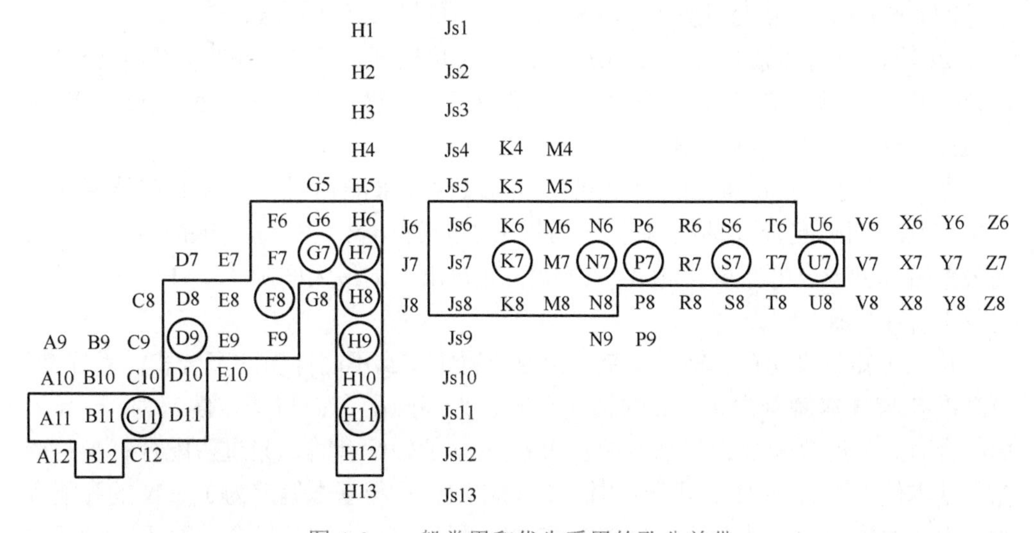

图4-3 一般常用和优先采用的孔公差带

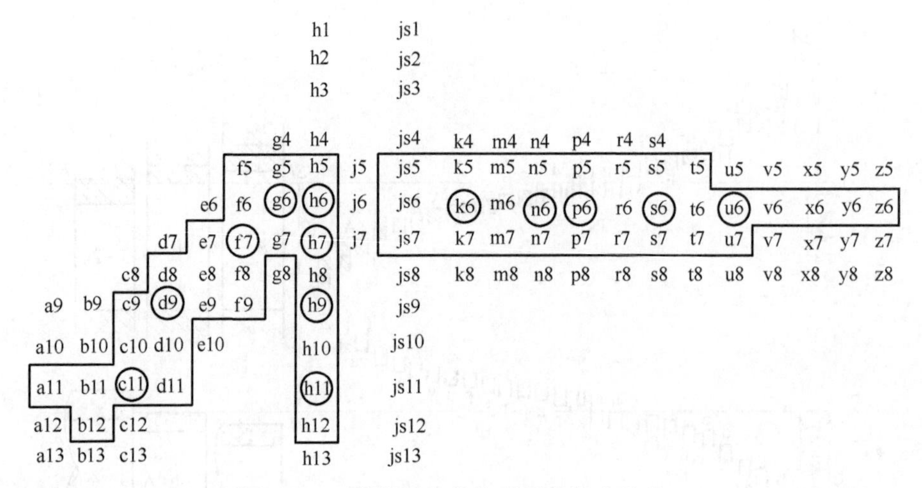

图 4-4 一般常用和优先采用的轴公差带

中的是优先公差带。设计时，应先选用优先公差带，再选用常用公差带，最后才选一般用途公差带。

各种基本偏差代号与不同的标准公差等级代号配合使用便形成了不同的孔、轴公差带。如 ϕ16H8 表示公称尺寸为 ϕ16mm，公差等级为 8 级的基准孔，国标 GB/T 1800.1—2009 对孔与轴公差带之间的相互关系，规定了两种制度，即基孔制及基轴制两种。基孔制中的孔称为基准孔，其基本偏差为 H，下偏差为 0；基轴制中的轴称为基准轴，其基本偏差为 h，上偏差为 0。

根据公称尺寸相同的孔、轴之间的结合关系，孔、轴之间的配合分三类。

① 从一批公称尺寸相同的孔件、轴件中若始终出现孔尺寸大于轴尺寸，此时将出现间隙 X，称作间隙配合，在公差制图上表现为孔公差带居于轴公差带之上［图 4-5（a）］。最大间隙 X_{max}=ES−ei，最小间隙 X_{min}=EI−es。

② 若始终出现轴尺寸大于孔尺寸，此时将出现过盈 Y，称作过盈配合，在公差带图上表现为轴公差带居于孔公差带之上［图 4-5（c）］。最大过盈 Y_{max}= es−EI，最小过盈 Y_{min}=ei−ES。

③ 若时而出现间隙，时而出现过盈，取件前未能预料，一经取定结合后才能确定其是间隙配合或是过盈配合，此谓之过渡配合，在公差带图上表现为孔、轴公差带部分或全部重叠［图 4-5（b）］。此时出现的最大间隙 X_{max}=ES−ei，最大过盈 Y_{max}=El−es。

从上可知，改变孔、轴公差带的相对位置可得到不同性质的配合和松紧程度。当基准孔与基本偏差为 a ~ h 的轴配合时，为间隙配合；与基本偏差为 j ~ n 的轴配合时，为过渡配合；与基本偏差为 p ~ zc 的轴配合时，为过盈配合；当基准轴与基本偏差为 A ~ H 的孔配合时，为间隙配合；与基本偏差为 J ~ N 的孔配合时，为过渡配合；与基本偏差为 P ~ ZC 的孔配合时，为过盈配合，如图 4-6 所示。

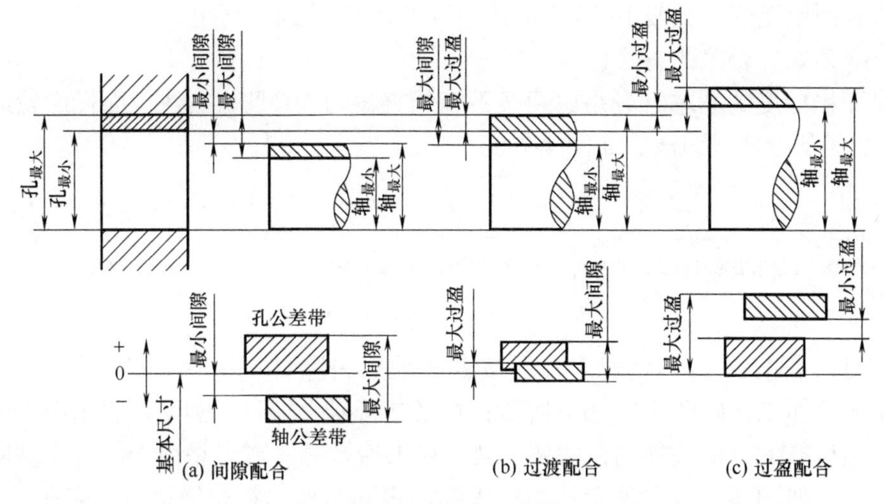

图 4-5 配合示意图

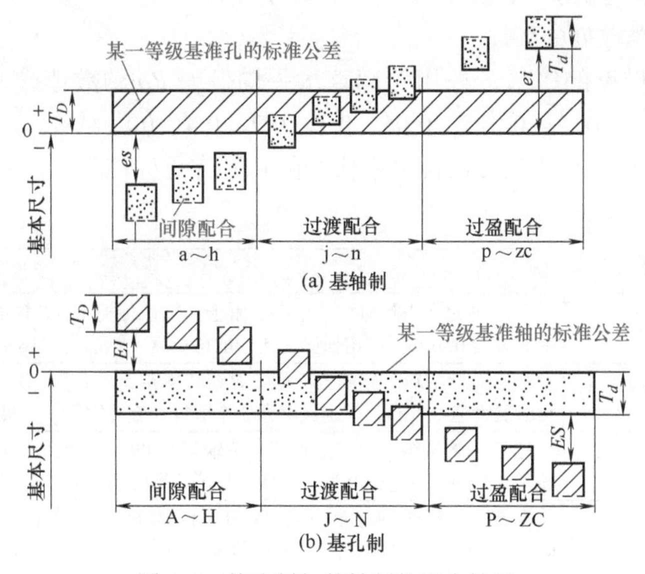

图 4-6 基孔制与基轴制的配合性质

孔与轴的配合公差代号由孔与轴的公差带代号组成，写成分子、分母的形式，其中分子代表孔的公差代号，分母代表轴的公差代号。如 $\phi 12\frac{H8}{f7}$ 表示：孔、轴的公称尺寸为 12mm，孔公差等级为 8 级的基准孔与公差等级为 7 级、基本偏差为 f 的轴配合，其配合性质为基孔制间隙配合。

4.1.2 表面粗糙度

加工表面上切削刀痕等原因造成的具有较小间距的峰谷所组成的微观几何形

状称为表面粗糙度。一般由所采用的加工方法和其他因素而定。

（1）表面粗糙度的符号

表面粗糙度的基本符号是由两条不等长夹角为60°且与被注表面投影轮廓线成60°的倾斜细实线组成，如图4-7（a）所示。

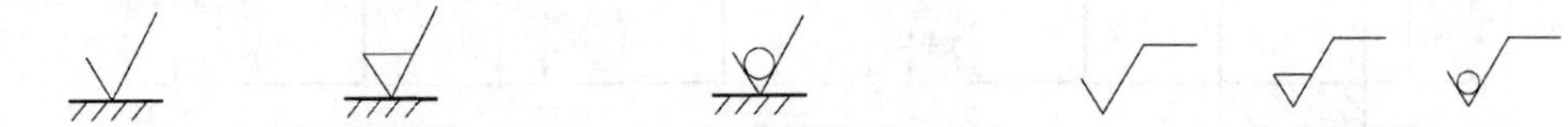

(a) 基本符号　(b) 用去除材料法加工表面　(c) 不去除材料法加工表面　(d) 完整符号

图4-7　表面粗糙度的符号

在基本符号上加一短划，表示该表面是用去除材料法获得的，如车、铣、磨、抛光等加工，如图4-7（b）所示；在基本符号上加一小圆圈，表示该表面是用不去除材料的方法获得的，如铸、锻、粉末冶金等，或者是用于保持原供应状况的表面，如图4-7（c）所示；当要求标注表面结构的补充信息时，应在上述3个图形符号的长边上加一横线，如图4-7（d）所示。

（2）表面粗糙度的标注

表面粗糙度的等级一般用轮廓算术平均偏差 *Ra* 的数值来表示。*Ra* 数值（μm）一般为：0.012、0.025、0.05、0.1、0.2、0.4、0.8、1.6、3.2、6.3、12.5、25、50、100。表4-1给出了表面结构代号的几种常见标注示例。

表4-1　表面结构代号标注示例

符号	含义解释
Rz 0.4	表示不允许去除材料，单向上限值，默认传输带，*R* 轮廓，表面粗糙度的最大高度0.4μm，评定长度为5个取样长度（默认），“16%规则”（默认）
Rz max0.2	表示去除材料，单向上限值，默认传输带，*R* 轮廓，表面粗糙度的最大高度的最大值0.2μm，评定长度为5个取样长度（默认），“最大规则”
0.0008～0.8/*Ra* 3.2	表示去除材料，单向上限值，传输带0.008～0.8mm，*R* 轮廓，算术平均偏差3.2μm，评定长度为5个取样长度（默认），“16%规则”（默认）
−0.8/*Ra* 3 3.2	表示去除材料，单向上限值，传输带：取样长度0.8μm（λ_0 默认0.0025mm），*R* 轮廓，算术平均偏差3.2μm。评定长度包括3个取样长度，“16%规则”（默认）
U *Ra* max3.2 L *Ra* 0.8	表示不允许去除材料，双向极限值，两极限值均使用默认传输带，*R* 轮廓。上限值：算术平均值差3.2μm，评定长度为5个取样长度（默认），“最大规则”；下限值：算术平均偏差0.8μm，评定长度为5个取样长度（默认），“16%规则”（默认）

（3）表面粗糙度符号及代号在图样上的标注

表面粗糙度符号及代号一般标注在图样上零件的可见轮廓线、尺寸界线、引出线或它们的延长线上，符号的尖端必须从材料外指向表面，如图4-8所示。

当零件的大部分表面具有相同的粗糙度时，对其中使用最多的一种代号可以统一注在图样的右上角，并在代号前加注“其余”，若零件全部为同一种粗糙度，则可将使用的代号在图样的右上角标出，并在代号前加注“全部”。

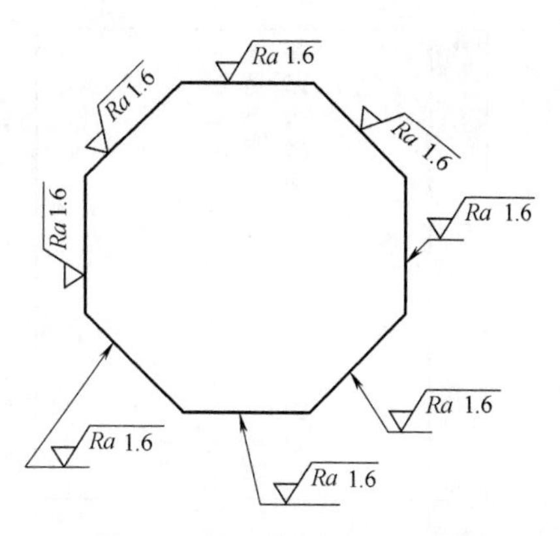

图 4-8　表面粗糙度的标注

4.1.3　几何公差

在零件加工过程中，由于设备精度、加工方法等多种因素，使零件表面、轴线、中心对称的平面等的实际形状、方向和位置相对于所要求的理想形状、方向和位置，存在着不可避免的误差，这种误差叫做几何公差（原名形状及位置公差）。

表 4-2 给出了几何公差项目的符号。

表 4-2　几何公差项目的符号

公差类型	几何特征	符号	有无基准
形状公差	直线度	—	无
	平面度	▱	无
	圆度	○	无
	圆柱度	⌭	无
	线轮廓度	⌒	无
	面轮廓度	⌓	无
方向公差	平行度	//	有
	垂直度	⊥	有
	倾斜度	∠	有
	线轮廓度	⌒	有
	面轮廓度	⌓	有
位置公差	位置度	⌖	有或无
	同心度（用于中心点）	◎	有
	同轴度（用于轴线）	◎	有
	对称度	⌯	有
	线轮廓度	⌒	有
	面轮廓度	⌓	有
跳动公差	圆跳动	↗	有
	全跳动	⌰	有

（1）几何公差的标注

国标规定，几何公差代号用带指示箭头的指引线和框格来标注。框格用细实线画出，分成两格或多格，水平放置（特殊情况可垂直放置）。第一格是几何公差符号，第二格是几何公差数值及其有关符号，第三格及以后各格是基准代号字母及有关符号。几何公差的标注参见表 4-3。

表 4-3 常用的几何公差定义及示例标注含义

项目	公差带定义	示例标注	示例标注含义
直线度	公差带为在给定平面和给定方向上，间距等于公差值 t 的两平行直线所限定的区域 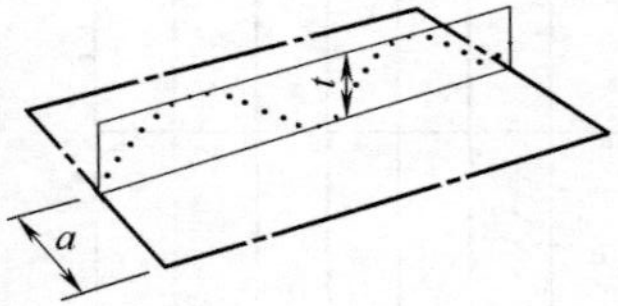 a 其中，a 为任一距离	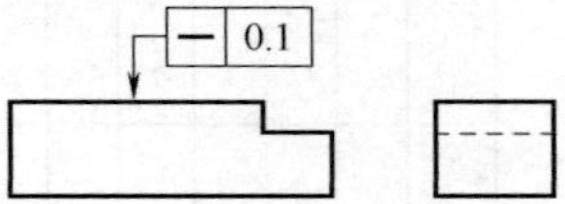 — 0.1	在任一平行于图示投影面的平面内，上平面的提取（实际）线应限定在间距等于 0.1 的两平行直线之间
	公差带为间距等于公差值 t 的两平行平面所限定的区域 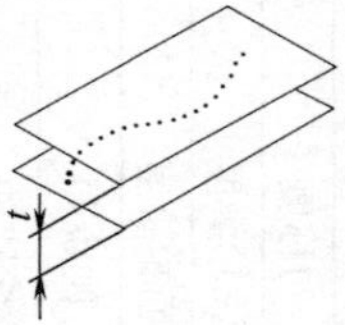 t	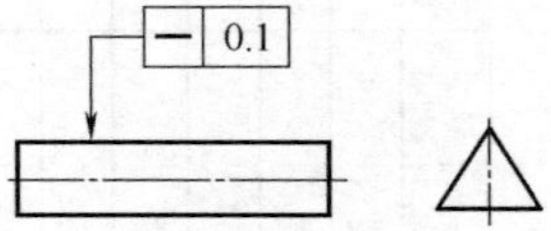 — 0.1	提取（实际）的棱边应限定在间距等于 0.1 的两平行平面之间
	如果公差值前加注了符号 ϕ，公差带为直径等于公差值 ϕt 的圆柱面所限定的区域 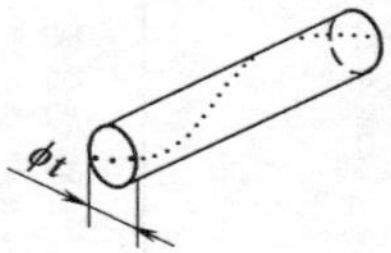 ϕt	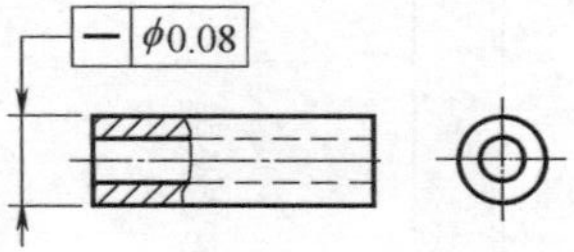 — ϕ0.08	外圆柱面的提取（实际）中心线应限定在直径等于 ϕ0.08 的圆柱面内

续表

项目	公差带定义	示例标注	示例标注含义
平面度	公差带为间距等于公差值 t 的两平行平面所限定的区域		提取（实际）表面应限定在间距等于 0.08 的两平行平面之间
圆度	公差带为在给定横截面内，半径差为公差值 t 的两同心圆所限定的区域 其中，a 为任一横截面		在圆柱面和圆锥面的任意横截面内，提取（实际）圆周应限定在半径差等于 0.03 的两共面同心圆之间
			在圆锥面的任意横截面内，提取（实际）圆周应限定在半径差等于 0.1 的两同心圆之间
平行度	公差带为间距等于公差值 t、平行于两基准的两平行平面所限定的区域 其中，a 为基准轴线，b 为基准平面		提取（实际）中心线应限定在间距等于 0.1、平行于基准轴线 A 和基准平面 B 的两平行平面之间

续表

项目	公差带定义	示例标注	示例标注含义
平行度	公差带为间距等于公差值 t、平行于基准轴线 A 且垂直于基准平面 B 的两平行平面所限定的区域 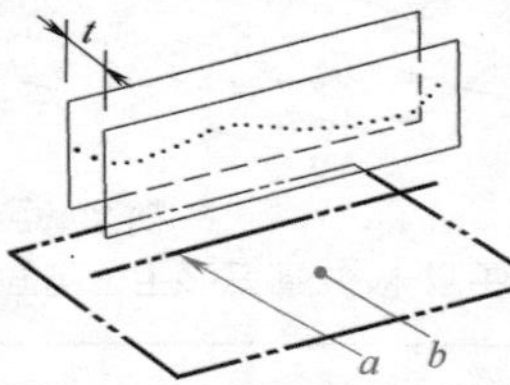 其中，a 为基准轴线，b 为基准平面	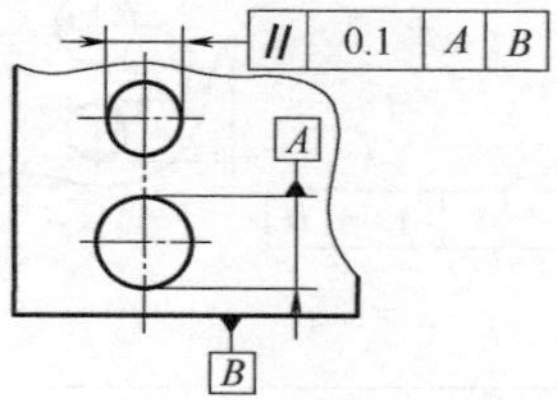 // 0.1 A B	提取（实际）中心线应限定在间距等于 0.1 的两平行平面之间。该两平行平面平行于基准轴线 A 且垂直于基准平面 B
	公差带为平行于基准轴线和平行或垂直于基准平面、间距分别等于公差值 t_1 和 t_2，且相互垂直的两组平行平面所限定的区域 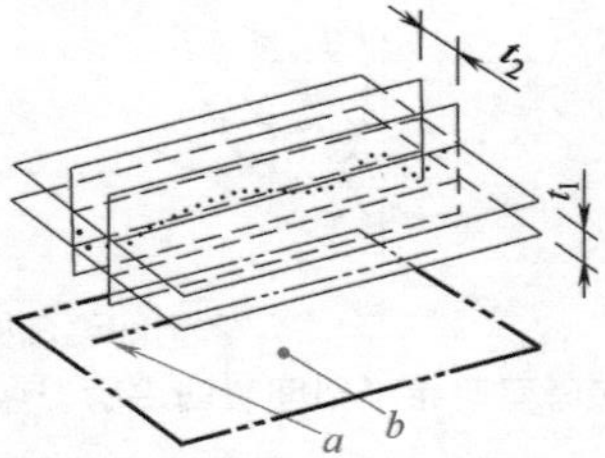 其中，a 为基准轴线，b 为基准平面	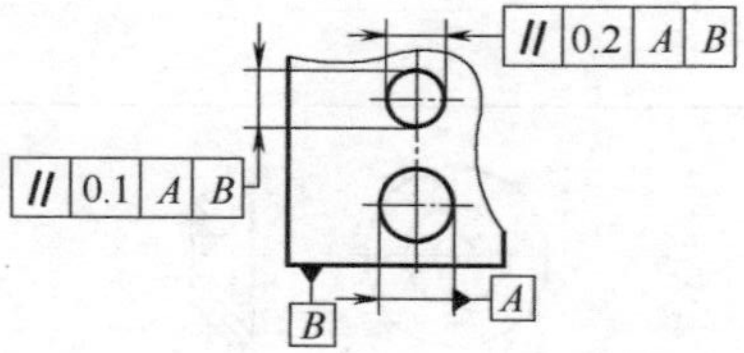 // 0.2 A B // 0.1 A B	提取（实际）中心线应限定在平行于基准轴线 A 和平行或垂直于基准平面 B、间距分别等于公差值 0.1 和 0.2，且相互垂直的两组平行平面内
	若公差值前加注了符号 ϕ，公差带为平行于基准轴线、直径等于公差值 ϕt 的圆柱面所限定的区域 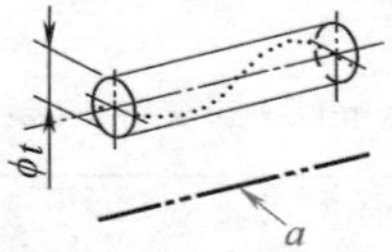 其中，a 为基准轴线	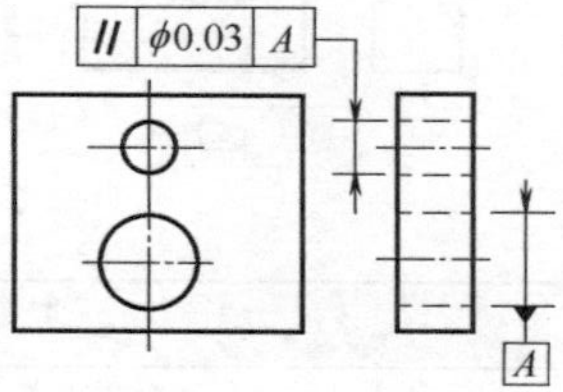 // ϕ0.03 A	提取（实际）中心线应限定在平行于基准轴线 A、直径等于 $\phi 0.03$ 的圆柱面内

续表

项目	公差带定义	示例标注	示例标注含义
平行度	公差带为平行于基准平面、间距等于公差值 t 的两平行平面所限定的区域 t a 其中，a 为基准平面	// 0.01 B B	提取（实际）中心线应限定在平行于基准轴线 B、间距等于 0.01 的两平行平面之间
	公差带为间距等于公差值 t 的两平行直线所限定的区域。该两平行直线平行于基准平面 A 且处于平行于基准平面 B 的平面内 b t t a 其中，a、b 均为基准平面	// 0.02 A B LE B A	提取（实际）线应限定在间距等于 0.02 的两平行直线之间。该两平行直线平行于基准平面 A 且处于平行于基准平面 B 的平面内
	公差带为间距等于公差值 t、平行于基准轴线的两平行平面所限定的区域 t a 其中，a 为基准轴线	// 0.1 C C	提取（实际）表面应限定在间距等于 0.1、平行于基准轴线 C 的两平行平面之间

续表

项目	公差带定义	示例标注	示例标注含义
平行度	公差带为间距等于公差值 t、平行于基准平面的两平行平面所限定的区域 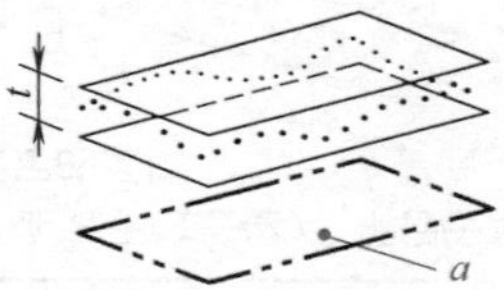 其中，a 为基准平面	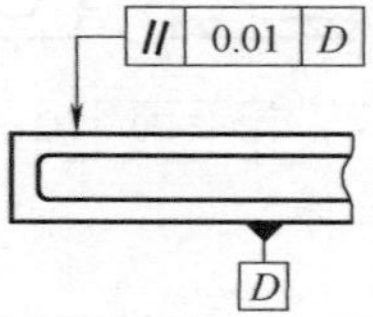 // 0.01 D	提取（实际）表面应限定在间距等于 0.01、平行于基准 D 的两平行平面之间
垂直度	公差带为间距等于公差值 t、垂直于基准线的两平行平面所限定的区域 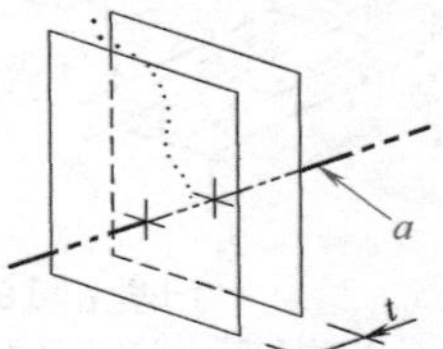 其中，a 为基准线	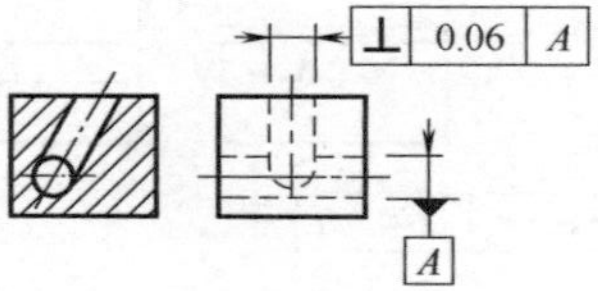 ⊥ 0.06 A	提取（实际）中心线应限定在间距等于 0.06、垂直于基准轴线 A 的两平行平面之间
	公差带为间距等于公差值 t 的两平行平面所限定的区域。该两平行平面垂直于基准平面 A，且平行于基准平面 B 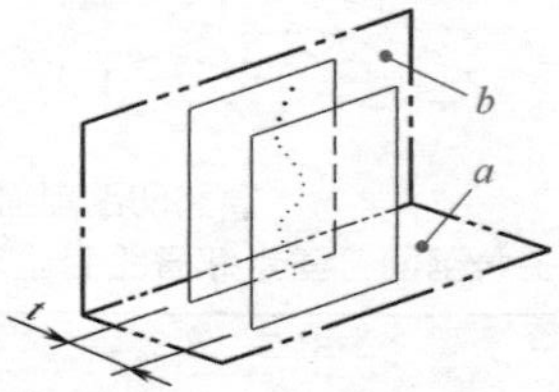 其中，a、b 均为基准平面	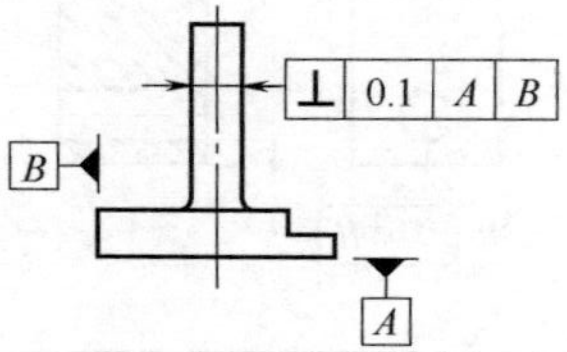 ⊥ 0.1 A B	圆柱面的提取（实际）中心线应限定在间距等于 0.1 的两平行平面之间。该两平行平面垂直于基准平面 A，且平行于基准平面 B

续表

项目	公差带定义	示例标注	示例标注含义
垂直度	公差带为间距分别等于公差值 t_1 和 t_2，且相互垂直的两组平行平面所限定的区域。该两组平行平面都垂直于基准平面 *A*，其中一组平行平面垂直于基准平面 *B*（见图 1），另一组平行平面平行于基准平面 *B*（见图 2） 图 1 其中，*a*、*b* 均为基准平面 图 2 其中，*a*、*b* 均为基准平面	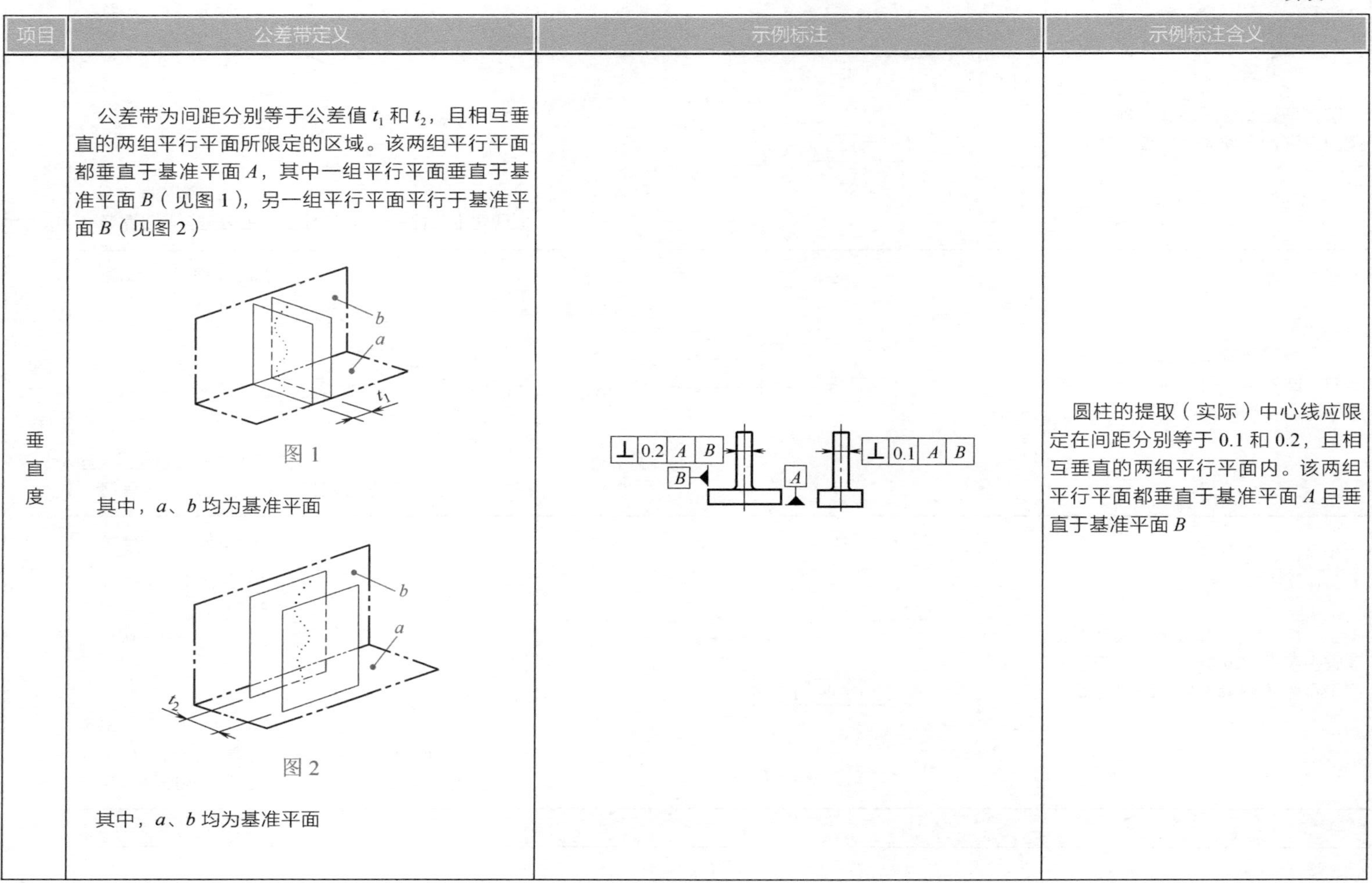	圆柱的提取（实际）中心线应限定在间距分别等于 0.1 和 0.2，且相互垂直的两组平行平面内。该两组平行平面都垂直于基准平面 *A* 且垂直于基准平面 *B*

续表

项目	公差带定义	示例标注	示例标注含义
垂直度	若公差值前加注了符号 ϕ，公差带为直径等于公差值 ϕt、轴线垂直于基准平面的圆柱面所限定的区域 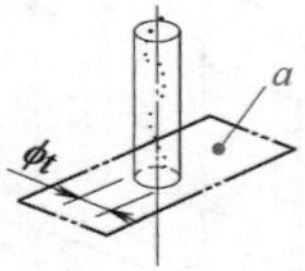 其中，a 为基准平面	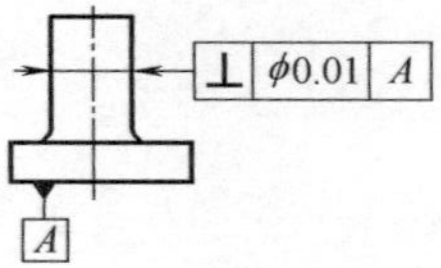 ⊥ $\phi 0.01$ A	圆柱面的提取（实际）中心线应限定在直径等于 $\phi 0.01$、垂直于基准平面 A 的圆柱面内
	公差带为间距等于公差值 t 且垂直于基准轴线的两平行平面所限定的区域 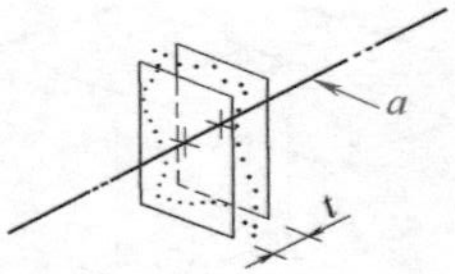 其中，a 为基准轴线	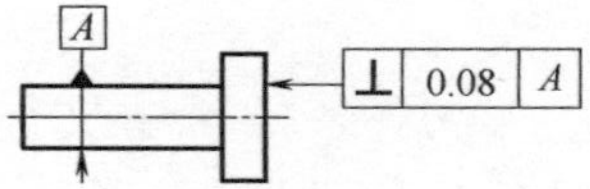 ⊥ 0.08 A	提取（实际）表面应限定在间距等于 0.08 的两平行平面之间。该两平行平面垂直于基准轴线 A
	公差带为间距等于公差值 t、垂直于基准平面的两平行平面所限定的区域 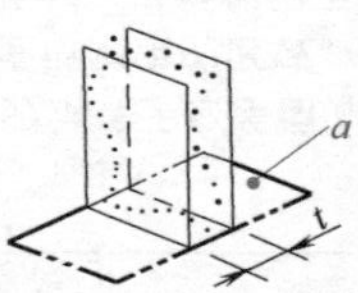 其中，a 为基准平面	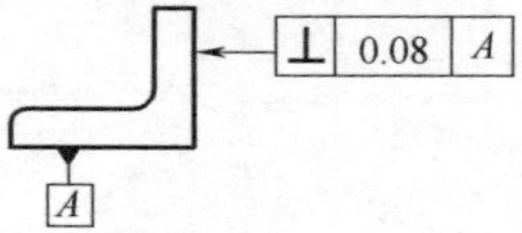 ⊥ 0.08 A	提取（实际）表面应限定在间距等于 0.08、垂直于基准平面 A 的两平行平面之间

续表

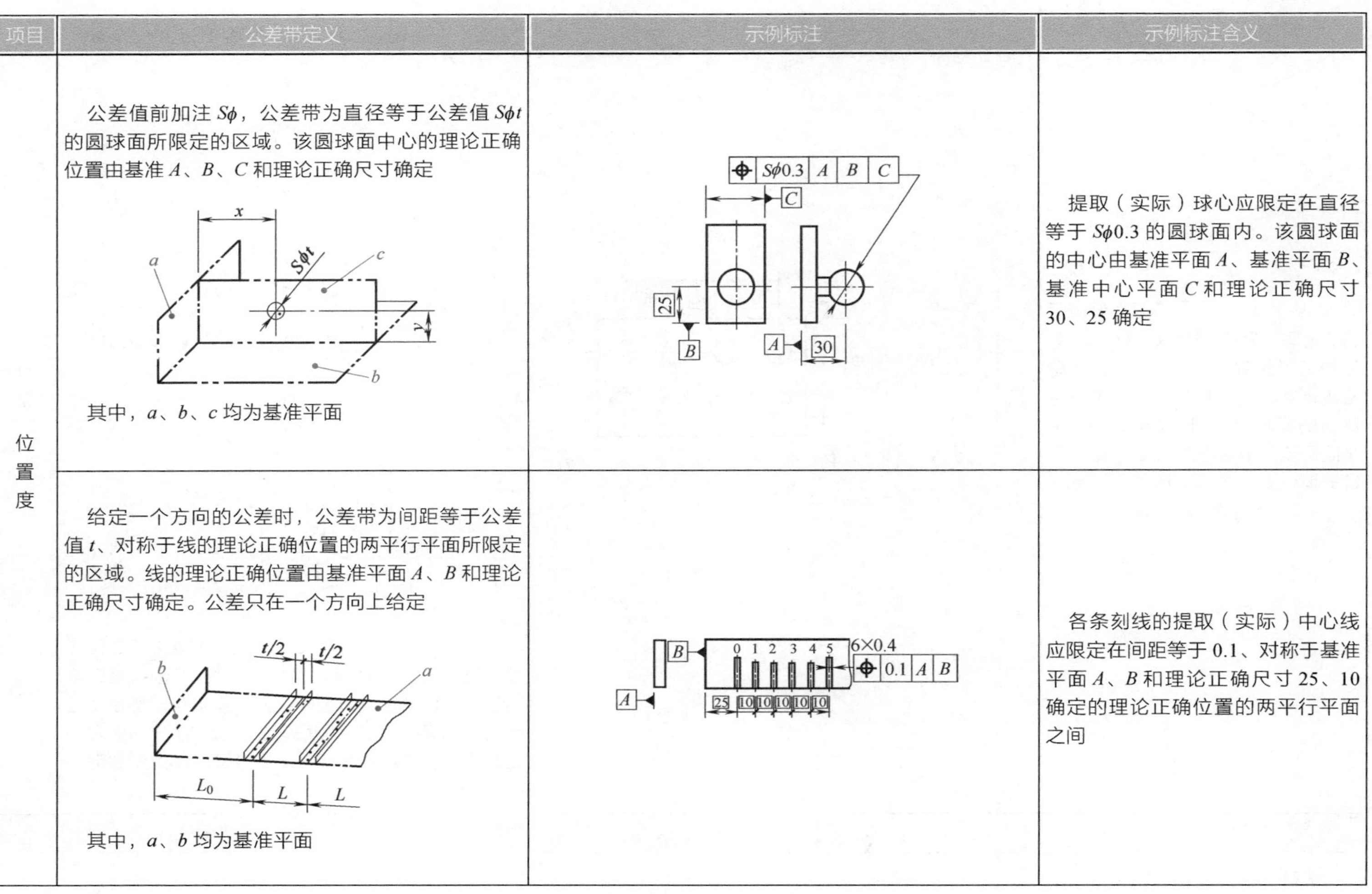

项目	公差带定义	示例标注	示例标注含义
位置度	公差值前加注 $S\phi$，公差带为直径等于公差值 $S\phi t$ 的圆球面所限定的区域。该圆球面中心的理论正确位置由基准 A、B、C 和理论正确尺寸确定 其中，a、b、c 均为基准平面		提取（实际）球心应限定在直径等于 $S\phi0.3$ 的圆球面内。该圆球面的中心由基准平面 A、基准平面 B、基准中心平面 C 和理论正确尺寸30、25确定
	给定一个方向的公差时，公差带为间距等于公差值 t、对称于线的理论正确位置的两平行平面所限定的区域。线的理论正确位置由基准平面 A、B 和理论正确尺寸确定。公差只在一个方向上给定 其中，a、b 均为基准平面		各条刻线的提取（实际）中心线应限定在间距等于0.1、对称于基准平面 A、B 和理论正确尺寸25、10确定的理论正确位置的两平行平面之间

续表

项目	公差带定义	示例标注	示例标注含义
位置度	给定两个方向的公差时，公差带为间距分别等于公差值 t_1 和 t_2、对称于线的理论正确位置的两对相互垂直的平行平面所限定的区域。线的理论正确位置由基准平面 C、A 和 B 及理论正确尺寸确定。该公差在基准体系的两个方向上给定（图 1、图 2） 图 1 其中，a、b、c 均为基准平面 图 2 其中，a、b、c 均为基准平面	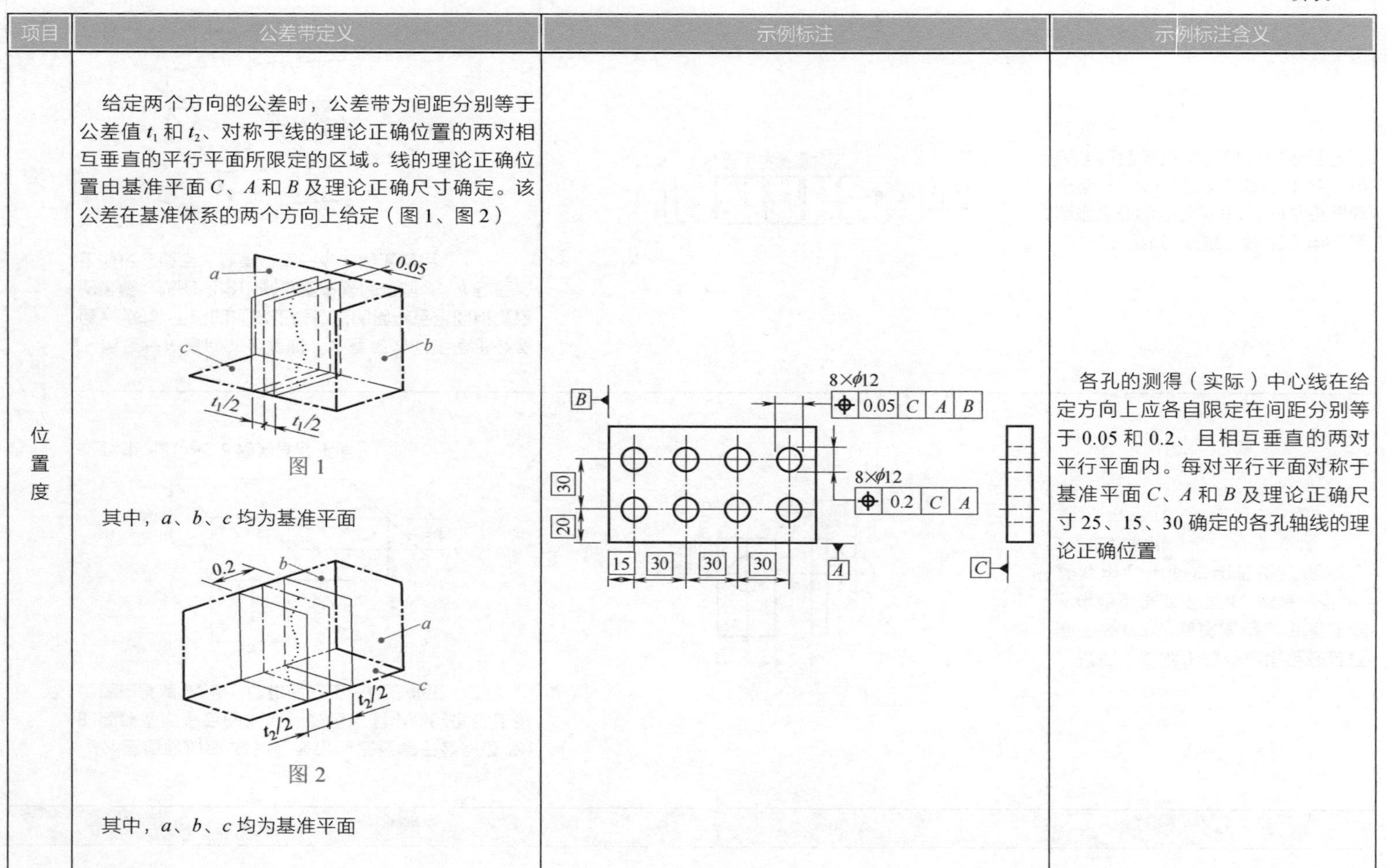	各孔的测得（实际）中心线在给定方向上应各自限定在间距分别等于 0.05 和 0.2、且相互垂直的两对平行平面内。每对平行平面对称于基准平面 C、A 和 B 及理论正确尺寸 25、15、30 确定的各孔轴线的理论正确位置

续表

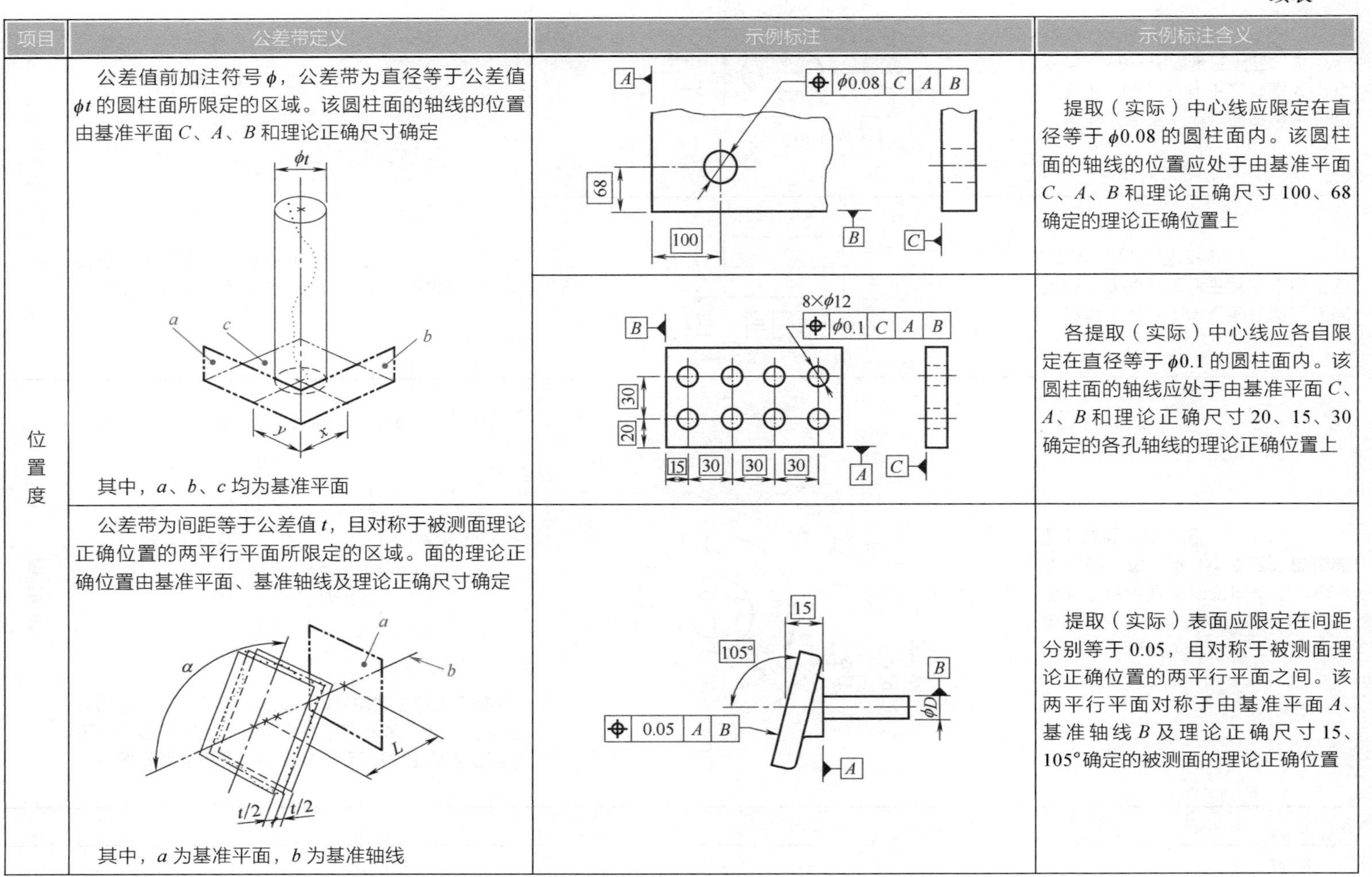

项目	公差带定义	示例标注	示例标注含义
位置度	公差值前加注符号 ϕ，公差带为直径等于公差值 ϕt 的圆柱面所限定的区域。该圆柱面的轴线的位置由基准平面 C、A、B 和理论正确尺寸确定 其中，a、b、c 均为基准平面		提取（实际）中心线应限定在直径等于 $\phi 0.08$ 的圆柱面内。该圆柱面的轴线的位置应处于由基准平面 C、A、B 和理论正确尺寸 100、68 确定的理论正确位置上
			各提取（实际）中心线应各自限定在直径等于 $\phi 0.1$ 的圆柱面内。该圆柱面的轴线应处于由基准平面 C、A、B 和理论正确尺寸 20、15、30 确定的各孔轴线的理论正确位置上
	公差带为间距等于公差值 t，且对称于被测面理论正确位置的两平行平面所限定的区域。面的理论正确位置由基准平面、基准轴线及理论正确尺寸确定 其中，a 为基准平面，b 为基准轴线		提取（实际）表面应限定在间距分别等于 0.05，且对称于被测面理论正确位置的两平行平面之间。该两平行平面对称于由基准平面 A、基准轴线 B 及理论正确尺寸 15、105°确定的被测面的理论正确位置

续表

项目	公差带定义	示例标注	示例标注含义
位置度	公差带为间距等于公差值 t，且对称于被测面理论正确位置的两平行平面所限定的区域。面的理论正确位置由基准平面、基准轴线及理论正确尺寸确定 α a b L t/2 t/2 其中，a 为基准平面，b 为基准轴线	8×3.5±0.05 ⌖ 0.05 A A	提取（实际）中心面应限定在间距分别等于0.05的两平行平面之间。该两平行平面对称于由基准轴线 A 及理论正确角度45°确定的各被测面的理论正确位置
对称度	公差带为间距等于公差值 t，对称于基准中心平面的两平行平面被所限定的区域 t t/2 a 其中，a 为基准中心平面	A ⌯ 0.08 A	提取（实际）中心面应限定在间距等于0.08、对称于基准中心平面 A 的两平行平面之间
		⌯ 0.08 A—B A B	提取（实际）中心面应限定在间距等于0.08、对称于公共基准中心平面 A—B—的两平行平面之间

在图纸上，几何公差应按上述国家标准规定的代号及标注方法，当无法采用代号标注时，允许在技术要求中用文字说明，如果既无代号标注又无文字说明，则按国家标准中未注几何公差标准的规定执行。

（2）几何公差的含义

常用的几何公差包括：直线度、平面度、对称度、圆度、平行度、垂直度等。其定义及示例标注含义见表4-3。

4.2 量具与测量

在零件加工过程中，不但应严格按照图样规定的形状、尺寸和其他的技术要求加工，而且要随时用测量器具对工件进行测量，以便及时了解加工状况并指导加工，以保证工件的加工精度和质量。所以不断地提高加工者的测量技术水平，使之能正确、合理地使用测量器具，在测量过程中得到准确的测量结果，是保证产品质量和提高生产效率的基本环节。测量器具根据其测量使用场合的不同，可分为长度量具、角度量具两大类。

4.2.1 测量的概念及测量器具的选择

测量是为确定“量值”而进行的一系列实验操作过程。正确的测量，保证测量数值的精准是保证尺寸加工精度的重要因素之一。

（1）测量方法

测量方法指在进行测量时，所采用的计量器具和测量条件的综合。

根据被测对象的特点，如精度、长短、轻重、材质、数量等来确定所用计量器具，并研究分析被测参数特点和它与其他参数的关系，来确定最合适的测量方法及测量条件。总的说来，测量方法主要有以下几种。

① 直接测量法。不必对被测的量与其他实测的量进行函数关系的辅助计算，而直接得到被测量值的测量方法。例如用游标卡尺、外径千分尺测量轴颈；用万能角度尺测量角度等。此法简单、直观，无需进行计算。

② 间接测量法。是通过测量与被测量有已知函数关系的其他量，通过辅助计算来得到被测量值的测量方法。例如用正弦规测量锥体的锥度；用“三针”测量螺纹中径等。

③ 接触测量法。测量仪器的测量头与工件的被测表面直接接触，并有机械作用的测力存在的测量方法。

④ 不接触测量法。测量仪器的测量头与工作的被测表面不直接接触，且没有机械的测力存在的测量方法。如光学投影仪测量、气动测量等。

⑤ 静态测量法。量值不随时间变化的测量方法。测量时，被测表面与测量

头是相对静止的。如用“公法线千分尺”测量齿轮的公法线长度。

⑥ 动态测量法。是对随时间变化量的瞬间量值的测量方法。测量时，被测表面与测量头有相对运动。例如用“表面粗糙度测量仪”测量表面粗糙度。

⑦ 直接比较测量法。测量示值可直接表示出被测尺寸的全值的测量方法。如游标卡尺测量轴的直径。

⑧ 微差比较测量法。测量示值仅表示被测尺寸对已知标准量的偏差，而测量结果为已知标准量与测量示值的代数和的测量方法。如用比较仪测量轴的直径。

⑨ 综合测量法。同时测量工件上的几个有关参数，进而综合判断工件是否合格的测量方法。如用螺纹量规检验螺纹零件。

⑩ 单项测量法。单个地、彼此没有联系地测量工件的单项参数的测量方法。如分别测量螺纹的中径、螺距和半角等。

（2）测量的准确度

测量准确度是指测量结果与真值的一致程度。在测量时，无论采用什么测量方法和多么精密的测量器具，其测量结果总会存在测量误差。不同人在不同的测量器具上测同一零件上的同一部位，测量结果会不相同。即使同一个人用同一台测量器具，在同样条件下多次重复测量，所获得的测量结果，也不会完全相同。这就是因为任何测量都不可避免地存在着测量误差。

（3）测量误差

由于测量器具、测量方法、人员素质等众多原因，造成测量结果不可避免地存在着误差。因此，任何测量结果都不是被测值的真值。测量精度和测量误差是两个相对的概念。误差是不准确的意思，即指测量结果离开真值的程度。

1）测量误差的表示方法

测量误差可用绝对误差和相对误差来表示。

①绝对误差。绝对误差是测量结果与被测量约定真值之差。可用下式表示：

$$\Delta=x-\mu_0$$

式中　Δ——测量绝对误差

x——测量结果

μ_0——约定真值

测量绝对误差 Δ 是代数值。它可是正值、负值或零。

测量绝对误差 Δ 值的大小表示了测量的准确程度。Δ 值越大，表示测量的准确度越低；反之，Δ 值越小，则表示测量的准确度越高。

② 相对误差。相对误差是指测量绝对误差的绝对值与被测量的约定真值之比。可用下式表示：

$$\varepsilon = \frac{|\varDelta|}{\mu_0} \times 100\%$$

式中 ε——相对误差，其他符号同前。

当被测量的基本尺寸相同时，可用测量绝对误差大小来比较测量准确度的高低。而当被测量的基本尺寸不同时，则需用相对误差的大小来比较测量准确度的高低。

相对误差是不名数。通常用百分数（%）表示。

如对 ϕ40mm 的轴颈，其测量的绝对误差为 +0.002mm；ϕ400mm 的轴颈测量的绝对误差为 +0.01mm。要比较两轴颈测量准确度，可利用相对误差进行。

由于 $\varepsilon_1 = \frac{|\varDelta_1|}{\mu_{01}} \times 100\% = \frac{|1+0.002|}{40} \times 100\% = 2.505\%$

$$\varepsilon_2 = \frac{|\varDelta_2|}{\mu_{02}} \times 100\% = \frac{|1+0.01|}{400} \times 100\% = 0.2525\%$$

因 $\varepsilon_1 > \varepsilon_2$，所以对 400mm 轴颈的测量准确度高。

2）测量误差的来源

测量误差的来源是多方面的。在测量过程中的所有因素几乎都会引起测量误差。在与测量过程有密切关系的基准件、测量方法、测量器具、调整误差、环境条件及测量人员等各种因素都会引起误差。

3）测量误差的分类

根据测量误差出现的规律，可将测量误差分成三种基本类型，即：系统误差、随机误差和粗大误差。

① 系统误差。系统误差是在对同一被测量的多次测量过程中，保持恒定或以可预知方式变化的测量误差分量。前者属于定值系统误差，后者是变值系统误差。例如千分尺在使用前应调零位，若零位未调准，将引起定值系统误差。又如分度盘偏心引起的角度测量误差，是按正弦规律变化的变值系统误差。

在测量中一般不允许存在系统误差。若有了系统误差则应设法消除或减小，以提高测量结果的准确度。消除或减小系统误差的主要方法有以下几种。

第一种，找出产生系统误差的原因，经重新调整等手段设法消除。

第二种，修正法。通过改变测量条件，用更精确的测量器具进行对比实验，发现定值系统误差，取其相反符号作为其正值，以此对原测量结果修正。

第三种，两次读数法。对同一被测量部位取两次测得值的平均值作为测量结果。

② 随机误差。在相同条件下，多次测量同一量值时，以不可知方式变化的测量误差的分量。在同一测量条件下，多次、重复测量某一被测量时，对每一次

测量结果的误差其绝对值和正负号均不可预测，且变化不定。但就整体来看，当以足够多的次数重复测量时，这些误差符合统计规律。因此常用概率论和统计原理对它进行处理。

随机误差是由测量过程中未加控制又不起显著作用的多种随机因素引起的。这些随机因素包括温度的变动，测量力的变化，仪器中油膜的变化及视差等。随机误差是难以消除的，但可估算随机误差对测量结果的影响程度，并通过对测量数据的技术处理来减小对测量结果的影响。

③ 粗大误差。粗大误差是指明显超出规定条件下预期的误差。粗大误差又称过失误差。它是由某些不正常的因素造成的，如：工作疏忽、经验不足、错读错记或环境条件反常突变，如振动、冲击等引起的。

粗大误差对测量结果影响极大，所以在进行误差分析时，必须从测量数据中剔除。在单次测量中为判断和消除粗大误差，可采取重复测量、改变测量方法或在不同仪器上测量等方法。在多次重复测量中，凡误差大于平均误差 3 倍的就认为是粗大误差，则予以剔除。

（4）测量器具的选择

在机械制造中计量器具的选择主要取决于测量器具的技术指标和经济指标。选择测量器具主要由被测件的特点、要求等具体情况而定，应综合考虑以下几个问题。

① 被测件的测量项目。根据被测件的不同要求，有各种测量项目，如：长度、直径、角度、螺纹、间隙等。必须根据测量项目来选择相应的测量器具。

② 被测件的特点。根据被测件的结构形状、被测部位、尺寸大小、材料、重量、刚度、表面粗糙度等来选用相适应的测量器具。

③ 被测件的尺寸公差。根据被测件的尺寸公差，选择精度相适应的测量器具是非常重要的，测量器具的精度偏高或偏低都不合理。考虑到测量器具的误差将会带入工件的测量结果中，因此选择的测量器具其允许的极限误差应当小。但测量器具的极限误差愈小，其价格就愈高，对使用时的环境条件和测量人员的要求也愈高。

④ 被测件的批量。根据工件的生产批量不同，来选择相应的测量器具。对单件小批量生产，要以通用测量器具为主；对成批多量生产，要以专用测量器具为主；而对大批大量生产，则应选用高效机械化或自动化的专用测量器具。

综合上述，测量器具的选择是个综合性问题，要全面考虑被测件要求、经济效果、工厂的实际条件及测量人员的技术水平等各方面情况，进行具体分析，合理地选择测量器具。

通常测量器具的选择可根据标准如《产品几何技术规范（GPS）光滑工件尺寸的检验》（GB/T 3177—2009）进行。对于没有标准的其他工件检测用的测量器具，应使所选用的测量器具的极限误差约占被测工件公差的1/10～1/3。其中，对高精度的工件采用1/10，对低精度的工件采用1/3甚至1/2。

（5）测量基准与定位方式选择

在测量过程中，正确地选择测量基准和定位方式，可以减少测量误差，提高测量精度。

1）测量基准选择

测量基准是用来测量已加工面尺寸及位置的基准。选择测量基准必须遵守基准统一的原则：即设计基准、定位基准、装配基准与测量基准应统一。

当基准不统一时，应遵守下列原则：

① 在工序检验时，测量基准应与定位基准一致。

② 在最终检验时，测量基准应与装配基准一致。

2）定位方式选择

根据被测件的结构形式及几何形状选择定位方式。选择原则是：

① 对平面可用平面或三点支承定位。

② 对球面可用平面或V形块定位。

③ 对外圆柱面可用V形块或顶尖、三爪定心卡盘定位。

④ 对内圆柱面可用心轴或内三爪自动定心卡盘定位。

4.2.2 车削常用测量器具的使用

在车削工作中，不可避免地要用测量器具来检查车削的工件是否符合要求。因此，熟悉量具的结构、性能及正确使用方法是技术工人保证加工产品质量、提高工作效率所必须掌握的一项技能。

（1）常用测量器具的种类

根据结构特点，车削常用测量器具可分为游标式量仪，微动螺旋副式量仪、机械式量仪、光学机械式量仪、气动式量仪、电动式量仪、光电式量仪等。其中，游标式量仪主要有游标卡尺、游标高度尺、游标量角器等；微动螺旋副式量仪主要有外径千分尺、内径千分尺、螺纹千分尺等；机械式量仪主要有百分表、千分表、杠杆比较仪、扭簧比较仪等；光学机械式量仪主要有光学计、测长仪、投影仪、干涉仪等，气动式量仪主要有浮标式气动量仪、薄膜式气动量仪等；电动式量仪主要有电感式测微仪、圆度仪、电子水平仪、表面粗糙度测量仪等；光电式量仪主要有激光干涉仪、激光图像仪、光栅等。

（2）钢直尺的结构及使用方法

钢直尺是测量长度尺寸的一种最常用、最简单的测量工具，如图4-9所示。它可测量被测件的长、宽、高、厚、深度等尺寸。但测量结果不够准确，一般测量精度为0.3～0.5mm。

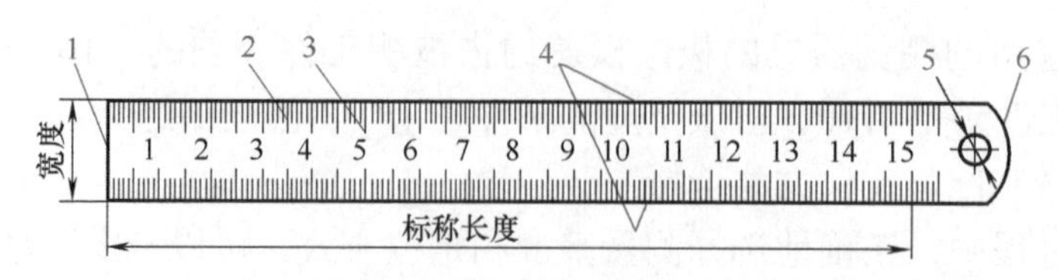

图 4-9 钢直尺

1—端边；2—刻度面；3—刻线；4—侧边；5—悬挂孔；6—尾端圆弧

1）钢直尺的规格　按其标称长度（标称长度是指钢直尺有效测量长度的总值）分为：150、300、500、600、1000、1500 和 2000mm 七种。

钢直尺采用不锈钢 1Cr18Ni9、1Cr13 等材料制造，硬度不低于 342HV，并具有足够弹性。

钢直尺刻度标尺的分度值为 1mm。对于 150mm 的钢直尺在刻度标尺起始 50mm 长度上允许有 0.5mm 分度刻线。在刻度标尺上的半毫米、毫米、半厘米、厘米分度刻线分别用短、略长、长、最长四种长度来表示。

2）钢直尺的精度　钢直尺的精度见表 4-4。

表 4-4　钢直尺的精度　单位：mm

<table>
<tr><th rowspan="2">规格</th><th rowspan="2">垂直度公差</th><th>端边</th><th>侧边</th><th rowspan="2">刻度面的平面度公差</th><th rowspan="2">两侧边的平行度公差</th></tr>
<tr><th colspan="2">直线度公差</th></tr>
<tr><td>150</td><td>0.04</td><td>0.03</td><td>0.10</td><td rowspan="4">0.25</td><td>0.15</td></tr>
<tr><td>300</td><td rowspan="3">0.06</td><td rowspan="6">0.04</td><td>0.20</td><td>0.25</td></tr>
<tr><td>500</td><td rowspan="2">0.25</td><td rowspan="2">0.35</td></tr>
<tr><td>600</td></tr>
<tr><td>1000</td><td>0.07</td><td>0.40</td><td>0.40</td><td>0.50</td></tr>
<tr><td>1500</td><td rowspan="2">0.09</td><td>0.50</td><td>0.50</td><td>0.60</td></tr>
<tr><td>2000</td><td>0.60</td><td>0.60</td><td>0.70</td></tr>
</table>

3）钢直尺的使用方法　钢直尺的使用应根据被测件的结构形状和尺寸大小，灵活掌握其使用方法。测量时，钢直尺要安放平直，不能偏斜，如图 4-10 所示。

① 测量平面尺寸时，可把工作端边靠在被测件的另一垂直平面上进行读数，参见图 4-10（a），或使被测平面垂直于平台，工作端边靠在平台上进行测量，见图 4-10（a）。

② 测量方形时，要使钢直尺与被测件一边平行，与另一边垂直。要注意一边要与零刻线重合，另一边用拇指贴靠在工件上测量［图 4-10（b）］。若工作端边有磨损，可从钢直尺的某一刻线起始进行测量［图 4-10（c）］，但要避免读错数值。

③ 测量圆柱形件的长度时，要使钢直尺与圆柱的轴心线平行［图 4-10（d）］。测量圆柱形件的孔径或外径时，要使端边或某一刻线靠住被测件一边，来回摆动另一端，所获得的最大读数值才是所测直径的尺寸［图 4-10（e）、图 4-10（f）］。

由于钢直尺很难放在直径的正确位置上，测量误差较大，所以往往配合卡钳使用。

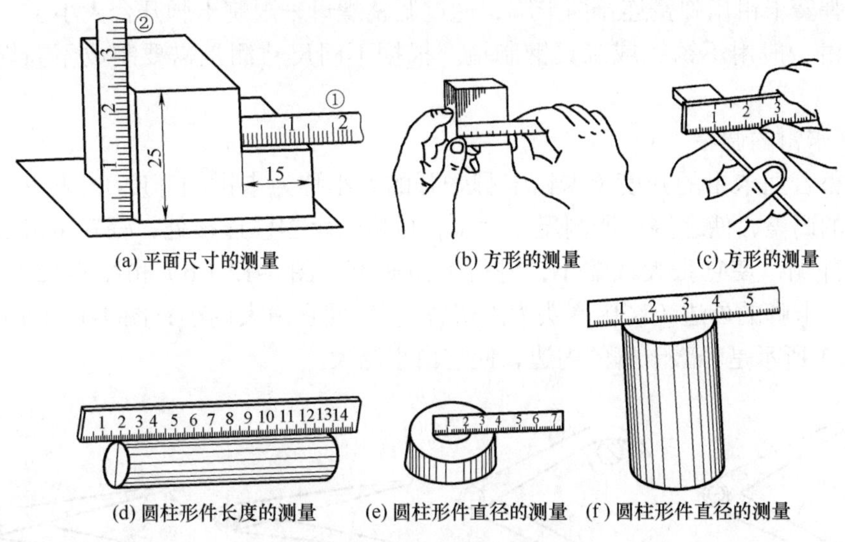

图 4-10　钢直尺的使用方法

钢直尺要注意保护，不要弯曲损伤。不准用钢直尺清理切屑，或随手乱放（用毕最好悬挂）。要保护钢直尺工作端边，尽量减少磨损。

（3）卡钳的结构及使用方法

卡钳是一种简单的间接测量工具，它不能直接读出测量数值，必须与钢直尺或其他带有刻度的测量器具一起使用。

1）卡钳的结构形式

卡钳分为外卡钳和内卡钳两种，如图 4-11 所示。外卡钳由两个弧形卡脚连接起来，两钳口相对，用于测量外尺寸，如外径、厚度、宽度等。内卡钳由两直形卡脚连接起来，两钳口向外，用于测量内尺寸，如孔径和沟槽等。

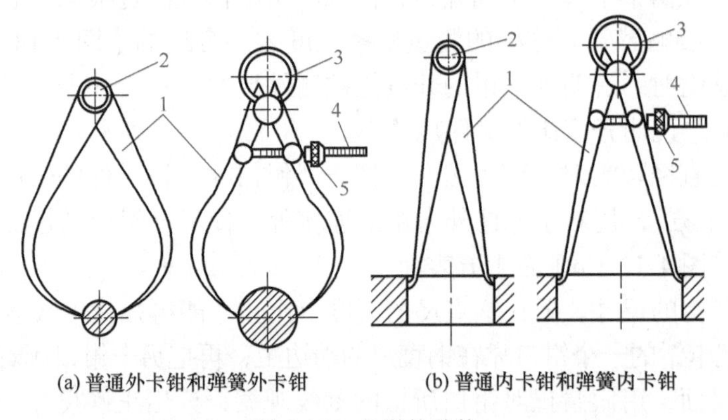

图 4-11　卡钳的结构

1—卡脚；2—铆钉或螺钉；3—弹簧；4—螺钉；5—调整螺母

卡钳还分为普通卡钳和弹簧卡钳。普通卡钳结构简单，两卡脚用铆钉或螺钉连接；弹簧卡钳用弹簧连接两卡脚，通过调整螺母来限制卡脚开合大小。

卡钳一般用不锈钢或工具钢制造。根据不同尺寸测量需要制成不同规格的卡钳。

2）卡钳的调整

调整普通卡钳的开度（卡钳卡脚张开的大小称为卡钳的开度），先用两手进行大致的调整，使之接近所测尺寸大小，再用一手捏住连接处，轻轻敲击卡脚的内侧或外侧，使它张大或缩小，进行细微调整。图 4-12（b）和图 4-12（d）所示是轻敲卡脚的外边（图中箭头为敲击方向），使它由大调小；图 4-12（a）和图 4-12（c）所示是轻敲卡脚的内边，使它由小调大。

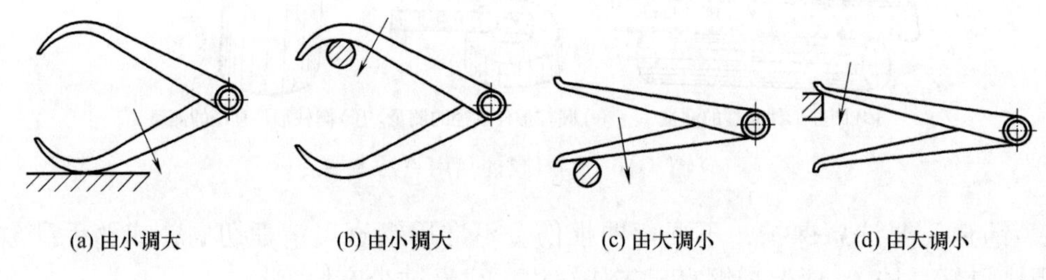

图 4-12　卡钳的调整

调整弹簧卡钳的开度，先用左手握住两卡脚的下部使两脚合拢，再用右手旋转螺母到适当位置，然后慢慢放松两卡脚，靠弹簧力使它张开，最后再旋转螺母进行细微调整。

3）卡钳的使用方法

用卡钳测量要靠手指的灵敏感觉来获得准确的尺寸。

① 外卡钳使用方法。用一手的中指挑着外卡钳连接部位的交叉处，再用拇指和食指扶持住两个卡脚，不加外力，仅靠卡钳的自重滑过被测件表面。这时手指只有轻微的接触感觉。这样的测量松紧程度才是合适的［图 4-13（a）］。若手指没有接触感觉时，说明外卡钳的开度比被测件尺寸大；若外卡钳靠自重不能滑过被测表面时，说明开度比被测件尺寸小。

当测量的直径较大时，可先用左手把一个钳口靠在被测件的一侧表面上［图 4-13（b）左下方］，用右手拿住外卡钳的连接处，使另一钳口滑过被测件相对的另一侧表面［图 4-13（b）右上方表面］。

外卡钳测得的尺寸，要在钢直尺的刻度上比较才能得知具体数值。如图 4-14（a）所示，把卡钳的一个钳口靠在钢直尺的端边上，再把另一钳口顺着钢直尺边缘平行地轻触尺面，用眼睛正对钳口所指的刻线观察，读出正确尺寸。图 4-14（b）所示为从钢直尺上量取尺寸的方法。

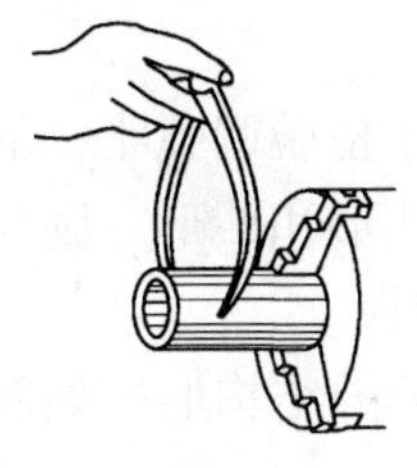
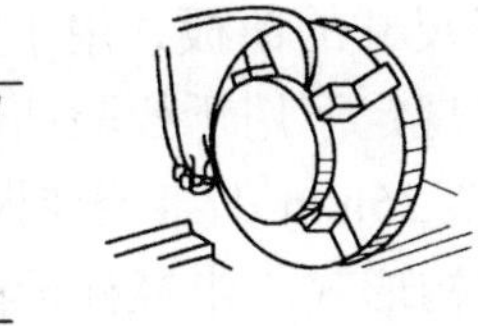
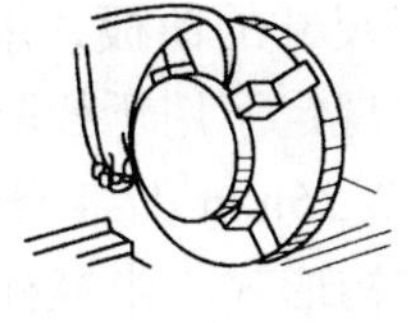

(a) 外卡钳的操作手法　(b) 较大直径的测量

图 4-13　外卡钳使用方法

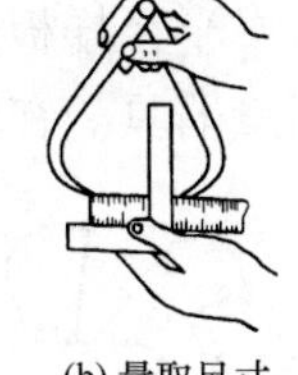

(a) 直接读取尺寸　(b) 量取尺寸

图 4-14　外卡钳量取尺寸

② 内卡钳使用方法。用拇指和食指捏住内卡钳的连接处，将卡钳的一个钳口靠在孔壁或槽壁上作为支承点，再将另一个钳口前后、左右轻轻摆动进行试探，以得到准确的尺寸。图 4-15（a）所示为测孔径时，另一钳口由里逐渐向外试探，并沿着孔壁圆周方向摆动，当摆动量很小时，表示两钳口已处于内孔直径两端点了，测量结果已接近真值。图 4-15（b）所示为用内卡钳测量槽宽，钳口摆动试探，找到最小距离，才能得到准确的测量结果。

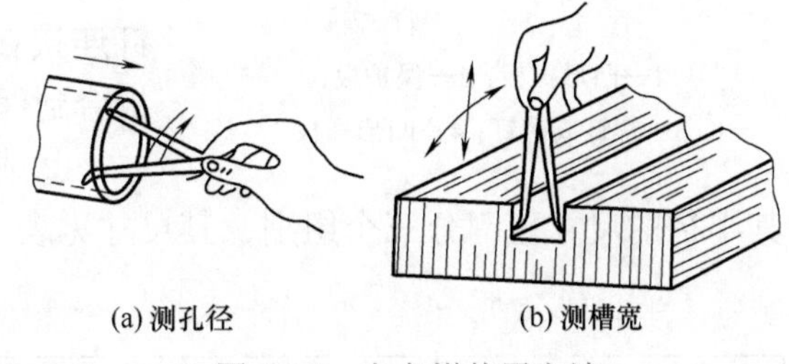

(a) 测孔径　(b) 测槽宽

图 4-15　内卡钳使用方法

内卡钳从钢直尺上量取尺寸的方法如图 4-16（a）所示，借助一个平块量取。若要得到比较准确的结果，内卡钳可与外径千分尺配合使用［图 4-16（b）］。为提高测量准确度，两钳口应做成球面。

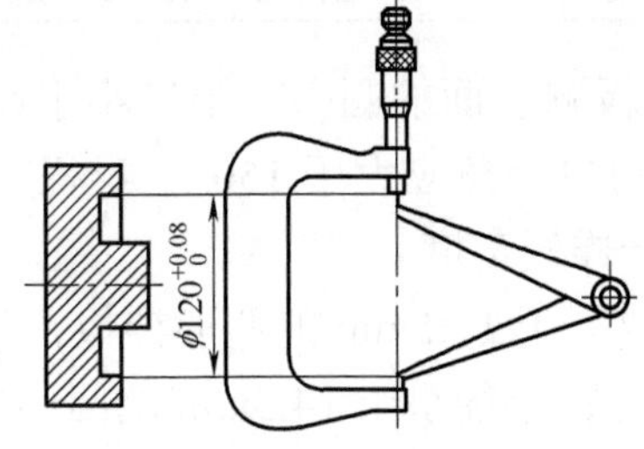

(a) 借助平块量取尺寸　(b) 利用外径千分尺量取尺寸

图 4-16　内卡钳量取尺寸

目前，工厂普遍采用游标卡尺和千分尺，已很少采用卡钳了。但卡钳构造简单，制造容易，价格低廉，使用和保养方便，对要求不高的工件尺寸的测量和检验，仍然使用它，尤其是对铸件和锻件毛坯的测量。

（4）样板的结构及使用方法

车工常用的样板主要有半径样板及螺纹样板两种，它们的结构及使用方法主要有以下方面的内容。

1）半径样板

半径样板是一组具有准确内、外圆弧半径尺寸的薄板，用于检验圆弧半径的测量器具。在国家标准 JB/T 7980—2010 中，规定了用于检验凸形和凹形、圆弧半径由 1 至 25mm 的半径样板。

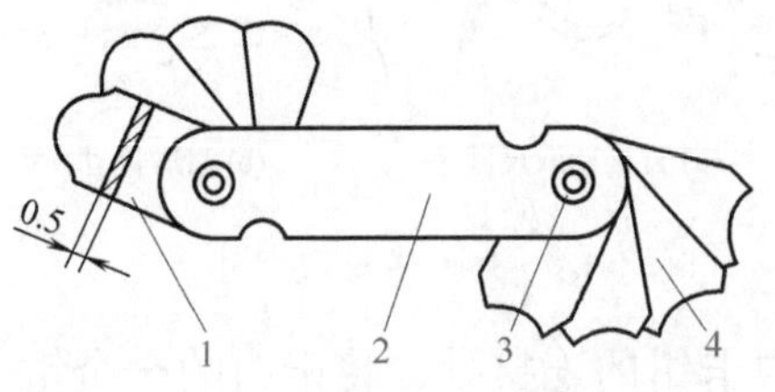

图 4-17　半径样板

1—凸形样板；2—保护板；3—螺钉或铆钉；4—凹形样板

① 结构形式。半径样板的结构形式如图 4-17 所示。

半径样板是成组制造的，共有三组，各有不同的检验半径尺寸范围。每组中凸形样板 16 片、凹形样板 16 片，分别用螺钉或铆钉连接在保护板的两端，可各自开合，用毕折合到保护板内。

②成组半径样板尺寸。成组半径样板按其半径的尺寸范围分三个组别，其尺寸见表 4-5。

表 4-5　半径样板尺寸　单位：mm

组别	半径尺寸范围	半径尺寸系列	样板宽度	样板厚度	样板数 / 片	
					凸形	凹形
1	1～6.5	1，1.25，1.5，1.75，2，2.25，2.5，2.75，3，3.5，4，4.5，5，5.5，6，6.5	13.5	0.5	16	16
2	7～14.5	7，7.5，8，8.5，9，9.5，10，10.5，11，11.5，12，12.5，13，13.5，14，14.5	20.5			
3	15～25	15，15.5，16，16.5，17，17.5，18，18.5，19，19.5，20，21，22，23，24，25				

③ 半径样板测量面的圆弧。半径小于或等于 10mm 的凸形样板，其测量面的圆弧所对应的中心角应大于 150°；半径大于 10mm 的凸形样板，其测量面的圆弧弦长应等于样板宽度。

半径小于或等于 14.5mm 的凹形样板，其测量面的圆弧所对应的中心角应在 80°～90°范围内；半径小于 14.5mm 的凹形样板，其测量面的圆弧所对应的中心角应大于 45°。

④技术要求。半径样板用 45 号钢或优质碳素钢制造，硬度不低于 230HV，表面粗糙度 $Ra<1.6\mu m$。半径样板测量面的半径尺寸极限偏差见表 4-6。

表 4-6　半径尺寸极限偏差　单位：mm

半径尺寸	1～3	＞3～6	＞6～10	＞10～18	＞18～25
极限偏差	±0.020	±0.024	±0.029	±0.035	±0.042

⑤ 使用方法。检验工件圆弧半径时，要依次选用不同半径尺寸的样板。检

验时样板应垂直于工件的圆弧表面，不得歪斜。用光隙法检验：当样板与工件圆弧表面密合一致时，这片样板的尺寸，就是被测圆弧表面的半径尺寸。

2）螺纹样板

螺纹样板是具有确定的螺距及牙形，且满足一定的准确度要求，用作标准螺纹对同类螺纹进行测量的标准件。螺纹样板可检验较低精度螺纹工件的螺距。

① 结构形式。螺纹样板的结构形式如图4-18所示。

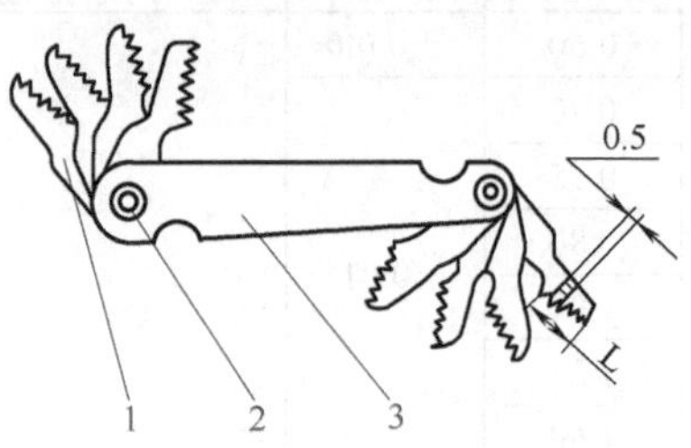

图4-18　螺纹样板

1—样板；2—螺钉或铆钉；3—保护板

螺纹样板是成套制造的。共有两套：一套是由20个带有普通螺纹螺距的样板组成；另一套是由18个带有英制螺纹螺距的样板组成。每套样板分别用螺钉或铆钉连接在保护板的两端，可以自由开合，用毕可折合到保护板内。

② 尺寸。图4-18中，L为螺纹样板工作部分长度。样板厚度为0.5mm。成套螺纹样板的螺距尺寸见表4-7。

表4-7　螺纹样板螺距尺寸

螺距种类	普通螺纹螺距/mm	英制螺纹螺距/（牙/in）
螺距尺寸系列	0.4, 0.45, 0.5, 0.6, 0.7, 0.75, 0.8, 1.0, 1.25, 1.5, 1.75, 2.0, 2.5, 3.0, 3.5, 4.0, 4.5, 5.0, 5.5, 6.0	28，24，22，20，19，18，16，14，12，11，10，9，8，7，6，5，4.5，4
样板数	20	18

③ 技术要求。螺纹样板是采用45号冷轧带钢或优质碳素钢制造，其测量面硬度不低于HV230。螺纹样板测量面的表面粗糙度$Ra<1.6\mu m$。普通螺纹样板的牙型及其尺寸见图4-19和表4-8。

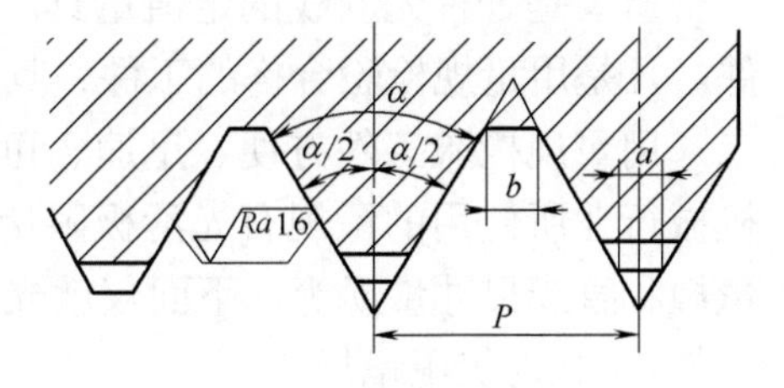

图4-19　螺纹样板

④ 使用方法。用样板牙型与螺纹工件的牙型试卡，以达到密合即可。

表4-8　普通螺纹样板尺寸　单位：mm

螺距P		基本牙型角α	牙型半角$\alpha/2$极限偏差	牙顶和牙底宽度			螺纹工作部分长度
				a		b	
基本尺寸	极限偏差			min	max	max	
0.40	±0.010	60°	±60′	0.10	0.16	0.05	5
0.45				0.11	0.17	0.06	
0.50			±50′	0.13	0.21	0.06	

续表

螺距 P		基本牙型角 α	牙型半角 $\alpha/2$ 极限偏差	牙顶和牙底宽度			螺纹工作部分长度
基本尺寸	极限偏差			a		b	
				min	max	max	
0.60	±0.010	60°	±50′	0.15	0.23	0.08	5
0.70	±0.015			0.18	0.26	0.09	10
0.75			±40′	0.19	0.27	0.09	
0.80				0.20	0.28	0.10	
1.00				0.25	0.33	0.13	
1.25			±35′	0.31	0.43	0.16	
1.50			±30′	0.38	0.50	0.19	
1.75	±0.020			0.44	0.56	0.22	16
2.00				0.50	0.62	0.25	
2.50			±25′	0.63	0.75	0.31	
3.00				0.75	0.87	0.38	
3.50				0.88	1.03	0.44	
4.00				1.00	1.15	0.50	
4.50			±20′	1.13	1.28	0.56	
5.00				1.25	1.40	0.63	
5.50				1.38	1.53	0.69	
6.00				1.50	1.65	0.75	

（5）量规的结构及使用方法

量规是一种无刻线的定值量具。某一种规格的量规只能检验同一种尺寸的工件。凡是用量规检验合格的工件，其尺寸能控制在给定的公差范围内。

用量规检验工件方便、迅速、可靠，因此在批量生产中应用广泛。目前我国机械行业所使用的量规有光滑极限量规、螺纹量规、圆锥量规、花键量规、位置量规和直线尺寸量规等。下面仅就光滑极限量规和螺纹量规作一简述。

1）光滑极限量规

光滑极限量规是检验孔和轴用的量规。根据国家标准 GB 1957—2006《光滑极限量规》的规定，光滑极限量规适用于检验 GB 1800.1—1997 至 GB/T 1800.4—1999 规定的孔与轴基本尺寸至 500mm，公差等级为 6 ～ 16 级的工件。

由于加工出来的孔或轴的实际形状不可能是一个理想的圆柱面，存在形状误差。工件各处的实际尺寸是不相等的。为了保证图样上所要求的配合性质，对于孔实际尺寸应不大于最大极限尺寸；对于轴则应不小于最小极限尺寸。

光滑极限量规总是成对使用，用量规的通端和止端分别检验工件的实际尺寸是否超出最大和最小极限尺寸。

① 光滑极限量规的种类。光滑极限量规按检验对象分为检验孔用的塞规和

检验轴用的卡规或环规。

a. 塞规。塞规有通端（代号T）和止端（代号Z），通端的尺寸与孔的最小极限尺寸有关，止端的尺寸与孔的最大极限尺寸有关。通端的长度要求等于工件的配合长度。塞规的通端或止端可从手柄上的标记判别，也可从塞规外形尺寸判别。通端的轴向尺寸比止端的轴向尺寸要大，如图4-20所示。

b. 卡规。卡规（或环规）也有通端（T）和止端（Z）。通端的尺寸与轴的最大极限尺寸有关，止端的尺寸与轴的最小极限尺寸有关，参见图4-21。

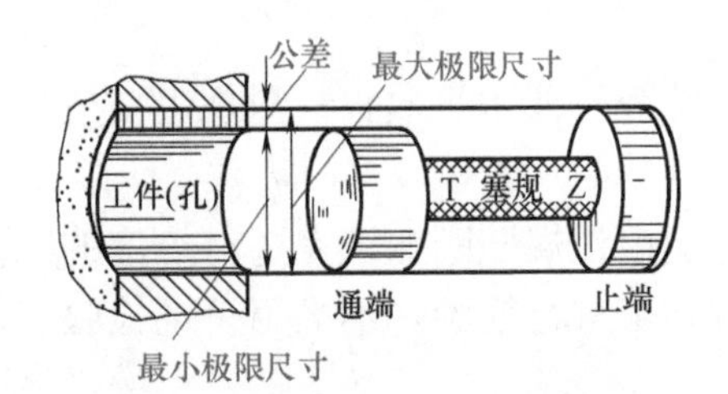

图4-20 塞规尺寸与工件尺寸的关系

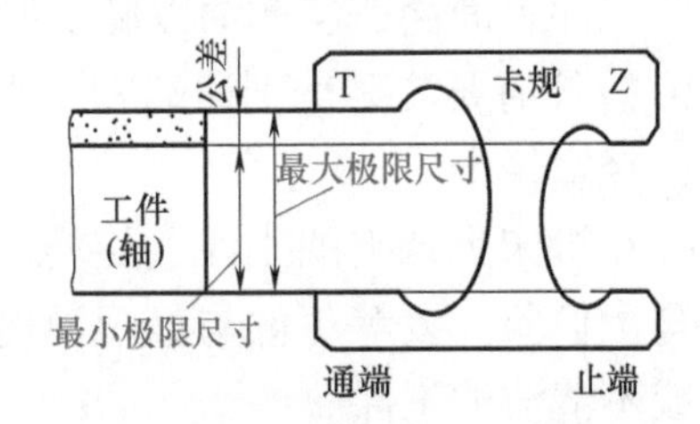

图4-21 卡规尺寸与工件尺寸的关系

用光滑极限量规检验工件时，只有当通端能通过工件而止端不能通过工件时，该工件才算合格。

光滑极限量规结构型式有多种，尺寸各异。

② 光滑极限量规的技术条件。量规一般用合金工具钢、碳素工具钢等耐磨材料制造，其测量面硬度为58～65HRC。测量面的表面粗糙度 Ra=0.02～0.63μm。并经过稳定性处理。

③ 光滑极限量规使用方法。光滑极限量规使用主要有以下方法。

a. 使用塞规的通端检验工件时，对竖直位置的孔应从上面检验，手拿塞规柄顺着孔的轴线，不加压力，凭着塞规自身重量，让通端滑进孔内。用手把通端顺着孔轴线轻轻拔出。对于水平位置孔，要把通端轻轻送入孔中。通端应在任意方向上都能进入孔中。检验时不允许用力推入，也不得旋转推入，造成测量面磨损。

b. 使用塞规止端检验时，如是通孔，要从两端进行，只有止端倒角部分放在孔口边缘，而工作表面塞不进去，才算检验合格。实际生产中，往往允许止端稍许进入一点，但不得大于全长1/3。

c. 使用环规也应注意对竖直放置的轴，应从上面开始检验。用手拿住环规的外圆，沿工件的轴线方向，不施加外力，凭环规自身重量向下慢慢移动。环规通端应当通过轴的全长。对水平放置的轴，将环规通端从轴的一端放入，一手拿工件，一手轻轻推动通端，从轴的另一端取出。用止端环规检验时，环规不能进入轴端。用环规检验工件不许用力推，使之强行通过，也不允许将环规边旋转，边推进。

④ 光滑极限量规使用注意事项。量规是一种精密测量器具，使用中会多次接触工件。如何保持量规精度、提高检验结果的可靠性，与操作者关系很大，必须合理正确地使用量规。

a. 使用前，先核对量规是否与要求的检验尺寸及公差相符。再验看量规是否有检定合格标记，查看量规工作表面有无锈迹、划痕或毛刺等缺陷，并检查量规测头与手柄连接是否牢靠。并用清洁的细棉纱或软布，把量规工作表面擦干净。同时也要检查工件的被检部位（特别是内孔）是否有毛刺、凸起、划伤等问题。允许在工件表面涂一层薄油以减少磨损。

b. 检验前要注意辨别通端和止端。将工件竖直或水平放置，量规也要放正不歪斜，轻塞轻卡。

c. 在机床上装夹的工件还旋转时，不得使用量规。刚加工完还有热度的工件不得马上检验。要等工件与量规温度一致时方可进行检验。不准用量规检验表面粗糙或不清洁的工件。

d. 若塞规不慎卡入孔中，不得敲打、扳扭，可使用拔子或推压器或将工件外表面加热拔出。

2）普通螺纹量规

普通螺纹量规可检验普通螺纹的基本尺寸。用螺纹量规和光滑极限量规配合使用检验螺纹。

按螺纹量规的检验对象可分为螺纹塞规和螺纹环规。螺纹塞规和光滑极限塞规检验内螺纹，用螺纹环规和光滑极限卡规检验外螺纹，如图 4-22 和图 4-23 所示。

① 检验内螺纹用量规。对公称直径 1 ～ 50mm 内螺纹，用“锥度锁紧式螺纹塞规”。检验螺纹公称直径 40 ～ 120mm 内螺纹用“三牙锁紧式螺纹塞规”或“套式螺纹塞规”。检验公称直径 120 ～ 180mm 的内螺纹用“双柄式螺纹塞规”。

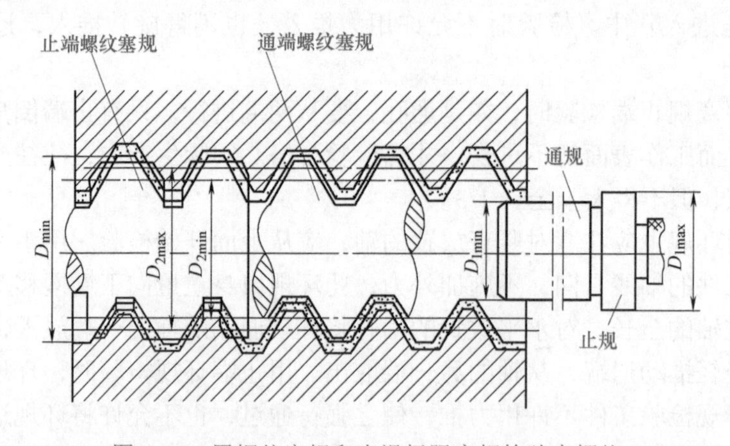

图 4-22　用螺纹塞规和光滑极限塞规检验内螺纹

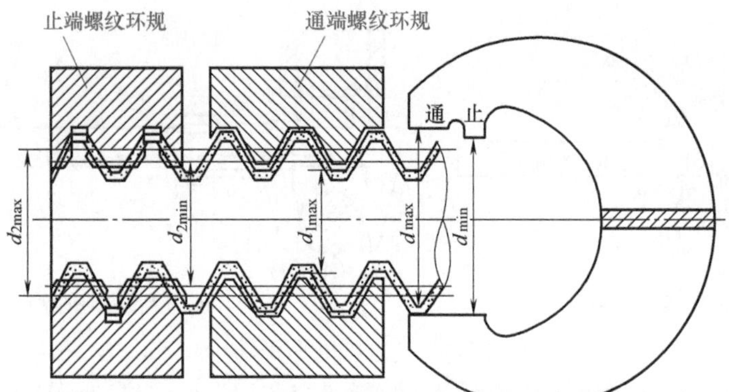

止端螺纹环规　通端螺纹环规　通　止　d_{2max}　d_{2min}　d_{1max}　d_{max}　d_{min}

图 4-23　用螺纹环规和光滑极限卡规检验外螺纹

② 检验外螺纹用量规。检验公称 1 ～ 120mm 的外螺纹用“整体式螺纹环规”。检验公称直径 120mm ～ 180mm 的外螺纹用“双柄式螺纹环规”。

③ 量规的维护保养。

a. 不准用手触摸量规的工作表面，以免引起锈蚀。

b. 使用期间，量规放在适当位置，如工具柜台面或机床固定木垫板上，不要放在刀架或导轨上，避免损坏。

c. 经常使用的量规在使用前应进行检查，不经常使用的量规要定期检查有无损伤、锈蚀或变形。当发现开始生锈时，要及时将它放在汽油内浸泡一段时间，仔细擦净后涂防锈油。

d. 不得将两个量规的工作表面配合在一起保存，避免两工作面相互胶合。

e. 量规使用完毕，用清洁棉纱或软布擦干净，放在专用木盒内收藏在工具柜中。若空气潮湿或隔段时间再用，擦净后涂一薄层无酸凡士林或防锈油。

保管量规处需干燥、整洁。

（6）游标卡尺的结构及使用方法

游标卡尺简称卡尺，是一种比较精密的量具，可以直接量出工件的内外径、宽度、长度和深度等。游标卡尺的规格有 120mm、150mm、200mm、250mm、300mm 等多种。

1）游标卡尺的构造

游标卡尺的构造如图 4-24 所示，由主尺和副尺（即游标尺）组成。主尺和固定卡脚制成一体，副尺和活动卡脚制成一体，测量深度的装置与副尺为一体。测量时，将两卡脚贴住工件的两测量面，拧紧螺钉，然后旋转螺母，推动副尺微动，通过副尺刻度与主尺刻度相对位置，便可读出工件尺寸，如图 4-24（b）中Ⅰ、Ⅱ所示。深度测量方法如图 4-24（b）中Ⅲ所示。

游标卡尺的读数精度有 0.1mm、0.05mm、0.02mm、0.01mm，读数精度高的多采用有微调螺母的结构。表 4-9 给出了常用游标卡尺的结构和基本参数。

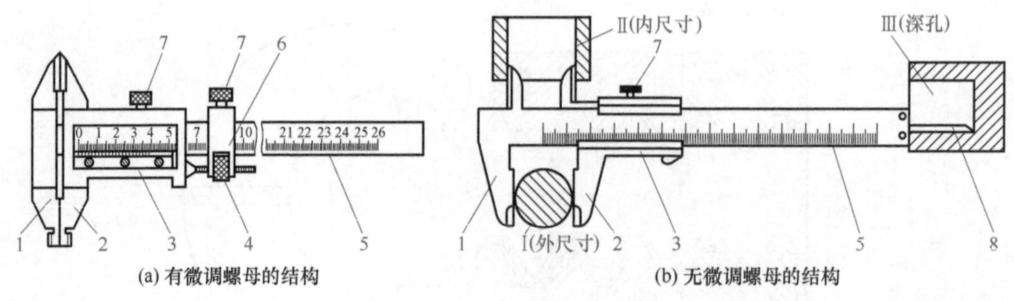

(a) 有微调螺母的结构　　(b) 无微调螺母的结构

图 4-24　游标卡尺的构造

1—固定卡脚；2—活动卡脚；3—副尺；4—微调螺母；5—主尺；6—滑块；7—螺钉；8—深度尺

表 4-9　常用游标卡尺的结构和基本参数

种类	结构图	测量范围/mm	游标读数值/mm
游标三用卡尺（Ⅰ型）	刀口测量面 内测卡爪 锁紧螺钉 副尺 主尺 外测卡爪 游标 手柄 测深杆 宽口测量面 刀口测量面	0 ～ 125 0 ～ 150	0.02 0.05
游标双面卡尺（Ⅱ型）	刀口测量面 外测卡爪 锁紧螺钉 副尺 主尺 游标 微调装置 内外测卡爪 宽口测量面 圆弧测量面 b	0 ～ 200 0 ～ 300	0.02 0.05
游标单面卡尺（Ⅲ型）	锁紧螺钉 副尺 主尺 游标 微调装置 内外测卡爪 宽口测量面 圆弧测量面 b	0 ～ 200 0 ～ 300	0.02 0.05
		0 ～ 500	0.02 0.05 0.1
		0 ～ 1000	0.05 0.1

续表

种类	结构图	测量范围/mm	游标读数值/mm
深度游标卡尺	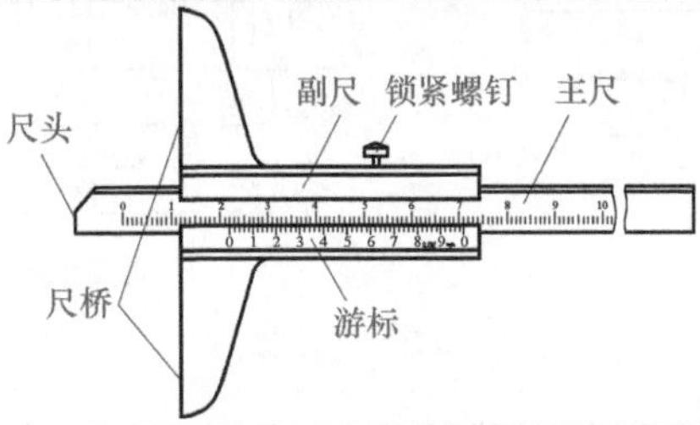 尺头　副尺　锁紧螺钉　主尺　尺桥　游标	0～150 0～250 0～500 0～600	0.02 0.05
游标表盘卡尺（Ⅰ型）	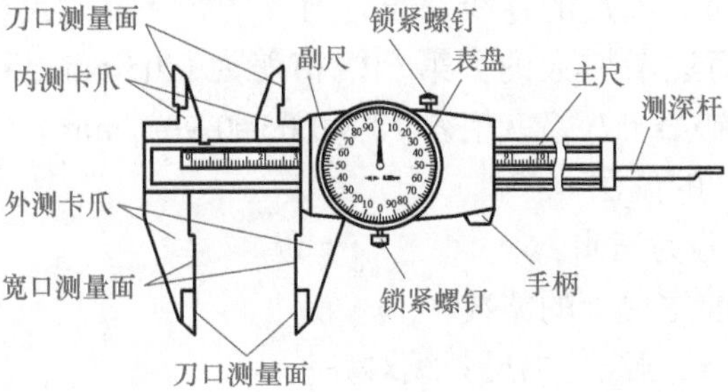 刀口测量面　锁紧螺钉　副尺　表盘　主尺　内测卡爪　测深杆　外测卡爪　宽口测量面　手柄　锁紧螺钉　刀口测量面	0～150 0～200 0～300	0.02
游标数显卡尺（Ⅰ型）	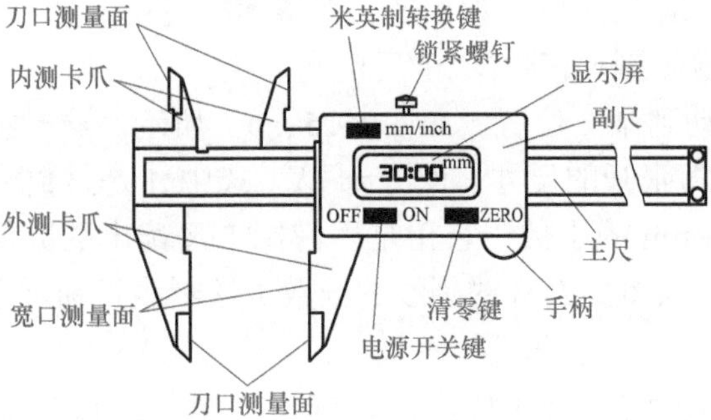 刀口测量面　米英制转换键　锁紧螺钉　内测卡爪　显示屏　副尺　mm/inch　30:00 mm　OFF　ON　ZERO　外测卡爪　主尺　宽口测量面　清零键　手柄　电源开关键　刀口测量面	0～150 0～250 0～500 0～600	0.02 0.05

注：*b* 为两量爪的厚度

2）游标卡尺的读数原理

如图4-25（a）所示，主尺上的刻度每小格是1mm，每大格是10mm，副尺上的刻度是把19mm的长度等分为20格，因此副尺上的每小格等于19/20mm，副尺上的一小格与主尺上的一小格的差为：$\left(1-\dfrac{19}{20}\right)\text{mm}=\dfrac{1}{20}\text{mm}=0.05\text{mm}$

根据上述游标卡尺制作原理，便可得到读数精度为0.05mm的游标卡尺。同样，在副尺等分不同的刻线，则可得到不同的读数精度，具体如下：

副尺有10个格，精度0.1mm；

副尺有10大格，每1大格分为2个小格，共20格，精度0.05mm；

副尺有10大格，每1大格分为5个小格，共50格，精度0.02mm；

副尺有 10 大格，每 1 大格分为 10 个小格，共 100 格，精度 0.01mm。

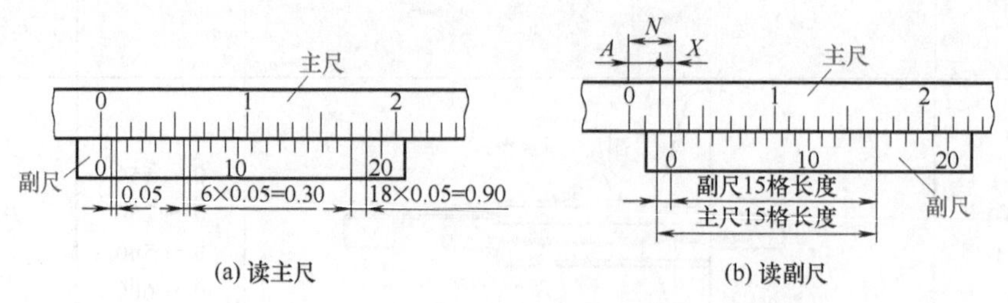

图 4-25　游标卡尺的读数原理

在图 4-25（a）中，主、副尺的零线是正好对齐的，主、副尺刻度的相差是随着副尺上的格数增多而逐渐增大的。第一格相差为 0.05mm，到第六格相差 6×0.05=0.30（mm），而到第十八格就相差 18×0.05=0.90（mm）。

3）游标卡尺测量尺寸的读法

游标卡尺的读数方法分为三步：

① 查出副尺“0”线前主尺上的整数；

② 在副尺上查出哪一条刻线与主尺刻线对齐；

③ 将主尺上的整数和副尺上的小数相加，即得读数尺寸：

工件尺寸 = 主尺整数 + 副尺格数 × 卡尺精度

如果将副尺向右移动到某一位置，如图 4-25（b）所示，这时主、副尺零线相错开的距离 N 正是卡脚张开的尺寸，即 $N=A+X$。式中 A 是整数［图 4-25（b）中 A=2mm］，X 是不足 1mm 的小数，它正是用游标卡尺读出的数值。因此，首先应定出副尺上被主尺任一刻线对齐的刻线的读数（该刻线距副尺零线的格数），再乘以卡尺的精度即得。

根据上述原理，从图 4-25（b）中看出，副尺上第十五根刻线被对齐，于是得：

$$X=15\times0.05=0.75\text{mm}$$

所以，工件尺寸为：

$$N=A+X=2+0.75=2.75\text{mm}$$

当副尺上的“0”线对正主尺上的刻度线时，可直接读出主尺刻度数，即为测量尺寸。

4）游标卡尺的使用方法　在使用前，应先将卡脚擦干净，使两卡脚贴紧，先检查主尺与副尺的零线是否对齐，并用透光法检查内外卡脚测量面是否贴合，如有透光不均，说明卡脚测量面已有磨损，应送检修。通用量具应按规定定期检修。

测量时，先检查被测零件的被测量处，应保证无毛刺。用游标卡尺测量外尺寸或内尺寸时，都应使卡脚贴住工件，不可歪斜，卡脚松紧适中，两卡脚与工件接触点的连线应为设计要求测量尺寸的尺寸线方向。

读数时可将制动螺钉拧紧后取出卡尺，把卡尺拿正，使视线尽可能正对所读刻线。

使用完毕后，应将卡尺擦拭干净放在专用的盒内，不能把卡尺放在磁性物体附近，以免卡尺磁化，更不要和其他工具放在一起，尤其不能和锉刀、凿子及车刀等刃具堆放在一起。

5）游标卡尺的合理选用

游标卡尺属于中等精度的量具。不能用游标卡尺去测量铸件、锻件毛坯尺寸，也不能测量精度很高的工件。测量或检验工件尺寸时，要根据工件的尺寸精度要求，合理选用相应的游标卡尺，游标卡尺的适用范围可按表4-10选用。

表4-10 游标卡尺的适用范围 单位：mm

游标读数值	示值误差	读数误差	适用精度范围
0.02	0.02	±0.02	IT12～IT16
0.05	0.05	±0.05	IT13～IT16
0.10	0.10	±0.10	IT14～IT16

6）其他游标尺通用量具　根据游标卡尺的刻度原理，还有深度游标卡尺、高度游标卡尺等其他游标通用量具，如图4-26所示。其读法与游标卡尺相同。

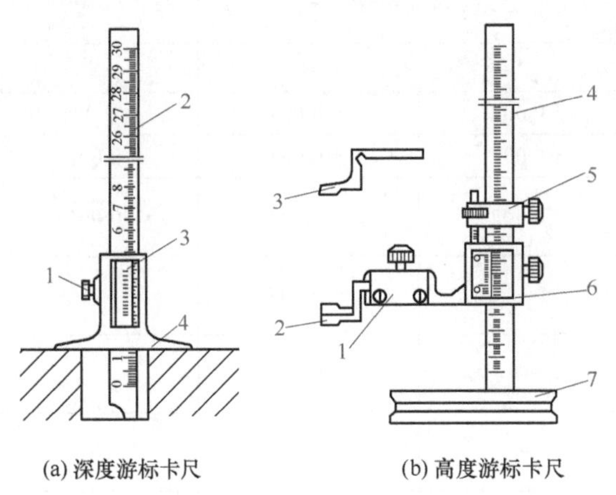

(a) 深度游标卡尺

1—固定螺钉；2—主尺；3—副尺；4—底座

(b) 高度游标卡尺

1—固定架；2—测量爪；3—划线爪；4—主尺；5—微调部分；6—副尺；7—底座

图4-26 深度游标尺及高度游标尺的构造

深度游标卡尺是由主尺、副尺、底座和固定螺钉组成，其中副尺和底座二者为一体。它可用于测量深度、台阶的高度等，测量范围为0～150mm、0～250mm、0～300mm等多种，读数精度可分为0.1mm、0.05mm、0.02mm三种。

测量时将底座下平面贴住工件表面，将主尺推下，使主尺端面碰到被测量深度的底，旋转固定螺钉，根据主、副尺的刻线指示，即可读出测量尺寸。

高度游标卡尺有主尺、副尺、划线爪等，都立装在底座上，底座下平面为测量基面（工作平面）。测量爪有两个测量面，下面是平面，上面是弧面，可用于测内曲面高度。

高度游标卡尺应放在平台上测量工件高度和划线。

（7）微动螺旋副式量仪的结构及使用方法

微动螺旋副式量仪在机械制造业中应用广泛。其结构型式多种多样，都是利用螺旋副传动原理，把螺杆的旋转运动变换成直线位移来进行测量的，测量准确度较高。

根据用途和读数显示方式不同，微动螺旋副式量仪可分为外径千分尺、内径千分尺、杠杆千分尺、内测千分尺、深度千分尺、公法线千分尺和螺纹千分尺等。

1）外径千分尺

外径千分尺是较精密的测量工具，外径千分尺的测量范围有 0 ～ 25mm、25 ～ 50mm、50 ～ 75mm 和 75 ～ 100mm 等多种，分度值为 0.01mm，制造精度分为 O 级和 1 级两种。可用于测量长、宽、厚及外径等。

表 4-11 给出了外径千分尺的基本参数。

表 4-11　外径千分尺的基本参数　单位：mm

测量范围	示值误差		两测量面平行度	
	0 级	1 级	0 级	1 级
0 ～ 25	±0.002	±0.004	0.001	0.002
25 ～ 50	±0.002	±0.004	0.0012	0.0025
50 ～ 75 75 ～ 100	±0.002	±0.004	0.0015	0.003
100 ～ 125 125 ～ 150	—	±0.005	—	—
150 ～ 175 175 ～ 200	—	±0.006	—	—
200 ～ 225 225 ～ 250	—	±0.007	—	—
250 ～ 275 275 ～ 300	—	±0.007	—	—

① 外径千分尺的构造。外径千分尺构造如图 4-27 所示，由弓架、固定量砧、活动测轴、固定套筒和转筒等组成。固定套筒和转筒是带有刻度的主尺和副尺。活动测轴的另一端是螺杆，与转筒紧固为一体，其调节范围在 25mm 以内，所以从零开始，每增加 25mm 为一种规格。

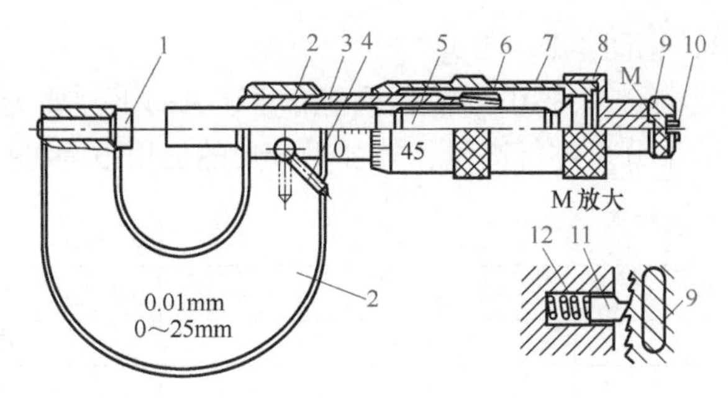

图 4-27 外径千分尺

1—固定量砧；2—弓架；3—固定套筒；4—偏心锁紧手柄 5—活动测轴；6—调节螺母；7—转筒；8—端盖；9—棘轮；10—螺钉；11—销子；12—弹簧

② 测量尺寸的读法。外径千分尺的工作原理是根据螺母和螺杆的相对运动而来的。螺母和螺杆配合，如果螺母固定而拧动螺杆，则螺杆在旋转的同时还有轴向位移，螺杆旋转一周，轴向位移一个螺距，如果旋转 1/50 周，轴向位移就等于螺距 1/50。

固定套筒上 25mm 长有 50 个小格，一格等于 0.5mm，正好等于活动测轴另一端螺杆的螺距。转筒沿圆周等分成 50 个小格，则转筒一小格等于固定套筒轴向移动 0.01mm，因此可从转筒上读出小数，读法是：

工件尺寸 = 固定套筒格数 × 1/2+ 活动套筒格数 × 0.01

如图 4-28 所示，固定套筒 11 格，转筒 23 格，工件尺寸 =11 × 1/2+23 × 0.01=5.73mm

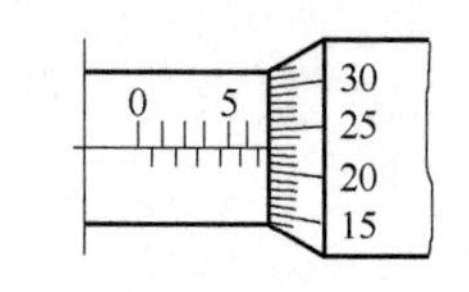

图 4-28 千分尺的读法

③ 外径千分尺的使用。使用前检查固定套筒中线和转筒零线是否重合。测量范围 0 ～ 25mm 的千分尺是将固定量砧和活动测轴两测量面贴近，若测量范围大于 25mm 的千分尺，应将检验棒置于两测量面之间。如中线与零线重合，千分尺可以使用，如不重合，应扭动转筒进行调整。

测量时，应先将千分尺的两测量面擦拭干净，还要将测量工件的毛刺去掉并擦净，一般左手拿千分尺的弓架，右手拧动转筒，当两测量面与工件接触后，右手开始旋转棘轮，出现空转，发出“咔咔”响声，即可读出尺寸。读数时，最好不要从被测件上取下千分尺，如果要取下，则应将偏心锁紧手柄锁上，然后才可从被测件上取下千分尺，见图 4-29（a）；对于小工件测量，可用支架固定住千分尺，左手拿工

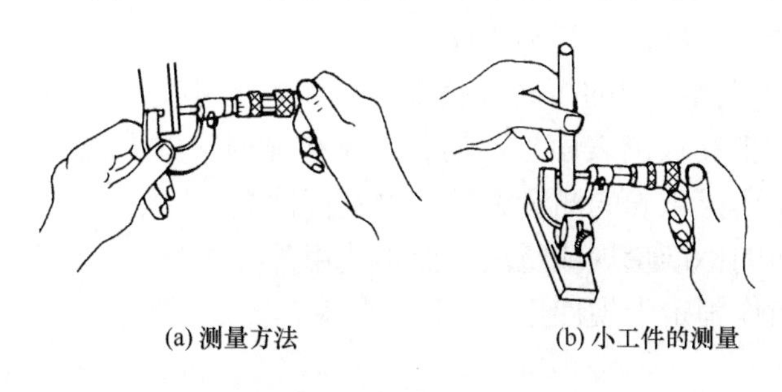

(a) 测量方法　(b) 小工件的测量

图 4-29 外径千分尺的测量

件，右手拧动转筒，见图 4-29（b）。

④ 外径千分尺的合理选用。测量不同精度等级的工件要选用相应的精度等级（0 级、1 级）的千分尺进行测量，外径千分尺的适用范围可按表 4-12 选用。

表 4-12 外径千分尺的适用范围

级别	适用范围	合理使用范围
0 级	IT6 ～ IT16	IT6 ～ IT7
1 级	IT7 ～ IT16	IT7 ～ IT8

2）内测千分尺

内测千分尺具有两个圆弧测量面，适用于测量内尺寸。可测量中小尺寸孔径、槽宽等内尺寸。内测千分尺分度值为 0.01mm，测微螺杆螺距为 0.5mm，量程为 25mm，测量范围至 150mm。由于内测千分尺容易找正工件的内孔直径，使用方便，比卡尺测量准确度高。

① 内测千分尺的结构。内测千分尺的结构形式如图 4-30 所示。它由两个带外圆弧测量面的测量爪、固定套管、微分筒、测力装置和锁紧装置构成。

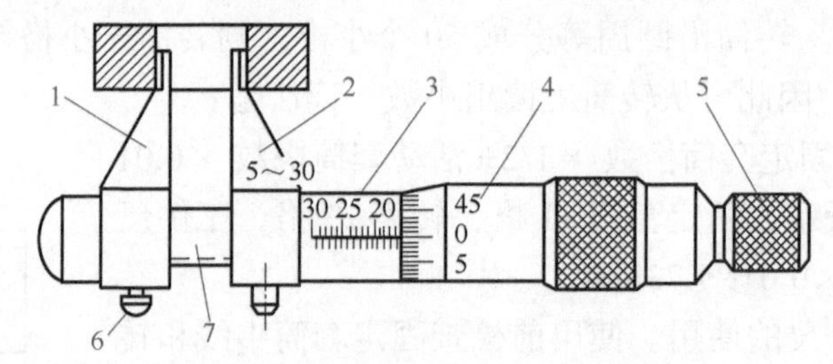

图 4-30 内测千分尺

1—固定测量爪；2—活动测量爪；3—固定套管；4—微分筒；5—测力装置；6—锁紧装置；7—导向套

② 内测千分尺的工作原理。内测千分尺的工作原理与外径千分尺相同。转动微分筒，通过测微螺杆使活动测量爪沿着轴向移动，通过两个测量爪的测量面分开的距离进行测量。

③ 内测千分尺使用方法。内测千分尺的读数方法与外径千分尺相同。但它的测量方向和读数方向与外径千分尺相反，注意不要读错。

测量时，先将两个测量爪的测量面之间的距离调整到比被测内尺寸稍小，然后用左手扶住左边的固定测量爪并抵在被测表面上不动；右手按顺时针方向慢慢转动测力装置，并轻微摆动，以便选择正确的测量位置，再进行读数。

校对零位时，应使用检验合格的标准量规或量块，而不能用外径千分尺。

测量时不允许把两个测量爪当作固定卡规使用。

3）内径千分尺

内径千分尺是利用螺旋副原理，对主体两端球形测量面间分开的距离进行读数的内尺寸测量器具。

内径千分尺可测量工件的孔径、槽宽、两个内端面之间的距离等内尺寸。由于内径千分尺的主体较长，所以被测的内尺寸不能太小，一般要大于 50mm。

内径千分尺分度值为 0.01mm，测微螺杆量程为 13.25mm 和 50mm，测量范围为 50 ～ 500mm。

① 内径千分尺的结构。内径千分尺的结构如图 4-31 所示，主要由测微头和各种尺寸的接长杆组成。其中，测微头是利用螺旋副原理，对测微螺杆轴向位移量进行读数，并备有安装部位与接长杆连接。测微头结构与外径千分尺基本相同，只是没有尺架和测力装置，如图 4-31（a）所示。

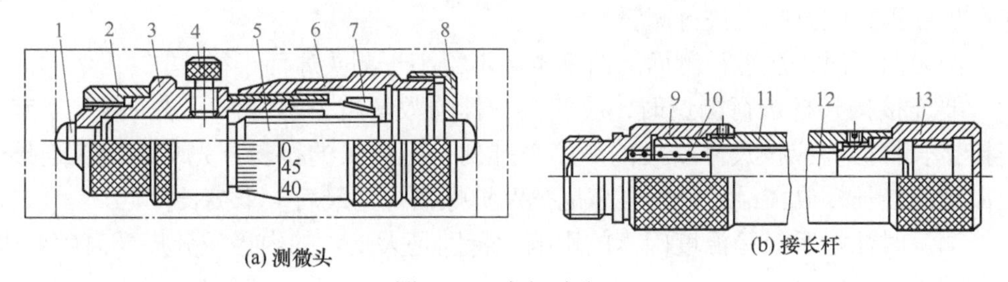

图 4-31　内径千分尺

1—固定测头；2—螺帽；3—固定套管；4—锁紧装置；5—测微螺杆；6—微分筒；7—调节螺母；8—后盖；9，13—管接头；10—弹簧；11—套管；12—量杆

微分筒、活动测头在转动的同时沿着轴向移动。通过固定测头和活动测头两个测量面之间的距离变化，进行内尺寸的测量。其读数方法与外径千分尺相同。

活动测头的移动量较小，为了扩大测量范围，可连接不同长度尺寸的接长杆，如图 4-31（b）所示。

接长杆内有一量杆 12，平时不用时，靠弹簧 10 将量杆推向右端，被管接头 9 挡住，这时量杆的两端都不外露，起保护作用。需要接长时，先拧下测微头左端螺帽 2，将接长杆带有内螺纹的右端旋在测微头固定套管的左端上。此时固定测头 1 把量杆 12 向左边顶，使量杆的另一端伸出来，即可进行测量。然后把螺帽 2 拧到接长杆左端的管接头 9 上，起保护作用。

把几根接长杆连接起来，测量范围就大多了。内径千分尺与接长杆是成套供应的。每套内径千分尺带多少根接长杆，与它的测量范围有关。

每套内径千分尺还附有校对卡板。用于校对测量头的零位。

②内径千分尺使用方法。使用内径千分尺前，要校对、检查零位。把测微头放在校对卡板两个测量面之间（图 4-32），用左手把固定测头压到校对卡板的测量面上，用右手轻微晃动测微头，并同时慢慢轻动微分筒，找出校对卡板两测量面之间的最小距离，然后

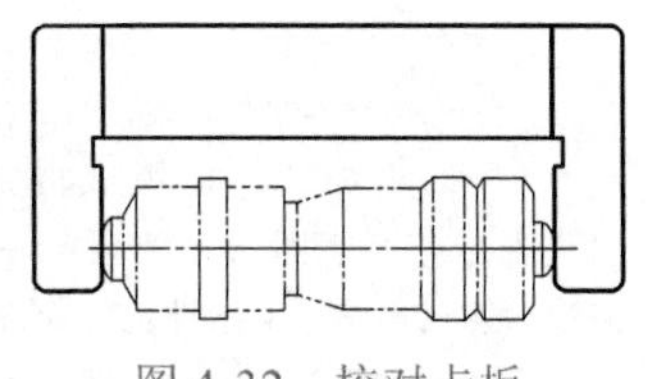

图 4-32　校对卡板

用锁紧装置把测微螺杆锁住，然后取下测微头进行读数。若与校对卡板的实际尺寸相符，说明零位准。如果零位不准则需调整。其方法是：拧松后盖8，旋转微分筒，使之对零，然后再拧紧后盖。

测量时，先将内径千分尺调整到比被测孔径略小一点，然后放入被测孔内。左手拿住固定套管或接长杆套管，把固定测头轻轻压在被测孔壁上不动；用右手慢慢转动微分筒，同时让活动测头沿着被测件的孔壁，在轴向及圆周方向上稍微摆动，直到在轴向找出最小值和在径向找出最大值为止，才能得到较准确的测量结果。

对于长孔，应分别在几个不同的轴向截面上进行测量。而且在每个截面内还应在相互垂直的方向上进行测量。

测量曲面时，注意被测面的曲率半径不得小于测头球面半径。

要连接接长杆进行测量时，应使接长杆的数量越少越好，以减少累积误差。连接接长杆时，应按尺寸长短的顺序来排列：把最长的接长杆先与测微头连接，把最短的接长杆放在最后。不要忘记把保护螺帽拧到最后一个接长杆上。

测量时注意手温等温度因素的影响。特别是大尺寸的内径千分尺受温度变化的影响显著。

接长后的大尺寸内径千分尺，测量时可用两点支承。支承点到两端距取全长的0.2，可使变形量最小。

测量时，不允许把内径千分尺用力压入被测件内，以免细长的接长杆弯曲变形。

大型内径千分尺用毕注意垫平放置或垂直吊挂，以免变形。

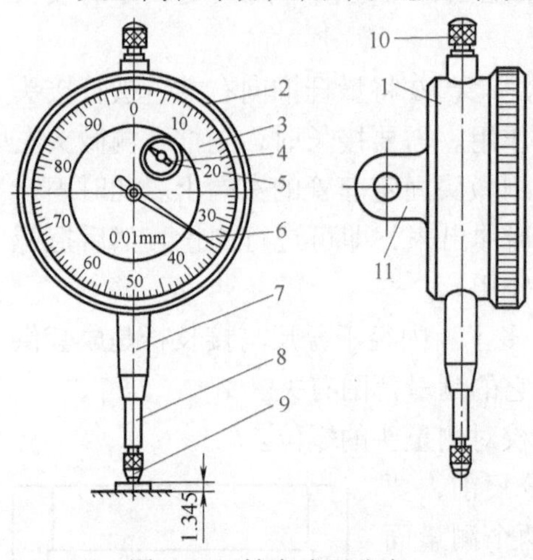

图 4-33　钟表式百分表

1—表体；2—表圈；3—表盘；4—转数指示盘；5—转数指针；6—主指针；7—轴套；8—测量杆；9—测量头；10—挡帽；11—耳环

使用内径千分尺的技术较难掌握，测力大小全凭感觉来控制，而且在被测件中也难找到正确测量位置。要想提高测量准确度，应不断提高操作水平，积累测量经验。

（8）百分表的结构及使用方法

百分表有多种多样，图4-33所示是常用的一种，称为钟表式百分表，它是检查工件的尺寸、形状和位置偏差的重要量具。既可用于机械零件的绝对测量和比较测量，也能在某些机床或测量装置中作定位和指示用。

1）百分表的工作原理

各种百分表都有表盘、指针指示。被

测件触动百分表的测量头，然后经过百分表内的齿轮放大机构放大行程，再转动指针。根据这个原理使测头的微小直线位移，变成指针顶端的较大的圆周位移，借助表盘刻度读出测头的直线位移数值。通常表盘 4 上的圆周等分为 100 格，放大比例是测头每位移 0.01mm 指针转动一格，所以百分表的测量精度为 0.01mm。

2）百分表的技术参数

百分表的示值范围有 0 ～ 3mm、0 ～ 5mm 和 0 ～ 10mm 三种。百分表的制造精度分为 0 级、1 级和 2 级三等。

表 4-13 给出了百分表的基本参数。

表 4-13　百分表的基本参数　单位：mm

精度等级	示值误差			适用范围
	0 ～ 3	0 ～ 5	0 ～ 10	
0 级	0.009	0.011	0.014	IT6 ～ IT14
1 级	0.014	0.017	0.021	IT6 ～ IT16
2 级	0.020	0.025	0.030	IT7 ～ IT16

3）百分表的使用

钟表式百分表常与表架一同使用。图 4-34 所示为用百分表检查在专用顶针上支承的工件，先使百分表的测头压到被测工件的表面上，再转动刻度盘，使指针对准零线，然后转动工件，就可看到百分表指针的摆动，摆动的幅度就等于被测工件表面的径向跳动量。

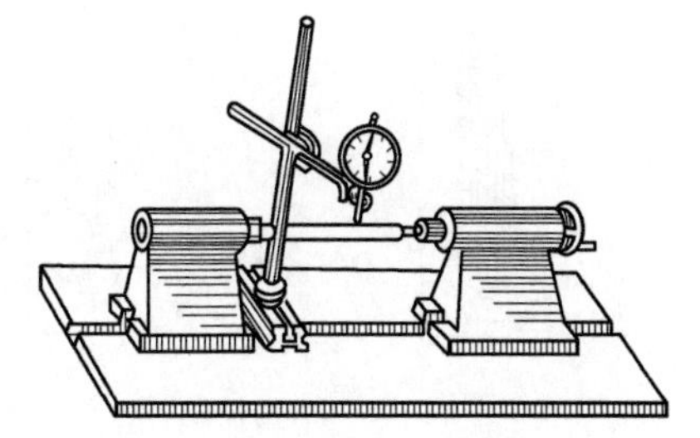

图 4-34　检查工件径向圆跳动的方法

测量时，百分表的测头轴心线应与被测表面相垂直，否则影响测量精度。读数时，应当正视表盘，视线歪斜会造成读数不准。使用百分表时，应避免震动，否则指针颤动，影响测量精度。

测量过程中，测头和测轴不应粘有油污，否则会使测轴失去灵敏性。百分表测量完后，应及时从表架上取下，擦干净后放入专用盒中，

4）其他表类量具

除钟表式百分表外，还有内径百分表、杠杆百分表等其他类型的百分表，此外，还有外径千分表（测量精度为 0.001mm）、杠杆千分表（测量精度为 0.002mm）等表类量具。

内径百分表［图 4-35（a）］由百分表和专门表架组成，其主体是一个三通形式的表体 2，百分表的测量杆 5 与推杆 8 始终接触，推杆弹簧 4 是控制测量力的，并经过推杆 8、等臂直角杠杆 9 向外顶住活动测头 10。测量时，活动测头的移动

使等臂直角杠杆回转，通过推杆推动百分表的测量杆，使百分表指针回转。由于等臂直角杠杆的臂是等长的，因此百分表测量杆、推杆和活动测头三者的移动量是相同的，所以，活动测头的移动量可以在百分表上读出。而内径百分表的测量范围可通过更换可换测头来确定。

护桥弹簧 12 对活动测头起控制作用，定位护桥 11 起找正直径位置的作用，它保证了活动测头和可换测头的轴线与被测孔直径的自动重合，具体参见其结构。内径百分表主要用于测量孔的直径和孔的形状误差，特别适宜于深孔的测量。杠杆百分表的结构如图 4-35（b）所示，杠杆百分表的体积小，测量杆可按需要摆动，并能从正反方向测量。主要用来校正基准面、基准孔。与机床配合可以对小孔、槽、孔距等尺寸进行测量。

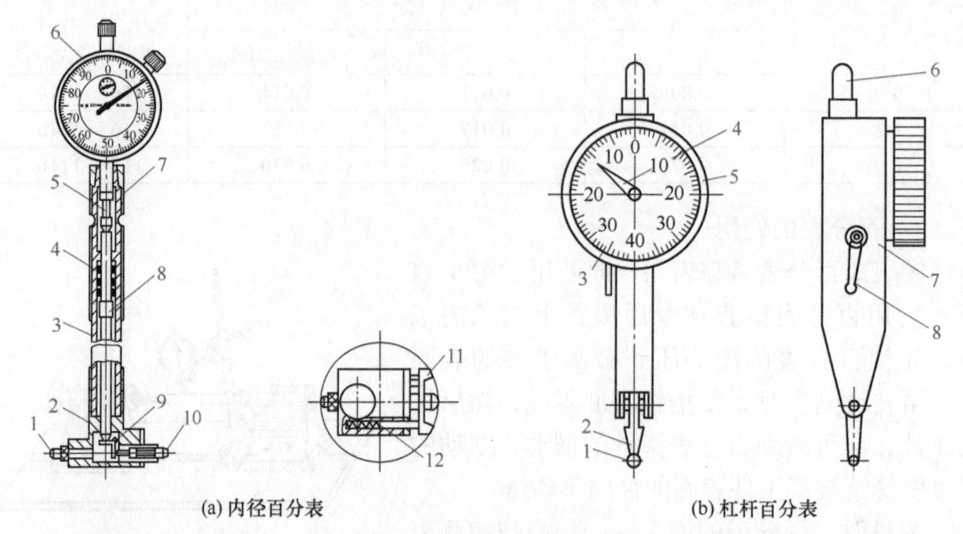

(a) 内径百分表

1—固定测头；2—表体；3—直管；4—推杆弹簧；5—测量杆；6—百分表；7—紧固螺母；8—推杆；9—等臂直角杠杆；10—活动测头；11—定位护桥；12—护桥弹簧

(b) 杠杆百分表

1—测头；2—测杆；3—表盘；4—指针；5—表圈；6—夹持柄；7—表体；8—换向器

图 4-35　其他表类量具

① 内径百分表的使用。使用内径百分表进行测量时，应注意以下方法。

首先应根据被测工件的基本尺寸，选择合适的百分表和可换测头，测量前应根据基本尺寸调整可换测头和活动测头之间的长度，使其等于被测工件的基本尺寸加上 0.3 ～ 0.5mm，然后固定可换测头。接下来安装百分表，当百分表的测量杆测头接触到传动杆后预压测量行程 0.3 ～ 1mm 并固定。

其次，应进行正确的校对。用内径百分表测量孔径属于相对测量法，测量前应根据被测工件的基本尺寸，使用标准样圈调整内径百分表零位。在没有标准样圈的情况下，可用外径千分尺代替标准样圈调整内径百分表零位，要注意的是千分尺在校对基本尺寸时最好使用量块。

测量或校对零值时，应使活动测头先与被测工件接触，对于孔应通过径向摆动来找最大直径数值，使定位护桥自动处于正确位置；通过轴向摆动找最小直径数值，方法是将表架杆在孔的轴线方向上作小幅度摆动［如图4-36（a）所示］，在指针转折点处的读数就是轴向最小数值（一般情况下要重复几次进行核定），该最小值就是被测工件的实际量值。对于测量两平行面间的距离时，应通过上下、左右的摆动来找宽度尺寸的最小数值（一般情况下要重复几次进行核定），该最小值就是被测工件的实际量值。

最后，在读数时要以零位线为基准，当大指针正好指向零位刻线时，说明被测实际尺寸与基本尺寸相等；当大指针顺时针转动所得到的量值为负（-）值，表示被测实际尺寸小于基本尺寸；当大指针逆时针转动所得到的量值为正（+）值，表示被测实际尺寸大于基本尺寸。

② 杠杆百分表的使用。使用杠杆百分表进行测量时，应尽量使测量杆与被测面保持平行［如图4-36（b）所示］，进行基准孔、基准槽校正时，由于杠杆百分表量程小，所以应基本找到孔或槽的中心时，方可进行测量以免损伤杠杆表，降低测量精度。

对于外径千分表、杠杆千分表，由于其灵敏度很高，故只能用于高精度零件的测量。

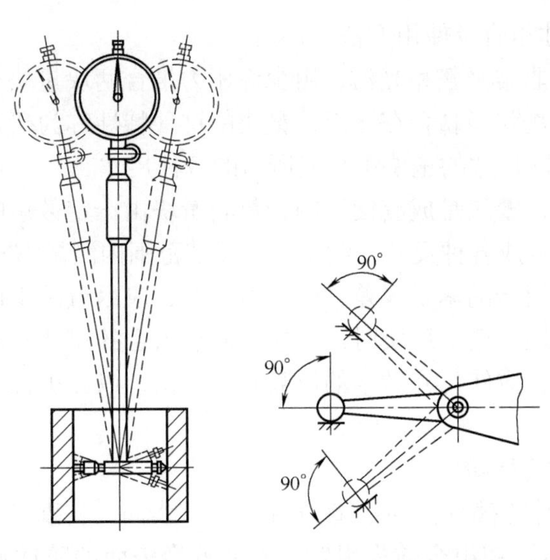

(a) 内径百分表的正确使用　　(b) 杠杆百分表的正确使用

图4-36　表类量具的使用

（9）量块的结构及使用方法

量块是没有刻度的平行端面单值量具，又称为块规，是用特殊合金钢制成的长方体。量块的应用范围较为广泛，除了作为量值传递的媒介以外，还用于检定和校准其他量具、量仪，相对测量时调整量具和量仪的零位，以及用于精密机床的调整、精密划线和直接测量精密零件等。

1）量块的结构

量块的形状为长方形平面六面体，其结构如图 4-37 所示。

量块经过精密加工很平、很光的两个平行平面，称为测量面。两测量面之间的距离为工作尺寸 L，又称为标称尺寸。该尺寸具有很高的精度。量块的标称尺寸大于或等于 10mm 时，其测量面的尺寸为 35mm × 9mm；标称尺寸在 10mm 以下时，其测量面的尺寸为 30mm × 9mm。

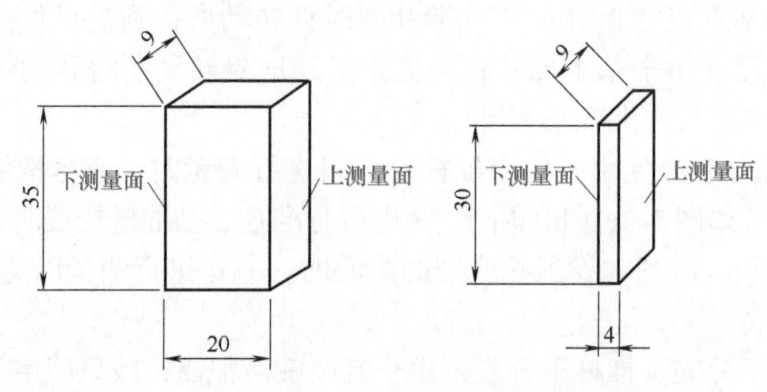

图 4-37 量块

2）量块的尺寸组合及使用方法

量块的测量面非常平整和光洁，用少许压力推合两块量块，使它们的测量面紧密接触，两块量块就能黏合在一起，量块的这种特性称为研合性。利用量块的研合性，就可用不同尺寸的量块组合成所需的各种尺寸。

在实际生产中，量块是成套使用的，每套量块由一定数量的不同标称尺寸的量块组成，以便组合成各种尺寸，满足一定尺寸范围内测量需求。

为了减少量块组合的累积误差，使用量块时，应尽量减少使用的块数，一般要求不超过 4 ～ 5 块。选用量块时，应根据所需组合的尺寸，从最后一位数字开始选择，每选一块，应使尺寸数字的位数减少一位，以此类推，直至组合成完整的尺寸。

3）量块使用注意事项

① 量块是一种精密量具，不能碰伤和划伤其表面，特别是测量面。

② 量块选好后，在组合前先用航空汽油洗净表面的防锈油，然后用软绸将各面擦干，然后用推压的方法将量块逐块研合。

③ 使用时不得用手接触测量面，以免影响量块的组合精度。

④ 使用后，用航空汽油洗净擦干并涂上防锈油。

（10）万能角度尺的结构及使用方法

万能角度尺又称角度游标尺，是用来测量工件内外角度和划线的常用角度量具，分为Ⅰ型和Ⅱ型两种。Ⅰ型万能角度尺的测量范围为0°～320°，Ⅱ型万能角度尺的测量范围为0°～360°。

1）万能角度尺的结构

Ⅰ型万能角度尺的结构如图4-38（a）所示，Ⅱ型万能角度尺的结构如图4-38（b）所示。

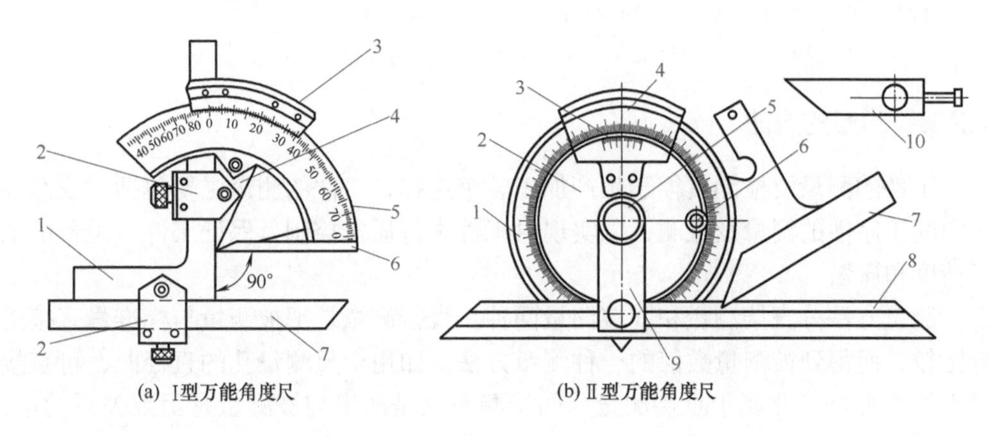

(a) Ⅰ型万能角度尺　　(b) Ⅱ型万能角度尺

1—直角尺；2—套箍；3—游标副尺；4—扇形板；5—主尺；6—基准板；7—直尺

1—圆盘主尺；2—小圆盘副尺；3—游标；4—放大镜；5—锁紧手轮；6—微动手轮；7—基尺；8—直尺；9—卡块；10—附加直尺

图4-38　万能角度尺的构造

万能角度尺的技术参数如表4-14所示。

表4-14　万能角度尺的技术参数

形式	测量范围	游标读数值	示值误差
Ⅰ型	0°～320°	2′，5′	±2′，±5′
Ⅱ型	0°～360°	5′，10′	±5′，±10′

2）万能角度尺的测量操作

Ⅰ型万能角度尺通过基准板、主尺、游标副尺固定在扇形板上。直角尺紧固在扇形板上，直尺用套箍紧固在直角尺上。直尺7和直角尺1可在套箍2的制约下沿直角尺和扇形板滑动，并能自由装卸和改变安装方法，适应不同角度的测量。

图4-39所示给出了Ⅰ型万能角度尺不同安装方法所能测量的范围。

Ⅱ型万能角度尺的测量是通过利用基尺7和直尺8的测量面对工件的被测表面进行测量的。不论Ⅰ型及Ⅱ型万能角度尺，其测量尺寸的计数方法与游标卡尺基本相同。

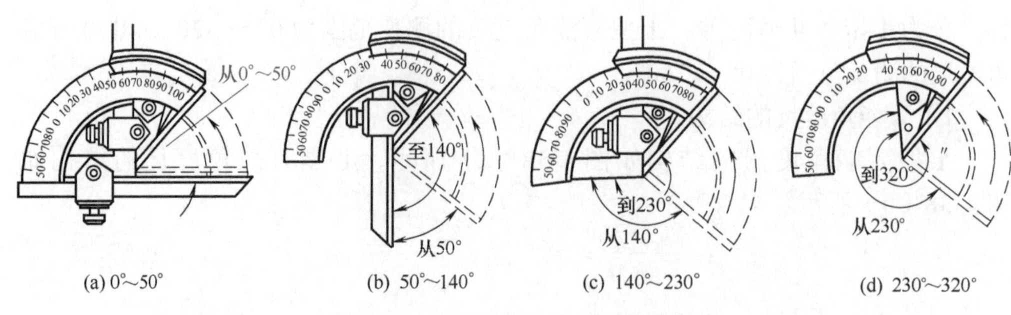

图 4-39 不同安装方法测量的范围

4.2.3 测量的方法

工件的测量及检测贯彻于生产加工整个过程，工件的测量主要包括对成品件和中间工序件的测量及检测，以实现对工件进行质量控制，保证工件、设备的加工精度和质量。

测量方法分直接测量和间接测量两种。直接测量是把被测量与标准量直接进行比较，而得到被测量数值的一种测量方法。如用卡尺测量孔的直径时，可直接读出被测数据，此属于直接测量。间接测量只是测出与被测量有函数关系的量，然后再通过计算得出被测尺寸具体数据的一种测量方法。

生产加工的工件尺寸，有的通过直接测量便能得到，有的尽管不能直接测量，但通过间接测量，经过换算也能得到。

（1）线性尺寸的测量换算

工件平面线性尺寸换算一般都是用平面几何、三角函数的关系式进行的。如测量图 4-40（a）所示二孔的孔距 L，无法直接测得，只能通过直接测量相关的量 A 和 B 后，再通过关系式 $L=(A+B)/2$，求出孔心距 L 的具体数值。

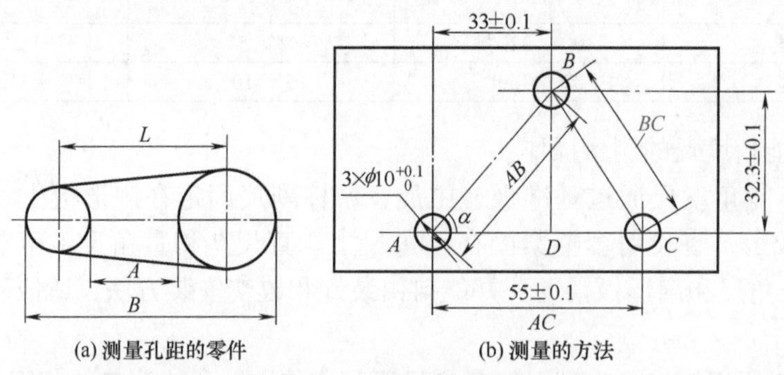

图 4-40 孔距的测量

又如测量图 4-40（b）所示三孔间的孔距，利用前述方法可分别测得 A、B、C 三孔孔距为：AC=55.03mm；B=46.12mm；BC=39.08mm。BD、AD 的尺寸可利用余弦定理求得。

$$\cos\alpha=\frac{AC^2+AB^2-BC^2}{2AC\times AB}=\frac{55.03^2+46.12^2-39.08^2}{2\times55.03\times46.12}=0.7148$$

$$\alpha=44.38°$$

那么，$BD=AB\times\sin44.38°=46.12\times\sin44.38°=32.26$（mm）

$AD=AB\times\cos44.38°=46.12\times\cos44.38°=32.96$（mm）

图 4-40（b）所示 BD、AD 孔距也可借助高度游标尺通过划线测量。

图 4-41 所示为圆弧的测量方法。其中：图 4-41（a）所示为利用钢柱及深度游标卡尺测量内圆弧的方法，图 4-41（b）所示为利用游标卡尺测量外圆弧的方法。

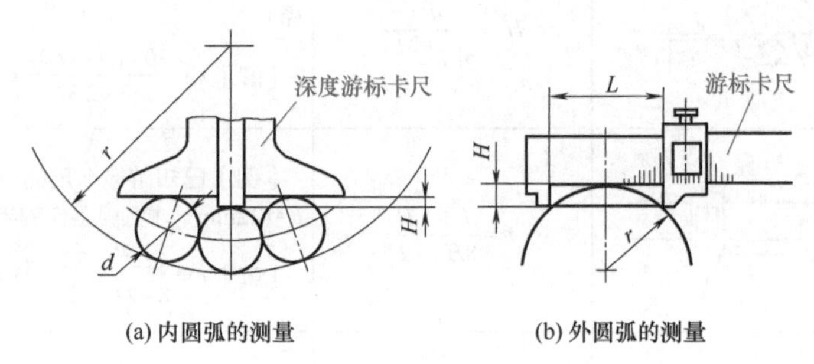

图 4-41　圆弧的测量

如图 4-41（a）所示，测量内圆弧半径 r 时，其计算公式为：$r=\dfrac{d(d+H)}{2H}$。若已知钢柱直径 d=20mm，深度游标卡尺读数 H=2.3mm，则圆弧工作的半径 $r=\dfrac{20\times(20+2.3)}{2\times2.3}=96.96$（mm）。

如图 4-41（b）所示，测量外圆弧半径 r 时，其计算公式为：$r=\dfrac{L^2}{8H}+\dfrac{H}{2}$。若已知游标卡尺的 H=22mm，读数 L=122mm，则圆弧工作的半径 $r=\dfrac{122^2}{8\times22}+\dfrac{22}{2}=$ 95.57（mm）。

（2）角度的测量换算

一般情况下，成形工件的角度可以直接采用万能角度尺进行测量，而一些形状复杂的工件，则需在测量后换算某些尺寸。尺寸换算可用三角函数、平面几何的关系式进行计算。

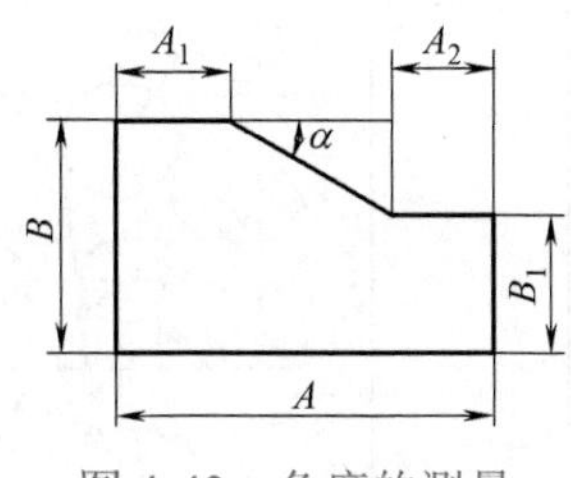

图 4-42　角度的测量

如图 4-42 所示工件，由于外形尺寸较小，用万能角度尺难以测量，则可借助高度游标尺划线，利用游标卡

尺测量工件的尺寸 A、B、B_1、A_1、A_2，然后通过正切函数，即 $\tan\alpha=\dfrac{B-B_1}{A-A_1-A_2}$ 求得。

（3）常用测量计算公式

表 4-15 给出了常用测量计算公式。

表 4-15　常用测量计算公式

测量名称	图形	计算公式	应用举例
内圆弧	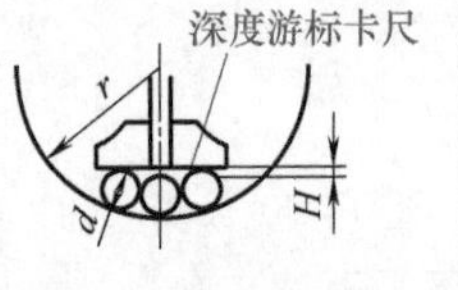 深度游标卡尺	$r=\dfrac{d(d+H)}{2H}$ $H=\dfrac{d^2}{2\left(r-\dfrac{d}{2}\right)}$	［例］已知钢柱直径 d=20mm，深度游标卡尺读数 H=2.3mm，求圆弧工作的半径 r ［解］$r=\dfrac{20\times(20+2.3)}{2\times2.3}=96.96$
外圆弧	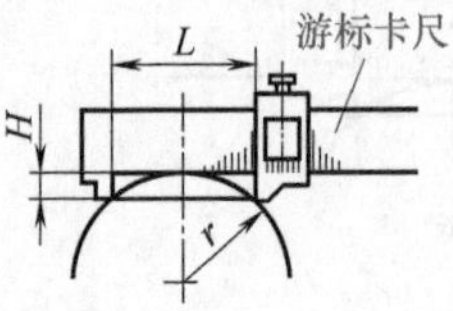 游标卡尺	$r=\dfrac{L^2}{8H}+\dfrac{H}{2}$	［例］已知游标卡尺的 H=22mm，读数 L=122mm，求圆弧工作的半径 r ［解］$r=\dfrac{122^2}{8\times22}+\dfrac{22}{2}=95.57$
外圆锥斜角	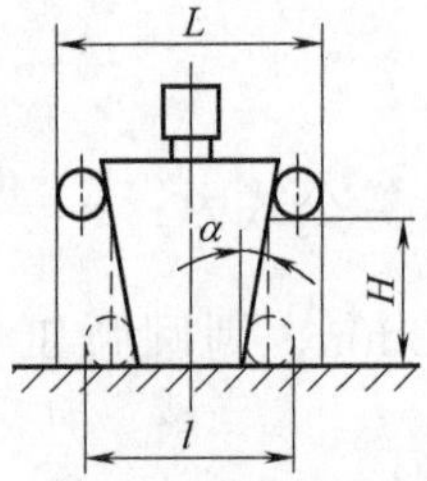	$\tan\alpha=\dfrac{L-l}{2H}$	［例］已知 H=15mm，游标卡尺读数 L=32.7mm，l=28.5μm，求斜角 α ［解］$\tan\alpha=\dfrac{32.7-28.5}{2\times15}$ =0.1400 α=7°58′
内圆锥斜角	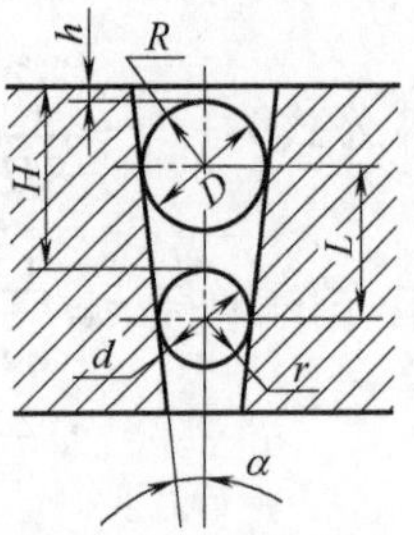	$\sin\alpha=\dfrac{R-r}{L}$ $=\dfrac{R-r}{H+r-R-h}$	［例］已知大钢球半径 R=10mm，小钢球半径 r=6mm，深度游标卡尺读数 H=24.5mm，h=2.2mm，求斜角 α ［解］$\sin\alpha=\dfrac{10-6}{24.5+6-10-2.2}$ =0.2186 α=12°38′
	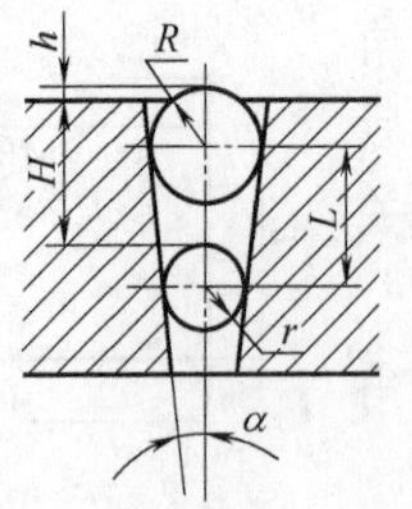	$\sin\alpha=\dfrac{R-r}{L}$ $=\dfrac{R-r}{H+h-R+r}$	［例］已知大钢球半径 R=10mm，小钢球半径 r=6mm，深度游标卡尺读数 H=18 mm，h=1.8mm，求斜角 α ［解］$\sin\alpha=\dfrac{10-6}{18+1.8-10+6}$ =0.2532 α=14°40′

续表

测量名称	图形	计算公式	应用举例
V形槽角度		$\sin\alpha = \dfrac{R-r}{H_1-H_2-(R-r)}$	[例] 已知大钢柱半径 R=15mm，小钢柱半径 r=10mm，高度游标卡尺读数 H_1=43.53mm，H_2=55.6mm，求V形槽斜角 α [解] $\sin\alpha = \dfrac{15-10}{55.6-43.53-(15-10)}$ =0.7072 α=45°
燕尾槽		$l=b+d\left(1+\cot\dfrac{\alpha}{2}\right)$ $b=l-d\left(1+\cot\dfrac{\alpha}{2}\right)$	[例] 已知钢柱直径 d=10mm，b=60mm，α=55°，求 l [解] l=60+10×$\left(1+\cot\dfrac{55°}{2}\right)$ =60+10×(1+1.921)=89.21(mm)
		$l=b-d\left(1+\cot\dfrac{\alpha}{2}\right)$ $b=l+d\left(1+\cot\dfrac{\alpha}{2}\right)$	[例] 已知钢柱直径 d=10mm，b=72mm，α=55°，求 l [解] l=72−10×$\left(1+\cot\dfrac{55°}{2}\right)$ =72−10×(1+1.921)=42.79(mm)

4.2.4 尺寸及几何公差的检测

尽管生产加工过程中的零件形状多种多样、千差万别，但其加工精度都是通过尺寸公差及几何公差控制的，因此，加工工件质量的检测主要就是尺寸公差及几何公差的检测。检测的方法主要有以下几方面。

(1)尺寸公差的检测

尺寸公差主要由长度、外径、高度及内径等多种形式组成，其检测方法主要有以下几方面。

① 长度、外径的检测。测量工件的外径时，一般精度的尺寸常选用游标卡尺等。对于精度要求较高的工件则选用千分尺等。

② 高度、深度的检测。高度一般是指工件外表面的长度尺寸，如台阶面到某一端面的距离。对于尺寸精度要求不高的工件，可用钢直尺、游标卡尺、游标深度尺、样板等检测。对于尺寸精度要求较高的工件，则可以将工件立在检验平台上，利用百分表（或杠杆百分表）和量块进行比较测量。

深度一般是指工件内表面的长度尺寸，一般尺寸精度的用游标深度尺测量，对于尺寸精度要求较高的则可用深度千分尺测量。

③ 内径的检测。测量工件孔径尺寸时，应该根据工件的尺寸、数量和精度要求，采用相应的量具。对于工件尺寸精度要求一般的，可采用钢直尺、游标卡

尺测量。对于工件精度要求较高的，则可采用以下几种方法检测。

a. 使用内径千分尺测量。

b. 使用塞规测量。

c. 使用内径百分表测量。

④ 螺纹的检测。螺纹的主要测量参数有螺距、顶径和中径。测量的方法有单项测量和综合测量两种。

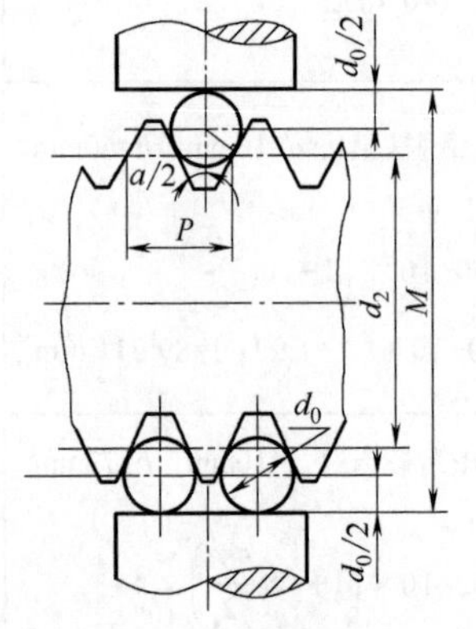

图 4-43　三针测量螺纹中径

a. 单项测量。单项测量是使用量具对螺纹的某一项参数进行测量。其中：螺距，一般用螺距规和钢直尺、卡尺进行测量；顶径，一般用游标卡尺或千分尺进行测量；中径，一般用螺纹千分尺、公法线千分尺和三针来测量，如图 4-43 所示。

b. 综合测量。综合测量是用螺纹量规（分为通规和止规）对螺纹的各直径尺寸、牙型角、牙型半角和螺距等主要参数进行综合性测量。螺纹量规包括螺纹环规和螺纹塞规。图 4-44 所示为螺纹塞规，图 4-45 所示为螺纹环规。

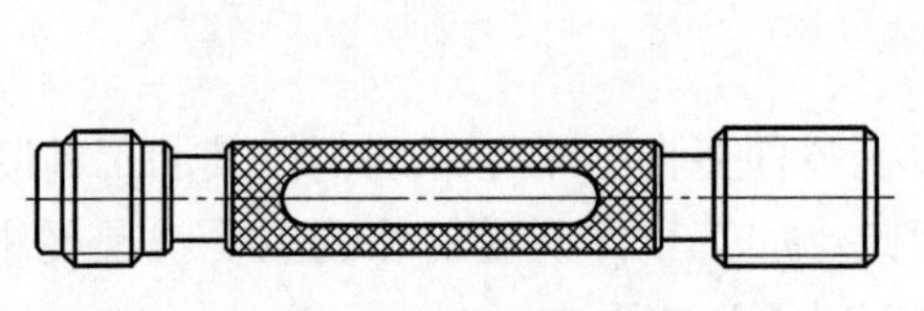

图 4-44　螺纹塞规

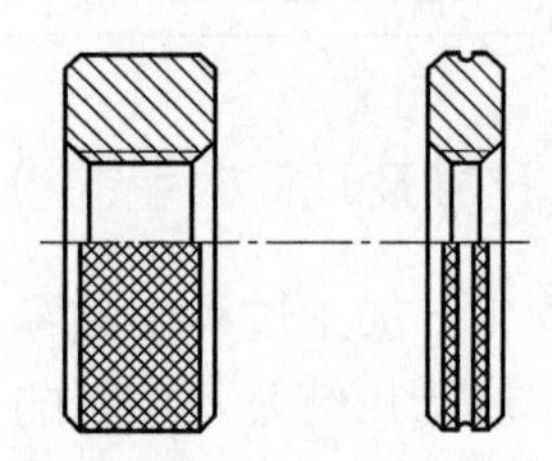

图 4-45　螺纹环规

⑤ 角度的检测。测量工件的角度尺寸时，应该根据工件的尺寸、数量和精度要求，采用相应的量具。

a. 对于角度要求一般、数量较少的工件可用万能角度尺进行测量。

b. 对于角度要求一般、成批和大量生产的工件可用专用的角度样板进行测量，如图 4-46 所示。

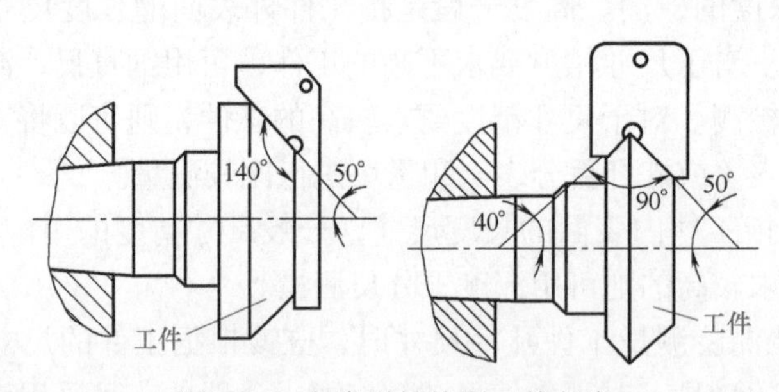

图 4-46　角度样板检测工件角度

c. 在检验标准圆锥或锥度配合精度要求较高的工件时（如莫氏圆锥和其他标准圆锥），可用标准圆锥塞规或圆锥套规来检测。

d. 对精度要求较高的单件或批量较小的工件有时也可以用正弦规来检验。

（2）几何公差的检测

① 圆度检测。在同一正截面上半径差为公差值的两同心圆之间的区域为圆度公差带。将被测工件放置在圆度仪上，调整零件的轴线，使其与圆度仪的回转轴线同轴，测量头每转一周，即可显示该测量截面的圆度误差。测量若干个截面，其中最大的误差值即为被测圆柱面的圆度误差。图4-47（a）、图4-47（b）分别给出了转轴式圆度仪及转台式圆度仪检测工件圆度的示意图。

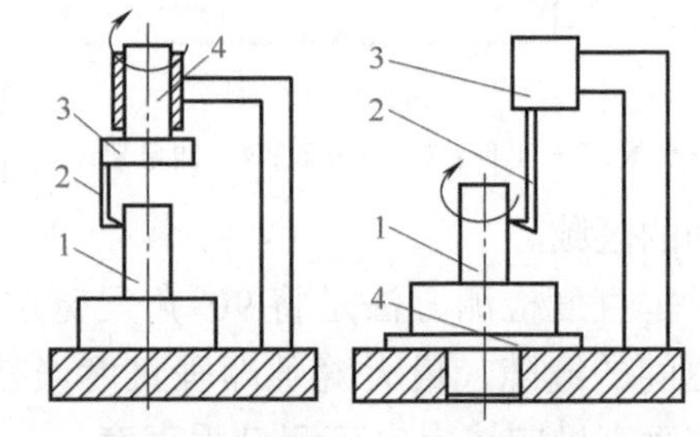

(a) 转轴式圆度仪示意图　(b) 转台式圆度仪示意图

1—工件；2—测头；3—传感器；4—回转主轴　　1—工件；2—测头；3—传感器；4—回转台

图4-47　圆度检测

在生产现场的实际加工中，工件内、外径的圆度可用内径百分表（或千分表）和千分尺在所测尺寸圆周的各个方向上测量，测量结果的最大值与最小值之差的一半即为圆度误差。

② 圆柱度检测。半径差为公差值的两同轴圆柱面之间的区域为圆柱度公差带。圆柱度检测方法与圆度的测量方法基本相同（图4-47）。所不同的是，测量头在无径向偏移的情况下，要测若干个横截面，以确定圆柱度误差。

在生产现场的实际加工中，工件内、外径的圆柱度可用内径百分表（或千分表）和千分尺在所测部位全长的前、中、后几个直径上测量，测量结果的最大值与最小值之差的一半即为该工件被测部位全长的圆柱度误差。

③ 平面度检测。距离为公差值的两平行平面之间的区域为平面度公差带。

在生产现场的实际加工中，对于工件端面的平面度可用刀口形直尺与被测平面接触，在各个方面检测其中最大缝隙的误差值，也可以用磁力表座和百分表（或杠杆表）来测量，如图4-48所示。

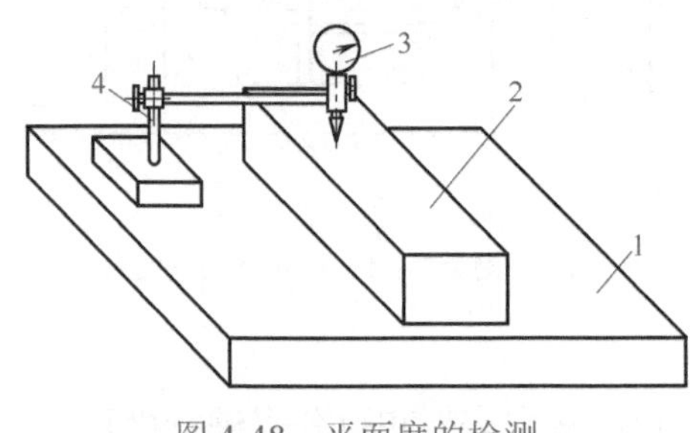

图4-48　平面度的检测

1—平板；2—工件；3—百分表；4—测量架

④ 平行度检测。当给定一个方向时，平行度公差带是距离为公差值且平行于基准面（或线）的两平行平面（或线）之间的区域。

平行度检测方法是将被测零件放置在平板上，移动百分表，在被测表面上按规定测量方向进行测量，百分表最大与最小读数之差值，即为平行度误差。图

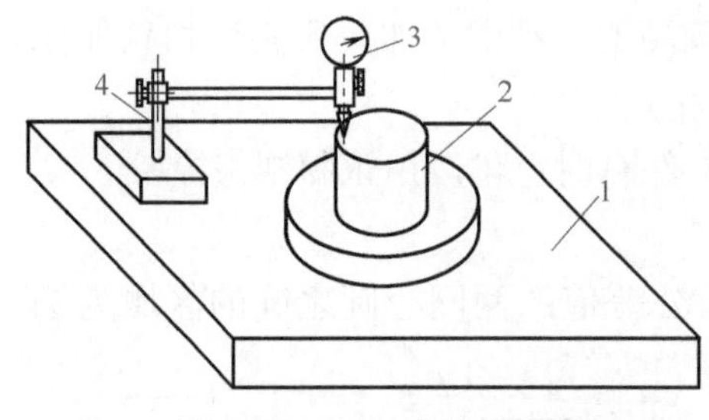

图 4-49 平行度的检测

1—平板；2—工件；3—百分表；4—测量架

4-49 所示为检验平行度示意图。

车床加工工件经常遇到的是两端面的平行度，常用的方法是用游标卡尺或千分尺在不同方向测量，找出两平面距离的最大差值。

⑤ 垂直度检测。当给定一个方向时，垂直度公差的公差带是距离为公差值且垂直于基准面（或线）的两平行平面（或线）之间的区域。

垂直度检测方法是将 90° 角尺宽边贴靠一基准，测量被测平面与 90° 角尺窄边之间的缝隙，最大缝隙即垂直度误差。采用如图 4-50 所示的方法，将工件放置在垂直导向块上也可测量垂直度。

测量工件的端面垂直度必须经过两个步骤。先要测量端面圆跳动是否合格，如果合格，再检验垂直度。

⑥ 同轴度检测。同轴度公差带是以公差值为直径且与基准轴线同轴的圆柱体内的区域。

同轴度检测方法是将基准面的轮廓表面的中段放置在两等高的 V 形架上，在径向截面的上下分别放置百分表，转动零件，测量若干个轴向截面，取各截面的最大差值作为该零件的同轴度误差，如图 4-51 所示。

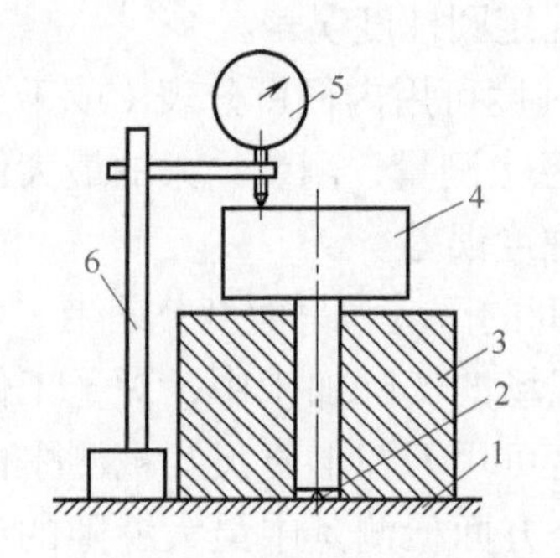

图 4-50 垂直度的检测

1—平板；2—固定支承；3—垂直导向块；4—工件；5—百分表；6—测量架

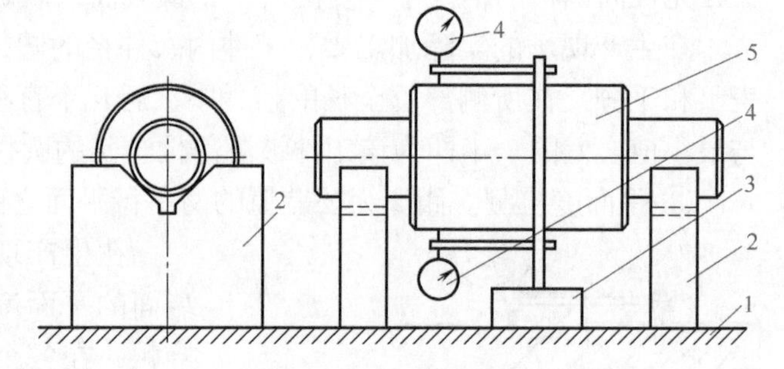

图 4-51 同轴度的检测

1—平板；2—V 形架；3—测量架；4—百分表；5—工件

车床上常用找正好的前后顶尖装夹工件，利用磁力表架和百分表进行检验。

⑦ 对称度检测。对称度公差带是距离为公差值且对基准中心平面对称配置的两平行面之间的区域，如图 4-52 所示。

⑧ 圆跳动检测。径向圆跳动公差带是在垂直于基准轴线的任一测量平面内，半径差为公差值且圆心在基准轴线上的两个同心圆之间的区域。

端面圆跳动公差带是在与基准轴线同轴的任一直径位置的测量圆柱面上，沿母线方向宽度为公差值的圆柱面区域。

圆跳动检测方法如图 4-53 所示。将工件旋转一周时，百分表最大与最小读数之差，即为径向或端面的圆跳动。

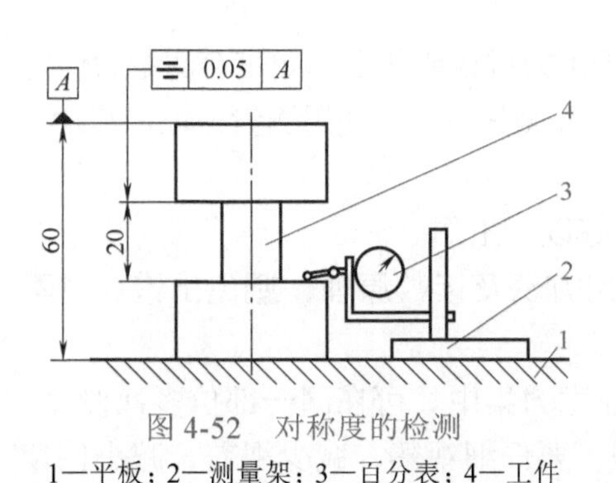

图 4-52　对称度的检测

1—平板；2—测量架；3—百分表；4—工件

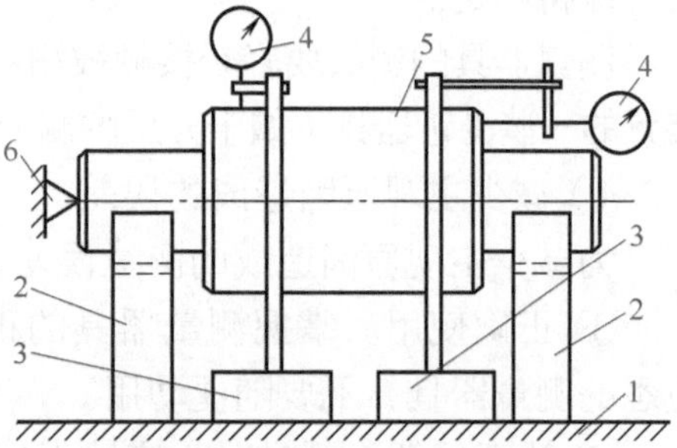

图 4-53　圆跳动的检测

1—平板；2—V 形架；3—测量架；4—百分表；5—工件；6—顶尖

4.2.5　测量条件及测量器具的维护保养

为保证测量尺寸的准确性，必须控制好测量器具的测量条件，并做好测量器具的维护保养工作。

（1）测量条件

1）减少基准件误差的影响

① 定期检定。基准件的误差虽小，但若经常使用也会由于磨损而增大误差值。所以要严格执行周期检定制度，控制基准件的误差。此外，为了提高测量的准确度，应在测量值中加上基准件的修正值。

② 合理选用基准件精度。基准件精度的选用原则是：基准件的精度要比被测件的精度高 2 ～ 3 级。

2）减少测量器具误差的影响

为保证测量的准确度，对每种测量器具都规定了允许的示值误差。但是测量器具由于磨损、磕碰或维护保养不当等原因会逐渐丧失它原有的准确度，如继续使用会带来较大的测量误差，为此要注意。

① 测量器具必须进行定期检定。测量器具检定合格后才准许使用。不合格的测量器具则不准使用。对在测量器具的检定书中注明了修正值的，使用时应把修正值加到测量结果上，以提高测量的准确度。

② 校对零位。对某些测量器具（如游标卡尺、千分尺等），在使用前应校对零位，以减少测量误差。

③ 保护测头。测量器具的测头要注意保护，应滑动灵活、均匀，避免出现

过松或过紧的现象。

3）减少测量力引起的测量误差

为减少测量力引起的测量误差，要求测量力大小要适当，稳定性要好。测量力应尽可能地与“对零”时的测量力保持一致。各次测量的测量力的大小尽量一致，保持稳定。

测量器具的测头要轻轻接触被测件，避免用力过猛或冲击。如带有测量力恒定装置的一些测量器具（如千分尺的测力装置），在测量时必须使用测量力恒定装置。

4）减少主观原因造成的误差

为减少主观原因造成的测量误差，应做好以下工作。

① 正确使用。掌握测量器具的正确使用方法及读数原理，避免出错。对不熟悉的测量器具，不要随便动用。

② 认真仔细。测量时，应认真仔细，注意力集中。可在同一部位多次测量，取其平均值作为测量结果，以减少测量误差。要仔细观察，减少视差，减小估读误差。

（2）测量器具的维护保养

测量器具较之工、卡具更精密。如果测量器具只知使用不知保养，势必导致其精度丧失，甚至损坏。

1）固定存放位置

测量器具应有固定位置放置，所放位置既要便于取放，又不易掉落。如有包装盒，尽量放在原包装盒内平放。上面不要压放杂物，避免变形。

此外，测量器具要单独存放。不允许将测量器具和其他工具（锉刀、扳子等）、刀具等混放，以避免受损伤。测量器具要严格与磨料等分开存放。

2）良好的存放环境

测量器具要有良好的贮存环境，贮存环境应清洁、干燥、温度适宜、无振动、无腐蚀性气体。

3）正确使用与维护

① 静止状态下测量。在机床加工进行当中若需测量，必须待工件停止后再进行测量。否则，在工件尚在运动时测量，不但会使测量器具的测量面过早磨损失去精度，还会造成事故。

② 测量粗糙表面时，不得采用贵重精密的测量器具。

③ 测量器具只能用于测量，不可当作其他工具的代用品。如当作划针、螺丝刀，或用来清理切屑等都是不允许的。

④ 不得用手擦摸测量器具的测量面，以免手汗、脏物污染或锈蚀测量面。

⑤ 测量器具使用完毕，应及时擦拭干净。必要时，应涂防锈油或用防锈纸包装后放入包装盒内。

第5章　轴类零件的车削

5.1　轴类零件车削技术基础

轴类零件是机器中最常用的一类重要零件，也是车削加工的典型零件。在机器中，轴的作用一般是用来支撑传动件（如齿轮、带轮）、传递运动和动力、承受载荷的零件。对车床主轴，通常需要安装刀具、夹具或工件，同时还要保证刚度、回转精度等要求。

5.1.1　轴类零件的结构及技术要求

轴类零件是旋转体零件，这类零件的各组成部分多是同轴线的回转体，从总体上看是细而长的回转体。

（1）轴类零件的结构

通常把横截面形状为圆形，长度大于直径三倍以上的杆件称为轴类零件。根据设计和工艺的要求，这类零件多带有倒角、沟槽、圆弧及螺纹、退刀槽、中心孔等局部结构。按轴的形状和轴心线的位置可分为光轴、台阶轴、偏心轴和空心轴等，如图 5-1 所示。

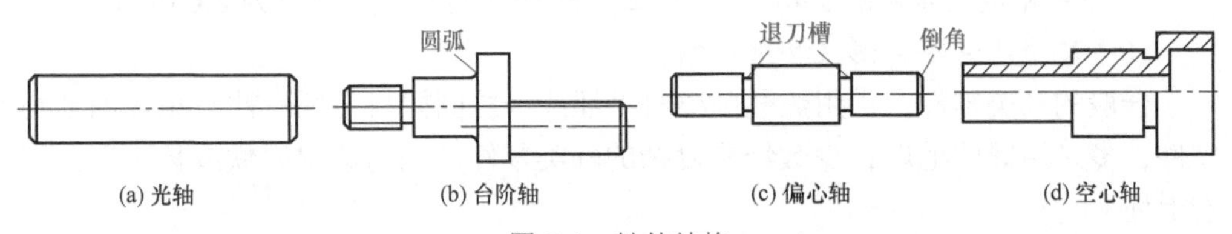

图 5-1　轴的结构

（2）轴类零件的技术要求

轴类零件大多都是机械设备上的传动件，它不仅要准确地传递运动，而且还要传递一定的扭矩。因此，其精度、刚度和耐磨性都有较高要求。

一般对于轴类零件上有配合要求的表面，其标注的粗糙度数值较小，无配合要求的表面，则标注较大的表面粗糙度数值；对于有配合要求的轴颈，其尺寸公差等级较高、公差较小；无配合要求的轴颈尺寸公差等级较低，或不需标注。同时，有配合要求的轴颈和重要的端面往往还应标注形位公差的要求。

此外，为保证轴用零件材料组织的稳定，使其切削（磨削）性能良好，常需进行热处理或对某些重要表面进行表面处理，以获得稳定的细晶粒组织，既有较高的力学性能，又有较好的切削性能与表面性能。

一般轴类零件以尺寸精度和表面粗糙度为主，对各表面间的形状和位置精度也有一定的要求。如图 5-2 所示为双向台阶轴，其技术要求是：

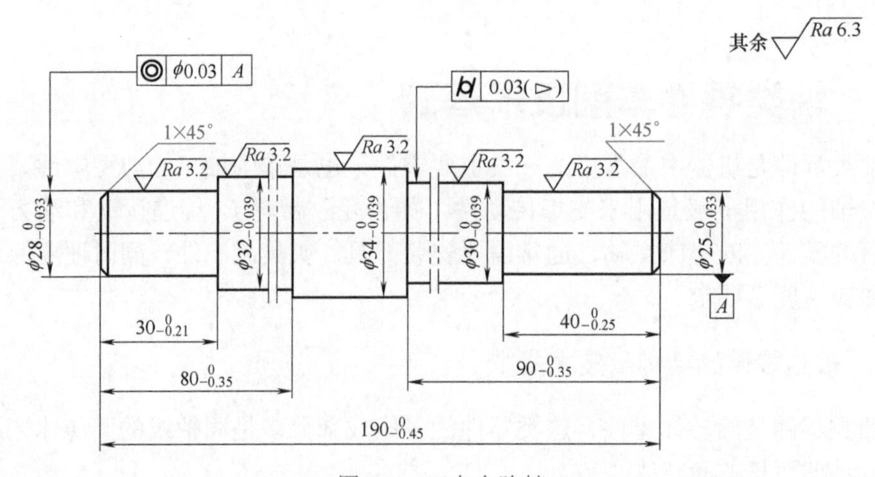

图 5-2 双向台阶轴

① 尺寸精度和表面粗糙度要求。ϕ34mm、ϕ32mm、ϕ30mm 外圆公差均为 0.039mm，表面粗糙度 *Ra*3.2μm。ϕ28mm、ϕ25mm 外圆公差均为 0.033mm，表面粗糙度 *Ra*3.2μm。

② 形状精度要求。ϕ30mm 外圆的圆柱度公差为 0.03mm。

③ 位置精度要求。ϕ28mm 外圆对 25mm 外圆的同轴度公差为 0.03mm。

（3）轴类零件毛坯形式和加工余量

一般的轴类零件，常用热轧圆棒料毛坯或冷拉圆棒料毛坯；比较重要的轴类零件，多采用锻件毛坯；少数结构复杂的轴类零件，采用球墨铸铁或稀土铸铁铸造毛坯。

为了得到零件所要求的精度和表面质量，需从毛坯表面切去多余的金属层，称零件的加工余量。加工余量大，加工所需要的时间就多。但如果加工余量小，则零件所要求的精度和表面质量有可能达不到。因此，加工余量要根据毛坯形式和零件加工的要求合理确定。

5.1.2 车削轴类零件车刀的选用

车削轴类零件时，对于不同的工件形状、材质，所产生的问题也不同，因此，应针对性合理地选用车刀。零件的车削一般分为粗车和精车两个阶段，故使用的车刀也分为粗车刀和精车刀两种。其中：粗车刀要求车刀具有足够的强度，能一次车去较多的余量，以适应粗车时切削深、进给快的特点；精车刀由于车削时切去的金属较少，因此要求车刀锋利，刀刃平直光洁，刀尖处可磨出修光刃。切削时，必须使切屑流向工件待加工表面，以达到零件的尺寸精度要求和较小的表面粗糙度。

（1）车外圆、平面、台阶的车刀

车削外圆、平面、台阶等加工部位时，一般可选用以下方面的车刀。

① 90°车刀及其使用。90°车刀又称偏刀，分右偏刀和左偏刀两种，如图5-3所示。

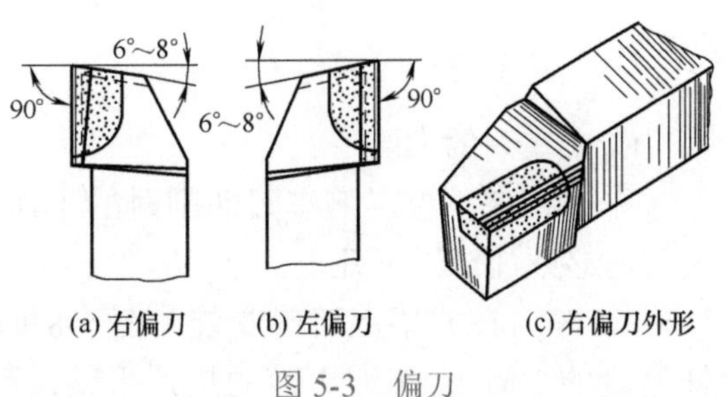

图5-3 偏刀

90°车刀一般用来车削工件的外圆和台阶，也可车削端面，如图5-4所示。

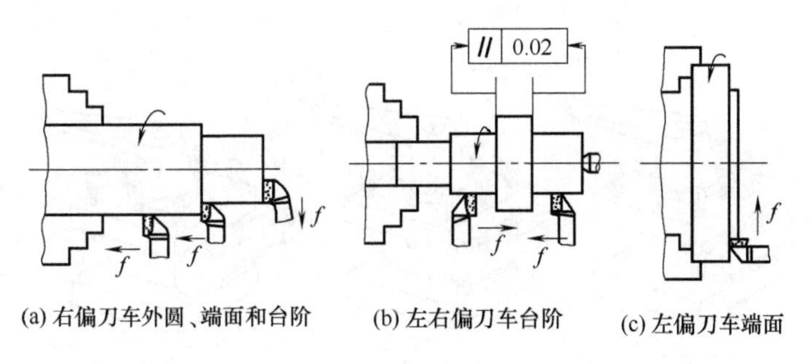

图5-4 偏刀的使用

② 45°车刀及其使用。45°车刀又称弯头车刀，分左右两种，如图5-5所示。

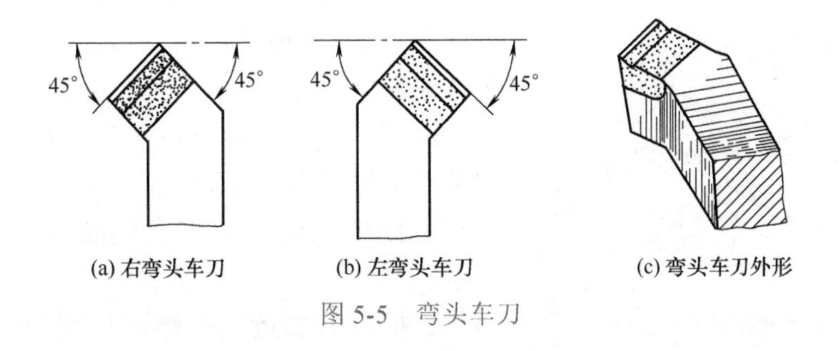

图5-5 弯头车刀

45°车刀常用于车削工件外圆、端面和45°倒角，如图5-6所示。

③ 75°车刀及其使用。75°车刀适用于粗车外圆以及强力切削铸、锻件等余量较多的工件，如图5-7（a）所示，还可以用来车削铸、锻件的大平面，见图5-7（b）。

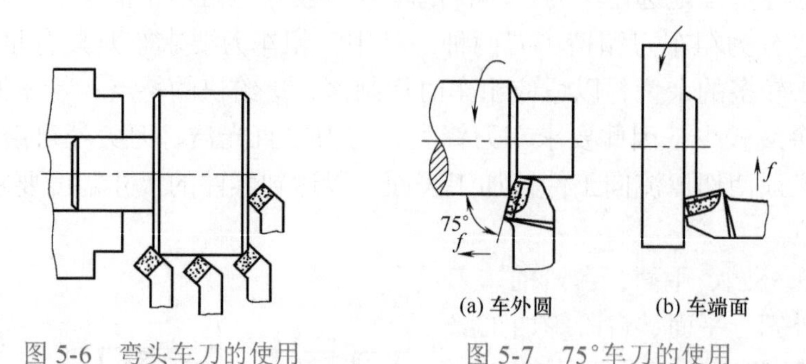

图5-6 弯头车刀的使用　　图5-7 75°车刀的使用

（2）车刀的安装

车刀装夹不仅影响车刀切削时的工作角度，还影响工件的加工质量。因此，装刀时必须注意以下几点。

① 车刀在刀架上正确安装［图5-8（a）]，其伸出长度正确（一般不超过刀杆厚度的2倍），车刀下面的垫片平整，数量要尽量少，并与刀架对齐，压紧牢固。相反，图5-8（b）及图5-8（c）中的车刀伸出过长而且垫片也没对齐，所以，安装得不正确。

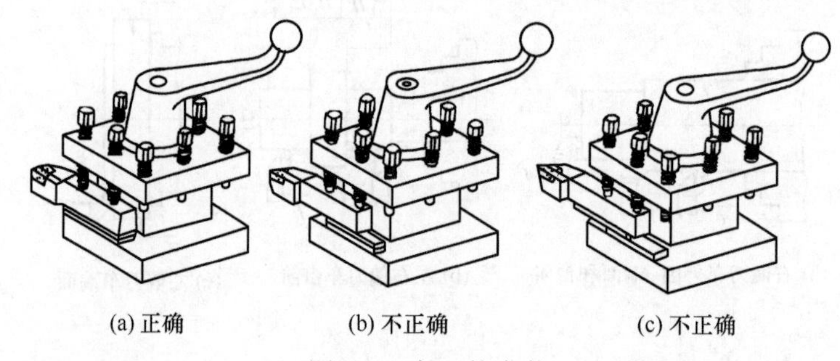

图5-8 车刀的安装

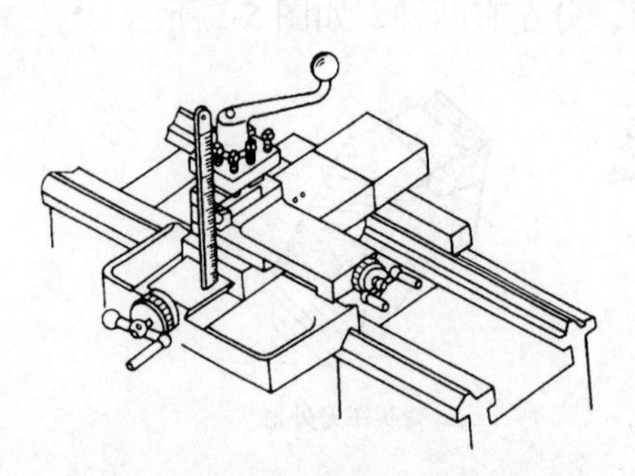

图5-9 用钢尺测量中心高对刀

② 车刀刀尖应装得与工件中心线等高，否则会改变前角和后角的实际工作角度。其安装方法有以下几种。

a. 根据车床主轴中心高度，用钢尺测量方法装刀，如图5-9所示。

b. 根据尾座顶尖的高度装刀，如图5-10所示。

c. 把车刀靠近工件端面目测车刀的高低，

然后紧固车刀将工件端面车一刀，再根据工件端面中心装准车刀，如图 5-11 所示。

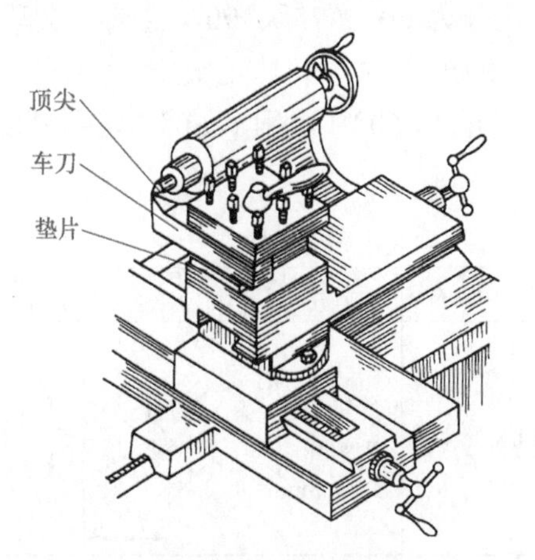

图 5-10 按尾座顶尖高度装刀

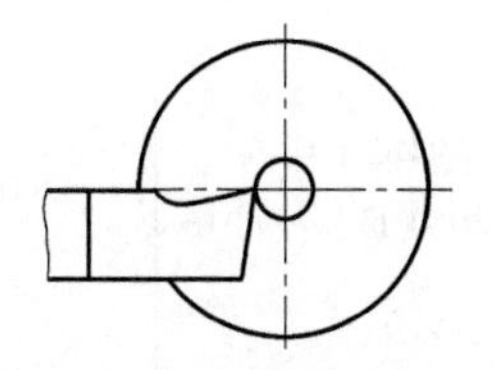

图 5-11 按工件中心装刀

③ 安装车刀时，刀杆轴线应与走刀方向垂直，若车刀装得歪斜会使主偏角和副偏角的数值发生变化，参见图 5-12。车台阶时，台阶会与工件轴线不垂直。

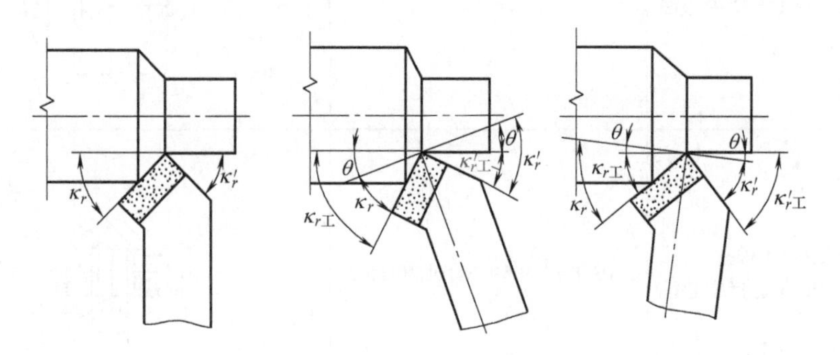

(a) 对正 κ_r 及 κ_r' 不变 (b) 偏右 $\kappa_{r工}=\kappa_r+\theta, \kappa_{r工}'=\kappa_r'-\theta$ (c) 偏左 $\kappa_{r工}=\kappa_r-\theta, \kappa_{r工}'=\kappa_r'+\theta$

图 5-12 车刀装得歪斜对车刀偏角的影响

a. 当刀杆装得与工件轴线垂直时，主偏角与副偏角不改变，如图 5-12（a）所示。

b. 当刀杆装得向右歪斜时，则主偏角增大，副偏角减小，如图 5-12（b）所示。

c. 当刀杆装得向左歪斜时，则主偏角减小，副偏角增大，如图 5-12（c）所示。

④ 车刀要用两个以上螺钉压紧在刀架上，并逐个轮流拧紧，以防车削时产生振动。

5.1.3 中心孔

中心孔又称顶尖孔，是用中心钻在轴类零件的端面上钻出的孔。中心孔是轴类零件的工艺基准，也是轴类零件的测量基准。

（1）中心孔的形式

根据中心孔夹角的不同，可将中心孔分为60°、75°、90°三类，其基准分别是60°、75°、90°的圆锥面；根据中心孔的形式又可将中心孔分为A型、B型、C型和R型中心孔四类。车削加工中常用的是60°中心孔，60°中心孔的结构形式如表5-1所示。

表5-1 中心孔的结构形式

中心孔的形式	标记示例	标注说明
A（不带保护锥）根据GB/T 145—2001 选择中心钻	GB/T 4459.5-A4/8.5	D=4mm D_1=8.5mm 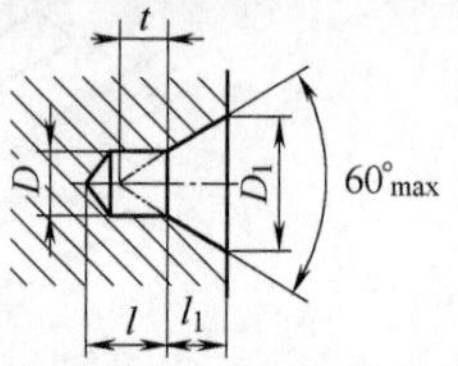
B（带保护锥）根据GB/T 145—2001 选择中心钻	GB/T 4459.5-B2.5/8	D=2.5mm D_1=8mm 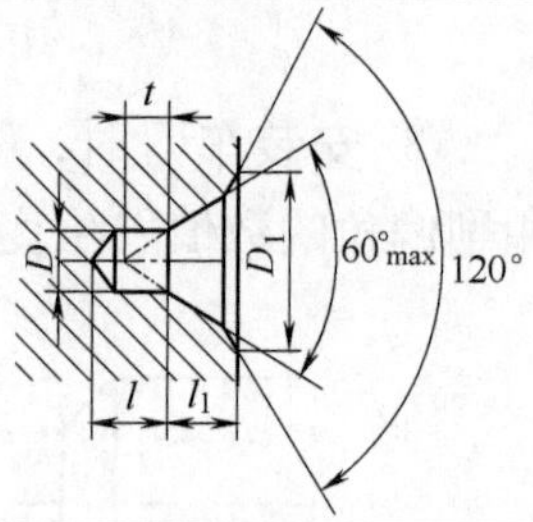
C（带螺纹）根据GB/T 145—2001 选择中心钻	GB/T 4459.5-CM10L30/16.3	D=M10 l=30mm D_2=16.3mm 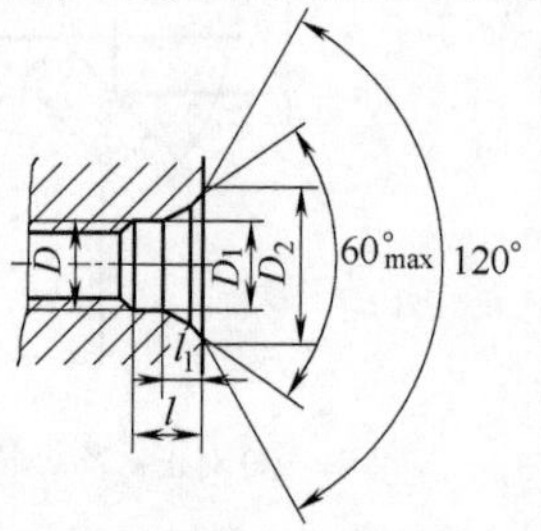
R（弧形）根据GB/T 145—2001 选择中心钻	GB/T 4459.5-R3.15/6.7	D=3.15mm D_1=6.7mm 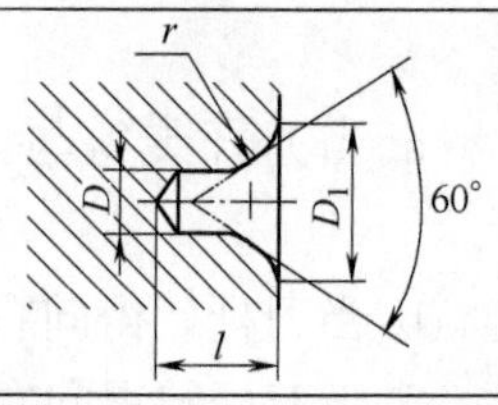

（2）标准中心孔的符号与标注

中心孔通常是零件车削、磨削等加工的工艺基准，也可作为检测、装配的基准，但对于不同的零件，加工完成后，工艺孔是否需要保留，其要求是不一样的。为了表达在完工的零件上是否保留中心孔的要求，可采用表5-2中规定的符号。

表 5-2　标准中心孔的符号

要求	符号	标注示例	解释
在完工的零件上要求保留中心孔		GB/T 4459.5-B2.5/8	采用 B 型中心孔：D=2.5，D_1=8（各字母的意义参见表 5-1）。在完工的零件上要求保留
在完工的零件上可以保留中心孔		GB/T 4459.5-A4/8.5	采用 A 型中心孔：D=4，D_1=8.5（各字母的意义参见表 5-1）。在完工的零件上保不保留都可以
在完工的零件上不允许保留中心孔		GB/T 4459.5-A1.6/3.35	采用 A 型中心孔：D=1.6，D_1=3.35（各字母的意义参见表 5-1）。在完工的零件上不允许保留

对于标准的中心孔，在图样上的标注可按以下要求进行。

① 对于已经有相应标准规定的中心孔，在图样中可不绘制详细结构，只需注出其代号，如表 5-2 所示。如同一轴的两端中心孔相同，可只在其一端标出，但应注出其数量，如图 5-13 所示。

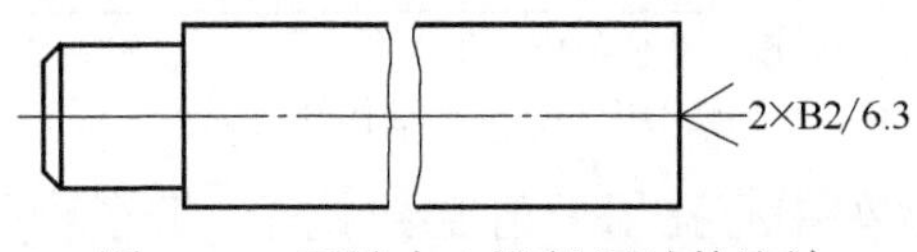

图 5-13　两端中心孔相同时的注法

② 如需指明中心孔的标准代号，可标注在中心孔型号的下方，如图 5-14 所示。

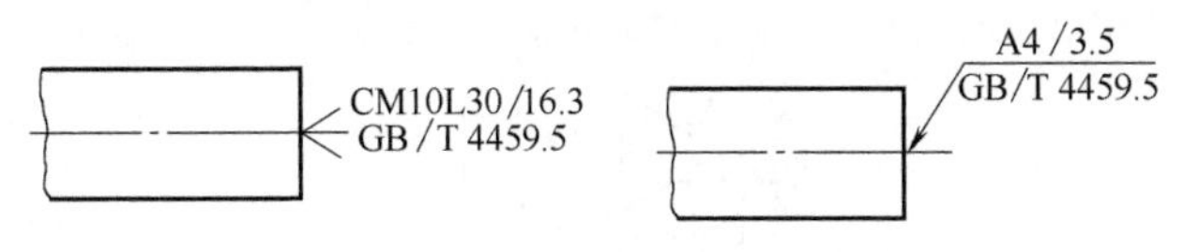

图 5-14　需指明中心孔的标准代号时的标注

③ 中心孔工作表面的粗糙度应在引出线上标出，如图 5-15 所示，表面粗糙度的上限值为 1.25μm。

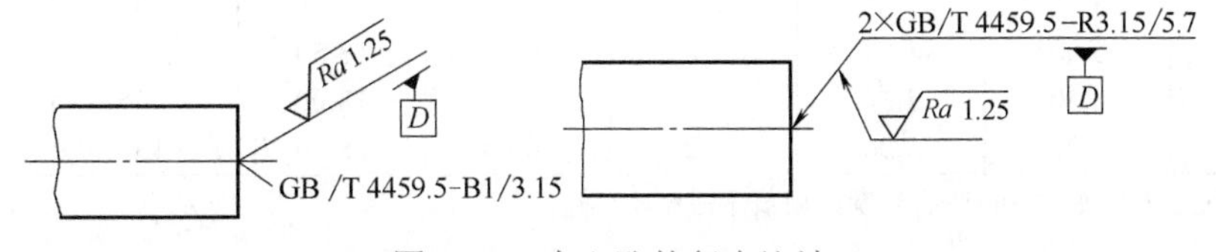

图 5-15　中心孔的复合注法

④ 以中心孔的轴线为基准时，基准代（符）号可按图 5-15 的方法标注。

（3）中心孔的类型及用途

中心孔的类型及用途主要有以下方面的内容。

① A 型中心孔。A 型中心孔用于不需要重复使用的中心孔，且精度一般的轴类零件，其形状、尺寸见表 5-3。

表 5-3 A 型中心孔 单位：mm

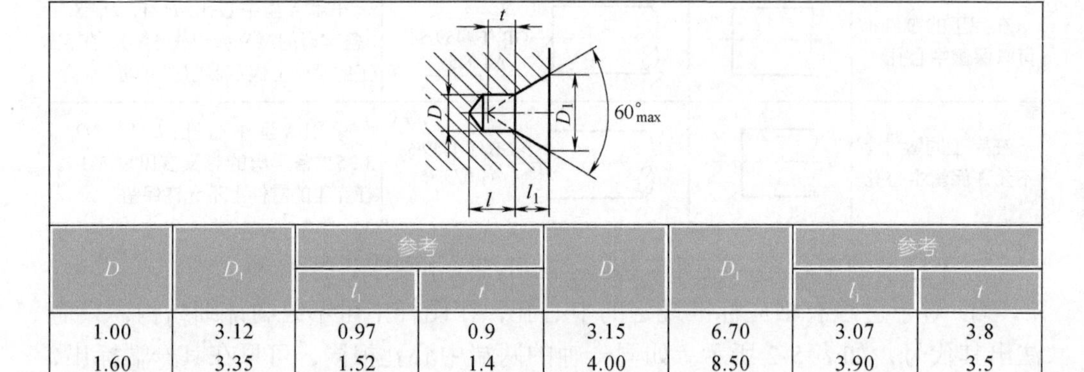

D	D_1	参考		D	D_1	参考	
		l_1	t			l_1	t
1.00	3.12	0.97	0.9	3.15	6.70	3.07	3.8
1.60	3.35	1.52	1.4	4.00	8.50	3.90	3.5
3.00	4.25	1.95	1.8	6.30	13.20	5.98	5.5
3.50	5.30	3.42	3.2	10.00	21.20	9.70	8.7

注：1. 尺寸 l 取决于中心钻的长度，此值不应小于 t 值。

2. 当在图样上标注中心孔时，必须注明中心孔的标准代号。

② B 型中心孔。B 型中心孔用于精度要求高，工序较多需多次使用中心孔的轴类零件。其形状、尺寸见表 5-4。

表 5-4 B 型中心孔 单位：mm

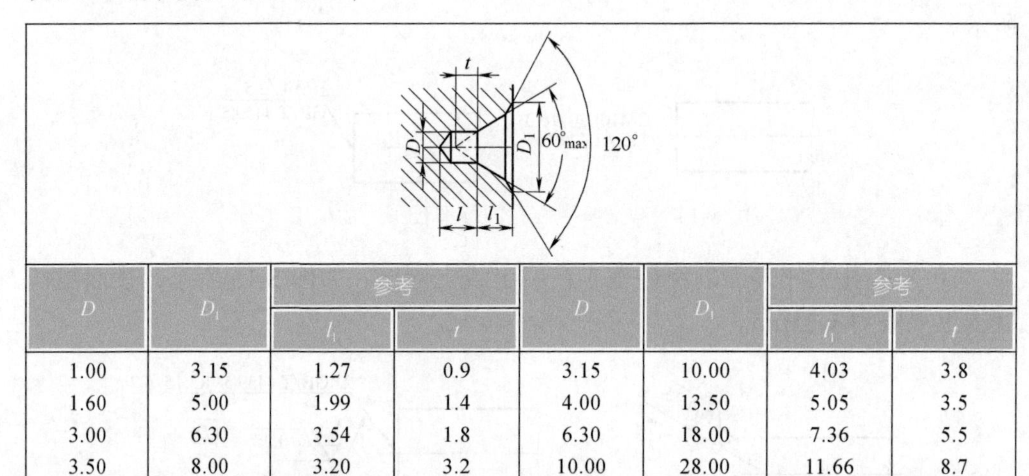

D	D_1	参考		D	D_1	参考	
		l_1	t			l_1	t
1.00	3.15	1.27	0.9	3.15	10.00	4.03	3.8
1.60	5.00	1.99	1.4	4.00	13.50	5.05	3.5
3.00	6.30	3.54	1.8	6.30	18.00	7.36	5.5
3.50	8.00	3.20	3.2	10.00	28.00	11.66	8.7

注：尺寸 l 取决于中心钻的长度，此值不应小于 t 值。

③ C 型中心孔。C 型中心孔用于需在轴向固定其他零件的工件。其形状、尺寸见表 5-5。

表 5-5 C 型中心孔 单位：mm

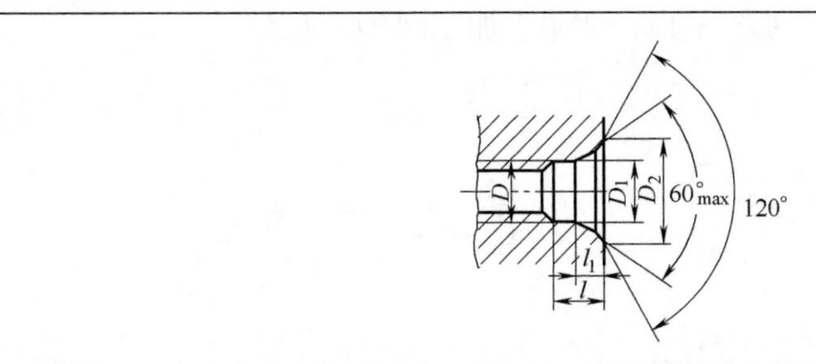

D	D_1	D_2	l	参考	D	D_1	D_2	l	参考
				l_1					l_1
M3	3.2	5.8	3.6	1.8	M10	10.5	16.3	7.5	3.8
M4	4.3	7.4	3.2	3.1	M12	13.0	19.8	9.5	4.4
M5	5.3	8.8	4.0	3.4	M16	17.0	25.3	13.0	5.2
M6	6.4	10.5	5.0	3.8	M20	21.0	31.3	15.0	6.4
M8	8.4	13.2	6.0	3.3	M24	25.0	38.0	18.0	8.0

④ R 型中心孔。R 型与 A 型中心孔相似，但是为圆弧面与顶尖接触配合变成线接触，可自动纠正少量的位置偏差，适用于定位精度要求高的轴类零件，但 R 型中心孔极少使用。其形状、尺寸见表 5-6。

表 5-6 R 型中心孔 单位：mm

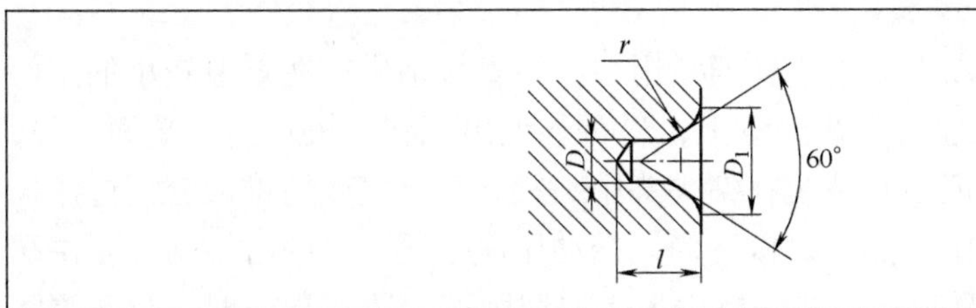

D	D_1	l_{min}	参考		D	D_1	l_{min}	参考	
			max	min				max	min
1.00	3.12	3.3	3.15	3.50	3.15	6.70	7.0	10.00	8.00
1.60	3.35	3.5	5.00	4.00	4.00	8.50	8.9	13.50	10.00
3.00	4.25	4.4	6.30	5.00	6.30	13.20	14.0	20.00	16.00
3.50	5.30	5.5	8.00	6.30	10.00	21.20	23.5	31.50	25.00

（4）中心钻的类型及用途

为适应各种标准中心孔加工的需要，国家标准给出了相应的中心钻，主要有三种。

① 不带护锥中心钻（A 型），见图 5-16，适用于加工 A 型中心孔。

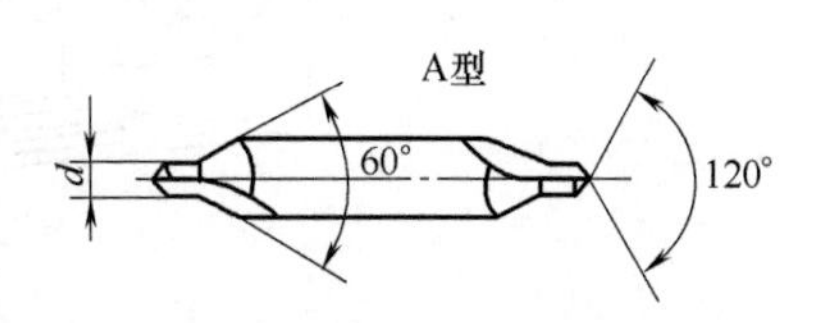

图 5-16 不带护锥中心钻（A 型）

② 带护锥中心钻（B 型），见图 5-17，适用于加工 B 型中心孔。

③ 弧形中心钻（R 型），见图 5-18，适用于加工 R 型中心孔。

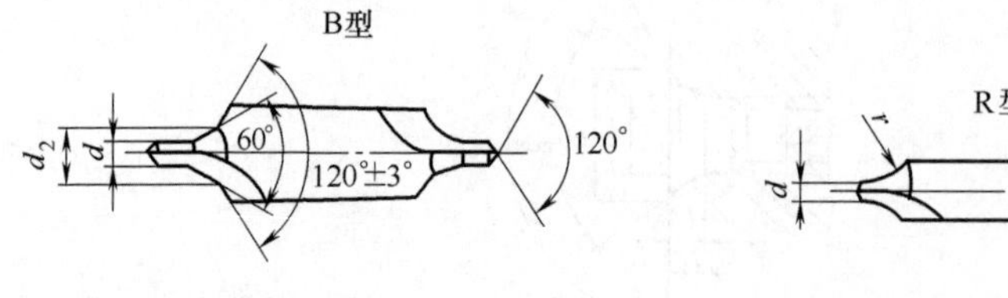

图 5-17　带护锥中心钻（B 型）　　　　图 5-18　弧形中心钻（R 型）

（5）中心孔的加工

钻中心孔前必须将车床尾座严格地校正，如图 5-19 所示。使其对准主轴中心，见图 5-20。中心孔的加工通常按以下方法进行。

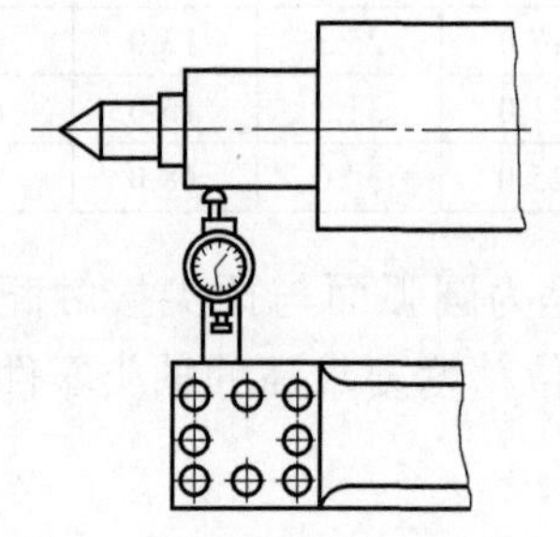

图 5-19　尾座横向位置调整

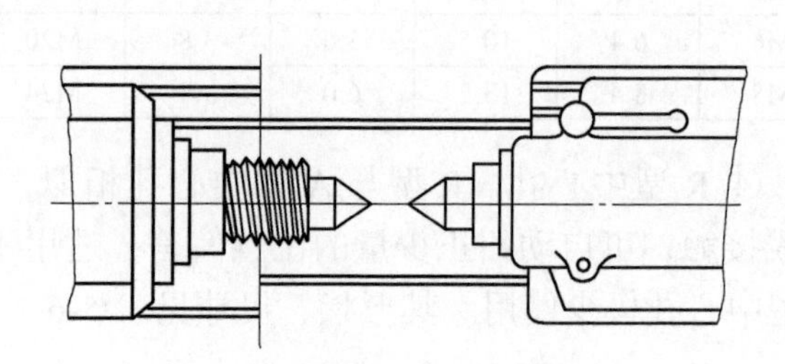

图 5-20　校正尾座与主轴对中心

① 对于直径 6mm 以下的中心孔通常用中心钻直接钻出。在直径较小的工件上钻中心孔时，应把工件夹紧在卡盘上，尽可能伸出短些，校正后，端面车平，不允许留有凸头。然后把中心钻装在钻夹头中夹紧，并直接或用锥形套柄过渡插入车床尾座套筒的锥孔中。然后缓慢均匀地摇动尾座手轮，当中心钻钻入工件端面时（图 5-21），速度要减慢，并保持均匀，加切削液，还应勤退刀，及时清除切屑。当中心孔钻到尺寸时，先停止进给，再停机，利用主轴惯性使中心孔表面修圆整后再退出。

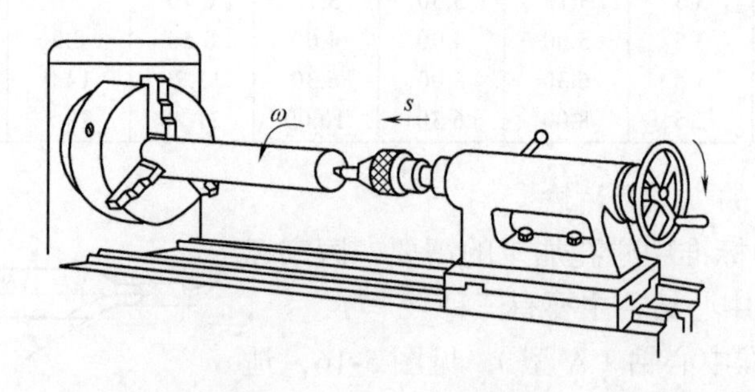

图 5-21　在车床上钻中心孔

② 在直径大又长的工件上钻中心孔。如果工件直径较大，而且又长，不能通过车床主轴孔内，这时采用卡盘夹持及中心架支承的方法钻中心孔，参见图 5-22。

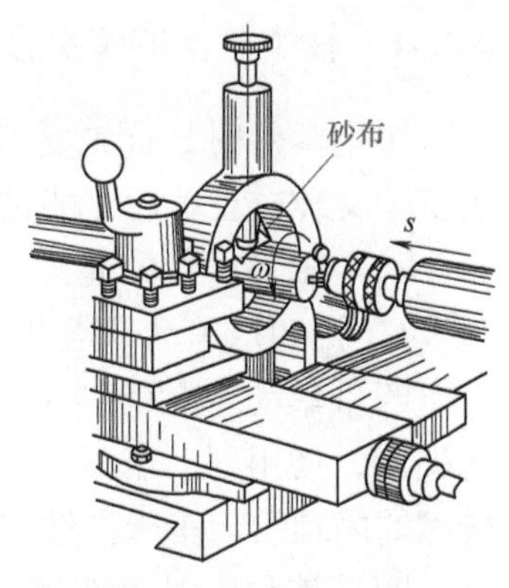

图 5-22 在中心架上钻中心孔

③ 钻 C 型中心孔。用两个不同直径的钻头钻螺纹底孔和短圆柱孔，如图 5-23（a）、图 5-23（b）所示，内螺纹用丝锥攻出，参见图 5-23（c），60° 及 120° 锥面可用 60° 及 120° 锪钻锪出，如图 5-23（d）、图 5-23（e）所示，或用改制的 B 型中心钻钻出［图 5-23（f）］。

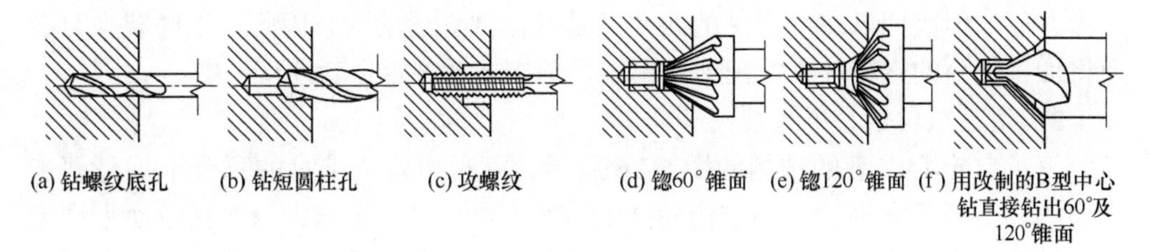

图 5-23 C 型中心孔的加工

（6）中心孔质量分析

正确的中心孔形状如图 5-24（a）所示；当中心孔钻得过深时，将使顶尖跟中心孔不能锥面配合，接触不好，如图 5-24（b）所示；若工件直径很小，但中心孔钻得很大，将使工件因没有端面而形成废品，如图 5-24（c）所示；图 5-24（d）、图 5-24（e）所示为中心孔钻偏，使工件毛坯车不到规定尺寸而成废品的情形；图 5-24（f）所示为两端中心孔连线与工件轴线不重合，造成工件余量不够而成废品的情形；图 5-24（g）所示为中心钻磨损以后，圆柱部分修磨得太短，造成顶尖与中心孔的底相碰，使 60° 锥面不接触而影响加工精度的情形。

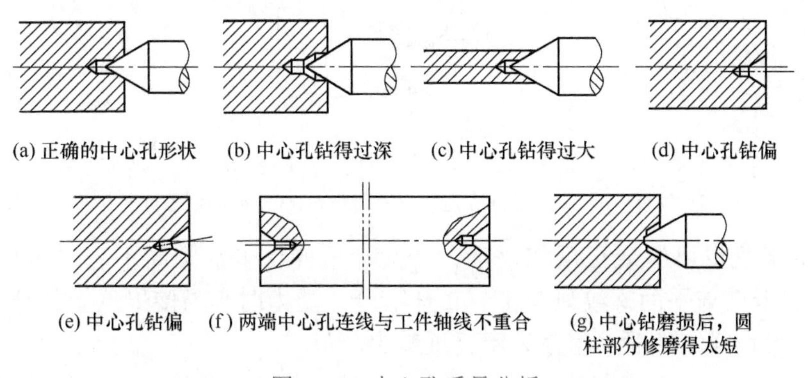

图 5-24 中心孔质量分析

5.1.4 轴类零件的装夹及找正

车削零件时，首先要把零件装夹在卡盘、心轴或夹具上，然后再经过必要的找正（又称校正）后才能进行车削。

（1）轴类零件的装夹

1）用四爪单动卡盘装夹

四爪单动卡盘的结构如图 5-25 所示，装夹时通过卡爪向卡盘中心的移动实现夹紧，使用时，卡爪可装成正爪或反爪。卡盘后面配有连接盘（法兰盘），连接盘的内螺纹与车床主轴螺纹相配合。

四爪单动卡盘是车床上常用的夹具，它适用于装夹形状不规则或大型的工件，夹紧力较大，装夹精度较高，不受卡爪磨损的影响，但装夹不如三爪自定心卡盘方便。但因四爪单动卡盘的四个爪是各自独立运动的，因此，工件装夹时必须将加工部分的旋转轴线找正到与车床主轴旋转轴线重合后才可车削。

2）用三爪自定心卡盘装夹

三爪自定心卡盘的结构如图 5-26 所示，三爪自定心卡盘的三个卡爪是同步运动的。当扳手方榫插入小锥齿轮 2 的方孔 1 转动时，小锥齿轮 2 就带动大锥齿轮 3 转动。大锥齿轮 3 的背面是一平面螺纹 4，三个卡爪 5 背面的螺纹与平面螺纹啮合，因此当平面螺纹转动时，就带动三个卡爪同时做向心或离心移动。三爪卡盘三个卡爪背面的平面螺纹起始距离不同，安装时须将卡爪上的号码 1、2、3 和卡盘上的号码 1、2、3 对好，按顺序安装。

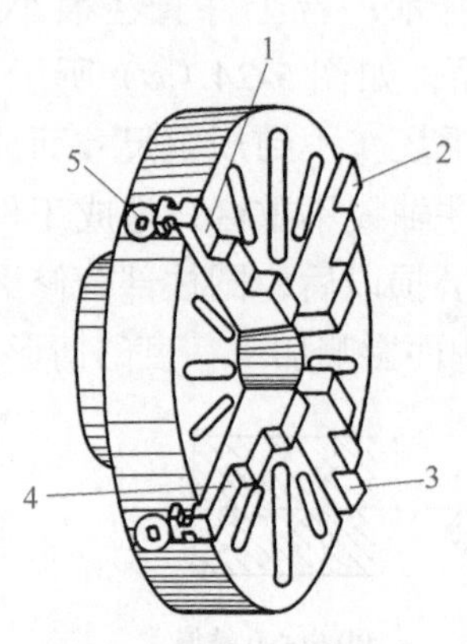

图 5-25 四爪单动卡盘

1～4—卡爪；5—丝杆

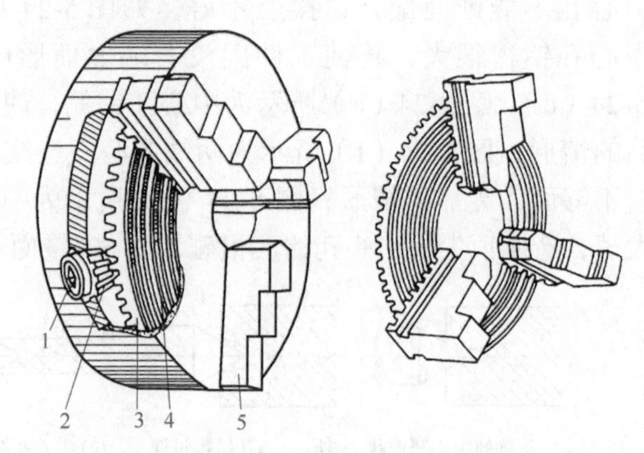

图 5-26 三爪自定心卡盘

1—方孔；2—小锥齿轮；3—大锥齿轮；4—平面螺纹；5—卡爪

三爪卡盘也可装成正爪和反爪，一般卡爪伸出卡盘圆周不超过卡爪长度的 1/3，否则卡爪与平面螺纹只有 1～2 牙啮合，受力时容易使卡爪上的牙齿碎裂。所以装夹大直径工件时，尽量采用反爪装夹。

三爪自定心卡盘能自动定心，工件装夹后一般不需找正，但在加工同轴度要求较高的工件时，也需逐件校正。它适用于装夹外形规则的零件，如圆柱形、正三边形、正六边形等工件。

卡盘旋紧后应装上并拧紧主轴卡盘上的保险装置，以防卡盘脱落，如图 5-27 所示。

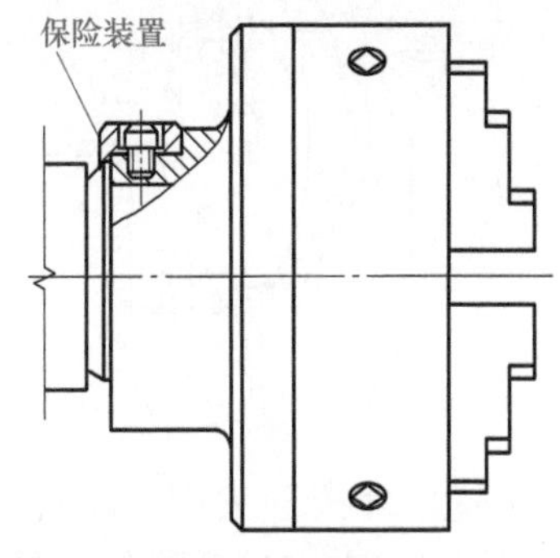

图 5-27 卡盘保险装置

3）在两顶尖间装夹

对于较长的或必须经过多次装夹才能完成的工件（如细长轴等），或工序较多，在车削后还要进行磨削加工的工件，为了使每次装夹都能保持其安装精度（保证同轴度），多采用两顶尖装夹工件。用两顶尖装夹方便，不需校正，安装精度高。但必须先在工件两端钻出中心孔。

顶尖有前顶尖和后顶尖两种。它用来定位，并承受工件的重力和切削力。

插在主轴锥孔内与主轴一起旋转的叫前顶尖［图 5-28（a）］。有时为了准确和方便，也可以在三爪卡盘上夹一段钢料，车成 60° 顶尖来代替前顶尖［图 5-28（b）］。该顶尖在卡盘上拆下后，当再次使用时，应重新车削锥面，以保证顶尖锥面旋转轴线与车床主轴旋转轴线重合。

插入车床尾座套筒内的叫后顶尖。后顶尖又分固定顶尖和回转顶尖两种，具体参见本书“1.4.4 常见车床夹具的结构及使用特点”的相关内容。

采用两顶尖定位，通常采用以下几种方式来传递车床主轴的旋转运动。

① 拨盘和弯头鸡心夹头带动工件旋转。如图 5-29 所示，通过拨盘盘面上带有的 U 形槽与弯头鸡心夹头配合，实现对所装夹工件的旋转运动的传递。

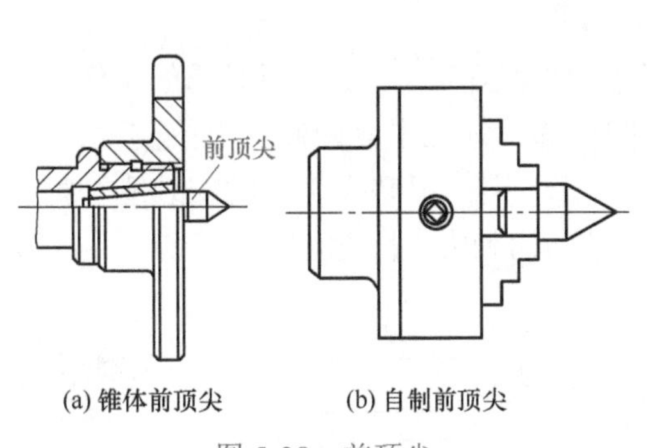

图 5-28 前顶尖

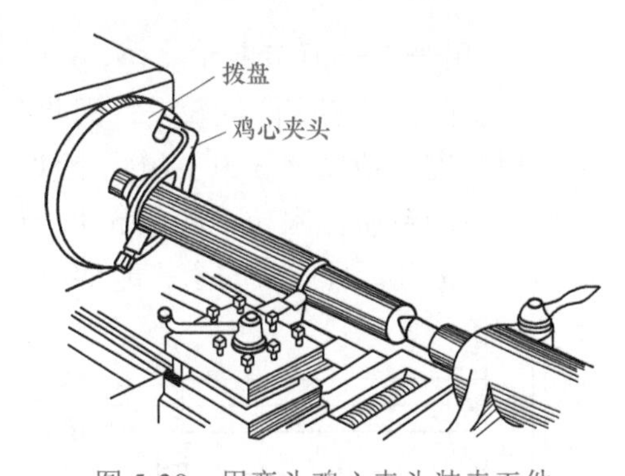

图 5-29 用弯头鸡心夹头装夹工件

② 拨盘和直尾鸡心夹头带动工件旋转。如图 5-30 所示，通过拨盘盘面带有的拨杆与直尾鸡心夹头配合，实现对所装夹工件的旋转运动的传递。

③ 三爪卡盘带动工件旋转。如图 5-31 所示，通过用三爪卡盘代替拨盘，实现对所装夹工件的旋转运动的传递。

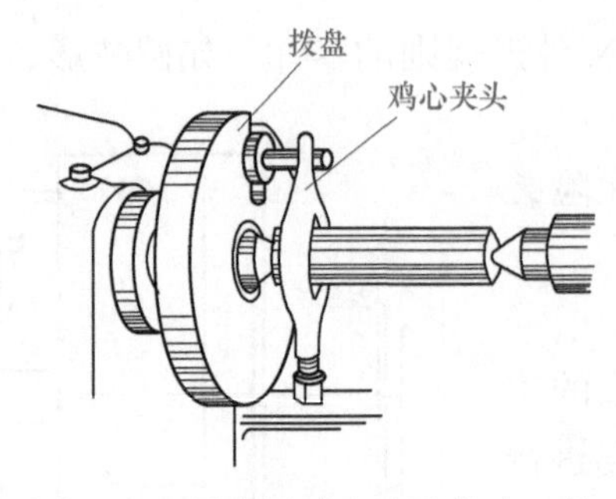

图 5-30 用直尾鸡心夹头装夹工件

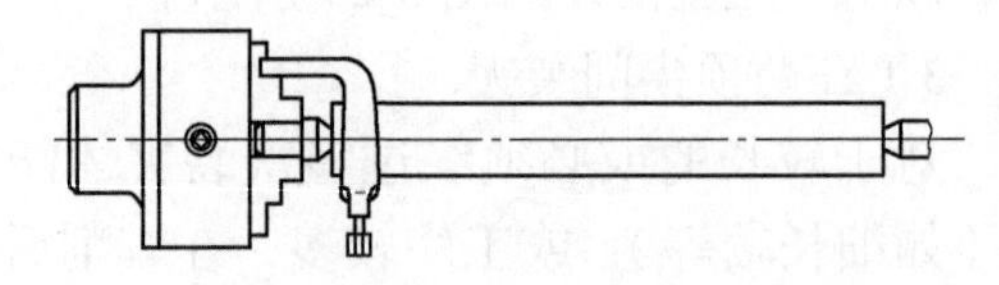
图 5-31 用三爪卡盘代替拨盘装夹工件

④ 外拨顶尖带动工件旋转。如图 5-32 所示，通过外拨顶尖和回转顶尖顶紧时的摩擦力来带动零件旋转，适用于一端有中心孔且余量较小的轴类工件。

⑤ 内拨顶尖带动工件旋转。如图 5-33 所示，通过两个内拨顶尖配合装夹，实现对所装夹工件的旋转运动的传递，适用于两端有孔的轴类工件。

⑥ 伞形回转顶尖带动工件旋转。如图 5-34 所示，通过伞形回转顶尖与回转顶尖配合装夹，实现对所装夹工件的旋转运动的传递，适用于两端有孔、余量较小的轴类工件。

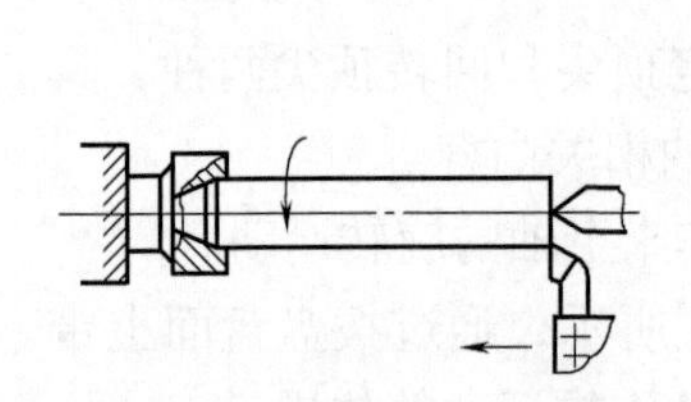
图 5-32 外拨顶尖拨顶装夹

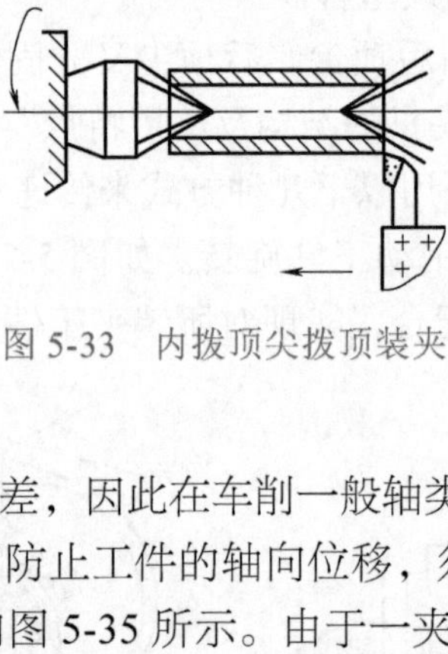

图 5-33 内拨顶尖拨顶装夹

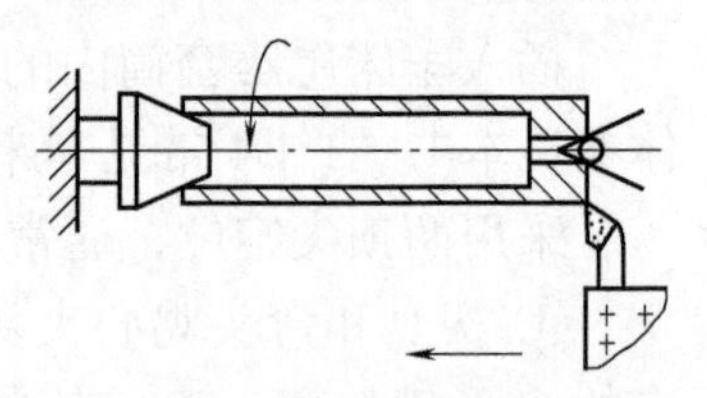
图 5-34 伞形回转顶尖装夹

4）用一夹一顶装夹

由于两顶尖装夹刚性较差，因此在车削一般轴类零件，尤其是较重的工件时，常采用一夹一顶装夹。为了防止工件的轴向位移，须在卡盘内装一限位支承，或利用工件的台阶作限位，如图 5-35 所示。由于一夹一顶装夹工件的安装刚性好，轴向定位正确，且比较安全，能承受较大的轴向切削力，因此应用很广泛。

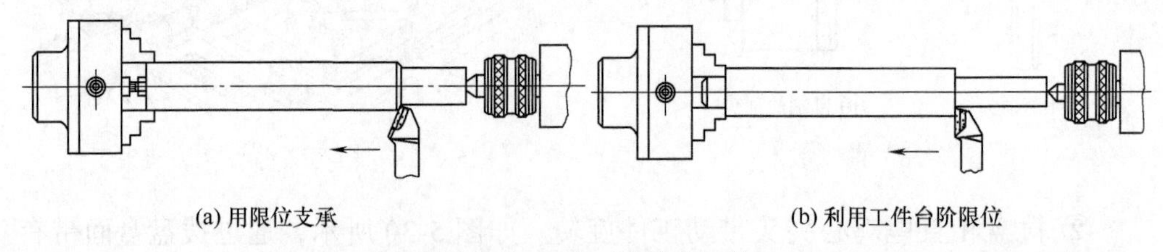
(a) 用限位支承　(b) 利用工件台阶限位

图 5-35 一夹一顶装夹工件

5）用卡盘、顶尖配合中心架、跟刀架装夹

中心架一般直接安装在工件中间，如图 5-36 所示，这种装夹方法可提高车削细长轴时工件的刚性。

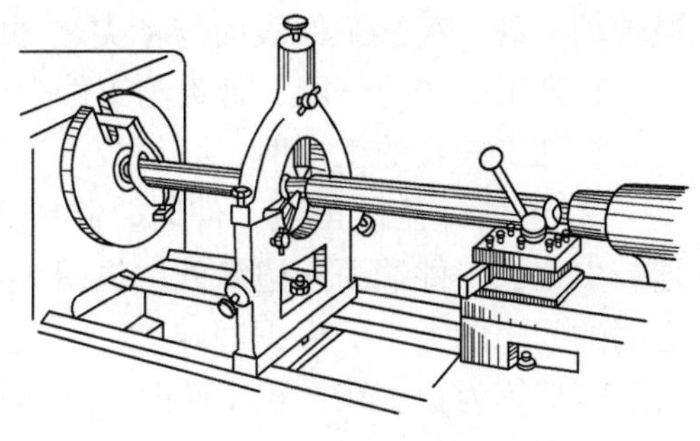

图 5-36 用中心架车细长轴

安装中心架前，需先在工件毛坯中间车出一段沟槽，使中心架的支承爪与工件能良好接触。槽的直径略大于工件最后尺寸，宽度应大于支承爪。车削时，支承爪与工件接触处应经常加注润滑油，并注意调节支承爪与工件之间的压力，以防拉毛工件及摩擦发热。

此外，车削大而长的工件端面、钻中心孔或较长套筒类工件的内孔、内螺纹时，可采用如图 5-37 所示的一端夹住一端搭中心架的方法。但要注意：搭中心架一端的工件旋转中心应找正到与车床主轴旋转中心重合。

跟刀架通常固定在车床床鞍上，与车刀一起移动，如图 5-38 所示。主要用来车削不允许接刀的细长轴。使用跟刀架时，要在工件端部车一段安装跟刀架支承爪的外圆。支承爪与工件接触的压力要适当，否则车削时跟刀架可能不起作用，或者将工件车成竹节形或螺旋形。

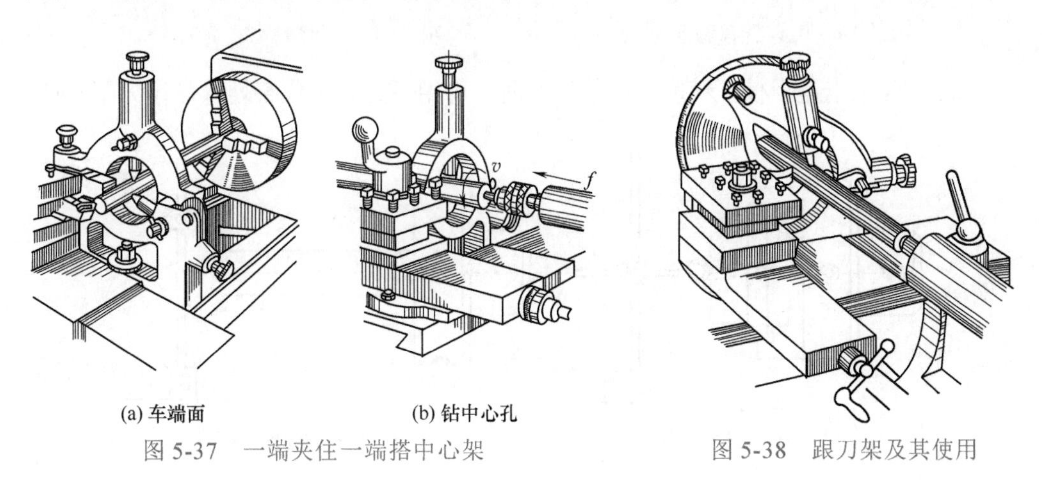

图 5-37 一端夹住一端搭中心架

图 5-38 跟刀架及其使用

(2) 轴类零件的找正

三爪自定心卡盘及四爪单动卡盘是车床上最常用的夹具。由于三爪自定心卡盘能自动定心，因此，它夹持工件时一般不需要找正。但如工件伸出卡盘较长，则仍需找正。其找正方法可参照四爪单动卡盘的找正方法进行。

由于四爪单动卡盘的四个卡爪是各自独立运动的，因此必须通过找正，使工件的旋转中心与车床主轴的旋转中心重合，才能车削。四爪单动卡盘的找正操作要点及方法主要有以下方面的内容。

① 用划针盘校正外圆时，先使划针稍离工件外圆，如图 5-39 所示，然后慢

慢转动卡盘，观察工件表面与针尖之间的间隙的大小。根据间隙大小调整卡爪位置，直到工件转动一周，针尖与工件表面距离均等为止。

在加工较长的工件时，必须校正工件的前、后端外圆。

② 用划针盘校正短工件时，除校正外圆外，还必须校正端面。校正时，把划针尖放在工件端面近边缘处，见图 5-40，慢慢转动工件，观察工件端面与针尖之间的间隙的大小。根据间隙大小，用铜锤或木锤轻轻敲击，直到端面各处与针尖距离相等为止。在校正工件时，平面和外圆必须同时兼顾。

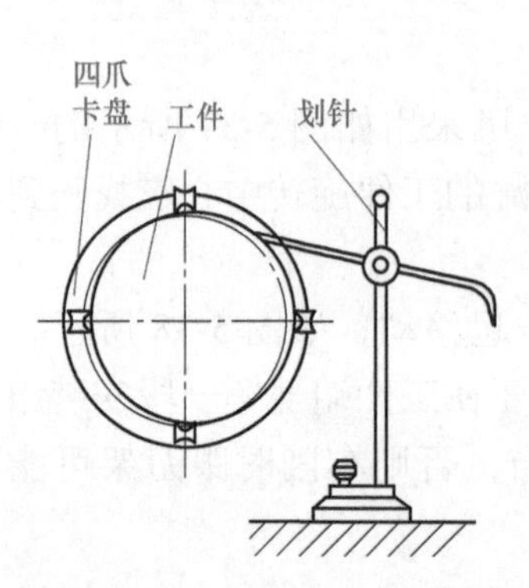

图 5-39　用划针盘校正外圆

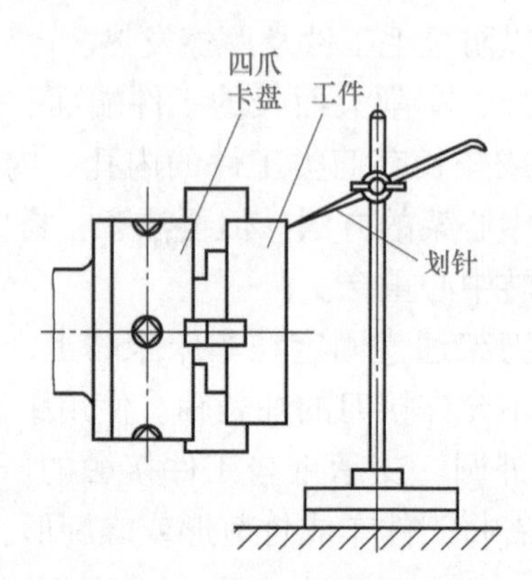

图 5-40　用划针盘校正端面

③ 在四爪卡盘上校正精度较高的工件时，可用百分表来代替划针盘，见图5-41。

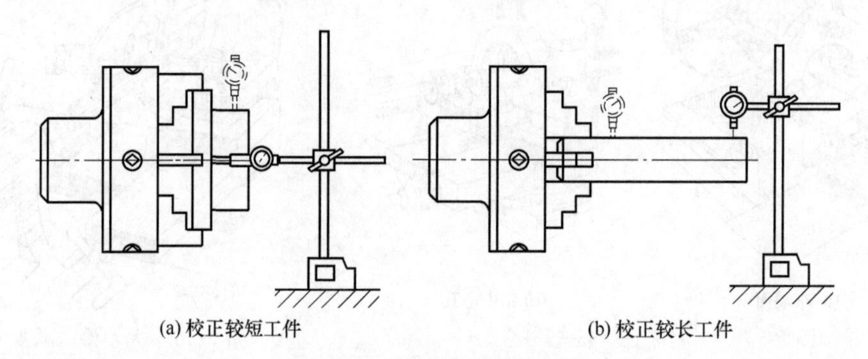

图 5-41　用百分表校正工件

④ 用划针盘校正“十字线”方法，如图 5-42 所示。

在加工方形工件对称中心圆台时为保证工件的对称，必须校正工件上的 *AB* 与 *CD* 两条中心线（俗称十字线）。校正时，先将划针盘放在中拖板上（图5-43），摇动中拖板移动划针，使针尖在水平位置上对准 *AB* 线。划针不动，将工件旋转 180°，再用中拖板移动划针，看划针尖是否对准 *AB* 线，如划针尖高于或低于 *AB* 线，则应调整卡爪（其调整量为划针尖与 *AB* 线间距的 1/2）。然后再将工件旋转 180°重复前面的动作，直到工件两次旋转 180°，*AB* 线与划针尖移动的线完全重合为止。校正 CD 线的方法与校正 AB 线相同。

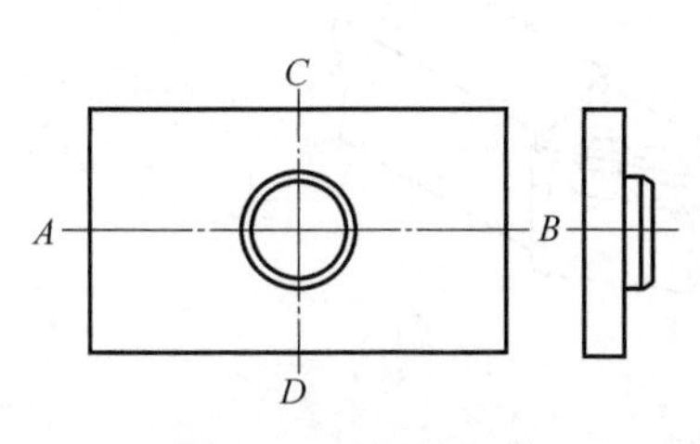

图 5-42　方形工件

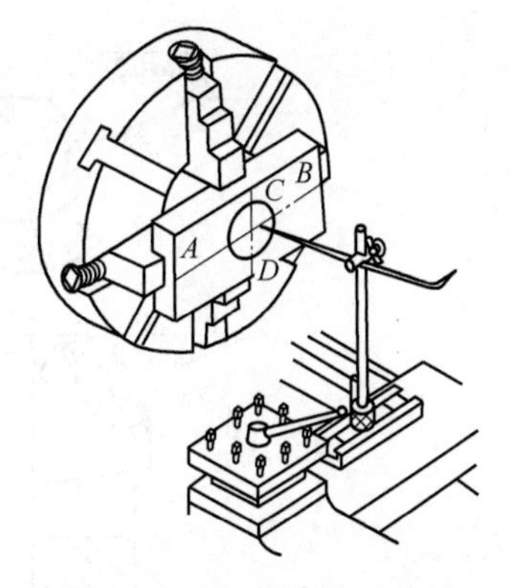

图 5-43　十字线校正方法

5.2　外圆车削操作基本技术

外圆是构成零件的最基本表面之一，车削外圆是最常见、最普遍的加工。正确的车削好外圆是保证所车削零件质量的基础。

5.2.1　车刀的选择

按所用外圆车刀的不同，常用的外圆车削操作形式如图 5-44 所示。

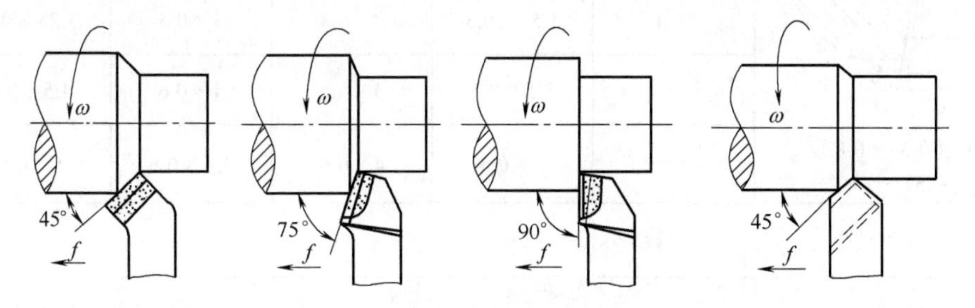

图 5-44　车外圆

车削外圆，常用车刀的选择主要有以下几方面。

1）75°硬质合金钢件粗车刀

75°硬质合金钢件粗车刀结构如图 5-45 所示（其中图 5-45 中 a、b 值见表 5-7 和表 5-8），该刀具的特点与应用如下。

① 刀片采用 YT5 或 YT15。

② 主偏角 κ_r=75°；刃倾角 λ_s=−5° ～ −10°；主切削刃上磨有倒棱 b_{r1}=（0.8 ～ 1）f；倒棱前角 γ_{01}=−5° ～ −10°。因此，车刀刀头散热条件好，刀尖及切削刃强度好。适用于粗车钢件。

③ 一般切削用量可选 a_p=3 ～ 5mm；f=0.4 ～ 0.8mm/r；v=80 ～ 120m/min。

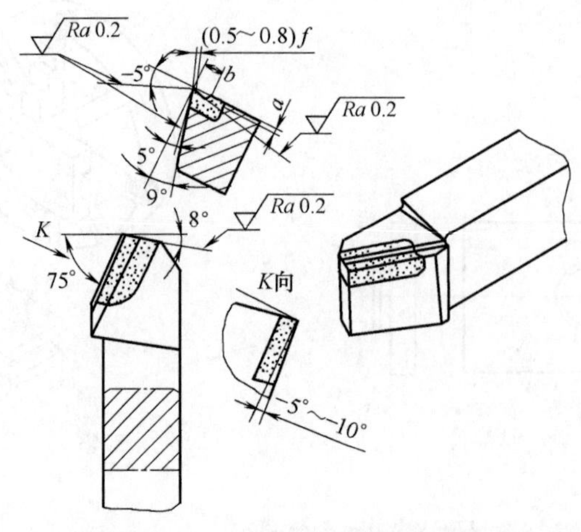

图 5-45 75°硬质合金钢件粗车刀

表 5-7 直线型硬质合金车刀断屑槽尺寸 单位：mm

吃刀深度 a_p	走刀量 f			
	0.15 ～ 0.3	0.3 ～ 0.45	0.45 ～ 0.7	0.7 ～ 0.9
	$b \cdot a$			
～ 1	1.5 ～ 0.3	2 × 0.4	3 × 0.5	3.25 × 0.5
1 ～ 4	3.5 × 0.5	3 × 0.5	4 × 0.6	4.5 × 0.6
4 ～ 9	3 × 0.5	4 × 0.6	4.5 × 0.6	5 × 0.6

120°～125°　B　b　a　γ_{01}　5°　7°　10°

B=（0.5 ～ 0.8）f

γ_{01}=-5° ～ -10°

表 5-8 圆弧型硬质合金车刀断屑槽尺寸 单位：mm

吃刀深度 a_p	走刀量 f				
	0.3	0.4	0.5 ～ 0.6	0.7 ～ 0.8	0.9 ～ 1.2
	R				
2 ～ 4	3	3	4	5	6
5 ～ 7	4	5	6	8	9
7 ～ 12	5	8	10	12	14

B　b　R　a　γ_{01}　γ

a 为 0.5 ～ 1.3mm（由所取前角值决定）；R 在 b 的宽度和 a 的深度下成一自然圆弧

2）90°硬质合金钢件精车刀

90°硬质合金钢件精车刀结构如图 5-46 所示（其中图 5-46 中 a、b 值参见表 5-7 和表 5-8），该刀具的特点与应用如下。

① 刀片采用 YT15 或 YI30。

② 前角较大 γ_0=10° ～ 25°；并磨有圆弧型断屑槽。因此，车刀锋利并能自行断屑。适用于精车钢件。

③ 一般切削用量可选 a_p=0.4 ～ 0.75mm；f=0.08 ～ 0.15mm/r；v=130m/min。

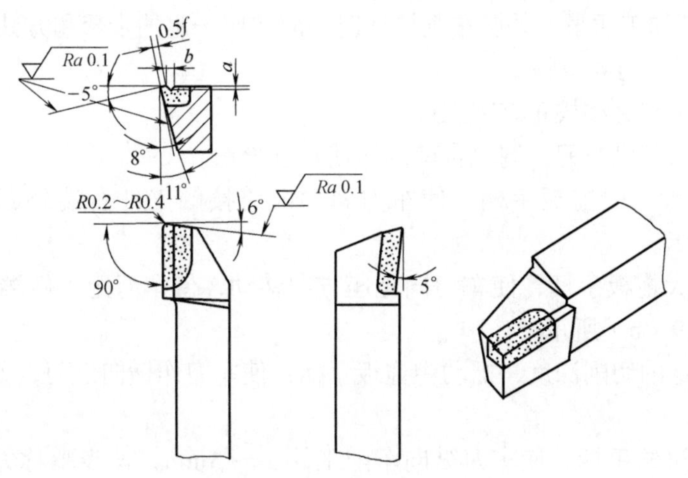

图 5-46 90°硬质合金钢件精车刀

3）75°硬质合金铸铁粗车刀

75°硬质合金铸铁粗车刀结构如图 5-47 所示，该刀具的特点与应用如下。

① 刀片采用 YG6。

② 主偏角 κ_r=75°，副偏角 κ_r'=5°；前角 γ_0=15°；斜向负倒棱（0.2 ～ 0.4）f 至（1 ～ 1.5）f；刃倾角 λ_s=−3°；刀尖圆弧 γ_ε=1.5mm。因此，车刀刀头散热条件好，刀尖及切削刃强度好。适用于粗车铸铁件。

③ 一般切削用量可选 a_p=5 ～ 10mm；f=0.75 ～ 1.5 mm/r；v=30 ～ 50m/min。

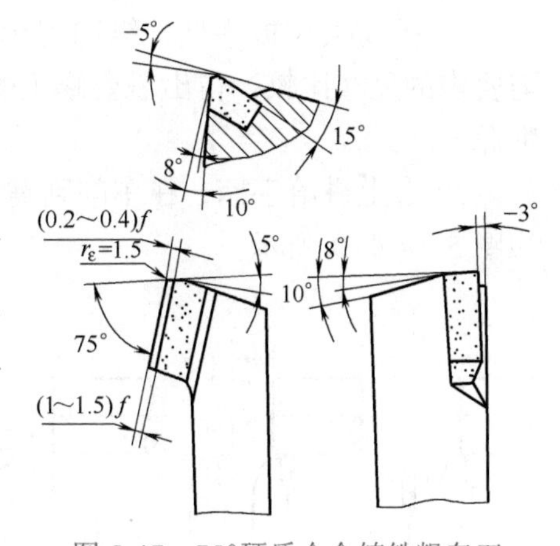

图 5-47 75°硬质合金铸铁粗车刀

4）45°硬质合金铸铁精车刀

45°硬质合金铸铁精车刀结构如图 5-48 所示，该刀具的特点与应用如下。

① 刀片采用 YG6 或 YG3。

② 前角 γ_0=8°；磨有倒棱 b_ε'=（1 ～ 1.5）f；修光刃 $\kappa_{r\varepsilon}'$=0°；并有 R1 的过渡刃。适用于精车铸铁件。

③ 一般切削用量可选 a_p=0.2 ～ 0.35mm；

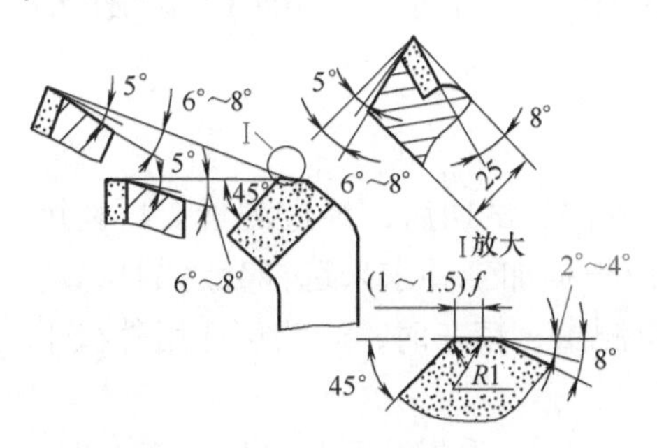

图 5-48 45°硬质合金铸铁精车刀

f=0.2 ～ 0.5mm/r；v=50m/min。

5.2.2 外圆车削的步骤和方法

外圆车削的难易程度主要取决于加工零件的形状、结构、精度和生产批量的要求。为保证加工质量，外圆车削操作时，应按照一定的步骤和方法进行。

（1）外圆车削的步骤

① 按要求装夹和校正装夹工件。

② 按要求装夹车刀，调整合理的转速和进给量。

③ 摇动大、中拖板手柄，使车刀刀尖即将接触工件右端外圆表面，如图 5-49（a）所示。

④ 摇动大拖板手柄，使车刀向尾座方向移动，使车刀距工件端面 3 ～ 5mm 处，如图 5-49（b）所示。

⑤ 按选定的切削深度，摇动中拖板手柄，使车刀作横向进刀，如图 5-49（c）所示。

⑥ 合上进给手柄，使车刀纵向车削工件 3 ～ 5mm，该步骤称为试切削，如图 5-49（d）所示。

⑦ 摇动大拖板手柄，纵向退出车刀，停车测量工件，如图 5-49（e）所示，与要求的尺寸比较，得出需要修正的切削深度，根据中拖板刻度盘的刻度调整切削深度。

⑧ 合上进给手柄，在车削到需要长度时，停止进给，退出车刀，然后停车，如图 5-49（f）所示。

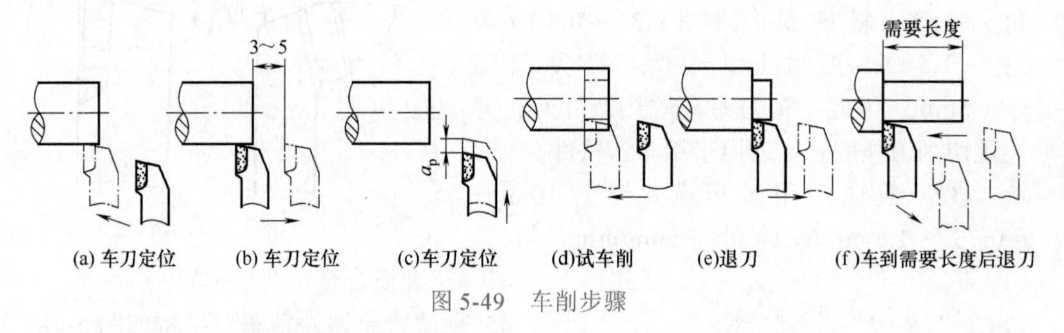

图 5-49 车削步骤

（2）控制工件精度的方法

① 控制外径尺寸。一般均采用试切削的方法。试切后，经过测量，再利用刻度盘的刻度调整切削深度。测量外径时，应根据加工要求来选择合适的量具。粗车时，一般可选用外卡钳配钢尺或游标卡尺测量；精车时，一般可选用外径千分尺测量。

② 车削轴类零件消除锥度的校正方法。一夹一顶或两顶尖间装夹工件时，

如果尾座中心与车床主轴旋转中心不重合，车出工件外因是圆锥形，即出现圆柱度误差。为消除圆柱度误差，加工轴类零件前，必须首先调整车床尾座位置。校正方法如下：

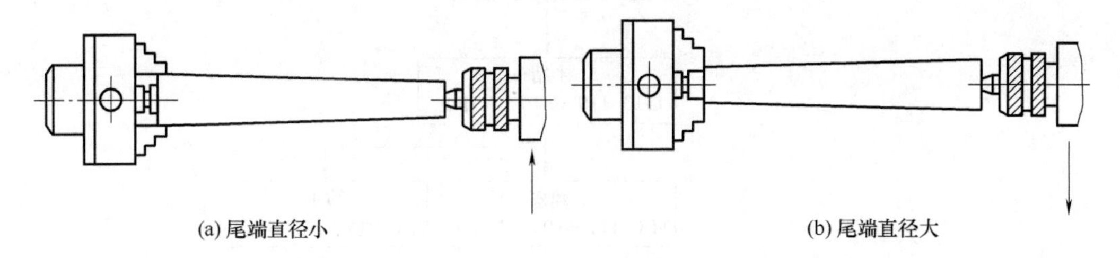

图 5-50 车削轴类零件消除锥度的方法

用一夹一顶或两顶尖间装夹工件，试切削外圆（注意工件余量），用外径千分尺分别测量尾座和卡爪端的工件外圆，并记下各自读数，进行比较。如果靠近卡爪端工件外圆直径比尾座直径大，则尾座应向离开操作者方向调整［图 5-50（a）］；如果靠近尾座端工件外圆直径比卡爪端直径大，则尾座应向操作者方向调整［图 5-50（b）］。尾座的移动量为两端直径差的 1/2，并用百分表控制尾座的移动量。调整尾座后，再进行试切削。这样反复校正，直到基本消除锥度后再进行正常车削。

③ 两顶尖轴线不应错位。在车床两顶尖间装夹工件车削外圆柱面时，两顶尖轴线不应错位。车床两顶尖轴线如不重合（前后方向），车削的工件将成为圆锥体。因此，必须横向调节车床的尾座，使两顶尖轴线重合，如图 5-51 所示。

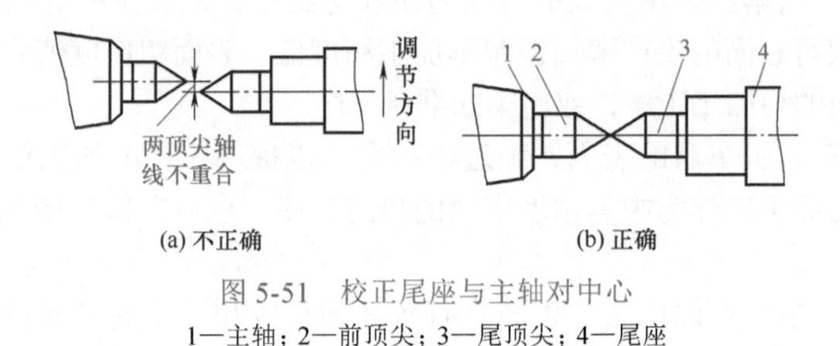

图 5-51 校正尾座与主轴对中心

1—主轴；2—前顶尖；3—尾顶尖；4—尾座

（3）切削用量的选择

外圆表面是轴类零件的主要工作表面，也是盘套类零件的工作表面之一。外圆表面的加工中，车削得到了广泛的应用。图 5-52 所示给出了外圆表面的加工方案框图，由图可见，车削不仅是外圆表面粗加工、半精加工的主要方法，也可以实现外圆表面的精密加工。

选择粗车、精车及其所用的车床时，不能仅仅考虑其所能达到的加工精度和表面粗糙度。而且还要考虑其在工件加工过程中的不同作用以及不同的生产条件等。因此，必须熟悉下述有关粗车、精车的工艺特点及其作用，以及各种车床对不同生产条件的适应性，才能避免不适当的选择。

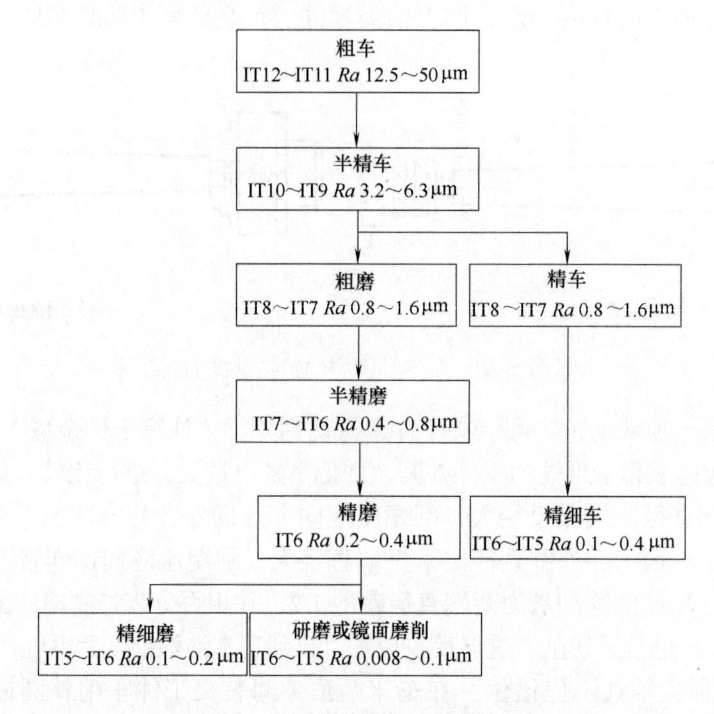

图 5-52 外圆表面加工方案框图

① 粗车。粗车应采用较大的背吃刀量和进给量，以较少的时间切去大部分加工余量，获得较高的生产率。但粗车加工精度低、表面粗糙度值大，故只能作为低精度表面的终加工工序，或精车的准备工序。

② 半精车。粗车后的表面，经过半精车可以提高工件的加工精度，减小表面粗糙度，因而可以作为中等精度表面的最终工序，也可以作为精车或磨削的预加工。

③ 精车。精车可以使工件表面具有较高的精度和较小的表面粗糙度。通常采用较小的背吃刀量和进给量，较高的切削速度进行加工，可作为外圆表面的最终工序或光整加工的预加工。

④ 精细车。精细车常用作某些外圆表面的终加工工序。例如，在加工大型精密的外圆表面时，可用精细车来代替磨削；而高速精车又是用来加工有色金属零件外圆的主要方法。精细车削所用的车床，应具备较高的精度与刚度，车刀具有良好的耐磨性能（如金刚石车刀），采用高的切削速度（$v \geqslant 150$m/min），小的背吃刀量（a_p=0.02 ～ 0.05mm）和小的进给量（0.02 ～ 0.2mm/r），使得切削过程中的切削力小、积屑瘤不易生成、弹性变形及残留面积小，以保证获得较高的加工质量。

（4）车床的选择

车削外圆表面所用的车床，应根据不同的生产批量进行选择。对于单件、小批生产，一般均采用普通车床；成批生产中常采用多刀半自动车床、液压仿形车床、转塔车床来加工轴类及盘套类零件。大批量生产中还可采用自动化程度更高的自动车床或专用车床进行加工。近年来应用日益广泛的数控车床，主要用于轴类与盘套类零件的多工序加工。具有高精度、高效率、高柔性化等综合特点，适合于中、小批量形状复杂零件的多品种、多规格的生产。

5.2.3 外圆车削操作注意事项

① 调整塞铁。粗车前，必须检查车床各部分的间隙，并进行适当的调整，以充分发挥车床的效能。各拖板的塞铁，必须进行检查、调整，以防松动。此外，摩擦离合器和主轴箱传动带的松紧也要适当调整，以免在车削中发生“闷车”现象。

② 检查毛坯和工件、刀具的装夹。粗车前必须检查毛坯是否有足够的余量，长棒料必须校直后才能加工。工件、刀具必须装夹牢固，顶尖要顶住。在切削时要随时检查，以防工件移位而造成事故。

③ 粗车应先倒角。粗车锻件和铸件时，因为表层较硬或有型砂等，为减少车刀磨损，最好先将工件倒一个角，然后选择较大切削深度切削。

④ 刻度盘的使用。在使用刻度盘控制切削深度时，应防止产生空行程现象（即刻度盘转动而拖板并未移动）。使用时，必须慢慢地把刻线转到所需要的格数［图5-53（a）］。一旦多转了几格，绝对不允许直接退回几格［图5-53（b）］，必须向相反方向退回全部空行程，再转到所需要的格数［图5-53（c）］。同时，使用中拖板刻度时，车刀的切入深度应是工件直径余量的1/2。

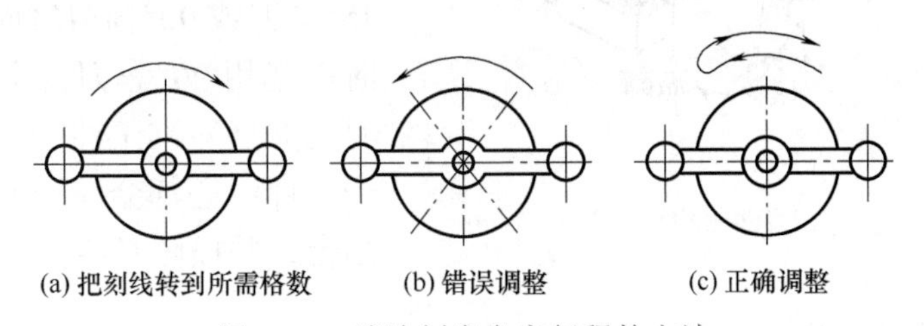

(a) 把刻线转到所需格数　(b) 错误调整　(c) 正确调整

图5-53 消除刻度盘空行程的方法

⑤ 工件测量。车削前，必须看清工件图纸中的各项要求，车削时应及时测量。成批车削时，必须将首件交检验员检验，以保证加工质量和防止成批报废。车削时不允许测量工件。清除切屑必须先停车，再用专用铁钩把切屑清除。

⑥ 及时刃磨或换刀。车削中发现车刀磨损，应及时刃磨或换刀，否则刃口磨钝，切削力大大增加，会造成“闷车”或损坏车刀并影响工件质量。

5.3 端面车削操作基本技术

与外圆一样，端面也是构成零件的最基本表面之一，端面车削是对工件端面的加工方式，也是车削最基本、普遍的加工方式之一。端面的车削操作同样具有自身的一些特点。

5.3.1 车刀的选择

车削端面时，为控制工件长度，一般由工件外圆向中心进刀，如图5-54所示。使用90°车刀时，为使主切削刃参加切削，也可从中心向外圆走刀。根据所用车刀的不同，也可划分为偏刀车削、45°车刀车削等加工方法。

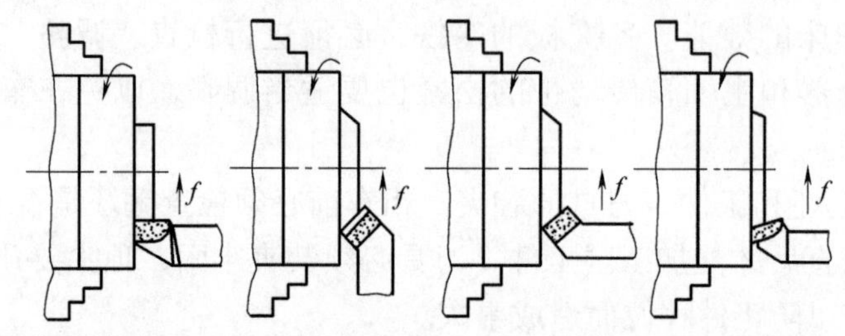

(a) 偏刀车削端面 (b) 45°车刀车削端面 (c) 45°车刀车削端面 (d) 偏刀车削端面

图5-54 车削端面的方法

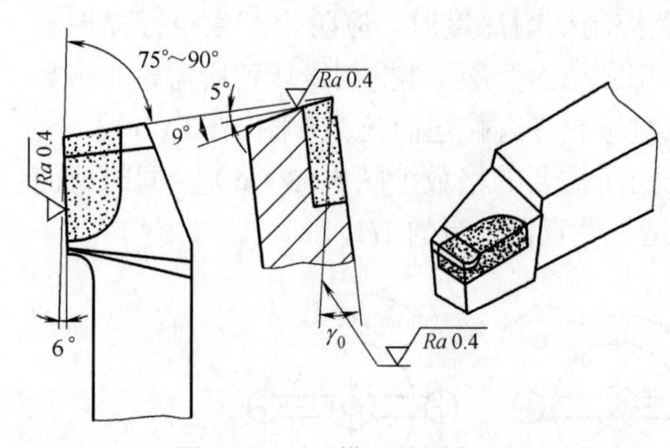

图5-55 90°横刃端面车刀

常用端面车刀除45°、90°车刀外，还有90°横刃端面车刀，如图5-55所示。

选用车刀应根据材料和工件直径。粗车端面应选刀尖强度较高的45°车刀或90°横刃端面车刀；精车时应选用90°车刀。车端面时要求刀尖严格对准工件中心，高于或低于工件中心都会使端面中心处留有凸台，并损坏刀尖。

5.3.2 端面车削的步骤和方法

（1）车端面的步骤

① 移动床鞍和中滑板，使车刀靠近工件端面后，锁紧床鞍固定螺钉。

② 测量毛坯长度。先车的一面尽量少车，余量应在另一面车去。车端面前应先倒角，防止因表面硬层而损坏刀尖。

③ 双手摇动中滑板手柄车端面。手动进给速度要均匀，切削深度可用小滑

板刻度控制。

④ 端面的精度检查。用钢直尺或刀口直尺检查端面直线度。表面粗糙度可用粗糙度样板对比法检查。

（2）车端面的方法

1）用偏刀车削端面的加工方法

① 用正偏刀（右偏刀）由外圆向中心进给车削端面，如图 5-56 所示，这时是由副切削刃进行切削，切削不顺利，当切削深度较大时，会使车刀扎入工件形成凹面。

② 用正偏刀由中心向外进给车削端面，如图 5-57 所示，这时是利用主切削刃进行切削，不会产生凹面。

③ 用正偏刀在车刀副切削刃上磨出前角由外圆向中心进给车削端面，如图 5-58 所示，这时车刀副切削刃变为主切削刃来车削。

④ 用反偏刀（左偏刀）由外圆向中心进给车削端面，如图 5-59 所示，这时是用主切削刃进行切削，切削顺利，加工后的表面粗糙度较小。

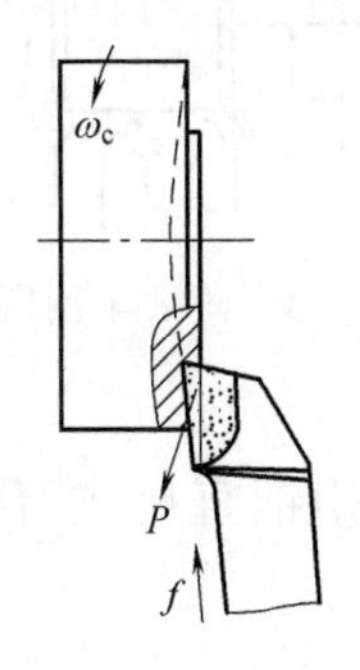

图 5-56 右偏刀向中心进给车端面

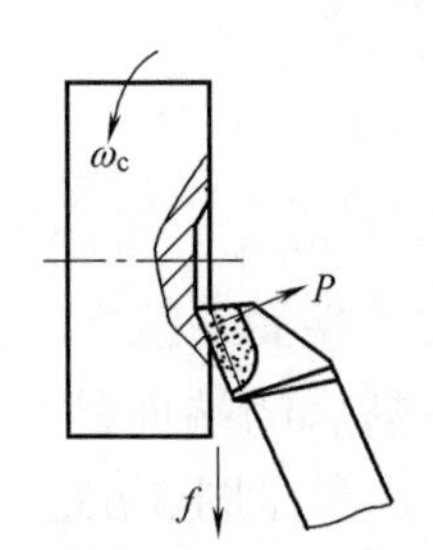

图 5-57 右偏刀由中心向外进给车端面

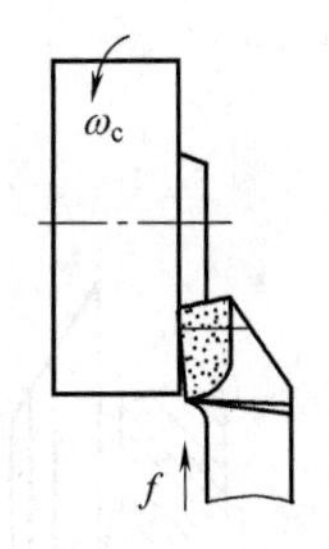

图 5-58 在车刀副切削刃上磨有前角车端面

⑤ 用主偏角 κ_r=60° ～ 75°，刀尖角 ε_r ＞ 90°，反偏刀由外圆向中心进给车削端面，如图 5-60 所示，这时车刀强度和散热条件好，适用于车削较大平面的工件。

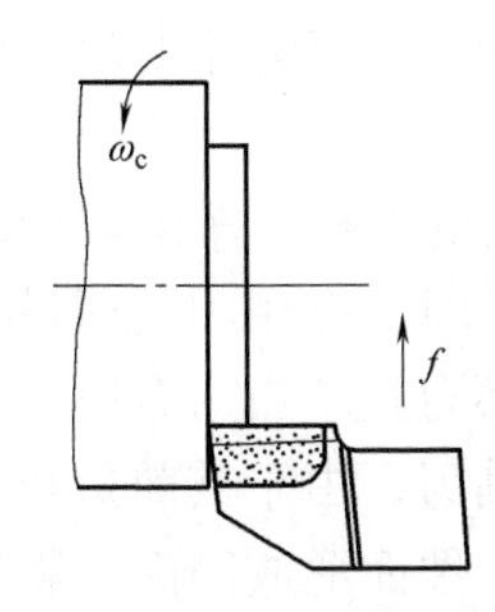

图 5-59 左偏刀向中心进给车端面

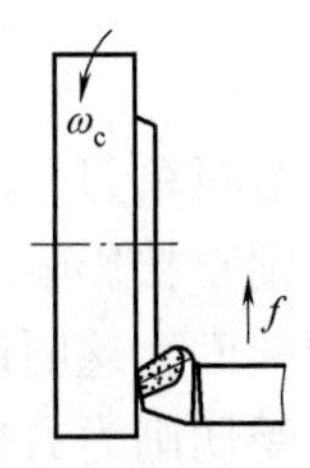

图 5-60 主偏角 κ_r=60° ～ 75° 反偏刀车端面

应该注意，用偏刀精车端面时，应该由外圆向中心进给，因为这时切屑是流向待加工表面的，车出来的表面粗糙度较小。

在车大端面时，必须把大拖板的固定螺钉锁紧，防止车刀扎入工件产生凹面，如图 5-61 所示。

2）用 45°车刀车削端面

45°车刀是利用主切削刃进行切削的（图 5-62），所以切削顺利，工件表面粗糙度较小，而且 45°车刀的刀尖角等于 90°，刀头强度比偏刀高，适用于车削较大的平面，并能倒角和车外圆。

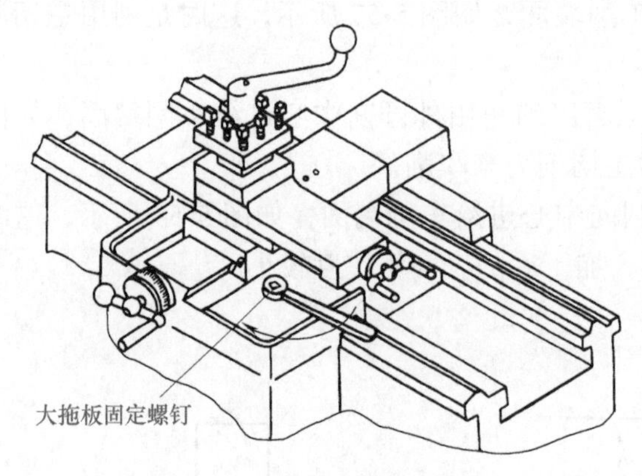

图 5-61 锁紧大拖板固定螺钉

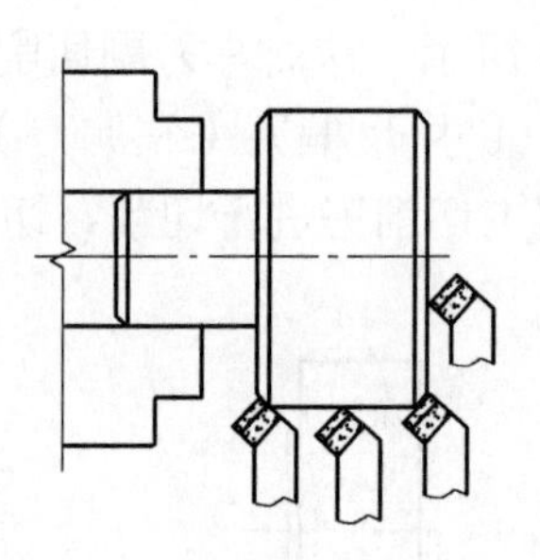

图 5-62 45°车刀车削端面

（3）端面平直度的检查

车削后的端面是否平直，常用钢直尺或刀口直尺来检查，参见图 5-63。

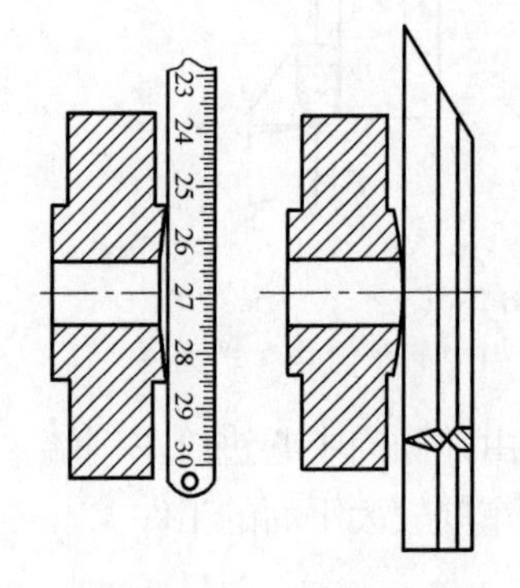

图 5-63 检查平面的平直度

5.3.3 端面车削操作注意事项

① 切削用量的选择。车削端面时，应正确选用切削用量。通常对粗车，切削深度 a_p=2 ～ 5mm，进给量 f=0.3 ～ 0.7mm/r；精车时，切削深度 a_p=0.2 ～ 1mm，进给量 f=0.1 ～ 0.3mm/r。切削速度随工件直径的减小而减小，计算时需按端面的最大直径计算。

② 注意刀具及进给方向的选择。车削端面时，可以用偏刀或 45°端面车刀。车刀进给方向，也有由外向中心和由中心向外两种。如果选择不当，则直接影响端面的加工质量，甚至损坏刀具。当用右偏刀由外圆向中心进给车削端面，这时起主要切削作用的是副切削刃，由于其前角较小，切削不顺利。同时受切削力方向的影响，刀尖容易扎入工件而形成凹面，影响表面质量。此外，工件中心的凸台是瞬时车掉的，容易损坏刀尖。

③ 锁紧大拖板的固定螺钉。在车削大端面或工件材质较硬的端面时，一定要注意锁紧大拖板的固定螺钉，否则当右偏刀由外圆向中心进给时，车刀就容易扎入工件而产生凹面，影响表面质量。

④ 车未停妥，不准使用量具对端面进行检查。

5.4　台阶车削操作基本技术

台阶轴是指外径尺寸不同并连接在一起，像台阶一样的轴。车削台阶轴实际上就是外圆和平面车削的组合。

5.4.1　车刀的选择

车台阶外圆应选 90° 车刀，装夹时，车刀主偏角应略大于 90°。切削用量的选择与端面车削基本相同。

5.4.2　台阶车削的步骤和方法

车削台阶时，常分粗、精车。粗车时，只需为第一个台阶留出精车余量，其余各段可按图样上的尺寸车削，这样在精车时，将第一个台阶长度车至尺寸后，第二个台阶的精车余量自动产生，依次类推，精车各台阶至尺寸要求。

（1）台阶轴的车削步骤

台阶轴一般都是与其他工件配套使用的，其车削一般可采用以下步骤进行。

① 粗车台阶外圆。开动车床，按粗车要求调整进给量；选择切削深度试切削，方法与车外圆相同。台阶外圆粗车时，各部应留精车余量 0.5 ～ 1mm。

② 精车台阶外圆和端面。按精车要求调整切削速度和进给量；试切外圆，调整切削速度，尺寸符合图样要求后，使用机动进给。精车台阶外圆至台阶端面 1 ～ 2mm 时，停止机动进给，改用手动进给继续车外圆。当刀尖切入台阶面时，车刀慢慢由纵向变为横向退出，将台阶面车平。

台阶外圆尺寸用千分尺检测。长度尺寸用深度尺控制，表面粗糙度用粗糙度样板对比检查。

（2）台阶轴的车削方法

台阶轴车削时往往需要经过多次装夹才能完成，一般需在工件两端钻中心孔，采用两顶尖装夹车外圆，采用一夹一顶车台阶轴。

1）钻中心孔

钻中心孔前，首先应做好以下方面的准备工作。

① 用三爪自定心卡盘装夹工件，并车平两端面。

② 根据图样要求选用中心钻头。

③ 将中心钻头装入钻夹头内紧固。然后将锥柄擦净，用力插入尾座套筒内。

④调整尾座与工件的距离，然后锁紧。

⑤ 选择主轴转速，要求主轴转速 $n>1000$r/min。

钻中心孔时，应向前移动尾座套筒，当中心钻钻入工件端面时，速度要减慢，并保持均匀，随时加入切削液。当中心钻钻到尺寸时，先停止进给，再停车，利用主轴惯性将中心孔表面修圆整。

2）用前、后顶尖装夹工件

用前、后顶尖装夹工件之前，应合理的选用前、后顶尖。通常前顶尖有两种，一种是插入主轴锥孔内的，如图 5-28（a）所示；另一种是自制的，如图 5-28（b）所示。

后顶尖也有两种：一种是固定顶尖，另一种是回转顶尖，如图 5-64 所示。图 5-64（a）、图 5-64（b）所示为固定顶尖，它定心正确，刚性好，但中心孔与工件产生摩擦易发热，使工件变形，适合低速切削，并需经常向中心孔加润滑脂。另一种是回转顶尖［图 5-64（c）］，它适宜高速切削。后顶尖直接或加锥套安装在车床尾座锥孔内。

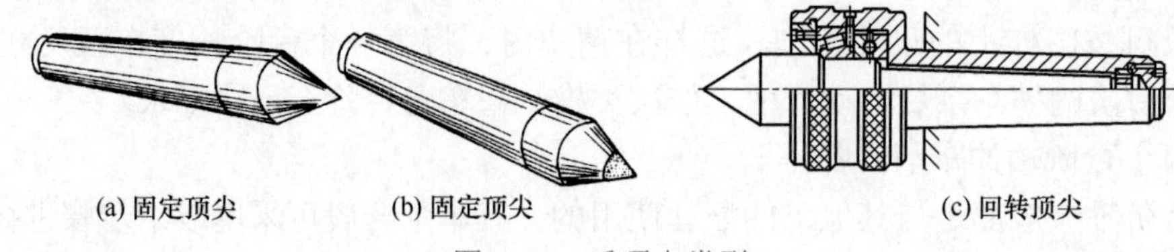
(a) 固定顶尖　(b) 固定顶尖　(c) 回转顶尖

图 5-64　后顶尖类型

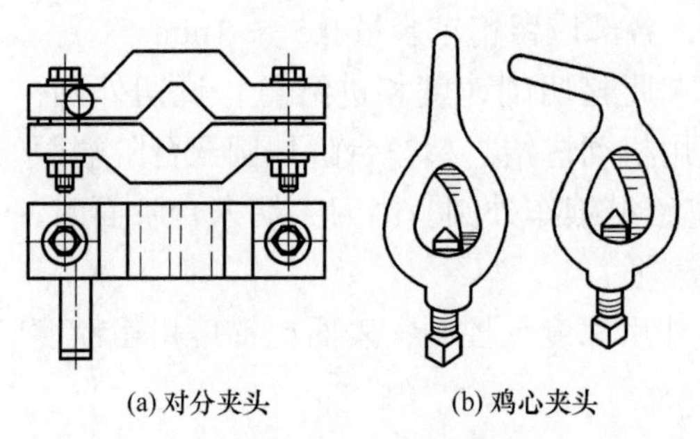
(a) 对分夹头　(b) 鸡心夹头

图 5-65　传动装置

完成前、后顶尖的选用后，可按工件直径选用传动装置。图 5-65 所示为两种常用装置，通常工件直径较大时，选对分夹头，工件直径较小时，选鸡心夹头。

利用前、后顶尖装夹工件前，要先检查后顶尖是否对准主轴中心。方法是移动尾座，使后顶尖与前顶尖轻微接触，目测是否对准，若有偏移，应横向调整尾座进行找正，最后还应移动车床的小滑板，使小滑板上下导轨对齐，以防车削时传动装置与小滑板导轨碰撞。

装夹工件时，可按以下的操作步骤进行。

① 在工件一端外圆上装上合适的传动装置，并拧紧螺钉。

② 移动尾座，调整两顶尖间距离，要求套筒尽可能伸出短些，并将尾座固定。

③ 装夹工件，观察调整工件的顶紧程度。

④ 移动床鞍，观察前后有无碰撞现象。

⑤ 检查传动装置与工件是否拧紧；观察前后顶尖是否顶妥；使用固定顶尖时，检查中心孔内是否加注润滑脂。

3）在两顶尖间车外圆

利用前、后顶尖完成工件的装夹后，应首先找正尾座的正确位置，找正尾座中心可采用车两端外圆找正法或试棒、百分表找正法。

在两顶尖间车外圆时，可采用以下方法控制台阶轴外圆的质量。

① 尺寸公差的控制方法。精车外圆时，要测量锥度误差的数值和方向，然后确定试切外圆的实际公差。确定方法是：外圆尺寸公差－锥度误差－试切的实际尺寸公差。为保证工件的尺寸精度要求，误差一定要小于尺寸公差的1/3。

② 接头的方法。工件一端外圆车好后，需将工件调头装夹。为不破坏已加工表面精度，传动装置与已加工表面之间要垫铜皮。试切时尺寸应尽可能与已加工外圆一致，否则就会使接头不平整。也可采用反接法接头。接头余量一般约为0.5mm左右。

台阶轴外圆车削完成后，应检测工件两端尺寸是否一致或在公差内；同时检测工件的圆柱度是否符合要求。

4）一夹一顶车台阶轴的准备工作

利用一夹一顶车台阶轴前，应做好以下准备工作。

① 把工件的一端面车平，钻中心孔。

② 在主轴孔中装上限位装置。也可以车一段10～15mm长台阶作限位。

③ 工件一夹一顶装夹，松紧程度要合适。然后将工件夹紧，尾座套筒锁紧。一夹一顶装夹方法如图5-66所示。

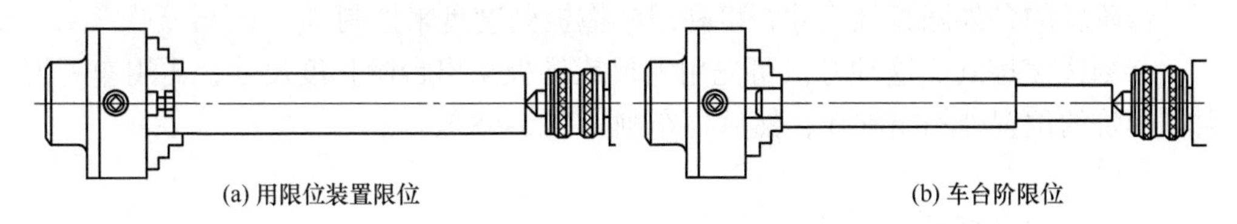

(a) 用限位装置限位　　(b) 车台阶限位

图5-66　一夹一顶装夹工件

5）一夹一顶车台阶外圆

采用一夹一顶的装夹方法车台阶外圆时，可按以下方法操作。

① 台阶的车削顺序。粗车台阶时，为使轴在整个车削过程中保持较好的刚性。一般应从直径最大的一段车起，依次车到最小的一段。

② 粗车台阶外圆、粗车台阶时，外圆余量一般留1～2mm，长度留0.5～1mm，且长度第一段按所留余量车短，其余各段车至尺寸。

③ 精车台阶外圆。精车的顺序与粗车相同。由大直径车到小直径，台阶外

圆和长度均车至尺寸，并在外圆上倒角。

④ 用中心架调头车端面，钻中心孔。一夹一顶车外圆，调头车端面。钻中心孔时，需要在中心架上进行。装夹工件时，在已加工工件表面上垫铜皮后用三爪自定心卡盘夹住。夹持长度为 15 ～ 20mm。找正工件轴线与主轴的轴线基本一致，然后车端面，钻中心孔。

⑤ 卸下中心架，松开支承爪和螺母，将中心架向外移动，离开工件后即可卸下。

⑥ 用回转顶尖支承，继续车台阶外圆并倒角。

⑦ 中心架的支承位置与支承方法。中心架的支承位置与支承方法是：将尾座与床鞍移向车床导轨的尾端；将中心架置于车床导轨上，调整三个支承爪，使其大于工件直径；打开上盖，将中心架移向工件轴端处，离端面 10mm 左右，位置确定后将中心架固定；找正工件轴线，精度要求不高时可用目测或划针找正，精度要求较高时用百分表找正；然后紧固支承爪；最后将上盖扣合，并用螺母紧固。

⑧ 完成台阶外圆车削后，可用百分表检查同轴度；外径尺寸用千分尺检查；台阶长度用游标深度尺控制检查；外圆表面粗糙度用粗糙度样板对比检查。

（3）控制台阶轴精度的方法

车削台阶轴，主要应控制台阶轴的外圆精度及台阶的长度尺寸，台阶轴的外圆精度控制可采用上节的外圆精度控制方法，台阶的长度精度主要有以下几种方法进行控制。

① 用大拖板刻度控制。用大拖板刻度控制方法如图 5-67 所示。这种方法是先将大拖板摇到车刀刀尖刚好接触工件端面时，调整大拖板刻度盘的零线，然后可根据台阶长度摇动大拖板计数。如 CA6140 车床大拖板刻度盘一格等于 1mm。

台阶轴的各外圆直径尺寸，可利用中拖板刻度盘来控制。

②刻线痕控制。这种方法可先用钢尺或样板量出台阶长度尺寸，再用车刀刀尖在台阶的位置处刻出细线，然后再车削（图 5-68）。

图 5-67　用大拖板刻度控制台阶长度

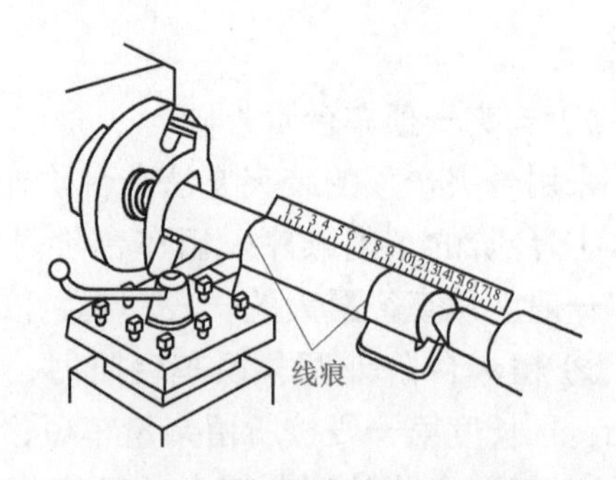

图 5-68　刻线痕确定台阶位置

③ 用挡铁定位方法控制。在批量生产中，可采用挡铁定位控制的方法（图5-69）。挡铁1固定在床身导轨某一位置上（为确保工件轴向尺寸装夹一致，在车床主轴锥孔内装有限位支承。该限位支承是在试切时确定的），挡块3、2等于工件上a_2、a_1长度。当大拖板纵向走刀碰到挡块3时，工件台阶长度a_1已经车好，拿掉挡块3，控制好外径尺寸后继续纵向进给，当大拖板碰到挡块2时。台阶长度a_2也已车好，这样依次进行，当大拖板碰到挡铁1时，台阶长度a_3也车好了，这样就完成了全部台阶的车削。

④ 用圆盘式多位挡铁方法控制。对于台阶长度相差不大的台阶轴，可采用圆盘式多位挡铁来控制台阶的方法（图5-70）。图中1是带触头2的固定挡铁，用两个螺钉3固定在床身上。圆盘4套在壳体5中可以转动。在圆盘上可以装上4～6个止挡螺钉6，螺钉可以根据工件的长度进行调整。在车台阶时，只要转动圆盘4，止挡螺钉便进入了工作位置，当止挡螺钉6与固定挡铁上的触头2相接触时，就车好了一个长度尺寸。这样依次可完成所车的台阶。

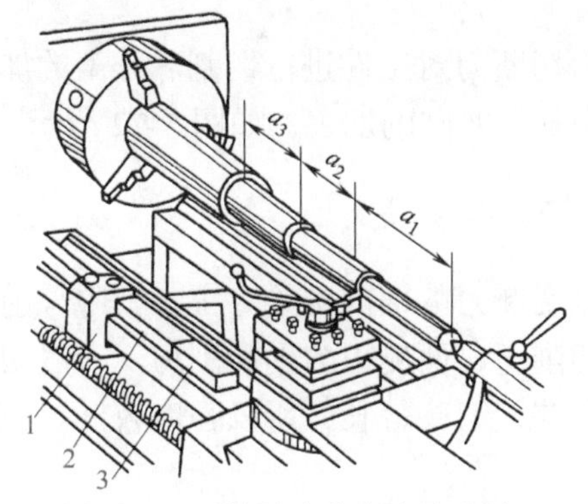

图5-69 用挡铁定位车台阶方法
1—挡铁；2，3—挡块

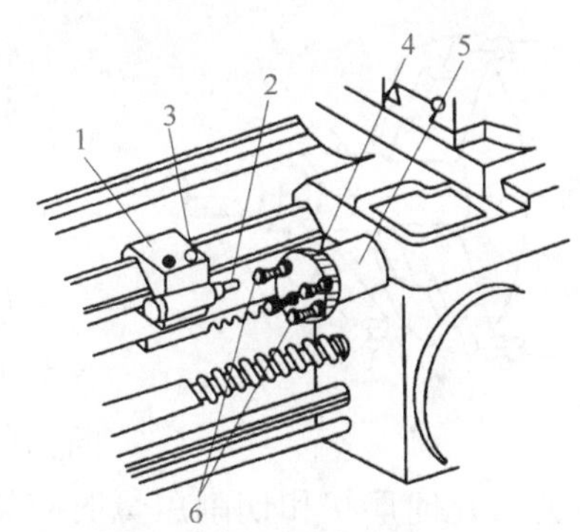

图5-70 用圆盘式多位挡铁定位车台阶方法
1—固定挡铁；2—触头；3—螺钉；4—圆盘；5—壳体；6—止挡螺钉

⑤ 测量台阶长度的方法控制。台阶长度可以用钢直尺和深度游标卡尺测量，如图5-71（a）和图5-71（b）所示。

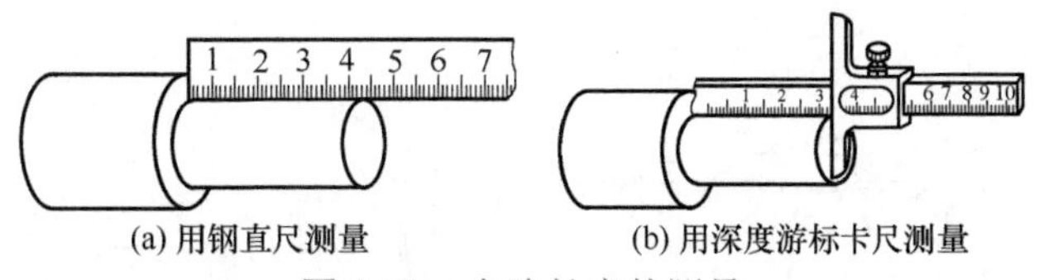

(a) 用钢直尺测量　(b) 用深度游标卡尺测量

图5-71 台阶长度的测量

5.4.3 台阶车削操作注意事项

1）切削用量的选择

车削台阶时，切削用量的选择可参照端面车削进行。

2）台阶车削的操作禁忌

① 台阶端面和外圆相交处要清角，防止产生凹坑和出现小台阶。

② 台阶端面不平直（出现凹凸），其原因可能是车刀没有从里到外横向切削或安装时车刀主偏角小于 90°，其次与刀架、车刀、拖板等走动有关。

③ 多台阶工件的长度应从图样基面起测量，以防累积误差增大。

④ 外圆和端面相交处有较大的圆弧，原因是车刀刀尖圆弧较大或车刀磨损。

⑤ 车未停妥，不准使用游标卡尺测量工件。使用游标卡尺时，应检查主尺和副尺上的零线是否对齐，卡脚之间有无间隙。使用游标卡尺测量工件时，两脚之间的卡紧程度要适当，不能太松或太紧，一般与工件轻轻接触即可。用微调螺钉使卡脚接近工件时，特别要注意不能卡得太紧。从工件上取下游标卡尺时，应把紧固螺钉拧紧，以防取出时副尺移动，影响读数的准确性。

5.5 切断车削操作基本技术

切断是利用切断刀对工件进行切割、分离的加工，常用于轴类轴线方向的加工，如图 5-72 所示。

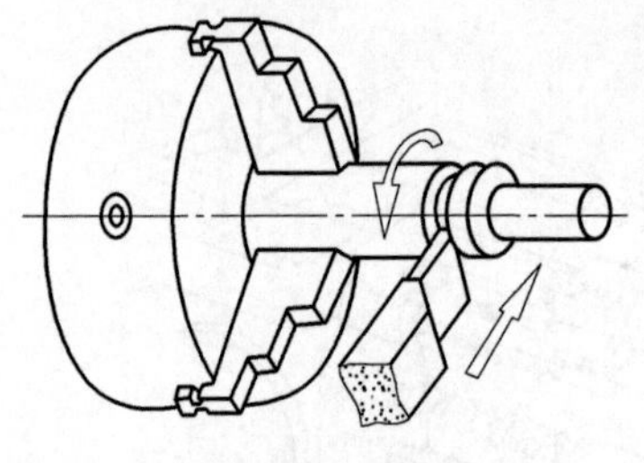

图 5-72 切断

5.5.1 切断刀的结构及装夹

切断加工以切断刀的横向进给为主，其中，前端的刀刃为主切削刃，两侧刃为副切削刃。一般切断刀的主刀刃较狭，刀头较长，所以强度较低。在选择刀头几何形状和切削用量时应特别注意。

（1）切断刀的种类及结构

1）高速钢切断刀

高速钢切断刀结构如图 5-73 所示。刃磨切断刀时，既要保证几何角度的正确，还要使两侧副后角和副偏角保持对称，切断刀的几何形状主要应保证以下要求。

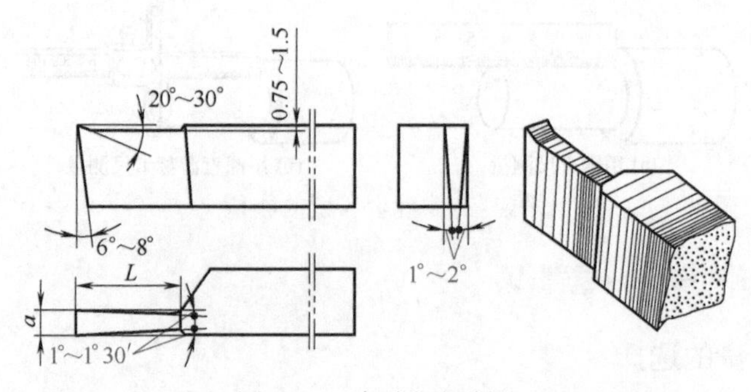

图 5-73 高速钢切断刀

① 前角 γ_0。切断中碳钢时 γ_0=20°～30°，切断铸铁时 γ_0=0°～10°。

② 后角 α_0=4°～8°。

③ 副后角 α_0'。切断刀有两个对称的副后角 α_0'=1°～2°。它们的作用是减少刀具副后面与工件两侧面的摩擦。

④ 主偏角 κ_r。切断刀以横向走刀为主，因此 κ_r=90°。

⑤ 副偏角 κ_r'。κ_r'=1°～1° 30′，两副偏角必须对称。它们的作用是减少副刀刃与工件两侧面的摩擦。

⑥ 主切削刃宽度 a。工件直径大时，主切削刃宽而刀头长，反之狭而短。可用下面的经验公式计算：

$$a \approx (0.5 \sim 0.6)\sqrt{D}$$

式中 a——主切削刃宽度，mm；

D——工件待加工表面直径，mm。

⑦ 刀头长度 L。刀头长度 L（图 5-74）可用下列公式计算。

$$L = h + (2 \sim 3)$$

式中 L——刀头长度，mm；

h——切入深度，mm。

切断实心工件时，切入深度等于工件半径。

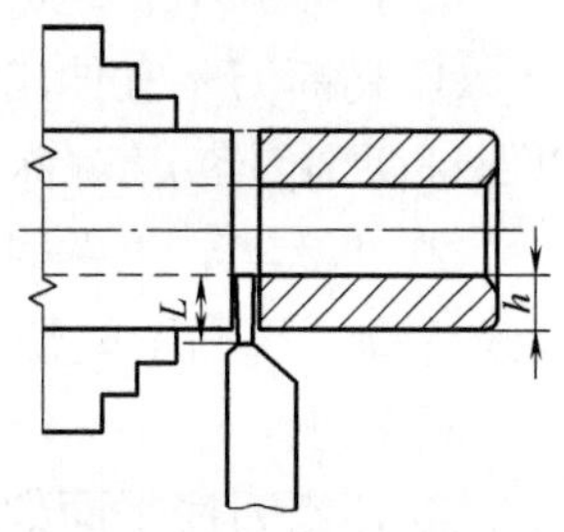

图 5-74 切断刀的刀头长度

为使切削顺利，切断刀的前面应该磨出一个浅的卷屑槽，一般深度为 0.75～1.5mm，其长度应超过切入深度。

切断时，为防止切下的工件端面有一个小凸头，以及带孔工件不留边缘，可把主刀刃略磨斜些，如图 5-75 所示。

2）硬质合金切断刀

硬质合金切断刀结构如图 5-76 所示。硬质合金切断刀与高速钢切断刀有相

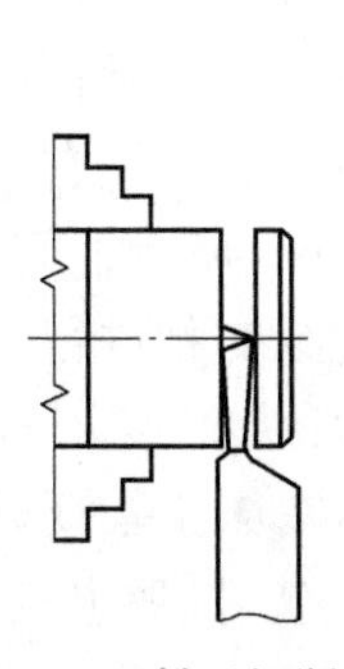
图 5-75 斜刃切断刀

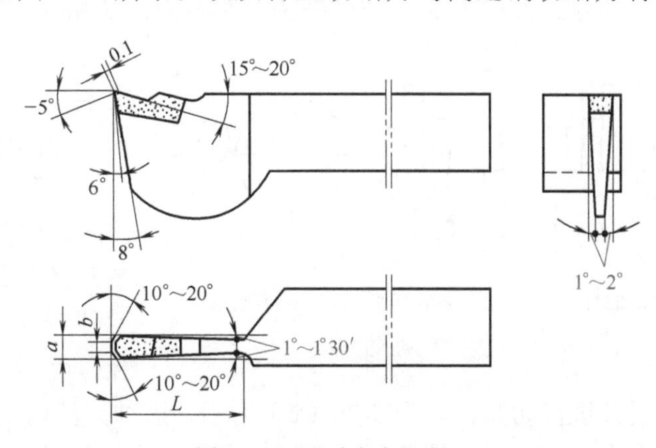

图 5-76 硬质合金切断刀

同要求。为了增强切断刀的刀头强度，可以在主切削刃两侧倒角或磨成人字形，并在主切削刃上磨出负倒棱。为了增加刀头的支承强度，可把切断刀的刀头下部做成凸圆弧形。

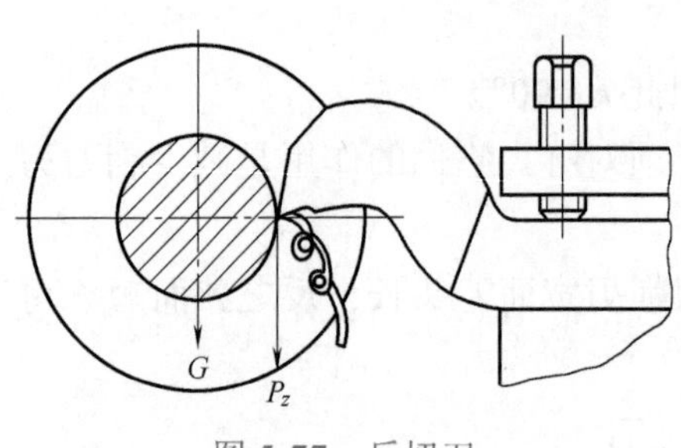

图 5-77　反切刀

3）反切刀

切断直径较大的工件时，可采用反向切断方法，即用反切刀进行切削，使工件反转，反切刀的结构如图 5-77 所示。

采用这样方式切断时，切削力 P_z 跟工件重力 G 方向一致，不容易引起振动。而且，用反切刀切断时，切屑从下面排出，不容易堵塞在工件槽中。使用反切法时，卡盘与主轴连接部分必须装有保险装置。

（2）切断刀的装夹

① 切断刀不宜伸出过长，而且，切断刀的中心线必须装得跟工件轴线垂直，以保证两副偏角 κ_r' 对称。

② 切断实心工件时，切断刀必须装得与工件轴线等高，否则不能切到中心，而且容易崩刃甚至折断车刀。

③ 切断刀底平面如果不平，会引起副后角的变化（两 α_0' 不对称）。因此刃磨之前，应把切断刀底面磨平。刃磨后，用角尺检查两侧副后角的大小，参见图 5-78。

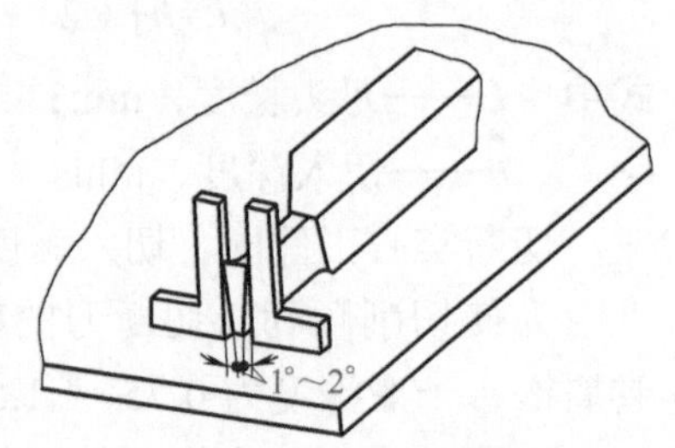

图 5-78　检查切断刀副后角

5.5.2　切断车削的步骤和方法

切断的方法主要有：直进法、左右借刀法和反切法，如图 5-79 所示。其中：直进法切断为车刀横向连续进给，一次将工件切下，如图 5-79（a）所示，操作十分简便，工件材料也比较节省，因此应用最广泛；左右借刀法切断，如图 5-79（b）所示，切断时，车刀横向和纵向进给交替进行。用于工件直径较大、刀头长度较短的场合；反切法切断，车床主轴反转，车刀反装进行切断，如图 5-79（c）所示，这种方法切削比较平稳，排屑也较顺利，但卡盘必须有保险装置，小滑板转盘上两边的压紧螺母也应锁紧，否则车床容易

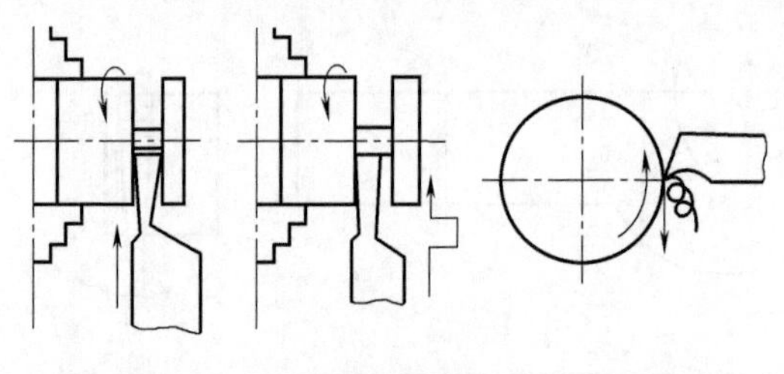

图 5-79　切断的方法

损坏。

图 5-80、图 5-81 所示给出了直进法切断的操作，其操作步骤及要点主要有以下几方面。

① 工件用卡盘装夹，装夹部位的切断长度要加上切断刀宽度及刀具与卡爪间的间隙约 5 ～ 6mm，工件要用力夹紧。

② 中、小滑板镶条尽可能调整得紧些。

③ 选择并调整主轴转速，用高速钢刀切断铸铁材料，切削速度约 5 ～ 25m/min；切断碳钢材料，切削速度约 20 ～ 25m/min；用硬质合金刀切断，切削速度约 45 ～ 60m/min。

④ 确定切断位置，将钢直尺一端靠在切断刀的侧面，移动床鞍，直到钢直尺上要求的长度刻线与工件端面对齐，然后将床鞍固定，如图 5-80 所示。

⑤ 切断。开动车床，加切削液，移动中滑板，进给的速度要均匀而不间断，直至将工件切下，如图 5-81（a）所示。如工件的直径较大或长度较长，一般不切到中心，约留 2 ～ 3mm，将车刀退出，停车后用手将工件扳断，如图 5-81（b）所示。

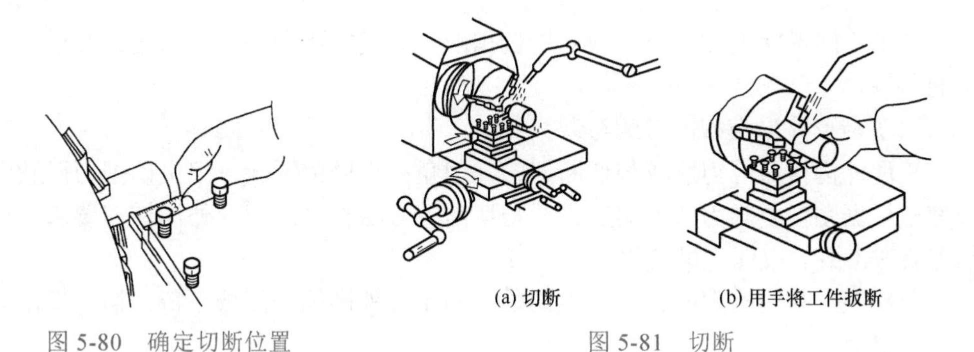

图 5-80 确定切断位置

(a) 切断　(b) 用手将工件扳断

图 5-81 切断

5.5.3 切断车削操作注意事项

1）切削用量的选择

切断操作时，应注意按以下要求选择切削用量。

① 切削深度 a_p。切削深度 a_p 等于切断刀主切削刃宽度。

② 进给量 f。用高速钢切断刀切钢料时，取 f=0.05 ～ 0.1mm/r，切铸铁时，取 f=0.1 ～ 0.2mm/r；用硬质合金切断刀切钢料时，取 f=0.1 ～ 0.2mm/r，切铸铁时，取 f=0.15 ～ 0.25mm/r。

③ 切削速度 v。用高速钢切断刀切钢料时，取 v=20 ～ 42m/min，切铸铁时，取 v=15 ～ 24m/min；用硬质合金切断刀切钢料时，取 v=70 ～ 120m/min，切铸铁时，取 v=60 ～ 100m/min。

2）切断操作注意事项

① 切断毛坯表面工件时，最好先用外圆车刀把工件先车圆，或开始时（切毛坯部分）尽量减少进给量，以免造成“扎刀”现象。

② 手动进给切断时，摇动手柄应连续、均匀。如不得不中途停车时，应先把车刀退出再停车。

③ 用卡盘装夹工件切断时，切断位置尽可能靠近卡盘。

④ 切断由一夹一顶装夹的工件时，工件不应完全切断，应卸下工件后再敲断。

5.6 外沟槽车削操作基本技术

外沟槽是轴类零件中常见的结构形式，根据其形状的不同，主要有：矩形外沟槽、半圆形外沟槽及45°外沟槽等几种形式，其中：矩形外沟槽又分轴肩矩形外沟槽、非轴肩矩形外沟槽及宽矩形外沟槽几种。为保证车削质量，对不同形式的外沟槽应进行针对性的操作。

5.6.1 车槽刀的刃磨与装夹

车削不同形状的沟槽，必须对所选用的车刀进行不同要求的刃磨，并进行适当的装夹。

（1）矩形外沟槽刀的刃磨与装夹

矩形外沟槽刀应刃磨成与切断刀的几何角度相同的形状，但主切削刃形状和长度应根据图样要求刃磨。刃磨方法与切断刀方法相同。矩形外沟槽刀要求主切削刃直线度好，以保证槽底平直。

装夹矩形外沟槽刀时，要求主切削刃与工件外圆轴线保持平行，横向退出后再将刀紧固。

（2）半圆形外沟槽刀的刃磨与装夹

刃磨半圆形外沟槽刀时，应保证半圆形外沟槽车刀两副后刀面与切断刀基本相同。不同的是主切削刃要根据沟槽圆弧半径大小，磨成相应的圆弧刀刃。刃磨主后角时，应做弧形转动，使切削刃磨成半圆形。

图 5-82（a）给出了半圆形外沟槽车刀的几何形状，刃磨时，应双手握刀，刀体向下倾斜 6°～8°，磨出主后角，并在刃磨时作弧形转动使切削刃磨成半圆形，刃磨方法

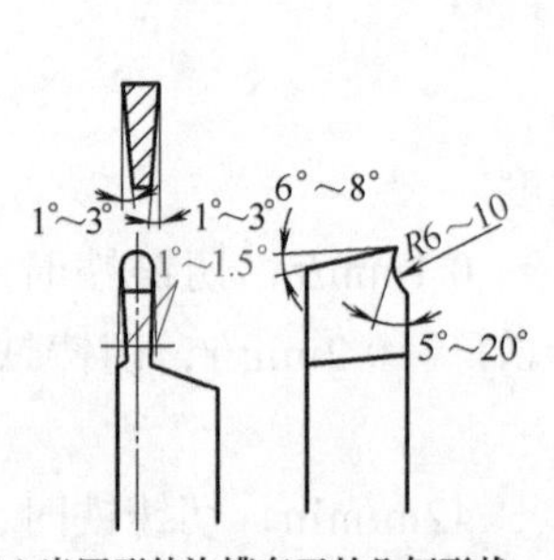

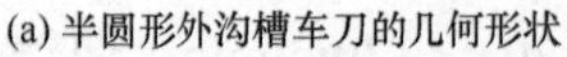
(a) 半圆形外沟槽车刀的几何形状

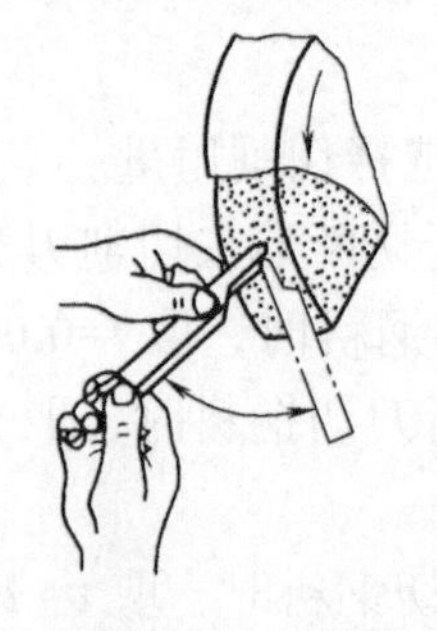
(b) 圆弧形刀刃刃磨方法

图 5-82 圆头沟槽车刀

如图 5-82（b）所示。

装刀时，车刀刀尖要对准工件中心，刀头中心线与工件外圆的位置应垂直。

（3）45°外沟槽刀的刃磨与装夹

45°外沟槽车刀的几何形状及刃磨要求与矩形车槽刀基本相同，主切削刃宽度等于槽宽。所不同的是，左侧的副后刀面应磨成圆弧状，如图 5-83 所示。

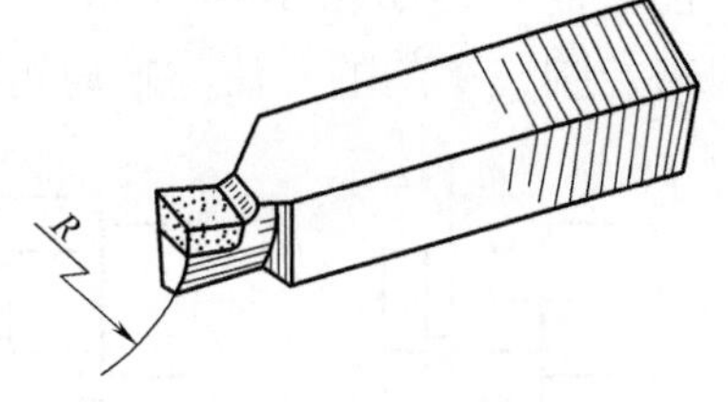

图 5-83 45°外沟槽车刀

5.6.2 常见外沟槽的车削操作方法

不同结构形式的外沟槽，其车削操作方法也有所不同，首先必须对所选用的车刀进行不同要求的刃磨，并进行适当的装夹。

（1）轴肩矩形外沟槽的车削

在车窄的轴肩矩形外沟槽时，可采用主切削刃宽度与槽宽相等的车槽刀沿着轴肩将槽车出，具体操作方法如下。

① 开机，移动床鞍和中滑板，使车刀靠近沟槽位置。

② 左手摇动中滑板手柄，使车刀主切削刃靠近工件外圆，右手摇动小滑板手柄，使刀尖与台阶面轻微接触，如图 5-84 所示。车刀横向进给，当主切削刃与工件外圆接触后，记下中滑板刻度或将刻度调至零位。

③ 摇动中滑板手柄，手动进给车外沟槽，车槽的切削速度应略低于切断的速度。当刻度进到槽深尺寸时，停止进给，退出车刀。

④ 用游标卡尺检查沟槽尺寸。

（2）非轴肩矩形外沟槽的车削

如沟槽不在轴肩处，确定车槽的正确位置的方法有两种。一种是直接用钢直尺测量车槽刀的工作位置，如图 5-85（a）所示，将钢直尺的一端靠在尺寸基准面上，车刀纵向移动，使左侧的刀尖与钢直尺上所需的长度对齐。另一种方法是利用床鞍或小滑板的刻度盘控制车槽的正确位置，如图 5-85（b）所示。

图 5-84 车轴肩矩形外沟槽

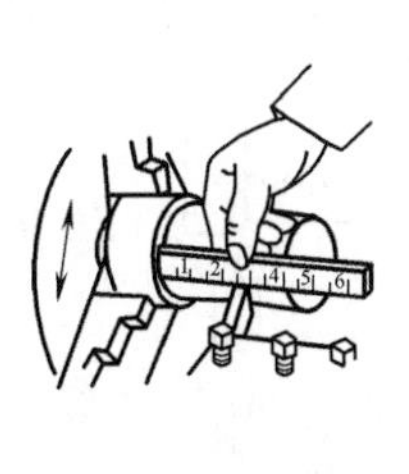

(a) 用钢直尺测量

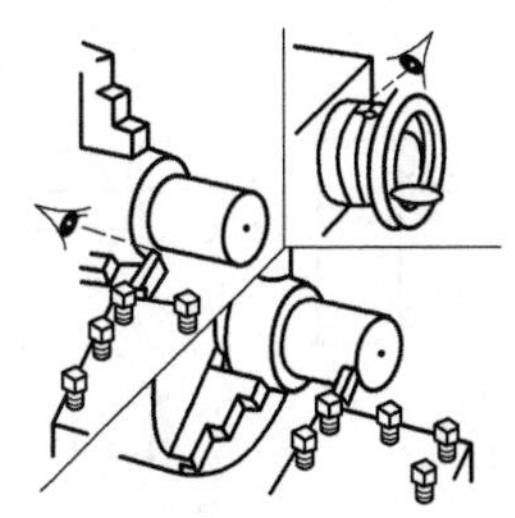

(b) 用刻度值控制

图 5-85 控制沟槽位置

操作的方法是将车槽刀刀尖轻轻靠向基准面，当刀尖与基准面轻微接触后，将床鞍或小滑板刻度调至零位，车刀纵向移动，移动的距离要根据图样上尺寸的注法而定，如图 5-86 所示。移动距离确定后，具体数值用床鞍或小滑板刻度值来控制，车削的方法与轴肩矩形外沟槽基本相同。

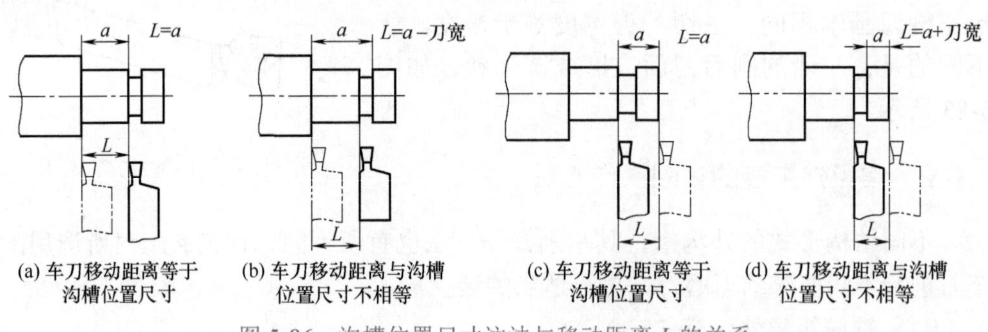

(a) 车刀移动距离等于沟槽位置尺寸　(b) 车刀移动距离与沟槽位置尺寸不相等　(c) 车刀移动距离等于沟槽位置尺寸　(d) 车刀移动距离与沟槽位置尺寸不相等

图 5-86　沟槽位置尺寸注法与移动距离 L 的关系

a—沟槽位置尺寸；L—车刀从基准面到工作位置的移动距离

（3）宽矩形外沟槽的车削

车宽矩形外沟槽前，要先确定沟槽的正确位置。常用的方法有刻线痕法，即在槽的两端位置上用车刀刻出线痕作为车槽时的标记，如图 5-87（a）所示。另一种方法是用钢直尺直接量出沟槽位置，这种方法操作比较简便，但测量时必须弄清楚是否要包括刀宽尺寸，如图 5-87（b）所示，测量沟槽位置尺寸 a 不包括刀宽，测量槽宽尺寸 b 则应包括刀宽。

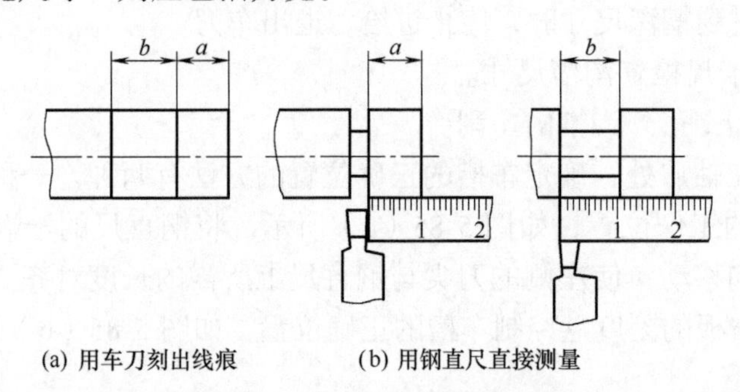

(a) 用车刀刻出线痕　(b) 用钢直尺直接测量

图 5-87　车宽槽确定沟槽位置

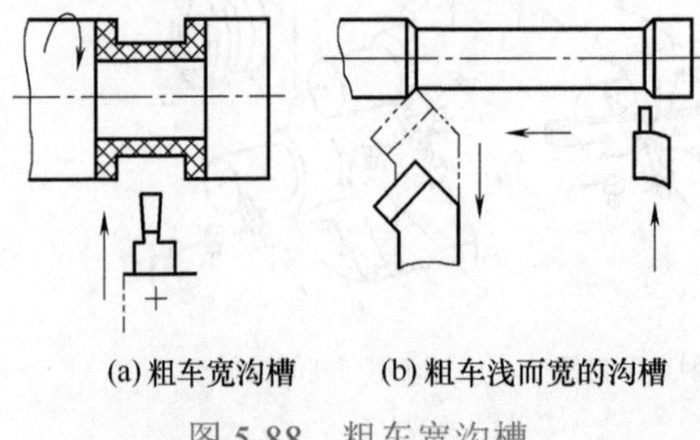
(a) 粗车宽沟槽　(b) 粗车浅而宽的沟槽

图 5-88　粗车宽沟槽

沟槽位置确定后，可分粗、精车将沟槽车至尺寸，粗车一般要分几刀将槽车出，槽的两侧面和槽底各留 0.5mm 的精车余量，如图 5-88（a）所示。粗车最末一刀应同时在槽底纵向进给一次，将槽底车平整。如沟槽很宽，深度又很浅的情况下，可采用 45°车刀，纵向进给粗车沟槽，然后再用车槽刀将两边的斜面车去，如图 5-88（b）所示。

精车宽沟槽应先车沟槽的位置尺寸，然后再车槽宽尺寸，如图 5-89 所示，具体车削方法如下。

① 移动床鞍和中滑板，使车刀靠近槽侧面，开动车床，再使刀尖与槽侧面相接触，车刀横向退出，小滑板刻度调零。

② 背吃刀量根据精车余量定，具体数值用小滑板刻度值控制，第一次试切刻度值不要进足，要留有余地，试切深度为 1mm 左右，用游标卡尺测量沟槽的位置尺寸，如图 5-89（a）所示。然后按实际测量的数值，再调整背吃刀量，将槽的一侧面精车至尺寸。

③ 车槽刀纵向进给精车槽底，如图 5-89（b）所示，用中滑板刻度控制背吃刀量，沟槽的直径尺寸用千分尺测量，如图 5-89（c）所示。

④ 精车槽宽尺寸，试切削后，用样板检查槽宽，如图 5-89（d）所示，符合要求后，车刀横向进给，车槽侧面至清角时止。停机，退出车刀，用卡板插入槽内，检查槽宽尺寸，如图 5-89（e）所示。卡板通常有通端和止端，通端应全部进入槽内，止端不可进入。

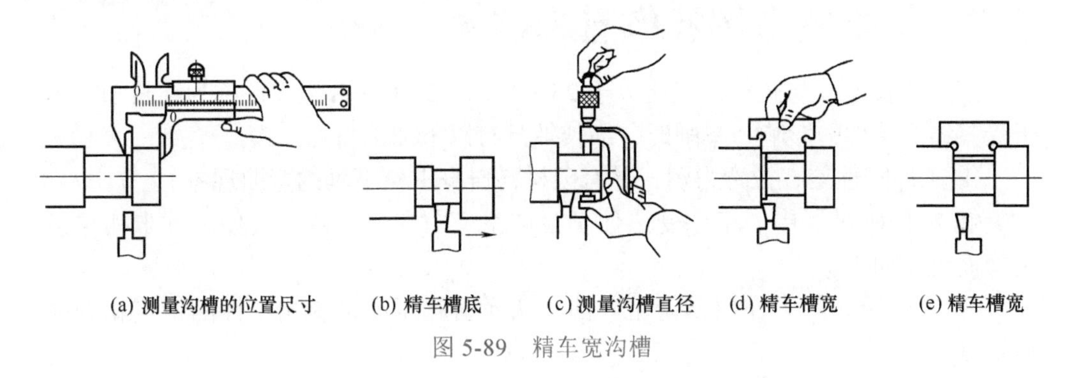

(a) 测量沟槽的位置尺寸　(b) 精车槽底　(c) 测量沟槽直径　(d) 精车槽宽　(e) 精车槽宽

图 5-89　精车宽沟槽

（4）半圆形外沟槽的车削

半圆形外沟槽应用刃磨好的半圆形外沟槽刀进行车削，具体车削方法如下。

① 用钢直尺确定沟槽位置，如图 5-90（a）所示。开动车床，移动中滑板，当刀尖与工件外圆接触时记下刻度，按沟槽深度计算刻度应进给的格数，并在此位置上用粉笔作记号。

② 加切削液，手动进给车半圆形外沟槽，如图 5-90（b）所示，当刻度进到记号处时；车刀横向退出。

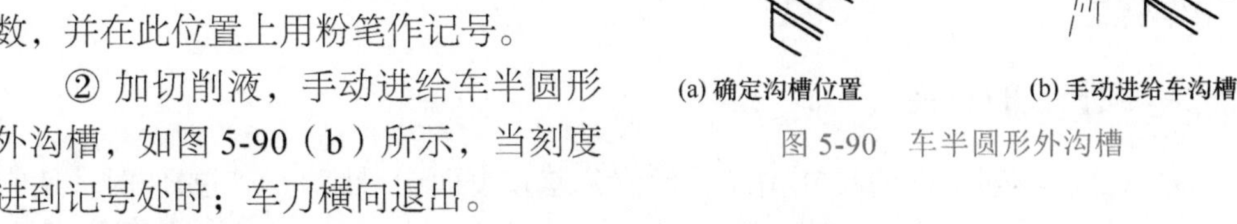

(a) 确定沟槽位置　(b) 手动进给车沟槽

图 5-90　车半圆形外沟槽

③ 检查圆弧形沟槽的尺寸、形状以及表面粗糙度。

（5）45°外沟槽的车削

45°外沟槽应用刃磨好的45°外沟槽刀进行车削，具体车削方法如下。

① 将滑板转盘的压紧螺母松开，按顺时针方向转过45°后用螺母锁紧。刀架位置不必转动，使车槽刀刀头与工件成45°角。

② 移动床鞍，使刀尖与台阶端面有微小间隙。

③ 向里摇动中滑板手柄，使刀尖与外圆间有微小间隙。

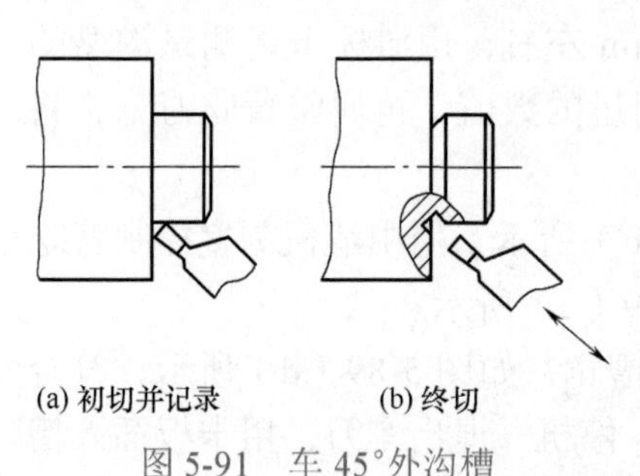

(a) 初切并记录　　(b) 终切

图5-91　车45°外沟槽

④ 开机，移动小滑板，使两刀尖分别切入工件的外圆和端面，如图5-91（a）所示，当主切削刃全部切入后，记下小滑板刻度。

⑤ 加切削液，均匀地摇动小滑板手柄直到刻度到达所要求的槽深时止，如图5-91（b）所示。

⑥ 小滑板向后移动，退出车刀，检查沟槽尺寸。

5.7　细长轴车削操作基本技术

工件的长度L与直径d之比大于25（$L/d>25$）的轴类零件称为细长轴。由于受其结构特性的影响，车削时，细长轴具有以下加工特点。

① 工件刚性差、拉弯力弱，并有因材料自身重量下垂的弯曲现象。

② 在切削过程中、工件受热伸长会产生弯曲变形，甚至会使工件卡死在顶尖间而无法加工。

③ 工件受切削力作用易产生弯曲，从而引起振动，影响工件的精度和表面粗糙度。

④ 采用跟刀架、中心架辅助工夹具对操作技能要求高，与之配合的车床、工夹刀具等多方面的协调困难，也是增加振动的因素，也会影响加工精度。

⑤ 由于工件长，每次走刀切削时间长，刀具磨损和工件尺寸变化大。难以保证加工精度。

由于上述特点，在车削细长轴时，对工件的装夹、刀具、车床、辅助工夹具及切削用量等要合理选择、精心调整。为此，车工操作时应掌握一定的车削方法及操作要点。

5.7.1　细长轴的装夹

为保证所车削工件的尺寸精度、形位公差和表面粗糙度，车削操作时，通常是通过细长轴上的中心孔实现定位，然后根据零件结构，有针对性地采取一些装夹措施。操作方法及装夹措施如下。

1）钻中心孔

为实现细长轴的定位，需要在棒料一端钻好中心孔。当毛坯直径小于车床主轴通孔时，按一般方法加工中心孔，但是棒料所伸出床头后面的部分，应加强安全措施。当棒料直径大于车床主轴通孔或弯曲较大时，则用卡盘夹持一端，另一端用中心架支承其外圆毛坯面，先钻好可供活顶尖顶住的不规则中心孔（图5-92），然后车出夹头及中心钻一段完整的外圆柱面，再用中心架支承该圆柱面，修正原来的中心孔，达到圆度的要求。应注意，在开始架中心架时，应使工件旋转中心与中心钻中心重合，否则将出现中心钻在工件端面上划圈，导致中心钻被折断。

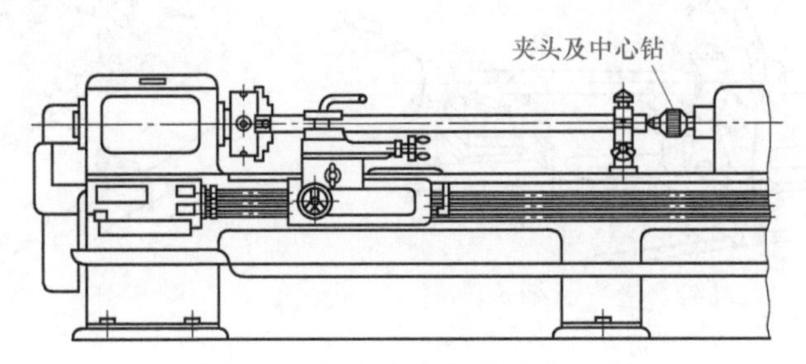

图 5-92　用中心架支承钻中心孔

中心孔是细长轴的主要定位基准，精加工时，中心孔要求更高，一般精加工前要修正中心孔，使两端中心孔同轴，角度、圆度、粗糙度符合要求。因此在必要时还将两端中心孔进行研磨。

2）用中心架装夹

用中心架装夹是细长轴应用最广泛的装夹方式，根据零件的具体不同要求，通常可选用以下几种类型。

① 中心架直接支承在工件中间。中心架直接支承在工件中间这种装夹方法适用于允许调头接刀车削，这样支承可改善细长轴的刚性。在工件装上中心架之前，必须在毛坯中间车一段安装中心架卡爪的沟槽，如图5-93所示。

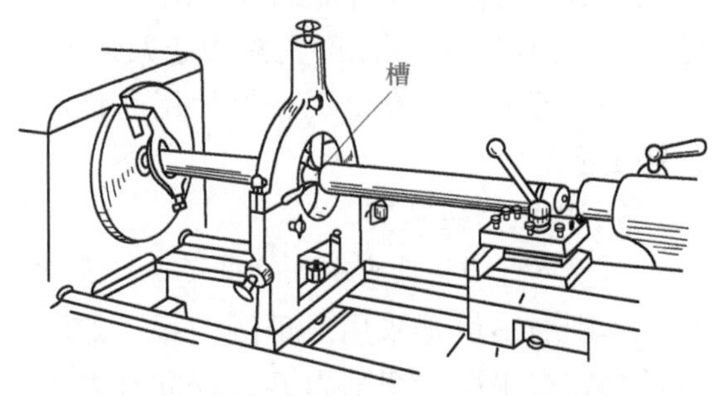

图 5-93　用中心架支承细长轴

车削时，卡爪与工件接触应经常加润滑油。为了使卡爪与工件保持良好的接触，也可以在卡爪与工件之间加一层砂布或研磨剂，使接触更好。

② 用过渡套筒支承工件。在细长轴中间要车削一条沟槽是比较困难的。为

了解决这个问题，可采用过渡套筒装夹细长轴，使卡爪不直接与毛坯接触，而使卡爪与过渡套筒的外表面接触，过渡套筒的两端各装有四个螺钉，用这些螺钉夹住毛坯工件，但过渡套筒的外圆必须校正，如图 5-94 所示。

③ 一端夹住一端搭中心架。除钻中孔外，车削长轴的端面、车削较长套筒的内孔，内螺纹时，都可用一端夹住一端搭中心架的方法。这种方法使用范围广泛，如图 5-95 所示。

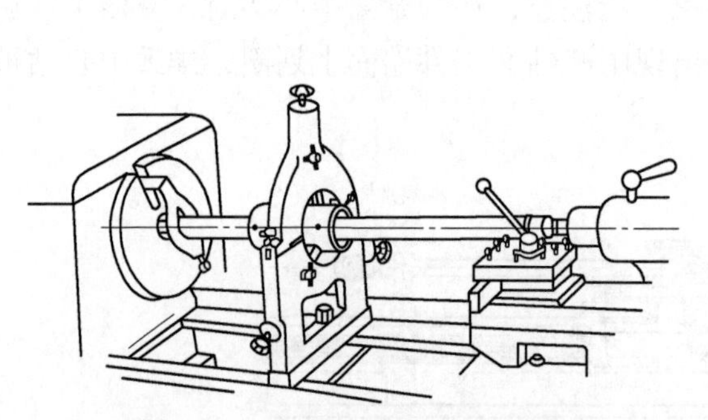

图 5-94　用过渡套筒支承细长轴

图 5-95　一端夹住一端搭中心架的装夹方法

④ 调整中心架的支承卡爪支承工件。在调整中心架卡爪前，应在卡盘和顶尖之间将工件两端支承好。

中心架卡爪的调整，重点是注意两侧下方的卡爪，它决定工件中心位置是否保持在主轴轴线的延长线上，因此支承力应均等而且适度，否则将因操作失误顶弯工件。位于工件上方的卡爪，起抗衡主切削力 F_X 的作用，按顺序它应在下方两侧卡爪支承调整稳妥之后再进行支承调整，并注意不能过紧顶压。调整最后，应使中心架每个卡爪都能如精密配合的滑动轴承的内壁一样，保持相同的微小间隙，作自由滑动。应随时注意中心架各个卡爪的磨损情况，及时地调整和补偿。

中心架的三个卡爪在长期使用磨损后，可用青铜、球墨铸铁或尼龙 1010 等材料更换。

3）用跟刀架装夹

对于不宜调头装夹车削的细长轴，通常可用跟刀架进行车削，如图 5-96 所示。

车削时，最好采用三爪跟刀架，如图 5-97 所示。三爪跟刀架上带有的三个卡爪具它有平衡主切削力 F_x，径向分力 F_y 和阻止工件自重下垂 G 的作用，各支承卡爪的触头由可以更换的耐磨铸铁制成。支承爪圆弧，可预先经镗削加工而成，也可以在车削时利用工件粗车后的粗糙表面进行磨合。在调整跟刀架各支承压力时，力度要适中，并要供给充分的润滑冷却液，才能保证跟刀架支承的稳定和工件的尺寸精度。

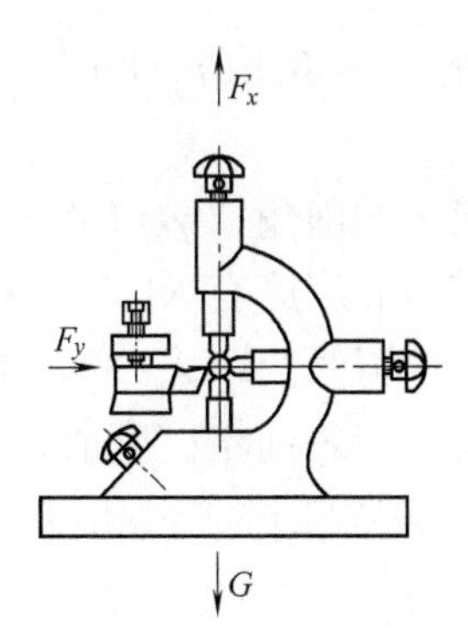

图5-96 跟刀架装夹工件　　图5-97 三爪跟刀架

4）装夹注意事项

① 当材料毛坯弯曲较大时，使用四爪卡盘装夹为宜。因为四爪卡盘具有可调整被夹工件圆心位置的特点。当工件毛坯加工余量充足时，利用它将弯曲过大的毛坯部分“借”正。保证外径能全部车圆，并应留有足够的半精加工余量。

② 卡爪夹持毛坯不宜过长，一般15～20mm为好。并且加垫铜皮或用直径4～6mm的钢丝绕在夹头上一圈充当垫块，如图5-98所示。这样可以避免因材料尾端外圆不平而受力不均匀迫使工件弯曲的情况产生。

③ 尾座端顶尖采用弹性回转顶尖，参见图5-99。由于切削热使工件变形伸长时，工件推动顶尖使碟形弹簧压缩变形，可有效地补偿工件的热变形伸长，工件不易弯曲，车削顺利。

调整顶尖对工件的压力大小，一般以开车后用手指能将顶尖头部捏住，使其不转为合适。

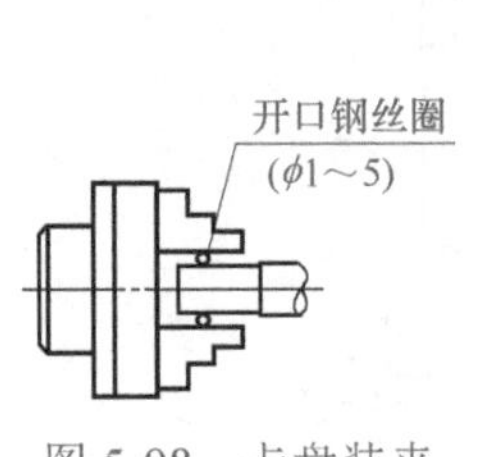

图5-98 卡盘装夹工件

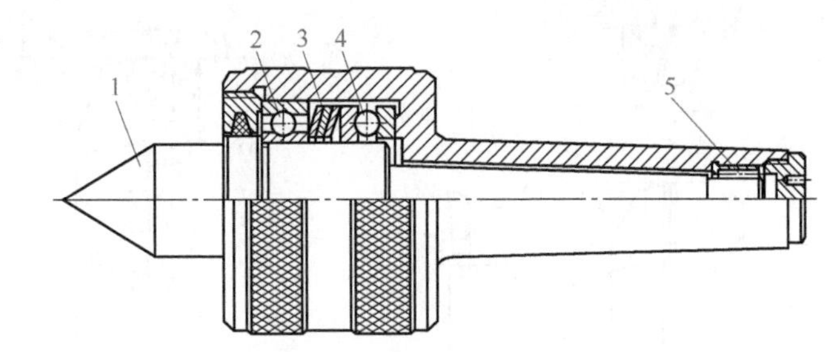

图5-99 弹性回转顶尖

1—顶尖；2—圆柱滚子轴承；3—碟形弹簧；4—推力球轴承；5—滚针轴承

5.7.2 车刀的选用

车削细长轴时，由于工件刚性差，车刀的几何形状对工件的振动有明显的影响。为保证车削质量，应谨慎的选用或刃磨细长轴车刀。

1）细长轴车刀的选用要求

① 车刀的主偏角取 κ_r=80° ～ 95°，以减小切削径向分力，减少细长轴的弯曲。

② 选择较大的前角取 γ_0=15° ～ 30°，以减小切削力。

③ 车刀前刀面应磨有 R1.5 ～ 3 的断屑槽，使切屑卷曲折断。

④ 选择正值刃倾角取 λ_s=3° ～ 10°，使切屑流向待加工表面。

⑤ 减小切削刃表面粗糙度值，刀刃保持锋利。

⑥ 不磨刀尖圆弧过渡刃和倒棱，或磨得很小、保持刀刃的锋利，避免减小径向切削力。

⑦ 粗车时，刀尖要高于中心 0.1mm 左右，精车时，刀尖应等于或略低于中心，不要超过 0.1mm。

2）常用的细长轴车刀

① 90° 细长轴车刀。90° 细长轴车刀结构如图 5-100 所示。采用主偏角 κ_r=90°，前刀面磨有宽 4 ～ 5mm 的卷屑槽，排屑、卷屑好。刃倾角 λ_s=3° 使切屑流向待加工表面。这种车刀结构简单，适用于粗车、半精车、精车全部工作。

② 93° 细长轴精车刀。93° 细长轴精车刀结构如图 5-101 所示。采用主偏角 κ_r=93°，前刀面磨有横向卷屑槽，横向前角为 −12°，可提高切削性能，控制切屑卷出后向待加工表面方向排出。采用倒棱副前角 γ_0=−5° 切削平稳，无振动。这种车刀适用于细长轴精车。

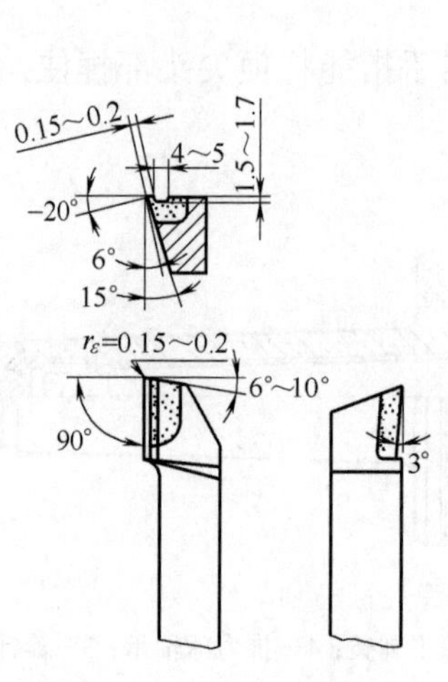

图 5-100　90°细长轴车刀

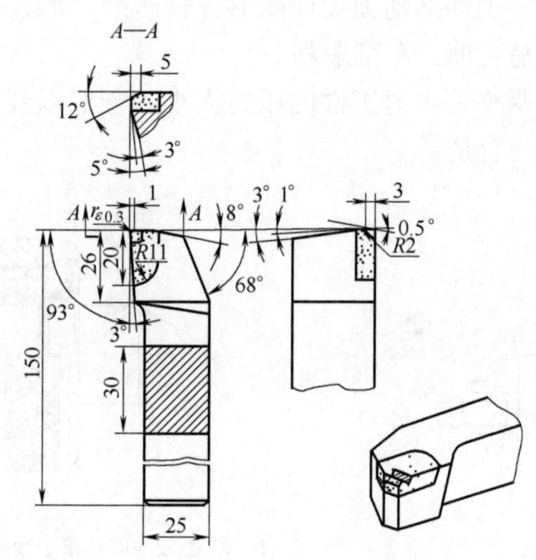

图 5-101　93°细长轴精车刀

③ 反 75° 细长轴粗车刀。反 75° 细长轴粗车刀结构如图 5-102 所示。采用主偏角 κ_r=75°，可减少径向力、防止弯曲和振动。大前角 γ_0=15° ～ 20°、小后角 α_0=3°，既减小切削力，又增强了刃口的强度。磨有 R=3.5 ～ 4mm 卷屑槽及 λ_s=5° 的刃倾角，使排屑顺利并增加刀尖强度。这种车刀适用于细长轴粗车。

④ 机械夹固式反 95°细长轴精车刀。机械夹固式反 95°细长轴精车刀结构如图 5-103 所示。采用主偏角 κ_r=95°并有较大的前角，可提高性能。这种车刀适用于细长轴精车。

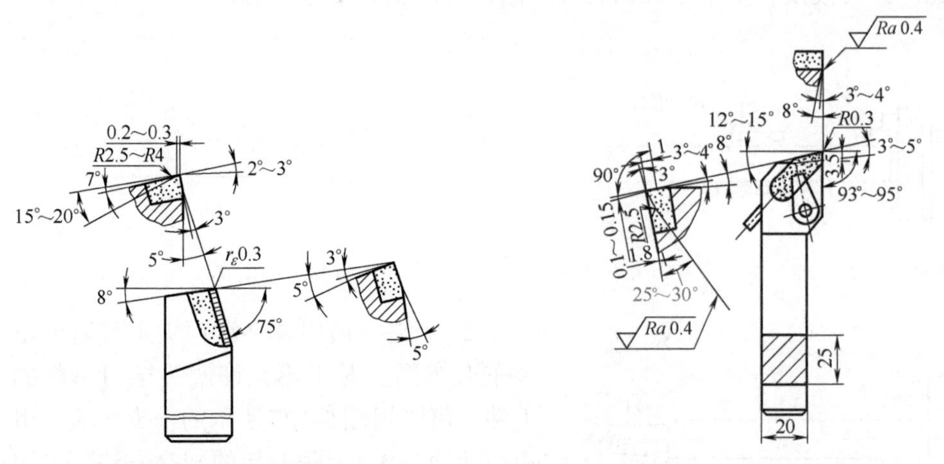

图 5-102　反 75°细长轴粗车刀　　　图 5-103　机械夹固式反 95°细长轴精车刀

⑤ 可调宽刃弹性细长轴精车刀。可调宽刃弹性细长轴精车刀结构如图 5-104 所示。其刀具特点是刀杆富有弹性，刃宽接触线长。加工时，采用大进给量、低转速精车，切削稳定，表面质量容易控制，这种车刀适用于精车细长轴。

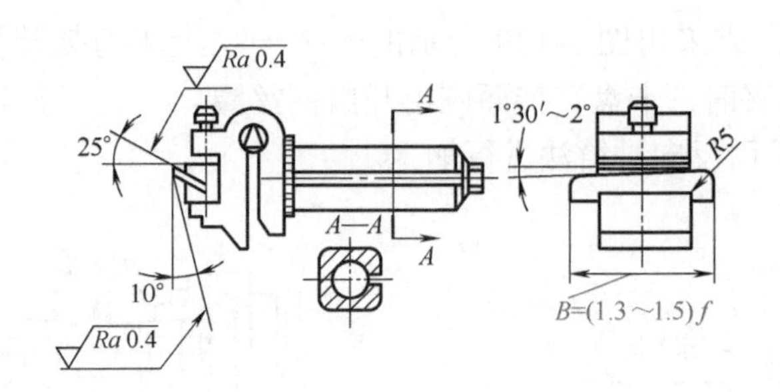

图 5-104　可调宽刃弹性细长轴精车刀

5.7.3 细长轴车削操作方法及要点

1）合理选用切削用量

车削细长轴时，应合理使用切削用量，常用的切削用量可参考表 5-9 选用。

表 5-9　车削细长轴常用的切削用量

切削用量	粗车	精车	切削用量	粗车	精车
v/(m/min)	32	1.5	a_p/mm	2～4	0.02～0.05
f/(mm/r)	0.3～0.35	12～14	—	—	—

2）常用的车削方法

① 一夹一顶、上中心架（用过渡套）。对于允许调头接刀车削的工件，可采用图5-105所示的一夹一顶、上中心架（用过渡套）的装夹方法，或采用图5-106所示的两顶尖拨顶、上中心架的装夹方法，采用正装车刀车削。

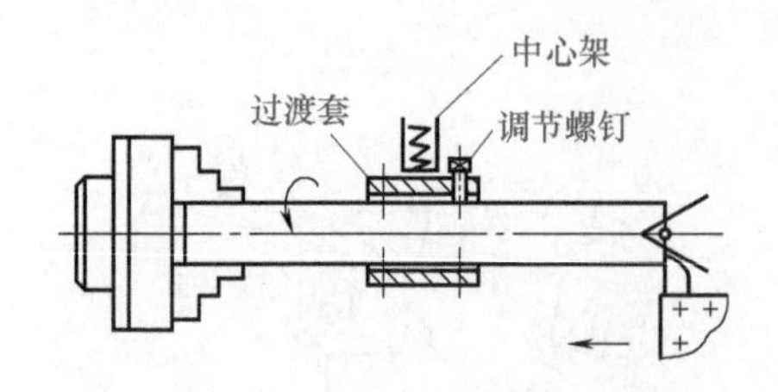

图5-105　一夹一顶、上中心架（用过渡套）

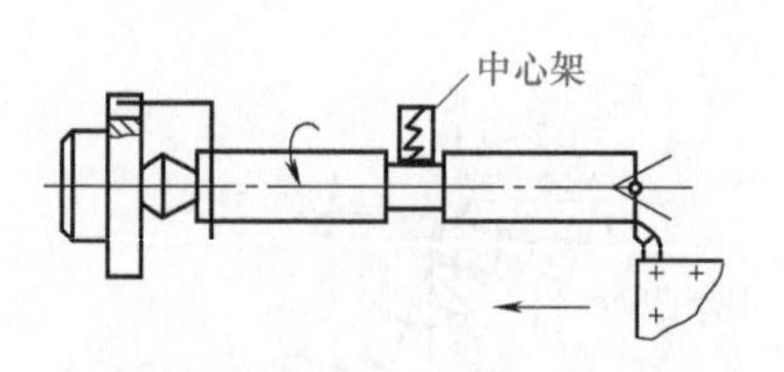

图5-106　用两顶尖拨顶、上中心架

② 一夹一顶用弹性活顶尖上跟刀架正装车刀车削。对于不允许调头接刀车削的工件，可采用图5-107所示的一夹一顶（用弹性活顶尖）、上跟刀架的装夹方法，采用正装车刀车削。

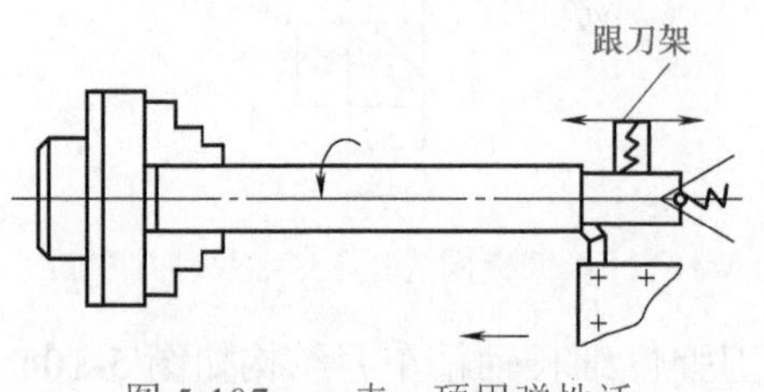

图5-107　一夹一顶用弹性活顶尖上跟刀架方法1

③ 一夹一顶用弹性活顶尖上跟刀架或一夹一拉上跟刀架。精车加工时，可采用图5-108所示的一夹一顶用弹性活顶尖上跟刀架装夹方法，或采用图5-109所示的一夹一拉上跟刀架装夹方法，采用图5-108所示方法装夹时，卡盘夹持面应用开口钢丝圈。

车削时，应采用反向进给法进行加工。

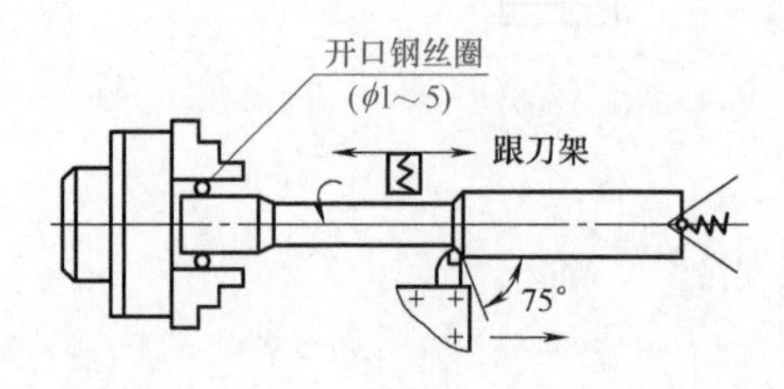

图5-108　一夹一顶用弹性活顶尖上跟刀架方法2

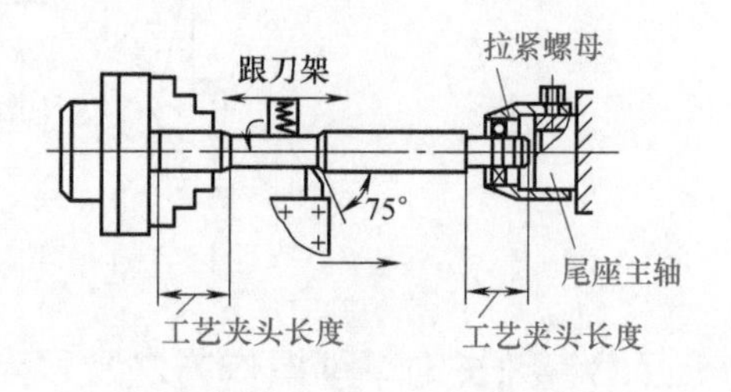

图5-109　一夹一拉上跟刀架方法

④ 改装中滑板，设前后刀架，用两把45°车刀同时切削。加工精度较高且批量生产时，可采用图5-110所示的装夹方法，这样工件振动和变形小。

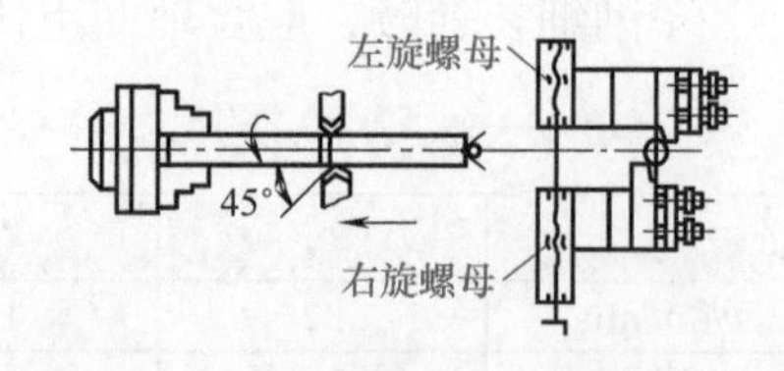

图5-110　改装中滑板设前后刀架方法

3）车削注意事项

① 加工前应对车床进行调整。调整车床包括：主轴中心与尾座中心连线应与导轨全长平行；主轴中心和尾座顶尖中心应同轴；床鞍、中滑板、小滑板间隙合适，防止过松或过紧。过松会扎刀，过紧将导致进给不匀。

② 工件的校直（包括加工前、加工中和成品三种情况的校直）。加工前，棒料不直，不能通过切削消除弯曲，应用热校直法校直，不宜用冷校直法校直，切忌捶击；在加工中，常用拉钩校直法进行校直，如图 5-111 所示。

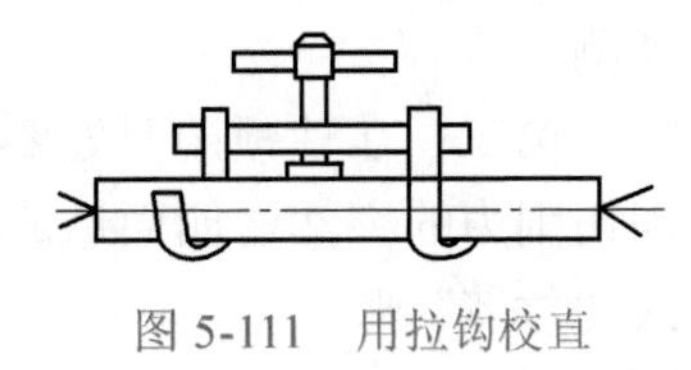

图 5-111 用拉钩校直

③ 控制应力。装夹时应防止预加应力，使工件产生变形。

④ 跟刀架的修磨。跟刀架的支承爪与支柱应配合紧密，不得松动，支承爪材料为普通铸铁或尼龙 1010。支承爪与工件表面接触应良好，加工过程中工件直径变化或更换不同工件时，支承爪应加以修磨。

⑤ 跟刀架的调整。采用跟刀架车削，应在修好跟刀架支承爪，选择好切削用量后开始粗车。车刀切入工件后，随即调整跟刀架的螺钉，在进给过程中纵向切入约 20 ～ 30mm 时，迅速地先将跟刀架外侧支承爪与工件已加工表面接触；再将上侧支承爪接触，最后顶上紧固螺钉。

⑥ 消除内应力，找正中心孔。在第一刀车过后，为使内应力反映出来，需重新找正中心孔。为此，松动顶尖，左手轻扶工件右端，防止下垂过多，以最低转速（如 12r/min）使工件旋转，检查中心孔是否摆动。如果中心孔不正，可用手轻轻拍动工件摆动位置，直至找正到不再摆动为止，然后再顶上活顶尖。

顶尖与工件接触压力的大小，以顶尖跟随工件旋转再稍加一点力即可。压力过大容易使工件弯曲变形，过小则在开始吃刀时容易引起振动或研坏顶尖表面。

每车削一刀都要按上述方法检查一次中心孔的正确性，如果发现不正确，应立即进行找正。经过反复几次找正之后，应使工件反映出来的内应力逐步减少或消除，达到较小的弯曲度（如在 500mm 内不大于 0.03 ～ 0.05mm）。

⑦ 随时注意调整跟刀架上侧支承爪。在加工过程中要特别注意对跟刀架上支承爪的调整。这是由于车床导轨磨损不匀，容易造成主轴中心与尾座顶尖中心连线同床身导轨面之间的局部不平行，引起跟刀架上支承爪在不同位置上的压力变化，影响工件精度和切削的正常进行。故在切削加工过程中，要及时在不同阶段调整上侧支承爪，但不得任意调整外侧支承爪。

⑧ 当工件的长径比（L/d）大于 80 时，应采用三支承跟刀架。其车削方法有两种：一是高速切削法，其操作要点与上述相同，只是跟刀架增加了一个支承爪；另一种是反向低速大走刀切削法，采用弹性活顶尖，反向切削。粗车、半精车仍用高速切削法；精车为低速大走刀。其操作方法除上述要点外，还应注意以下几点。

第一，在靠卡盘处车削出跟刀架的支承部分，修磨好支承爪后，在轴的尾端作 45°倒角，防止车削完时车刀崩刃。

第二，调整支承爪的顺序是先下侧（因轴的重量方向向下），次上侧，最后外侧。

第三，在轴颈接刀处要有 1∶10 左右的锥度，使刀刃逐步增加切削力，不致因切削力的突然增加而造成让刀或扎刀，产生轴颈误差而引起振动，出现多边形或“竹节”形。

第四，为防止工件振动，跟刀架支承爪的轴向长度取 40 ～ 50mm，径向宽度取 10 ～ 15mm，为便于散热和排泄粉末，在爪的轴向和径向中间各钻 8mm 孔或 T 形通孔。

第五，宽刃精车刀的安装，刀尖应略低于工件轴线，刀片装入刀杆后旋转 1°～ 1° 30′，不得大于 2°。这样就形成了 1°～ 1° 30′的刃倾角。使实际后角增大、减小车刀后刀面的磨损，提高工件表面质量。

第六，宽刃精车刀切削时采用硫化切削液冷却润滑，如有条件最好用植物油或二者混合，粗车时要用乳化液，切忌用油类（因为油类散热性差）

第七，在切削过程中要保证切削液不间断，否则会引起刀片碎裂或跟刀架支承爪损坏。

⑨ 细长轴车削完成后，主要应进行以下方面的检测。

第一，细长轴工件形状公差的检测。细长轴工件的圆度、圆柱度可用圆度仪直接检测，也可用外径千分尺间接检测。直线度可以把工件安放在正摆仪或放在平板上用百分表或塞尺间接检测。

第二，细长轴工件位置公差的检测。细长轴工件的同轴度、圆跳动等形位公差的检测可以通过把工件安放在正摆仪上用百分表间接检测。

第三，细长轴工件表面粗糙度的检测。细长轴工件表面粗糙度的检测可以用光学仪器检测，也可用表面粗糙度标准样块对照，用肉眼判断。

⑩ 细长轴车削完后，必须垂直吊放，以防弯曲变形。

5.8 轴类零件的抛光、研磨和滚花操作

精密车削和磨削可达到一定的表面粗糙度和精度要求，但很难达到高要求的表面粗糙度（如 *Ra*0.4μm 以上）和精度（尺寸公差和几何形状公差在 0.002 ～ 0.005mm）。而采用研磨和抛光工艺就可以达到这个要求。

研磨和抛光工艺是精加工工艺之一，对单件或少量生产的零件可在车床上进行。

另外，有些轴类零件的某处如需要花纹，也可在车床上滚压出来。现分别加

以介绍。

（1）表面抛光

车床上抛光，多作为车削加工以后的辅助工序。在特种型面零件加工中最常见。一方面为了达到一定的表面粗糙度要求；另一方面也可满足一定的尺寸精度要求。因此，抛光也是精加工的方法之一。在车床上抛光，可分尺寸抛光和光亮抛光两种。当零件尺寸经加工后未达到图纸要求，而留量小到无法用车削或磨削加工时，可采用尺寸抛光；若表面粗糙度达不到要求时，采用光亮抛光。无论是尺寸抛光还是光亮抛光，其留量都是极小的，一般都在0.01mm之内。生产中常用的几种表面抛光方法主要有以下几种。

① 用锉刀抛光。锉刀是用来修光工件表面和边缘毛刺的。最常用的是扁平锉和半圆锉中的细锉和特细锉。

使用锉刀时应该左手握柄，右手握锉头。锉削时应从右锉向左，并要长而慢，压力要均匀一致，不可用力过大，以防将工件锉扁或锉成一节一节的。

为防止切屑嵌入锉齿缝中而损伤工件表面，最好在锉刀上涂一层白粉，用毕，用钢丝刷子刷掉。

② 用砂布抛光。工件表面经过精车或锉削后，表面粗糙度若还达不到要求时可用砂布抛光。车床上使用的砂布一般是金刚砂制成，常用的有000号、00号、0号、1号、1/2号和2号。

用砂布抛光时，一般可把砂布垫在锉刀下面进行锉削，也可以用手直接捏住砂布抛光，但这样不够安全。最好用抛光夹抛光（把砂布垫在木制的抛光夹的两个凹圆弧槽中，用手捏紧进行抛光，也可在砂布中加些机油或金刚砂粉）。

用砂布抛光时，工件转速应比车削时高些，砂布在工件上慢慢移动。

（2）研磨

研磨是最常用的一种光整加工方法。经过抛光后的工件表面，若精度和表面粗糙度还不够高，那么可再使用研磨的方法。

① 研具材料。要使磨料能嵌入在研具上而不致嵌入工件表面，研具材料要比零件软。常见的研具材料有灰铸铁（润滑性好、效率较高）、软钢（适于研螺纹和小直径工具）、铜（多用于粗研）、铅（用于软金属）或硬木等。

研磨用的研磨剂由磨料和润滑液组成，它是影响研磨质量的主要因素。常用的磨料有氧化铝、碳化硅、氧化铬、金刚砂、碳化硼等，粒度以300～400为宜。常用的润滑剂有机油（一般用10号机油；精研时，用1/3机油加2/3煤油混合）、煤油（研磨速度快）和油脂（常用熟猪油与磨料拌成糊状，再加30倍煤油调匀）等。

② 研磨工具。研磨外圆有研磨板式与研磨套式两种。使用广泛的是，研磨套式工具，如图5-112所示。研磨套的内孔按研磨零件外径尺寸决定，套的长

度为零件被研面长度的1/2。孔壁开有正、反螺旋槽，使用时将卡箍夹紧研磨套（但与零件有0.01 ～ 0.03mm的间隙，零件尺寸小，间隙就小，但过小的间隙，磨料不易进入，效果差），当主轴带动零件旋转时，研磨套沿轴向行程进行研磨。

研磨内孔尺寸为ϕ0.3 ～ 1mm的小孔时，用铁丝或钻头尾柄作研磨工具。研磨ϕ1 ～ 10mm的孔时，用表面开螺旋沟的心棒做研磨工具。若零件孔径较大，采用可胀式研磨工具就方便多了。

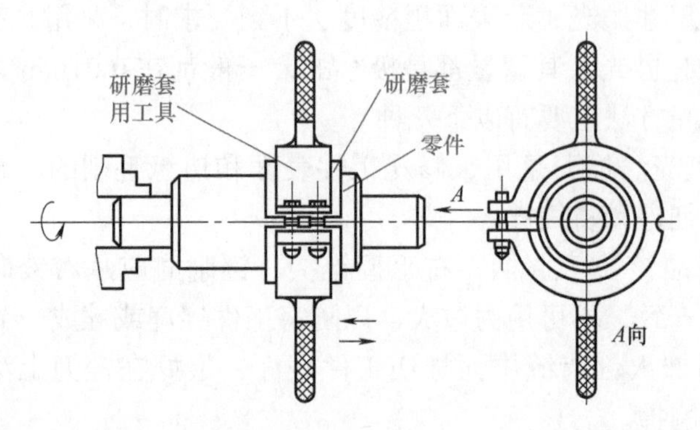

图5-112 研磨外圆工具

③ 研磨前的零件要求。

a. 零件表面粗糙度需达 Ra1.6 ～ 0.8μm。

b. 零件几何形状误差基本达图纸要求，或误差值在0.02mm之内。

c. 零件尺寸精度要尽可能接近图纸要求或在公差上限。研磨留量一般在0.005 ～ 0.03mm内。

d. 零件最好经过热处理，提高研磨表面的硬度。硬度越高，对提高研磨表面粗糙度越有利，不易出现划痕。

④ 研磨速度　被研磨工件作低速旋转。被研磨零件尺寸越小，转速越高。研磨工具相对于零件做轴向移动时，其线速度以v=10 ～ 15m/min为宜。这样，研磨时不致产生较大摩擦热和切削热。

对高精度、高光滑度的零件，研磨要分粗研、半精研和精研等几道工序进行。否则不易达到质量要求。

研磨过程中要保持操作环境的清洁。研磨工具要经常用煤油清洗，并及时更换新的研磨料和润滑液。

在车床上研磨零件，所采用的工艺方法大都是手工操作，生产效率低，适合于单件或少量生产。

（3）滚花

有些零件为了使用方便或外形美观，往往要求在表面上滚出各种不同的花纹。

滚花的花纹有直纹和网纹两种，并有粗细之分。花纹的粗细由节距 t 决定。它的尺寸关系见图 5-113 及表 5-10 和表 5-11。

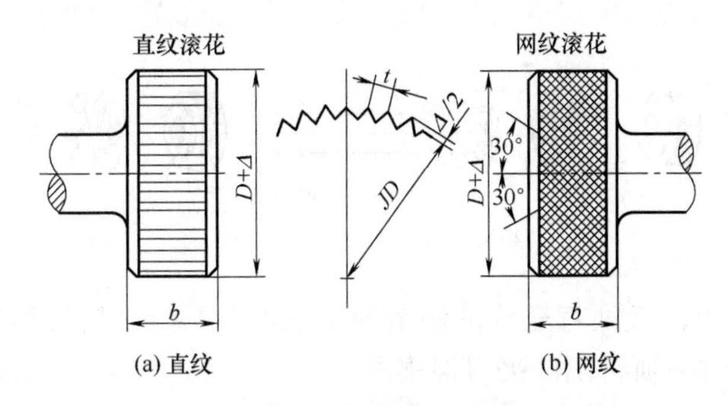

图 5-113　滚花形状和各部分尺寸

表 5-10　直纹节距　单位：mm

滚花前直径 D	适用于一切材料		
	工作宽度 b		
	≤ 6	> 6 ～ 30	> 30
	滚花节距 t		
≤ 8	0.6	0.6	0.6
> 8 ～ 65	0.6	0.8	0.8
> 65 ～ 100	0.8	0.8	1.2

表 5-11　网纹滚花节距　单位：mm

滚花前直径 D	用于黄铜、铝等			用于钢		
	≤ 6	> 6 ～ 30	> 30	≤ 6	> 6 ～ 30	> 30
≤ 8	0.6	0.6	0.6	0.6	0.6	0.6
> 8 ～ 16	0.8	0.6	0.6	0.8	0.8	0.6
> 16 ～ 65	0.8	0.8	0.8	0.8	1.2	1.2
> 65 ～ 100	0.8	0.8	1.2	0.8	1.2	1.6

注：1. 本表适用于外表面花纹。

2. 滚花后工件直径大于滚花前直径 D，其值 $\Delta D \approx (0.25 \sim 0.5)t$。

3. 节距 t=0.8 的直纹滚花，其标记为：直纹 0.8。

4. 节距 t=0.8 的网纹滚花，其标记为：网纹 0.8。

工件上的花纹形状由滚花刀滚出。滚花刀有单轮式、双轮式和六轮式三种。单轮式只能滚出一种直纹。双轮式能滚出一种网纹。六轮式可以滚出粗、细三种不同的网纹（图 5-114）。

滚花时先将工件直径车到需要的尺寸，可以不必光滑，直径尺寸略小些。把选好的滚花刀装在刀架上，使滚轮表面与工件表面平行，高低对准工件轴心。接着开动车床，使工件低速转动，当滚花刀开始接触工件时，应该用很大的压力使工件表面刻出较深的花纹。否则容易把花纹滚乱。这样来回滚几次，直到花纹凸出为止。

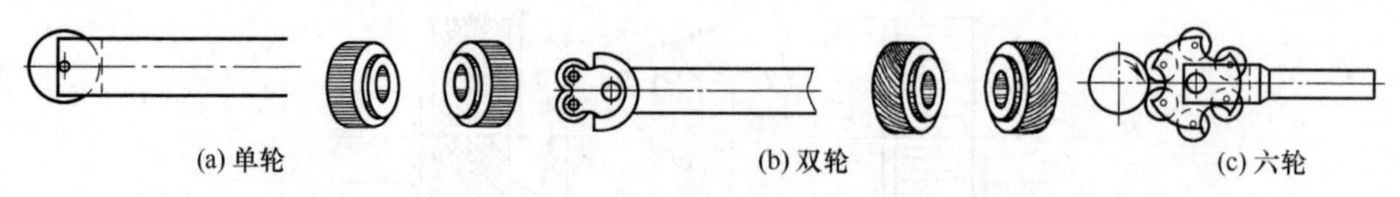

图 5-114　滚花刀的种类

在滚花过程中，必须有充分的润滑油（机油），并经常清除切屑，以保证滚花的质量。滚花时必须将工件夹得很牢固。

5.9　轴类零件车削典型实例

不同结构及形状的零件，其所采用的加工工艺是不同的，甚至同一个零件在不同的生产批量、不同的企业时，其加工工艺也有所不同，以下通过一些典型实例具体说明轴类工件的车削操作方法。

5.9.1　简单轴的车削操作

图 5-115 所示为某产品上的简单轴零件图，图中未标注表面的粗糙度为 $Ra6.3\mu m$。采用 45 钢制造，毛坯种类为 45 钢锻件。每次操作数量为 10 ～ 12 件。

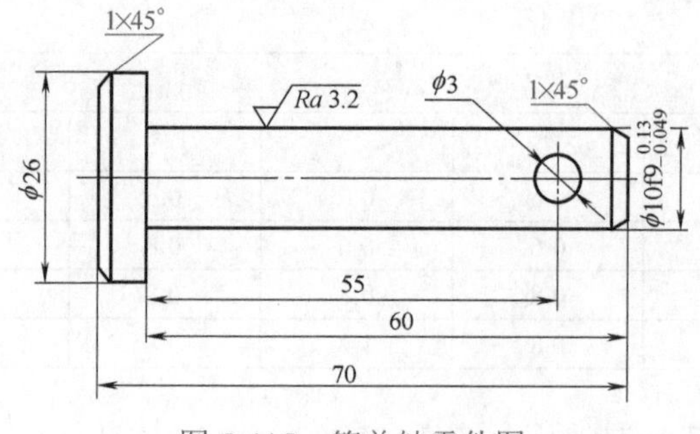

图 5-115　简单轴零件图

（1）工艺分析

轴加工时的定位基准面一般是中心孔和外圆，为了保证加工精度，必须在加工过程中保证中心孔和外圆的质量。根据零件的结构，可作以下工艺分析。

① 根据设计图样对工件尺寸精度、表面粗糙度要求，采用车削加工便可直接达到图样要求，无需其他车床精加工。

②根据零件尺寸大小，在 C620-1 型车床可完成装夹加工，由于来料的毛坯

尺寸为 ϕ28mm × 76mm，采用在主轴锥孔内装一限位装置一夹一顶方法完成加工，此方法还可以控制台阶长度尺寸。

③工件最低的表面粗糙度要求为 Ra3.2μm，用硬质合金车刀难以达到要求，所以应采用高速钢车刀进行精车。

（2）加工步骤

综合上述工艺分析，可确定零件的加工步骤如下。

① 用三爪自定心卡盘夹住毛坯外圆，钻 ϕ1.5mm A 型中心孔。

② 用一夹一顶方法装夹工件，粗、精车外圆 $\phi 10_{-0.049}^{-0.013}$ mm 至尺寸，长度 60 ～ 65mm，中心孔允许车除。

③ 调头夹住 ϕ10f9 外圆，车端面，车外圆 ϕ26mm 至尺寸，倒角。

④ 夹住 ϕ10f9 外圆，车端面，取总长，倒角。

5.9.2 接杆的车削操作

图 5-116 所示为接杆零件图，图中未标注表面的粗糙度为 Ra12.5μm。采用 45 钢制造，毛坯种类为 45 钢锻件。每次操作数量为 10 ～ 12 件。

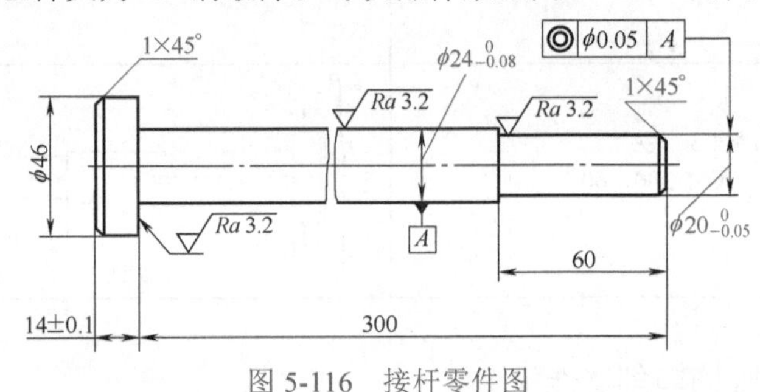

图 5-116　接杆零件图

（1）工艺分析

根据零件的结构，可作以下工艺分析。

① 在 C620-1 型车床上装夹，由于工件毛坯外圆不能通过车床主轴孔，因而工件伸出较长，不能直接车端面，故应先钻中心孔，顶住车台阶外圆，然后搭中心架再车端面。

② 外圆 $\phi 20_{-0.05}^{0}$mm 对外圆 A 的同轴度为 0.05mm，应采用在一次装夹中加工。

③ 工件比较细长，外圆粗车后，精车时，应将尾座顶尖退出并重新支顶，松紧程度要适当，防止工件车削时产生弯曲变形。

④ 车削两头端面时，只要一端夹住，一端搭中心架，都不需要钻中心孔，因工件车削后无需再磨削。

（2）加工步骤

综合上述工艺分析，可确定零件的加工步骤如表 5-12 所示。

表 5-12 接杆的车削加工步骤 单位：mm

序号	加工内容	简图
1	三爪自定心卡盘夹住 ϕ46 毛坯外圆找正钻 ϕ3.5A 型中心孔	
2	一端夹住，一端顶住 ①粗、精车外圆 $\phi 24_{-0.08}^{0}$ 至尺寸、长度 14±0.1 至 17 ②粗、精车外圆 $\phi 20_{-0.05}^{0}$ 至尺寸、长度 240（即 240=300−60） ③倒角	
3	一端夹住，一端搭中心架 ①车端面，尺寸 14±0.1 ②车外圆 ϕ46 至尺寸 ③倒角	
4	调头，按序号 3 装夹 ①车端面，尺寸 300、60 ②倒角	

5.9.3 短台阶轴的车削操作

图 5-117 所示为短台阶轴零件图，图中未标注表面的粗糙度为 Ra6.3μm。零件材料为 45 热轧圆钢，毛坯尺寸为 ϕ55 × 110mm，加工数量为 20 件。

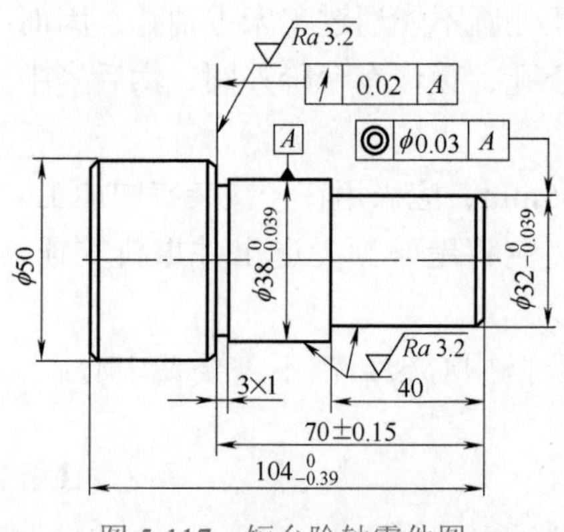

图 5-117 短台阶轴零件图

（1）工艺分析

根据零件各位置精度要求和零件长度较短的特点，在精车时可以采用三爪自定心卡盘夹持 ϕ50 外圆，从而使工件上的被测要素（$\phi 32_{-0.039}^{0}$ 和 ϕ50 右端面）和基准要素（$\phi 38_{-0.039}^{0}$）在一次装夹中加工完毕。由于零件的精度要求较高，必须将粗、精加工分开。分粗、精车一则是避免切屑排出或多次装夹中损坏已精加工过的表面；二则是避免工件因热胀冷缩而产生变形误差。

（2）加工步骤

综合上述工艺分析，可确定零件的加工步骤如表5-13所示。

表5-13 短台阶轴的机械加工步骤 单位：mm

序号	加工内容及技术要求	刃具	量具
1	检查毛坯尺寸，用三爪自定心卡盘夹持毛坯外圆，伸出长75mm，找正		
2	粗、精车端面，作为长度测量基准	45°弯头刀	
3	粗车 $\phi 38_{-0.039}^{\ 0}$ 外圆处直径留1mm精车余量，长度（70±0.15）mm，留切槽余量0.5mm	90°偏刀	游标卡尺
4	粗车 $\phi 32_{-0.039}^{\ 0}$ 外圆处直径，留1mm精车余量，长度40mm，留切槽余量0.5mm	90°偏刀	游标卡尺
5	工件调头，用三爪自定心卡盘夹持 $\phi 38$ 外圆处，校正		
6	粗、精车端面至总长尺寸 $104_{-0.035}^{\ 0}$	45°弯头刀	游标卡尺
7	粗、精车 $\phi 50$ 外圆至尺寸要求，端面倒角1×45°	90°偏刀 45°弯头刀	游标卡尺
8	工件调头，用三爪自定心卡盘夹持 $\phi 50$ 外圆处，校正（注意夹伤面）		
9	精车 $\phi 38_{-0.039}^{\ 0}$ 和 $\phi 32_{-0.039}^{\ 0}$ 至尺寸要求，并保证40mm长度尺寸	90°偏刀	外径千分尺、深度游标卡尺
10	切3×1槽，并保证（70±0.15）mm，至尺寸要求	切槽刀	深度游标卡尺
11	倒角1×45°两处，锐角去毛刺	45°弯头刀	
12	检查		

5.9.4 销轴的车削操作

图5-118所示为销轴零件图，图中未标注表面的粗糙度为 $Ra12.5\mu m$，毛坯种类为热轧圆钢，要求进行调质处理，调质硬度为200～250HB，毛坯尺寸为 $\phi 14 \times 57mm$（两件）。每次操作数量为6～10件。

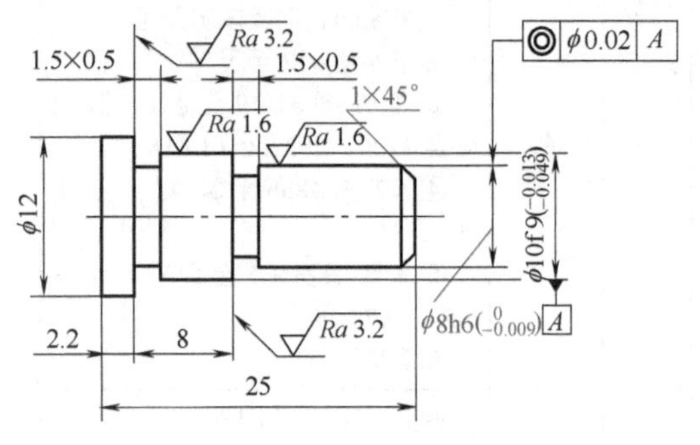

图5-118 销轴零件图

（1）工艺分析

对于需热处理加工的零件，在工序安排时，应根据热处理的目的以及工艺的需要，分为预备热处理和最终热处理。预备热处理包括退火、正火、时效和调质；最终热处理包括淬火、渗碳淬火和渗氮处理等。预备热处理常安排在毛坯制造之后、粗加工之前，时效处理可安排在半精加工和精加工之前进行。本零件为调质处理，属预备热处理，可安排在毛坯制造之后、粗加工之前完成。此外，根据零件的结构，可作以下工艺分析。

① 工件的尺寸精度、位置精度和表面粗糙度等要求比较高，车削加工后需经磨削加工。所以车削时应留 0.3 ～ 0.4mm 磨削余量。

② 由于工件外圆的长度较短，选择两件一起加工是解决磨削加工无法装夹的措施。磨削加工后，再切断成单件。

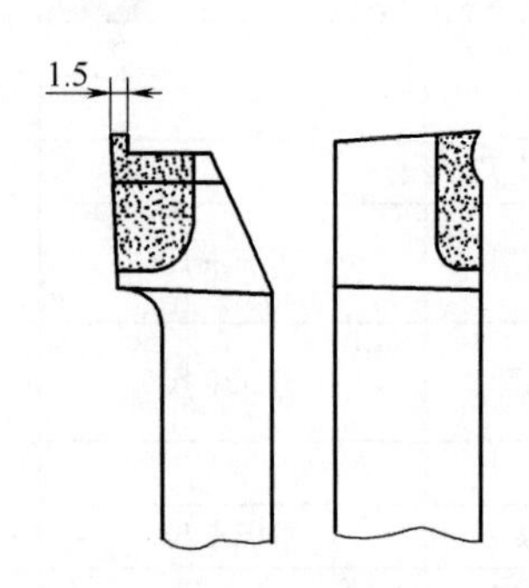

图 5-119 用 90°车刀改制刃磨沟槽车刀

③ 磨削加工时，它的装夹方法可以用夹住一端，磨削另一端各级台阶外圆。所以加工时不需钻中心孔，但两端各级台阶外圆应保持同轴度，以保证磨削要求。

④ 沟槽较窄，用切断刀车沟槽，刀头强度较低，若用 90° 车刀改制刃磨的沟槽车刀（图 5-119），这样增强了刀头强度，使用时又可精车工件的台阶面，使台阶面保持平直。

⑤工件直径虽较小，但由于外圆需要磨削加工，对车削时的表面粗糙度要求不高，所以用硬质合金车刀车削可提高加工效率。

（2）加工步骤

综合上述工艺分析，可确定零件的加工步骤如表 5-14 所示。

表 5-14 销轴的机械加工步骤 单位：mm

序号	工种	加工内容	简图
1	热处理	调质 200 ～ 250HB	
2	车	三爪自定心卡盘夹住毛坯外圆，伸出长度≥ 35 ①车端面，毛坯车出即可 ②车外圆 $\phi12$ 至尺寸 ③车外圆 $\phi10f9$ 至 $\phi10.4_{-0.1}^{0}$ 长度至 22.8（即 22.8=14.8+8） ④车外圆 $\phi8h6$ 至 $\phi8.4_{-0.1}^{0}$、长度 14.8、8 ⑤车沟槽宽 1.5 至尺寸、深度 0.5 ～ 0.75 ⑥倒角	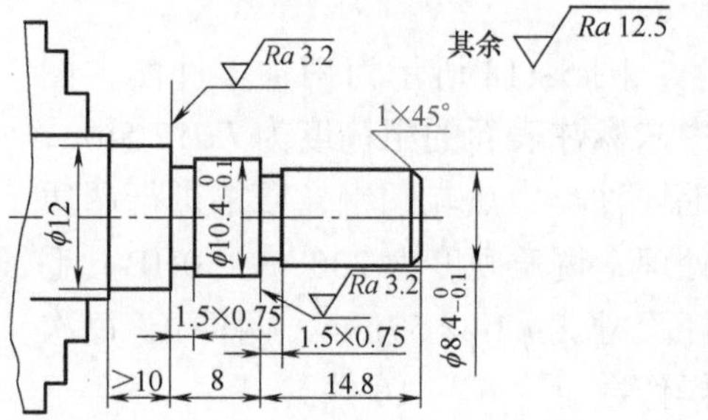
3	车	调头，夹住 $\phi10.4$ 外圆 ①车端面，毛坯车出即可 ②车外圆 $\phi10f9$ 至 $\phi10.4_{-0.1}^{0}$、长度 22.8（即 22.8=14.8+8） ③车外圆 $\phi8h6$ 至 $\phi8.4_{-0.1}^{0}$、长度 14.8、8 ④车沟槽宽 1.5 至尺寸、深度 0.5 ～ 0.75 ⑤倒角	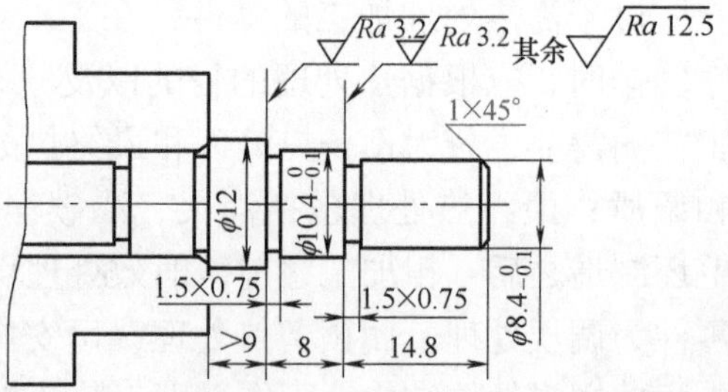

续表

序号	工种	加工内容	简图
4	磨	三爪自定心卡盘夹住一端 ①磨外圆 ϕ10f9 至尺寸 ②磨外圆 ϕ8h6 至尺寸	
5	磨	调头，接序号 4 装夹 ①磨外圆 ϕ10f9 至尺寸 ②磨外圆 ϕ8h6 至尺寸	
6	车	软卡爪夹住外圆 ϕ10f9 ①切断成单件 ②车端面，尺寸 3.2 ③倒角	*Ra* 12.5 2.2 ≥3
7	车	按序号 6 装夹 ①车另一件端面，尺寸 3.2 ②倒角	*Ra* 12.5 2.2 25

5.9.5　长台阶轴的车削操作

图 5-120 所示为长台阶轴零件图，图中未标注表面的粗糙度为 *Ra*12.5μm。零件材料选用 45 热轧圆钢，毛坯横截面直径为 ϕ45，长度为 205mm，加工数量为 20 件。

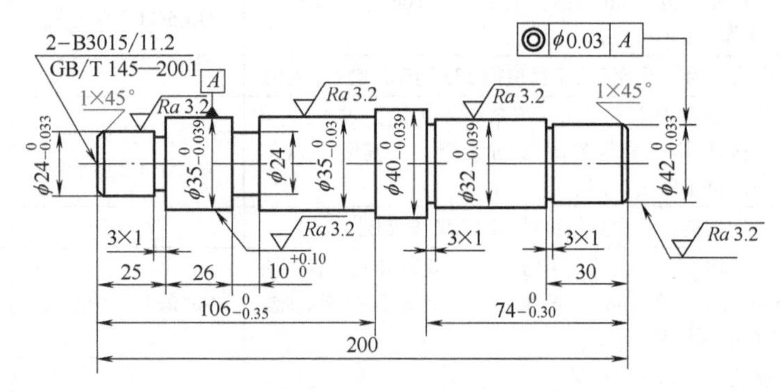

图 5-120　长台阶轴零件图

（1）工艺分析

对于加工精度较高长台阶轴的车削，应采用外圆，并配合中心孔进行装夹，中心孔需经研磨，使之与车床顶尖配合良好，有足够的接触面积。在加工过程中，要多次研修中心孔。在确定轴上各部位加工顺序时，应遵守以下原则。

① 先粗后精。

② 先主后次。首先考虑主要表面的加工顺序，次要表面加工可适当穿插在主要表面加工工序之间进行。

根据上述加工原则，结合零件的结构，可作以下工艺分析。

① 根据零件精度要求应分粗、精加工。粗车时，为增加工件刚性，提高切削深度和进给量，可采用一夹一顶的装夹方法；精车时，为保证工件的位置精度要求，可采用两顶尖间装夹方法。

② 车削台阶轴时，为了保证车削时的刚性，应先车削直径较大的一端，再车削直径小的一端。

③ 在精度要求较高或刚性较差的轴上切槽时，一般应在粗车或半精车之后、精车之前进行，以增加刚性，防止零件弯曲。在切槽时应注意槽的深度。例如槽的深度是2mm，精车之前外圆直径的余量为1mm，那么在精车之前切槽的深度应为2+0.5=2.5（mm）。

④ 考虑到该工件精度要求较高，应选用B型中心孔。

（2）加工步骤

综合上述工艺分析，可确定零件的加工步骤如表5-15所示。

表5-15 长台阶轴的机械加工步骤 单位：mm

序号	加工内容及技术要求	刃具	量具
1	检查毛坯尺寸，用三爪自定义卡盘夹持毛坯外圆，伸出长110		
2	粗、精车端面（光面即可），粗车$\phi35_{-0.039}^{\ 0}$和$\phi24_{-0.033}^{\ 0}$两处外圆，直径各留2mm余量，长度尺寸$106_{-0.35}^{\ 0}$和25，各留1mm余量，钻中心孔	45°弯头刀、90°偏刀、B3.5/11.2中心钻	游标卡尺
3	工件调头，用三爪自定心卡盘夹持$\phi35$粗车外圆处，校正		
4	粗、精车端面至总长200，粗车和$\phi40_{-0.039}^{\ 0}$、$\phi32_{-0.039}^{\ 0}$和$\phi28_{-0.033}^{\ 0}$三处外圆，直径各留2mm余量，长度尺寸$71_{-0.30}^{\ 0}$和30各留1mm余量，钻中心孔	45°弯头刀、90°偏刀、B3.5/11.2中心钻	游标卡尺
5	两顶尖间装夹，鸡心夹头夹持$\phi28$粗车外圆处		
6	半粗车$\phi40_{-0.039}^{\ 0}$、$\phi32_{-0.039}^{\ 0}$和$\phi24_{-0.033}^{\ 0}$各处外圆，直径各留0.5mm余量，车$106_{-0.35}^{\ 0}$长度至尺寸，车3×1外沟槽，并车25长度至尺寸	90°偏刀、切槽刀	游标卡尺
7	工件调头，两顶尖间安装		
8	半精车$\phi32_{-0.039}^{\ 0}$和$\phi28_{-0.033}^{\ 0}$两处外圆，直径留0.5mm余量，车3×1两处外沟槽，并保证$74_{-0.30}^{\ 0}$和30两长度尺寸，车$10_{\ 0}^{+0.1}$外沟槽至尺寸，同时保证长度尺寸26和$\phi24$	90°偏刀、切槽刀	游标卡尺、$10_{\ 0}^{+0.1}$塞规（或塞板）
9	精车$\phi40_{-0.039}^{\ 0}$和$\phi32_{-0.039}^{\ 0}$、$\phi28_{-0.033}^{\ 0}$各处外圆至要求尺寸，1×45°倒角，去毛刺	90°偏刀、45°弯头刀	外径千分尺

续表

序号	加工内容及技术要求	刃具	量具
10	工件调头，两顶尖间安装（注意不要夹伤表面）		
11	精车 $\phi 35_{-0.039}^{0}$ 和 $\phi 24_{-0.033}^{0}$ 两处外圆至要求尺寸，1×45°倒角，去毛刺	90°偏刀、45°弯头刀	外径千分尺
12	检查		

5.9.6 细长光轴的车削操作

图 5-121 所示为细长轴零件图，图中全部表面的粗糙度为 $Ra3.2\mu m$。零件材料选用 45 冷拉圆钢，毛坯横截面直径为 $\phi 35$，长度为 1520mm，加工数量为 20 件。

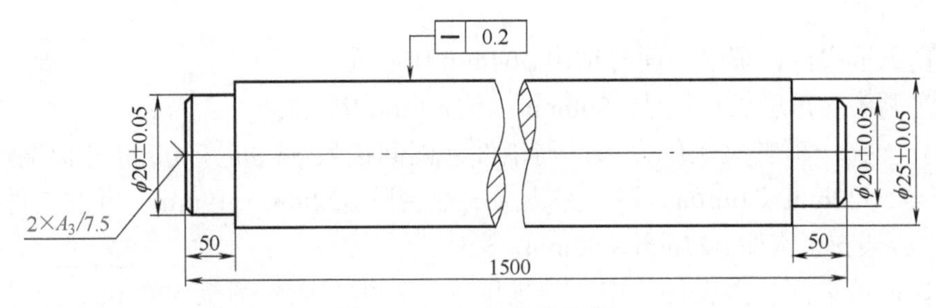

图 5-121 细长轴零件图

（1）工艺分析

① 该工件的长径比（L/d）约为 75，为细长轴，因此，应按细长轴的加工方法进行操作。

② 工件的尺寸精度、位置精度和表面粗糙度等要求不太高，采用车削加工能满足设计要求。

③ 由于为细长轴，其本身的刚性差，车削时，由于切削力、切削热和振动等的影响，易产生弯曲、锥度、腰鼓形和竹节形等缺陷，所以，根据零件结构，可利用其两端的中心孔进行加工。粗车时采用一夹一顶装夹，并用中心架辅助支承。精车时采用两顶尖间安装工件，并用跟刀架辅助支承。

（2）准备工作

① 车刀的选择。可选用刀具材料为 YT15（P10）、YT30（P01）或 YW（M），刀杆材料为 45 钢。选用主偏角 75°或 93°的外圆车刀。

② 车刀的刃磨与安装。车刀的刃磨与安装与车削普通轴类零件方法相同。

③ 校直工件。加工前坯料必须进行校直。

④ 准备工件装夹用具。按粗车时采用一夹一顶装夹，并用中心架辅助支承。精车时采用两顶尖间安装工件，并用跟刀架辅助支承的要求，准备齐全各类用具。

⑤ 跟刀架的使用、调整。跟刀架固定在床鞍上，使用时，要求每个支承爪都能与轴保持相同的微小间隙，并可自由移动；使用时需对各支承爪的接触情况进行跟踪监视和检查，随时调整支承爪与工件的间隙，并注油润滑。

⑥ 中心架的使用、调整。中心架支承爪的圆弧要与工件外径圆弧相符；在低速运转中，每个支承爪与轴外圆保持相同的微小间隙，并作自由移动。使用时注意注油润滑和调整。

⑦ 检查工件轴线与车床主轴同轴。与两顶尖间装夹工件车削轴类零件相同，两轴线需同轴。

⑧ 车床间隙调整。调整车床主轴全跳动量至不大于0.01mm；床身导轨在水平面和垂直平面上的直线度不大于0.04mm；大、中、小滑板与导轨之间的间隙合适。

（3）加工步骤

① 三爪夹持，车平端面并钻出 ϕ64mm 中心孔。

② 调头，车总长至尺寸 1500mm，钻 ϕ4mm 中心孔。

③ 一夹一顶装夹工件，卡爪与工件外圆间垫入 ϕ4mm × 20mm 开口钢丝圈。粗车台阶 ϕ22mm × 49mm。调头车出另一端台阶 ϕ22mm × 49mm，并在工件中间车出中心架支承沟槽 ϕ27mm × 50mm。

④ 两顶尖间装夹工件，中心架辅助支承，粗车大外圆至 ϕ27mm，半精车台阶 ϕ20.5mm × 50mm。

⑤ 卸下中心架，安装上跟刀架，采用反向车削法，半精车工件至25.1mm × 1400mm。

⑥ 使用锋钢车刀，采用低速车削法，精车外圆至 $\phi25 \pm 0.05$mm。

⑦ 卸下跟刀架，精车两端台阶轴至 ϕ20mm ± 0.05mm，倒角 1.5mm × 45°。

⑧ 检验。根据图样要求，按检验轴类零件的方法对细长轴进行检验。

（4）操作要领

① 切削用量选择。粗车时，主轴转速 n=600 ～ 1200r/min，进给量 f=0.4mm/r；半精车时进给量 f=0.15 ～ 0.2mm/r；精车时采用低速车削法，使用高速钢宽刃精车刀装入弹性可调节刀排中，主轴转速 n=8 ～ 10r/min，进给量 f=8 ～ 12mm/r，切削深度 a_p=0.02 ～ 0.05mm。

② 工艺要求。车削方法与车轴类零件相同，但半精车、精车时要用充足的冷却润滑液浇注切削区和支承爪。用硫化油或菜籽油与煤油混合液冷却润滑，效果很好。

（5）车削细长轴应注意的问题

① 工件弯曲变形。车削前、车削中遇到细长轴变形，必须进行校直。要求坯料各点弯曲度均小于 0.5mm，坯料全长弯曲度不得大于 1.5mm。

② 工件出现腰鼓形。车削中要随时调整支承爪，使支承爪圆弧面的中心与车床主轴旋转中心重合。增大车刀主偏角，刀刃保持锋利，可减少车削中的径向分力。

③ 工件出现竹节形、多棱形。车削中一旦出现这两种情况，要及时进行处理，操作要领如下。

a. 调整后顶尖的支承松紧程度，调整溜板箱的间隙，使其达到最佳状态。

b. 降低切削速度，减小切削深度，适当提高进给量。

c. 使用充足的切削液，降低切削温度，减少工件受热而产生的线膨胀，防止弯曲变形。

d. 及时调整好跟刀架、支承爪与工件外圆之间的间隙。

e. 采用锋钢车刀进行低速车削，清除竹节形、多棱形误差后再使用合金车刀车削。

第6章 轮盘套类零件的车削

6.1 轮盘套类零件车削技术基础

与轴类零件一样，轮盘套类零件也是机器中常用的重要零件之一，是车削加工的典型零件。在机器中，轮一般用来传递运动和扭矩；盘主要起支承、轴向定位以及密封等作用；套一般是装在轴上，起轴向定位、传动或连接等作用。

6.1.1 轮盘套类零件的结构及技术要求

轮盘套类零件的主体部分多由回转体组成，但由于其在机器设备中的功用与轴类工件有根本性的差异，因此，具有自身独特的结构及技术要求。

（1）轮盘类零件的结构及技术要求

轮盘类零件的主体部分多由回转体组成，且轴向尺寸小于径向尺寸，其中往往有一个端面是与其他零件连接时的重要接触面。

1）零件的结构

轮盘类零件为了与其他零件连接，零件上设计了光孔、键槽、螺孔、止口、凸台等结构。

轮盘类零件多为空心结构，外形轮廓多有肋、轮辐等分布。常见的轮盘类零件主要有：手轮、带轮、端盖、盘座等等。

2）技术要求

对于轮盘类零件中有配合要求的表面，其尺寸公差较小、粗糙度参数值较小；起轴向定位端面，表面粗糙度参数值也较小；此外，有配合要求的孔和轴的尺寸公差较小；与其他运动零件相接触的表面通常有平行度的要求。

如图6-1所示端盖，主要与机床尾架配合完成装配后零部件端面的定位及固定。其技术要求是：

① 端盖的外圆表面 ϕ90js6、内孔 ϕ52J7 及轴向尺寸16的左端面表面粗糙度

数值为 $Ra1.6\mu m$，端盖轴向尺寸 15 的左端面及左端面内孔 ϕ40F8 的表面粗糙度数值均为 $Ra3.2\mu m$，其表面粗糙度参数值较小，属于有配合要求的表面。无配合要求表面的表面粗糙度值较大。

② 有配合要求的外圆表面及内孔尺寸公差等级要求较高、公差较小，如端盖的外圆表面 ϕ90js6、内孔 ϕ52J7 及左端面内孔 ϕ40F8 等，无配合要求的尺寸公差等级要求较低或不需标注。

③ 有配合要求的外圆表面 ϕ90js6、内孔 ϕ52J7 及其端面有形位公差的要求，如端盖的外圆表面 ϕ90js6 对内孔 ϕ52J7 的圆跳动为 0.01mm，轴向尺寸 15 的左端面对外圆表面 ϕ90js6 的垂直度为 0.01mm，轴向尺寸 16 的左端面对内孔 ϕ52J7 的垂直度为 0.01mm。

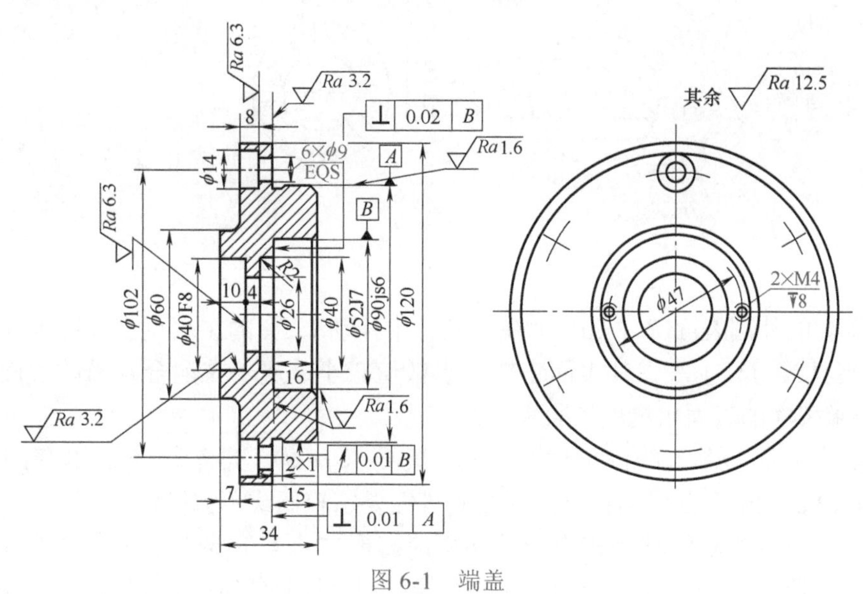

图 6-1　端盖

（2）套类零件的结构及技术要求

套类零件是以同一轴线的内孔和外表面（外表面可由外圆或齿、槽等其他结构组成）为主要组成的零件，其往往与轴类零件配合，起支承或导向作用；外圆一般是套类零件的支承定位表面，常以过盈或过渡配合与箱体或机架上的孔配合，使用时，主要承受径向力，有时也承受轴向力。其主要特点是内外圆柱面和相关端面的形状、位置精度和表面粗糙度的要求较高。

1）零件的结构

与轴类零件一样，套类零件的主要结构形状也是回转体，由于功能的需要，一般为空心结构，外表面往往带有键槽、孔、退刀槽、越程槽和中心孔等。

2）技术要求

套类零件的技术要求与轮盘类基本相似。如图 6-2 所示尾架轴套，主要用来与轴配合完成加工零件的定位、装夹。由图可分析其技术要求主要有：

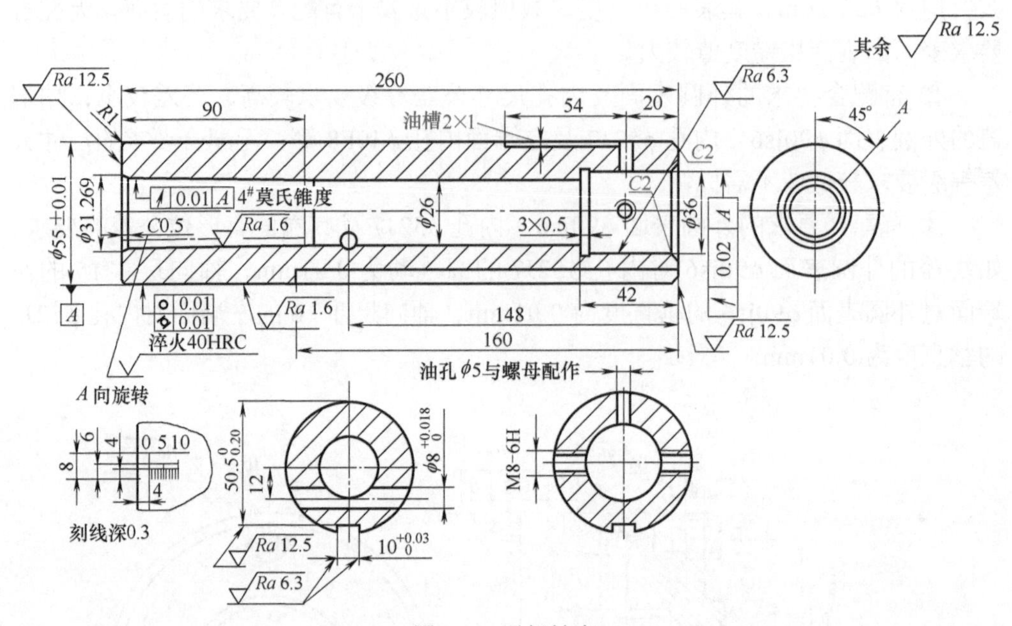

图 6-2　尾架轴套

① 套的外圆表面 Ra1.6μm（在尾座孔中移动），套的左端莫氏锥孔 Ra1.6μm（安装夹具或刀具）等，其表面粗糙度参数值较小，属于有配合要求的表面。无配合要求表面的表面粗糙度值较大。

② 有配合要求的轴颈尺寸公差等级要求较高、公差较小，如套的外圆 $\phi 50 \pm 0.01$，无配合要求的轴颈尺寸公差等级要求较低或不需标注。

③ 有配合要求的轴颈和重要的端面应有形位公差的要求，如套的外圆圆度和圆柱度要求为 0.01mm，套的左端莫氏锥孔对外圆轴线的跳动要求为 0.01mm。

6.1.2　轮盘套类零件的装夹及找正

与车削轴类零件一样，轮盘套类零件的车削也要先完成装夹，然后再经过必要的找正（又称校正）后才能进行车削。

（1）常用的装夹方法

生产中，常见轮盘套类零件往往使用与轴类零件相同的装夹方式，即大量地采用四爪单动卡盘、三爪自定心卡盘进行装夹，但在加工一些形状特殊或具有较高形位公差要求的零件时，则需采取一些特殊的装夹方法。常用的主要有以下几方面。

1）保证工件同轴度、垂直度的几种装夹方法　轮盘套类零件除了其内孔本身的尺寸精度和表面粗糙度要求外，往往由内孔、外圆、平面等组成的各加工元素之间还具有相互位置精度要求。一般在装夹及加工时，需要保证内外圆轴线的同轴度、端面与内孔轴线的垂直度以及两平面的平行度，为保证轮盘套类零件较高的同轴度、垂直度等形位公差要求，可采用以下装夹方法。

① 一次安装加工。一次安装加工是在一次安装中把工件全部或大部分尺寸加工完的一种装夹方法，见图 6-3。此方法没有定位误差，可获得较高的形位精度，但需经常转换刀架，变换切削用量，尺寸较难控制。

② 以外圆为定位基准装夹。工件以外圆为基准保证位置精度时，零件的外圆和一个端面必须在一次安装中精加工后，方能作为定位基准。以外圆为基准时，常用软卡爪装夹工件，参见图 6-4。

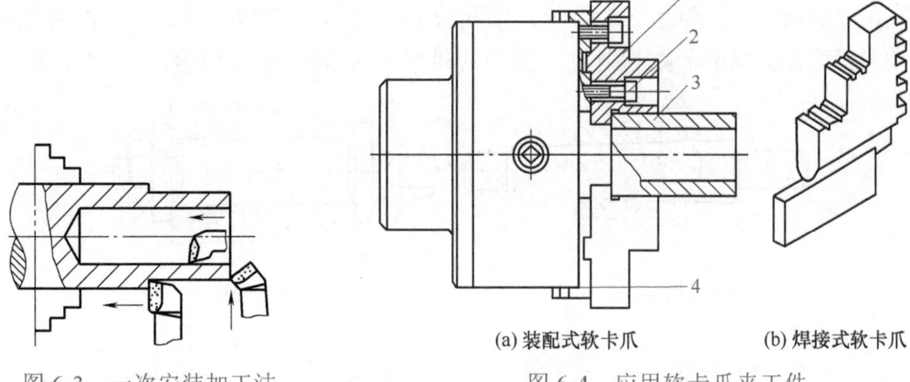

图 6-3 一次安装加工法

图 6-4 应用软卡爪夹工件

1—软卡爪；2—螺钉；3—工件；4—卡爪下半部

软爪是用未经淬火的 45 钢制成的，使用时，将硬卡爪上半部拆下，换上软卡爪 1，用螺钉 2 紧固在卡爪的下半部 4 上，然后把软卡爪车成需要的形状和尺寸，再安装工件 3。

如果卡爪是整体式的，可在卡爪夹持面上焊上一块铜料，再将卡爪装入卡盘内，将卡爪车成。车软卡爪时，为了消除间隙，应在卡爪内（或卡爪外）放一适当直径的定柱（或圆环）。当用软卡爪夹持工件外圆时，定位圆柱应放在卡爪的里面［图 6-5（a）］，当用软卡爪撑夹工件内孔时，定位环应放在卡爪外面［图 6-5（b）］。

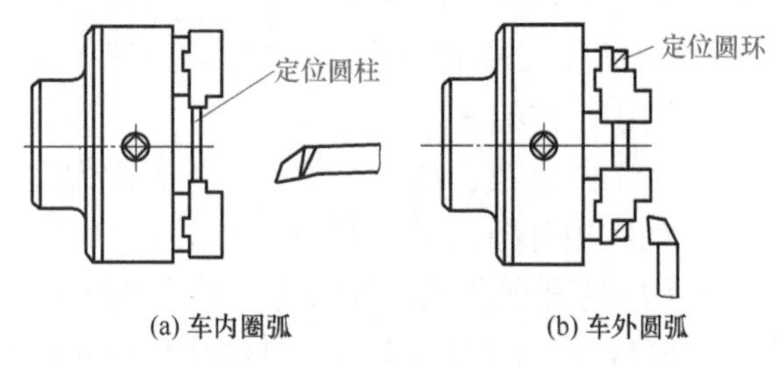

图 6-5 软卡爪的车削

使用软卡爪时，工件虽然经过多次装夹，仍能保证较高的相互位置精度。

③ 以内孔为定位基准装夹。在车削中小型的轴套、带轮、齿轮等工件

时，常以工件内孔作为定位基准安装在心轴上，以保证工件的同轴度和垂直度。图 6-6 所示给出了常用的心轴。

常用的心轴有实体心轴和胀力心轴。实体心轴有带台阶和不带台阶的两种。不带台阶的实心轴又称小锥度心轴，其锥度 C=1 ：1000 ～ 1 ：5000［图 6-6（a）]，这种心轴的特点是容易制造、定心精度高，但轴向无法定位，承受切削力小，装卸不太方便。带台阶的心轴［图 6-6（b）]，其配合圆柱面与工件孔保持较小的间隙配合，工件靠螺母压紧，常用来一次装夹多个工件。若装上快换垫圈装夹，卸工件就更方便，但其定心精度较低，只能保证 0.02mm 左右的同轴度。

胀力心轴依靠材料弹性变形所产生的胀力来固定工件，图 6-6（c）所示为装夹在车床主轴轴孔中的胀力心轴，胀力心轴的圆锥角最好为 30° 左右，最薄部分壁厚 3 ～ 6mm。为了使胀力均匀，槽可做成三部分［图 6-6（d）]。长期使用的胀力心轴可用 65Mn 弹簧钢制成。胀力心轴装卸方便，定心精度高，故应用广泛。

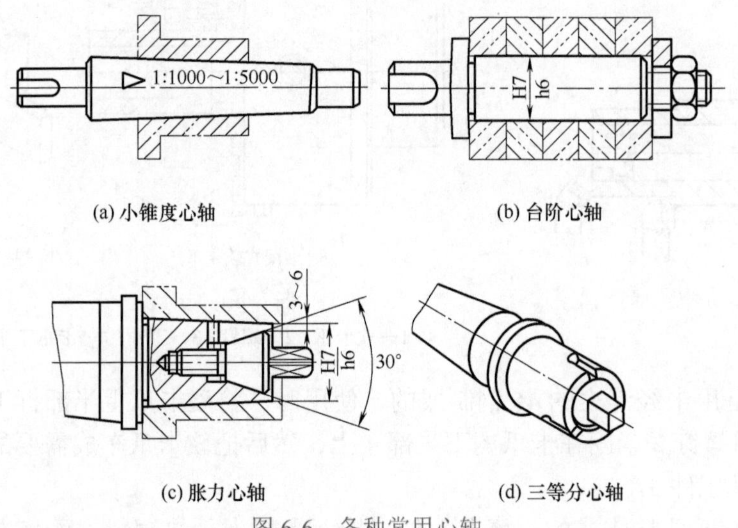

(a) 小锥度心轴　(b) 台阶心轴

(c) 胀力心轴　(d) 三等分心轴

图 6-6　各种常用心轴

2）薄壁工件的装夹　车削薄壁工件时，为防止由于夹紧力引起的工件变形，一般采用以下方法：

① 工件分粗、精车。粗车时，夹紧力大些；精车时，夹紧力小些。

② 应用开缝套筒。其结构如图 6-7 所示，应用开缝套筒可增大接触面积，使夹紧力均匀分布在工件外圆上，减小变形。

③ 应用轴向夹紧夹具。其结构如图 6-8 所示，用螺母 1 的端面来夹紧工件 2。夹紧力是轴向的，可避免内孔变形。

④ 用花盘装夹工件。对于直径较大，尺寸精度和形状位置精度要求较高的薄壁圆盘工件，可装夹在花盘上车削，采用端面压紧方法工件不易产生变形，参见图 6-9。

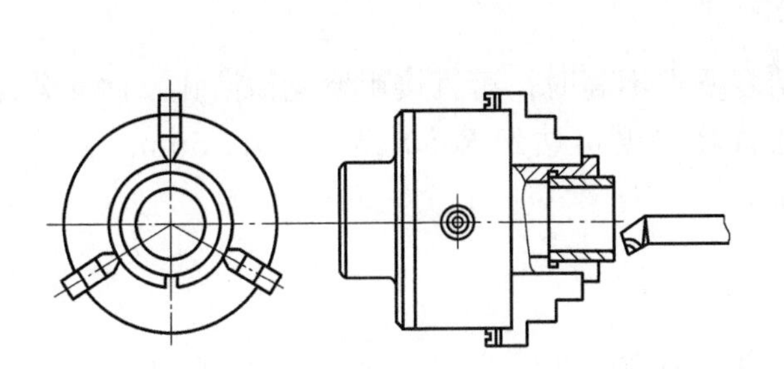

图 6-7 应用开缝套筒装夹薄壁工件

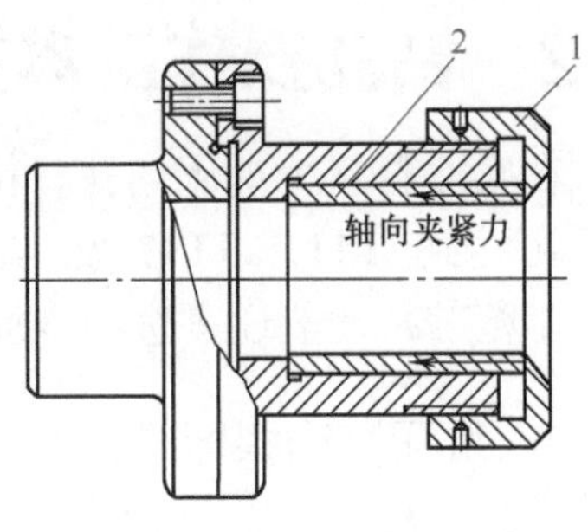

图 6-8 轴向夹紧薄壁工件夹具

1—螺母；2—工件

（2）常用的找正方法

轮盘套类零件的找正可参照轴类零件的找正方法进行，但对于长度较短的轮盘套类零件，其找正位置，则既要找正外圆还要找正端面，如图 6-10（a）所示的 *A* 点、*B* 点，找正 *A* 点外圆时，用移动卡爪来调整，其调整量为间隙差值的一半，如图 6-10（b）所示；找正 *B* 点平面时，用铜锤或铜棒敲击，其调整量等于间隙差值，如图 6-10（c）所示。

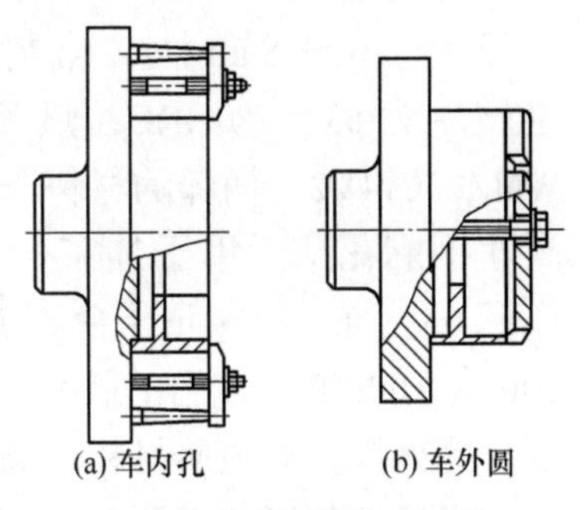

(a) 车内孔　(b) 车外圆

图 6-9 用花盘装夹工件

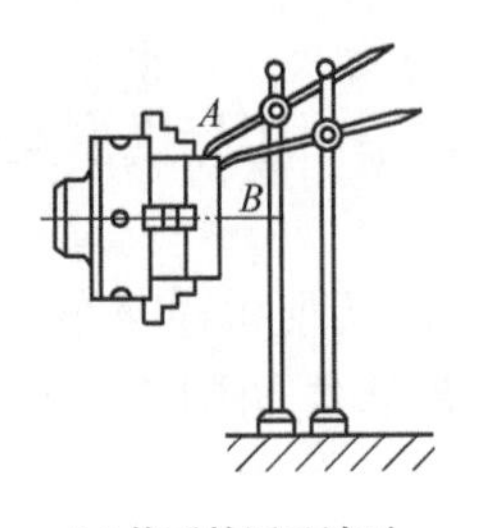

(a) 找正外圆及端面

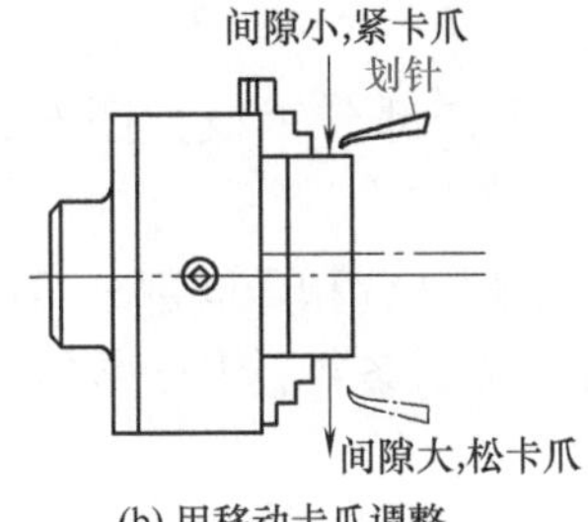

(b) 用移动卡爪调整

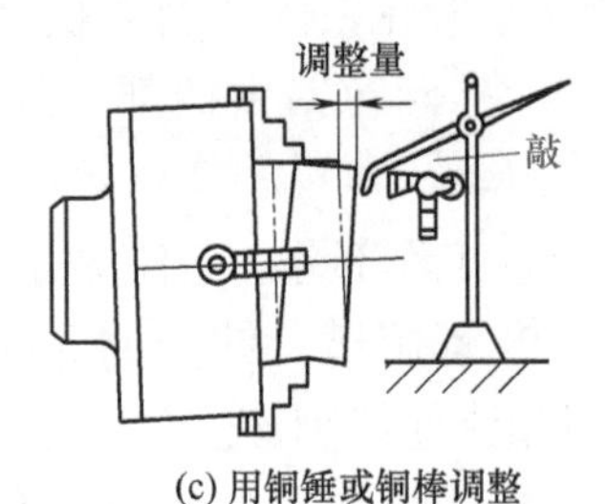

(c) 用铜锤或铜棒调整

图 6-10 轮盘套类工件的找正方法

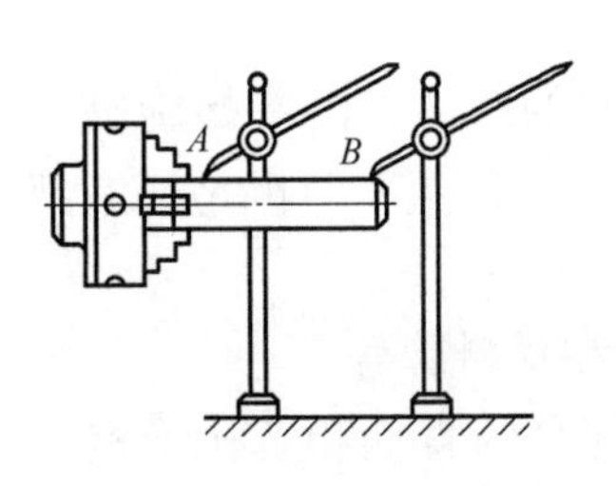

图 6-11 轴类工件的找正

对精度较高工件的找正，应用百分表来代替划针盘，对较长长度套类零件的找正，则参照图 6-11 所示轴类零件所选择的找正位置，即先找正 *A* 点外圆，再找正 *B* 点外圆，找正 *A* 点外圆时，应调整相应的卡爪，其调整量为 *A* 点处上下间隙差值的一半；而找正 *B* 点外圆时，可采用铜锤或铜棒敲击。

6.2 钻孔操作基本技术

在实心材料上加工内孔，精度要求不高时，可直接用麻花钻钻孔。钻孔公差一般可达到 IT11 ～ IT12 级，表面粗糙度可达到 Ra50μm ～ Ra12.5μm。钻孔属粗加工范畴，一般还需进一步加工。

6.2.1 麻花钻的结构

车削加工中，常用的钻孔工具主要有麻花钻。麻花钻由于钻头的工作部分形状似麻花状而得名，一般可用来在工件上钻削直径为 ϕ1 ～ 80mm 的孔。

麻花钻根据其工作部分材料的不同，可分为高速钢麻花钻（工作部分的材料为高速钢）和镶硬质合金麻花钻（工作部分的材料为硬质合金）等。钻头直径大于 6 ～ 8mm 时，常制成焊接式结构，即工作部分材料为高速钢，其常温硬度为 63 ～ 70HRC，热硬性可达 500 ～ 650℃，常用的牌号有 W18Cr4V 和 W6Mo5Cr4V2，柄部的材料一般选用 45 钢或 T6 钢制成，其硬度为 30 ～ 45HRC，高速钢麻花钻适用于加工一般碳素钢、铸铁、软金属等。硬质合金钻头的工作部分为嵌焊硬质合金刀片，其常温硬度可达 69 ～ 81HRC，热硬性可达 800 ～ 1000℃，常用的牌号有 YG8 和 YW2，硬质合金麻花钻适用于加工高强度钢、淬火铁、非金属材料、高速切削铸铁等。

根据柄部形状的不同，麻花钻又可分为直柄麻花钻［图 6-12（a）］和锥柄麻花钻［图 6-12（b）］两类。

1）麻花钻的几何形状

标准麻花钻由柄部、颈部和工作部分组成，图 6-12 所示给出了标准麻花钻的结构。

① 工作部分。工作部分是由切削部分和导向部分组成的，起切削和导向作用。

② 螺旋槽。钻头的导向部分有两条螺旋槽，它的作用是构成切削刃，排出切屑和流通切削液。

③ 螺旋角（β）。螺旋角是螺旋槽上最外缘的螺旋线展开成直线后与轴线之间的夹角。由于螺旋槽导程是一定的，所以不同直径处的螺旋角是不同的，越靠近中心处的螺旋角越小，标准麻花钻的螺旋角为 18°～ 30°。

④ 棱边。在切削过程中，为了减少钻身与孔壁之间的摩擦，沿着螺旋槽一侧的圆柱表面上制出的两条略带倒锥的凸起刃带就是棱边。棱边同时也是切削部分的后备部分，棱边也具有一定修光孔壁的作用。

⑤ 颈部。莫氏锥柄钻头在颈部标有商标、钻头直径和材料牌号。

⑥ 柄部。钻削时传递转矩和轴向力。麻花钻的柄部分为直柄和莫氏锥柄两种。一般直径小于 13mm 的钻头做成圆柱直柄，但传递的转矩比较小；一般直

径大于13mm的钻头做成莫氏锥柄，传递的转矩比较大。莫氏锥柄钻头的直径如表6-1所示。

(a) 直柄麻花钻的结构

(b) 锥柄麻花钻的结构

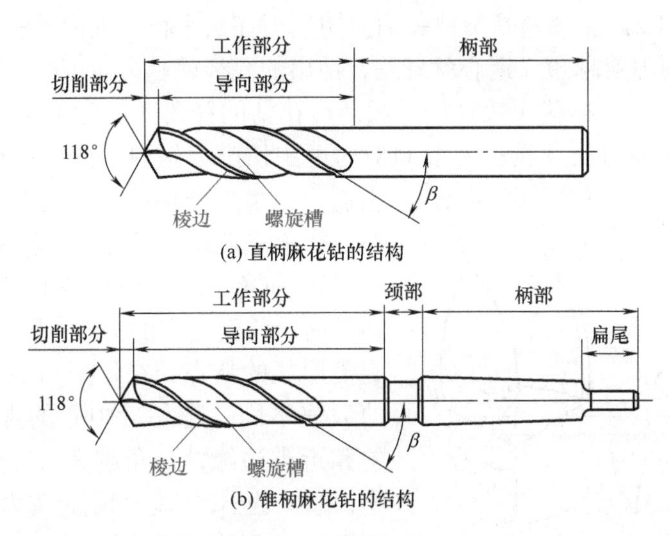

图6-12 麻花钻的结构

表6-1 莫氏锥柄钻头参数 单位：mm

莫氏锥柄号	1	2	3	4	5	6
钻头直径 D	6 ～ 15.5	15.6 ～ 23.5	23.6 ～ 32.5	32.6 ～ 49.5	49.6 ～ 65	65.1 ～ 80

2）标准麻花钻切削部分的几何参数

标准麻花钻是按标准设计制造的未经过后续修磨的钻头，在钻削时，麻花钻又常根据加工工件材质、厚薄的不同，需要重新进行刃磨。标准麻花钻切削部分的几何形状主要由六面（两个前刀面、两个主后刀面和两个副后刀面）、五刃（两条主切削刃、两条副切削刃和一条横刃）、四角（锋角、前角、主后角和横刃斜角）组成，如图6-13所示。

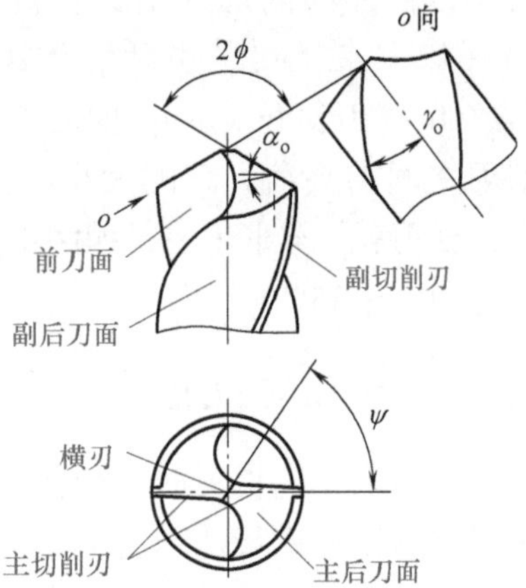

图6-13 麻花钻切削部分的几何形状

① 前刀面。前刀面是指螺旋槽表面。

② 主后刀面。主后刀面是指钻顶的螺旋圆锥表面。

③ 副后刀面。副后刀面是指低于棱边的圆柱表面。

④ 主切削刃。主切削刃是指前刀面与主后刀面所形成的交线。

⑤ 副切削刃。副切削刃是指前刀面与棱边圆柱表面（凸起刃带）所形成的

交线。

⑥ 横刃。横刃是指两主后刀面所形成的交线。横刃太短会影响钻尖的强度，横刃太长会使轴向抗力增大，影响钻削效率。

⑦ 锋角（2ϕ）。锋角是指钻头两主切削刃在其平行平面内投影的夹角。锋角越大，主切削刃就越短，定心就越差，钻出的孔径就越大。但是锋角增大，前角也会随之增大，切削就比较轻快。标准麻花钻的锋角一般为118° ±2°，锋角为118°时两主切削刃呈直线；大于118°时两主切削刃呈内凹曲线；小于118°时两主切削刃呈外凸曲线。为适应不同的加工条件，锋角常常经刃磨后有所改变。

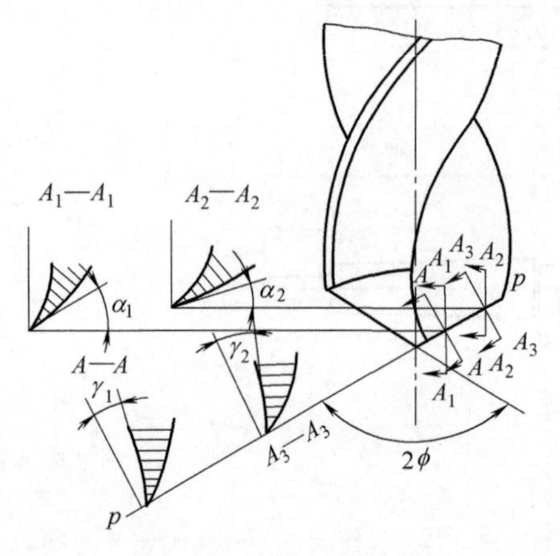

图 6-14 麻花钻的前角

⑧ 前角（γ_0）。前角是主切削刃上任一点的基面与前面之间的夹角（图 6-14）。由于螺旋槽形状的特点，在切削刃各个点上，前角的数值不同，越靠近中心的点，前角越小；越靠近外边缘，前角越大。切削层的变形越小，摩擦越小，所以切削越省力，切屑越容易流出。一般情况下，最靠近中心处，前角约为0°，最靠近边缘处，前角约在18°～30°之间。靠近横刃处主切削刃上前角为-30°左右。

⑨ 主后角（α_0）。主后角是切削平面与主后刀面的夹角。主后角的作用是减小主后刀面与切削面间的摩擦。主切削刃上各点主后角是不相同的，外缘处最小，自外向内逐渐增大。直径为15～30mm的麻花钻，外缘处的主后角为9°～12°，钻心处的主后角为20°～26°，横刃处的主后角为30°～60°。

⑩ 横刃斜角（ψ）。横刃斜角是垂直于钻头轴线的端面投影中，横刃与主切削刃之间的夹角。它的大小由主后角的大小决定，主后角大时，横刃斜角就减小，横刃就比较长；主后角小时，横刃斜角就增大，横刃就比较短。横刃斜角一般为50°～55°。

6.2.2 麻花钻的刃磨

在钻削不同材料时，麻花钻切削部分的角度和形状也略有不同，因此，需要对标准麻花钻进行适当刃磨，通过这种刃磨方式，使麻花钻的切削部分磨成所需要的几何参数，使钻头具有良好的钻削性能。正确地刃磨与修磨钻头，对钻孔质量、效率和钻头使用寿命等都有直接影响。

1）麻花钻刃磨的操作

标准麻花钻的刃磨主要是刃磨两个主切削刃及其后角，手工刃磨钻头是在砂轮机上进行的，要求刃磨砂轮的外圆柱表面要平整，砂轮旋转时，必须严格控制其跳动量。

① 砂轮的选择。刃磨高速钢钻头一般采用粒度为 F46 ～ F80、硬度等级为中软级（K、L）的氧化铝砂轮（又称刚玉砂轮）；刃磨硬质合金钻头一般采用粒度为 F36 ～ F60、硬度等级为中软级（K、L）的碳化硅砂轮。

② 刃磨麻花钻的操作方法。刃磨时，右手大拇指与其他四指上下相对捏住钻头的前端，左手大拇指与其他四指上下相对捏住钻头的尾端，两手共同协调以控制钻头的刃磨，如图 6-15 所示。

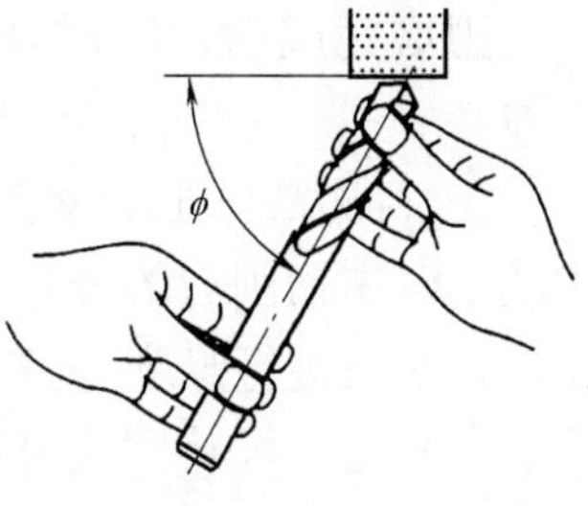

图 6-15 麻花钻刃磨时的握法

在接触砂轮之前（1 ～ 2mm），首先要摆好钻头轴线与砂轮圆柱母线在水平面内的夹角即 1/2 锋角（ϕ=58° ～ 60°），并在整个刃磨过程中要基本保持这个角度（图 6-15）。以主切削刃的稍下部分（即钻尾轴线稍低于水平面）先行接触砂轮并开始刃磨［图 6-16（a）］，此时用力要轻些，同时双手要协同动作，使钻尾呈扇形自上而下地摆动刃磨主后刀面［图 6-16（b）］，并按螺旋角旋转钻身 18° ～ 30°，此时随着旋转，用力要逐渐增大；返回时，使钻尾呈扇形自下而上地摆动刃磨主后刀面，用力要逐渐减小，钻身轴线要摆至水平状态［图 6-16（c）］，以便磨到主切削刃，当磨到主切削刃时，用力一定要轻，并要控制好 1/2 锋角。每磨一至二遍后就转过 180°刃磨另一边。

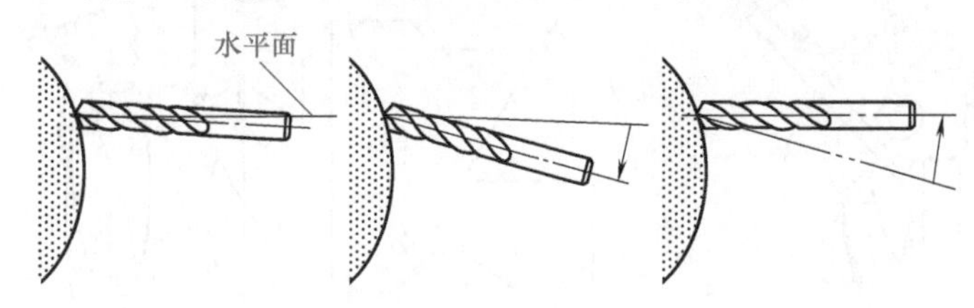

(a) 刃磨主切削刃　(b) 刃磨主后刀面　(c) 刃磨主切削刃及主后刀面

图 6-16 刃磨主切削刃和主后刀面

③ 刃磨注意事项。刃磨时，钻头锋角 2ϕ 的具体数值可根据钻削材料的不同按表 6-2 选择。

表 6-2 不同材料选取的锋角数值

工件材料	2ϕ/（°）
钢、铸铁、硬青铜	116 ～ 120
不锈钢、高强度钢、耐热合金	125 ～ 150
黄铜、软青铜	130
铝合金、巴氏合金	140
纯铜	125
锌合金、镁合金	90 ～ 100
硬材料、硬塑料、胶木	50 ～ 90

刃磨时，最好不要从刀背向刃口方向进行磨削，以免刃口退火；对于高速钢钻头，每磨一至二次后就要及时将钻头放入水中进行冷却，防止退火。

2）麻花钻角度的检查方法

刃磨完成后，应对修磨后的麻花钻角度进行检查，检查的方法主要有以下几种。

① 目测法。把刃磨好的麻花钻垂直竖在双眼等高的位置上，转动钻头，交替观察两主切削刃的锋角是否对称、两主切削刃的长度是否等长，如发现两刃有偏差，必须进行修磨，直到一致为止。

目测时，要将钻头竖起，立在眼前，两眼平视，观察刃口一次后，应将钻头轴心线旋转 180°，再观察，并循环观察几次，以减少视差的影响。

② 用万能角度尺检查。将万能角度尺的角尺一边贴在麻花钻的棱边上，另一边靠在钻的刃口上，测量刃长和角度，如图 6-17 所示。

③ 用样板检查。用样板检查的方法及步骤如图 6-18 所示。即：先将钻头靠到样板上，使切削刃与样板上斜面相贴，检查切削刃角度是否与样板上的角度相符；再将钻头的另一个切削刃转到样板位置，检查其角度。

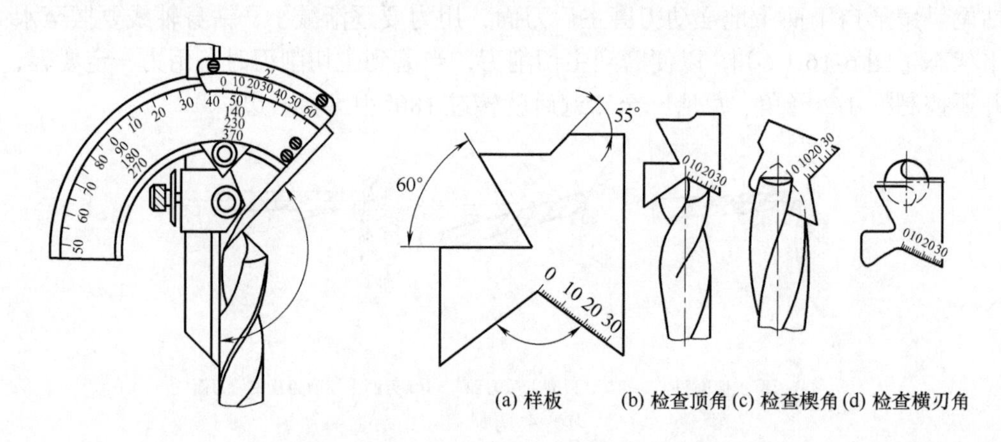

(a) 样板　(b) 检查顶角 (c) 检查楔角 (d) 检查横刃角

图 6-17　用万能角度尺测量角度　　图 6-18　用样板检查麻花钻角度的方法

3）麻花钻横刃修磨的操作

麻花钻的横刃给切削过程带来极坏的影响，很容易造成引偏，为提高麻花钻的钻削性能，修磨横刃便成为改进麻花钻切削性能的重要措施。

修磨横刃的操作方法是：用双手握紧钻头，其中一手紧靠钻尖，将钻头刃背接触砂轮圆角处。然后转动钻头，由外向内沿着刃背棱线逐渐磨至钻心，把横刃磨短，同时要控制所需的内刃前角和内刃斜角。刃磨时，靠近钻心的压力要轻，刃磨位置要准确，要防止钻心刃磨过薄及磨损切削刃，一侧面刃磨完成后，重复上述动作刃磨另一侧面，直至达到刃磨要求为止，如图 6-19 所示。

6.2.3　钻孔的操作方法

为保证在车床上所钻孔的加工质量，操作时，应按照一定的步骤和方法进行。主要应注意以下要求。

1）麻花钻的装卸

麻花钻的正确装卸是钻孔操作的最基本技能，主要分直柄麻花钻及锥柄麻花钻的装卸。

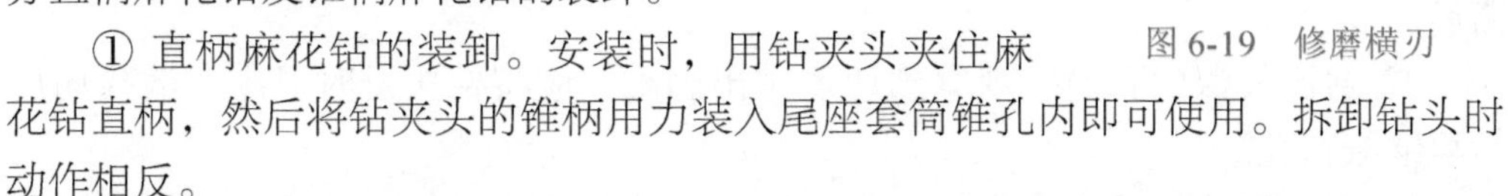

图 6-19　修磨横刃

① 直柄麻花钻的装卸。安装时，用钻夹头夹住麻花钻直柄，然后将钻夹头的锥柄用力装入尾座套筒锥孔内即可使用。拆卸钻头时动作相反。

② 锥柄麻花钻的装卸。麻花钻的锥柄如果与尾座套筒锥孔的规格一致，可直接将钻头插入套筒锥孔内进行钻孔，如图 6-20（a）所示。如果钻头锥柄规格小于套筒锥孔，可采用锥套作过渡，如图 6-20（b）所示。这个过渡锥套的外锥体与尾座套筒的内锥体一致，内锥孔与钻头锥柄一致。其结构如图 6-21 所示。

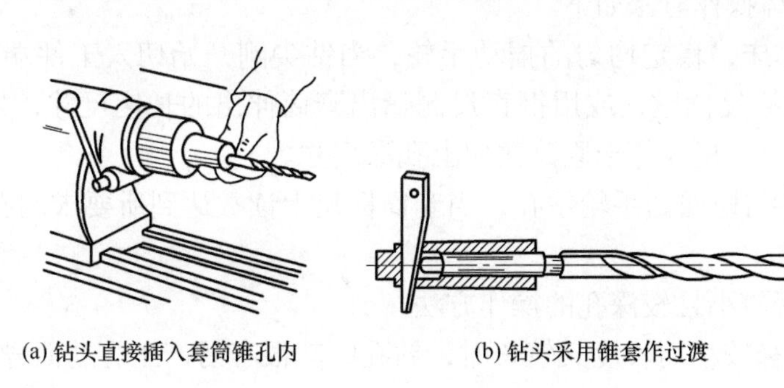

(a) 钻头直接插入套筒锥孔内　　(b) 钻头采用锥套作过渡

图 6-20　锥柄麻花钻的装卸

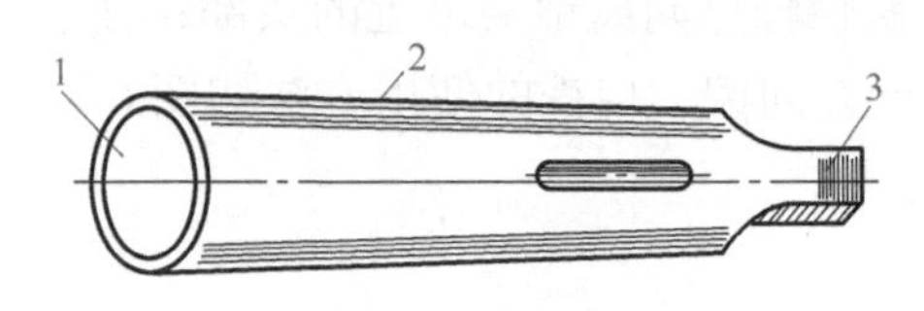

图 6-21　锥套

1—内锥孔；2—外圆锥；3—扁尾

拆卸时用斜铁插入腰形孔，敲击斜铁就可把钻头卸下来，参见图 6-20（a）、图 6-20（b）。

2）钻孔的准备工作

① 钻头选择。根据钻孔直径和孔深选择钻头。选用钻头时，应注意麻花钻螺旋槽部分的长度应大于钻孔深度 20 ～ 30mm，将钻头配上合适的锥套后装入尾座套筒内，尾座套筒伸出长度尽可能短，但钻头不可被顶出。

② 装夹工件。将工件用卡盘装夹，并找正、紧固。

③ 车端面。为了有利于钻头定中心，应把工件端面车平，其中端面近中心处可车成凹坑。

④ 移动尾座。使钻头靠近工件端面，然后锁紧。

⑤ 调整主轴转速。主轴转速应视钻头直径调整。用高速钢钻头钻钢件，切削速度取 $v \leqslant 20$m/min，钻铸铁件材料，切削速度取 $v \leqslant 15$m/min。

3）钻通孔的操作方法

① 开动车床，缓慢均匀的摇动尾座手轮，使钻头缓慢切入工件，待两切削刃完全切入工件时，加足切削液。

② 双手交替摇动手轮，使钻头均匀地向前切削，并间断的减轻手轮压力以断屑。

③ 钻比较深的孔时，观察到切屑排出困难，应将钻头及时退出，清除切屑后再继续钻孔。

④ 在孔即将钻透时，应减慢进给速度，使孔能比较整齐的钻穿，以免损坏钻头。一旦把孔钻穿，应及时退出钻头。

4）钻不通孔的操作方法

钻不通孔与钻通孔的操作方法基本相同。所不同的是钻不通孔要控制钻孔的深度尺寸。具体操作方法如下。

① 开动车床，稳定均匀的摇动手轮，当钻尖刚开始切入工件端面时，记下尾座套筒上的标尺读数，或用钢直尺测量出套筒伸出的长度尺寸，如图 6-22 所示。钻孔时的深度尺寸等于原读数加上孔深尺寸。

② 双手均匀地摇动手轮钻孔，当套筒标尺上读数达到所要求的孔深尺寸时，退出钻头。

5）钻直径较小且较深孔的操作方法

当钻头直径较小而长度又较长时，钻孔时就很容易产生晃动而导致钻偏。此时，应采取定中心措施。常用的有两种方法：一种是在刀架上夹一挡铁，当钻尖、工件端面向接触时，移动中滑板，使挡铁轻轻靠向离钻尖最近的头部，注意正好顶住即可，不可用力过猛，使钻头向另一方向偏。挡铁的使用方法如图 6-23 所示。

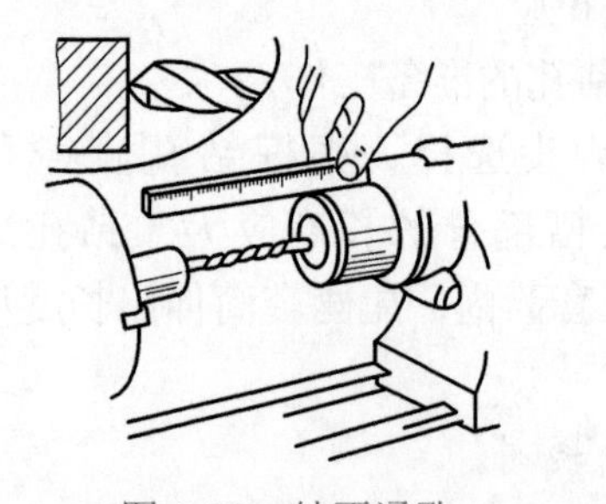

图 6-22　钻不通孔

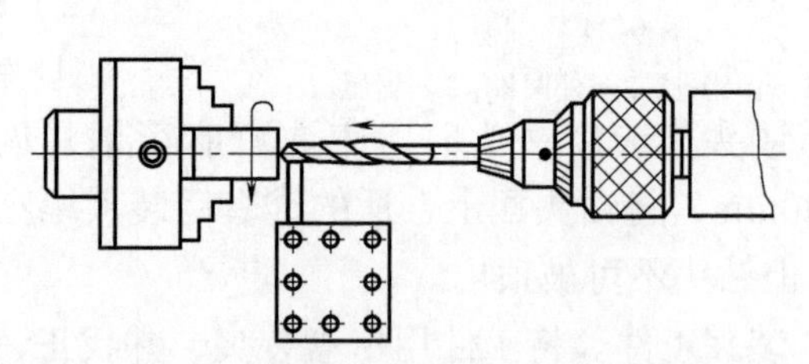

图 6-23　用挡铁支顶防止钻头晃动

另一种定中心的方法适用于钻头直径小于 5mm 的小直径钻头，在钻孔前线与端面上钻中心孔，当钻孔时，钻头尖受到中心孔的限制起到定心作用。

此外，钻削较深孔时，由于切削不易排出，必须经常退出钻头，清除切屑。

6）钻直径较大孔的操作方法

对直径较大孔（≥ 30mm）不宜用大钻头一次钻出，而应先钻出较小的孔，第二次再钻到规定的孔径。如果用大钻头一次钻出，当车床的功率或刚度不足时，容易发生闷车而损伤车床，这时只好减小进给量以求得持续工作。如果用两次钻孔，第一个钻头较小，阻力也较小，第二个大钻头切削时，横刃不参加工作，可以采用较大的进给量。因此，两次钻孔的效率比一次钻孔高，又不会损坏车床。为了使两个钻头的切削负荷均衡，第一个钻头的直径约为第二个钻头直径的 0.5 ～ 0.7 倍。

7）冷却润滑的选用

钻削时，为了使钻头能及时散热冷却，钻孔时需要加注足够的切削液，这样可提高钻头使用寿命。钻孔常用冷却润滑液见表 6-3。

表 6-3 钻孔常用冷却润滑液

工件材料	冷却润滑液
结构钢	乳化液、机油
工具钢	乳化液、机油
不锈钢、耐热钢	亚麻油水溶液、硫化切削油
紫铜	乳化液、菜油
铝合金	乳化液、煤油
冷硬铸铁	煤油
铸铁、黄铜、青铜、镁合金	不用
硬橡胶、胶木	不用
有机玻璃	乳化液、煤油

6.3 扩孔与锪孔操作基本技术

用扩孔工具扩大工件孔径的加工方法称为扩孔。用锪钻或锪刀刮平孔的端面或切出沉孔的方法叫锪孔。与钻孔一样，为保证扩孔及锪孔的加工质量，也应按照一定的加工步骤及方法进行。

6.3.1 扩孔的操作方法

扩孔用扩孔钻完成。扩孔精度一般可达 IT9 ～ IT10 级，表面粗糙度可达 *Ra*12.5μm ～ *Ra*3.2μm。在车床上扩孔一般是粗加工，一般工件的扩孔可用麻花钻完成。对于孔的半精加工，采用扩孔钻扩孔。

（1）麻花钻扩孔

扩孔使用的麻花钻与钻孔所用麻花钻几何参数相同，但由于扩孔同时避免了麻花钻横刃的不良影响，因此，可适当提高切削用量，但与扩孔钻相比，其加工效率仍较低。

（2）扩孔钻扩孔

扩孔钻是用来进行扩孔的专用刀具，其结构形式比较多，按装夹方式可分为带锥柄扩孔钻（图 6-24）和套式扩孔钻两种；按刀体的构造可分为高速钢扩孔钻和硬质合金扩孔钻两种。

1）麻花钻修磨成扩孔钻的操作

在生产加工过程中，考虑到扩孔钻在制造方面比麻花钻复杂，用钝后人工刃磨困难。故常采用将麻花钻刃磨成扩孔钻使用，采用这种刃磨后的扩孔钻（图 6-25）加工中硬钢，其表面粗糙度可稳定地达到 $Ra3.2 \sim 1.6\mu m$。

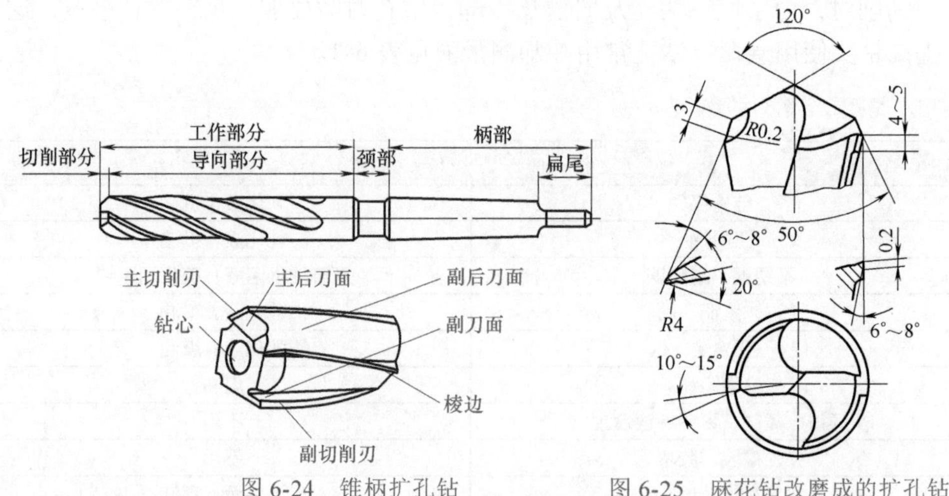

图 6-24 锥柄扩孔钻　　　图 6-25 麻花钻改磨成的扩孔钻

当要扩平底孔和台阶孔时，可将麻花钻修磨成平头扩孔钻使用。刃磨平头扩孔钻的方法基本与刃磨麻花钻的操作方法相同，所不同的是要将麻花钻的顶角刃磨成 180° 的平头钻。两后角刃磨完毕后，要修磨前刀面，以减小外缘处的前角，如图 6-26 所示。

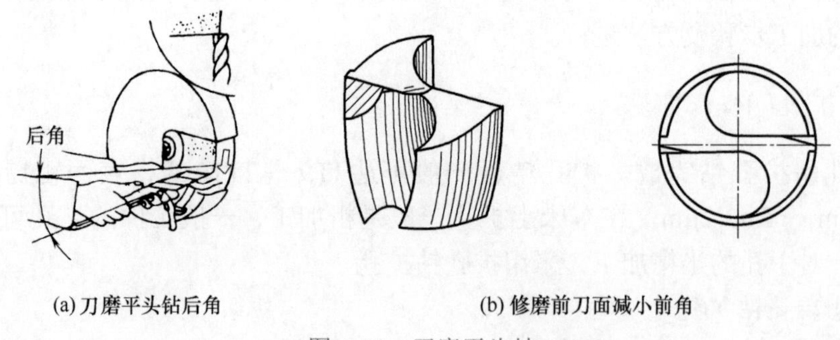

(a) 刃磨平头钻后角　　(b) 修磨前刀面减小前角

图 6-26 刃磨平头钻

2）扩台阶孔的操作方法

扩台阶孔的操作步骤及方法如图 6-27（a）所示。

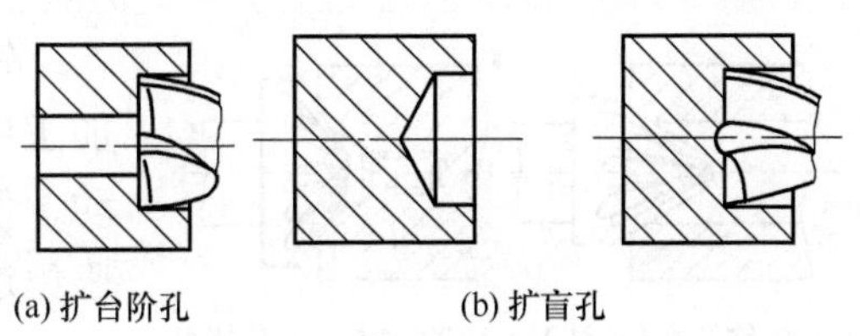

图 6-27 用平头钻扩孔

① 先钻出台阶孔的小孔直径。

② 扩孔。方法与钻不通孔相同，只是主轴转速要稍减慢一些。

3）扩盲孔的操作方法

扩盲孔的操作步骤及方法如图 6-27（b）所示。

① 按盲孔的直径和深度钻孔。先用顶角 118° 的麻花钻头将孔钻出，孔深从钻尖算起，深度比实际孔深浅 1 ～ 2mm。然后用与钻孔直径相同的平头钻扩盲孔底面。

② 控制盲孔深度尺寸的操作方法与钻不通孔相同。

6.3.2 锪孔的操作方法

锪孔加工主要分为锪圆柱形沉孔［图 6-28（a）］、锪锥形沉孔［图 6-28（b）］和锪凸台平面［图 6-28（c）］三类。

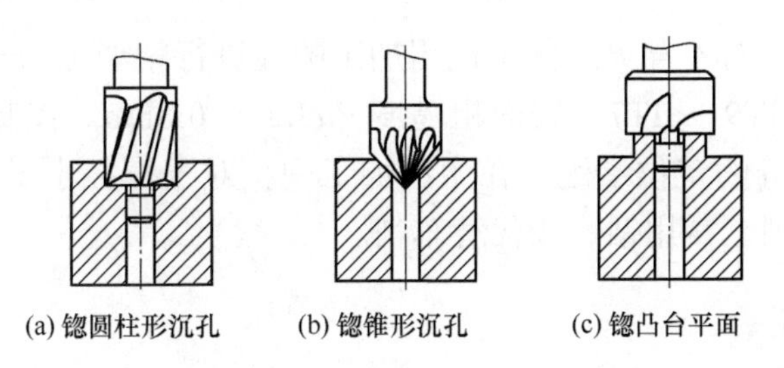

图 6-28 锪孔加工的形式

锪孔主要由锪钻来完成，锪钻的种类较多，有柱形锪钻、锥形锪钻、端面锪钻等。车削常用的是圆锥形锪钻。锥形锪钻的结构如图 6-29 所示。

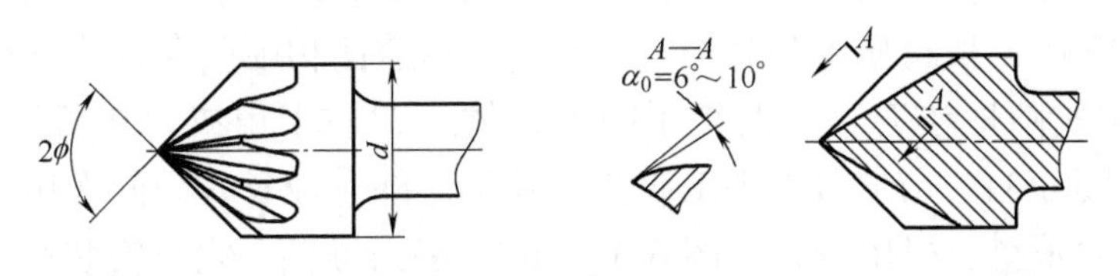

图 6-29 锥形锪钻

锥形锪钻的锥角 2ϕ 主要有 60°、75°、90°、120° 四种，锥形锪钻加工主要用于钻孔后零件孔口的倒角、在孔口锪出内圆锥以便能用顶尖顶住孔口加工外圆等，图 6-30 给出了 60° 和 120° 锪钻的工作情况。

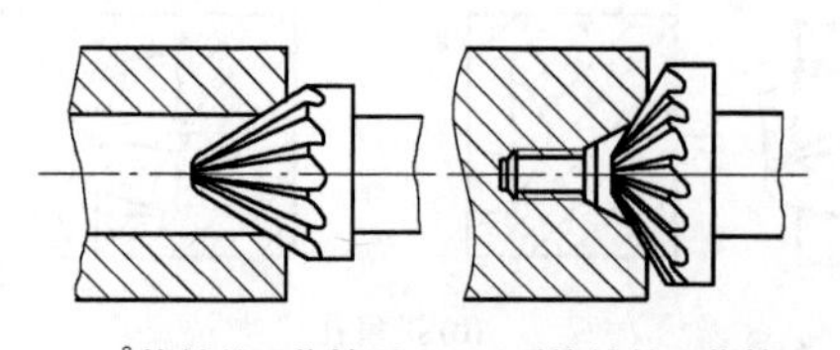

图 6-30 圆锥形锪钻的工作情况

锪孔方法与钻孔方法基本相同。锪削加工中容易产生的主要问题是由于刀具的振动，使锪削的端面或锥面上出现振痕。为了避免这种现象，要注意做到以下几点：

① 若使用的是麻花钻改制的锪钻，其长度要尽量短，以减小锪削加工中的振动。

② 锪钻的后角和外缘处的前角不能过大，以防止扎刀，主后刀面上要进行修磨。

③ 锪孔时的切削速度要比钻孔时的切削速度低，一般为钻孔速度的1/2 ～ 1/3，锪铸铁时其切削速度 v 可取 8 ～ 12m/min；锪钢件时其切削速度 v 可取 8 ～ 14m/min；锪有色金属时其切削速度 v 可取 25m/min。也可以利用车床停机后主轴的惯性来锪削，这样可以最大限度地减小振动，以获得光滑的表面。

④ 锪削钢件时，要在导柱和切削表面加些机油进行润滑；当锪至要求深度时，停止进给后应让锪钻继续旋转几圈，然后再提起。

6.4 铰孔操作基本技术

铰孔是用铰刀对不淬火工件上已粗加工的孔进行精加工的一种加工方法。一般加工精度可达 IT9 ～ IT7，表面粗糙度 $Ra3.2$ ～ 0.8μm。铰制后的孔主要用于圆柱销、圆锥销等的定位装配。在生产加工中，对于直径小于 8mm 的小孔，由于不易用车刀车削，常用钻、铰代替车削。

6.4.1 铰孔的工具

铰孔是用铰刀对已经粗加工的孔进行精加工的一种孔加工方法，主要工具是铰刀。

铰刀的类型很多，按使用方式可分为手用和机用；按加工孔的形状，可分为圆柱形和圆锥形；按结构可分为整体式、套式和调式三种；按容屑槽形式，可分为直槽和螺旋槽；按材质可分为碳素工具钢、高速钢和硬质合金片三种。

① 整体式圆柱铰刀。一般常用的为整体式圆柱手用铰刀和机用铰刀两种。手用铰刀［图 6-31（a）］用于手工铰孔，其工作部分较长，导向作用较好，可防止铰孔时产生歪斜。机用铰刀［图 6-31（b）］多为锥柄，它可安装在钻床或车床上进行铰孔。

铰刀的结构由工作部分、颈部和柄部三部分组成。工作部分又有切削部分与校准部分。主要结构参数为：直径（D）、切削锥角（2φ）、切削部分和校准部分的前角（γ_0）、后角（α_0）、校准部分刃带宽（f）、齿数（z）等。

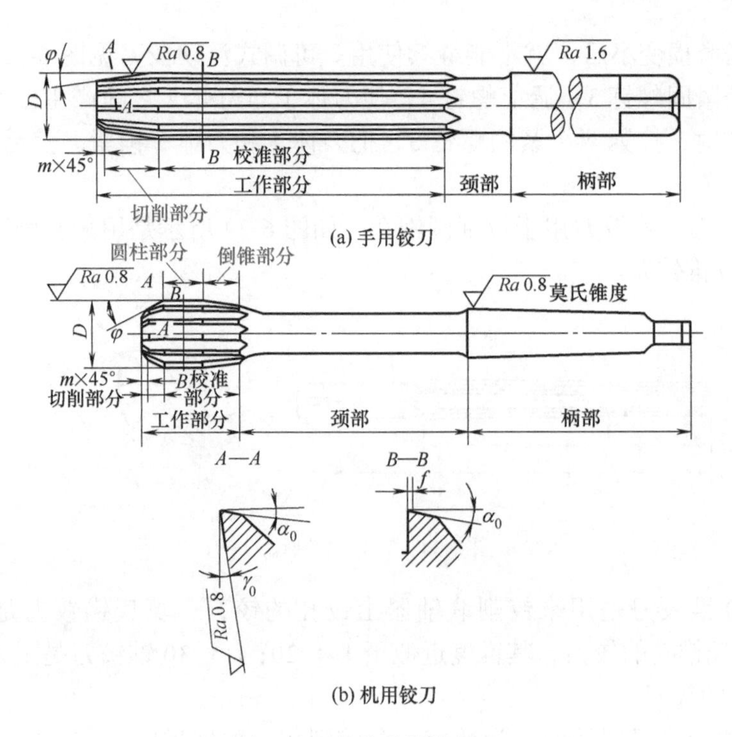

图 6-31　整体式圆柱铰刀

机用铰刀一般用高速钢制作，手用铰刀用高速钢或高碳钢制作。

② 插柄式（套式）铰刀。插柄式铰刀直径较大，一般为 25 ～ 75mm，为了节约刀具材料，所以做成插柄式。它的内孔锥度为 1 ： 30，见图 6-32。

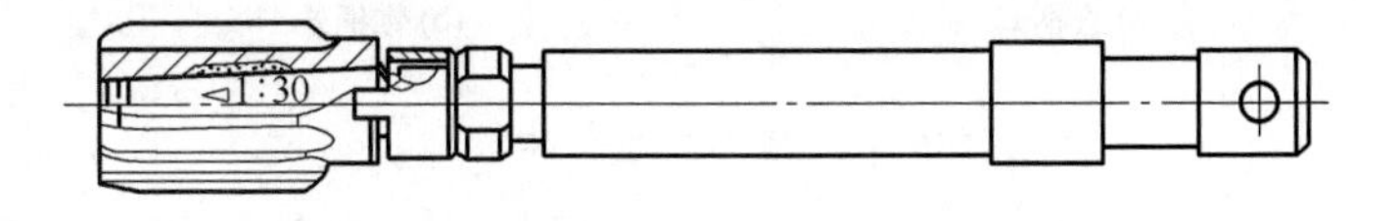

图 6-32　插柄式铰刀

③ 浮动铰刀。浮动铰刀由刀体［图 6-33（a）］和刀杆［图 6-33（b）］组成。铰孔时把刀体插入刀杆的矩形孔内，使刀体在矩形孔内能作径向移动。当刀体两刃受到径向作用力时就能自动定心。因此它能补偿车床尾座中心与主轴中心之间的偏差所引起的影响。

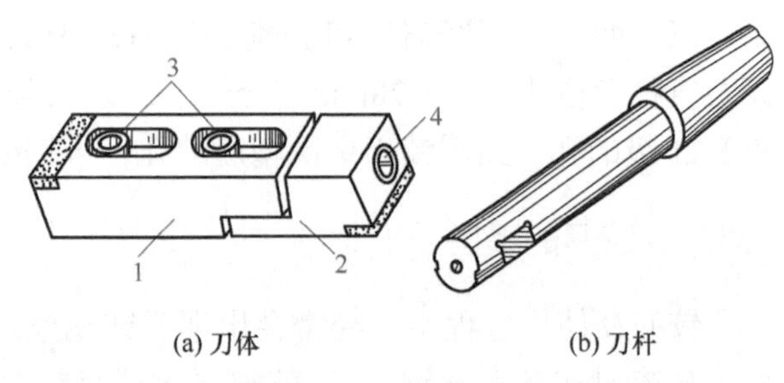

图 6-33　浮动铰刀

1，2—刀体；3—紧固螺钉；4—调节螺钉

浮动铰刀分整体式和可调式两种。整体式浮动铰刀不能调

节。如直径磨损变小后，就不能继续使用。可调式浮动铰刀见图 6-33，调节时，先松开两个紧固螺钉 3，调节螺钉 4，使刀体 1 与刀体 2 之间产生位移。当调整至需要尺寸时，拧紧两个紧固螺钉 3，把刀体 1 和刀体 2 锁紧。然后装入刀杆，就可使用。

④ 锥铰刀。锥铰刀用于铰削圆锥孔，如图 6-34 所示是用来铰削圆锥定位销孔的 1 ∶ 50 锥铰刀。

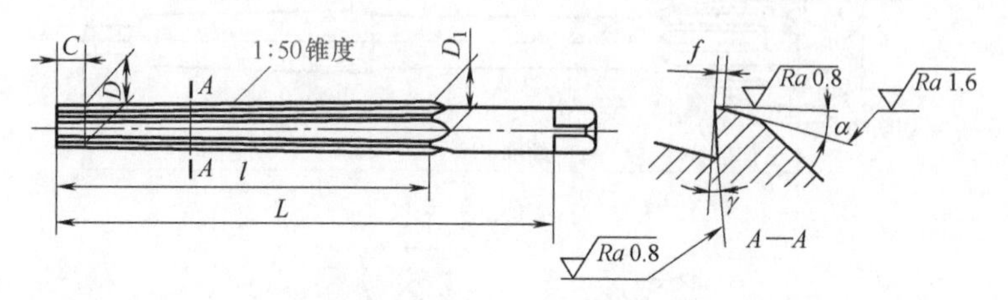

图 6-34　1 ∶ 50 锥铰刀

1 ∶ 10 锥铰刀是用来铰削联轴器上铰孔的铰刀；莫氏锥铰刀是用来铰削 0 ～ 6 号莫氏锥孔的铰刀，其锥度近似于 1 ∶ 20；1 ∶ 30 锥铰刀是用来铰削套式刀具上锥孔的铰刀。

⑤ 硬质合金机用铰刀。为适应高速铰削和铰削硬材料，常采用硬质合金机用铰刀。其结构采用镶片式，如图 6-35 所示。

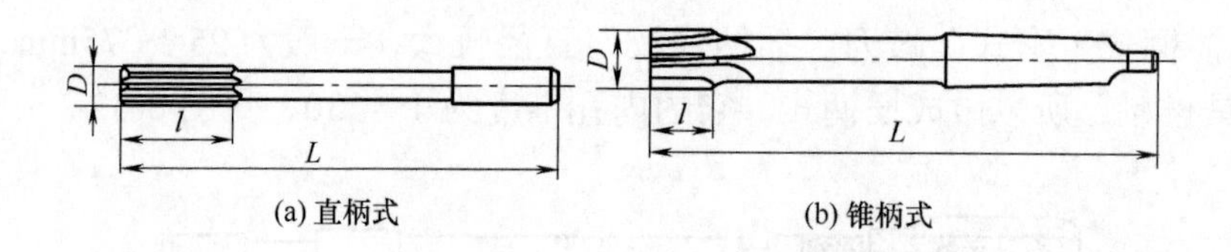

图 6-35　硬质合金机用铰刀

硬质合金铰刀片有 YG 类和 YT 类两种。YG 类适合铰铸铁类材料，YT 类适合铰钢类材料。

直柄硬质合金机用铰刀直径有 6mm、7mm、8mm、9mm 四种，按公差分一、二、三、四号，不经研磨可分别铰出 H7、H8、H9 和 H10 的孔。锥柄硬质合金铰刀直径范围为 10 ～ 28mm，分一、二、三号，不经研磨可分别铰出 H9、H10 和 H11 级的孔。如需铰出更高精度的孔，可按要求研磨铰刀。

6.4.2　铰刀的修磨

铰刀在使用过程中，经常会出现磨钝现象，或者有些工件上的孔是非标准直径（与铰刀规格不一致），这就需要对现有铰刀进行修磨，常用的修磨操作主要有以下方面。

① 非标准铰刀的修磨。对于非标准铰刀可用比要求直径大的铰刀修磨，其加工步骤与方法如下。

a. 在外圆磨床上，按要求磨出铰刀直径（符合孔的加工精度）。表面粗糙度小于 $Ra0.8\mu m$。

b. 在工具磨床上磨出后角，注意保持刃带约 0.1mm。

c. 用油石仔细地将转角处尖角修成小圆弧，并保持各齿圆弧大小一致。

d. 用油石修光前角。

② 磨损铰刀的修磨。铰刀在使用中，磨损最严重的地方是切削部分与校准部分的过渡处，如图 6-36 所示。

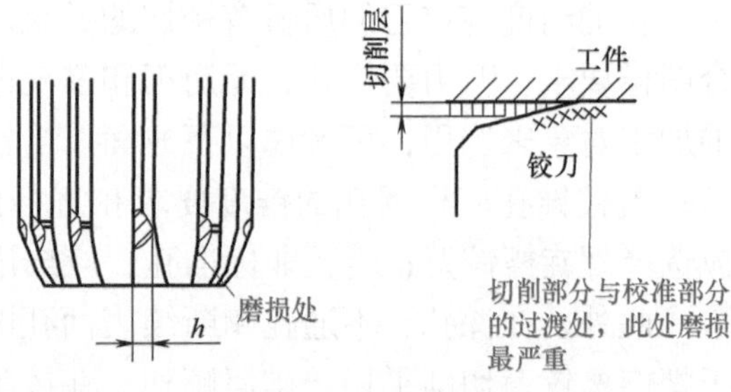

图 6-36　铰刀的磨损

一般规定后面的磨损高度 h，高速钢铰刀 h=-0.6 ～ 0.8mm，硬质合金铰刀 h=0.3 ～ 0.7mm，加工淬火工件的铰刀 h=0.3 ～ 0.5mm，若磨损超过规定，就应在工具磨床上进行修磨，再用油石仔细地将转角处尖角修成小圆弧，并保持各齿圆弧大小一致；最后用油石修光前角。

③ 铰刀刃口的修磨。铰刀在使用过程中，往往会出现刃口磨钝或黏结切屑瘤。这时应用油石沿切削刃轻轻研磨。一般研磨硬质合金铰刀时，可用碳化硅油石；其他铰刀时，则可用中硬或硬的白色氧化铅油石；当切削刃后刀面磨损不严重时，可用油石沿切削刃的垂直方向轻轻推动，加以修光，如图 6-37 所示。

若想将刃带宽度磨窄时，也可用参照图 6-38 将刃带研出 1°左右的小斜面，并保持需要的刃带宽度。

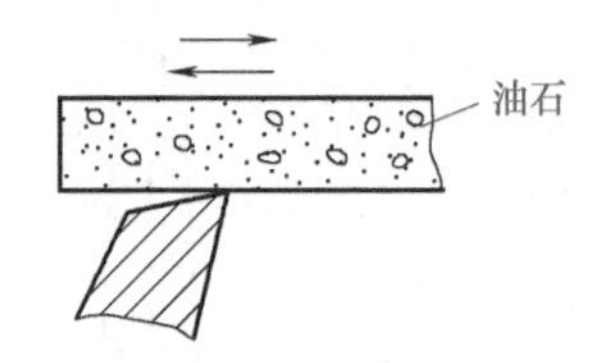

图 6-37　铰刀后刀面磨损的研磨

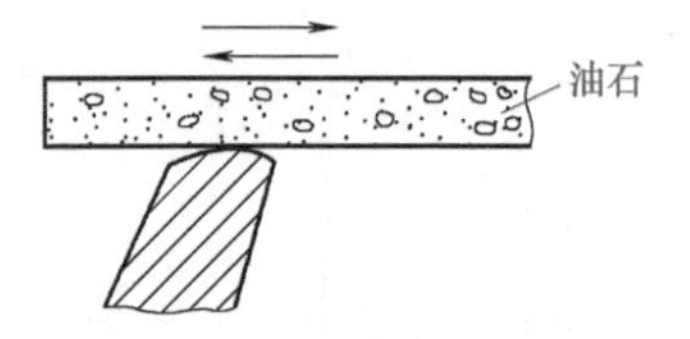

图 6-38　铰刀刃带过宽的研磨

应该注意的是，修磨后的铰刀，必须进行试铰，铰削的孔合格后，铰刀方可正式加工产品。

6.4.3　铰孔的操作方法

铰孔的操作，从其操作动力源的不同，可分为手工铰孔、机动铰孔两种。其中：手工铰孔是利用手工铰刀配合手工铰孔工具利用人力进行的铰孔方法；机动铰孔则是利用机用铰刀配合机用铰孔工具，利用机械设备进行的铰孔方法。

铰孔的精度主要由刀具的结构和精度来保证，因此，铰孔操作时，首先应正确地选用铰刀，然后选择合适的铰削余量、冷却润滑液，并进行合理的操作，主要有以下方面的内容。

1）铰刀的选择

孔的精度与铰刀的质量有密切的关系。因此在选择铰刀时，其尺寸公差应符合图样要求，刀刃要锋利，无崩刃和敲毛碰伤等缺陷。铰刀的选择，应根据不同的加工对象来选用，可考虑以下方面。当铰孔的工件批量较大时，应选用机用铰刀；若铰锥孔应根据孔的锥度要求和直径选择相应的锥铰刀；若铰带键槽的孔，应选择螺旋槽铰刀；若铰非标准孔，应选用可调节铰刀。

此外，在深孔、不通孔和断续表面孔的铰削时，应选用螺旋槽铰刀。这是由于螺旋槽铰刀切削平稳，排屑顺利，在铰削具有断续表面的孔时，可以避免卡刀或打刀。对于通孔的铰削，则可选用直槽铰刀。这是由于直槽铰刀的制造、刃磨和检验都比螺旋槽铰刀方便，因此使用较多。

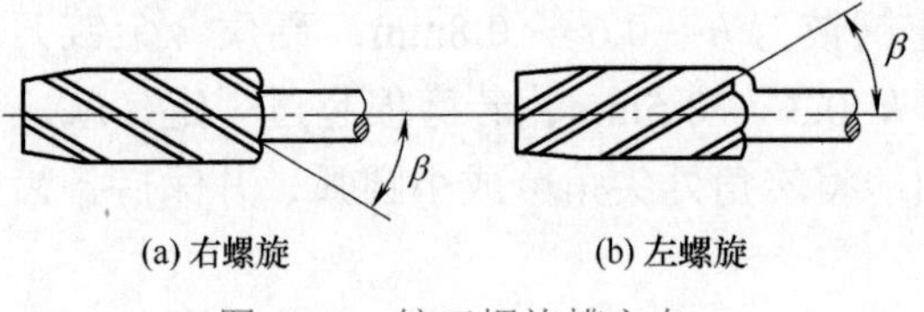

图 6-39　铰刀螺旋槽方向

螺旋槽方向可分为右旋和左旋（图 6-39），前者用于不通孔，使切屑向后排出；后者切屑向前排出，适用于通孔。

2）机动铰刀铰孔的装夹

在车床上铰孔，通常都是使用机动铰孔，机动铰孔时，其所用铰刀的装夹有固定式和浮动式两种，当车床主轴的跳动不大于 0.03mm，且车床主轴、铰刀及其他辅助工具、工件初孔三者的中心偏差不大时，可采用固定装夹方式。

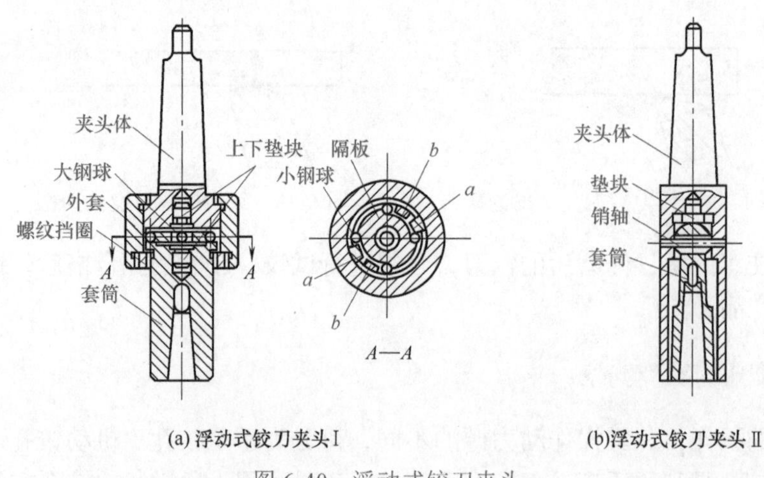

图 6-40　浮动式铰刀夹头

当主轴跳动较大，且主轴、铰刀及工件初孔三者的中心偏差较大，满足不了铰孔的精度要求时，则必须采用浮动装夹方式，借以调整铰刀和工件孔的中心位置。浮动式铰刀夹头如图 6-40 所示。

3）铰削用量的选用

铰削用量包括铰削余量 $2a_p$、切削速度 v 和进给量 f。

① 铰削余量。铰削余量是指上道工序（钻孔或扩孔）完成后留下的直径方向的加工余量。铰削余量过大，会使刀齿切削负荷增大，变形增大，切削热增加，被加工表面呈撕裂状态，使尺寸精度降低，表面粗糙度值增大，加剧铰刀磨损。铰削余量也不宜太小，否则，上道工序的残留变形难以纠正，原有刀痕不能去除，铰削质量无法保证。正确的铰削余量如表 6-4 所示。

表 6-4 铰削余量 单位：mm

铰孔直径	＜5	5～20	21～32	33～50	51～70
铰削余量	0.1～0.2	0.2～0.3	0.3	0.5	0.8

② 切削速度 v。为了得到较小的表面粗糙度值，必须避免产生刀瘤，减少切削热及变形，因而应采取较小的切削速度。用高速钢铰刀铰工件时，v=4～8m/min；铰铸铁件时，v=6～8m/min；铰铜件时，v=8～12m/min。

③ 进给量 f。进给量要适当，过大铰刀易磨损，也影响加工质量；过小则很难切下金属材料，对材料形成挤压，使其产生塑性变形和表面硬化，最后形成刀刃撕去大片切屑，使表面粗糙度值增大，并增加铰刃磨损。

机铰钢及铸件时，f=0.5～1mm/r；机铰铜和铝件时，f=1～1.2mm/r。

4）冷却润滑液的选用 铰孔时，为冲掉切屑，减少摩擦，降低工件和铰刀温度，防止产生刀瘤，应正确地选用冷却润滑液，冷却润滑液可参照表 6-5 选用。

表 6-5 铰孔时的冷却润滑液

加工材料	冷却润滑液
钢	① 10%～20% 乳化液 ②铰孔要求高时，采用 30% 菜油加 70% 肥皂水 ③铰孔要求更高时，可采用菜油、柴油、猪油等
铸铁	①不用 ②煤油，但要引起孔径缩小，最大收缩量 0.02～0.04mm ③低浓度乳化液
铝	煤油
铜	乳化液

5）机动铰孔的操作方法

机动铰孔的工件通常批量较大，因此，应注意按以下铰孔方法进行操作，否则很可能导致工件成批报废。机动铰孔的操作方法主要有以下几方面的要点。

① 选用的车床，其主轴锥孔中心线的径向圆跳动，主轴中心线对工作台平面的垂直度均不得超差。

② 装夹工件时，应保证铰孔的中心线垂直于钻床工作台平面，其误差在100mm长度内不大于0.002mm。铰刀中心与工件预钻孔中心需重合，误差不大于0.02mm。

③ 开始铰削时，为了引导铰刀进给，可采用手动进给。当铰进2～3mm时，即使用机动进给，以获得均匀的进给量。

④ 采用浮动夹头夹持铰刀时，在未吃刀前，最好用手扶正铰刀慢慢引导铰刀接近孔边缘，以防止铰刀与工件发生撞击。

⑤ 在铰削过程中，特别是铰不通孔时，可分几次不停车退出铰刀，以清除铰刀上的粘屑和孔内切屑，防止切屑刮伤孔壁，同时也便于输入切削液。

⑥ 在铰削过程中，输入的切削液要充分，其成分根据工件的材料进行选择。

⑦ 铰刀在使用中，要保护两端的中心孔，以备刃磨时使用。

⑧ 铰孔完毕，应不停车退出铰刀，否则会在孔壁上留下刀痕。

⑨ 铰孔时铰刀不能反转。因为铰刀有后角，反转会使切屑塞在铰刀刀齿后面与孔壁之间，将孔壁划伤，破坏已加工表面。同时铰刀也容易磨损，严重的会使刀刃断裂。

6）铰圆柱通孔的操作方法

① 准备工作。

a. 铰刀的选用和装夹。铰刀的直径要符合被加工工件孔径尺寸的要求。铰刀的精度等级要和被铰孔的精度等级相符；装夹铰刀时，小于ϕ12mm的铰刀用钻夹头装夹，再把钻夹头锥柄装入尾座套筒锥孔内。大于ϕ12mm的铰刀一般安装在过渡锥套内，再将过渡锥套装入尾座套筒锥孔内。

b. 内孔留铰削余量。铰削余量一般可按留表6-4留取。

c. 找正尾座的中心位置。用试棒和百分表找正尾座的中心位置，保证尾座的中心与主轴轴心线重合。

d. 确定铰孔时尾座的中心位置。铰孔时尾座套筒伸出50mm左右，铰刀离工件端面约5～10mm，锁紧尾座。

e. 调整铰孔切削速度。一般在0.1m/s以下，铰削进给量，钢料一般取0.2～1mm/r，铸铁可取得更大些。

f. 准备合适的切削液。材料不同，选用的切削液也不同。铰钢件时可选用硫化乳化油，铰铸铁时用煤油或柴油等。

② 铰通孔的操作方法和步骤。

a. 摇动尾座手轮，使铰刀的引导刃进入孔口深度2mm左右。

b. 开动车床，加注充分的切削液，双手均匀地摇动手轮进行铰孔。铰孔结束后，铰刀最好从孔的另一端取下，不要从孔中退出。

7）铰锥形圆锥孔的操作方法

① 准备工作。

a. 用圆柱试棒和百分表校对尾座中心。

b. 按材料选择切削液。

c. 选择合理的切削用量和切削速度 $v \leqslant 5\text{m/min}$；

② 铰圆锥孔的操作方法和步骤。

a. 钻孔。采用比锥孔小端直径尺寸小 0.2 ～ 0.5mm 的钻头钻孔。最好先用中心钻钻出定位孔。

b. 圆锥孔的铰削方法与圆柱孔基本相同。所不同的是铰内圆锥孔要注意深度控制。控制方法是：利用尾座套筒刻度来控制铰刀伸进圆锥孔的长度，或在铰刀上作锥孔长度标记。

8）铰孔操作注意事项

① 注意铰刀退出工件的方式。铰孔结束后，如果条件允许，铰刀最好从孔的另一端取下，以防止铰刀在工件表面划出刀痕，影响表面粗糙度，如果铰刀不便于从孔的另一端取出，应当在工件正转的情况下退出铰刀，并且必须等铰刀全部退出孔外后，才能停车，否则会把孔的表面拉毛。

严禁工件反转退刀，否则铰刀刀刃会迅速磨损、钝化（图 6-41）。

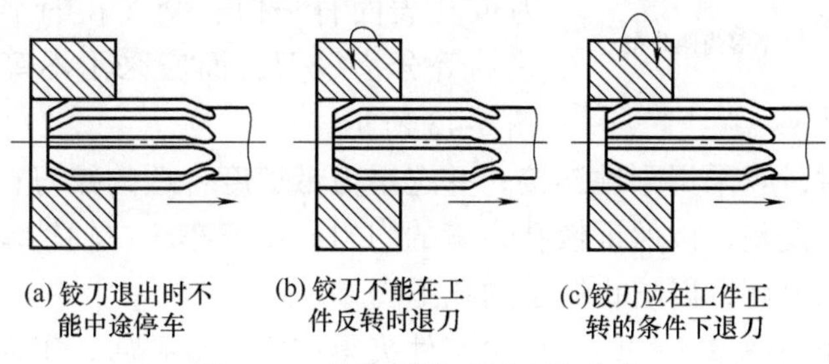

图 6-41 铰孔后铰刀退出的方式

② 注意铰刀的刃磨质量。当铰刀切削刃径向摆差过大，致使切削负荷不均匀；或刃磨时刀齿有磨削裂纹，都将造成刀齿崩刃。

为防止铰刀崩刃，一定要注意铰刀的刃磨质量。铰刀刃磨时，一般是刃磨后刀面，如图 6-42 所示。

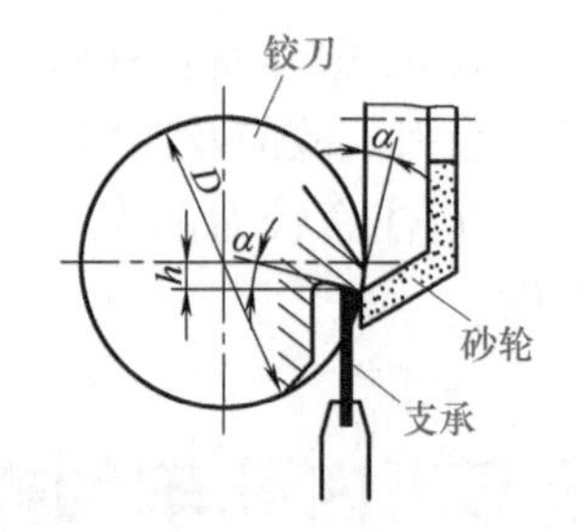

图 6-42 铰刀后刀面的刃磨

③ 注意铰削工件的硬度。当工件材料硬度过高，也会导致铰刀刀齿崩刃。对此，应降低工件材料的硬度，或用硬质合金铰刀代替高速钢铰刀。

④ 注意铰削余量。当工件铰削余量过大，易导致刀齿崩刃，故应调整好预加工孔径尺寸，使铰削余量合适。正确的铰削余量可参见表 6-4 选用。

⑤ 注意铰刀主偏角。当铰刀主偏角过小，易使切削宽度增大，而导致刀齿崩刃。正确的铰刀主偏角可参见表 6-6 选用。

表 6-6 铰刀主偏角 κ_r

铰刀类型	加工材料或孔的形式	主偏角 κ_r
机用铰刀	铸铁	3°～5°
	钢	12°～15°
	盲孔	45°
手用铰刀	各种材料	30′～1° 30′

⑥ 注意薄壁钢件孔的铰削操作。铰薄壁钢件时，铰完孔后内孔产生弹性恢复使孔径缩小，原因主要有以下方面：铰钢件时铰削余量太大或铰刀不锋利。解决措施主要有：将铰刀刃磨锋利，在铰刀尺寸设计时考虑孔径收缩因素，通过试验性切削选取铰刀尺寸和合适的铰削余量。

⑦ 注意防止铰出的孔不圆。铰削时，若铰刀过长、刚性不足、铰削时产生振动；此外，铰刀主偏角过小、铰刀刃带窄或铰削余量不均匀，车床主轴轴承松动以及被铰孔内表面有缺口、交叉孔、砂眼、气孔等，都会使铰出的孔不圆。因此，对于刚性不足的铰刀或孔表面有缺口、交叉孔的工件，此时不应采用等分齿铰刀，而应采用不等分齿铰刀，如图 6-43 所示。

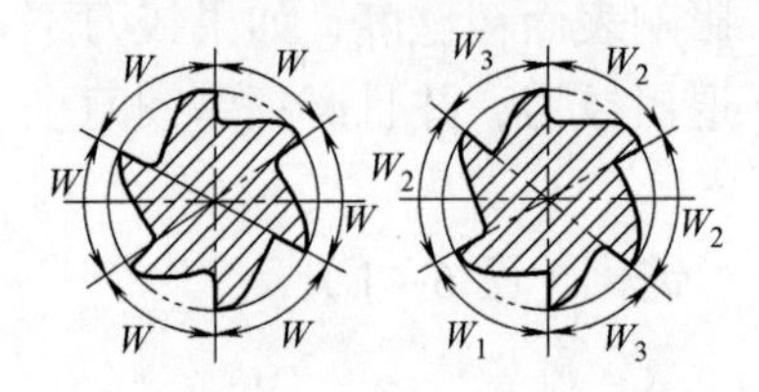

图 6-43 铰刀刀齿的两种分布方法

安装铰刀时，应采用刚性连接；并选用刃带宽度合适的铰刀；控制铰孔前预加工工序的孔位误差，以保证铰孔余量的均匀；调整车床主轴轴承，使其间隙合适；选用合格的毛坯，以防止铰出的孔不圆。

此外，在铰削薄壁工件时，如果工件夹得过紧，铰孔后，工件卸下时会因变形而不圆，故应选用恰当的装夹方法，减小夹紧力。

⑧ 注意排屑。在铰削盲孔或深孔时，切屑多而又未及时排除，会造成铰刀刀齿崩刃。故应及时清除切屑，或采用带刃倾角的铰刀使切屑顺利排出。

⑨ 注意铰刀的保养。为保证铰削孔的质量，应注意铰刀的保养，以防敲毛碰伤。

6.5 内孔车削操作基本技术

在车床上加工圆柱孔，一般都把钻孔作为粗加工工序，为达到所要求的精度和表面粗糙度，还需要车孔。车孔是常用的孔加工方法之一，粗、精车都可使用。车孔精度一般可达 IT7 ～ 8，表面粗糙度值达 $Ra1.6\mu m$。

6.5.1　内孔车刀的选择、刃磨与装夹

车孔的主要刀具是内孔车刀，为保证车孔的质量，车工应熟练掌握车孔刀的选择、刃磨与装夹方法。

（1）内孔车刀的种类

内孔车刀根据其加工用途的不同可分为通孔车刀和不通孔车刀，如图 6-44（a）、图 6-44（b）所示；根据其形状结构的不同可分为整体式内孔车刀和刀排式内孔车刀，如图 6-44（c）、图 6-44（d）所示。

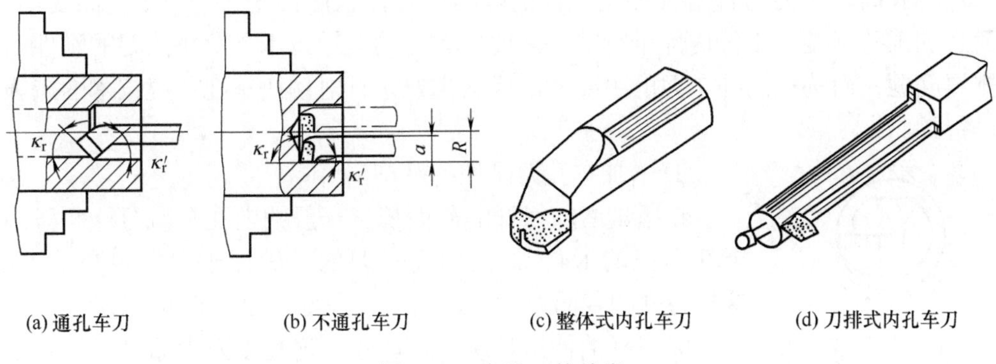

图 6-44　车孔刀的种类

① 通孔车刀。通孔车刀是车削通孔用的，其切削部分的几何形状基本上与外圆车刀相似，但由于内孔车刀的刚性差，排屑困难，而且容屑空间小，对内孔车刀的主偏角要求较大些，刃磨时一般取 κ_r=60° ～ 75°，κ_r'=15° ～ 30°；为了防止内孔车刀后刀面和孔壁的摩擦，可磨出双重后角，相对提高内孔车刀的强度，如图 6-45（a）、图 6-45（b）所示。

② 不通孔车刀。不通孔车刀又称盲孔车刀，用于车削不通孔或台阶孔，切削部分的几何形状基本上与 90°偏刀相似。它的主偏角刃磨时要大于或等于 90°（κ_r=90° ～ 95°）。刀尖在刀杆的最前端，刀尖与刀杆外端的距离应小于内孔半径 R，否则孔的端面就无法车平，如图 6-45（c）所示。

③ 整体式车孔刀。整体式车孔刀是把刀头部分与刀杆组成一体，刀杆部分用中碳钢制成，刀头部分用硬质合金焊接在刀杆前端。

④ 刀排式车孔刀。刀排式车孔刀是把高速钢或硬质合金刀具做成很小的刀头，装在用中碳钢或合金钢制成的刀排前端方孔内，并用螺钉固定。根据刀排方孔的不同位置可制成通孔刀排和盲孔刀排。采用刀排式车孔刀的主要目的是节省刀具材料和增加刀杆强度。

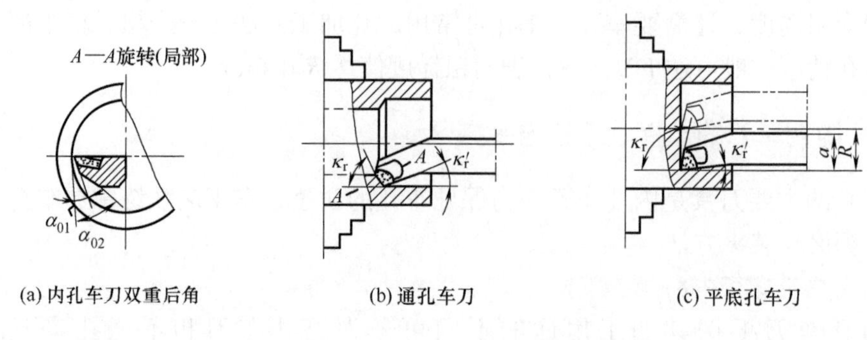

(a) 内孔车刀双重后角　(b) 通孔车刀　(c) 平底孔车刀

图 6-45　车孔刀角度的选择

（2）内孔车刀的选用

车孔时，车刀刀杆直径受到孔径的限制，刀杆悬伸长度又要满足孔深要求，而且加工孔又是在工件内部进行的，因此，车孔的关键技术是解决车刀的刚性和排屑问题，而选择内孔车刀的主要考虑因素主要是针对解决车孔关键技术的措施进行的。

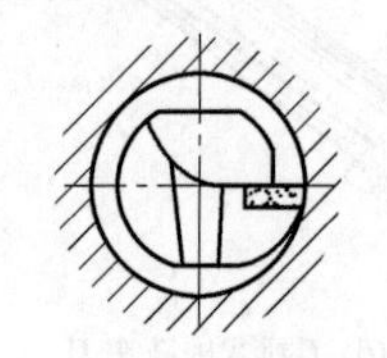

图 6-46　刀杆截面积

① 增加车孔刀刚性的措施。

a. 尽量增加刀杆的截面积。一般的内孔车刀刀杆面积小于孔面积的 1/4，如让内孔车刀的刀尖位于刀杆中心线上，这样刀杆的截面积就可达到最大程度，如图 6-46 所示。

b. 刀杆的伸出长度尽可能短。通孔以刀尖通过工件后端 1 ～ 2mm 即可；不通孔比孔深略长便可使用。

② 解决车孔刀排屑问题的措施。解决车孔刀排屑问题的主要措施是控制切屑流向和选择合适的车刀几何角度。加工通孔时，为使已加工表面不被切屑划伤，要求切屑流向待加工表面（前排屑），这时车刀的刃倾角应磨成正值；加工不通孔时，车刀的主刃倾角要取负值，使切屑向后排出。图 6-47、图 6-49 所示分别为考虑车刀车孔排屑问题后的两种不同类型的典型内孔车刀。

（3）常用的内孔车刀

① 前排屑通孔车刀。这种车刀的主偏角 κ_r=75°；副偏角 κ'_r=15°；主切削刃上磨有 λ_s=+6° 的刃倾角，并磨有断屑槽或圆弧卷屑槽，使切屑向前排出，流向待加工表面。刀具除有较好的刚性外，其刀杆的上下两面是两平面，刀杆可以做得很长，使用时可根据不同的孔深调节刀杆装夹在方刀架上的伸出长度，其结构如图 6-47 所示。

图 6-48 为机夹不重磨通孔车刀，其特点是不需刃磨、使用方便，刚性好。

② 后排屑不通孔车刀。这种车刀在主切削刃上磨有 λ_s=0° ～ −2° 的刃倾角、并磨有卷屑槽，使切屑呈螺卷状向尾座方向排出孔外，其结构如图 6-49 所示。

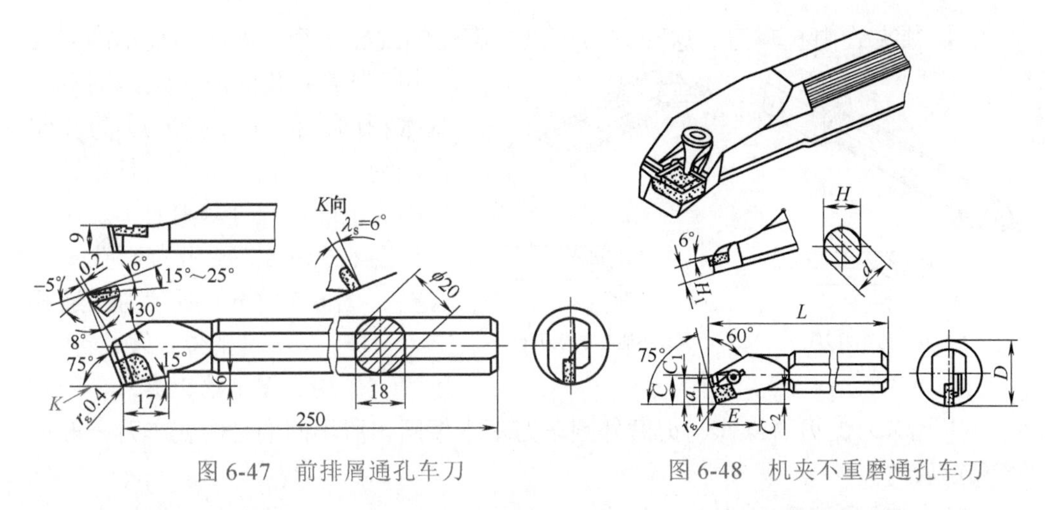

图6-47　前排屑通孔车刀　　图6-48　机夹不重磨通孔车刀

图6-50所示为机夹不重磨不通孔及台阶孔车刀，其特点是不需刃磨，使用方便，刚性好。

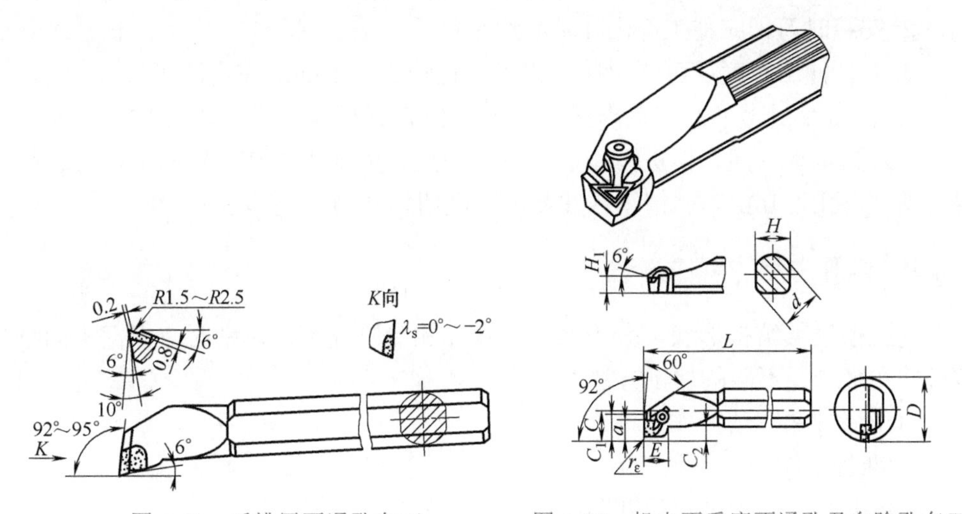

图6-49　后排屑不通孔车刀　　图6-50　机夹不重磨不通孔及台阶孔车刀

③ 高速钢内孔精车刀。这种车刀采用横槽、大前角，切削轻快，不易让刀，过渡刃处的刃倾角 λ_s=+30°左右，切屑稳定地排向待加工表面，而且副偏角小，修光性好，可加工出表面粗糙度 $Ra<1.6\mu m$ 的孔，其结构如图6-51所示。

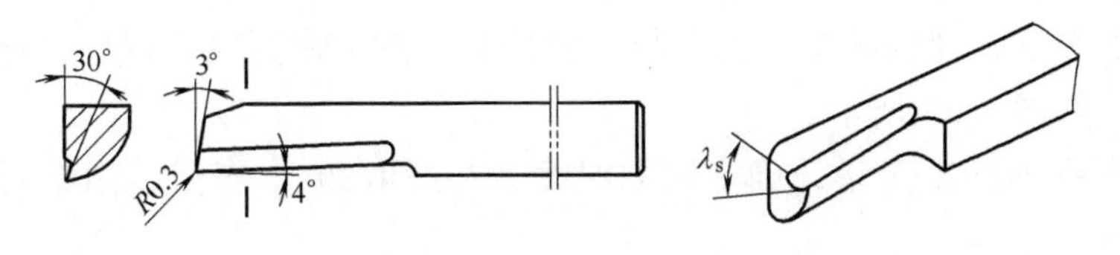

图6-51　高速钢内孔精车刀

④ 装夹式内孔车刀。这种车刀可以是高速钢或硬质合金做成的很小的刀头（其切削部分几何形状跟外圆车刀基本相同，但方向相反）。刀头装在碳钢或合金钢制成的刀杆中，在顶端或上面用螺钉紧固刀头。

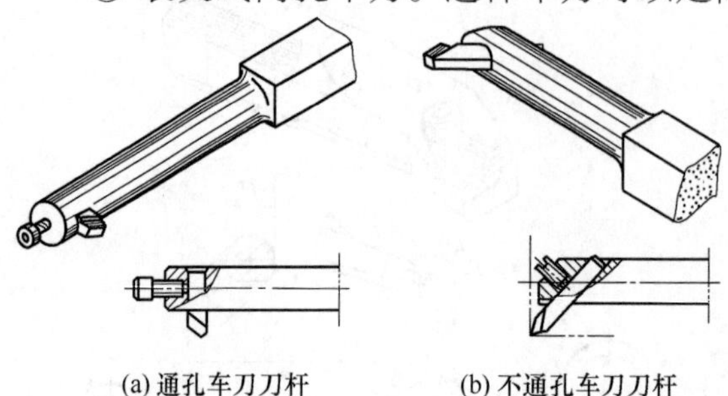

图 6-52 装夹式内孔车刀

图 6-52（a）所示为通孔车刀刀杆；图 6-52（b）所示为不通孔车刀刀杆。其方孔的位置做成斜的。

（4）内孔车刀的刃磨

内孔车刀的刃磨操作与刃磨外圆车刀基本相同，所不同的是内孔车刀一般刃磨双重后角。

（5）内孔车刀的装夹

内孔车刀的装夹应符合以下要求。

① 安装时刀尖对准工件中心，精车刀略高于中心。

② 安装时刀杆应与工件内孔轴心线平行。

③ 刀杆伸出长度尽可能短些，比工件孔长 5 ～ 10mm 左右即可。

④ 装夹后，让车刀在孔内试走一遍，检查刀杆与孔壁是否相碰。车孔的要领与车外圆基本相同，但进刀和退刀方向相反，因加工是在工件内部进行，故观察困难。车孔也分粗车、精车，并要进行试切和试测，尤其是精车。

6.5.2 内孔车削的操作方法

内孔根据其结构形状可分为通孔、盲孔和台阶孔等，车削时应根据不同结构形状的孔来选择不同的加工方法。

（1）通孔的车削操作方法

① 准备工作。

a. 根据孔径的大小和长度选用和装夹通孔车刀。

b. 选择合理的切削速度，调整主轴转速。车孔的切削速度要比车外圆的切削速度稍慢些。

② 粗车孔。车孔的方法与车外圆基本相似。所不同的是进退刀的方向正好与车外圆相反，进刀深度要小于车外圆。操作方法如下所述。

a. 开动车床，使内孔车刀刀尖与孔壁接触，然后车刀纵向退出，把中滑板刻度置零位，如图 6-53 所示。

b. 根据孔的加工余量，确定切削深度。一般取 2mm 左右，用中滑板刻度盘控制。

c. 摇动溜板箱上的手轮，缓慢移动车刀至孔的边缘，合上纵向机动进给手柄，观察切屑排出是否顺利。当车削声停止时，立即脱开进刀手柄，停止进给。向前横向摇动中滑板手轮，使内孔车刀刀尖脱离孔壁。摇动溜板箱手轮，快速退出车刀。

③ 精车孔。精车孔的操作要点主要有以下几方面。

a. 适当提高主轴转速，使精车刀的刀尖与孔壁接触，进刀 0.1mm 试车削。当车刀沿孔切进大约 3mm 时，停止进给并停下车床。在卡盘停转之前，快速纵向退出车刀，如图 6-54 所示。

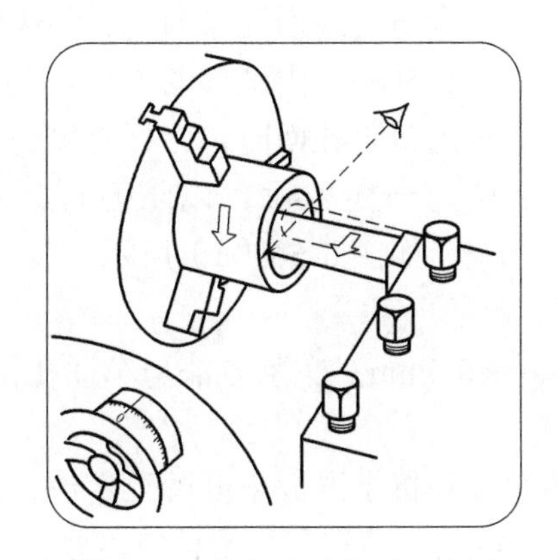

图 6-53 粗车孔时的对刀方法

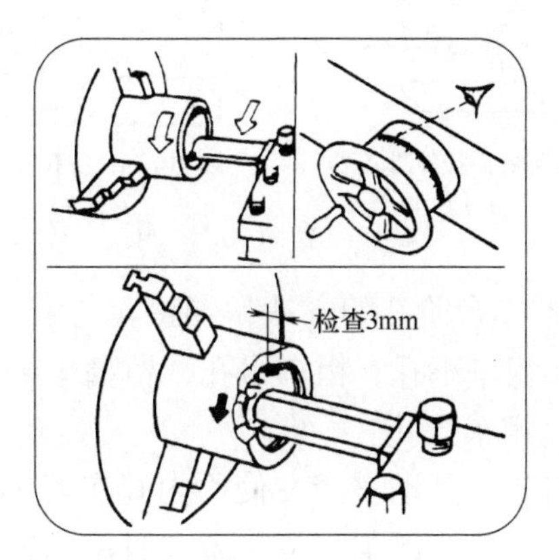

图 6-54 精车孔试车削的方法

b. 用卡钳、卡尺测量出正确的尺寸后，最后一刀进刀深度为 0.1 ～ 0.2mm，进给量选 0.08 ～ 0.15mm/r，精车削至尺寸。

（2）盲孔的车削操作方法

① 准备工作。

a. 钻孔。用比盲孔直径小 1 ～ 2mm 的钻头钻孔，深度从钻尖计算。然后用相同直径的平头钻将孔底扩平，孔深留约 1mm 余量。

b. 装夹盲孔车刀。刀尖对准工件中心，刀尖与刀杆外侧要小于孔径的一半。车削前把车刀移至孔内，移动中滑板使刀尖过工件中心，观察刀杆外侧是否与孔壁相碰，如图 6-55 所示。

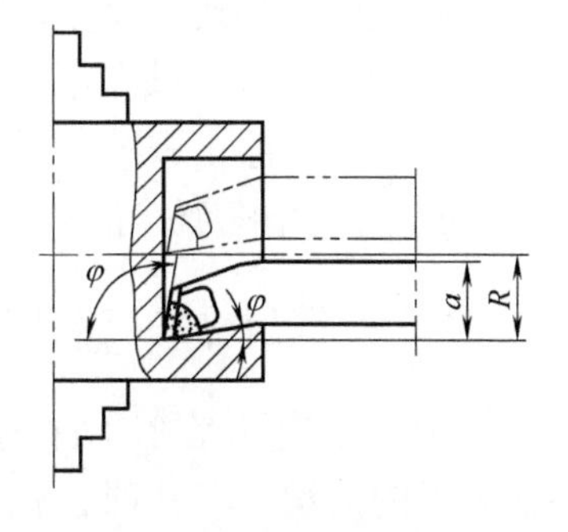

图 6-55 平底孔车刀

② 粗车盲孔。与粗车台阶孔相似。不同之处是车孔底平面时车刀一定要过工件中心，孔径留 0.5 ～ 1mm 余量，孔深留 0.2mm 左右余量。

③ 精车盲孔。进行试车削，测量孔径尺寸，确定试车削尺寸正确后机动进给精车盲孔。当床鞍刻度值离孔深 2 ～ 3mm 时，停止机动进给，改用手动继续进给。当刀尖刚刚接触孔底时，用小滑板手动进给，使切削深度等于精车孔深的余量，然后用中滑板进

刀车平盲孔底平面。

（3）台阶孔的车削操作方法

① 准备工作。

a. 选择钻头。根据台阶孔的直径尺寸选用合适的钻头。

b. 钻孔。用已选定的钻头钻出小孔。

c. 扩孔。用选定的平头钻扩孔。

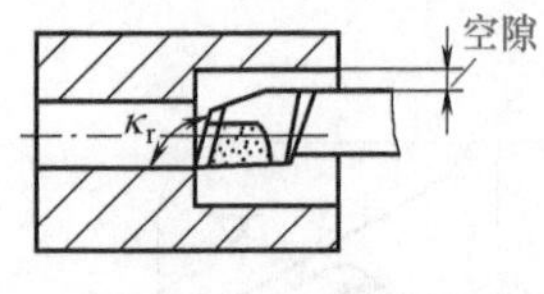

(a) 车台阶孔刀杆外侧位置　(b) 车台阶孔内端面

图 6-56　台阶孔的车削

d. 选择并装夹不通孔车刀。选用合适的不通孔车刀，且装夹调试好，并在孔内试移动一次。要求在车内台阶孔面时，刀杆外侧与孔壁留有一定空隙，以防刀杆碰伤孔壁，如图 6-56（a）所示。

② 车台阶孔的方法和步骤。

a. 粗车小孔。粗车小孔，留精车余量 0.3 ～ 0.5mm。车削方法与车通孔相同。

b. 粗车大孔。

首先，开动车床，使用内孔车刀车平端面，并将小滑板刻度调至零位，同时将床鞍刻度也调至零位。粗车时用床鞍刻度盘控制，精车用小滑板刻度盘控制。

其次，移动中滑板，使刀尖与孔壁接触，纵向退出车刀，把中滑板刻度置零位。

最后，移动中滑板，调整好粗车切削深度，纵向自动进给粗车孔，留 0.3 ～ 0.5mm 精车余量。当床鞍刻度接近孔深时，自动进给停止，改用手动进给至台阶孔的台面尺寸，停止进给，摇动中滑板手柄横向进给车台阶孔的内端面至尺寸，如图 6-56（b）所示。

③ 精车台阶孔。

a. 先精车小孔至尺寸，方法与车通孔相同。

b. 精车大孔。试车削尺寸正确后，纵向机动进给精车孔，当床鞍刻度值接近孔深时，立即停止进给，手动继续进给至刀尖刚刚接触台阶面时退出车刀。

c. 用内孔车刀倒角。

6.5.3　孔径尺寸的控制与测量方法

由于车内孔是在工件内部进行的，因此观察切削情况和控制尺寸是保证车削质量的关键。车孔时，孔径尺寸的控制基本上和车外圆一样，可用试切法来控制。试切后，退出车刀，根据内孔尺寸精度要求选择合适的量具进行测量。对一般精度的孔，可采用游标卡尺测量；对于直径较小并有一定精度要求的孔，可用塞规（图 6-57）和内径百分表（图 6-58）测量；对于直径较大并且有一定精度要求的孔，可采用内径千分尺（图6-59）；对于一些短台阶孔，因无法用内径百分表和内径千分尺测量，这时可采用内长钳配合外径千分尺进行测量。

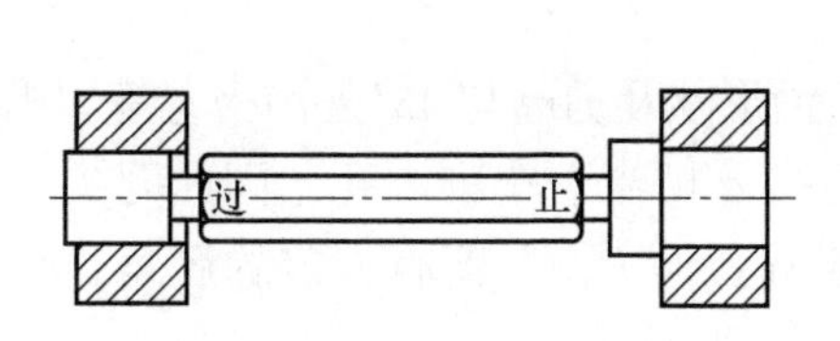

图6-57　塞规检验孔径

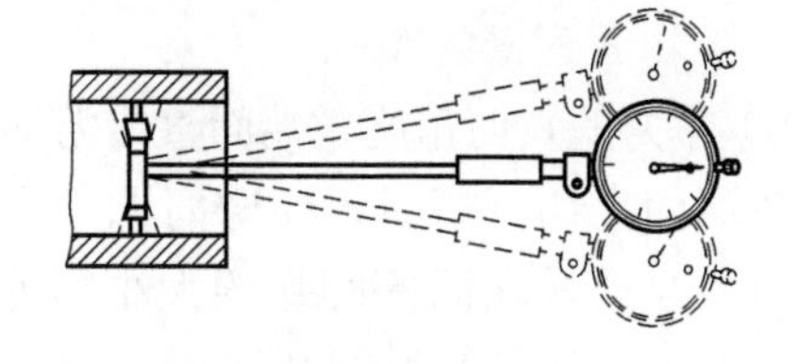

图6-58　内径百分表的测量方法

车削台阶孔和盲孔时，控制台阶深和孔深的方法有：应用大拖板或小拖板刻度盘控制孔深；在刀杆上做一记号或在刀架上夹一块铜片来控制孔深。孔深的测量一般采用三用游标卡尺或深度游标卡尺进行测量。

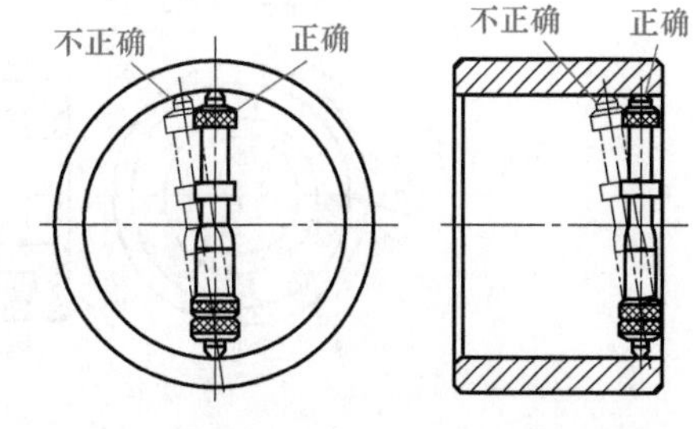

图6-59　内径千分尺的使用方法

此外，在测量孔径尺寸时，还应注意以下事项。

① 车孔时，由于刀杆刚性较差，容易引起振动，因此切削用量应比车外圆时小些。

② 要注意中拖板退刀方向与车外圆相反；车孔放余量时，内孔直径要缩小。

③ 测量内孔时，要注意工件的热胀冷缩现象，特别是薄壁套类零件，要防止因冷缩而使孔径达不到要求的尺寸。

④ 精车内孔时，要保持刀刃锋利，否则容易产生“让刀”而把孔车成锥形。

⑤ 加工较小的盲孔或台阶孔时，一般采用麻花钻钻孔，再用平头钻加工底平面，最后用盲孔刀加工孔径和底面。在装夹盲孔车刀时，刀尖应严格对准工件旋转中心，否则底面平面无法车平。

⑥ 车小孔时，应随时注意排屑，防止因内孔被切屑阻塞而使工件成废品。

⑦ 用高速钢车孔刀加工塑性材料时，要采用合适的切削液进行冷却。

6.6　端面槽车削操作基本技术

端面槽是构成零件的最基本表面之一，车削端面槽是最常见、最普遍的加工。正确的车削好端面槽是保证所车削零件质量的基础。

6.6.1　常见端面槽的结构形式

端面槽是轮盘套类零件的常见结构之一，常见的结构形式主要有：端面直槽、外圆端面沟槽及端面T形槽等几种。

6.6.2 常见端面槽的车削操作方法

(1)端面直槽的车削

1)车刀的几何角度 端面直槽刀的几何形状及刃磨与45°外沟槽刀基本相同。

在端面上切直槽时，切槽刀的一个刀尖 *a* 相当于车削内孔，因此刀尖 *a* 处的副后刀面必须按端面槽圆弧的大小刃磨成圆弧形 *R*，并磨有一定的后角，这样就可防止副后刀面与槽的圆弧相碰，如图6-60所示。

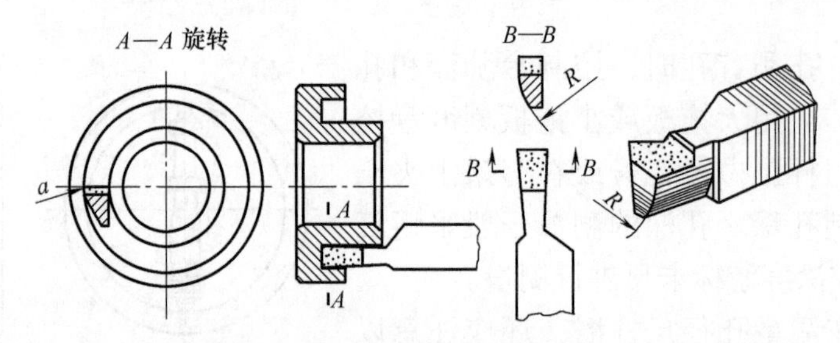

图6-60 端面槽刀的几何形状

2)端面直槽的车削步骤及方法

① 在平面上切槽时，应先确定车槽位置。确定方法如图6-61所示。

② 在平面上切割精度不高、宽度较小、较浅的沟槽时，常用等宽刀直进法一次车出。如果车精度较高的沟槽，应先粗车并留一定的精车余量，然后再精车。对于较宽的沟槽，应采用多次直进法切割，然后精车至尺寸要求，如图6-62所示。

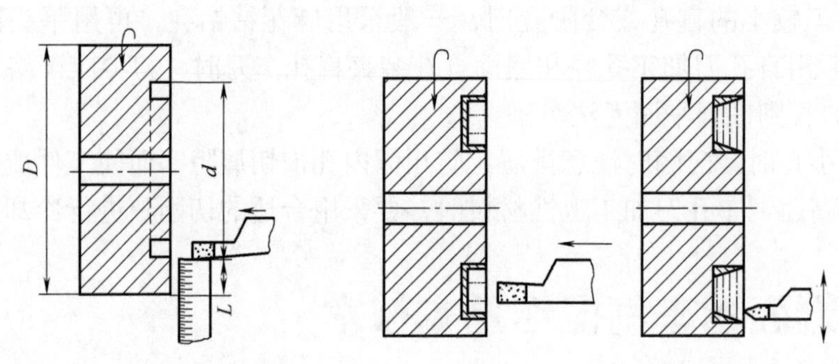

图6-61 车槽位置的确定　　图6-62 切宽平面槽的方法

(2)端面T形槽的车削

① 车刀的几何角度。端面T形槽刀包括直槽刀、左沟槽刀、右沟槽刀，它们的几何形状如图6-63所示。左沟槽刀主后刀面为圆弧面，右沟槽刀刀背面也是圆弧形。

② 端面 T 形槽的车削步骤及方法。

a. 用端面车槽刀车端面直槽［图 6-63（a）］。

b. 用右弯头切槽刀切外侧沟槽［图 6-63（b）］。

c. 用左弯头切槽刀切内侧沟槽［图 6-63（c）］。

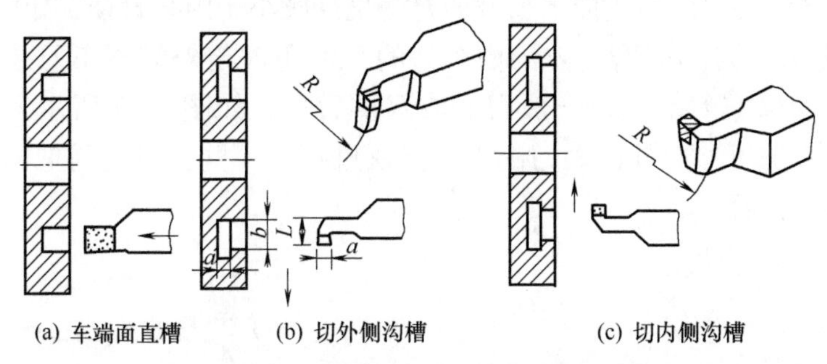

图 6-63　T 形槽刀与 T 形槽的加工方法

车槽时，弯头切刀的刀头宽度应等于槽宽，即 L 应小于 b，还应注意弯头切刀进入端面直槽时，为了避免车刀侧面跟工件相碰，应该相应地磨成圆弧形。

（3）外圆端面沟槽的车削

外圆端面沟槽车刀的形状比较特殊。它的前端磨成外圆车槽刀形式，侧面刃磨成端面车槽刀形式，如图 6-64 所示。

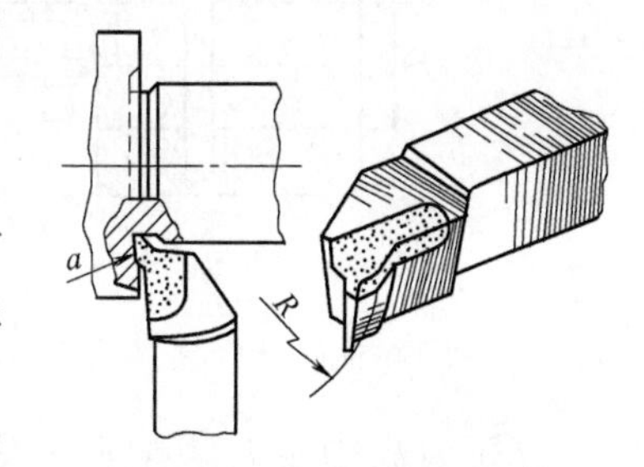

图 6-64　车外圆端面沟槽

车削时，先用一般车槽刀车削外圆沟槽，再用外圆端面沟槽车刀车削端面槽。

6.7　内沟槽车削操作基本技术

内沟槽是轮盘套类零件的重要结构之一，该类形状的加工具有一定的特点及要求，车工车削操作时必须掌握。

6.7.1　内沟槽车刀的选择、刃磨与装夹

内沟槽车刀的几何形状与切断刀基本相似，只是在内孔中切槽而已。内沟槽车刀有整体式和装夹式两种，其结构如图 6-65 所示。

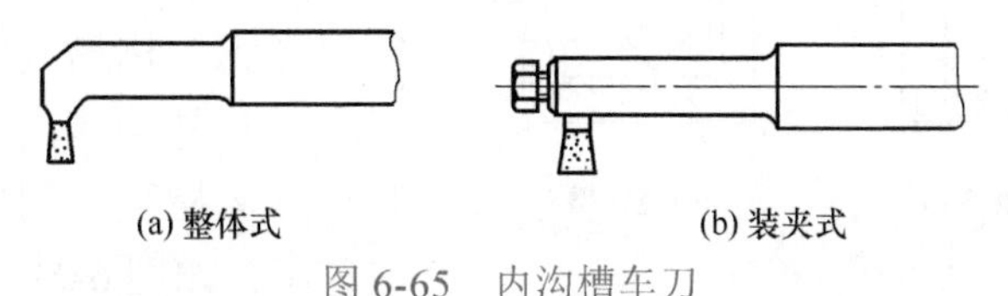

图 6-65　内沟槽车刀

① 内沟槽车刀的选用。内沟槽车刀一般应根据被加工孔径尺寸的大小、深浅选用，在小孔中切槽时，一般选用整体式车刀，在直径较大的孔中切槽时，可采用装夹式车刀。

使用装夹式车刀时，应正确选择刀柄直径，刀头伸出长度应大于槽深1～2mm，同时要保证刀头伸出长度加刀柄直径应小于内孔直径，如图6-66所示。

② 内沟槽车刀的刃磨。内沟槽车刀的几何角度与外沟槽车刀基本相同。所不同的是内沟槽车刀的后角一般刃磨成双重后角，如图6-67所示。因此，内沟槽刀的刃磨方法可参照外沟槽刀的刃磨方法进行，不同的只是需把内沟槽刀的后角刃磨成圆弧状后角。

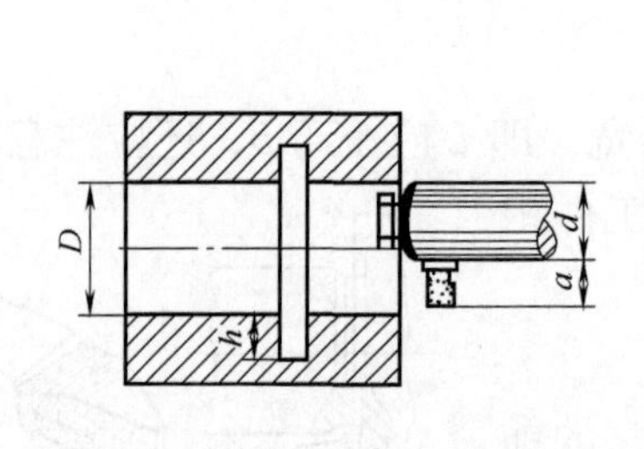

图6-66 选择装夹式车刀的要点

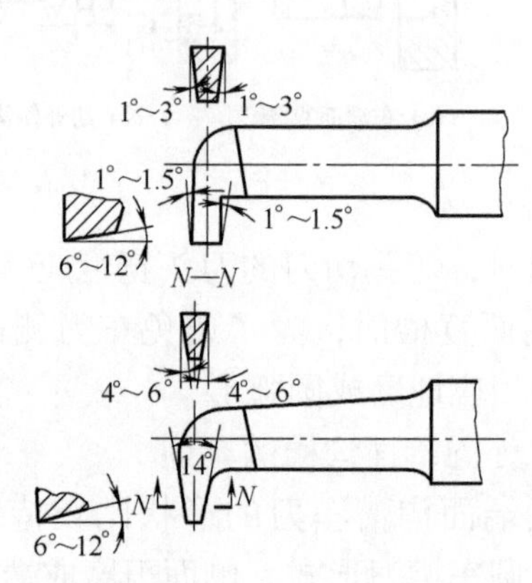

图6-67 整体式内沟槽车刀

③ 内沟槽车刀的装夹。装夹内沟槽车刀时，应使主切削刃与内孔中心等高或稍高，且与内孔素线平行，两侧副偏角须对称。

装夹时先用刀架螺钉将车刀轻轻固定，然后摇动床鞍手轮，使车刀进入孔口，摇动中滑板手柄，使主切削刃靠近孔壁，目测主切削刃与内孔素线是否平行，不符要求可轻轻敲击刀杆使其转动，达到平行后，即可拧紧刀架螺钉，将车刀固定。

最后摇动床鞍手轮使内沟槽车刀在孔内试移动一次，检查刀杆与孔壁是否相碰。

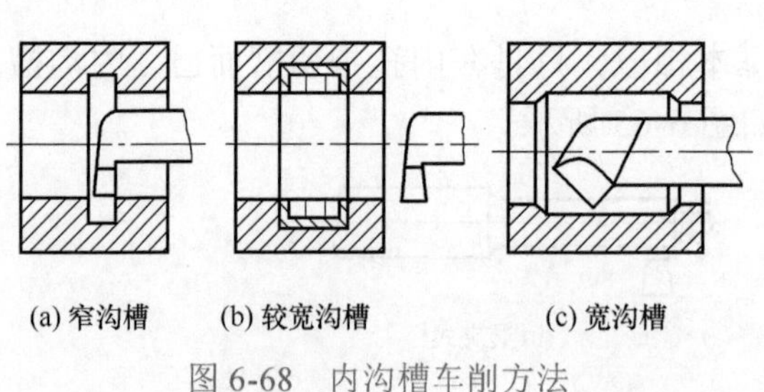

图6-68 内沟槽车削方法

6.7.2 内沟槽的车削操作方法

内沟槽分窄槽、宽槽、梯形或较深圆弧内沟槽几种，其车削方法基本上与外沟槽的车削相似。一般对于窄沟槽可利用主切削刃宽度一次车出，如图6-68（a）所示。沟槽宽度大于主切削刃则可分为几刀将槽车出，如图6-68（b）所示。如沟槽深度很浅，宽度又很宽时，可采用纵向进给的车削方法，如图6-68（c）所示，梯形或较深圆弧内沟槽则分几刀将槽车出，一般先车出直槽，再用相应形状的切槽刀车削成形。

1）窄内沟槽的车削操作方法

① 确定车内沟槽的起始位置。摇动床鞍和中滑板，使沟槽车刀主切削刃轻轻与孔壁接触，将中滑板刻度调至零位。

② 确定车内沟槽的终止位置。根据沟槽深度计算中滑板刻度的主进格数，并在终点刻度位置上用粉笔作出记号或记下刻度值。

③ 确定车内沟槽的退刀位置。主切削刃离开孔壁距离约0.2～0.3mm，在刻度盘上作出退刀位置的标记。

④ 控制沟槽的位置尺寸。移动床鞍和中滑板，使沟槽车刀主切削刃离工件端面约1～2 mm，移动小滑板使主切削刃与工件端面轻轻接触，将床鞍刻度调至零位。如沟槽靠近孔口，需用小滑板刻度控制槽距时，就要将小滑板刻度零位调整好，作为车沟槽纵向的起始位置。

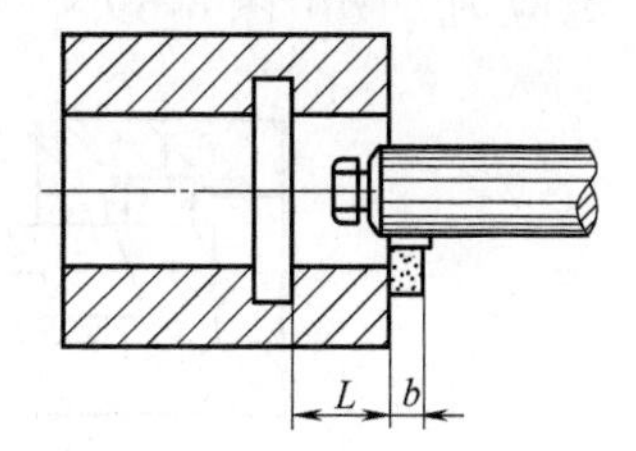

图6-69　内沟槽轴向定位尺寸的计算

移动床鞍，使车刀进入孔内，进入深度为沟槽轴向位置尺寸L加上沟槽车刀的主切削刃宽度b，如图6-69所示。

⑤ 车内沟槽。开动车床，摇动中滑板手柄，当主切削刃与孔壁开始接触后，进给量不宜太快，约0.1～0.2mm/r，刻度进到槽深尺寸时，车刀不要马上退出，应稍作滞留，这样槽底经过修整会比较光洁。横向退刀时要认准原定的退刀刻度位，不能随便退，如车刀没有横向退足就纵向向外退出，会将已车好的槽碰坏，如横向退出过多则又会使刀杆与孔壁碰，造成内孔碰伤。

⑥ 检查沟槽尺寸。沟槽的轴向位置尺寸一般用钢直尺测量，如精度要求较高，可用特制的深度游标卡尺测量，如图6-70（a）所示。沟槽的深度可用弹簧内卡钳放入沟槽内，调整弹簧内卡钳螺母后，然后取出卡钳再测量沟槽的孔径，接着测量沟槽底径，则所测量的沟槽孔径与底径差值的一半即为所求的沟槽深度，如图6-70（b）所示。把卡钳张开的尺寸逐步调整至紧松适度，然后把卡钳用力收小，从内孔中取出，再用千分尺测量内卡钳的张开尺寸。这种方法所测量的是内沟槽直径尺寸，即等于孔径加上2倍的槽深。

2）宽内沟槽的车削操作方法

车削宽内沟槽时，可先用通孔内孔车刀车凹槽，车凹槽时要留出足够的精车余量。然后再用沟槽车刀将两侧斜面车成直角，如图6-71所示。如沟槽很浅可直接用沟槽车刀纵向进给的方法将沟槽车出。

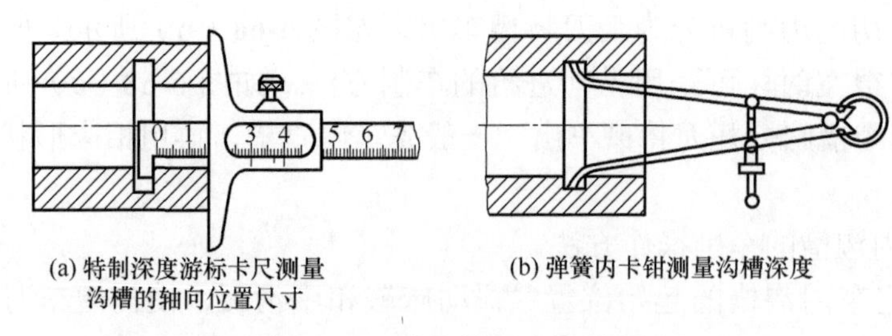

(a) 特制深度游标卡尺测量沟槽的轴向位置尺寸　　(b) 弹簧内卡钳测量沟槽深度

图 6-70　内沟槽尺寸检测

3）梯形或较深圆弧内沟槽的车削操作方法

车梯形或较深的圆弧内沟槽时，应先用矩形切槽刀车出直槽，再用相应形状的切槽刀车削成形。在车削圆弧内沟槽的直槽部分时，应注意在深度上留出圆弧 R 余量（图 6-72），此外，在用对刃法控制沟槽轴向位置时，车刀轴向移进的距离应为 $L+b$（图 6-69）。

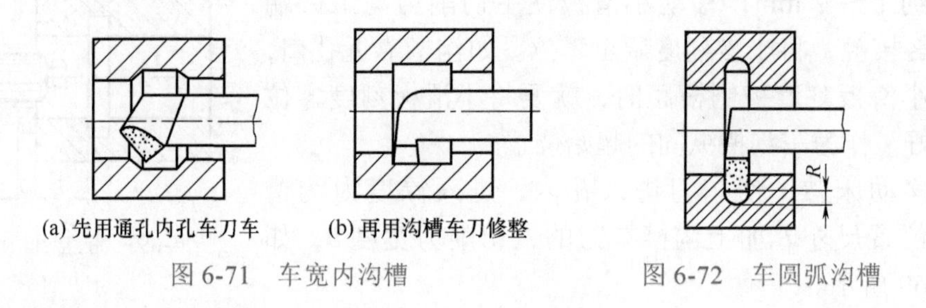

(a) 先用通孔内孔车刀车　　(b) 再用沟槽车刀修整

图 6-71　车宽内沟槽

图 6-72　车圆弧沟槽

6.7.3 内沟槽车削操作注意事项

① 刀尖应严格对准工件旋转中心，否则底平面无法车平。

② 车槽刀纵向切削至接近底平面对，应停止机动走刀，用手动代替，以防碰撞。

③ 由于视线受影响，车底平面时可以通过手感和听觉来判断其切削情况。

④ 用塞规检查孔径，应开排气槽，否则会影响测量。

⑤ 控制沟槽之间的距离时，要选定统一的测量基准。

⑥ 切底槽时，注意与底平面平滑连接。

⑦ 应利用中拖板刻度盘的读数，控制沟槽的深度和退刀的距离。

⑧ 用中拖板刻度盘控制槽深时，要防止因刀杆刚性差而产生“让刀”现象。

⑨ 切槽时若内孔放有余量时，应把余量对槽深的影响考虑进去。

6.8 薄壁工件车削操作基本技术

薄壁工件因壁薄，车削时在夹紧力的作用下容易产生变形，影响工件的尺寸精度和形状精度，又因工件较薄，车削时容易引起热变形，工件尺寸也不易控制；此外，在切削力（特别是径向切削力）的作用下，容易产生振动和变形，影响工件的尺寸精度、形位精度和表面粗糙度。

上述薄壁工件的车削特点，使得其车削加工变得困难，为保证工件的尺寸精度、形位公差和表面粗糙度等要求，车削操作时也应采取一定的车削方法，掌握一定的车削操作要领。

6.8.1 防止和减少薄壁工件变形的方法

在车床上加工薄壁工件，最大的问题是工件变形，解决好变形是保证加工质量的关键，通常防止和减少薄壁工件变形的方法主要有以下几方面。

1）工件分粗、精车

工件分粗、精车，可消除粗车时切削力过大而产生的变形。粗车后，使工件得到自然冷却，可消除在精车时可能产生的热变形。

2）合理装夹工件，防止产生变形

生产中，对薄壁工件合理装夹，以防止产生变形主要采取以下措施。

① 工件精度要求不高时，可使用三爪自定心卡盘直接夹紧。粗车时，夹紧力要大些；精车时，夹紧力要小些。

② 采用专用软卡爪（图6-73）和开缝套筒（图6-7），使夹紧力均匀地分布在薄壁工件上，以减小变形。

③ 应用轴向夹紧夹具，使径向夹紧力转化为轴向夹紧力，达到减小变形的目的，参见图6-8。

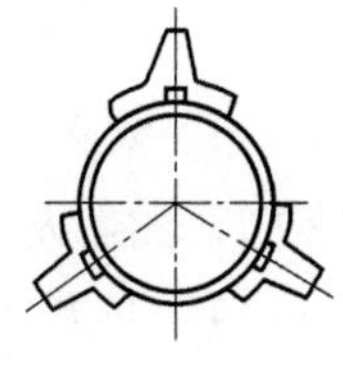

④ 采用实体心轴装夹。采用圆柱心轴定位（图1-69），或把心轴加工成1 ∶ 1000～1 ∶ 5000的小锥度，然后把工件套在心轴上加工外圆，参见图1-70。

图6-73 用专用软卡爪装夹

⑤ 使用胀力心轴装夹。此心轴是依靠材料弹性变形所产生的胀力来固定工件，其心轴塞做成大锥度（30°左右），薄壁点处开三等分的槽，以利于弹性变形，见图6-6（c）。

3）增强工件刚度，减少振动和变形

生产中，增强薄壁工件的刚度，以减少振动和变形主要采取以下措施。

① 灌注填料法。在工件内孔与心轴组装成一体后，从堵头4小孔中把石蜡熔入（图6-74）。

② 楔形心轴充填法。这种方法是运用铝制楔形心轴加工薄壁筒的方法。由于楔形心轴与工件内孔紧密配合，可达到较高精度（图6-75）。

③ 捆绑法。在加工薄壁工件内孔时，可在外圆上绕上胶管或泡沫塑料[图6-76（a）]；当工件较长而且刚性较差时，可用木板捆在工件外圆上[图6-76（b）]。

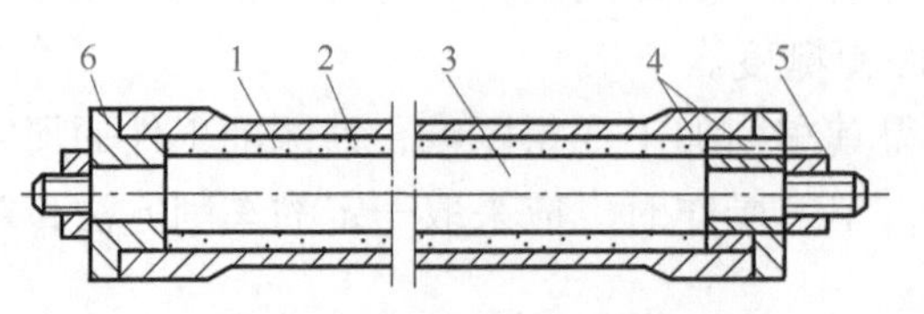

图 6-74 浇灌石蜡充填料

1—工件；2—石蜡；3—心轴；4—带小孔堵头；5—螺母；6—堵头

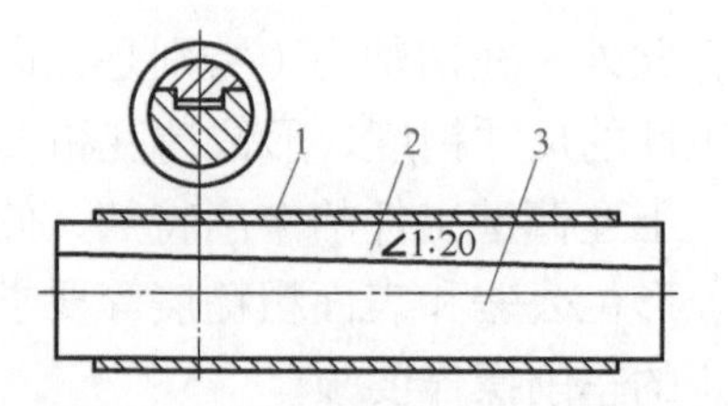

图 6-75 装入楔形心轴的薄壁圆柱筒

1—工件；2—小楔块；3—大楔块

④ 放入橡胶皮法。把橡胶皮放进薄壁工件内孔，车床主轴旋转后，由于离心力的作用，橡胶会自动紧贴在孔壁上，既增强了工件刚度，又阻止了振动的传播，起到减振的作用，如图 6-77 所示。

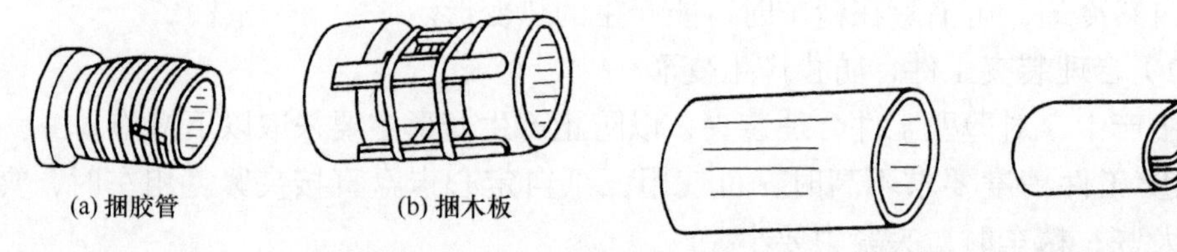

图 6-76 捆绑加工法

图 6-77 放入工件中的橡胶皮

⑤ 塞入法。车削耐热合金薄壁套工件时，可在工件内孔中塞入橡胶、丝绵等物，然后两端顶紧加工即可。

4）车刀的合理选用

车削薄壁工件时，应注意选择主偏角，使轴向力或径向力在刚性差的方向减小。刃倾角 λ_s 要取正值，刃口要刃磨锋利，不要刃磨倒棱，前角和后角应取得相应大些。薄壁工件车削车刀几何角度的选用见表 6-7。

表 6-7 薄壁工件车削车刀几何角度的选用

车刀类型	车刀几何角度	目的及应用
外圆精车刀	κ_r=90°～93°，κ'_r=15°	κ_r=93°时，轴向切削力最小，并可减少摩擦生热，避免变形
	α_{02}=14°～16°，α_{01}=15°	减少摩擦，切削轻快
	适当加大 $\gamma 0$	刃口锋利，突出切削，减少挤压抗弯
内孔精车刀	κ_r=60°，κ'_r=30°，γ_0=35° α_{02}=14°～16°，α_{01}=6°～8° λ_s=50°～60°	控制切屑流向、改变受力情况，保护刀尖，大的刃倾角增加实际工作前角，发挥切削作用

5）防止工件受切削热的影响产生变形

对于线胀系数较大的金属薄壁件，在半精车和精车的一次装夹中连续车削，所产生的切削热对它的尺寸精度影响极大，甚至还会使工件卡死在夹具上拿不下来。所以在车削线胀系数较大的金属薄壁件时，要注意充分冷却，不要在较高的温度下进行精车，并时刻注意工件温度变化对尺寸精度的影响。

6.8.2 薄壁工件的车削方法

针对薄壁工件的加工难点，一般可使用以下的方法进行车削加工。

① 用一次装夹车薄壁工件。车削短小薄壁工件时，为了保证内外圆轴线的同轴度，可用一次装夹车削。工件分粗、精车，粗车时夹紧些，精车时夹松些，并加注切削液冷却工件，以减少工件变形。

② 用心轴装夹车削薄壁工件。粗车内、外圆后，应留精车余量 1 ～ 1.5mm。然后将工件装夹在扇形软卡爪中［图 6-78（a）］精车内孔及端面至图样要求，再以内孔和大端面为定位基准，将工件装夹在弹性胀力心轴上［图 6-78（b）］，即可精车外圆。

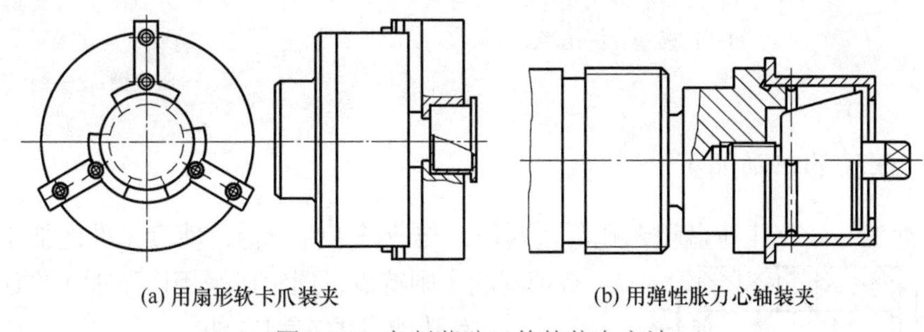

(a) 用扇形软卡爪装夹　(b) 用弹性胀力心轴装夹

图 6-78　车削薄壁工件的装夹方法

③ 在花盘上车削薄壁工件。直径大、尺寸精度和形位精度要求较高的圆盘薄壁工件，可装夹在花盘上车削。车削时，先将工件装夹在三爪自定心卡盘上粗车内孔及外圆，各留 1 ～ 1.5mm 精车余量，并精磨两端面至长度尺寸。然后将工件装夹在花盘上精车内孔及内端面。

精车内孔及端面的装夹方法如图 6-79（a）所示。先在花盘端面上车出一凸台，凸台直径与工件内孔之间留 0.5 ～ 1mm 的间隙。用螺栓、压板压紧工件的端面，压紧力要均匀。找正后即可车削内孔及端面。

精车外圆时的装夹方法如图 6-79（b）所示。将三点接触式压板通过螺栓适当压紧，即可车削外圆。以上两种夹紧方法，由于作用力均为轴向，工件不易变形。

④ 在专用夹具上车削薄壁工件　对一些形状复杂的薄壁件，可设计使用专用夹具进行装夹车削。图 6-80 所示为车削薄壁盘形工件用的夹具。工件装上夹具后，当拧紧螺钉时，压紧圈便沿着斜面将工件夹紧，即可车削工件的内孔、外圆及端面。

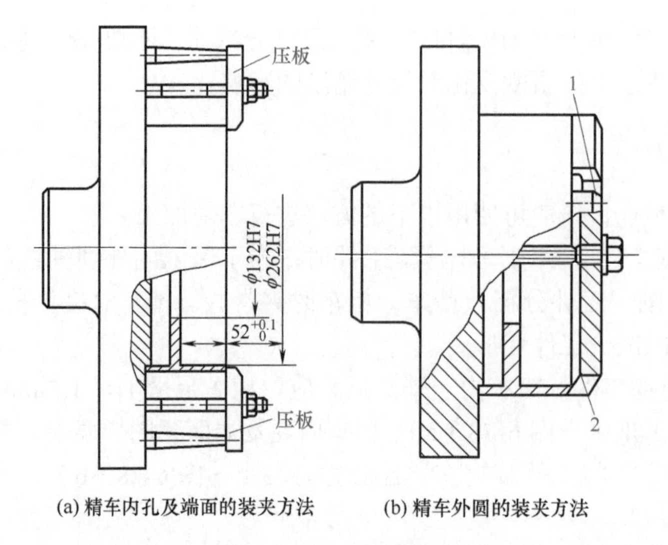

图 6-79 在花盘上车削薄壁工件

1—防转销；2—压板

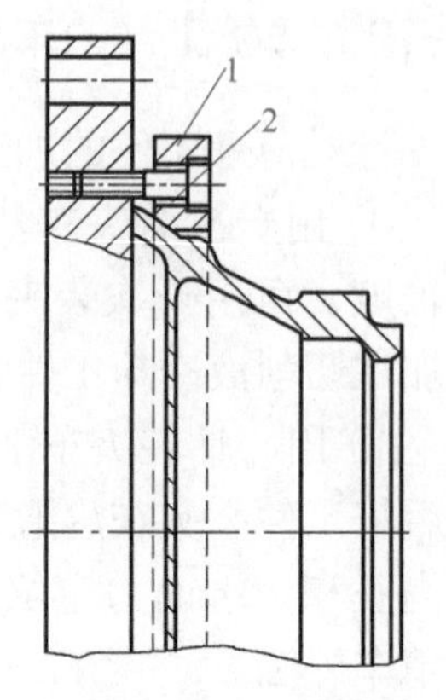

图 6-80 在专用夹具上装夹薄壁工件

1—压紧圈；2—螺钉

6.8.3 薄盘的车削加工

薄盘工件分有孔薄盘和无孔薄盘两种，与薄壁工件一样，薄盘工件的加工也具有相同的车削特点，通常可采用以下加工方法。

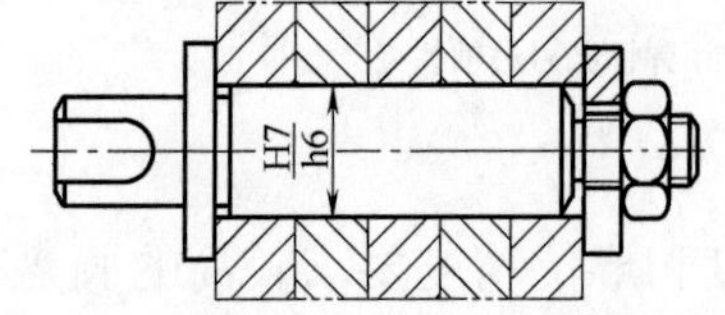

图 6-81 用台阶心轴装夹薄盘工件

1）有孔薄盘的车削方法

有孔薄盘常用其内孔定位，把工件装在心轴上加工。往往可在同一心轴上装夹多个工件，如图 6-81 所示。

2）无孔薄盘的车削方法

无孔薄盘的车削需采用一些特殊的方法装夹，常用的主要有以下几种。

① 专用夹具。此类夹具通常由前、后两个法兰盘组成，法兰盘的直径略小于工件的外径。前、后法兰盘直径相同，内孔尺寸 D 与活动顶尖圆柱部分采用小过盈配合。为增强摩擦力，两法兰盘的夹紧端面可做成花纹状，使车削外圆时可靠，见图 6-82。

② 垫衬装夹法。在三爪自定心卡盘中心（主轴锥孔）内装锥度心棒。加工前，需把心棒的端面车削一刀，这样便可装夹工件加工。这种方法适合于小批量生产和工件直径不太大的情况，见图 6-83。

③ 采用工艺爪加工。如图 6-84 所示的轴承后盖，左面已加工好，需加工右面各部尺寸，若小批量生产，可以按图 6-85（a）所示方法，把卡爪换成软爪，夹上垫块，车到 D 的尺寸，取下垫块，把卡盘扳手装夹位置作上记号，再装上工

件，按夹紧垫块的夹紧力夹持工件，便可以加工；如果没有可换软爪的卡盘，也可以在卡爪上焊上一块铜料［图 6-85（b）］。

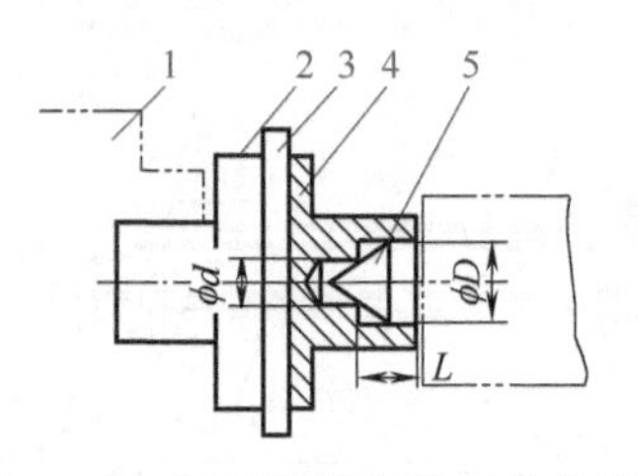

图 6-82 车无孔薄盘类工件夹具

1—卡盘；2—前法兰盘；3—工件

4—后法兰盘；5—顶尖

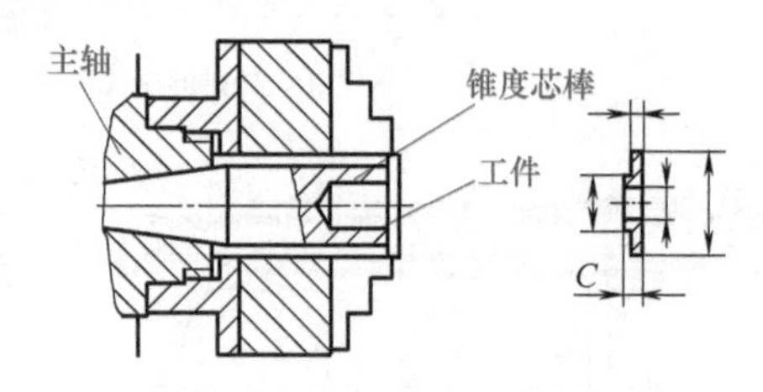

图 6-83 垫衬装夹法

④ 靠平装夹法。在刀架上装一块铜棒或端面平滑的铁块（图 6-86），待工件稍夹紧后，开慢车，让铜棒或铁块挤靠工件端面，迫使工件端面消除跳动，再夹紧工件便可加工。

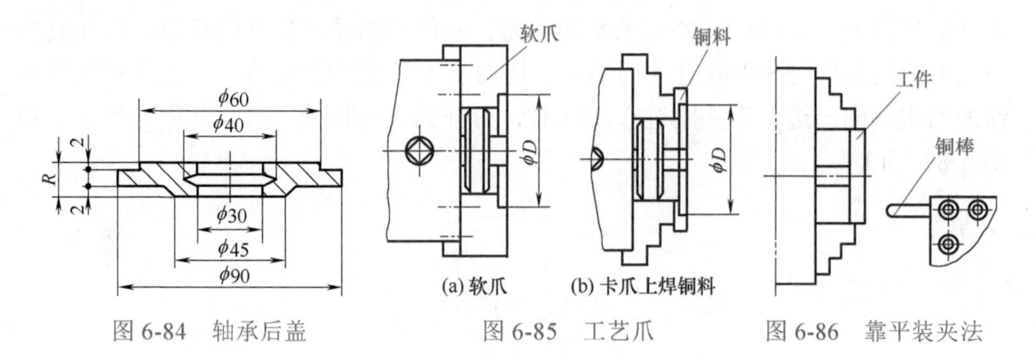

图 6-84 轴承后盖　　图 6-85 工艺爪　　图 6-86 靠平装夹法

6.9 深孔加工基本操作技术

孔深与孔径之比超过 5 ～ 10 的孔，称之为深孔。深孔加工的关键是刀具、冷却排屑和导向。

6.9.1 深孔加工工具

由于深孔加工的特点和要求，普通麻花钻刀杆细长、刚性差，已不能适应深孔加工，而需要采用专门的深孔钻头以及相应的辅助工具。

1）深孔钻头

目前常用的深孔钻有外排屑深孔钻、高压内排屑深孔钻、喷吸钻等，图 6-87（a）、图 6-87（b）、图 6-87（c）所示分别给出了其钻孔工作情况。

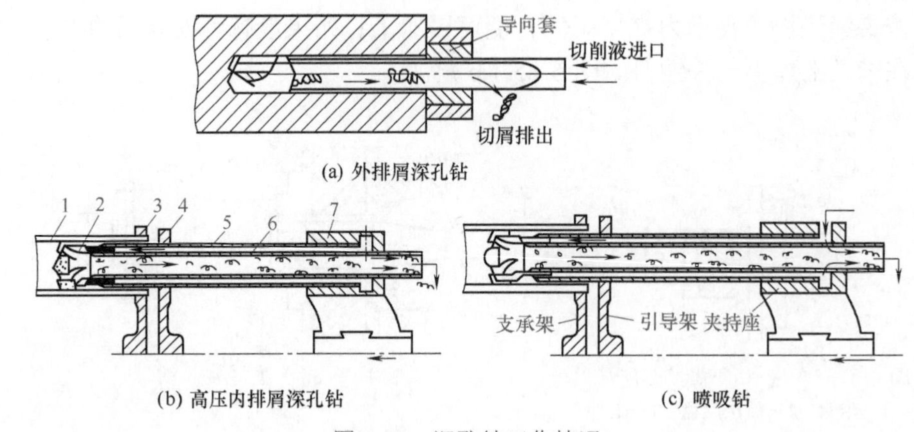

图 6-87　深孔钻工作情况

1—工件；2—钻头；3—支承架；4—引导架；5—外钻杆；6—内钻杆；7—夹持座

生产中常用的外排屑单刃深孔钻（又称枪孔钻）的几何形状如图 6-88 所示，单刃深孔钻适用于加工 $\phi 3 \sim 20$mm 的深孔，其采用高速钢或硬质合金的刀头和无缝钢管的刀杆焊接制成，刀杆上压有 V 形槽，是排出切屑的通道，腰形孔是切削液的出口处。钻孔时，狭棱承受切削力，并作为钻孔时的导向部分。高压切削液从空心的刀杆经腰形孔进入切削区，切屑从 V 形槽中向外排出。由于单刃深孔钻的刀尖偏向一边，刀头刚进入工件时，刀杆会产生扭动，必须使用导向套，见图 6-87（a）。

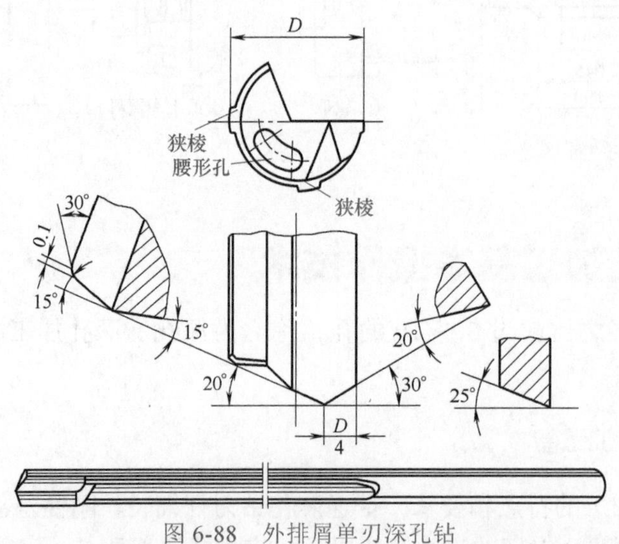

图 6-88　外排屑单刃深孔钻

图 6-89 所示给出了内排屑交错齿深孔钻的几何形状：这种钻头的特点是刀片在刀具中心两侧交错排列，以起到分屑的作用，其次也可使刀具两侧受力比较平衡。刀刃前刀面磨有断屑槽，使切屑成小块 C 字形，以便在高压切削液的冲刷

下比较容易向外排出。钻头切削部分的刀片和导向部分都采用硬质合金，外圆周上的切削速度较高，因此可采用耐磨性较好的 YT 类硬质合金刀片。靠近钻头中心处切削速度较低，在切屑挤压力的作用下容易产生崩刃，必须选用韧性较好的 YA 类硬质合金刀片。

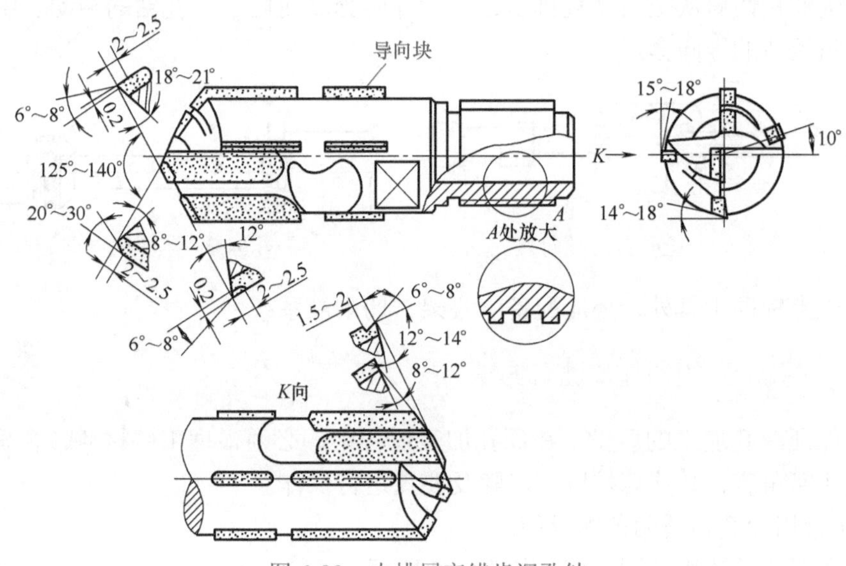

图 6-89 内排屑交错齿深孔钻

2）辅助工具

在车床上加工深孔使用的辅助工具主要有钻杆、钻杆夹持架、导向套等。

① 钻杆。钻杆的外径比工件内孔直径小 4 ～ 8mm，前端的矩形内螺纹和直径为 d 导向圆柱与钻头尾部相连接，构成整个深孔钻，装卸迅速方便。为了防止弯曲，使用后应涂防锈油吊挂存放，钻杆结构如图 6-90 所示。

② 钻杆夹持架。在使用时，将夹持架安装在车床刀架上，拧动夹持架上的紧固螺钉来夹紧钻杆。必须使开口衬套（有的夹持架衬套为弹性衬套）的轴线对准车床上主轴轴线，允许误差在 0.02mm 以内，钻杆夹持架结构如图 6-91 所示。

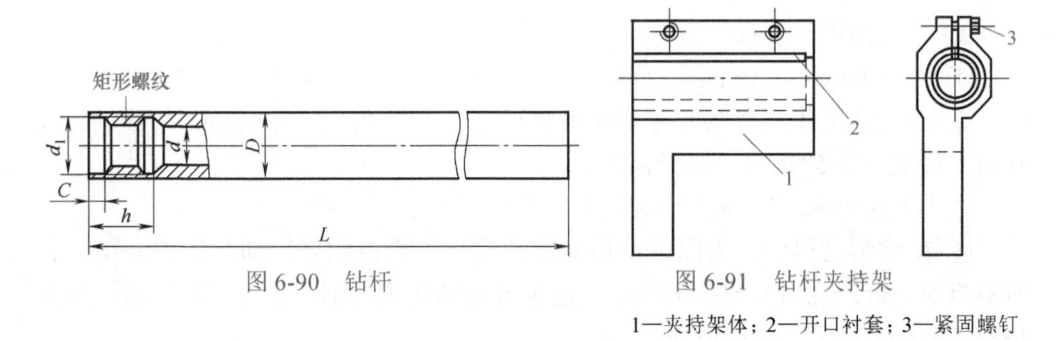

图 6-90 钻杆

图 6-91 钻杆夹持架

1—夹持架体；2—开口衬套；3—紧固螺钉

加工较大孔时，钻杆夹持架比较沉重，这时可将方刀架拆掉，将夹持架直接安装在中滑板上，以增加其刚度。

③ 导向套。为了防止钻头进入工件时产生扭动，在工件前端应安装导向套。如图 6-92 所示是枪孔钻的导向套。这种导向套不仅可以引导钻头进入工件，而且使切削液和切屑从空当 *A* 处排出，而后导向套 *B* 可防止枪孔钻的转动。图 6-93 所示是喷吸钻的导向套。

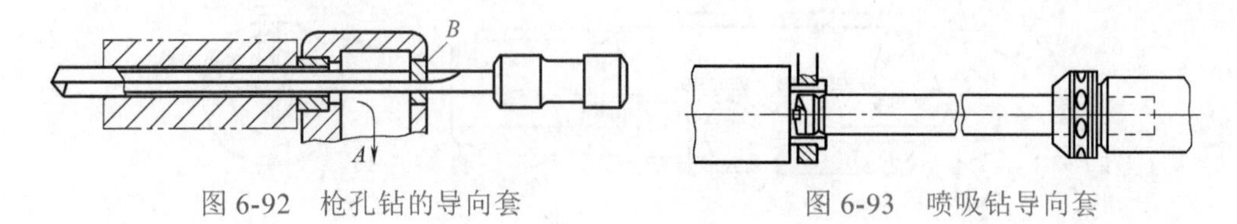

图 6-92 枪孔钻的导向套　　图 6-93 喷吸钻导向套

除以上辅助工具外，还应配备中心架、切削液系统。

6.9.2 深孔加工的操作步骤和方法

为保证深孔加工的质量，在深孔加工过程中，必须根据工件材料，合理选择钻头的几何角度，并注意按以下步骤及要点进行操作。

1）常用深孔钻适用范围及使用

常用深孔钻适用范围及使用如表 6-8 所示。

表 6-8 常用深孔钻适用范围及使用

序号	深孔钻类型	适用范围	切削速度 /（m/min）	进给量 /（mm/r）
1	枪孔钻（外排屑深孔钻）	加工直径为 $\phi3 \sim 20$mm，加工精度可达到 IT7 ～ 9，表面粗糙度达 *Ra*6.3 ～ 0.8μm	15 ～ 25	0.005 ～ 0.15
2	双刃错齿内排屑深孔钻	加工直径 $\phi24 \sim 85$mm	20 ～ 60	0.01 ～ 0.18
3	喷吸钻	直径 $\phi20 \sim 65$mm 精度 IT6 ～ 9 *Ra*3.2 ～ 0.8μm	50 ～ 85	0.14 ～ 0.27

2）深孔钻操作要点

① 钻削深孔前，工件必须首先钻出导向孔。

② 深孔钻尾部的多线方牙螺纹不宜过深，一般在 0.5 ～ 1.5mm 左右，螺纹升角一般掌握在 5° 左右，便于装拆。

③ 导向套顶端需用油石研磨圆滑，不能有锐角、毛刺。

④ 在切削过程中，为保证切屑能顺利排出，要控制好冷却泵压力。切屑有时不折断，或产生时断时续的现象，这主要是钻头主切削刃上的刀瘤所致，只要将冷却泵压力增大，即能解决。

⑤ 钻削过程中，随时跟踪观察，如发现切屑较杂乱或出屑堵塞，必须停止钻削，仔细检查原因。

3）深孔加工注意事项

在深孔加工过程中，除合理选择钻头，按规定的操作步骤及要点进行外，还应在调整车床、刀具、工装的同时，应仔细检查、确认车床各部分（液压系统、自动润滑系统、油温等）是否正常，只有当信号、仪表显示正常示值时，方能加工钻削。

此外，在钻孔过程中需注意观察车床的运转情况，经常检查断屑情况是否正常，钻头是否磨损。工作时，应全神贯注，依靠听、看、摸等进行深孔钻削的跟踪监视。

① 听。在深孔加工中，聆听钻头与工件钻削摩擦时的响声是否清晰均衡，其中是否夹杂不正常的噪声，感觉切削是否正常进行。

② 看。观察钻杆在加工中受力后，是否发生径向跳动，并判断其跳动量的大小，定期进行切屑检查，分析内、外和中心刃是否正常工作，根据切屑形状的大小，判断排屑是否困难，是否要增加分屑槽。如果发现切屑零乱不一，边缘处发黄、发焦，且毛边的锯齿状程度明显，即可判断各切削刃的磨损程度。

③ 摸。根据触摸钻杆感觉到的周期振动情况，以及进出口处的油温差别，可判断切削热的积聚原因。要经常注意切削液的供给情况，以及油量是否充足，应巡视循环冷却、过滤等方面是否正常，并督促定期更换切削油，以免长期使用时污染失效。

4）深孔的精加工

对表面粗糙度、精度要求很高的工件，经深孔钻钻孔后，为了保证深孔的精度和表面粗糙度及形位公差，就必须进行精加工。常用深孔精加工方法有精车孔、精铰、珩磨或滚压加工等。

① 深孔车削。用车刀车深孔，与一般车孔有不同之处，就是刀杆不能采用悬臂式（图6-94）。这种刀头除调节加工尺寸之外，前面有导向垫块4（2块），后面有导向垫块6（4块），它们起导向和支承作用，对深孔的尺寸精度和直线度都有保证作用。也可采用如图6-95所示的两顶尖浮动车孔方法。工件用专用夹具装夹在刀架、床鞍或中滑板上进行深孔车削，这种方法也要分粗车、半精车、精车，以保证加工精度。

深孔车削还有其他方法，如采用浮动车刀加工，采用带蠕动刀盘的刀杆车削等。

② 深孔铰削。铰削深孔的铰刀结构有很多种类，常用的有如图6-96所示的深孔铰刀，它有20°～30°的刃倾角，使切屑推向前方，同时在切削液的冲洗下，使切屑顺利排出，以提高孔的加工质量。找正部分齿数较多，以纠正孔形并起修

光孔的作用。加工时，切削速度可选在 4 ～ 6m/min，铰孔前应保证孔的直线度。

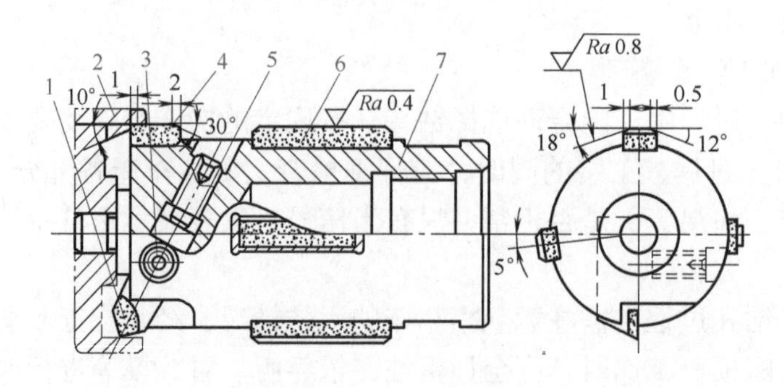

图 6-94　深孔车刀头

1—刀头；2—刀规；3—调节螺钉；4，6—导向垫块；5—紧固螺钉；7—刀套

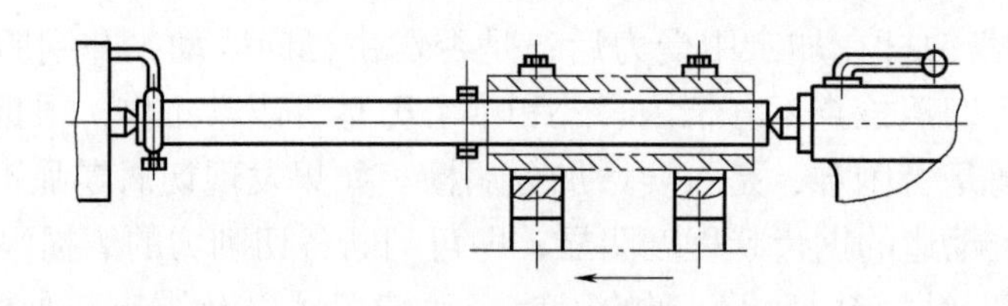

图 6-95　两顶尖浮动车孔

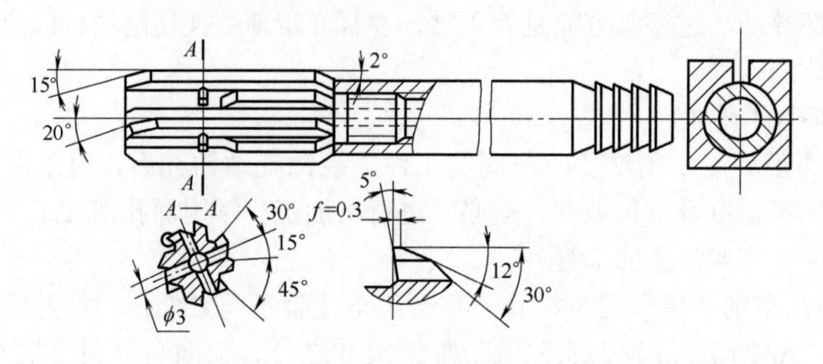

图 6-96　深孔铰刀

如图 6-97 所示的深孔浮动铰刀，具有调节一定尺寸范围的优点。铰刀刀块 1 装在长方形孔中保持间隙配合（H7/h6），铰刀尺寸可用螺钉 2 调节，并用螺钉 3 紧固。刀头上装四条硬质合金导向垫 4。在铰刀前端的一段导向尺寸 a 应比车孔后的尺寸小 0.08 ～ 0.1mm，后端一段 b 的导向尺寸应比铰刀尺寸小 0.08 ～ 0.1mm。4 个导向垫具有导向、防振及支承的作用。

精铰孔时导向垫可用夹布胶木制成，这些材料有一定的弹性，能避免擦伤孔的表面。采用硬质合金浮动铰刀铰深孔时，表面粗糙度可小于 Ra1.6μm，工件的圆柱度、圆度可在 0.02mm 以下。

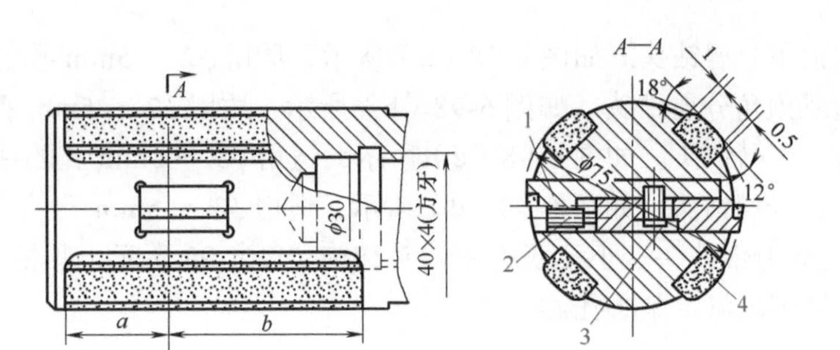

图 6-97 深孔浮动铰刀

1—刀块；2，3—螺钉；4—导向垫

③ 深孔滚压。深孔的精加工，除精车孔、铰孔、珩磨孔之外，还有滚压加工。这种方法质量可靠，工效高；滚压头径向尺寸可作微量调整，以适应不同滚压量的需要。

6.10 小孔加工基本操作技术

小孔是指直径小于 8mm 的内孔，由于孔径尺寸较小，不易用车刀车削，特别是精度较高的小孔，加工更为困难。在一般情况下，钻削小孔在经济上和精度上比较优越，所以，在企业中钻削仍然作为加工小孔的主要手段。

6.10.1 小孔钻头

加工直径小于 ϕ1.5mm 的内孔，一般没有标准铰刀。通常采用两个小钻头分别进行粗、精钻，以获得要求的尺寸精度及表面粗糙度。为强化排屑效果，利用小孔钻头钻小孔时应尽量采用高转速（n=4000 ～ 8000r/min）利用高速离心力的作用将小孔中的切屑快速甩出，达到排屑的目的。常用的小孔钻头主要有以下几种。

① 小孔分屑钻头。小孔分屑钻头种类如图 6-98 所示。其排屑较顺利，主要形式有以下几种。

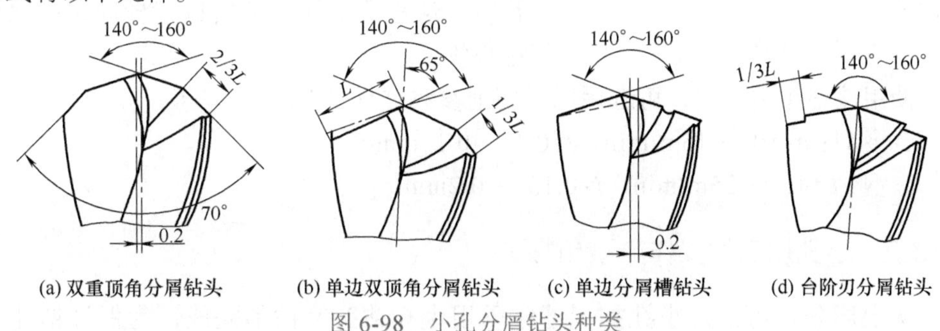

(a) 双重顶角分屑钻头 (b) 单边双顶角分屑钻头 (c) 单边分屑槽钻头 (d) 台阶刃分屑钻头

图 6-98 小孔分屑钻头种类

a. 双重顶角分屑钻头。如图 6-98（a）所示，适用 $\phi2$ ～ 5mm 孔的钻削。

b. 单边双顶角分屑钻头。如图 6-98（b）所示，适用 $\phi2$ ～ 5mm 孔的钻削。

c. 单边分屑槽钻头。如图 6-98（c）所示，适用 $\phi3$ ～ 5mm 孔的钻削。

d. 台阶刃分屑钻头。如图 6-98（d）所示，适用 $\phi3$ ～ 5mm 孔的钻削。

② 小孔双刃带钻头。小孔双刃带钻头结构如图 6-99 所示，其钻头刚性、强度好，适用钻削高温合金小孔。

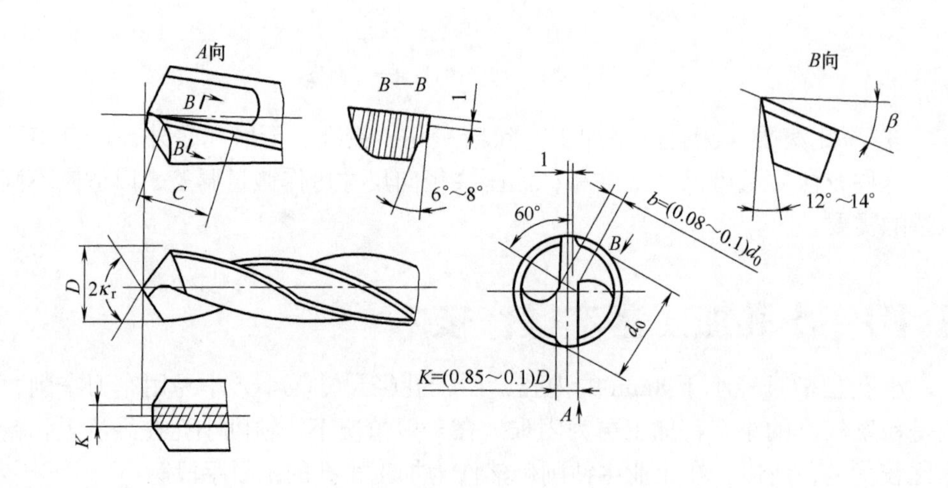

图 6-99　小孔双刃带钻头

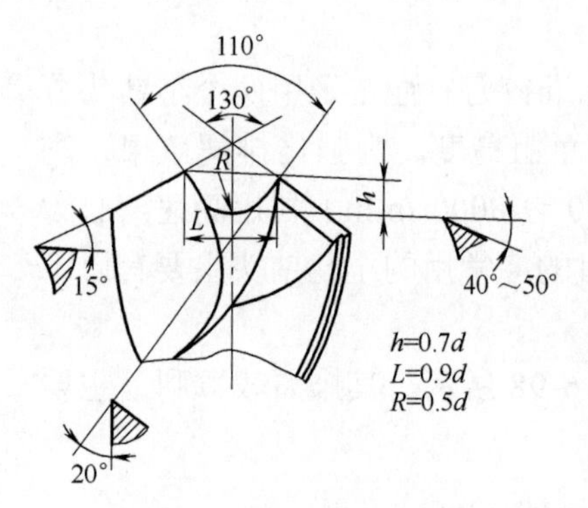

图 6-100　小孔凹径钻头

为适应钻削高温合金小孔，钻削时，应将钻头横刃修窄，可有效地减小钻孔的轴向力，使钻削高温合金小孔更加快捷、顺利。

③ 小孔凹径钻头。小孔凹径钻头结构如图 6-100 所示，其钻头定向效果好，适于钻削 $\phi5$ ～ 12mm 的孔。该钻头由于无横刃，钻削时难以定心。因此，生产中，使用此类钻头钻削小孔时，通常配上简易钻模进行导向，以保证其定心效果。

使用该钻头钻削时，可选用以下切削参数进行操作。

合金钢：v=10 ～ 15m/min，f=0.1 ～ 0.15mm/r

碳钢：v=10 ～ 25m/min，f=0.15 ～ 0.2mm/r

6.10.2　小孔加工的操作步骤和方法

从上述分析可知，小孔加工通常采用小孔钻头经钻削完成，为保证钻孔效果，小孔钻削应按照以下步骤和方法操作。

1）小孔的加工步骤

钻削小孔前，应先将零件用钻夹夹紧，钻夹装在三爪卡盘中。钻头装在如图 6-101（a）所示的活动直柄钻夹中，钻夹尾部的直柄与锥体套筒的内孔研配，既保证钻夹能自由活动而又无间隙。锥体套筒安装在尾座的内锥孔中。钻孔时双手推动钻夹作轴向进给［图 6-101（b）］。由于可依靠手的感觉，随时纠正进给速度，而使钻头不易折断，容易保证质量。

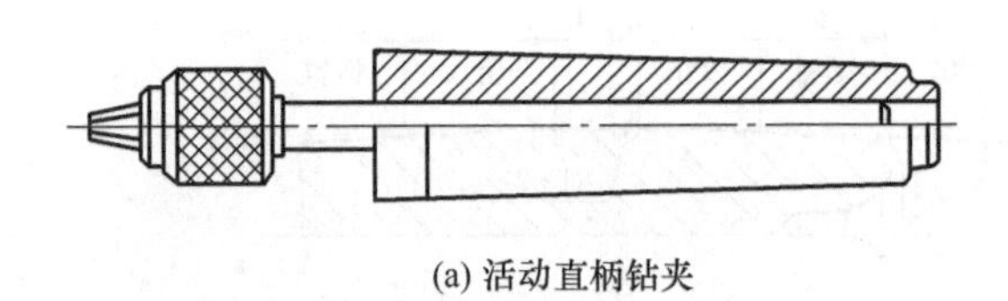

(a) 活动直柄钻夹

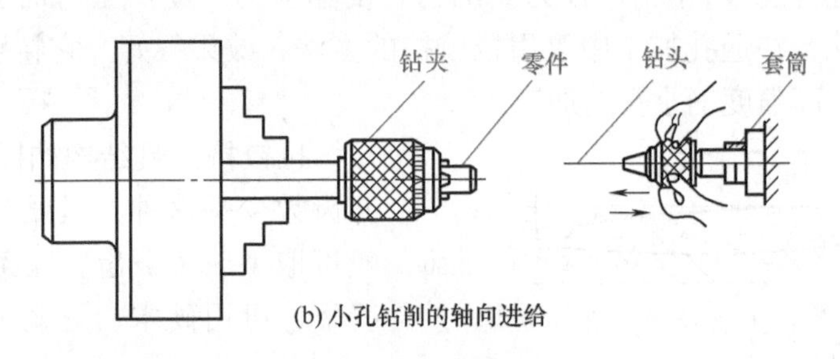

(b) 小孔钻削的轴向进给

图 6-101　小孔的钻削操作

钻孔前，先将零件端面车平。钻孔时要经常退出钻头，清理切屑并进行冷却，防止切屑堵塞。当孔将要钻通时，进给要缓慢，避免钻头自转和折断。

钻小孔时，转速应尽量提高。一般转速不低于 1200 ～ 1500r/min。

钻头磨损时，可用手持钻头在油石上刃磨，需注意保持两切削刃对称，以防钻孔扩大。

2）小孔加工方法

小孔钻削加工的方法主要有以下几种，操作时应有针对性的选用。

① 多次钻削法。即采用 2 ～ 3 个钻头分别进行粗、半精、精钻削加工小孔。这种方法在加工孔径 ϕ0.5 ～ 1.5mm 的小孔时效果很好。

通常对于直径小于 ϕ0.8mm 的内孔，可分 2 次钻削，粗钻的钻头比精钻的钻头直径小 0.1mm；对于直径大于 ϕ0.8mm 的内孔，可分 3 次钻削时，分别留 0.3 ～ 1mm 和 0.1 ～ 0.4mm 余量，孔径越小，留余量就越小。

② 钻、铰加工法。对于内孔直径大于 ϕ1.5mm 小于等于 ϕ8mm 的孔，可利用车床的尾座手动进给的一般方法加工。由于孔径仍较小，为保证内孔的精度和

表面粗糙度要求，需采用钻、铰加工法加工。

钻削前，应先车削端面，然后用中心钻引导，开始钻孔时进给要缓慢。当钻头接触零件后有振动感觉时，应在刀架上安装一个铜棒来支撑钻头的头部，防止钻头跳动和孔径扩大。当钻头已经钻入零件体内时，再将铜棒退回。

③ 铰挤法。采用螺旋式铰挤复合刀具加工小孔。这种方法加工小孔的几何精度较高，表面粗糙度值小。加工时应留铰挤余量 0.3 ～ 0.5mm，并保证切削液供给，如图 6-102 所示。

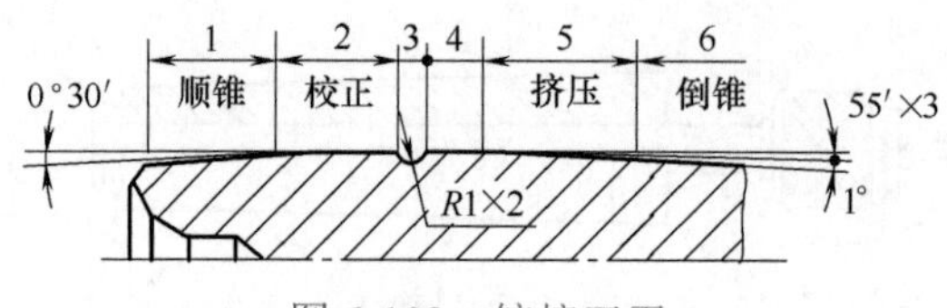

图 6-102　铰挤刀刃

④ 拉铰挤法。由于钻、铰刀具的刀杆受压应力，易产生弯曲变形，影响加工质量。因此，在通孔加工中改用拉铰挤的方法，效果很好。它特别适用于小深孔、淬火钢和高强度钢小孔的加工。

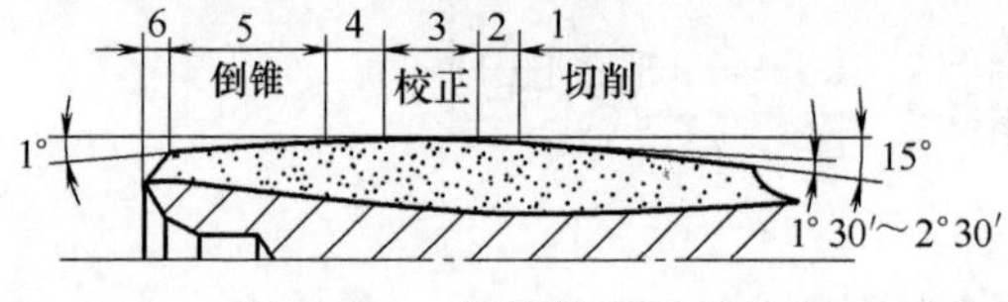

图 6-103　拉铰挤刀具结构

拉铰挤刀具结构如图 6-103 所示，刀齿数少是这种刀具结构的特点，一般可取 1 ～ 3 个齿。在条件允许的情况下，可用硬木、尼龙、夹布胶木做成导向套，以提高刚性。

⑤ 五方铰削法。常用小孔铰刀结构多为直槽形式，齿数较多，容屑槽较小，因而切削条件不良，排屑困难，孔的精度不易保证。为此，改用五方铰刀进行精加工。

五方铰刀截面呈五方形结构，如图 6-104 所示。铰削中，由于负前角很大（γ_0=−54°），起挤压和刮光作用。它适用于铰削 ϕ0.5 ～ ϕ2mm 的小孔。

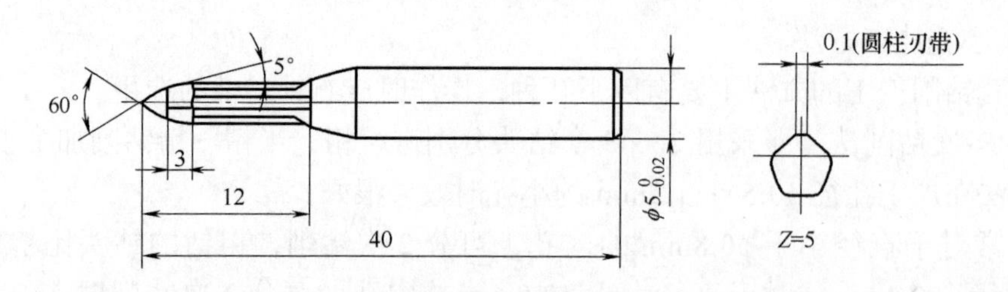

图 6-104　五方铰刀

⑥ 镗削法。当小孔加工精度要求很高时，可选用在坐标镗床上用适当的刀具加工。一般坐标镗床可镗削 ϕ1 ～ 5mm 的小孔，但加工小于 ϕ1mm 小孔采用钻

削为好。

⑦ 挤压法。当小孔的表面粗糙度值很小时，可用挤压的方法进行精加工，各种小孔的挤压加工如图 6-105 所示。

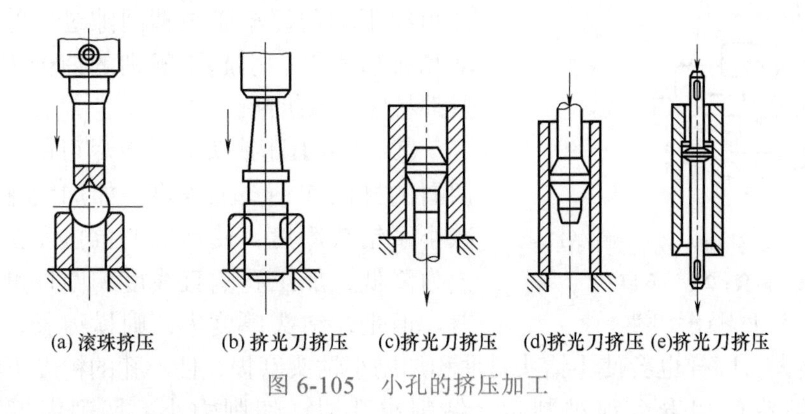

(a) 滚珠挤压　(b) 挤光刀挤压　(c)挤光刀挤压　(d)挤光刀挤压　(e)挤光刀挤压

图 6-105　小孔的挤压加工

3）小深孔钻削加工的辅助装置

钻削小深孔时，除选用小深孔钻外，还须使用以下辅助装置。

① 车床上钻削小深孔的辅助装置。车床上钻削小深孔的辅助装置结构如图 6-106 所示，即在车床方刀架上接一个特制的进油夹头，工件安装在车床夹头与中心架上（偏心孔同样可以钻削）。首先用中心钻钻一个定位孔后，再用小深孔钻一次钻成，不必退刀排屑，切屑从钻头 120°处的外排屑槽被压力油强迫排出。钻削时钻杆中间处加托板，钻削深度可通过调整托板来掌握。

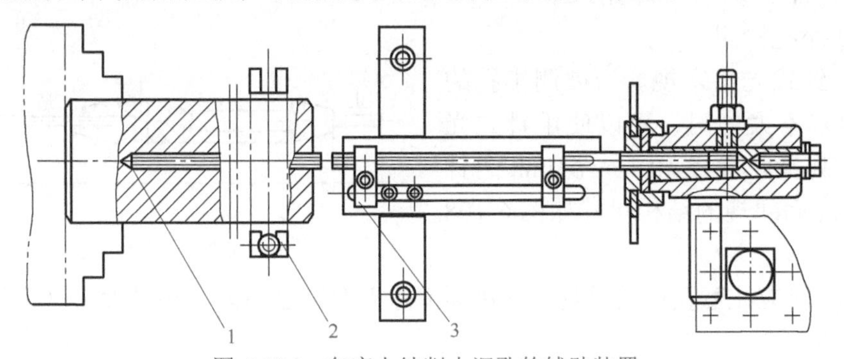

图 6-106　车床上钻削小深孔的辅助装置

1—钻头切削部分；2—中心架；3—钻杆托板

② 引导钻削小深孔的钻套座。引导钻削小深孔的钻套座的结构如图 6-107 所示。钻套座利用座底的导轨槽和车床导轨面配合，装钻套的孔在本车床上加工，这样保证它与主轴回转轴线同轴。当使用不同直径的钻头时，只需调换钻套即可。钻削时可将钻套座靠近工件端面，这样钻头的悬伸部分较短，防止钻头歪斜，确保良好的定心，使钻削顺利。

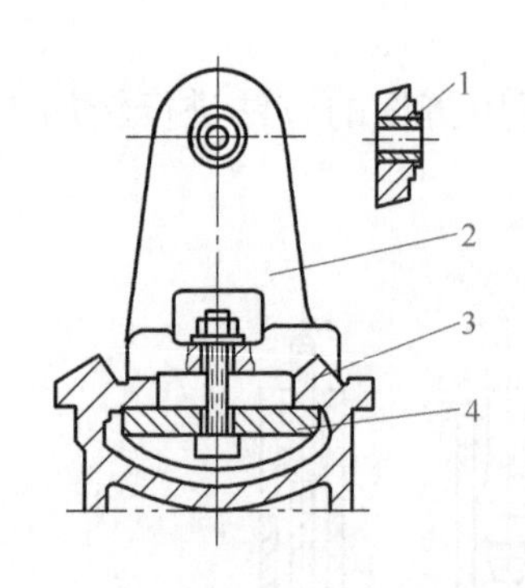

图 6-107 引导钻削小深孔用的钻套座
1—钻套；2—钻套座；
3—床身；4—压板

4）钻削小孔的注意事项

① 钻削小孔时，钻头细小，强度很低，往往由于进给时用力过大或不均匀，工件材料组织不均匀，车床主轴间隙过大等引起振动和排屑不畅、引起不规则的冲击力等，这些都易使钻头折断。

② 选择小孔钻头时，应尽可能同时兼顾切屑的排出和钻头的强度。如加大排屑槽就减小了钻头厚度，使钻头的抗扭和抗弯能力大为降低，加工孔的直线度和圆柱度就会变差。但是，钻头厚度大，则横刃长，轴向抗力就会增大，同样也会使小钻头弯曲和加剧小钻头磨损，使小孔的精度下降。

③ 钻头使用寿命很难判定。钻削小孔时，切削力小，切削温度和钻削扭矩的变化并不十分显著；钻刃磨损情况及表面粗糙度的变化不易观察。所以，有时小钻头已磨钝却还在继续使用，小钻头就折断在工件内，造成工件报废。

④ 钻头很细小，刃磨成最佳钻尖形状比较困难，需用放大镜检查小钻头的钻尖。

⑤ 由于所钻削的孔很小，切削液不易到达切削区域，使钻削条件恶劣，为此，应保证足够的冷却润滑液。

5）小孔检测

① 针式光面塞规。当被测小孔的精度要求不太高时，可以使用针式光面塞规测量。直径 $\phi0.1 \sim \phi1$mm 的针式双头光面塞规的结构尺寸如图 6-108 所示。

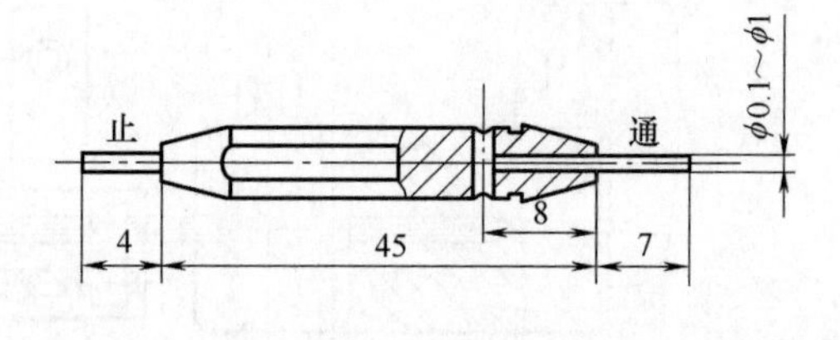

图 6-108 针式光面塞规

测量时应注意孔口的毛刺，脏物要清除干净，且用力不能过大，以免测针折断或弯曲。

② 用工具显微镜测量小孔。在工具显微镜上也可测量小孔，测量方法是：用米字刻线的垂线先后与孔影像左右两边的轮廓相切，两次相切时的读数之差即为孔的大小，或者用双像法测量小孔，即利用仪器所成的双像相切瞄准，两次相切所得的读数之差就为孔的尺寸。

由于工具显微镜测小孔的准确度和孔影像的清晰度有很大关系，当孔很小且较深，形状误差又较大时，则影像就不清晰。因此，工具显微镜不适用于测量精度很高的小孔，只适于测量端面经研磨、孔口圆角又不太大的小孔。

6.11 内孔滚花的操作

在实际工作中，除了工件外表面需要滚花装饰外，有时还会遇到工件内表面需要滚花，如图6-109所示。如直接使用前一章中提到的轴类零件滚花刀进行加工，将无法进行。

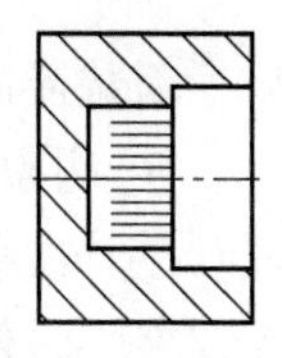

图6-109 滚花刀在内孔滚花

针对上述工件，需对滚花刀进行简单改制，即将其安装在一特制的刀杆上，如图6-110所示，刀杆安装在刀架上，对准车床旋转中心，即可滚出内花纹（图6-111）。

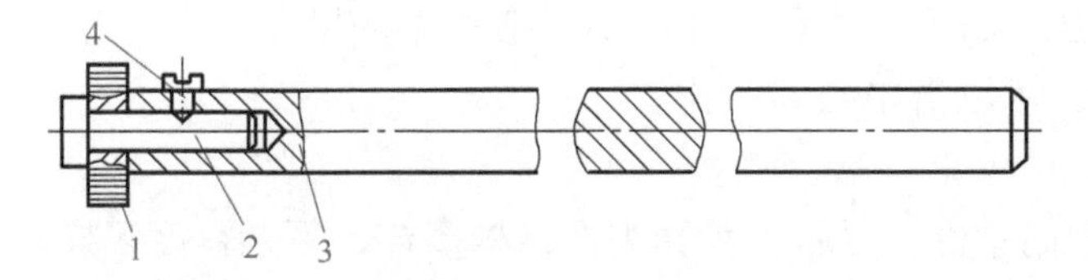

图6-110 内滚花刀

1—直纹滚花刀；2—小轴；3—刀杆；4—螺钉

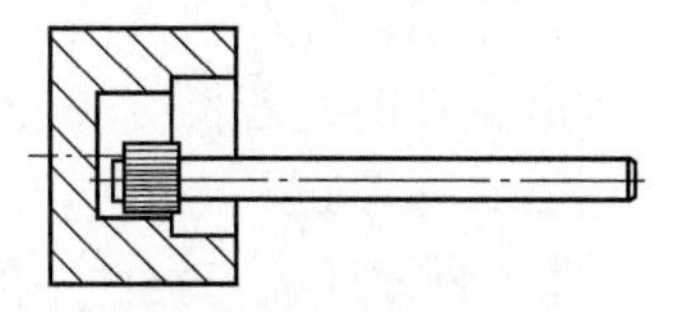

图6-111 内孔滚花的操作

6.12 轮盘套类零件车削典型实例

不同结构及形状的零件，其所采用的加工工艺是不同的，甚至同一个零件在不同的生产批量、不同的企业时，其加工工艺也有所不同，以下通过一些典型实例具体说明轮盘套类零件的车削操作方法。

6.12.1 调整垫圈的车削操作

图6-112所示为调整垫圈零件图，图中未标注表面的表面粗糙度为*Ra*12.5μm，采用45钢制造，毛坯热轧圆钢。毛坯长度可根据实际加工件数而定。每次车削数量为30～50件。

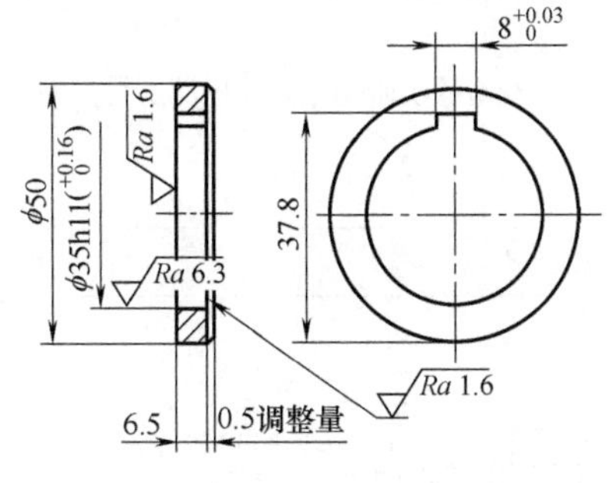

图6-112 调整垫圈

（1）工艺分析

① 调整垫圈厚度方向的左右两平面表面粗糙度为*Ra*1.6μm，需要经过磨削加工，所以车加工时每面应放磨削余量为0.05～0.1mm。

② 图样上标注0.5mm的调整量是在装配时用作调整修磨用的，所以车加工时的实际厚度尺寸为7.1～7.2mm（包含每面的留磨量）。

③ 由于两平面需要磨削，可以直接用切断刀切断。但应防止切断后工件的端面产生凹凸而影响平面磨削工序。

④ 切断刀宽度 a 可用经验公式计算，即

$$a=(0.5\sim0.6)\sqrt{D}=(0.5\sim0.6)\sqrt{50}\approx3.5\sim4.2\ (\text{mm})$$

因垫圈的内孔较大，使刀头长度缩短，所以取宽度为 3.5mm。

⑤ 调整垫圈为套类零件中最简单的零件，但它的加工方法也不是唯一的。可以在一次装夹中车削，参见车削加工工艺方法Ⅰ（具体见表 6-9），也可以在多次装夹中多件车削，参见车削加工工艺方法Ⅱ（具体见表 6-10）。

⑥ 如果采用在一次装夹中车削方法，车削外圆及内孔时应控制好长度，否则当第二次装夹车削时，会造成与第一次装夹车削时的不同轴，使原材料浪费。

⑦ 采用多件车削方法，注意车槽后直径尺寸应小于钻孔直径尺寸。

⑧ 钻孔时，若长度较长，可以搭中心架钻孔。

（2）加工工艺

本零件属轮盘套类件中的简单件，尽管轮盘套类件结构多样，复杂程度多样，导致其制订的加工工艺方案差异很大，但却有一些共性可供遵循，总结如下。

① 在车削短而小的套类工件时，为了保证内、外圆的同轴度，最好在一次装夹中把内孔、外圆及端面都加工完毕。

② 内沟槽应在半精车之后精车之前加工，还应注意内孔精车余量对槽深的影响。

③ 车削精度要求较高的孔时可考虑下列两种方案：

a. 粗车端面→钻孔→粗车孔→半精车孔→精车端面→铰孔。

b. 粗车端面→钻孔→粗车孔→半精车孔→精车端面→磨孔。

④ 加工平底孔时，先用钻头钻孔，再用平底钻头锪平，最后用盲孔车刀精车。

⑤ 如果工件以内孔定位车外圆，内孔精车后，应该将端面也精车一刀，以保证端面与内孔的垂直度要求。

（3）加工步骤

综合上述加工工艺分析，本零件可分别按表 6-9、表 6-10 确定零件的加工方法。

表 6-9　调整垫圈的车削加工方法（方法Ⅰ）　单位：mm

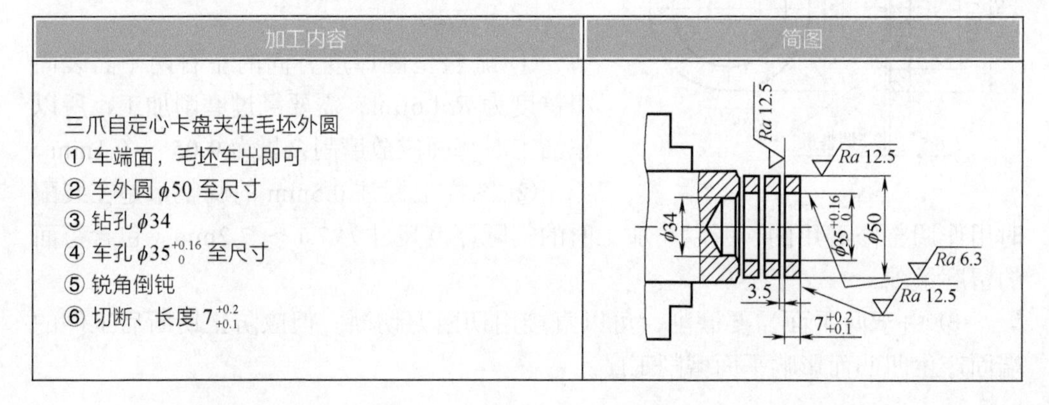

加工内容	简图
三爪自定心卡盘夹住毛坯外圆 ① 车端面，毛坯车出即可 ② 车外圆 $\phi50$ 至尺寸 ③ 钻孔 $\phi34$ ④ 车孔 $\phi35^{+0.16}_{0}$ 至尺寸 ⑤ 锐角倒钝 ⑥ 切断、长度 $7^{+0.2}_{+0.1}$	

表 6-10　调整垫圈的车削加工步骤（方法Ⅱ）　单位：mm

序号	加工内容	简图
1	三爪自定心卡盘夹住毛坯一端外圆，找正 ①钻 A 型中心孔 $\phi3$ ②用尾座顶尖顶住中心孔 ③车端面至顶尖根部，留出凸圆不大于 $\phi32$ ④车外圆 $\phi50$ 至尺寸 ⑤按简图车槽至 $\phi32$、长度 $7^{+0.2}_{+0.1}$	
2	工件不拆卸，搭中心架，去除尾座顶尖，钻孔 $\phi34$ 成单件	
3	软卡夹住外圆 $\phi50$ ①车孔 $\phi35^{+0.16}_{+0}$ 至尺寸 ②两端孔口锐角倒钝	

6.12.2　圆柱齿轮坯的车削操作

图 6-113 所示为圆柱齿轮坯零件图，图中未标注表面的表面粗糙度为 $Ra4.2\mu m$。零件材料选用 45 钢制造，要求调质处理后，硬度为 28 ～ 32HRC。毛坯种类为锻件，毛坯尺寸为 $\phi185\times70mm$，加工数量为 20 件。

（1）工艺分析

① 调质处理后的锻件材料硬度高，给车削加工增加了难度，可选用 P 类（YT5 牌号）的硬质合金车刀车削。

② 车削 $\phi60h9$ 的外圆时，可用三爪自定心卡盘夹住 6mm 左右长度。端面用带有中心孔的辅助工具支顶工作面，以避免外圆接刀。

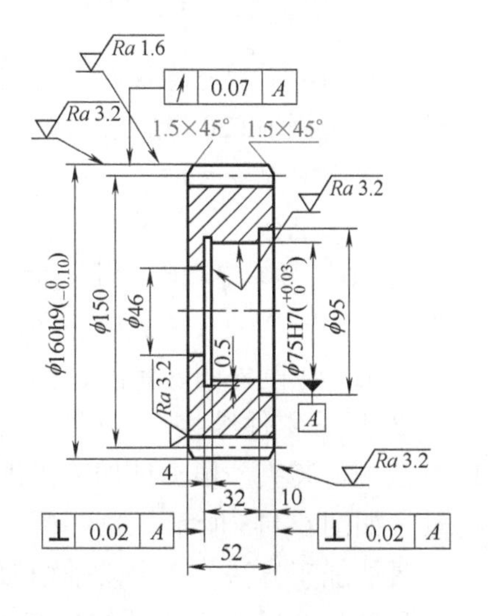

图 6-113　圆柱齿轮坯

③ 用软爪保证工件外圆 ϕ160h9 对 ϕ75H7 孔轴心线径向圆跳动 0.07mm 的位置精度。

④ 为了保证工件端面、内孔底平面对 ϕ75H7 孔轴心线的垂直度 0.02mm 的公差，上述加工面要在一次装夹中加工完成。

⑤ 为了便于 ϕ75H7 孔的试车削，ϕ95mm 孔放在后一步加工。

（2）准备工作

① 装夹方法。多次装夹中车削工件。准备装夹工具，采用三爪自定心卡盘和软爪装夹工件。

② 为保证工件的端面、内孔底平面与内孔轴心线垂直度要求，应保证各加工面在一次装夹中加工完毕。

③ 刃磨车刀。根据车削方法，完成车刀的刃磨。

（3）加工步骤

① 用三爪自定心卡盘夹住坯料外圆 6mm 长，端面用辅助工具由回转顶尖顶住：车端面至辅助工具允许处；粗、精车外圆 ϕ160h9 至尺寸；倒角。

② 用软爪夹住 ϕ160h9 外圆：车端面，总长尺寸 52mm 车至 $52^{+0.7}_{+0.5}$ mm；车孔 ϕ48mm 至尺寸；倒角。

③ 调头，用软爪夹住 ϕ160h9 外圆：粗车 ϕ75H7 孔至 ϕ74mm × 425mm；精车端面，保证总长尺寸 52mm；精车 ϕ75H7 × 42 至尺寸；精车台阶孔 ϕ95mm × 10mm 至尺寸；车内沟槽 4mm × 0.5mm 至尺寸；倒角 1.5 × 45°，各部去尖角毛刺。

④ 检验。用游标卡尺、百分表检验各部尺寸精度。

6.12.3 定位套的车削操作

图 6-114 所示为定位套零件图，图中未标注表面的表面粗糙度为 *Ra*6.3μm。零件材料选用 HT200 铸铁制造。毛坯种类为铸件，毛坯尺寸为 ϕ85 × 70mm，每次车削数量为 5 ～ 8 件。

（1）工艺分析

① 图样要求 ϕ42h7 外圆表面对 ϕ20H7 孔轴心线的径向跳动为 0.03mm，单件加工可在一次装夹中完成。多件加工可采用心轴，以工件内孔为定位基准，装夹在心轴上车削外圆、台阶，就可以保证工件的位置精度。

② 根据零件结构，选择以工件内孔为基准，用心轴来保证同轴度和垂直度的方法进行装夹。根据被加工工件的内孔直径尺寸和长度，设计制造一次性简易心轴，如图 6-115 所示。

具体加工方法与车台阶轴相似，所不同的是心轴外径尺寸要与被加工工件的内孔尺寸配合紧密，心轴的长度比工件孔长度短 5mm 左右，心轴的定位外圆尺寸精度取 IT6，以减少工件轴心线和心轴轴心线之间的位移量，保证不使位置精度超差。

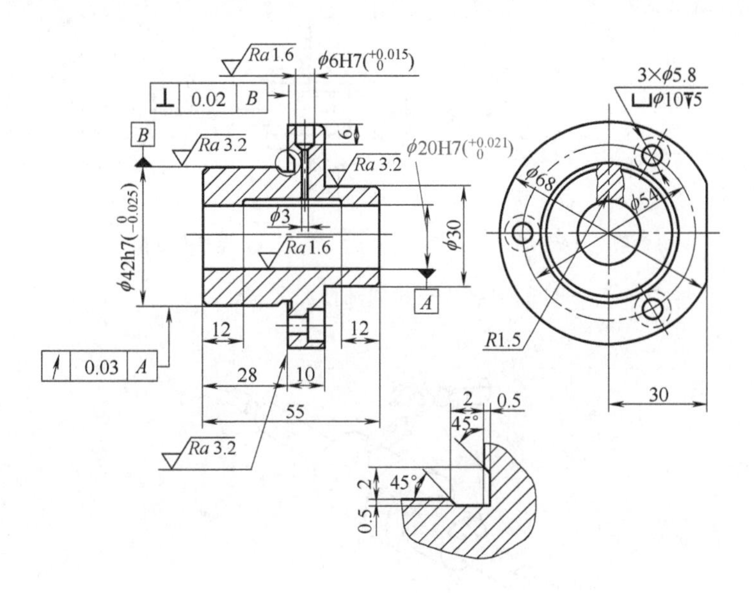

图 6-114　定位套

此外，心轴装入工件一端还应车出外螺纹并配上旋紧螺母和快换垫圈。心轴车好后不要卸下来，直接用来装夹工件。

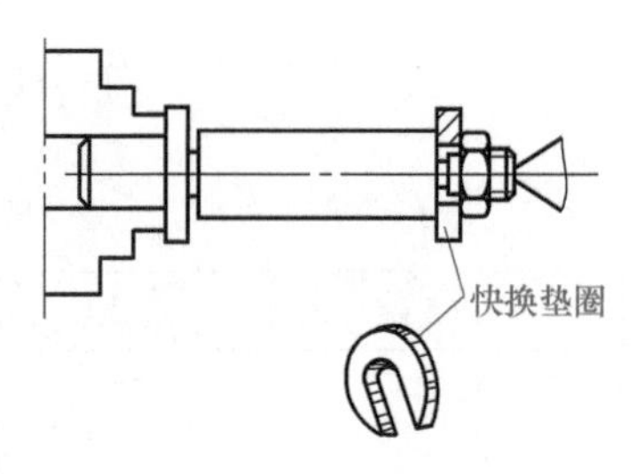

图 6-115　简易心轴

③ 铰刀可用 YG 类硬质合金铰刀，铰孔余量为 0.15 ～ 0.2mm。孔的表面粗糙度为 *Ra*1.6μm，切削液选用黏度较小的煤油较适合。

④ 直线形 *R*1.5 内油槽的车削可使工件处于静止状态（变速手柄拨到低速位置），把油槽车刀［图 6-116（a）］装在车刀排上，车刀排装夹于方刀架上。车拉方法如图 6-116（b）所示，用手摇动床鞍手轮把油槽车刀摇至孔中油槽位置，摇动中滑板，使车刀强行切入工件内孔表面（只能作一个方向进给）。车刀的背吃刀量用中滑板作强行进给，两端长度 12mm，可用床鞍上刻度盘的刻度值控制。

⑤ *ϕ*42h7 外圆表面对 *ϕ*20H7 孔轴心线的径向圆跳动 0.03mm 可采用以下方法测量。测量时，先把定位套定位在精度很高的小锥度心轴上，心轴装夹在测量架的两顶尖间，把杠杆式百分表的圆测头与要测量的外圆表面接触，转动心轴，测得百分表的读数差，就是外圆表面圆跳动误差，如图 6-117 所示。

（2）加工步骤

综合上述工艺分析，可确定定位套的车削加工步骤如表 6-11 所示。

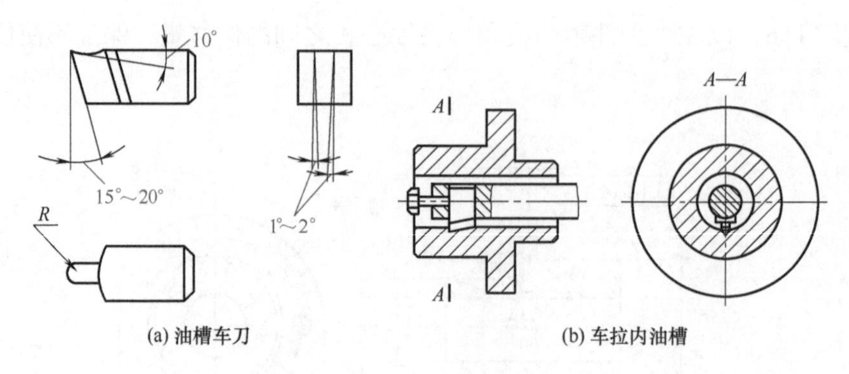

(a) 油槽车刀　(b) 车拉内油槽

图 6-116　车拉内油槽的方法

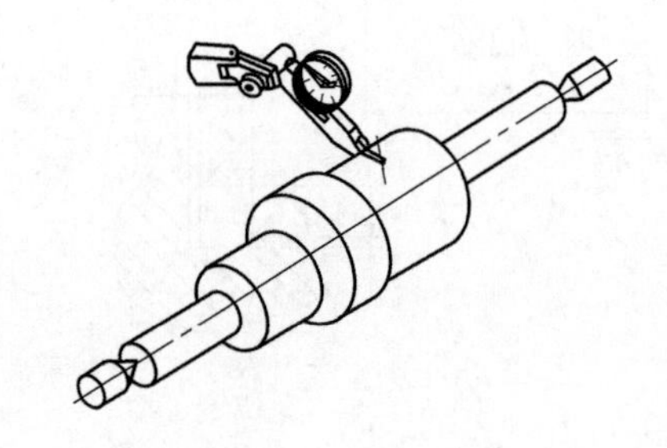

图 6-117　在心轴上测量径向圆跳动的方法

表 6-11　定位套的车削加工步骤　单位：mm

序号	加工内容	简图
1	三爪自定心卡盘夹住 ϕ30 毛坯外圆 ①车端面 ②车外圆 ϕ68 至尺寸 ③粗车 ϕ42h7 外圆至 ϕ43，长度 28 至 $27^{+0.8}_{+0.5}$ ④倒角	Ra 6.3；Ra 12.5；ϕ43；ϕ68；Ra 12.5；Ra 6.3；>12；$27^{+0.8}_{+0.5}$
2	软卡爪夹住 ϕ43 外圆 ①车端面，长度 55 ②车外圆 ϕ30 至尺寸，长度 10 至 $10^{+0.5}_{+0.53}$ ③倒角	Ra 3.2；ϕ30；Ra 6.3；Ra 6.3；$10^{+0.5}_{+0.3}$；55

续表

序号	加工内容	简 图
3	按序号 2 装夹方法 ①钻孔 $\phi18$ ②车孔至 $\phi19.8$ ③孔口倒角 ④铰孔 ϕ20H7 至尺寸	ϕ20H7　Ra 1.6
4	按序号 2 装夹方法 ①车拉 R1.5 内油槽至尺寸 ②用砂布修毛刺	12　Ra 6.3　A—A　12　A　R1.5　A
5	工件以孔定位于心轴，装夹在两顶尖间 ①车外圆 ϕ42h7 至尺寸，并车出台阶面，长度 28、10 ②车外圆端面沟槽至尺寸 ③倒角	0.03 A　Ra 3.2　A　ϕ42h7$(^{0}_{-0.025})$　ϕ20H7　B　⊥ 0.02 B　28　0.5　2　45°　Ra 3.2　2　0.5

6.12.4　法兰盘的车削操作

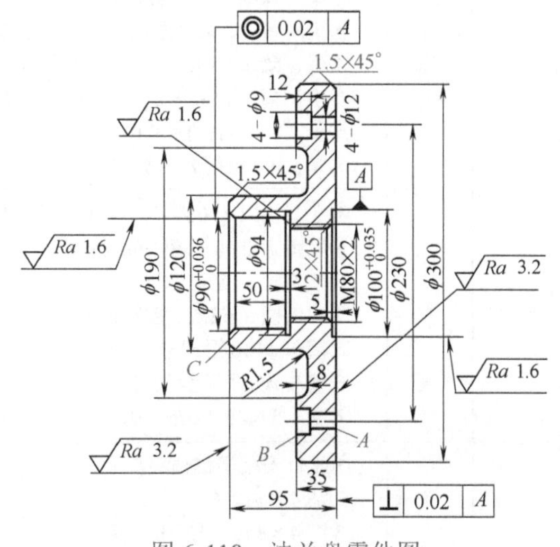

图 6-118　法兰盘零件图

图 6-118 所示为法兰盘零件图，图中未标注表面的表面粗糙度为 Ra6.3μm。零件材料选用 HT200 铸铁制造。毛坯种类为铸件，毛坯尺寸为 ϕ330mm × 105mm，零件批量生产。

（1）工艺分析

该法兰盘零件，需要在车床上加工外圆、平面、圆柱孔和内螺纹。孔径 $\phi100^{+0.035}_{0}$ 与孔径 $\phi90^{+0.035}_{0}$ 同轴度公差 0.02mm，并与 A 面垂直度为 0.02mm。该零件尺寸公差和形位公差要求都比较高，另外工件一端壁厚较薄，在加工装夹中极容易发生变形。根据零件的结构，可作以下工艺分析。

① 由于零件尺寸精度及形位公差要求较高，所以要求对铸件进行时效处理，以消除铸件内应力，保证尺寸稳定。

② 由于铸件有一定拔模斜度，三爪自定心卡盘夹持困难，所以 ϕ120mm 外径不能作第一粗基准，应粗车 ϕ120mm 外径，车去拔模斜度，解决粗基准夹持可靠的问题，以利于后续的精车加工。

③ 由于 ϕ100 孔与 ϕ90 孔有同轴度形位公差要求，因此精基准采用环形心轴，以 $\phi100_{0}^{+0.035}$ 为径向定位、A 面为轴向定位，保证了精基准的夹持可靠性。

④ 考虑到零件批量生产，为减少划线时间，并能保证零件的互换性。钻削 4×ϕ12 孔时，采用钻模夹具。

⑤ 综合上述分析，于是可确定其工艺路线是：铸造→时效处理→车削→钻削→检验→入库。

(2) 加工步骤

综合上述工艺分析，可确定法兰盘的车削加工步骤如表 6-12 所示。

表 6-12 法兰盘的车削加工步骤 单位：mm

序号	工种	加工内容及技术条件
1	铸	按零件图铸造出孔 ϕ60 合格毛坯
2	热	对铸件毛坯进行时效处理
3	车	①用三爪自定心卡盘反爪夹持 ϕ300 毛坯外径 ②粗车 ϕ120 外径（车去拔模斜度）和 C 面
4	车	①用三爪自定心卡盘夹持粗车面 ϕ120 处，靠平 C 面 ②车削 ϕ300 外径至尺寸 ③车削 A、B 两平面，并精车 A 面至尺寸 ④粗、精车 $\phi100_{0}^{+0.035}$×5 台阶孔至尺寸 ⑤粗、精车 M80×2 螺纹的内径 ϕ77.835×45 至尺寸 ⑥车 2×45°倒角及 M80×2 螺纹至尺寸 ⑦车 ϕ300 外径处 1.5×45°两处倒角
5	车	①上花盘以 $\phi100_{0}^{+0.035}$ 为基准，利用环形心轴，压平 A 面 ②粗镗 ϕ90 孔，留 1mm 余量 ③车 C 面，控制总长 95 ④切内槽 3×2.5，控制长度 50 ⑤精车 ϕ120 至尺寸 ⑥精车 $\phi90_{0}^{+0.035}$ 至尺寸 ⑦车 1.5×45°内外倒角
6	钳	①工件安装于钻模夹具 ②钻 4×ϕ12 孔 ③锪 4×ϕ19×12 孔

6.12.5 带轮的车削操作

图 6-119 所示为带轮零件图，图中未标注表面的表面粗糙度为 *Ra*6.3μm。零件材料选用 HT200 铸铁制造。毛坯种类为铸件，毛坯尺寸为 $\phi310\times105$mm，零件批量生产。

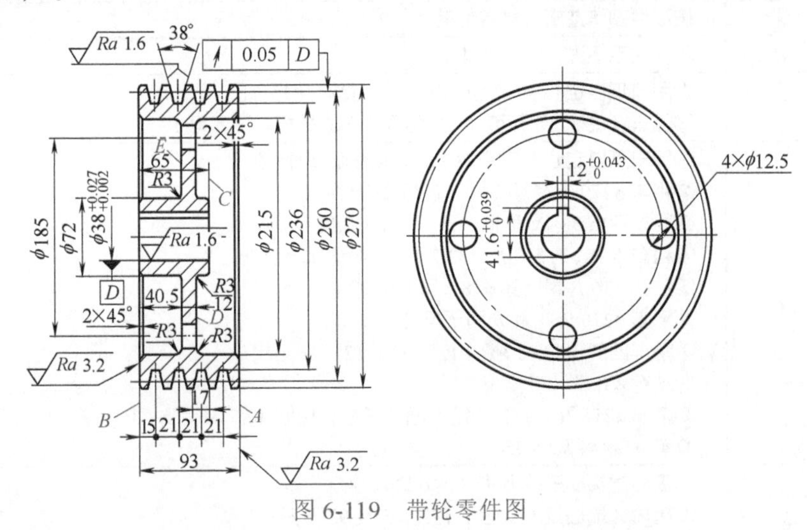

图 6-119　带轮零件图

（1）工艺分析

该带轮零件图要求 $\phi38_{+0.002}^{+0.027}$ 孔径对 V 形槽的径向圆跳动公差为 0.05mm，为保证带轮在高速运转下的平稳性，则要求 $\phi12.5$ 的分布圆，$\phi72$ 外圆，都与 $\phi38_{+0.002}^{+0.027}$ 保持同轴，带槽（38°）两侧表面粗糙度 *Ra*1.6μm，要求较高表面粗糙层能提高皮带的使用寿命。根据零件的结构，可作以下工艺分析。

① 由于零件尺寸精度及形位公差要求较高，所以要求铸件应进行退火处理，防止零件壁厚较薄处白口等不利于切削加工的因素，并能消除铸件内应力。

② 由于铸件有拔模斜度，三爪自定心卡盘夹持困难，因此，在车削 V 形槽前，应粗车 *A* 端 $\phi215$mm 孔径，以使夹持可靠，保证在 V 形槽加工时的大切削力下工件不移位。

③ 为保证四条 38° V 形槽与 $\phi38_{+0.002}^{+0.027}$ 孔径间的圆跳动公差 0.05mm，应先精车完四条 38° V 形槽后即加工 $\phi38_{+0.002}^{+0.027}$ 孔径，从而不致使其加工面加工时可能产生工件移位，导致圆跳动公差超差。

④ 考虑到零件批量生产，为可减少划线时间，钻削 $4\times\phi12.5$ 孔时，可采用等分夹具。

⑤ 插键槽时，应注意键槽的对称度要求。

⑥ 综合上述分析，于是可确定其工艺路线是：铸造→退火→粗车→精车→插键槽→钻孔→验收→入库。

（2）加工步骤

综合上述工艺分析，可确定带轮的车削加工步骤如表 6-13 所示。

表 6-13 带轮的车削加工步骤 单位：mm

序号	工种	加工内容及技术条件
1	铸	按零件图铸造出合格带轮毛坯
2	热	对铸件毛坯进行回火处理
3	车	①用三爪自定心卡盘反爪夹持 *B* 端 ϕ270 毛坯外圆 ②粗车 *A* 端 ϕ215 孔和 *A*、*C* 两面（车去拔模斜度即可）
4	车	①用三爪自定心卡盘撑夹 *A* 端，粗车后 ϕ215 孔径 ②粗车 ϕ270 外径及 *B* 面，各留 2mm 余量 ③粗车四条 38° V 形槽，各留 1mm 余量 ④粗车 *B* 端 ϕ215 孔及 ϕ72 外径，各留 1mm 余量 ⑤钻孔 ϕ36 并粗镗孔 ϕ38，留 1mm 余量 ⑥精车 ϕ270 外径及 *B* 面至尺寸 ⑦精车四条 38° V 形槽，控制 15、17、21 至尺寸 ⑧精镗 $\phi38_{+0.002}^{+0.027}$ 孔至尺寸 ⑨精车 ϕ215 孔，ϕ72 外径 *E* 面至尺寸，控制 40.5 深度及 *R*3 ⑩车 *B* 端全部 2 × 45°
5	车	①工件调头反三爪夹持 *B* 端 ϕ270 外径 ②精车 *A* 端面及 *C* 端面，控制 65 及 93 至尺寸 ③精车 *A* 端 ϕ215 孔及外径及 *D* 面，控制 12 及 *R*3 ④车 *A* 端全部 2 × 45°
6	钳	装上等分钻夹具，钻 4 × ϕ12.5 孔
7	插	装上插床用三爪自定心卡盘反爪夹持，插 $12_{0}^{+0.043}$ 键槽，控制 $41.6_{0}^{+0.039}$

6.12.6 薄壁衬套的车削操作

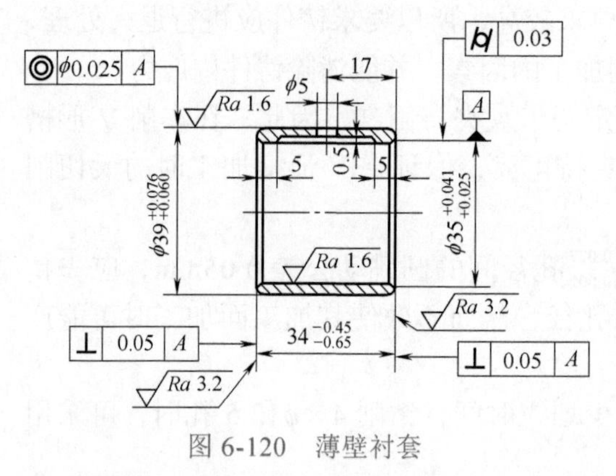

图 6-120 薄壁衬套

图 6-120 所示薄壁衬套为采用一次装夹车削完成的工件，其装夹和车削方法主要有以下方面的内容。

（1）准备工作

薄壁工件因壁薄，车削时在夹紧力的作用下容易产生变形，影响工件的尺寸精度和形状精度，又因工件较薄，车削时容易引起热变形，工件尺寸也不易控制；因此，薄壁工件的车削主要应解决其合理夹紧及操作问题。

为保证薄壁工件的加工质量，生产中常见的方法主要有：夹紧采用三爪自定心卡盘、弹性心轴、专用软卡爪、小锥度心轴等等。操作一次性装夹车削完成，工件分粗、精车，以消除粗车时切削力过大而产生的变形。

在车削该工件之前，必须准备好以下工具：ϕ32mm 麻花钻，内、外圆车刀，油槽刀，切断刀，切削液，量具，心轴。

（2）加工步骤

① 用三爪自定心卡盘夹持棒料，伸出长度 45mm；粗车外圆 $\phi39^{+0.076}_{+0.060}$ mm 至 ϕ40mm，长度 35mm。

② 用 ϕ32mm 钻头钻孔，取孔深 42mm。

③ 粗车孔 $\phi35^{+0.041}_{+0.025}$ mm 至 ϕ34.5mm，取孔深 40mm。

④ 用油槽刀拉 0.5mm 深油槽。

⑤ 精车孔 $\phi35^{+0.041}_{+0.025}$ mm 至尺寸。

⑥ 精车外圆 $\phi39^{+0.076}_{+0.060}$ mm 至尺寸。

⑦ 内、外圆倒角并去毛刺。

⑧ 切断，取总长 $34^{-0.45}_{-0.65}$ mm 至 34.5mm。

⑨ 把工件装夹在心轴上，车另一端面，取长度 $34^{-0.45}_{-0.65}$ mm 至尺寸，内、外圆倒角。

⑩ 检查。

（3）切削液的使用

精车内、外圆之前必须加注切削液，将工件冷却至室温。

（4）检验

孔公差等级 IT7，表面粗糙度 Ra1.6μm。

6.12.7 薄壁套筒的车削操作

图 6-121 所示薄壁套筒可用心轴装夹车削完成，其装夹和车削方法主要有以下方面的内容。

（1）准备工作

在车削该工件之前，必须准备好以下工具：选择并制造如图 6-122 所示的弹性心轴装夹薄壁工件，并准备好刀具、工具、量具。

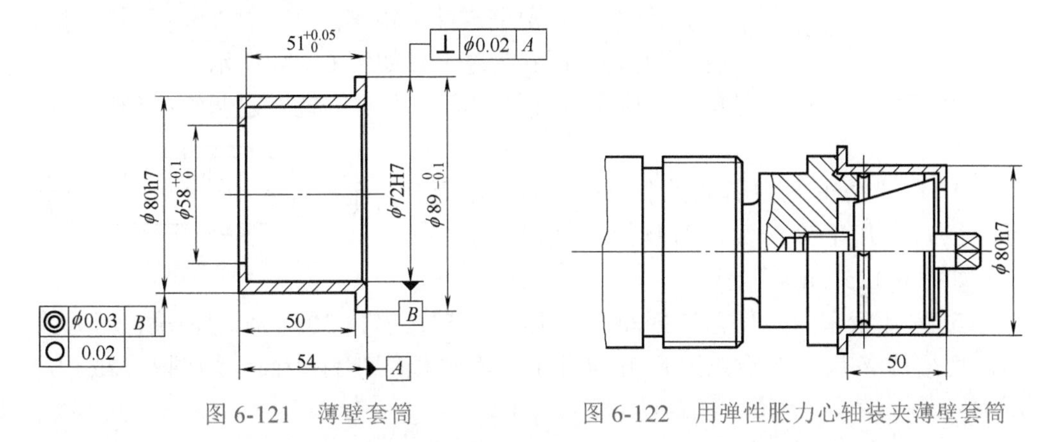

图 6-121　薄壁套筒

图 6-122　用弹性胀力心轴装夹薄壁套筒

（2）加工步骤

① 用三爪自定心卡盘夹持棒料，伸出长度65mm，钻孔ϕ55mm，孔深58mm。

② 粗车外圆$\phi98_{-0.1}^{\ 0}$ mm至ϕ95.5mm；ϕ80h7至ϕ81mm；长度50mm至49mm。

③ 粗车孔ϕ72H7至71.5mm，取孔深$51_{\ 0}^{+0.08}$ mm至50mm。

④ 待工件完全冷却后精车端面；精车内孔ϕ72H7，孔深$51_{\ 0}^{+0.08}$ mm及$\phi58_{\ 0}^{+0.1}$ mm至尺寸；孔口倒角，去毛刺。

⑤ 切断，取总长54mm至55mm。

工件调头用图6-122所示弹性胀力心轴以工件内孔定位装夹。

⑥ 车端面，取总长54mm至尺寸。

⑦ 精车$\phi98_{-0.1}^{\ 0}$ mm外圆、ϕ80h7、长度50mm至尺寸。

⑧ 各处倒角，去毛刺。

⑨ 检查。

（3）检验

孔公差等级IT7，表面粗糙度Ra1.6μm。

6.12.8 薄壁套的车削操作

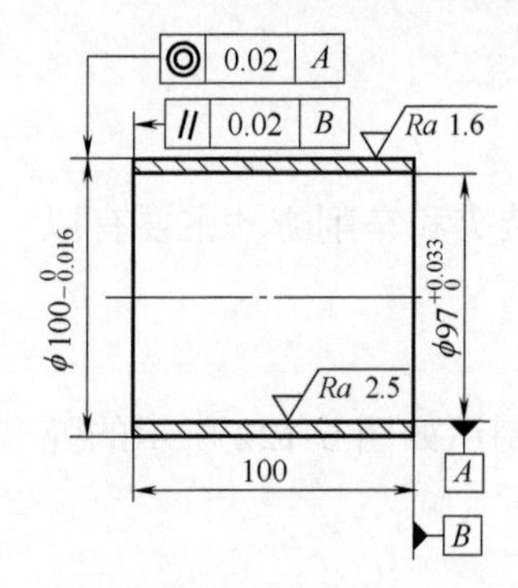

图6-123 薄壁套

图6-123所示薄壁套采用45钢制成，可用软爪及小锥度心轴装夹车削完成，其装夹和车削方法主要有以下方面的内容。

（1）准备工作

① 装夹方法选择。采用软爪装夹精车内孔，采用小锥度心轴精车外圆的装夹方法。

② 采用三爪自定心软卡爪或开口套筒，使夹紧力均匀地分布在薄壁零件上精车内孔。精车外圆时使用小锥度心轴，以孔为基准，如图6-124所示。

③ 工件、夹具、刀具与车床主轴旋转中心的相对位置一定调整准确，防止壁厚不均。

C=1/1000～1/5000

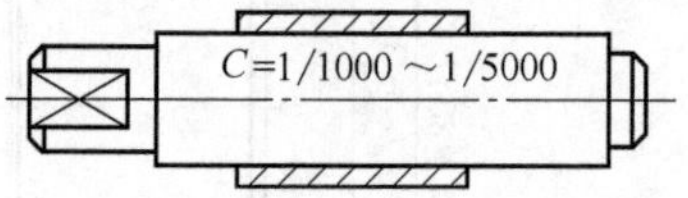

图6-124 小锥度心轴

④ 外圆精车刀主偏角选择93°。另有小月牙槽，径向力几乎等于零，刀具散热性好，减小变形，如图6-125（a）所示。

⑤ 内孔精车刀主偏角选择60°，刃倾角45°，前角30°。切削轻快，刀刃锋利，切屑成条状，并沿走刀反方向排出，不致损坏工件表面，如图6-125（b）所示。

⑥ 配制以冷却润滑为主的切削液，切削时浇注要充分。

⑦ 选择合理的切削用量。薄壁套切削用量可取 v=150 ～ 200m/min，f=0.05 ～ 0.1mm/r，a_p=0.05 ～ 0.5mm。

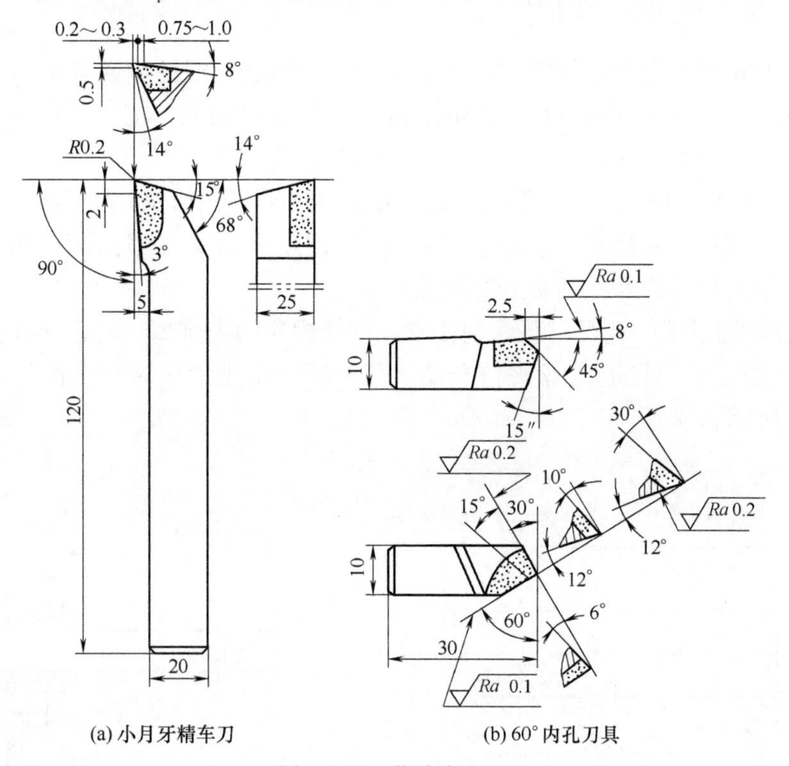

(a) 小月牙精车刀　　(b) 60° 内孔刀具

图 6-125　薄壁套车刀

（2）加工操作要领

① 使用软卡爪装夹精车孔时，夹紧力要适中，车削时，要充分浇注切削液。

② 使用小锥度心轴精车外圆时，刀具要锋利，切削深度分配要合理，防止吃刀太大，使工件在小锥度心轴上“滑动转圈”。切削中用切削液充分浇注。

（3）加工工艺过程

① 锻件退火。

② 粗车工件，卡盘找正，使内、外圆大致均匀。粗车端面、内孔和外圆。各部分按图样尺寸留余量 2mm。

③ 热处理，35 ～ 40HRC。

④ 以孔为装夹基准，找正并配专用卡爪半精车外圆。

⑤ 用软卡爪装夹工件外圆，粗、精车内孔 $\phi97^{+0.033}_{0}$mm 至尺寸，内孔口去尖角、毛刺。

⑥ 在小锥度心轴上粗、精车外圆 $\phi100^{0}_{-0.016}$ mm 至尺寸，外圆尖角倒钝。

（4）检查

对薄壁件按图样要求进行精度检验。

6.12.9 深孔钢套的车削操作

图 6-126 所示为钢套零件图，图中全部表面的表面粗糙度为 *Ra*6.3μm。零件材料为 45 钢，毛坯横截面直径为 ϕ65mm，长度为 630mm，加工数量为 20 件。

（1）工艺分析

① 该钢套零件的孔深与孔径之比（600/60=10）等于 10，为深孔。普通麻花钻由于刀杆细长、刚性差，已不能适应深孔加工，因此，需根据深孔加工的特点和要求，采用专门的深孔钻头进行加工。

② 根据加工零件孔径与孔深的要求，选择相应的内排屑交错齿深孔钻。

③ 采用三爪自定心卡盘夹持一端，另一端采用支承架装夹工件的方法，如图 6-127 所示。

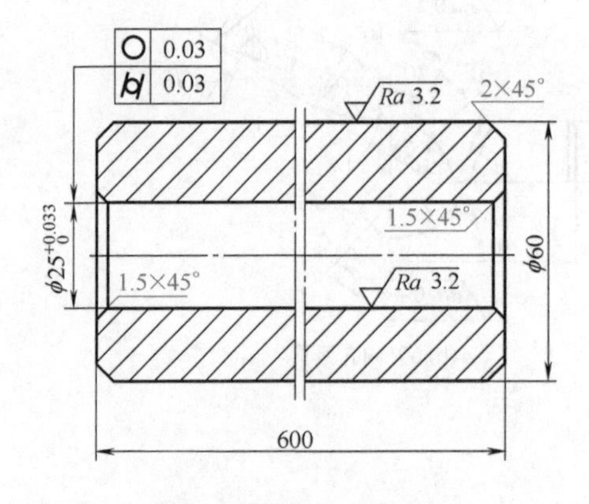

图 6-126 钢套零件图

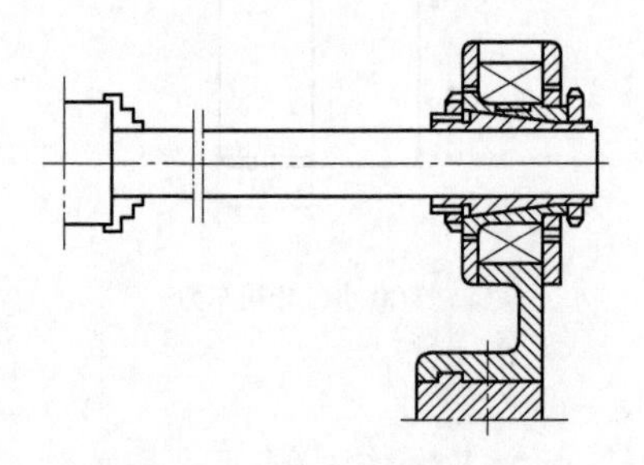

图 6-127 深孔件的支承架

（2）加工步骤

① 用三爪自定心卡盘夹持 ϕ65mm 毛坯外径，伸出长度 20mm，车工艺台阶 ϕ55mm × 10mm。

② 调头，车另一端面并钻 ϕ4mm 中心孔。

③ 采用一夹一顶装夹，用回转顶尖支持，粗车外圆至 ϕ62mm。

④ 用三爪自定心卡盘夹持 ϕ62mm 外圆，中心架支承工件，车去工艺台阶 ϕ55mm × 10mm；并车总长 600mm 至尺寸。

⑤ 用三爪自定心卡盘夹持工件一端，另一端用支承架定位夹紧，钻导向孔 ϕ24mm ± 0.033mm × 60mm。

⑥ 深孔钻削，留铰削余量 0.1mm。

⑦ 铰削至 $\phi 25^{+0.033}_{0}$mm，倒角 1.5mm × 45°。

⑧ 以内孔为基准，精车外圆至 ϕ60mm，各部倒角 2mm × 45°。

⑨ 按图样要求的精度检验深孔件各部精度。

（3）深孔加工要点

深孔加工的关键是刀具、冷却排屑和导向。为此，在深孔加工过程中，要始终围绕这些要点进行操作。应做好以下准备工作。

① 做好零件的找正。例如在钻削该钢套的深孔前，应把内排屑交错齿深孔钻装入夹持座和引导架中，找正，使钻杆中心与导向支承架上支承套中心重合，偏移量不超过 0.02mm，如图 6-128 所示。

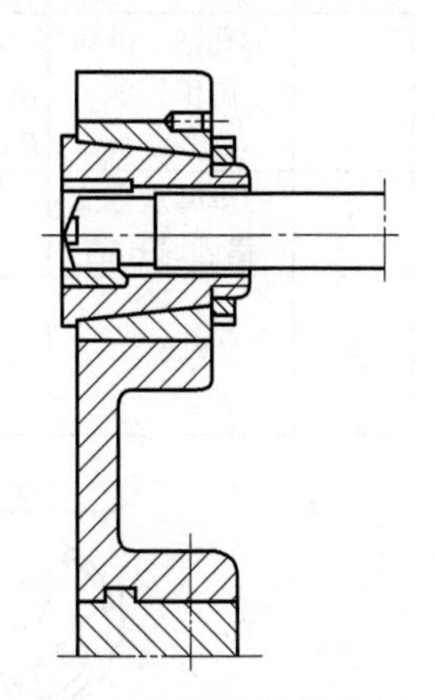

图 6-128　零件的找正

② 做好车床各部分间隙的调整。调整车床各部分间隙，使车床主轴的径向和轴向全跳动不大于 0.01mm。床身导轨在水平面和垂直面上的直线度不大于 0.03mm。各部分间隙的方法与车细长轴相同。

③ 选用深孔钻头。目前常用的深孔钻有外排屑深孔钻、高压内排屑深孔钻、喷吸钻等，图 6-129（a）、图 6-129（b）、图 6-129（c）所示分别给出了其钻孔工作情况。

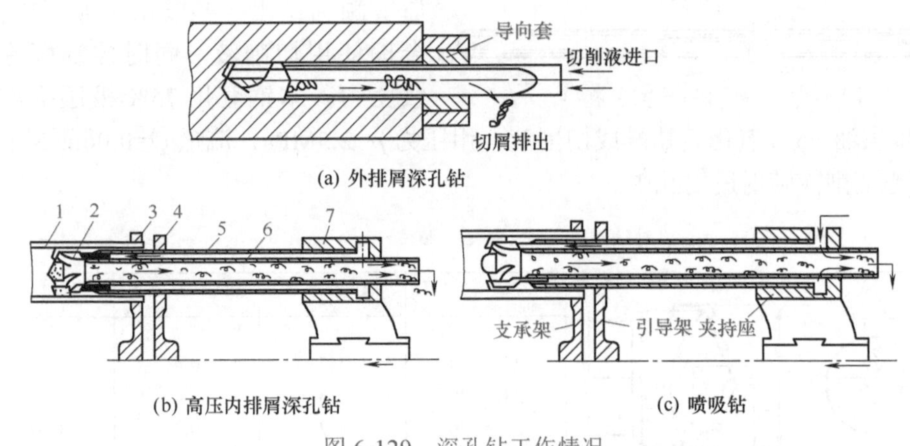

图 6-129　深孔钻工作情况

1—工件；2—钻头；3—支承架；4—引导架；5—外钻杆；6—内钻杆；7—夹持座

生产中常用的深孔钻头主要有：外排屑单刃深孔钻（又称枪孔钻）、内排屑双刃交错齿深孔钻等，表 6-14 给出了常用深孔钻的适用范围及使用。

外排屑单刃深孔钻的几何形状如图 6-130 所示。用外排屑单刃深孔钻钻深孔时，因为钻头的刀尖偏在一边，刀头刚入工件时，刀杆会产生扭动，所以，必须使用导向套。此外，由于刀杆强度极差，在选择切削用量时，其进给量应选得很小，并且钻头直径越小时，其进给量也应相应选用表 6-14 中的较小值。

表 6-14 常用深孔钻适用范围及使用

序号	深孔钻类型	适用范围	切削速度 / (m/min)	进给量 / (mm/r)
1	枪孔钻（外排屑单刃深孔钻）	加工直径为 $\phi3 \sim 20$mm，加工精度可达到 IT7 ~ 9，表面粗糙度达 $Ra6.3 \sim 0.8\mu m$	15 ~ 25	0.005 ~ 0.15
2	内排屑双刃交错齿深孔钻	加工直径 $\phi24 \sim 85$mm	20 ~ 60	0.01 ~ 0.18
3	喷吸钻	直径 $\phi20 \sim 65$mm 精度 IT6 ~ 9 $Ra3.2 \sim 0.8\mu m$	50 ~ 85	0.14 ~ 0.27

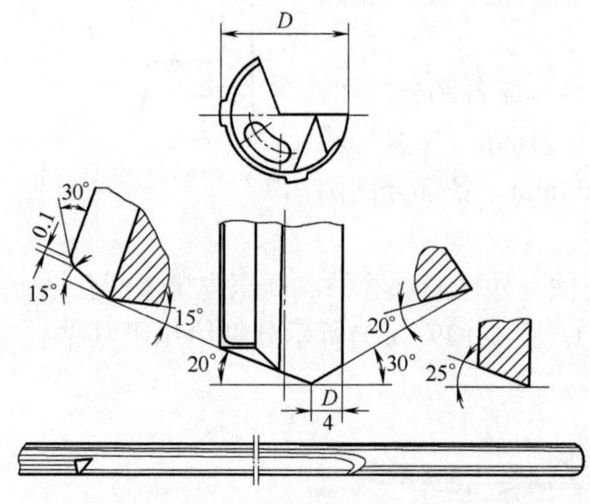

图 6-130 外排屑单刃深孔钻

内排屑双刃交错齿深孔钻的主要尺寸和角度参见表 6-15。

④ 钻削深孔前，工件必须首先钻出导向孔。为深孔钻削时，导向的可靠及稳定，应在工件上钻出一定直径和深度的导向孔。

⑤ 合理使用切削液，控制好切屑的排出。在切削过程中，为保证切屑能顺利排出，要根据所加工材料，合理使用切削液，同时控制好冷却泵压力。本钢套用 75% 极压机械油 +20% 煤油 +5% 氯化石蜡配成切削液；用压力 p=2.5MPa，流量 Q=0.06m^3/s 的液压泵把切削液喷射进内孔中。

表 6-15 内排屑双刃交错齿深孔钻的主要尺寸和角度 单位：mm

钻头直径 /mm	b	f	A
20 ~ 24	1.5	0.4	0.4D
24 ~ 29	1.6	0.4	
29 ~ 36	1.7	0.4	
36 ~ 40	1.8	0.4	
40 ~ 61	2	0.4	

⑥ 合理选用切削用量。本钢套的深孔加工选用 n=380r/min、f=0.12mm/r 的切削用量，挂上机动进给钻孔。

6.12.10 支承座的车削操作

图 6-131 所示支承座，由于被加工表面旋转轴线与基面垂直、外形比较复杂，

显然不能直接在三、四爪卡盘上装夹，但可以将工件装夹在花盘上加工。在花盘上车工件的装夹和车削方法主要有以下方面的内容。

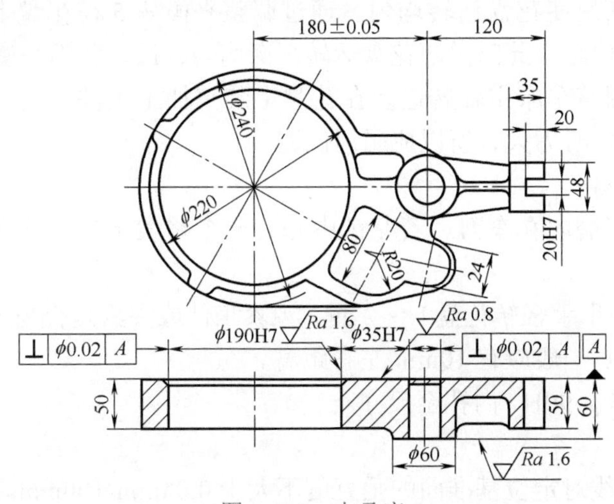

图 6-131　支承座

（1）准备工作

在花盘上加工工件之前，必须准备的附件主要有：花盘、压板、平垫铁、方头螺钉、平衡铁等。同时应做好以下方面的工作。

① 在花盘上装夹工件。装夹工件前，必须先检查盘面是否平直，盘面与主轴轴线是否垂直。检查时，将百分表的测量头接触花盘平面，用手转动花盘，观察百分表表针摆动情况。一般要求端面圆跳动在 0.02mm 以内。

另外，将百分表固定在刀架上，由外向内移动中滑板，观察花盘表面的凹凸情况，平面只允许凹（一般在 0.02mm 以内）。必要时，可以把端面精车一刀。

支承座的底平面必须先精磨好。装夹时以底平面与花盘平面靠平定位，装夹方法如图 6-132 所示。先轻压压板 1、3，然后装好两只调整螺钉 4、6。

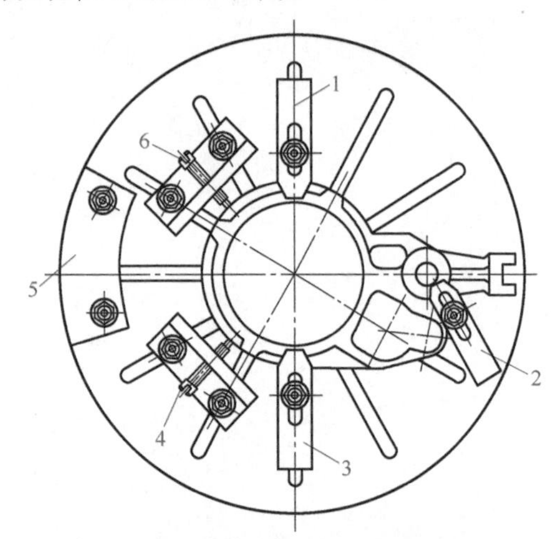

图 6-132　支承座在花盘上的装夹方法

1，2，3—压板；4，6—螺钉；5—平衡块

② 用划线盘找正十字中心线与主轴旋转中心同轴。找正方法是：水平移动划线盘，划一水平线，然后把花盘旋转 180°，再用划针划一水平线，如两条线不重合，可把划针调整到两条线中间高度，再用以上方法逐步调整至中心。然

后，将花盘回转 90°，并用以上相同方法找正垂直中心线。此时，十字中心线的中心即与主轴旋转中心同轴。十字中心线找正后，将压板 1、2、3 压紧。

③ 调整平衡块使花盘运转均匀。通过调整平衡块 5 在花盘上的位置，使之在任意位置都能停止，此时说明花盘运转平衡均匀，最后紧固平衡块。

④ 选择、调整车床主轴转速。在花盘上装夹加工工件，由于工件及夹紧系统复杂，运转时向心力大，所以应采用低速。

(2) 加工步骤

① 选择及刃磨内孔车刀。若花盘中心有一个略大于支承座孔的工艺孔，则可用通孔车刀。

② 开车前，用手轻转花盘 1 ～ 2 圈，观察工件或夹具是否与床鞍及中、小滑板或刀架相碰撞。一般应有 10mm 左右距离。

③ 粗、精车 ϕ190H7 内孔至尺寸。

(3) 检验

加工部位轴线对定位基准面的垂直度不大于 0.04mm/100mm。

第7章 圆锥面的车削

7.1 圆锥车削技术基础

圆锥面在机器结构中应用广泛，圆锥配合是常用的典型结构。例如车床的主轴锥孔、尾座套筒及前后顶针、钻头和铰刀的莫氏圆锥尾柄、各种圆锥体销轴等使用的均是圆锥配合。圆锥面之所以应用如此广泛，主要是由于它具有较高的同轴度，配合自锁性好，密封性好，间隙和过盈可以自由调整，即使发生磨损，仍能保持精密的定心和配合作用。

7.1.1 圆锥体的基本概念

与轴线成一定角度，且一端相交于轴线的一条直线（母线），围绕着该轴线旋转形成的圆锥表面与一定尺寸所限定的几何体称为圆锥。圆锥体表面是圆柱体表面的特殊形式。它们的区别在于，圆柱体表面的母线与轴心线平行，而圆锥体表面的母线与轴心线成一个角度。所以，在车削圆柱体表面时要求车刀的移动轨迹与轴心线平行，而车削圆锥体表面时则要求车刀的移动轨迹与轴心线成一个角度。

圆锥体的倾斜程度在机械加工中主要是通过斜度及锥度两种形式来表示。

① 斜度。斜度是指一直线或平面对另一直线或平面的倾斜程度，其大小用两直线或平面间的夹角的正切来度量。图 7-1 所示为斜度是 1 ∶ 5 的画法及标注。标注时斜度符号的倾斜方向与斜度方向一致。

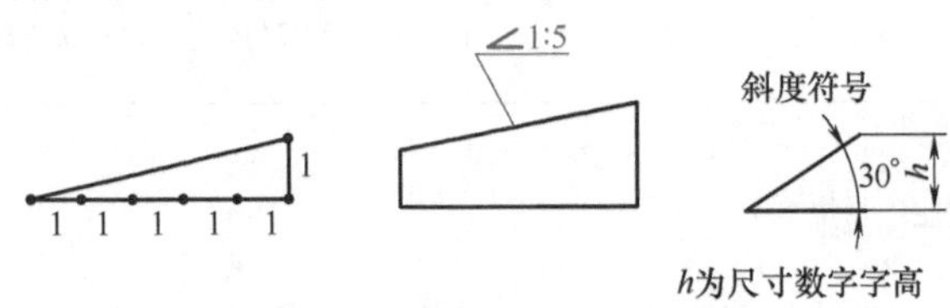

图 7-1 斜度的画法及标注

② 锥度。在车床附件和零件制造中，有许多工具和零件是采用锥度配合的。如图 7-2 所示，圆锥体表面的母线与轴心线相交成某种角度时，在圆锥面上就形成最大圆锥直径 D 和最小圆锥直径 d，D 和 d 之差与圆锥长度 L 之比就是锥度 C。

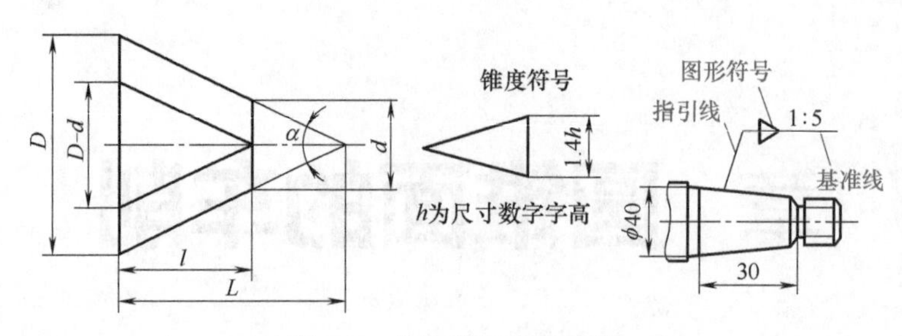

图 7-2 锥度的画法及标注

a. 锥度的标注。锥度在图样上用 1 ∶ n 的形式进行标注。如图样中标注出锥度 C=1 ∶ 10 的圆锥工件，则表示圆锥长度 L 等于 10mm 时，D 与 d 之差为 1mm；若 L=100mm，则 D 与 d 之差为 10mm。

锥度符号的画法见图 7-2，进行图样标注时，要注意锥度符号的方向应与圆锥方向一致。

b. 锥体各部分尺寸的计算公式。锥体各部分尺寸的计算公式如表 7-1 所示。

表 7-1 锥体各部分尺寸的计算公式

D——最大圆锥直径
d——最小圆锥直径
d_X——给定截面圆锥直径
L——圆锥长度
α——圆锥角
$\alpha/2$——圆锥半角

尺寸名称	代号	计算公式
斜度	S	$S=\tan\dfrac{\alpha}{2}=\dfrac{D-d}{2L}=\dfrac{C}{2}$
锥度	C	$C=2S=2\tan\dfrac{\alpha}{2}=\dfrac{D-d}{L}$
最大圆锥直径	D	$D=d+2L\tan\dfrac{\alpha}{2}=d+CL=d+2LS$
最小圆锥直径	d	$d=D-2L\tan\dfrac{\alpha}{2}=D-CL=D-2LS$

7.1.2 常用的标准圆锥

在实际生产中，为了保持互换、适应不同的用途，降低生产成本，国家规定了标准圆锥。常用的标准圆锥有以下两种。

（1）莫氏锥度

当圆锥面较小时（$\alpha < 3°$），能传递很大的转矩，而且圆锥面配合的同轴度较高，拆卸方便，因此在机器制造中被广泛采用。如车床主轴前端锥孔、尾座套筒锥孔、锥度心轴、圆锥定位销等都是采用圆锥面配合。

圆锥几何参数已标准化的圆锥称为标准圆锥，常用工具、刀具上的圆锥面采用的均是标准圆锥。莫氏锥度是标准圆锥的一种，其表示方法用号码表示，按尺寸由小到大有 0、1、2、3、4、5、6 七个号码。当号码不同时，圆锥角和尺寸都不同，如表 7-2 所示。常用的莫氏锥度有莫氏 3 号和莫氏 4 号。此外，一些常用配合锥面的锥度也已标准化，称为专用标准圆锥锥度。

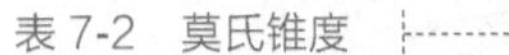
表 7-2 莫氏锥度

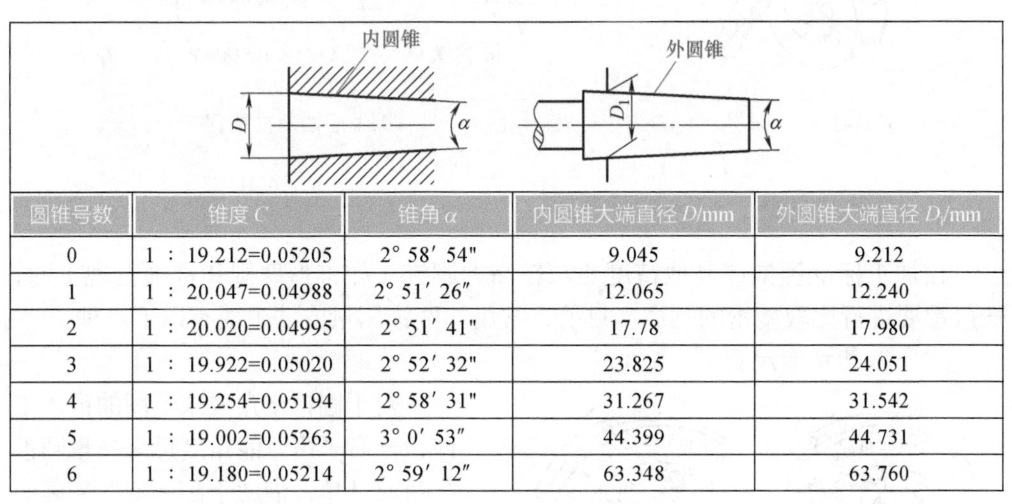

圆锥号数	锥度 C	锥角 α	内圆锥大端直径 D/mm	外圆锥大端直径 D_1/mm
0	1 ：19.212=0.05205	2° 58′ 54″	9.045	9.212
1	1 ：20.047=0.04988	2° 51′ 26″	12.065	12.240
2	1 ：20.020=0.04995	2° 51′ 41″	17.78	17.980
3	1 ：19.922=0.05020	2° 52′ 32″	23.825	24.051
4	1 ：19.254=0.05194	2° 58′ 31″	31.267	31.542
5	1 ：19.002=0.05263	3° 0′ 53″	44.399	44.731
6	1 ：19.180=0.05214	2° 59′ 12″	63.348	63.760

（2）公制圆锥

公制圆锥分十一个号码，即：4 号、6 号、50 号、60 号、80 号、100 号、120 号、140 号、160 号、180 号和 200 号。它们的号码是指最大圆锥直径。其锥度值固定为 1：20，锥角为 2° 51′ 51″ 。例如 80 号公制圆锥，它的最大圆锥直径是 80mm，锥度 C=1：20。

7.1.3 车削圆锥面的对刀

车削圆锥面（包括外圆锥及内圆锥）时，除应按车刀的安装要求装刀外，还应注意其对刀要求。

（1）车削圆锥面的对刀

无论采用何种方法车削圆锥面，车削前都应装夹好车刀，并使车刀刀尖对准工件中心。

（2）车削圆锥体时车刀对正中心的方法

当车削实心锥体零件时，可把车刀刀尖对正端面中心。车削圆锥孔时，可以采用端面划线的方法，如图 7-3 所示。先把车刀基本装正，在工件端面上涂上显示剂，用刀尖在工件端面上划一条线，把工件转过 180°再划一条线。如果两条线重合，则车刀已经对准中心。如果两条线不重合，可把车刀刀尖调整在两条线中间，反复校正，直到对准中心。

如果车刀未对正中心进行车削，则车出的圆锥母线不是直线，而是双曲线，见图 7-4。

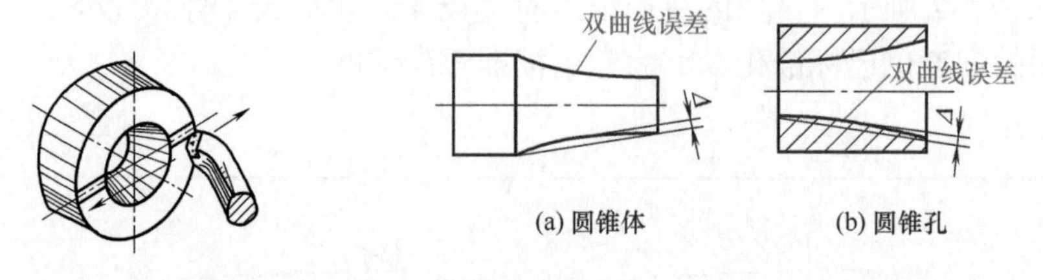

图 7-3　端面划线　　图 7-4　圆锥表面的双曲线误差

7.1.4　圆锥的测量

在加工标准圆锥或其他精度要求较高的圆锥（如锥形塞规和锥形套规）时，一般都要进行比较精密的测量。目前，常用的圆锥测量方法主要有以下几种。

（1）万能角度尺测量

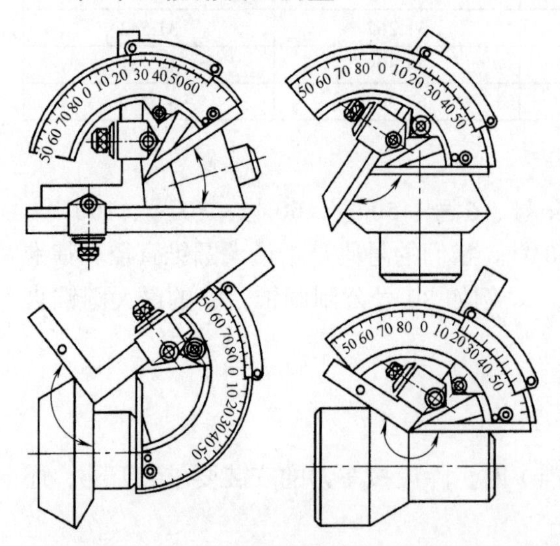

图 7-5　万能角度尺测量圆锥体工件

对于圆锥半角要求不高的锥体工件，一般采用万能角度尺来测量圆锥半角或锥角，借助于游标刻度来确定圆锥半角或锥角的大小，这是一种最常见的测量方法，见图 7-5。

（2）量规测量

量规测量就是采用样板量规或内、外圆锥量规作为测量工具进行的测量。

① 样板量规测量。样板量规测量又称透光测量。可用于内、外圆锥面的测量，如图 7-6、图 7-7 所示。其中图 7-7（b）所示是用样板量规透光测量锥面小端直径尺寸 d。2 倍 Δd 是小端直径 d 的公差带，不出现此种透光，小端直径 d 即为合格。

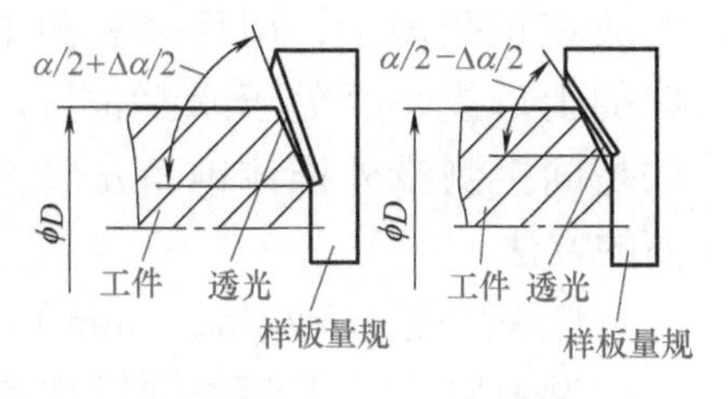

图 7-6 样板量规透光测量圆锥半角 $\alpha/2$

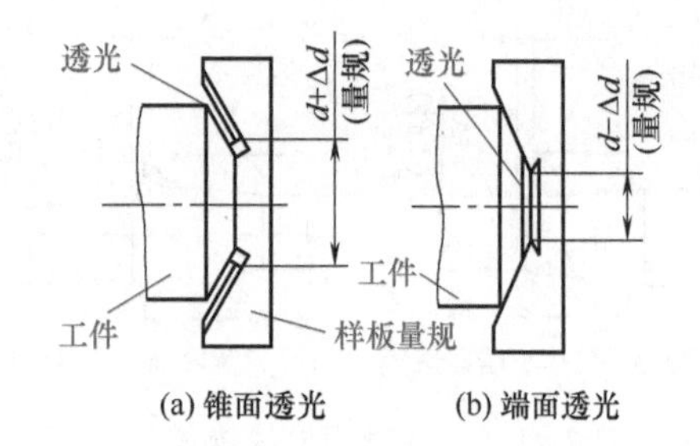

图 7-7 样板量规透光测量锥面小端直径

② 圆锥量规测量。图 7-8（a）所示是用圆锥套规着色检测外锥度锥角 α，即在工件上顺其母线薄薄地涂上三条显示剂（红丹粉或红铅笔印记）。将套规套在工件上转动 1/3 ～ 1/2 周后，当显示剂被均匀地擦去即说明锥度合格（图 7-9）。图 7-10 所示为不合格的圆锥接触面。图 7-8（b）所示是用圆锥塞规着色检测内锥度锥角 α，检测方法与检测外锥面相同，只是把显示剂涂在塞规上。

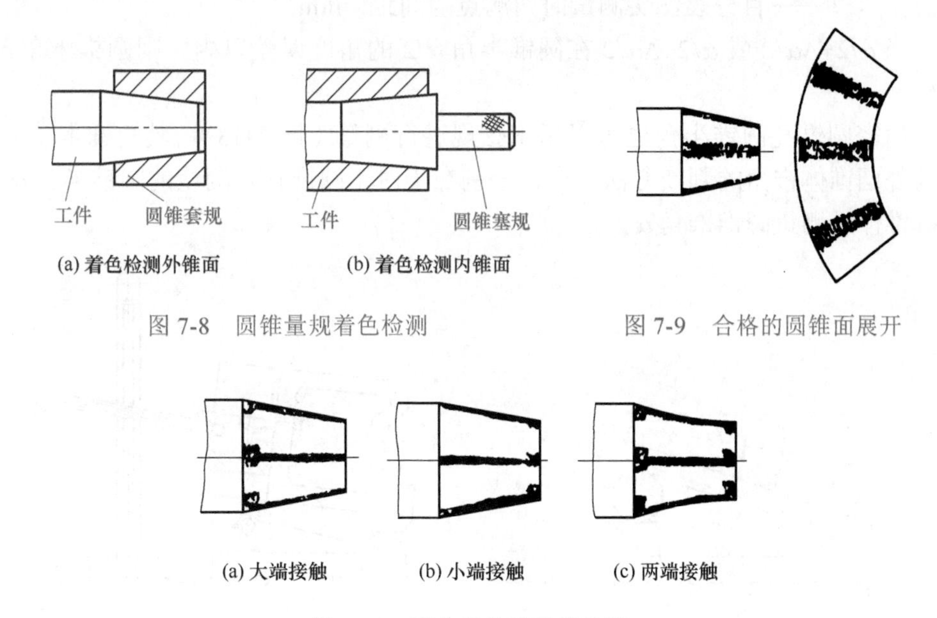

图 7-8 圆锥量规着色检测

图 7-9 合格的圆锥面展开

图 7-10 不合格的圆锥接触面

图 7-11 所示是用圆锥套规和塞规分别检测圆锥体小端直径 d 和锥孔最大直径 D 的情形，量规台阶两平面间的距离 ΔL 是根据直径 d 的公差 Δd 和直径 D 的公差 ΔD 分别换算而定的。因此，只要锥体 d 和 D 分别落在量规台阶两平面之间即为合格。

（3）正弦规测量

正弦规测量的方法是将正弦规放在平板上，用量块垫起一个角度，外锥体工

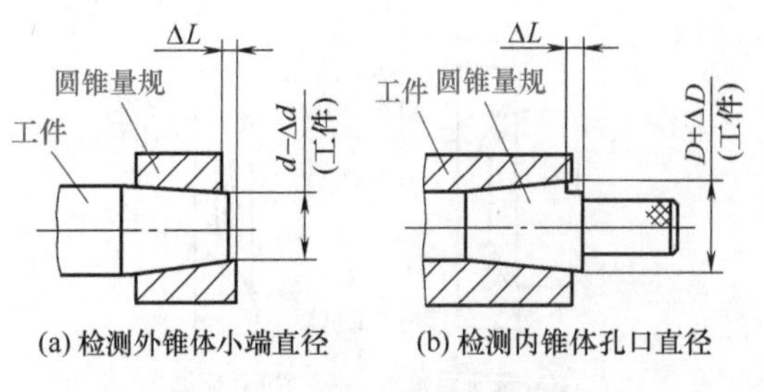

图 7-11 圆锥量规检测锥体尺寸

件放在正弦规上，用百分表测量锥体的上母线是否处于水平位置。此法是间接测量外锥体锥角 α 精度较高的方法。

量块高度：$H=L\sin\alpha$（mm）

当采用正弦规测量圆锥体锥角 α 时，若发现两测点百分表的读数不为零时，可在两测点处涂上红印油再测量，以工件小端测量处百分表对零，记下大端测量处百分表读数差 $\pm\Delta K$，因涂有红印油出现压表印记，用游标卡尺量出两测点间距离 Z（图 7-12）。然后按下式进行计算判断。

$$\pm\Delta\alpha/2=\arcsin(\pm\Delta K/l)/2$$

式中 $\Delta\alpha/2$——圆锥半角 $\alpha/2$ 的变化量，(°)；

ΔK——百分表在两测点的读数差，mm；

l——百分表测头测量时两测点的间距，mm。

当 $\alpha/2+\Delta\alpha/2$ 或 $\alpha/2-\Delta\alpha/2$ 在圆锥半角 $\alpha/2$ 的角度误差以内，则圆锥半角 $\alpha/2$ 合格。

精密圆锥孔圆锥半角也可以用正弦规进行测量（图 7-13）。其圆锥半角的判断与外圆锥体锥角的判断方法一样，差别在于对于圆锥孔是测量的圆锥半角 $\alpha/2$，而圆锥体是测量圆锥锥角 α。

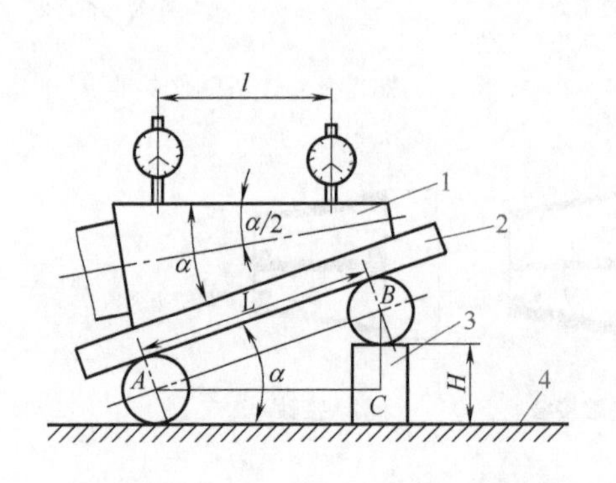

图 7-12 正弦规测量外锥体锥角

1—工件；2—正弦规；3—量块；4—平板

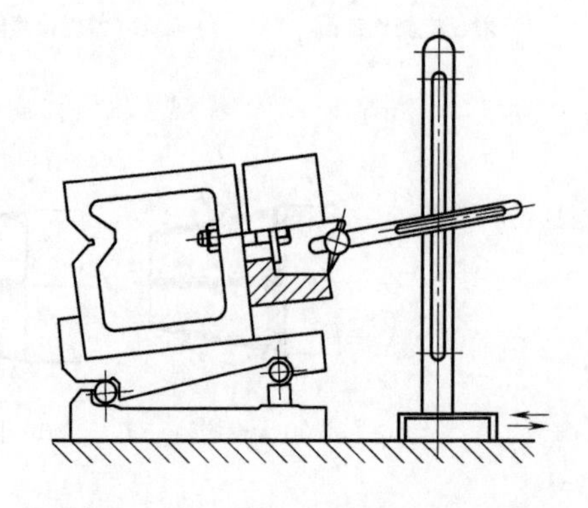

图 7-13 精密圆锥孔圆锥半角的测量

（4）车床上百分表测量

车床上百分表测量法是将百分表用表架固定在车床的刀架上，使百分表测头在垂直平面内垂直于锥体的上母线，在 A 点压表后移动中滑板退出百分表，移动床鞍一个间距 L 至 B 点再压表，以圆锥半角 $\alpha/2\pm\Delta\alpha/2$ 来确定百分表的最大和最小压表量而测量圆锥半角 $\alpha/2$。适合于圆锥半角 $\alpha/2$ 较小的外锥体工件的测量

（图 7-14）。

百分表在 B 点压表时最大压表量为 X_1：

$$X_1=L\tan(\alpha/2+\Delta\alpha/2)/\cos(\alpha/2+\Delta\alpha/2)\ (\mathrm{mm})$$

百分表在 B 点压表时最小压表量为 X_2：

$$X_2=L\tan(\alpha/2-\Delta\alpha/2)/\cos(\alpha/2+\Delta\alpha/2)\ (\mathrm{mm})$$

当百分表在 A 点压表后指针对零，再到 B 点压表，其压表量在 X_2 至 X_1 范围内，锥体半角 $\alpha/2$ 合格，即圆锥半角 $\alpha/2$ 的公差均在 $\pm\Delta\alpha/2$ 以内，如图 7-15 所示。

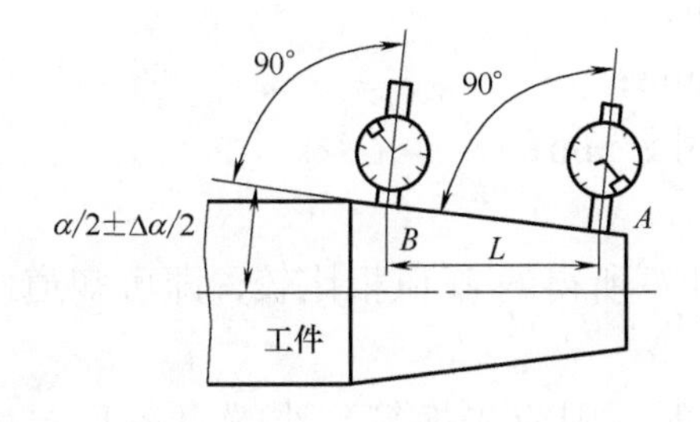

图 7-14　百分表测量外锥体圆锥半角 $\alpha/2$

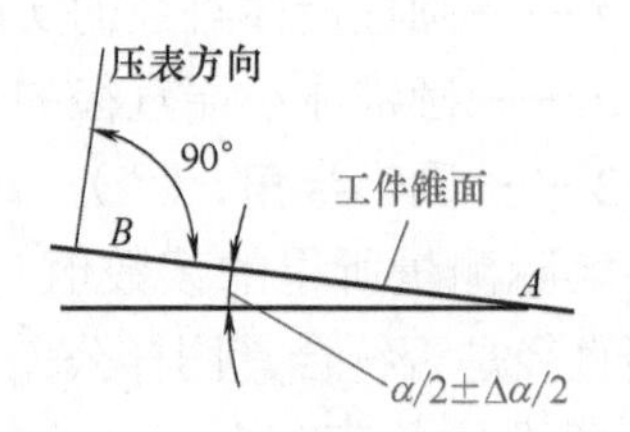

图 7-15　百分表压表量计算图

（5）圆锥体圆锥长度测量

圆锥体圆锥长度的测量有两种测量方法，如图 7-16 所示。

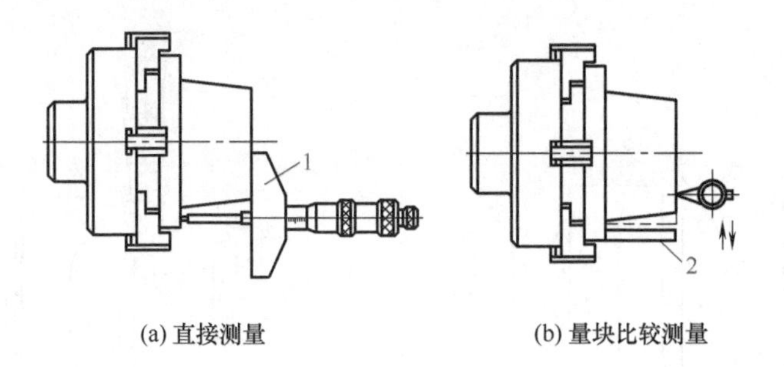

图 7-16　圆锥长度尺寸的测量

1—深度千分尺；2—量块

图 7-16（a）所示为直接测量，用深度千分尺完成。测量时注意深度千分尺的基准面应紧贴被测工件的端面，保证测量读数准确。图 7-16（b）所示为用量块比较测量：操作时百分表装夹在小刀架上，移动中滑板使百分表测头分别与量块表面和工件端面接触，将所测得的两读数进行比较，即可得到圆锥长度的实际值。用比较法测量，量块高度 H 应等于工件圆锥长度的名义尺寸。

（6）圆锥体直径的间接测量

圆锥体的直径分小端直径及大端直径，其间接测量方法分别为以下几种。

① 圆锥体小端直径间接测量。将一平铁（表面 K 的平面度小于 0.005mm）靠在工件端面上，用顶尖轻轻顶紧；两个 ϕ10mm 的圆柱量棒按图 7-17 所示位置放置，用外径千分尺测量两圆柱量棒最外端两点 A 和 B 之间的垂直距离，得到实际测量读数 M。读数 M 由小端直径的名义尺寸 ϕ100mm 换算得出，测量读数的公差范围与小端直径的公差范围相同。

圆锥体小端直径与测量读数 M 的几何关系如图 7-17 所示，测量读数 M 可按下式换算：

$$M=a+d+d\cot[(90°-\alpha/2)/2]$$

式中 M——测量读数的基本尺寸，mm；

d——圆柱量棒直径的实际值，mm；

a——圆锥体小端直径的名义尺寸，mm；

$\alpha/2$——圆锥半角，(°)。

将实际测量所得的读数值与上式计算所得的 M 值相比较，即可知道此圆锥体小端直径是否符合其图样公差要求。

当圆锥体的直径尺寸标注在大端时，则应先换算到小端直径尺寸后，按图 7-18 所示的方法测量。圆柱量棒置于大端时容易向小端方向滑移，量棒与圆锥体接触不良，操作也不方便。换算时圆锥长度应按实际数值代入，以免增大测量误差。

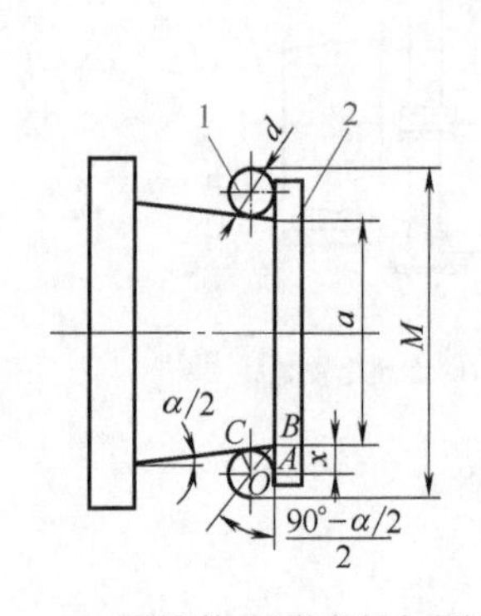

图 7-17 圆锥体小端直径与测量读数 M 的几何关系
1—圆柱量棒；2—平铁

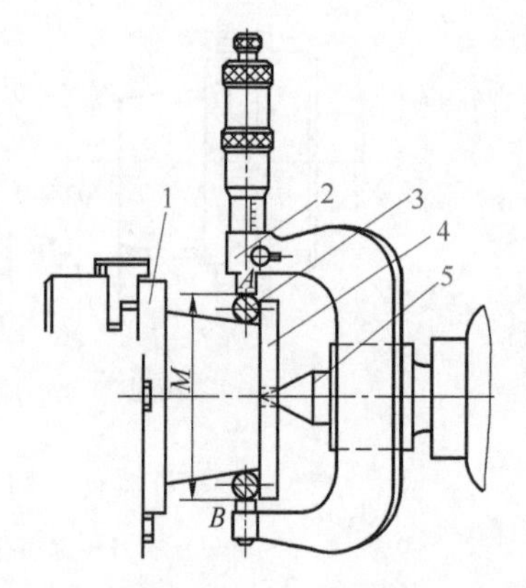

图 7-18 圆锥体小端直径的间接测量
1—工件；2—外径千分尺；3—圆柱量棒；4—平铁；5—顶尖

② 小圆锥孔大端直径的测量。利用量块和百分表测量，如图 7-19 所示，先测得大端直径实际尺寸值，再把圆锥塞规置于圆锥孔中，然后用量块和百分表测量工件端面到量块端面之间的距离 h，锥孔大端直径可用下式求出：

$$d=D-h\tan\alpha/2$$

式中 d——圆锥孔大端直径，mm；

D——圆锥塞规大端直径实际值，mm；

h——件端面到量规端面之间的距离，mm；

$\alpha/2$——圆锥半角，(°)。

(7) 用钢球测量圆锥孔的斜角

这种测量方法是应用两个直径不同的钢球，先把小钢球放入圆锥孔内，用深度游标卡尺测得钢球顶点深度 H 值，如图 7-20 所示，然后再放入大钢球，测得顶点深度 h 值，代入下式，即可求出工件的斜角 $\alpha/2$：

$$\sin\frac{\alpha}{2}=\frac{D_0-d_0}{2(H-h)-(D_0-d_0)}$$

式中 $\alpha/2$——圆锥孔的斜角，(°)；

D_0——大钢球直径，mm；

d_0——小钢球直径，mm；

H——小钢球顶面与工件端面的距离，mm；

h——大钢球顶面与工件端面的距离，mm。

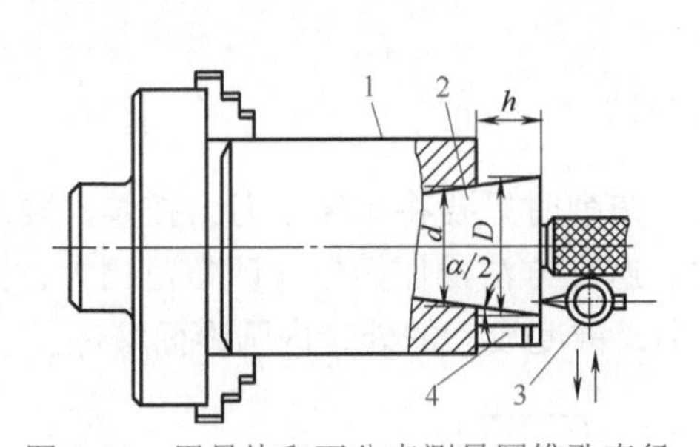

图 7-19 用量块和百分表测量圆锥孔直径

1—工件；2—圆锥塞规；3—百分表；4—量块

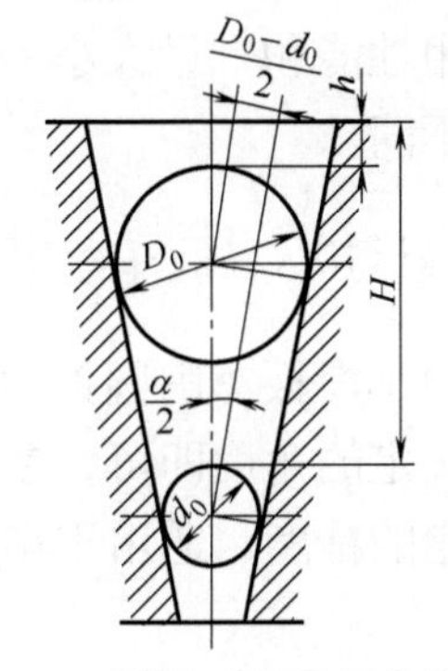

图 7-20 用钢球测量圆锥孔的斜角

(8) 用钢球测量圆锥孔的大端直径

用钢球测量圆锥孔大端直径方法如图 7-21 所示，是把一个钢球放入锥孔内，用高度游标卡尺量出钢球露出端面的高度 h 值，然后代入下面公式计算：

$$D=\frac{D_0}{\cos\frac{\alpha}{2}}+(D_0-2h)\tan\frac{\alpha}{2}$$

式中 D——圆锥孔的大端直径，mm；

D_0——钢球直径，mm；

h——钢球露出工件端面的高度，mm；

$\alpha/2$——圆锥孔的斜角，(°)。

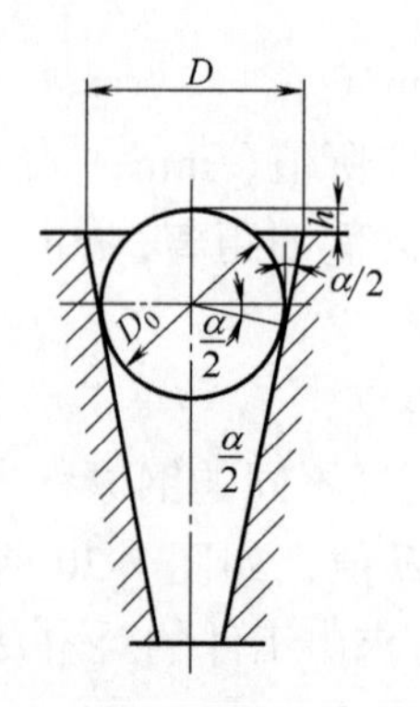

图 7-21 用钢球测量圆锥孔的大端直径

7.2 外圆锥车削操作基本技术

在车床上车削圆锥面大致有：转动小滑板法、偏移尾座法和宽刃刀车削等方法。无论采用哪一种方法，都是为了使刀具的运动轨迹与零件轴心线成一斜角，从而加工出所需要的圆锥面零件。按圆锥面零件的尺寸范围、结构形式、加工精度、使用性能和批量大小等因素，选择不同的加工方法，不同的加工方法其操作要点也不同。

7.2.1 转动小滑板车削圆锥的操作方法

转动小滑板车削圆锥面最为常见。车削时只要将车床小刀架按零件要求的锥度转动一定的角度即可，参见图 7-22。这种方法操作简单，调整范围大，而且能保证一定的精度，适用于车削长度较小，锥度较大的外、内圆锥面零件。

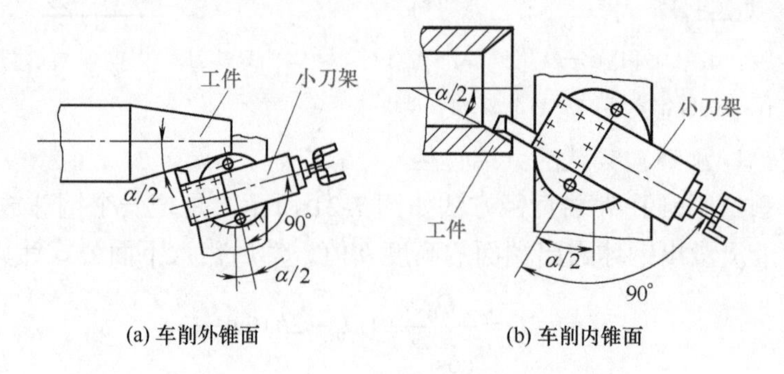

图 7-22 转动小刀架车削圆锥体方法

采用该操作方法加工外圆锥面的步骤及要点如下。

（1）准备工作

① 装夹车刀。车削前，应装夹好车刀，车刀刀尖必须对准好工件中心。这

一点对所有车削圆锥的方法都适用。

② 计算小滑板转动角度。车床上小滑板转动的角度就是圆锥斜角（$\alpha/2$）。$\alpha/2$ 可用下式计算

$$\tan(\alpha/2)=C/2=(D-d)/2L$$

式中 $\alpha/2$——圆锥体的圆锥半角；

C——圆锥体的锥度；

D——圆锥体的大端直径，mm；

d——圆锥体的小端直径，mm；

L——圆锥体锥形部分的长度，mm。

当圆锥半角在6°以下，可采用近似公式计算：

$$\alpha/2\approx28.7°\times(D-d)/L$$

表7-3给出了车削外圆锥面时，小刀架转动角度示例。

表7-3 车削外圆锥面时小刀架转动角度示例

图例	小刀架应转角度	车削示意图
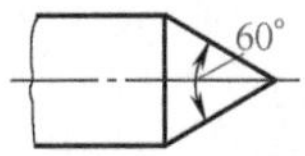	逆时针30°	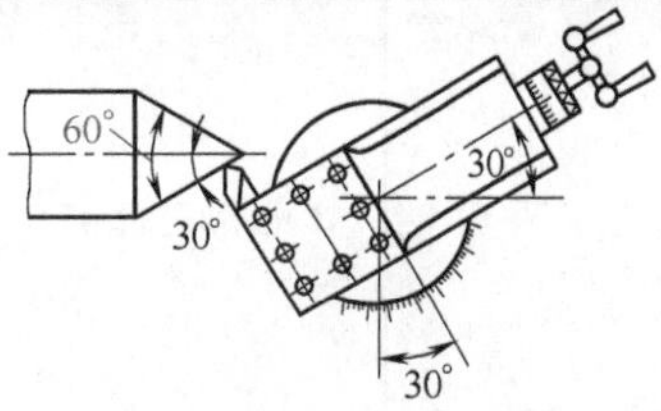
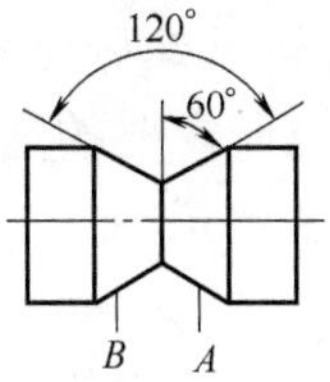	*A*面顺时针30° *B*面逆时针30°	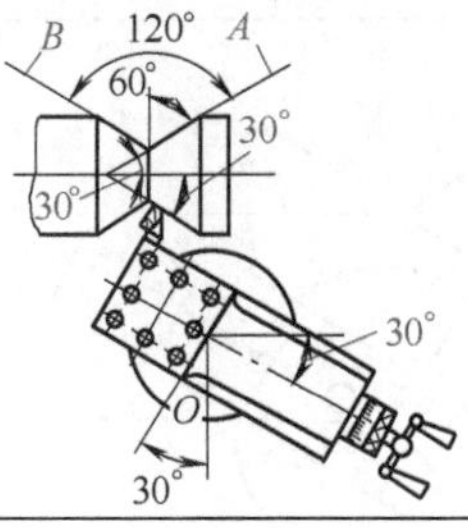
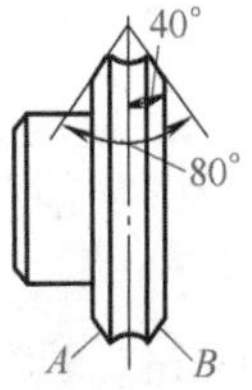	*A*面顺时针50° *B*面逆时针50°	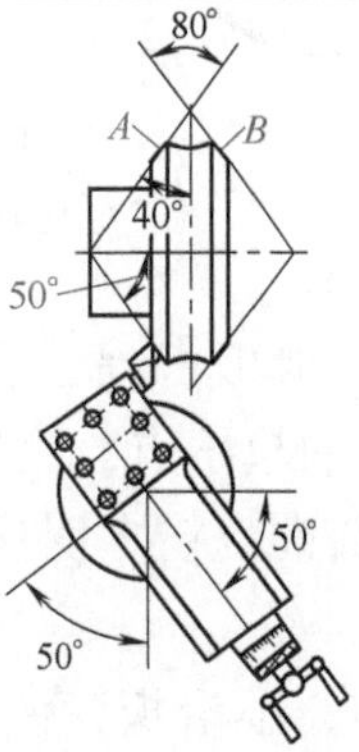

续表

图例	小刀架应转角度	车削示意图
	A 面顺时针 30°	
	B 面逆时针 50°	
	C 面顺时针 47°	

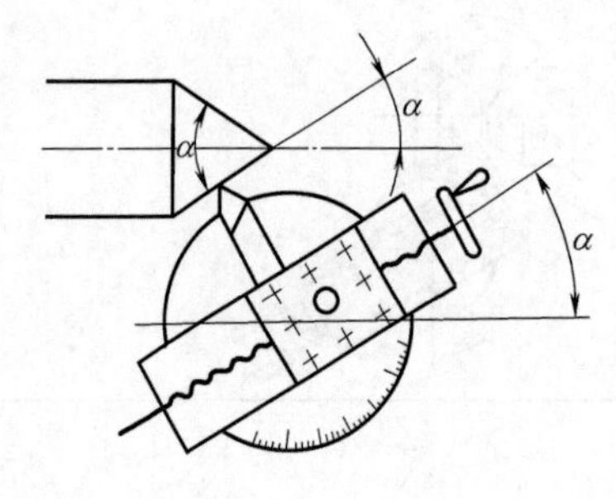

图 7-23 利用刻度转动小滑板角度

③ 转动小滑板。用扳手将转盘螺母松开，把转盘顺着圆锥素线方向转动至所需要的圆锥斜角 $\alpha/2$ 的刻度线上，如图 7-23 所示。

（2）车削外圆锥操作步骤

① 车圆柱体。按圆锥大端直径及锥体部分的长度，车出圆柱体。

② 调整小滑板导轨间隙。对小滑板导轨清洗、修整、润滑，使其摇动起来松紧合适，进退自如。

③ 确定小滑板行程。小滑板工作行程应大于圆锥加工的长度。将小滑板后退至工作行程的起始点，然后试移动一次，以检查工作行程是否足够。

④ 粗车圆锥。粗车时应找正圆锥的角度，留精车余量 0.5 ～ 1mm。具体操作方法如下：

a. 移动中、小滑板，使刀尖与工件轴端接触，小滑板后退 6mm，中滑板刻度置零位，作为粗车的起始位置。

b. 中滑板刻度向前进给，调整切削深度后开动车床，双手交替均匀地摇动小滑板手轮，切削深度会逐渐减小，至切削深度接近零时，记下中滑板刻度值，将车刀退出，小滑板快退复原位。

c. 在原刻度的基础上调整切削深度，粗车至圆锥小端，直径留 1.5 ～ 2mm 余量。

⑤ 粗车后检查圆锥角度。用套规检查。检查前要求将锥体车平整，表面粗糙度应当小于 $Ra3.2\mu m$。检查时用圆锥套规轻轻套在工件圆锥上，用手捏住套规在左右两端分别上下摆动，如发现其中一端有间隙，表明工件的圆锥角度不正确。如发现大端有间隙，说明工件圆锥角度太小；如小端有间隙则说明工件圆锥角度太大。

⑥ 找正角度。

a. 松开转盘螺母。先旋松靠近工件的螺母，后松靠近操作者身边的螺母。不要松的太开，以防稍撞碰后角度变动。

b. 微量调整角度的操作方法。用左手拇指按在转盘与中滑板的接缝处，用右手依角度调整方向轻轻敲动小滑板，使角度朝着正确的方向做极微小的转动。

c. 小滑板调整后试车削的起始位置。一般选择在圆锥的中间位置。方法是：移动中、小滑板，使刀尖处在圆锥长度的中间，并与圆锥表面接触。记下刻度值后中滑板横向退出，小滑板退至圆锥小端面外，中滑板刻度进至记下的刻度值。双手缓慢均匀地摇动小滑板手柄做全程车削。当再次用套规检查，左右两端都不摆动时，说明圆锥角度基本正确。

⑦ 自检圆锥度（角）或接触面积。圆锥度（角）或接触面积的检验通常采用万能角度尺、涂色法进行，其操作方法主要为以下几种。

a. 用万能角度尺检查圆锥角度，如图 7-24 所示。对零件角度或精度要求不高的圆锥表面，可以用万能角度尺检查。把万能角度尺调整到要测的 α 角度，万能角度尺的角尺与工件端面通过工件中心靠平，直尺与工件斜面接触，通过透光的大小来校准小滑板的角度。反复多次直至达到要求为止。

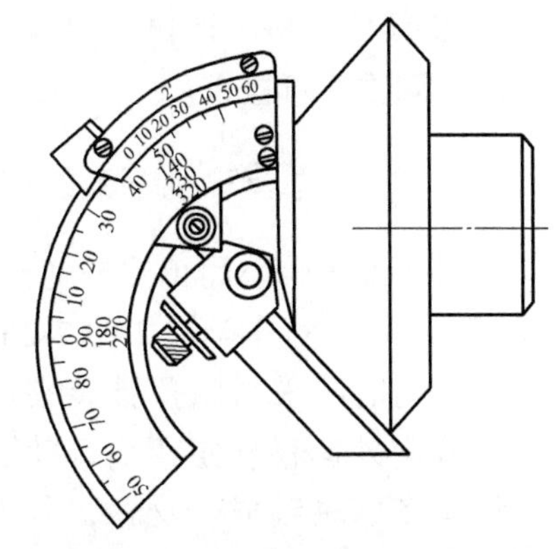

图 7-24 用万能角度尺测量角度

b. 用涂色法检验圆锥（角）度或接触面积。涂色检验时，要求圆锥面粗糙度 $Ra < 3.2\mu m$，并无毛刺。方法是：在圆锥面上顺着三爪的位置等分均匀地涂显示剂（印油或红丹粉）。用手握住圆锥套规［图 7-25（a）］套在工件圆锥上，稍加轴向推力，并将套规转动约半圈，如图 7-25（b）所示。然

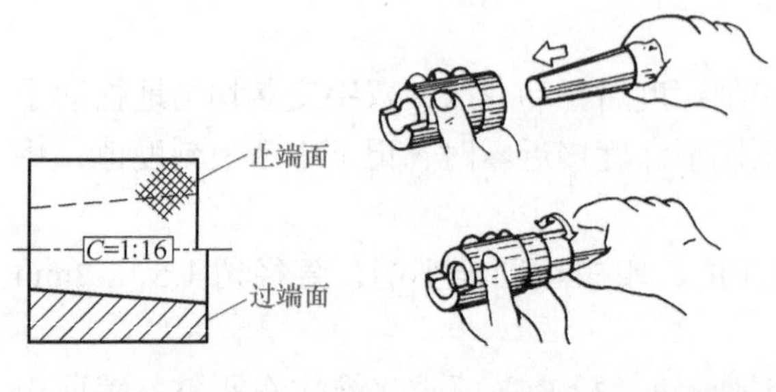

(a) 圆锥套规　(b) 用套规检查圆锥的方法

图 7-25　外圆锥精度的控制

后取下套规，观察显示剂擦去的情况，如果三条显示剂全长上擦去均匀，说明圆锥接触良好，锥度正确。如果显示剂被局部擦去，说明圆锥的角度不正确或圆锥素线不直，要继续进行角度调整。

⑧ 精车圆锥。提高车床主轴转速，双手缓慢均匀地摇动小滑板手柄精车圆锥体。对于精度要求高的圆锥，采用锋钢刀低速车削，并加充足的切削液。

在采用转动小刀架的方法车削圆锥时，由于手动进给的不均匀会影响工件的表面粗糙度和尺寸精度。为克服这一缺陷可采用小拖板自动进给机构。把它安装在床身上，利用装在光杠上的主动齿轮传递动力。

⑨ 圆锥直径尺寸的测量和控制。上述涂色检查外圆锥的方法，仅能解决校正圆锥的锥度，而对于圆锥的最大、最小圆锥直径尺寸的控制，在单件和小批量加工时，可通过卡钳和千分表测量（具体操作参见“7.1.4 圆锥的测量”）；在工件生产批量较大的情况下，可利用圆锥套规进行测量和控制，图 7-25（a）所示圆锥套规可控制锥体最大圆锥直径，当圆锥体的最小圆锥直径尺寸需要控制时，也可以按最小圆锥直径尺寸及公差要求在圆锥套规上制造出控制面来进行测量。利用图 7-25（a）所示圆锥套规进行测量时，如果圆锥的大端直径在两个端面之间，说明圆锥最大圆锥直径尺寸符合公差要求；如果大于过端面，说明圆锥体最大尺寸已超过最大极限尺寸要求；如果比止端面还小，则说明圆锥体最大尺寸已小于最小极限尺寸要求。

⑩ 检验。按上述自检圆锥度（角）、接触面积的方法或圆锥直径尺寸的测量方法对圆锥进行检查。

7.2.2 偏移尾座车削圆锥的操作方法

对于锥度较小而工件长度较大的圆锥体，如果精度要求不高，可以采用偏移尾座的方法进行车削，如图 7-26 所示。

车削时，采用两顶针装夹法把尾座向里或向外偏移一定距离，使工件回转轴线与车床轴线成一交角，其大小等于圆锥体的斜角值。

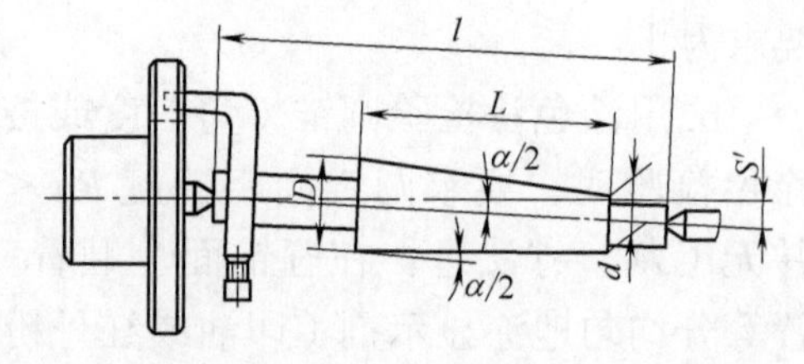

图 7-26　用偏移尾座车削锥体方法

尾座偏移的方向由零件的锥角方向确定。当工件锥体的小端在尾座处，尾座就要向里移动；反之，当工件锥体的大端在尾座处，尾座就要向外移动。由于尾座的最大偏移量为 ±15mm（C620 普通车床），因此车削的锥度范围有一定的限制，而且不能车削圆锥孔零件。

用偏移尾座的方法车削圆锥体零件时，可以采用自动进刀车削，且可应用于任何卧式车床。但这种方法由于顶尖在中心孔中会出现歪斜，接触不良，将使中心孔磨损不均，因此，加工工件表面粗糙度值较差。受尾座偏移量限制，不能车削锥角大的工件，不能车削锥孔及整锥体。

采用尾座偏移法车削圆锥面的操作方法及步骤如下。

（1）准备工作

① 车圆柱体及端面。按圆锥大端直径加工圆柱体与圆柱面垂直的端面。

② 精确偏移尾座。尾座顶尖偏移量 s' 的计算及调整主要有以下方面。

a. 尾座顶尖偏移量 s' 的计算。由于用偏移尾座的方法车削时，前后两顶尖的轴心线不在一条直线上，尾座顶尖偏移量 s' 可通过以下公式计算。

当工件全长 l 不等于锥形部分长度 L 时：

$$s' = \frac{l}{2} \times \frac{D-d}{L}$$

$$s' = \frac{l}{2}C \text{ 或 } s'=LS$$

当工件全长 l 等于锥形部分长度 L 时：

$$s' = \frac{D-d}{2}$$

b. 尾座顶尖偏移量 s' 的调整。根据计算出来的偏移量 s'，利用尾座本身的刻度，将尾座上部偏移出计算的 s' 值后，参见图 7-27 所示的尾座偏移步骤，即可车削。

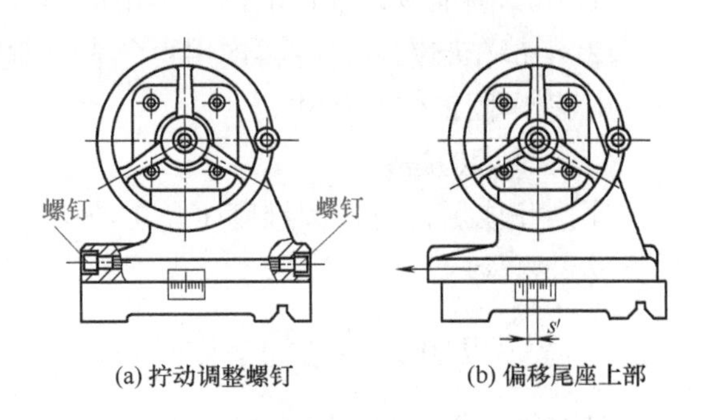

图 7-27 利用尾座刻度偏移尾座的步骤

为了使尾座实际的偏移量与所计算的理论偏移值完全一致，偏移时可按图 7-28 所示的方法进行调整。在小刀架上夹持一只百分表，偏移尾座前，百分表与尾座上精确表面接触，使指针对“0”位。拧动尾座的调整螺钉，使百分表指针的摆动量等于计算出来的尾座偏移量后，再将移动后的尾座固紧。

也可应用锥度量棒（或样件）找正的方法对尾座偏移量进行调整，如图 7-29 所示。

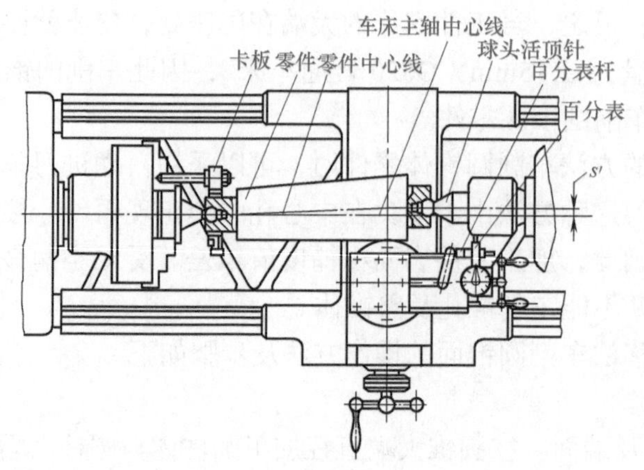

图 7-28 尾座偏移量的调整方法

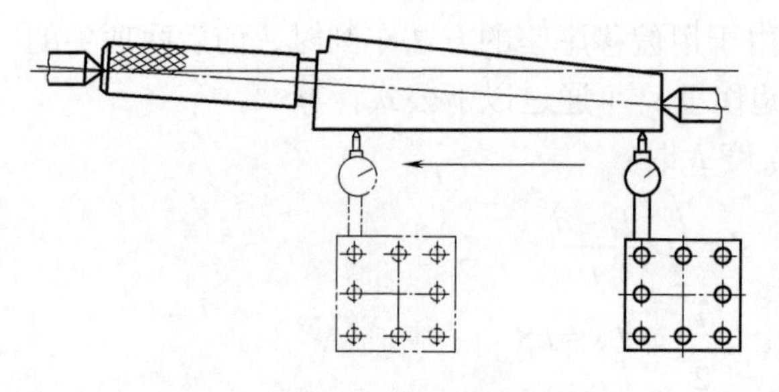

图 7-29 用锥度量棒偏移尾座

此外，为保证尾座的偏移量调整得准确，也可在加工零件前采用车削试验的方法进行调整。

上述方法能使尾座精确偏移，受工件总长变化的影响，只适宜单件加工。

③ 装夹工件。在两顶尖间装夹工件。

（2）车削圆锥操作步骤

① 粗车圆锥体，并校准锥度（用自动进给）。

② 半精车圆锥体，并再次用百分表校对锥度。试车削直至锥度正确。

③ 精车圆锥体至尺寸。

（3）锥度的检查

车削完成后，可按圆锥度（角）或接触面积的检验采用万能角度尺、涂色法的方法进行检验。

7.2.3 宽刃刀车削圆锥的操作方法

较短的圆锥，可以用宽刃刀直接车出，如图 7-30 所示。

宽刃刀车削法实质上属于成形法。因此，宽刃刀的切削刃必须平直，切削刃与主轴轴线的夹角应等于工件的圆锥半角 $\alpha/2$。使用宽刃刀车削圆锥面时，要求车床具有很好的刚性，否则容易引起振动。当工件的圆锥斜面长度大于切削刃长度时，也可用多次接刀的方法加工，但接刀处必须平整。

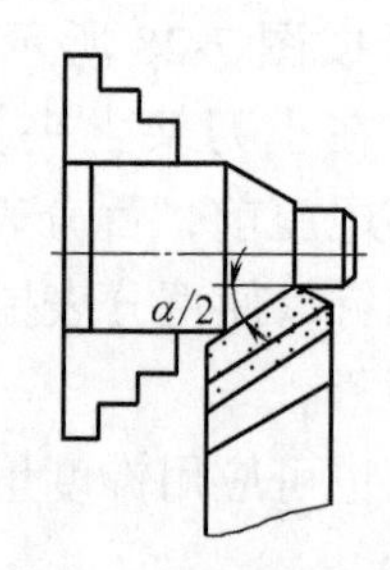

图 7-30 用宽刃刀车锥体

采用宽刃刀车削圆锥面的操作方法及步骤如下。

（1）准备工作

① 宽刃刀的选择。根据工件圆锥半角的度数，选用相应度数主偏角的车刀。一般情况下，切削刃长度应大于圆锥素线长度。切削刃要求平直光洁。

② 宽刃刀的安装。在不影响车削的情况下，车刀伸出长度尽量短些。主切削刃的角度用样板校准或者用万能角度尺校准。

③ 车床调整。选用的车床刚性要好，主轴间隙调整合适，中、小滑板与导轨间隙尽量调整小些。

④ 工件装夹。在不影响切削加工的情况下，工件伸出长度尽量短些，并要夹紧夹牢。

（2）操作要点

① 选用合理的切削用量。切削用量应根据车床状况、刀具及工件材料合理选择。如切削产生抖动，应适当减慢主轴转速。

② 宽刃刀车圆锥的操作要领。当车刀的切削长度大于圆锥素线长度时，将切削刃对准圆锥一次车削成形，如图 7-31（a）所示。开始切削时中滑板进给速度略快，随着切削面积的增大而逐渐减慢，当车到尺寸时车刀应作滞留，以使表面光洁。车削时应把大滑板锁紧。如果切削刃长度小于工件圆锥面长度，要采用接刀的方法车削，如图 7-31（b）所示，但要注意接刀处必须平整。

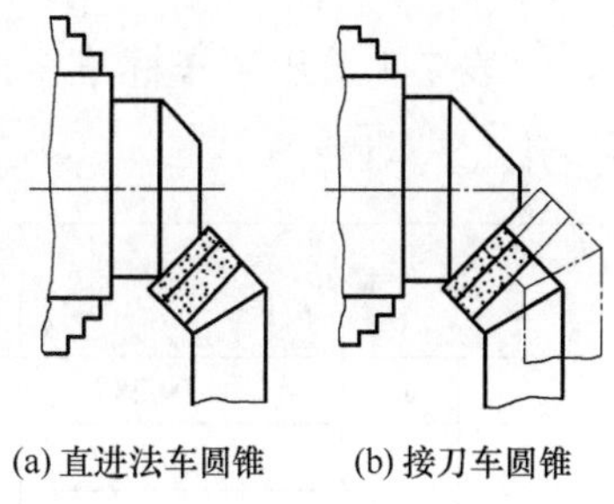

图 7-31 宽刃刀车圆锥

③ 锥度的检查。车削成形的锥度可用万能角度尺进行检查。

7.2.4 其他车削外圆锥面方法的操作

除上述所述的转动小滑板法、偏移尾座法和宽刃刀车削等车削圆锥面的方法外，生产中还常采用用靠模板车削圆锥体、利用专用夹具车削圆锥面及数控车削法等加工方法，各种方法的操作要点如下。

（1）用靠模板车削圆锥体

对于一些长度较长，精度要求较高，而批量又大的圆锥体零件，一般都采用靠模装置进行车削。利用靠模装置是使车刀在做纵向进给运动的同时，还要做横向进给运动，从而使车刀的运动轨迹与被加工零件的圆锥面母线平行。

图 7-32 所示为用于车削圆锥体的一种靠模装置，靠模支架固定于车床床身，靠模支架上面装有靠模板，可绕中心轴旋转而与零件轴心线成一夹角 $\alpha/2$，车削过程中，滚轮紧紧和靠模板工作表面接触，滚轮由滚轮支架同中拖板连接。切削

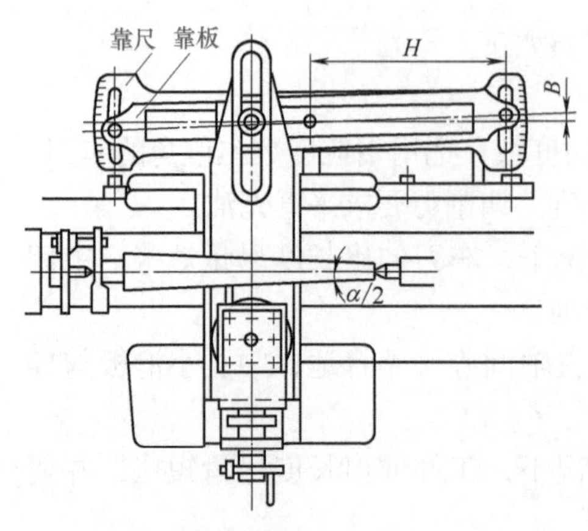

图 7-32 用靠模板车削锥体方法

时为便于进给，小刀架转动 90°（垂直于主轴旋转中心线）或在小刀架上安装一辅助刀架。靠模板转动中心到刻线处的距离 H 称为支距，$\dfrac{\alpha}{2}$ 为靠模板旋转角度，它等于圆锥体的斜角，计算公式与小刀架转动角度相同，B 为靠模板的偏动量。

这种车削方法具有调整方便、准确，可以采用自动进刀车削圆锥体和圆锥孔，质量较高等特点。但靠模装置的角度调节范围较小，一般在 12° 以下。靠模板的偏动量 B 可按以下公式计算：

$$B = H\times\frac{D-d}{2L}=\frac{H}{2}\times\frac{D-d}{L}\ \text{或}\ B=\frac{H}{2}\times C$$

表 7-4 给出了车标准锥度和常用锥度时小刀架和靠模板的转动角度。

表 7-4 车标准锥度和常用锥度时小刀架和靠模板转动角度表

锥体名称		锥度	小刀架和靠模板转动角度（锥体斜角）	锥体名称	小刀架和靠模板转动角度（锥体斜角）
莫氏	0	1 ∶ 19.212	1° 29′ 27″	1 ∶ 200	0° 08′ 36″
	1	1 ∶ 20.047	1° 25′ 43″	1 ∶ 100	0° 17′ 11″
	2	1 ∶ 20.020	1° 25′ 50″	1 ∶ 50	0° 34′ 23″
	3	1 ∶ 19.922	1° 26′ 16″	1 ∶ 30	0° 57′ 17″
	4	1 ∶ 19.254	1° 29′ 15″	1 ∶ 20	1° 25′ 56″
	5	1 ∶ 19.002	1° 30′ 26″	1 ∶ 15	1° 54′ 33″
	6	1 ∶ 19.180	1° 29′ 36″	1 ∶ 12	2° 23′ 09″
30°		1 ∶ 1.866	15°	1 ∶ 10	2° 51′ 45″
45°		1 ∶ 1.207	22° 30′	1 ∶ 8	3° 34′ 35″
60°		1 ∶ 0.866	30°	1 ∶ 7	4° 05′ 08″
75°		1 ∶ 0.652	37° 30′	1 ∶ 5	5° 42′ 38″
90°		1 ∶ 0.5	45°	1 ∶ 3	9° 27′ 44″
120°		1 ∶ 0.289	60°	7 ∶ 24	8° 17′ 46″

靠模板转动角度的调整，可以用正弦规和百分表进行，图 7-33 所示为靠模板转动角度的调整方法。将正弦规与块规紧紧与靠模板的 K 面靠在一起，用百分表校正正弦规 K' 面，看其是否与主轴回转中心线平行。用正弦规和百分表校正靠模板转动角度时，百分表指针摆动范围不大于 0.01mm，块规厚度按下式计算：

$$H=C\sin\alpha$$

式中 H——块规厚度，mm；

C——正弦规中心距离，mm；

α——圆锥体零件的斜度，(°)。

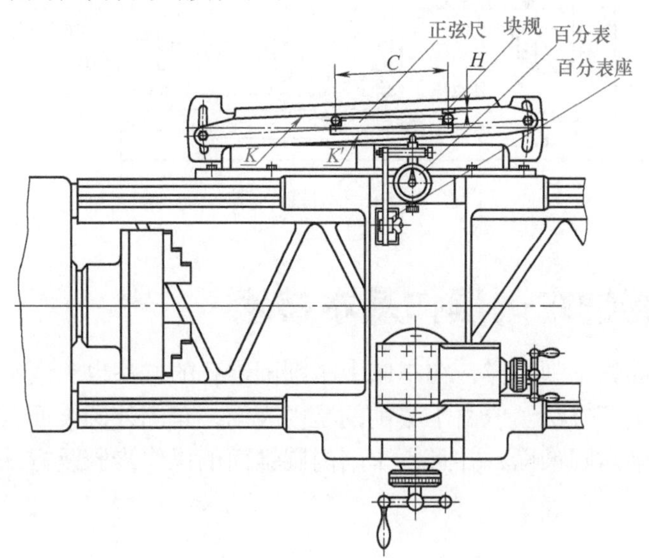

图 7-33 用正弦规和百分表调整靠模板转动角度

（2）利用专用夹具车削圆锥面

对于大量或批量生产的圆锥面零件的车削加工，可采用专用夹具来完成。这样可以提高生产效率和加工质量。

图 7-34 所示的方法，在不调整尾座或转动小刀架的情况下，可以在车削外圆的同时，车削出所需要的短小圆锥体零件。这种方法操作简单，还具有多刀多刃的特点，因而提高了生产效率。

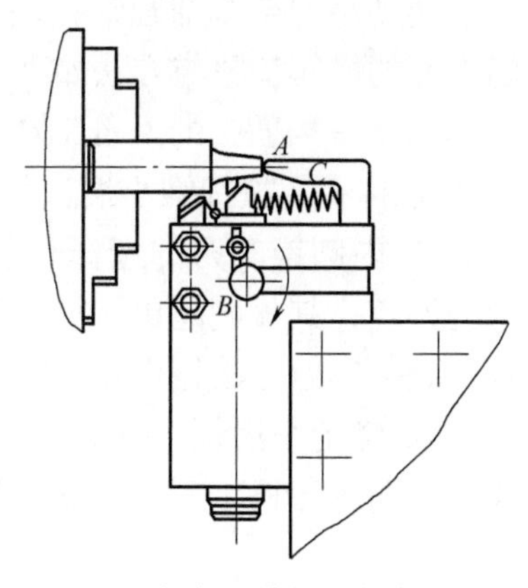

图 7-34 车削圆锥体零件专用夹具

图 7-35 所示为另一种车圆锥的专用夹具。它不仅能用来车圆锥体及圆锥孔，而且还可以车削圆锥螺纹。这种夹具结构简单，制造方便，加工时能自动进给，调节范围也比较大。

（3）数控车削法

数控车削法是将圆锥工件的圆锥半角及尺寸进行数学处理，以数字和代码的形式编制数控程序输入数控车床的控制系统，开启控制系统来控制车床主轴（工件）的旋转运动，控制切削刀具的运动轨迹与圆锥表面母线平行直至重合，车削出圆锥体表面。

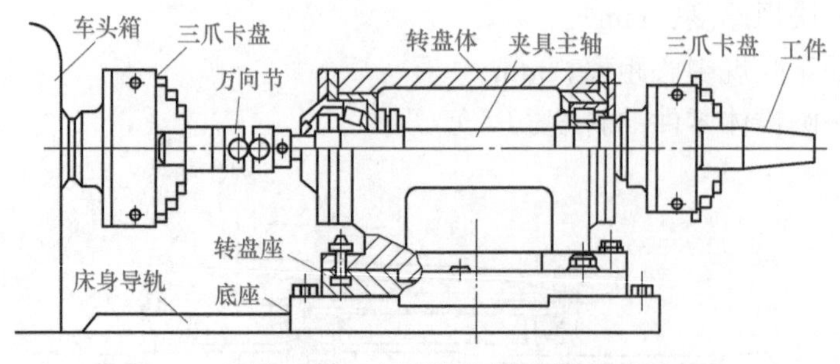

图 7-35 车圆锥专用夹具

7.3 内圆锥车削操作基本技术

与外圆锥面的车削一样，在车床上车削圆锥孔的方法也大致有：转动小滑板法和宽刃刀车削等方法。但由于车削的是内表面，车削外圆锥面常用的偏移尾座法不能用于车削内圆锥面，并且，车削内圆锥面的操作步骤及方法与外圆锥车削也有所不同。

7.3.1 转动小刀架车削圆锥孔的操作方法

转动小刀架车削圆锥孔是内圆锥车削的常用方法之一，采用转动小刀架车削圆锥孔的操作步骤与方法如下。

（1）车内圆锥的准备工作

① 钻孔。按圆锥小端直径尺寸选择钻头钻孔，留余量 1mm ～ 1.5mm。

② 内圆锥车刀的选择和装夹。采用圆锥形的刀杆，并控制刀杆长度。从刀尖为始点，其长度超出被加工锥孔 10mm 左右。刀杆的直径以车削时不碰孔壁为宜。装夹车刀方法与盲孔车刀相同。

③ 确定小滑板转动方向。转动小刀架的角度，使车刀的运动轨迹与零件轴线的夹角等于圆锥斜角 $\alpha/2$，车内锥孔时，小滑板转动的方向与车外圆锥时恰好相反。

（2）车内圆锥的步骤

① 粗车。车削内圆锥时，可先利用小滑板手动进给粗车圆锥孔，测量圆锥孔的大端尺寸，留余量 2mm。

② 校准圆锥孔的角度。先按计算所得的角度初次转动小刀架车削圆锥孔。当圆锥塞规能塞进 1/2 ～ 2/3 深时停车（在校正前，每次车削的吃刀深度不宜过大）。清理锥孔内表面，沿圆锥面的三个均布位置顺着锥体母线涂上一层显示剂（如白粉笔、红丹粉等），把圆锥塞规放入锥孔内，靠住锥面在半圈范围内来回转动。随后取出观察，如果锥体的小端处有摩擦痕迹而大端处没有，则说明锥孔的

锥度过大，必须适当减小刀架的转动角度。如果出现相反现象，即大端处有摩擦痕迹，而小端处没有摩擦痕迹，则说明锥孔的锥度过小，必须适当增大小刀架的转动角度。调整转角后，再少量进给车削一刀，再重复上述方法进行检查校正。如此反复进行，直到圆锥塞规上摩擦痕迹均匀时为止。圆锥塞规上摩擦痕迹均匀，说明小刀架转角已符合工件锥度的精度要求，可以进行圆锥孔工件的精确加工了。

③ 精车圆锥孔。圆锥孔的精车操作技法与“7.2 外圆锥车削操作基本技术”所述的圆锥精车相同。应该注意的是：精车圆锥孔过程中，锥孔尺寸的控制主要依据工件生产批量的不同，而采用不同的测量方法进行控制。

a. 卡钳和千分尺测量法。卡钳和千分尺测量法主要适用于单件或小批量加工，其测量方法与内孔的测量基本相似。由于锥体有斜度，所以在测量时，卡钳或千分尺除了必须和工件的轴线垂直外，还要注意在测量孔径时内卡钳脚要卡在锥孔的口上；在测量锥体直径时，要卡在锥体最大端或最小端处。

b. 圆锥塞规测量法。该方法主要用于工件批量较大的情况。如图 7-36（a）所示在圆锥塞规上根据工件的直径尺寸和公差刻两根圆周线表示过端和止端。在测量锥孔时，如果锥孔的大端平面在两条刻线之间，说明锥孔最大圆锥直径尺寸符合公差要求；如果超过了止端刻线，说明锥孔尺寸已超过公差范围；如果两条刻线都没有进入锥孔，则说明锥孔尺寸还小，需再车去一些。

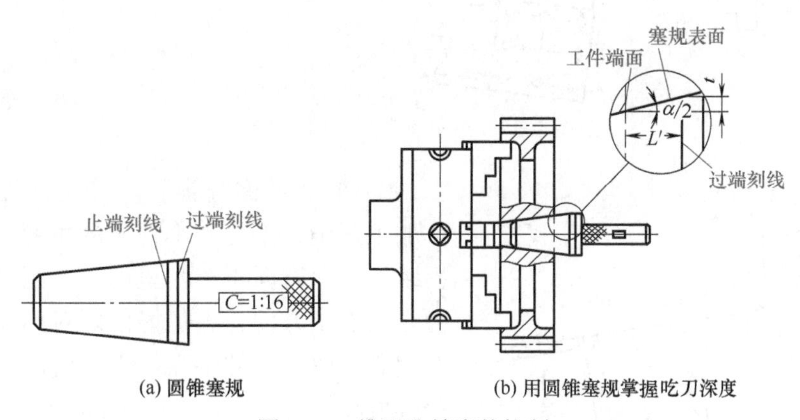

(a) 圆锥塞规　(b) 用圆锥塞规掌握吃刀深度

图 7-36　锥形孔精度的控制

当圆锥孔的最小圆锥直径尺寸需要控制时，可以按最小圆锥直径尺寸及公差要求在圆锥塞规上刻出控制线来进行测量。

当锥孔的轴向位置有精度要求时，还需控制它的尺寸基准面至圆锥塞规刻线之间的距离，使其符合工件的装配要求。

如图 7-36（b）所示，假使在使用圆锥塞规测量锥孔时，工件锥孔大端平面离开圆锥塞规过端线的距离为 L'，则吃刀深度 t 值可按下式求得：

$$t = L' \tan\frac{\alpha}{2} \text{ 或 } t = \frac{CL'}{2}$$

如工件的锥孔锥角为 3°，用圆锥塞规测量时，工件锥孔大端平面距离圆锥塞规的过端线 L'=4mm。则吃刀深度 t。

$$t = L' \tan\frac{\alpha}{2} = 4 \times 0.026 = 0.104\text{mm}$$

即吃刀量要加深 0.104mm。若车床中拖板刻度值每格为 0.05mm，则应转过二个格稍多一些进行车削就能使锥孔尺寸符合要求。

④ 检查锥度。内圆锥的检查方法与外圆锥相同。

（3）车内圆锥的注意事项

① 车削配套圆锥面。车削配套圆锥面时，应先把外锥体车削正确，这时不要变动小刀架的角度，只需把车刀反装，使刀刃向下（主轴仍正转），然后车削圆锥孔。由于小刀架角度不变，因此可以获得很正确的圆锥配合表面，如图 7-37 所示。

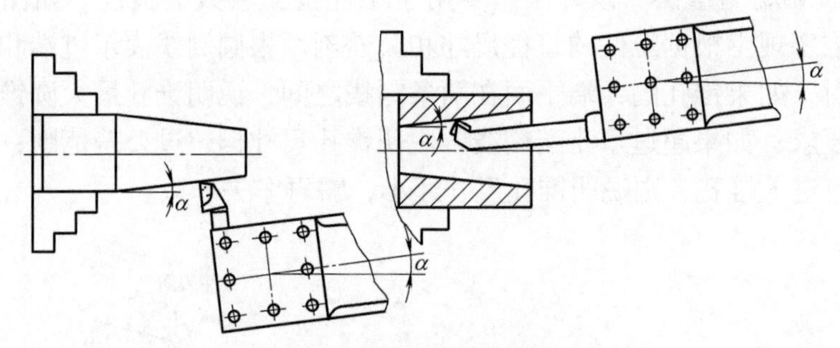

图 7-37　车削配套圆锥面的方法

② 车削对称圆锥孔。首先把外端圆锥孔加工正确，不变动小刀架的角度，把车刀反装，摇向对面再车削里面一个圆锥孔。这种方法加工方便，不但能使两对称圆锥孔锥度相等，而且工件不需卸下，所以两锥孔可获得很高的同轴度，如图 7-38 所示。

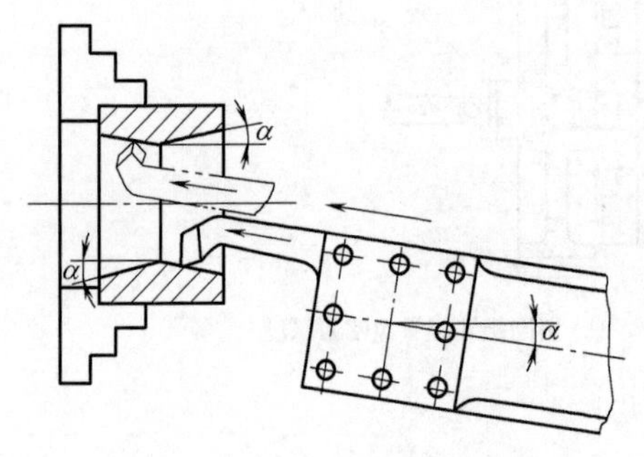

图 7-38　车削对称圆锥孔的方法

7.3.2　用靠模板车削圆锥孔的操作方法

当工件锥孔的圆锥斜角小于 12° 时，可采用靠模板方法加工，加工方法与车外锥面相同。只是靠模板扳转位置相反。

7.3.3　用锥形铰刀铰削圆锥孔的操作方法

在加工直径较小的圆锥孔时，因为刀杆强度较差，难以达到较高的精度和表面粗糙度，这时可以用锥形铰刀来加工。用铰削方法加工的锥孔精度比车削加工时高，表面粗糙度可达 $Ra1.6 \sim 0.8\mu m$。

（1）锥形铰刀

锥形铰刀有米制铰刀和莫氏锥度铰刀两类。每一类型中，有手用和机用铰刀两种。每一种铰刀又可分为粗铰刀和精铰刀。粗铰刀的槽数较少，容屑空间大，且刀刃上有一条螺旋分屑槽，使切屑容易排出。精铰刀做成锥度很正确的直线刀齿，并留有很小的棱边，以保证锥孔的精度，如图 7-39 所示。

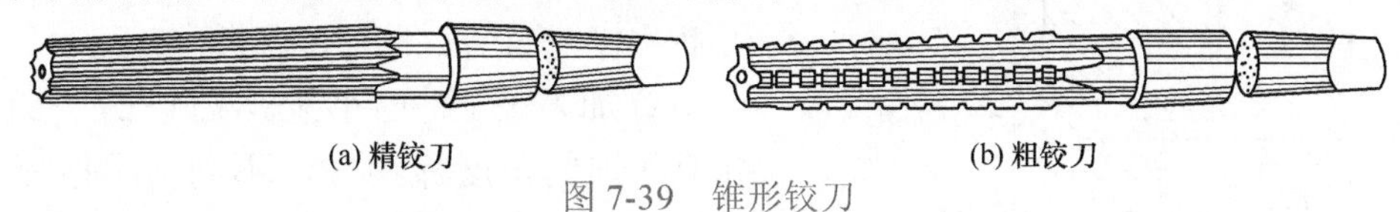

(a) 精铰刀　　(b) 粗铰刀

图 7-39　锥形铰刀

（2）铰削圆锥孔的准备工作

① 铰孔前，先要用圆柱试棒和百分表校对尾座中心，调整尾座中心与主轴轴线重合。

② 按材料选择切削液。铰削时，要加注充足的乳化液或切削油（铰铸铁时使用煤油），以减小切削阻力和表面粗糙度。

③ 选择合理的切削用量。铰孔时，进给量要根据工件材料及铰刀锥度的大小合理选择。锥度大，进给量应小些；反之，进给量大些。切削速度选择在 5.8m/min 以下。

（3）铰圆锥孔的方法

铰圆锥孔的方法有两种：当锥孔的直径和锥度较小时，可采用比锥孔小端直径尺寸小 0.2 ～ 0.5mm 的钻头钻孔（最好先用中心钻钻出定位孔）。钻孔后可直接用粗铰刀粗铰，再用精铰刀铰削成形。锥孔的直径和锥度较大时，钻孔后先粗车成锥孔，并且保留 0.2 ～ 0.3mm 的铰削余量，再用精铰刀铰孔。

（4）铰削内圆锥孔控制深度的方法

铰削内圆锥孔时要注意深度控制。控制方法是：利用尾座套筒刻度来控制铰刀伸进圆锥孔的长度，或在铰刀上作锥孔长度标记。

7.4 圆锥件的车削典型实例

不同结构及形状的零件，其所采用的加工工艺是不同的，甚至同一个零件在不同的生产批量、不同的企业时，其加工工艺也有所不同，以下通过一些典型实例具体说明圆锥工件的车削操作方法。

7.4.1 锥齿轮轮坯的车削操作

图 7-40 所示为锥齿轮轮坯的加工图，图中未标注表面的表面粗糙度为

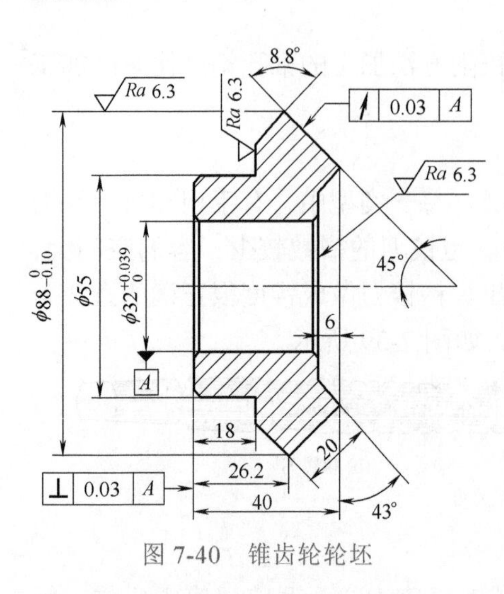

图 7-40 锥齿轮轮坯

*Ra*3.2μm，图中未注倒角为 1×45°，零件材料为 45 热轧钢，毛坯尺寸 $\phi95\times46$，加工数量 10 件。

（1）工艺分析

① 工件有较高的位置精度要求（垂直度和锥面径向圆跳动不大于 0.03mm），而且不能全部采用“一刀落”的加工方法，因此，在加工中可采用杠杆百分表进行校正。

② 加工该工件时小拖板要转三个角度。由于圆锥的角度标注方法不同，小拖板不能直接按图样上所标注的角度去转动，必须经过换算。

③ 车削齿面角和齿背角时，可用万能角度尺或样板测量各角度。车削内孔可用光滑塞规或内径百分表测量。

④ 车削工件的齿面角和齿背角时，应使两锥面相交外径上留 0.1mm 的宽度。

（2）加工步骤

综合上述工艺分析，可确定零件的车削加工步骤如表 7-5 所示。

表 7-5 锥齿轮坯的车削加工步骤 单位：mm

序号	加工内容及技术要求	刃具	量具
1	检查毛坯尺寸，用三爪自定心卡盘夹持毛坯外圆长 15，校正、夹紧		
2	车端面（车平即可），车外圆至 $\phi90$	45°弯头刀、90°偏刀	游标卡尺
3	工件调头夹持 $\phi90$，外圆长 15 校正、夹紧		
4	①粗、精车端面（总长 40，留 1mm 余量） ②粗、精车 $\phi55$ 及轴向尺寸 18 ③钻、扩孔（孔径 $\phi32$ 留 1mm 余量） ④倒两处角（内孔倒角应为 1.5×45°）	45°弯头刀、90°偏刀、麻花钻	游标卡尺
5	工件调头夹持 $\phi55$ 外圆，长 12，用杠杆百分表校正工件反平面（跳动量不大于 0.03），夹紧		杠杆百分表
6	①精车端面至总长 40 ②精车外圆 $\phi88_{-0.10}^{\ 0}$ ③逆时针方向旋转小拖板 45°，车削齿面角，保证圆锥面长 20 ④小拖板复位后再顺时针方向旋转 47°车齿背面 ⑤车内锥面，深 6 ⑥小拖板复位，精车内孔至尺寸 $\phi32_{\ 0}^{+0.039}$ ⑦内孔倒角 1×45°	45°弯头刀、90°偏刀车孔刀	游标卡尺、外径千分尺、万能角度尺或样板、$\phi32H8$ 塞规或内径百分表
7	检验		

7.4.2 精密圆锥体的车削操作

图 7-41（a）及图 7-41（b）所示的精密圆锥体零件，其圆锥体部分各尺寸的制造精度要求比较严格，除了锥形长度、斜度要求相同以外，所不同的是圆锥直径尺寸公差，前者标注在小端直径上，后者标注在大端直径上。

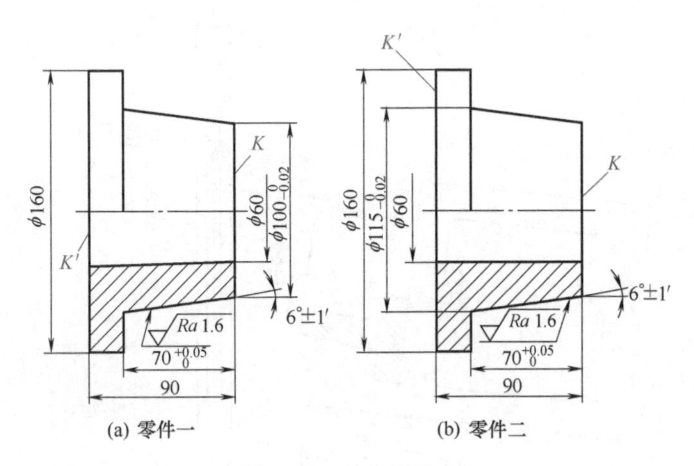

(a) 零件一　　(b) 零件二

图 7-41　精密圆锥体

（1）工艺分析

所谓精密圆锥面，是指在圆锥面零件的各部分尺寸中，组成圆锥面的基本要素具有严格的制造公差，如直径（D 或 d）和锥形长度 l 的制造公差在 ±0.01 ～ ±0.05mm 范围内，斜角 α 的制造公差在 ±30″ ～ ±3′ 的范围内。

精密圆锥面零件的车削和测量，具有一定的难度。在成批生产中，一般采用专用设备进行加工和测量；对于单件生产，特别是在无专用设备的情况下，精密圆锥面的车削和测量，可由万能工艺方法来完成。

图示两种圆锥体在车削方法上基本相同，但在测量与计算方法上有所不同。

（2）加工步骤

根据上述分析，上述圆锥体的车削加工步骤为以下方面。

圆锥体零件在精加工前先进行粗车，然后淬火（HRC33 ～ 38），并平磨两端面 K 及 K'（两平面不平行度不大于 0.01mm），作为装夹校正和测量的基准。为了保证零件的精度，在精车前，还需要进行半精车，留出 0.5 ～ 1mm 的精加工余量，采用转动小刀架的方法进行零件圆锥体部分的车削。

零件经过半精加工后，需对圆锥体进行测量，测量方法如图 7-42 所示，将零件安装在方箱上，用正弦规和百分表测量圆锥体，正弦规所垫块规厚度由下式计算：

$$H=C\sin\alpha$$

式中 H——块规厚度，mm；

C——正弦规中心距离，mm；

α——圆锥体斜角，(°)。

若所应用正弦规中心距为 200mm，故 $H=200\times\sin6°=2.09$（mm）

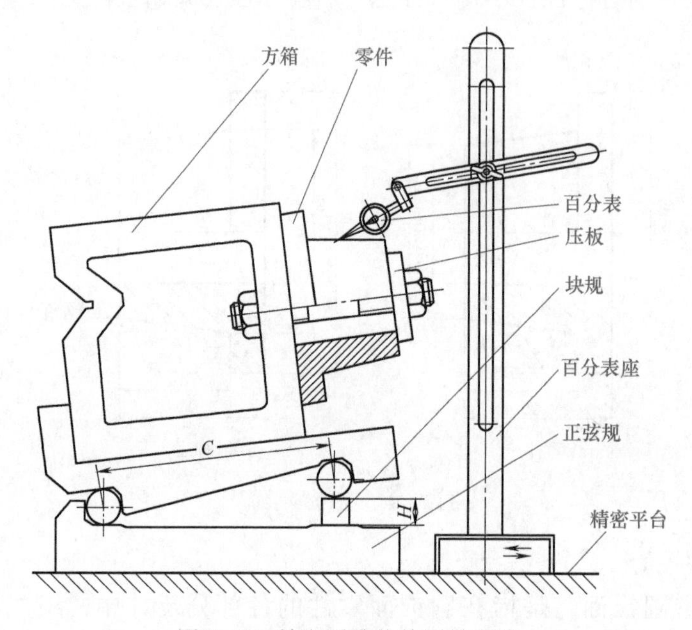

图 7-42 精密圆锥体的测量方法

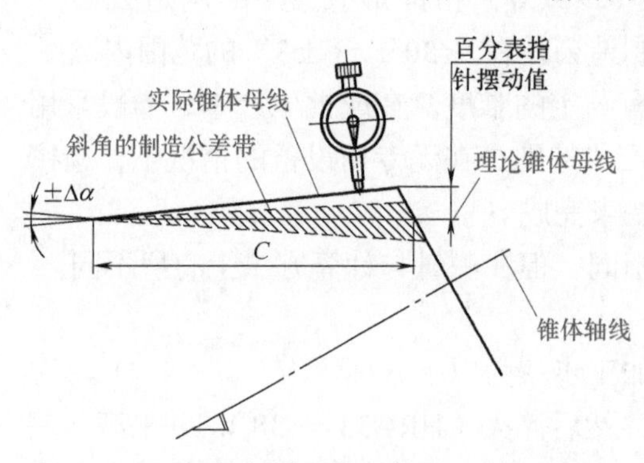

图 7-43 根据斜角公差带推算百分表的摆动值

测量时，百分表表头首先与圆锥体外端的最高点接触，然后由小端直径向大端直径测量圆锥体母线上各个最高点，如果在零件锥形长度上，百分表的指针摆动值不大于 ±0.02mm，则说明斜角在 ±1′ 的公差范围内。这是根据图 7-43 所示的公差带三角关系，可以推算出斜角相差 ±1′ 时，百分表指针的摆动值（这种推算方法，实质上把角度偏差换算成实际圆锥体母线与理论圆锥体母线的平行度偏差。当角度偏差为 ±1′ 时，则换算成平行度偏差在 100mm 长度上为 0.0291mm）。

该零件圆锥体部分的精车也是用转动小刀架完成。精车前需根据零件半精车以后的测量结果，校正小刀架的转动角度，校正方法如图 7-44 所示。

将零件重新装夹在四爪卡盘上，用百分表校正零件端面 K 及圆锥体 A，其偏摆和跳动量均不大于 0.0lmm，然后将零件轻轻夹紧，以免变形。假如零件经半精车后，测量结果是正确的，则零件校正后，小刀架不需要调整，精车零件至尺寸要求。假如测量结果不正确，由零件的小端至大端相差0.1mm，这时要以零件圆锥体母线为基准来调整小刀架。

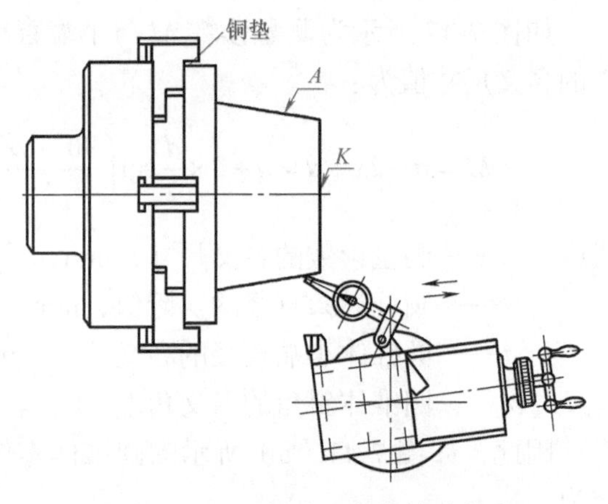

图 7-44 校正小刀架的转动角度

调整时，零件中心线、百分表表头与零件圆锥体表面的接触点以及刀具尖点均应在同一水平面内，如图 7-45 所示。然后摆动小刀架，使百分表表头沿圆锥体母线均匀移动，使百分表指针的摆动值与测量时的摆动值相差一半（即由小端至大端相差0.05mm）。小刀架调整好以后，便可进行圆锥体零件的精车。

圆锥体斜角的加工精度，可以用调整小刀架的转动角度来达到，因此，精车圆锥体零件时，关键在于如何保证圆锥体小端直径 $\phi100\ _{-0.02}^{\ 0}$ mm，以及保证锥形长度 $70\ _{\ 0}^{+0.05}$ mm［图 7-41（a）］，或保证圆锥体大端直径 $\phi100\ _{-0.02}^{\ 0}$ mm［见图 7-41（b）］，主要取决于测量结果的准确程度。

为了得到准确的测量结果，圆锥体小端直径可按如图 7-46 所示的间接测量法测量，将一块平直的平铁（表面 K 的不平度不大于 0.005mm）靠在零件端面上，并用尾顶针轻轻顶住，两个直径 $\phi10$mm 的圆柱量棒，按图 7-46 所示的位置安放，用百分表测量两圆柱量棒最外端两点 A 和 B 之间的垂直距离，便可得到实际测量读数 M。测量读数的名义尺寸由小端直径的名义尺寸 $\phi100$mm［图 7-41（a）］换算得出，测量读数的公差范围与小端直径的制造公差相同。

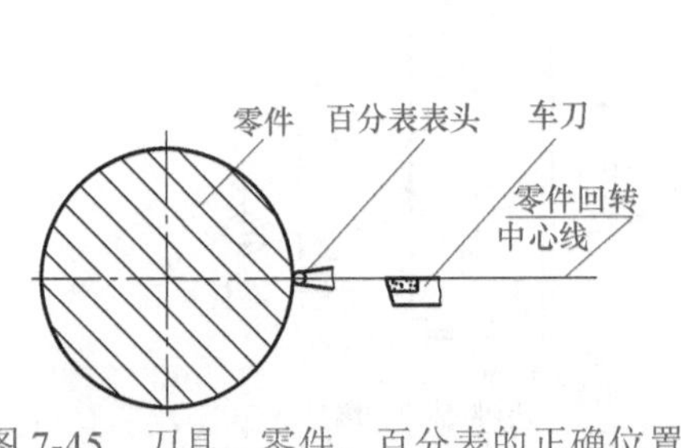

图 7-45 刀具、零件、百分表的正确位置

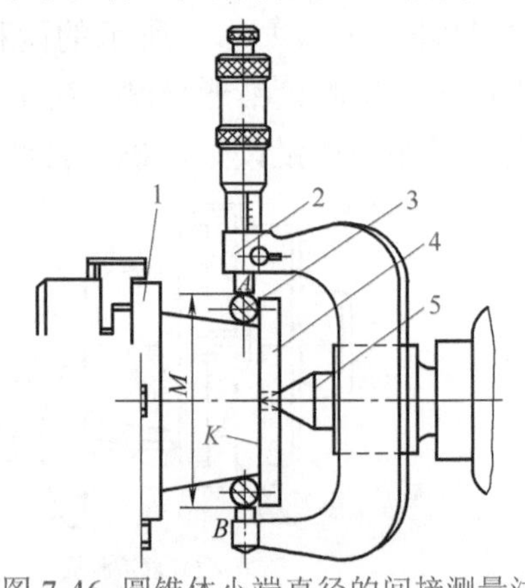

图 7-46 圆锥体小端直径的间接测量法

1—工件；2—外径千分尺；3—圆柱量棒；4—平铁；5—顶尖

如图 7-47 所示为测量读数 M 与小端直径的几何关系，可按下式换算测量读数的名义尺寸值为：

$$M=a+2x+d=a+2\times\frac{d}{2}\cot\left(\frac{90^\circ-\alpha}{2}\right)+d=a+d+d\cot\left(\frac{90^\circ-\alpha}{2}\right)$$

式中　M——测量读数的名义尺寸，mm；

d——圆柱量棒直径的实际值，mm；

a——圆锥体小端直径的名义尺寸，mm；

α——圆锥体斜角的名义角度，(°)。

因此，如图 7-41（a）所示的圆锥体零件加工实例中，测量读数的名义尺寸值为

$$M=100+10+10\times\cot\left(\frac{90^\circ-6^\circ}{2}\right)=100+10+10\times\cot42^\circ=121.106\ (\text{mm})$$

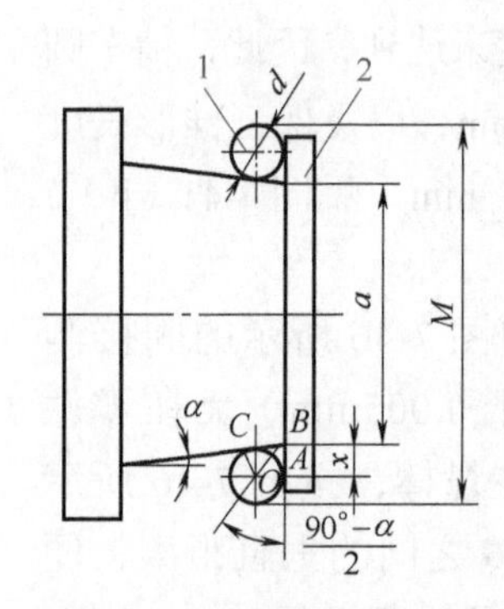

图 7-47　测量圆锥体小端直径与读数 M 的几何关系

1—圆柱量棒；2—平铁

将实际测量所得的读数值与 $121.106_{-0.02}^{\ 0}$mm 相比较，便可知道圆锥体零件的小端直径是否符合其制造公差。

如图 7-41（b）所示，圆锥体零件的直径尺寸标注在大端（$\phi115_{-0.02}^{\ 0}$mm），由于圆柱量棒安放在大端直径容易向圆锥体小端直径方向滑移，且量棒与圆锥体接触情况不良，操作不便，因此在测量时先换算到小端直径尺寸，然后再按图 7-46 所示的方法进行测量。换算时，锥形长度应按实际数值代入（即 $70_{\ 0}^{+0.05}$mm），否则，会造成测量误差的增大。

圆锥体零件在精加工过程中，其锥形长度按图 7-48 所示的两种方法进行测量。其中：图 7-48（a）所示为用深度千分尺测量锥形长度，测量时，深度千分尺的基面应该平直贴合在零件的端面，以保证测量读数准确，且测量基准完全重合；图 7-48（b）所示为用量块

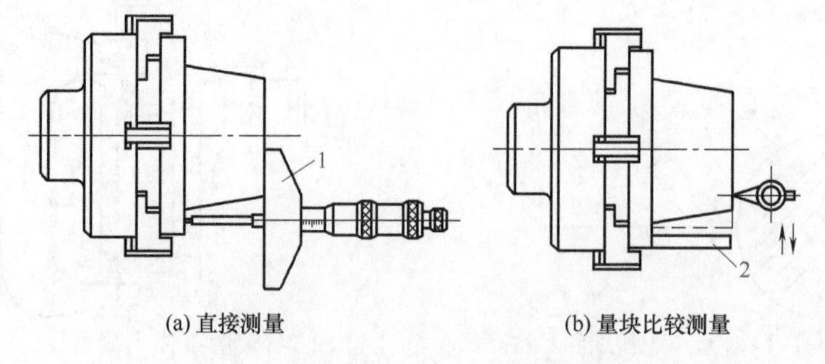

(a) 直接测量　　(b) 量块比较测量

图 7-48　圆锥长度尺寸的测量

1—深度千分尺；2—量块

比较法测量锥形长度。操作时，百分表安装在小刀架上，摇动中拖板，使百分表头分别与量块表面和零件端面接触，将测得两读数进行比较，便可知道零件锥形长度的实际值。用量块比较法测量锥形长度时，量块高度 H 等于零件锥形长度的名义尺寸。

7.4.3 精密圆锥孔的车削操作

图 7-49（a）及图 7-49 所示的精密圆锥孔零件，其圆锥孔部分各尺寸的制造精度要求比较严格，其中：图 7-49（a）所示零件将圆锥孔直径公差标注在大端直径上（$\phi115\pm0.02$mm）；图 7-49（b）所示零件将圆锥孔直径公差标注在小端直径上（$\phi100_{-0.02}^{0}$mm）。

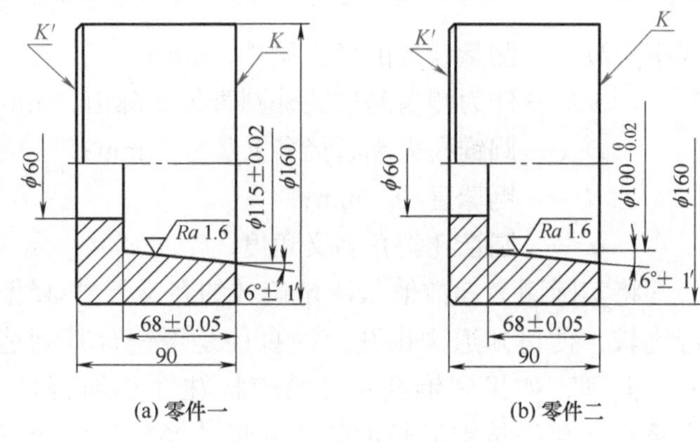

图 7-49 精密圆锥孔零件

（1）工艺分析

该零件材料为 45 号钢，要求热处理后硬度 HRC33 ～ 38；K 对 K' 表面不平行度不大于 0.02mm，并对圆锥孔表面跳动量不大于 0.02mm。零件的圆锥孔尺寸精度要求比较高，属精密圆锥孔。精密圆锥孔的车削和测量方法与精密圆锥体大同小异，但在车削与测量方面比较复杂。

（2）加工步骤

根据零件的结构及技术要求，可按以下车削步骤进行加工。

零件粗车后，留精车余量，经淬火后磨削 K、K' 两表面，作为装夹、校正和测量基准。

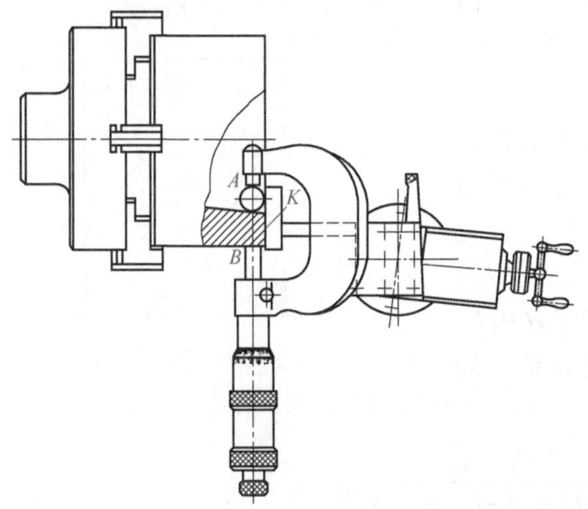

图 7-50 圆锥孔零件的间接测量法

转动小刀架角度精车圆锥孔时，圆锥孔斜角及锥形长度的测量均与精密圆锥体相同，参见图 7-42、图 7-48。

精密圆锥孔的测量与精密圆锥体有所不同，其测量方法如图 7-50 所示。测量前，先精车 $\phi160$mm 的外圆，测出该直径的实际值，作为测量基准。测量时，将平铁靠在 K 面上，在小刀架上夹持一长方形铁块，用于将平铁顶住，

直径 ϕ10mm 的钢球按图 7-50 所示的位置安放，用千分尺测量钢球最高点 A 和直径 ϕ160mm 外圆最高点 B 之间的距离，便可得实际测量读数 M。同样，测量读数的名义尺寸，可由大端直径的名义尺寸推算得出，而测量读数的公差，则为大端直径制造公差的一半。

如图 7-51 所示的几何关系，测量读数 M 的名义尺寸，按下式计算：

$$M=\frac{d}{2}+x+x_1=\frac{d}{2}+\frac{a-D}{2}+\frac{d}{2}\cot\left(\frac{90^\circ-\alpha}{2}\right)=\frac{a-D}{2}+\frac{d}{2}\left[\cot\left(\frac{90^\circ-\alpha}{2}\right)+1\right]$$

式中 M——测量读数的名义尺寸，mm；

a——作为测量基准的外圆直径实际值，mm；

D——圆锥孔大端直径名义尺寸，mm；

d——钢球直径，mm；

α——圆锥孔斜角名义角度，(°)。

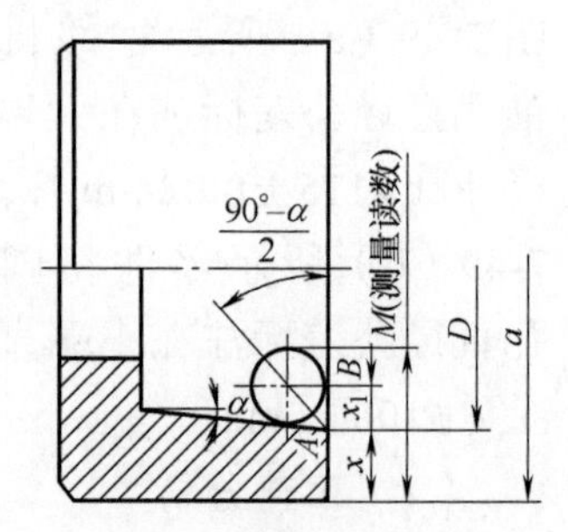

图 7-51 测量圆锥孔大端直径与读数 M 值的几何关系

将实际测量读数值与测量读数的名义尺寸 M 值进行比较，便可知道圆锥孔大端直径是否符合其制造公差，同理，如果圆锥孔尺寸公差标注在小端直径上，则将小端直径按锥形长度的实际尺寸换算为大端直径后，再按上述方法测量。

应该说明的是：上述方法仅适用于圆锥孔直径较大的零件，对于圆锥孔直径较小（小于30mm）的零件，由于受圆锥孔深度和直径的限制，其车削方法与测量方法有所不同。车削较小直径的圆锥孔零件时，刀杆的刚性和强度较差，因此选用截面为椭圆或棱形的刀杆，以提高其刚性，车削时，切削用量不宜过大，并使用冷却润滑液。

关于圆锥孔较小直径的零件圆锥孔斜角测量方法有两种：一种是采用标准锥度量规着色研合，密合程度根据需要应在 70% 以上；另一种是把两个直径不同的钢球，分别放入圆锥孔内，用深度千分尺测量钢球顶点深度 H 和 h，代入下式即可求出零件圆锥孔的斜角 α 值，如图 7-52 所示。

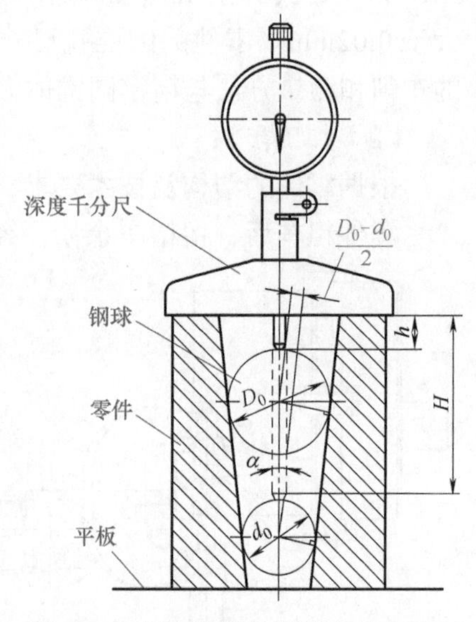

图 7-52 用钢球测量精密圆锥孔较小直径的斜角

$$\sin\alpha=\frac{D_0-d_0}{2(H-h)-(D_0-d_0)}$$

式中　α——圆锥孔的斜角，(°)；

D_0——大钢球直径，mm；

d_0——小钢球直径，mm；

H——小钢球最高点与零件端面的距离，mm；

h——大钢球最高点与零件端面的距离，mm。

精密圆锥孔较小直径的测量方法很多，例如使用圆锥量规，刻有过端与止端两条圆周线，如果圆锥孔的大端平面在两条刻线之间，说明圆锥孔大端直径符合公差要求，如果超过了止端刻线，说明圆锥孔尺寸已经超过公差范围；如果两条线都没有进入圆锥孔，则说明圆锥孔尺寸太小，尚未车削到尺寸。另外，用圆锥量规还可以测量圆锥零件的着色研合程度。

图 7-53 所示为用圆柱量棒测量圆锥孔大端（或小端）直径的方法。测量时，将一斜角同零件圆锥孔斜角相同的圆锥量规置入圆锥孔中，两个直径完全相等的圆柱量棒，按图 7-53 所示的位置安放，然后用外径千分尺测量两个量棒外端 A 和 B 之间的垂直距离 C，代入下式即可求出零件圆锥孔大端直径 D 尺寸：

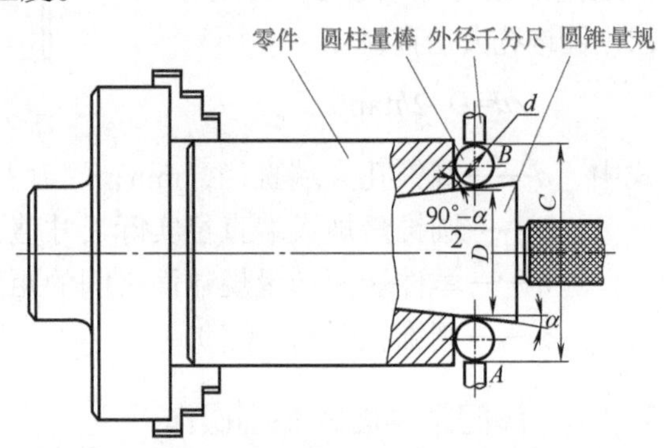

图 7-53　用圆柱量棒测量圆锥孔的较小直径尺寸

$$D = C - d - 2\left[\frac{d}{2} \times \cot\left(45^\circ - \frac{\alpha}{2}\right)\right]$$

式中　D——圆锥孔大端直径，mm；

C——实际测量读数值，mm；

d——圆柱量棒直径，mm；

α——圆锥孔斜角，(°)。

图 7-54 所示为用钢球测量圆锥孔的较小直径尺寸的另一种方法。测量时，将一适当直径的钢球放入圆锥孔内，用百分表、块规测量钢球最高点至零件端面的高度 h，然后代入下式，便可求出大端直径 D 的尺寸：

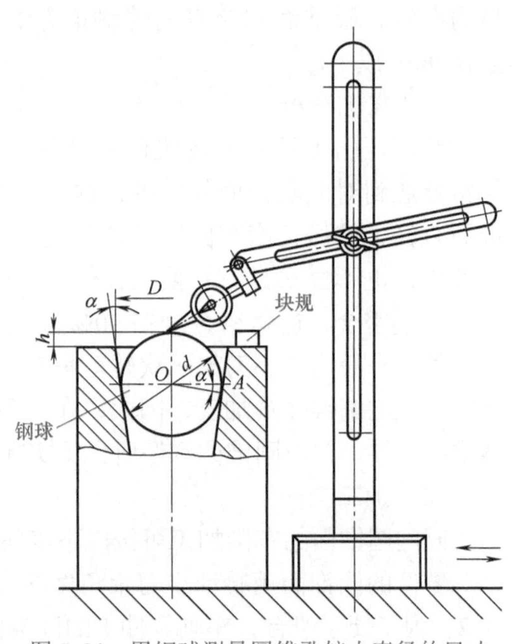

图 7-54　用钢球测量圆锥孔较小直径的尺寸

$$D = \frac{d}{\cos\alpha} + (d - 2h)\tan\alpha$$

式中　D——圆锥孔的大端直径，mm；

d——钢球直径，mm；

h——钢球最高点至零件端面的 高度，mm；

α——圆锥孔斜角，(°)。

图 7-55 所示为用块规和百分表测量圆锥孔直径的另一种方法。测量时，将一圆锥量规置于圆锥孔零件中，并先测得量规大端直径实际尺寸值，然后用块规和百分表测量零件端面和量规端面之间的距离 h，代入下式便可求出圆锥孔大端直径 d：

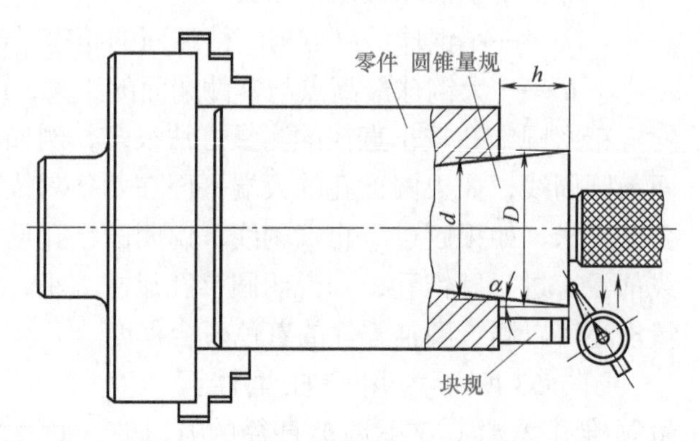

图 7-55　用块规和百分表测量圆锥孔直径

$$d=D-2h\tan\alpha$$

式中　d——圆锥孔大端直径，mm；

D——圆锥量规大端直径实际尺寸值，mm；

h——零件端面和量规端面之间的距离，mm；

α——圆锥孔斜角，(°)。

7.4.4　阀门圆锥面的车削操作

图 7-56 所示为阀门圆锥面零件的结构图，零件材料为黄铜，圆锥面配合表面的斜角为 1°30′，密合度应在 90% 以上。

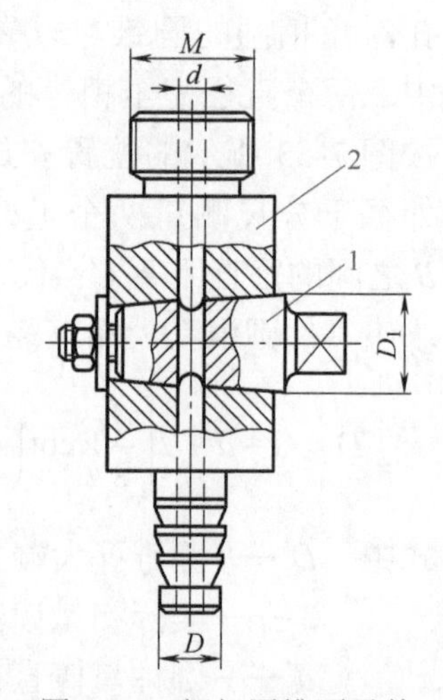

图 7-56　阀门圆锥面零件

1—圆锥孔零件；2—圆锥体零件

（1）工艺分析

在液压、工具零件及机修配件等零件的生产中，经常会遇到对配圆锥面的车削，这类零件的特点是圆锥面直径、锥形长度和圆锥斜角并无严格要求，一批零件中，也不要求具有互换性，但一对圆锥面的锥度却严格地密合，通常密合度在 90% 以上，以保证精确的定心和良好的密合。这类零件，一般均在小刀架一次转动角度的情况下，完成内外圆锥的对配车削。又因圆锥孔比圆锥体难加工，因此，在大多数情况下，先车削圆锥体零件，再车削圆锥孔零件，并与圆锥体零件研合（实际上起到测量圆锥孔的作用）。

（2）加工步骤

阀门圆锥面的车削加工可按以下步骤进行。

零件的圆锥面用转动小刀架角度的方法进行车削，先车削零件 1，后车削零件 2，为了便于研合，车削零件 1 的圆锥体时，圆锥体大端直径应位于尾座一侧。

车削零件 2 的圆锥孔时，零件用四爪卡盘装夹，车削时，车刀尖点应与车削零件 1 时的车刀尖点保持同样的高度，车削后，将零件 1 置于零件 2 的圆锥孔中，以机油加研磨膏作研磨剂，对配研合，即可较容易地达到 90% 的密合度。车削对配圆锥面的要点，在于小刀架转动的角度上，无论车削圆锥体或圆锥孔，都不得变动小刀架已转动的角度。

图 7-57 所示为阀门零件两个对配圆锥面的车削方法。

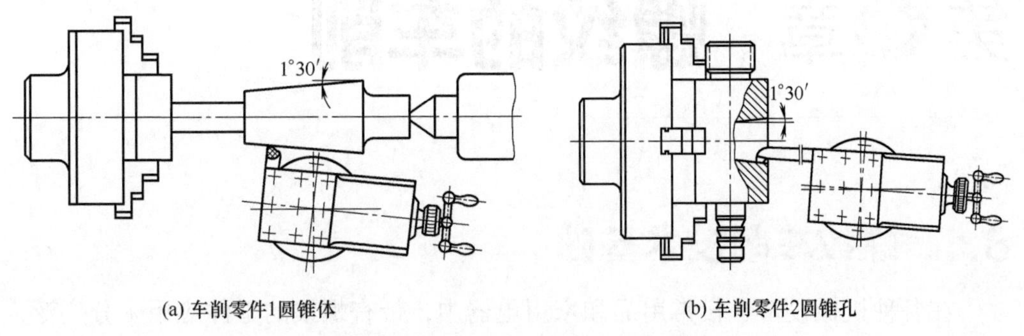

(a) 车削零件1圆锥体　　(b) 车削零件2圆锥孔

图 7-57　车削对配圆锥面零件的方法

第8章 螺纹的车削

8.1 螺纹车削技术基础

在各种机械设备、日常用品和家用电器中，带有螺纹的零件应用十分广泛，如螺栓、螺母、螺钉和丝杠等。它们在实际生产应用中主要起着连接、紧固、测量、调节、传递、减速等作用。

螺纹的加工方法很多，在专业生产中广泛采用滚丝、轧丝和搓丝等一系列先进工艺。而在一般机械厂，通常还是采用车削方法进行加工。

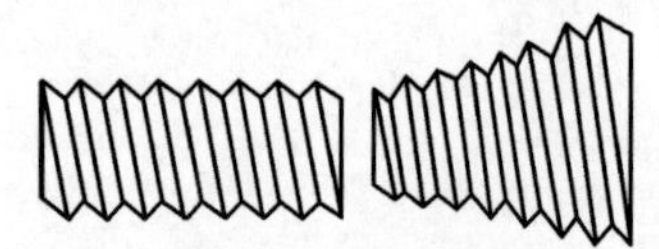
(a) 圆柱螺纹　(b) 圆锥螺纹

图 8-1　圆柱螺纹和圆锥螺纹

8.1.1　螺纹的种类、代号及标注

螺纹的种类繁多，通常主要按螺旋线形状、牙型特征、螺旋线的旋向和线数及螺纹的用途分类。按螺旋线形状可分为圆柱螺纹和圆锥螺纹，如图 8-1 所示。

按螺纹牙型特征可分为管螺纹、矩形螺纹、梯形螺纹、锯齿形螺纹及圆弧螺纹等。按螺纹的旋向可分为右旋螺纹和左旋螺纹，如图 8-2 所示。

按螺旋线的线数可分为单线螺纹和多线螺纹，如图 8-3 所示。按螺旋线的用途可分为连接螺纹和传递螺纹。

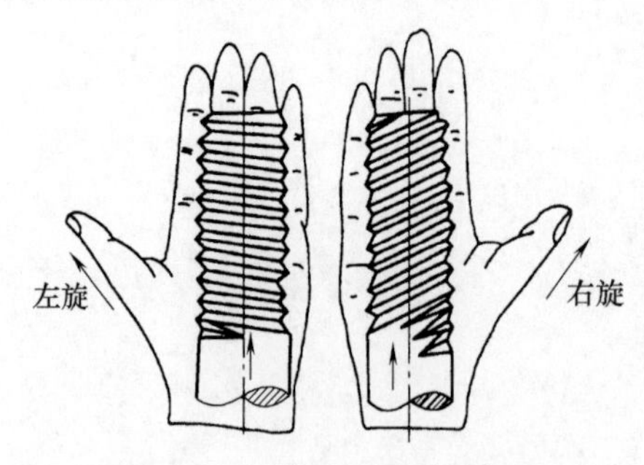

图 8-2　左旋螺纹和右旋螺纹

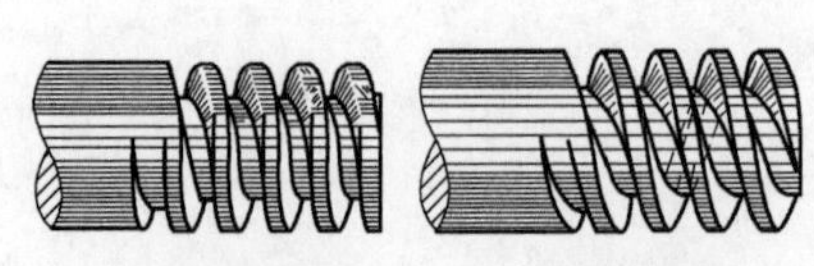
(a) 单线螺纹　(b) 多线螺纹

图 8-3　单线螺纹和多线螺纹

生产制造及使用中，主要按螺纹牙型、外径、螺距是否符合国家标准来划分，可分为：标准螺纹（螺纹牙型、外径、螺距均符合国家标准）、特殊螺纹（牙型符合国家标准，而外径或螺距不符合国家标准）、非标准螺纹（牙型不符合国家标准，如矩形螺纹、平面螺纹等）；标准螺纹又分为三角形、梯形和锯齿形螺纹三种。三角形螺纹又有普通螺纹（粗牙、细牙两种）、管螺纹（有圆柱、55°圆锥及60°圆锥）及英制螺纹等。

（1）螺纹的特点及应用

① 普通螺纹（分为粗牙和细牙两种）。代号M。普通螺纹是连接螺纹的基本形式，其牙型基本呈三角形，牙型角60°。其中细牙普通螺纹比同一公称直径的粗牙螺纹强度要高，自锁性能也较好。

② 矩形螺纹。牙型为正方形，传动效率较其他螺纹高，但强度比同样螺距的螺纹要低，制造较困难，对中精度低，磨损后造成的轴向和径向的间隙较大，牙型尚未标准化。一般用于力的传递，例如千斤顶、小的压力机等。

③ 梯形螺纹。代号Tr。其牙型呈等腰梯形，牙型角为30°。梯形螺纹是传动螺纹的主要螺纹形式，常用于丝杆、刀架丝杠等。

④ 锯齿形螺纹。代号S。牙型为锯齿状，牙型角为33°（两边不相等）。工作面牙型角为3°，非工作面为30°。它具有矩形螺纹效率高和梯形螺纹牙根强度高的特点，用于承受单向压力，例如螺旋压力机、起重机的吊钩等。

⑤ 非螺纹密封的管螺纹（圆柱管螺纹）。代号G。其牙型角为55°，公称直径指管子的孔径。内外径间均无间隙并做成圆顶，以便结合紧密。多用于压力为1.57MPa以下的水、煤气管道、润滑和电线管道系统。

⑥ 用螺纹密封的管螺纹。代号R（旧标准为ZG）。其牙型角为55°，公称直径指管子的孔径。螺纹分布在1∶16圆锥管壁上，牙型顶和槽为圆形，内外螺纹配合时没有间隙，可不用填料而保证连接的不渗漏，拧紧时可消除制造不准或磨损所产生的间隙。用于高温、高压系统和润滑系统。

⑦ 60°圆锥管螺纹（布锥管螺纹）。代号Z。牙型角为60°，牙型顶和牙型槽底是平的。用于汽车、机床等的燃料、水气输送系统的管连接。

⑧ 米制锥螺纹。代号ZM。牙型角为60°，牙型顶和牙型槽底是平的，其他与用螺纹密封的管螺纹相似，用于气体、液体管路系统，依靠螺纹密封的连接（水煤气管道用管螺纹除外）。

⑨ 英制螺纹。牙型角55°。英寸制螺纹现在一般只在制造修配件时使用，设计新产品时不使用。

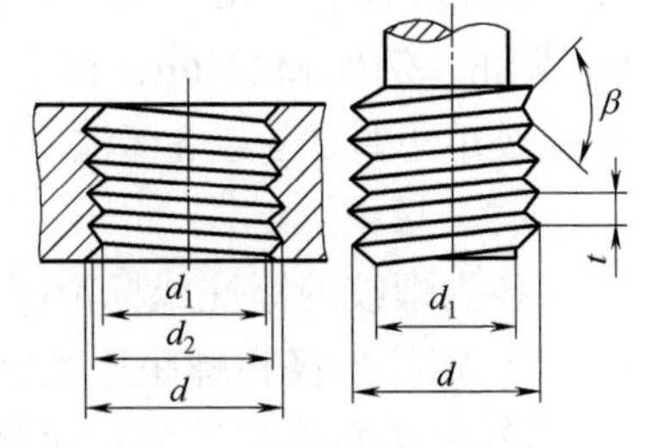

图8-4 三角螺纹的各部名称

（2）螺纹主要尺寸

螺纹的主要尺寸主要由外径、内径及中径等

尺寸组成，见图 8-4 ～图 8-6。

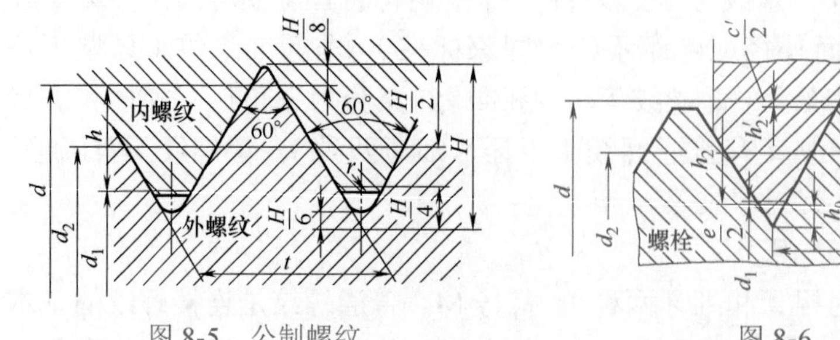

图 8-5　公制螺纹　　　　图 8-6　英制螺纹

① 外径 d。外径是螺纹的最大直径（外螺纹的牙顶直径、内螺纹的牙底直径），叫做螺纹的公称直径。

② 内径 d_1。内径是螺纹的最小直径，即螺纹的牙底直径、内螺纹的牙顶直径。

③ 中径 d_2。螺纹的有效直径称为中径，无论公制螺纹或英制螺纹，中径母线上的牙宽等于螺距的一半［英制等于内外径的平均直径，即 $d_2=(d_1+d)/2$］。

④ 螺纹工作高度 h。螺纹顶点到根部的垂直距离（公制 h，英制 h_2），称为螺纹工作高度（或牙型高度）。

⑤ 螺纹剖面角 β。螺纹剖面角是螺纹剖面两侧所夹的角，也称牙型角。

⑥ 螺距 t。螺距是相邻两牙对应点之间的轴向距离。

⑦ 导程 S。螺纹上一点沿螺旋线转一周时，该点沿轴线方向所移动的距离称为导程。单头螺纹的导程等于螺距。导程与螺距的关系可用下式表达：

$$多头螺纹导程(S)=头数(z)\times 螺距(t)$$

⑧ 精度。原标准精度粗牙螺纹有 1、2、3 三个精度等级；细牙螺纹有 1、2、2a、3 四个精度等级；梯形螺纹有 1、2、3、3S 四个精度等级；圆柱管螺纹有 2、3 二个精度等级。

新标准分为精密、中等、粗糙三个级别，标准螺纹孔时精密级一般为 4H、5H，中等的为 6H，粗糙的为 7H。例如：M16-4H，相当于原 1 级精度螺纹；M12-6H，相当于原 2 级精度螺纹；M20-7H，相当于原 3 级精度螺纹。标准外螺纹一般精密的为 3h、4h、5h，中等的为 5g、6g、7g 或 5h、6h、7h，粗糙的为 8g 或 8h。例如 M24-6g，相当于原 2 级精度螺纹。新标准精度孔用大写的 G 或 H，外螺纹用小写的 g 或 h 标注。G 或 H 或小写的 g 与 h，代表各自的螺纹中径公差带。

（3）螺纹的标注

各类螺纹的标注或标记国家标准均给出了具体的规定，主要包括以下内容。

① 螺纹外径和螺距用数字表示，细牙普通螺纹和锯齿形螺纹必须加注螺距。

② 多头螺纹在外径后面要注：“导程和头数”。

③ 普通螺纹3级精度允许不标注。

④ 左旋螺纹必须注出“左”字，右旋不标。

⑤ 管螺纹的名义尺寸是指管子内径，不是指管螺纹的外径。

⑥ 非标准螺纹的螺纹各要素，一般都标注在工件图纸的牙型上。

表8-1给出了常见螺纹的种类、代号和标注方法。

表8-1 常见螺纹的种类、代号和标注方法

螺纹种类		种类代号	代号标记方法及说明	代号标记应用示例
连接螺纹	粗牙普通螺纹	M	M 10 - 6H 内螺纹公差带代号 公称直径 普通螺纹代号(粗牙不标螺距)	M10-5g M10-6H
	细牙普通螺纹	M	M 24×1.5 左-5g6g 公差带代号 旋向 螺距 公称直径 普通螺纹代号	M24×1.5左-6H *Ra* 1.6 M24×1.5左-5g6g *Ra* 1.6
传动螺纹	梯形螺纹	Tr	Tr 40 × 10 (P5) LH - 7H 内螺纹公差带代号 左旋螺纹 螺距 导程 公称直径 梯形螺纹代号 注：左旋用LH表示，右旋不标记	Tr40×10(P5)LH-7H Tr40×10(P5)LH-7e
	锯齿形螺纹	B	B 32× 8 LH - 7H 内螺纹公差带代号 左旋螺纹 螺距 公称直径 锯齿形螺纹代号	B32×8LH-7H B32×8LH-7e
连接螺纹	非螺纹密封的管螺纹	G	G 1/2 A 公差等级代号(内螺纹不分等级) 尺寸代号(英寸值) 螺纹特征代号(圆柱外螺纹)	$G1\frac{1}{2}A$ $G1\frac{1}{2}$

续表

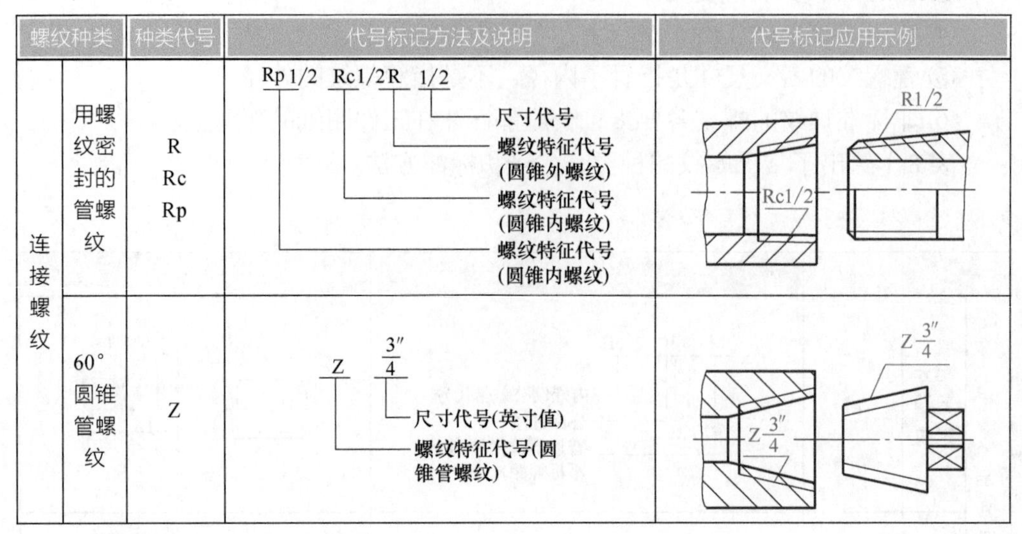

螺纹种类		种类代号	代号标记方法及说明	代号标记应用示例
连接螺纹	用螺纹密封的管螺纹	R Rc Rp	Rp 1/2 Rc1/2 R 1/2 1/2 —— 尺寸代号 R —— 螺纹特征代号(圆锥外螺纹) Rc —— 螺纹特征代号(圆锥内螺纹) Rp —— 螺纹特征代号(圆锥内螺纹)	R1/2 Rc1/2
	60°圆锥管螺纹	Z	Z $\frac{3''}{4}$ $\frac{3''}{4}$ —— 尺寸代号(英寸值) Z —— 螺纹特征代号(圆锥管螺纹)	Z $\frac{3''}{4}$ Z $\frac{3''}{4}$

8.1.2 螺纹各部分尺寸的计算

表 8-2 ～表 8-4 分别给出了普通螺纹、梯形螺纹及米制蜗杆各部分尺寸计算。

表 8-2 普通螺纹基本牙型和尺寸计算

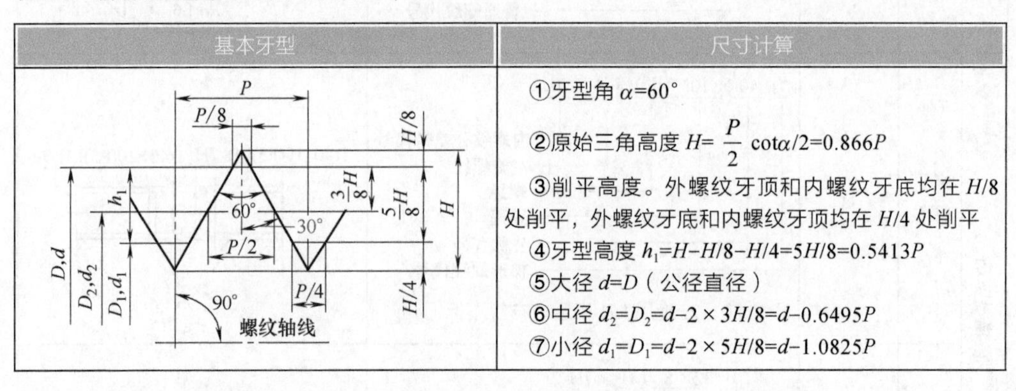

基本牙型	尺寸计算
P, P/8, H/8, $\frac{3}{8}H$, $\frac{5}{8}H$, H, 60°, 30°, P/2, P/4, H/4, h_1, D,d, D_2,d_2, D_1,d_1, 90°, 螺纹轴线	①牙型角 α=60° ②原始三角高度 $H=\frac{P}{2}\cot\alpha/2=0.866P$ ③削平高度。外螺纹牙顶和内螺纹牙底均在 $H/8$ 处削平，外螺纹牙底和内螺纹牙顶均在 $H/4$ 处削平 ④牙型高度 $h_1=H-H/8-H/4=5H/8=0.5413P$ ⑤大径 $d=D$（公径直径） ⑥中径 $d_2=D_2=d-2\times3H/8=d-0.6495P$ ⑦小径 $d_1=D_1=d-2\times5H/8=d-1.0825P$

表 8-3 梯形螺纹各部分名称、代号及计算公式

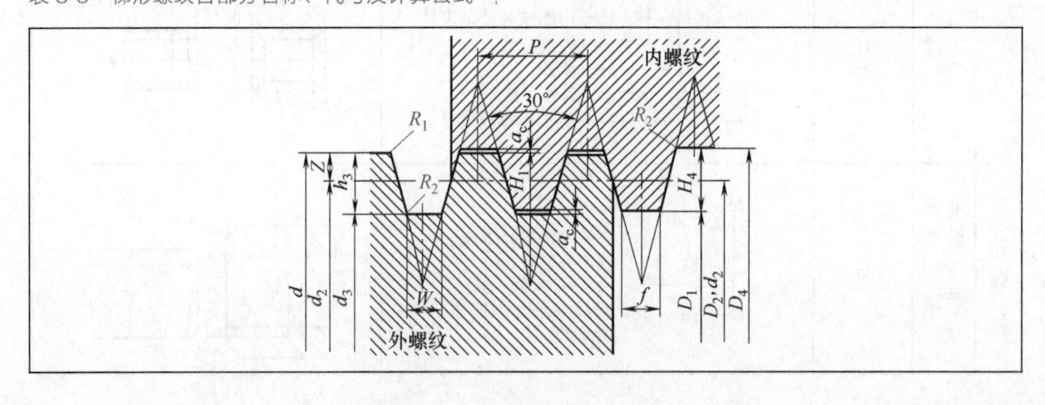

续表

名称		代号	计算公式			
牙型角		α	$\alpha=30°$			
螺距		P	由螺纹标准确定			
牙顶间隙		a_c	P	1.5～5	6～12	14～44
			a_c	0.25	0.5	1
外螺纹	大径	d	公称直径			
	中径	d_2	$d_2=d-0.5P$			
	小径	d_3	$d_3=d-2h_3$			
	牙高	h_3	$h_3=0.5P+a_c$			
内螺纹	大径	D_4	$D_4=d+2a_c$			
	中径	D_2	$D=d_2$			
	小径	D_1	$D_1=d-P$			
	牙高	H_4	$H_4=h_3$			
牙顶宽		f、f'	$f=f'=0.366P$			
牙槽底宽		W、W'	$W=W'=0.366P-0.536a_c$			
螺纹升角		ψ	$\tan\psi=P/\pi d_2$			

注：梯形螺纹的牙型角有$\alpha=30°$（米制）和$\alpha=29°$（英制）两种，我国采用的是米制梯形螺纹。

表 8-4 米制蜗杆各部分尺寸计算

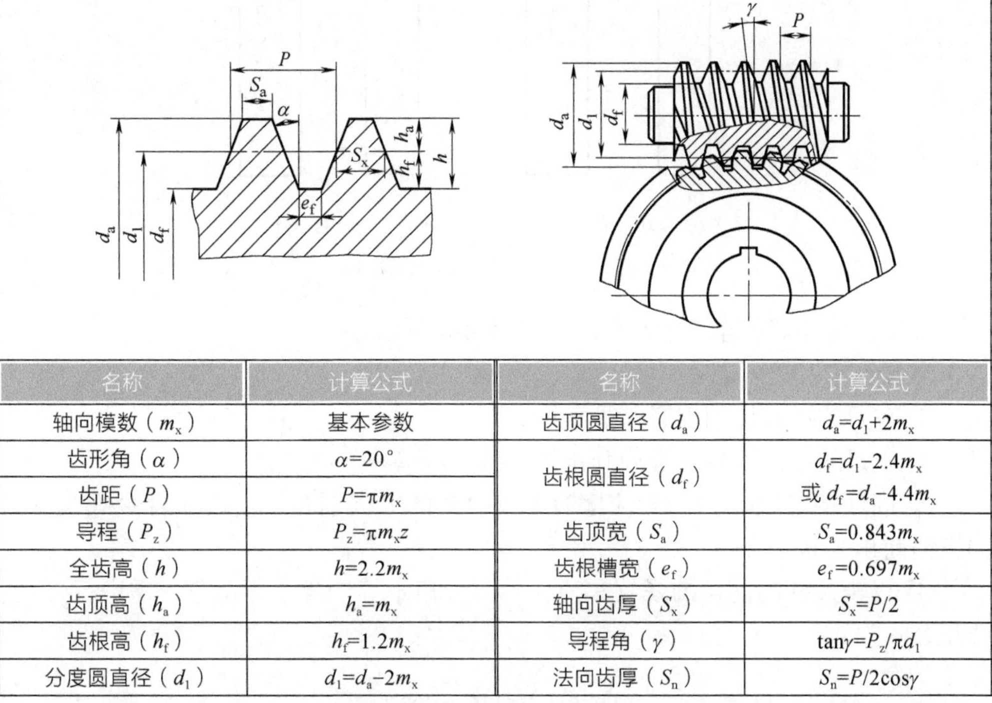

名称	计算公式	名称	计算公式
轴向模数（m_x）	基本参数	齿顶圆直径（d_a）	$d_a=d_1+2m_x$
齿形角（α）	$\alpha=20°$	齿根圆直径（d_f）	$d_f=d_1-2.4m_x$ 或 $d_f=d_a-4.4m_x$
齿距（P）	$P=\pi m_x$		
导程（P_z）	$P_z=\pi m_x z$	齿顶宽（S_a）	$S_a=0.843m_x$
全齿高（h）	$h=2.2m_x$	齿根槽宽（e_f）	$e_f=0.697m_x$
齿顶高（h_a）	$h_a=m_x$	轴向齿厚（S_x）	$S_x=P/2$
齿根高（h_f）	$h_f=1.2m_x$	导程角（γ）	$\tan\gamma=P_z/\pi d_1$
分度圆直径（d_1）	$d_1=d_a-2m_x$	法向齿厚（S_n）	$S_n=P/2\cos\gamma$

注：蜗杆的齿形角有$\alpha=20°$、牙型角$2\alpha=40°$（米制）和29°（英制）两种，我国采用的是米制蜗杆。

8.1.3 螺纹车刀

螺纹车刀是螺纹加工的重要工具，正确的选用、刃磨、装夹好螺纹车刀是保证螺纹车削质量的关键。普通螺纹车刀是车削普通（三角）螺纹的车刀，其种类、要求及刃磨装夹方法如下。

（1）普通螺纹车刀的种类及要求

螺纹车刀的种类较多，按其构成材料的不同，主要有高速钢和硬质合金两种。

1）螺纹车刀的使用

高速钢螺纹车刀刃磨方便，容易获得锋利的切削刃，且韧性好，刀尖不易崩裂，但耐热性差，只适合于低速车削或精车螺纹。硬质合金螺纹车刀的耐热性及耐磨性好，但韧性较差，适用于高速车削螺纹。

2）普通螺纹车刀几何参数的要求

高速钢外螺纹车刀的几何形状如图 8-7 所示。

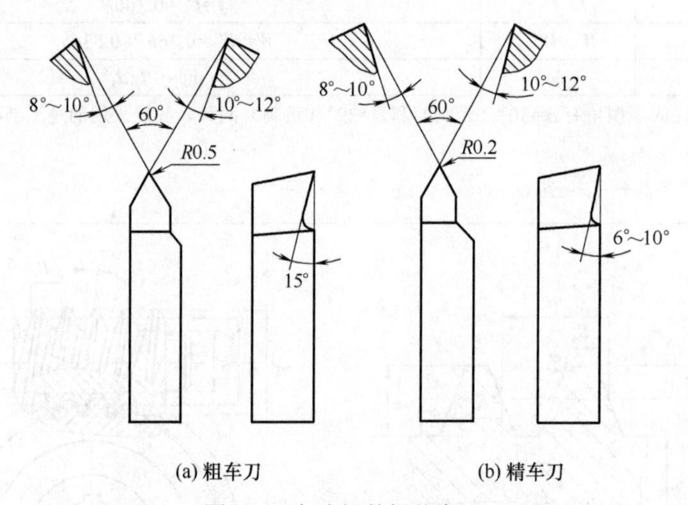

图 8-7　高速钢外螺纹车刀

硬质合金外螺纹车刀的几何形状如图 8-8 所示。

对螺纹车刀的要求：

① 车刀的左右切削刃必须是直线。

② 车刀的进给后角受螺旋升角的影响，应磨得大些。

③ 高速钢螺纹车刀一般应磨有 5°～ 15°的纵向前角，而硬质合金螺纹车刀的纵向前角为 0°。

④ 有较大纵向前角的螺纹车刀，其刀尖角不等于螺纹牙型角，需进行修正。修正公式为：

$$\tan\varepsilon'/2=\tan\frac{\alpha}{2}\cos\gamma_p$$

式中 ε'——具有纵向前角时的刀尖角；

α——螺纹牙型角；

γ_p——螺纹车刀的纵向前角。

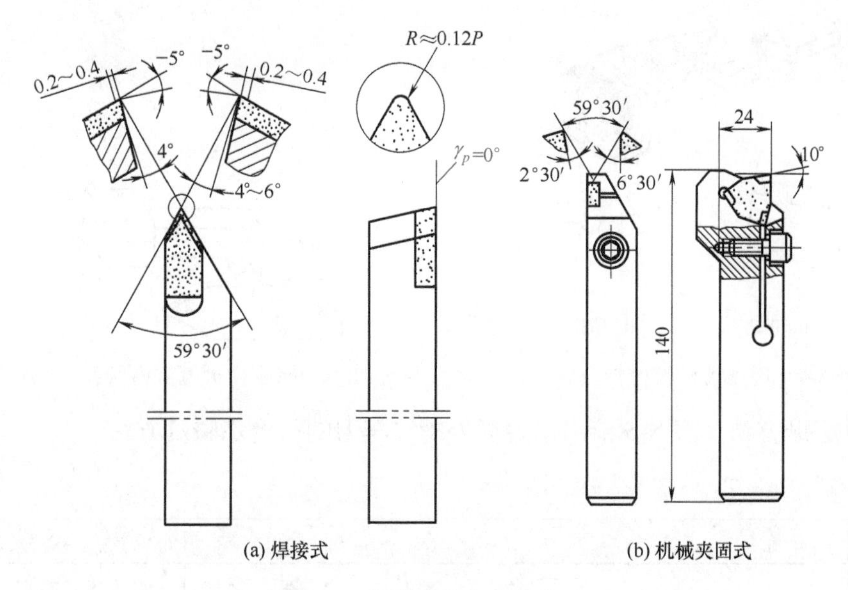

图 8-8 硬质合金外螺纹车刀

⑤ 高速车削时，牙型角要扩大，此时，要将车刀刀尖角适当减小 30′。

（2）螺纹车刀的刃磨及装夹

为保证螺纹的加工精度，需要对螺纹车刀进行适当刃磨，以使螺纹车刀锋利，刃磨的要求及方法主要有以下方面的要求。

1）螺纹车刀的刃磨要求

① 螺纹车刀的刀尖角应等于牙型角，参见图 8-9。

② 螺纹车刀的左、右切削刃必须是直线。

③ 螺纹车刀的进刀后角因受螺纹升角的影响，应磨得大些。

④ 径向前角 γ_0，粗车时可采用有 5°～15°径向前角螺纹车刀；精车时为保证牙型准确，径向前角一般为 0°～5°。

⑤ 对于内螺纹车刀，还需注意刀尖角平分线与内螺纹刀杆垂直（图 8-10）。此外，刀尖至刀杆后侧面宽度应小于螺纹孔径。

2）螺纹车刀的刃磨步骤与方法

① 刃磨步骤。以下以三角形螺纹车刀为例，简述螺纹车刀的操作步骤。

a. 粗磨主、副后刀面，初步形成刀尖角。

b. 粗、精磨前刀面，形成前角。

c. 精磨主、副后刀面，形成主、副后角和刀尖角，刀尖角用样板检查修正。

d. 刃磨刀尖倒棱（倒棱宽一般为 0.1P）。

e. 用油石研磨前、后刀面。

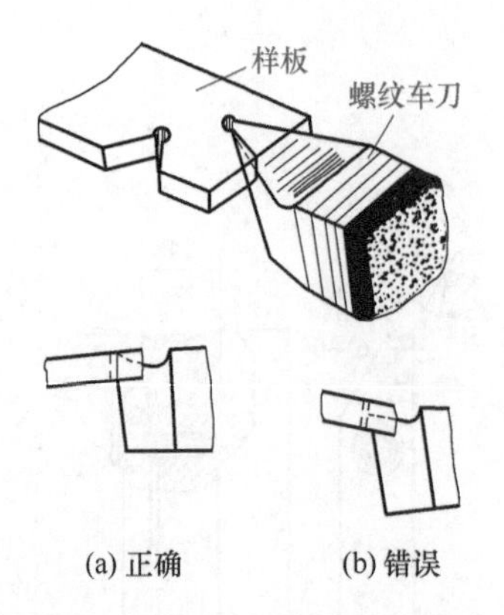

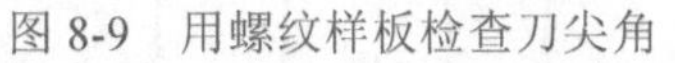
图 8-9　用螺纹样板检查刀尖角

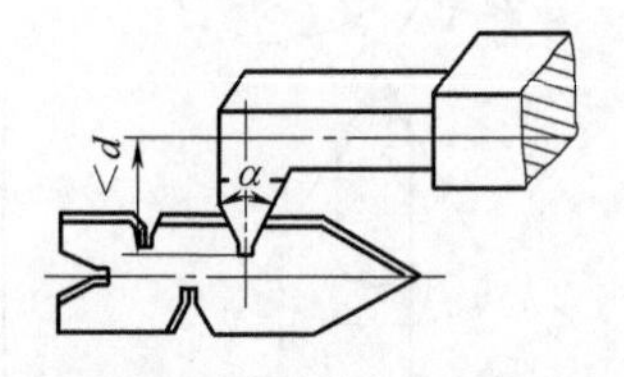

图 8-10　用螺纹样板检查内螺纹刀尖角

② 刃磨方法。表 8-5 给出了普通外螺纹车刀的刃磨步骤及方法。

表 8-5　普通外螺纹车刀的刃磨步骤及方法

步骤	几何型面及角度	图示	刃磨方法
1	刃磨左侧副后角	4°～8°　30°	双手握住车刀，使车刀与砂轮外圆水平方向成 30°夹角，垂直方向倾斜 8°～10°，稍加压力，均匀缓慢地移动
2	刃磨右侧后刀面	3°～6°　60°	换一个面刃磨，方法同上
3	刃磨前刀面	A向　A向视图　γ_0(10°～15°)　γ_0(10°～15°)　γ_0	刃磨车刀前面在 A 向视图观察与水平方向倾斜 10°～15°，前刀面与砂轮接触后，稍加压力刃磨
4	用样板透光	样板　螺纹车刀　α_0　60°　α_0	因车刀有径向前角，所以螺纹样板应水平放置，做透光检查；发现角度不正确，及时修复至合格为止

续表

步骤	几何型面及角度	图示	刃磨方法
5	用油石研磨普通螺纹车刀		用油石研磨车刀前、后刀面

3）刃磨操作要领

① 刃磨车刀时，人的站立位置相对于车刀砂轮表面之间的角度要正确，防止刀尖磨歪。

② 刃磨高速钢车刀时，宜选用 804 粒度氧化铝砂轮。手对车刀的压力应小于刃磨一般车刀，并及时蘸水冷却，以免因温度过高退火而使硬度降低。

③ 如修磨径向前角较大的螺纹刀，其刀尖角应等于修正后的牙型角，并使用较厚的对刀角度样板透光检测。

④ 刃磨螺纹车刀的刀刃时，要使刀具稍微移动，这样刃磨容易使刀刃平直，表面粗糙度也较细。

⑤ 刃磨车刀时，应注意安全。

4）螺纹车刀的装夹

① 螺纹车刀对刀方式。螺纹车刀刀尖角的对称中心线应垂直于螺纹轴线，可按图 8-11 所示的方法操作。

其中：图 8-11（a）所示的方法对刀精度低，常用于一般螺纹车削；如图 8-11（b）所示方法对刀精度较高；如图 8-11（c）所示采用百分表找正螺纹车刀的刃磨基面，对刀精度最高，常用于车削精密螺纹。

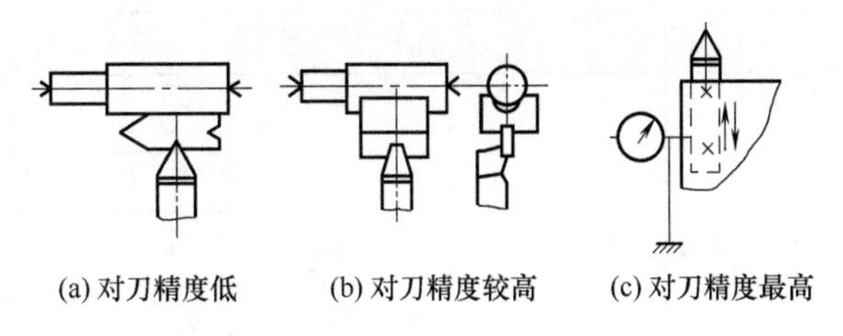

(a) 对刀精度低　(b) 对刀精度较高　(c) 对刀精度最高

图 8-11　螺纹车刀对刀方式

② 螺纹车刀的水平装夹。多用于各种螺纹的精车和车轴向直廓蜗杆［图 8-12（a）］。水平装夹时，车刀两侧刃的前、后角不等，一侧刃的工作前角变小，后角增大，而另一侧刃则相反。

③ 螺纹车刀的垂直装夹。主要用于粗车螺纹升角 ψ 大于 3°的螺纹以及法向直廓蜗杆的车削［图 8-12（b）］。垂直装夹螺纹车刀可使两侧刃的工作前、后角相等，切削条件一致，切削顺利。

采用如图 8-13 所示的转动刀杆，不但可以进行水平装夹，而且还可以实现垂直装夹，特别适用于车削各类螺纹和蜗杆。

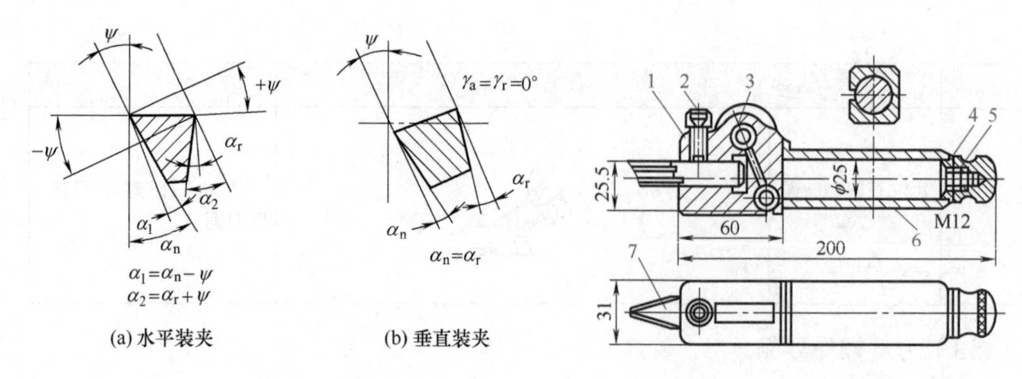

图 8-12 螺纹车刀的装夹

图 8-13 快速强力弹性蜗杆车刀

1—弹性刀杆体；2—螺钉；3—弹簧圈；4—垫圈；5—螺母；6—弹性方套；7—刀头

④ 螺纹车刀刀尖装夹高度。螺纹车刀刀尖装夹高度应和工件轴线等高，为防止硬质合金车刀高速车削时扎刀，刀尖允许高于工件轴线1%螺纹大径；而低速车削的高速钢螺纹车刀的刀尖则允许稍低于工件轴线。

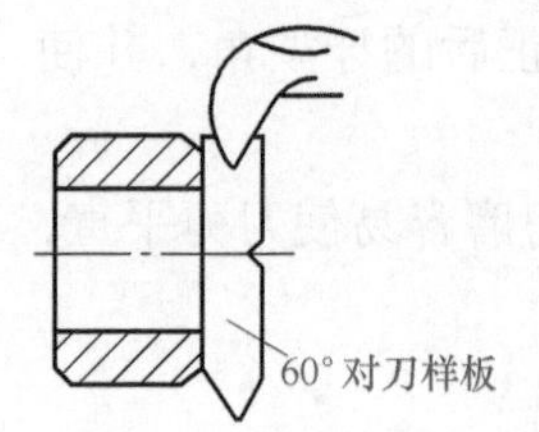

图 8-14 内螺纹车刀用样板对刀

普通螺纹车刀伸出刀架的长度不超过1.5倍刀杆截面积。内螺纹车刀用样板对刀，如图8-14所示。

（3）常用螺纹车刀的特点与应用

表8-6给出了常用螺纹车刀的特点与应用。

表 8-6 常用螺纹车刀的特点与应用

名称	图示	特点与应用
车削铸铁螺纹用车刀	Ra 0.2；0°～5°；6°；R=0.144P；59°30′；Ra 0.2；4°	刀尖强度高，几何角度刃磨方便，切削阻力小，适用于粗、精车螺纹（精车时应修正刀尖角）
车削钢件螺纹用车刀	Ra 0.2；10°；6°；R=0.144P；Ra 0.2；59°16′；4°	刀具前角大、切削阻力小，几何角度刃磨方便。适用于粗、精车螺纹（精车时应修正刀尖角）

续表

名称	图示	特点与应用
高速钢螺纹车刀 Ⅰ	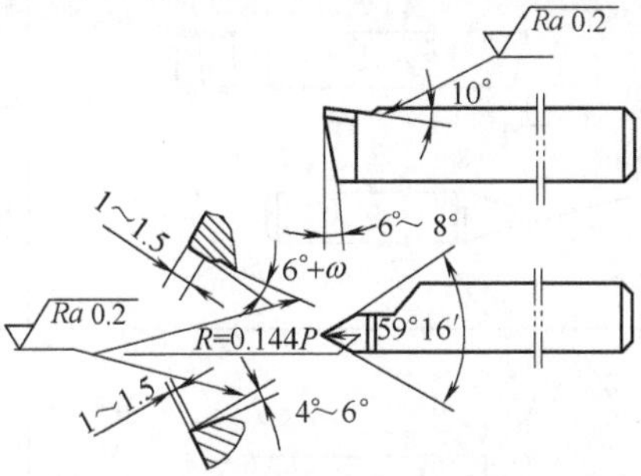	刀具两侧刃面磨有 1 ～ 1.5mm 宽的刃带，作为精车螺纹的修光刃，因刀具前角大，应修正刀尖角。适用于精车螺纹
高速钢螺纹车刀 Ⅱ	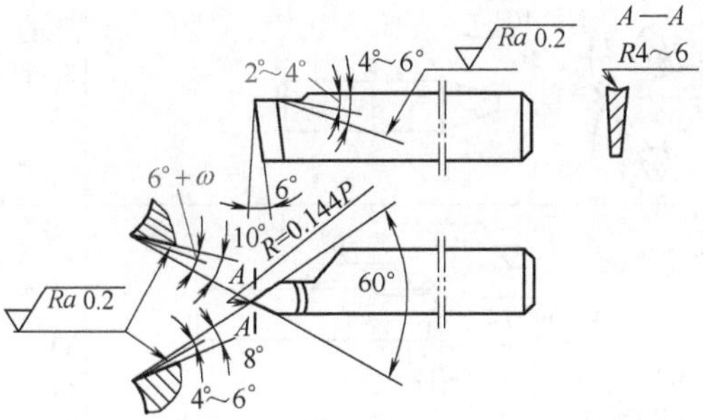	车刀有 4° ～ 6° 的正前角，前面有圆弧形的排屑槽（半径 R=4 ～ 6mm）。适用于精车大螺距的螺纹
硬质合金内螺纹车刀	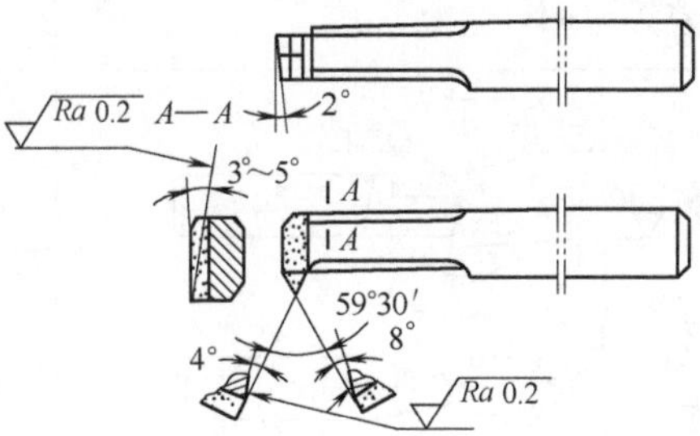	刀具特点与外螺纹车刀相同。其刀杆直径及刀杆长度根据工件孔径及长度而定
高速钢内螺纹车刀	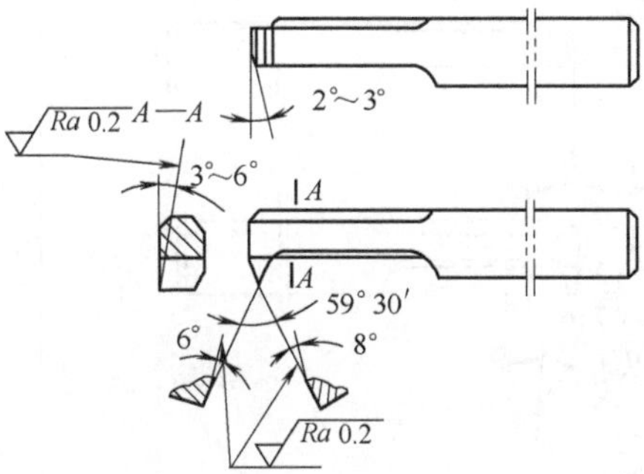	刀具特点与外螺纹车刀相同。其刀杆直径及刀杆长度根据工件孔径及长度而定

续表

名称	图示	特点与应用
高速钢梯形螺纹粗车刀	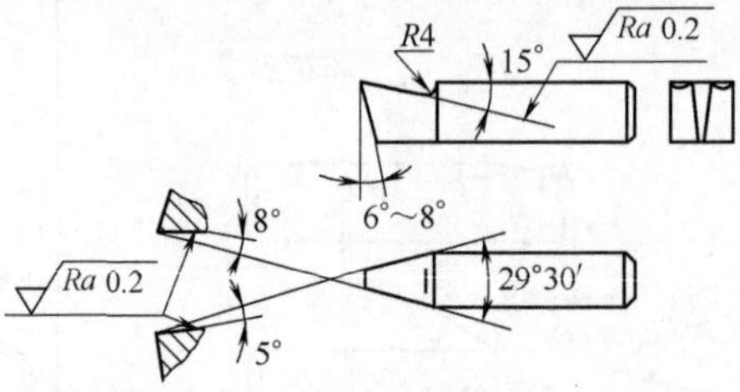 $R4$　15°　Ra 0.2 6°～8° 8°　Ra 0.2　29°30′ 5°	刀具有较大前角，便于排屑，刀具后角较小，增强刀具刚性。适用于粗车螺纹
高速钢梯形螺纹精车刀	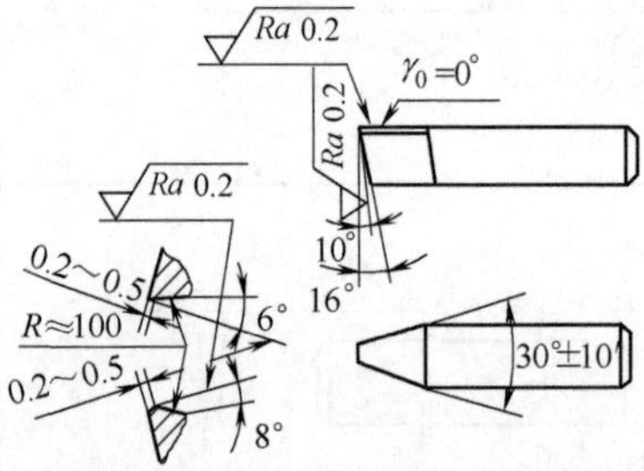 Ra 0.2 γ_0=0° Ra 0.2 Ra 0.2 10° 0.2～0.5　16° R≈100　6° 0.2～0.5　30°±10′ 8°	车刀前角等于0°，两侧刃后角具有0.3～0.5mm宽的切削刃带，适用于精车螺纹
带分屑槽的梯形螺纹精车刀	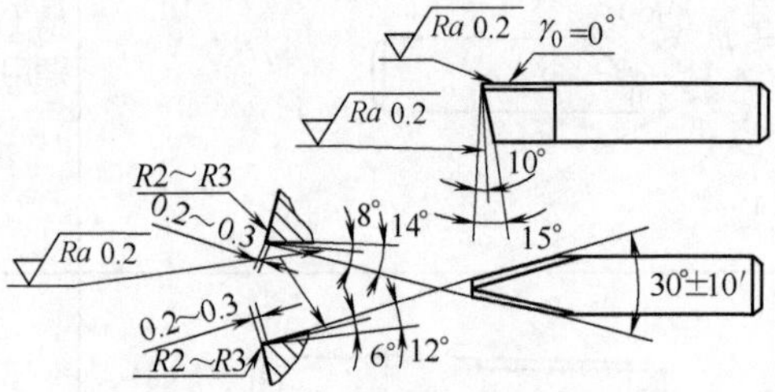 Ra 0.2　γ_0=0° Ra 0.2 10° $R2$～$R3$ 0.2～0.3　8°　14°　15° Ra 0.2　30°±10′ 0.2～0.3 $R2$～$R3$　6°　12°	车刀前面沿两侧磨有R=2～3mm的分屑槽，两侧刃后角磨有0.2～0.3mm的切削刃带。适用于精车螺纹
硬质合金梯形螺纹车刀	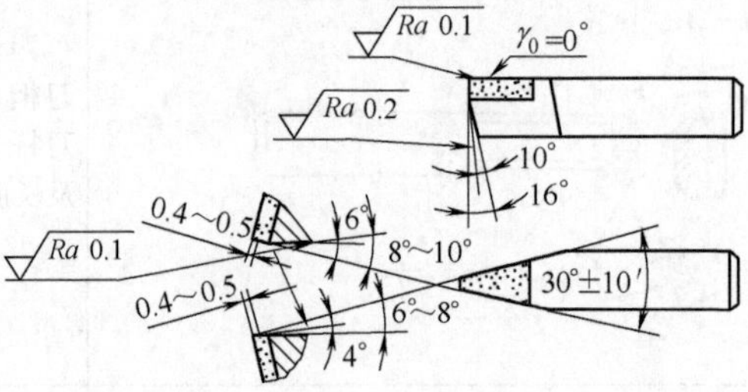 Ra 0.1 γ_0=0° Ra 0.2 10° 16° 0.4～0.5　6° Ra 0.1　8°～10°　30°±10′ 0.4～0.5　6°～8° 4°	车刀前角等于0°，两侧刃后角具有0.4～0.5mm宽的切削刃带，适用于精车螺纹
高速钢梯形内螺纹车刀	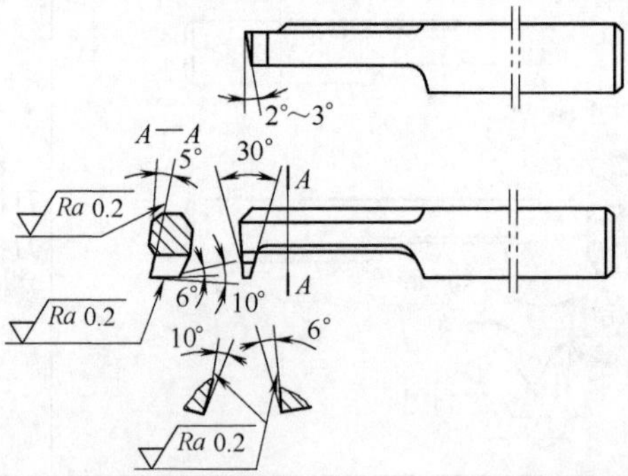 2°～3° A—A 5°　30° A Ra 0.2 6°　10°　A Ra 0.2 10°　6° Ra 0.2	刀具特点与外螺纹车刀相同。其刀杆直径及刀杆长度根据工件孔径及长度而定

续表

名称	图示	特点与应用
高速钢蜗杆螺纹粗车刀	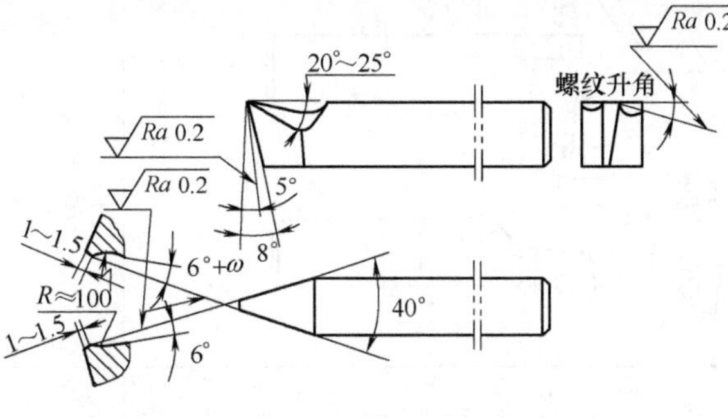	车刀有较大的前角，切削阻力小，切屑变形小。两侧刃后角磨有 1 ～ 1.5mm 的切削刃带，增加刀具强度，适用于粗车螺纹
高速钢蜗杆螺纹精车刀	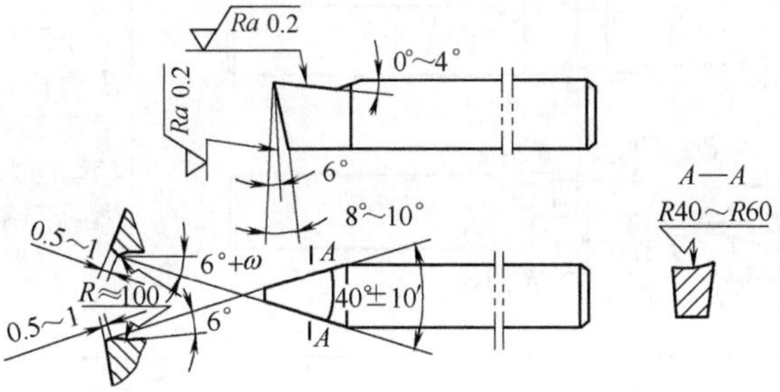	车刀前面为圆弧形（半径 R=40 ～ 60mm），有较大的侧刃前角，便于排屑，两侧刃后角磨有 0.5 ～ 1mm 的切削刃带，可提高刀具强度，前角大于 0°时应修正刀尖角
带分屑槽蜗杆精车刀	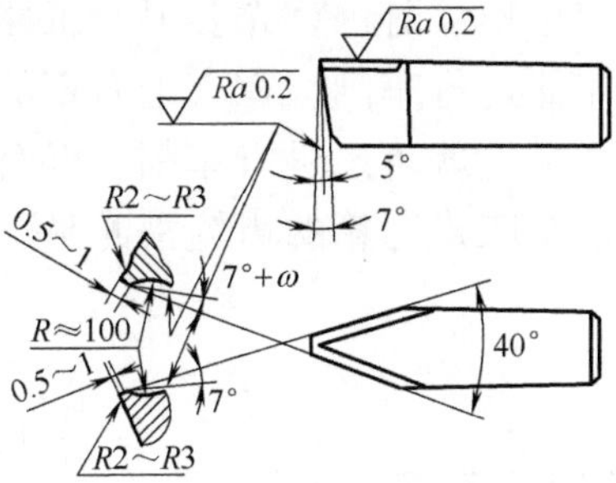	车刀前面沿两侧有 R=2 ～ 3mm 的分屑槽，两侧刃后角磨有 0.5 ～ 1mm 的切削刃带，刀具刃磨后进行研磨两侧后角及前角，保证刃口平直光滑
高速钢锯齿形螺纹车刀	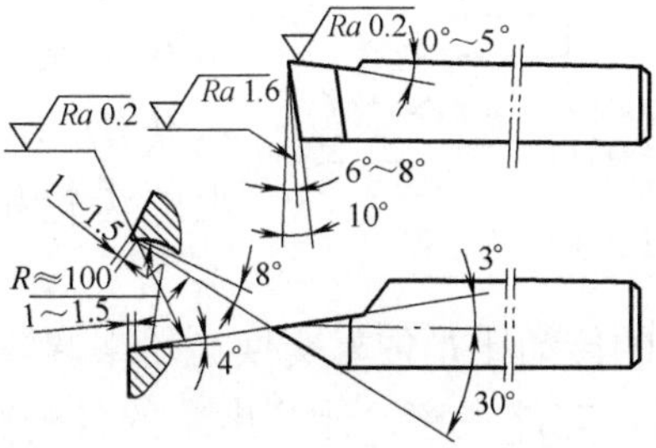	刀具两侧刃后角磨有 1 ～ 1.5mm 的切削刃带，用以增强刀具刚性，适用于粗、精车螺纹（若前角大于 0°精车时应修正刀尖角）

续表

名称	图示	特点与应用
硬质合金锯齿形螺纹车刀	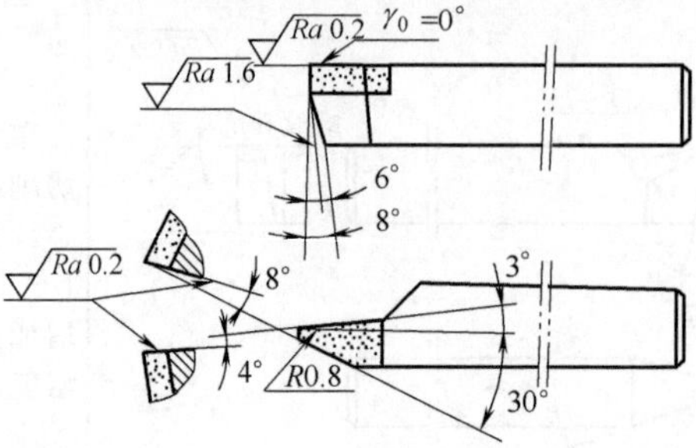	车刀前角等于 0°，强度好，刃磨方便，适用于精车螺纹
高速钢带有刃带的矩形螺纹精车刀	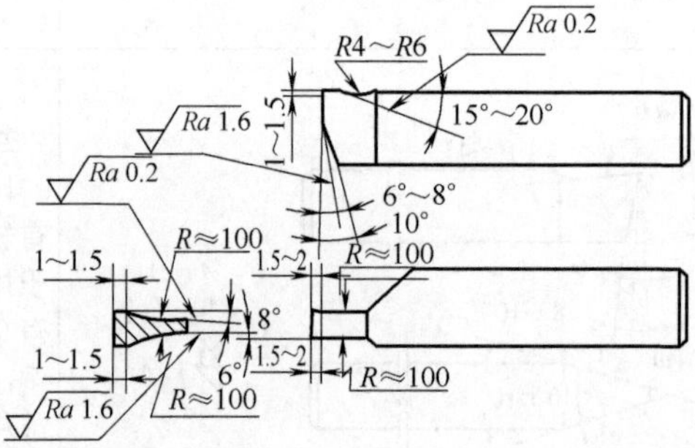	车刀前角大，两侧刃后角具有 1 ～ 1.5mm 的切削刃带。因前角大，切削阻力小，排屑方便，适用于精车螺纹

8.1.4 交换齿轮的计算和搭配

在无走刀箱的单杆车床上车螺纹时，首先要根据工件螺距和车床丝杠螺距计算和搭配交换齿轮，然后才能进行车削。在有走刀箱的车床上，一般只要按铭牌上规定去变换手柄和交换齿轮就可以进行车削。但有时对于一些特殊螺距螺纹的车削，就必须在了解本车床走刀箱的齿轮搭配基础上，通过实际运算来调整和搭配交换齿轮。

（1）交换齿轮的搭配原则

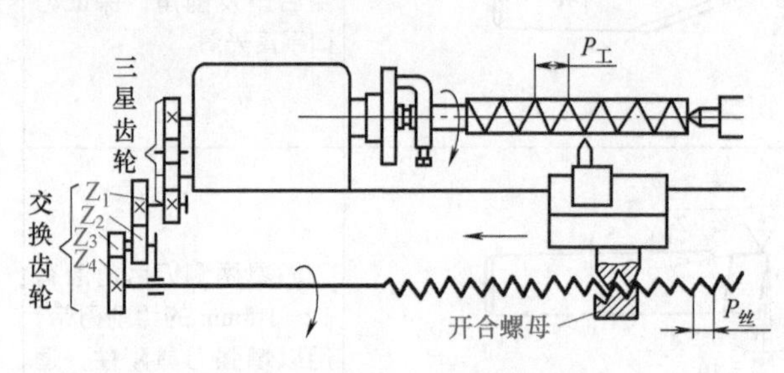

图 8-15 无进给箱车床交换齿轮

无进给箱的车床主轴到丝杠的传动系统如图 8-15 所示。车螺纹时，车头转速通过三星齿轮和交换齿轮 Z_1、Z_2、Z_3、Z_4 传给车床的丝杠。由于主轴上的齿轮和三星齿轮齿数固定不变（三星齿轮只改变丝杠的旋转方向），所以主轴与丝杠的传动比是依靠交换齿轮来调整的。

① 交换齿轮的搭配原则。应该注意，计算出来的各个交换齿轮的齿数，除要有准确的传动比之外，一般应符合以下两条原则：

$$z_1+z_2-z_3 > 15$$
$$z_3+z_4-z_2 > 15$$

在搭配交换齿轮时，当计算求得交换齿轮分配式后，要按上述原则进行验算，如不符合要求，则必须变换交换齿轮，一直到符合交换齿轮搭配原则为止，否则容易产生啮合不上的情况。

② 交换齿轮啮合间隙的调整。采用搭配交换齿轮法车削螺纹时，还应注意交换齿轮的啮合情况。交换齿轮的啮合情况对螺纹加工精度会产生一定影响，因此在搭配交换齿轮时，必须注意正确调整交换齿轮的啮合间隙。调整方法是：变动交换齿轮在挂轮架上的位置及交换齿轮架本身的位置，使各交换齿轮的啮合间隙保持在 0.1 ～ 0.15mm 左右。以保证不松动过多，不致在高速转动时发出过大的噪声。

（2）无进给箱车床车螺纹交换齿轮计算

无进给箱车床通过搭配交换齿轮能进行多种螺纹的车削，常见螺纹车削时，其交换齿轮的车削计算主要有以下内容。

① 米制车床车米制螺纹。在米制车床上车削米制螺纹时，交换齿轮可按以下公式计算：

$$\frac{z_1}{z_2}\times\frac{z_3}{z_4}=\frac{\text{工件螺距}}{\text{丝杠螺距}}$$

如某车床丝杠螺距 6mm，现在要车 P=3mm 的螺纹，则可按以下方法求交换齿轮。

$$\frac{z_1}{z_2}\times\frac{z_3}{z_4}=\frac{\text{工件螺距}}{\text{丝杠螺距}}=\frac{3}{6}=\frac{1}{2}=\frac{20}{40}$$

或 $\frac{z_1}{z_2}\times\frac{z_3}{z_4}=\frac{1\times25}{2\times25}=\frac{25}{50}$

$$\frac{z_1}{z_2}\times\frac{z_3}{z_4}=\frac{1\times40}{2\times40}=\frac{40}{80}$$

还有 $\frac{30}{60}$、$\frac{35}{70}$、$\frac{45}{90}$、$\frac{50}{100}$、$\frac{60}{120}$、…都可以做交换齿轮，因为计算所得传动比都等于 $\frac{1}{2}$，只要在上面各组中任取一组就可以了。上列各组都只有 Z_1 和 Z_4 一对交换齿轮，为了让丝杠与工件的旋转方向相同，必须在 Z_1 和 Z_4 之间加一个中间轮（俗称介轮）。

又如车床丝杠螺距 12mm，现在要车 P=1mm 的螺纹，则可按以下方法求交换齿轮。

$$\frac{z_1}{z_2}\times\frac{z_3}{z_4}=\frac{\text{工件螺距}}{\text{丝杠螺距}}=\frac{1}{12}=\frac{20}{240}$$

因为交换齿轮的齿数没有 240 齿的，所以就得把一个分式分解为两个分式：

$$\frac{z_1}{z_2}\times\frac{z_3}{z_4}=\frac{1}{12}=\frac{1}{2}\times\frac{1}{6}=\frac{50}{100}\times\frac{20}{120}$$

根据啮合条件进行验算：

50+100−20=130，130 > 15

20+120−100=40，40 > 15

符合啮合条件，所以可以选：

z_1=50，z_2=100，z_3=20，z_4=120

表 8-7 给出了米制车床车米制螺纹交换齿轮表。

表 8-7　米制车床车米制螺纹交换齿轮表（车床丝杠螺距 6mm）

工件螺距 /mm	z_1	z_2	z_3	z_4	工件螺距 /mm	z_1	z_2	z_3	z_4
0.5	25	100	40	120	3.5	70			120
0.6	20	100	60	120	4	60			90
0.7	20	100	70	120	4.5	45			60
0.75	25	100	60	120	5	50			60
0.8	20	90	60	100	6.5	55			60
1	20			120	6	60			60
1.25	25			120	8	80			60
1.5	30			120	10	100			60
1.75	35			120	12	100			50
2	30			90	16	120			45
2.5	50			120	20	100			30
3	50			100	24	80			20

② 米制车床车英制螺纹。在米制车床上车削英制螺纹时，交换齿轮可按以下公式计算：

$$\frac{z_1}{z_2}\times\frac{z_3}{z_4}=\frac{\dfrac{25.4}{\text{工件每英寸牙数}}}{\text{丝杠螺距}}=\frac{127}{5\times\text{丝杠螺距}\times\text{工件每英寸牙数}}$$

应该注意的是：$25.4=\dfrac{127}{5}\approx\dfrac{18\times24}{17}\approx\dfrac{40\times40}{9\times7}$等，因此，上述计算公式也可变形为：

$$\frac{z_1}{z_2}\times\frac{z_3}{z_4}=\frac{\dfrac{25.4}{\text{工件每英寸牙数}}}{\text{丝杠螺距}}=\frac{18\times24}{17\times\text{丝杠螺距}\times\text{工件每英寸牙数}}$$

$$=\frac{40\times40}{9\times7\times\text{丝杠螺距}\times\text{工件每英寸牙数}}$$

如某车床丝杠螺距为6mm，要车工件是每英寸10牙的螺纹，则可按以下方法求交换齿轮。

$$\frac{z_1}{z_2}\times\frac{z_3}{z_4}=\frac{127}{5\times\text{丝杠螺距}\times\text{工件每英寸牙数}}=\frac{127}{5\times6\times10}=\frac{127}{300}$$

$$=\frac{1}{3}\times\frac{127}{100}=\frac{40}{120}\times\frac{127}{100}$$

根据啮合条件进行验算：

40+120−127=33，33 ＞ 15

127+100−120=107，107 ＞ 15

符合啮合条件，所以可选：

z_1=40，z_2=120，z_3=127，z_4=100

表8-8为米制车床车英制螺纹交换齿轮表。

表8-8　米制车床车英制螺纹交换齿轮表（车床丝杠螺距6mm）

工件每英寸牙数	z_1	z_2	z_3	z_4	工件每英寸牙数	z_1	z_2	z_3	z_4
24	127	120	20	120	8	30	120	127	60
20	127	100	20	120	7	60	105	127	120
18	127	90	20	120	6	127	30	20	120
16	127	80	20	120	5	127	60	40	100
14	127	70	20	120	$4\frac{1}{2}$	70	90	127	105
12	127	60	20	120	4	50	100	127	60
11	40	120	127	110	$3\frac{1}{2}$	60	90	127	70
10	40	120	127	100	$3\frac{1}{4}$	80	120	127	65
9	40	120	127	90	3	40	120	127	30

③ 英制车床车米制螺纹。在英制车床上车削米制螺纹时，交换齿轮可按以下公式计算：

$$\frac{z_1}{z_2}\times\frac{z_3}{z_4}=\frac{\dfrac{\text{工件螺距}}{25.4}}{\text{丝杠每英寸牙数}}=\frac{\text{工件螺距}\times\text{丝杠每英寸牙数}\times5}{127}$$

$$=\frac{\text{工件螺距}\times\text{丝杠每英寸牙数}\times17}{18\times24}=\frac{\text{工件螺距}\times\text{丝杠每英寸牙数}\times7\times9}{40\times40}$$

如车床丝杠每英寸6牙，工件螺距是5mm，则可按以下方法求交换齿轮。

$$\frac{z_1}{z_2}\times\frac{z_3}{z_4}=\frac{\frac{\text{工件螺距}}{25.4}}{\text{丝杠每英寸牙数}}=\frac{\text{工件螺距}\times\text{丝杠每英寸牙数}\times 5}{127}$$

$$=\frac{5\times6\times5}{127}=\frac{150}{127}=\frac{2\times75}{127}=\frac{80\times75}{40\times127}=\frac{80}{40}\times\frac{75}{127}$$

根据啮合条件进行验算：

80+40−75=45，45 > 15

75+127−40=162，162 > 15

符合啮合条件，所以可选：

z_1=80，z_2=40，z_3=75，z_4=127

英制车床车米制螺纹交换齿轮表见表 8-9。

表 8-9　英制车床车米制螺纹交换齿轮表（车床丝杠每英寸 4 牙）

工件螺距/mm	用 127 牙的齿轮				不用 127 牙的齿轮			
	z_1	z_2	z_3	z_4	z_1	z_2	z_3	z_4
0.5	40	120	30	127				
0.6	40	100	30	127	20	110	65	125
0.7	40	100	35	127	20	95	55	105
0.75	30	90	45	127	20	100	65	110
0.8	30	75	40	127	45	100	35	125
1	20	—	—	127	45	80	35	125
1.25	25	—	—	127	45	80	35	100
1.5	30	—	—	127	85	80	20	90
1.75	35	—	—	127	35	90	85	120
2	40	—	—	127	70	80	45	125
2.5	50	—	—	127	90	80	35	100
3	60	—	—	127	105	80	45	125
3.5	70	—	—	127	90	70	45	105
4	80	—	—	127	90	40	35	125
4.5	90	—	—	127	115	85	55	105
5	100	—	—	127	90	80	70	100
6.5	110	—	—	127	125	55	40	105
6	120	—	—	127	105	40	45	125
8	80	30	60	127	90	20	35	125
10	80	20	50	127	90	40	70	100
12	80	20	60	127	105	20	90	125
16	100	25	80	127	90	20	70	125
20	100	20	80	127	90	20	70	100
24	120	20	80	127	105	20	90	125

④ 英制车床车英制螺纹。在英制车床上车削英制螺纹时，交换齿轮可按以下公式计算：

$$\frac{z_1}{z_2}\times\frac{z_3}{z_4}=\frac{\dfrac{25.4}{\text{工件每英寸牙数}}}{\dfrac{25.4}{\text{丝杠每英寸牙数}}}=\frac{\text{丝杠每英寸牙数}}{\text{工件每英寸牙数}}$$

如车床丝杠每英寸 4 牙，工件每英寸 6 牙，则可按以下方法求交换齿轮。

$$\frac{z_1}{z_2}\times\frac{z_3}{z_4}=\frac{\dfrac{25.4}{\text{工件每英寸牙数}}}{\dfrac{25.4}{\text{丝杠每英寸牙数}}}=\frac{\text{丝杠每英寸牙数}}{\text{工件每英寸牙数}}=\frac{4}{6}=\frac{2\times2}{2\times3}=\frac{40}{40}\times\frac{60}{90}$$

根据啮合条件进行验算：

40+40−60=20，20 ＞ 15

60+90−40=110，110 ＞ 15

符合啮合条件，所以可选：

$z_1=40$，$z_2=40$，$z_3=60$，$z_4=90$

英制车床车英制螺纹交换齿轮表见表 8-10。

表 8-10 英制车床车英制螺纹交换齿轮表（车床丝杠每英寸 4 牙）

工件每英寸牙数	主轴上的配换齿轮 z_1	丝杠上的配换齿轮 z_4	工件每英寸牙数	主轴上的配换齿轮 z_1	丝杠上的配换齿轮 z_4
24	20	120	8	50	100
20	20	100	7	60	105
18	20	90	6	60	90
16	20	80	5	80	100
14	20	70	$4\frac{1}{2}$	80	90
12	30	90	4	60	60
11	40	110	$3\frac{1}{2}$	80	70
10	40	100	$3\frac{1}{4}$	80	65
9	40	90	3	60	45

⑤ 米制车床车模数蜗杆。在米制车床上车削模数蜗杆时，交换齿轮可按以下公式计算：

$$\frac{z_1}{z_2}\times\frac{z_3}{z_4}=\frac{\pi\times\text{模数}}{\text{丝杠螺距}}=\frac{\dfrac{22}{7}\times\text{模数}}{\text{丝杠螺距}}=\frac{22\times\text{模数}}{7\times\text{丝杠螺距}}$$

如车床丝杠螺距为6mm，车模数为2mm的蜗杆，则可按以下方法求交换齿轮。

$$\frac{z_1}{z_2}\times\frac{z_3}{z_4}=\frac{22\times 模数}{7\times 丝杠螺距}=\frac{22\times 2}{7\times 6}=\frac{11\times 4}{7\times 6}=\frac{110}{70}\times\frac{80}{120}$$

根据啮合条件验算：

110+70−80=100，100 ＞ 15

80+120−70=130，130 ＞ 15

符合啮合条件，所以可选：

z_1=110，z_2=70，z_3=80，z_4=120

米制车床车模数蜗杆交换齿轮表见表8-11。

表8-11　米制车床车模数蜗杆交换齿轮表（车床丝杠螺距6mm）

模数 m/mm	主轴齿轮	中间齿轮		丝杠齿轮	模数 m/mm	主轴齿轮	中间齿轮		丝杠齿轮
	z_1	z_2	z_3	z_4		z_1	z_2	z_3	z_4
0.5	40	70	55	120	2.5	110	70	50	60
0.75	55	35	30	120	3	110	35	60	120
1	55	70	80	120	3.5	110	35	70	120
1.25	50	60	55	70	4	110	35	80	120
1.5	55	—	—	70	4.5	110	35	90	120
1.75	110	70	35	60	5	110	35	100	120
2	110	70	40	60	6.5	110	35	55	60
2.25	110	70	45	60	6	55	35	60	30

⑥ 米制车床车径节蜗杆。在米制车床上车削径节蜗杆时，交换齿轮可按以下公式计算：

$$\frac{z_1}{z_2}\times\frac{z_3}{z_4}=\frac{\frac{\pi\times 25.4}{径节}}{丝杠螺距}=\frac{\pi\times 25.4}{径节\times 丝杠螺距}=\frac{22\times 127}{7\times 5\times 径节\times 丝杠螺距}$$

如车床丝杠螺距为6mm，车径节为12的蜗杆螺纹，则可按以下方法求交换齿轮。

$$\frac{z_1}{z_2}\times\frac{z_3}{z_4}=\frac{22\times 127}{7\times 5\times 径节\times 丝杠螺距}=\frac{22\times 127}{7\times 5\times 12\times 6}=\frac{127\times 11}{60\times 21}=\frac{127}{60}\times\frac{55}{105}$$

根据啮合条件进行验算：

127+60−55=132，132 ＞ 15

55+105−60=100，100 ＞ 15

符合啮合条件，所以可选：

z_1=127，z_2=60，z_3=55，z_4=105

米制车床车径节蜗杆交换齿轮表见表8-12。

表 8-12 米制车床车径节蜗杆交换齿轮表（车床丝杠螺距 6mm）

径节 P	主轴齿轮	中间齿轮		丝杠齿轮	径节 P	主轴齿轮	中间齿轮		丝杠齿轮
	z_1	z_2	z_3	z_4		z_1	z_2	z_3	z_4
42	55	70	40	100	18	60	85	110	105
40	100	90	30	100	16	55	70	90	85
38	90	90	35	100	14	95	—	—	100
36	80	60	25	90	12	90	85	110	105
34	50	40	25	80	10	55	70	110	65
32	100	80	30	90	8	55	85	90	35
30	100	90	40	100	$7\frac{1}{2}$	110	65	110	105
28	40	80	95	100	7	55	105	127	35
26	40	100	115	90	$6\frac{1}{2}$	110	105	127	65
24	55	85	90	105	6	55	105	127	30
22	60	85	90	105	$5\frac{1}{2}$	80	70	127	60
20	20			30		—	—	—	—

⑦ 英制车床车模数蜗杆。在英制车床上车削模数蜗杆时，交换齿轮可按以下公式计算：

$$\frac{z_1}{z_2}\times\frac{z_3}{z_4}=\frac{\dfrac{\pi\times\text{模数}}{25.4}}{\text{丝杠每英寸牙数}}=\frac{\dfrac{22}{7}\times\text{模数}\times\text{丝杠每英寸牙数}}{25.4}$$

$$=\frac{22\times5\times\text{模数}\times\text{丝杠每英寸牙数}}{7\times127}$$

如车床丝杠每英寸 4 牙，车模数为 2.5 的蜗杆，则可按以下方法求交换齿轮。

$$\frac{z_1}{z_2}\times\frac{z_3}{z_4}=\frac{22\times5\times\text{模数}\times\text{丝杠每英寸牙数}}{7\times127}$$

$$=\frac{22\times5\times2.5\times4}{7\times127}=\frac{10\times110}{127\times7}=\frac{100}{127}\times\frac{110}{70}$$

根据啮合条件进行验算：

100+127−110=117，117 ＞ 15

110+ 70−127=53，53 ＞ 15

符合啮合条件，所以可选：

z_1=100，z_2=127，z_3=110，z_4=70

英制车床车模数蜗杆交换齿轮表见表 8-13。

表 8-13 英制车床车模数蜗杆交换齿轮表（车床丝杠每英寸 4 牙）

模数 m/mm	主轴齿轮	中间齿轮		丝杠齿轮	模数 m/mm	主轴齿轮	中间齿轮		丝杠齿轮
	z_1	z_2	z_3	z_4		z_1	z_2	z_3	z_4
0.5	40	70	55	127	3.5	110	35	70	127
0.7	60	70	55	127	3.75	110	35	75	127
1	80	70	55	127	4	110	35	80	127
1.25	100	70	55	127	4.25	110	35	85	127
1.5	110	70	60	127	4.5	110	35	90	127
1.75	60	30	55	127	4.75	110	35	95	127
2	110	70	80	127	5	110	35	100	127
2.25	110	70	90	127	6.25	110	25	75	127
2.5	110	70	100	127	6.75	110	35	110	127
2.75	110	35	55	127	6	120	35	110	127
3	120	35	55	127	7	120	30	110	127
3.25	110	35	65	127	—	—	—	—	—

⑧ 英制车床车径节蜗杆。在英制车床上车削径节蜗杆时，交换齿轮可按以下公式计算：

$$\frac{z_1}{z_2}\times\frac{z_3}{z_4}=\frac{\dfrac{\pi}{\text{径节}}}{\dfrac{1}{\text{丝杠每英寸牙数}}}=\frac{\pi\times\text{丝杠每英寸牙数}}{\text{径节}}=\frac{22\times\text{丝杠每英寸牙数}}{7\times\text{径节}}$$

如车床丝杠每英寸 4 牙，车径节等于 8 的蜗杆，则可按以下方法求交换齿轮。

$$\frac{z_1}{z_2}\times\frac{z_3}{z_4}=\frac{22\times\text{丝杠每英寸牙数}}{7\times\text{径节}}=\frac{22\times4}{7\times8}=\frac{110}{35}\times\frac{25}{50}$$

根据啮合条件进行验算：

110+35−25=120，120 ＞ 15

25+50−35=40，40 ＞ 15

符合啮合条件，所以可选：

z_1=110，z_2=35，z_3=25，z_4=50

英制车床车径节蜗杆交换齿轮表见表 8-14。

（3）有进给箱车床车螺纹交换齿轮计算

在有走刀箱的车床上，车削以下几种情况的螺纹，通常应进行以下方面的交换齿轮计算。

① 车特殊螺距时的计算。螺距特殊是指螺距（或每英寸牙数、模数等）在铭牌上找不到，可以用下列公式计算：

车米制螺纹或模数蜗杆：$\frac{z_1}{z_2}\times\frac{z_3}{z_4}=\frac{a}{a_1}\times i_{原}$

车英制螺纹或径节蜗杆：$\frac{z_1}{z_2}\times\frac{z_3}{z_4}=\frac{b_1}{b}\times i_{原}$

式中　a——工件螺纹的螺距或模数；

a_1——在铭牌上任意选取的螺距或模数，如果 a 是螺距，那么 a_1 应该在铭牌螺距一栏中任意选取；如果 a 是模数，那么 a_1 应该在铭牌模数一栏中任意选取；

b——工件螺纹的每英寸牙数或径节；

b_1——在铭牌上任意选取的每英寸牙数或径节，如果 b 是每英寸牙数，那么 b_1 应在铭牌上每英寸牙数一行中任意选取；如果 b 是径节，那么 b_1 应在铭牌上径节一栏中任意选取；

$i_{原}$——所选出来的 a_1 或 b_1 原来位置上的交换齿轮比，这个比值在铭牌上是注明的。

表 8-14　英制车床车径节蜗杆交换齿轮表（车床丝杠每英寸 4 牙）

径节 P	主轴齿轮	中间齿轮		丝杠齿轮	径节 P	主轴齿轮	中间齿轮		丝杠齿轮
	z_1	z_2	z_3	z_4		z_1	z_2	z_3	z_4
42	55	70	40	105	18	60	45	55	105
40	55	70	40	100	16	75	30	55	105
38	55	70	40	95	14	60	105	110	70
36	55	70	40	90	12	55	70	80	60
34	55	70	40	85	10	55	70	80	50
32	55	70	50	100	8	55	—	—	35
30	55	70	40	75	$7\frac{1}{2}$	80	35	55	75
28	60	70	55	105	7	80	35	55	70
26	60	65	55	105	$6\frac{1}{2}$	80	35	55	65
24	30	105	110	60	6	80	30	55	70
22	60	—	—	105	$5\frac{1}{2}$	80	—	—	35
20	60	50	55	105	—	—	—	—	—

应该说明的是，上面公式不论英制车床或米制车床都适用。

如在 C620-1 型车床上，要车螺距 P=0.9mm 的螺纹，则可按以下方法求交换齿轮和变换手柄位置。

0.9mm 的螺距在铭牌上是没有的。可以在米制螺纹螺距一行中选 a_1=0.8mm，由铭牌查出 $i_{原}=\frac{22}{33}\times\frac{20}{25}$，手柄在 1 的位置，现在要车螺距 0.9mm 的螺纹，则

$$传动比\ i=\frac{z_1}{z_2}\times\frac{z_3}{z_4}=\frac{a}{a_1}\ i_{原}=\frac{0.9}{0.8}\times\frac{22}{33}\times\frac{20}{25}=\frac{40}{48}\times\frac{36}{50}$$

手柄仍放在 1 的位置

又如在 C615 型车床上车每英寸 $10\frac{1}{2}$ 牙的英制螺纹，则可按以下方法求交换齿轮和变换手柄位置。

每英寸 $10\frac{1}{2}$ 牙的螺距在铭牌上是没有的。可在英制螺纹每英寸牙数一栏中选取 b_1=6.5，查出 $i_{原}=\frac{25}{31}\times\frac{21}{22}$，手柄在 3 的位置。

现在要车每英寸牙数为 $10\frac{1}{2}$ 的螺纹，则

传动比 $i=\frac{b_1}{b}\times i_{原}=\frac{5.5}{10.5}\times\frac{25}{31}\times\frac{21}{22}=\frac{21}{42}\times\frac{25}{31}$

手柄放在 3 的位置上

② 车模数或径节蜗杆时的计算。在车模数或径节蜗杆时，可分别按以下方法计算。

$$车模数蜗杆：\frac{z_1}{z_2}\times\frac{z_3}{z_4}=\frac{工件模数}{铭牌所选螺距}\times\frac{22}{7}\times i_{原}$$

$$车径节蜗杆：\frac{z_1}{z_2}\times\frac{z_3}{z_4}=\frac{铭牌所选每英寸牙数}{工件径节}\times\frac{22}{7}\times i_{原}$$

应用以上公式应注意：如果要车模数蜗杆，应在铭牌米制螺距一行中选取；如果要车径节蜗杆，应在铭牌上英制螺纹（每英寸牙数）一行中选取。并尽可能使选出的数字与要车工件数字相同。

如在一台带有进给箱的英制车床上车一个模数 m=2.5 的蜗杆，则可按以下方法求交换齿轮和变换手柄位置。

在铭牌米制螺距一行中选取 2.5，查出 $i_{原}=\frac{50}{127}$，手柄 A 在 8 的位置上，手柄 B 放在 3 的位置上。

现在要车模数 2.5 的蜗杆，则

$$\frac{z_1}{z_2}\times\frac{z_3}{z_4}=\frac{工件模数}{铭牌所选螺距}\times\frac{22}{7}\times i_{原}=\frac{2.5}{2.5}\times\frac{22}{7}\times\frac{50}{127}=\frac{100}{35}\times\frac{55}{127}$$

手柄 A 在 8 的位置上，手柄 B 放在 3 的位置上。

又如在一台有进给箱的米制车床上车一径节为 12 的蜗杆螺纹，则可按以下方法求交换齿轮和变换手柄位置。

在铭牌英制螺纹一行中选取 12，查出 $i_{原}=\frac{50}{60}\times\frac{70}{80}$

现在要车径节为 12 的蜗杆，则

$$\frac{z_1}{z_2}\times\frac{z_3}{z_4}=\frac{\text{铭牌所选每英寸牙数}}{\text{工件径节}}\times\frac{22}{7}\times i_{\text{原}}=\frac{12}{12}\times\frac{22}{7}\times\frac{50}{60}\times\frac{70}{80}=\frac{50}{30}\times\frac{55}{40}$$

手柄应放在车每英寸 12 牙时所规定的位置。

8.1.5 交换齿轮的装卸操作

螺纹车削时，不论是车削外螺纹还是内螺纹，为了在车床上车出规定螺距的螺纹，必须使车刀的走刀量等于工件的螺距。为此，必须对车床的交换齿轮进行一些装卸操作。

（1）调整交换齿轮和进给箱手柄位置

在有进给箱的车床上车削常用螺距的螺纹时，可从进给箱铭牌上找到相应交换齿轮的齿数和手柄位置，挂上相应的交换齿轮，并把手柄扳到所需的位置上。

在无进给箱的车床上车削，则需按工件的螺距与车床丝杆的螺距计算交换齿轮，使车刀的纵向移动距离与主轴转数准确配合。

（2）交换齿轮组合方法和装卸步骤

① 正确识别有关齿数及上、中、下轴。

② 先松开交换齿轮中间齿轮压紧螺母，然后松开上轴主动齿轮压紧螺母，再松开从动齿轮的压紧螺母，依次取下螺母、垫、齿轮并按顺序放好。

③ 掌握单式、复式交换齿轮的搭配方法，并符合搭配原则。

④ 分别清洗、擦净所需要安装的齿轮及齿轮轴、套、垫、压紧螺母等零件。

⑤ 将所需的交换齿轮按要求组装。轴与套、齿轮内孔与轴配合表面应加润滑液或润滑脂。中间小轴的长度要大于套的长度。

⑥ 组装时，变动齿轮在变换齿轮上的位置，使各交换齿轮的啮合间隙保持在 0.1 ～ 0.15mm 左右（可用塞规检测）。

⑦ 依次检查各压紧螺母的紧固程度，必要时可挂挡，用手拉 V 带检查交换齿轮传动是否正常，最后装好防护罩。

（3）装卸交换齿轮的安全措施

① 装卸齿轮前，需先切断车床电源，并将主轴箱变速手柄放在中间空挡位置，以防发生安全事故。

② 装卸紧固螺母时，扳手与紧固螺母贴合要好，防止因用力过猛，使扳手打滑割伤手。

8.1.6 冷却润滑液的正确选用

不论车削何种形式的螺纹，冷却润滑液选择适当，均能保证切屑层均匀，且切削深度小时不致造成“让刀”。可以提高螺纹精度和表面粗糙度，并延长刀具寿命。冷却润滑液的选用可参照表 8-15。

表 8-15 冷却润滑液的选用

被加工零件材料	冷却润滑液成分		
	一般螺纹	一般精度螺纹	精密螺纹
碳钢或合金钢	乳化液或冷却防锈油	硫化油或乳化液	豆油（或菜油）80% ～ 90%+煤油 10% ～ 20% 或锭子油 40% ～ 50%+ 煤油 30% ～ 40%+ 铅油 20% ～ 30%
不锈钢	乳化液或锭子油	锭子油 40% ～ 50%+ 煤油 30% ～ 40%+ 白铅油 20% ～ 30%	豆油 70% ～ 85%+ 煤油 15% ～ 30%
铸铁	不用冷却液	煤油	煤油
铜合金	不用冷却液	煤油 60% ～ 70%+ 锭子油 30% ～ 40%	
铝合金	不用冷却液	煤油 70% ～ 80%+ 锭子油 20% ～ 30%	

8.1.7 螺纹的车削方法

螺纹的种类很多，不同类型螺纹的车削既具有共性也具有不少个性，车削操作人员应熟悉并掌握各类螺纹的车削特性。

（1）车削螺纹的准备工作

① 选择刀具材料和几何角度，并正确刃磨刀具，正确安装好车刀。

② 调整车床各部分间隙并做好车床的润滑。

③ 计算螺纹测量尺寸。

④ 选用交换齿轮和检查车床各部手柄位置。

⑤ 选择切削用量。

⑥ 校对螺距。

⑦ 选择进给方法。

⑧ 选用冷却润滑液。

（2）操作时注意事项

① 进给时记住刻度盘读数。

② 正确安排粗车与精车加工步骤。

③ 正确测量螺纹尺寸。

（3）各种螺纹的车削特点

表 8-16 给出了各种螺纹的车削特点。

（4）车螺纹的进刀方法、特点及应用

表 8-17 给出了车螺纹的进刀方法、特点及应用。

表 8-16　各种螺纹的车削特点

螺纹种类	螺纹牙型特点	精度要求	车削特点
普通螺纹	①断面呈等边三角形 ②螺距和牙型角较小 ③牙型长度较短	精度和表面粗糙度要求一般不高	①进给方法：粗车为斜进法，精车为左右切削法 ②切削速度可适当地高于其他螺纹 ③刀具材料：粗车一般用硬质合金车刀，精车可用高速钢车刀加弹簧刀杆或硬质合金车刀 ④批量较大可用旋风切削法 ⑤直径不大可用攻螺纹或套螺纹和滚压
梯形螺纹	①断面呈等腰梯形 ②螺距大、牙型角小、牙槽窄而不深	精度和表面粗糙度要求较高	①进给方法：主要用分层切进法 ②每次切削深度较小，以利保持刀尖强度和排屑 ③切削中注意： a. 刀具几何形状要考虑到螺旋升角的影响 b. 车床精度要好 c. 工件装夹要正确，细长轴要用中心架、跟刀架支承，并工作可靠 ④ 细长轴应采用反击法校直 ⑤刀具一般为高速钢，精车时 v=1 ～ 2m/min，a_p=0.02 ～ 0.03mm ⑥切削液要充分
圆锥管螺纹	①呈等腰三角形 ②长度方向呈正锥度	精度和表面粗糙度要求一般	进给方法： ①手进法 - 随锥度手动进给，适用于精度较低的单件生产 ②仿形法 - 由靠模刀架或靠模装置仿形，适用于批量生产，精度高、方法简易可靠 ③圆锥丝锥法 - 专用于锥度丝锥
锯齿形螺纹	①呈锯齿三角形 ②牙型不对称，牙型角小、牙槽深	精度和表面粗糙度要求一般	①进给方法：主要为左右切削法 ②刀具两侧刃角度不对称，要注意刃磨位置 ③刀尖强度较低，切削深度和进刀量不宜过大，防止“啃刀”和“打刀”
矩形螺纹	①非标准螺纹，其牙型呈正方形 ②牙顶宽 ③牙槽底宽度和牙型高度等于螺距的 1/2	精度和表面粗糙度要求一般	①进给方法：主要为直进法 ②车刀与一般切断刀相似，但要考虑螺旋升角，刀刃宽度要准确 ③对精度要求较高、牙型较小的可不分粗、精车削；对精度要求较高、螺距较大的，一般分粗、精车削。粗车刀宽度比槽宽小 0.5 ～ 1mm，精车刀宽度为槽宽加 0.2mm ④装刀准确，其主切削刃与工作轴线平行且对准中心 ⑤小刀架固紧，不得松动，防止乱扣和“啃刀”

表 8-17 车螺纹的进刀方法、特点及应用

进刀方法	图示	特点	应用
直进法	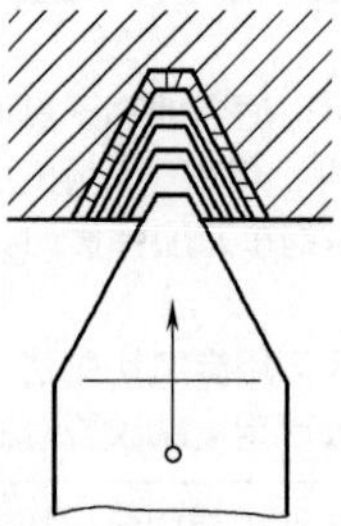	①刀刃同时工作，排屑困难，切削力大，易“扎刀” ②切削用量低 ③刀尖易磨损 ④操作简单 ⑤牙型精度较高 ⑥粗、精车可用同一把车刀	①高速切削螺距 $P<3$mm 的普通螺纹 ② $P \geqslant 3$mm 普通螺纹的精车 ③脆性材料的螺纹 ④硬质合金车刀高速切削螺纹
斜进法	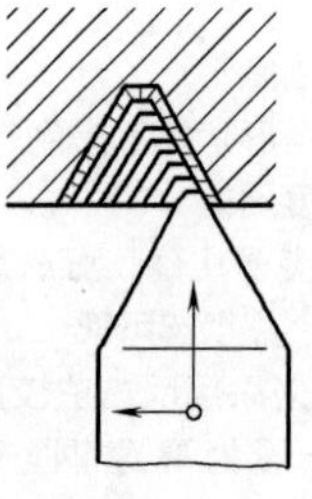	①单刀切削，排屑顺利，切削力小，不易“扎刀” ②牙型精度低，螺纹表面粗糙 ③可选择较大切削用量	用于 $P \geqslant 3$mm 螺纹与塑性材料螺纹的粗车
左右进刀法	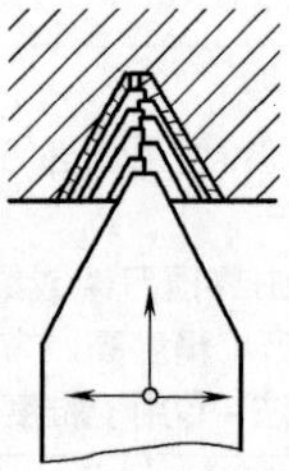	①单刃切削，排屑顺利，切削力小，不易“扎刀” ②可选择较大切削用量 ③螺纹表面粗糙度值较小	① $P \geqslant 3$mm 普通螺纹精车 ②刚度较差的螺纹粗、精车

（5）常用螺纹车削方法

表 8-18 给出了常用螺纹的车削方法。

（6）高速钢、硬质合金车刀车削不同材料螺纹的切削用量

表 8-19 给出了高速钢、硬质合金车刀车削不同材料螺纹的切削用量。

8.1.8 螺纹的测量

圆柱螺纹的测量方法可分为两类，即综合测量和单项参数测量。

（1）综合测量

综合测量即用螺纹环规和螺纹塞规测量外、内螺纹。螺纹量规有过端与止端之分，它测量的参数包括螺纹大径、中径、小径、螺距、牙型角及其半角等，适用于普通螺纹、梯形螺纹的成批生产（图 8-16）。

表8-18 常用螺纹的车削方法

<table>
<tr><th colspan="2">普通螺纹</th><th colspan="2">梯形螺纹</th><th colspan="2">矩形螺纹</th></tr>
<tr><th>P/mm</th><th>车削方法</th><th>P/mm</th><th>车削方法</th><th>P/mm</th><th>车削方法</th></tr>
<tr><td><3</td><td>用一把硬质合金车刀，在高速下采用直进法车出螺纹</td><td>≤3</td><td>用一把车刀，直进法粗、精车</td><td>≤4</td><td>用一把车刀车；精密螺纹用两把车刀，直进法粗、精车</td></tr>
<tr><td rowspan="3">>3</td><td rowspan="3">首先用粗车刀斜进法粗车，后用精车刀直进法精车，若为精密螺纹，精车时应用左右进刀法分别精车牙型两侧</td><td>≤8</td><td>首先用比牙型角小30°的粗车刀径向进给车至小径，而后用精车刀直进法精车</td><td>>4
≤12</td><td>分别用粗、精车刀直进法粗、精车</td></tr>
<tr><td><10</td><td>首先用切槽车刀直进法车至小径，再用牙型角29°30′的粗车刀粗车，最后用开有卷屑槽的精车刀精车</td><td rowspan="2">>12</td><td rowspan="2">先用切槽刀直进法车至小径，后用类似左、右偏刀的精车刀，分别精车牙型两侧</td></tr>
<tr><td>≥16</td><td>先用切槽刀直进法粗车至小径，再用左、右偏刀粗车牙型两侧，最后用精车刀直进法精车</td></tr>
</table>

表 8-19　高速钢、硬质合金车刀车削不同材料螺纹的切削用量

加工材料	硬度（HB）	螺纹直径 /mm	每一走刀的横向进给量 /mm		切削速度 /（m/min）	
			第一次走刀	最后一次走刀	高速钢车刀	硬质合金车刀
易切碳钢、碳钢、碳钢铸件	100 ～ 225	≤ 25	0.50	0.013	12 ～ 15	18 ～ 60
		＞ 25	0.50	0.013	12 ～ 15	60 ～ 90
合金钢、合金钢铸件、高强度钢	225 ～ 375	≤ 25	0.40	0.025	9 ～ 12	15 ～ 46
		＞ 25	0.40	0.025	12 ～ 15	30 ～ 60
马氏体时效钢、工具钢、工具钢铸件	375 ～ 535	≤ 25	0.25	0.05	1.5 ～ 4.5	12 ～ 30
		＞ 25	0.25	0.05	4.5 ～ 7.5	24 ～ 40
易切不锈钢、不锈钢，不锈钢铸件	135 ～ 440	≤ 25	0.40	0.025	2 ～ 6	20 ～ 30
		＞ 25	0.40	0.025	3 ～ 8	24 ～ 37
灰铸铁	100 ～ 320	≤ 25	0.40	0.013	8 ～ 15	26 ～ 43
		＞ 25	0.40	0.013	10 ～ 18	49 ～ 73
可锻铸铁	100 ～ 400	≤ 25	0.40	0.013	8 ～ 15	26 ～ 43
		＞ 25	0.40	0.013	10 ～ 18	49 ～ 73
铝合金及其铸件、镁合金及其铸件	30 ～ 150	≤ 25	0.50	0.025	25 ～ 45	30 ～ 60
		＞ 25	0.50	0.025	45 ～ 60	60 ～ 90
钛合金及其铸件	110 ～ 440	≤ 25	0.50	0.013	1.8 ～ 3	12 ～ 20
		＞ 25	0.50	0.013	2 ～ 3.5	17 ～ 26
铜合金及其铸件	40 ～ 200	≤ 25	0.25	0.025	9 ～ 30	30 ～ 60
		＞ 25	0.25	0.025	15 ～ 45	60 ～ 90
镍合金及其铸件	80 ～ 360	≤ 25	0.40	0.025	6 ～ 8	12 ～ 30
		＞ 25	0.40	0.025	7 ～ 9	14 ～ 52
高温合金及其铸件	140 ～ 230	≤ 25	0.25	0.025	1 ～ 4	20 ～ 26
		＞ 25	0.25	0.025	1 ～ 6	24 ～ 29
	230 ～ 400	≤ 25	0.25	0.025	0.5 ～ 2	14 ～ 21
		＞ 25	0.25	0.025	1 ～ 3.5	15 ～ 23

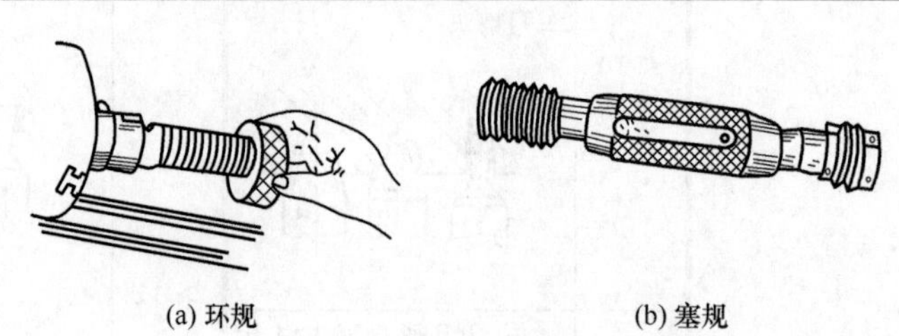

(a) 环规　　(b) 塞规

图 8-16　螺纹综合测量量具

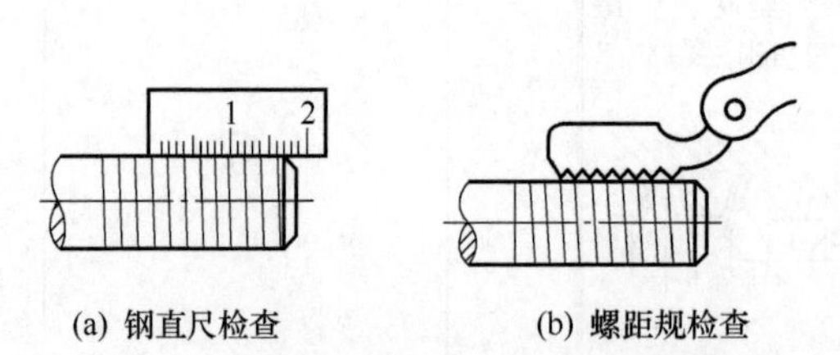

(a) 钢直尺检查　　(b) 螺距规检查

图 8-17　用螺距规和钢直尺检查螺距

（2）圆柱外螺纹参数的单项测量

圆柱外螺纹参数的单项测量主要包括：螺距、大径、中径等参数的测量。

1）螺距　螺距的测量可用螺距规、钢直尺进行，参见图 8-17。

2）大径　大径的公差值一般都比较大，通常采用游标卡尺或外径千分尺测量。

3）中径　中径常用的测量方法有以下几种。

① 螺纹千分尺。螺纹千分尺的结构［图 8-18（a）］和使用与一般外径千分尺相同，只是测砧和测微螺杆上均有孔，孔内可装如图 8-18（b）所示测量头。测量前，应先根据螺距选择所需的测量头，测量时，两个与螺纹牙型角相同的测头正好卡在螺纹的牙侧上，螺纹千分尺读数就是螺纹中径的实际尺寸，它适用于普通螺纹测量。

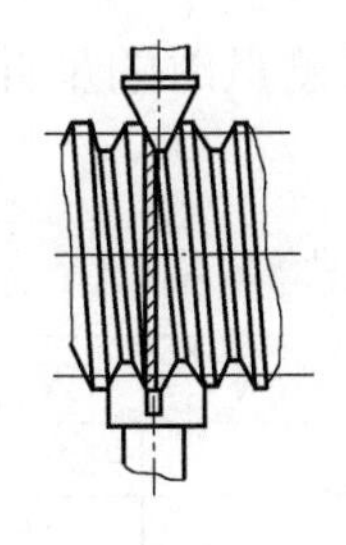

(a) 测量

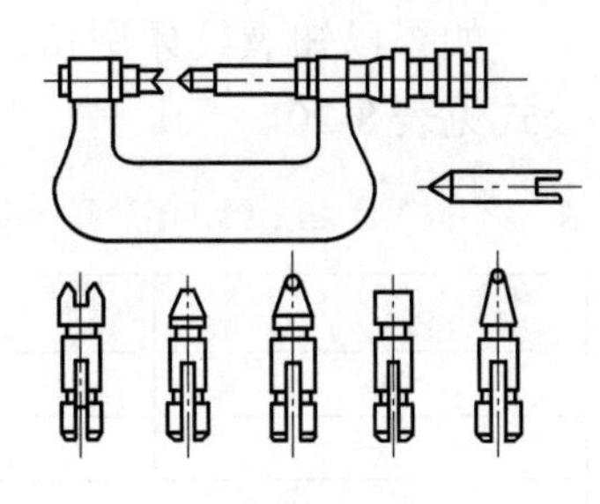

(b) 测量头

图 8-18　螺纹千分尺及其测量

② 三针测量。三针测量是一种比较精密的测量方法，适用于精度要求较高、螺旋升角小于 4°的螺纹工件中径（测量蜗杆中径时，要求其导程角 $\gamma < 6°$）的测量。测量时，将三根直径相等的钢针放置在螺纹两侧相对应的螺旋槽中，用千分尺测量出两边钢针顶点间的距离 M，如图 8-19 所示。

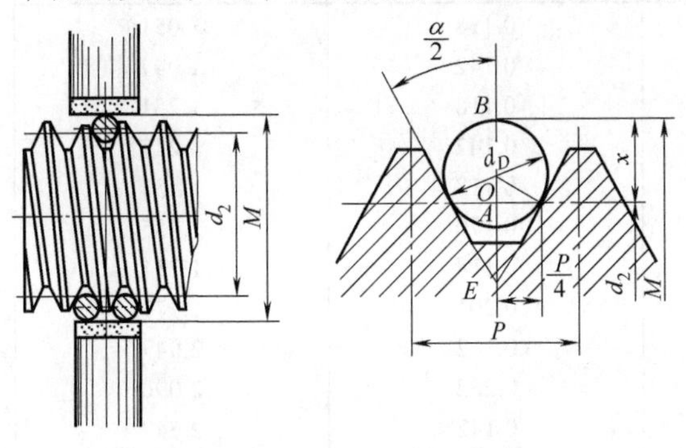

图 8-19　三针测量螺纹中径

三针测量时，量针测量距 M 值的计算公式为：

$$M = d_2 + d_D\left(1 + \frac{1}{\sin\frac{\alpha}{2}}\right) - \frac{P}{2}\cot\frac{\alpha}{2}$$

式中　M——千分尺测得的尺寸，mm；

d_2——螺纹中径，mm；

d_D——钢针直径，mm；

α——工件牙型角，（°）；

P——工件螺距，mm。

三针测量时，量针直径 d_D 值的计算公式为：

$$d_D = \frac{P}{2\cos\frac{\alpha}{2}}$$

如果已知螺纹牙型角，三针测量时的量针测量距 M 值和量针直径 d_D 的计算公式见表 8-20。

表 8-20 量针测量距 M 值及量针直径 d_D 计算公式

蜗杆齿形角（α）	螺纹牙型角（α）	M 值计算公式	量针直径（d_D）
20°	—	$M=d_1+3.924d_D-1.374P$	$d_D=0.533P$
—	60°	$M=d_2+3d_D-0.866P$	$d_D=0.577P$
—	55°	$M=d_2+3.166d_D-0.9605P$	$d_D=0.564P$
—	30°	$M=d_2+4.864d_D-1.866P$	$d_D=0.518P$

a. 测量普通螺纹时的 M 值。表 8-21 给出了测量普通螺纹时的 M 值。

表 8-21 测量普通螺纹时的 M 值 单位：mm

螺纹直径 d	螺距 P	钢针直径 d_D	三针测量值 M
1	0.2	0.118	1.051
1	0.25	0.142	1.047
1.2	0.2	0.118	1.251
1.2	0.25	0.142	1.247
1.4	0.2	0.118	1.451
1.4	0.3	0.170	1.455
1.7	0.2	0.118	1.751
1.7	0.35	0.201	1.773
2	0.25	0.142	2.047
2	0.4	0.232	2.090
2.3	0.25	0.142	2.347
2.3	0.4	0.232	2.390
2.6	0.35	0.201	2.673
2.6	0.45	0.260	2.698
3	0.35	0.201	3.073
3	0.5	0.291	3.115
3.5	0.35	0.201	3.573
4	0.5	0.291	4.115
4	0.7	0.402	4.145
5	0.5	0.291	6.115
5	0.8	0.461	6.171
6	0.75	0.433	6.162
6	1	0.572	6.200
8	0.5	0.291	8.115
8	1	0.572	8.200
8	1.25	0.724	8.278
9	0.35	0.201	9.073
9	0.5	0.291	9.116
10	0.35	0.204	10.073
10	0.5	0.291	10.115
10	1	0.572	10.200

续表

螺纹直径 d	螺距 P	钢针直径 d_D	三针测量值 M
10	1.5	0.866	10.325
11	0.35	0.201	11.073
11	0.5	0.291	1.115
12	0.5	0.291	12.115
12	0.75	0.433	12.162
12	1.25	0.724	12.278
12	1.75	1.008	12.372
14	0.5	0.291	14.115
14	0.75	0.443	14.162
14	1.5	0.866	14.325
14	2	1.157	14.440
16	0.5	0.291	16.115
16	0.75	0.433	16.162
16	1.5	0.866	16.325
16	2	1.157	16.440
18	0.5	0.291	18.115
18	0.75	0.433	18.162
18	1.5	0.866	18.325
18	2.5	1.441	18.534
20	0.5	0.291	20.115
20	0.75	0.433	20.162
20	1.5	0.866	20.325
20	2.5	1.441	20.534
22	0.5	0.291	22.115
22	0.75	0.433	22.162
22	1.5	0.866	22.325
22	2.5	1.441	22.534
24	0.75	0.433	24.162
24	1	0.572	24.200
24	1.5	0.866	24.325
24	2	1.157	24.440
24	3	1.732	24.649
27	0.75	0.433	27.162
27	1	0.572	27.200
27	1.5	0.866	27.325
27	2	1.157	27.440
27	3	1.732	27.649
30	0.75	0.433	30.162
30	1	0.572	30.200
30	1.5	0.866	30.325
30	2	1.157	30.440
30	3.5	2.020	30.756
33	0.75	0.433	33.162
33	1	0.572	33.200

续表

螺纹直径 d	螺距 P	钢针直径 d_D	三针测量值 M
33	1.5	0.866	33.325
33	2	1.157	33.440
36	1	0.572	36.200
36	1.5	0.866	36.325
36	2	1.157	36.440
36	3	1.732	36.649
36	4	2.311	36.871
39	1	0.572	39.200
39	1.5	0.866	39.325
39	2	1.157	39.440
39	3	1.732	39.649
42	0.75	0.433	42.162
42	1	0.572	42.200
42	1.5	0.866	42.325
42	2	1.157	42.440
42	3	1.732	42.649
42	4.5	2.595	42.966
45	0.75	0.433	46.162
45	1	0.572	46.200
45	1.5	0.866	46.325
45	2	1.157	46.440
45	3	1.732	46.649
48	0.75	0.433	48.162
48	1	0.572	48.200
48	1.5	0.866	48.325
48	2	1.157	48.440
48	3	1.732	48.649
48	5	2.866	49.080
52	0.75	0.433	52.162
52	1	0.572	52.200
52	1.5	0.866	52.325
52	2	1.157	52.440
52	3	1.732	52.649
56	1	0.572	56.200
56	1.5	0.866	56.325
56	2	1.157	56.440
56	3	1.732	56.649
56	4	2.311	56.871
56	6.5	3.177	57.196
60	1	0.572	60.200
60	1.5	0.866	60.325
60	2	1.157	60.440
60	3	1.732	60.649
60	4	2.311	60.871

续表

螺纹直径 d	螺距 P	钢针直径 d_D	三针测量值 M
64	1	0.572	64.200
64	1.5	0.866	64.325
64	2	1.157	64.440
64	3	1.732	64.649
64	4	2.311	64.871
64	6	3.468	66.311
68	1	0.572	68.200
68	1.5	0.866	68.325
68	2	1.157	68.440
68	3	1.732	68.649
68	4	2.311	68.871
72	1	0.572	72.200
72	1.5	0.866	72.325
72	2	1.157	72.440
72	3	1.732	72.649
72	4	2.311	72.871
72	6	3.468	73.311
76	1	0.572	76.200
76	1.5	0.866	76.325
76	2	1.157	76.440
76	3	1.732	76.649
76	4	2.311	76.871
76	6	3.468	77.311
80	1	0.572	80.200
80	1.5	0.866	80.325
80	2	1.157	80.440
80	3	1.732	80.649
80	4	2.311	80.871
80	6	3.468	81.311
85	1	0.572	86.200
85	1.5	0.866	86.325
85	2	1.157	86.440
85	3	1.732	86.649
85	4	2.311	86.871
85	6	3.468	86.311
90	1	0.572	90.200
90	1.5	0.866	90.325
90	2	1.157	90.440
90	3	1.732	90.649
90	4	2.311	90.871
90	6	3.468	91.311
95	1	0.572	96.200
95	1.5	0.866	96.325
95	2	1.157	96.440
95	3	1.732	96.649

续表

螺纹直径 d	螺距 P	钢针直径 d_D	三针测量值 M
95	4	2.311	96.871
95	6	3.468	96.311
100	1	0.572	100.200
100	1.5	0.866	100.325
100	2	1.157	100.440
100	3	1.732	100.649

注：当螺距 P=1mm 时，计算得到的钢针直径 d_D=0.577mm，但实际使用的钢针直径为 0.572mm。

b. 测量梯形螺纹时的 M 值。表 8-22 给出了测量梯形螺纹时的 M 值。

表 8-22　测量梯形螺纹时的 M 值　单位：mm

螺纹直径 d	螺距 P	钢针直径 d_D	三针测量值 M
10	2	1.008	10.171
10	3	1.732	11.326
12	2	1.008	12.171
12	3	1.732	13.326
14	2	1.008	14.171
14	3	1.732	16.326
16	2	1.008	16.171
16	4	2.020	16.361
18	2	1.008	18.171
18	4	2.020	18.361
20	2	1.008	20.171
20	4	2.020	20.361
22	2	1.008	22.171
22	5	2.595	22.791
22	8	4.400	24.472
24	2	1.008	24.171
24	5	2.595	24.791
24	8	4.400	26.472
26	2	1.008	26.171
26	5	2.595	26.791
26	8	4.400	28.472
28	2	1.008	28.171
28	5	2.595	28.791
28	8	4.400	30.472
30	3	1.732	31.326
30	6	3.177	31.256
30	10	6.180	31.535
32	3	1.732	33.326
32	6	3.177	33.256
32	10	6.180	33.535
36	3	1.732	37.326
36	6	3.177	37.256

续表

螺纹直径 d	螺距 P	钢针直径 d_D	三针测量值 M
36	10	6.180	37.535
40	3	1.732	41.326
40	6	3.177	41.256
40	10	6.180	41.535
44	3	1.732	46.326
44	8	4.400	46.472
44	12	6.216	46.842
48	3	1.732	49.326
48	8	4.400	50.472
48	12	6.216	47.842
50	3	1.732	51.326
50	8	4.400	52.473
50	12	6.216	51.842
52	3	1.732	53.326
52	8	4.400	54.473
52	12	6.216	53.842
55	3	1.732	56.326
55	8	4.400	57.473
55	12	6.216	56.842
60	3	1.732	61.326
60	8	4.400	62.473
60	12	6.216	61.842
65	4	2.020	66.361
65	10	6.180	66.535
65	16	8.588	68.914
70	4	2.020	70.361
70	10	6.180	71.535
70	16	8.588	73.914
75	4	2.020	76.361
75	10	6.180	76.535
75	16	8.588	78.914
80	4	2.020	80.361
80	10	6.180	81.535
80	16	8.588	83.914
85	5	2.595	86.791
85	12	6.216	86.842
85	20	10.360	88.069
90	5	2.595	90.791
90	12	6.216	91.842
90	20	10.360	93.069
95	5	2.595	96.791
95	12	6.216	96.842
95	20	10.360	98.069
100	5	2.595	100.791
100	12	6.216	101.842
100	20	10.360	103.069

注：当 P 等于 10mm 或大于 10mm 时，表中所列的钢针直径是指最佳直径。

c. 测量英寸螺纹时的 M 值。表 8-23 给出了测量英寸螺纹时的 M 值。

表 8-23　测量英寸螺纹时的 M 值　单位：mm

螺纹直径 d/in	每英寸的牙数	钢针直径 d_p/mm	三针测量值 M/mm
3/16	24	0.572	4.880
1/4	20	0.724	6.609
5/16	18	0.796	8.194
3/8	16	0.866	9.730
1/2	12	1.157	12.974
5/8	11	1.302	16.301
3/4	10	1.441	19.546
7/8	9	1.591	22.741
1	8	1.732	26.800
$1\frac{1}{8}$	7	2.020	29.161
$1\frac{1}{4}$	7	2.020	32.336
$1\frac{1}{2}$	6	2.311	38.640
$1\frac{3}{4}$	5	2.886	46.455
2	$4\frac{1}{2}$	3.177	51.822
$2\frac{1}{4}$	4	3.580	58.318
$2\frac{1}{2}$	4	3.468	64.668
$2\frac{3}{4}$	$3\frac{1}{2}$	4.400	71.185
3	$3\frac{1}{2}$	4.091	77.535
$3\frac{1}{4}$	$3\frac{1}{4}$	4.400	83.969
$3\frac{1}{2}$	$3\frac{1}{4}$	4.400	90.319
$3\frac{3}{4}$	3	4.773	96.806
4	3	4.773	103.153

为了测量方便，对于较小螺距螺纹的三针测量，可用图 8-20 所示的方法：把三根量针分别嵌入两端有塑料（或皮革）可浮动的夹板中，再用外径千分尺测量。对于螺距较大的工件，外径千分尺的测量杆不能同时跨两根量针，这时可用公法线千分尺测量（图 8-21）。

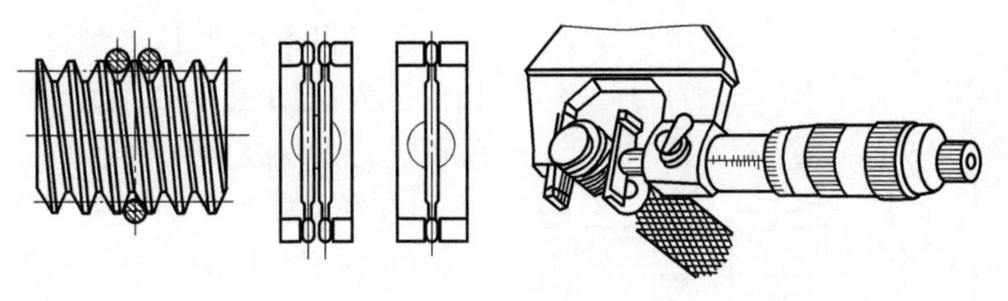

图 8-20 固定量针的夹板和测量方法

③ 单针测量。单针测量比三针测量简便，适用于精度不高的螺纹中径测量。测量时，只需使用一根量针，另一侧以螺纹大径为基准，如图 8-22 所示。但测量时必须先测量出螺纹大径的实际尺寸 d_0，千分尺应测得的尺寸 A 由下式计算：

$$A=(M+d_0)/2$$

式中 A——单针测量值，mm；

d_0——螺纹大径的实际尺寸，mm；

M——三针测量时量针测量距，mm。

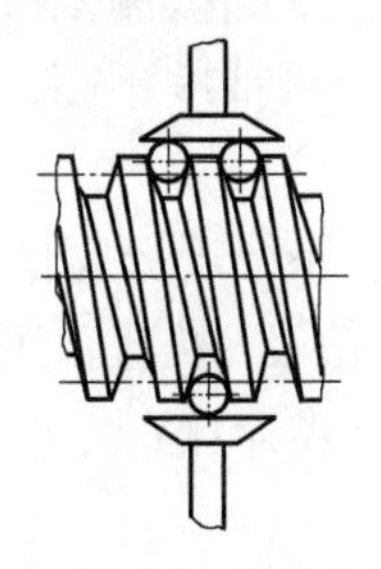

图 8-21 用公法线千分尺测量

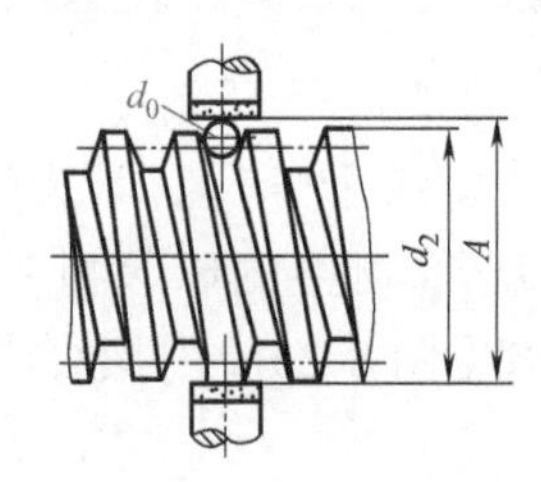

图 8-22 单针测量

④ 齿厚测量。对于蜗杆及梯形螺纹还需分别测量蜗杆节径齿厚及梯形螺纹中径牙厚，齿厚的测量通常是使用齿厚游标卡尺来测量的，蜗杆齿厚的测量方法参见“8.6 蜗杆的车削操作”中的“8.6.3 蜗杆精度的检验方法”的相关内容。

梯形螺纹中径牙厚的测量与蜗杆节径齿厚的测量基本相同，应当注意的是：在测量时，应将齿高卡尺读数调整到等于牙顶高（梯形螺纹牙顶高值等于 $0.25P$，P 为螺距）。则齿厚卡尺测得的读数即为梯形螺纹中径牙厚。与蜗杆节径齿厚的测量一样，测量时要注意克服螺旋角的影响。

（3）圆柱内螺纹参数的单项测量

与圆柱外螺纹参数的单项测量一样，圆柱内螺纹参数的单项测量主要也包括：螺距、大径、中径等参数的测量。

1）螺距

内螺纹螺距的测量一般采用的方法有以下几种。

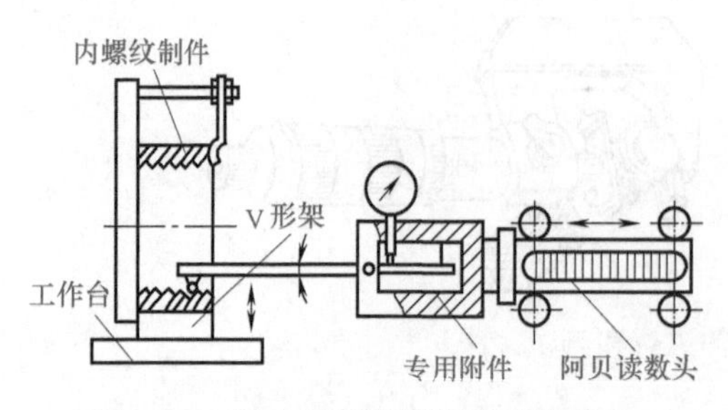

图 8-23　用专用附件测量内螺纹螺距

① 在万能测长仪上测量。在万能测长仪上安装如图 8-23 所示的专用附件，就可进行内螺纹螺距测量。

② 在万能工具显微镜上测量。

③ 在三坐标测量机上测量。

④ 用浇铸印模法测量。用浇铸印模法测量内螺纹螺距的实质是用合适的材料以内螺纹为铸模进行浇铸，所得的浇铸体为外螺纹，然后在工具显微镜上按一般方法测量其螺距，即为内螺纹螺距。浇铸材料有医用石膏和重铬酸钾混合物、石膏和亚硝酸钠混合物等。

2）中径

内螺纹中径测量一般采用的方法有以下几种。

① 内螺纹千分尺。内螺纹千分尺的结构如图 8-24 所示。根据被测内螺纹螺距的大小，选择合适的测量头（棱形或圆锥形），装在内径千分尺两端进行测量。这种方法适合于测量大直径的内螺纹中径。但由于受到被测螺纹牙型角、螺距误差以及内螺纹千分尺测头角误差等因素的影响，测量精度不高，常用于加工过程中的工序间测量。

② 球头螺纹千分尺。球头螺纹千分尺和一般外径千分尺的差别，是在固定测砧上多装一个可换的球形测头。测量出 X_1、X_2 值及 M' 值，可间接求出内螺纹中径 D_2，参见图 8-25。内螺纹中径 D_2 可由以下公式计算：

$$D_2 = M' - (X_1 + X_2) + 2\left[\frac{d_k}{2}\left(\frac{1}{\sin\dfrac{\alpha}{2}} - 1\right) - \frac{P}{4\tan\dfrac{\alpha}{2}}\right]$$

式中　d_k——千分尺球头直径，mm；

P——螺距，mm；

$\alpha/2$——牙型半角；

X_1、X_2——分别为螺纹轴线两侧测得的 X 值，mm；

M'——内螺纹圆柱外径，mm。

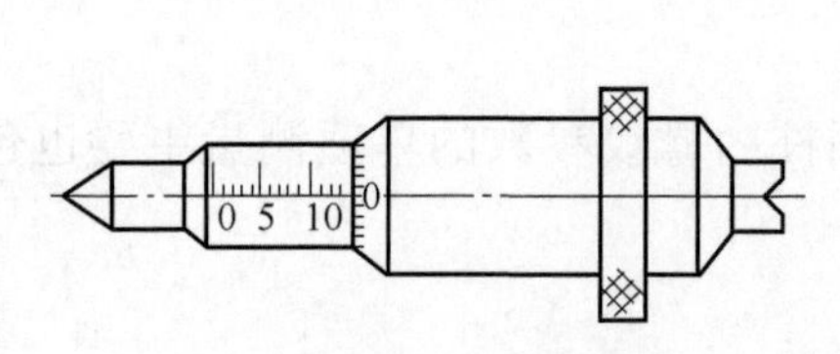

图 8-24　内螺纹千分尺

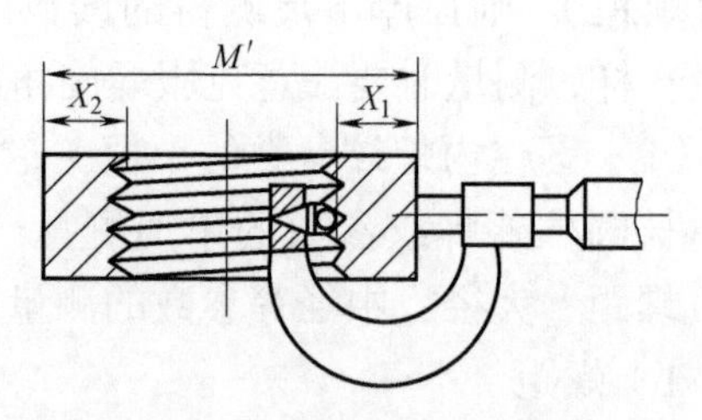

图 8-25　球头千分尺测量内螺纹中径

对于 α=60°的普通螺纹：$D_2=M'-(X_1+X_2)+d_k-0.866025P$

当 α=55°时，则：$D_2=M'-(X_1+X_2)+1.1657d_k-0.96049P$

采用上述方法测量时，应在两个互成 90°的方向分别测量，然后取算术平均值，作为被测内螺纹中径的测量结果。

8.2　普通外螺纹车削操作基本技术

普通螺纹有内、外螺纹两种，是应用最为广泛的螺纹形式，车削普通外螺纹的操作方法及步骤主要有以下方面的内容。

8.2.1　普通外螺纹车削操作准备工作

① 按螺纹规格车螺纹外圆，并按所需长度刻出螺纹长度终止线。如图 8-26 所示，先将螺纹外径车至尺寸，然后用刀尖在工件上的螺纹终止处刻一条微可见线，以它作为车螺纹时的退刀标记。

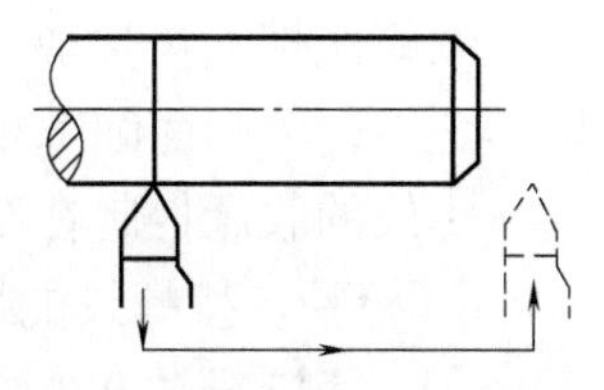

图 8-26　螺纹终止退刀标记

② 按螺距调整交换齿轮和进给箱手柄位置。

③ 调整主轴转速。用高速钢车刀车削塑性材料的螺纹时，一般选择 12 ～ 150r/min 的低转速；用硬质合金车刀车削铸铁等脆性材料的螺纹时，一般选择 360r/min 的中转速；用硬质合金车刀车削钢等塑性材料的螺纹时，一般选择 480r/min 左右的高转速。螺纹直径小，螺距小（$P<2$mm）时，宜选用较高的转速；螺纹直径大，螺距大时，应选用较低的转速。

8.2.2　普通外螺纹的车削操作方法

普通外螺纹的车削操作方法较多，常见螺纹的操作方法可参见表 8-17、表 8-18。采用不同的操作方法，其操作要点也有所不同。

（1）用直进法车螺纹的操作

① 确定车螺纹切削深度的起始位置，将中滑板刻度调到零位后再开车，使刀尖轻微接触工件表面，然后迅速将中滑板刻度调至零位，以便于进刀记数。此步骤可以在刻螺纹终止线时同时完成。

② 试切第一条螺旋线并检查螺距。将床鞍摇至离工件端面 8 至 10 牙处，横向进刀 0.05mm 左右。开车，合上开合螺母，在工件表面车出一条螺旋线，至螺纹终止线处退出车刀（注意螺纹收尾在 2/3 圈内）。提起开合螺母，用钢直尺或螺距规检查螺距是否正确，参见图 8-17。

③ 控制螺纹切削深度的方法。切螺纹时，其总切削深度 a_p 与螺距 P 的关系是：$a_p\approx0.65P$。中滑板转过的格数 n 可用下式表示：

$$n=0.65P/\text{中滑板每格毫米数}$$

如车削螺距为 2mm 的螺纹，其总切削深度 $a_p \approx 0.65 \times 2=1.3$（mm）。中滑板应转过的总格数为 $n=0.65P/$ 中滑板每格毫米数 =1.3mm/0.04mm（设中滑板每格毫米数为 0.04mm）=32.5 格。

④ 切削过程中的对刀。首先，按装刀要领将螺纹车刀装夹好。车刀不切入工件，只在螺纹外径表面上对刀。刀对好后，将中滑板刻度盘重新对准“0”位；然后按下开合螺母，开车，待车刀移至工件表面处，立即停车。移动中、小滑板，使车刀刀尖对准已经车出的螺旋槽。再开车，观察车刀刀尖是否仍在槽内，直至对准后再重新开始车削螺纹。

⑤ 牙型检查及收尾要求。牙型精度可以用螺距规检查。检查时，把与工件相同的螺距规的齿尖放入工件的牙槽中，透光目测，工件牙型相对于螺距规的牙型不歪斜，两侧面间隙相等，说明工件牙型合格。

螺纹的收尾控制在 2/3 圈内便算合格。

⑥ 检验。按螺纹的检测要求进行检验。

（2）用斜进法和左右车削法车螺纹的操作

1）斜进法车螺纹

采用斜进法车螺纹，按操作方式不同，有中、小滑板交替进给和小滑板转动角度两种。

① 中、小滑板交替进给斜进法。以车削 M20 外螺纹为例，第一次走刀中滑板横向进给 1mm；第二次走刀中滑板横向进给 1mm，同时将小滑板顺进给方向进给 0.5mm；第三次走刀中滑板横向进给 0.5mm，同时又将小滑板顺进给方向进给 0.2mm。这样，牙型，就基本形成。这种切削方法要注意防止小滑板进给过大造成破牙或者精车余量过小。

② 小滑板转动角度斜进法。用这种方法车螺纹时，先将小滑板转到与中滑板平行的位置，然后，逆时针方向转动 20°～30°（车左旋螺纹时方向相反）。车削螺纹时，直接由小滑板进给而中滑板不动。这样，刀尖的进给方向为小滑板转角方向。这种方法由于省去了中滑板进给，操作简便，也避免了破牙。

2）左右切削法车螺纹

左右切削法一般在精车螺纹时使用。它是先将螺纹的一个侧面车光以后，再移动车刀，车削螺纹的另一侧面。螺纹的两侧面均车好后，最后将刀尖移到螺纹槽中间，把螺纹底部车清。

（3）左旋螺纹的车削操作

1）准备工作

① 刃磨左旋螺纹车刀。左旋螺纹车刀的右侧刃后角（进给方向）稍大于左侧刃后角。另外，左刀刃比右刀刃要短一些，牙型半角仍相等，便于进给时不碰

伤左面肩部，参见图 8-27。

② 按图 8-27 所示装夹左旋螺纹车刀。

③ 将交换齿轮换向装置手柄扳到左旋位置上，并拨动三星齿轮手柄，变换丝杆旋转方向。使主轴正转时，车刀由退刀槽处进刀，向尾座方向进给。

④ 调整主轴转速。车左旋螺纹时，由于退刀处无阻碍，可选择比车右旋螺纹高一些的转速。如车螺纹 M36 × 2- 左时，可以选 600r/min 以上的转速。

2）左旋螺纹的车削方法和步骤

车左旋螺纹时，一般用倒顺法控制进、退刀。车削前，先将刀尖移至图 8-27 所示的装夹左旋螺纹车刀的退刀槽处，待工件停稳后方可进给。车削时，提起操纵杆，使车床正转，车刀反向进给车削。车削完毕，应先退刀，后反车退回至退刀槽处（应防止撞左边台阶），再进行下一次进给。其他操作方法、步骤与车右螺纹相同。

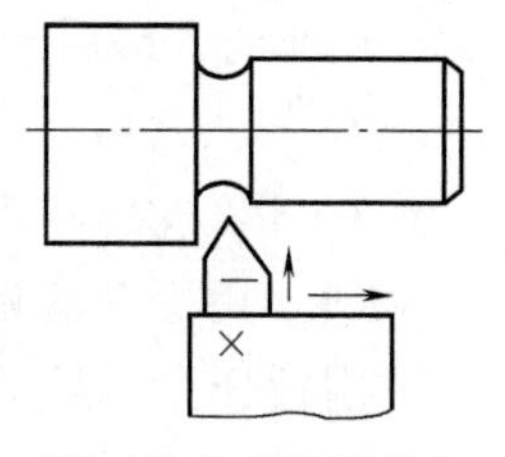

图 8-27 左旋螺纹车刀的形状及装刀

3）检验

用螺纹量规检验是否合格，表面粗糙度 $Ra \leqslant 3.2\mu m$。

（4）高速车削三角形外螺纹

1）准备工作

高速车削三角形外螺纹，首先应刃磨好硬质合金螺纹车刀，刃磨要领如下：

① 刃磨前，需先将砂轮表面用金刚石修平整。

② 刃磨时，手对刀具的压力要适中，防止刃口破损。

③ 先精磨刀尖倒角，前角取零度；然后精磨两个侧面。

④ 用油石研磨三面，靠近刃口处的前刀面上磨出宽 0.2 ～ 0.4mm、−5°左右的倒棱。

2）高速车削三角形外螺纹的操作要点

① 进、退刀要领。高速切削螺纹时要求动作熟练、迅速。车削之前需作空刀练习，先中速再高速，达到进刀、退刀、提起开合螺母及反车动作迅速、准确、协调。

② 在两顶尖间装夹并高速车三角形外螺纹。在两顶尖间装夹并高速车三角形外螺纹时，鸡心夹头刚性要好，装夹要牢靠；每次上刀时，先将夹头拨杆靠紧与旋转方向相反的卡爪；尾座必须紧固，顶尖要顶牢靠；与一夹一顶装夹比较，这种装夹方法的切削深度应小一些，防止多进一圈；螺纹车刀的前刀面上要设挡屑台，防止带状屑拉毛螺纹表面；应采用直进法车削。

③ 高速车螺纹时中径尺寸的控制方法。高速车螺纹时，中径尺寸的控制，应根据总的切削深度，用几次进给合理分配来进行。如车 M24 外螺纹，螺距 P=3mm，总切削深度是 1.95mm，螺纹中径公差为 −0.25 ～ −0.05mm。第一次进

给切深 0.5mm；第二次进给切深 0.75mm；第三次进给切深 0.5mm；第四次进给切深 0.2mm。

④ 当车刀刃口不锋利、工件刚性差、工件材料较硬、车床刚性差时，其进刀总深度要相应增加，并及时用量规检测。

⑤ 为减少车削时的振动，装刀时，应使刀尖高于工件中心 0.3 ～ 1mm；调整床鞍及中、小滑板间隙；选用精度较高的回转顶尖，必要时，可选用硬质合金固定顶尖；精车时，最后一次走刀的切削深度不得小于 0.2mm；要合理选择切削速度。

⑥ 修去螺纹毛刺。

3）螺纹检验 用螺纹量规检验。

（5）用板牙套螺纹

用板牙套螺纹的操作要点如下。

1）准备工作

① 车螺纹外圆。先把工件外圆车至比螺纹外径小 0.2 ～ 0.4mm，端面倒角小于 45°，倒角后的端部直径应小于螺纹小径，以利于板牙套入时的导向。

② 选择和装夹板牙。选择与工件螺纹规格相同的板牙放入圆板牙套螺纹工具的装夹孔中固定。图 8-28 所示给出了板牙的结构。

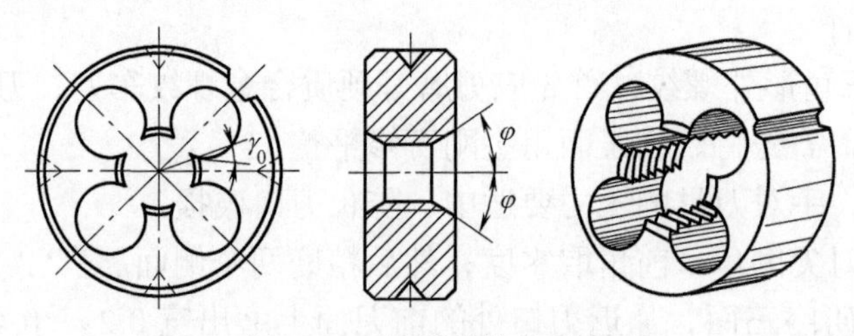

图 8-28 板牙的结构形状

③ 找正尾座的中心位置。为保证所套削螺纹的加工质量，应找正尾座的中心位置，在套螺纹时，要使板牙中心与工件中心完全重合是困难的，为此，生产中常使用图 8-29 所示的套螺纹工具。

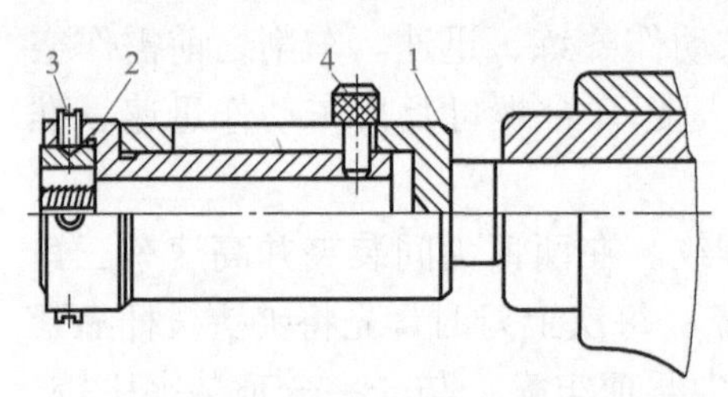

图 8-29 车床套螺纹工具

1—工具体；2—滑移套筒；3—螺钉；4—销钉

使用方法是：将工具安装在尾座套筒内，在工具体 1 的滑移套筒 2 的左端装入板牙，并用螺钉 3 紧固。滑移套筒 2 可在工具体 1 的长槽中移动，由销钉 4 防止滑移套筒在切削时转动。

④ 主轴转速。一般选用 15 ～ 60r/min。

2）套螺纹的操作步骤及要领

① 将套螺纹工具的锥柄部分装入尾座套筒锥孔中。

② 调整滑动套筒行程，使其大于螺纹长度。

③ 开动车床和冷却泵。

④ 转动尾座手轮，使圆板牙切入工件，进行自动套螺纹。

⑤ 当板牙进到所需位置时，及时反转退出板牙。

⑥ 切断并截取总长。

⑦ 操作时，当板牙开始切入工件后，应立即停止转动尾座手轮；板牙接近螺纹左边台阶肩部时，必须及时反车退出，防止乱牙、破牙。

8.3　普通内螺纹的车削操作

车削普通内螺纹的进刀方法与车外螺纹的方法相同，只是中滑板的进给方向相反。由于采用直进法进刀时，刀刃同时工作，排屑困难，因此，在车削内螺纹时，直进法主要适合于较小的三角形螺纹车削。

普通内螺纹的车削方法及其操作步骤与要点主要有以下几方面的内容。

（1）用丝锥攻内螺纹

用丝锥攻内螺纹的操作要点如下。

1）准备工作

① 确定钻孔直径。车削内螺纹前，要将钻孔直径 $D_{孔}$钻得略大于螺纹小径。其近似计算公式为：车削塑性金属内螺纹时，$D_{孔} \approx d-P$；车削脆性金属内螺纹时，$D_{孔}=d-1.05P$（P 为所车削螺纹的螺距）。

② 钻孔及孔口倒角。内螺纹有通孔和不通孔两种。攻不通孔螺纹时，钻孔深度要等于螺纹的有效长度加上丝锥切削刃长度。即：钻孔深度 ≈ 螺纹深度 $+0.7d$（d 为所车削螺纹的直径），孔口用内孔车刀或 60°锪孔钻倒角。

③ 丝锥的选择和装夹。用丝锥切削普通内螺纹丝锥的结构如图 8-30 所示。在车床上用丝锥攻内螺纹应选择机用丝锥，攻丝时，应根据工艺要求，选择机用丝锥并装夹在夹具中。攻螺纹时，要使丝锥中心与工件中心重合是困难的，为此，可使用图 8-31 所示的工具。

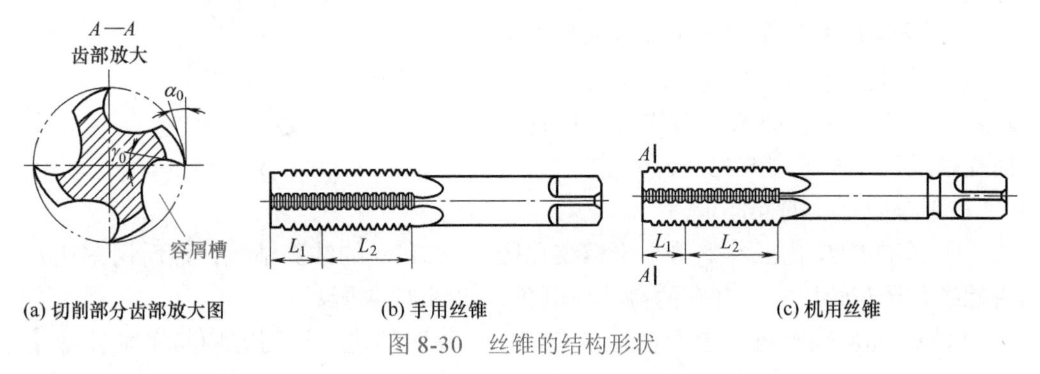

(a) 切削部分齿部放大图　(b) 手用丝锥　(c) 机用丝锥

图 8-30　丝锥的结构形状

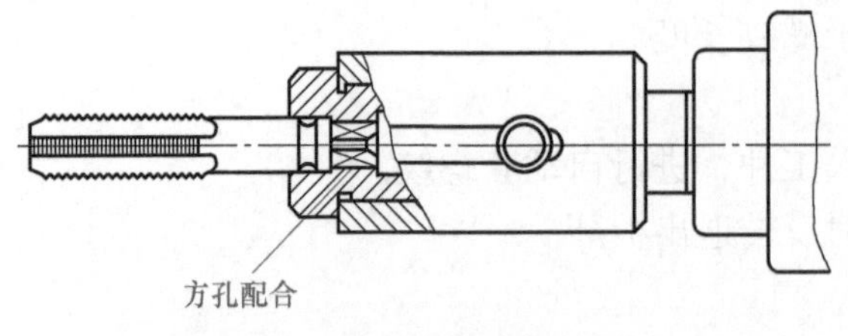

图 8-31　车床简易攻螺纹工具

2）攻内螺纹的操作步骤

① 把攻螺纹工具装在尾座锥孔内。

② 根据工件的螺纹长度，在攻螺纹工具或在尾座套筒上做好标记。

③ 移动尾座，使丝锥头部几个牙进入螺孔内。

④ 开车并启动冷却泵，转动尾座手轮，使丝锥前进。待丝锥切进几牙后，手轮可停止转动，让攻螺纹工具自动跟随丝锥前进。

⑤ 丝锥进到需要深度时，立即退出丝锥。

3）攻内螺纹的操作要领

① 丝锥装夹要正；攻螺纹前，丝锥要清屑；切削液要充足；攻到需要长度时，要及时反向退出。

② 攻螺纹时，切削速度对于一般钢件取 6.0 ～ 15m/min；对于调质钢或较硬的钢件，取 4.8 ～ 12m/min；对于不锈钢，取 2.0 ～ 6.7m/min；对于铸铁或青铜，取 6.0 ～ 20m/min。

4）内螺纹的检验

攻螺纹完成后，应及时检验螺纹的质量。检验方法是：首先观察牙型的表面粗糙度是否达到要求，然后用标准螺纹检测棒旋入螺孔中，测量螺纹的有效长度是否合格。

（2）低速车通孔三角形内螺纹

低速车通孔三角形内螺纹的操作要点如下。

1）准备工作

① 刃磨内螺纹车刀。整体式内螺纹车刀如图 8-32 所示，刃磨步骤与外螺纹车刀相同。刃磨要领是：刀头夹角平分线与刀杆垂直，不得歪斜；刀尖至刀杆后侧面宽度应小于螺纹孔径。

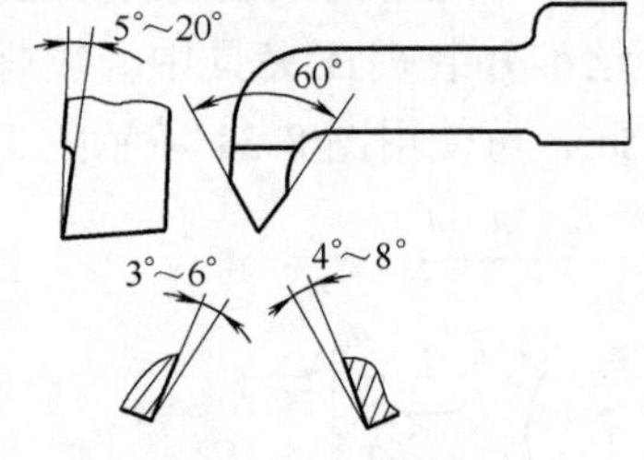

图 8-32　整体式内螺纹车刀

② 装夹内螺纹车刀。装夹内螺纹车刀须严格按样板校正刀尖角［图 8-33（a）］。装夹好后，应将刀具移至孔中，并摇动床鞍至终点，检查刀具是否碰撞孔壁或孔端面［图 8-33（b）］。

2）车内螺纹的操作步骤

① 车内螺纹孔径。先用小于螺纹孔径 1 ～ 2mm 的钻头钻孔，然后用车孔刀将螺纹孔径车到尺寸，并在两端孔口倒角，如图 8-34 所示。

② 检查及确定进、退刀位置。车削内螺纹时的进、退刀方向与车削外螺纹

时相反，如图 8-34 所示。将刀尖轻轻接触内孔表面，将中滑板刻度盘对准“0”位。此位置既是车削起点，又是退刀终点标志。还要将刀尖移出底孔内端面 3mm 左右，在刀杆上或床鞍刻度盘上作退刀记号。

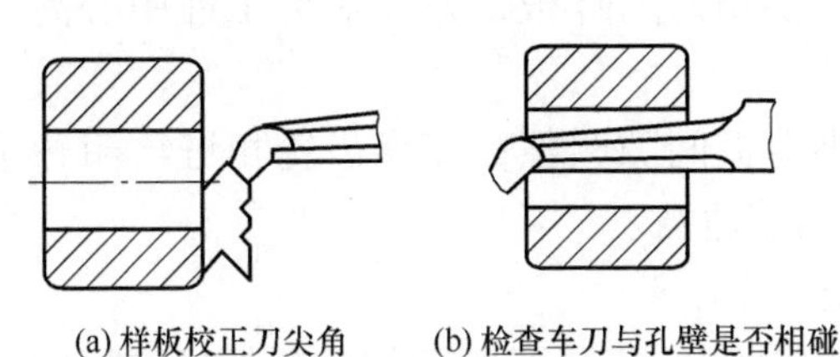
(a) 样板校正刀尖角　(b) 检查车刀与孔壁是否相碰

图 8-33　内螺纹车刀的装夹

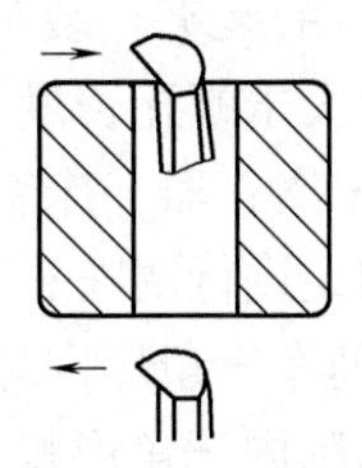

图 8-34　进刀、退刀方向

③ 车三角形内螺纹。车削三角形内螺纹时，其进刀切削方式与车螺纹相同。操作要领是：大部分余量应在尾座方向借刀切除；精车时，先精车靠主轴箱方向的牙侧面，后精车靠尾座方向的牙侧面，最后车清牙底；中途对刀时，应在开始的第一槽内进行；及时用标准量规检测尺寸。

3）螺纹检验

用螺纹量规检验合格，表面粗糙度 $Ra \leqslant 3.2\mu m$，普通螺纹精度 6 级。内三角螺纹的底径、螺距、牙型和中径的精度可以用标准螺纹塞规检验。

（3）低速车不通孔三角形内螺纹

低速车不通孔三角形内螺纹的操作要点如下。

1）准备工作

低速车不通孔三角形内螺纹车刀的刃磨方法与通孔内螺纹车刀相同，不同的是前侧刃应磨得短一些。

2）不通孔三角形内螺纹的车削步骤

① 钻、车内螺纹底孔。

② 切退刀槽，孔口退角。

③ 根据螺纹长度和退刀槽宽（取 1/2 槽宽），在刀杆或床鞍刻度盘上做记号，作为退刀及开合螺母合闸的标记。退刀和提开合螺母（或开倒顺车）应及时，否则车刀将与孔底相撞。

④ 开车，将中滑板刻度盘根据对刀调至“0”位。

⑤ 车削螺纹过程。车削螺纹过程为：进刀→车削→接近退刀槽时缓车→刀尖进入退刀槽后退刀→反车使刀尖退出螺孔外→重复上述过程，切削内螺纹至尺寸。

3）螺纹检查

螺纹的检查可采用螺纹量规检验；表面粗糙度 $Ra \leqslant 3.2\mu m$。

（4）高速车通孔三角形内螺纹

高速车通孔三角形内螺纹的操作要点如下。

1）准备工作

① 车刀的选择与刃磨。M40 以上三角形内螺纹选用机夹式刀杆；M40 以下选用硬质合金整体式焊接刀。车刀刃磨方法与外螺纹刀相同。

② 车刀的装夹。装夹车刀时，要用对刀样板，刀尖对准工件中心高。刀杆伸出长度应大于螺孔长度 $5P$ 距离。

③ 车床离合器、床鞍及中、小滑板间隙调整；交换齿轮和进给箱各手柄位置按工件螺距进行调整；主轴转速调整适当。

2）高速车三角形内螺纹步骤

高速切削内三角形螺纹的车削方法和切深分配原则与切削外螺纹相同。车削步骤是：钻孔→车孔至螺纹小径→孔口两端倒角→装内螺纹车刀→进、退刀位置确定→空刀动作练习→车削至尺寸要求。

3）螺纹检查

螺纹的检查可采用螺纹量规检验合格；表面粗糙度 $Ra \leqslant 3.2\mu m$。

8.4 梯形螺纹车削操作基本技术

梯形螺纹是常见的传动螺纹，由于其牙型与普通螺纹不同，因此，其车削刀具、车削操作方法具有自身的一些特点。

8.4.1 梯形螺纹车刀

与普通螺纹车刀一样，梯形螺纹车刀也主要有高速钢及硬质合金两种。根据所切削材料、加工工况的不同，车刀的几何形状及其使用也有所不同。

（1）梯形螺纹车刀的几何形状

常用的高速钢梯形螺纹粗车刀及精车刀几何形状分别参见图 8-35、图 8-36。

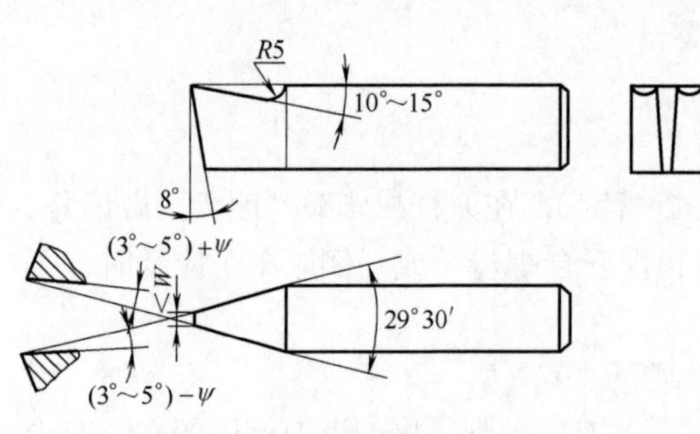

图 8-35 高速钢梯形螺纹粗车刀

其中：高速钢梯形螺纹粗车刀的刀尖角要略小于螺纹牙型角；刀头宽度小于牙槽底宽；纵向前角 γ_p=10°～15°；纵向后角 α_p=6°～8°；两侧后角 α_{0L}=（3°～5°）+ψ，（ψ 为螺纹升角，其值可按 $\tan\psi=P/\pi d_2$ 求出，参见表 8-3）；α_{0R}=（3°～5°）−ψ；刀尖适当倒圆。

高速钢梯形螺纹精车刀则要求刀尖角等于牙型角，刀刃平直，表面粗糙度要小。两侧刃磨有较大前角（γ_p=15°～20°）的卷屑槽。车削时，车刀前端不参加切削，只精车两侧牙面。

（2）梯形螺纹车刀的刃磨

梯形螺纹车刀刃磨的步骤和要领与普通螺纹车刀基本相同，主要有如下内容。

① 粗磨主、副后刀面，刀尖角初步形成。

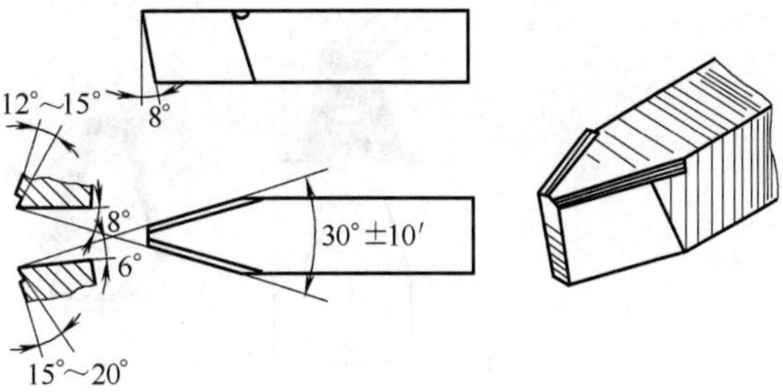

图 8-36　高速钢梯形螺纹精车刀

② 粗、精磨前面或前角。

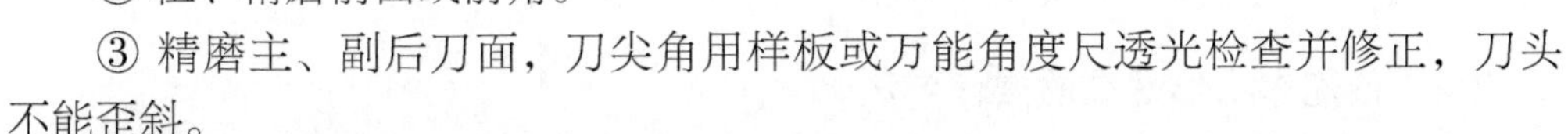

③ 精磨主、副后刀面，刀尖角用样板或万能角度尺透光检查并修正，刀头不能歪斜。

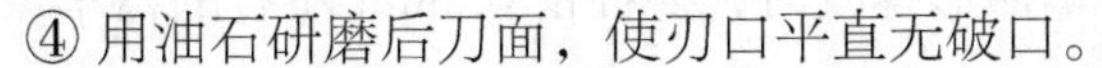

④ 用油石研磨后刀面，使刃口平直无破口。

（3）梯形螺纹车刀的装夹

梯形螺纹车刀装夹的具体要求和三角形螺纹车刀相同。即：车刀主切削刃必须与工件轴心线等高（用弹性刀杆应高于轴心线约 0.2mm），同时应与工件轴线平行；刀头用对刀样板或万能角度尺校正。

8.4.2　梯形螺纹的车削操作方法

梯形螺纹的车削方法主要有低速车削法及高速车削法两种，其中高速车削法主要用于粗车，而低速车削法又分左右切削法及切直槽法，既可用于粗车又可用于精车加工。

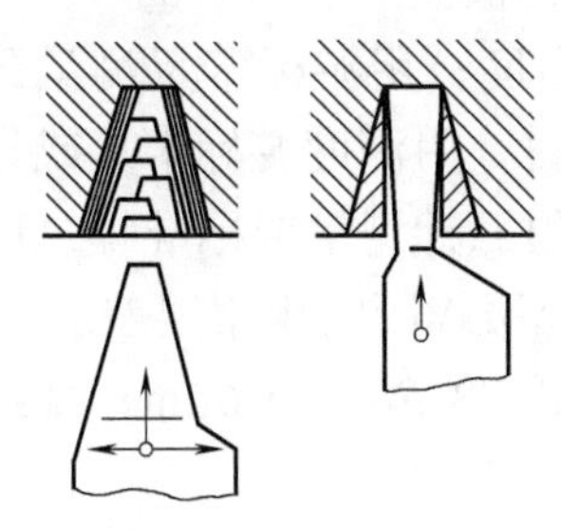

(a) 左右切削法　(b) 切直槽法

图 8-37　粗车梯形螺纹的方法

（1）左右切削法

左右切削法如图 8-37（a）所示。粗车时可采用图 8-37（a）所示的左右切削法，以避免车削时产生振动和扎刀现象，再用精车刀精修两侧面成形，参见表 8-18。

（2）切直槽法

粗车时，用刀头宽度小于螺纹牙槽底宽的切槽刀，采用直进法在工件上车出直槽［图 8-37（b）］。精车时，用精车刀将两侧面精修成形，参见表 8-18。

（3）高速车削法

高速车削法主要用于粗车梯形螺纹。高速车削梯形螺纹时，为防止切屑向两侧面排出，拉毛螺纹牙侧面，只能采用直进法进刀车削，如图 8-38（a）所示。

当螺距 8mm < P < 10mm 时，为减小切削力和齿部的变形，可分别采用三把车刀依次进行车削［图 8-38（b）］。首先用粗车刀粗车螺纹成形，再用切槽刀将小径车至尺寸，最后用精车刀把两侧面车至尺寸。

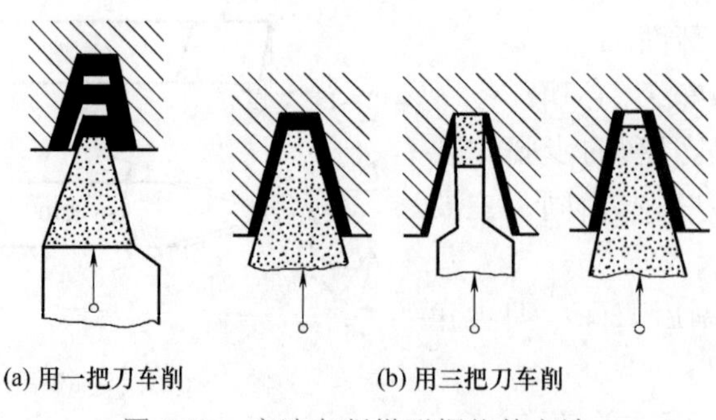

图 8-38　高速车削梯形螺纹的方法

（4）低速车梯形螺纹的操作方法

① 车螺纹外圆。粗车、半精车梯形螺纹时，外径留 0.2mm 左右的精车余量，并倒角（与端面成 15°）。

② 粗车梯形螺纹。当螺距小于 4mm 时，用直进法，每次切削深度 0.2mm 左右，车床转速 30 ～ 50r/min；螺距大于 5mm 时，用分层切削法，每次切削深度 0.5 ～ 2mm。当工件刚性差时，宜用切直槽法，每次切削深度 0.1 ～ 0.2mm。切削时，要加注充足的切削液。

③ 精车梯形螺纹。卸下粗车刀，换上精车刀，用中途对刀法对刀。先精车螺纹大径至尺寸；再精车螺纹底径；然后，移动小滑板精车反进给方向牙侧面（靠平、车光为止）；最后精车顺进给方向，并控制中径尺寸。车床转速选择在 12r/min ～ 30r/min。

④ 切削液的选用。粗、精车梯形螺纹时一般选用乳化液。

⑤ 尺寸控制。粗车时，用中滑板刻度盘控制牙型高度；用游标卡尺测量牙顶宽，并保证每侧有 0.1 ～ 0.2mm 左右精车余量。精车时，用深度游标卡尺或外卡钳控制牙型高度；用万能角度尺控制牙型半角误差，用三针测量或标准螺纹环规来控制螺纹中径尺寸。用原刻度反复多进给几次，以克服螺距的积累误差。

⑥ 螺纹检验。用螺纹量规检验其是否合格；表面粗糙度 $Ra \leqslant 1.6\mu m$；螺纹中径对测量基准跳动误差小于 0.1mm。

8.5　多线螺纹车削操作基本技术

圆柱体上只有一条螺旋槽的螺纹，叫做单线螺纹。沿两条或两条以上，在轴向等距分布的螺旋线所形成的螺纹，叫多线螺纹（又称多头螺纹）。多线螺纹每旋转一周时，能移动单线螺纹的几倍螺距。多线螺纹常用于快速前进或后退的机构中。螺纹的线数可根据螺纹末端旋转槽的数目［图 8-39（a）］或从螺纹的端面上看有几个螺旋槽的起始点［图 8-39（b）］来判断。

螺纹上相邻两牙在中径线上对应两点间的轴向距离叫螺距。同一条螺旋线上相邻两牙在中径线上对应两点间的轴向距离叫导程，如图 8-40 所示。

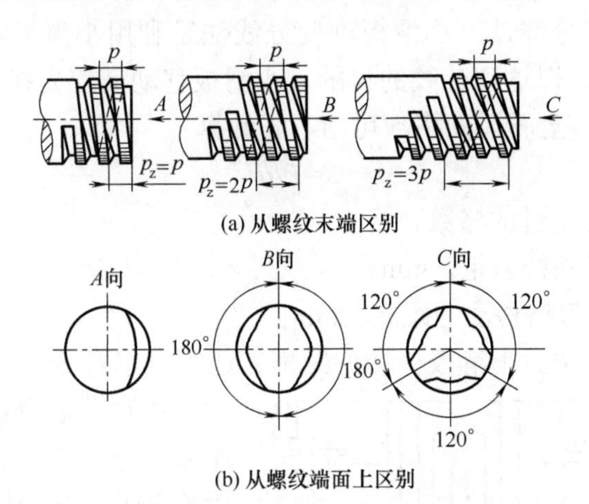

图 8-39 单线和多线螺纹

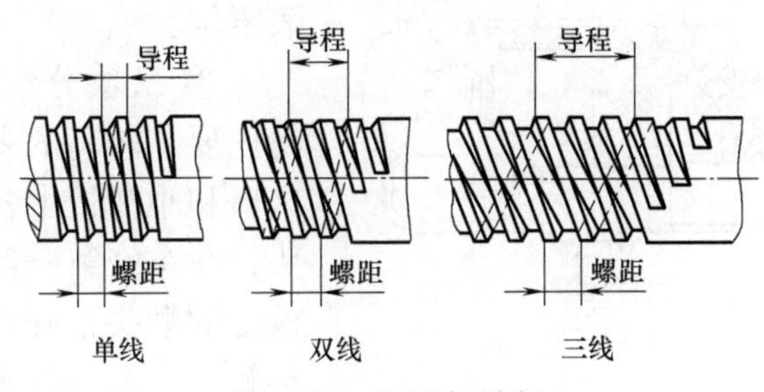

图 8-40 螺距与导程

导程 P_Z 和螺距 P 具有的关系可用下式表示：

$$P_Z=nP$$

式中 P_Z——导程，mm；

n——螺旋线线数；

P——螺纹的螺距，mm。

8.5.1 多线螺纹的分线方法

多线螺纹的各螺旋槽在轴向和圆周上都是等距分布的。解决等距分布问题叫做分线。如果等距误差过大，就会严重影响内外螺纹的啮合精度，降低使用寿命。

根据多线螺纹在轴向和圆周上等距分布的原理，分线方法有轴向分线法和圆周分线法两类。

（1）轴向分线法

当车好一条螺旋槽后，把车刀沿工件轴线方向移动一个螺距，再车削第二条螺旋槽。这种方法只要精确控制车刀移动的距离就可以达到分线目的。具体控制方法有以下几种。

① 小滑板刻度分线法。小滑板刻度分线法是利用小滑板刻度控制车刀移动一个所需要的螺距，以达到分线的目的，小滑板移动前应先找正至其导轨与车床主轴轴线平行。刻度盘转过的格数可用下式计算：

$$K=P/a$$

式中 K——刻度盘转过的格数，格；

P——螺距或蜗杆齿距，mm；

a——小滑板每格移动的距离，mm。

② 百分表分线法。小滑板移动的距离，还可以用百分表测量，如图 8-41 所示。用百分表分线的精度高，但螺距数值不能超过百分表的量程。由于车削时的振动容易使百分表走动，因此在使用时应经常校正百分表零位。

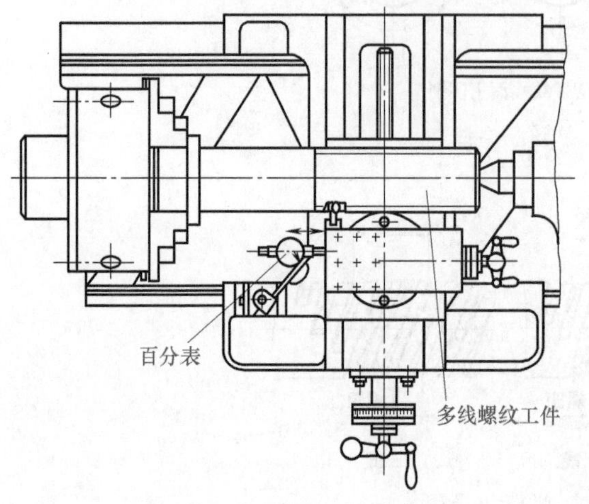

图 8-41 利用百分表分线法

③ 量块分线法。在车削等距精度要求较高的多线螺纹时，可在床鞍和小滑板上各装置一个固定触头，在车好第一条螺旋槽时，小滑板上的触头正好和床鞍上的触头相接触，当第一条螺旋线车完后，用一块厚度等于螺距值的量块垫在两触头之间，转动小滑板手柄，使触头与量块接触，即可车削第二条螺旋槽。

量块分线法比小滑板刻度分线法分线准确，但是在使用这种方法之前，必须先把小滑板导轨校准，使之与工件轴线平行，否则会造成分线误差。

为提高分线精度，有时也可以把百分表和量块分线结合使用，如图 8-42 所示。

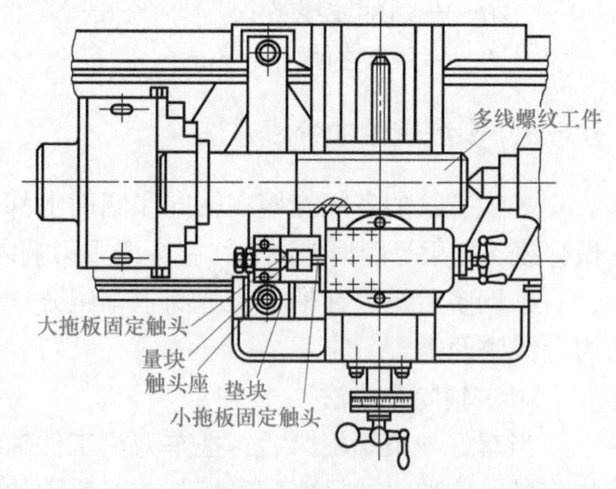

图 8-42 用量块分线法

④ 开合螺母结合移动小滑板分线法。车削大导程的多线螺纹时，在车好一条螺旋线后，打开开合螺母，摇动床鞍手柄，使床鞍移动一个或几个丝杠螺距，然后合上开合螺母，再移动小滑板，使车刀得到一个所需要的移动距离。

如在丝杠螺距为 12mm 的车床

上，车削螺距为 32mm 的双线螺纹。分头时，可把开合螺母打开，将床鞍移动两个丝杠螺距（24mm），小滑板再转动 8mm 就可以了。注意每次打开开合螺母后再重新合上时，必须合到位。

（2）圆周分线法

圆周分线法是在车好第一条螺旋槽之后，将主轴与丝杠之间的传动链脱开，并把工件转过一个 θ 角，（$\theta=360°/n$），再合上主轴与丝杠之间的传动链，即可车削另一条螺旋线。这样依次分头，即可车出多线螺纹。具体控制方法有：配换齿轮分线法和分度插盘分线法。

① 配换齿轮分线法。当车床配换齿轮 Z_1 齿数是螺旋线数的整数倍时，就可以在配换齿轮上进行分线，如图 8-43 所示。

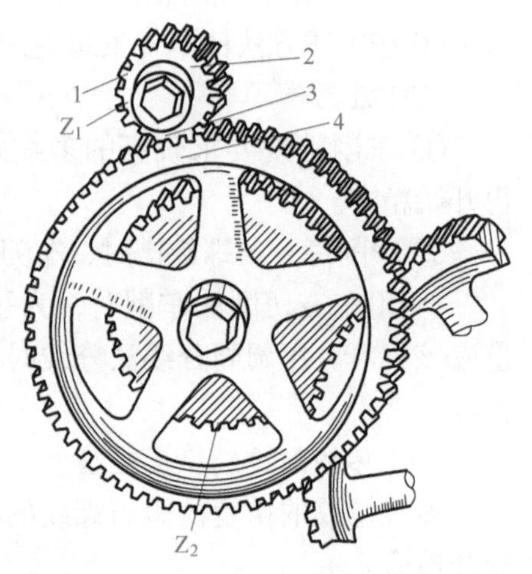

图 8-43　交换齿轮齿数分线法

分线方法是：当车好第一条螺旋槽后，停车，按所加工螺纹的线数等分配换齿轮齿数，作出等分记号，随后把 Z_2 齿轮与车床主轴配换齿轮 Z_1 脱开，用手转动卡盘，使下一个记号与 Z_2 齿轮上记号对准，并使配换齿轮啮合，即可车削下一条螺旋槽。

若车三线螺纹，作记号 1、2、3。然后把 Z_2 齿轮与车床主轴配换齿轮 Z_1 脱开，用手转动卡盘，使记号 2 的一个齿转到原来 3 的位置上，并与 Z_2 记号 4 处啮合，即可车削第二条螺旋线。第三条螺旋线用同样的方法进行。分线时为了减少误差齿轮必须向一个方向转动。

这种分线方法的优点是分线精确度高，缺点是分线数受配换齿轮 Z_1 齿数的限制，操作也比较麻烦，不宜在成批生产中采用。

② 分度插盘分线法。分度插盘固定在车床主轴上（图 8-44），盘上有等分精度很高的定位孔 4（一般有 12 个或 24 个等分孔）。车好第一条螺旋槽时，拔出定位销 3，并松开螺母 5，把分度插盘 6 旋转一个所需要的角度，再把定位销插入另一定位孔中，紧固螺母 5，然后车第二条螺旋槽。这样依次分

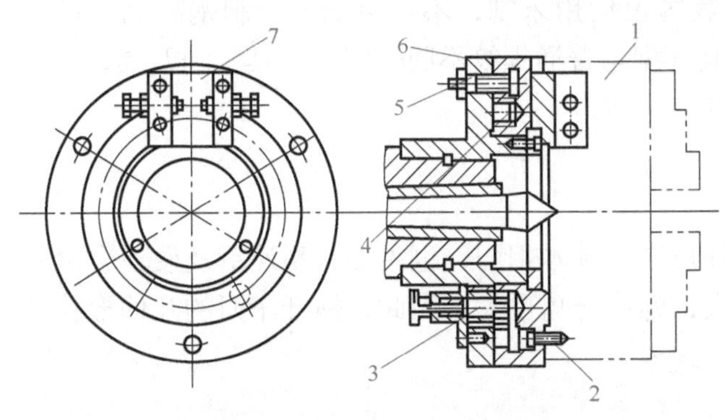

图 8-44　分度插盘分线法

1—卡盘；2—螺钉；3—定位销；4—定位孔；5—螺母；6—分度插盘；7—拨块

线，即可完成分线工作。此方法适用于批量生产，可加工精度较高的多线螺纹。

8.5.2 多线螺纹的操作方法

（1）车削步骤

① 粗车第一条螺旋槽。记住中滑板和小滑板的刻度。

② 分线。粗车第二、第三条……螺旋槽。如用圆周分线法，切入深度（中滑板和小滑板的刻度）应与车第一条螺旋线时相同。如用轴向分线法，中滑板刻度与车第一条螺旋线时相同，小滑板精确移动一个螺距。

③ 按上述方法精车各条螺旋线。

（2）注意事项

① 车削精度要求较高的多线螺纹时，应首先完成每一条螺旋槽的粗车后，再开始精车。

② 车削每一条螺旋槽时，车刀切入深度应该相等。

③ 用左右切削法车削时，为了保证多线螺纹的螺距精度，车刀的左右移动量应该相等。用圆周分线法分线时，应注意每条螺旋线的小滑板刻盘起始格数要相等。

（3）多线螺纹的精度检验

多线螺纹的精度检验与螺纹的精度检验基本相同，只是在检验时每条螺旋线分开检验。

8.6 蜗杆的车削操作

蜗轮、蜗杆传动常用于做减速运动的传动机构，蜗轮通常采用铣削或滚齿加工，而蜗杆通常采用车削加工。

蜗杆分米制及英制两种，我国仅使用米制，不用英制，米制蜗杆的齿形角 $\alpha=20°$、牙型角 $2\alpha=40°$。由于其牙型与普通螺纹不同，因此，其车削刀具、车削操作方法也具有自身的一些特点。

8.6.1 蜗杆车刀

蜗杆车刀与梯形螺纹车刀外形结构基本相同，也主要有高速钢及硬质合金两种。但由于一般蜗杆的导程较大，螺旋升角也大，因此，蜗杆车刀的几何形状及其使用也有所不同。

（1）蜗杆粗车刀

高速钢蜗杆螺纹粗车刀几何形状如图 8-45 所示。

蜗杆粗车刀的几何参数按下列原则选择。

① 车刀的刀尖角应略小于牙型角。

② 为了便于左右切削并留有精车余量，刀头宽度应小于牙槽底宽（W）。

③ 切削钢料时，应磨有 10°～15°的径向前角。

④ 径向后角 α_0=6～8°。

⑤ 侧后角 α_{0L}=（3°～5°）+γ（γ 为前角），α_{0R}=（3°～5°）−γ。

⑥ 两刀尖适当倒圆。

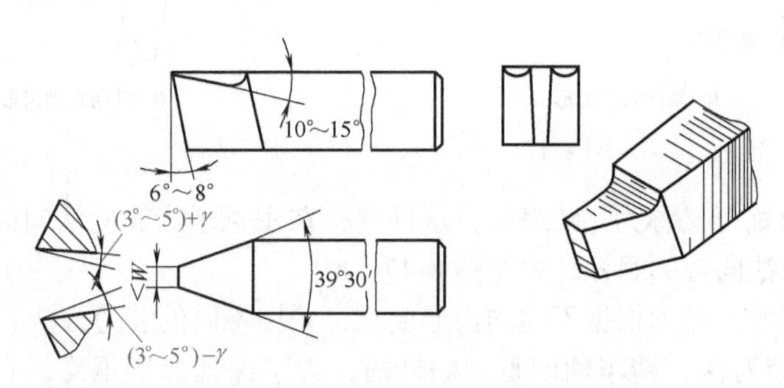

图 8-45　高速钢蜗杆粗车刀

（2）蜗杆精车刀

蜗杆精车刀要求刀尖角等于牙型角，刀刃平直，表面粗糙度小。为了保证两侧刀刃切削顺利，都应磨有较大前角（γ=15°～20°）的卷屑槽，参见图 8-46。用这种车刀车削时，排屑顺利，可获得很小的牙侧表面粗糙度和很高的精度，但这种车刀只能精车牙侧，车刀的前端刀刃不能参加切削。

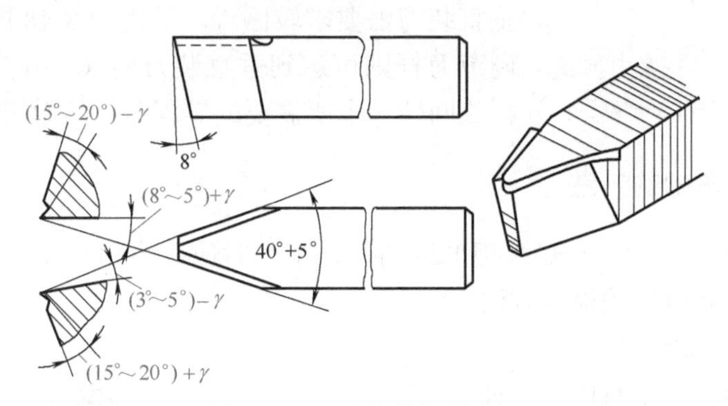

图 8-46　高速钢蜗杆精车刀

（3）车刀装夹方法的选择

蜗杆按其齿廓形状的不同，分为轴向直廓蜗杆和法向直廓蜗杆两种，其齿形分别为轴向直廓齿形和法向直廓齿形。图 8-47 给出了两种齿形的装刀方法。

轴向直廓蜗杆又称为 ZA 蜗杆，这种蜗杆的轴向齿廓为直线，而在垂直于轴线的截面内，齿形是阿基米德螺线，所以又称为阿基米德蜗杆，参见图 8-47（a）。

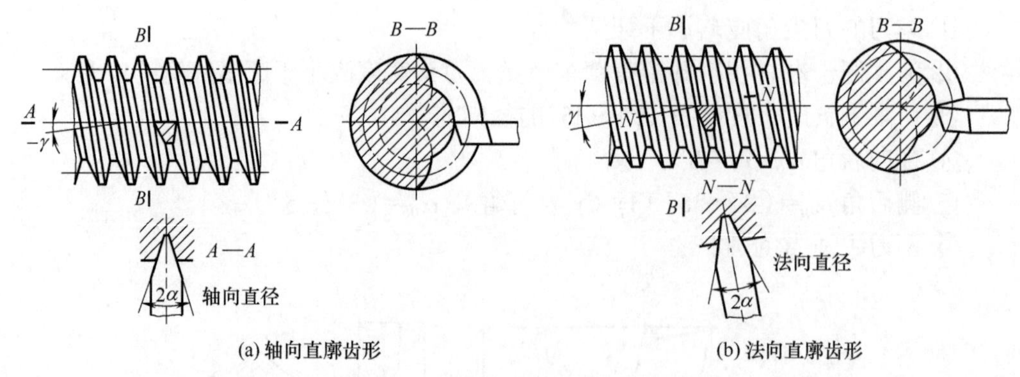

(a) 轴向直廓齿形　　(b) 法向直廓齿形

图 8-47　蜗杆的齿形与装刀的方法

法向直廓蜗杆又称为 ZN 蜗杆，这种蜗杆在垂直于齿面的法向截面内，齿廓为直线，又称法向直廓蜗杆，参见图 8-47（b）。

装夹车刀时，必须根据不同的齿形要求，采用不同的装刀方法。

① 水平装刀法。精车轴向直廓蜗杆时，为了保证齿形正确，必须把车刀两侧切削刃组成的平面装在水平位置上，并且与蜗杆轴线在同一水平面内，如图 8-47（a）所示。

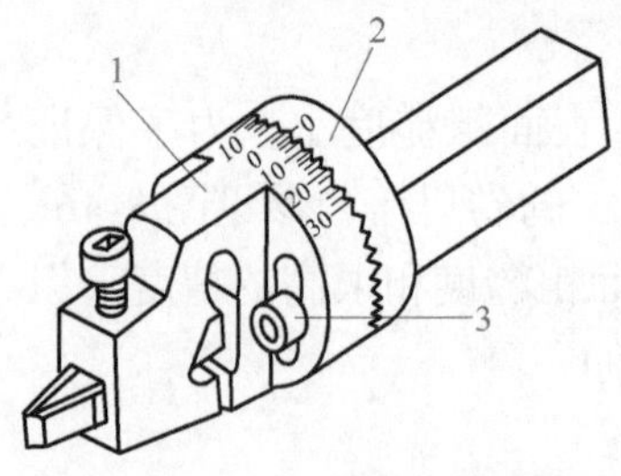

图 8-48　可回转调节刀杆

1—刀头；2—刀杆；3—螺钉

② 垂直装刀法。车削法向直廓蜗杆时，必须把车刀两侧切削刃组成的平面，装得与蜗杆齿侧垂直，如图 8-47（b）所示。

由于蜗杆的导程角比较大，用整体式车刀达到垂直装刀法要求较困难。采用图 8-48 所示的可回转调节刀杆则可达到垂直装刀要求，分头 1 可相对刀杆 2 回转一个所需要的导程角，然后用螺钉 3 紧固。

8.6.2　蜗杆车削的方法

蜗杆因导程较大，一般采用低速切削，车削时应分为粗车和精车两个阶段，车削完成后也有自身的检验方法。

（1）蜗杆的粗车

蜗杆的粗车主要有以下三种方法。

① 左右切削法。粗车时，为了防止三个刀刃同时参加切削而产生的振动和扎刀现象，可以采用左右切削法，如图 8-49（a）所示。

② 切直槽法。当模数 m_x > 3mm 时，粗车时可先用切槽刀将蜗杆车至根圆直径，然后用精车刀精车牙的两侧面，如图 8-49（b）所示。

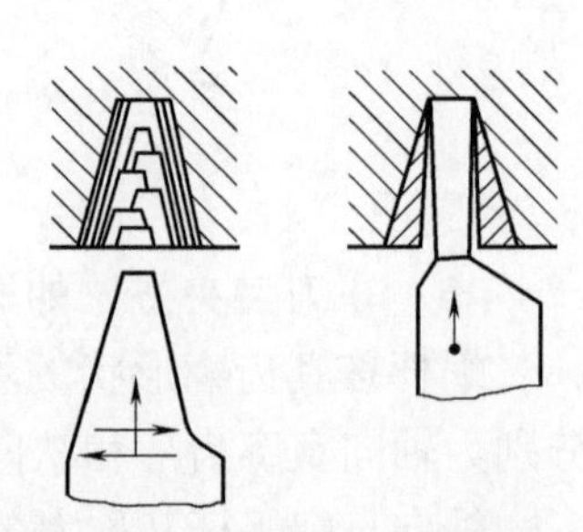
(a) 左右切削法　　(b) 切直槽法

图 8-49　粗车蜗杆的车削方法

③ 分层切削法。当模数 m_x ＞ 5mm 时，粗车可用分层切削法进行。每一层的切削与左右切削法相同，分层车至蜗杆根圆直径，如图 8-50 所示。

（2）蜗杆的精车

蜗杆的精车可用带有卷屑槽的精车刀将齿面车削成形，参见图 8-51。精车前必须先用车槽刀将蜗杆根圆车到尺寸。

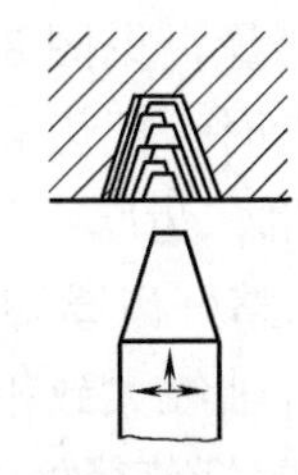

图 8-50 蜗杆的分层切削法

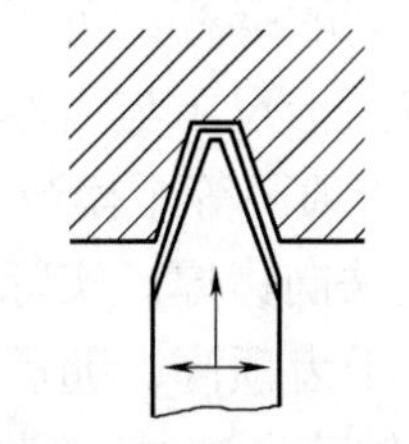

图 8-51 蜗杆的精车

（3）双刀快速车蜗杆

图 8-52 所示为双刀快速车蜗杆示意图，即在刀架上同时装夹两把蜗杆硬质合金车刀，即 1 号刀和 2 号刀，两刀的中心距为一个齿距或两个齿距，伸出长度相同，1 号刀头宽约为 2 号刀头宽的 0.7 左右，2 号刀按标准齿形磨好。采用前、后两把刀同时顺次车削，效果显著：m_x=3 的蜗杆，一般方法车削完毕需 90min，而双刀车削法，仅需 3min；双刀切削法的切削参数见表 8-24。

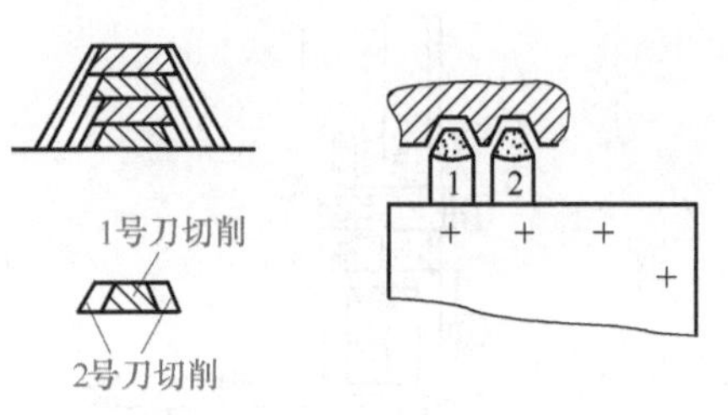

图 8-52 双刀快速车蜗杆

表 8-24 双刀切削法加工蜗杆切削参数

蜗杆材料	切削速度 v/（m/min）	切削深度 a_p/mm	刀具材料
一般易切钢	＞ 100	＞ 0.5	YT5
较难切削材料	～ 80	＞ 0.4	YT14
难切削材料	～ 50	＞ 0.3	YA6

8.6.3 蜗杆精度的检验方法

蜗杆的主要测量参数有齿距 P、齿顶圆直径 d_a、分度圆直径 d_1 和法向齿厚 S_n 等。其中齿顶圆直径可用游标卡尺测量，齿距主要由车床传动链保证，粗略的测量可用钢直尺和游标卡尺。

（1）分度圆直径的测量

分度圆直径 d_1 也可用三针和单针测量（注：三针测量不宜测量导程角 γ ＞ 6° 的蜗杆中径），其原理和测量方法与测量螺纹时相同。

三针测量时的计算公式为：

$$M=d_1+3.924d_D-1.374P$$

式中 P——齿距，mm；

d_1——蜗杆分度圆直径，mm；

d_D——钢针直径，d_D=0.533P，mm；

M——量针测量距，mm。

（2）齿厚测量

对于精度不高的蜗杆，可采用齿厚游标卡尺测量，见图 8-53。齿厚游标卡尺由互相垂直的齿高卡尺 1 与齿厚卡尺 2 组成。测量时，把齿高卡尺读数调整到等于齿顶高（蜗杆齿顶高等于模数 m_x），法向卡入齿廓，齿厚卡尺测得的读数是蜗杆分度圆直径 d_1 的法向齿厚。实际测量时，可以先调整好齿厚游标卡尺的齿厚卡尺，使它的读数值等于齿顶高，随后使齿厚卡尺和蜗杆轴线大致相交成一个螺旋角的角度，并作少量转动，这时所测得的最小尺寸即为蜗杆节径处的法向齿厚 S_n。

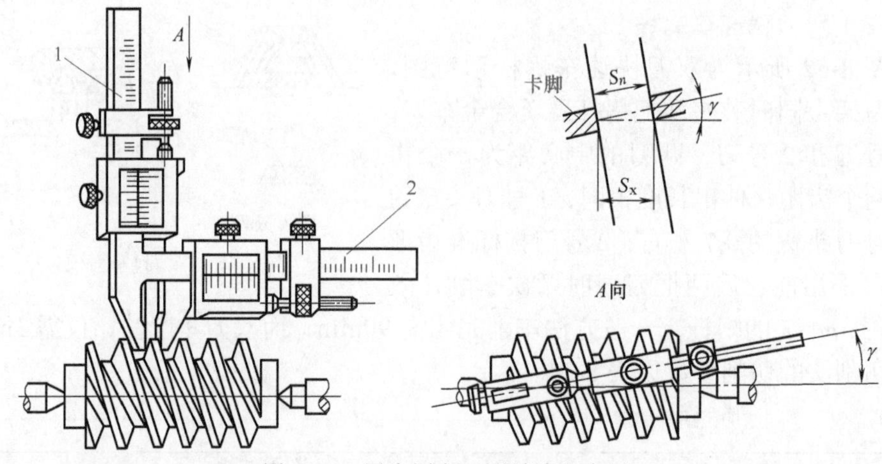

图 8-53 用齿厚卡尺测量法向齿厚

1—齿高卡尺；2—齿厚卡尺

由于图样上一般注明的是轴向齿厚，因此，必须对所测的数值进行换算。法向齿厚 S_n 的换算公式如下：

$$S_n=S_x\cos\gamma=\frac{\pi m_x}{2}\cos\gamma$$

式中 S_n——蜗杆法向齿厚，mm；

S_x——蜗杆轴向齿厚，mm；

m_x——蜗杆轴向模数，mm；

γ——蜗杆导程角，(°)。

8.7 螺纹车削典型实例

不同结构及形状的零件，其所采用的加工工艺是不同的，甚至同一个零件在不同的生产批量、不同的企业时，其加工工艺也有所不同，以下通过一些典型实例具体说明螺纹类工件的车削操作方法。

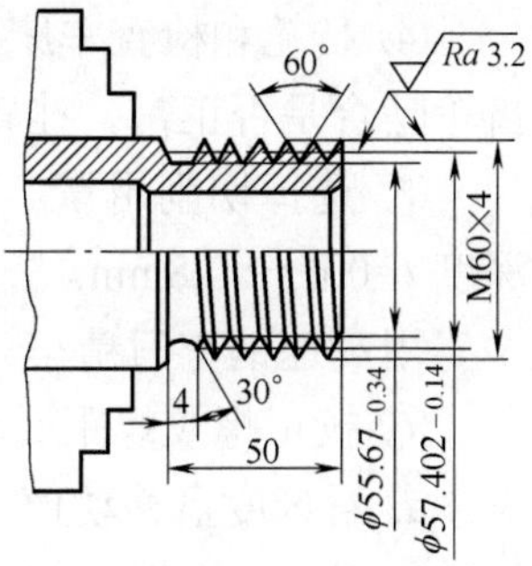

8.7.1　三角螺纹件的车削操作

图 8-54 所示为带三角螺纹件的加工图，螺纹精度等级为 4 级，材料为 45 钢，螺距为 4mm。毛坯尺寸 $\phi70\times120$，工件每批数量为 30 件。

图 8-54　带三角形螺纹件

（1）工艺分析

根据零件的结构，可作以下工艺分析。

该零件为带普通螺纹加工件，三角螺纹主要用作紧固和连接。三角螺纹的特点是：螺距、牙型较小，螺纹长度较短，相对来说，精度和表面粗糙度要求不高，所以比其他螺纹加工要简单得多。三角形螺纹的加工除了车削外还可用丝锥、板牙加工，也可以旋风切削。

图示零件结构较为简单，其尺寸精度及表面粗糙度要求均不高，在普通车床上就可完成车削加工。

（2）加工步骤

综合上述工艺分析，该零件三角螺纹的车削操作步骤及加工工艺方法如下。

① 选择刀具。粗车螺纹选用硬质合金螺纹车刀，以便提高效率。精车螺纹选用高速钢螺纹车刀和弹簧刀杆配合使用，以便提高螺纹精度。

② 校正刀具安装的位置。图 8-55（a）是以零件外圆表面为基准，用对刀样板校正螺纹车刀的位置。图 8-55（b）是以专用对刀样板支架和心轴插入尾座套筒内校正螺纹车刀的位置。

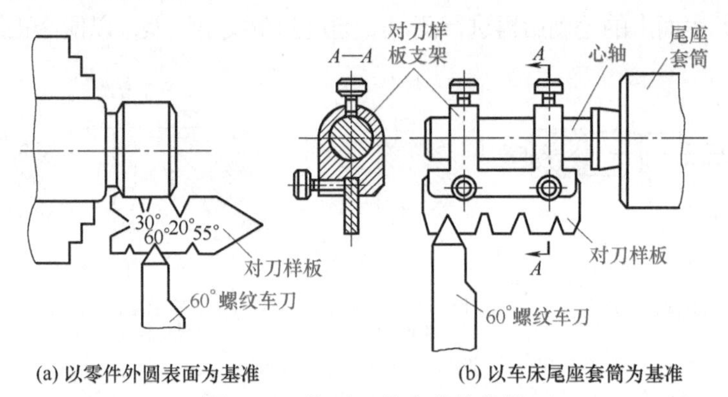

(a) 以零件外圆表面为基准　　(b) 以车床尾座套筒为基准

图 8-55　校正刀具安装的位置

③ 调整车床各部分间隙。调整间隙要适当。间隙过松，易产生“扎刀”、“啃刀”；间隙过紧，操作不灵活。

④ 挂轮和检查车床手柄位置。按螺距 P=4mm 的公制螺纹进行挂轮，并检查齿轮啮合是否正常，挂轮架和过渡轮连接的螺钉是否紧固牢靠。

⑤ 选择切削用量。用硬质合金车刀粗车，切削速度 v=60 ～ 90m/min，吃刀深度 t=0.4 ～ 0.8mm。

用高速钢车刀精车，切削速度 v=5 ～ 7m/min，吃刀深度 t=0.05 ～ 0.08mm。

⑥ 校正螺纹螺距。车削操作时，对于螺纹螺距的校正可采用以下方法。

a. 看刻度盘移动值来校对螺距，将大拖板的开合螺母闭合，然后使车床主轴旋转一周，大拖板往前移动，看刻度值是否等于螺距值。

b. 用车削试验来校对螺距。挂轮后先在零件表面上以 0.05mm 的切削深度试切一刀，用尺或者用丝锥校对螺距是否正确。

⑦ 选择进给方法。根据螺距大小和螺纹角度来选择进给方法：

a. 粗车时用斜切进给法。

b. 精车时用左右进给法。

⑧ 精车时冷却润滑液的选用。不论车削何种形式的螺纹，冷却润滑液选择适当，均能保证切屑层均匀，且切削深度小时不致造成“让刀”。可以提高螺纹精度和表面粗糙度，并延长刀具寿命。冷却润滑液的选用可参照表 8-15。

根据被加工零件材料、螺纹表面粗糙度和精度查表，选用锭子油 40% ～ 50%+ 煤油 30% ～ 40%+ 铅油 20% ～ 30% 的混合液，以保证表面粗糙度和精度，并能延长刀具寿命。

⑨ 粗车与精车。粗车以提高效率为主，每边留精车余量 0.2 ～ 0.3mm。精车以改进表面粗糙度和提高精度为主，要均匀车削去每边留的加工余量，进给时要有次序，防止进给不均造成“啃刀”。

⑩ 螺纹的测量。螺纹的测量方法如图 8-56 所示。测量前应校对所用量具的准确度，除去零件表面上的毛刺后再进行测量。通过测量找出误差，以便修正达到要求。

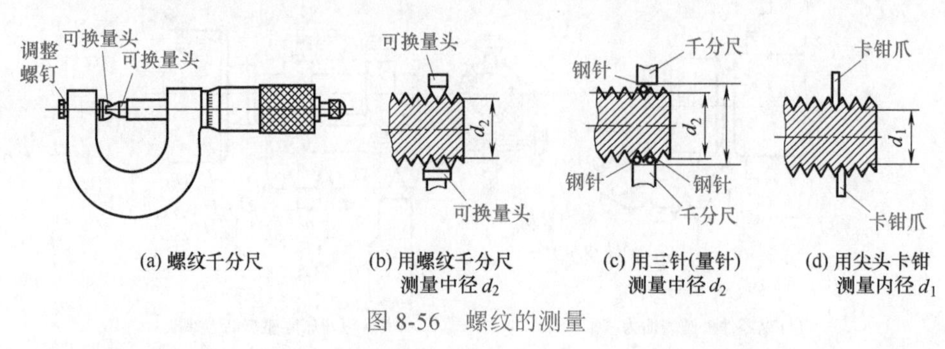

图 8-56 螺纹的测量

8.7.2 管螺纹件的车削操作

图 8-57 所示为在圆锥体表面上车削的螺纹，称为管螺纹，管螺纹分圆柱管

螺纹和圆锥管螺纹两种。

（1）工艺分析

管螺纹牙型和三角螺纹基本相同，圆柱管螺纹与三角螺纹车削方法类似，车削圆锥管螺纹与车削圆柱管螺纹也基本相同，但尚需解决锥度问题。

一般说来，内外管螺纹的配合精度都较低，因此，其车削难度也不太高。

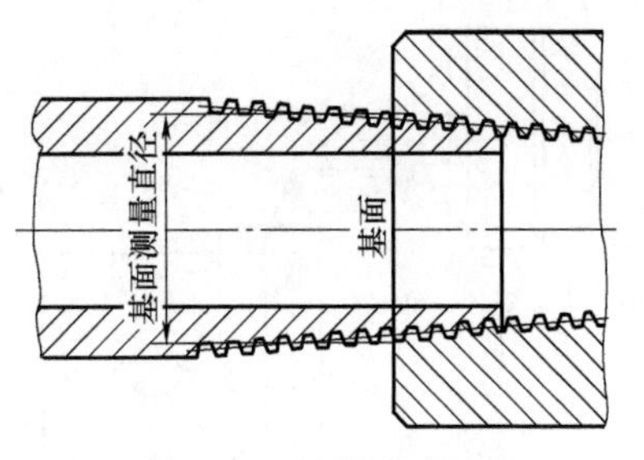

图 8-57 圆锥管螺纹

（2）管螺纹的加工

车削圆锥管螺纹的方法很多，常用的车削方法主要有以下几种。

① 手赶法。手赶法车削适用于批量较小、精度较低的圆锥管螺纹加工。其操作特点是：在大拖板自动走刀的同时，中拖板手动退刀，从而车出圆锥管螺纹。

圆锥管螺纹的牙型角平分线和螺纹轴线垂直，所以在装刀时，刀尖角平分线仍应与螺纹轴线保持垂直。

图 8-58 所示为反向装刀及反向走刀的手赶法车削圆锥管螺纹的示意图。其中：零件为右旋螺纹，主轴作反向旋转，从主轴箱一端进给，大拖板向尾座方向移动，随着锥度的变化，以手动进给来保证螺纹尺寸，一般用于单件生产精度较低的圆锥管螺纹的加工。

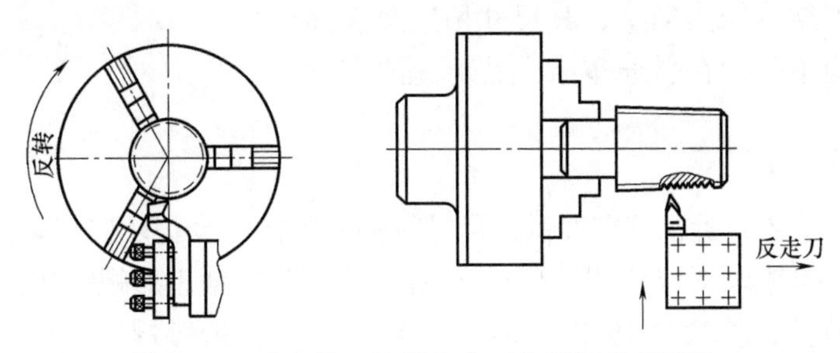

图 8-58 反向装刀及反向走刀车削圆锥管螺纹

如用内螺纹车刀车削外圆锥体螺纹时，车刀可安装在零件的外端（与上述刀具安装的位置相反），车削方法完全相同，只不过进给方向与上述相反，也适用于单件生产，精度较低的圆锥管螺纹加工。

② 靠模法。靠模法是利用靠模刀架或车床靠模装置车削圆锥管螺纹的加工方法。这种方法适合于批量生产，精度较高的螺纹零件的车削。

a. 靠模刀架装置。图 8-59 所示为靠模刀架装置的示意图。车削圆锥管螺纹时，将靠模刀架上的靠模板，按螺纹锥度要求选用，并经调整即可使用，车削方法简便可靠，能保证一定的加工精度。

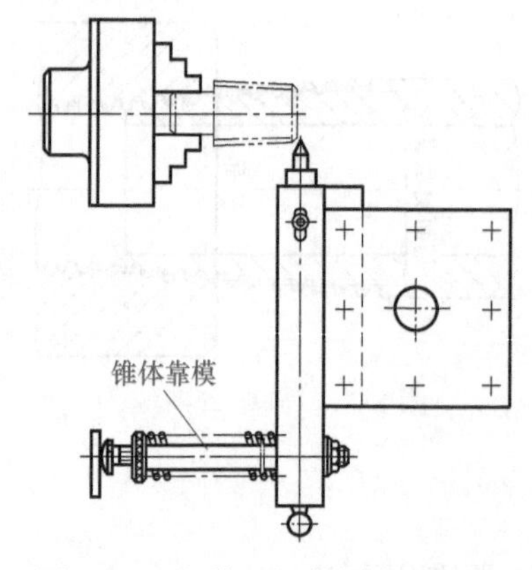

图 8-59 靠模刀架装置车削圆锥管螺纹

b. 车床靠模装置。有的车床带有靠模装置，按圆锥管螺纹的斜角，扳动靠模装置的靠模板角度，即可车削出所需要的圆锥管螺纹。

③ 圆锥体丝锥加工法。加工圆锥孔螺纹，除了手赶法和靠模法加工以外，还可使用圆锥体丝锥加工，先将螺纹的圆锥孔车出锥度，然后使用圆锥体丝锥加工，这种方法操作简便，一般用于精度要求不高的零件，如管接头螺纹等。

8.7.3 锯齿形螺纹件的车削操作

图 8-60 所示为锯齿形螺纹件的加工图，螺纹精度等级为 4 级，材料为 45 钢，螺距为 5mm。毛坯尺寸 $\phi60\times100$，工件每批数量为 50 件。

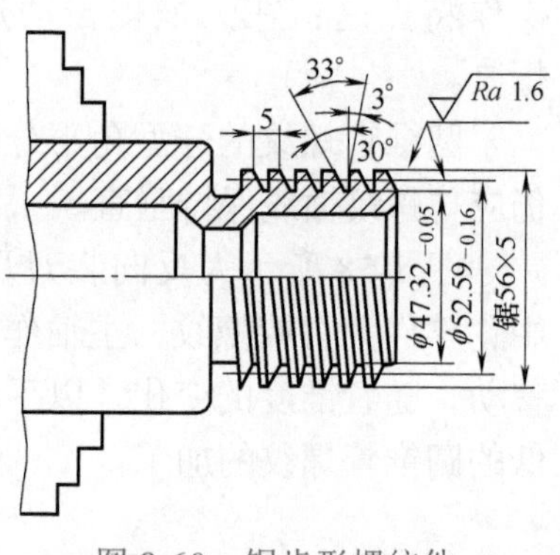

图 8-60 锯齿形螺纹件

（1）工艺分析

锯齿形螺纹的特点是：牙型角小且深，所使用刀具的刀尖强度较低，若切削深度稍大，由于切削力增大而容易打掉刀尖，因此在选择车刀几何角度时，应注意提高刀具强度的措施。

图示零件结构较为简单，其尺寸精度及表面粗糙度要求均不高，在普通车床上就可完成车削加工。

（2）加工步骤

综合上述工艺分析，该零件锯齿形螺纹的车削操作步骤及加工工艺方法如下。

① 车刀的选择。车刀选用如表 8-6 所示的高速钢锯齿形螺纹车刀，其切削用量和冷却润滑液，按表 8-19 和表 8-15 选用。由于锯齿形螺纹牙型角 33°不对称分布，一侧面与轴线垂线的夹角为 30°，另一侧面的夹角为 3°，所以在刃磨和装刀时，不能将车刀的两侧刃角度搞错，最好用对刀样板检查和校正车刀刃磨的角度及装刀的位置。

② 进给方法。车削锯形螺纹时，采用左右切进法，每次切削深度和赶刀时都不宜过大，防止产生啃刀，并采用单面切削。

8.7.4 矩形螺纹件的车削操作

图 8-61（a）所示为矩形螺纹件的加工图，其螺纹精度等级为 5 级，材料为 45 钢，工件每批数量为 20 件。

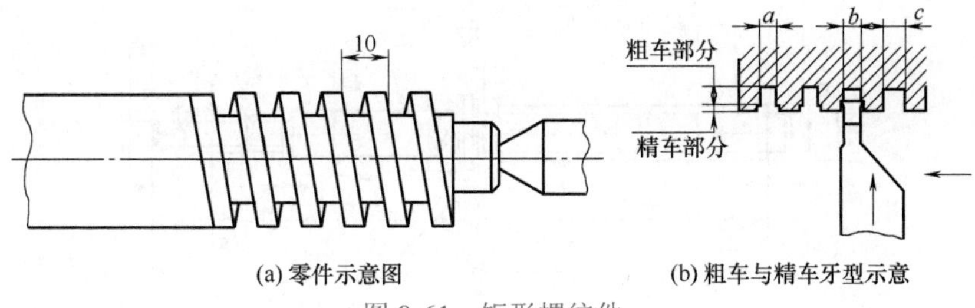

(a) 零件示意图　(b) 粗车与精车牙型示意

图 8-61　矩形螺纹件

（1）工艺分析

矩形螺纹的牙型呈正方形，牙顶宽，牙槽底宽及牙型深度都等于螺距的一半，刃磨矩形螺纹车刀时，须考虑螺纹螺旋角的影响和螺纹牙型宽的要求。

（2）加工方法

对精度要求不高而牙型较小的矩形螺纹，只使用一把车刀，不分粗精车削即可车出。但一般都需分粗车与精车两次来完成，这时，粗车刀宽度一般要比螺纹牙型槽宽度尺寸小 0.5 ～ 1mm，精车刀宽度一般等于螺纹槽宽尺寸加上 0.02mm。精车刀的刀宽，考虑到螺纹侧面配合间隙和刀刃磨损，略大于螺纹槽宽，一般配合间隙为螺距的 $\frac{1}{100}\sim\frac{1}{200}$ mm，螺纹外径越大，配合间隙应越大。如图 8-61（b）所示的 a 为粗车时槽宽，b 为车刀正在精车的情况，c 为精车后槽宽。

由于矩形螺纹的车刀宽度直接决定螺纹槽宽尺寸，所以力求刃磨和装刀的准确性，装刀时主切削刃应和零件轴线平行，其高低则应尽量对准主轴旋转中心。车削螺纹时，小刀架固紧，不得松动，防止乱扣和啃刀。

车削矩形螺纹时，还需掌握螺纹径向定心问题，由于矩形螺纹的两侧面只起轴向配合作用，而径向定心则由螺纹外径或内径所决定。所以在车削时，一般是以内外螺纹的外径定心，使内外螺纹的内径保持一定的间隙，可以保证良好的定心作用。车削矩形螺纹时，采用直进法加工。

8.7.5　梯形螺纹件的车削操作

图 8-62 所示为某车床上的梯形螺纹件加工图，图中未标注表面的表面粗糙度为 $Ra6.3\mu m$，图中未注倒角部位为 $1\times45^\circ$，零件材料为 45 热轧钢，要求调质处理，调质硬度为 220 ～ 250HB，毛坯尺寸 $\phi35\times295$，工件每批数量为 40 件。

（1）工艺分析

① 应安排毛坯调质热处理，如发现毛坯弯曲严重，应送热处理车间校直后再进行消除内应力处理。不允许自行校直，因未消除内应力，在车削后仍会弯曲复原，以至造成废品。

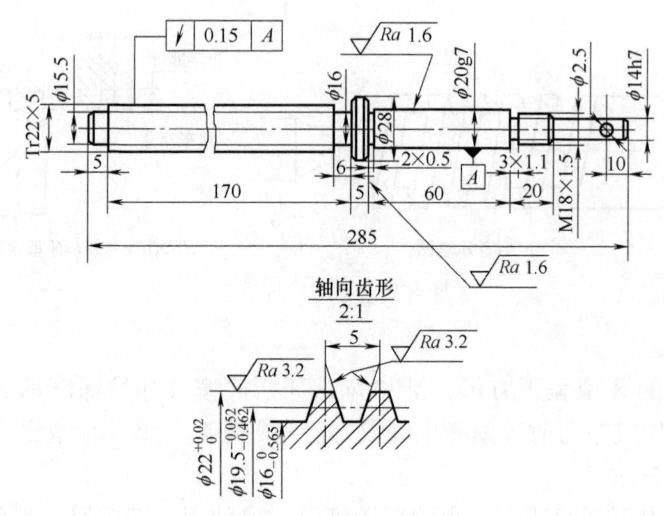

图 8-62　梯形螺纹件

② 工件用一夹一顶装夹方式车削，装夹刚性好，有利于提高生产效率。在车梯形螺纹时，用软爪夹住 M18 × 1.5 外圆处（因螺纹还未加工，不会夹毛表面），但软卡爪必须按 $\phi18_{-0.2}^{-0.1}$ 尺寸精车正确。

③ 丝杠精度不高，可在普通车床上车梯形螺纹。

④ 加工完毕后，应将工件垂直吊起来，以防止工件弯曲。

（2）加工步骤

综合上述工艺分析，可确定零件的加工步骤如表 8-25 所示。

表 8-25　带梯形螺纹件的车削加工步骤　单位：mm

序号	工种	加工内容及技术要求	刃具	量具
1	热处理	调质，并检查硬度 220 ～ 250HB		
2	车	①用三爪自定心卡盘夹住毛坯外圆 ②车端面 ③钻中心孔 $\phi2.5$，保证粗糙度为 $Ra1.6\mu m$	$\phi2.5$B 型中心钻	
3	车	①一端夹紧，一端顶住 ②车 $\phi28$ 外圆尺寸至尺寸 ③车 $\phi20g7$ 至 $\phi20.5_{-0.1}^{0}$ ④车 M18 × 1.5 外圆至 $\phi18.4_{-0.1}^{0}$ ⑤车 $\phi14h7$ 至 $\phi14.4_{-0.1}^{0}$ ⑥车槽 2 × 0.5 至尺寸 ⑦倒角		
4	车	①一端夹住 $\phi18.4$ 外圆处，一端架中心架 ②车端面取总长 285 至尺寸 ③钻中心孔 $\phi2.5$，保证粗糙度为 $Ra1.6\mu m$ ④车 Tr22 × 5 至 $\phi22.5_{-0.1}^{0}$	$\phi2.5$B 型中心钻	

续表

序号	工种	加工内容及技术要求	刃具	量具
4	车	⑤车 $\phi15.5\times5$ 至尺寸 ⑥车槽 $\phi16\times6$ 至尺寸 ⑦倒角 ⑧检查	ϕ2.5B 型中心钻	
5	磨	①工件装于两顶尖之间 ②磨 Tr22×2 处外径至 $\phi20.5_{-0.07}^{-0.04}$ ③磨 $\phi20g7_{-0.028}^{-0.007}$ 至尺寸 ④磨 M18×1.5 外径至 $\phi18_{-0.2}^{-0.1}$ ⑤磨 $\phi14h7_{-0.018}^{0}$ 至尺寸 ⑥检查		
6	车	①软爪夹住 ϕ28 外圆 ②车 Tr22×5 梯形螺纹至尺寸		Tr22×5 螺纹环规
7	车	①软爪夹住 ϕ28 外圆处，一端顶住 ②车槽 3×1.1 至尺寸 ③车 M18×1.5 至尺寸		M18×1.5 螺纹环规
8	钳	修锉 Tr22×5 螺纹两端面不完整牙		
9	检	检验工件		
10	入库	清洗，涂防锈油，入库		

8.7.6　多线螺纹件的车削操作

图 8-63 所示为某机械设备所用的多线螺纹零件，其导程 P_Z=12，螺纹线数 n=3，螺纹螺距 P=4，毛坯尺寸 $\phi55\times260$，工件每批数量为 30 件。

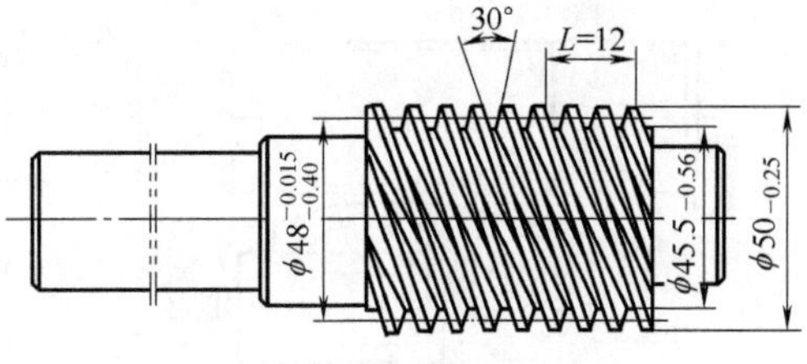

图 8-63　多线螺纹零件

（1）工艺分析

车削多线螺纹时，主要是解决螺纹分线的方法，如果螺纹分线出现误差，使所车削的多线螺纹螺距不等，就会影响内外螺纹的配合性能，降低了使用寿命。

图示零件结构较为简单，其尺寸精度及表面粗糙度要求均不高，在普通车床上就可完成车削加工。

（2）加工步骤

综合上述工艺分析，该零件多线螺纹的车削操作步骤及加工工艺方法如下。

1）交换齿轮计算

该多线螺纹导程 P_h=12=12，螺纹线数 n=3，螺纹螺距 P=4，车多线螺纹时的传动比是按螺纹导程 12mm 来计算的。为了减少计算导程（或者多线螺纹的每英寸牙数）的麻烦，只要在单线螺纹的公式后面乘上螺纹线数就行了。

如在米制车床车米制多线螺纹，计算公式为：

$$\frac{z_1}{z_2}\times\frac{z_3}{z_4}=\frac{\text{工件螺距}}{\text{丝杠螺距}}\times\text{线数}$$

又如车床丝杠螺距 $P_{丝}$=6mm，车削一工件螺距为 2.5mm 的双线螺纹时，其交换齿轮的计算为：

$$\frac{z_1}{z_2}\times\frac{z_3}{z_4}=\frac{2.5}{6}\times2=\frac{5}{6}=\frac{50}{60}$$

如车床丝杠每英寸 4 牙，需车削工件是每英寸 10 牙的双线螺纹时，其交换齿轮的计算为：

$$\frac{z_1}{z_2}\times\frac{z_3}{z_4}=\frac{4}{10}\times2=\frac{4}{5}=\frac{40}{50}$$

2）车刀的刃磨

车削多线螺纹的车刀，按螺纹的螺距大小刃磨车刀几何角度及车刀宽度。

3）螺纹分线的几种方法

多线螺纹的各螺旋槽在轴向和圆周上都是等距分布的。根据多线螺纹在轴向和圆周上等距分布的原理，螺纹分线可采用以下几种方法进行分线。

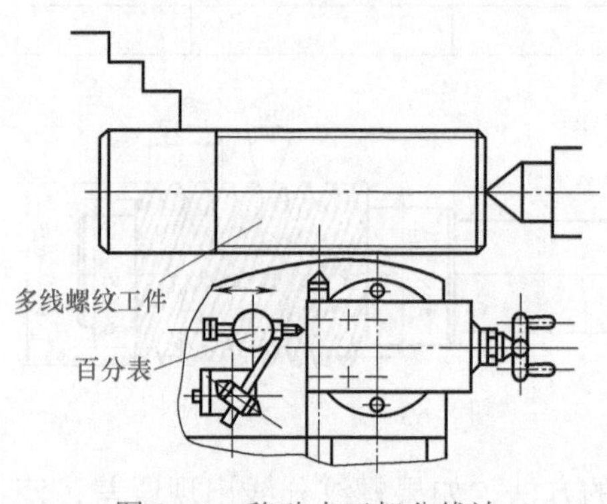

图 8-64　移动小刀架分线法

① 移动小刀架分线法。移动小刀架分线法是每分一次线时，按螺距移动小刀架距离。多线螺纹的两条相邻螺旋线的轴向距离，等于单线螺纹的轴向螺距，因此，当车削完一条螺旋线之后，手摇小刀架使车刀相对零件轴向移动一个螺距的距离，就可以加工出另一条螺旋线。

移动小刀架分线法属于轴向分线法。前移的距离可用千分表测出，也可以按小刀架摇过的格数来计算，如图 8-64 所示。

$$\text{小刀架摇把摇过的格数}=\frac{\text{工件的螺距}}{\dfrac{\text{小刀架丝杠螺距}}{\text{刻度盘一圈的格数}}}=\frac{\text{工件的螺距}\times\text{刻度盘一圈的格数}}{\text{小刀架丝杠螺距}}$$

如螺距为 4mm，每分一条线，小刀架移动应是 4mm。需要赶刀时，几条线要以同样的距离和同方向赶刀，否则螺纹就会出现不等分的螺旋槽，造成加工余量不均匀等现象。这种分线方法，一般用于多线螺纹的粗车。

又如车床小刀架丝杠螺距为 5mm，小刀架刻度盘一圈 100 格，若所车工件为 Tr20×6（螺纹螺距 P=2）时，则：

$$摇把应转的格数=\frac{2\times 100}{5}=40（格）$$

即车完每一线后，将小刀架摇把摇过40格，使小刀架往前移一个螺距（2mm），就可车另一条线的螺纹。

若所车削的是蜗杆螺纹，则应按轴向齿距移动小刀架距离。

② 脱开挂轮分线法。当主轴挂轮架上齿轮的齿数是螺纹线数的倍数时，即可使用脱开挂轮的方法进行分线。分线时，车床上先脱开进给挂轮，然后移动皮带使主轴转动，也使连接在主轴上的挂轮转动，主轴转过的角度可通过数主轴上挂轮转过的齿数来控制，也可以预先作好分线记号。

如果主轴和挂轮架上的挂轮之间的速比为 $i=\frac{齿轮齿数}{主轴转速}$，挂轮的齿数是 z，所要车削的螺纹线数是 n，分线时，挂轮转过的齿数可用下式计算：

$$挂轮转过的齿数\ z_s=\frac{挂轮的齿数\ z}{螺纹头数\ n}\times 主轴和挂轮之间的速比\ i$$

如在普通车床上车削三线螺纹（$n=3$），分线时零件应转 $\frac{360^\circ}{3}=120^\circ$，如果主轴和挂轮之间的速比 $i=1$，挂轮的齿数 $z=42$，主轴转动120°时，挂轮应转过的齿数 $z_s=\frac{42}{3}\times 1=14$。

这种分线方法精度较高，但是分线数受挂轮齿数的限制。

如果主轴挂轮齿数与螺纹线数不成倍数，而丝杠挂轮齿数与螺纹线数成倍数时，也可采用丝杠挂轮进行分线。

③ 小刀架垫块规分线法。如图8-65所示为小刀架垫块规分线法。采用这种方法分线时，几条线的进给刻度值都需在同一读数上，由块规与百分表控制小刀架移动准确的距离。精车时要多次循环分线，第二次或第三次循环分线时，不准用小刀架赶刀，只能在牙型面上单面车削，以矫正赶刀或在粗车时所产生的误差，经过循环车削，既能消除分线或赶刀所产生的误差，又能提高螺纹的光洁度和精度。在分线时，小刀架应与主轴轴向中心线平行，以免产生锥度。这种方法适用于多线螺纹的精车。

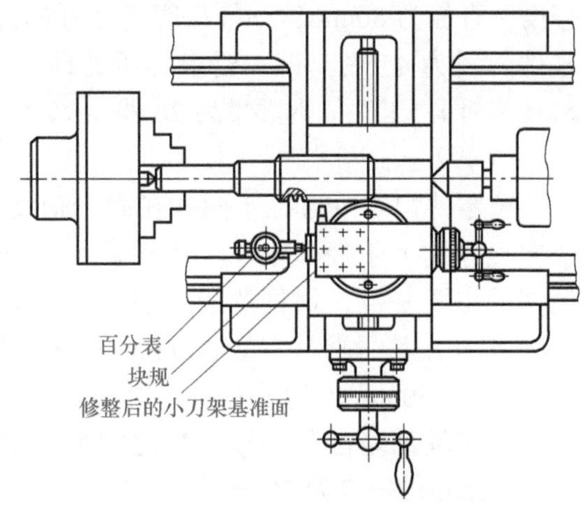

图8-65 小刀架垫块规分线法

④ 分度盘分线法。用分度盘分线，需要设计一个专用的夹具，如图8-66所

示。分度盘固定于车床主轴上，盘上有均匀分布的小圆柱销，一般以 12 个为宜，可以分 2、3，4 及 6 线。被加工零件的两端用顶针装夹，加工时分度盘通过小圆柱销拨动鸡心夹头带动零件转动。分线时，只要将鸡心夹头转过小圆柱销一定数目，即可进行螺纹分线。

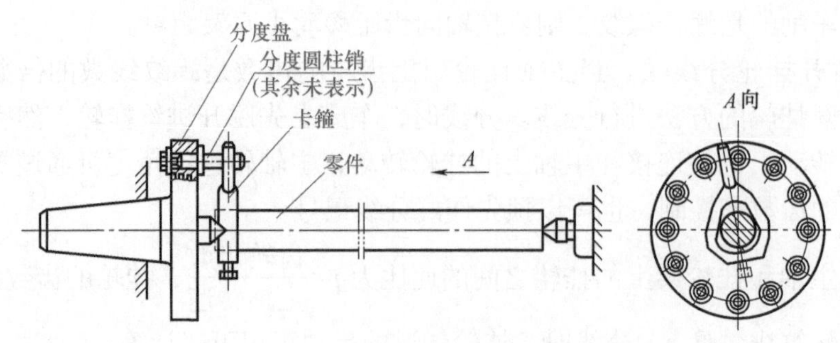

图 8-66 分度盘分头机构

这种方法比较简便，但需要制造夹具，而且小圆柱销的等分位置精度要求较高，其分线精度主要决定于分度盘的精度。

4）检验

多线螺纹的精度检验与螺纹的精度检验基本相同，只是在检验时每条螺旋线分开检验。

8.7.7 蜗杆的车削操作

图 8-67 所示为某产品上的单头蜗杆结构图，模数为 m=8，压力角 α=20°，分度圆直径为 80mm，蜗杆齿廓代号为 ZA，为阿基米德蜗杆，螺纹旋向为右旋，零件材料为 45 热轧钢，要求调质处理，调质硬度为 220 ～ 250HB，毛坯尺寸 $\phi110\times510$，工件每批数量为 20 件。

（1）工艺分析

该零件由 6 段直径不同并在同一轴线上的回转体组成，要求调质处理，其轴向尺寸远大于径向尺寸。两端 $\phi50^{+0.033}_{+0.017}$ mm 轴颈的共同轴线 C-D 为该轴径向尺寸的主要基准，蜗杆的齿顶圆和两处 ϕ60mm 轴肩的端面对共同轴线 C-D 有径向跳动公差要求。左端 ϕ60mm 轴肩的左端面为该轴长度方向尺寸的主要基准，右端 ϕ60mm 轴肩的右端面为该轴长度方向尺寸的辅助基准。根据加工工艺要求确定辅助基准与主要基准之间的定位尺寸为 $298^{\ 0}_{-0.21}$mm，该轴最大直径为 $\phi96^{\ 0}_{-0.054}$ mm，长度为 500mm。

外圆尺寸从左至右有 $\phi35^{+0.033}_{+0.017}$ mm、$\phi50^{+0.033}_{+0.017}$ mm、$\phi96^{\ 0}_{-0.054}$ mm、$\phi50^{+0.033}_{+0.017}$ mm，都是保证配合质量的尺寸，均有一定的公差要求。$2\times\phi50^{+0.033}_{+0.017}$ mm 轴颈的表面粗糙度值为 Ra0.8μm，$\phi35^{+0.033}_{+0.017}$ mm 轴颈和蜗杆的齿形部分的表面粗糙度值均为

*Ra*1.6μm，蜗杆的齿顶圆及 10mm 键槽的两工作面的表面粗糙度值均为 *Ra*3.2μm，未标注工作面的表面粗糙度值为 *Ra*12.5μm，轴两端倒角 2×45°，轴颈根部未注圆角半径为 *R*2。

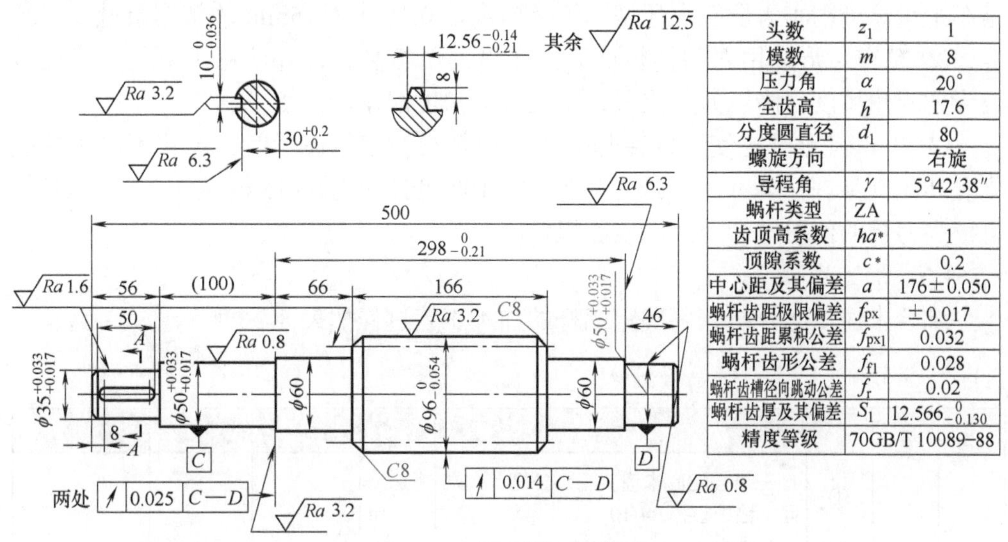

头数	z_1	1
模数	m	8
压力角	α	20°
全齿高	h	17.6
分度圆直径	d_1	80
螺旋方向		右旋
导程角	γ	5°42′38″
蜗杆类型	ZA	
齿顶高系数	$ha*$	1
顶隙系数	$c*$	0.2
中心距及其偏差	a	176±0.050
蜗杆齿距极限偏差	f_{px}	±0.017
蜗杆齿距累积公差	f_{px1}	0.032
蜗杆齿形公差	f_{f1}	0.028
蜗杆齿槽径向跳动公差	f_r	0.02
蜗杆齿厚及其偏差	S_1	$12.566_{-0.130}^{\ 0}$
精度等级	70GB/T 10089–88	

图 8-67　单头蜗杆结构图

为保证零件加工精度，根据零件的结构，可作以下工艺分析。

① 由于零件要进行热处理，因此，蜗杆齿形的粗、精车加工就不可能一次性装夹完成，从而其装夹基准就不可能一致。工件粗车采用四爪单动卡盘、回转顶尖一夹一顶装夹，精车利用粗车加工好的两端面中心孔定位，应该注意的是：精车定位用的中心孔应在调质后经过充分的研修。

② 调质工序安排在粗加工之后、半精加工之前。

③ 蜗杆的齿形为轴向直廓，安装车刀时，应把车刀两侧切削刃组成的平面装在水平位置上，并且与蜗杆轴线在同一水平面内，如图 8-47（a）所示。

④ 刀具选用 W18Cr4V 作刀头。分粗车刀和精车刀。粗车刀的刀尖角应小于两倍齿形角（ε_r=39°）；取 10°～15°径向前角；径向后角为 6°～8°；左侧刃后角取（3°～5°）+γ 即 13°～15°；右侧刃后角（3°～5°）−γ，即 −7°～−5°；刀尖适当倒圆。精车刀要求左右刀刃之间的夹角等于两倍齿形角；刀刃直线度好，前后刀面表面粗糙度细，可在左右切削刃上磨前角 15°～20°的卷屑槽；径向前角应为零度。刀头磨好后还应用油石研磨主、副后刀面，以获得很细的表面粗糙度。

⑤ 由于蜗杆左端直径较小，为了不降低工件装夹刚性，需先粗车蜗杆齿形，再车 $\phi35_{+0.017}^{+0.033}$、$\phi50_{+0.017}^{+0.033}$、$\phi60$ 外圆。

⑥ 精车时采用齿厚游标卡尺测量齿厚精度。蜗杆中径采用三针测量法测量。根据蜗杆基本参数及量针测量距 M、量针直径 d_0 计算公式，可得量针测量距

M=98.033mm，量针直径 d_0=13.396mm。

（2）车削要领

① 用分层切削法粗车蜗杆齿形。粗车齿形应在牙型两侧及槽底留 0.3mm 半精车余量。半精车齿形应在牙型两侧及槽底留 0.10 ～ 0.15mm 的精车余量。

② 精车齿形应用对刀样板或万能角度尺严格装刀，并注意用万能角度尺检查齿形半角精度，修正刀头位置，防止齿形角度误差。

③ 粗车齿形时应使用以冷却为主的切削液。精车齿形时，可将不加水的硫化乳切削液涂在牙型面上，或者用铅油、10% 红丹粉加 N46 机械油配成切削液，可提高刀具的使用寿命，降低表面粗糙度。

（3）加工步骤

综合上述工艺分析，可确定蜗杆的加工工艺过程如表 8-26 所示。

表 8-26　蜗杆的加工工艺过程

工序	工种	工步	工序内容	设备	夹具	刃具	量具
1	车	①	三爪自定心卡盘夹毛坯外圆，车端面，钻中心孔 B4/10	C6140		B4 中心钻、偏刀	
		②	调头，车端面，取总长 500mm 至尺寸，钻中心孔 B4/10				
		③	车 ϕ50mm×50mm 装夹工艺台				
2	车	①	三爪自定心卡盘夹 ϕ50mm×50mm 工艺台，尾部用回转顶尖支撑，通车外圆至 ϕ100mm	C6140			
		②	粗车 ϕ60mm 至 ϕ64mm×70mm、$\phi50^{+0.033}_{+0.017}$ 至 ϕ54mm×42mm				
		③	调头，一夹一顶，粗车 ϕ60mm 至 ϕ64mm×70mm、$\phi50^{+0.033}_{+0.017}$ 至 ϕ54mm×96mm、$\phi35^{+0.033}_{+0.017}$ 至 ϕ40mm				
3	热	①	调质处理，硬度为 220 ～ 250HB				
		②	检查				
4	车		中心孔研磨	C6140			
5	车	①	调头，用四爪单动卡盘夹 ϕ54mm 处，尾部回转顶尖支撑，靠卡爪处外圆用千分表校正至 0.005mm 半精车 $\phi96^{0}_{-0.054}$ 外圆至 ϕ97mm、ϕ60mm 至 ϕ61mm、$\phi50^{+0.033}_{+0.017}$ 至 ϕ51mm、ϕ35mm 至 ϕ40mm	C6140	四爪单动卡盘、		
		②	粗车蜗杆齿形				齿厚卡尺

续表

工序	工种	工步	工序内容	设备	夹具	刃具	量具
6	车	①	工件在两顶尖之间装夹，精车 $\phi96_{-0.054}^{0}\times166$mm 至尺寸	C6140	对分夹头、硬质合金孔顶尖		齿厚卡尺、量块、$\phi13.396$mm 量针
		②	两端倒角 $8\times45°$				
		③	半精车、精车蜗杆齿形至尺寸要求				
		④	车 $\phi60$mm、$\phi50_{+0.017}^{+0.033}$ 至尺寸要求				
		⑤	各处倒角				
7	车	①	调头，工件在两顶尖间装夹，车 $\phi60\text{mm}\times66\text{mm}$、$\phi50_{+0.017}^{+0.033}\times100$、$\phi35_{+0.017}^{+0.033}\times56$mm 至尺寸要求	C6140			
		②	各处倒角				
		③	检查				
8	铣	①	铣键槽 $10_{-0.036}^{0}\times50$mm 至尺寸	立式铣床			
		②	检查				
9	钳		修去蜗杆两端不完整牙				
10	钳		清洗、防锈，入库				

（4）检验

按设计图样要求进行检验。

第9章 偏心工件和曲轴的车削

9.1 偏心工件及曲轴的结构与技术要求

在机械传动中，回转运动变为往复直线运动或直线运动变为回转运动，一般都是利用偏心工件来完成的。如用偏心轴带动的润滑液压泵、汽车发动机中的曲轴等。

（1）偏心工件的结构形式

偏心工件就是工件的外圆和外圆或外圆和内孔的轴线平行而不相重合，这两条平行轴线之间的距离称为偏心距。常见的偏心工件结构形式如图 9-1 所示。

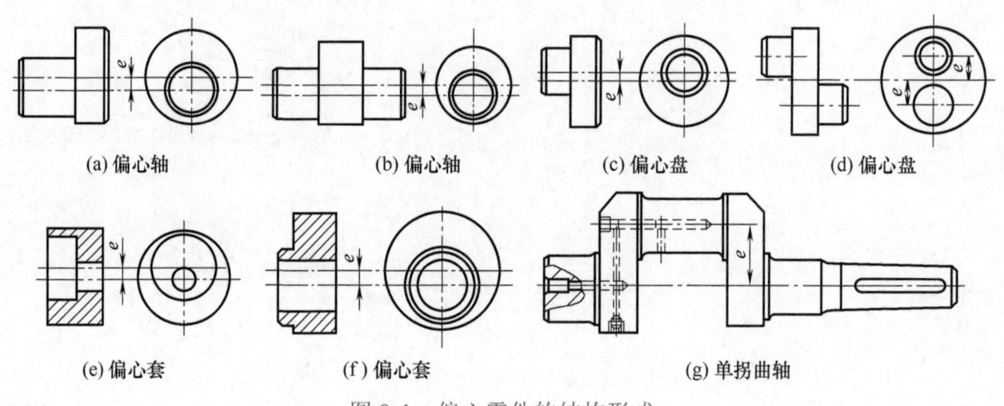

图 9-1 偏心零件的结构形式

其中：外圆与外圆偏心的工件叫做偏心轴或偏心盘；外圆与内孔偏心的工件叫做偏心套；曲轴则是形状比较复杂的偏心轴，按曲轴所组成曲颈的数目以及各曲颈之间互成角度的不同，曲轴又有单拐曲轴、两拐曲轴、四拐曲轴、六拐曲轴等多种形式。

（2）偏心轴的结构

图 9-2 所示为常见的偏心轴工件图样。

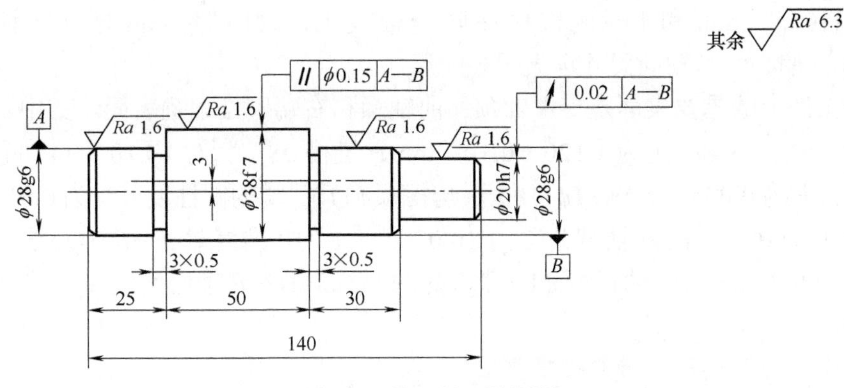

图 9-2 偏心轴工件图样

从图样可知：该工件是由 4 段回转体组成，其中 ϕ20h7mm 和两段 ϕ28g6mm 在同一轴线上，ϕ38f7mm 与基准轴线有 3mm 的偏心。其轴向尺寸远大于径向尺寸。

偏心轴的两段 ϕ28g6mm 轴颈的共同轴线 *A*—*B* 为该轴径向尺寸的主要基准，偏心轴颈 ϕ38f7mm 对该轴线有 ϕ0.15mm 的平行度要求，ϕ20h7mm 轴颈对 *A*—*B* 有 0.02mm 的径向跳动公差要求；左端面为该轴长度方向尺寸的主要基准。该轴最大直径为 ϕ38f7mm，长度为 140mm。

（3）曲轴的结构

曲轴常用于往复式机械运动中，是车工常见的加工工件之一，也是加工难度较高的工件之一，曲轴的种类较多，图 9-3 所示为单拐曲轴的工件图样。

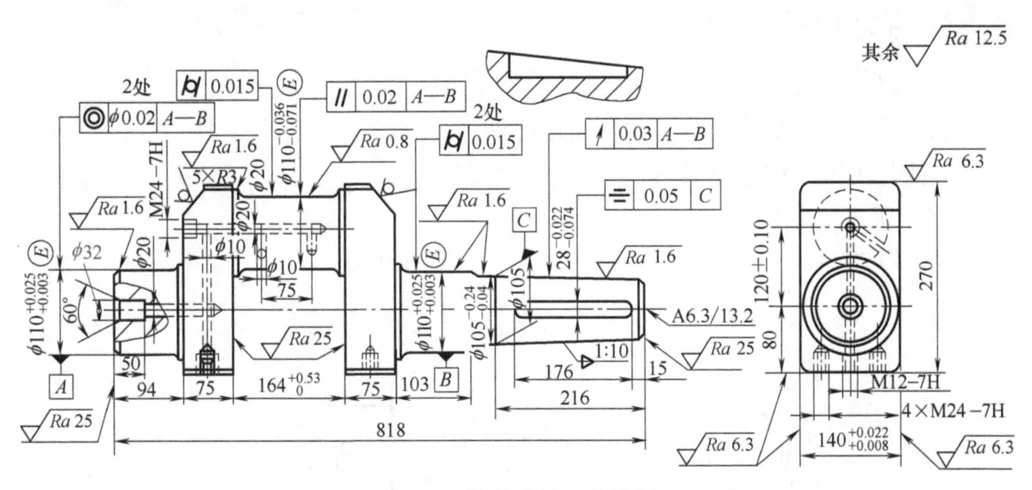

图 9-3 单拐曲轴工件图样

从图样可知：

该工件是由 3 段圆柱体、1 段圆锥体及 1 个呈上下偏置的曲拐组成，其中两段$\phi110^{+0.025}_{+0.003}$mm和1段圆锥体在同一轴线上，$\phi110^{-0.036}_{-0.071}$mm与基准轴线有120mm的偏心。其轴向尺寸远大于径向尺寸。

该工件上的重要表面是支撑轴颈、曲轴颈和右端圆锥轴颈表面。其中：曲轴的拐颈与轴颈的偏心距为（120 ± 0.10）mm；键槽28$^{+0.022}_{-0.074}$对1∶10锥度轴心线的对称度公差为0.05mm；轴颈$\phi110^{+0.025}_{+0.003}$与拐颈$\phi110^{-0.036}_{-0.071}$的圆柱度公差为0.015mm；两个轴颈$\phi110^{+0.025}_{+0.003}$的同轴度公差为$\phi0.02$mm；1∶10锥度对*A*—*B*轴心线的圆跳动公差为0.03mm；曲轴拐颈$\phi110^{-0.036}_{-0.071}$的轴心线对*A*—*B*轴心线的平行度公差为0.02mm。

（4）偏心工件和曲轴的技术要求

从上述偏心轴及曲轴图样可知，偏心工件和曲轴由于使用功能的需要，该类工件材料通常都要进行调质等形式的热处理加工，且偏心工件轴颈部位标注的表面粗糙度值较小、尺寸精度较高，并有一定的形位公差要求，是车削加工的重点部位。

9.2 偏心工件的车削技术基础

偏心工件的形状、精度及生产批量不同，车削时的装夹方法和加工方法也不一样。对于精度要求较高的或数量较多的偏心工件；常用专用偏心夹具或偏心卡盘加工。对于精度不高、长度较短、且数量很少的偏心工件，常常是通过划线，找出偏心距的大小，使加工部分的轴线与主轴中心重合再加工。

9.2.1 偏心工件的划线

（1）准备工作

划线前准备好划线工具，如V形架、平板、高度游标卡尺、样冲、锤子、丹粉或其他显示剂、中心钻或其他打中心孔夹具等。

（2）划线步骤

以下以图9-4所示偏心工件为例，简述其划线步骤。

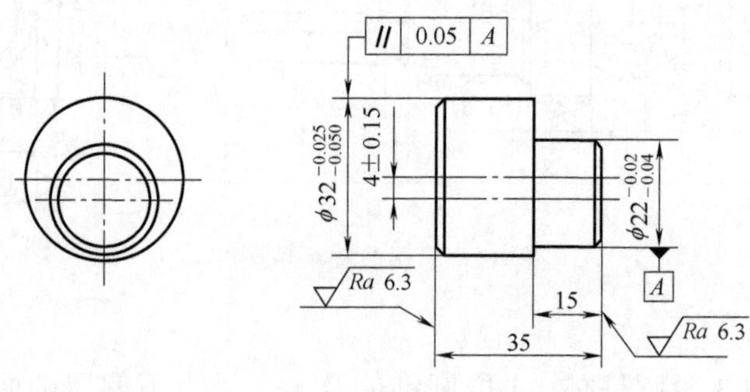

图9-4 偏心工件

① 将工件毛坯车成光轴，使其直径为 ϕ32mm，长度为 35mm。

② 在轴的两端和外圆上涂上显示剂。

③ 把工件放入置于平台的 V 形架中，然后用游标高度划线尺测量光轴最高点，再将高度划线尺游标下移工件实际测量尺寸一半的数值，在工件的端面和四周划出轴线，如图 9-5 所示。

④ 把工件转动 90°，用 90°角尺对齐已划好的端面线，再划一条水平线与前一条线垂直相交。

⑤ 将高度游标卡尺示值调整到偏心距 4mm 后，在工件的两端面和外圆上划偏心线。图中 *oa* 即是偏心距。

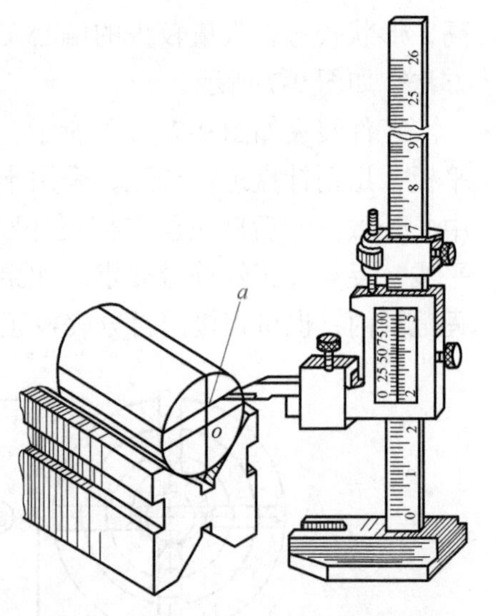

图 9-5 在 V 形架上划偏心的方法

完成上述划线后，用样冲在所划出的线四周及 *a* 点打好样冲眼，以防线条擦掉而失去依据。所打的样冲眼应在线上，不能歪斜，否则会产生偏心距误差。

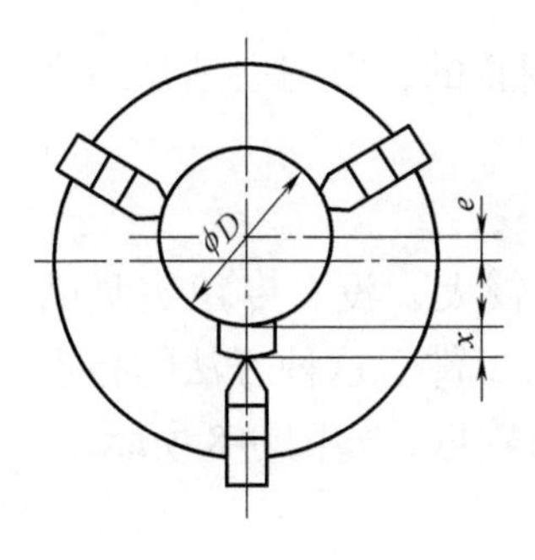

图 9-6 三爪自定心卡盘加垫块装夹偏心工件

9.2.2 偏心工件的装夹

不同形状及精度要求的偏心工件，其装夹方法也有所不同，具体说来主要有以下几种。

（1）用三爪自定心卡盘加垫块装夹

对于数量较少，长度较短，偏心距在 8mm 范围以内，且偏心距要求不高的工件，可采用在三爪自定心卡盘上加垫块的办法，装夹偏心工件，如图 9-6 所示，其垫块厚度 x 的计算公式：

$$x=1.5e \pm k$$

$$k \approx 1.5\Delta e$$

式中 x——垫块厚度，mm；

k——偏心距的修正值，mm；

e——偏心工件的偏心距，mm，实测偏心距 $e' < e$ 取 +，实测偏心距 $e' > e$ 取 −；

Δe——实测偏心距误差，mm。

（2）用四爪单动卡盘装夹

用四爪单动卡盘装夹偏心工件的方法适用于加工偏心距较小、精度要求不高，形状较短，数量较少的偏心工件。在四爪单动卡盘上装夹、找正偏心工件的方法，如图 9-7 所示。

工件装夹如图 9-7（a）所示。校正如图 9-7（b）所示。在床面上放一块小型平板，用划针盘进行校正，采用十字线校正法，先校正偏心圆，使其中心与旋转中心一致。然后自左至右校正外圆上的水平线。用同样方法转 90°校正另一条水平线，反复校正到符合要求。如果工件的偏心距换算成外圆跳动量在百分表的量程范围内，也可直接用百分表校正。其外圆跳动量等于偏心距的两倍。

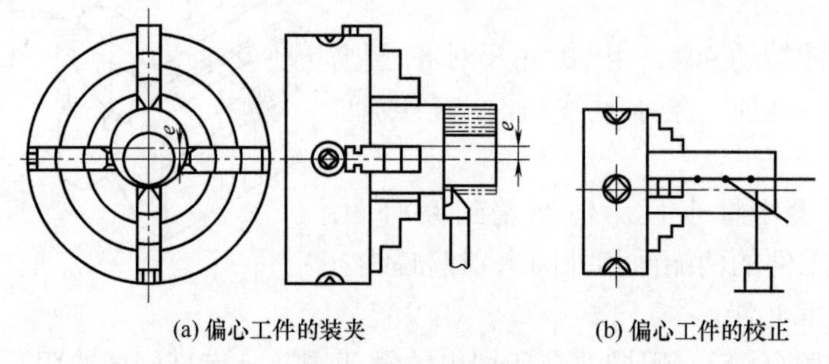

(a) 偏心工件的装夹　　(b) 偏心工件的校正

图 9-7　四爪单动卡盘装夹及校正偏心工件

校正后要夹紧工件，车削时，由于工件的回转是不圆整的，车刀必须从最高处开始车削，否则会把车刀损坏。

(3) 用三爪自定心卡盘与花盘配合装夹

对于偏心距不大、长度较短、精度要求较高、批量较大、没有专用夹具的偏心工件，可采用三爪自定心卡盘与花盘配合来装夹偏心工件。这种方法的特点是：装夹准确方便、快捷，刚性好，成本低，其卡爪常用软爪，如图 9-8 所示。

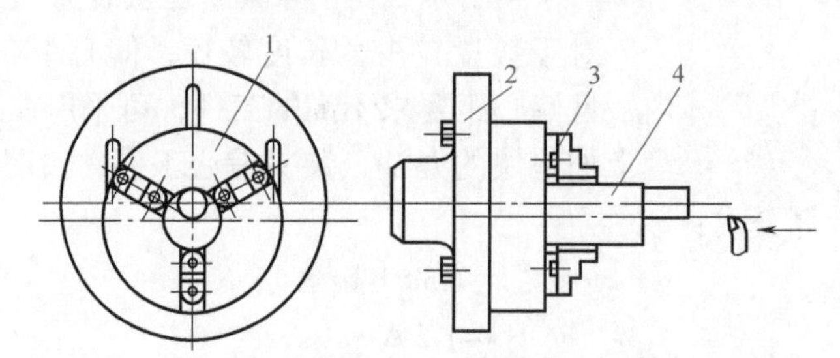

图 9-8　三爪自定心卡盘与花盘配合装夹偏心工件

1—三爪自定心卡盘；2—花盘；3—软爪；4—工件

(4) 在两顶尖间装夹

用两顶尖装夹偏心工件的方法适用于加工较长的偏心工件，如图 9-9 所示。

在加工前应按前面说的方法在工件两端先划出中心点的中心孔和偏心点的中心孔，并加工出中心孔，然后用前后顶尖顶住、便可以车削了。若偏心轴的偏心距很小，可采用加长毛坯再切去中心孔的加工方法，如图 9-10 所示。

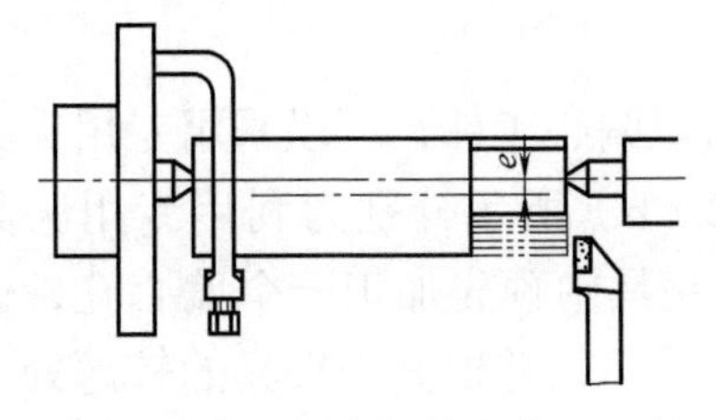

图 9-9　在两顶尖间装夹偏心工件

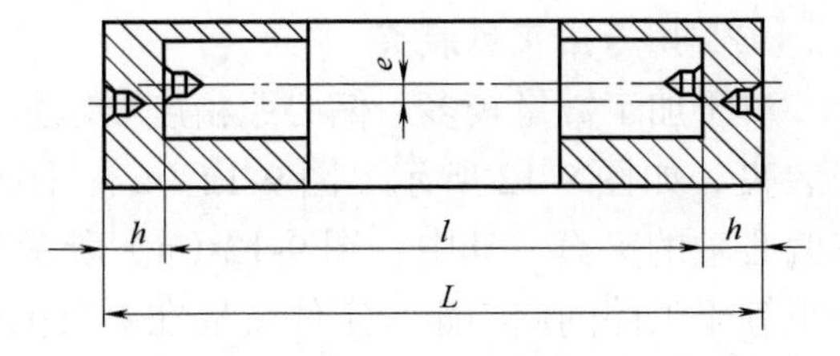

图 9-10　加长毛坯车削偏心距很小的偏心轴

偏心距较小的偏心轴，在钻偏心中心孔时可能跟主轴中心孔相互干涉。这时可将工件长度加长两个中心孔的深度。加工时，可先把毛坯车成光轴，然后车两端中心孔至工件要求的长度，再划线，钻偏心中心孔，车削偏心轴。

（5）用偏心卡盘装夹

对偏心距要求精度较高工件的车削，可采用偏心卡盘进行装夹。由于偏心卡盘的偏心距可用量块或百分表测得，因此，可获得较高的精度，且偏心卡盘调整方便，通用性强，是一种较理想的偏心夹具。偏心卡盘结构如图 9-11 所示。偏心卡盘分两层，花盘 2 用螺钉固定在车床主轴的法兰上，偏心体 3 与花盘燕尾槽相互配合，偏心体 3 上装有三爪自定心卡盘 5，利用丝杠 1 来调整卡盘的中心距，偏心距 P 的大小可在两个测量头 6、7 之间测得；当偏心距为零时，测量头 6 和 7 正好相碰，转动丝杠 1 时，测量头 7 逐渐离开 6，离开的尺寸即是偏心距；如果偏心距要求很精确，两测量头之间可用量块测量；偏心距调整好后，用四个螺钉 4 紧固，把工件装夹在三爪自定心卡盘上，就可以进行车削了。

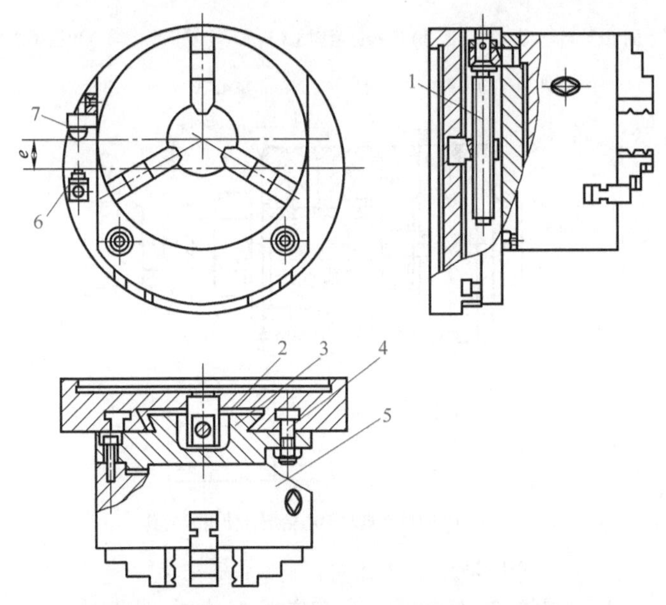

图 9-11　偏心卡盘结构

1—丝杠；2—花盘；3—偏心体；4—螺钉；5—三爪自定心卡盘；6，7—测量头

（6）用专用夹具装夹

对于加工数量较多、偏心距精度要求较高的短偏心工件，可以采用专用夹具来装夹，如图 9-12 所示。图 9-12（a）、图 9-12（b）所示分别为利用专用夹具车偏心轴的夹具。其中：图 9-12（a）所示专用夹具中预先加工一个偏心孔，偏心距等于工件的偏心距，工件就插在夹具的偏心孔中，并把偏心夹具的较薄处铣开一条槽，依靠狭槽部位的弹性变形来夹紧工件；如图 9-12（b）所示专用夹具则是利用螺钉来装夹工件；图 9-12（c）、图 9-12（d）所示分别为利用专用夹具车偏心套的夹具。图 9-12（c）所示为偏心可调夹具，偏心滑块 2 利用其燕尾槽，可在夹具体 1 上滑动，调节偏心距（调节过程通过调节螺栓 6 实现），调整完后，紧固螺钉 7 即可使用；图 9-12（d）所示则是通过偏心轴配合四爪单动卡盘加工带键槽的偏心轮。

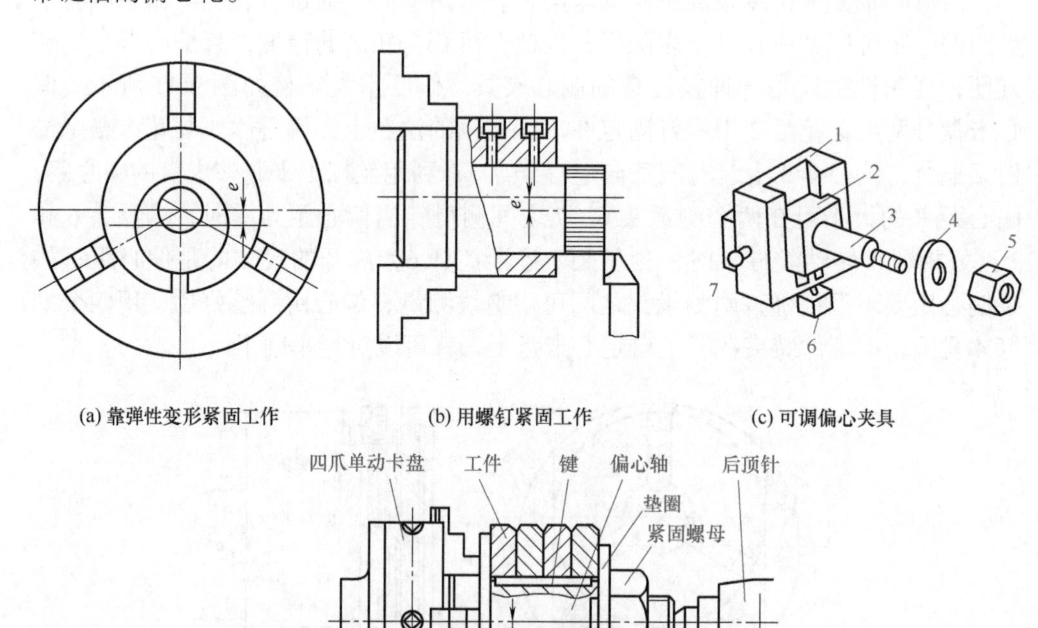

(a) 靠弹性变形紧固工作　(b) 用螺钉紧固工作　(c) 可调偏心夹具

(d) 四爪卡盘与偏心轴配合使用的夹具

图 9-12　用专用夹具装夹偏心工件

1—夹具体；2—偏心滑块；3—定位轴；4—垫圈；5—螺母；6—调节螺栓；7—螺钉

(7)用花盘装夹偏心工件

用花盘装夹偏心工件的方法适用于加工工件长度较短，偏心距较大、精度要求不高的偏心孔工件，如图 9-13 所示。

在加工偏心孔前，先将工件外圆，两端面加工至要求后，在一端面上划好偏心孔的位置，然后用压板均布地把工件装夹在花盘上，用划针盘进行校正后压紧，即可车削。

(8)在花盘上用 V 形架装夹

对于一些外形复杂、不规则的畸形工件加工，也可在花盘上用 V 形架装夹，如图 9-14 所示。

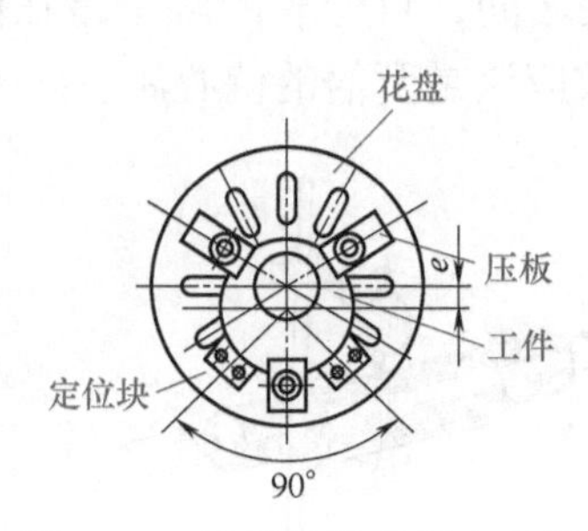

图 9-13 用花盘装夹偏心工件

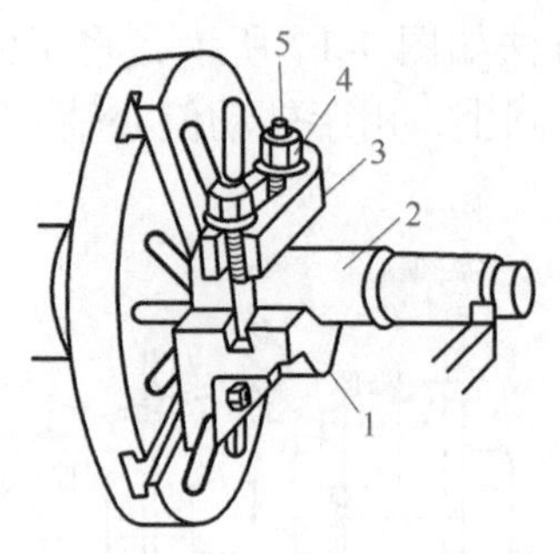

图 9-14 在花盘上用 V 形架装夹偏心工件

1—V 形架；2—偏心工件；3—压板；4—螺母；5—螺栓

装夹时，V 形架 1 的偏心位置应用划线盘找正后装夹，这样偏心工件装夹在 V 形架内就正好偏移一个偏心距 e 的距离。值得注意的是，如果偏心工件被夹持部分的直径有变化，那么车削出来的偏心距 e 就会有误差。

(9)用双卡盘装夹

用双卡盘装夹偏心工件的方法适用于加工长度较短、偏心距较小，数量较多的偏心工件，如图 9-15 所示。

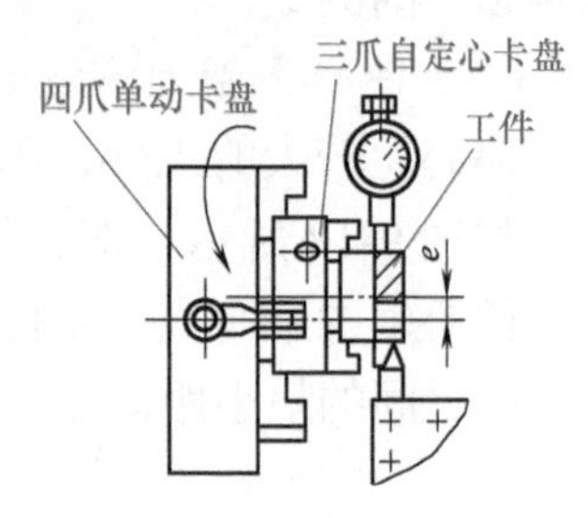

图 9-15 用双卡盘装夹偏心工件

加工前应先调整偏心距。首先用一根加工好的心轴装夹在三爪自定心卡盘上，并校正。然后调整四爪单动卡盘，将心轴中心偏移一个工件的偏心距。卸下心轴，就可以装夹工件进行加工。这种方法的优点是一批工件中只需校正一次偏心距，缺点是两个卡盘重叠一起，刚性较差。

9.2.3 偏心工件的测量

偏心工件测量的难点在于偏心距的测量。正确的测量偏心距是保证偏心工件车削质量的重要手段。常用的偏心距的测量方法主要有以下方面。

（1）用心轴和百分表测量偏心距

用心轴和百分表测量偏心距的方法主要适用于精度要求较高而偏心距较小的偏心工件，如图 9-16 所示。

用心轴和百分表测量偏心工件是以孔作为基准面的，用一夹在三爪自定心卡盘上的心轴支承工件，百分表的触头指在偏心工件的外圆上，将偏心工件的一个端面靠在卡爪上，缓慢转动，百分表上的读数应该是两倍的偏心距，否则就不合格。

（2）在两顶尖间测量偏心距

用两顶尖孔和百分表测量偏心距这种方法适用于两端有中心孔，偏心距较小的偏心轴的测量。

测量方法如图 9-17 所示，将工件装夹在两顶尖之间，百分表的触头指在偏心工件的外圆上，用手转动偏心轴，百分表上的读数应该是两倍的偏心距。

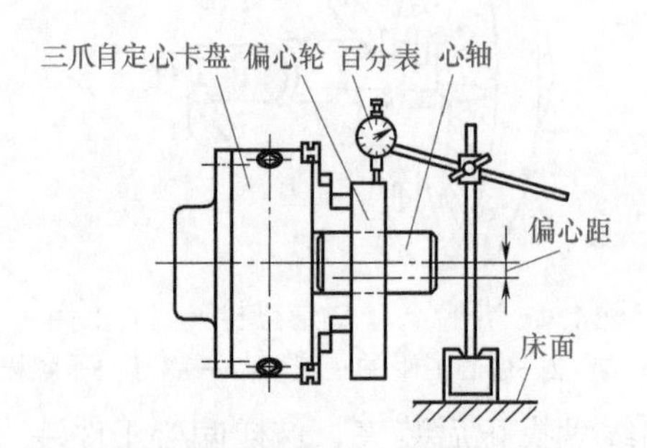

图 9-16 用心轴和百分表测量偏心距

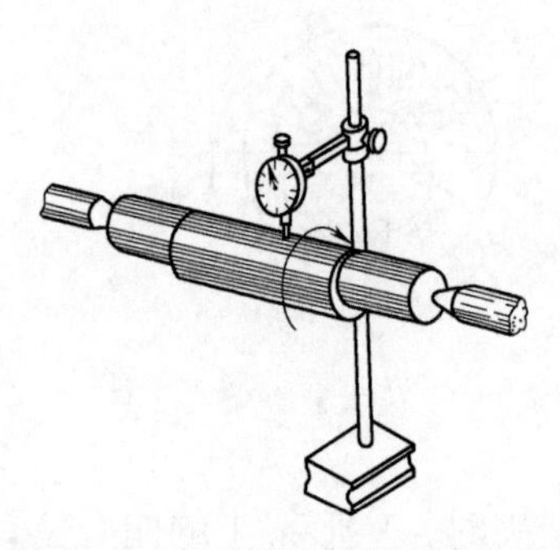
图 9-17 在两顶尖间测量偏心距

偏心套的偏心距也可用类似的方法来测量，但必须将偏心套套在心轴上，再在两顶尖间测量。

（3）在 V 形架上测量偏心距

偏心距较大的工件，因受百分表测量范围的限制，可用间接测量偏心距的方法，如图 9-18 所示。即：把工件放在平板的 V 形块上，转动偏心轴，用百分表量出偏心轴的最高点，工件固定不动，再水平移动百分表测出基准轴外圆到偏心轴外圆之间的最小距离 a，然后用下式计算出偏心距 e：

$$D/2=e+d/2+a$$

$$e=D/2-d/2-a$$

式中 e——偏心距，mm；

D——基准轴直径，mm；

d——偏心轴直径，mm；

a——基准轴外圆到偏心轴外圆之间的最小距离，mm。

用这种方法，必须把基准轴直径和偏心轴直径用千分尺测量出正确的实际尺寸，否则计算时会产生误差。

(4)用等高 V 形块和百分表测量偏心距

用等高 V 形块和百分表测量偏心距时，可将工件放在平板上的两个等高的 V 形块上支承偏心轴颈，百分表触头指在偏心外圆上，缓慢转动偏心轴。百分表上的读数也应该等于两倍的偏心距，如图 9-19 所示。

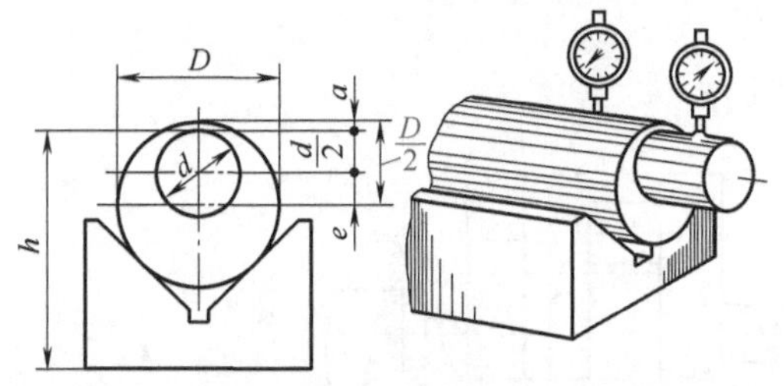

图 9-18 间接测量偏心距的方法

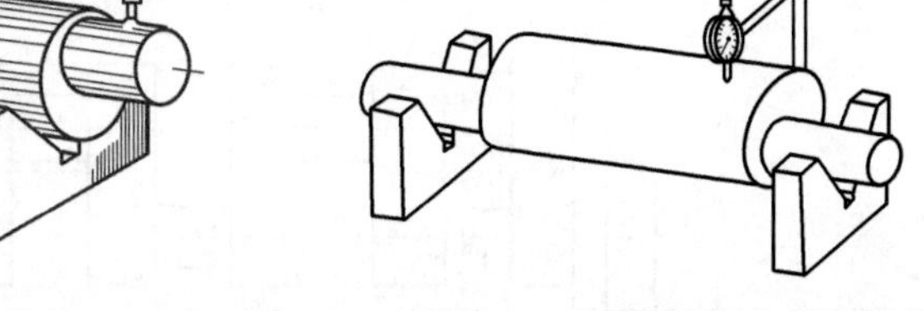

图 9-19 用等高 V 形块和百分表测量偏心距

(5)高度游标卡尺与百分表配合测量偏心距

高度游标卡尺与百分表配合测量偏心距的方法如图 9-20 所示。

(6)百分表与中滑板刻度配合测量偏心距

百分表与中滑板刻度配合测量偏心距的方法如图 9-21 所示。

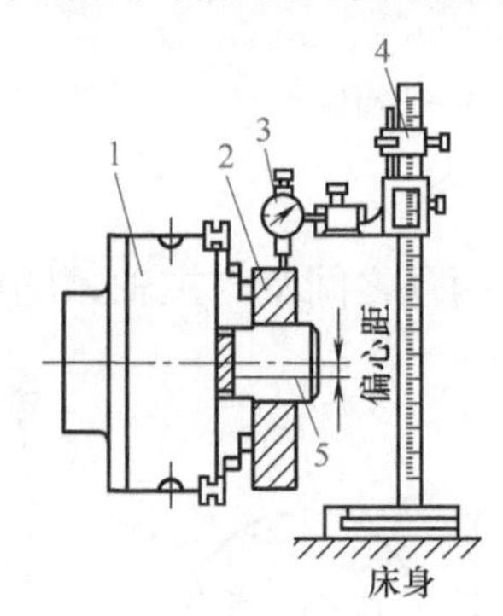

图 9-20 高度游标卡尺与百分表配合测量偏心距

1—三爪自定心卡盘；2—偏心轮；3—百分表；4—高度游标卡尺；5—塞规或芯棒

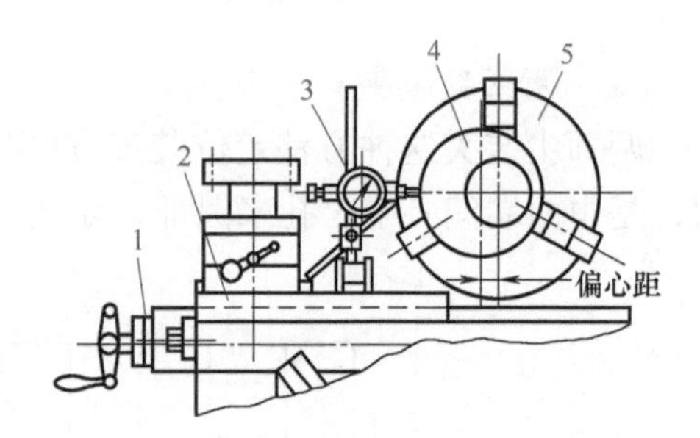

图 9-21 百分表与中滑板刻度配合测量偏心距

1—中滑板刻度盘；2—中滑板；3—百分表；4—工件；5—三爪自定心卡盘

9.3 曲轴的车削技术基础

在车床上加工曲轴，主要是车削主轴颈和曲柄颈。主轴颈的加工方法与一般轴类工件相似，而曲柄颈的形状特殊，刚性差，加工时首先要解决装夹问题，其次要采取措施，提高曲轴的刚性。

9.3.1 曲轴的装夹

曲轴的装夹方法具体说来主要有以下几种。

（1）一夹一顶装夹

一夹一顶装夹这种方式适应于单件、少量，曲轴直径较大，曲柄颈偏心距不大的曲轴。这种装夹方法加工曲柄颈，每次安装都要找正，参见图 9-22 所示。曲轴的曲柄颈之间与主轴颈的位置精度完全由操作者的技术水平来保证，因此对工人的技能要求较高。

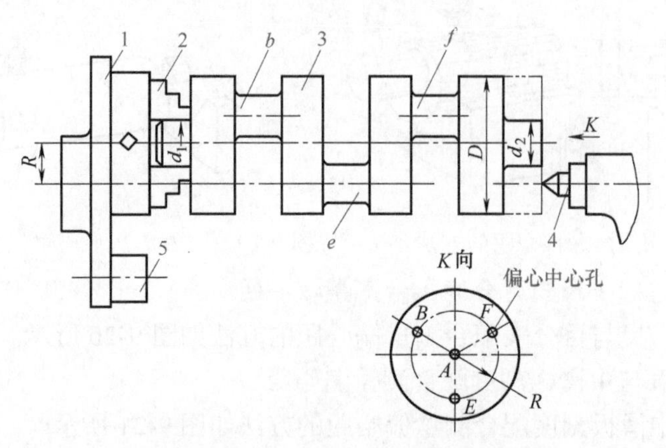

图 9-22 一夹一顶装夹曲轴

1—花盘；2—卡盘；3—工件；4—顶尖；5—平衡铁

（2）两顶尖装夹

两顶尖装夹这种方法定位装夹方便，曲轴的曲柄颈之间及与主轴颈的位置精度，是由两端偏心中心孔来保证，如图 9-23 所示。

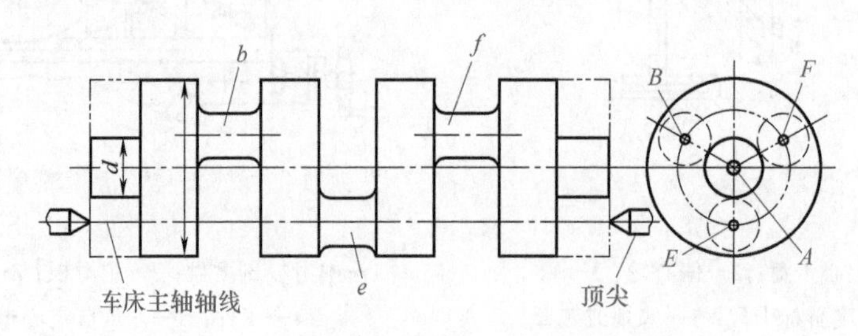

图 9-23 两顶尖装夹曲轴

（3）偏心夹板装夹

对于偏心距较大，无法在端面上钻偏心中心孔的曲轴，可在经过加工的曲轴两端主轴颈上（直径为留有余量的工艺尺寸），安装一对偏心板，并在平板上用 V 形架等工量具进行找正，找正后，紧固偏心板上螺钉，然后再用两顶尖装夹，如图 9-24 所示。

（4）用偏心卡盘装夹

用偏心卡盘装夹方法如图 9-25 所示。花盘 1 用螺钉固定在车床主轴连接盘上。偏心卡盘体4与花盘的燕尾槽相互配合。曲轴装夹在偏心卡盘上半圆弧定位元件中，上面用盖板3夹紧。曲轴的偏心距用丝杠2来调整。偏心距可在测量头7和8之间测量。偏心距调好后用四个T形螺钉5紧固。

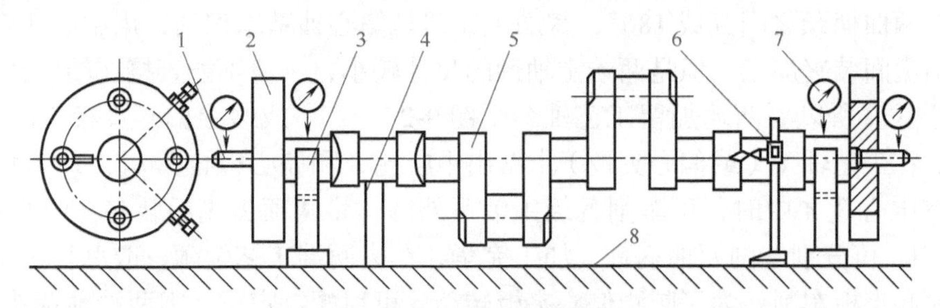

图 9-24 偏心夹板装夹曲轴与找正

1—检验棒；2—偏心夹板；3—V形架；4—垫块；5—工件；6—高度尺；7—百分表；8—平板

在主轴颈一端，利用曲轴法兰盘上的螺孔和定位孔，装上分度板9，其分度定位槽可根据曲轴的曲柄颈多少和不同角度来设计，分度板上分度定位槽要求很精确。当第一组曲拐车削好后，可松开盖板3，拉出定位销10，将工件转过一个曲轴颈相交的角度（此分度板为120°），定位销插入第二分度槽中，多拐的曲轴以此分度，可进行下一组曲拐车削。为了保证工件动、静时的平衡，在夹具上装上平衡块6。

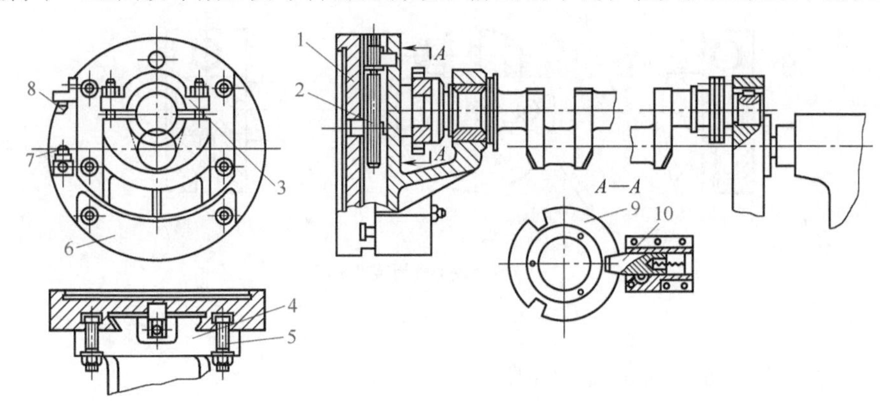

图 9-25 在偏心卡盘上装夹曲轴

1—花盘；2—丝杠；3—盖板；4—偏心卡盘体；5—T形螺钉；6—平衡块；

7，8—测量头；9—分度板；10—定位销

在车床尾座一端也相应地装上可调的偏心体，保持曲轴两端的同位，并将尾座套筒进行改装，使偏心盘随同工件一起转动。用这种方法装夹曲轴比在两顶尖间装夹刚性要好，偏心可以调整，通用性强。

9.3.2 曲轴的车削方法

曲轴实质上也是一种偏心工件。根据其偏心距大小的不同，相应采取不同

的措施。

（1）偏心距不大曲轴的车削

对偏心距不大的曲轴，可直接从圆棒料中车成。如图 9-26 所示的简单两拐曲轴。两曲柄颈之间互成 180°，其加工原理与偏心轴基本相同，用中心孔定位，在两顶尖间装夹加工。但是两端主轴颈的尺寸较小，一般不能直接在轴端钻曲柄颈中心孔。所以要两端加留工艺轴颈［图 9-26（a）］或装上偏心夹板［图 9-26（b）］。在工艺轴颈（或偏心夹板）上钻出中心孔 A 和偏心中心孔 B_1、B_2，两顶尖装夹在中心孔 A 中时，可车削各级主轴颈外圆。将两顶尖先后装夹在中心孔 B_1 和 B_2 中，可分别车削两曲柄颈。加工完毕，车去两端工艺轴颈，取总长至尺寸。若用偏心夹板车削，为了防止偏心夹板转动，可用螺钉定位，但两端轴颈外圆应留 3 ～ 4mm 的精车余量。

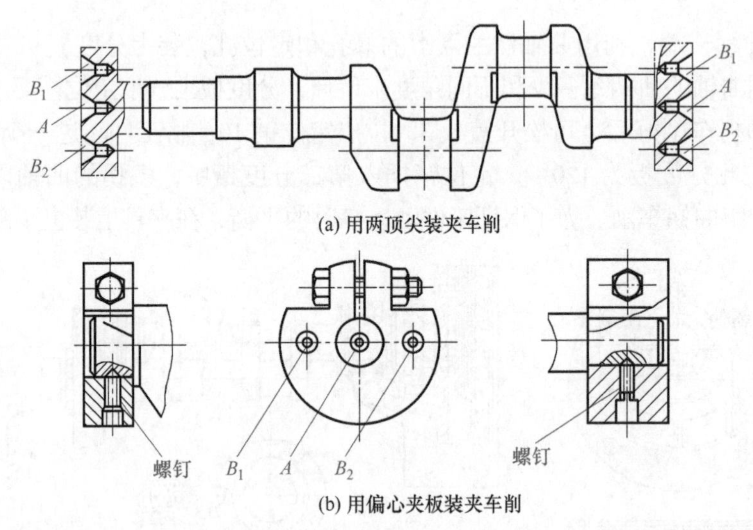

图 9-26　两拐曲轴的加工

（2）偏心距大而复杂曲轴的车削

对偏心距大而复杂的曲轴加工，可用偏心卡盘、偏心夹板等专用夹具来装夹工件。车削长而复杂的多拐曲轴时，由于受曲轴结构特性的影响，易产生变形，此时，应尽可能多搭几个中心架，并相应的防止曲轴变形。

车削曲轴时，防止曲轴加工变形的措施主要有以下几种。

① 采用两边传动或中间传动的车床进行加工，以缩小扭矩，减小曲轴的弯曲和扭转变形。

② 尽量使加工过程中所产生的切削力互相抵消（多刀切削），以减少曲轴的挠曲度。

③ 适当安排必要的校直工序，以避免前工序的变形影响后工序的加工。

④ 针对性地选用以下工艺方法防止曲轴的变形。

a. 螺栓螺母支承［图 9-27（a）］。当两曲柄臂间距离不大时，可用螺栓螺母支承。使用时，向相反的方向拧紧装在螺栓上的两个螺母，以撑住左右两端曲臂的侧面，防止车削中曲轴变形。

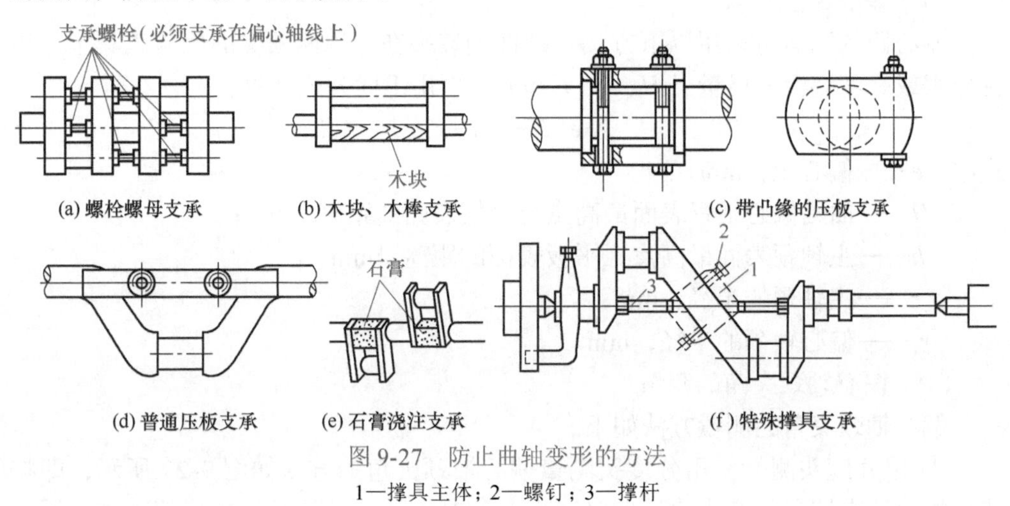

图 9-27 防止曲轴变形的方法

1—撑具主体；2—螺钉；3—撑杆

b. 用木块、木棒支承［图 9-27（b）］。当两曲柄臂间距较大时，可用材质较硬的木块、木棒支承。

c. 用压板来夹紧支承［图 9-27（c）、图 9-27（d）］。当两曲柄臂内侧为斜面、圆弧面或球弧面时，可用一对压板来夹紧曲柄臂，以防车削中曲轴变形。

d. 石膏浇注支承［图 9-27（e）］。

e. 特殊撑具支承。对于形状比较复杂的曲轴，不宜用上述支承方法时，可应用如图 9-27（f）所示的方法。撑具主体 1 被螺钉 2 旋紧固定在曲轴上，通过撑杆 3，一端旋入主体，另一端撑在曲臂侧面，达到防止变形的目的。

f. 中心架支承。曲轴长径比较大时，可以在主轴颈和曲柄颈同轴的轴颈上，直接使用中心架，以提高加工刚度，防止曲轴变形。但应防止轴颈表面被拉毛、划伤。当某个被加工轴颈两侧近距离没有同轴轴颈可供中心架直接托住时，可使用中心架偏心过渡套来提高加工刚度，防止曲轴变形（图 9-28）。

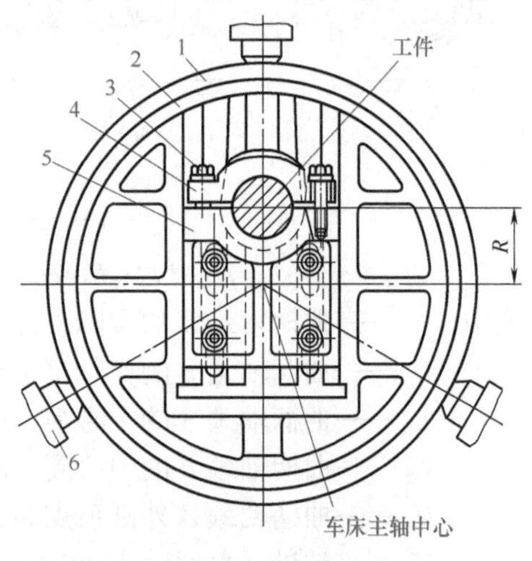

图 9-28 偏心过渡套

1—套筒；2—滑体；3—螺钉；4—轴座盖；5—可调轴座；6—中心架

9.3.3 曲轴的测量

曲轴的测量项目主要有：偏心距的测量、偏心轴颈夹角的测量。常用的测量方法主要有以下方面。

（1）偏心距的测量

偏心距的测量可采用以下方法：把曲轴装夹在专用两顶尖的检验工具上，用百分表或高度游标卡尺量出 H、h、r 和 r_1，再用下面公式计算：

$$e=H-r_1-h+r$$

式中 e——偏心距，mm；

H——曲轴偏心轴颈表面最高点至平板表面的距离，mm；

h——主轴颈表面最高点至平板表面的距离，mm；

r——主轴颈的半径，mm；

r_1——偏心轴颈的半径，mm。

（2）偏心轴颈夹角的测量

偏心轴颈夹角的测量方法如下。

① 用分度头测量。用分度头测量偏心轴颈夹角的方法如图 9-29 所示，即将曲轴的一端夹持在分度头的三爪自定心卡盘中，另一端用可调 V 形架支承，用百分表找正主轴颈的中心线后，将第一挡曲柄轴颈旋转至水平位置，用百分表测出 H_1；把分度头旋转曲柄之间夹角 θ 后，再用百分表测量出 H_2。经计算：

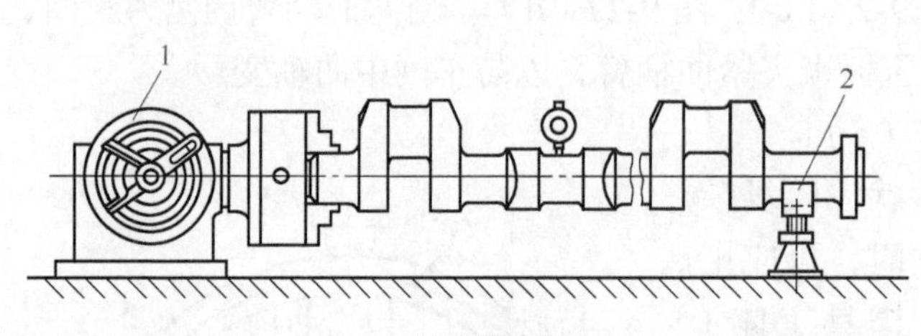

(a) 测量方法

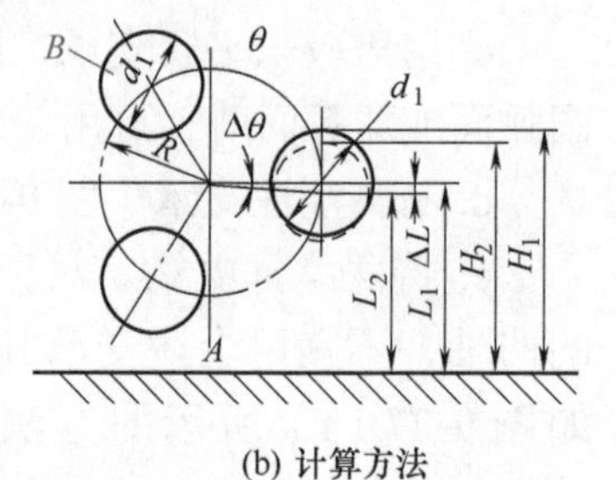

(b) 计算方法

图 9-29 分度头测量偏心轴颈夹角

1—分度头；2—可调 V 形架

$$L_1=H_1-d_1/2;\ L_2=H_2-d_2/2;\ \Delta L=L_1-L_2;\ \sin\theta=\Delta L/e$$

式中 d_1——曲柄轴颈 A 的实际直径尺寸，mm；

d_2——曲柄轴颈 B 的实际直径尺寸，mm；

L_1——曲柄轴颈 A 的中心高，mm；

L_2——曲柄轴颈 B 的中心高，mm；

H_1——曲柄轴颈 A 外圆顶点高，mm；

H_2——转过 θ 角度后曲柄轴颈 B 的中心高，mm；

ΔL——曲柄轴颈 A 与 B 的中心高度差，mm；

e——偏心距，mm；

θ——曲柄轴颈 A 与 B 之间的夹角，(°)。

由于一般铣床用的分度头本身转角误差较大，因此，当曲轴的分度精度要求很高时，可选用高精度分度头或精密分度板代替一般的分度头。

② 用垫块测量。用垫块测量角度误差时，把曲轴两端支承在一V形架上，并找正主轴中心线与平板平行，然后在一个曲柄轴颈下面垫上经计算的垫块，使曲柄轴颈中心与主轴中心平面成一夹角，如图9-30所示。垫块高度的计算公式如下：

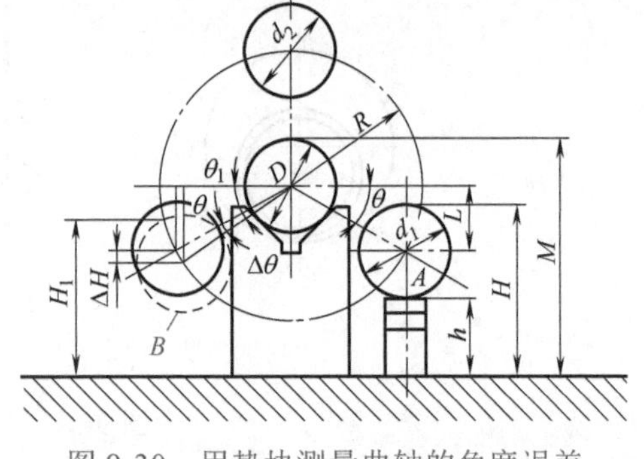

图9-30 用垫块测量曲轴的角度误差

$$h=M-D/2-e\sin\theta-d_1/2$$

式中 h——垫块高度，mm；

M——主柄轴颈外圆顶点高，mm；

D——主柄轴颈实际测得直径，mm；

e——偏心距，mm；

d_1——曲柄轴颈 A 实际测得直径，mm；

θ——曲柄轴颈与主轴中心水平面之间的夹角。

检验时，先测量出曲柄轴颈 A 的高度 H，再测量出另一曲柄轴颈 B 的高度 H_1，并计算出高度差 ΔH，再用下式计算出角度误差：

$$\Delta\theta=\theta_1-\theta\text{；}\sin\theta=L/e\text{；}L=e\sin\theta\text{；}\sin\theta_1=(L+\Delta H)/e\text{；}\Delta H=H-H_1$$

式中 ΔH——曲柄轴颈 A 与 B 的中心高度差值，mm；

L——曲柄轴颈 A 中心至主轴颈中心水平面的距离，mm；

$\Delta\theta$——曲柄轴颈 A 与 B 之间的角度误差，(°)；

θ——曲柄轴颈 A 与主轴中心水平面之间的夹角，(°)；

θ_1——曲柄轴颈 B 与主轴中心水平面之间的夹角，(°)。

9.4 偏心件和曲轴的车削典型实例

不同结构及形状的工件，其所采用的加工工艺是不同的，甚至同一个工件在不同的生产批量、不同的企业时，其加工工艺也有所不同，以下通过一些典型实例具体说明偏心件和曲轴的车削操作方法。

9.4.1 短偏心轴的车削操作

图9-31所示为短偏心轴的加工图，图中未注粗糙度的部位为 $Ra1.6\mu m$，未注倒

角全部为 1×45°，材料为 45 钢。毛坯尺寸 ϕ40mm×40mm，工件每批数量为 30 件。

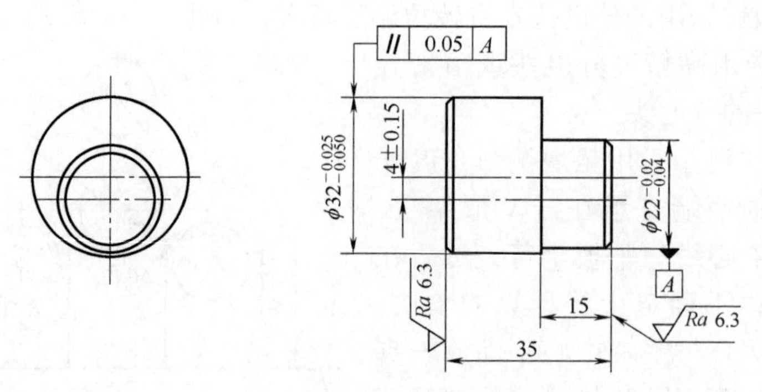

图 9-31　短偏心轴加工图

（1）工艺分析

该偏心轴总长不长，偏心距为 4mm，偏心距不大，工件加工精度也不高，生产数量不多，采用三爪自定心卡盘可以完成工件的装夹加工。

加工时，应先把偏心工件中不是偏心的外圆车好，随后在三爪中任意一个卡爪与工件接触面之间，垫上一块预先选好厚度的垫片，并把工件夹紧，即可进行车削。

（2）加工方法

综合上述工艺分析，该工件的车削操作步骤及加工工艺方法如下。

1）准备工作

① 计算偏心距 x。$x=(3e+\sqrt{D^2-3e^2}-D)/2=(3\times 4+\sqrt{32^2-3\times 4^2}-32)/2=$ 5.62mm。

② 车制偏心块。按计算出的垫片厚度尺寸，选择一定硬度的材料，加工偏心工件。

③ 装夹工件。在三爪自定心卡盘上任一卡爪中垫好车制的垫片，使工件与垫片接触并夹紧。

④ 检查偏心与车床主轴同轴。偏心与车床主轴同轴度的检查方法如图 9-32 所示。用百分表在圆周上测量，缓慢转动工件，观察百分表指针跳动量是否为 8mm。

用划线盘找正外圆侧母线与车床主轴平行，如图 9-33 所示。

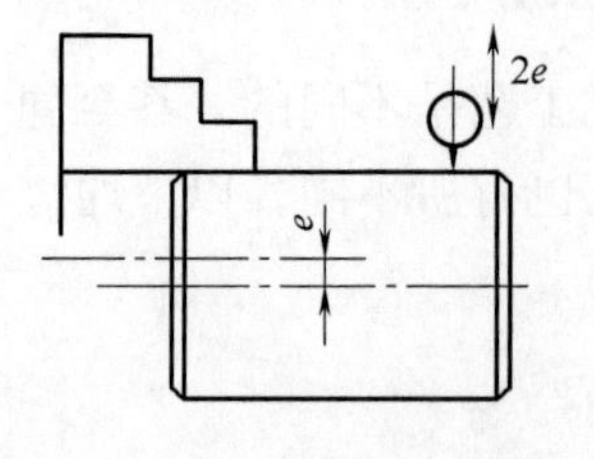

图 9-32　用百分表检查偏心距

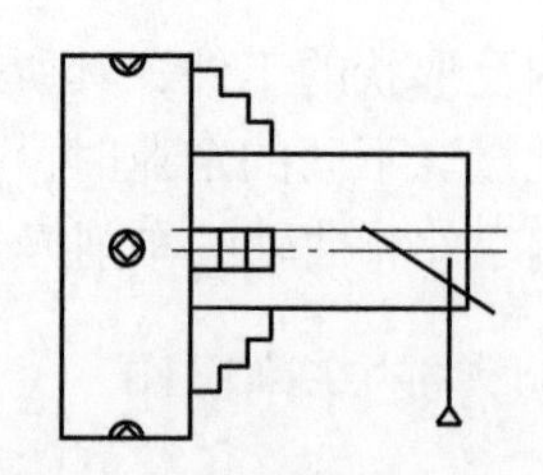

图 9-33　用划线盘找正侧母线

⑤ 试切检查。试切，如果车削后的偏心距超出允差范围，应调整垫片厚度。垫片的修正值 K 可根据 K=1.5Δe 计算。Δe 为名义偏心距与实测偏心距之差值。

⑥ 车刀刃磨。偏心轴车刀的刃磨与一般车刀相同。对硬质合金车刀，应保证 -10°～-5°的刃倾角。也可选用高速钢车刀。

⑦ 车刀的装夹。在不影响切削的情况下，刀头伸出刀架应尽量短些（一般为 1.5 倍刀杆厚度），以提高车刀的刚性。

2）车削步骤

① 将刀具远离工件表面，用手转动卡盘，检查刀具与工件是否相碰。

② 粗、精车外圆尺寸至 $\phi 22^{-0.02}_{-0.04}$ mm，长 15mm。开车后逐渐进刀，在开始车削时，主轴转速应取 100r/min，切削速度和进给量要小些，待工件车圆后，再加大切削用量，否则会损坏车刀。

③ 外圆倒角 1×45°。

④ 检验。工件偏心距尺寸精度相当公差等级 IT9，偏心轴线对基准轴线平行度不大于 0.04mm/100mm，偏心外圆表面粗糙度 Ra1.6μm。

3）车削要领

① 此法只适用于精度不高、偏心距在 10mm 以下的小偏心工件。

② 垫块与卡爪接触的一面，要制成圆弧面。

③ 垫块材料要淬火处理。

④ 为避免夹伤已加工表面，应加铜片或细砂布予以保护。

⑤ 装夹时，工件外圆轴线容易歪斜，影响加工质量。

⑥ 垫片厚度 H 值除与工件外圆直径、偏心距的大小有关外，还与三爪自定心卡盘卡爪的圆弧大小、垫片材料的软硬及夹紧后的变形等因素有关。

9.4.2 较长偏心轴的车削操作

图 9-34 所示为较长偏心轴的加工图，图中未注粗糙度的部位为 Ra3.2μm，未注倒角全部为 1×45°，材料为 45 钢。毛坯尺寸 ϕ95×310，工件每批数量为 20 件。

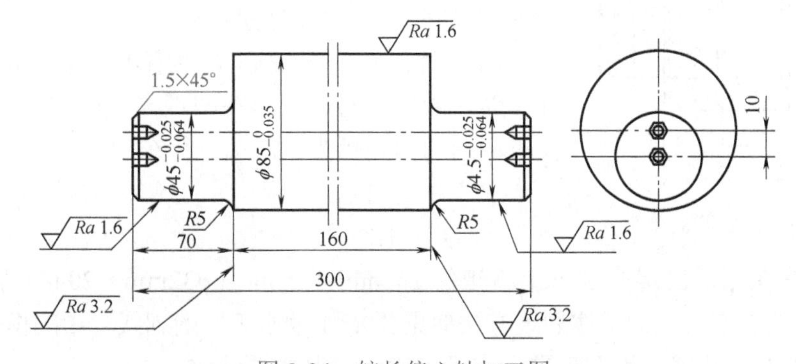

图 9-34　较长偏心轴加工图

（1）工艺分析

该偏心轴总长较长，偏心距为 10mm，偏心距不大，工件加工精度也不高，生产数量不大，由于轴的两端面能钻中心孔，且有鸡心夹头的装夹位置，因此，适宜于采用两顶尖间车削偏心的装夹方法加工。

加工时，应先把偏心工件中不是偏心的外圆车好，随后划出偏心距线，钻出中心孔及偏心中心孔，在两顶尖间安装工件夹紧找正线后，即可进行车削。

（2）加工方法

1）准备工作　主要应准备合适的鸡心夹头，车制前顶尖，准备好划线工具，如 V 形架、平板、高度游标卡尺、样冲、锤子、丹粉或其他显示剂、中心钻或其他打中心孔夹具等。

2）车削步骤　车削步骤主要有以下方面的内容。

① 把坯料车成要求的直径（$\phi80_{-0.035}^{\ 0}$ mm）和长度（300mm）。

② 划偏心线，在轴的两端面和需要划线的圆柱表面涂色，然后把工件放在 V 形架上，按图 9-5 所示划偏心线位置并冲样冲眼。

③ 钻出中心孔及偏心中心孔。在两顶尖间安装工件。

④ 在两顶尖间顶持偏心中心孔，车削两端偏心轴颈 $\phi45_{-0.064}^{-0.025}$ mm × 70mm 至尺寸并倒角。

⑤ 检验。把工件装夹在两顶尖之间，将百分表的测量头接触在偏心轴部分，用手转动偏心轴，百分表指出的最大值和最小值之差的一半就等于偏心距。

9.4.3 偏心套的车削操作

图 9-35 所示为偏心套的加工图，图中未注粗糙度的部位为 $Ra3.2\mu m$，未注倒角全部为 1 × 45°，材料为 45 钢。毛坯尺寸 $\phi50 \times 40$，工件每批数量为 5 件。

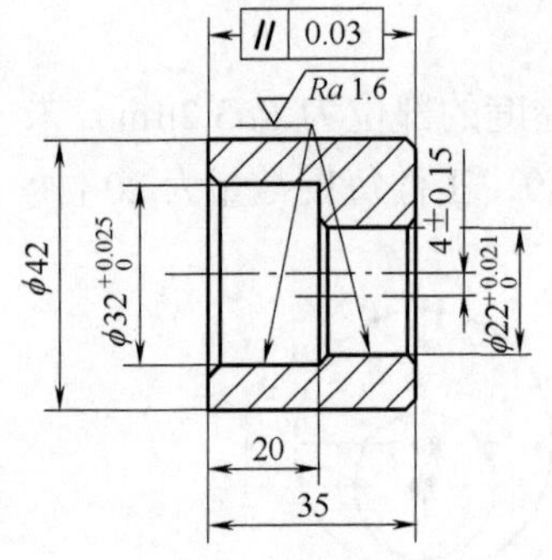

图 9-35　偏心套（一）

（1）工艺分析

该偏心套总长不长，偏心距为 4mm，偏心距不大，工件加工精度也不高，生产数量较少，采用四爪卡盘可以完成工件的装夹加工。

加工时，应先把偏心工件中不是偏心的外圆车好，随后划出偏心线，再在四爪卡盘中把工件夹紧再找正所划的偏心距线，即可进行车削。

（2）加工方法

1）准备工作

① 先在三爪自定心卡盘上将工件 $\phi42$mm × 35mm、$\phi32$mm × 20mm 车好，然后划偏心线，偏心线的具体划线方法参见“9.2.1 偏心工件的划线”中的相关内容。

② 工件的装夹。用四爪单动卡盘装夹，夹紧力要适中。

③ 找正偏心线。先调节卡盘的两爪，使其处于不对称位置，另外两爪呈对称位置，工件偏心线大约卡在卡盘中央；用划针对准偏心圆线，找正偏心圆；把划针对准外圆水平线，自左至右检查水平线，把工件转动 90°，用同样方法检查另一条水平线，然后紧固卡爪。按以上找正步骤至少重复两遍，工件找正后，对四个卡爪轮流用同样的夹紧力紧固两遍，即可进行车削。

④ 装夹车刀。与一般车削时车刀装夹相同。

⑤ 手动检查车刀是否和工件相碰。

2）车削步骤

① 钻 ϕ20mm 孔，粗、精车内孔至尺寸 ϕ22mm。

② 孔口两端倒角。

③ 检验。偏心距尺寸精度相当公差等级 IT9，偏心轴线对基准轴线平行度不大于 0.04mm/100mm；表面粗糙度 Ra3.2μm。

9.4.4 复杂偏心套的车削操作

图 9-36 所示为偏心套结构图，采用 ZG310-570 铸钢制成。由于工件的形位公差要求较高，需采用专用夹具装夹完成车削加工，其装夹和车削方法主要有以下方面的内容。

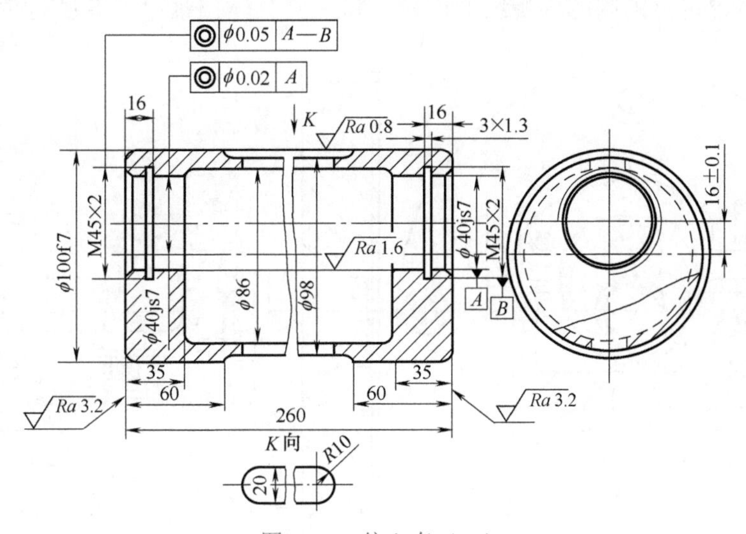

图 9-36 偏心套（二）

（1）准备工作

该偏心套的结构特点是外形简单，有两个与外圆偏心且尺寸精度要求较高的偏心孔，孔的两端带有内螺纹。由于工件采用铸钢 ZG310-570 制成，因此，在装夹车削该工件前，应做好以下方面的工艺准备。

① 毛坯铸造后应先退火、后时效热处理。

② 工件外圆采用两顶尖间装夹车削，便于磨削精加工装夹定位。

③ 2×ϕ40js7 孔的同轴度以及两端螺纹的同轴度均有较高要求。因此，需在一次安装中加工两端的 ϕ40js7 孔及一端的 M45×2 螺纹。调头车另一端 M45×2 螺纹。加工 ϕ40js7 孔及 M45×2 螺纹应设计车偏心夹具，以保证 ϕ40js7 同轴度 0.02mm 及两螺纹同轴度 0.05mm 的要求。

④ 加工时，首先要划出加工线，按线找正钻中心孔。一端夹住外圆，一端顶住车 ϕ100f7 孔外圆，留 0.4 ～ 0.5mm 磨削余量。调头后用软卡爪夹住一端，另一端搭中心架，车端面倒角至图样要求，并钻出另一端中心孔。

⑤ 工件在两顶尖间装夹，磨 ϕ100f7（$^{-0.035}_{-0.071}$）孔至尺寸要求。

⑥ 磨外圆后将工件装夹在图 9-37 所示的夹具中，车 ϕ40js7 孔及两端 M45×2 螺纹至尺寸。

该夹具使用时，工件用 ϕ100f7 外圆安放在夹具的半圆弧定位面中定位。上面用两块盖式压板 1 夹紧工件，即可钻孔并车、铰 2×ϕ40js7 孔和车削一端 M45×2 内螺纹。一端车好后，松开螺母 4 和定位销 3，将上夹具体 2 连同工件转过 180°，锁紧定位销 3 和螺母 4，再车削另一端 M45×2 内螺纹。

定位销 3 为锥形，中间有螺纹孔。它的特点是既可当定位销，还起紧固作用。拧紧时，定位销内的内螺纹通过螺钉将上夹具体拉紧，以增强刚性。

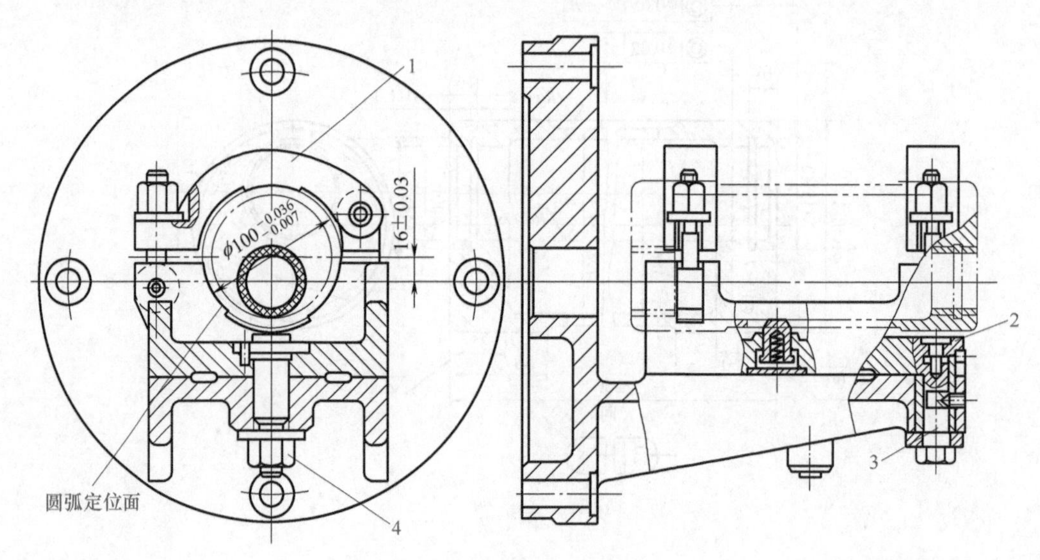

图 9-37　车偏心套夹具

1—盖式压板；2—上夹具体；3—定位销；4—螺母

⑦ 刀具选用 K30 材料。刃磨外圆偏刀、内孔车刀、内三角形螺纹车刀。ϕ40js7 孔用铰刀精加工前，要试铰。

(2) 加工工艺过程

表 9-1 给出了偏心套的加工工艺过程。

表 9-1 偏心套的加工工艺过程

工序	工种	工步	工序内容	设备	夹具	刀具	量具
1	铸	①	铸造毛坯				
		②	清砂				
2	检		检查				
3	热	①	退火				
		②	时效				
4	车	①	三爪自定心卡盘夹毛坯外圆，校正，车端面				
		②	钻中心孔	C6140		A 型中心钻 $\phi3$mm	90°偏刀
		③	一夹一顶安装，粗车外圆至 $\phi100.5_{-0.1}^{0}$mm				
5	车	①	调头，一端用软爪夹住，一端搭中心架，车端面，取总长 260mm 至尺寸		软爪中心架		
		②	倒角				
6	磨		两顶尖间装夹，磨外圆 $\phi100$f7 至尺寸	外圆磨床			
7	车	①	将工件装夹在专用夹具中，粗车 $\phi40$js7 孔，留余量 0.15mm ~ 0.20mm				
		②	铰 $\phi40$js7 孔至尺寸				
		③	车 M45×2 内螺纹底孔至 $\phi42.6$mm×16mm		专用偏心夹具	内孔车刀、$\phi40$js7 铰刀、内矩形槽刀、内三角形螺纹车刀	内径百分表、M45×2 螺纹塞规
		④	车退刀槽 3mm×1.3mm				
		⑤	孔口倒角				
		⑥	车 M45×2 内三角形螺纹至尺寸				
8	车	①	松开压板，将上夹具体连同工件转过 180° 夹紧，车螺纹底孔 $\phi42.6$mm×16mm				
		②	车退刃槽 3mm×1.3mm				
		③	孔口倒角				
		④	车 M45×2 螺纹至要求				
9	检		检查				

(3) 检验

按设计图样要求进行检验。

9.4.5 单拐曲轴的车削操作

图 9-38 所示为单拐曲轴的加工图，图中未注粗糙度的部位为 $Ra3.2\mu m$，未注倒角全部为 $1\times45°$，材料为 QT600-3 铸铁，工件每批数量为 20 件。

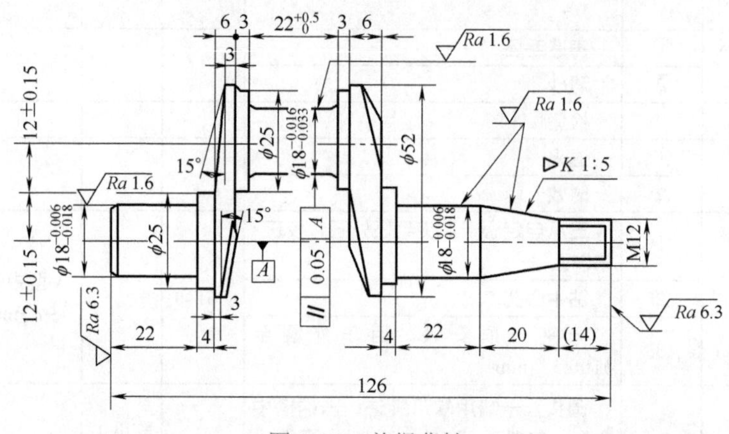

图 9-38 单拐曲轴

(1) 工艺分析

该工件上的重要表面是支承轴颈、曲轴颈和右端圆锥轴颈表面。其中：曲轴的拐颈与轴颈的偏心距为（12 ± 0.15）mm；两个轴颈 $\phi18^{-0.006}_{-0.018}$的轴心线与拐颈 $\phi18^{-0.016}_{-0.033}$轴心线的平行度公差为 0.05mm。

该单拐曲轴总长较长，偏心距为 12mm，偏心距不大，工件加工精度也不高，生产数量不大，由于轴的两端面能钻中心孔，且有鸡心夹头的装夹位置，因此，适宜于采用两顶尖间车削偏心的装夹方法加工。

加工时，应先把偏心工件中不是偏心的外圆车好，随后划出偏心线，钻出中心孔及偏心中心孔，在两顶尖间安装工件并夹紧，再找正所划出的偏心距线，即可进行车削。

(2) 加工方法

① 用三爪自定心卡盘夹住工件一端的外圆，车削工件另一端的端面，钻中心孔 $\phi3$。

② 一顶一夹车削外圆 $\phi52$ 至尺寸要求，长度尽可能留得长些。

③ 用三爪自定心卡盘夹住工件的外圆，车工件的总长 126mm 到尺寸，工件两端面的表面粗糙度要达到要求。

④ 把工件放在 V 形架上，进行划线。划线、打样冲眼要认真、仔细、准确，否则容易造成两轴轴心线歪斜和偏心距误差。

⑤ 在工件两端面上，根据偏心距的间距，在相应位置钻 4 个中心孔。

⑥ 在两顶尖间安装工件，粗、精车中间一拐 $\phi25\times28$ 及 $\phi18\times22$，倒角

3×15°（两内侧）。

⑦ 在另一对中心孔上安装工件，并在中间四槽中用螺钉螺母支撑住，支撑力量要适当。不能支撑得太紧，以防工件变形。

⑧ 粗车 $\phi25$ 至 $\phi26\times59$。

⑨ 调头，在两顶尖间安装工件，粗、精车 $\phi25\times4$ 和 $\phi18\times22$ 至尺寸要求及倒角 1×45°（控制中间壁厚 6mm）。由于是车削偏心工件，车削时要防止硬质合金车刃在车削时被碰坏。

⑩ 调头，在两顶尖间安装工件，精车 $\phi25\times4$ 和 $\phi18\times22$ 及锥度 1∶5 至尺寸要求，车 M12 螺纹（控制中间壁厚 6mm）。由于车削偏心工件时顶尖受力不均匀，前顶尖容易损坏或走动，因此必须经常检查。

⑪ 倒角 3×45°（两外侧）。

⑫ 检查。

第10章 车成形面、绕弹簧及滚压

10.1 成形面的车削技术基础

在机械制造产品零件中，由于设计、制造和使用方面的需要，有些机器零件的表面不是直线，而是由若干个曲面组成的，如手轮、手柄、圆球、凸轮等，这类表面称为成形面（也称特形面）。对于这类零件的加工，应根据零件的特点，精度要求及批量大小等不同情况，分别采用不同方法进行加工。

10.1.1 用双手赶刀法车削成形面

对数量较少或单个零件，可采用双手赶刀法进行车削。双手赶刀法就是用右手握小拖板手柄，左手握中拖板手柄，通过双手合成运动，车出成形面，或者采用大拖板和中拖板合成运动来进行车削，如图 10-1 所示。

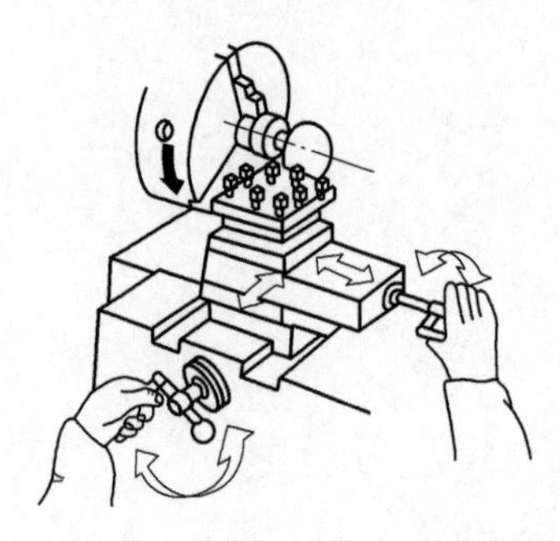

图 10-1 双手赶刀法车削成形面

这种车削成形面方法的要点是双手摇动手柄的速度配合要恰当。具有加工简单、不需要其他特殊工具、经济的优点，但生产效率低，故仅适用于一般精度成形面的单件小批生产。

10.1.2 用成形刀车削成形面

把切削刀具刃磨成工件成形面的形状，从径向或轴向进给将成形面加工成形的车削方法称为成形法。也可把工件的成形面划分成几段，将几把车刀按各分段成形面的形状刃磨，分别将整个成形面分段加工成形，这种车削方法也叫成形刀车削法。

（1）成形刀的种类及使用

用于车削成形面的成形刀也称样板刀，其主要有以下几种类型。

1）普通成形刀

普通成形刀的切削刃廓形根据工件的成形表面刃磨，刀体结构和装夹与普通车刀相同。这种刀具制作方便，可用手工刃磨，但精度较低，若精度要求较高时，可在工具磨床上刃磨，参见图 10-2。这种成形车刀常用于加工简单的成形面。

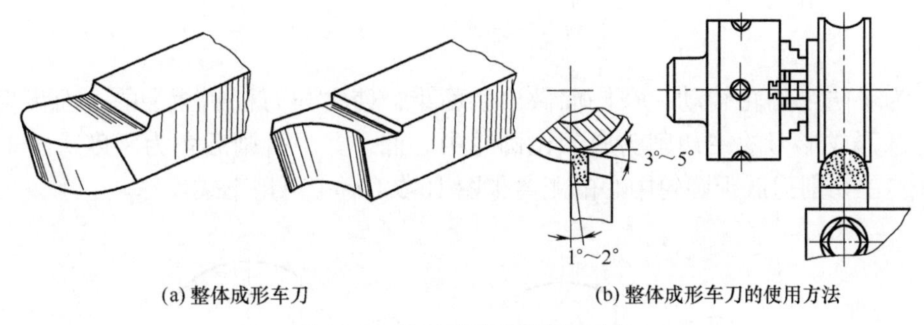

(a) 整体成形车刀　(b) 整体成形车刀的使用方法

图 10-2　普通成形刀和使用方法

2）棱形成形刀

棱形成形刀由刀头和刀杆两部分组成。刀头的切削刃按工件的形状在工具磨床上用成形砂轮磨削成形。后部有燕尾块，用来安装在弹性刀杆的燕尾槽中，用螺钉紧固。刀杆上的燕尾槽做成倾斜，这样成形刀就产生了后角，刀刃磨损时，只要刃磨刀头的前刀面。刀刃磨低后，可以把刀头向上拉起，直至刀头无法夹住为止，其结构及使用方法参见图 10-3。

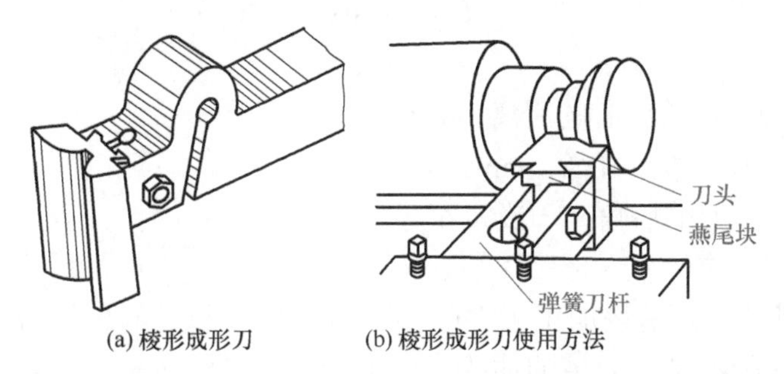

(a) 棱形成形刀　(b) 棱形成形刀使用方法

图 10-3　棱形成形刀和使用方法

这种成形刀精度高，刀具寿命长，但制造比较复杂。

3）圆形成形刀

圆形成形刀做成圆轮形，在圆轮上开有缺口，使它形成前刀面和主切削刃，使用时，将它装夹在弹性刀杆上，其结构及使用方法参见图 10-4。

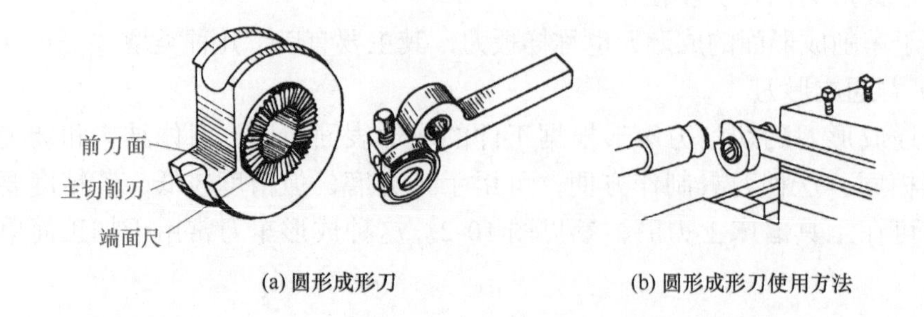

图 10-4　圆形成形刀和使用方法

为了防止圆轮转动，在侧面做出端面齿，使之与刀杆侧面上的端面齿相啮合。圆形成形刀的主切削刃必须比圆轮中心低一些，否则后角为零度［图 10-5（a）］。主切削刃低于圆轮中心的距离［图 10-5（b）］可用下式计算。

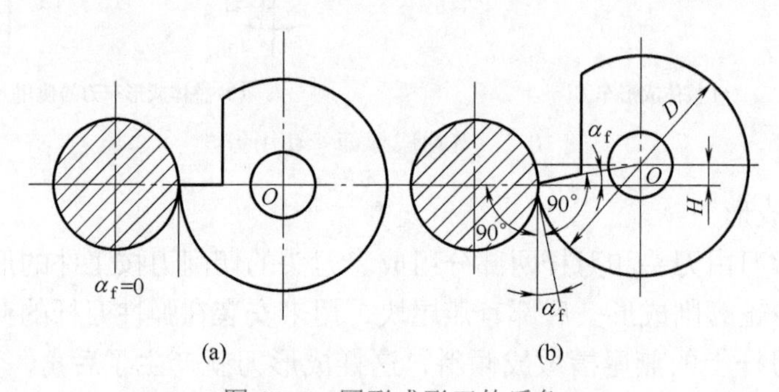

图 10-5　圆形成形刀的后角

$$H=\frac{D}{2}\sin\alpha_0$$

式中　H——刃口低于中心的距离，mm；

D——圆形成形刀直径，mm；

α_0——成形刀的后角，一般为 6°～10°。

4）分段切削成形刀

分段切削成形刀是按加工零件的特殊型面分段制成的，然后在分段加工型面。如图 10-6 所示是一冲模的冲头，由于特型面母线较长，若用一把成形刀车削加工切削抗力太大，所以将特型面分成 AB、BC、CD、DE 四段，采用四把对应各段形状的成形刀进行切削，参见图 10-7。

加工时必须先粗车，然后再用成形刀精车连接，精车时一般采用手动进给，车床转速取低速，进刀速度也不宜太快。

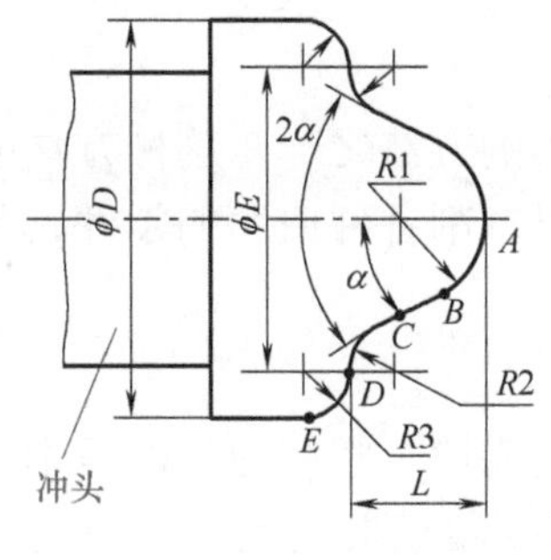

图 10-6 冲头

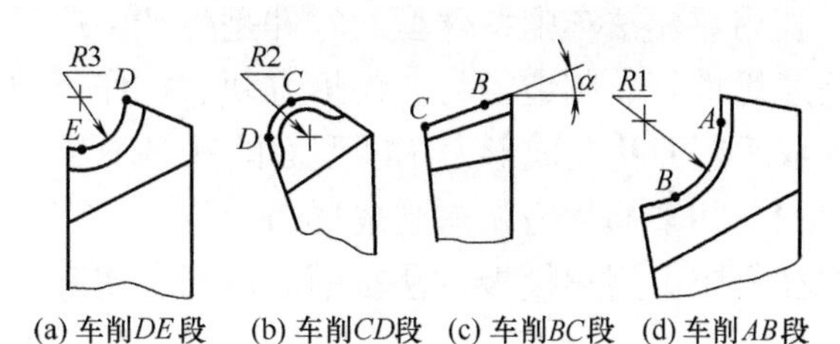

(a) 车削DE段 (b) 车削CD段 (c) 车削BC段 (d) 车削AB段

图 10-7 分段切削的成形刀

（2）用成形刀车成形面的操作

1）准备工作

① 手工刃磨成形刀。手工刃磨成形刀的方法主要有以下两种。

a. 刃磨外 *R* 圆弧成形刀。刃磨方法与刃磨外沟槽圆弧形车刀相似。

b. 刃磨内 *R* 圆弧成形刀。将车刀刀头成 45°方向对准砂轮外圆的尖角处，刀杆向下倾斜约 6°～8°，稍加压力，同时刀杆做弧形摆动，然后把刀具前面沿外形轻轻贴住砂轮边缘，并在砂轮的圆周方向做缓慢转动，便可刃磨出圆弧及卷屑槽，如图 10-8 所示。最后用样板、油石进行修整，严格检验合格后方可使用。

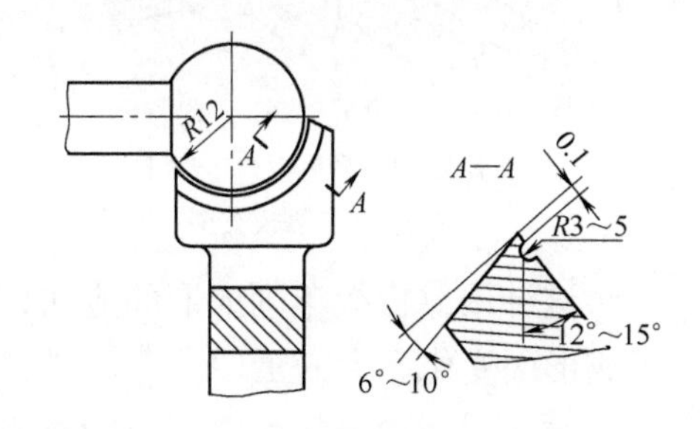

图 10-8 车外圆弧成形刀

② 装夹车刀。车刀装夹时应对准工件中心，并使圆弧中心与工件中心垂直，采用样板校正装夹车刀。

③ 调整车床。将中、小滑板镶条与导轨之间的间隙调整小一些，以减少振动。

④ 切削速度的选择。切削时，应根据实际情况适当降低主轴转速和切削速度。

2）车削操作步骤

① 车成形面工件的外圆及长度，并在尺圆弧处刻中心线痕。

② 车圆弧面。将成形刀圆弧中心与工件圆弧中心对准。开动车床，移动中滑板车圆弧面，随着车削深度的增加，切削刃与成形面的接触也随之增大，这时要降低主轴转速，放慢切削速度。精加工时，采用直进法少量进给的方法，并利用主轴的惯性将表面修光。切削时加切削液，锁紧床鞍。

3）检验

用样板对圆弧面进行透光检验，方法基本与检验单球手柄相同。

10.1.3 靠模法车削成形面

利用靠模法车削特殊型面零件是生产中广泛应用的方法之一，这种方法的优点是通用性好、制造容易、装拆方便、操作简单，可车削各种曲面的零件，并可弥补双手赶刀法及成形刀车削型面的许多不足。

（1）用靠模板方法车削成形面

在车床上用靠模板方法车削成形面，实际上和用靠模车圆锥的方法基本上相同。只需把锥度靠模板换上一个带有成形面的靠模板就行了。

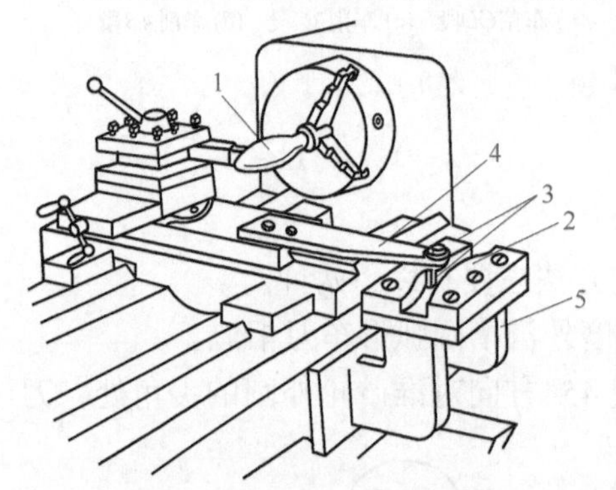

图 10-9 用靠模法车削成形面
1—成形面；2—靠模板；3—滚柱；4—拉杆；5—靠模支架

如图 10-9 所示用靠模车削一成形面 1，先将靠模支架 5 和靠模板 2 装上，靠模板 2 是一条曲线沟槽，它的形状与工件成形面相同。滚柱 3 通过拉杆 4 与中拖板连接（这时已将中拖板丝杠抽去），当大拖板做纵向运动时，滚柱 3 沿着靠模板 2 的曲线沟槽移动，使车刀刀头做相应的曲线移动，这样就完成了成形面的加工。

这种用靠模板车削成形面方法，操作方便、形面准确、质量稳定，但只能加工成形面变化不大的工件。

（2）用尾座装靠模方法车削成形面

用尾座装靠模方法加工成形面如图 10-10 所示。在尾座套筒锥孔内装夹一个标准样件（即靠模），在刀架上装一个长刀夹，在刀夹上装车刀和靠模杆。车削时用双手操纵中、小拖板，使靠模杆始终贴住靠模，并沿着靠模表面移动，使车刀在工件表面上车出与靠模形状相同的成形面。这种方法简单，在一般车床上都可采用。

（3）用横向靠模方法车削成形面

用横向靠模车削成形面的方法是用来车削工件端面上成形面的，如图 10-11 所示。

靠模 6 装夹在尾座套筒锥孔内的夹板 7 上，用螺钉 8 紧固。把装有刀杆 2 的刀夹 3 装夹在方刀架上，滚轮 5 紧靠住靠模 6，由弹簧 4 来保证。为了防止刀杆 2 在刀夹 3 中转动，在刀杆 2 上铣一键槽，用键 9 来保证。车削时，中拖板自动进给，滚轮 5 沿着靠模 6 的曲线表面横向移动，车刀 1 即车出工件 10 的成形端面来。

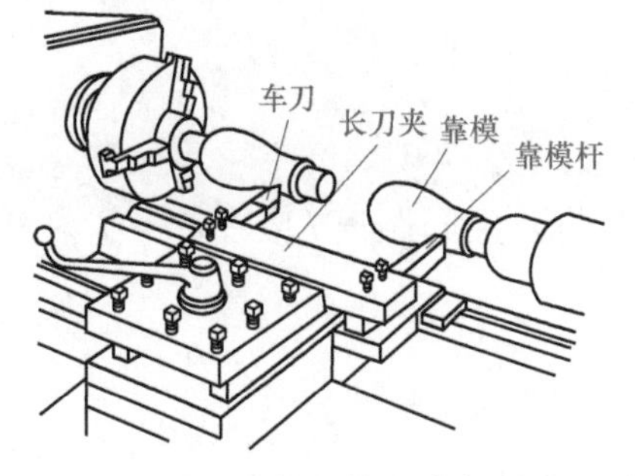

图 10-10　用尾座装靠模方法车削成形面

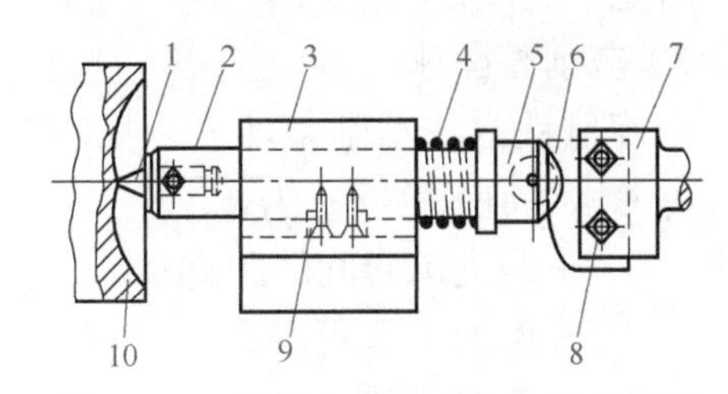

图 10-11　用横向靠模方法车削成形面

1—车刀；2—刀杆；3—刀夹；4—弹簧；5—滚轮；6—靠模；7—夹板；8—螺钉；9—键；10—工件

10.1.4　球面的车削

在生产中，球面是经常遇到的一种型面，除了单件生产或者精度低的圆球面零件采用双手赶刀法外，大都采用专用辅助工具进行车削加工。采用车削方法加工球面其原理是一个旋转的刀具沿着一个旋转的物体运动，两轴线相交，但又不重合，那么刀尖在物体上形成的轨迹则为一球面。车削时，工件中心线与刀具中心线要在同一平面上。

其加工方法是将普通车床的小拖板卸去，在拖板上安装上能进行回转运动的专用工具，来车削内、外圆弧和球面。其中可采用手动或自动车削（旋风铣）。

（1）用蜗杆副传动装置手动车削球面

用蜗杆副传动装置手动车削球面分车削外球面和内球面两种形式。

① 车削外球面装置。用手转动蜗杆轴上的手柄车出球面，适用于车削 $\phi30\sim80$mm 的外球面，形状精度可达 0.02mm，表面粗糙度小于 $Ra1.6\mu m$，如图 10-12 所示。

② 车削内球面装置。用手转动蜗杆轴上的手柄，车出球面，适用于车削 $\phi30\sim80$mm 的内球面，形状精度可达 0.02mm，表面粗糙度小于 $Ra1.6\mu m$，如图 10-13 所示。

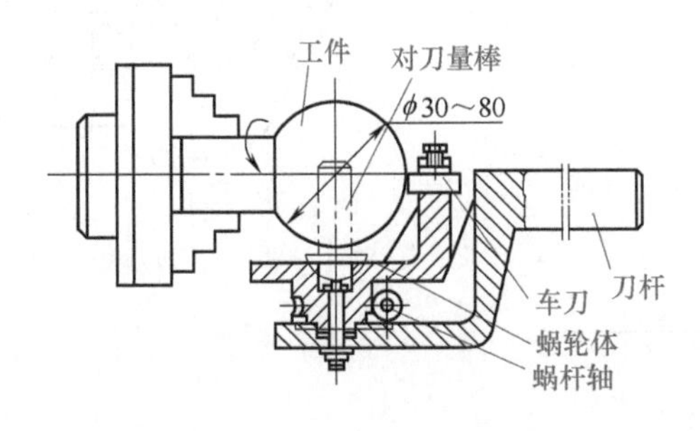

图 10-12　车削外球面装置

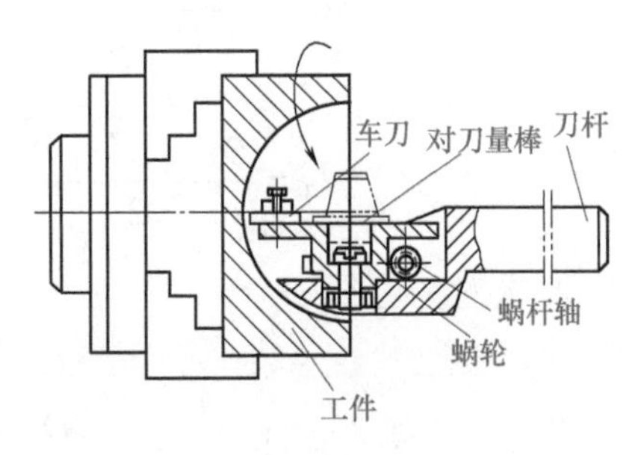

图 10-13　车削内球面装置

（2）用旋风铣方法车削球面

常见的旋风铣车削球面有以下几种形式。

1）车削整圆球

用旋风铣方法车削整球面，见图 10-14。两刀尖间距离 l 应在 $L > l > R$ 的范围内调节，其中：$L=\sqrt{D^2-d^2}$ 。

式中 L——两支承套间的距离；

l——两刀尖间距离；

D——工件的直径；

R——工件的半径；

d——支承套间的直径。

若 $l > L$，会切坏支承套，若 $l < R$，余量切不掉，故选 $l \approx L$ 为宜。第一次车削如图 10-14（a）所示，第二次车削时，工件应按第一次车削水平方向转过 90°，参见图 10-14（b）。

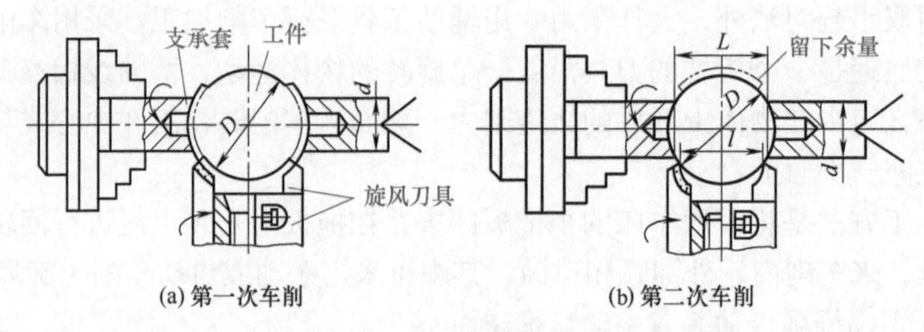

图 10-14　车削整圆球

2）车削带柄圆球

车削带柄的圆球，应根据球体及柄部的直径尺寸，先计算出旋风铣刀应扳转的角度 α 及刀盘两刀尖间的对刀直径 D_e，如图 10-15 所示。

① 求旋风铣刀应扳角度 α：

$$\tan\alpha=\frac{BC}{AC}=\frac{\frac{d}{2}}{L_1}=\frac{d}{2L_1}$$

$$L_1=\frac{D+\sqrt{D^2-d^2}}{2}$$

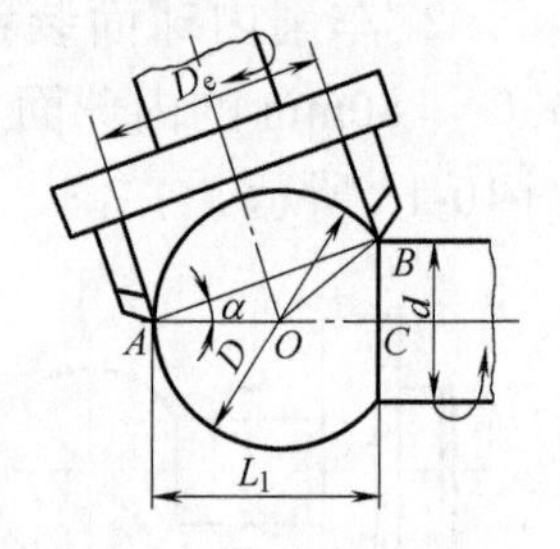

图 10-15　车削带柄圆球

② 求对刀直径 D_e

$$D_e=\sqrt{\left(\frac{d}{2}\right)^2+L_1^2}$$

或 $\frac{D_2}{2}=OA\cos\alpha=R\cos\alpha$

所以 $D_e=2OA\cos\alpha=2R\cos\alpha=D\cos\alpha$

式中 α——旋风铣刀扳转的角度；

d——带柄圆球的柄部直径；

L_1——带柄圆球的球冠高度；

D——工件的圆球直径；

D_e——刀盘两刀尖间的对刀直径；

R——工件的半径。

10.1.5 成形面的检测

根据成形面的不同精度要求，其检测方法也有所不同，一般常用的检测方法主要有：样板透光及尺寸检测等。

（1）样板透光

成形面在一般情况下，都没有精密的配合要求。如各类手柄的成形面是为了外形美观和便于手的操作；各种冲模、橡胶模、滚压模的成形面，其凸、凹模之间也只要求保持一定的间隙；各种锻模、铸模的成形面也只对成形面的形状有一定的要求，其尺寸要求并不十分严格，因此，绝大多数的成形面通常采用样板透光检测。根据所检测成形面及所用样板的不同，透光检测主要有以下几种。

1）用半径样板测量圆弧半径

对于圆弧半径不大的尺寸检测可采用半径样板进行检测。

① 半径样板结构。半径样板也叫圆弧样板、半径规或R规；半径样板中的凸形样板，用于凹形圆弧工件透光检测；而半径样板中的凹形样板，则是对凸形圆弧工件进行透光检测。半径样板的外形及结构如图10-16所示。

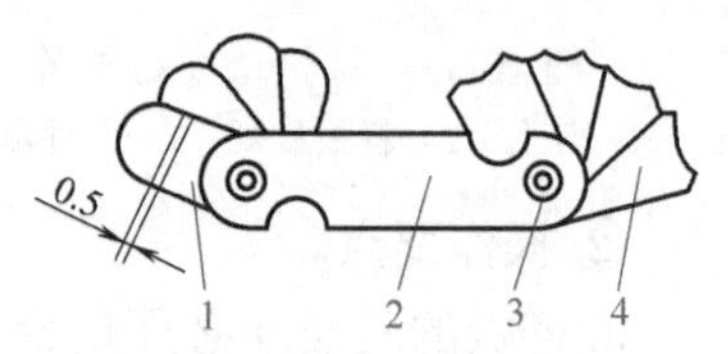

图10-16 半径样板外形及结构
1—凸形样板；2—保护板；
3—螺钉或铆钉；4—凹形样板

② 成套（组）半径样板尺寸。表10-1给出了成套（组）半径样板尺寸。

表10-1 成套（组）半径样板尺寸 单位：mm

样板组类别	半径尺寸
1～6.5	1，1.25，1.5，1.75，2，2.25，2.5，2.75，3，3.5，4，4.5，5，5.5，6，6.5
7～14.5	7，7.5，8，8.5，9，9.5，10，10.5，11，11.5，12，12.5，13，13.5，14，14.5
15～25	15，15.5，16，16.5，17，17.5，18，18.5，19，19.5，20，21，22，23，24，25

③ 合格的判断。当检测时，外圆弧样板靠在内圆弧工件上出现中间透光，

则表明样板半径大于工件圆弧半径，工件圆弧半径必须重新加工、加大；而出现两侧透光，则说明样板圆弧半径小于工件圆弧半径，工件圆弧半径要减小；上述两种情况检测都要判定为不合格。只有当样板半径与工件圆弧半径密合一致时，表明样板圆弧半径等于工件圆弧半径，工件圆弧检测合格，如图10-17所示。

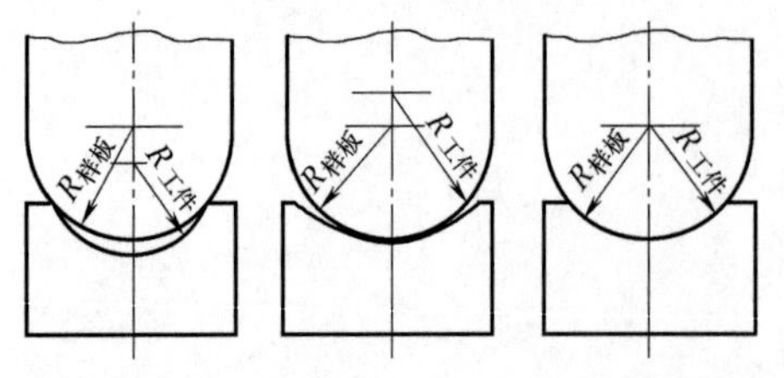

(a) $R_{工件}<R_{样板}$ (b) $R_{工件}>R_{样板}$ (c) $R_{工件}=R_{样板}$ (合格)

图 10-17 用半径样板对工件 R 作透光检测

2）用样板测量成形面

当成形面外形较为复杂时，可制造专用样板进行检测，此时，样板上的成形面是按工件成形面理论数据要求作出的，检测时，将样板成形面与工件成形面贴合，透光观察工件成形面的吻合程度。

① 对于较短的成形面用一块样板透光检测，对较长的、较复杂的成形面，可用分段样板透光检测。如图10-18所示为用样板透光检测外成形面。如图10-19所示为用样板透光检测内成形面。

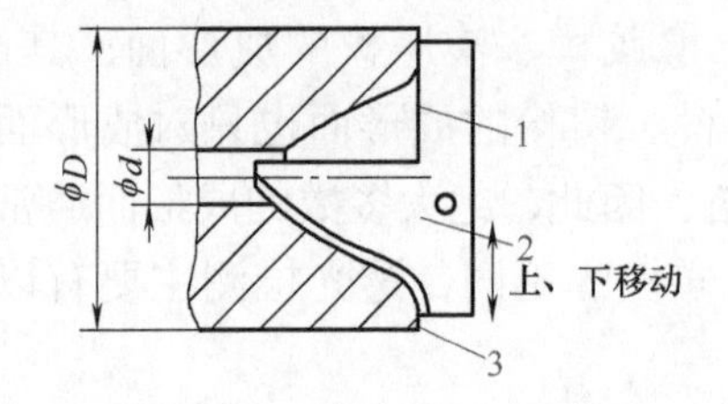

图 10-18 样板透光检测外成形面

1—工件；2—样板量规；3—工件测量基准西

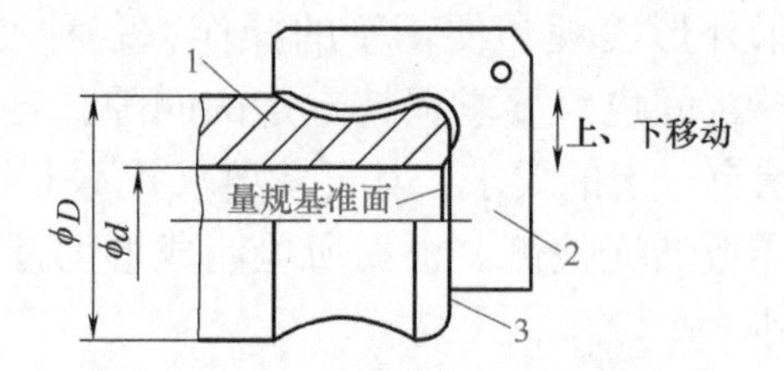

图 10-19 样板透光检测内成形面

1—工件；2—样板量规 3—工件测量基准面

② 操作要点。

a. 样板的基准面必须贴合工件的测量基准面。

b. 样板的整个成形面应通过工件的中心线。

c. 样板贴合在工件的测量基准面上移动，目测整个成形面上透光均匀即合格。

(2) 尺寸检测

对于特殊的成形面，如外球面和直径较大的内球面可用检测直径尺寸的方法来测量成形面。

如图10-20所示的成形面为外球面，可用外径千分尺测量 $A—A$、$B—B$、$C—C$、$D—D$、$E—E$，五个方向上的圆球直径值，若五个直径值都在圆球形成形面的轮廓度要求范围内，则成形面合格。

如图10-21所示成形面为直径较大的内球面，ϕd 直径也较大，可用内径百分表测量 $A—A$、$B—B$、$C—C$、$D—D$、$E—E$ 五个方向上的圆球直径值，若五个方向上的直径值都在圆球形成形面的轮廓度要求范围内，则成形面合格。

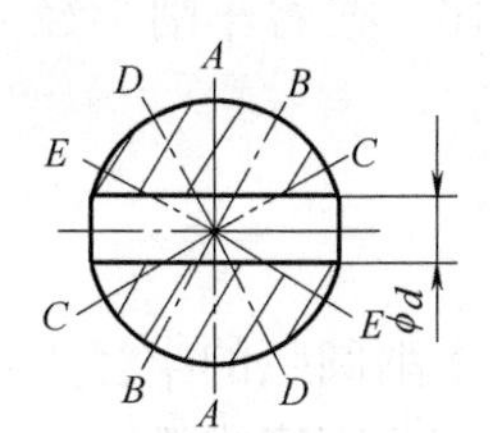

图 10-20　成形面为外球面

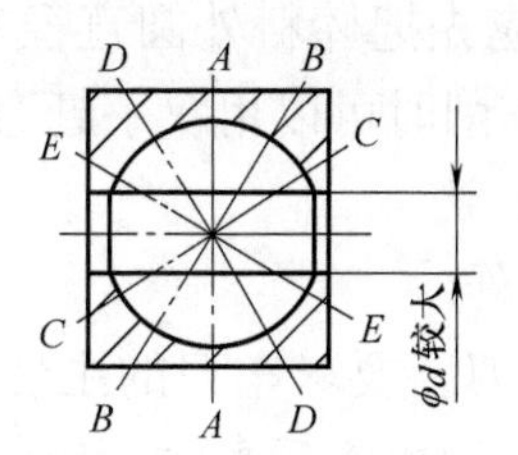

图 10-21　成形面为直径较大的内球面

如果内、外圆球面是需要配合的，则配合方向上圆球直径测定的值应控制在配合公差内，才能确定为合格。

（3）三坐标测量

对于线轮廓度要求在 0.05mm 范围内的成形面，可用三坐标测量机测量成形面若干点坐标的方法来检测成形面。

10.2　成形件车削典型实例

不同结构及形状的零件，其所采用的加工工艺是不同的，甚至同一个零件在不同的生产批量、不同的企业时，其加工工艺也有所不同，以下通过一些典型实例具体说明成形件和曲轴的车削操作方法。

10.2.1　手柄的车削操作

图 10-22 所示为车床上用的摇手柄加工图，图中未注粗糙度的部位为 $Ra3.2\mu m$，材料为 45 钢。毛坯尺寸 $\phi30\times100$，工件每批数量为 10 件。

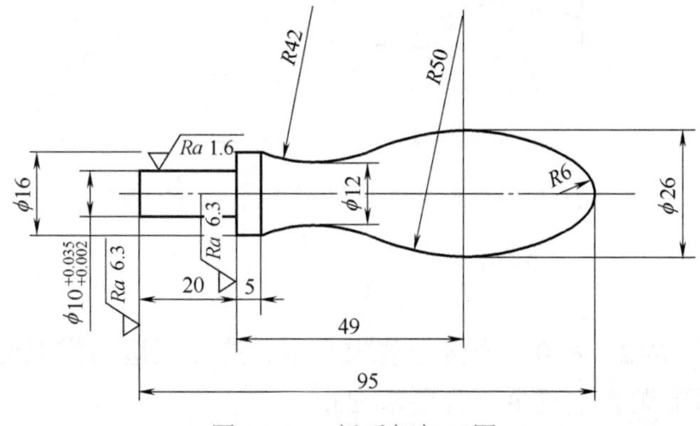

图 10-22　摇手柄加工图

（1）工艺分析

该手柄总长不长，外形尺寸不大，零件加工精度也不高，生产数量不多，采用三爪自定心卡盘可以完成零件的装夹加工。

加工时，应先把棒料外圆直径车削到 $\phi26$、$\phi16$，接着车削半径 $R50$ 和半径 $R42$ 的曲面。车削时可以用双手赶刀法进行。

（2）加工方法

1）准备工作

① 刃磨车刀。要求车刀的主切削刃要根据所车削圆弧的半径大小，磨成相应的圆弧刀刃。刃磨主后角时，应作弧形转动，使切削刃磨成弧形。

② 装夹工件。用一夹一顶的方法装夹。

2）车手柄的步骤

图 10-23 所示给出了车削摇手柄的各加工工步，其操作步骤如下。

① 车手柄外圆和长度尺寸 $\phi26\text{mm}\times55\text{mm}$、$\phi16\text{mm}\times25\text{mm}$、$\phi10\text{mm}\times20\text{mm}$，在 $R42\text{mm}$、$R50\text{mm}$ 圆弧中心位置刻线痕，如图 10-23（a）所示。

② 用圆头切刀从 $R42$ 处切入，$\phi12$ 留余量 0.5mm，然后从 $R42$ 圆弧两边由高处向低处粗车 $R42$ 圆弧，如图 10-23（b）、图 10-23（c）所示。粗车 $R50$ 圆弧，手柄根部不要留得太小，以防尚未车完折断，如图 10-23（d）所示。操作方法与车单球手柄相似。

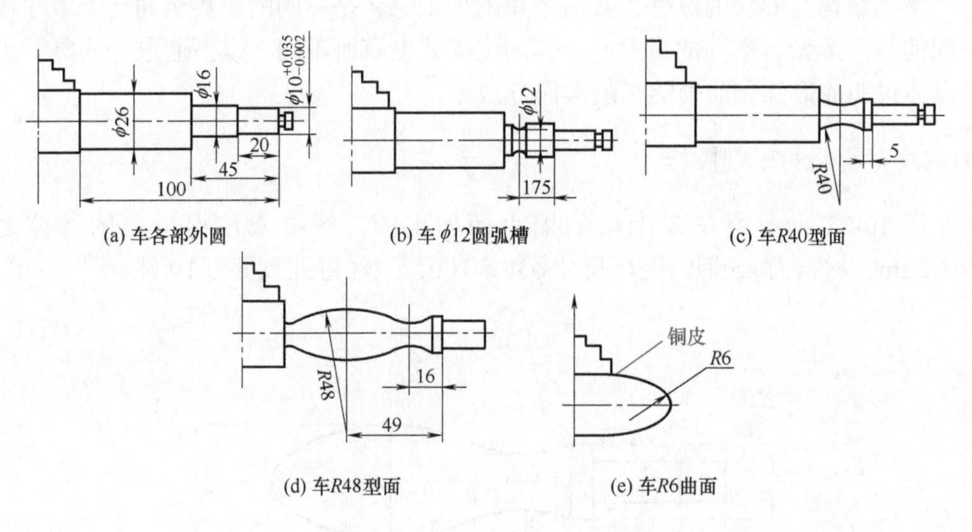

图 10-23　车摇手柄工步示意图

③ 精车曲面 $R42$、$R50$。连接处要求光滑，边加工边用样板检查修整，最后用锉刀、砂布修饰抛光，直至符合要求为止。

④ 按总长尺寸加 0.5mm 切断。切断时用手接住工件，以防碰伤工件表面。

⑤ 调头垫铜皮，找正、夹紧工件，如图 10-23（e）所示。用双手赶刀法车曲面 $R6$。连接处要光滑，并进行修整抛光，总长符合 95mm 要求。

3）检验

用样板等量具对手柄进行检查。

10.2.2 滚轮的车削操作

图 10-24 所示为滚压机上用于滚压薄壁零件成形的滚轮加工图，图中未注粗糙度的部位为 $Ra0.4\mu m$，材料为 CrWMn，要求调质处理，硬度为 38 ～ 42HRC。毛坯尺寸 $\phi180\times190$，工件每批数量为 5 件。

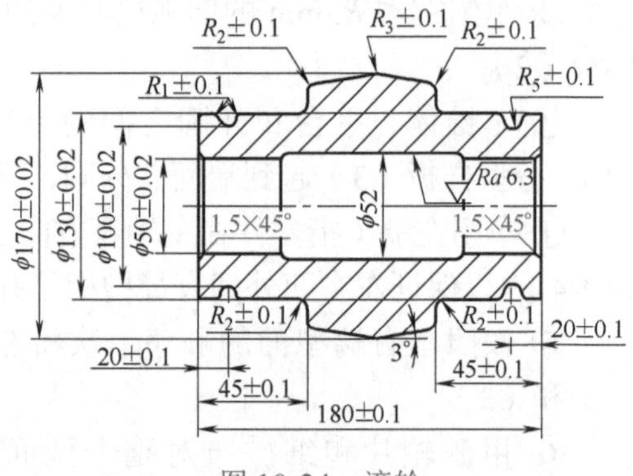

图 10-24 滚轮

（1）工艺分析

该零件型面比较复杂，精度要求较高，由于是单件或小批量生产，因此，此类精度要求高、比较复杂的特殊型面也要靠双手赶刀法加工，但不是像车削手柄那样很容易的把曲面全部车出，而是根据零件型面的特点，将整个复杂型面分成几个简单的型面，依次进行车削，车削时零件的外形靠分型样板和整形样板来测量。根据所加工零件的材料，刀具可采用正前角圆弧外圆车刀，刀具材料 YT5，圆弧半径应小于零件的最小圆弧半径。

（2）加工方法

零件粗车时，按直径 $\phi170$mm 和直径 $\phi130$mm 两外圆将锥台车出，并留 3 ～ 4mm 的加工余量。半径 5mm 的圆弧槽先不车，内孔留 3 ～ 4mm 的加工余量，180mm 的两端面长度上每边留 0.2 ～ 0.3mm 的加工余量。外圆、内孔及端面要保持相互垂直和同心。

为了消除内应力，减少淬火后的变形，获得较好的加工性能，粗车后的滚轮须进行调质处理。再平磨两端面（不平行度不大于 0.01mm）；作为精车型面的测量基准。然后精车内孔 $\phi50\pm0.02$mm，孔中心线与端面的不垂直度不大于 0.01mm。

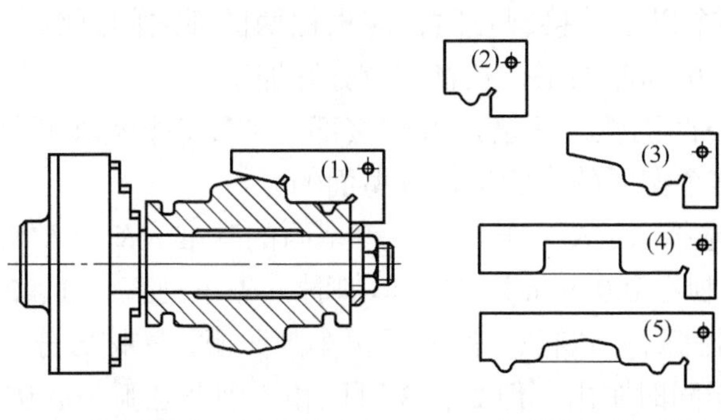

(a) 滚轮的装夹及分样板的使用　(b) 分型样板及整形样板

图 10-25 双手赶刀法车削滚轮

图 10-25（a）所示为精车滚轮型面时零件的装夹和分型样板的使用。精车前，首先根据内孔直径 $\phi50$mm 按 $\phi50f7$ 配

车一右端带有螺纹的心轴，车削好后，在不拆卸心轴的情况下装上滚轮，这样可以保证同心。精车时，根据分型样板［图 10-25（b）］，将整个型面分成几个加工工步完成。其加工工艺如下。

① 车削右端（指零件靠近尾座方向的一端）外圆 ϕ130mm、平台及锥体，使其符合分型样板（1）。

② 车削右端 R5mm 的圆弧槽和两边半径 R1mm 的转接部分，使其符合分型样板（2）。

③ 车锥体、平台和外圆之间的半径 R2mm 转接部分，使其符合分型样板（3）；分型样板（3）起到端面、外圆，平台和锥体间相互位置的校对作用。

④ 车削左端（指零件在主轴箱方向的一端）外圆 ϕ130mm，使其符合分型样板（4），以保证左右两外圆直径槽相等并同心。

⑤ 按照车右端型面的顺序依次将左端各型面车出，并符合分型样板（1）、（2）和（3）。

⑥ 用砂轮片和细砂布对整个型面进行抛光修正，使其完全符合整形样板（5）。

（3）复杂型面的分型原则

从滚轮型面的车削过程可以看出，双手赶刀法车削复杂的特殊型面时，必须根据一定的原则，将整个型面分解成几个简单的型面；并按各个简单型面的要求，分别制作样板，以保证加工方便，测量准确。复杂型面的分型有以下三条原则。

① 所加工的整个复杂型面无论分成多少个简单的型面，其测量基准都应保持一致，并与整体型面的基准面相重合。

② 对于既有直线又有圆弧的型面曲线，应先车削直线部分，后车削圆弧部分；对于既有凸圆弧又有凹圆弧的型面曲线，应先车凸圆弧部分，后车凹圆弧部分。

③ 当整个型面中有两个和两个以上转接圆弧时，应根据两圆弧之间直线段的长短来决定其车削顺序。短者，可同时加工，长者，应分开加工。

如图 10-26 所示为具有直线、凸圆弧、凹槽及各转接部分的复杂特殊型面，型面两侧是对称的，因此，可取整个型面的半侧进行分型面的分析。

根据复杂型面的分型原则，选择 K、K' 作为各简单型面的基准。K 和 K' 的尺寸精度和不平行度应严格控制在 0.01mm 以内。车削时，先车削直线 1、2 和直线 3、8 两部分，然后车削凸圆弧，凸圆弧车削好后再车削凹槽，转接部分 3 和 4 之间的直线段较长，因此不能同时车出，但 2 和 3 可以和车削凸圆弧一起进行，4、5、6、7 则可与车削凹槽时一起车出。整个型面的左端同样按照右端的先后顺序车削，最后对整个型面进行修整。

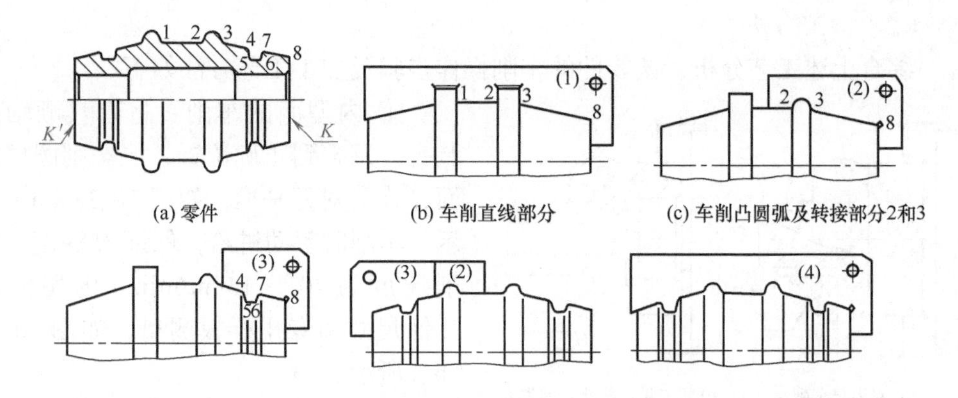

(a) 零件 (b) 车削直线部分 (c) 车削凸圆弧及转接部分2和3

(d) 车削凹槽及转接部分4、5、6、7 (e) 车削另外一边的凸圆弧，凹槽及各转接部分 (f)用整形样板对整个型面进行修整

图 10-26 复杂型面的分型原则

为了测量上的方便准确，可以根据对整个复杂型面的分型，设计制造该零件的分型样板和整形样板。图 10-25 中的（1）、（2）、（3）即为分型样板，（4）为整形样板。

10.2.3 联轴器的车削操作

图 10-27 所示为某一传动机构上的联轴器加工图，图中未注粗糙度的部位为 $Ra1.6\mu m$，材料为 40Cr 钢，要求调质处理，硬度为 38 ～ 42HRC，工件每批数量为 10 件。要求 R12mm 的外圆弧沿型面着色面积不小于 70%。

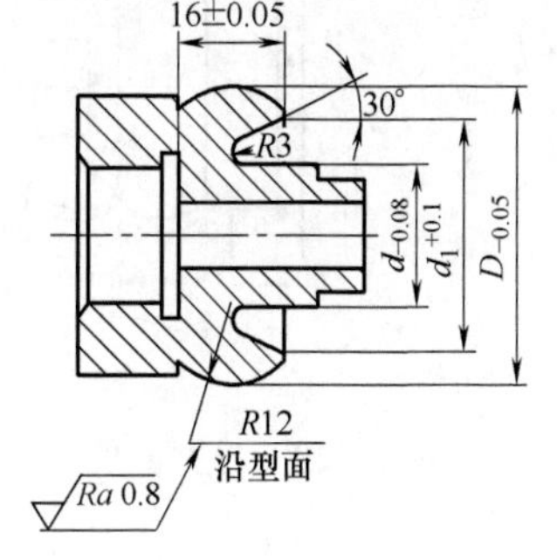

图 10-27 联轴器

（1）工艺分析

该零件的型面比较简单，由半径 3mm 的圆弧和 30°斜线相切、半径 12mm 的圆弧分别组成内外两型面，同时零件要求直径 $D_{-0.05}^{\ 0}$mm 对零件中心的跳动量允差为 0.03mm。

由于所加工零件的型面较简单，可选用成形刀车削成形。又根据内外型面的不同特点，选用两把刀具。外型面精度要求较高，采用高速钢刀具较为适合，又因其型面较简单；可沿其主切削刃磨出圆弧槽代替刀具前角；内型面精度要求较低，几何形状也不复杂。因此，采用硬质合金刀具，可以进行高速切削，内型面样板刀的后角应取大些。

为保证加工质量，车削时，可先在已经车削的尺寸中选择一个精基准，把零件装夹在软爪卡盘或专用夹具上，以保证同心，为了避免使零件变形，先车削内型面，后车削外型面。

（2）加工方法

综合上述工艺分析，该零件的车削操作步骤及加工工艺方法如下。

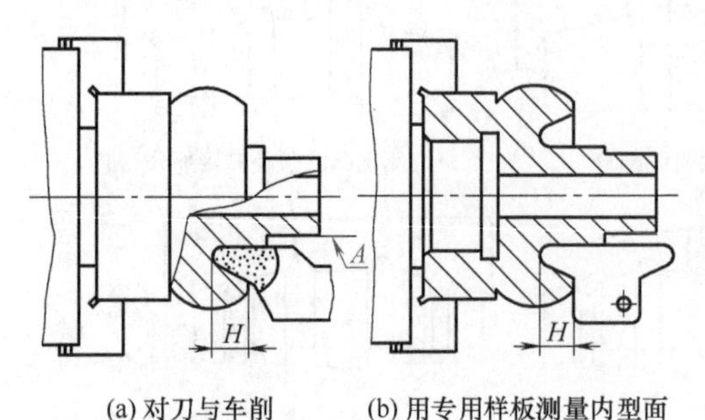

(a) 对刀与车削　(b) 用专用样板测量内型面

图 10-28　内型面的车削与测量

① 内型面的车削。将刀具顺轴向装夹，调整到正确位置，已车削圆柱表面 A 作为对刀基准，如图 10-28（a）所示。车削时手动进给，保证 H 深度，切削速度为 70 ～ 150m/min。内型面的几何尺寸用专用样板测量，如图 10-28（b）所示。

② 外型面的车削。用百分表校正外型面样板刀基面，使其垂直于主轴回转中心线，如图 10-29 所示。移动中拖板来校正刀具的基面，然后将刀具基面轻轻靠在零件端面 K 上，并记下小刀架刻度值。退出中拖板，将小刀架往主轴箱方向移动 16mm 后固紧，摇动中拖板作横向进给，即可车削。切削速度为 4 ～ 6m/min，进给量为 0.03 ～ 0.06mm，以豆油，蓖麻油或硫化油作冷却润滑液，其中豆油润滑效果最好，既能提高零件表面光洁度，又可延长刀具耐用度。

外型面车出后，用半圆着色量规测量着色面积，参见图 10-30。

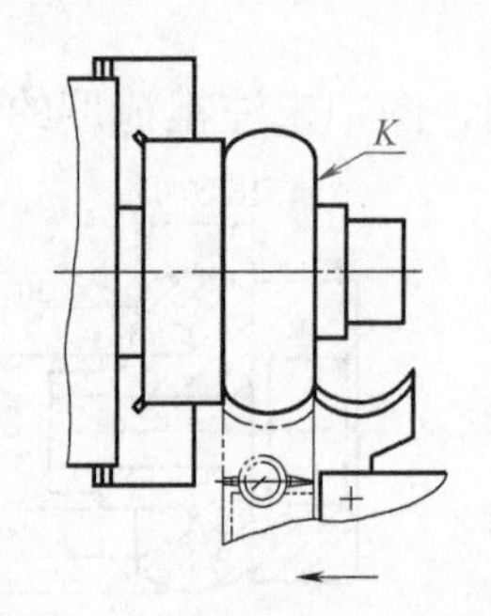

图 10-29　外型面的车削方法

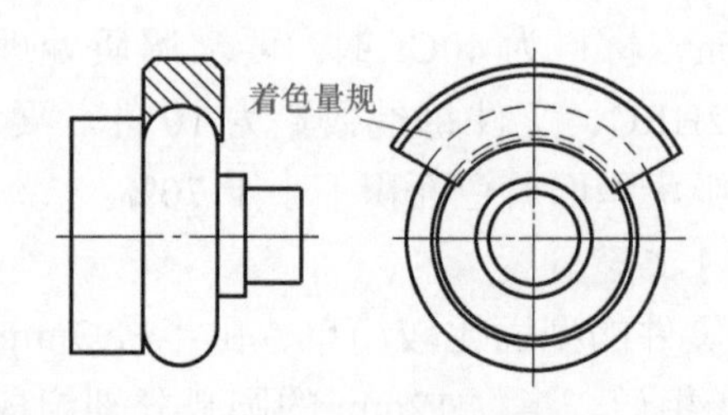

图 10-30　外型面着色研合测量方法

10.2.4　单球手柄的车削操作

图 10-31 所示为单球手柄加工图，图中表面粗糙度要求为 Ra3.2μm，材料为 40 圆钢，工件每批数量为 10 件。

（1）工艺分析

该零件的球面精度及表面粗糙度要求都不高，由于所加工零件的型面较简单，可选用双手赶刀法车削成形。

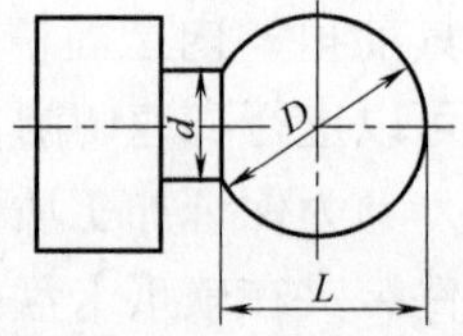

图 10-31　单球手柄

（2）加工方法

综合上述工艺分析，该零件的车削操作步骤及加工工艺方法如下。

1）准备工作

① 刃磨车刀。要求车刀的主切削刃要根据所车球的半径大小，磨成相应的圆弧刀刃。刃磨主后角时，应作弧形转动，使切削刃磨成弧形。

② 装夹工件。用三爪自定心卡盘夹持工件。

2）车圆球及圆柱操作步骤

① 按圆球部分的直径和长度 L 车出两级外圆，均留 0.3 ～ 0.5mm 余量，如图 10-32（a）所示。长度 L 可根据公式 $L=\dfrac{D+\sqrt{D^2-d^2}}{2}$ 求得，式中 D 为圆球直径，d 为柄部直径，参见图 10-31。

② 确定圆球的中心位置。车圆球前，用钢直尺量出圆球中心，并用车刀刻线痕，如图 10-32（b）所示。

③ 圆球部位倒角。用 45° 车刀先在圆球的两端倒角，以减少车圆球时的加工余量，如图 10-32（b）所示。

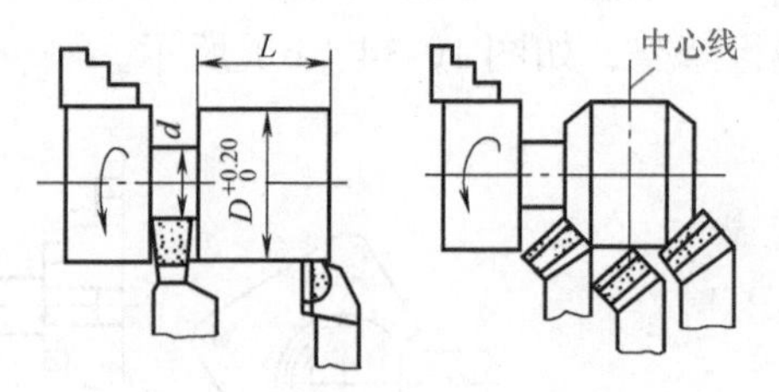

(a) 车圆球外圆及沟槽　(b) 车圆球、倒角、刻中心线

图 10-32　单球手柄的车削方法

④ 精车右半球。车刀进至离右半球面中心线 4 ～ 5mm 接触外圆后，用双手同时移动中、小滑板，中滑板开始时进给速度要慢，以后逐渐加快。小滑板恰好相反，开始速度快些，以后逐步减慢。双手动作要协调一致才能车好圆球。最后一刀离球面的中心位置约 1.5mm，以保证有足够的余量。

⑤ 粗车左半球。车削方法与车削右半球相似，不同之处是球柄部与球面连接处要用切断刀清根。清根时注意不要碰伤球面。

⑥ 精车球面。提高主轴转速，适当减慢手动进给速度。车削时仍由球中心向两半球进行，最后一刀的起始点应从球的中心线痕处开始进给。注意勤检查，防止把圆球车废。

3）表面抛光操作

① 用锉刀修整球形面。选用切削速度 15 ～ 20mm/min，用平板锉和半圆锉沿弧面锉削。左手握住锉刀柄，右手扶住锉刀前端进行锉削，锉刀向前时施加压力，返回时不加压力，推锉速度控制在 30 次 / 分左右，参见图 10-33。

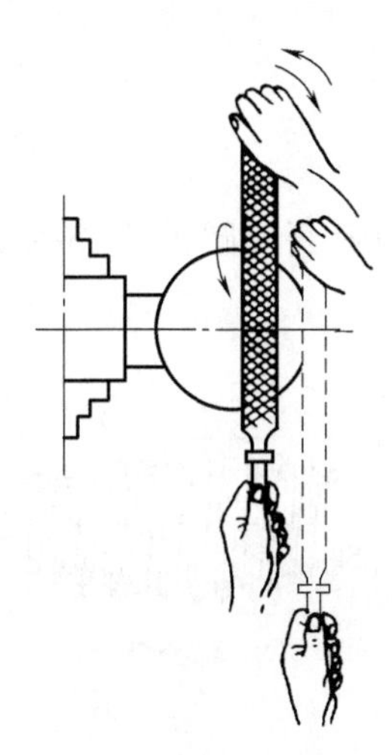
图 10-33　用锉刀修整球形面

用锉刀修整时，要边锉边进行修整，用粉笔在形面凸出部位作记号，然后修正，直至与样板相吻合为

止。用半圆锉加工球柄与圆球面的连接处。

② 用砂布抛光成形面。用粗砂布擦去锉削痕迹，最后用细砂布抛光。方法是：把砂布垫在锉刀下面，用类似锉削的方法抛光。或者用双手捏住砂布条的两端，在成形面上均匀移动完成抛光。

4）检验

球面的检验分外形形状的检验及表面粗糙度的检验两方面，球面外形形状及表面粗糙度的检验主要有以下方面的方法及内容。

① 用样板检验。用样板对准工件中心，观察样板与工件之间的间隙，并修整球面，如图 10-34（a）所示。

② 用套环检验。用套环检验时，可观察套环与球面的间隙，根据透光情况进行修整，如图 10-34（b）所示。

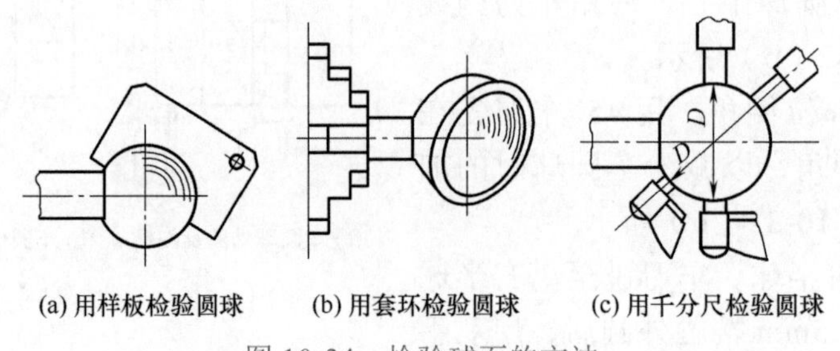

(a) 用样板检验圆球　(b) 用套环检验圆球　(c) 用千分尺检验圆球

图 10-34　检验球面的方法

③ 用千分尺检验。检验时，千分尺应过球面中心，并多次变换测量方向，如图 10-34（c）所示。

④ 表面粗糙度检查。用粗糙度样板对成形面比较检查，球面的表面粗糙度应小于 $Ra1.6\mu m$。

10.3 绕弹簧

在车床上加工弹簧的种类按用途分有压缩弹簧、拉伸弹簧、圆锥压缩弹簧等。按形状分为圆柱形、圆锥形，如图 10-35 所示。

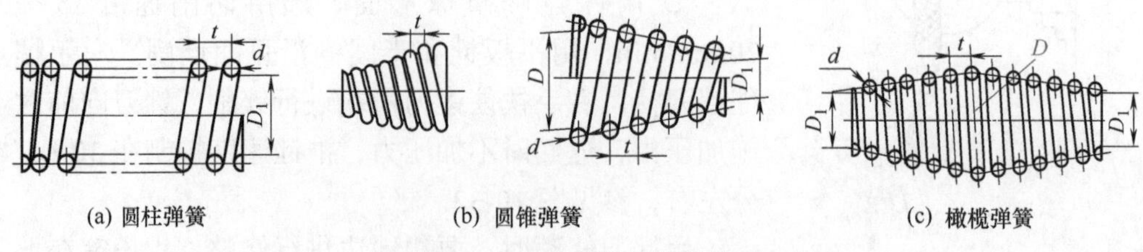

(a) 圆柱弹簧　(b) 圆锥弹簧　(c) 橄榄弹簧

图 10-35　各种弹簧的形状

D_1—弹簧内径；D—锥形弹簧大端内径；d—钢丝直径；t—弹簧节距

弹簧通常用专业绕弹簧设备或改装的普通车床制造。弹簧有冷绕和热绕两种方法。弹簧钢丝直径在 6mm 以下的一般采用冷绕，在 6mm 以上的则用热绕。

（1）绕圆柱弹簧的步骤

一般企业中使用最普遍的是圆柱弹簧，多采用普通车床绕制。在普通车床上绕弹簧，可按以下步骤进行。

① 确定绕弹簧的心轴。热绕弹簧用的心轴等于弹簧内径 D_1。冷绕弹簧的心轴可按下列经验公式计算：

$$D_0=(0.85\sim0.9)D_1$$

式中 D_0——心轴直径，mm；

D_1——弹簧内径，mm。

上式中的系数当所绕弹簧直径大时取较小值，反之，则取较大值。表 10-2 为常用绕制弹簧心轴直径。计算出的心轴直径必须经过试绕来修正，以得到准确的心轴直径。

表 10-2 心轴直径

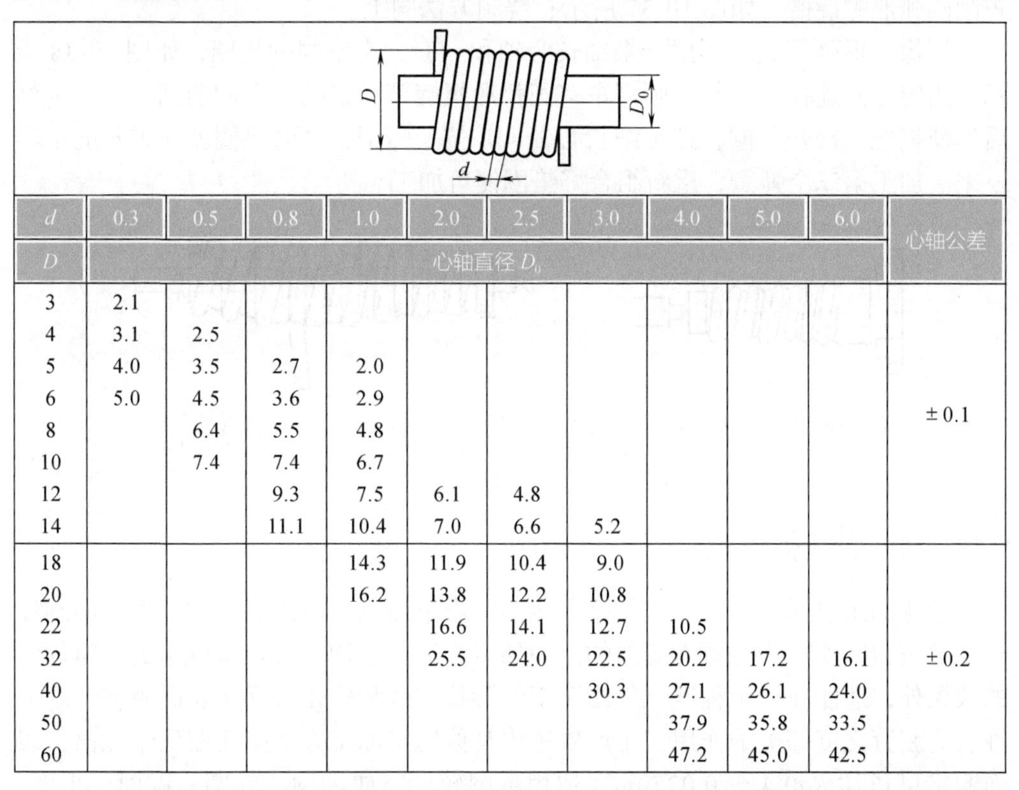

d	0.3	0.5	0.8	1.0	2.0	2.5	3.0	4.0	5.0	6.0	心轴公差
D	心轴直径 D_0										
3	2.1										
4	3.1	2.5									
5	4.0	3.5	2.7	2.0							
6	5.0	4.5	3.6	2.9							
8		6.4	5.5	4.8							±0.1
10		7.4	7.4	6.7							
12			9.3	7.5	6.1	4.8					
14			11.1	10.4	7.0	6.6	5.2				
18				14.3	11.9	10.4	9.0				
20				16.2	13.8	12.2	10.8				
22					16.6	14.1	12.7	10.5			
32					25.5	24.0	22.5	20.2	17.2	16.1	±0.2
40							30.3	27.1	26.1	24.0	
50								37.9	35.8	33.5	
60								47.2	45.0	42.5	

② 根据弹簧节距调整进给箱手柄位置和配换齿轮。根据弹簧节距调整进给箱手柄位置和配换齿轮的操作步骤与车削螺纹相同，如图 10-36 所示。

图 10-36 在普通车床上绕制弹簧

③ 装上心轴，将钢丝插入心轴外圆的小孔中，另一端夹在刀架上的两块紫铜板之间，不能压得太紧，以能把钢丝用力拉出来为宜。

④ 按下开合螺母，拉直钢丝（注意钢丝拉的松紧程度和拉的距离，这些因素影响绕制的膨胀系数），低速绕制，绕到要求的长度便停车，把主轴箱变速手柄放置在空挡位置，使弹簧放松膨胀成自由状态，再用钢丝钳或锯弓切断钢丝，取下心轴。

⑤ 插在心轴小孔的那段钢丝，可在砂轮机上磨断；最后把弹簧从心轴上取下来。

（2）其他弹簧的绕制

绕制锥形弹簧时，只要换一根心轴，这根心轴应该是锥形的，并在圆锥面上车削圆弧形螺旋槽，如图 10-37 所示；绕制方法同上。

绕橄榄形弹簧时，要用一根细长心轴和一套大小不同的垫圈，如图 10-38 所示，用键定向连接在一起，圆周车有圆弧形螺旋槽；绕的方向同前面一样，绕好后切断钢丝，松开紧圈，拉出细长心轴，并拉长弹簧，这时垫圈就从弹簧缝里落下来。加工第二个弹簧，重新组合好垫圈便可加工。

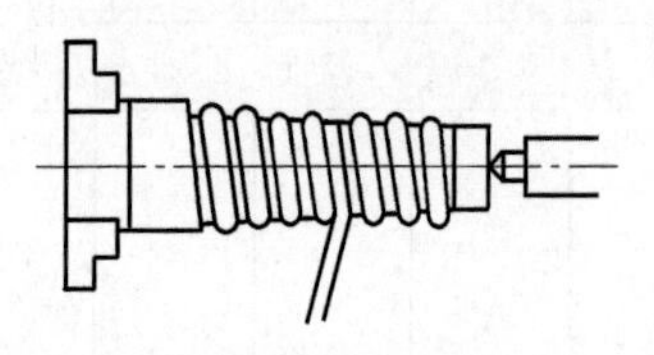

图 10-37 绕锥形弹簧

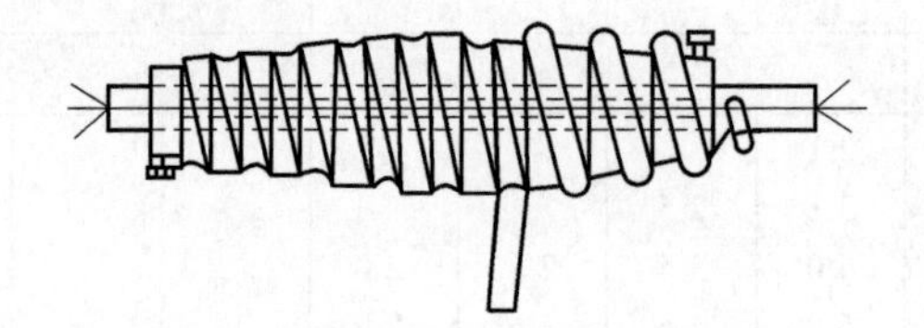

图 10-38 绕橄榄形弹簧

10.4 滚压

滚压加工也叫光整加工，就是在常温状态下通过滚压工具，对工件表面施加一定的压力，使其产生塑性变形的一种加工方法。这种方法除可以达到光整加工的效果外，还能在一定程度上起修正工件形状精度和强化表面（表面硬度、耐蚀性、耐疲劳强度等）的作用。生产效率比其他光整加工方法高几倍到十几倍，表面粗糙度可达 $Ra0.4 \sim 0.025\mu m$。适用范围较广，如内圆、外圆、锥面、平面、螺纹表面、齿轮表面等各种表面都能进行滚压加工。

滚压加工的表面质量，主要取决于进给量和钢球直径以及预加工表面的表面粗糙度值。钢球直径较大时，压力也较大，所以在相同进给量的情况下，大直径的钢球能得到较好的表面质量。预加工表面质量愈好，滚压后表面质量也愈好。

滚压速度对表面粗糙度影响不大，但对表面强化效果有影响。滚压速度愈快，表面硬度和强化深度愈小。因此从表面粗糙度和强化效果来考虑，钢球直径一般以 $\phi 6 \sim 10$mm 为宜，进给量为 0.03 ～ 0.2mm/r。滚压前要清除工件上的油脂、杂物和腐蚀痕迹等，以免影响表面质量。

（1）滚压加工的形式及效果

表 10-3 给出了滚压加工的形式及效果。

表 10-3 滚压加工的形式及效果

工具名称	图示	加工效果					适用范围
		硬化层厚度 /mm	硬度提高 /%	达到精度等级	表面粗糙度 /μm		
					滚压前	滚压后	
单钢球刚性	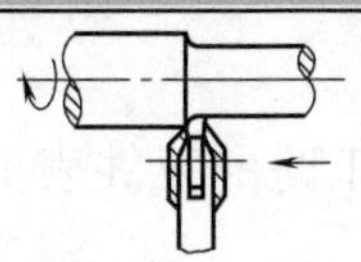	0.2 ～ 0.25	10 ～ 50	IT7	*Ra* < 12.5 ～ 6.3	*Ra* < 1.6 ～ 0.8	小型车床滚压细长或薄壁工件
单钢球弹性	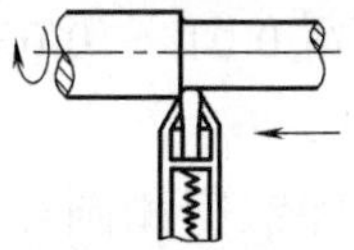	0.2 ～ 1	5 ～ 30	IT7	*Ra* < 12.5 ～ 6.3	*Ra* < 0.8 ～ 0.4	小型车床滚压细长或薄壁工件
多钢球弹性	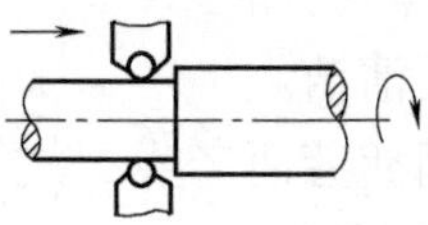	0.2 ～ 2	5.50	IT7	*Ra* < 12.5 ～ 6.3	*Ra* < 0.4 ～ 0.2	小型车床滚压细长或薄壁工件
单滚轮弹性	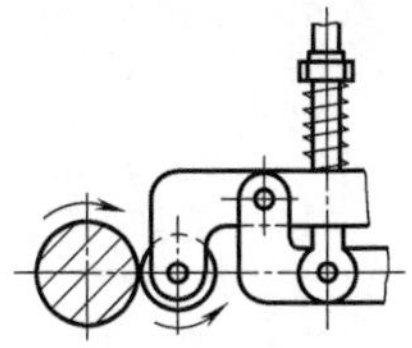	0.1 ～ 1.5	10 ～ 30	IT7	*Ra* < 12.5 ～ 6.3	*Ra* < 1.6 ～ 0.4	中小型车床轴类工件加工
液压单滚轮	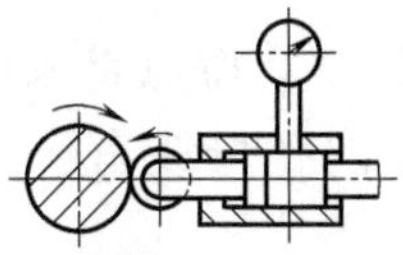	0.5 ～ 3	15 ～ 50	IT6 ～ IT7	*Ra* < 12.5 ～ 6.3	*Ra* < 0.8 ～ 0.4	中小型车床轴类工件加工
单滚柱弹性	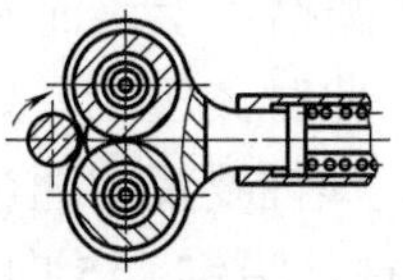	0.1 ～ 1.5	5 ～ 30	IT6 ～ IT7	*Ra* < 6.3 ～ 3.2	*Ra* < 1.6 ～ 0.4	小型车床细长轴类工件加工

续表

工具名称	图示	加工效果					适用范围
		硬化层厚度 /mm	硬度提高 /%	达到精度等级	表面粗糙度 /μm		
					滚压前	滚压后	
三辊液压		0.2 ～ 3	10 ～ 50	IT7	$Ra<12.5\sim6.3$	$Ra<1.6\sim0.2$	大中型车床工件滚压加工
单滚轮圆角		0.2 ～ 3	10 ～ 30	IT7	$Ra<12.5\sim6.3$	$Ra<1.6\sim0.4$	适用于较大圆角的工件滚压

(2) 滚压加工要点

① 滚压速度一般为 50 ～ 120m/min。要求表面强化效果好，则速度要低些，30m/min 左右即可。

② 压力的大小对表面强化效果影响很大，根据加工时的工件表面刚性，一般控制在 200 ～ 2000N 为宜。

③ 滚压加工余量可为零值，若表面质量较差，也可留 0.01 ～ 0.03mm 的余量；合格的加工余量，可通过试验来确定。

④ 工件需安排预加工，在预加工中一定要控制好工件锥度和圆度，以保证达到工件的图样要求。

⑤ 冷却可用切削油、乳化液等，但必须过滤，保证清洁。

⑥ 滚压次数一般为 1 ～ 2 次，过多会使金属表面因疲劳而产生裂纹。

⑦ 滚轮的径向跳动量应小于 0.01mm，端面与轴线保持垂直。

⑧ 滚轮挤压部分的表面粗糙度 $Ra<0.4\mu m$。

⑨ 滚轮轴线和工件轴线应等高。

⑩ 滚压时滚轮轴线应与工件轴线成 1°左右的斜角。

⑪ 滚轮及工件表面应保持清洁无油污。

(3) 深孔的滚压加工

对深孔的滚压加工可采用图 10-39 所示深孔滚压工具，其特点是采用圆锥形滚柱滚压内圆柱孔，滚压时滚柱的圆锥母线与工件圆柱内孔母线有一个 0.5°或 1°的斜角，以提高孔壁的表面质量，减小表面粗糙度值。

在滚压过程中，滚柱 3 受轴向力的作用，向右顶在圆销 4 上，而圆销 4 将轴向力传给套圈 6 和衬套 8，并向右顶在止推轴承 9 上，此时滚压工具外径为调节尺寸。滚压完毕，滚压工具从已滚过的内孔中退出时，滚柱要反向通过工件内孔，向左的轴向力传给盖板再往套圈压缩弹簧，此时滚柱就沿锥套 5 向左移动，

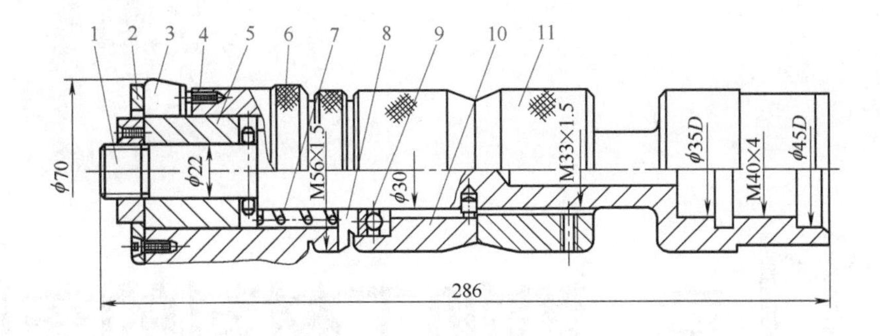

图 10-39 深孔滚压工具

1—心轴；2—盖板；3—滚柱；4—圆销；5—锥套；6—套圈；7—压缩弹簧；8—衬套；9—止推轴承；10—过渡套；11—调节螺母

整个滚压工具直径缩小，不会碰伤已滚压好的内孔圆柱面。滚压工具完全退出后，在压缩弹簧 7 的作用下复位。

滚压工具的径向尺寸由螺母 11 调节，螺母 11 旋转一周滚压工具直径增减量为 0.026mm。滚压头尾部用 M40 × 4 矩形双头螺纹连接刀杆。

深孔滚压工具的滚压用量：滚压速度 v= 60 ～ 80m/min，进给量 f=0.25 ～ 0.35mm/r，滚压过盈量 0.10 ～ 0.12mm，实际压入量 t=0.02 ～ 0.03mm。具体数值应根据工件材料的硬度及其壁厚等条件由试验得出，特别是过盈量应严格控制，过小则表面粗糙度值大，过大则滚压表面会出现“脱皮”现象。

润滑液采用 50% 硫化切削液加 50% 柴油或机油、煤油。

（4）小孔的挤压加工

对小孔的光整加工，可采用如图 10-40 所示的小孔挤压工具实现，小孔挤压工具一般用于长度在 100mm 以内的小孔加工。它与滚压方法的不同点是工作中挤压工具对工件有很大的摩擦，所以工具寿命很低。对小通孔的滚压也可用钢球直接挤压。

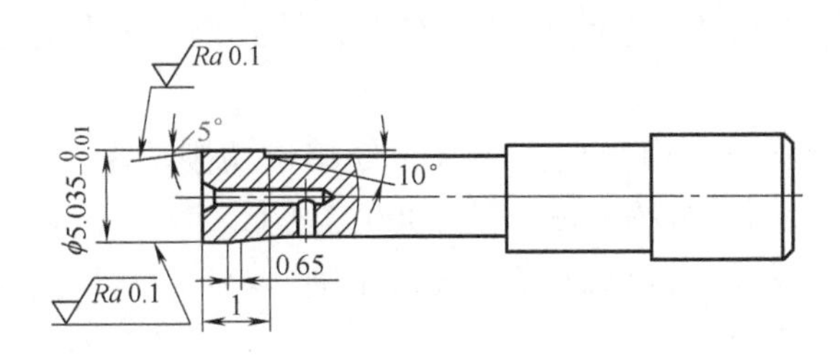

图 10-40 挤光推刀

第11章 难加工材料的车削

11.1 高锰钢的车削操作

高锰钢是锰的质量分数（含锰量）为9%～18%的合金钢，主要有高碳高锰耐磨钢和中碳高锰无磁钢两大类。高锰钢常采用“水韧处理”，即把钢加热到1000～1100℃后保温一段时间，使钢中碳化物全部溶于奥氏体，然后在水中急速冷却，碳化物来不及从奥氏体中析出，从而获得单一均匀的奥氏体金相组织，故又称高锰奥氏体钢。这种高锰钢具有高强度、高韧性、高耐磨性、无磁性等特性。

11.1.1 高锰钢的加工特点及刀具的选用

高锰钢的主要牌号有Mn13、ZGMn13、40Mn18CrB、50Mn18Cr4、50Mn18-Cr4V等。

（1）高锰钢的加工特点

① 加工硬化严重。切削塑性变形大，加工表面硬化严重，硬化层深度可达0.3mm，其硬度为基体硬度的3倍，致使切削力剧增。用硬质合金刀具车削外圆，单位切削力比车削正火45钢增加64%左右；钻孔时，其切削扭矩与轴向力大3～4倍。

② 刀具热磨损严重。由于切削力大，使单位切削功率大，切削热量多，加之热导率小，可使切削区域的温度高达1000℃以上，致使刀具热磨损严重。

③ 加工表面质量差。高锰钢塑性大，车削时易产生积屑瘤和鳞刺，加工表面质量差。

④ 切屑不易折断。

⑤ 相对切削加工性$\kappa_{料v}$=0.2～0.4。

（2）车削常用刀具材料、切削用量及刀具几何参数

① 刀具材料。车削高锰钢应优先选用陶瓷材料和涂层硬质合金。对于多刃

与形状复杂的刀具（如钻头、丝锥），可采用 TiN 涂层高速钢、含钴高速钢与粉末冶金高速钢。表 11-1 是几种车削高锰钢的常用刀具材料。

表 11-1 高锰钢车削常用刀具材料

<table>
<tr><th rowspan="2">刀具材料</th><th colspan="2">加工方法</th></tr>
<tr><th>精车、半精车</th><th>粗车</th></tr>
<tr><td>陶瓷</td><td colspan="2">AG2、AT6、LT35、LT55、SG4</td></tr>
<tr><td>非涂层硬质合金</td><td>YM052、YD10.2、YG6A、YW2、YT712、Y220、YD15</td><td>YM053、YT767、YW3、YG643、YG813</td></tr>
<tr><td>涂层硬质合金</td><td colspan="2">YB415、YB125、YB215、YB115、CN25、CN35</td></tr>
</table>

② 切削用量。适当降低切削速度和增加背吃刀量，避免在硬化层中切削，使切削功率和切削温度不致过高。硬质合金车刀常采取低速、中等背吃刀量、大进给量原则；陶瓷刀则采用较高的切削速度。

切削用量的选择可参见表 11-2。

表 11-2 高锰钢车削的切削用量

<table>
<tr><th rowspan="2" colspan="2">加工方法</th><th colspan="3">切削用量</th></tr>
<tr><th>v/（m/min）</th><th>f/（mm/r）</th><th>a_p/mm</th></tr>
<tr><td colspan="2">粗车</td><td>15 ～ 20</td><td>0.3 ～ 1.5</td><td>3 ～ 6</td></tr>
<tr><td colspan="2">半精车</td><td rowspan="2">20 ～ 48</td><td rowspan="2">0.2 ～ 0.8</td><td>1 ～ 2</td></tr>
<tr><td rowspan="2">精车</td><td>硬质合金</td><td rowspan="2">0.5 ～ 1</td></tr>
<tr><td>陶瓷</td><td>80 ～ 120</td><td>0.1 ～ 0.3</td></tr>
</table>

③ 刀具几何参数。陶瓷刀片和硬质合金刀片一般取负倒棱，以增加刀刃的抗冲击性；较大的刀尖角与适当的刀尖圆弧半径可增强刀尖并有利于散热；刀具应保持锋利。钻削时，合理修磨麻花钻的主切削刃和缩短横刃（或修磨成 S 形）可使钻头锋利。攻螺纹采用高速钢螺旋槽丝锥，齿顶径向前角取 15° ～ 20°，齿顶后角取 8° ～ 10°。

车刀几何参数的选择可参见表 11-3。

表 11-3 车削高锰钢用车刀的几何参数

<table>
<tr><th>刀具材料</th><th>γ_0</th><th>α_0</th><th>γ_{01}</th><th>b_1/mm</th><th>λ_s</th><th>κ_r</th><th>κ_r'</th><th>γ_ε/mm</th></tr>
<tr><td>硬质合金</td><td>-5° ～ 8°</td><td>6° ～ 10°</td><td rowspan="2">-15° ～ -30°</td><td rowspan="2">0.15 ～ 0.4</td><td>-15° ～ 0°</td><td>45° ～ 90°</td><td>10° ～ 20°</td><td>≥ 0.3</td></tr>
<tr><td>复合陶瓷</td><td>-15° ～ -4°</td><td>4° ～ 12°</td><td>-10° ～ 0°</td><td>15° ～ 90°</td><td></td><td>≥ 0.5</td></tr>
</table>

注：1. 刀具应保持锋利，取后刀面磨损值 VB ≤ 0.35mm。

2. 刀尖角 ε_r 尽可能取大值。

11.1.2 高锰钢的车削操作要点

选用不同的车刀车削高锰钢时，其操作要点有所不同。

（1）用焊接式车刀粗车 ZGMn13 高锰钢

用焊接式车刀粗车 ZGMn13 高锰钢时，应选用刀具材料为 YC45 或 YT5R，刀片型号为 A430 的焊接式车刀（车刀的结构及几何参数见图 11-1）粗车 ZGMn13 高锰钢时，应注意以下操作要点。

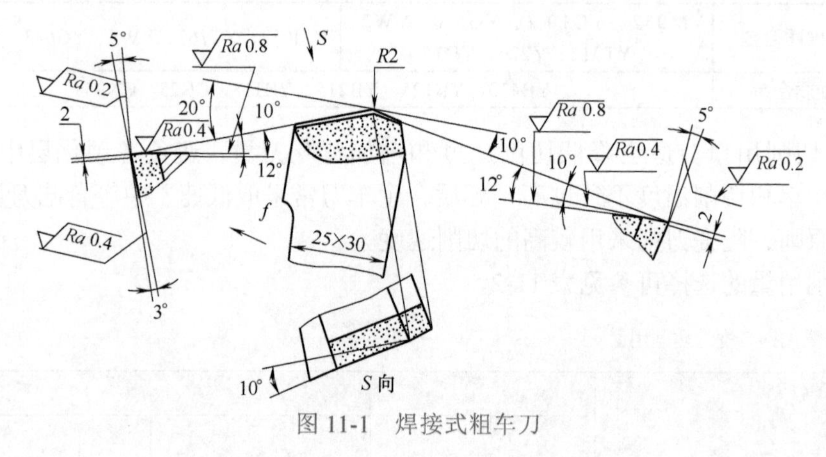

图 11-1 焊接式粗车刀

① 采用较小的正前角（γ_0=3°），并磨出较小的负倒棱前角（γ_{01}=-5°；负倒棱宽度 $b_{\gamma1}$=0.8f）；兼顾了切削刃强度和锋利程度，以减小加工硬化。

② 取较小的主、副偏角使刀尖角增大到 150°，增强了刀尖强度，改善了散热条件。

③ 采用负刃倾角（λ_s=-10°），以增加刀尖强度，适应铸件毛坯余量不均匀的切削条件。

④ 切削用量。切削速度 v=9.6 m/min，进给量 f=2.5mm/r，背吃刀量 a_p=5mm。

（2）用机夹可转位陶瓷车刀车削 ZGMn13 高锰钢

用机夹可转位陶瓷车刀车削 ZGMn13 高锰钢时，应选用刀具材料为 AG2 或 SG4，刀片规格为 16×16×6（车刀的结构及几何参数分别见图 11-2 和表 11-4）车削 ZGMn13 高锰钢时，应注意以下操作要点。

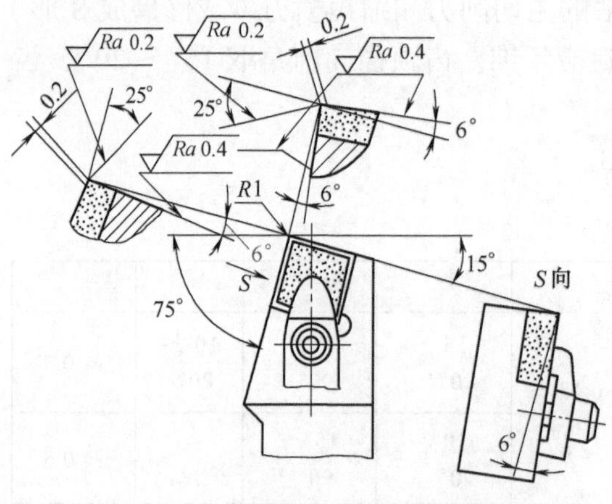

图 11-2 上压式机夹可转位陶瓷车刀

表 11-4 机夹转位陶瓷车刀几何参数

刀具几何角度					刀尖圆弧半径	负倒棱	
γ_0	α_0	κ_r	κ_r'	λ_s	γ_ε/mm	倒棱宽度 $b_{\gamma 1}$/mm	倒棱前角 γ_{01}
6°	6°	75°	15°	-6°	1	0.2	-25°

① 切削特点。

a. 取 -25° ×0.2mm 的负倒棱及以 γ_ε=1mm 的刀尖圆弧半径，增强了刀刃强度，可弥补陶瓷刀片强度低、易崩刃的缺点。

b. 由于采用了最常用的 6°后角、副后角和 75°主偏角，刀杆可采用硬质合金负前角上压式可转位刀杆。

c. 刀片为方形，本身没有后角。前角和后角均由安装形成，故刀片上的 8 个刀尖均可使用。一个刀片可转位 8 次，刀片利用率较高。

d. 陶瓷刀的切削用量宜采用高速小进给，当背吃刀量 a_p 确定后，切削力的大小就取决于进给量。由于陶瓷强度和韧性均较低，进给量常受到限制，故宜取小值。而陶瓷刀的耐热性好，应采用较高的切削速度，以充分发挥其耐高温的优点。同时，高的切削温度使工件硬度下降，有利于切削的进行。

② 装刀时，宜使刀尖与工件中心等高或略低于工件中心 0.1 ～ 0.5mm，以防止由于安装不准使工作后角过小而增大后刀面摩擦。

③ 切削用量。切削速度 v=80 ～ 120m/min，进给量 f=0.1 ～ 0.3mm/r，背吃刀量 a_p=3 ～ 6mm。

（3）用切断刀切断无磁高锰钢

无磁高锰钢属中碳高锰钢，相对于高碳高锰耐磨钢而言，可加工性好一些，但加工硬化现象仍很严重。不同的材料，其切削操作有所不同。以下以 50Mn-18Cr4 为例简述其操作要点。

① 刀具。刀具材料采用 H6，刃片型号为 C306。切断刀结构及几何参数见图 11-3。

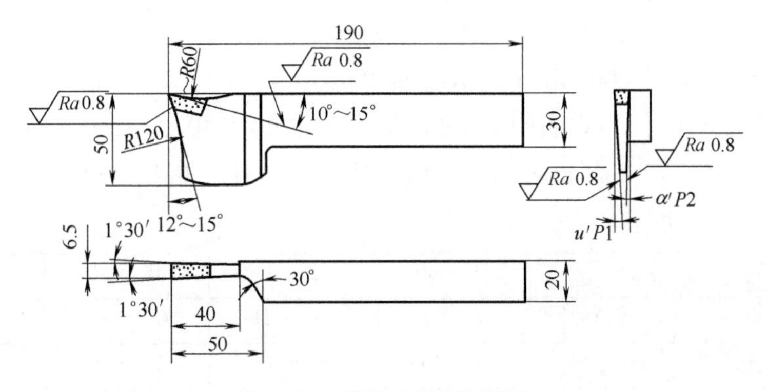

图 11-3 无磁高锰钢切断刀

刀具的前刀面有约为 $R9$ 的大圆弧，形成 γ_0=10°～15°的较大前角，能引导切屑顺利流出。后刀面磨成 R120mm 的大圆弧面，既能形成 α_0=12°～15°的较大后角，又能兼顾刀头强度，起到稳定切削过程和防振作用。侧后角 $\alpha'_{01}=\alpha'_{02}=2°30'$。

刀具刃磨后应保持锋利，而且不可用油石磨刀刃，以免影响其锋利性。

切削时要注意排屑的流畅性，促使切屑从槽中排出来，不能让切屑在槽内折断，否则容易造成打刀。

② 切削用量。切削速度 v=2.4～3.5m/min，进给量 f=0.08～0.12mm/r。

③ 操作注意事项。车削高锰钢，其加工硬化严重、精度不易保证，不可忽视。

高锰钢在切削过程中，由于塑性变形大，从而会产生严重的加工硬化现象，硬度可以从 200HB 提高到 500HB 以上。这不仅使切削力大为增加（约比 45 钢大 60%），同时增大了耐磨性，加剧了后续工序切削刀具的磨损。高锰钢切削时，由于切削力和切削功率大，产生热量多，而它的热导率只有 45 钢的 1/4，故切削区的切削温度高。高锰钢的韧性约是 45 钢的 8 倍，不仅变形系数大，切削力大，而且切屑不易折断，切屑处理的困难很大。此外，高锰钢的线膨胀系数较大，与黄铜相近，在切削热的作用下，工件局部会产生热变形而影响加工精度。故高锰钢工件在粗加工后，需待工件冷却再进行精加工。

11.2 高强度钢的车削操作

高强度钢一般为低合金结构钢，合金元素总含量不超过 6%，常用的牌号有 40Cr、12Cr2Ni4、38CrSi、30CrMnTi、38CrNi3MoVA、60Si2MnA 等。超高强度钢的 $\sigma_b \geqslant$ 1500MPa，常用的牌号有 35CrMnSiA、35Si2Mn2MoV、30CrMnSi-Ni2、45CrNiMoVA、4Cr5MoVSi 等。其车削操作要点主要有以下方面的内容。

（1）钻削的操作要点

钻削高强度钢宜选用硬质合金钻头，直径大于 16mm 的钻头，可采用可转位式结构。高速钢麻花钻一般采用群钻或修磨成三尖刃形的钻头。为提高钻头刚性，应增大钻心厚度 $d=0.4d_0$（d_0 为钻头直径）；钻头工作部分长度应尽量短，不宜超过直径的 6 倍。为改善排屑条件，加大顶角 2ϕ=140°～150°。对可转位刀片宜选用带小圆坑（或小圆台）的断屑槽。钻削速度可参考表 11-5。

表 11-5　按工件硬度选择钻削速度　单位：m/min

工件硬度 HRC		35～40	40～45	45～50	50～55
刀具材料	高速钢	9～12	7.6～11	4.6～7.6	2～4.6
	硬质合金	70～100	30～70	22～36	≤30

注：对扁钻，v 略减而 f 略增。

钻削进给量参考表 11-6。

表 11-6 按钻头直径选择钻削进给量 单位：mm/r

钻头直径 /mm		1.6	3.2	5	6.5	8	11	13	18	> 18	备注
刀具材料	高速钢	—	0.025 ~ 0.07	—	0.05 ~ 0.12	—	—	0.10 ~ 0.20	0.15 ~ 0.30	0.20 ~ 0.5	工件硬度 ≤ 400HB
	硬质合金	0.025	0.025	0.025	—	0.025 ~ 0.030	0.025 ~ 0.030	—	0.030 ~ 0.035	0.030 ~ 0.035	工件硬度 ≥ 43HRC

注：采用极压乳化油或硫化油。

（2）铰削的操作要点

铰削高强度钢一般采用硬质合金铰刀，直槽铰刀的几何参数见表 11-7。铰削用量参见表 11-8。

表 11-7 直槽铰刀几何参数

刀具材料	γ_0	α_0	λ_0	κ_r
硬质合金①	-15° ~ -10°	4° ~ 6°	-6° ~ -2°	30° ~ 35°
高速钢	2° ~ 3°	2° ~ 4°	0° ~ 10°	45°

① 倒棱 $b_{\gamma1}$=（0.5 ~ 1）f，γ_{01}=-15°。

表 11-8 高强度钢常用铰削用量

工件硬度 HB	v/（m/min）		f（mm/r）						切削液
	高速钢	硬质合金	铰刀直径 /mm						
			3.2	13	25	50	64	76	
300	9	14	0.10	0.18	0.30	0.50	0.71	0.89	极压切削油
330	6	10							
360	4.5	6.4	0.076	0.127	0.20	0.33	0.46	0.58	
400	2.8	4							

注：硬度大于 360HB 时，很少用高速钢铰刀。

（3）高强度钢的车削加工要点

车削高强度钢、超高强度钢时，应重视刀具材料、几何角度与切削用量的选择。

表 11-9 给出了车削高强度、超高强度钢的刀具材料及牌号。车刀的几何参数选择见表 11-10。切削用量中，车削高强度及超高强度钢的切削速度应比加工 45 正火钢降低 50% 及 70%，以保证必要的刀具耐用度。

表 11-9 车削高强度钢的刀具材料、牌号的选择

刀具材料类型	牌号	适用范围
高性能高速钢	V3N、Co5Si、B201、M42、501	可用于粗、精加工
粉末冶金高速钢	GF3	
涂层高速钢	W18Cr4V+TiN	
高性能硬质合金	涂层硬质合金 YN05	
陶瓷 Al_2O_3 基	HDM-4	主要用于精加工
CBN	—	主要用于车、镗、铣削

表 11-10 几何参数的选择

几何参数	刀具材料	参数值	
		切高强度钢	切超高强度钢
前角 γ_0	硬质合金 YN05	4°～6°	-4°～-2°
	高速钢	8°～12°	
倒棱前角 γ_{01}		-15°～-5°	
倒棱宽度 b_γ		（0.5～1）f	
刀尖圆弧半径 γ_ε		0.5～0.8mm（粗加工取 1～2mm）	

注：后角 α_0、主偏角 κ_r、副偏角 κ_r'、刃倾角 λ_s 的选择与加工普通钢相同。

图 11-4 所示为车削 35CrMnSiA 超高强度钢的机夹式外圆精（半精）车刀。刀片材料为 YN05（碳化钛基硬质合金），采用可转位偏心销夹紧机构，正五边形刀片，刀刃数多，刀片材料利用率高，辅助时间少。

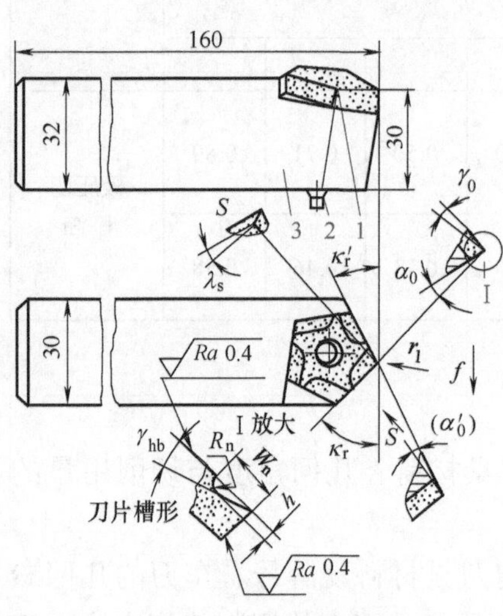

图 11-4 35CrMnSiA 机夹外圆精（半精）车刀

1—刀片；2—偏心销；3—刀杆

刀具几何参数如下：半精加工取 $\gamma_0=0\sim2°$，$\alpha_0=6°$，$\kappa_r=45°$，$\kappa_r'=27°$，$\lambda_s=-4°$，$\alpha_0'\approx5.6°$，$W_n=5mm$，$R_n=4mm$，$h=1mm$，$\gamma_{nb}=6°\sim8°$，$\gamma_\varepsilon=2mm$；精加工取 $\gamma_0=4°$，$\alpha_0=6°$，$\kappa_r=54°$，$\kappa_r'=18°$，$\lambda_s=-6°$，$\alpha_0'\approx7.5°$，$W_n=2mm$，$R_n=1mm$，$h=0.5mm$，$\gamma_{nb}=10°$，$\gamma_\varepsilon=1mm$。

切削用量，半精加工取 $a_p=0.5mm$，$f=0.5mm/r$，$v=79m/min$；精加工取 $a_p=0.3mm$，$f=0.13mm/r$，$v=100m/min$。

图 11-5 所示为车削 40Cr 的 75°可转位内孔粗车刀。刀具材料为 YT15 硬质合金，选用带 7°法向后角的沉孔可转位刀片，结构简单，刀具头部尺寸减小，增大了孔加工时

的容屑空间。断屑槽为封闭式，刀刃强度好，并形成γ_0=20°的大前角，使切削刃比较锋利。切削用量如下：a_p=3 ～ 5mm，f=0.25 ～ 0.4mm/r；v=80 ～ 120m/min。

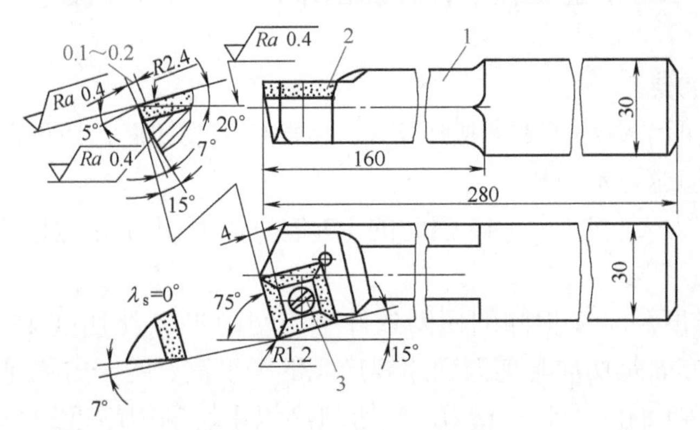

图 11-5 75°可转位内孔粗车刀

1—刀杆；2—刀片；3—沉头螺钉

11.3 钛合金的车削操作

钛是同素异构体，在低于882℃时呈密排六方晶格，称之为α钛；在882℃以上则呈体心立方晶格，称之为β钛。利用钛的两种不同结构组织，添加不同合金元素的种类、数量，使其相变温度及相分含量逐渐改变，便可形成不同类型的钛合金。室温下，钛合金有三种基本组织，即钛合金分为α钛合金、β钛合金和（α+β）钛合金三类，分别用TA、TB和TC表示。它们的主要特点见表11-11。

表 11-11 钛合金按组织分类

类别	主要特点
α钛合金	是α相固溶体组成的单相合金，主要加入α稳定元素，如Al、Ga、Ge为稳定α相的置换性元素及O、C为稳定α相的间隙性元素。α钛合金的耐热性高于纯钛，抗氧化能力强，组织稳定。在500 ～ 600℃温度下，强度及抗蠕变能力高，但不能进行热处理强化，其典型牌号有TA7、TA8等，较易切削加工
β钛合金	是β相固溶体组成的单相合金，主要加入β稳定元素，如V、Mo、Nb、Ta等元素溶入β相中。这类合金在加热到β相区淬火后，能保持β相固溶体组织。未经热处理即具有较高的强度。淬火、时效后使合金得到进一步强化。但其热稳定性较差，切削加工性差。其典型牌号有TB1、TB2
（α+β）钛合金	由α和β双相组成，既添加有α稳定元素，也添加有β稳定元素，如Cr、Co、Fe、Ni、Mn等β共析型元素，稳定了β相。Sn、Zr两种元素在α和β相中都具有相当大的固溶性，是有效的强化剂。这类合金组织稳定，高温变形性能好，韧性、塑性好，能进行淬火、时效使合金强化。热处理后的强度比退火状态提高50% ～ 100%。高温强度也高，可在400 ～ 500℃温度下长期工作，热稳定性仅次于α钛合金，切削加工性优于β钛合金，其典型牌号有TCl、TCA、TC9等

11.3.1 钛合金的加工特点及刀具的选用

钛合金属难切削加工范畴，其加工难度顺序为 α 钛合金→（α+β）钛合金→ β 钛合金。

（1）加工特点

① 切屑变形系数小于 1 或接近于 1，常形成挤裂切屑，切屑在前刀面流出的摩擦速度大，加速刀具磨损。

② 刀尖应力大，是切削 45 钢时的 1.3 倍，因而使刀尖或主刀刃容易磨损或损伤。

③ 切削温度高，在相同的切削条件下，切削 TC4 比切削 45 钢时温度高出一倍以上。一方面是切屑与前刀面摩擦产生的温度高；另一方面是由于钛合金的热导率低（是 45 钢的 1/5 ～ 1/7），使切削热积于切削刃附近的小面积内而不易散发。

④ 钛的化学活性高，在一定温度下，大气的氧、氮、氢等元素与钛合金生成氧化钛、氮化钛、氢化钛等，使表面硬化、变脆，加剧刀具磨损。

⑤ 钛的亲和性大，又由于切削时温度高，刀具与切屑单位接触面积上的压力大，钛屑及被切表层易与刀具材料咬合，产生严重的粘刀现象，引起剧烈的黏结磨损。

⑥ 钛的弹性小（约为钢的 1/2），易产生回弹，使实际后角减小，加剧刀具后刀面磨损。

（2）刀具材料的选择

切削钛合金常用的刀具材料应以硬质合金为主。尽量选用与钛亲和作用小、热导率高、强度大、晶粒细的钨钴类硬质合金。若采用加钽（Ta）、铌（Nb）等新型硬质合金，则效果更好。

表 11-12 推荐了一些适合车削钛合金的硬质合金牌号。

表 11-12　适于车削钛合金的硬质合金牌号

用途	条件	牌　号
精车	低速	813-2，YD15（YGRM），YG8N，YS2（YG10H）
	高速	YD15，YG6X，YG3X，YG8W
粗车	—	YG8W，YG8，YD15，YS2

用高速钢加工时，宜选用含钴、铝或高钒高速钢，如 W2Mo9Cr4V4Co8、W6Mo5Cr4V2Al、W10Mo4Cr4V3Al、W12Cr4V4Mo、W12Mo3Cr4V3Co5Si 等。

（3）车刀几何参数的选择

车削钛合金用车刀的几何参数见表 11-13。

表 11-13 车削钛合金用车刀几何参数

刀具材料	γ_0	α_0	α_0'	κ_r	κ_r'	λ_s	γ_ε/mm
高速钢车刀	9° ~ 11°	5° ~ 8°	6° ~ 8°	45°	5° ~ 8°	0 ~ 5°	0.5 ~ 1.5
硬质合金车刀粗车	0 ~ 8°	6° ~ 10°	6° ~ 8°	45° ~ 90°	6° ~ 8°	0 ~ 10°	1 ~ 2
硬质合金车刀精车	5°	6° ~ 15°	6° ~ 8°	75° ~ 90°	6° ~ 8°	0	0.5
硬质合金车孔刀	-3° ~ -8°	3° ~ 5°	8° ~ 12°	≈90°	5°	-3° ~ -10°	0.5 ~ 1.5

（4）切削用量的选择

用硬质合金车刀车削钛合金 TC4 时的切削用量可参考表 11-14 选择。

表 11-14 钛合金 TC4 车削用量

进给量 f/（mm/r）	切削速度 v/（m/min）	进给量 f/（mm/r）	切削速度 v/（m/min）
0.08 ～ 0.10	87 ～ 74	0.2 ～ 0.22	59 ～ 53
0.11 ～ 0.13	76 ～ 66	0.24 ～ 0.26	55 ～ 50
0.14 ～ 0.16	69 ～ 61	0.28 ～ 0.30	52 ～ 47
0.17 ～ 0.19	63 ～ 57	0.33 ～ 0.40	48 ～ 41

该表中的数据是在背吃刀量为 1mm 和干切的情况下取得的。若背吃刀量 a_p 不等于 1mm 时，切削速度按表 11-15 修正；不同的钛合金牌号，切削速度再按表 11-16 修正；采用切削液时，切削速度可适当提高。

表 11-15 背吃刀量对切削速度的修正系数

a_p/mm	修正系数	a_p/mm	修正系数	a_p/mm	修正系数
0.125	1.44	1.0	1.0	3.8	0.77
0.25	1.2	1.5	0.92	5.0	0.73
0.50	1.12	2.4	0.84	6.3	0.70
0.75	1.04	3.0	0.8	8.0	0.66

表 11-16 不同钛合金牌号对切削速度的修正系数

工件材料牌号	抗拉强度 /MPa	修正系数
TA2、TA3	440 ～ 740	1.85
TA6、TA7、TC1、TC2	690 ～ 930	1.25
TC3、TC4	880 ～ 980	1.0
TC5、TC6、TC9、TC11、TB11	930 ～ 1180	0.87
TB1、TB2	1280 ～ 1370	0.65

车削钛合金工件毛坯有氧化皮时，其切削用量可参照表 11-17 选取。

表 11-17 钛合金工件毛坯有氧化皮时的切削用量

钛合金抗拉强度 /MPa	背吃刀量 a_p/mm	进给量 f/（mm/r）	切削速度 v/（m/min）
≤ 930	大于氧化皮厚度	0.1 ～ 0.2	25 ～ 30
1180		0.08 ～ 0.15	16 ～ 21
> 1180		0.07 ～ 0.12	8 ～ 13

（5）切削液的选用

车削钛合金时，宜采用极压乳化液或极压添加剂水溶性切削液。

（6）车削注意事项

① 高速钢车刀不常用于连续切削钛合金。

② 硬质合金刀具宜用金刚石砂轮刃磨，在刃磨后，不允许有毛刺、烧伤、缺口和裂纹，以保持刃口锋利，减少崩刃。

③ 为增大切屑与前面的接触长度以提高刀具寿命，前角应较小而后角稍大。

④ 刀尖以圆弧形强度较好。直线过渡刃，其夹角处易烧伤和崩落。

11.3.2 钛合金的车削操作要点

选用不同的车刀车削钛合金时，其操作要点有所不同，主要有以下内容。

（1）焊接式车刀车削 TC4

车削 TC4 钛合金选用的焊接式车刀结构如图 11-6 所示。其主要具有以下特点。

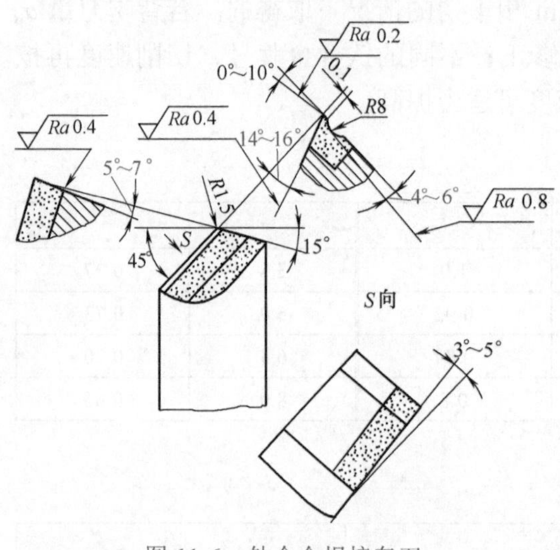

图 11-6 钛合金焊接车刀

① 较小的主偏角和副角，增强了刀尖强度，改善散热条件，适应有硬皮的切削层。

② 较小的正前角和负刃倾角，使切削轻快，切削力减小，并且加强了切削刃和刀尖的抗冲击能力。

③ 较大的后角，减小了刀具后刀面与工件过渡表面的摩擦；提高刀具寿命。

表 11-18 给出了焊接式车刀车削 TC4 时的切削用量。

表 11-18 焊接式车刀车削 TC4 的切削用量

刀具名称	工件材料	刀具牌号	刀片型号	工序种类	切削用量		
					v/（m/min）	f/（mm/r）	a_p/ mm
焊接式外圆车刀	TC4 锻造毛坯	YG8 YG6X	A412	粗车	40 ～ 45	0.2 ～ 0.3	5 ～ 10
				半精车	40 ～ 45	0.2 ～ 0.3	2 ～ 5
				精车	50 ～ 55	0.1 ～ 0.15	0.5 ～ 1

（2）机夹式车刀车削 TC4

车削 TC4 钛合金时，选用的机夹式车刀结构如图 11-7 所示。

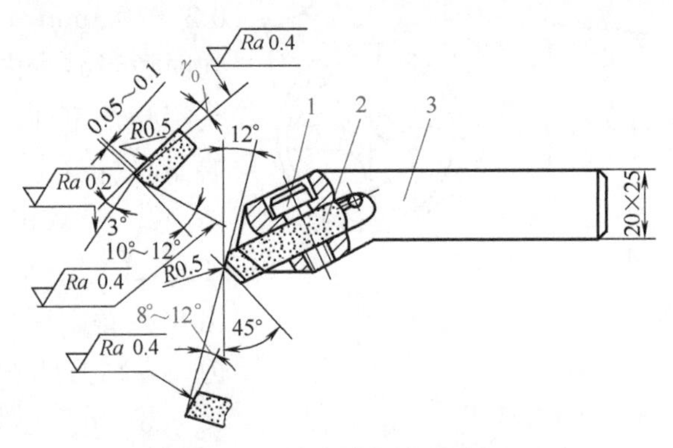

图 11-7 钛合金机夹式车刀

1—螺钉；2—刀片；3—刀体

刀具几何参数见表 11-19。由于切削钛合金时刀刃与切屑接触很短，切削力和切削热主要集中在切削刃附近，宜取较小的前角。为保持切削刃锋利，取较小的负倒棱 $b_{\gamma1} \times \gamma_{01}$=（0.05 ～ 0.1mm）×（-2°～ -3°）。

表 11-19 机夹式车刀车削 TC4 刀具的具体参数

刀具几何角度						刀尖圆弧半径	负倒棱	
粗车 γ_0	精车 γ_0	α_0	α_0'	κ_r	κ_r'	r_ε/mm	倒棱宽/mm	倒棱前角
0 ～ 5°	0 ～ 3°	10°～ 12°	8°～ 12°	45°	12°	0.5	0.05 ～ 0.1	-3°

取较大的后角和副后角可减小刀具后刀面与已加工表面的摩擦。

表 11-20 给出了机夹式车刀车削 TC4 的切削用量。

表 11-20 机夹式车刀车削 TC4 的切削用量

工件材料	刀具牌号	工序种类	切削用量			冷却润滑
			v/（m/min）	f/（mm/r）	a_p/mm	
TC4	YS2（YG10HT）	粗车	40 ～ 50	0.2 ～ 0.8	2 ～ 5	采用 5% 亚硝酸钠水溶液充分冷却
		精车	66 ～ 86	0.075 ～ 0.15	1 ～ 2	采用硫化油充分冷却

（3）用群钻钻削 TC4

钻削 TC4 时，选用群钻的切削部分结构如图 11-8 所示。它有以下特点。

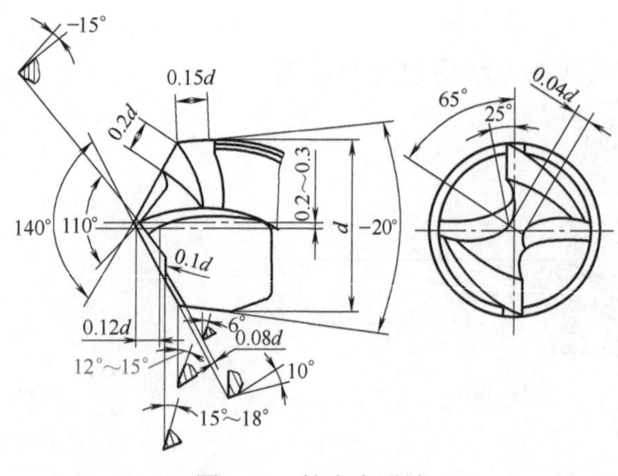

图 11-8 钛合金群钻

① 根据钛合金弹性变形大，孔易收缩的特点，将钻尖稍磨偏 0.2 ～ 0.3mm，使孔稍有扩张，同时适当减少内刃锋角，增强钻头定心稳定性，以控制由于钻尖磨偏而引起的扩张。

② 外缘转角磨出双重锋角（$2\phi_1$=20°），使刃带减窄，并磨出 6°后角，减少摩擦，以减轻在刃口上粘刀现象。

③ 由于工件材料硬度高，切削负荷集中在切削刃附近，宜减小主刃前角，增强切削刃强度，提高刀具寿命。

表 11-21 给出了群钻钻削 TC4 的切削用量。

表 11-21 刀具材料及切削用量

刀具名称	工件材料	刀具材料	切削用量		
			v/（m/min）	f/（mm/r）	钻头直径 /mm
群钻	TC4（335HBS）	高速钢	10.8	0.25	ϕ10.5

11.4 不锈钢的车削操作

含铬量大于 12%、含镍量大于 8% 的合金钢称为不锈钢。由于在合金钢中加入较多的金属元素（铬和镍），因而改变了合金的物理性质和化学性质，增强了抗腐蚀能力，在空气中和酸、盐的溶液中不易氧化生锈。

11.4.1 不锈钢的车削特性

不锈钢按其化学成分可分为两类：即铬不锈钢和镍不锈钢。常用的铬不锈钢，含铬量有 12%、17% 和 27% 等，其抗腐蚀性能随着含铬量的增加而增加。常用的铬镍不锈钢，含铬量 17% ～ 20%，含镍量 8% ～ 11%，这种铬镍不锈钢的抗腐蚀性能及机械性能都比铬不锈钢高。

不锈钢的物理 - 机械性能对其切削过程的特性有很大的影响，其中导热性起着很大的作用。被加工钢材的导热性愈低，由切屑带走的热量就愈少，而刀具上积聚的热量就愈多。由于不锈钢的韧性大、强度高、切削力大和导热性差，因此切削时热量难于扩散，致使刀具易于发热，甚至用比加工一般钢材低得多的切削速度进行加工，仍会使刀具产生大量的热，降低了刀具的切削性能。在不锈钢的金属组织中，由于有分散的碳化物杂质，车削时会产生较高的磨蚀性，因而使刀具容易磨损。不锈钢在高温时仍能保持其硬度和强度，而刀具材料则由于超过热硬性限度，而产生塑性变形。不锈钢有较高的粘附性，使材料“黏结”到刀具上而产生“刀瘤”，给车削带来困难，影响零件表面光洁度。不锈钢的强度高，使之作用在刀具上的切削力增大，不均衡的切削过程使刀具的振动增强。此外，不锈钢的铸件和锻件毛料的硬度较高的氧化皮以及不连续和不规则的外形，都会给车削带来困难。

在车削不锈钢材料时，须选用功率较大的设备，并且要保证刀具有较大的刚性和良好的刃磨质量。

11.4.2 不锈钢的加工方法

不锈钢的种类较多，由于其含铬量和含镍量不同，其机械性能的差别也很大，并且采用不同的加工方式，其选用的加工刀具及采用的切削用量也有所不同，常见不锈钢的加工方法主要有以下方面。

（1）不锈钢的钻削

不锈钢的钻削一般采用高速钢麻花钻，少数淬硬的可用硬质合金钻头。

由于标准麻花钻钻削不锈钢时轴向力大，且不易卷屑而造成堵塞，故必须经过修磨。修磨的要点是：在钻头上作分屑槽；修磨横刃以减小轴向力；修磨成双顶角以改善散热条件。钻削不锈钢的典型钻头形状如图 11-9 所示。其几何参数见表 11-22。

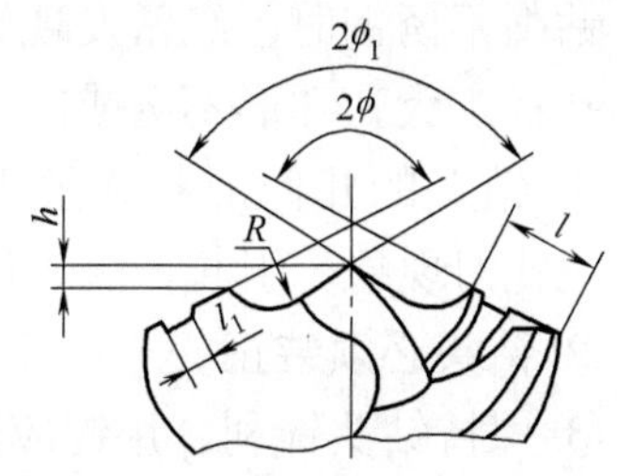

图 11-9 加工不锈钢的群钻型钻头

表 11-22 钻头几何参数

外顶角 2ϕ	内顶角 $2\phi_1$	圆弧半径 R/mm	钻头高 h/mm	外刃长度 l/mm	分屑槽宽度 l_1/mm	横刃长度 b/mm	修磨后横刃前角	修磨后外刃前角
110°～125°	100°～135°	（0.15～0.12）d_0	（0.04～0.1）d_0	（0.18～0.2）d_0	（0.5～0.34）l（适用于 d_0 > 15mm）	（0.04～0.1）d_0	约 -15°	8°～16°

注：1. d_0 为钻头直径。

2. 大直径钻头取括号中较小的系数，小直径钻头取较大值。

3. 对于直径小于 35 mm 的钻头，h 不超过 1.2mm，b 不超过 1.4mm。

4. 钻削强度、韧性均大的沉淀硬化不锈钢时，外刃可稍大，l=（1/4～1/3）d_0。

5. 分屑槽槽深应大于进给量。

在不锈钢上钻小孔，采用四刃带麻花钻，可以提高刀具寿命，钻后扩张量比一般两刃带钻头小。钻孔径 3～7mm 的工件，可采用整体硬质合金钻头。

钻孔的切削用量可参考表 11-23。

表 11-23 不锈钢钻孔的切削用量

刀具材料	高速钢（W6Mo5Cr4V2Co5）									硬质合金（YG8）					
钻头直径/mm	3	5	8	10	12	15	18	20	24	3	5	8	10	12	15	18
f/（mm/r）	0.02～0.07	0.03～0.08	0.05～0.12	0.06～0.14	0.07～0.15	0.08～0.18	0.10～0.20	0.10～0.20	0.12～0.22	0.01～0.018	0.02～0.04	0.04～0.06	0.05～0.08	0.07～0.09	0.09～0.12	0.12～0.15
v/（m/min）	24～12	22～11	21～9	20～9	20～9	20～9	20～9	20～9	20～8	36～19	45～21	40～26	42～25	38～28	37～27	47～38

注：1. 乳化液冷却。

2. 硬质合金钻削用量适用于不锈钢抗拉强度 $\sigma_b > 1200$MPa。

3. 钻削耐高温、耐酸不锈钢或不锈钢抗拉强度 $\sigma_b > 1200$MPa 时，取较低的切削速度和进给量。

4. 钻深孔时 v 和 f 应取较小值，并增加退刀次数或附加低频轴向振动以利排屑。

钻削不锈钢时，经常发现钻头容易磨损、折断；孔表面粗糙，有时会出现深沟；孔径扩大，孔形不圆或向一边倾斜等现象。这些问题应在操作时加以注意。

① 钻头的几何形状必须刃磨正确，两切削刃要保持对称。钻头后角过大，会产生扎刀现象，引起振颤，使钻出的孔呈多角形。

② 钻头必须装正。

③ 保持钻头锋利，用钝应及时修磨。

④ 按钻孔深度，尽量缩短钻头长度，加大钻心厚度以增加刚性。在钻头切入或切出时调整进给的大小。

⑤ 充分冷却润滑，切削液一般以硫化油为宜，流量不得少于 5 ～ 8L/min，不可中途停止冷却。

⑥ 注意切削过程，特别应观察切屑排出情况，若发出切屑杂乱卷绕，立即退刀检查。

（2）不锈钢的铰削

不锈钢材料韧性大、导热性差、加工硬化趋势强、切屑容易粘附，故不锈钢铰削时经常遇到的问题是：孔表面容易划出沟槽、粗糙度大、孔径超差、呈喇叭口、铰刀易磨损等。对于 2Cr13，主要是铰孔的粗糙度问题；对于 lCr18Ni9Ti 等奥氏体不锈钢和耐浓硝酸不锈钢等材料，则主要是铰刀磨损问题。为避免这些问题，应注意以下事项。

① 应提高预加工工序（前道工序）的质量，防止预加工孔出现划沟、椭圆或多边形、锥度或喇叭口、腰鼓形、轴心线弯曲或偏斜等现象。

② 使用润滑性能良好的切削液，可以减轻不锈钢切屑粘附问题，并使之顺

利排屑，从而降低孔表面粗糙度和提高铰刀的耐用度。一般以使用硫化油（或85%～90%的硫化油和10%～15%煤油的混合油）为宜，也可用乳化液。

③ 应注意铰削过程中切屑的形状，由于铰削余量较小，切屑一般呈箔卷状，或呈很短的螺卷状。若切屑大小不一，有的呈碎末状，有的呈小块状，说明切削不均匀；若切屑呈成条弹簧状，说明铰削余量太大；若切屑呈针状或碎片状，说明铰刀已磨钝。

④ 使用硬质合金铰刀铰孔时，会出现收缩现象，退刀时易将孔表面拉出沟痕，可采取加大主偏角来改善这种情况。

1）铰刀

铰刀材料一般使用硬质合金，如YG8、YG8N、YW2等。2Cr13等不锈钢铰孔时，为降低表面粗糙度，可采用高速钢铰刀。

铰刀的结构和几何参数与普通铰刀稍有不同，为防止铰削时切屑堵塞和增强刀齿，铰刀齿数一般较少。可按表11-24选取。铰刀的几何参数见表11-25。

表11-24 不锈钢用铰刀齿数

铰刀直径/mm	<6	>6～21	>21～35	>35～50	>50～70	>70
铰刀齿数 z_1	4	4（硬质合金）、6（高速钢）	6	8	10	12

表11-25 不锈钢用铰刀几何参数

名称	前角	导角	后角	刃倾角	棱边后角	刃带宽度
符号	γ_0（°）	κ_r（°）	α_0（°）	λ_s（°）	α_0'（°）	b_λ/mm
数值	大孔：8～5；小孔10～12；高速钢：15～20；硬质合金取小值	通孔：15～30；盲孔：45	一般：8～12；小孔：15；ϕ > 30mm：6～8	10～15	0	一般：0.1～0.15

2）铰孔的加工余量

铰削余量如过小，前道工序的加工痕迹不能完全消除，同时变铰削为挤压，促使加工硬化，进而加速铰刀磨损。一般情况下，加工余量可按表11-26选取。

表11-26 铰孔的加工余量 单位：mm

工件孔径	工序间直径					加工H6、H7级精度孔		
	钻孔			扩孔或镗孔		粗铰		精铰
	第一次	第二次	第三次	尺寸	允差	尺寸	允差	
5	4.5			4.75	+0.08	4.9	+0.025	5
6	5.5			5.75	+0.08	5.9	+0.025	6
8	7.0			7.70	+0.10	7.9	+0.03	8
10	9.0			9.70	+0.10	9.9	+0.03	10

续表

工件孔径	工序间直径					加工H6、H7级精度孔		
	钻孔			扩孔或镗孔		粗铰		精铰
	第一次	第二次	第三次	尺寸	允差	尺寸	允差	
12	10.5			11.60	+0.12	11.85	+0.035	12
14	12.5			13.60	+0.12	13.85	+0.035	14
15	13.5			14.60	+0.12	14.85	+0.035	15
16	14.5			15.60	+0.12	15.85	+0.035	16
18	16.5			17.60	+0.12	17.85	+0.035	18
20	18.0			19.60	+0.14	19.85	+0.045	20
22	20.0			21.60	+0.14	21.85	+0.045	22
25	23.0			24.60	+0.14	24.85	+0.045	25
28	25.0	26.0		27.60	+0.14	27.85	+0.045	28
30	25.0	28.0		29.60	+0.14	29.85	+0.045	30
35	25.0	33.0		34.50	+0.17	34.85	+0.05	35
40	25.0	38.0		38.50	+0.17	39.85	+0.05	40
45	25.0	40.0	43.0	44.50	+0.17	44.85	+0.05	45
50	25.0	40.0	48.0	49.50	+0.17	49.85	+0.05	50

3）铰孔的切削用量

常用的铰削用量见表11-27。

表11-27 常用的铰削用量

铰刀直径/mm	主轴转速 n/（r/min）		进给量 f/（mm/r）
	高速钢铰刀	硬质合金铰刀	
5～8	96～150	185～305	0.08～0.21
＞8～15	76～120	120～185	0.12～0.20
＞15～25	46～96	96～120	0.15～0.25
＞25～35	38～58	76～96	0.15～0.30

注：1. 表中的转速系按C620-1型车床选定的，其他车床可参考选用邻近的转速。

2. 2Cr13等不锈钢铰孔时，如采用硬质合金铰刀，应选用远比表中所列数值大的转速。

3. 耐浓硝酸不锈钢等铰孔时，转速应选表中较低的转速。

4. 铰直径较小的孔时应选用较小的进给量。

11.4.3 不锈钢的车削技能

（1）合理选择刀具材料

车削不锈钢时，要求刀具材料具有较高硬度、强度和韧性，又具有良好的耐磨性、抗氧化性及抗黏结性。

一般宜选用YG类（最好添加钽、铌）、YH类或YW类硬质合金，也可采用高性能高速钢（如 W6Mo5Cr4V2、W6Mo5Cr4V2Al、W12Cr4V4Mo 等）。YT 类硬质合金不宜用于加工奥氏体不锈钢，因 YT 类硬质合金中的钛元素易与工件中的钛元素发生亲和作用而导致冷焊。

（2）合理选取刀具几何参数

① 采用较大的前角，一般取前角 γ_0=12°～40°。对强度、韧性、硬度较高的不锈钢，取较小前角；对未经调质处理或已经调质但硬度较低的不锈钢，取较大前角；工件直径较小或薄壁工件，取较大前角。

② 为了减小摩擦和加工硬化，后角 α_0 > 6°～12°，精车时，取较大后角；粗车时，取较小后角。

③ 为加强刀头强度，连续车削时，刃倾 λ_s=-6°～-2°；断续车削时，λ_s=-15°～-5°。

④ 倒棱不宜过宽，通常取 $b_{\gamma1}$=（0.5～1.0）f，粗加工时，取较大值；精车时，取较小值。工件直径较大时，取较大值。

⑤ 倒棱前角 γ_{01}=-10°～0°，精车时取小值；粗车时取较大值。

⑥ 刀具磨钝标准 VB 为一般刀具的 1/2。

⑦ 刀具前、后刀面具有小的表面粗糙度。

（3）采用合适的断屑槽

断屑（或卷屑）困难是加工不锈钢的突出问题，可用断屑槽使其断屑。常用的车刀断屑槽形状如图 11-10 所示。断屑槽尺寸见表 11-28。

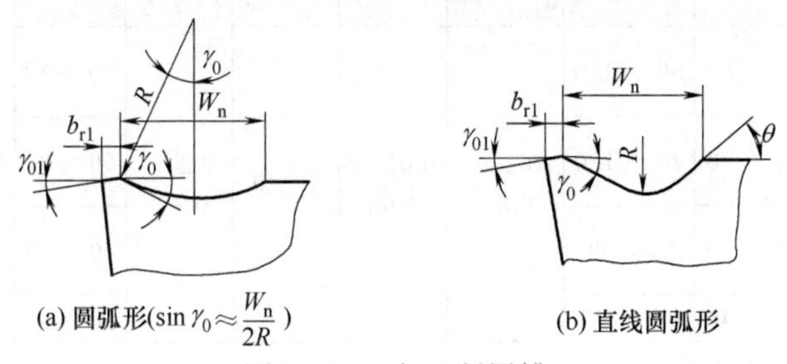

(a) 圆弧形($\sin\gamma_0\approx\frac{W_n}{2R}$)　(b) 直线圆弧形

图 11-10　车刀断屑槽

表 11-28　车刀断屑槽尺寸　单位：mm

名称	选用范围	选用说明
槽宽 W_n	2～8	①工件直径较大时，取较大值 ②槽底半径较大时，取较大值 ③粗车时取较大值，精车时取较小值
槽底圆弧半径 R	1.5～8	①工件直径较大时，取较大值 ②粗车时取较大值

切断刀的断屑槽形状见图 11-11。其槽宽 W_n 比外圆车刀略大，以防切屑堵塞。

屋脊形切断刀槽底为屋脊形，使切屑成卷形，更易排屑，但刃磨较复杂。

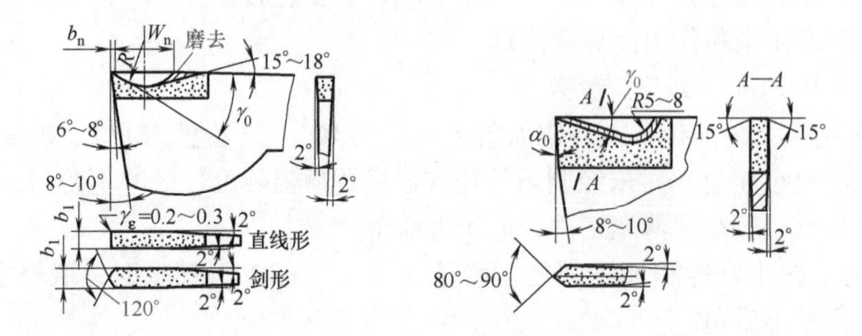

(a) 直线形和剑形刀刃(W_n=4～12mm)　(b) 屋脊形刀刃(W_n=4～10mm，γ_0=15°～25°，α_0=6°～8°)

图 11-11　不锈钢切断刀

(4) 合适的切削用量

车削不锈钢时的切削用量可参考表 11-29。

表 11-29　不锈钢车削用量

工件材料	车外圆及车孔						切断①		
	v/(m/min)		f/(mm/r)		a_p/mm		v/(m/min)		f/(mm/r)
	工件直径 /mm		粗加工	精加工	粗加工	精加工	工件直径 /mm		
	≤ 20	> 20					≤ 20	> 20	
奥氏体不锈钢(1Cr18Ni9Ti 等)	40 ～ 60	60 ～ 110	0.2 ～ 0.8②	0.07 ～ 0.08	2 ～ 4	0.2 ～ 0.5③	50 ～ 70	70 ～ 120	0.08 ～ 0.25
马氏体不锈钢(2Cr13 ≤ 250HB)	50 ～ 70	70 ～ 120					60 ～ 80	80 ～ 120	
马氏体不锈钢(2Cr13 > 250HB)	30 ～ 50	50 ～ 90					40 ～ 60	60 ～ 90	
沉淀硬化不锈钢	25 ～ 40	40 ～ 70					30 ～ 50	50 ～ 80	

① 刀具材料：钨钴类硬质合金。

② 粗车孔时：f=0.2 ～ 0.5mm/r。

③ 精车孔对：a_p=0.1 ～ 0.5mm。

(5) 加工注意事项

不锈钢、高温合金铰孔时，保证孔的质量，不可忽视。

不锈钢、高温合金铰孔的铰刀，应采用含 Co、Al 超硬高速钢或 YG8、YW2、YG8N 等硬质合金制造，硬质合金铰刀的刀体最好采用 CrWMn 或 9CrSi。直径小于 10mm 时，可用整体硬质合金制成。

不锈钢铰孔时，孔径收缩现象严重，铰孔后的直径约比铰刀直径小 0.01mm，因此，铰刀的尺寸应比孔径增大 0.01 ～ 0.02mm。亦可按表 11-30 计算铰刀的尺寸公差。

表 11-30 铰刀的尺寸公差计算

铰刀精度等级		取工件被加工孔公差的百分数 /%			磨损极限尺寸 /mm
		上偏差	下偏差	允差	
H7		70	40	30	被加工孔的最小直径 $d_{-0.005}^{0}$
H8		75	50	25	
H8、H9、Hl0	d ≤ 10mm	75	50	25	
	d ＞ 10mm	80	55	25	
H11	d ≤ 10mm	80	60	20	
	d ＞ 10mm	80	65	20	

11.4.4 不锈钢的车削操作要点

选用不同的车刀车削不锈钢时，其操作要点有所不同。

（1）机夹车刀车削奥氏体不锈钢

车削奥氏体不锈钢选用的机夹车刀结构如图 11-12 所示。

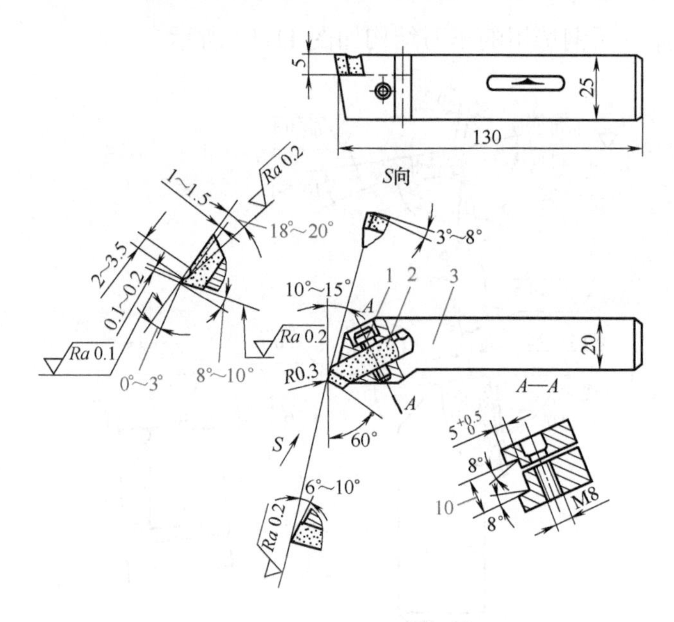

图 11-12 车削不锈钢机夹车刀

1—内六角螺钉；2—硬质合金刀片；3—刀体

1）刀具的特点

① 前刀面有圆弧断屑槽，槽宽 W_n=2 ～ 3.5mm，槽深 h=1 ～ 1.5mm。既可

得到较大前角，又使刀尖强度较好，切屑容易卷曲和折断。

② 选较大的前角（γ_0=18°～20°）和较小的负倒棱（$b_{\gamma1}$=0.1～0.2mm，γ_{01}=0°～3°），以保持刀刃锋利，减少塑形变形和加工硬化，提高刀具寿命。

③ 取较大的后角（α_0=8°～10°），以减小刀具后刀面与工件表面的摩擦和加工硬化。

④ 为加强刀尖强度，取负刃倾角 λ_s=-8°～-3°。

⑤ 采用断屑槽，使其断屑。

2）切削用量　车削不锈钢时，采用的切削用量参见表 11-31。

表 11-31　奥氏体不锈钢切削用量

刀具名称	工件材料	刀具材料	刀片型号	刀具几何参数			切削用量			
				γ_0/(°)	λ_s/(°)	负倒棱宽度 $b_{\gamma1}$/mm	负倒棱前角 γ_{01}/(°)	v/(m/min)	f/(mm/r)	a_p/mm
机夹式外圆车刀	1Cr18Ni9Ti 1Cr18Ni9	YG813 YW3 YG8N	D220	18～20	-8～-3	0.1～0.2	-3～0	60～105	0.2～0.3	2～4

（2）车削马氏体不锈钢

车削马氏体不锈钢选用的车刀结构如图 11-13 所示。

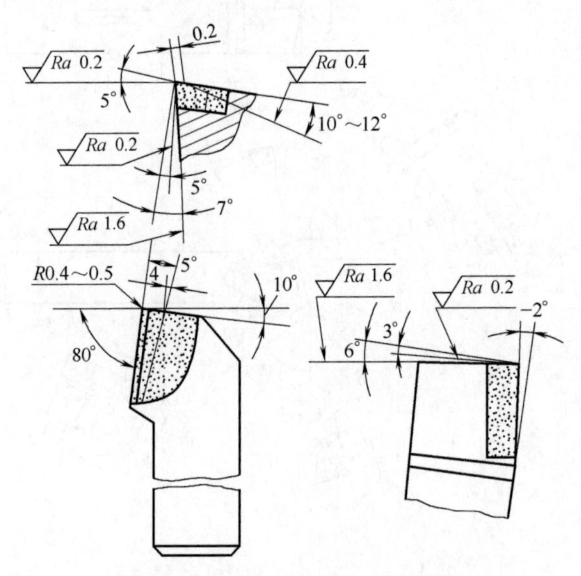

图 11-13　车削马氏体不锈钢车刀

1）刀具的特点

① 因马氏体不锈钢含碳量相对较高，热处理后硬度提高，故选取较小的前角 γ_0=10°～12°，且取小的负倒棱（$b_{\gamma1}$=0.2mm，γ_{01}=-5°），既减小塑性变形和加

工硬化程度，降低了切削力和切削温度，又能兼顾刀刃强度。

② 采用外斜式圆弧断屑槽，靠刀尖处切屑卷曲半径大，靠外缘处切屑卷曲半径小，切屑易翻向待加工表面而折断，断屑情况良好。

③ 主偏角较大，减小背向力。

2）切削用量　车削不锈钢时，采用的切削用量参见表 11-32。

表 11-32　马氏体不锈钢切削用量

刀具名称	工件材料	刀具牌号	刀片型号	工序种类	切削用量		
					v/（m/min）	f/（mm/r）	a_p/ mm
马氏体不锈钢外圆车刀	2Cr13（197 ～ 248HBS）	YW1 YW2 YT14	A412	粗车	84 ～ 90	0.4	3
				精车	105 ～ 113	0.18 ～ 0.21	0.3 ～ 1

（3）复合涂层刀片精车刀车削 2Cr13

车削 2Cr13 不锈钢选用的复合涂层刀片精车刀结构如图 11-14 所示。

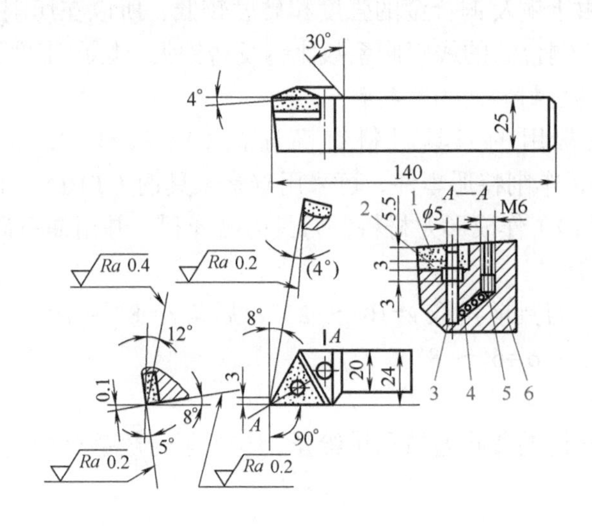

图 11-14　复合涂层刀片精车刀

1—刀片；2—刀垫；3—杠杆；4—滚珠；5—螺钉；6—刀杆

1）刀具的使用要点　车削 2Cr13 不锈钢选用的复合涂层刀片精车刀，刀片寿命为 YG8N 的 3 ～ 5 倍。使用时应注意以下要点。

① 不可錾刀，以防錾掉涂层。

② 装刀时，刀尖应高于工件中心 0.2 ～ 0.5mm。

③ 精车不锈钢时，宜使用硫化油进行充足的冷却润滑。

2）切削用量　车削 2Cr13 不锈钢时，采用的切削用量参见表 11-33。

表 11-33 复合涂层刀片精车刀切削用量

刀具名称	工件材料	刀具材料	刀片型号	刀具几何参数			切削用量			
				γ_0 /(°)	λ_s /(°)	负倒棱宽度 $b_{\gamma1}$/mm	负倒棱前角 γ_{01} /(°)	v /(m/min)	f /(mm/r)	a_p /mm
复合涂层刀片精车刀	2Cr13(241～293HBS)	TiC-TiCN-TiN	FNUM 1504 04-A3	90	−4	12	8	100	0.2	0.2～2
								200	0.3	

11.5 铜合金的车削操作

铜合金可分为青铜和黄铜。青铜比较脆，车削时与铸铁有些相似，而黄铜比较软，略有韧性，车削时与低碳钢相近。在车削铜合金时，比较容易获得较小的表面粗糙度值。由于铜及铜合金的强度和硬度较低，所以在切削力及夹紧力的作用下，容易变形。铜合金的线膨胀系数比钢及铸铁大，因此工件加热变形也大。

（1）车削铜合金材料的刀具材料

车削铜合金常用的刀具材料有高速钢（W18Cr4V），钨钴类硬质合金（YG6，YG8）等，车削特形零件，可采用碳素工具钢（T10A、T12A）和合金工具钢（9SiCr、GCr9）作成形刀材料，刀具刃磨锋利，并用油石研磨。

（2）刀具角度

车削黄铜时，刀具前角取 γ=10°～25°，后角 α=8°～10°。车削青铜时取前角 γ=0°～10°，后角 α=6°～8°。

（3）切削用量

车削铜合金材料的背吃刀量和进给量，与车削一般钢材相同，切削速度可取大些。

11.6 铝、镁合金的车削操作

铝合金有足够的耐蚀性，而镁合金抗腐蚀能力较低，与酸碱、盐等物相接触或处于潮湿的空气中零件极易被腐蚀，因此应在干燥环境中加工。铝、镁合金熔点低，当温升到 400℃以上时，镁合金易燃烧起火，因此不能用切削液，必要时可用压缩空气冷却。

（1）车削铝镁合金刀具的材料

车削铝、镁合金常用的刀具材料为钨钴类硬质合金 YG6、YG8，优质碳素工具钢 T12A 和高速钢 W18Cr4V。

（2）刀具角度

车削铝、镁合金时，刀具前角取 $\gamma=20^\circ \sim 25^\circ$，副后角 $\alpha'=10^\circ$，主偏角 $\kappa_r=60^\circ \sim 90^\circ$。车削铝合金时后角 $\alpha=10^\circ \sim 12^\circ$，车削镁合金后角为 $\alpha=12^\circ \sim 15^\circ$。其余刀具角度与通用车刀相同。

（3）刀具的刃磨要点

刀具刃磨要锋利，表面粗糙度值应研磨至 $Ra1.6\mu m$ 以下。车刀一般不磨出负倒棱，特别是车削镁合金的车刀。刀刃磨得不锋利，切削中产生挤压摩擦，易使高温后镁发生燃烧引起事故。

（4）切削用量

铝、镁合金属易切削材料，应尽可能地提高切削速度，背吃刀量和进给量与车削一般钢材相同。

（5）车削铝、镁合金材料用的几种典型刀具

① 加工铝合金弯头车刀。加工铝合金弯头车刀见图 11-15。

粗车铝合金时用乳化液，精车时用煤油作为切削液。

② 加工铝、镁合金多刃车刀。加工铝、镁合金多刃车刀见图 11-16。

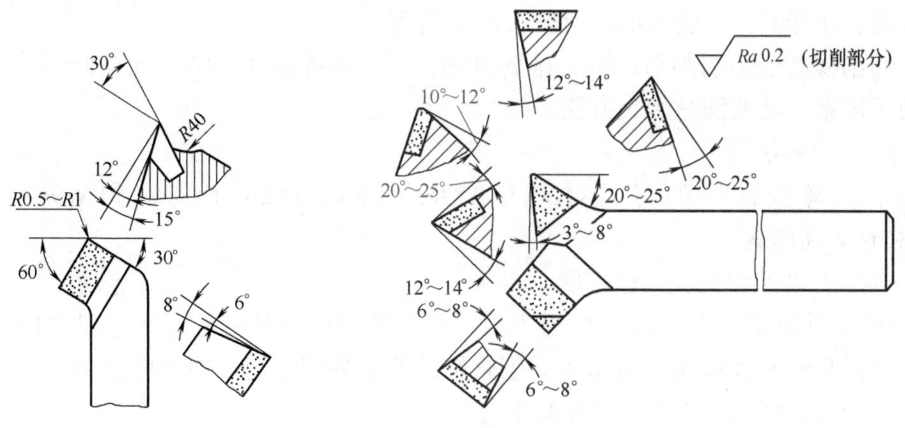

图 11-15 车削铝合金弯头车刀　　图 11-16 加工铝、镁合金多刃车刀

11.7 难加工非金属材料的车削操作

生产中，常用于车削的非金属硬脆材料主要有：玻璃钢、有机玻璃、橡胶以及夹布胶木等等，其车削操作要点如下。

11.7.1 玻璃钢的车削操作

玻璃钢种类有聚酯玻璃钢，酚醛玻璃钢和改性呋喃玻璃钢等。玻璃钢较坚

硬，机械强度较高，其切削性能与橡胶相似。

切削玻璃钢的刀具材料选用钨铬类硬质合金的 YG6 和 YG8。

刀具前角取 γ=25°～ 30°，后角取 α=10°～ 20°，其余几何角度与通用车刀相同。

11.7.2 有机玻璃的车削操作

有机玻璃常用的是聚甲基丙烯酸甲酯挤压成形的板、管和棒材等半成品，对温度变化较敏感，车床上对有机玻璃一般采用车削，研磨和抛光的加工方法。

切削有机玻璃的刀具材料常用的有 YG6、YG8 和 W18Cr4V 等硬质合金钢和高速钢。

刀具前角取 γ=30° ～ 40°，后角 α=10° ～ 12°，其余角度与通用车刀相同。

11.7.3 橡胶的车削操作

由于橡胶受外力后，容易产生变形，切削时难以保证精度和表面粗糙度的要求。因此在车削时，为保证车削顺利，车刀应尽量选用大前角和后角，增大车刀的过渡刃和修光刃，前刀面应有较大的排屑槽。

切削橡胶应使切削刃锋利，排屑流畅，不致使橡胶在车削中烧损而影响工件的加工质量，还要注意装夹方法。

（1）刀具选用

车削橡胶常用的刀具材料有 T8A、T10A、T12A 工具钢和 W9Cr4V2、W18Cr4V 高速钢。

（2）刀具的种类及几何形状

① 车外圆刀。车外圆刀适用于粗、精车橡胶件的外圆，对夹杂过多的硬橡胶可使用具有较大前角、后角的车削软钢的普通外圆车刀。而对弹性较大的软橡胶则应使用如图 11-17 所示的外圆车刀。

② 套料刀。套料刀适用于在板材上车削密封圈、衬垫和皮碗等橡胶零件，刀具形状如图 11-18 所示。

③ 内端面车刀。内端面车刀适于车削孔内的台阶端面，其结构如图 11-19 所示。

④ 车削橡胶材料的切断刀。车削橡胶材料的切断刀主要是用来切断和车外圆台阶端面，如图 11-20 所示。

11.7.4 夹布胶木的车削操作

夹布胶木的型号很多，其力学性能较高，在机械产品中多用于造齿轮、轴承

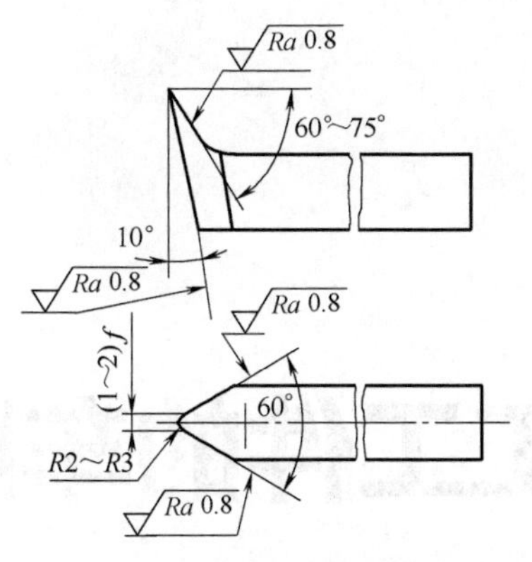

图 11-17　车削橡胶的外圆车刀

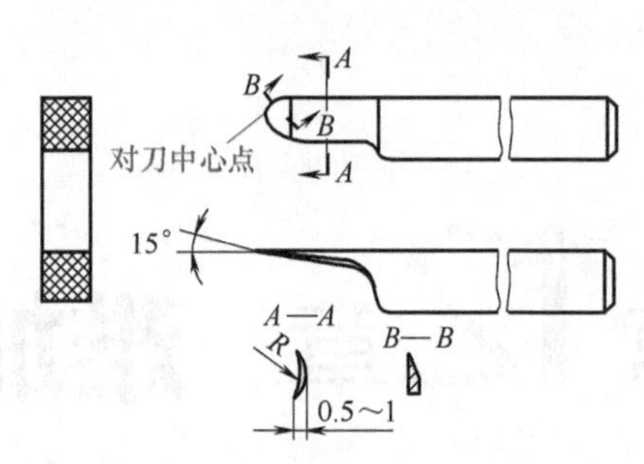

图 11-18　车削橡胶的套料车刀

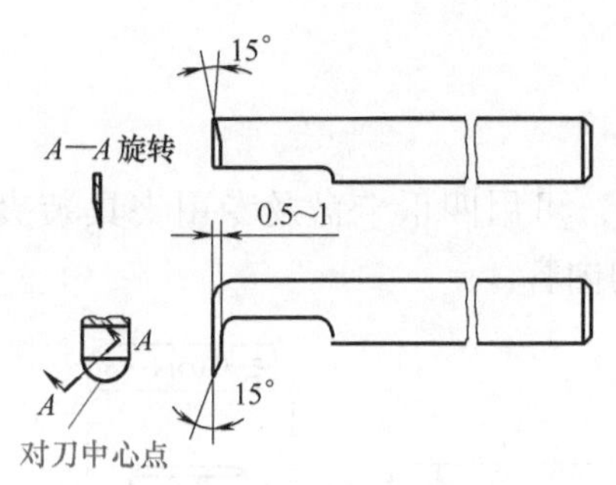

图 11-19　车削橡胶的内端面车刀

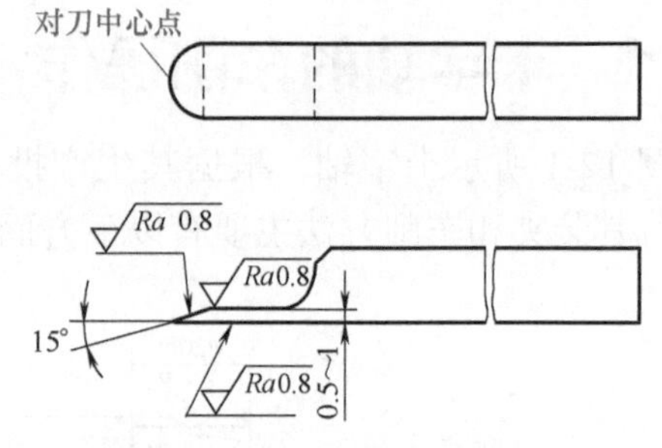

图 11-20　车削橡胶的切断刀

支架、滑动轴承及绝缘物品等。因是叠压制，所以在切削加工时易起层，应使用锋利的车刀，并注意切削力的方向。夹布胶木属易切削的非金属材料，切削时，后角宜取大值。

车削夹布胶木的常用刀具材料选用 YG6、YG8 和 W18Cr4V 等。

刀具前角取 γ=35°～ 40°、后角 α=12°～ 14°，其角度与通用车刀相同。

车削夹布胶木时，进给量可选取 f=0.1 ～ 0.4mm/r，切削速度和背吃刀量与一般钢件相同。

第12章 难加工工件的车削

12.1 十字轴的车削操作

图 12-1 所示十字轴，根据其生产批量，可用四爪卡盘及专用夹具装夹车削完成，其装夹和车削方法主要有以下方面的内容。

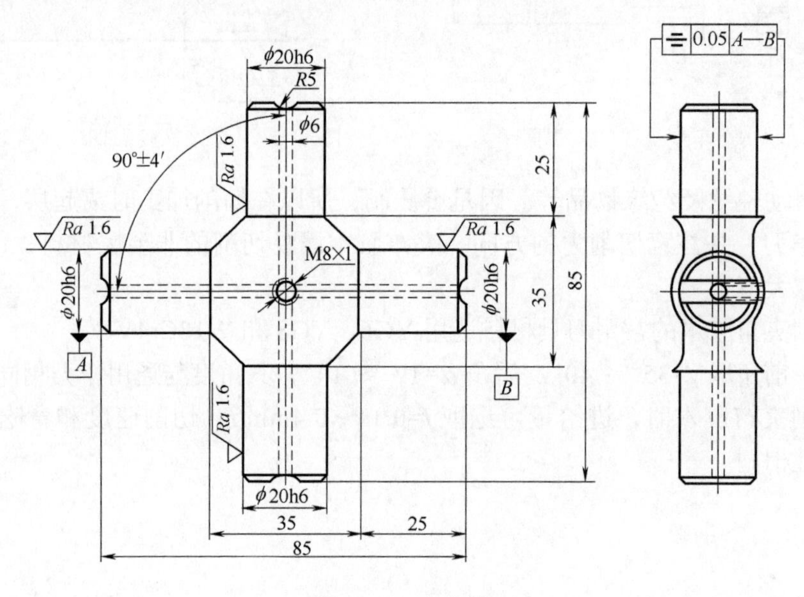

图 12-1 十字轴

（1）准备工作

① 毛坯模锻后做退火热处理。

② 退火后的毛坯进行喷砂除氧化皮。

③ 粗车安排在渗碳处理之前，以便控制渗碳的有效深度（0.8 ～ 1.4mm）。

④ 钻制润滑油孔（互成垂直）、车制油嘴螺孔、铣轴端圆弧应在渗碳之后淬

火（56～64HRC）之前进行。

⑤ 淬火热处理后应进行回火处理。

⑥ 磨削端面及轴颈外圆应在淬火、回火之后完成。

⑦ 十字轴的两轴中心线应垂直相交在一平面内，误差不大于 0.1mm；两轴心的垂直度不大于 0.2mm/100mm。在划轴端面十字线的同时应划出经过十字线的外侧母线，并打好样冲眼，以作为找正时的基准。

⑧ 成批生产应在专用夹具上钻出轴端面中心孔并取准长度，然后采用两顶尖间装夹定位加工。单件产品可选用四爪单动卡盘装夹。

（2）加工步骤

① 毛坯检查。

② 划出轴端面十字线和外侧母线，打样冲眼。

③ 在四爪单动卡盘上装夹十字轴轴颈处毛坯表面，用划线盘按毛坯上十字线和侧母线反复调整工件位置，使十字线中心与车床旋转中心重合，侧母线与车床主轴轴线平行。

④ 粗、精车端面，取长度 42.5mm。

⑤ 钻中心孔 A5/10。

⑥ 钻 ϕ6mm 通孔至深度 45mm。

⑦ 用尾座顶尖支撑，粗、精车轴颈 ϕ20h6 × 25 至尺寸。

⑧ 轴端倒角 1mm × 45°，去毛刺。

⑨ 工件调头，以 ϕ20h6 处表面加铜垫装夹，按上述方法找正十字线中心及侧母线。

⑩ 粗、精车端面，取总长 85mm 至尺寸。

⑪ 钻中心孔 A5/10。

⑫ 钻 ϕ6mm 通孔。

⑬ 用尾座顶尖支撑，粗、精车轴颈 ϕ20h6，取长度 35mm 至尺寸。

⑭ 轴端倒角 1mm × 45°。

⑮ 用上述方法加工其余两轴颈至尺寸。

⑯ 检查。

（3）检验

按加工图样要求对十字轴进行检验。

12.2 复杂台阶轴的车削操作

图 12-2 所示台阶轴，采用 40Cr 钢锻件制成，可用四爪卡盘夹持，配合中心架及顶尖装夹车削完成，其装夹和车削方法如下。

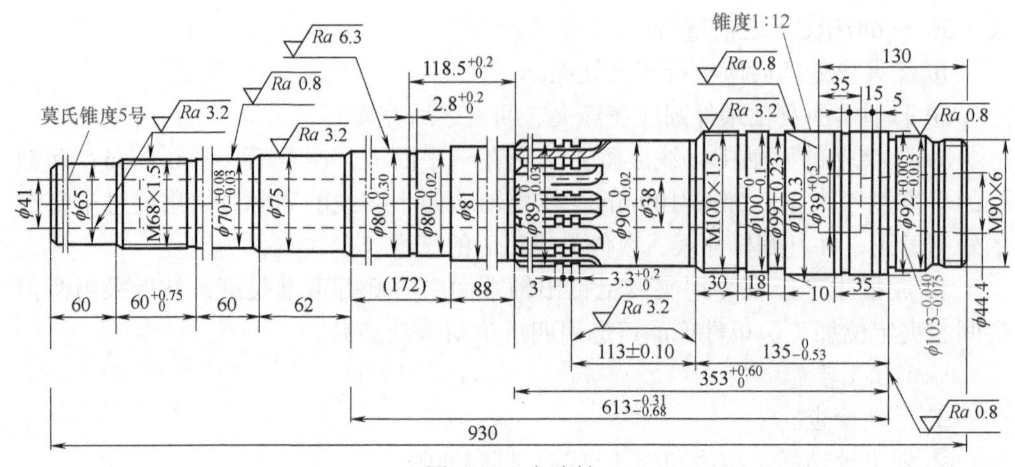

图 12-2 台阶轴

（1）准备工作

① 由于零件材料为 40Cr 钢毛坯经锻压加工制成，故锻压后应做退火热处理。

② 由于自由锻的毛坯加工余量大，调质热处理应在粗车后完成。

③ 毛坯两端中心孔可在镗床或铣床上钻出。

④ 粗车、半精车各台阶外圆采用四爪单动卡盘夹持、尾部用活动顶尖支撑的一夹一顶装夹方法，其夹紧力大，找正方便。

⑤ 主轴内孔可采用硬质合金内排屑交错齿深孔钻钻孔和深孔导向扩孔刀扩孔的方法进行加工。单件生产时，可采用麻花钻钻孔，但需增加一个锥柄长套。钻孔时注意经常退出钻头清除切屑，防止切屑挤死在钻头的螺旋槽内。

钻孔安排在半精车之后，采用一夹一搭中心架装夹，切削液要充足。

⑥ 车削、测量各台阶时，应注意测量基准的选择。先以按总长尺寸换算车出的 $\phi 103_{-0.075}^{-0.040}$ mm 右侧台阶平面为基准面，测量 $613_{-0.68}^{-0.31}$mm 范围内的各个台阶长度（必要时，可通过尺寸换算来实现），随后，再以 $613_{-0.68}^{-0.31}$mm 左侧台阶平面为基准面，测量主轴尾端各个台阶长度，这样能保证车削中各台阶长度位置尺寸的准确。

⑦ 主轴上前后轴承位置、轴颈、花键、齿轮位置及莫氏锥孔的同轴度要求很精密，跳动允差 0.005mm 以内，所以在精加工上述各台阶外圆、端面时，应在主轴两端锥孔内镶锥度堵头，采用两顶尖间装夹磨削加工。加工完毕后取出堵头。

⑧ 刀具刃磨。根据零件结构应刃磨 90° 外圆偏刀、45° 外圆偏刀、深孔 ϕ38mm 钻头、扩孔车刀、外矩形切槽刀、三角形外螺纹车刀。

（2）加工过程及步骤

表 12-1 给出了台阶轴的加工工艺过程及操作步骤。

表 12-1 台阶轴的加工过程及操作步骤

工序	工种	加工简图	加工内容	夹具	刃具	设备
1	锯		下料			弓锯床
2	锻		毛坯锻压			空气锤
3	热处理		退火			热处理炉
4	镗		钻中心孔		ϕ8mm 中心钻	镗床
5	车	全部 Ra 12.5；937；322；360；75；ϕ75；ϕ89；ϕ110；ϕ100	一夹一顶，粗车外圆成四个台阶，分别为： ϕ100mm×75mm ϕ110mm×360mm ϕ89mm×322mm ϕ75mm×180mm	四爪单动卡盘 回转顶尖	偏刀	C630 车床
6	热处理		调质处理			热处理炉
7	车	参照工件图	①一夹一顶安装，靠四爪处校正，半精车各挡台阶，外圆放余量 2mm，长度放余量 2 ～ 3mm ②搭中心架，车两端端面，取总长 930mm 至尺寸	四爪单动卡盘 回转顶尖 中心架	偏刀 偏刀	C630 车床
8	车	ϕ38	搭中心架，找正卡爪处外圆 ①钻孔 ϕ35mm ②扩孔至 ϕ38mm	中心架	ϕ35mm 钻头扩孔刀	
9	车	ϕ11	①搭中心架，找正卡爪处外圆，按锥度要求分别车两端工艺锥孔，大端尺寸为 ϕ41mm ②两端镶配工艺堵头 ③分别钻两端中心孔	中心架 钻夹头	车孔刀 ϕ5mm 中心钻 工艺堵头	C630 车床

续表

工序	工种	加工简图	加工内容	夹具	刃具	设备
10	车	参照工件图	一夹一顶安装，靠近四爪处外圆用百分表校正 ① 精车各挡外圆及台阶端面，外圆留0.25mm ~ 0.35mm 的磨削余量；台阶长度留 0.2mm 磨削余量 ②车各挡螺纹外圆至尺寸 ③车各处沟槽，倒角	四爪单动 卡盘 回转顶尖	偏刀 外沟槽刀	C630 车床
11	磨		两顶尖间安装，磨削各档外圆和台阶端面			磨床
12	车	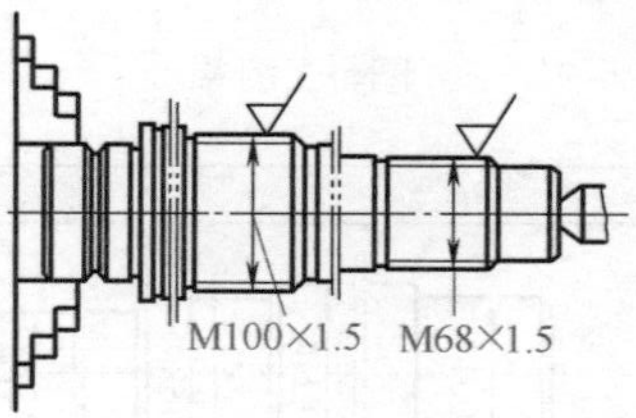 M100×1.5 M68×1.5	一夹一顶安装，靠近四爪处外圆用百分表校正 车 M100 × 1.5、M68 × 1.5 三角形螺纹至尺寸	四爪单动 卡盘 回转顶尖	三角螺纹车刀	C630 车床
13	铣		铣 $\phi 89_{-0.03}^{0}$ mm 处花键槽			万能铣床
14	车	参照工件图	① 搭中心架，钻孔，拆除两端堵头 ② 找正卡爪处和中心架支承处外圆至 0.005mm 精车前端莫氏 5 号锥孔及其端面 ③ 车 $\phi 39_{0}^{+0.5}$ × 35mm 台阶内孔至尺寸 ④ 车 M90 × 6 螺纹至尺寸	四爪单动 卡盘 中心架	内孔车刀 三角螺纹 车刀	C630 车床

（3）检验

采用游标卡尺、千分尺进行测量。内、外锥面配合的接触面用涂色法检查，其接触面积应大于65%。

12.3 轴承座的车削操作

当工件被加工表面的旋转轴线与基面相互平行（或相交）、外形较复杂时，可以将工件装夹在花盘的角铁（或不成90°的角铁）上加工。图12-3所示的轴承座就是在角铁上车削加工的。其在角铁上车工件的装夹和车削方法主要有以下方面的内容。

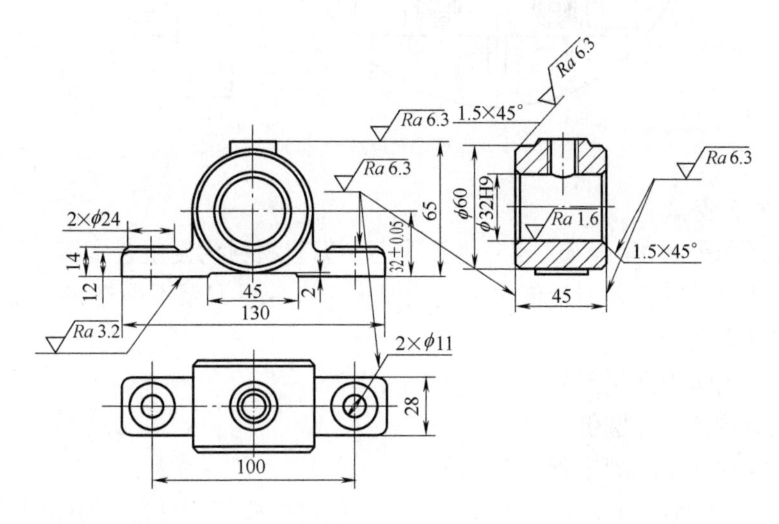

图12-3 轴承座

（1）准备工作

在角铁上装夹工件必须准备的附件主要有：花盘、角铁、压板、平垫铁、方头螺钉、平衡铁等。图12-4给出了轴承座在角铁上的装夹方法。装夹时主要应做好以下工作。

① 安装和找正角铁。先找正花盘的平面，再把精制角铁用螺钉紧固在花盘适当位置上。将百分表装在刀架上，摇动床鞍，测量角铁平面是否与主轴轴线平行，可以通过修刮角铁或垫薄铜皮或纸来调整。角铁至车床主轴轴心的距离就是轴承座孔中心至底面的高度。可以在车床主轴孔内装一心棒，用内径百分表、量块来测量调整角铁的位置。误差控制在本工序尺寸公差的1/2内。

② 在角铁上安装和找正轴承座工件。把轴承座（轴承座底面先加工出来）安装在角铁上，用压板初步压紧。

③ 用划线盘找正十字中心线，并将压板紧固。

④ 装平衡块，调整平衡。

⑤ 用手转动花盘，检查是否发生碰撞。

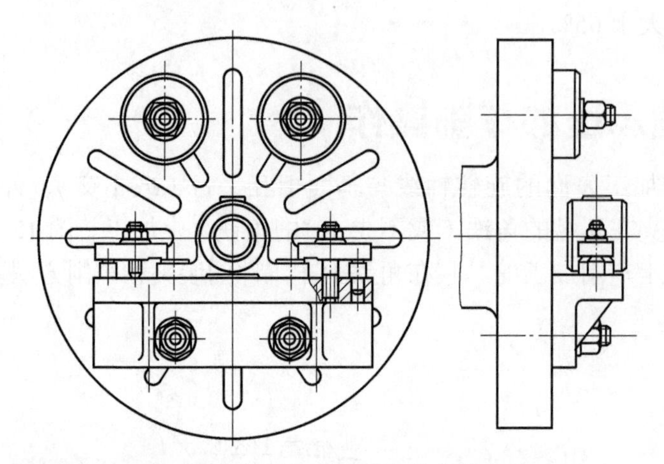

图 12-4 轴承座在角铁上的装夹方法

（2）加工步骤

① 选择和刃磨车刀 选用 45°内孔车刀，刀具材料为硬质合金钢。

② 内孔车刀的安装刀杆伸出长度应略大于孔深且刀架不得与夹具相碰撞。

③ 车平端面。

④ 粗、精车内孔至尺寸。

⑤ 孔口倒角，外圆倒角。

⑥ 车内端面，取规定长度并倒角。

注意：车削时，车床转速不宜过快，要经常检查压紧状况，防止工件走动或工件、夹具松脱发生安全事故。

（3）检验

轴承座孔轴线对定位基面的平行度不大于 0.04mm/100mm，表面粗糙度符合要求。

12.4 齿轮泵体的车削操作

图 12-5 所示的齿轮泵体是在专用夹具上车削加工的。其在专用夹具上的装夹和车削方法主要有以下方面的内容。

（1）准备工作

① 铸件毛坯应做人工时效处理，以降低材料硬度，消除内应力。

② 铸件毛坯表面的氧化皮、砂粒等，加工前需清理，对不加工表面做涂油漆防锈处理。

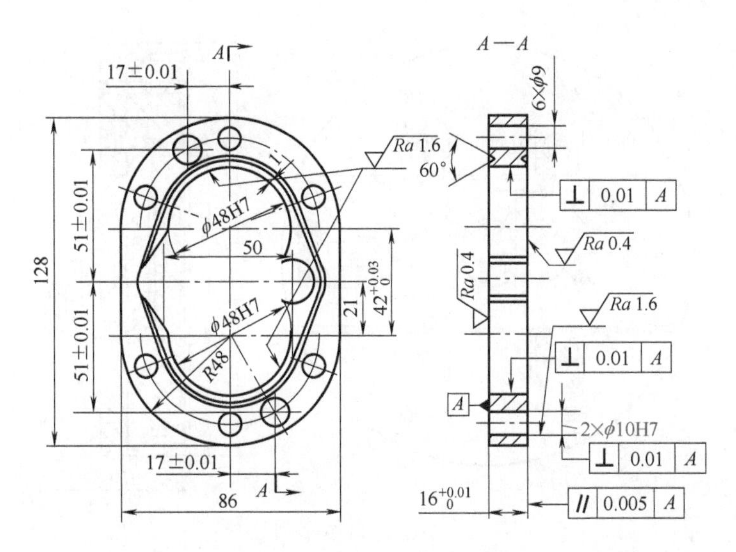

图 12-5 齿轮泵体

③ 泵体应先刨、精磨两个平面，并取准厚度 $16^{+0.01}_{0}$ mm。

④ 由于泵体毛坯用金属模造型，外形比较准确，可根据外形用钻模钻 6×ϕ9mm 孔并钻、铰 2×ϕ10H7 孔。

⑤ 1mm×60°油槽可用仿形铣床铣出，也可以在车床上用靠模车出。

⑥ 要保证工件两孔中心距尺寸 $42^{+0.03}_{0}$ mm，如果用一般方法装夹是比较困难的，因此，要在专用夹具上车削。加工好一孔后，工件不能从夹具上卸下，必须连同夹具定位体一起移动 42mm，然后加工第二孔。

⑦ 齿轮泵体装夹方法选择。由于 ϕ48H7 孔表面与底面 A 的垂直度公差为 0.01mm，且这个面已精车过，因此选择底平面 A 为主要定位基准，另外用 2×ϕ10H7 孔作为定位基准。即采用双孔一面的定位方法。

⑧ 图 12-6 所示为车齿轮泵体专用夹具结构图。工件以 2×ϕ10H7 孔套在定位销 3、4 上，把两只钩形压板 5 旋转 90°，旋紧螺母，压住工件。车第一孔时，使活动挡铁 8 和固定挡铁 6 相接触，旋紧四只内六角螺钉 1，压紧夹具体，就可以进行车削。第一孔车好后，旋松四只螺钉 1，移动定位体 2，在活动挡铁 8 和固定挡铁 6 之间放入 42.01mm 专用量规 7，以控制两孔距离，然后再旋紧四只螺钉 1，车削第二个孔。

（2）车削步骤

车削齿轮泵体时，应先精车花盘平面，将夹具置于花盘上，同时找正使夹具外圆跳动及平面跳动 < 0.1mm。工件以 2×ϕ10H7 孔及平面 A 为定位基准，装夹于夹具中后，再按以下步骤进行操作。

① 粗车孔 ϕ48H7 至 ϕ47mm。

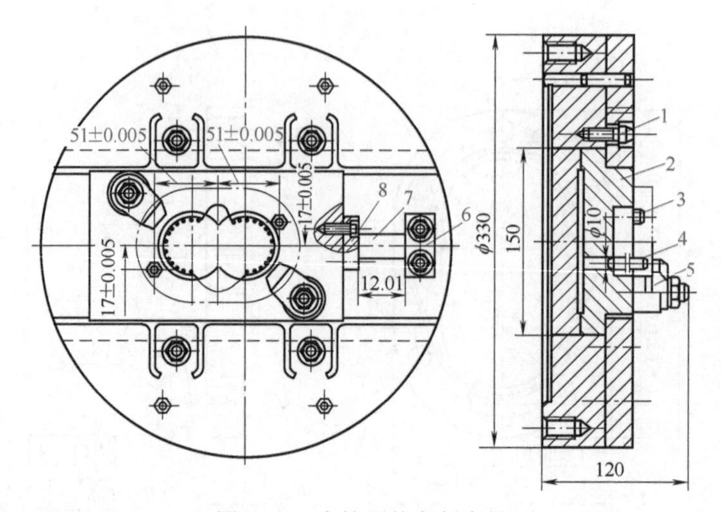

图 12-6 齿轮泵体车削夹具

1—螺钉；2—定位体；3，4—定位销；5—钩形压板；6—固定挡铁；7—量规；8—活动挡铁

② 半精车 ϕ48H7 孔至 ϕ47.8 ± 0.1mm。

③ 精车 ϕ48H7 孔至尺寸。松开压紧定位体螺钉，移动定位块和定位挡铁，放入 42mm 量块，然后旋紧螺钉，紧固定位体。按相同方法加工另一孔。

（3）检验

齿轮泵体孔距误差不大于 0.05mm，加工部位轴线对定位基面的垂直度不大于 0.04mm/100mm。

12.5 双锥度对配圆锥面的车削

图 12-7 所示为用于车削薄壁型面零件的内支承工具，主要有三个零件组成，

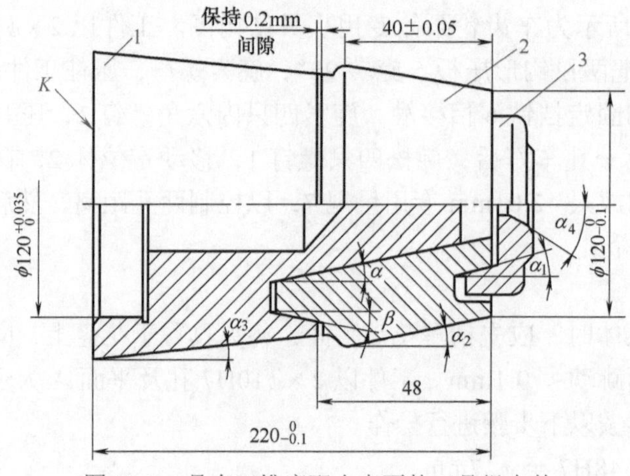

图 12-7 具有双锥度配合表面的工具组合件

零件 1 与零件 2 之间具有斜角为 α 和斜角为 β 的双锥度配合表面，零件 2 与零件 3 之间具有斜角为 α_1 的单锥度配合表面，各锥度配合表面的密合度均应在 98% 以上。此外，零件 1 和 2 组合后所构成的特殊型面中，具有斜角为 α_2 和 α_3 的两个圆锥体表面，而零件 3 具有斜角为 α_4 的圆锥孔表面。各圆锥表面在组合后，相对于零件 1（直径 $\phi120^{+0.035}_{0}$ mm）内孔轴心线的跳动量均不大于 0.02mm，各圆锥面轴心线与端面 K 的不垂直度不大于 0.02mm。

（1）工艺分析

该组合件具有双锥度配合，其车削加工与单锥度对配加工方法基本相同，但车削要求更高，测量也更复杂。

（2）加工步骤

① 精车零件 2 斜角为 α 和 β 的圆锥面。以粗加工所留出的工艺凸台表面为装夹基准，将零件安装在四爪卡盘上校正和定位，然后夹紧，零件 2 圆锥面分别用转动小刀架角度进行车削，其车削方法如图 12-8 所示。

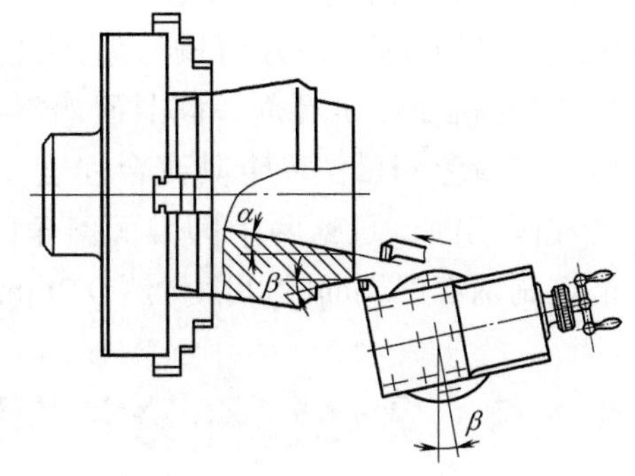

图 12-8 精车零件 2 斜角 α 和 β 的圆锥面

② 精车零件 1 斜角为 α 和 β 的圆锥面。将零件 1 按图 12-9 所示的方法，用四爪卡盘装夹，卡爪支承表面与零件表面之间垫入软金属片，以防止用力夹紧时，将零件内孔精加工表面挤伤，用百分表校正，零件的外圆及表面定偏摆不大于 0.01mm（在精车内孔 $\phi120^{+0.035}_{0}$ 时外圆表面需精车一段作为校正基准）。

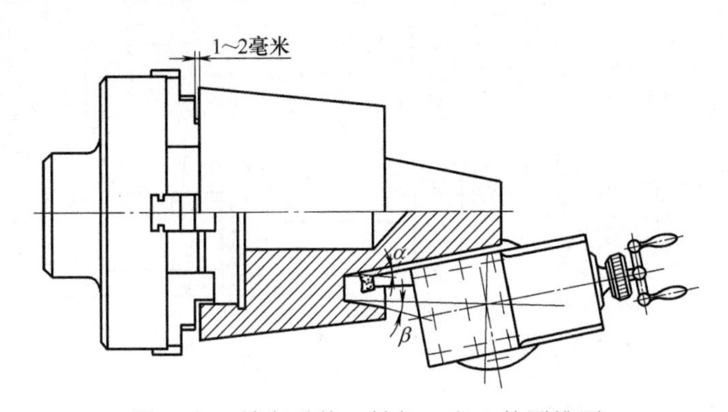

图 12-9 精车零件 1 斜角 α 和 β 的圆锥面

精车时，按逆时针方向先把小刀架转动 α，车削圆锥面时注意留加工余量。用已精车的零件 2 作为锥度量规，测量零件 1 的圆锥面着色面积，根据着色程度调整小刀架转动角度，当着色面积达到 80% 以上时，用划针在小刀架转盘上对准中拖板的“零”位作一刻线，刻线要清晰准确，刻线后，将零件1的圆锥体（α

角）车去 0.1mm。然后，将小刀架按顺时针方向旋转 β 角度，车削零件 1 的圆锥孔。同样，留一定的加工余量，并不断用零件 2 已车出 β 角的圆锥体作测量工具，测量零件 1 的着色程度和调整小刀架转动角度，当着色面积已达到 80% 以上时，用划针在小刀架转盘上对准中拖板“零”位再作一刻线，刻线后，将零件 1 圆锥孔车去 0.1mm 的加工余量。为什么要经过两次车去 0.1mm 加工余量，因为零件具有双面对配锥度，如果其中一面没有一定的间隙，则小刀架转动角度后，圆锥面的另一面会产生“干涉”现象，以至于无法对配。根据对配情况，可以对所作刻线再作细致的调整。如此反复多次地转动小刀架，使零件 1 与零件 2 的锥度密合程度达 90% 以上。当端面间隙（如图 12-7 所示的 0.2mm 间隙处）达 0.25 ～ 0.3mm 时，方可进行研磨加工，研磨时用氧化铝研磨粉（W14 ～ W20）和 20 号机油作研磨剂，同时研磨斜角为 α 和斜角为 β 的圆锥面，研磨一段时间后，用着色测量法检查其密合程度，如果其中只有一个锥面着色，则应当重新研磨此圆锥面，直到两个圆锥面斜角同时着色，且密合度达 98% 以上为止，并严格控制两零件端面的间隙量达 0.2mm 要求（在 ±0.05mm 之内）。

12.6 多线蜗杆的车削操作

图 12-10 所示为三线左旋蜗杆结构图，模数 m_x=3mm，α_x=20°，采用 45 钢制成，要求调质处理，处理后硬度为 220 ～ 250HB，毛坯为热轧圆钢，毛坯尺寸为 ϕ65mm × 307mm。由于零件要进行热处理，因此，蜗杆齿形的粗、精车加工

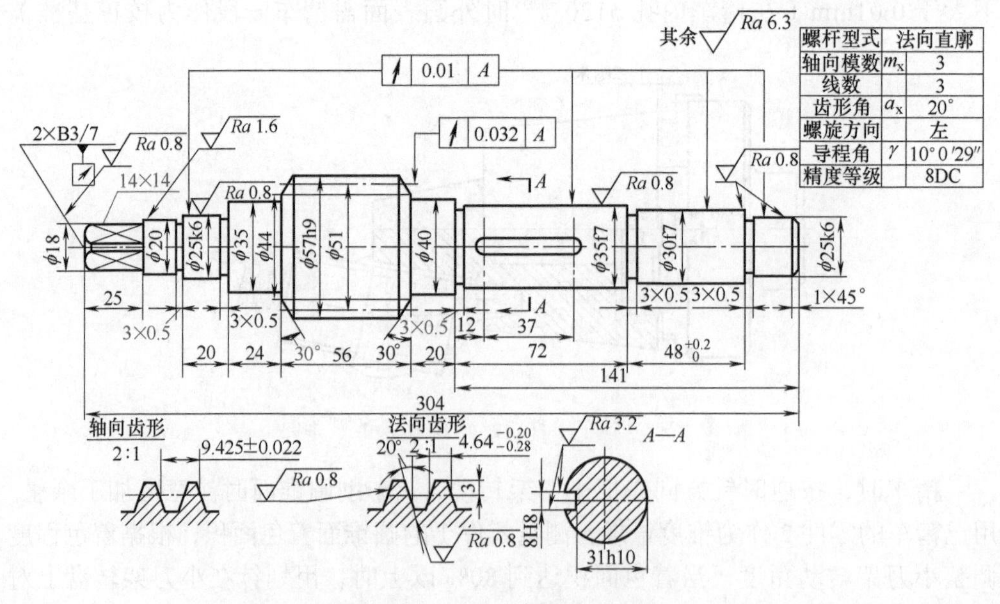

图 12-10 三线左旋蜗杆结构图

就不可能一次性装夹完成，从而其装夹基准就不可能一致。一般粗车采用四爪单动卡盘、回转顶尖一夹一顶装夹，精车利用粗车加工好的两端面中心孔定位，应该注意的是：精车定位用的中心孔应在调质后经过充分的研修，其装夹和车削方法主要有以下方面的内容。

（1）准备工作

① 调质工序安排在粗加工之后、半精加工之前。

② 蜗杆的齿形为法向直廓，安装车刀时，应把车刀左右刃组成的平面旋转一个导程角，即垂直于齿面。车削时应采用可回转刀杆。

③ 由于蜗杆左端直径较小，为了不降低工件装夹刚性，需先粗车蜗杆齿形，再车 ϕ25K6、ϕ20、ϕ18、ϕ30f7、ϕ35f7 外圆。

④ 精车时采用三针测量法测量齿厚精度。根据蜗杆的基本参数，模数 m_x=3mm，z=3、q=51/3=17，查资料可得量针测量距 M=59.673mm，量针直径 d_0=5.46mm。

⑤ 由于蜗杆齿形在图样上标注是齿厚偏差，因此必须把齿厚偏差换算成量针测量距离偏差。换算方法如下：

$$\Delta M_{上}=2.7475\Delta S_{上}=2.7475\times(-0.2)=-0.5495\ (\text{mm})$$

$$\Delta M_{下}=2.7475\Delta S_{下}=2.7475\times(-0.28)=-0.7693\ (\text{mm})$$

得　$M=59.673^{-0.5495}_{-0.7693}$ mm

⑥ 刀具选用 W18Cr4V 作刀头。分粗车刀和精车刀。粗车刀的刀尖角应小于两倍齿形角（ε_r=39°）；取 10°～ 15°径向前角；径向后角为 6°～ 8°；左侧刃后角取（3°～ 5°）+γ 即 13°～ 15°；右侧刃后角（3°～ 5°）$-\gamma$，即 −7°～ −5°；刀尖适当倒圆。精车刀要求左右刀刃之间的夹角等于两倍齿形角；刀刃直线度好，前后刀面表面粗糙度细，可在左右切削刃上磨前角 15°～ 20°的卷屑槽；径向前角应为零度。刀头磨好后还应用油石研磨主、副后刀面，以获得很细的表面粗糙度。

⑦ 粗车蜗杆齿形时采用四爪单动卡盘、回转顶尖一夹一顶装夹。靠近卡爪处应找正。

调质热处理后、粗车蜗杆齿形后都应重新研磨，修正中心孔。

（2）车削要领

① 用分层切削法粗车蜗杆齿形。粗车齿形应在牙型两侧及槽底留 0.3mm 半精车余量。半精车齿形应在牙型两侧及槽底留 0.10 ～ 0.15mm 的精车余量。

② 最理想的分线工具是分度卡盘。如果采用小滑板分线方法，要注意借刀方向与借刀量，防止螺距误差过大失去精车余量。

③ 精车齿形应用对刀样板或万能角度尺严格装刀，并注意用万能角度尺检

查齿形半角精度，修正刀头位置，防止齿形角度误差。

④ 精车齿形时，一次只车一个齿面。可以在径向微量进给深度相同的情况下反复分头，以克服螺距误差。此法还可以消除导程积累误差。

⑤ 粗车齿形时应使用以冷却为主的切削液。精车齿形时，可将不加水的硫化乳切削液涂在牙型面上，或者用铅油、10% 红丹粉加 N46 机械油配成切削液，可提高刀具的使用寿命，降低表面粗糙度。

（3）加工工艺过程

表 12-2 给出了三线蜗杆的加工工艺过程。

表 12-2　三线蜗杆的加工工艺过程

工序	工种	工步	工序内容	设备	夹具	刃具	量具
1	锯	①	毛坯 ϕ65mm × 307mm 下料	弓锯床			
		②	检查				
2	车	①	三爪自定心卡盘夹毛坯外圆，车端面，钻中心孔 B3/7.5	C6140		B3 中心钻、偏刀	
		②	调头，车端面，取总长 304mm 至尺寸，钻中心孔 B3/7.5				
		③	车 ϕ50mm × 20mm 装夹工艺台				
3	车	①	三爪自定心卡盘夹 ϕ50mm × 20mm 工艺台，尾部用回转顶尖支撑，通车外圆至 ϕ61mm	C6140			
		②	粗车 ϕ40mm 至 ϕ44mm × 23mm、ϕ35f7 至 ϕ39mm × 72mm、ϕ30f7 至 ϕ33mm × 48mm、ϕ25K6 至 ϕ32mm				
		③	调头，一夹一顶，粗车 ϕ35mm 至 ϕ39mm × 27mm、ϕ25K6 至 ϕ35mm				
4	热	①	调质处理，硬度为 220 ～ 250HB				
		②	检查				
5	车		中心孔研磨	C6140			
6	车		三爪自定心盘夹 ϕ32mm 处外圆，尾部用回转顶尖支撑，粗车 ϕ18mm 外圆至 ϕ30mm × 20mm、ϕ25K6 至 ϕ32mm	C6140			
7	车	①	调头，用四爪单动卡盘夹 ϕ30 × 20mm 处，尾部回转顶尖支撑，靠卡爪处外圆用千分表校正至 0.005mm 半精车 ϕ57h9 外圆至 ϕ58mm、ϕ40mm 至 ϕ41mm × 19mm、ϕ35f7mm 至 ϕ36mm、ϕ30mm 至 ϕ31mm、ϕ25K6 至 ϕ26mm mm	C6140	四爪单动卡盘、		齿厚卡尺
		②	粗车三线蜗杆齿形				

续表

工序	工种	工步	工序内容	设备	夹具	刃具	量具
8	车	①	工件在两顶尖之间装夹，利用分度卡盘分度，精车 $\phi57h9\times56mm$ 至尺寸	C6140	分度卡盘、对分夹头、硬质合金孔顶尖		量块、$\phi5.46mm$ 量针
		②	两端倒角 30°				
		③	半精车、精车三线蜗杆齿形至尺寸要求				
		④	车 $\phi40mm\times20mm$、$\phi35f7\times72$、$\phi30f7\times48$、$\phi25K6$ 至尺寸要求				
		⑤	各处倒角				
9	车	①	调头，工件在两顶尖间装夹，车 $\phi35mm\times24mm$、$\phi25K6\times20$、$\phi20mm$、$\phi18mm\times25mm$ 至尺寸要求	C6140			
		②	各处倒角				
		③	切 5 处 $3mm\times0.5nm$ 外矩形槽				
		④	去各处毛刺				
		⑤	检查				
10	铣	①	铣键槽 $8H8\times31h10mm$ 至尺寸	立式铣床		键槽铣刀、盘铣刀	
		②	在分度盘中装夹，铣四方 14mm 至尺寸				
		③	检查				
11	钳		修去蜗杆两端不完整牙				
12	钳		清洗、防锈，入库				

（4）检验

按设计图样要求进行检验。

12.7 长丝杠的车削操作

图 12-11 所示为普通车床上的传动长丝杠，采用 45 热轧圆钢制成，毛坯尺寸为 $\phi50mm\times2215mm$。可用三爪自定心卡盘夹持，配合中心架及顶尖装夹车削完成，其装夹和车削方法如下。

（1）准备工作

该长丝杠精度为 8 级，牙型为非标准。技术要求为：螺距累计允差在 25mm 内为 0.018mm，在 100mm 内为 0.025mm，在 300mm 内为 0.035mm，以后每增加 300mm，则允差增加 0.01mm，全长不大于 0.08mm；牙型半角误差为 $\pm20'$；螺纹中径圆跳动 0.03mm；生产批量为小批生产。在装夹车削该轴前，应做好以下方面的工艺准备。

① 根据热处理及粗车工艺需要，毛坯总长取 2215mm，直径取 $\phi50mm$。

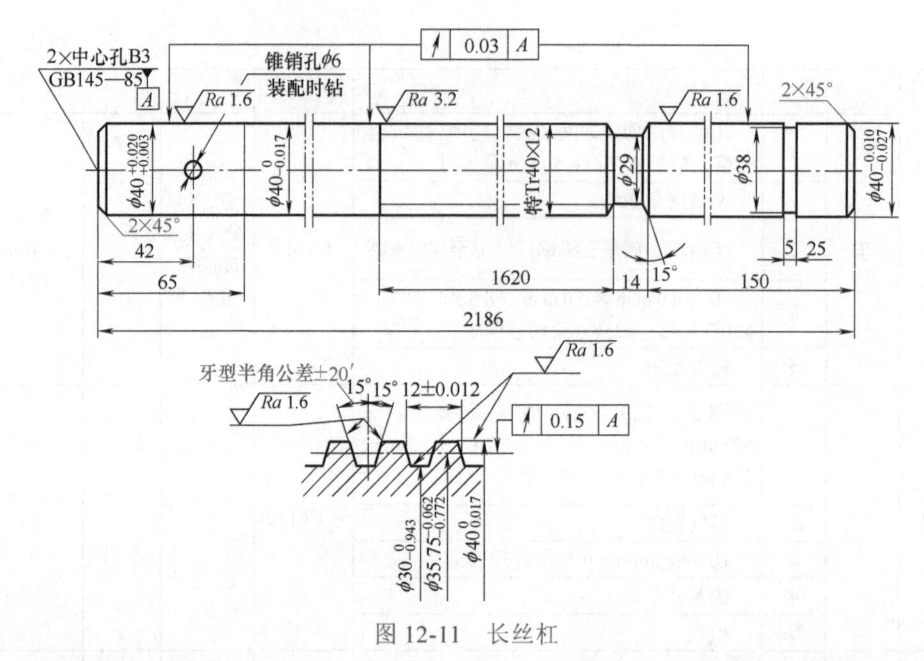

图 12-11　长丝杠

② 毛坯应校直，弯曲度不大于 1.5mm，冷校后应进行正火热处理，以消除内应力，改善切削性能。

③ 在无中心孔端的外圆上钻 ϕ8mm 工艺孔，以便于正火、调质过程中垂直吊挂时使用。

④ 粗车后进行调质处理，以改善材料组织，细化晶粒，消除内应力。

⑤ 精车螺纹时，应选择精度较高、磨损较小的车床，以专用丝杠车床最理想。

⑥ 应正确刃磨螺纹车刀并正确装夹螺纹车刀，以保证牙型角的准确。

⑦ 粗车螺纹后一般应进行校直处理，但校直后必须进行时效热处理，防止变形。

⑧ 每道工序加工完毕，工件应垂直吊挂放置，使其重心通过自身的中心线，防止因倾斜或平放而产生弯曲变形。

⑨ 丝杠螺纹的外径是加工螺纹时的辅助基面，应具有较高的精度和较细的表面粗糙度。一般常用跟刀架或导套式跟刀架，以增加工件的刚性。

⑩ 粗车、半精车丝杠外圆时应选用 75° 反偏刀，取正刃倾角，断屑槽宽 3mm，深 0.8mm ～ 1.5mm，主、副后角取 6°左右为宜，刀头材料 P10（YT15）。

⑪ 粗车螺纹车刀选择方牙螺纹车刀，横刃宽应小于牙型槽槽底宽 1mm。半精车车刀的刀尖角为 28°左右，刀头材料选择 P10。

⑫ 精车螺纹车刀要求刀尖夹角等于牙型角，径向前角为零。可以在前刀面上平行于两侧刃处分别开前角，刀头材料选择 K05 为宜。

（2）车削操作要领

① 粗车、半精车螺纹外圆和牙型采用一夹一顶装夹。在卡爪与工件表面之间垫入 ϕ3mm ～ ϕ4mm、长 20mm 的钢棒，以防止重复定位。尾顶尖采用弹性回转顶尖，可防止切削中工件因热伸长而弯曲变形。车削时采用三爪跟刀架支承外圆。

② 精车螺纹采用导套式跟刀架，如图 12-12 所示。导套式跟刀架装在大滑板上，车刀在两导套中间车削。使用前，必须找正两个导套轴线与车床主轴轴线的同轴度。导套式跟刀架做成盖式，当加工直径改变时，可调换不同孔径的导套。精车螺纹采用两顶尖间装夹，尾部用硬质合金固定顶尖支撑。

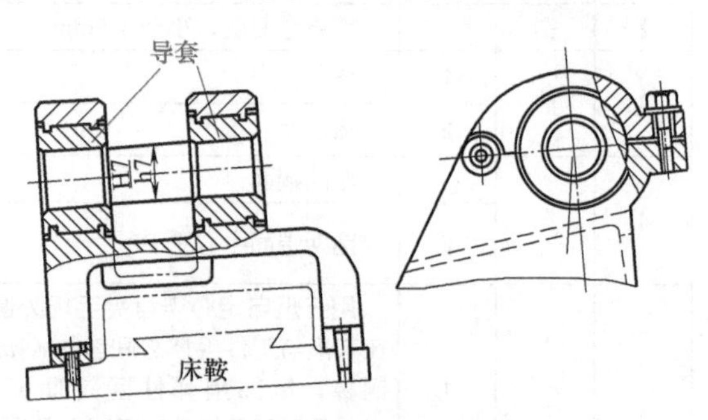

图 12-12 导套式跟刀架

③ 正确使用跟刀架。无论是粗车、半精车外圆还是螺纹，调整跟刀架爪与工件表面之间压力非常重要，压力要适中。压力过小产生振动，压力过大产生“竹节形”。三爪压力要均等，否则会产生“油条形”变形。

④ 合理地选择与刃磨车刀。要求车刀防振、锋利、耐用、排屑顺畅。

⑤ 粗车、半精车螺杆外圆时采用反走刀，适当加大进给量可增大轴向拉力作用，有效地防止振动和弯曲变形。

⑥ 粗车、半精车螺纹时，合理地掌握借刀方法，可防止扎刀或造成精车余量过小。

（3）丝杠加工中的精度分析

① 检查加工中的弯曲度。在平板上用塞尺检查应在 0.15mm 以内。采用多次车削外圆和热校直来克服弯曲。粗车、半精车螺纹时产生弯曲可以用“反击法”校正，然后做时效热处理消除内应力。精车螺纹后产生的弯曲，可以用“反击法”校直。

② 牙型半角误差要求在 ±20′以内。一般用扇形量角器来检查。测量时以外圆面为基准。牙型半角为 15°。如果超过允许值（±20′），可以通过调整刀头位置来解决。

③螺纹中径尺寸精度要求在 $\phi35.75_{-0.772}^{-0.082}$ mm 以内。检测时用 ϕ6.3mm 的三根量针测量 $M=44.6_{-0.772}^{-0.082}$ mm。

④ 加工中出现螺距或螺距积累误差过大时，可在刀尖吃刀深度不变的情况下，采用反复“趟刀”的方法来克服。

（4）加工工艺过程

表 12-3 给出了长丝杠的加工工艺过程。

表 12-3 长丝杠的加工工艺过程

工序	工种	工步	工序内容	设备	夹具	刃具	量具
1	锯	①	下料 ϕ50mm×2215mm	弓锯床			
		②	检查				
2	钳		校直弯曲度，小于 1.5mm				
3	热	①	正火	井式炉			
		②	热校直				
4	车	①	车两端面	C630 车床	三爪自定心卡盘、钻夹头	偏刀、B 型中心钻（ϕ3mm）	
		②	钻两端面中心孔 B3				
5	车	①	用三爪自定心卡盘夹毛坯外圆，在卡爪与工件毛坯之间垫入 ϕ4mm 钢棒，尾部用弹性回转顶尖支撑，采用跟刀架反走刀粗车外圆至 ϕ45mm	C630 车床	弹性回转顶尖	75°反偏刀	
		②	调头接刀车至 ϕ45mm				
6	检		检查				
7	钳		在距端面 20mm 处外圆上，划钻工艺孔 ϕ8mm	立式钻床		ϕ8mm 钻头	
8	热	①	调质，硬度为 220 ～ 240HB	井式炉			
		②	热校直，弯曲度小于 1mm				
9	车		夹一端，尾端用硬质合金固定顶尖顶住，加研磨剂研磨中心孔，调头研磨另一中心孔	C630	硬质合金固定顶尖		
10	车	①	三爪自定心卡盘夹有工艺孔一端，另一端用弹性回转顶尖支撑，用跟刀架，反走刀车削。半精车外圆至 ϕ40.6mm×2190mm		中心架	切断刀	
		②	调头，搭中心架，切断，车端面取总长，至 2187mm				
		③	倒角 2.5mm×45°				
		④	钻 B3 中心孔				
		⑤	调头夹住，取总长至 2186mm				
		⑥	倒角 2.5mm×45°				
		⑦	钻 B3 中心孔				
		⑧	尾顶尖支撑，切 ϕ38mm×5mm 槽至尺寸				
		⑨	车 ϕ29mm×12.5mm 槽至尺寸				
		⑩	倒角 15°				

续表

工序	工种	工步	工序内容	设备	夹具	刀具	量具
11	检		检查				
12	铣		工件装夹在工作台面上，后端支平，离 ϕ29mm×14mm 槽宽的端面 1620mm 铣退刀槽	X62W			
13	检		检查				
14	车	①	一夹一顶装夹，使用跟刀架，用刀头宽 4.5mm 车槽刀粗车螺纹内径至 ϕ30mm±0.1mm			螺纹车刀	ϕ6.3mm 钢针、公法线千分尺
		②	粗车 Tr40×12mm，中径用三针测量，$M=44.6_{-0.1}^{0}$mm				
15	检		检查				
16	热		低温时效处理，校直弯曲度，全长不大于 0.3mm				
17	车		一端夹住，另一端搭中心架修正两端中心孔（ϕ4mm）			ϕ4mm 中心钻	
18	磨	①	工件装夹两顶尖间，使用中心架磨螺纹外径至 $\phi40_{-0.017}^{0}$mm	外圆磨床			千分尺
		②	磨 $\phi40_{-0.017}^{-0.010}$mm×25mm 至尺寸				
		③	磨 $\phi40_{-0.003}^{-0.02}$mm×65mm 至尺寸				
19	检		检查				
20	车	①	两顶尖间安装工件，采用导套式跟刀架。用车槽刀精车螺纹底径 $\phi30_{-0.5}^{-0.3}$mm 至尺寸	丝杆车床	导套式跟刀架	梯牙车刀	环规
		②	半精车梯形螺纹				
		③	精车梯形螺纹 Tr40×12mm 至尺寸，用环规检查				
21	钳		修锉不完整牙 必要时允许用反击法校直				
22	检		检查				
23	钳		清洗、防锈、入库				

（5）检验

按设计图样要求进行检验。

12.8　两拐曲轴的车削操作

图 12-13 所示为两拐曲轴的加工图，材料为 45 钢，工件每批数量为 10 件。

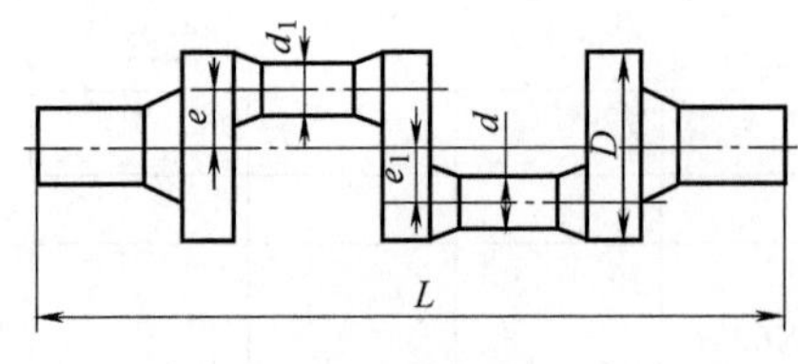

图 12-13　两拐曲轴

（1）工艺分析

曲轴加工原理跟偏心轴的加工基本相同。对尺寸小，偏心距不大的曲轴可直接用棒料在两顶尖间装夹来车削成形。

（2）加工方法

1）准备工作

主要应准备两顶尖、鸡心夹头，必要的工具、量具。

2）车削步骤

① 把毛坯装夹在三爪自定心卡盘上，粗车外圆直径 D 再精车端面。

② 求出偏心点。把车好的圆棒放在平板上的 V 形架中，在两个端面涂上紫色或白粉，并用划线盘求出中心。用划规以 e 和 e_1 为半径作弧，与垂直中心线分别交于 a 和 b，如图 12-14（a）所示。

③ 在划好线的圆棒两端钻出中心孔和偏心中心孔，如图 12-14（b）所示。

④ 把工件装夹在两顶尖中间，用两顶尖顶住圆棒中心的中心孔，校正两顶尖和床面导轨平行度。车削外圆［图 12-14（c）］，留 0.5 ～ 1mm 精车余量。

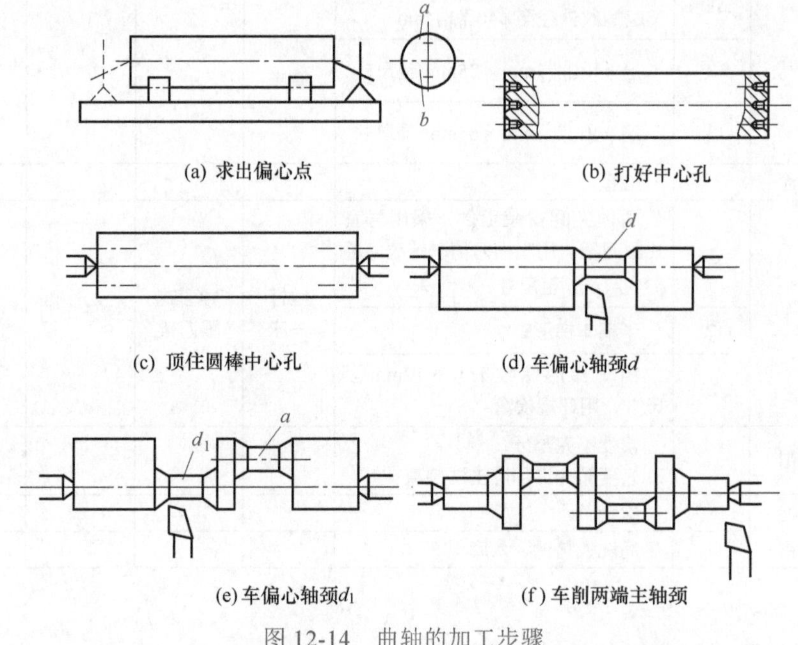

(a) 求出偏心点　(b) 打好中心孔　(c) 顶住圆棒中心孔　(d) 车偏心轴颈d　(e) 车偏心轴颈d_1　(f) 车削两端主轴颈

图 12-14　曲轴的加工步骤

⑤ 用两顶尖顶住偏心中心孔，车削右面偏心轴颈 d 和两侧面［图 12-14（d）］。

⑥ 用两顶尖顶住另一个偏心孔，车削左面的偏心轴颈 d_1 和两侧面［图 12-14（e）］。如果曲轴开档处距离较大，必须在中间撑好撑杆，防止曲轴变形。

⑦ 用两顶尖顶住中心的中心孔，车削两端主轴颈，并精车外圆［图 12-14（f）］。

3）检验

按曲轴的检验方法进行，具体参见“9.3.3 曲轴的测量”。

（3）曲轴车削注意事项

曲轴是一个形状复杂的回转工件。由于其质量中心不在回转轴上，所以在切削加工中产生了惯性力，容易引起振动，严重影响加工精度和质量。

在曲轴的加工过程中，应特别注意所加平衡重量（配重）的大小及配置方位，要尽可能使曲轴回转时产生的惯性力和惯性力偶得以平衡，消除其不良影响。

12.9 六拐曲轴的车削操作

图 12-15 所示为六拐曲轴结构图，毛坯采用 45 钢自由锻造制成，单件生产。由于其形状复杂，刚性差，加工精度要求高。切削加工时，在车床转矩和切削力的影响下，还会发生弯扭组合变形。因此，车削加工过程中应采取相应的工艺措施，其装夹和车削方法主要有以下方面的内容。

（1）准备工作

① 曲轴毛坯采用锻件。锻造能使晶料细化，组织紧密，碳化物分布均匀，并使曲轴内部金属纵向纤维按最有利的方向排列，从而提高曲轴的强度。锻造后的毛坯应正火热处理。

② 毛坯系自由锻造，曲拐的扇形板开挡一般不锻出。为减少车床加工余量，工序中安排了划钻排孔，去除过多的毛坯余量。

③ 车曲柄轴颈时，可在普通车床上装上偏心夹具进行车削。

④ 车曲柄轴颈及扇形板开档时，为了增加刚性，使用中心架偏心套支承，有助于保证曲柄轴颈的圆度。

⑤ 车削过程中，必须注意轻重平衡，并仔细的调整，以保证各轴颈的圆度。

⑥ 调质热处理安排在粗车主轴轴颈之后进行。轴颈及扇形板必须留有足够的加工余量，防止变形。

⑦ 精车曲柄轴颈和两侧圆角时，切削速度应相同，否则由于惯性影响，会造成接刀不平。

⑧ 曲轴主轴颈及曲柄轴颈精车后采用滚压工具进行滚压，以进一步降低表面粗糙度并提高硬度，也可以采用曲轴磨床加工。

⑨ 粗车选用 P05 硬质合金车刀，精车选用 P10 硬质合金车刀。使用伸出较长的刀架，将刃磨好的切槽刀、偏刀、圆弧刀、反偏刀夹在刀架上即可进行车削。

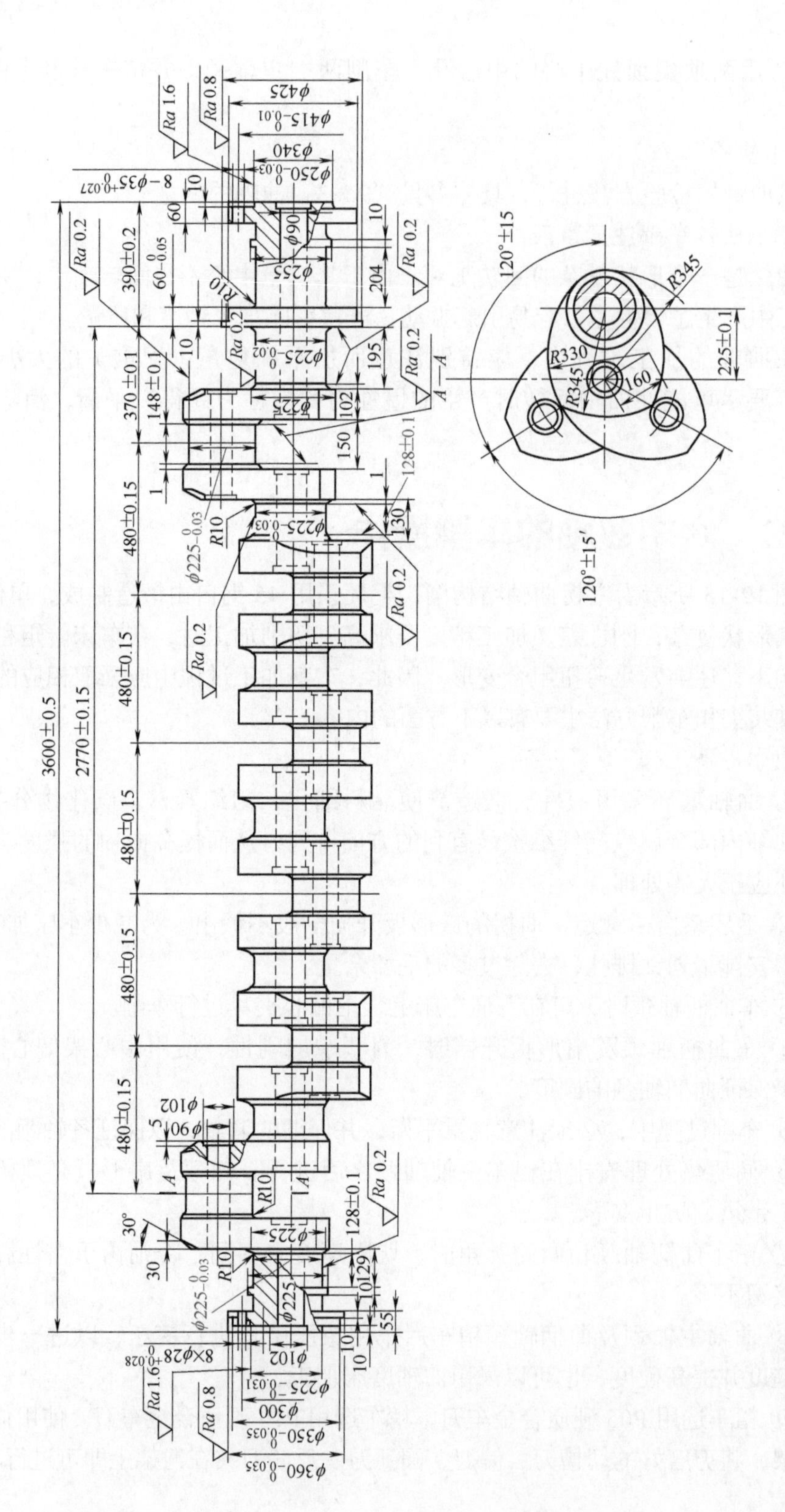
3600±0.5
2770±0.15
390±0.2
370±0.1
148±0.1
480±0.15
128±0.1
A—A
R345
R330
160
225±0.1
120°±15'
φ425
φ340
φ255
φ225
φ300
φ102
8×φ28
Ra 0.2
Ra 0.8
Ra 1.6

图 12-15　六拐曲轴

⑩ 根据单件产品的特点，选用偏心夹板在两顶尖间加工曲轴。为了多次装夹和校正，应选择有辅助基准的偏心夹板，如图 12-16 所示。

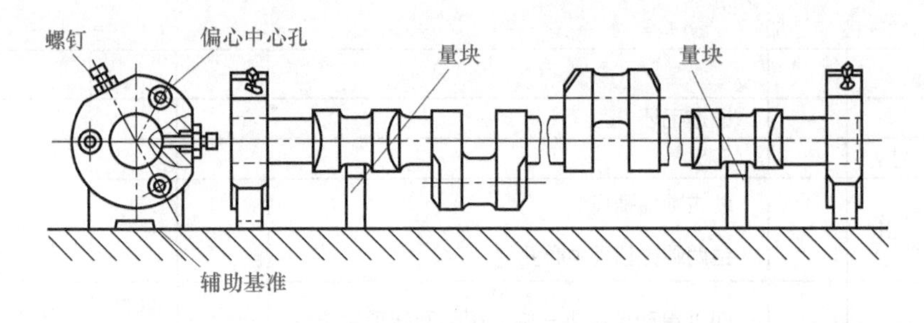

图 12-16 有辅助基准的偏心夹板

⑪ 为了防止曲轴在加工中变形，应选用如图 12-17 所示的凸缘压板，压紧在曲轴的开档上。

⑫ 使用如图 12-18 所示的中心架偏心套支承，以增加刚性。

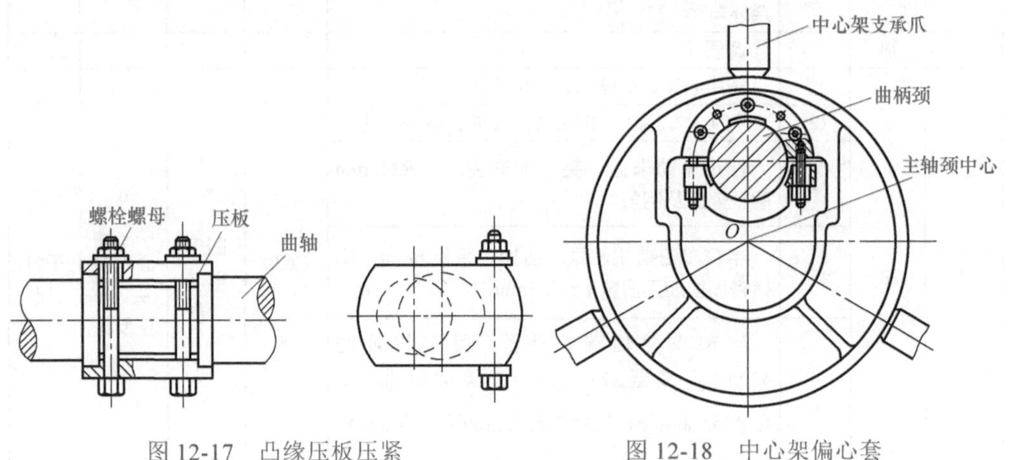

图 12-17 凸缘压板压紧

图 12-18 中心架偏心套

（2）车削操作要领

① 粗车两端主轴轴颈时，直径尽量一致。

② 偏心夹板上的分度中心孔位置必须精确，两只夹板内孔距辅助基准面的高度要相等。粗车曲柄颈时应按偏心距找正各曲柄颈中心，防止加工余量不均匀或车不圆。对已粗加工过的曲轴，可以用预先计算好的量块来校正，参见图 12-16。

③ 开车前，必须逐个检查夹板是否紧固，配重平衡是否恰当。最好用手转动工件一周，检查工具、夹具有无与车床导轨、床鞍、滑板或刀架产生碰撞的情况，防止造成车床或人身事故。

（3）加工工艺过程

表 12-4 给出了六拐曲轴的加工工艺过程。

表 12-4 六拐曲轴的加工工艺过程

工序	工种	工步	工序内容	设备	夹具	刃具	量具
1	锻		锻造毛坯				
2	热		正火				
3	钳	①	划主轴轴颈线				
		②	钻两端主轴颈中心孔				
4	车	①	四爪单动卡盘夹一端，尾部回转顶尖支撑，靠卡爪处校正，粗车主轴轴颈线上各档外圆，留加工余量 22mm，各扇板面留加工余量 5mm	C630 车床	四爪单动卡盘、中心架	尖刀、正反外圆偏刀、切断刀	
		②	搭中心架，车取总长，留加工余量 70mm				
5	钳	①	在曲拐块上划曲拐轴颈和扇板开挡线，留加工余量 14mm				
		②	根据所划线钻孔，去除各档曲拐轴颈处的多余坯料				
6	热		调质				
7	车	①	搭中心架，车端面，钻中心孔	C630 车床	四爪单动卡盘	中心钻、端面车刀尖刀、正反偏刀	千分尺
		②	调头，车端面，取总长至尺寸，钻中心孔				
		③	四爪单动卡盘一夹一顶安装，车 $R345$mm 扇板外圆及倒角				
		④	半精车各档主轴颈，留加工余量 6mm，扇板各面留加工留量 1～1.5mm				
		⑤	半精车两轴端处外圆，除了将外圆 $\phi225_{-0.029}^{0}$ 车至 $\phi230_{-0.029}^{0}$、外圆 $\phi250_{-0.029}^{0}$ 车至 $\phi255_{-0.033}^{0}$外，其余外圆均留加工余量 6mm，台阶面留 1～1.5mm 加工余量				
8	钳		根据曲拐颈位置，用钻模钻两端法兰盘端面各孔至 $\phi26$mm，其中每端有两个孔钻、铰至 $\phi26$H7mm（定位用）				
9	车	①	两端轴颈处上偏心夹板，校正偏心曲柄颈轴线，两顶尖间装夹，每车一组，将夹板转过 120° 装夹，粗车各档曲拐轴颈，留加工余量 6mm，各扇板面留加工余量 2mm	C630 车床	偏心夹板	圆弧刀	
		②	车 $R345$mm 扇板底面圆弧				
10	镗		钻、镗主轴颈和曲拐轴颈的 $\phi90$mm 和 $\phi102$mm 孔				

续表

工序	工种	工步	工序内容	设备	夹具	刃具	量具
11	车	①	四爪单动卡盘，一夹一顶，靠卡爪处校正，车扇板两侧面 R330mm 圆弧至尺寸	C630车床	四爪单动卡盘		千分尺
		②	车各档主轴颈外圆至 ϕ229mm ± 0.01mm				
		③	修整 $\phi 230_{-0.029}^{\ 0}$mm 和 ϕ229mm ± 0.01mm 的台阶端面				
12	车	①	上偏心夹板，两顶尖间安装，每车完一组曲柄颈，将夹板连同轴转过 120°安装，精车各档曲拐轴颈及扇板开挡至尺寸	C630车床	偏心夹板	挤压刀	
		②	挤压曲拐轴颈至要求				
13	车	①	在主轴轴颈孔（ϕ90mm）和 ϕ102mm 孔内镶堵头，钻中心孔，两顶尖间安装，精车主轴颈轴线上各档外圆、扇板两侧面及两端各台阶面	C630车床	四爪单动卡盘	中心钻	千分尺
		②	挤压主轴颈外圆至要求				
14	钳	①	钻、铰曲轴两端法兰盘端面各孔至要求				
		②	锐边倒钝				
15	检		检查				

（4）检验

按设计图样要求进行检验。

12.10　三球手柄的车削操作

三球手柄的结构如图 12-19 所示。

（1）准备工作

① 刀具刃磨。刃磨方法与车单球手柄相同（切断刀清根）。

② 工件装夹。采用两顶尖间装夹工件。

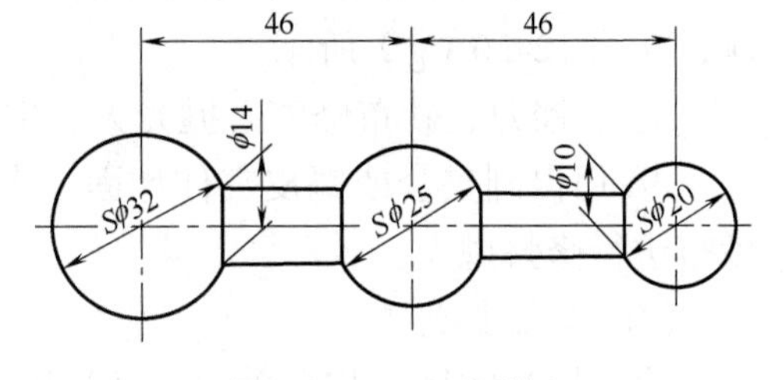

图 12-19　三球手柄

（2）车三球手柄的步骤

车三球手柄的步骤如图 12-20 所示，其操作步骤如下。

① 车端面、台阶（ϕ8mm × 5mm），并钻中心孔 A2，如图 12-20（a）所示。

② 调头，车端面、台阶（ϕ8mm × 5mm），并钻中心孔 A2，控制总长 118mm（两端 ϕ8mm × 5mm 除外），如图 12-20（b）所示。

③ 装夹工件在两顶尖间，粗车外圆 $\phi 25_{\ 0}^{+0.1}$ mm，并控制左端大外圆长 29.5mm，

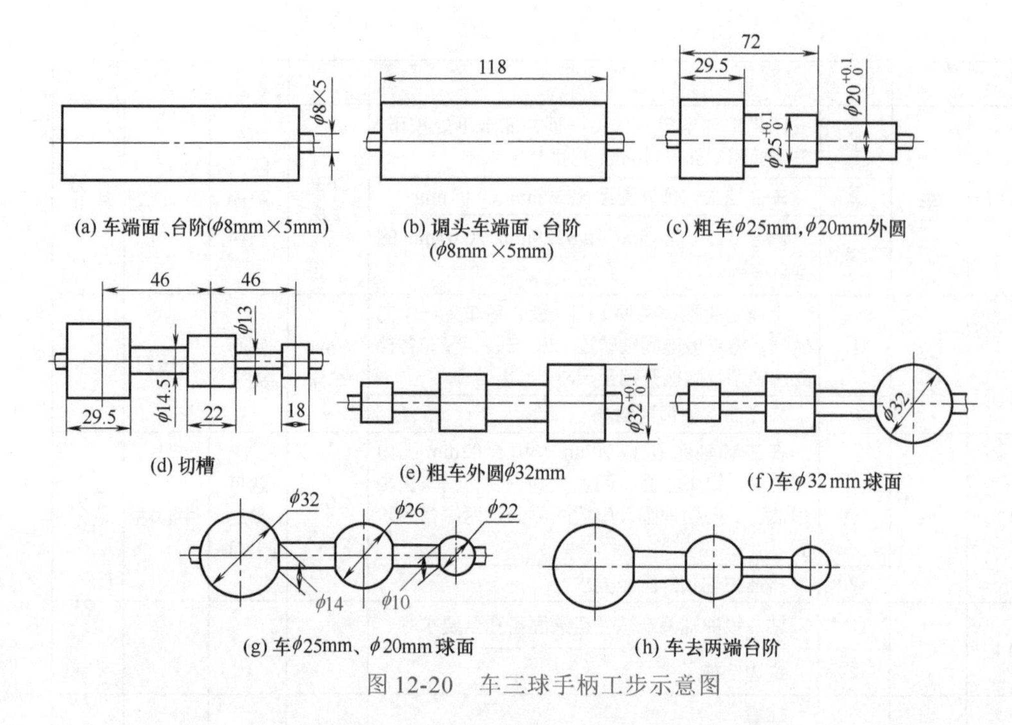

图 12-20 车三球手柄工步示意图

小外圆车至 $\phi20^{+0.1}_{0}$ mm，并控制左端台阶长 72mm，如图 12-20（c）所示。

④ 切槽 ϕ13mm×26mm，并控制小外圆长 19mm；切槽 ϕ14.5mm×20.5$^{+0.5}_{0}$ mm，并控制外圆 $\phi25^{+0.1}_{0}$ mm 的长度为 22mm，大外圆长度为 29.5mm，如图 12-20（d）所示。

⑤ 调头，用两顶尖装夹工件，粗车外圆 $\phi32^{+0.1}_{0}$ mm，如图 12-20（e）所示。

⑥ 车 ϕ32mm 球面至尺寸要求，如图 12-20（f）所示。

⑦ 调头，车 ϕ25mm 及 ϕ20mm 球面至尺寸要求，并旋转小滑板 1°45′ 车圆锥体，如图 12-20（g）所示。

⑧ 用锉刀、砂布修整，抛光大、中、小球面及锥体外圆。

⑨ 用自制夹套或铜皮夹住球面，车去 ϕ8mm×5mm 两端的小台阶。用锉刀、砂布进行修整抛光。

（3）表面抛光

表面抛光的操作与车单球手柄相同。

（4）检验

检验项目及方法与检验单球手柄相似。

12.11 精密内外半球面的车削操作

图 12-21 所示为两个对配的内外半球面零件加工图，左右对称各一半，装配

在一起成整个球面。图中粗糙度要求为 $Ra0.1\mu m$，整个内外球面的着色面积应在 90% 以上，不同心度不大于 0.01mm，球面半径 R 在 150 ～ 300mm 内，材料为 45 钢，要求调质后，硬度为 35 ～ 38HRC，工件每批数量为 5 件。

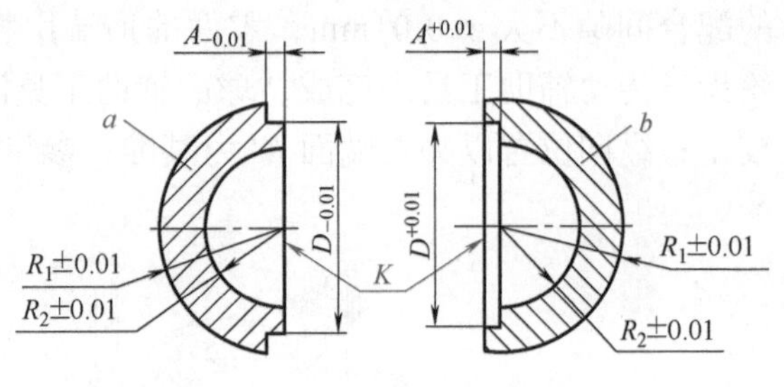

图 12-21　两个对配的内外半球面零件

（1）工艺分析

该零件尽管属单件或小批量生产，但其球面精度及表面粗糙度要求都较高，因此，应采用适当的工艺措施来保证。

（2）加工方法

为保证零件加工质量，零件应预先粗车，粗车时可以使用车削球面的辅助工具，但要留热处理变形余量和精车余量，在两个半球面零件的外球面顶部还要留出圆柱部分，以作为精车内球面的装夹基准。零件经淬火后（35 ～ 38HRC）进行精车，其车削方法如下。

① 精车半球面零件 a 的内球面及配合部位。内球面的精车由杠杆推动式辅助工具来完成。零件用四爪卡盘装夹，预先车削端面 K，用于作为测量内球面和调整球面辅助工具回转中心的基准。球面辅助工具回转中心及刀具的位置调整好以后，先对内型面进行车削试验，并用样板测量内球面外形，再次校正球面辅助工具回转中心的位置。然后将内球面按图纸要求加工出，见图 12-22。内球面加工出来后，再车削直径 $D^{0}_{-0.01}$mm 的配合部分；直径 $D^{0}_{-0.01}$mm 的尺寸用百分表测量，台阶长度 $A^{0}_{-0.01}$mm 的尺寸用块规与百分表配合测量或者用样板测量，如图 12-23 所示。

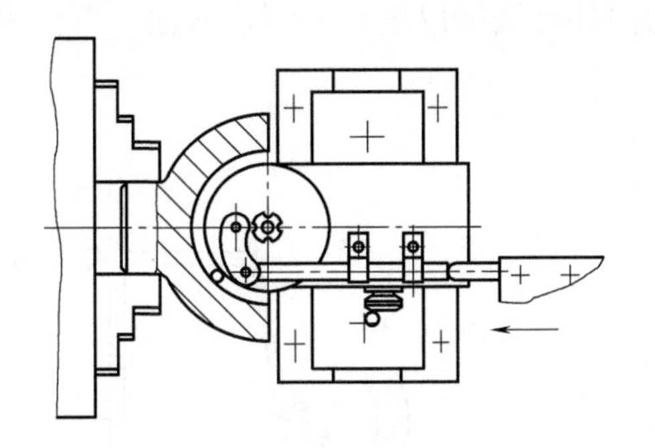
图 12-22　半球面零件 a 的内球面的车削方法

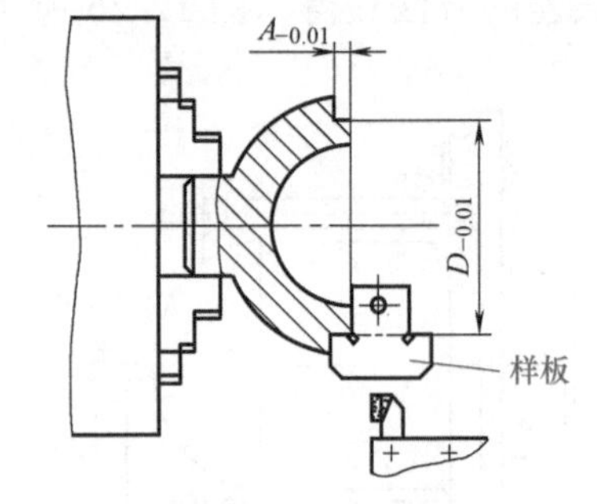

图 12-23　配合部分 $A^{0}_{-0.01}$ mm 尺寸的测量

② 精车半球面零件 a 的外球面。将内球面已经车好的半球面零件 a 通过夹具装夹在主轴的花盘上，夹具内孔中心线与主轴中心线重合，内孔与零件直径 D

的配合间隙不大于0.01mm，零件的顶端用特殊活顶针顶紧。外球面的精车由齿轮齿条传动辅助工具来完成，球面辅助工具回转中心的横向位置，用中心调整器校正；纵向位置以夹具端面 K' 为基准，参见图12-24。

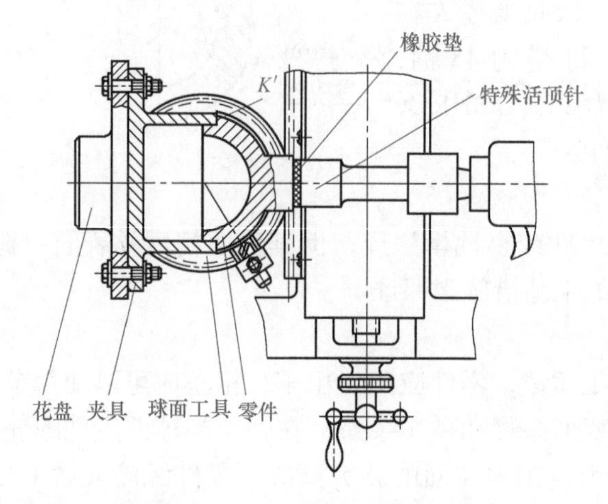

图12-24　精车外球面时零件装夹方法及球面辅助工具回转中心的调整

调整时，根据夹具端面 K' 至花盘端面的距离计算出球面中心至花盘端面的距离，然后用块规比较法确定球面辅助工具回转中心的纵向位置。外球面在精车时，是以顶针顶紧的。所以，先加工出外球面的一部分，并留0.1mm的余量。外球面其余部分的车削方法，如图12-25所示，将顶针拆除，换上球形压圈，用三个均匀分布的螺栓，将零件压紧。车削外球面其余部分时，也要留0.lmm的余量，以保证球面外形的圆滑转接和零件具有最后精加工余量。最后，按上述顺序将零件球面车至图纸要求。

③ 内外球面不同心误差的测量。内外球面不同心误差，可用测量内外球面壁厚误差的方法获得。图12-26所示为内外球面壁厚误差的测量方法，百分表头

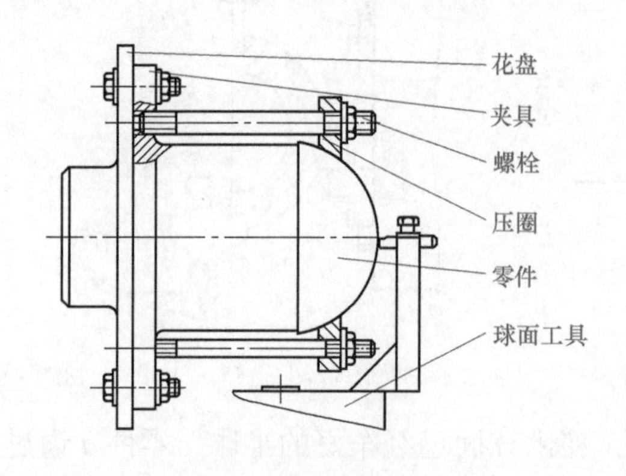

图12-25　用压圈压紧零件

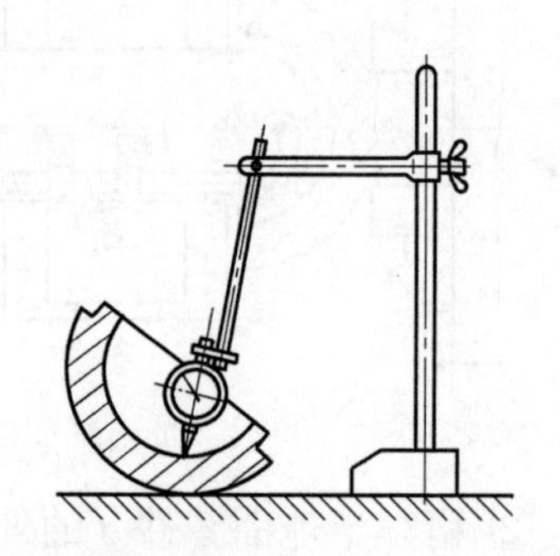

图12-26　内外球面壁厚误差的测量方法

接触到零件内球面的最低点固定不动，用手转动零件，便可测得零件球面上各点的壁厚误差。

④ 半球面零件 *b* 内外球面的精车方法。半球面零件 *b* 内外球面的精车方法和所用的车球面辅助工具、夹具与半球面零件 *a* 完全相同，其加工方法和装夹方法，如图 12-27 所示。

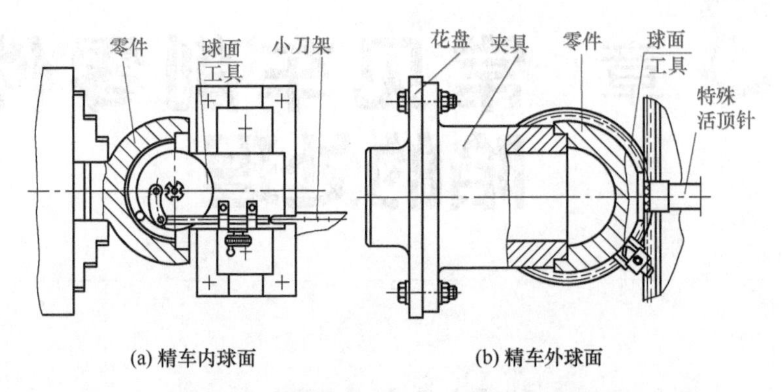

图 12-27　半球面 b 的内外球面车削方法

精车后的零件球面需进行抛光修整，以达到表面粗糙度的要求。

第13章 常见车削零件缺陷的处理

13.1 车削加工中积屑瘤的控制

在车削过程中，金属会出现一系列的物理现象，如车削变形、切削热以及工件加工表面的变化等，它们都是以切屑的形成为基础的。而车削操作过程中出现的积屑瘤直接影响到车削加工件的加工精度、表面质量等。因此，有必要研究这些物理现象和问题的发生与变化规律，以实现对其进行控制。

（1）积屑瘤的产生及其影响

用中等切削速度切削钢料或其他塑性金属，有时在车刀前刀面上牢固地黏着一小块金属，这就是积屑瘤，也称刀瘤。

① 积屑瘤的形成。切削过程中，由于挤压变形和强烈的摩擦，使切屑与前刀面之间产生很大的压力（2000 ～ 3000N/mm^2 以上）和很高的温度。当温度（约 300℃）和压力条件适当时，摩擦力大于切屑内部的结合力，切屑底层的一部分金属就“冷焊”在前刀面靠近刀刃处，形成“积屑瘤”，如图 13-1 所示。

② 积屑瘤对切削的影响。

a. 保护刀具。积屑瘤像一个刀口圆弧半径较大的楔块（图 13-2），它的硬度较高，大约为工件材料硬度的 2 ～ 3.5 倍，可代替刀刃进行切削。因此刀刃和前刀面都得到积屑瘤的保护，减少了刀具的磨损。

b. 增大实际前角。有积屑瘤的车刀，实际前角可增大至 30° ～ 35°，因而减少了切屑的变形，降低了切削力。

c. 影响工件表面质量和尺寸精度。积屑瘤形成后，并不总是稳定的。它时大时小，时生时灭。在切削过程中，一部分积屑瘤被切屑带走，另一部分嵌入工件

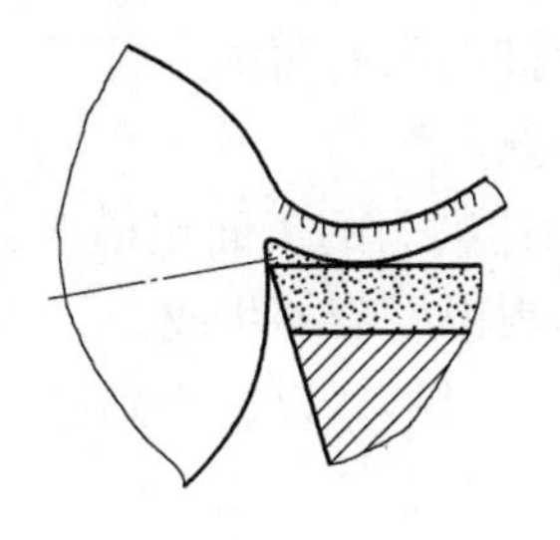

图 13-1 积屑瘤

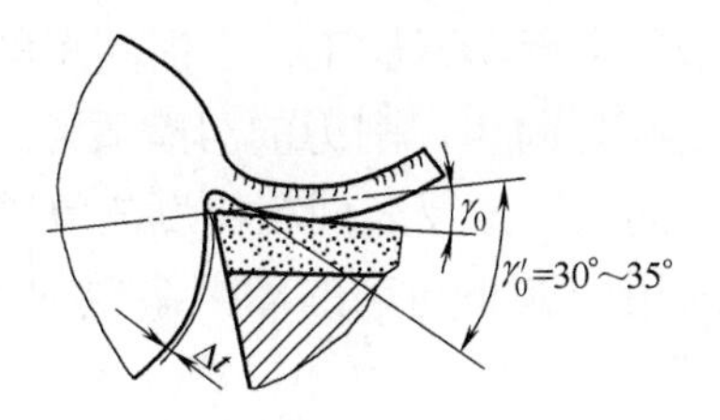

图 13-2 积屑瘤对加工的影响

已加工表面内，使工件表面形成硬点和毛刺，表面粗糙度增大。

当积屑瘤增大到刀刃之外时，改变了切削深度，因此影响了工件的尺寸精度，如图 13-2 所示。

粗加工时，一般允许积屑瘤存在；精加工时，由于工件的表面粗糙度要求较小，尺寸精度要求较高，因此必须避免产生积屑瘤。

③ 切削速度对积屑瘤产生的影响。影响积屑瘤产生的因素很多，有切削速度、工件材料、刀具前角、切削液、刀具前刀面的表面粗糙度等。在加工塑性材料时，切削速度的影响最明显。

切削速度较低（v < 5m/min）时，切屑流动较慢，切削温度较低，切屑与前刀面接触不紧密，形成点接触，摩擦系数小，不会产生积屑瘤，如图 13-3 所示。

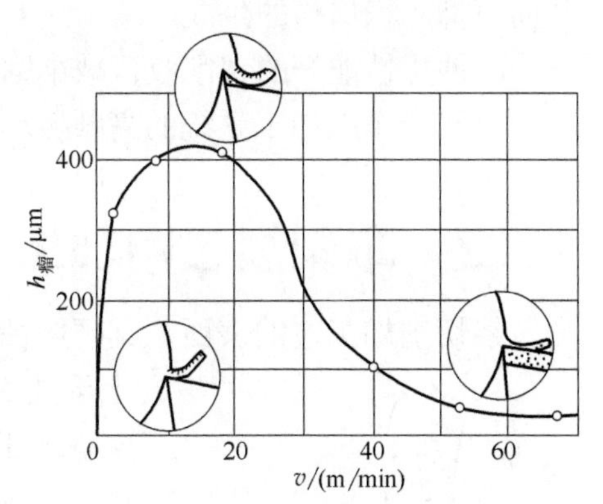

图 13-3 切削速度对积屑瘤的影响

材料：钢 σ_b=550N/mm² a_p=4.5mm f=0.67mm/r

中等切削速度（15 ～ 30m/min）时，切削温度约为 300℃，切屑底层金属塑性增加，切屑与前刀面接触面增大，因而摩擦系数最大，最易产生积屑瘤。

切削速度达到 70m/min 以上时，切削温度很高，切屑底层金属变软，摩擦系数明显下降，积屑瘤亦不会产生。

（2）控制积屑瘤的措施

由前述可知，积屑瘤的生成直接影响到切削加工件的精度及表面质量，在车削的精加工阶段尤其应对其进行控制。控制积屑瘤生成的具体措施可从刀具、工件和切削条件三个方面来考虑。

① 刀具方面。

a. 适当地减小主偏角（κ_r）、副偏角（κ'_r）或增大刀尖圆弧半径（r），可提高车削件的表面质量。

b. 增大车刀前角 γ_0，可使塑性变形减小，从而抑制积屑瘤的生成。

c. 采用宽刃车刀加工，可提高车削件的表面质量。

d. 提高刀面和切削刃的刃磨质量，减小刀面和切削刃的表面粗糙度，减小与加工表面间的摩擦及表面粗糙度的复映，有利于抑制积屑瘤的生成。

e. 采用能减小与钢的摩擦系数的 TiN、TiC 涂层刀具，以减小黏结以及积屑瘤的生成。

f. 严格控制刀具磨损值，特别是后刀面磨损，及时换刀。

② 工件方面。加工塑性较大的低碳钢时，可预先将工件进行调质处理，提高其硬度、降低塑性，可以抑制积屑瘤的生成。

③ 切削条件方面。

a. 切削中碳钢时可降低切削速度（v < 5m/min）或提高切削速度（v > 70m/min），以避开积屑瘤生长区。

b. 减小进给量 f，可减小刀与切屑间的法向应力，避免刀与切屑间的黏结，从而可抑制积屑瘤的生成。

c. 使用性能好的切削液，减小摩擦，抑制积屑瘤的生成。

d. 防止车床加工系统的高频振动，也可减小表面粗糙度值。

13.2 车削加工中加工硬化的控制

经切削加工过的表面，其硬度往往比基体的硬度高出 1 ～ 2 倍，深度可达几十至几百微米。这种不经热处理造成的表面硬化现象称加工硬化或冷作硬化。

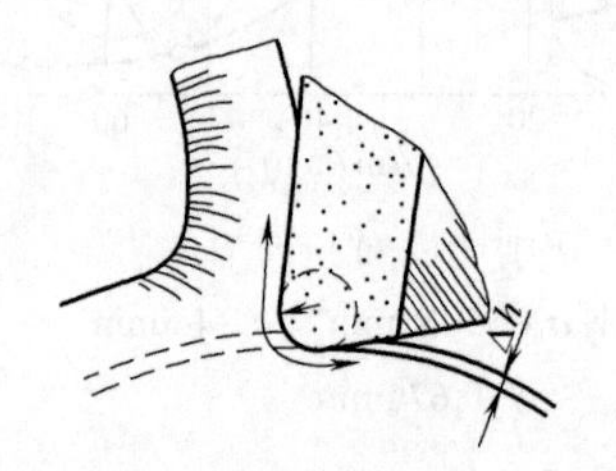

图 13-4 刃口圆弧与加工硬化

（1）加工硬化的产生

切削金属零件时，由于刀具的刃口不是绝对的锋利，总有刃口圆弧存在，如图 13-4 所示。所以切削时，切削层内有一层很薄的金属不易切下，而被刃口圆弧挤向已加工表面，使表层金属发生剧烈的弹性变形和塑性变形。一方面，已加工表面产生弹性复原，（图 13-4 中 Δh 为复原高度）；另一方面，这一部分金属与刀具后刀面发生强烈的摩擦，经过挤压变形后使已加工表面硬度提高，这就是加工硬化现象。硬化层的硬度可达工件硬度的 1.2 ～ 2 倍，深度可达 0.07 ～ 0.5mm。

（2）加工硬化的危害

加工硬化固然由于硬度的提高可使耐磨性得到提高，但脆性增加会使冲击韧性降低，同时会使下道工序的切削难以进行，刀具磨损加快。因此，应尽量减少加工硬化的程度。

（3）控制加工硬化的措施

① 选择较大的前角（γ_0）、主后角（α_0）及较小的刀尖圆弧半径（r），刀刃锋利，可使已加工表面的变形减少，加工硬化减轻，并能切去很薄的金属。因此，切削时应尽量保持车刀刃口锋利。

② 合理选择切削用量，尽量选择较高的切削速度 v_c 和较小的进给量 f，可减小切削金属的塑性变形，从而可减轻加工硬化。

硬质合金车刀的刃口一般很难磨得和高速钢车刀那样锋利，因此使用时不宜采用太小的进给量和切削深度。

③ 使用性能好的切削液，减小摩擦，从而可减轻加工硬化。切削液性能越好，硬化越能减轻。

13.3 车削加工中断屑的控制

车削加工中，切屑因塑性变形程度的不同或零件材料本身塑性的不同，会产生不同的切屑形状，常见的有螺旋状、带状等等。其中，带状切屑往往在生产中会对操作人员带来人身伤害，为此，必须研究其发生与变化规律，找出其产生的原因并实现对其的控制。

（1）切屑的卷曲

切屑沿车刀前面流出时，底层金属因塑性变形而使长度大于外层长度，致使切屑发生卷曲。当切削厚度很小时，切屑很薄，在刃口附近因发生卷曲而脱离前刀面，如图 13-5（a）所示；切削厚度增大时，切屑在前刀面上滑行的距离要长些，然后在 C 点与前刀面脱离接触，如图 13-5（b）所示。当切屑继续向前流动，并和断屑槽台阶相碰时，在反作用力 N 的作用下，使切屑产生附加变形，进一步卷曲并改变流动方向。当弯曲变形的过程足以使切屑断裂时，切屑便会在断屑槽中折断而形成各种形状。

(a) 切屑厚度很小　(b) 切屑厚度较大

图 13-5　切屑的卷曲

（2）切屑的形状

当切屑在断屑槽中的弯曲变形足以达到材料的破裂强度时，切屑会折断成长度很短的碎屑，如图 13-6（a）、图 13-6（b）所示。当断屑槽中的切屑弯曲变形不足以达到材料的破裂强度时，切屑继续以改变了的方向作螺旋回转运动。在运动过程中，如果碰到障碍物，则会因进一步受到一个较大的弯矩而折断。图 13-6（c）所示为切屑与工件相碰时形成的圆卷形切屑。图 13-6（d）所示为切屑与车刀后刀面相碰而折断成“C”字形或“b”字形切屑时的受力情况。在力的作用下，切屑沿受弯矩的断面而折断。如果切屑在运动中未与工件或刀具相碰，那么就会形成螺旋形切屑或带状切屑，如图 13-6（e）、图 13-6（f）所示。

根据上述分析可知，切屑的折断过程是：卷→碰→断。对螺旋形切屑而言，它也可以因其自身重量而摔断。在普通车床上加工时，较理想的情况是切屑碰在车刀后刀面折断。螺旋形切屑因切削力较稳定，有利于降低工件的表面粗糙度，如摔断后的切屑长度较短，则属于较理想的切屑。

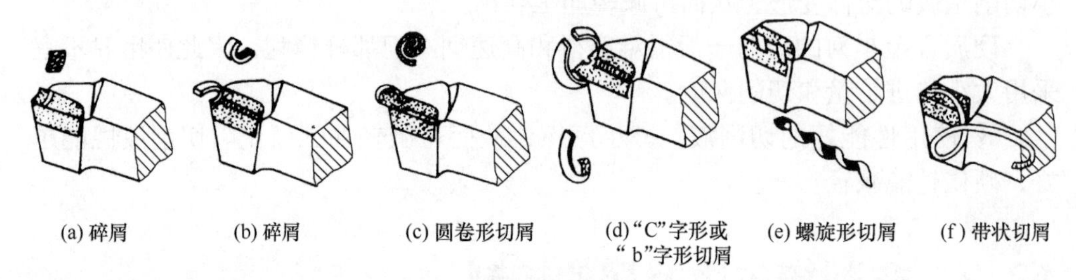

图 13-6 断下的切屑形状

（3）断屑形状的控制措施

车削塑性金属时，常因产生带状切屑而影响工作，并易发生事故。必须采取断屑措施，常用的措施主要有：设置断屑槽和控制切削用量。

1）设置断屑槽

① 断屑槽的形状。在主截面内，常用直线圆弧型、直线型和圆弧型三种形状的断屑槽，如图 13-7 所示。

直线圆弧型和直线型断屑槽适用于切削碳素钢、合金钢、工具钢等用的车刀，一般前角 γ_0 在 10°～15°范围内选用。切削纯铜、不锈钢等高塑性材料时，前角 γ_0 要增大至 25°～30°。此时应当改用圆弧型断屑槽，因为前角太大时，直线圆弧型断屑槽的刀刃强度差，易崩刃，断屑槽也太深，切屑易堵塞在槽内。

② 断屑槽的宽度。断屑槽的宽度对断屑的影响很大。槽宽愈小，切屑的卷曲半径 $R_{屑}$ 愈小，如图 13-8（a）、图 13-8（b）所示。切屑上的弯曲应力愈大，愈易折断。

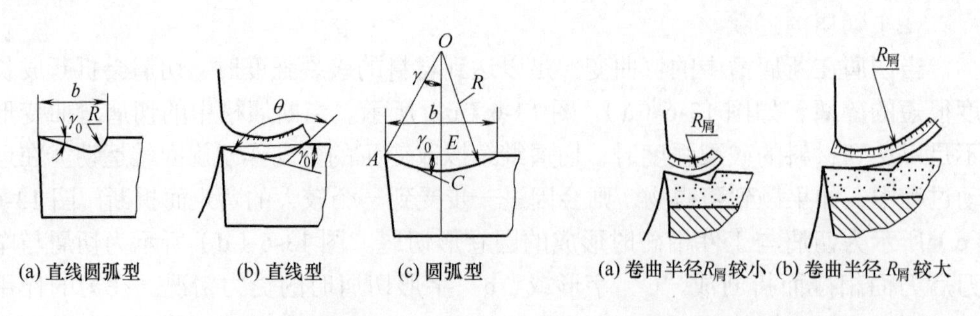

图 13-7 断屑槽形状

图 13-8 槽宽对 $R_{屑}$ 的影响

断屑槽的宽度必须与进给量 f 和切削深度 a_p 联系起来考虑。如进给量大，槽应当宽些。否则切屑不易在槽中卷曲，往往不流经槽底而形成不断的带状切屑。

③ 断屑槽斜角。断屑槽的侧边与主刀刃之间的夹角叫断屑槽斜角（τ），如图 13-9 所示。

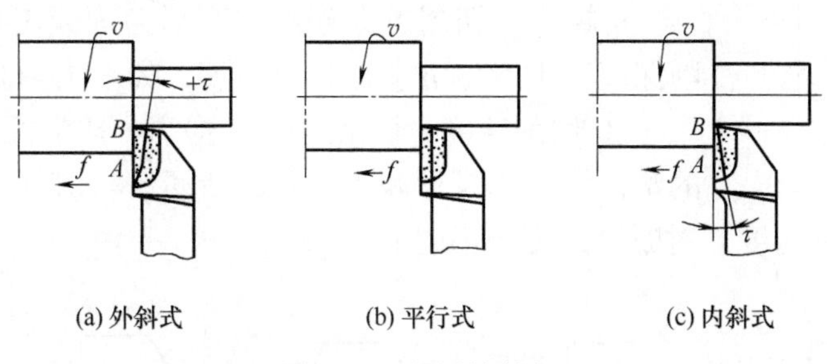

图 13-9 断屑槽斜角

外斜式断屑槽［图 13-9（a）］的宽度前宽后窄，深度前深后浅，在靠近工件外圆表面 A 处的切削速度最高而槽最窄，切屑最先卷曲，且卷曲半径小，变形大，切屑容易翻到车刀后刀面上碰断，易形成“C”字形断屑。切削中碳钢时一般取断屑槽斜角 τ=8°～10°；切削合金钢时，为增大切屑变形，可取 τ=10°～15°。

在中等切削深度时，用外斜式断屑槽断屑效果较好；在切削深度较大时，由于靠近工件外圆表面 A 处断屑槽较窄，切屑易堵塞，甚至挤坏刀刃，所以一般采用平行式槽。

平行式断屑槽［图 13-9（b）］的切屑变形不如外斜式大，切屑大多是碰在工件加工表面上折断。切削中碳钢时，平行式的断屑槽与外斜式基本相同，但走刀量应略微加大些；以增大切屑的附加卷曲变形。切削合金钢时，为增大切屑的变形，一般采用外斜式断屑槽。

内斜式断屑槽［图 13-9（c）］在工件外圆表面 A 处最宽，而在刀尖 B 处最窄。所以切屑常常是在 B 处卷曲成小卷，在 A 处卷曲成大卷。当刃倾角 λ_s=－（3°～5°）时，切屑容易形成卷得较紧的长螺卷形，到一定长度后靠自身重量和旋转摔断。内斜式断屑槽的 τ 角一般取－（8°～10°）。内斜式断屑槽形成长紧螺卷切屑的切削用量范围较小，主要适用于半精车和精车。

2）控制切削用量

切削用量中对断屑影响最大的是进给量，其次是切削深度和切削速度。

① 进给量。加大进给量可增大切削厚度，使切屑上的弯曲应力也随之增大，容易断屑。

当进给量很小时，切屑很薄，在刃口附近排出而离开前刀面，很可能碰不到断屑槽台阶，即使相碰，也因为产生的弯曲应力很小而不足以使切屑折断，所以

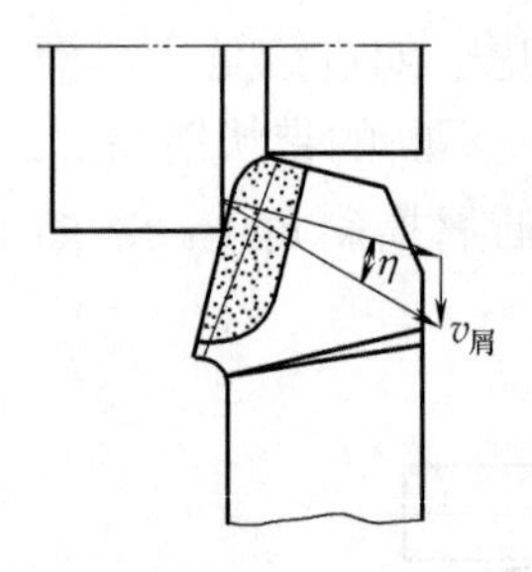

图 13-10 出屑角

加大进给量是达到断屑的有效措施之一。

② 切削深度。切削深度主要通过影响出屑角而影响断屑。所谓出屑角是指切屑流出方向偏离主刀刃垂线的一个角度，用 η 表示，如图 13-10 所示。

η 越小，切屑越易碰到车刀后刀面或工件而折断。切削深度 a_p 增大，η 减小，易断屑，如图 13-11 所示。

③ 切削速度。切削速度 v_c 提高，切削温度升高，切屑的塑性增大，变形减小，不易断屑。与切削深度 a_p 及进给量 f 相比，切削速度 v 对断屑的影响不明显。

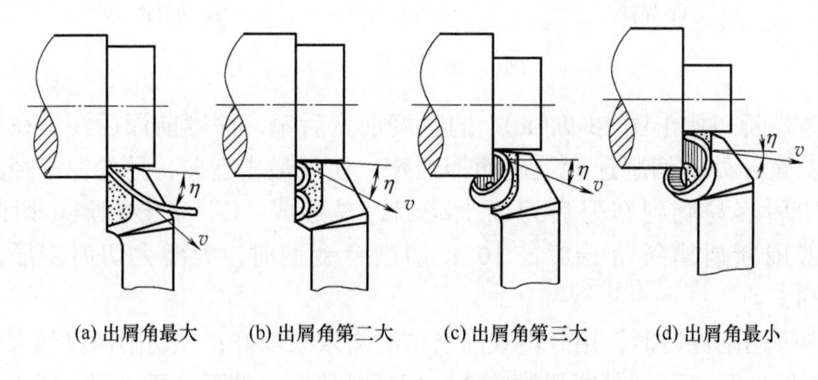

图 13-11 切削深度对出屑角的影响

13.4 外圆车削常见缺陷及预防措施

表 13-1 给出了车削外圆时，易出现的问题、产生的原因及防止措施。

表 13-1 车削外圆易出现的问题、原因及防止措施

易出现的问题	产生原因	防止措施
尺寸精度不够	①测量时误差太大 ②加工后留有黑皮或局部余量不够	①掌握正确使用量具的方法，提高测量技术；测量时要仔细，注意力集中，加工后工件温度太高，应待工件冷却后再测量 ②加工前按图纸检验毛坯余量是否符合工艺要求，仔细校正工件位置
圆度超差	①车床主轴间隙过大 ②毛坯余量不均匀或材质不均匀 ③顶尖装夹时，顶尖与中心孔接触不良或后顶尖太松产生径向圆跳动	①调整主轴前径向轴承的间隙 ②在粗车与精车前增加半精车，半精车前进行正火或退火处理

续表

易出现的问题	产生原因	防止措施
产生锥度	①尾座顶尖与主轴轴线偏离 ②用卡盘装夹，工件悬伸长度过大，刚度不够 ③用小滑板车圆锥时，小滑板位置不正确 ④车床床身导轨与主轴轴线不平行 ⑤刀具磨损过快，工件两端被切层厚度不一致	①调整尾座位置，使顶尖与主轴对准 ②增加后顶尖支承，采用一卡一顶的装夹方法 ③将小滑板的刻线与中滑板“0”刻线对准 ④调整车床精度，使两者平行度满足标准要求 ⑤采用更耐磨的刀具材料或降低切削速度
表面粗糙度差	①刀具几何角度不合适 ②刀具磨损过大 ③进给量过大，切削速度不合理 ④加工时发生振动	①合理增大前角（不适用于脆性材料）和后角，适当增大刀尖圆弧半径及修光刃宽度，减小副偏角 ②及时用油石修磨切削刃；合理使用切削液 ③适当减小进给量；使用硬质合金刀具，应适当提高切削速度；使用高速钢车刀则切削速度不应超过 10m/min ④调整车床各部分间隙，提高车床刚度；增加工件装夹刚性，如工件较长则可加用跟刀架；增加车刀装夹刚性，采用具有防振结构的刀具

13.5 端面及台阶车削常见缺陷及预防措施

表 13-2 给出了车端面和台阶时容易出现的问题、产生原因以及预防措施。

表 13-2 车端面和台阶时易出现的问题、原因及防止措施

质量问题	产生原因	预防措施
毛坯表面没有全部车出	加工余量不够	车削前需测量毛坯尺寸，检查加工余量是否足够
	工件在卡盘上没有校正	工件装夹在卡盘上，必须校正外圆及端面
端面产生凹或凸面	用右偏刃从外向中心切割时，床鞍没有固定，车刀扎入工件产生凹面	在车大端面时，必须把床鞍的固定螺钉锁紧
	车刀不锋利，小滑板太松或刀架没有压紧，车力受切削力的作用而“让刀”，因而产生凸面	保持车刀锋利，中、小滑板的塞铁不应太松；车刀刀架应压紧台阶不垂直
台阶不垂直	较低的台阶由于车刀装得歪斜，使主切削刃与工件轴线不垂直	装刀时必须使车刀的主切削刃垂直于工件的轴线，车台阶时最后一刀应从台阶的里面向外车出
	较高台阶不垂直的原因与端面凹凸的原因一样	把床鞍的固定螺钉锁紧

续表

质量问题	产生原因	预防措施
台阶的长度不正确	粗心大意，看错尺寸或事先没有根据图样尺寸进行测量	看清图样尺寸，加工时正确测量工件
	自动进刀没有及时关闭，使车刀切削的长度越出应有的尺寸	注意自动进刀，及时关闭或提前关闭自动进刀，用手动进刀至尺寸

13.6 切断常见缺陷及预防措施

表 13-3 给出了切断时容易出现的问题、产生原因以及预防措施。

表 13-3 切断常见问题、产生原因及预防措施

问题	产生原因	预防措施
工件切断面凹凸	①车床横滑板移动方向与床身回转中心不垂直 ②刀具两副偏角大小不等 ③刀具两副后角大小不等 ④主切削刃两刀尖刃磨或磨损情况不一致 ⑤双倒角或剑式主切削刃两边修磨不均	①调整车床精度到符合标准精度 ②刃磨两侧，使副偏角基本相等 ③刃磨两侧，使副后角基本相等（注意不能太小，决不能成为零度或负值） ④刀尖磨损到一定程度时，要及时重磨 ⑤修磨时要使两边的切削刃相等
切断时振动	①车床主轴承松动或轴承孔不圆等 ②刀具主后角太大或刀尖安装过分低于工件中心 ③由于排屑不畅而产生振动 ④刀具伸出过长或刀杆刚性太弱 ⑤刀具几何参数不合理 ⑥工件刚性太差	①调整或修复车床的轴承 ②选用 3° 左右的主后角，调整刀尖安装高度 ③大直径的切断要特别注意排屑，排屑槽要磨有 5°～ 8°排屑倾斜角，以便排屑顺利 ④选用较好刀杆材料，在满足背吃刀量的前提下，尽量缩短刀具的伸出量 ⑤根据工件材料刃磨合理的几何参数 ⑥刚性差的工件要尽量减小切削刃宽度
主切削刃崩刃	①振动造成崩刃 ②实心工件将要切断时产生崩刃 ③排屑不畅，卡屑而造成崩刃	①改善切削条件，消除振动 ②改善实心工件时，刀尖安装一般应低于工件中心 0.2mm 左右 ③根据工件材料刃磨合理的刃形和适当的卷屑槽，配合相应进给量，使切屑卷成弹簧状连续排出，避免卡屑
刀具重磨次数少	由于切断刀片尺寸小而窄，加上刃磨卷屑槽后，一般有一次较严重的崩刃就会使刀片报废	在工件材料，切削用量决定以后，尽可能选用定前角结构，以提高刀片重磨次数，增加刀片使用寿命

13.7 细长轴车削常见缺陷及预防措施

表 13-4 给出了细长轴车削常见的缺陷及预防措施。

表 13-4 细长轴车削常见的缺陷及预防措施

工件缺陷	产生原因及预防措施
弯曲	①坯料自重或本身弯曲，应经校直和热处理 ②工件装夹不良，尾座顶尖与中心孔顶得过紧，应调整尾座顶尖适度 ③刀具几何参数和切削用量选择不当，造成切削力过大，可减少背吃刀量，增加切削次数 ④切削时产生热变形伸长，应采用切削液，尾座使用弹性活顶尖 ⑤工件与支承爪间距离过大，以不超过 2mm 为宜 ⑥采用一卡一拉装夹消除弯曲变形
锥度	①尾座顶尖和主轴中心不同轴，应调整主轴中心与尾座中心连线应与导轨全长平行，主轴中心和尾座顶尖中心应同轴 ②刀具磨损，应选用较好的刀具材料和采用合理的几何角度
竹节形	①在调整和修磨跟刀架支承块后，接刀不良，使第二次和第一次进给径向尺寸不一致，引起工件全长上出现与支承块宽度一致的周期性直径变化，可改变背吃刀量消除 ②跟刀架外侧支承爪和工件接触过松（过紧），或顶尖精度差，应选用高精度顶尖，采用不停车跟刀法车削
中凹	细长轴产生中凹是两头大，中间小的现象，影响对工件直线度要求。主要是跟刀架外侧支承爪压得太紧，在离后顶尖和车头近处，工件刚度好，支承爪顶不过工件，背吃刀量小，直径大，工件中间刚度差，支承爪从外侧顶过工件，背吃刀量变大，产生中凹。应调整跟刀架外侧支承与工件表面接触适宜，不要过紧或过松
振动波纹	①车削时的振动，应采取消振措施 ②跟刀架紧固不好，支承爪弧面接触不良，应检查跟刀架，修整支承爪 ③上侧支承爪压得过紧使得工件下垂，造成外侧支承爪接触产生变化，调整跟刀架伸出长度和压力，使之轻轻接触工件表面，不要压得太紧 ④顶尖轴承松动或不圆，开始吃刀时就有振动或椭圆，应选用结构合理，精度较高的活顶尖 ⑤开始发现波纹就应停车修整，消除之后再进行正常车削

13.8 滚花常见缺陷及预防措施

滚花常见的缺陷为乱纹，表 13-5 给出了其产生的原因及预防措施。

表 13-5 滚花常见缺陷的产生原因及预防措施

缺陷种类	产生原因	预防措施
乱纹	①工件外径周长不能被滚花刀模数 m 除尽 ②滚花开始时，吃刀压力太小，或滚花刀与工件表面接触面大 ③滚花刀转动不灵，或滚花刀与刀杆小轴配合间隙太大 ④工件转速太高，滚花刀与工件表面产生滑动 ⑤滚花前没有清除滚花刀中的细屑，或滚花刀齿部磨损	①可把外圆略车小一些 ②开始滚花时就要使用较大的压力，把滚花刀偏一个很小的角度 ③检查原因或调换小轴 ④降低转速 ⑤清除细屑或更换滚轮

13.9 钻孔的常见缺陷及预防措施

钻孔出现的缺陷，其产生的原因是多方面的，表 13-6 给出了钻孔时可能出现的质量问题及其产生原因。

表 13-6 钻孔时可能出现的质量问题及其产生原因

出现问题	产生原因
孔大于规定尺寸	①钻头中心偏，角度不对称 ②车床主轴跳动，钻头弯曲
孔壁粗糙	①钻头不锋利，角度不对称 ②后角太大 ③进给量太大 ④切削液选择不当或切削液供给不足
孔偏移	①工件安装不当或夹紧不牢固 ②钻头横刃太长，找正不准，定心不良 ③开始钻孔时，孔钻偏但没有校正
孔歪斜	①钻头与工件表面不垂直，钻床主轴与台面不垂直 ②横刃太长，轴向力过大造成钻头变形 ③钻头弯曲 ④进给量过大，致使小直径钻头弯曲 ⑤工件内部组织不均有砂眼（气孔）
孔呈多棱状	①钻头细而且长 ②刃磨不对称 ③切削刃过于锋利 ④后角太大 ⑤工件太薄

13.10 铰孔的常见缺陷及预防措施

铰孔时，常见的加工缺陷产生的原因参见表 13-7 所示。

表 13-7 常见车削铰孔缺陷产生原因分析

常见缺陷	产生的原因
粗糙度达不到要求	①铰刀刃口不锋利或崩刃，切削部分和修整部分不光洁 ②切削刃上粘有积屑瘤，容屑槽内切屑粘积过多 ③铰削余量太大或太小 ④切削速度太高，以致产生积屑瘤 ⑤铰刀退出时反转，手铰时铰刀旋转不平稳 ⑥润滑冷却液不充足或选择不当 ⑦铰刀偏摆过大

续表

常见缺陷	产生的原因
孔径扩大	①铰刀与孔的中心不重合，铰刀偏摆过大 ②进给量和铰削余量太大 ③切削速度太高，使铰刀温度上升，直径增大 ④操作粗心（未仔细检查铰刀直径和铰孔直径）
孔径缩小	①铰刀超过磨损标准，尺寸变小仍继续使用 ②铰刀磨钝后再使用，而引起过大的孔径收缩 ③铰钢料时，加工余量太大，铰好后内孔弹性复原而孔径收缩 ④铰铸铁时加了煤油
孔中心不直	①加工前的预加工孔不直，铰小孔时由于铰刀刚性差，而未能将原有的弯曲度纠正 ②铰刀的切削锥角太大，导向不良，使铰削时方向发生偏斜 ③手铰时，两手用力不均匀
孔呈多棱形	①铰削余量太大和铰刀刀刃不锋利，使铰削时发生“啃刀”现象，产生振动而出现多棱形 ②钻孔不圆，使铰孔时铰刀发生弹跳现象 ③车床主轴振摆太大

13.11　轮盘套类工件车削常见缺陷及预防措施

表 13-8 给出了轮盘套类工件车削常见缺陷的产生原因及预防措施。

表 13-8　轮盘套类工件车削常见缺陷的产生原因及预防措施

常见缺陷	产生原因	预防措施
内孔有锥度	①刀具磨损 ②刀杆刚性差，产生“让刀”现象 ③刀杆与孔壁相碰 ④主轴轴线倾斜 ⑤床身不水平 ⑥床身导轨磨损过大	①采用耐磨的硬质合金刀具 ②尽可能用大尺寸刀杆，减小切削用量 ③刀具装夹正确 ④找正主轴轴线使其与导轨平行 ⑤找正床身水平 ⑥大修车床，使导轨表面在同一水平面内
内孔不圆	①孔壁薄、装夹时变形 ②车床主轴轴承间隙过大，主轴轴颈不圆；产生复映误差 ③工件加工余量大且不均匀及材料组织不均匀	①装夹方法要正确 ②大修车床 ③工件分粗车、半精车、精车，对工件毛坯进行热处理
尺寸精度达不到要求	①量具不精确，有误差 ②测量误差 ③加工出现差错 ④铰孔时使用切削液不当 ⑤铰刀与工件轴线不重合 ⑥铰削余量太大	①校准量具 ②反复认真测量 ③仔细认真 ④正确选择切削液 ⑤找正尾座，采用浮动套筒 ⑥正确选择铰削余量

13.12 深孔钻削的常见缺陷及预防措施

表13-9、表13-10分别给出了外排屑深孔钻削及高压内排屑深孔钻削常见故障及其排除方法。

表13-9 外排屑深孔钻削常见故障及其排除方法

序号	故障内容	产生原因	排除方法
1	排屑不顺利	①切削液系统漏液 ②刀具几何形状不对 ③切削液太浓 ④液压泵损坏 ⑤液压系统设计不当 ⑥进给量过大	①检查、修复切削液系统 ②调整深孔钻的几何参数 ③调稀切削液 ④更换液压泵 ⑤改进液压系统 ⑥减小进给量
2	切屑形状异常	①钻头太钝 ②切削液压力不恰当 ③表面线速度太低 ④工件材质不均匀	①及时修磨深孔钻 ②合理调整切削液的压力 ③适当增大进给量 ④检查、更换工件材料
3	钻头损坏	①钻头外刃口磨损过度 ②进给不正常 ③切屑排不出 ④倒锥度太小 ⑤车床工具没有对准中心 ⑥主轴端面跳动太大 ⑦刃具材料不好	①及时检查、修磨深孔钻 ②调整进给速度 ③找出切屑卡住的原因，及时给予排除，使切屑排屑顺利 ④加大倒锥 ⑤找正车床工具的中心 ⑥调整、修理主轴端面，使其跳动量控制在规定的范围内 ⑦选用优质、名牌深孔钻
4	侧面过度磨损	①切削液压力不恰当 ②容屑间隙不恰当	①加大切削液的压力 ②增大容屑槽
5	刃具寿命低	①刃具伸出太长 ②切削液温度太高 ③硬质合金牌号选择不当 ④切削液过滤不合适 ⑤切削液不对 ⑥进给量不合适（冷作硬化的材料）	①缩短刃具伸出长度 ②控制切削液温度，加大切削液的压力 ③选择合适的硬质合金牌号 ④检查、更换过滤装置 ⑤更换切削液 ⑥调整进给量，避免出现冷作硬化的情况
6	孔没有对准中心	①导向套尺寸超差 ②车床工具没有对准中心 ③进给量太大引起钻杆弯曲	①更换导向套 ②检查、调整车床工具，使之对准中心 ③减小进给量
7	孔不圆	①薄壁工件夹紧力不均匀 ②刃具几何形状不正确	①改变薄壁工件的装夹方式 ②调整深孔钻的几何参数
8	孔的尺寸超差	①钻尖的角度或钻尖的位置不正确 ②导向套磨损（喇叭口） ③进给量太大	①修正钻尖的角度 ②及时检查，更换导向套 ③减小进给量

续表

序号	故障内容	产生原因	排除方法
9	表面粗糙度没有达到要求	①耐磨垫块的几何形状不对 ②有振动 ③工具材料组织不均匀	①调整耐磨垫块的几何形状 ②加长导向套，缩短刃具的伸出长度 ③更换工具材料

表 13-10　高压内排屑深孔钻削常见故障及其排除方法

序号	故障现象	产生原因	排除方法
1	切屑太小	①断屑槽太短或太深 ②断屑槽半径太小	①选择合理的断屑槽 ②加大断屑槽半径
2	切屑太大	①断屑槽过大或过浅 ②断屑槽半径太大	①选择合理的断屑槽 ②减小断屑槽半径
3	切屑形状异常	①工件材料不均匀 ②进给机构有故障	①更换工件材料或加工前先进行预加工 ②检修进给机构
4	切屑不断	①切削液被细沫所污染 ②切削刃口崩缺 ③表面线速度太高	①检修或更换过滤装置，定期更换切削液 ②及时修磨切削刃 ③调整切削速度
5	钻头损坏	①进给太快 ②用手动进给，进给不均匀	①调整进给速度 ②用自动进给代替手动进给
6	合金刀片损坏	①刃口变钝 ②切削液选择不当	①及时修磨切削刃 ②合理选择切削液
7	钻头寿命太短	①硬质合金牌号选择不当 ②导向垫块磨损过度 ③导向套磨损严重 ④切削液温度过高	①选择合适的硬质合金牌号 ②及时更换导向垫块 ③更换导向套 ④检修循环冷却系统，备足切削液，加大切削液的流量
8	表面粗糙（没有过大的振动）	①中心没有对准 ②断屑槽离中心线太上或太下 ③刀片或耐磨垫块几何形状不正确	①检查、调整车床工具，使之对准中心 ②重新修磨断屑槽 ③修正刀片或耐磨垫块的几何形状
9	表面粗糙（有过大的振动）	①中心没有对准 ②工件弯曲	①检查、调整车床工具，使之对准中心 ②校直工件
10	喇叭孔	①导向套尺寸超差 ②中心没有对准	①更换导向套 ②检查、调整车床工具，使之对准中心

13.13　圆锥面车削常见缺陷及预防措施

表 13-11 给出了圆锥面车削时易出现的问题、产生的原因及预防措施。

表 13-11 圆锥面车削易出现的问题、产生的原因及预防措施

出现问题	产生原因	预防措施
锥度（半角）不正确	①用旋转小滑板车削时 a. 小滑板转动角度计算错误 b. 小滑板移动时松紧不匀	a. 仔细计算小滑板应转的角度和方向，并反复试车找正 b. 调整塞铁使小滑板移动均匀
	②用偏移尾座法车削时： a. 尾座偏移位置不正确 b. 工件长度尺寸不一致	a. 重新计算和调整尾座偏移量 b. 如工件数量较多，各工件的长度尺寸必须一致
	③用仿形法车削时： a. 靠模角度调整不正确 b. 滑块与靠模板配合不良	a. 重新调整靠模板角度 b. 调整滑块和靠模板之间的间隙
	④用成形刀具车削时： a. 装刀不正确 b. 刀刃不直	a. 调整刀刃的角度和对准中心 b. 修磨刀刃的平直度
	⑤铰锥孔时： a. 铰刀锥度不正确 b. 铰刀的安装轴线与工作旋转轴线不同轴	a. 修磨铰刀 b. 用百分表和检测棒调整尾座中心
大（小）端尺寸不正确	没有经常测量大（小）直径	经常测量大（小）直径，并按计算尺寸控制进给量
双曲线误差	车刀没有对准工件中心	车刀必须严格对准工件中心
表面粗糙度没有达到要求	①车床主轴、溜板之间间隙过大 ②切削用量不当 ③车刀不锋利，冷却润滑不充分 ④车床 - 工件 - 刀具系统刚性不足	①调整车床主轴，床鞍，中、小滑板之间间隙 ②选择合理的切削用量，用手摇小滑板时，注意进给均匀 ③及时刃磨车刀，充分保证冷却润滑 ④调整、加强车床 - 工件 - 刀具系统的刚性

13.14 螺纹车削常见缺陷及预防措施

表 13-12 给出了常见螺纹车削的常见缺陷及预防措施。

表 13-12 常见螺纹车削的常见缺陷及预防措施

缺陷形式	产生原因	预防措施
尺寸不正确	①车削外螺纹前的直径不对 ②车削内螺纹前的孔径不对 ③车刀刀尖磨损 ④螺纹车刀切深过大或过小	①根据计算尺寸车削外圆 ②根据计算尺寸车削内孔 ③经常检查车刀并及时修磨 ④车削时严格掌握螺纹切入深度
螺纹牙型角不正确	①刀具牙型角刃磨不准确 ②车刀装夹不正确 ③车刀磨损严重	①重新刃磨车刀 ②车刀刀尖对准工件轴线，找正车刀牙型平分角线使其与工件轴线垂直，正确选用车刀，水平或垂直装夹 ③及时换刀，用耐磨材料制造车刀，提高刃磨质量，减小切削用量

续表

缺陷形式	产生原因	预防措施
螺距超差	①车床调整手柄扳错 ②配换齿轮挂错或计算错误	逐项检查，改正错误
螺距周期性误差超差	①车床主轴或车床丝杠轴向窜动太大 ②配换齿轮间隙不当 ③配换齿轮磨损，齿形有毛刺 ④主轴、丝杠或挂轮轴轴颈径向跳动太大 ⑤中心孔圆度超差，孔深太浅或与顶尖接触不良 ⑥工件弯曲变形	①调整车床主轴和丝杠，消除轴向窜动 ②调整配换齿轮啮合间隙，其值控制在0.1～0.15mm范围内 ③妥善保管配换齿轮，用前检查、清洗、去毛刺 ④按技术要求调整主轴、丝杠和配换挂轮轴轴颈跳动量 ⑤中心孔锥面和标准顶尖接触面不小于85%，活动顶尖不要太尖，以免和中心孔底部相碰；两端中心孔要研磨，使其同轴 ⑥合理安排工艺路线，减小切削用量，充分冷却
螺距积累误差超差	①车床导轨对工件轴线的平行度超差或导轨的直线度超差 ②工件轴线对车床丝杠轴线的平行度超差 ③丝杠副磨损超差 ④环境温度变化太大 ⑤切削热、摩擦热使工件伸长，测量时缩短 ⑥刀具磨损太严重 ⑦顶尖顶力太大，使工件变形	①调整尾座使工件轴线和导轨平行或刮研车床导轨，使直线度合格 ②调整丝杠或车床尾座使工件轴线和丝杠平行 ③更换新的丝杠副 ④工作地要保持温度在规定范围内 ⑤合理选择切削用量和切削液，切削时加大切削液流量和压力 ⑥选用耐磨性强的刀具材料，提高刃磨质量 ⑦车削过程中经常调整尾座顶尖压力
螺纹中径几何形状超差	①中心孔质量低 ②车床主轴圆柱度超差 ③工件外圆圆柱度超差和跟刀架孔配合太松 ④刀具磨损大	①提高中心孔质量，研或磨削中心孔，保证圆度和接触精度，两端中心孔要同轴 ②修理主轴，使其符合要求 ③提高工件外圆精度，减少配合间隙 ④提高刀具耐磨性，降低切削用量，充分冷却
螺纹牙型表面粗糙度值达不到要求	①刀具刃口质量差 ②精车时进给量太小产生刮挤现象 ③切削速度选择不当 ④切削液的润滑性不佳 ⑤车床振动大 ⑥刀具前、后角太小 ⑦工件切削性能差 ⑧切屑刮伤已加工面	①降低各刃磨面的表面粗糙度值，提高刀刃锋利程度，刃口不得有毛刺、缺口 ②使切屑厚度大于刀刃的圆角半径 ③合理选择切削速度，避免积屑瘤的产生 ④选用有极性添加剂的切削液，或采用动（植）物油极化处理，以提高油膜的抗压强度 ⑤调整车床各部位间隙，采用弹性刀杆，硬质合金车刀刀尖适当装高，车床安装在单独基础上，有防振沟 ⑥适当增加刀具的前、后角 ⑦车削螺纹前增加热处理调质工序 ⑧改为直进法

续表

缺陷形式	产生原因	预防措施
“扎刀”或“打刀”	①刀杆刚性差 ②车刀装夹高度不当 ③进给量太大 ④进刀方式不当 ⑤车床各部件间隙太大 ⑥车刀前角太大，径向切削分力将车刀推向切削面 ⑦工件刚性差	①刀头伸出刀架的长度应大于1.5倍的刀杆高度，采用弹性刀杆，内螺纹车刀刀杆选较硬的材料，并淬火至35～45HRC ②车刀刀尖应对准工件轴线，硬质合金车刀高速车削螺纹时，刀尖应略高于轴线；高速钢车刀低速车削螺纹时，刀尖应略低于工件轴线 ③减小进给量 ④改直进法为斜进法或左右进刀法 ⑤调整车床各部件间隙，特别是减小车床主轴和溜板间隙 ⑥减小车刀前角 ⑦采用跟刀架支持工件，并用左右进刀法切削，减小进给量
螺纹“乱扣”	车床丝杠螺距值不是工件螺距值的整倍数时，返回行程提起了开合螺母	当车床丝杠螺距不是工件螺距整倍数时，返回行程打反车，不得提起开合螺母

13.15 多线螺纹车削常见缺陷及预防措施

车削多线螺纹时，易出现中径超差、分线不正确等缺陷，表13-13给出了车削多线螺纹常见缺陷的产生原因及预防措施。

表13-13 车削多线螺纹常见缺陷的产生原因及预防措施

缺陷形式	产生原因	预防措施
中径超差	①切深过大 ②量针选择有误 ③测量不准确	①粗、精车时，严格掌握切入深度；精车刀保持锋利 ②正确选择量针 ③用三针测量法测量中径时，量针应放在同一螺旋槽内
分线不正确	①小滑板移动距离不正确 ②小滑板丝杠精度太低或丝杠磨损 ③更换车刀或车刀经刃磨重新装夹，没有对准原来的轴向位置或因“借刀”造成轴向位置移动 ④工件装夹不牢固，切削力过大造成工件微量移动 ⑤小滑板移动方向与主轴轴线不平行	①采用左、右切削法时，必须把同一方向的牙侧全部车削好以后，再分线车削另一方向的牙侧 ②调整小滑板丝杠部位的间隙；每次分线，小滑板手柄转动方向要相同，避免丝杠螺母副之间的间隙产生误差 ③车刀更换或重新刃磨装夹时，要注意重新对刀，重新记刻度；精车削时要多次循环分线，分线只能在牙槽单侧逐一车削，待此侧全部车好后，再车削另一侧 ④注意工件装夹 ⑤小滑板移动轨迹必须与床身导轨平行，其平行度应调整在0.02/100（mm）以内

续表

缺陷形式	产生原因	预防措施
表面粗糙度达不到要求	①切削用量选择不正确 ②车刀刃磨表面粗糙度值大 ③没有加切削液	①高速钢车刀车削多线螺纹的切削速度不能太大，精车削时，切削深度应小于0.05mm，并加注切削液 ②精磨、研磨螺纹车刀 ③及时加注切削液

13.16 偏心工件车削常见缺陷及预防措施

表13-14给出了车削偏心工件常见缺陷及预防措施。

表13-14 车削偏心工件常见缺陷及预防措施

缺陷种类	产生原因	预防措施
偏心距不正确	①划线及钻中心孔有误差 ②用三爪自定心卡盘加垫块车削时，计算错误或垫块变形 ③找正偏心距方法不当 ④工件没夹紧或装夹方法不当 ⑤车削细长偏心工件时，顶尖支承时的松紧程度不合适，使工件的回转轴线跳动或弯曲，导致主轴线与偏心工件轴线误差 ⑥测量方法不正确	①减小划线及钻中心孔时的误差 ②复查计算过程；通过热处理，提高垫块的硬度，减小变形 ③反复找正偏心距，夹紧时力度适当 ④根据偏心工件的特点，选择合适的装夹方法 ⑤装夹时顶尖顶力适当，不宜过松或过紧，在找正偏心距的同时，要保证工件的上母线和侧母线与主轴平行 ⑥正确掌握测量方法
主轴轴线与偏心件轴线不平行	①划线或钻中心孔误差过大 ②顶尖顶得过紧，使工件回转轴线弯曲，导致主轴线与偏心轴轴线的平行度误差过大 ③切削力和切削温度的影响，使工件产生弯曲变形，造成偏心工件轴线的平行度误差过大	①减小划线及钻中心孔的误差 ②调整好顶尖的松紧度 ③分粗、精车削进行，选择合理的车刀角度，浇注切削液
偏心轴端面的圆度误差过大	①车削时，偏心工件静平衡差异产生离心力，导致工件回转轴线弯曲，使工件外圆各处车削深度不等，从而使工件外圆出现圆度误差。静平衡差异越大，则圆度误差越大 ②车床本身精度低，间隙太大 ③切削速度越高，离心力越大，工件变形越严重	①正确钻好各中心孔，使两端相对应的中心孔同一轴线不歪斜，反复仔细找正工件的静平衡，用两顶尖轻轻顶住，使工件在任何回转位置上都能停止和转动，加装和选择配重装置 ②调整车床主轴床鞍，以及中、小滑板的间隙 ③切削速度选择适当，变化不宜过大

13.17 成形面车削常见缺陷及预防措施

表13-15给出了车削成形面常见缺陷的产生原因及预防措施。

表 13-15 车削成形面常见缺陷的产生原因及预防措施

缺陷种类	产生原因	预防措施
型面不正确	①型面样板有误差 ②成形刀刃磨不正确 ③成形刀装夹不正确 ④靠模有误差 ⑤双手操作不协调	①加工前，认真检查型面样板 ②成形刀刃磨一定要符合样板 ③成形刀装夹要摆正，不能偏斜，并要严格对准车床回转中心 ④检查靠模的型面及安装 ⑤注意改进双手的配合
尺寸不对	①长度或坐标点计算错误 ②加工中测量有误 ③加工中操作有误	①认真检查、校对计算结果 ②加工时，认真测量，以防出错 ③加工时，应分粗、精车
表面粗糙度达不到要求	①车削痕迹过深 ②成形面上产生振纹 ③抛光修饰不够	①粗车时，不能车削过量，要逐步进行 ②成形刀的宽度过宽或后角太小，增大成形刀的后角、减小成形刀宽度，加强工件刚性 ③加强抛光

第14章 数控车削加工技术基础

14.1 数控车削的特点及应用

数控车削是利用数控车床、刀具对工件进行切削的一种加工方法，是近代随着数控技术（Numerical Control Technology，是指用数字量及字符发出指令并实现自动控制的技术）的快速发展而迅猛成长起来的一种机械加工技术，是机械加工现代化的重要组成部分。与普通车削加工不同的是，由于使用的是采用了数控加工技术的数控车床，因而，它能将零件加工过程所需的各种操作和步骤（如主轴变速、主轴起动和停止、松夹工件、进刀退刀、冷却液开或关等）以及刀具与工件之间的相对位移量都用数字化的代码来表示，由编程人员编制成规定的加工程序，通过输入介质（磁盘等）送入计算机控制系统，由计算机对输入的信息进行处理与运算，发出各种指令来控制车床的运动，使车床自动地加工出所需要的零件。

（1）数控车削的加工特点

数控车削是通过数控车床实现，采用数字信息对零件加工过程进行定义，并控制车床自动运行的一种自动化加工方法。其加工主要具有以下特点。

① 高柔性。在更换产品品种时，只需调换存在计算机内的加工程序，调整刀具数据和装夹工件即可适应不同品种零件的加工，且几乎不需要制造专用工装夹具：有利于缩短产品的研制与生产周期，适应多品种、中小批量的现代生产需要。

② 高精度。数控车床的脉冲当量一般可达到 0.001mm，高精度的数控车床可达到 0.0001mm，能确保工件的加工精度和批生产产品尺寸的同一性。

③ 高质量。数控车床是用数字程序控制实现自动加工，因而，排除了人为误差因素，且加工误差还可以由数控系统通过软件技术进行补偿校正。因此，可

以提高零件的产品质量。

④ 高效率。采用数控车床加工能有效地减少工件加工所需的机动时间和辅助时间，与普通车床相比，可提高生产效率 3 ～ 5 倍；对于复杂工件生产效率可提高十几倍，甚至几十倍。

⑤ 劳动强度减轻，责任心增强。数控车削是按事先编好的程序自动完成的，自动化程度大为提高，操作者不需要进行繁重的重复手工操作，因此，操作人员的劳动强度和紧张程度大为改善，劳动条件也相应得到改善。

由于数控车床价格相对普通车床要昂贵许多，体力劳动虽然减轻了，但对操作者的责任心要求却很高，尤其是在编程、调试操作过程中，万一发生碰撞，将发生严重的安全事故。

⑥ 有利于生产管理。数控加工可大大提高生产率，稳定加工质量，缩短加工周期，易于在工厂或车间实行计算机管理。使机械加工的大量前期准备工作与机械加工过程联为一体，使零件的计算机辅助设计（CAD）、计算机辅助工艺规划（CAPP）和计算机辅助制造（CAM）的一体化成为现实，易于实现现代化的生产管理。

（2）数控车床的使用特点

数控车床采用计算机控制，伺服系统技术复杂，车床精度要求高。因此，要求操作、维修及管理人员具有较高的文化水平和技术素质。

数控车床是根据程序进行加工的。编制程序既要有一定的技术理论又要有一定的技巧。加工程序的编制直接关系到数控车床功能的开发和使用，并直接影响数控车床的加工精度。因此，数控车床的操作人员除了要有一定的工艺基础知识外，还应针对数控车床的结构特点、工作原理以及程序编制进行专门的技术理论培训和操作训练，经考核合格后才能上机操作，以防操作使用时发生人为事故。

正确的维护和有效的维修是提高数控车床效率的基本保证。数控车床的维修人员应有较高、较全面的数控理论知识和维修技术。维修人员应有比较宽的机、电、液专业知识，才能综合分析、判断故障根源，缩短故障停机时间，实现高效维修。因此，数控车床维修人员也必须经过专门的培训才能上岗。

使用数控车床，不但要对从事数控车削加工和维修的人员进行培训，而且对与数控车床有关的管理人员都应该进行数控加工技术知识的普及，以充分发挥数控车床的作用。

（3）数控车床的应用范围

数控车床主要用来加工轴类零件的内外圆柱面、圆锥面、螺纹表面、成形回转体面等，对于盘套类等回转体零件可以进行钻孔、扩孔、铰孔、镗孔等。车床还可以完成车端面、切槽、倒角等加工。数控车床具有普通车床不具备的许多优点，且其应用范围正在不断扩大，但它目前并不能完全代替普通车床，也不能以最经济的方法解决机械加工中的所有问题，数控车床最适合加工具有以下特点的零件。

① 形状结构比较复杂的零件。

② 多品种、小批量生产的零件。

③ 需要频繁改型的零件。

④ 需要最短周期的急需零件。

⑤ 价值昂贵，不允许报废的关键零件。

⑥ 批量较大、精度要求高的零件。

由于机械加工劳动力费用的不断增加，数控车床的自动化加工又可减少操作工人（可以实现一人多台），生产效率高。因此，大批量生产的零件采用数控车床（特别是经济型数控车床）加工，在经济上也是可行的。

14.2 数控车床的基本知识

数控车削的主要设备是数控车床。数控车床又称为CNC（Computer Numerical Control）车床，是数字程序控制车床的简称，是一种高精度、高效率的自动化机床，也是目前国内使用极为广泛的一种数控机床（Numerical Control Machine Tools，是指采用数字控制技术对机床的加工过程进行自动控制的一类机床），约占数控机床总数的25%。数控车床加工零件的尺寸精度可达IT5～IT6，表面粗糙度可达1.6μm以下。

14.2.1 数控车床的组成

数控车床一般由输入输出设备、数控装置（或称CNC单元）、伺服单元、驱动装置（或称执行机构）及电气控制装置、辅助装置、车床本体、测量反馈装置等组成。图14-1所示为数控车床的组成框图（事实上，其他数控设备基本上也是由上述各部分组成的）。其中除车床本体之外的部分统称计算机数控（CNC）系统。

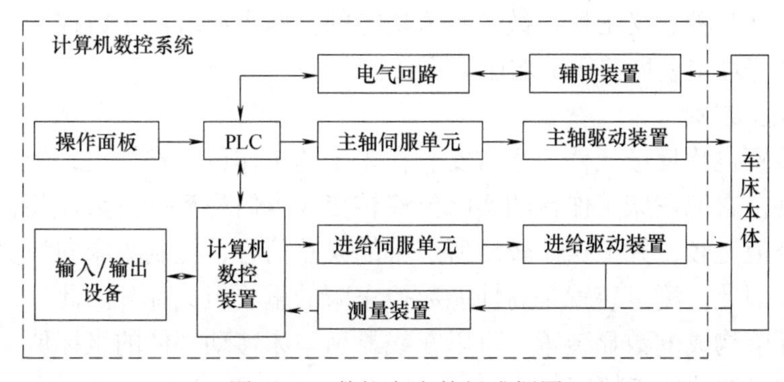

图14-1 数控车床的组成框图

（1）车床本体

数控车床由于切削用量大、连续加工发热量大等因素对加工精度有一定影响，加工中又是自动控制，不能像在普通车床上加工那样由人工进行调整、补偿，所以其设计要求比普通车床更严格，制造要求更精密。数控车床采用了许多新结构，以加强刚性、减小热变形、提高加工精度。

（2）数控装置

数控装置是数控系统的核心，主要包括微处理器（CPU）、存储器、局部总线、外围逻辑电路以及与数控系统的其他组成部分联系的各种接口等。数控车床的数控系统完全由软件处理输入信息，可处理逻辑电路难以处理的复杂信息，使数字控制系统的性能大大提高。

（3）输入/输出设备

键盘、磁盘机等是数控车床的典型输入设备。除此以外，还可以用串行通信的方式输入。数控系统一般配有CRT显示器或点阵式液晶显示器，显示信息丰富。有些还能显示图形，操作人员可通过显示器获得必要的信息。

（4）伺服单元

伺服单元是数控装置和车床本体的联系环节，它将来自数控装置的微弱指令信号放大成控制驱动装置的大功率信号。根据接收指令的不同，伺服单元有数字式和模拟式之分，而模拟式伺服单元按电源种类又可分为直流伺服单元和交流伺服单元。

（5）驱动装置

驱动装置把经放大的指令信号转变为机械运动，通过机械传动部件驱动车床主轴、刀架、工作台等精确定位或按规定的轨迹作严格的相对运动，最后加工出图样所要求的零件。与伺服单元相对应，驱动装置有步进电动机、直流伺服电动机和交流伺服电动机等。

伺服单元和驱动装置合称为伺服驱动系统，它是车床工作的动力装置，数控装置的指令要靠伺服驱动系统付诸实施。所以，伺服驱动系统是数控车床的重要组成部分。从某种意义上说，数控车床功能的强弱主要取决于数控装置，而数控车床性能的好坏主要取决于伺服驱动系统。

（6）测量装置

测量装置也称反馈元件，通常安装在车床的工作台或丝杠上，相当于普通车床的刻度盘，它把车床工作台的实际位移转变成电信号反馈给数控装置，供数控装置与指令值比较，并根据比较后所产生的误差信号，控制车床向消除该误差的方向移动。因此，测量装置是高性能数控车床的重要组成部分。此外，由测量装置和显示环节构成的数显装置，可以在线显示车床移动部件的坐标值，大大提高工作效率和工件的加工精度。

14.2.2　数控车床的工作原理

数控车床的工作原理如图14-2所示。首先根据零件图样制订工艺方案，采用手工或计算机进行零件的程序编制，把加工零件所需的车床各种动作及全部工艺参数变成车床数控装置能接受的信息代码。然后将信息代码通过输入装置（操作面板）的按键，直接输入数控装置。另一种方法是利用计算机和数控车床的接口直接进行通信，实现零件程序的输入和输出。进入数控装置的信息，经过一系列处理和运算转变成脉冲信号。有的信号送到车床的伺服系统，通过伺服机构对其进行转换和放大，再经过传动机构驱动车床有关部件。还有的信号送到可编程序控制器中，用以顺序控制车床的其他辅助动作，如实现刀具的自动更换与变速、松夹工件、开关切削液等动作，最终加工出所要求的零件。

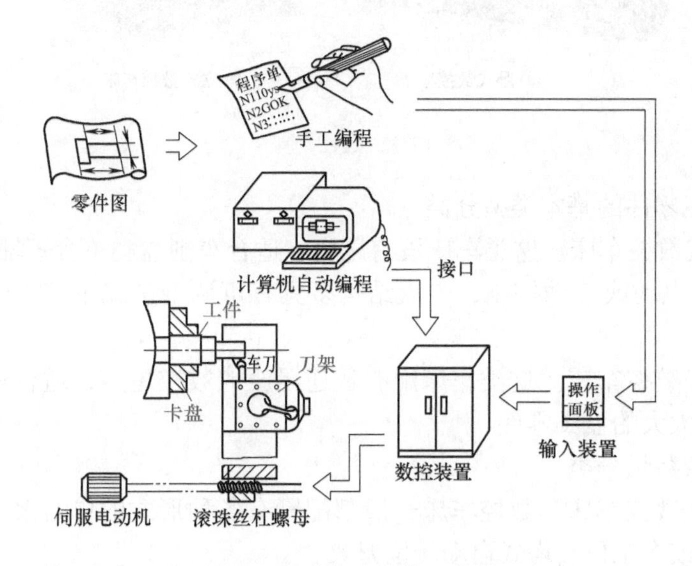

图14-2　数控车床的工作原理

14.2.3　数控车床的种类及结构

数控车床的种类与结构与普通车床有所不同，其种类与结构主要有以下内容。

（1）数控车床的种类

数控车床品种繁多，规格不一，可按如下方法进行分类。

1）按车床主轴位置分类

① 卧式数控车床。卧式数控车床如图14-3（a）所示。卧式数控车床用于轴向尺寸较长或小型盘类零件的车削加工。其车床又分为数控水平导轨卧式车床和数控倾斜导轨卧式车床。其倾斜导轨结构可以使车床具有更大的刚性，并易于排

除切屑。相对而言，卧式车床因结构形式多，加工功能丰富而应用广泛。

② 立式数控车床。立式数控车床简称为数控立车，如图14-3（b）所示。其车床主轴垂直于水平面，一个直径很大的圆形工作台，用来装夹工件。这类车床主要用于加工径向尺寸大、轴向尺寸相对较小的大型复杂零件。

(a) 卧式数控车床

(b) 立式数控车床

图14-3 数控车床

2）按加工零件的基本类型分类

① 卡盘式数控车床。这类车床没有尾座，适合车削盘类（含短轴类）零件。夹紧方式多为电动或液动控制，卡盘结构多具有可调卡爪或不淬火卡爪（即软卡爪）。

② 顶尖式数控车床。这类车床配有普通尾座或数控尾座，适合车削较长的零件及直径不太大的盘类零件。

3）按刀架数量分类

① 单刀架数控车床。数控车床一般都配置有各种形式的单刀架，如四工位卧动转位刀架或多工位转塔式自动转位刀架。

② 双刀架数控车床。这类车床其双刀架的配置可以是如图14-4（a）所示的平行分布，也可以是如图14-4（b）所示的相互垂直分布。

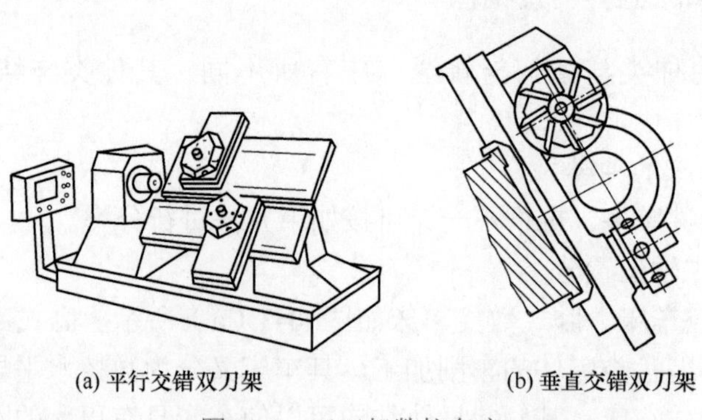

(a) 平行交错双刀架　　(b) 垂直交错双刀架

图14-4 双刀架数控车床

4）按功能分类

① 经济型数控车床。采用步进电动机和单片机对普通车床的进给系统进行改造后形成的简易型数控车床，成本较低，一般采用开环或半闭环伺服系统，但自动化程度和功能都比较差，车削加工精度也不高，适用于要求不高的回转类零件的车削加工，图 14-5 所示为经济型数控车床。

② 全功能型数控车床。这类车床是根据车削加工要求在结构上进行专门设计并配备通用数控系统而形成的数控车床，数控系统功能强，自动化程度和加工精度也比较高，适宜加工精度高，形状复杂、工序多、品种多变的单件或中小批量工件。这种数控车床可同时控制两个坐标轴，即 X 轴和 Z 轴。图 14-6 所示为全功能型数控车床。

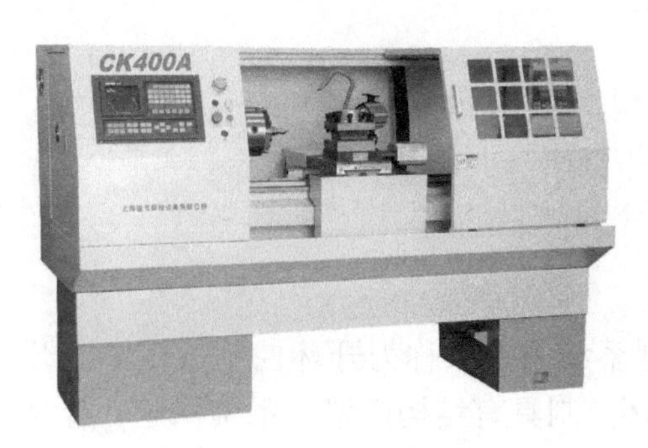

图 14-5　经济型数控车床

图 14-6　全功能型数控车床

③ 车削加工中心。在普通数控车床的基础上，增加了 C 轴和动力头，更高级的数控车床带有刀库，可控制 X、Z 和 C 三个坐标轴，联动控制轴可以是（X、Z）、（X、C）或（Z、C）。由于增加了 C 轴和铣削动力头，这种数控车床的加工功能大大增强，除可以进行一般车削外还可以进行径向和轴向铣削、曲面铣削、中心线不在零件回转中心的孔和径向孔的钻削等加工。

数控车削中心和数控车铣中心可在一次装夹中完成更多的加工工序，提高了加工质量和生产效率，特别适用于复杂形状的回转类零件的加工。图 14-7 所示为车削加工中心。

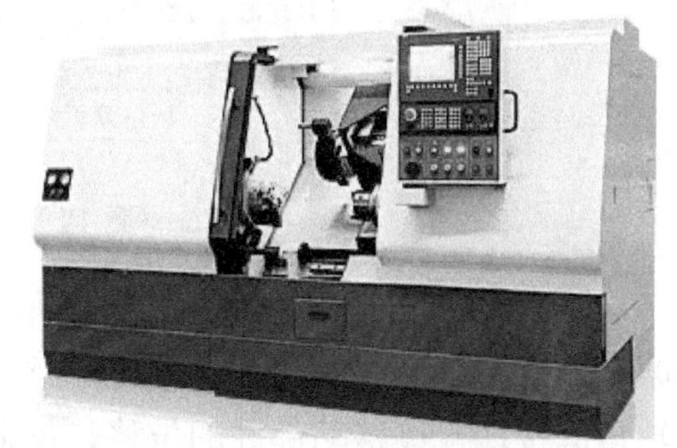

图 14-7　车削加工中心

④ FMC 车床。FMC 是英文 Flexible Manufacturing Cell（柔性加工单元）的缩写。FMC 车床实际上就是一个由数控车床、机器人等构成的系统。它能实现工件搬运、装卸的自动化和加工调整准备的自动化操作。图 14-8 所示为 FMC 车床示意图。

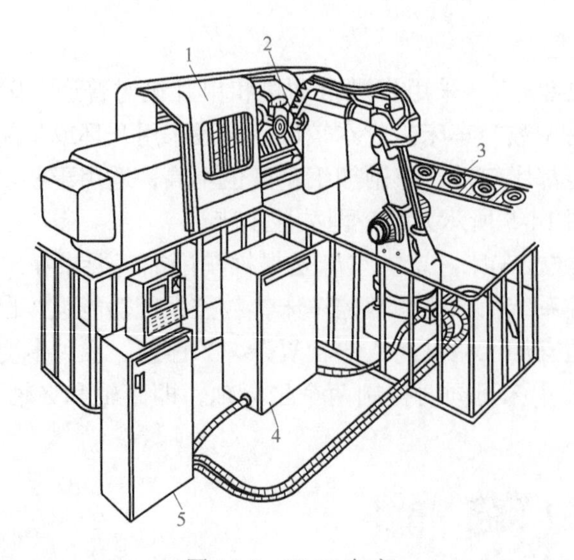

图 14-8　FMC 车床

1—NC 车床；2—卡爪；3—工件；4—NC 控制柜；5—机器手控制柜

5）按进给伺服系统控制方式分类

① 开环控制数控车床。采用开环控制系统的车床称为开环控制数控车床开环控制系统是指不带反馈的控制系统。开环控制具有结构简单、系统稳定、容易调试、成本低等优点。但是系统对移动部件的误差没有补偿和校正，所以精度低。一般适用于经济型数控车床和旧车床数控化改造。

开环控制系统如图 14-9 所示。部件的移动速度和位移量是由输入脉冲的频率和脉冲数决定的。

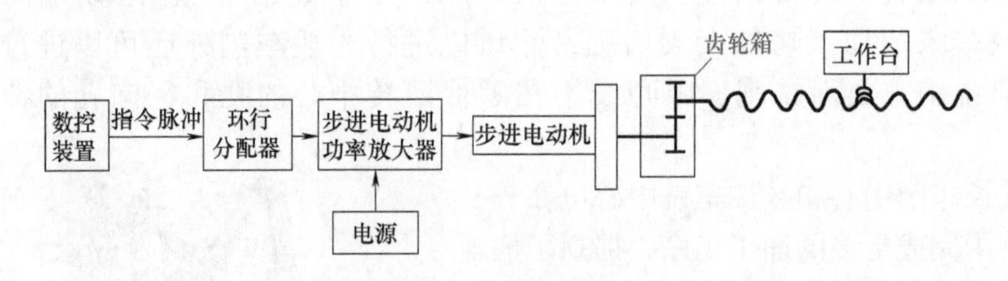

图 14-9　开环控制系统

② 半闭环控制数控车床。采用半闭环控制系统的车床称为半闭环控制数控车床半闭环控制系统是在开环系统的丝杠上装有角位移测量装置，通过检测丝杠的转角间接地检测移动部件的位移，反馈到数控系统中，由于惯性较大的车床移动部件不包括在检测之内，因而称作半闭环控制系统，如图 14-10 所示。系统闭环环路内不包括机械传动环节，可获得稳定的控制特性。机械传动环节的误差，可用补偿的办法消除，可获得满意的精度。中档数控机床广泛采用半闭环数控系统。

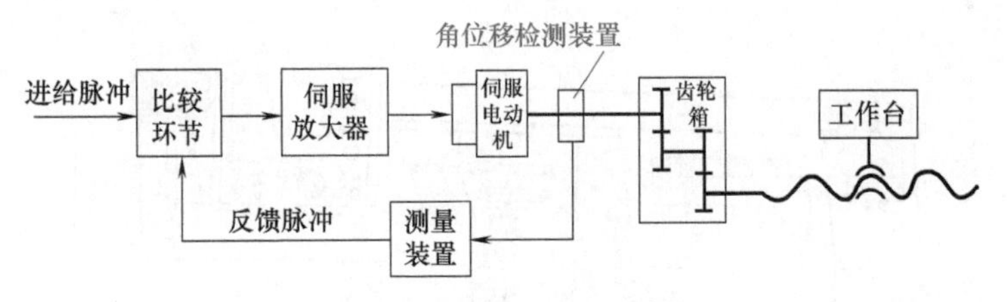

图 14-10 半闭环控制系统

③ 闭环控制数控车床。采用闭环控制系统的车床称为闭环控制数控车床闭环控制系统在车床移动部件上直接装有位置检测装置，将测量的结果直接反馈到数控装置中，与输入指令进行比较控制，使移动部件按照实际的要求运动，最终实现精定位，原理如图 14-11 所示，因为把车床工作台纳入了位置控制环，故称为闭环控制系统。

该系统定位精度高、调节速度快。但调试困难，系统复杂并且成本高，要求很高的数控机床，如精密数控镗铣床、超精密数控车床均采用闭环控制系统等。

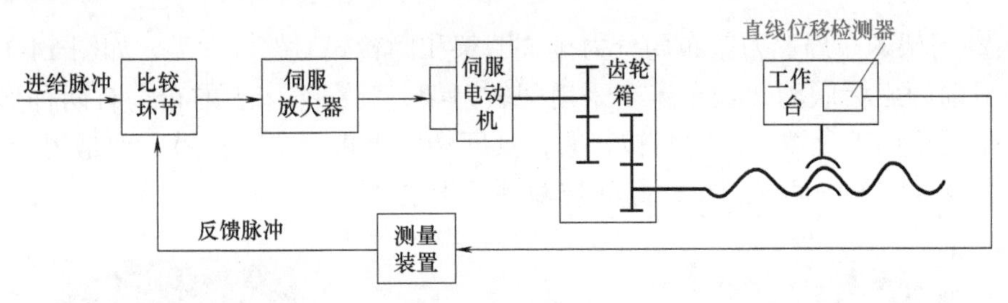

图 14-11 闭环控制系统

（2）数控车床的结构

经济型数控车床的外形与普通车床相似，即由床身、主轴箱、刀架、进给系统、冷却和润滑系统等部分组成。但其进给系统与普通车床有质的区别。普通车床有进给箱和交换齿轮架，而数控车床是直接用伺服电机通过滚珠丝杠驱动溜板和刀架实现进给运动，因而进给系统的结构大为简化。图 14-12 给出了 FANUC-0i 数控车床的总体结构。

通常，数控车床总体上可划分为数控装置、伺服单元、输入 / 输出设备等几部分组成，各部分的功用参见本书“14.2.1 数控车床的组成”的相关内容。以下仅对其床身和导轨的布局、刀架的布局、机械传动机构等部分的结构进行简单介绍。

① 床身和导轨的布局。FANUC-0i 数控车床属于平床身、平导轨数控车床，它的工艺性好，便于导轨面的加工。由于刀架水平布置，因此，刀架运动精度高。但是水平床身由于下部空间小，故排屑困难。从结构尺寸上看，刀架水平放置使滑板横向尺寸较长，从而加大了车床宽度方向的结构尺寸。

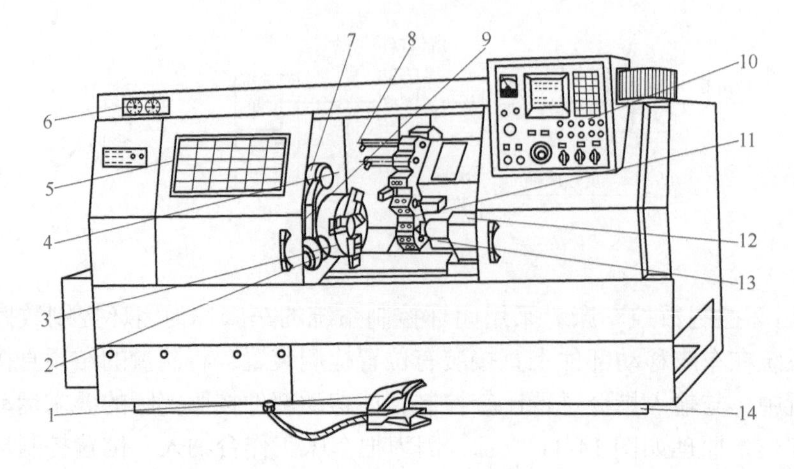

图 14-12 数控车床的总体结构

1—脚踏开关；2—对刀仪；3—主轴卡盘；4—主轴箱；5—防护门；6—压力表；7，8—防护罩；9—转臂；10—操作面板；11—回转刀架；12—尾座；13—滑板；14—床身

② 刀架的布局。刀架布局分为排式刀架和回转式刀架两大类，如图 14-13 所示。目前两坐标联动数控车床多采用回转刀架，它在车床上的布局有两种形式。一种是用于加工盘类零件的回转刀架，其回转轴垂直于主轴；另一种是用于加工轴类和盘类零件的回转刀架，其回转轴平行于主轴。

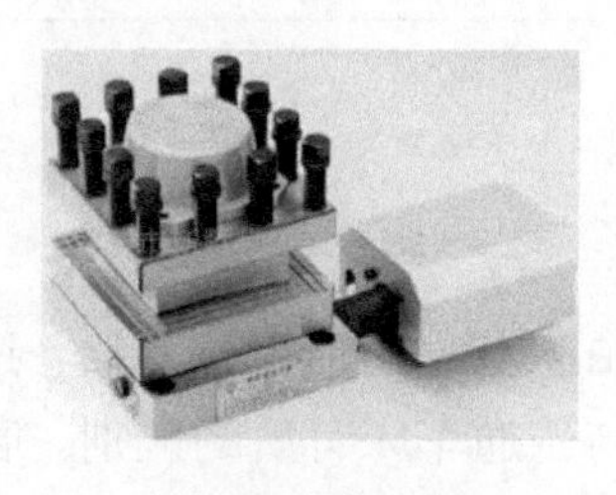

(a) 四工位转位刀架

(b) 八工位转位刀架

(c) 十二工位转位刀架

图 14-13 刀架的布局

③ 机械传动机构。图 14-14 所示为机械传动机构。除了部分主轴箱内的齿轮传动机构外，数控车床仅保留了普通车床的纵、横进给的螺旋传动机构。

图 14-15 所示为螺旋传动机构，数控车床中的螺旋副，是将驱动电动机所输出的旋转运动转换成刀架在纵横方向上直线运动的运动副。

构成螺旋传动机构的部件，一般为滚珠丝杠副，如图 14-16 所示。滚珠丝杠副的摩擦阻力小，可消除轴向间隙及预紧，故传动效率及精度高，运动稳定，动作灵敏。但结构较复杂，制造技术要求高，所以成本也较高。另外，自动调整其间隙大小时，难度亦较大。

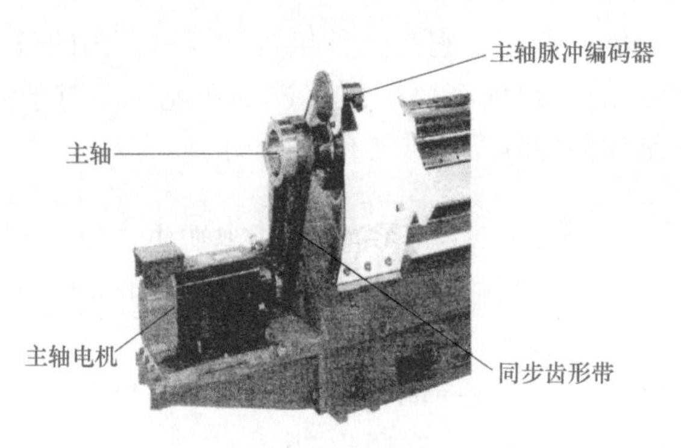

图 14-14　机械传动机构

图 14-15　螺旋传动机构

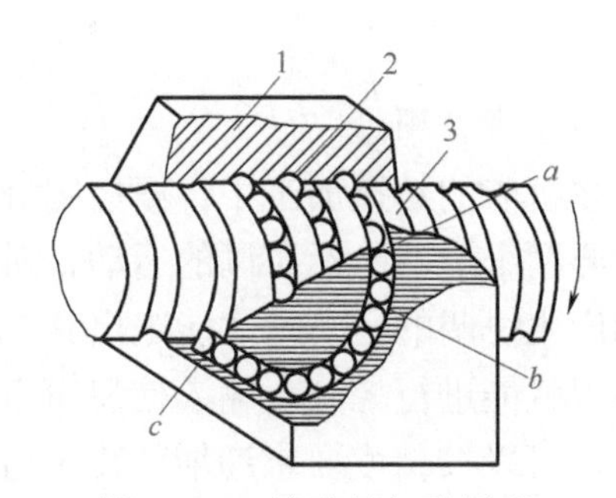

图 14-16　滚珠丝杠副原理

1—螺母；2—滚珠；3—丝杠；a，c—滚道；b—回路管道

（3）数控车床型号的编制方法

数控车床是众多车床中的一种，其型号编制方法应符合车床型号的编制要求，而车床型号又必须遵守机床型号的编制原则。

① 机床型号的编制方法。机床型号的编制方法参见本书“1.2.1 车床”的相关内容。

② 数控车床的主要技术参数。数控车床的主要技术参数有：最大回转直径，最大车削直径，最大车削长度，最大棒料尺寸，主轴转速范围，X、Z 轴行程，X、Z 轴快速移动速度，定位精度，重复定位精度，刀架行程，刀位数，刀具装夹尺寸，主轴型式，主轴电机功率，进给伺服电机功率，尾座行程，卡盘尺寸，车床重量，轮廓尺寸（长 × 宽 × 高）等。

③ 数控车床型号说明。图 14-17 给出了某型数控车床型号的具体说明。

14.2.4　插补原理与数控系统的基本功能

随着电子技术的发展，数控（NC）系统有了较大的发展，从硬件数控（Hard NC）发展成计算机数控（Computer Numerical Control，CNC）。计算机数控系统是 20 世纪 70 年代发展起来的新的机床数控系统，它用一台计算机代替先前硬件数控所完成的功能。所以，它是一种包含计算机在内的数字控制系统。其原理是根据计算机存储的控制程序执行数字控制功能。而对于数字控制机床来说，其核心问题，就是如何控制刀具或工件的运动。

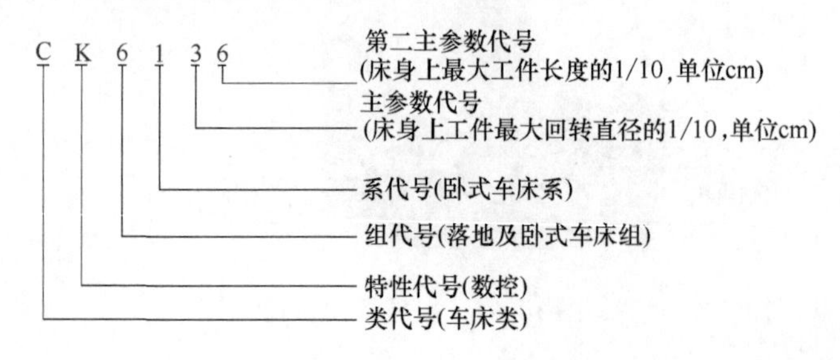

图 14-17　数控车床型号说明

（1）插补原理

在机床的数控加工中，要控制好刀具或工件的运动，对于平面曲线的运动轨迹需要两个运动坐标协调的运动，对于空间曲线或立体曲面则要求 3 个以上运动坐标产生协调的运动，才能走出其轨迹。数控加工时，只要按规定将信息送入数控装置就能进行控制。输入信息可以用直接计算的方法得出，如 $y=f(x)$ 的轨迹运动，可以按精度要求递增给出 x 值，然后按函数式算出 y 值。只要定出 x 的范围，就能得到近似的轨迹，正确控制 x、y 向速比，就能走出精确的轨迹来。但是，这种直接计算方法，曲线阶次越高，计算就越复杂，速比也越难控制。另外，还有一些用离散数据表示的曲线，曲面（列表曲线、曲面）又很难计算。所以数控加工不采用这种直接计算方法作为控制信息的输入。

1）插补的概念

机床上进行轮廓加工的各种工件，一般都是由一些简单的、基本的几何元素（直线、圆弧等）构成。若加工对象由其他二次曲线和高次曲线组成，可以采用一小段直线或圆弧来拟合（有些场合，需要抛物线或高次曲线拟合），就可以满足精度要求。这种拟合的方法就是“插补（Interpolation）”。它实质上是根据有限的信息完成“填补空白”的“数据密化”的工作，即数控装置依据编程时的有限数据，按照一定方法产生基本线型（直线、圆弧等），并以此为基础完成所需要轮廓轨迹的拟合工作。

可见数控系统根据零件轮廓线型的有限信息，计算出刀具的一系列加工点，完成所谓的“数据密化”工作。插补有两层意思：一是用小线段逼近产生基本线型（如直线、圆弧等）；二是用基本线型拟合其他轮廓曲线。

无论是普通数控（Hard NC）系统，还是计算机数控（CNC、MNC）系统，都必须有完成“插补”功能的部分，能完成插补工作的装置叫插补器。数控系统中插补器由数字电路组成，称为硬件插补；而在计算机数控系统中，插补器功能由软件来实现，称为软件插补。

2）插补的方法

在数控系统中，常用的插补方法有逐点比较法、数字积分法、时间分割法等。其中逐点比较法又是数控系统中用得最多的方法，逐点比较法的插补过程和直线圆弧插补运算方法主要有以下内容。

逐点比较法又称代数运算法、醉步法。这种方法的基本原理是：计算机在控制加工过程中，能逐点地计算和判别加工误差，与规定的运动轨迹进行比较，由比较结果决定下一步的移动方向。逐点比较法既可以作直线插补，又可以作圆弧插补。这种算法的特点是，运算直观，插补误差小于一个脉冲当量，输出脉冲均匀，而且输出脉冲的速度变化小，调节方便，因此在两坐标联动的数控机床中应用较为广泛。

逐点比较法的插补原理可概括为“逐点比较，步步逼近”八个字。逐点比较法的插补过程分为四个步骤：

· 偏差判别。根据偏差值判断刀具当前位置与理想线段的相对位置，以确定下一步的走向。

· 坐标进给。根据判别结果，使刀具向 x 或 y 方向移动一步。

· 偏差计算。当刀具移到新位置时，再计算与理想线段间的偏差，以确定下一步的走向。

· 终点判别。判断刀具是否到达终点，未到终点，则继续进行插补；若已达终点，则插补结束。

① 直线插补。如图 14-18 所示是应用逐点比较法插补原理进行直线插补的情形。机床在某一程序中要加工一条与 x 轴夹角为 α 的 OA 直线，在数控机床上加工时，刀具的运动轨迹不是完全严格地走 OA 直线，而是一步一步地走阶梯折线，折线与直线的最大偏差不超过加工精度允许的范围，因此这些折线可以近似地认为是 OA 直线。我们规定：当加工点在 OA 直线上方或在 OA 直线上，该点的偏差值 $F_n \geqslant 0$；若在 OA 直线的下方，即偏差值 $F_n < 0$。机床数控装置的逻辑功能，根据偏差值能自动判别走步。当 $F_n \geqslant 0$ 时朝 $+x$ 方向进给一步；当 $F_n < 0$ 时，朝 $+y$ 方向进给一步，每走一步自动比较一下，边判别边走步，刀具依次以折线 0-1-2-3-4…-A 逼近 OA 直线。就这样，从 O 点起逐点穿插进给一直加工到 A 点为止。这种具有沿平滑直线分配脉冲的功能叫作直线插补，实现这种插补运算的装置叫做直线插补器。

② 圆弧插补。如图 14-19 所示是应用逐点比较法插补原理进行圆弧插补的情形。机床在某一程序中要加工半径为 R 的 AB 圆弧，在数控机床上加工时，刀具的运动轨迹也是一步一步地走阶梯折线，折线与圆弧的最大偏差不超过加工精度允许的范围，因此这些折线可以近似地认为是 AB 圆弧。我们规定：当加工

点在 AB 圆弧外侧或在 AB 圆弧上，偏差值（该点到原点 O 的距离与半径 R 的比值）$F_n \geqslant 0$；若该点在圆弧 AB 的内侧，即偏差值 $F_n < 0$。加工时，当 $F_n \geqslant 0$ 时，朝 $-x$ 方向进给一步；当 $F_n < 0$ 时，朝 $+y$ 方向进给一步，刀具沿折线 A-1-2-3-4…-B 依次逼近 AB 圆弧，从 A 点起逐点穿插进给一直加工到 B 点为止。这种沿圆弧分配脉冲的功能叫做圆弧插补，实现这种插补运算的装置叫做圆弧插补器。

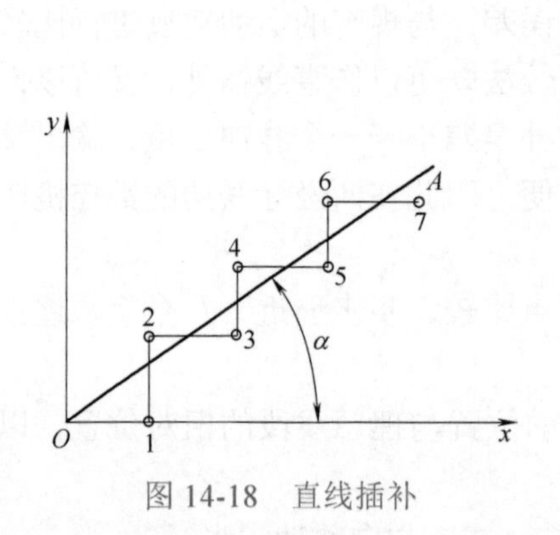

图 14-18　直线插补

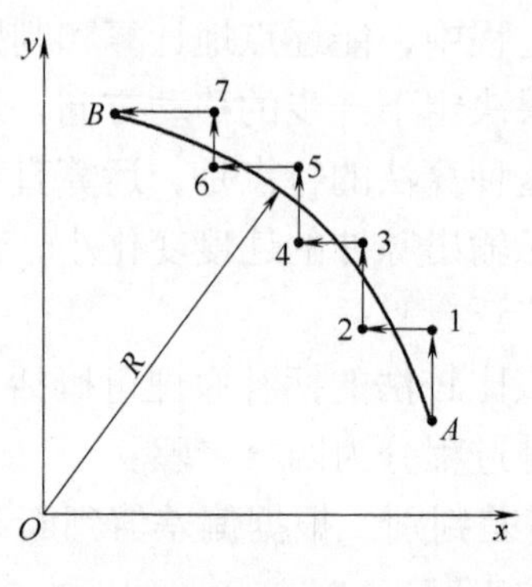

图 14-19　圆弧插补

③ 逐点比较法的象限处理。逐点比较法的象限处理可采用以下方法。

a. 分别处理法。4 个象限的直线插补，会有 4 组计算公式；对于 4 个象限的逆时针圆弧插补和 4 个象限的顺时针圆弧插补，会有 8 组计算公式，见图 14-20。

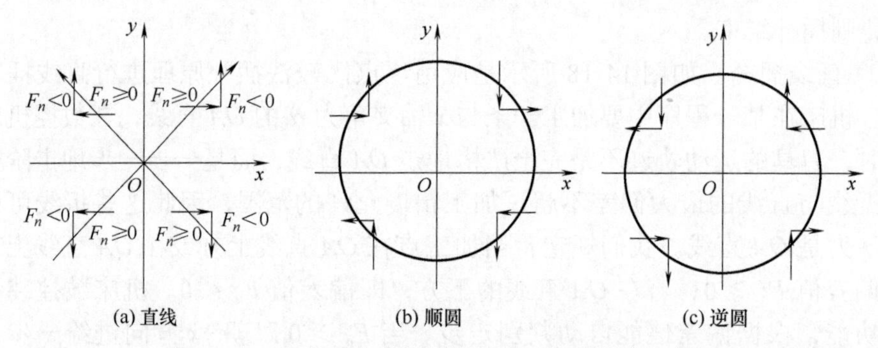

图 14-20　直线插补和圆弧插补的 4 个象限进给方向

插补运算具有实时性，直接影响刀具的运动。插补运算的速度和精度是数控装置的重要指标。插补原理也叫轨迹控制原理。

b. 坐标变换法。用第一象限逆圆插补的偏差函数进行第三象限逆圆和第二、四象限顺圆插补的偏差计算，用第一象限顺圆插补的偏差函数进行第三象限顺圆和第二、四象限逆圆插补的偏差计算。

（2）数控系统的基本功能

用来实现数字化信息控制的硬件和软件的整体称为数控系统。由于现代数控系统一般都采用了计算机进行控制，因此将这种数控系统称为 CNC 系统。数控系统是数控机床的核心。数控机床根据功能和性能要求的不同，可配置不同的数控系统。

1）常见的数控系统

我国在数控车床上常用的数控系统有日本 FANUC（发那科或法那科）公司的 0T、0iT、3T、5T、6T、10T、11T、0TC、0TD、0TE 等，德国 SIEMENS（西门子）公司的 802S、802C、802D、840D 等，以及美国 ACRAMATIC 数控系统、西班牙 FAGOR 数控系统等。

国产普及型数控系统产品有：广州数控设备厂 GSK980T 系列、华中数控公司的世纪星 21T、北京机床研究所的 1060 系列、无锡数控公司的 8MC/8TC 数控系统、北京凯恩帝数控公司 KND-500 系列、北京航天数控集团的 CASNUC-901（902）系列、大连大森公司的 R2F6000 型等。

2）数控系统的主要功能

① 两轴联动。联动轴数是指数控系统按加工要求控制同时运动的坐标轴数。该系统可实现 X、Z 两轴联动。

② 插补功能。指数控机床能够实现的线形能力。机床的档次越高插补功能越多，说明能够加工的轮廓种类越多，一般系统可实现直线、圆弧插补功能。

③ 进给功能。可实现快速进给、切削进给、手动连续进给、点动进给、进给倍率修调、自动加减带等功能。

④ 刀具功能。可实现刀具的自动选择和换刀。

⑤ 刀具补偿。可实现刀具在 X、Z 轴方向的尺寸、刀尖半径 / 刀位等补偿。

⑥ 机械误差补偿。可自动补偿机械传动部件因间隙产生的误差。

⑦ 程序管理功能。可实现对加工程序的检索、编制、修改插入、删除、更名、在线编辑及程序的存储等功能。

⑧ 图形显示功能。利用监视器（CRT）可监视加工程序段、坐标位置、加工时间等。

⑨ 操作功能。可进行单程序段的执行、试运行、机床闭锁、暂停和急停等功能。

⑩ 自诊断报警功能。可对其软、硬件故障进行自我诊断，用于监视整个加工过程是否正常并及时报警。

⑪ 通信功能。该系统配有 RS-232C 接口，为进行高速传输设有缓冲区。

14.3 数控车床的维护

数控加工是一种先进的加工方法，与普通机床加工比较，数控机床自动化程度高。操作者除了掌握好数控机床的性能、精心操作外，一方面要管好、用好和维护好数控机床；另一方面还必须养成文明生产的良好工作习惯和严谨的工作作风，应具有较好的职业素质、责任心和良好的合作精神。

（1）安全操作规程

要使数控车床能充分发挥其作用，必须严格按照数控车床操作规程去操作，避免因操作不当而造成的安全事故和经济损失。主要要做好以下方面的工作。

① 操作人员必须熟悉机床使用说明书上的有关资料，如：主要技术参数、传动原理、主要结构、润滑部位及维护保养等一般知识。

② 开机前应对机床进行全面细致的检查，确认无误后方可操作。

③ 机床通电后，检查各开关、按钮和键是否正常、灵活，机床有无异常现象。

④ 检查电压、气压、油压是否正常，有手动润滑的部位要先进行手动润滑。

⑤ 机床空运转达 15min 以上，使机床达到热平衡状态。

⑥ 加工前使各坐标轴手动回零（机床原点）。

⑦ 程序输入后，应认真核对，确保无误，其中包括对代码、指令、地址、数值、正负号、小数点及语法的查对。

⑧ 正确测量和计算工件坐标系，并对所得结果进行验证和验算。

⑨ 将工件坐标系输入到偏置页面，并对坐标、坐标值、正负号、小数点进行认真校对。

⑩ 未装工件以前，空运行一次程序，看程序能否顺利执行，刀具长度的选取和夹具的安装是否合理，有无超程现象。

⑪ 刀具补偿值（位置、半径）输入偏置页面后，要对刀补号、补偿值、正负号、小数点进行认真核对。

⑫ 检查各刀头的安装方向及各刀具旋转方向是否合乎程序要求。

⑬ 查看各刀杆后部位的形状和尺寸是否合乎程序要求。

⑭ 无论是首次加工的零件，还是周期性重复加工的零件，首件都必须对照图样工艺、程序和刀具调整卡，进行逐段程序的试切。

⑮ 单段试切时，快速倍率开关必须打到最低挡。

⑯ 每把刀首次使用时，必须先验证它的实际长度与所给刀补值是否相符。

⑰ 在程序运行中，要观察数控系统上的坐标显示，了解目前刀具运动点在机床坐标系及工件坐标系中的位置；了解程序段的位移量，还剩余多少位移量等。

⑱ 程序运行中也要观察数控系统工作寄存器和缓冲寄存器显示，查看正在执行的程序段各状态指令和下一个程序段的内容。

⑲ 在程序运行中要重点观察数控系统上的主程序和子程序，了解正在执行

主程序段的具体内容。

⑳ 试切和加工中，刃磨刀具和更换刀具后，一定要重新测量刀长并修改好刀补值和刃补号。

㉑ 程序检索时应注意光标所指位置是否合理、准确，并观察刀具与机床运动方向坐标是否正确。

㉒ 程序修改后，对修改部分一定要仔细计算和认真核对。

㉓ 手摇进给和手动连续进给操作时，必须检查各种开关所选择的位置是否正确，弄清正、负方向，认准按键，然后再进行操作。

㉔ 在确认工件夹紧后才能启动机床，严禁工件转动时测量、触摸工件。

㉕ 操作中出现工件跳动、打抖、异常声音、夹具松动等异常情况时必须立即停机处理。

㉖ 自动加工过程中，不允许打开机床防护门。

㉗ 严禁盲目操作或误操作。工作时穿好工作服、安全鞋，戴好工作帽、防护镜；不可戴手套、领带操作机床。

㉘ 加工镁合金工件时，应戴防护面罩，注意及时清理加工中产生的切屑。

㉙ 一批零件加工完成后，应核对程序、偏置页面、调整卡及工艺中的刀具号、刀补值，并作必要的整理、记录。

㉚ 做好机床卫生清扫工作，擦净导轨面上的切削液，并涂防锈油，以防止导轨生锈。

㉛ 依次关闭机床操作面板上的电源开关和总电源开关。

（2）数控车床的日常维护及保养

1）每日维护及保养要点

① 擦拭机床丝杠和导轨的外露部分，用轻质油洗去污物和切屑。

② 擦拭全部外露限位开关的周围区域，仔细擦拭各传感器的齿轮、齿条、连杆和检测头。

③ 检查润滑油箱和液压油箱及油压、油温、油雾和油量。

④ 使电气系统和液压系统至少升温30min，检查各参数是否正常，气压压力是否正常，有无泄漏。

⑤ 空运转使各运动部件得到充分润滑防止卡死。

⑥ 检查刀架转位、定位情况。

2）每月维护及保养要点

① 清理控制柜内部。

② 检查、清洗或更换通风系统的空气过滤器。

③ 按钮及指示灯是否正常。

④ 检查全部电磁铁和限位开关是否正常。

⑤ 检查并紧固全部电线接头及有无腐蚀破损。

⑥ 全面检查安全防护设施是否完整牢固。

3）六个月维护及保养要点

① 对液压油化验，根据化验结果，对液压油箱进行清洗换油，疏通油路，清洗或更换滤油器。

② 检查机床工作台水平，检查锁紧螺钉及调整垫铁是否锁紧，并按要求调整水平。

③ 检查镶条、滑块的调整机构，调整间隙。

④ 检查并调整全部传动丝杠负荷，清洗滚动丝杠并涂新油。

⑤ 拆卸、清扫电动机，加注润滑油脂，检查电动机轴承，并予以更换。

⑥ 检查、清洗并重新装好机械式联轴器。

⑦ 检查、清洗和调整平衡系统，并更换钢缆或钢丝绳。

⑧ 清扫电气柜、数控柜及电路板，更换维持 RAM 内容的失效电池。

（3）数控系统的日常维护

不同数控车床的数控系统，其使用、维护方法，在随机所带的说明书中一般都有明确的规定。总的来说，应注意以下几点：

① 制定严格的设备管理制度，定岗、定人、定机，严禁无证人员随便开机。

② 制定数控系统的日常维护的规章制度。根据各种部件的特点，确定各自保养条例。

③ 严格执行机床说明书中的通断电顺序。一般来讲，通电时先强电后弱电；先外围设备（如通信 PC 机），后数控系统。断电时，与通电顺序相反。

④ 应尽量少开数控柜和强电柜的门。因为机加工车间空气中一般都含有油雾、飘浮的灰尘甚至金属粉末，一旦它们落在数控装置内的印制电路板或电子器件上，容易引起元器件间绝缘电阻下降，并导致元器件及印制电路板的损坏。为使数控系统能超负荷长期工作，采取打开数控装置柜门散热的降温方法不可取，其最终结果是导致系统的加速损坏。因此，除进行必要的调整和维修外，不允许随便开启柜门，更不允许敞开柜门加工。

⑤ 定时清理数控装置的散热通风系统。应每天检查数控装置上各个冷却风扇工作是否正常，并视工作环境的状况，每半年或每季度检查一次风道过滤网是否有堵塞现象。如过滤网上灰尘积聚过多时，应及时清理，否则将会引起数控装置内部温度过高（一般不允许超过 55 ～ 60℃），致使数控系统不能可靠地工作，甚至发生过热报警现象。

⑥ 数控系统的输入 / 输出装置的定期维护。软驱和通信接口是数控装置与外部进行信息交换的一个重要的途径。如有损坏，将导致读入信息出错。为此，软驱仓门应及时关闭；通信接口应有防护盖，以防止灰尘、切屑落入。

⑦ 经常监视数控装置用的电网电压。数控装置通常允许电网电压在额定值的 ±（10 ～ 15）% 的范围内，频率在 ±2Hz 内波动，如果超出此范围就会造成系统不能正常工作，甚至会引起数控系统内的电子部件损坏。必要时可增加交流稳压器。

⑧ 存储器电池的定期更换。存储器一般采用 CMOS RAM 器件，设有可充电电池维持电路，防止断电期间数控系统丢失存储的信息。

在正常电路供电时，由 +5V 电源经一个二极管向 CMOS RAM 供电，同时对可充电电池进行充电。当电源停电时，则改由电池供电保持CMOS RAM的信息。在一般情况下，即使电池尚未失效，也应每年更换一次，以便确保系统能正常地工作。注意，更换电池时应在 CNC 装置通电状态下进行，以避免系统数据丢失。

⑨ 数控系统长期不用时的维护。若数控系统处在长期闲置的情况下，要经常给系统通电，特别是在环境湿度较大的梅雨季节更是如此。在机床锁住不动的情况下，让系统空运行，一般每月通电 2 ～ 3 次，通电运行时间不少于 1h。利用电器元件本身的发热来驱散数控装置内的潮气，以保证电器元件性能的稳定可靠及充电电池的电量。实践表明，在空气湿度较大的地区，经常通电是降低故障率的一个有效措施。

⑩ 备用印制电路板的维护。印制电路板长期不用是很容易出故障的。因此，对于已购置的备用印制电路板应定期装到数控装置上通电运行一段时间，以防损坏。

14.4 数控车床的常见故障及处理

数控车床是复杂的机电一体化产品，涉及到机、电、液、气、光等多项技术，在运行使用中不可避免地要产生各种故障，关键问题是如何迅速诊断、确定故障部位，及时排除解决，保证正常使用，提高生产率。

（1）数控车床故障分类

数控车床发生的故障，按其产生故障的部件、性质、有无报警显示等不同，有不同的分类，对不同的故障应针对性的采取不同措施。

1）按数控机床发生故障的部件分类

① 主机故障。数控机床的主机部分，主要包括机械、润滑、冷却、排屑、液压、气动与防护等装置。

常见的主机故障有：因机械安装、调试及操作使用不当等原因引起的机械传动故障或导轨运动摩擦过大的故障。其表现为传动噪声大，加工精度差，运行有阻力。例如：轴向传动链的挠性联轴器松动，齿轮、丝杠与轴承缺油，导轨镶条调整不当，导轨润滑不良以及系统参数设置不当等原因均可造成以上故障。尤其应引起重视的是：机床各部位标明的注油点（注油孔）须定时、定量加注润滑油（剂），这是机床各传动链正常运行的保证。

另外，液压、润滑与气动系统的故障现象主要是管路阻塞和密封不良，因此，数控机床更应加强治理和根除三漏现象的发生。

② 电气故障。电气故障分弱电故障与强电故障。弱电部分主要指CNC装置、PLC控制器、CRT显示器以及伺服单元、输入/输出装置等电子电路，这部分又有硬件故障与软件故障之分。

硬件故障主要是指上述各装置印制电路板上的集成电路芯片、分立元件、接插件以及外部连接组件等发生的故障。

常见的软件故障有：加工程序出错、系统程序和参数的改变或丢失、计算机的运算出错等。

强电部分是指断路器、接触器、继电器、开关、熔断器、电源变压器、电动机、电磁铁、行程开关等元器件及其所组成的电路，这部分的故障特别常见，必须引起足够的重视。

2）按数控机床发生的故障性质分类

① 系统性故障。系统性故障通常是指只要满足一定的条件或超过某一设定的限度，工作中的数控机床必然会发生的故障。这一类故障现象极为常见。例如：液压系统的压力值随着液压回路过滤器的阻塞而降到某一设定参数时，必然会发生液压报警使系统断电停机；润滑系统由于管路泄漏引起油标下降到使用限值必然会发生液位报警使机床停机；机床加工中因切削量过大达到某一限值时必然会发生过载或超温报警，致使系统迅速停机。因此，正确使用与精心维护是杜绝或避免这类系统性故障发生的根本途径。

② 随机性故障。随机性故障通常是指数控机床在同样的条件下工作时偶然发生一次或两次的故障，也称此为“软故障”，由于此类故障在各种条件相同的状态下只偶然发生一两次。因此，随机性故障的原因分析与故障诊断较其他故障困难得多。一般而言，这类故障的发生往往与安装质量、组件排列、参数设定、元器件品质、操作失误与维护不当，以及工作环境影响等诸多因素有关。例如，接插件与连接组件因疏忽未加锁定，印制电路板上的元器件松动变形或焊点虚脱，继电器触点、各类开关触头因污染锈蚀以及直流电动机电刷不良等所造成的接触不可靠等。另外，工作环境温度过高或过低、湿度过大、电源波动与机械振动、有害粉尘与气体污染等原因均可引发此类偶然性故障。因此，加强数控系统的维护检查，确保电气箱门的密封，严防工业粉尘及有害气体的侵袭等，均可避免此类故障的发生。

3）按故障发生后有无报警显示分类

① 有报警显示的故障。这类故障又分为硬件报警显示与软件报警显示两种。

其中：硬件报警显示的故障。硬件报警显示通常是指各单元装置上的警示灯（一般由LED发光管或小型指示灯组成）的指示。在数控系统中有许多用以指示故障部位的警示灯，如控制操作面板、位置控制印制电路板，伺服控制单元、主轴单元、电源单元等外设装置上常设有这类警示灯。一旦数控系统的这些警示灯指示故障状态后，借助相应部位上的警示灯均可大致分析判断出故障发生的部位与性质，这无疑给故障分析诊断带来极大方便。因此，维修人员日常维护和排除故障时应认真检查这些警示灯的状态是否正常。

软件报警显示的故障。通常是指CRT显示器上显示出来的报警号和报警信息。由于数控系统具有自诊断功能，一旦检测到故障，即按故障的级别进行处理，同时在CRT上以报警号形式显示该故障信息。这类报警显示常见的有存储器警示、过热警示、伺服系统警示、运动轴超程警示、程序出错警示、主轴警示、过载警示以及断线警示等，通常少则几十种，多则上百种，这无疑为故障判断和排除提供极大的帮助。

上述软件报警有来自CNC的报警和来自PLC的报警，前者为数控部分的故障报警，可通过所显示的报警号，对照维修手册中有关CNC故障报警及原因方面内容，来确定可能产生该故障的原因。PLC报警显示由PLC的报警信息文本所提供，大多数属于机床侧的故障报警，可通过所显示的报警号，对照维修手册中有关PLC故障报警信息、PLC接口说明以及PLC程序等内容，检查PLC有关接口和内部继电器状态，确定该故障所产生的原因。通常，PLC报警发生的可能性要比CNC报警高得多。

② 无报警显示的故障。这类故障发生时无任何硬件或软件的报警显示，因此分析诊断难度较大。例如，机床通电后，在手动方式或自动方式运行*X*轴时出现爬行现象，无任何报警显示；机床在自动方式运行时突然停止，而CRT显示器上无任何报警显示；在运行机床某轴时发生异常声响，一般也无故障报警显示。一些早期的数控系统由于自诊断功能不强，尚未采用PLC控制器，无PLC报答信息文本，出现无报警显示的故障情况会更多一些。对于无报警显示故障，通常要具体情况具体分析，要根据故障发生的前后变化状态进行分析判断。例如，*X*轴在运行时出现爬行现象，应首先判断是数控部分故障还是伺服部分故障，具体做法是：在手摇脉冲进给方式中，可均匀地旋转手摇脉冲发生器，同时分别观察比较CRT显示器上*Y*轴、*Z*轴与*X*轴进给数字的变化速率。通常，如果数控部分正常，一个轴的上述变化速率应基本相同，从而可确定爬行故障是*X*轴的伺服部分或是机械传动所造成。

4）按故障发生的原因分类

① 数控机床自身故障。这类故障的发生是由于数控机床自身引起的，与外部使用环境条件无关。数控机床所发生的极大多数故障均属此类故障。但也应区

别有些故障并非本身而是外部原因所造成。

② 数控机床外部故障。这类故障是由于外部原因造成的。例如，数控机床的供电电压过低，波动过大，相序不对或三相电压不平衡；周围的环境温度过高，有害气体，潮气、粉尘侵入；外来振动和干扰，如电焊机所产生的电火花干扰等，均有可能使数控机床发生故障；还有人为因素所造成的故障，如操作不当，手动进给过快造成超程报警，自动切削进给过快造成过载报警。又如操作人员不按时按量给机床机械传动系统加注润滑油，易造成传动噪声或导轨摩擦因数过大，而使工作台进给电动机超载。

除上述常见故障分类外，还可按故障发生时有无破坏性来分，可分为破坏性故障和非破坏性故障；按故障发生的部位分，可分为数控装置故障，进给伺服系统故障，主轴系统故障，刀架、刀库、工作台故障等。

（2）检测故障的常规方法

数控机床系统型号颇多，所产生的故障原因往往比较复杂，各不相同，但一般可按以下方法和步骤来检测故障。

1）调查故障现场，充分掌握故障信息

数控系统出现故障后，不要急于动手和盲目处理，首先要查看故障记录，向操作人员询问故障出现的全过程。在确认通电对系统无危险的情况下，再通电亲自观察，特别要注意确定以下主要故障信息：

① 故障发生时报警号和报警提示是什么？那些指示灯和发光管指示了什么报警？

② 如无报警，系统处于何种工作状态？系统的工作方式诊断结果（如FANUC-0T系统的700、701、712号诊断内容）是什么？

③ 故障发生在哪个程序段？执行何种指令？故障发生前进行了何种操作？

④ 故障发生在何种速度下？轴处于什么位置？与指令值的误差量有多大？

⑤ 以前是否发生过类似故障？现场有无异常现象？故障是否重复发生？

2）分析故障原因，确定检查的方法和步骤

在调查故障现象，掌握第一手材料的基础上分析故障的起因。故障分析可采用归纳法和演绎法。归纳法是从故障原因出发摸索其功能联系，调查原因对结果的影响，即根据可能产生该种故障的原因分析，看其最后是否与故障现象相符来确定故障点。演译法是从所发生的故障现象出发，对故障原因进行分割式的分析方法。即从故障现象开始，根据故障机理，列出多种可能产生该故障的原因，然后，对这些原因逐点进行分析，排除不正确的原因，最后确定故障点。

分析故障原因时应注意以下几点：

① 要在充分调查现场，掌握第一手材料的基础上，把故障问题正确地列出来。

② 思路要开阔，无论是数控系统，强电部分，还是机、液、气等，要将有可能引起故障的原因以及每一种可能解决的方法全部列出来，进行综合、判断和筛选。

③ 在对故障进行深入分析的基础上，预测故障原因并拟定检查的内容、步骤和方法。

（3）数控车床故障的诊断和排除原则

在故障诊断过程中，应充分利用数控系统的自诊断功能，如系统的开机诊断、运行诊断、PLC 的监控功能，根据需要随时检测有关部分的工作状态和接口信息。同时还应灵活应用数控系统故障检查的一些行之有效的方法，如交换法、隔离法等。在诊断排除故障中还应掌握以下若干原则。

1）先外部后内部

数控机床是机、液、电一体化的机床，故其故障的发生必然要从机、液、电这三者综合反映出来。数控机床的检修要求维修人员掌握先外部后内部的原则，即当数控机床发生故障后，维修人员应先采用望、闻、听、问等方法，由外向内逐一进行检查。比如，数控机床的行程开关、按钮、液压气动元件以及印制电路板插头座、边缘接插件与外部或相互之间的连接部位、电控柜插座或端子排这些机电设备之间的连接部位，因其接触不良造成的信号传递失灵是产生数控机床故障的重要因素。此外，由于工业环境中温度、湿度变化较大，油污或粉尘对元器件及印制电路板的污染，机械的振动等，对于信号传送通道的接插件都将产生严重影响。在检修中重视这些医素，首先检查这些部位就可以迅速排除较多的故障。另外，应尽量避免随意地启封、拆卸，不适当地大拆大卸，往往会扩大故障，使机床大伤元气，丧失精度，降低性能。

2）先机械后电气

由于数控机床是一种自动化程度高，技术复杂的先进机械加工设备。机械故障一般较易察觉，而数控系统故障的诊断则难度要大些。先机械后电气是指首先检查机械部分是否正常，行程开关是否灵活，气动、液压部分是否存在阻塞现象等。因为数控机床的故障中有很大部分是由机械动作失灵引起的。所以，在故障检修之前，首先注意排除机械性的故障，往往可以达到事半功倍的效果。

3）先静后动

维修人员本身要做到先静后动，不可盲目动手，应先询问机床操作人员故障发生的过程及状态，阅读机床说明书、图样等资料后，方可动手查找故障。其次，对有故障的机床也要本着先静后动的原则，先在机床断电的静止状态，通过观察测试、分析，确认为非恶性循环性故障或非破坏性故障后，方可给机床通电，在运行工况下，进行动态的观察、检验和测试，查找故障。然而对恶性的破坏性故障，必须先行处理排除危险后，方可进行通电，在运行工况下进行动态诊断。

4）先公用后专用

公用性的问题往往影响全局，而专用性的问题只影响局部。如机床的几个进给轴都不能运动，这时应先检查和排除各轴公用的CNC、PLC、电源、液压等公用部分的故障，然后再设法排除某轴的局部问题。又如电网或主电源故障是全局性的，因此一般应首先检查电源部分，看看断路器或熔断器是否正常，直流电压输出是否正常。总之，只有先解决影响一大片的主要矛盾，局部的、次要的矛盾才有可能得到解决。

5）先简单后复杂

当出现多种故障互相交织掩盖、一时无从下手时，应先解决容易的问题，后解决较大的问题。常常在解决简单故障的过程中，难度大的问题也可能变得容易，或者在排除容易故障时受到启发，对复杂故障的认识更为清晰，从而也有了解决办法。

6）先一般后特殊

在排除某一故障时，要先考虑最常见的可能原因，然后再分析很少发生的特殊原因。例如，一台FANUC-0T数控车床*Z*轴回零不准，常常是由于降速挡块位置窜动所造成，一旦出现这一故障，应先检查该挡块位置，在排除这一常见的可能性之后，再检查脉冲编码器，位置控制等环节。

（4）数控车床常见故障的处理

以下列出几种常见的故障现象，供生产操作过程中对照排除。

① 数控系统开启后显示屏无任何画面显示

a. 检查与显示屏有关的电缆及其连接，若电缆连接不良，应重新连接。

b. 检查显示屏的输入电压是否正常。

c. 如果此时还伴有输入单元的报警灯亮，则故障原因往往是+24V负载有短路现象。

d. 如此时显示屏无其他报警而机床不能移动，则其故障是由主印制电路板或控制ROM板的问题引起的。

e. 如果显示屏无显示但机床却正常地工作，这种现象说明数控系统的控制部分正常，仅是与显示器有关的连接或印制电路板出了故障。

② 机床不能动作　机床不能动作的原因可能是数控系统的复位按钮被接通，数控系统处于紧急停止状态。若程序执行时，显示屏有位置显示变化，而机床不动，应检查机床是否处于锁住状态，进给速度设定是否有错误，系统是否处于报警状态。

③ 机床不能正常返回零点，且有报警产生　该类故障的产生原因一般是脉冲编码器的反馈信号没有输入到主印制电路板，如脉冲编码器断线或与脉冲编码器连接的电缆断线。

④ 面板显示值与机床实际进给值不符 此故障多与位置检测元件有关，快速进给时丢脉冲所致。

⑤ 系统开机后死机 此故障一般是由于机床数据混乱或偶然因素使系统进入死循环。关机后再重新启动。若还不能排出故障，需要将内存全部清除，重新输入机床参数。

⑥ 刀架连续运转不停或在某规定刀位不能定位 此故障产生原因可能有发信盘接地线或电源线断路，霍尔元件断路或短路，需要修理或更换相关元件。

⑦ 刀架突然停止运转，电动机抖动而不运转 对此类故障，可采取以下措施：手动转动手轮，若某位置较重或出现卡死现象，则为机械问题，如滚珠丝杠滚道内有异物等；若全长位置均较轻，则判断为切削过深或进给速度太快。

⑧ 电动刀架工作不稳定 此故障的产生原因有：切屑、油污等进入刀架体内；撞刀后，刀体松动变形；刀具夹紧力过大，使刀具变形；刀杆过长，刚性差。

⑨ 超程处理 在手动、自动加工过程中，若机床移动部件超出其运动的极限位置（软件行程限位或机械限位），则系统出现超程报警，如蜂鸣器尖叫或报警灯亮，且机床锁住。处理的方法一般为：手动将超程部件移至安全行程内，然后按复位键解除报警。

⑩ 报警处理 一般当屏幕有出错报警号时，可查阅维修手册的“错误代码表”，找出产生故障的原因，采取相应措施。

第15章 数控车削加工工艺

15.1 数控车削加工工艺概述

数控车削加工工艺是利用数控车床对零件进行具体加工步骤和方法的一种指导性文件。它通常以普通车削加工工艺为基础，结合数控车床的特点，并综合运用多方面的知识来解决生产中的数控加工问题。

15.1.1 数控车削加工的主要对象

数控车削是数控加工中用得最多的加工方法之一。由于数控车床具有加工精度高、能作直线和圆弧插补等优点，还有部分车床数控装置具有某些非圆曲线插补功能以及在加工过程中能自动变速等特点，因此其工艺范围较普通车床大得多。针对数控车床的特点，下列零件最适合数控车削加工。

① 精度要求高的回转体零件。由于数控车床刚性好，制造和对角精度高，并且能方便和精确地进行人工补偿和自动补偿，所以能加工尺寸精度要求较高的零件。在有些场合可以以车代磨。此外，数控车削的刀具运动是通过高精度插补运算和伺服驱动来实现的，再加上车床的刚性好和制造精度高，所以它能加工对母线直线度、圆度、圆柱度等形状精度要求高的零件。对于圆弧以及其他曲线轮廓，加工出的形状与图纸上所要求的几何形状的接近程度比用仿形车床要高得多。不少位置精度要求高的零件用普通车床车削时，因车床制造精度低，工件装夹次数多而达不到要求，只能在车削后用磨削或其他方法弥补。例如图15-1所示的轴承内圈，若采用液压半自动车床和液压仿形车床加工，需多次装夹，因而会造成较大的壁厚差，达不到图纸要求。如果改用数控车床

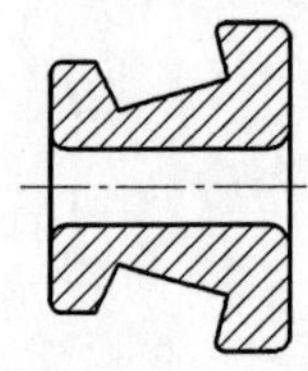

图15-1 轴承内圈

加工，一次装夹即可完成滚道和内孔的车削，壁厚差大为减小，加工质量稳定。

② 表面粗糙度要求高的回转体零件。某些数控车床具有恒线速切削功能，能加工出表面粗糙度值小而均匀的零件。在材质、精车余量和刀具已选定的情况下，表面粗糙度取决于进给量和切削速度。在普通车床上车削锥面和端面时，由于转速恒定不变，致使车削后的表面粗糙度不一致，只有某一直径处的粗糙度值最小。使用数控车床的恒线速切削功能就可选用最佳线速度来切削锥面和端面，使车削后的表面粗糙度值既小又一致。数控车床还适合于车削各部位表面粗糙度要求不同的零件。粗糙度要求不高的部位选用大的进给量，要求高的部位选用小的进给量。

③ 轮廓形状特别复杂或难于控制尺寸的回转体零件。由于数控车床具有直线和圆弧插补功能，部分车床数控装置还有某些非圆曲面插补功能，所以可以车削由任意直线和平面曲线组成的形状复杂的回转体零件。如图 15-2 所示的成型内腔零件的成型面“口小肚大”，在普通车床上是无法加工的，而在数控车床上则很容易加工出来。

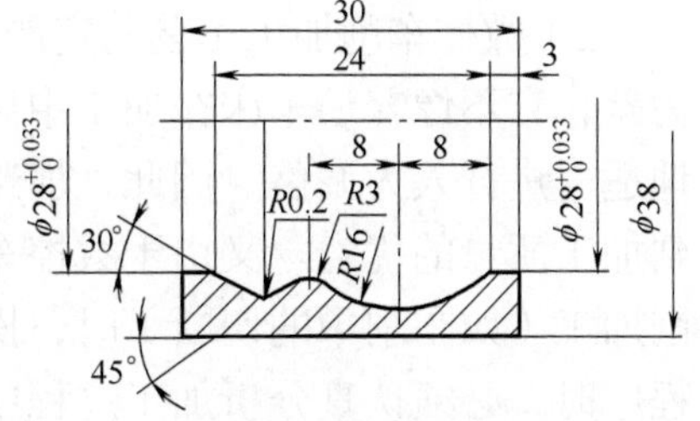

图 15-2 成型内腔零件

组成零件轮廓的曲线可以是数学方程式描述的曲线，也可以是列表曲线。对于由直线或圆弧组成的轮廓，直接利用车床的直线或圆弧插补功能。对于由非圆曲线组成的轮廓，可以用非圆曲线插补功能；若所选车床没有非圆插补功能，则应先用直线或圆弧去逼近，然后再用直线或圆弧插补功能进行插补切削。

④ 带特殊螺纹的回转体零件。普通车床所能车削的螺纹相当有限，它只能车等导程的直、锥面的公、英制螺纹，而且一台车床只能限定加工若干种导程的螺纹。数控车床不但能车削任何等导程的直、锥面螺纹和端面螺纹，而且能车增导程、减导程及要求等导程与变导程之间平滑过渡的螺纹，还可以车高精度的模数螺旋零件（如圆柱、圆弧蜗杆）和端面（盘形）螺旋零件等。数控车床还可以配备精密螺纹切削功能，再加上一般采用硬质合金成型刀具以及可以使用较高的转速，所以车削出来的螺纹精度高，表面粗糙度小。

15.1.2 数控车削加工工艺的基本特点

与普通车削加工一样，数控车削加工的工艺规程也是工人在加工时的指导性文件。但因数控车削加工自动化程度高、控制功能强、设备费用高，因此也就相应形成了数控车削加工工艺的自身特点。

1）数控车削加工的工艺内容十分具体 由于普通车床受控于操作工人，因此，在普通车床上用的工艺规程实际上只是一个工艺过程卡，车床的切削用量、走刀线路、工序的工步等往往都是由操作工人自行选定。数控车床加工的程序是数控车床的指令性文件。数控车床受控于程序指令，加工的全过程都是按程序指令自动进行的。因此，数控车床加工程序与普通车床工艺规程有较大差别，涉及的内容也较广。

数控车床加工程序不仅要包括零件的工艺过程，而且还要包括切削用量、走刀路线、刀具尺寸以及车床的运动过程。因此，要求编程人员对数控车床的性能、特点、运动方式、刀具系统、切削规范以及工件的装夹方法都非常熟悉。工艺方案的好坏不仅会影响车床效率的发挥，而且将直接影响到零件的加工质量。

2）数控车削加工工艺制定严密 数控车削虽然自动化程度较高，但自适应能力差，它不像普通车床在加工中可以根据加工过程中出现的问题，比较灵活自由地适时进行人为调整。因此，加工工艺制定是否先进、合理，在很大程度上关系到加工质量的优劣。又由于数控车削加工过程是自动连续进行的，不能像普通车削加工（如车削中的切断）时，操作者可以适时地随意调整。因此，在编制加工程序时，必须认真分析加工过程中的每一个细小环节（如钻孔时，孔内是否塞满了切屑），稍有疏忽或经验不足就会发生错误，甚至酿成重大机损、人伤及质量事故。编程人员除了必须具备扎实的工艺基础知识和丰富的实践经验外，还应具有细致、严谨的工作作风。

15.1.3 数控车削加工工艺的主要内容

在数控车床上加工零件，首先要考虑的是工艺问题。数控车削加工工艺与普通车削加工工艺大体相同，只是数控车削加工的零件通常相对于普通车削加工的零件要复杂得多，而且数控车床具备一些普通车床所不具备的功能。为了充分发挥数控车床的优势，必须熟悉其性能、掌握其特点及使用方法，并在编程前正确地制定加工工艺方案，进行工艺设计并优化后再进行编程。数控车削加工工艺的内容较多，概括起来主要包括如下内容。

① 选择适合于数控车床上加工的零件，确定工序内容。

② 分析被加工零件的图纸，明确加工内容及技术要求。

③ 确定零件的加工方案，制定数控加工工艺路线。如划分工序，安排加工顺序，处理与非数控加工工序的衔接等。

④ 加工工序的设计。如选取零件基准的定位、装夹方案的确定、工步划分、刀具选择和切削用量的确定等。

⑤ 确定各工序的加工余量，计算工序尺寸及公差。

⑥ 数控加工程序的编制及调整。如选取对刀点和换刀点、确定刀具补偿及确定加工路线等。

⑦ 数控加工专用技术文件的编写。

15.1.4 数控车削加工常见的工艺文件

将工艺规程的内容填入一定格式的卡片中，用于生产准备、工艺管理和指导工人操作等各种技术文件称之为工艺文件。它是编制生产计划、调整劳动组织、安排物质供应、指导工人加工操作及技术检验等的重要依据。编写数控加工技术文件是数控加工工艺设计的内容之一。这些文件既是数控加工和产品验收的依据，也是操作者需要严格遵守和执行的规程。数控加工工艺文件还作为加工程序的具体说明或附加说明，其目的是让操作者更加明确程序的内容、安装与定位方式、各加工部位所选用的刀具及其他需要说明的事项，以保证程序的正确运行。

数控加工工艺文件的种类和形式多种多样，常见的工艺文件主要包括数控加工工序卡、数控加工进给路线图、数控刀具调整单、零件加工程序单、加工程序说明卡等。目前，这些文件尚无统一的国家标准，但在各企业或行业内部已有一定的规范可循，一般具有以下方面的填写内容。

（1）数控车削加工工序卡

数控车削加工工序卡与普通车削加工工序卡有许多相似之处，但不同的是该卡中应反映使用的辅具、刃具切削参数、切削液等，它是操作人员配合数控程序进行数控加工的主要指导性工艺资料，主要包括：工步顺序、工步内容、各工步所用刀具及切削用量等。工序卡应按已确定的工步顺序填写。若在数控机床上只加工零件的一个工步时，也可不填写工序卡。在工序加工内容不十分复杂时，可把零件草图反应在工序卡上。

图 15-3 所示为轴承套零件，该零件表面由内外圆柱面、内圆锥面、顺圆弧、逆圆弧及外螺纹等表面组成，其中多个直径尺寸与轴向尺寸有较高的尺寸精度和

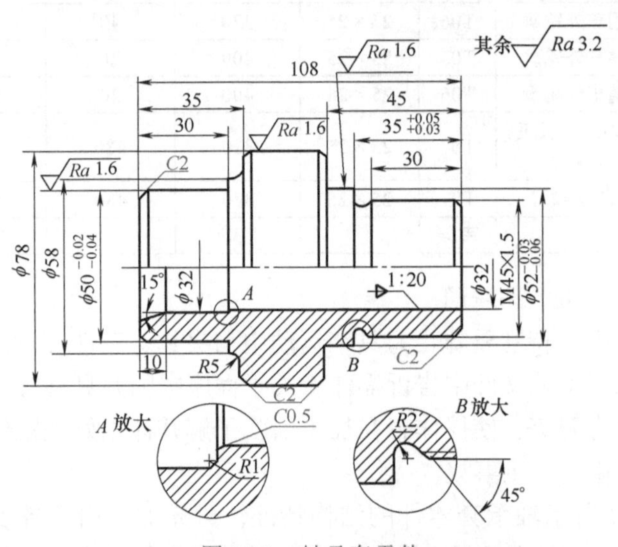

图 15-3 轴承套零件

表面粗糙度要求。零件图尺寸标注完整，符合数控加工尺寸标注要求，轮廓描述清楚完整，零件材料为 45 钢，切削加工性能较好，无热处理和硬度要求。表 15-1 为轴承套数控加工工序卡。

表 15-1 轴承套数控加工工序卡

公司名称		产品名称或代号		零件名称		零件图号	
				轴承套			
工序号	程序编号	夹具名称		使用设备		车间	
001	—	三爪自定心卡盘和自制心轴		CJK6240		数控中心	
工步号	工步内容	刀具号	刀具规格/mm	主轴转速/（r/mm）	进给速度/（mm/min）	背吃刀量/mm	备注
1	平端面	T01	25×25	320		1	手动
2	钻 ϕ5mm 中心孔	T02	ϕ5	950		2.5	手动
3	钻底孔	T03	ϕ26	200		13	手动
4	粗镗 ϕ32mm 内孔、15° 斜面及 C0.5 倒角	T04	20×20	320	40	0.8	自动
5	精镗 ϕ32mm 内孔、15° 斜面及 C0.5 倒角	T04	20×20	400	25	0.2	自动
6	掉头装夹粗镗 1∶20 锥孔	T04	20×20	320	40	0.8	自动
7	精镗 1∶20 锥孔	T04	20×20	400	20	0.2	自动
8	心轴装夹从右至左粗车外轮廓	T05	25×25	320	40	1	自动
9	从左至右粗车外轮廓	T06	25×25	320	40	1	自动
10	从右至左精车外轮廓	T05	25×25	400	20	0.1	自动
11	从左至右精车外轮廓	T06	25×25	400	20	0.1	自动
12	卸心轴，改为三爪装夹，粗车 M45 螺纹	T07	25×25	320	480	0.4	自动
13	精车 M45 螺纹	T07	25×25	320	480	0.1	自动
编制		审核		批准		共 页	第 页

（2）数控加工进给路线图

在数控加工中，特别要防止刀具在运动中与夹具、工件等发生意外碰撞，为此必须设法在加工工艺文件中告诉操作者关于程序中的刀具路线图，如：从哪里进刀、退刀或斜进刀等，使操作者在加工前就了解并计划好夹紧位置及控制夹紧元件的尺寸，以避免发生事故。

根据图 15-3 所示轴承套零件的结构特征，可先加工内孔各表面，然后加工外轮廓表面。由于该零件为小批量生产，进给路线设计不必考虑最短进给路线或最短空行程路线，外轮廓表面车削进给路线可沿零件轮廓顺序进行，如图 15-4 所示。

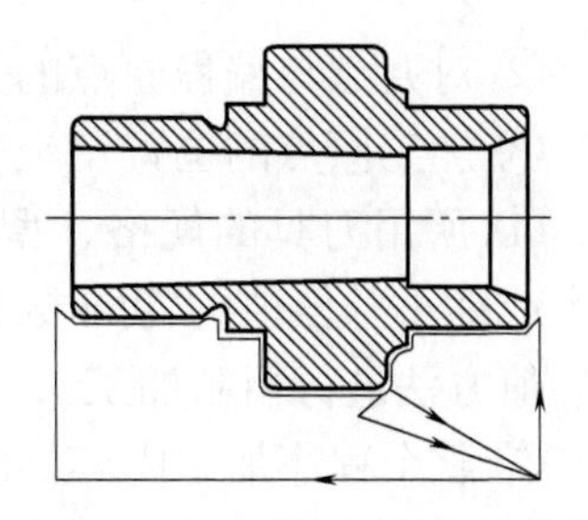

图 15-4 外轮廓加工进给路线图

（3）数控刀具调整卡

数控刀具调整卡主要包括数控刀具卡片（简称刀具卡）和数控刀具明细表（简称刀具表）两部分。

数控加工时，对刀具的要求十分严格，一般要在机外对刀仪上，事先调整好刀具直径和长度。刀具卡主要反映刀具编号、刀具结构、加工部位、刀片型号和材料等，它是组装刀具和调整刀具的依据。数控刀具明细表是调刀人员调整刀具输入的主要依据。刀具明细表格式见表 15-2。

表 15-2 轴承套数控加工刀具卡片

产品名称或代号			零件名称	轴承套	零件图号	
序号	刀具号	刀具规格名称	数量	加工表面	刀尖半径/mm	备注
1	T01	45°硬质合金端面车刀	1	车端面	0.5	25×25
2	T02	ϕ5mm 中心钻	1	钻 45mm 中心孔		
3	T03	ϕ26mm 钻头	1	钻底孔		
4	T04	镗刀	1	镗内孔各表面	0.4	20×20
5	T05	93°右偏刀	1	从右至左车外表面	0.3	25×25
6	T06	93°左偏刀	1	从左至右车外表面	0.2	25×25
7	T07	60°外螺纹车刀	1	车 M45 螺纹	0.1	25×25
编制		审核	批准		共 页	第 页

（4）数控加工程序单

数控加工程序单是编程员根据工艺分析情况，经过数值计算，按照车床特点的指令代码编制的。它是记录数控加工工艺过程、工艺参数、位移数据的清单，以及手动数据输入（MDI）和制备控制介质、实现数控加工的主要依据。数控加工程序单则是数控加工程序的具体体现，通常应作出硬拷贝或软拷贝保存，以便于检查、交流或下次加工时调用。

（5）数控加工程序说明卡

实践证明，仅用加工程序单和工艺规程来指导实际数控加工会有许多问题。由于操作者对程序的内容不够清楚，对编程人员的意图理解不够，经常需要编程人员在现场说明和指导。因此，对加工程序进行详细说明是必要的，特别是对那些需要长时间保存和使用的程序尤其重要。根据实践，一般应作说明的主要内容如下：

① 所用数控设备型号及控制器型号。

② 对刀点与编程原点的关系以及允许的对刀误差。

③ 加工原点的位置及坐标方向。

④ 所用刀具的规格、型号及其在程序中所对应的刀具号，必须按刀具尺寸加大或缩小补偿值的特殊要求（如用同一个程序、同一把刀具，用改变刀具半径补偿值方法进行粗精加工），更换刀具的程序段序号等。

⑤ 整个程序加工内容的顺序安排（相当于工步内容说明与工步顺序）。

⑥ 对程序中编入的子程序应说明其内容。

⑦ 其他需要特殊说明的问题。如需要在加工中调整夹紧点的计划停机程序段号，中间测量用的计划停机程序段号，允许的最大刀具半径和位置补偿值，切削液的使用与开关。

15.2 数控车削加工工艺分析

工艺分析是数控车削加工的前期工艺准备工作。工艺制定得合理与否，对程序编制、车床的加工效率和零件的加工精度都有重要影响。因此，在数控车削加工零件时，除应遵循一般机械加工工艺基本原则外，还要结合数控车床的特点，尤其应着重考虑零件图的工艺性分析。此外，还需考虑工件在车床上的装夹，刀具、夹具和切削用量的选择，刀具的进给路线等。

15.2.1 数控车削加工零件的工艺性分析

数控车削加工零件的工艺性分析主要包括零件图样分析及结构工艺性分析。

（1）零件图样分析

零件图样分析是制定数控车削工艺的首要工作，主要包括以下内容。

1）尺寸标注方法分析

零件图上尺寸标注方法应适应数控车床加工的特点，如图 15-5 所示，应以同一基准标注尺寸或直接给出坐标尺寸。这种标注方法既便于编程，又有利于设计基准、工艺基准、测量基准和编程原点的统一。

2）轮廓几何要素分析

在手工编程时，要计算每个节点坐标；在自动编程时，要对构成零件轮廓的所有几何元素进行定义。因此在分析零件图时，要分析几何元素的给定条件是否充分。由于设计等多方面的原因，可能在图样上出现构成加工零件轮廓的条件不充分，尺寸模糊不清且有缺陷，增加了编程工作的难度，有的甚至无法编程。总之，图样上给定的尺寸要完整，且不能自相矛盾，所确定的加工零件轮廓是唯一的。

如图 15-6 所示的几何要素，图样上给定几何条件自相矛盾，总长不等于各段长度之和。

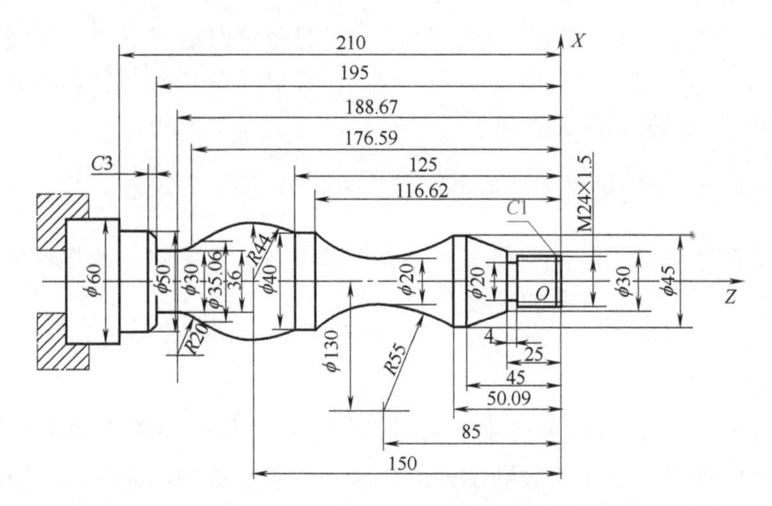

图 15-5 零件尺寸标注分析

3）精度及技术要求分析

对被加工零件的精度及技术要求进行分析是零件工艺性分析的重要内容，只有在分析零件尺寸精度和表面粗糙度的基础上，才能正确合理地选择加工方法、装夹方式、刀具及切削用量等。精度及技术要求分析的主要内容有：

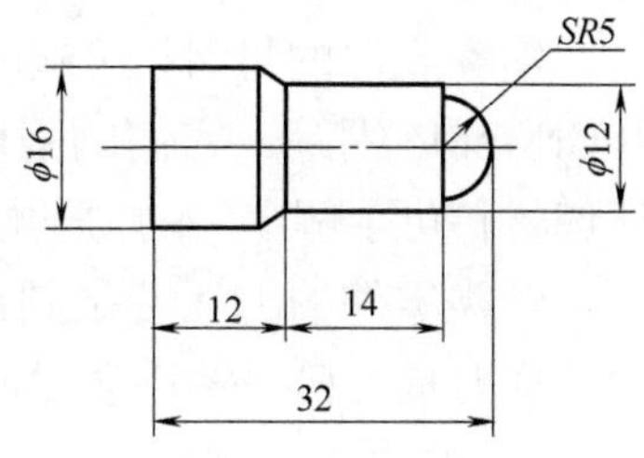

图 15-6 几何要素缺陷示例

① 分析精度及各项技术要求是否齐全，是否合理。

② 分析本工序的数控车削加工精度能否达到图样要求，若达不到，需采取其他措施（如磨削）弥补时，则应给后续工序留有余量。

③ 找出图样上有位置精度要求的表面，这些表面应在一次安装下完成。

④ 对表面粗糙度要求较高的表面、应确定用恒线速切削。

（2）结构工艺性分析

零件的结构工艺性是指零件对加工方法的适应性，即所设计的零件结构应便于加工成型。在数控车床上加工零件时，应根据数控车削的特点，认真审视零件结构的合理性。如图 15-7（a）所示零件，需用三把不同宽度的切槽刀切槽，如无特殊需要，显然是不合理的。

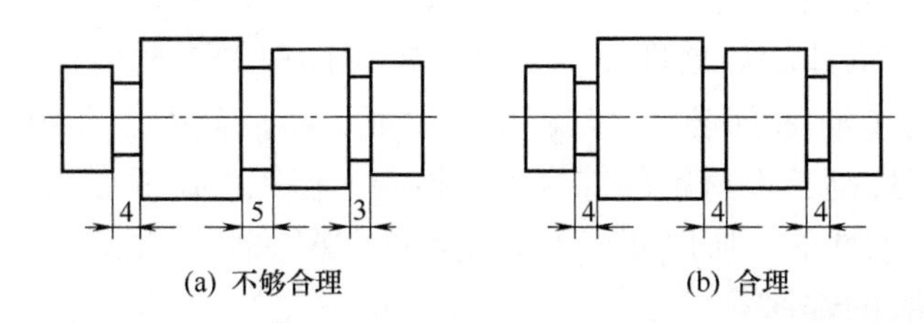

图 15-7 结构工艺性示例

若改成图 15-7（b）所示结构，只需一把刀即可切出三个槽，既减少了刀具数量，少占了刀架刀位。又节省了换刀时间。在结构分析时，若发现问题应向设计人员或有关部门提出修改意见。

15.2.2 典型零件的加工工艺分析

常见数控车削加工零件主要有：轴类、套类及盘类零件。此类零件的车削加工工艺分析主要有以下方面的内容。

（1）轴类零件的车削工艺分析

1）零件图分析

一般通过零件的名称可初步了解零件的作用，如传动轴上两轴颈有配合要求，用于安装滚动轴承（安装轴承处的外圆称为支承轴颈，齿轮或带轮的外圆称为配合轴颈），因此要求较高。

轴类零件的材料以 45 钢、40Cr 钢用得最多，要求较高的轴，可用 40MnB、40CrMnMo 钢等，它们的强度较高。对某些形状复杂的轴，也可采用球墨铸铁。通过材料可了解零件的力学性能和切削加工性。

轴类零件的毛坯若是圆钢料或锻件，要进一步了解零件材料的热处理状态，为选择刀具材料提供科学根据。

2）轴的结构分析

轴类零件中，台阶轴是用得最多的一种。台阶轴一般由外圆、轴肩、螺纹、螺纹退刀槽、砂轮越程槽和键槽等组成。外圆用于安装轴承、齿轮、带轮等；轴肩用于轴上零件和轴本身的轴向定位；砂轮越程槽的作用是磨削时避免砂轮与工件轴肩相撞；螺纹退刀槽供加工螺纹时退刀用；键槽用于安装键，以传递转矩；螺纹用于安装各种螺母。此外，轴的端面和轴肩一般都有倒角，以便于装配；轴肩根部有的需要倒圆角，以减少应力集中和因淬火导致使用中断裂的倾向。

3）轴的技术要求

① 尺寸公差、几何公差。尺寸公差、几何公差是衡量轴的精度等级的主要依据，也是确定轴类零件加工方案的重要依据。如尺寸公差等级要求较高、表面粗糙度值较小的轴类工件，车削时需分粗车、精车两个阶段进行。而几何公差则是确定工件的定位基准和定位方法的出发点。

② 热处理。工件的热处理要求是确定加工顺序的重要依据。如一般铸、锻毛坯的退火是为了消除内应力，改善切削性能，所以应安排在粗加工之前进行，调质处理是为了提高工件材料的综合力学性能，但工件调质以后，其硬度、强度升高而降低了切削性能，所以调质处理应安排在粗车之后进行。

4）车削步骤的选择

① 根据工件的形状、精度和数量，选择加工时的装夹方法、检测方法及所

需的工、夹、量具。

② 根据工件的形状、工艺要求来选择刀具的材料、刀具的几何角度和切削用量范围。

③ 确定工艺过程和编制加工步骤。在确定车削步骤时，要根据工件的不同结构和装夹方式来安排。安排加工步骤时，应注意以下几点：

a. 在车削短小的轴类零件时，一般先车端面，这样便于确定长度方向的尺寸。

b. 用两顶尖装夹车削轴类零件，一般要三次装夹。即粗车第一端，调头再粗车和精车另一端，最后再精车第一端。

c. 车削台阶轴时，宜先车直径大的一端，以免降低工件的刚度。

d. 轴上的沟槽切削，一般安排在粗车和半精车之后，精车之前。但必须注意槽的深度应加入精车余量。

e. 轴上的螺纹一般应在半精车以后车削，车好螺纹以后再精车各级外圆。如果轴颈的同轴度要求不高，螺纹也可放在最后车削。

f. 如果轴类零件在车削之后还要进行磨削，那么在粗车和半精车之后不必再精车，但需有磨削余量。

（2）套类零件的车削工艺分析

套类零件在机械中应用很多，其主要功用是支承和导向或在工作中承受径向力或轴向力。套类零件的共同特点是：主要表面为同轴度要求较高的内、外旋转表面，长度一般大于直径，端面和轴线要求垂直，零件壁厚较薄，容易变形。

1）套类零件的基本结构类型

套类零件的基本结构类型可以分为三种，如图 15-8 所示。

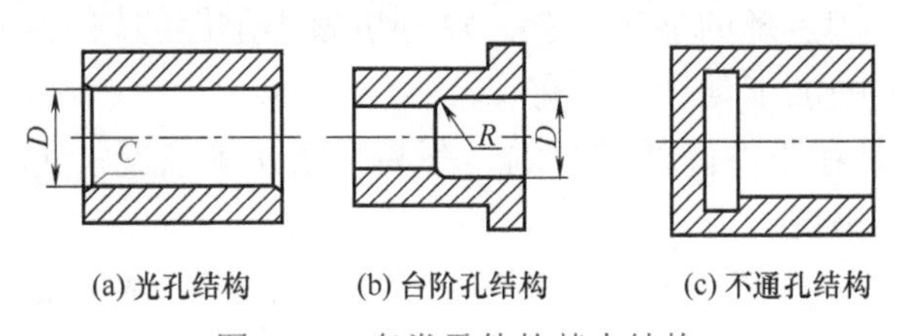

(a) 光孔结构　(b) 台阶孔结构　(c) 不通孔结构

图 15-8　套类零件的基本结构

① 光孔结构。这类零件的内孔是由同一直径的圆柱面组成，结构简单，加工比较容易。这类零件有滑动轴承、轴套等。

② 台阶孔结构。这类零件的内孔是由两个或两个以上不同直径的内圆柱面组成。内台阶处有圆弧过渡，它的作用是避免在热处理和使用过程中因应力集中而损坏。

③ 不通孔（也称盲孔）结构。这种零件的结构特征主要是：其内孔不贯

通，除了有一个起主要作用的内圆柱表面外，其孔的底部有一个起退刀作用的内沟槽。

2）套类零件的技术要求（图 15-9）

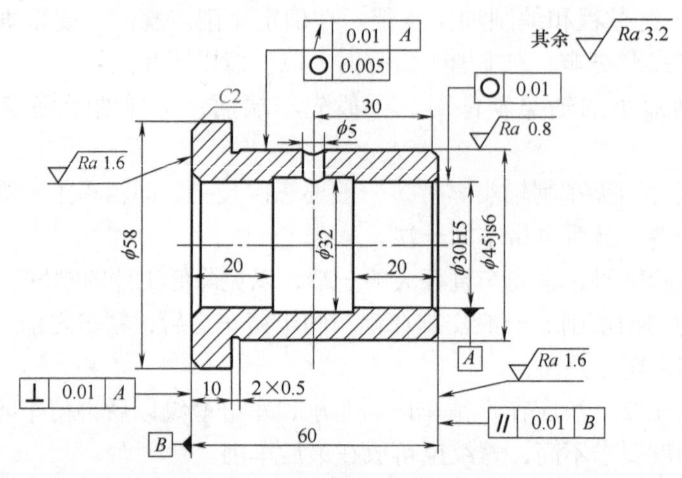

图 15-9　套类零件的技术要求

套类零件的技术要求包括：

① 尺寸精度。指套的主要内、外回转表面等尺寸应达到的要求。

② 形状精度。指套的外圆与内孔表面的圆度、圆柱度等。

③ 位置精度。指套的各表面之间的相互位置精度，如径向跳动、端面跳动、垂直度及同轴度等。

④ 表面粗糙度。指套的各表面应达到设计要求的表面粗糙度。

3）套类零件加工的特点

套类零件的主要表面是各内圆表面，车削内圆要比车削外圆困难得多。为确定其工艺过程和编制合理的加工工艺，需分析该类零件的加工特点，以便针对性的采取措施。常见的加工难点主要有：

① 内圆加工是在工件内部进行的，不易观察切削情况，尤其是当孔很小时，根本看不见内部的情况。

② 刀杆刚度差。车孔刀杆由于受孔径的限制，不能做得太粗，又不能太短。特别是直径小而长的孔，刀杆刚度差的情况更突出。

③ 排屑和冷却困难。

④ 当工件壁厚较薄时，容易因装夹和车削产生变形。

⑤ 圆柱孔的测量比外圆困难得多。

（3）盘类零件的车削工艺分析

盘类零件是指直径尺寸相对长度尺寸较大的工件。

1）零件图分析

盘类零件的毛坯一般是锻件或气割件，所以应先安排退火处理，提高切削加工性能。盘面的平面度是盘类零件的重要技术指标，在加工过程中要注意保证。

2）车削盘类零件的注意事项

① 车削时需分粗车、精车两个阶段加工工件的各加工表面，以保证各表面的位置精度。

② 根据工件的形状、工艺要求来选择刀具的材料、刀具的几何角度和切削用量范围。

③ 确定工艺过程和编制加工步骤。在确定车削步骤时，要根据工件的不同结构和装夹方式来安排。对于锻件毛坯，平面应分几次车削，以免“误差复映”现象影响工件的平面度。对有中凹要求的平面，应在编程时利用编程保证工件的形状精度。

15.3 零件的定位与装夹

使工件在机床上或夹具中占有正确位置的过程称为定位。使工件在机床上占有正确位置并将工件夹紧的过程，称为工件的装夹。

与普通车床的车削加工一样，数控车削加工时，也必须保证所需加工的零件在车削加工前后，在数控车床或夹具中都能占有同一位置，在工件的机械加工工艺过程中。合理地选择定位基准并实施合理的装夹对保证工件的尺寸精度和相互位置精度起重要的作用。

数控车削加工工件的定位与夹紧与普通车床加工基本相同，具体可参见本书“1.4 车削加工工艺”的相关内容。

15.4 数控车削刀具的确定

在数控车削加工中，产品质量和劳动生产率在相当大的程度上受到刀具的制约。虽然数控车削的切削原理与普通车床基本相同，但由于数控加工特性的要求，在刀具的选择上，特别是切削部分的几何参数，对刀具的形状就需做到特别的处理，才能满足数控车床的加工要求，充分发挥数控车床的效益。

（1）数控车床对刀具的要求

为适应数控车削的加工要求，数控车床对刀具的性能、材料具有比普通车床所用刀具更高的要求，主要体现在以下几方面。

1）刀具性能

① 强度高。为适应刀具在粗加工或对高硬度材料的零件加工时，能大切深和快进给，要求刀具必须具有较高的强度；对于刀杆细长的刀具（如深孔车刀），

还应有较好的抗振性能。

② 精度高。为适应数控加工的高精度和自动换刀等要求，刀具及其刀夹都必须具有较高的精度。

③ 切削和进给速度高。为提高生产效率并适应一些特殊加工的需要，刀具应能满足高切削速度的要求。如采用聚晶金刚石复合车刀加工玻璃或碳纤维复合材料时，其切削速度高达 100m/min 以上。

④ 可靠性高。为保证数控加工中不会因发生刀具意外损坏及潜在缺陷而影响到加工的顺利进行，要求刀具及与之组合的附件必须具有很好的可靠性和较强的适应性。

⑤ 使用寿命高。刀具在切削过程中的不断磨损，会造成加工尺寸的变化，伴随刀具的磨损，还会因切削刃（或刀尖）变钝，使切削阻力增大，既会使被加工零件的表面精度大大下降，又会加剧刀具磨损，形成恶性循环。因此，数控车床中的刀具，不论在粗加工、精加工或特殊加工中，都应具有比普通车床加工所用刀具更高的使用寿命，以尽量减少更换或修磨刀具及对刀的次数，从而保证零件的加工质量，提高生产效率。使用寿命高的刀具，至少应完成 1 ～ 2 个班次以上的加工。

⑥ 切屑及排屑性能好。有效地进行断屑及排屑的性能，对保证数控车床顺利、安全地运行具有非常重要的意义。

如果车刀的断屑性能不好，车出的螺旋形切屑就会缠绕在刀头、工件或刀架上，既可能损坏车刀（特别是刀尖），还可能割伤已加工的表面，甚至会发生伤人和设备事故。因此，数控车削加工所用的硬质合金刀片上，常常采用三维断屑槽，以增大切屑范围，改善切屑性能。另外，车刀的排屑性能不好，会使切屑在前刀面或断屑槽内堆积，加大切割刃（刀尖）与零件间的摩擦，加快其磨损，降低零件的表面质量，还可能产生积屑瘤，影响车刀的切削性能。故应常对车刀采取减小前刀面（断屑槽）的摩擦因数等处理措施（如特殊涂层处理及改善刃磨效果等）。对于内孔车刀，需要时还可以考虑从刀体或刀杆的里面引入冷却液，并具有从刀头附近喷出的冲排切屑的结构。

2）刀具材料　刀具材料是指刀具切削部分的材料。金属切削时，刀具切削部分直接和工件及切屑相接触，承受着很大的切削压力和冲击，并受到工件及切削的剧烈摩擦，产生很高的切削温度，也就是说刀具切削部分是在高温、高压及剧烈摩擦的恶劣条件下工作的。

① 基本性能

a. 高硬度。刀具材料的硬度必须高于被加工工件材料的硬度。否则在高温高压下，就不能保持刀具锋利的几何形状，这是刀具材料应具备的最基本的性能。高速钢的硬度为 63 ～ 70HRC。硬质合金的硬度为 89 ～ 93HRA。

b. 足够的强度和韧度。刀具切削部分的材料在切削时要承受很大的切削力和冲击力。例如，车削 45 钢时，当背吃刀量 a_p=4mm，进给量 f=0.5mm/r 时，刀片要承受约 4000N 的切削力。因此，刀具材料必须要有足够的强度和韧度。

c. 高的耐磨性和耐热性。刀具材料的耐磨性是指抵抗磨损的能力。一般来说，刀具材料硬度越高，耐磨性也越好。刀具材料的耐磨性还和金相组织有关，金相组织中碳化物越多，颗粒越细，分布越均匀，其耐磨性也就越高。

刀具材料的耐磨性和耐热性也有着密切的关系。耐热性通常用它在高温下保持较高硬度的性能来衡量，即高温硬度，或叫“热硬性”。高温硬度越高，表示耐热性越好，刀具材料在高温时抗塑变的能力和耐磨损的能力也就越强。耐热性差的刀具材料，由于高温下硬度显著下降而会很快磨损乃至发生塑性变形，丧失其切削能力。

d. 良好的导热性。导热性好的刀具材料，其耐热冲击和抗热龟裂的性能也都增强，这种性能对采用脆性刀具材料进行断续切削，特别是在加工导热性能差的工件时显得非常重要。

e. 良好的工艺性。为了便于制造，要求刀具材料有较好的可加工性，包括锻压、焊接、切削加工、热处理和可磨性等。

f. 较好的经济性。经济性是评价新型刀具材料的重要指标之一，也是正确选用刀具材料、降低产品成本的主要依据之一。刀具材料的选用应结合我国资源状况，以降低刀具的制造成本。

g. 抗黏结性和化学稳定性。刀具材料应具备较高的抗黏结性和化学稳定性。

② 刀具材料的类型。在金属切削领域中，金属切削机床的发展和刀具材料的开发是相辅相成的关系。刀具材料的发展在一定程度上推动着金属切削加工技术的进步。刀具材料从碳素工具钢到今天的硬质合金和超硬材料（陶瓷、立方氮化硼、聚晶金刚石等）的出现，都是随机床主轴转速的提高、功率的增大、主轴精度的提高、机床刚性的增强而逐步发展的。同时，由于新的工程材料不断出现，也对切削刀具材料的发展起到了促进作用。

目前金属切削工艺中应用的刀具材料主要是：高速钢刀具、硬质合金刀具、陶瓷刀具、立方氮化硼刀具和金刚石刀具。

a. 高速钢刀具。高速钢可以承受较大的切削力和冲击力。并且高速钢还具有热处理变形小、可锻造、易磨出较锋利的刃口等优点，特别适合于制造各种小型及形状复杂的刀具，如成形车刀和螺纹刀具等。高速钢已从单纯的 W 系列发展到 WMo 系、WMoAl 系、WMoCo 系，其中 WMoAl 系是我国独创的品种。同时，由于高速钢刀具热处理技术的进步以及成形金属切削工艺的发展，高速钢刀具的热硬性、耐磨性和表面涂层质量都得到了很大提高和改善。因此，高速钢仍是数控车床选用的刀具材料之一。

b. 硬质合金刀具。硬质合金高温碳化物的含量超过高速钢，具有硬度高（大于 89HRA）、熔点高、化学稳定性好和热稳定性好等特点，切削效率是高速钢刀具的 5 ～ 10 倍。但硬质合金韧度差、脆性大，承受冲击和振动的能力低。硬质合金现在仍是主要的刀具材料。常用的牌号有：

Ⅰ. 钨钴类硬质合金（YG），如 YG3、YG3X、YG6、YG6X、YG8、YG8C 等，其中的数字代表 Co 的百分含量，X 代表细颗粒，C 代表粗颗粒。此类硬质合金强度好，但硬度和耐磨性较差，主要用于加工铸铁及有色金属。钨钴类硬质合金中 Co 含量越高，韧度越好，适合粗加工，而含 Co 量少者用于精加工。

Ⅱ. 钨钛钴类硬质合金（YT），如 YT5、YT14、YT15、YT30 等，数字代表 TiC（碳化钛）的含量；此类硬质合金硬度、耐磨性、耐热性都明显提高。但其韧度、抗冲击振动性能差、主要用于加工钢料。钨钛钴类硬质合金中含 TiC 量多，含 Co 量少的，耐磨性好，适合精加工；含 TiC 量少，含 Co 量多，承受冲击性能好，适合粗加工。

Ⅲ. 通用硬质合金（YW）。这种硬质合金是在上述两类硬质合金基础上，添加某些碳化物使其性能提高。如在钨钴类硬质合金（YG）中添加 TaC（碳化钽）或 NbC（碳化铌），可细化晶粒、提高其硬度和耐磨性，而韧度不变，还可以提高合金的高温硬度、高温强度和抗氧化能力，如 YG6A、YG8N、YG8P3 等。在钨钛钴类硬质合金（YT）中添加某些合金可提高抗弯强度、冲击韧度、耐热性、耐磨性及高温强度和抗氧化能力等，既可用于加工钢料，又可用于加工铸铁和有色金属，被称为通用合金。

Ⅳ. 碳化钛基硬质合金（YN），又称金属陶瓷。碳化钛基硬质合金的主要特点是硬度高达 90 ～ 95HRA，有较好的耐磨性，有较好的耐热性与抗氧化能力，在 1000 ～ 1300℃高温下仍能进行切削，切削速度可达 300 ～ 400m/min。适合高速精加工合金钢、淬火钢等。该硬质合金缺点是抗塑变性能差，抗崩刃性能差。

c. 陶瓷刀具。近几年来，陶瓷刀具无论在品种方面，还是在使用领域方面都有较大的发展。一方面由于高硬度难加工材料的不断增多，迫切需要解决刀具寿命问题。另一方面也是由于钨资源的日渐缺乏，钨矿的品位越来越低，而硬质合金刀具材料中要大量使用钨，这在一定程度上也促进了陶瓷刀具的发展。

陶瓷刀具是以 Al_2O_3（氧化铝）或以 Si_3N_4（氮化硅）为基体再添加少量的金属，在高温下烧结而成的一种刀具材料。其硬度可达 91 ～ 95HRA，耐磨性比硬质合金高十几倍，适用于加工冷硬铸铁和淬火钢。陶瓷刀具具有良好的抗黏性能，它与多种金属的亲和力小，化学稳定性好，即使在熔化时也不与钢起化合作用。

陶瓷刀具最大的缺点是脆性大、抗弯强度和冲击韧度低、热导率差。近几十年来，人们在改善陶瓷材料的性能方面作了很大努力。主要措施是：提高原材料的纯度、亚微细颗粒、喷雾制粒、真空加热、热压法（HP）、热等静压法（HIP）等工艺。加入碳化物、氮化物、硼化物、纯金属等，以提高陶瓷刀具性能。

d. 立方氮化硼刀具。立方氮化硼（CBN）是用六方氮化硼（俗称白石墨）为原料，利用超高温、高压技术转化而成。它是20世纪70年代发展起来的新型刀具材料，晶体结构与金刚石类似。立方氮化硼刀片具有很好的“热硬性”，可以高速切削高温合金，切削速度要比硬质合金高3～5倍，在1300℃高温下能够轻快地切削，性能无比卓越，使用寿命是硬质合金的20～200倍。使用立方氮化硼刀具可加工以前只能用磨削方法加工的特种钢材，并能获得很高的尺寸精度和极好的表面粗糙度，实现以车代磨。它有优良的化学稳定性，适用于加工钢铁类材料。虽然它的导热性比金刚石差，但比其他材料高得多，抗弯强度和断裂韧度介于硬质合金和陶瓷之间，所以立方氮化硼材料刀具非常适合数控机床加工用。

e. 金刚石刀具。金刚石刀具可分为天然金刚石、人造聚晶金刚石和复合金钢石刀片三类。金刚石有极高的硬度、良好的导热性及小的摩擦因素。该刀具有优秀的使用寿命（比硬质合金刀具寿命高几十倍以上），稳定的加工尺寸精度（可加工几千至几万件），以及良好的工件表面粗糙度（车削有色金属可达到*Ra*0.06μm以上），并可在纳米级稳定切削。金刚石刀具超精密加工广泛用于激光扫描器和高速摄影机的扫描棱镜、特形光学零件、电视、录像机、照相机零件、计算机磁盘、电子工业的硅片等领域。除少数超精密加工及特殊用途外，工业上多使用人造聚晶金刚石（PCD）作为刀具材料或磨具材料。

人造聚晶金刚石（PCD）是用人造金刚石颗粒通过添加Co、硬质合金、NiCr、Si-SiC以及陶瓷结合剂在高温（1200℃以上）、高压下烧结成形的刀具。PCD刀具主要加工对象是有色金属。如铝合金、铜合金、镁合金等，也用于加工钛合金、金、银、铂、各种陶瓷制品。

对于各种非金属材料，如石墨、橡胶、塑料、玻璃、含有Al_2O_3层的竹木材料，使用PCD刀具加工效果很好。PCD刀具加工铝制工件具有刀具寿命长、金属切除率高等优点。其缺点是刀具价格昂贵，加工成本高。这一点在机械制造业已形成共识。但近年来PCD刀具的发展与应用情况已发生了许多变化。PCD刀具的价格已下降50%以上。上述变化趋势将导致PCD刀具在铝材料加工中的应用日益增多。

（2）刀具的选用

数控车削，选择刀具时应考虑以下方面的因素。

① 应尽可能选通用的标准刀具，不用或少用特殊的非标准刀具。

② 尽量使用不重磨刀片，少用焊接刀片。

③ 尽量选用标准的模块化刀夹（刀柄和刀杆等）。

④ 不断推进可调式刀具的开发和应用。

15.5 切削用量的确定

数控车削加工编程时，编程人员必须确定每道工序的切削用量，并以指令的形式写入程序中。切削用量包括主轴转速、背吃刀量及进给速度等。对于不同的加工方法，需要选用不同的切削用量。切削用量的选用原则是：保证工件加工精度和表面粗糙度，充分发挥刀具切削性能，保证合理的刀具使用寿命，并充分发挥车床的性能，最大限度提高生产率，降低成本。

（1）切削用量的选用原则

切削用量的选择是否合理，对于能否充分发挥车床潜力与刀具的切削性能，实现优质、高产、低成本和安全操作具有很重要的作用。切削用量的选用原则如下。

① 粗车时，首先考虑选择一个尽可能大的背吃刀量 a_p，其次选择一个较大的进给量 f，最后确定一个合适的切削速度 v。增大背吃刀量 a_p 可使进给次数减少，增大进给量有利于断屑，因此根据以上原则选择粗车切削用量对于提高生产效率、减少刀具消耗、降低成本是有利的。

② 精车时，加工精度和表面粗糙度要求较高，加工余量不均匀，因此选择较小（但不太小）的背吃刀量和进给量，并选用切削性能好的刀具材料和合理的几何参数，以尽可能提高切削速度。

③ 在安排粗、精车切削用量时，应注意车床说明书给定的允许范围。对于主轴采用交流变频调速的数控车床，由于主轴在低速时转矩降低，尤其应注意此时的切削用量选择。

总之，切削用量的具体数值应根据车床性能、相关的手册并结合实际经验用类比法确定。同时，使主轴转速、背吃刀量及进给速度三者能相互适应，以形成最佳的切削过程。

（2）背吃刀量 a_p 的确定

背吃刀量 a_p 根据车床、工件和刀具的刚度来决定，在刚度允许的条件下，应尽可能使背吃刀量等于工件的加工余量，这样可以减少进给次数，提高生产率。当工件的精度要求较高时，则应考虑适当留出精车余量，其所留精车余量一般比普通车削时所留余量小，常取 0.2 ～ 0.5mm。

（3）主轴转速的确定

数控车削时，主轴的转速应根据所加工材料的种类、品质以及加工工序内容的不同有针对性的选用。

1）光车时主轴转速

车削加工主轴转速 n 应根据允许的切削速度 v 和工件直径 d 来选择，按式 $v=\pi dn/1000$ 计算。切削速度 v 单位为 m/min，由刀具的使用寿命决定，计算时可参考表 15-3 或切削用量手册选取。对有级变速的车床，须按车床说明书选择与所计算转速 n 接近的转速。

表 15-3 硬质合金外圆车刀的切削速度

工件材料	热处理状态	a_p=0.3～2mm	a_p=2～6mm	a_p=6～10mm
		f=0.08～0.3mm/r	f=0.3～0.6mm/r	f=0.6～1mm/r
		v（m/min）		
低碳钢 易切削钢	热轧	140～180	100～120	70～90
中碳钢	热轧	130～160	90～110	60～80
	调质	100～130	70～90	50～70
合金结构钢	热轧	100～130	70～90	50～70
	调质	80～110	50～70	40～60
工具钢	退火	90～120	60～80	50～70
灰铸铁	＜190HBW	90～120	60～80	50～70
	190～225HBW	80～110	50～70	40～60
高锰钢（ω_{Mn}=13%）			10～20	
铜及铜合金		200～250	120～180	90～120
铝及铝合金		300～600	200～400	150～200
铸铝合金（ω_{Si}=13%）		100～180	80～150	60～100

注：切削钢及灰铸铁时刀具使用寿命约为 60min。

2）车螺纹时的主轴转速

数控车床加工螺纹时，因其传动链的改变，原则上其转速只要能保证主轴每转一周时，刀具沿主进给轴（多为 Z 轴）方向位移一个导程即可，不应受到限制。但加工螺纹时，会受到以下几方面的影响：

① 螺纹加工程序段中指令的螺距值，相当于以进给量 f（mm/r）表示的进给速度 F，如果将车床的主轴转速选择过高，其换算后的进给速度 v_f（mm/min）则必定大大超过正常值。

② 刀具在其位移过程中，都将受到伺服驱动系统升 / 降频率和数控装置插补运算速度的约束，由于升 / 降频特性满足不了加工需要等原因，则可能因主进给运动产生出的“超前”和“滞后”而导致部分螺牙的螺距不符合要求。

③ 车削螺纹必须通过主轴的同步运行功能而实现，即车削螺纹需要有主轴脉冲发生器（编码器）。当其主轴转速选择过高时，通过编码器发出的定位脉冲（即主轴每转一周时所发出的一个基准脉冲信号）将可能因“过冲”（特别是当编码器的质量不稳定时）而导致工件螺纹产生乱纹（俗称“烂牙”）。

鉴于上述原因，不同的数控系统车螺纹时推荐使用不同的主轴转速范围。大多数经济型数控车床推荐车螺纹时主轴转速 n 为：

$$n \leqslant \frac{1200}{P} - K$$

式中 P——螺纹的螺距或导程，mm；

K——保险系数，一般取80。

（4）进给速度 f 的确定

进给速度 f 是数控车床切削用量中的重要参数，主要根据工件的加工精度、表面粗糙度要求、刀具与工件的材料性质选取。最大进给速度受车床刚度和进给系统的性能限制。确定进给速度的原则有：

① 当工件的质量要求能够得到保证时，为提高生产效率，可选择较高的进给速度。一般在100～200mm/min范围内选取。

② 在切断、车削深孔或用高速钢刀具车削时，宜选择较低的进给速度，一般在20～50mm/min范围内选取。

③ 当加工精度、表面粗糙度要求较高的工件时，进给速度应选得小些，一般在20～50mm/min范围内选取。

④ 刀具空行程，特别是远距离“回零”时，可以设定该车床数控系统所允许的最高进给速度。

⑤ 进给速度应与主轴转速和背吃刀量相适应。

15.6 数控车削加工方案的拟定

数控车削加工方案的拟定主要包括加工工艺路线的拟定及工件加工时刀具走刀路线的确定等方面的内容。

15.6.1 数控车削加工工艺路线的拟定

数控车削加工工艺路线的拟定是制订数控车削加工工艺规程的重要内容之一，其主要内容包括：选择各加工表面的加工方法、加工阶段的划分、工序的划分以及安排工序的先后顺序等。设计者应根据从生产实践中总结出来的一些综合性工艺原则，结合本厂的实际生产条件，提出几种方案，通过对比分析，从中选择最佳方案。

（1）加工方法的选择

机械零件的结构形状是多种多样的，但它们都是由平面、外圆柱面、内圆柱面或曲面、成型面等基本表面组成的。每一种表面都有多种加工方法，在数控车床上，能够完成内外回转体表面的车削、钻孔、镗孔、铰孔和攻螺纹等加工操作，具体选择时应根据零件的加工精度、表面粗糙度、材料、结构形状、尺寸及生产类型等因素，选用相应的加工方法和加工方案。

（2）加工阶段的划分

当零件的加工质量要求较高时，往往不可能用一道工序来满足其要求，而要用几道工序逐步达到所要求的加工质量。为保证加工质量和合理地使用设备、人力，零件的加工过程通常按工序性质不同，可分为粗加工、精加工和光整加工四个阶段。

1）粗加工阶段 其任务是切除毛坯上大部分多余的金属，使毛坯在形状和尺寸上接近零件成品，因此，主要目标是提高生产率。

2）半精加工阶段 其任务是使主要表面达到一定的精度，留有一定的精加工余量，为主要表面的精加工（如精车、精磨）做好准备。并可完成一些次要表面的加工，如扩孔、攻螺纹、铣键槽等。

3）精加工阶段 其任务是保证各主要表面达到规定的尺寸精度和表面粗糙度要求。主要目标是全面保证加工质量。

4）光整加工阶段 对零件上精度和表面粗糙度要求很高（IT6级以上，表面粗糙度为 $Ra0.21\mu m$ 以下）的表面，需进行光整加工，其主要目的是提高尺寸精度、减小表面粗糙度值。一般不用来提高位置精度。

划分加工阶段主要具有以下的目的：

① 保证加工质量。工件在粗加工时，切除的金属层较厚，切削力和夹紧力都比较大，切削温度也比较高，将会引起较大的变形。

如果不划分加工阶段，粗、精加工混在一起，就无法避免上述原因引起的加工误差。按加工阶段加工，粗加工造成的加工误差可以通过半精加工和精加工来纠正，从而保证零件的加工质量。

② 合理使用设备。粗加工余量大，切削用量大，可采用功率大、刚度好、效率高但精度低的机床。精加工切削力小，对机床破坏小，采用高精度机床。这样发挥了设备的各自特点，既能提高生产率，又能延长精密设备的使用寿命。

③ 便于及时发现毛坯缺陷。对毛坯的各种缺陷，如铸件的气孔、夹砂和余量不足等，在粗加工后即可发现，便于及时修补或决定报废，以免继续加工下去，造成浪费。

④ 便于安排热处理工序。如粗加工后，一般要安排去应力热处理，以消除内应力。精加工前要安排淬火等最终热处理，其变形可以通过精加工予以消除。

加工阶段的划分也不应绝对化，应根据零件的质量要求、结构特点和生产批量灵活掌握。对加工质量要求不高、工件刚性好、毛坯精度高、加工余量小、生产批量不大时，可不必划分加工阶段。

对刚性好的重型工件，由于装夹及运输很费时，也常在一次装夹下完成全部粗、精加工。对于不划分加工阶段的工件，为减少粗加工产生的各种变形对加工质量的影响，在粗加工后，松开夹紧机构，停留一段时间，让工件充分变形，然后再用较小的夹紧力重新夹紧，进行精加工。

（3）工序划分的原则

工序的划分可以采用两种不同原则，即工序集中原则和工序分散原则。

1）工序集中原则 工序集中原则是指每道工序包括尽可能多的加工内容，从而使工序的总数减少。采用工序集中原则的优点是有利于采用高效的专用设备和数控机床，提高生产效率；减少工序数目，缩短工艺路线，简化生产计划和生产组织工作；减少机床数量、操作工人数和占地面积；减少工件装夹次数，不仅保证了各加工表面间的相互位置精度，而且减少了夹具数量和装夹工件的辅助时间。但专用设备和工艺装备投资大、调整维修比较麻烦、生产准备周期较长，不利于转产。

2）工序分散原则 工序分散就是将工件的加工分散在较多的工序内进行，每道工序的加工内容很少。采用工序分散原则的优点是：加工设备和工艺装备结构简单，调整和维修方便，操作简单，转产容易；有利于选择合理的切削用量，减少机动时间。但工艺路线较长，所需设备及工人人数多，占地面积大。

（4）工序划分的方法

工序划分主要考虑生产批量、所用设备及零件本身的结构和技术要求等。大批量生产时，若使用多轴、多刀的高效加工中心，则可按工序集中原则组织生产；若在由组合车床组成的自动线上加工，则工序一般按分散原则划分。随着现代数控技术的发展，特别是加工中心的应用，工艺路线的安排更多地趋向于工序集中。单件小批量生产时，通常采用工序集中原则；成批生产时，可按工序集中原则划分，也可按工序分散原则划分，应视具体情况而定；对于结构尺寸和重量都很大的重型零件，应采用工序集中原则，以减少装夹次数和运输量；对于刚性差、精度高的零件，应按工序分散原则划分工序。

在数控车床上加工零件，一般应按工序集中的原则划分工序，在一次安装下尽可能完成大部分甚至全部表面的加工。根据零件的结构形状不同，通常选择外圆、端面或内孔、端面装夹，并力求设计基准、工艺基准和编程原点的统一。在批量生产中，常用下列两种方法划分工序。

1）按零件加工表面划分 将位置精度要求较高的表面安排在一次装夹下完成，以免多次装夹所产生的装夹误差影响位置精度。如图 15-10 所示的轴承内圈，其内孔对小端面的垂直度、滚道和大挡边对内孔回转中心的角度差以及滚道与内孔间的壁厚差均有严格的要求，将精加工划分成两道工序，用两台数控车床完成。第一道工序采用图 15-10（a）所示的以大端面和大外径装夹的方案，将滚道、小端面及内孔等安排在一次装夹下车出，很容易保证上述的位置精度。第二道工序采用图 15-10（b）所示的以内孔和小端面装夹的方案，车削大外圆和大端面。

2）按粗、精加工划分　对毛坯余量较大和加工精度要求较高的零件，应将粗车和精车分开，划分成两道或更多的工序。将粗车安排在精度较低、功率较大的数控车床上，将精车安排在精度较高的数控车床上。

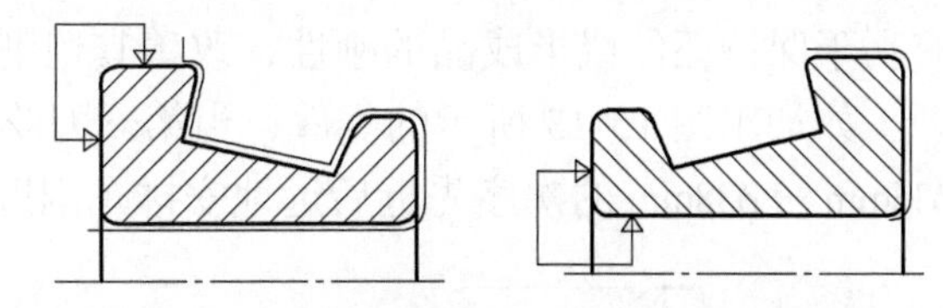

图 15-10　轴承内圈加工方案

例如加工如图 15-11（a）所示的手柄零件，坯料为 $\phi32$mm 的棒料，批量生产，用一台数控车床加工，要求划分工序并确定装夹方式。

工序 1：如图 15-11（b）所示，夹外圆柱面，车 $\phi12$mm、$\phi20$mm、两圆柱面→圆锥面（粗车掉 $R42$ 圆弧部分余量）→留出总长余量切断。

工序 2：如图 15-11（c）所示，用 $\phi12$mm 外圆柱面和 $\phi20$mm 端面装夹，车 30°锥面→所有圆弧表面半精车→所有圆弧表面精车成形。

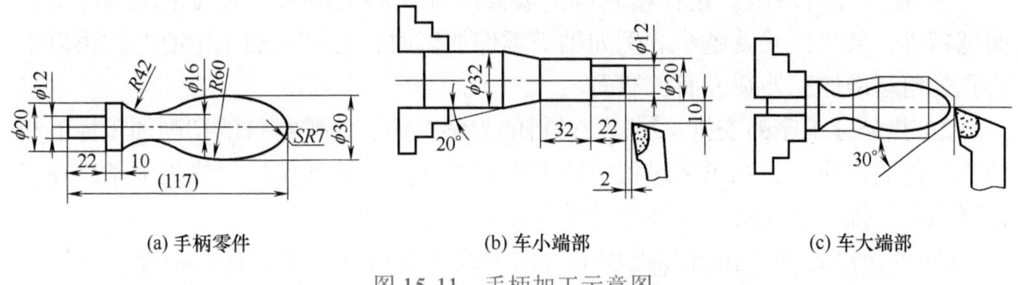

图 15-11　手柄加工示意图

（5）加工顺序的划分

在选定加工方法、划分工序后，工艺路线拟定的主要内容就是合理安排这些加工方法和加工工序。零件的加工工序通常包括切削加工工序、热处理工序和辅助工序（包括表面处理、清洗和检验等），这些工序的顺序直接影响到零件的加工质量、生产效率和加工成本。因此，在设计工艺路线时，应合理安排好切削加工工序、热处理工序和辅助工序的顺序，并解决好工序的衔接问题。

1）车削加工工序安排　制订零件车削加工工序时，一般遵循下列 4 个原则：

① 先粗后精。按照粗车→半精车→精车的顺序进行，逐步提高加工精度。粗车将在较短的时间内将工件表面上的大部分加工余量（图 15-12 中双点划线内所示部分）切掉，一方面提高金属切除率，另一方面满足精车余量的均匀性要求。若粗车后所留余量的均匀性满足不了精加工的要求时，则要安排半精车，以此为精车作准备。精车要保证加工精度，按图样尺寸一刀切出零件轮廓。

② 先近后远。在一般情况下，离对刀点近的部位先加工，离对刀点远的部位后加工，便缩短刀具移动距离，减少空行程时间。对于车削而言，先近后远还

有利于保持坯件或半成品的刚性，改善其切削条件。

如加工图 15-13 所示的零件，当第一刀吃刀量未超限时，应该按 ϕ34mm → ϕ36mm → ϕ38mm 的次序先近后远地安排车削顺序。

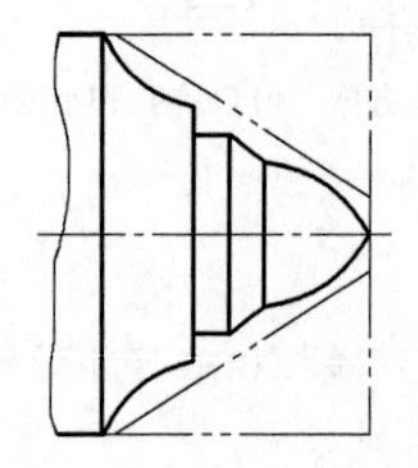

图 15-12 先粗后精示例

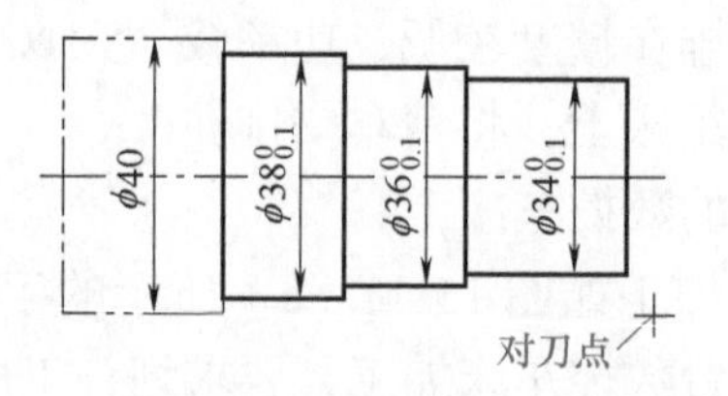

图 15-13 先近后远示例

③ 内外交叉原则。对内表面（内型腔）和外表面都需加工的零件，安排加工顺序时，应先进行内表面粗加工，后进行外表面精加工。切不可将零件上一部分表面（外表面或内表面）加工完毕后，再加工其他表面（内表面或外表面）。

④ 基面先行原则。用作精基准的表面应优先加工出来，因为定位基准的表面越精确，装夹误差就越小。例如轴类零件加工时，总是先加工中心孔，再以中心孔为精基准加工外圆表面和端面。

2）热处理工序的安排 为提高材料的力学性能、改善材料的切削加工性能和消除工件的内应力，在工艺过程中要适当安排一些热处理工序。热处理工序在工艺路线中安排主要取决于零件的材料和热处理的目的。

① 预备热处理。预备热处理的目的是改善材料的切削性能，消除毛坯制造时的残余应力，改善组织。其工序位置多在机械加工之前，常用的有退火、正火等方法。

② 消除残余应力。由于毛坯在制造和机械加工过程中产生的内应力，会引起工件变形，影响加工质量，因此要安排消除残余应力热处理。清除残余应力热处理最好安排在粗加工之后精加工之前，对精度要求不高的零件，一般将消除残余应力的人工时效和退火安排在毛坯进入机加工车间之前进行。对精度要求较高的复杂铸件，在机加工过程中通常安排两次时效处理：铸造→粗加工→时效→半精加工→时效→精加工。对高精度零件，如精密丝杠、精密主轴等，应安排多次消除残余应力热处理，甚至采用冰冷处理以稳定尺寸。

③ 最终热处理。最终热处理的目的是提高零件的强度、表面硬度和耐磨性，常安排在精加工工序（磨削加工）之前。常用的有淬火、渗碳、渗氮和碳氮共渗等。

3）辅助工序的安排 辅助工序主要包括：检验、清洗、去毛刺、去磁、倒棱边、涂防锈油和平衡等。其中检验工序是主要的辅助工序，是保证产品质量的主要措施之一，一般安排在：粗加工全部结束精加工之前、重要工序之后、工件在不同车间之间转移前后和工件全部加工结束后。

4）数控加工工序与普通加工工序的衔接 数控工序前后一般都穿插有其他普通工序，如衔接不好就容易产生矛盾，因此要解决好数控工序与普通工序之间的衔接问题。最好的办法是列出相互状态要求，例如：要不要为后道工序留加工余量，留多少；定位面与孔的精度要求及形位公差等。其目的是达到满足双方加工的需要，且质量目标与技术要求明确，交接验收有依据。关于手续问题，如果是在同一个车间，可由编程人员与主管该零件的工艺员协商确定，在制订工序工艺文件中互审会签，共同负责；如果不是在同一个车间，则应用交接状态表进行规定，共同会签，然后反映在工艺规程中。

15.6.2 数控车削加工走刀路线的确定

在数控加工中，刀具相对于工件的运动轨迹和方向称为走刀路线，即刀具从对刀点开始运动起，直至加工结束所经过的路径，包括切削加工的路径及刀具引入、返回等非切削空行程。走刀路线的确定首先必须保持被加工零件的尺寸精度和表面质量，其次考虑数值计算简单、进给路线尽量短、效率较高等。

因精加工的进给路线基本上都是沿其零件轮廓顺序进行的，因此确定进给路线的工作重点是确定粗加工及空行程的进给路线。

（1）车圆锥的走刀路线分析

在车床上车外圆锥时可以分为车正锥和车倒锥两种情况，而每一种情况又有两种加工路线。图 15-14 所示为车正锥的两种加工路线。按图 15-14（a）所示平行法车正锥时，需要计算终刀距 S。假设圆锥大径为 D，小径为 d，锥长为 L，背吃刀量为 a_p，则由相似三角形可得

$$(D-d)/(2L)=a_p/S$$

则 $S=2L/a_p(D-d)$，按此种加工路线，刀具切削运动的距离较短。

当按图 15-14（b）所示的车正锥时，则不需要计算终刀距 S，只要确定背吃刀量 a_p，即可车出圆锥轮廓，编程方便。但在每次切削中，背吃刀量是变化的，而且切削运动的路线较长。

图 15-15（a）和图 15-15（b）所示为车倒锥的两种加工路线，分别与图 15-14（a）和图 15-14（b）相对应，其车锥原理与正锥相同。

（2）车圆弧的走刀路线分析

应用 G02（或 G03）指令车圆弧，若用一刀就把圆弧加工出来，会使背吃刀量太大，容易打刀。所以，实际切削时，需要多刀加工，先将大部分余量切除，最后才车得所需圆弧。

图 15-16 所示为车圆弧的车圆法切削路线。即用不同半径圆来车削，最后将所需圆弧加工出来。此方法在确定了每次背吃刀量后，对 90°圆弧的起点、终点

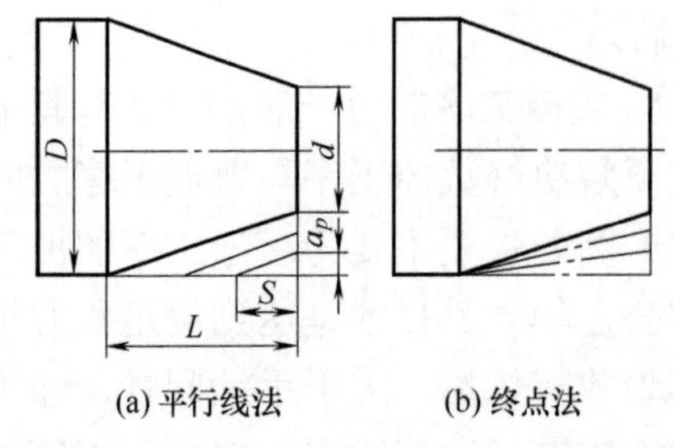

图 15-14 车正锥的两种加工路线

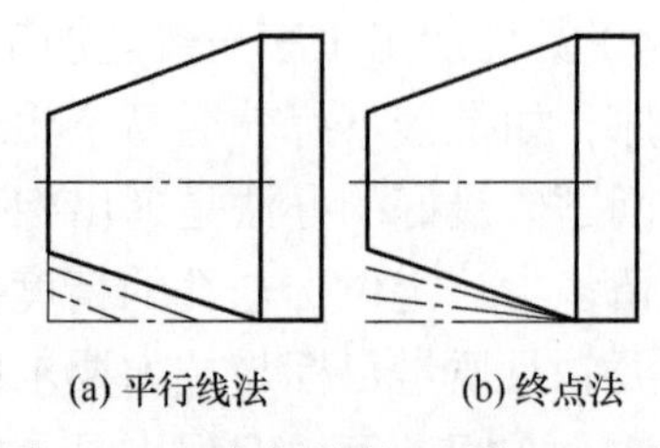

图 15-15 车倒锥的两种加工路线

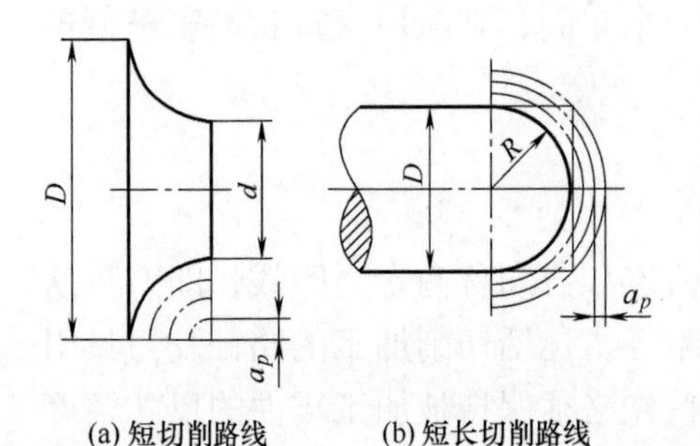

图 15-16 车圆法切削路线

坐标较易确定。该方法数值计算简单，编程方便，常采用。可适合于加工较复杂的圆弧。其中：图 15-16（a）所示的进给路线较短，但图 15-16（b）所示的加工路线空行程较长。

图 15-17 所示为车圆弧的车锥法切削路线，即先车一个圆锥，再车圆弧。但要注意车锥时的起点和终点的确定。若确定不好，则可能损坏圆弧表面，也可能将余量留得过大。确定方法是连接 OB 交圆弧于 D，过 D 点作圆弧的切线 AC。由几何关系得：

$$BD=OB-OD=\sqrt{2}\ R-R=0.414R$$

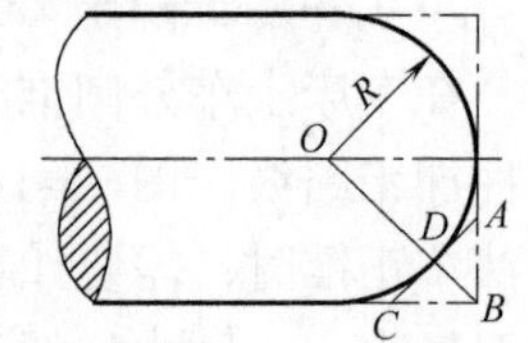

图 15-17 车锥法切削路线

此为车锥时的最大切削余量，即车锥时，加工路线不能超过 AC 线。由 BD 与△ ABC 的关系，可得

$$AB=CB=\sqrt{2}\ BD=0.586R$$

这样可以确定出车锥时的起点和终点。当 R 不太大时，可取 $AB=CB=0.5R$。此方法数值计算较繁，但其刀具切削路线较短。

（3）轮廓粗车走刀路线分析

切削进给路线最短，可有效提高生产效率，降低刀具损耗。安排最短切削进给路线时，应同时兼顾工件的刚性和加工工艺性等要求，不要顾此失彼。

图 15-18 所示给出了三种不同的轮廓粗车切削进给路线，其中图 15-18（a）表示利用数控系统具有的封闭式复合循环功能控制车刀沿着工件轮廓线进行进给的路线；图 15-18（b）所示为三角形循环进给路线；图 15-18（c）所示为矩形循环进给路线，其路线总长最短，因此在同等切削条件下的切削时间最短，刀具损耗最少。

（4）车螺纹时的轴向进给距离分析

在数控车床上车螺纹时，沿螺距方向的 Z 向进给应和车床主轴的旋转保持严

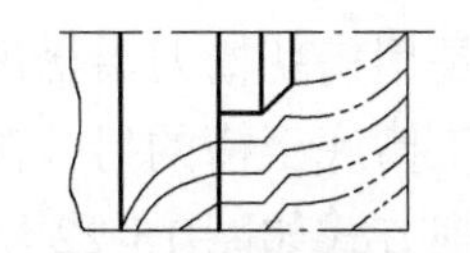
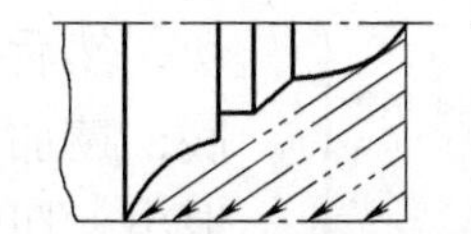
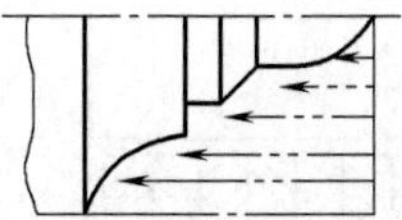
(a) 沿工件轮廓线进给路线 (b) 三角形循环进给路线 (c) 矩形循环进给路线

图 15-18 粗车切削进给路线示意

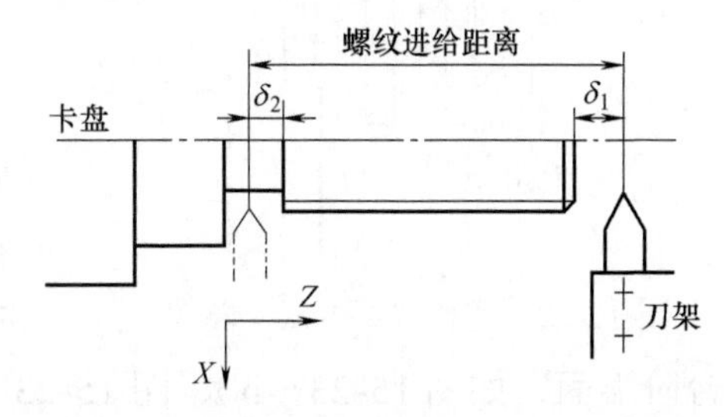

图 15-19 车螺纹时的引入距离和超越距离

格的速比关系，因此应避免在进给机构加速或减速的过程中切削。为此要有升速进刀段 δ_1 和降速进刀段 δ_2，如图 15-19 所示，δ_1 和 δ_2 的数值与车床拖动系统的动态特性、螺纹的螺距和精度有关。δ_1 一般为 2 ～ 5mm，对大螺距和高精度的螺纹取大值；δ_2 一般为 1 ～ 2mm。这样在切削螺纹时，能保证在升速后使刀具接触工件，刀具离开工件后再降速。

（5）车槽走刀路线分析

在车削不同结构及要求的槽时，应采取不同的走刀路线。

① 对于宽度、深度值相对不大，且精度要求不高的槽，可采用与槽等宽的刀具，直接切入一次成形的方法加工，如图 15-20 所示。刀具切入到槽底后可利用延时指令使刀具短暂停留，以修整槽底圆度，退出过程中可采用工进速度。

② 对于宽度值不大，但深度值较大的深槽零件，为了避免切槽过程中由于排屑不畅，使刀具前部压力过大出现扎刀和折断刀具的现象，应采用分次进刀的方式，刀具在切入工件一定深度后，停止进刀并回退一段距离，达到断屑和排屑的目的，如图 15-21 所示。同时注意应尽量选择强度较高的刀具。

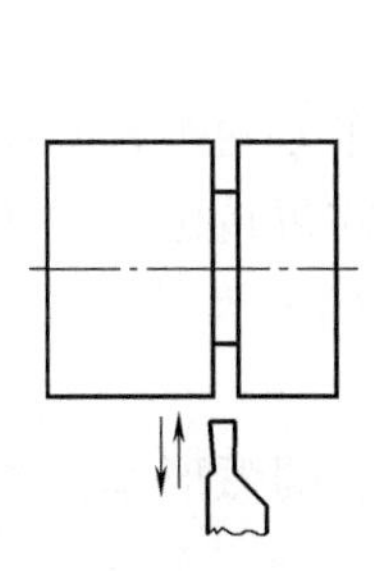

图 15-20 简单槽类零件加工方式

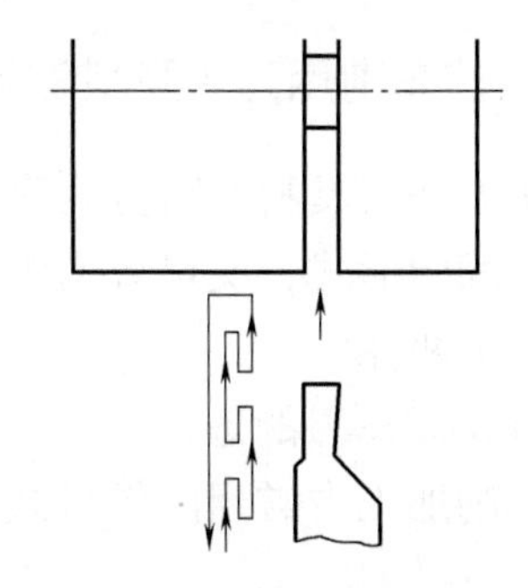

图 15-21 深槽零件加工方式

③ 宽槽的切削。通常把大于一个切刀宽度的槽称为宽槽，宽槽的宽度、深度的精度要求及表面质量要求相对较高。在切削宽槽时常采用排刀的方式进行粗

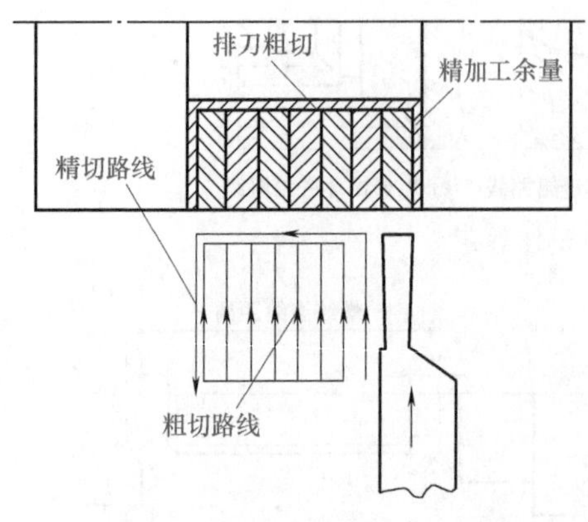

图 15-22 宽槽切削方式示意图

切，然后是用精切槽刀沿槽的一侧切至槽底，精加工槽底至槽的另一侧，再沿侧面退出，切削方式如图 15-22 所示。

（6）车削内孔走刀路线分析

车削内孔是指用车削方法扩大工件的孔或加工空心工件的内表面，这也是常用的车削加工方法之一。常见的车孔方法如图 15-23 所示。在车削不通孔和台阶孔时，车刀要先纵向进给，当车到孔的根部时，再横向进给，从外向中心进给车端面或台阶端面，如图 15-23（b）、图 15-23（c）所示。

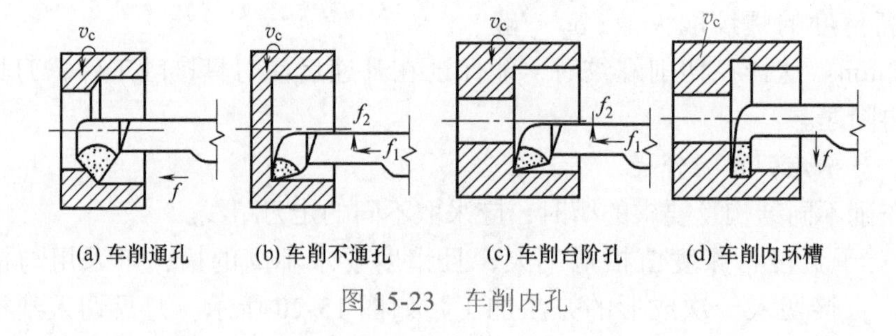

图 15-23 车削内孔

15.7 数控车削用刀具系统

与普通车削加工一样，数控车削用车刀也是数控车削加工的主要工具，合理的选用、安装和调整好数控车刀是保证后续数控车削以及数控加工件质量的基础。

15.7.1 数控车削用刀具及其选用

常用车刀按刀具材料可分为高速钢车刀和硬质合金车刀两类，其中硬质合金车刀按刀片固定形式，又可分为焊接式车刀和机械夹固式可转位车刀（简称机夹可转位车刀）两种。

（1）焊接式车刀的选用

数控车削加工中常用的焊接式车刀一般分尖形车刀、圆弧形车刀和成形车刀三类。

1）尖形车刀

以直线形切削刃为特征的车刀一般称为尖形车刀。这类车刀的刀尖（同时也为其刀位点）由直线形的主、副切削刃构成，如 90°内外车刀、左右端面车刀、切断（车槽）车刀以及刀尖倒棱很小的各种外圆和内孔车刀。

用这类车刀加工零件时，其零件的轮廓形状主要由一个独立的刀尖或一条直线形主切削刃位移后得到，它与另两类车刀加工时所得到零件轮廓形状的原理是截然不同的。

尖形车刀几何参数（主要是几何角度）的选择方法与普通车削时基本相同，但应以是否适合数控加工的特点（如加工路线，加工干涉等），进行全面的考虑，并应兼顾刀尖本身的强度。

如在加工图 15-24 所示的零件时，要使其左右两个 45° 锥面由一把车刀加工出来，并使车刀的切削刃在车圆锥面时不致发生加工干涉。

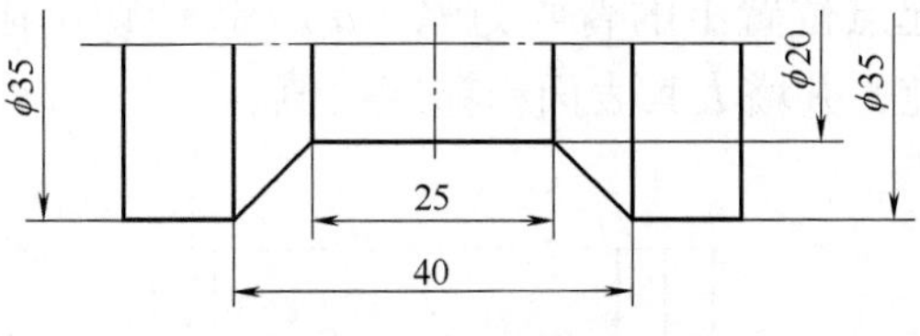

图 15-24 示例件

又如车削图 15-25 所示大圆弧内表面零件时，所选择尖形内孔车刀的形状及主要几何角度如图 15-26 所示（前角为 0°），这样刀具可将其内圆弧面和右端端面一刀车出，避免了用两把车刀进行加工。

选择尖形车刀不发生干涉的几何角度，可用作图或计算的方法。如副偏角的大小，大于作图或计算所不发生干涉的极限角度值 6°～ 8°即可。当确定几何角度困难或无法确定（如尖形车刀加工接近于半个凹圆弧的轮廓等）时，则应考虑选择其他类型车刀。

2）圆弧形车刀

圆弧形车刀是较为特殊的数控加工用车刀，它是以一圆度误差或线轮廓误差很小的圆弧形切削刃为特征的车刀（图 15-27）。该车刀圆弧刃上每一点都是圆弧形车刀的刀尖，因此，刀位点不在圆弧上，而在该圆弧的圆心上。

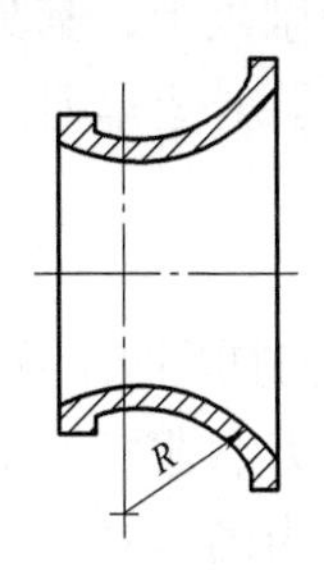

图 15-25 大圆弧面零件

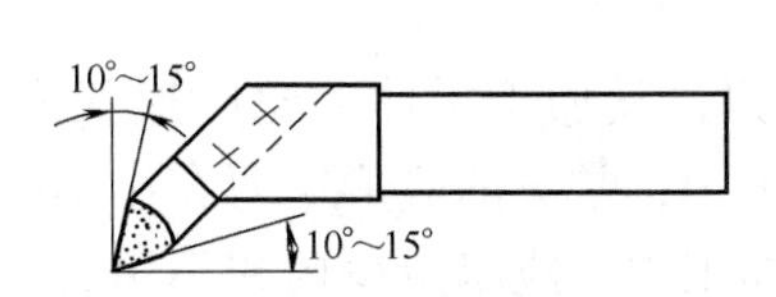

图 15-26 尖形车刀示例

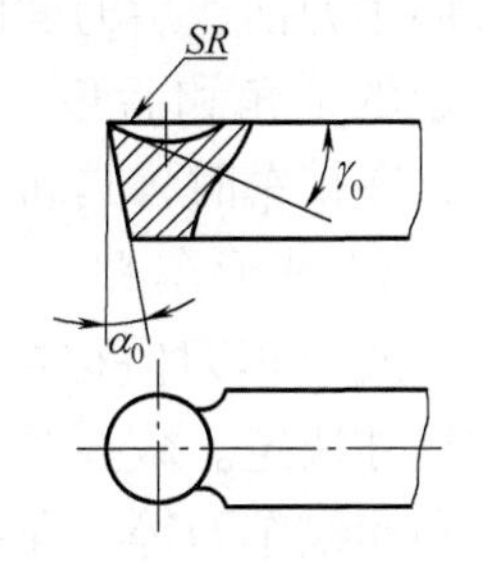

图 15-27 圆弧形车刀

当某些尖形车刀或成形车刀（如螺纹车刀）的刀尖具有一定的圆弧形状时，也可作为这类车刀使用。

对于某些精度要求较高的凹曲面车削（图 15-28）或大外圆弧面的批量车削，以及尖形车刀所不能完成的加工，宜选用圆弧形车刀进行加工。圆弧形车刀具有宽刃切削（修光）性质；能使精车余量保持均匀而改善切削性能；还能一刀车出多个象限的圆弧面。

图 15-29 所示零件的曲面精度要求不高时，可以选择用尖形车刀进行加工；当曲面形状精度和表面粗糙度均要求较高时，选择尖形车刀加工就不合适了，因为车刀主切削刃的实际背吃刀量在圆弧轮廓段总是不均匀的，如图 15-29 所示。当车刀主切削刃靠近其圆弧终点时，该位置上的背刀量（a_1）将大大超过其圆弧起点位置上的背吃刀量（a），致使切削阻力增大，则可能产生较大的轮廓度误差，并增大其表面粗糙度数值。

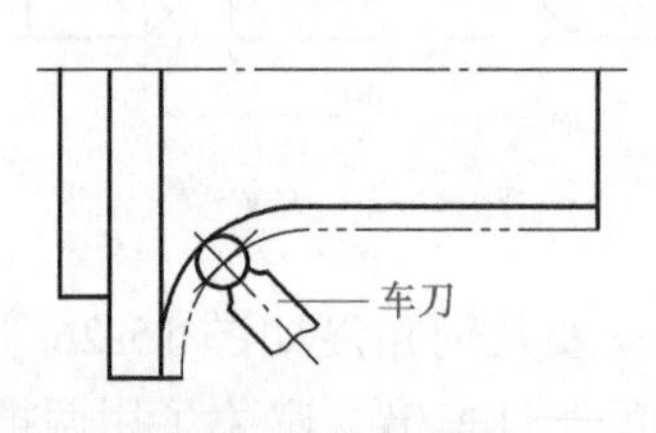

图 15-28　曲面车削示意

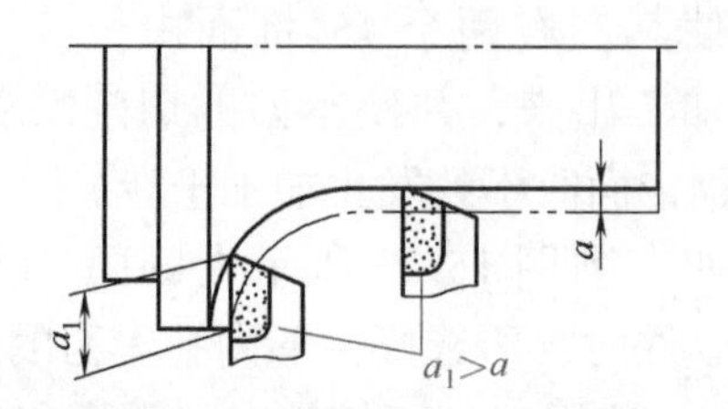

图 15-29　背吃刀量不均匀性示例

圆弧形车刀的几何参数除了前角及后角外，主要几何参数为车刀圆弧切削刃的形状及半径。

选择车刀圆弧半径的大小时，应考虑两点：第一，车刀切削刃的圆弧半径应当小于等于零件凹形轮廓上的最小半径，以免发生加工干涉；第二，该半径不宜选择太小，否则既难于制造，还会因其切削刃强度太小或刀体散热能力差，使车刀容易受到损坏。

圆弧形车刀前、后角的选择，原则上与普通车刀相同，只不过形成其前角（大于 0°时）的前刀面一般都为凹球面，形成其后角的后刀面一般为圆锥面。圆弧形车刀前、后刀面的特殊形状，是为满足在切削刃的每一个切削点上，都具有恒定的前角和后角，以保证切削过程的稳定性及加工精度。为了制造车刀的方便，在精车时，其前角多选择为 0°（无凹球面）。

3）成形车刀

成形车刀俗称样板车刀，其加工零件的轮廓形状完全由车刀切削刃的形状和尺寸决定。数控车削加工中，常见的成形车刀有小半径圆弧车刀、非矩形槽车刀和螺纹车刀等。在数控加工中，应尽量少用或不用成形车刀，当确有必要选用时，则应在工艺准备文件或加工程序单上进行详细说明。

图 15-30 所示为常用车刀的种类、形状和用途。

（2）机夹可转位车刀的选用

可转位刀具是使用可转位刀片的机夹刀具。从刀具的材料应用方面来看，数控车床用刀具材料主要是各种硬质合金。从刀具的结构应用方面看，数控车床主要采用机夹可转位刀片的刀具。可转位刀具已被国家列为重点推广项目，也是刀具的发展方向。

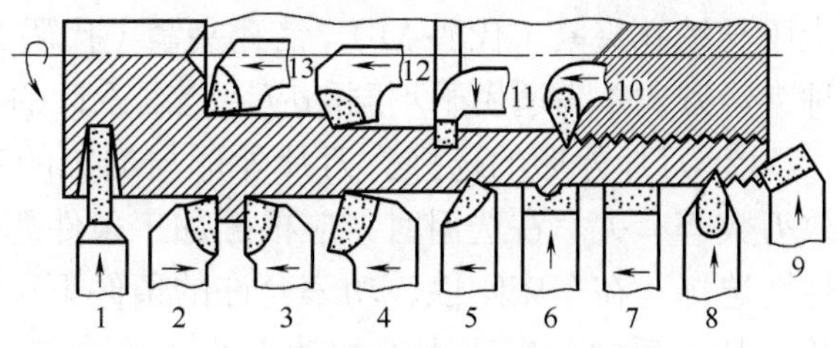

图 15-30　常用车刀的种类、形状和用途

1—切断刀；2—90°左偏刀；3—90°右偏刀；4—弯头车刀；5—直头车刀；6—成形车刀；7—宽刃精车刀；8—外螺纹车刀；9—端面车刀；10—内螺纹车刀；11—内槽车刀；12—通孔车刀；13—不通孔车刀

图 15-31 所示是一机夹可转位车刀。它由刀垫 2、可转位刀片 3、刀杆 1 和夹固元件 4（结构见图 15-32）组成。夹固元件将刀片压向支承面而紧固，车刀的前后角靠刀片在刀杆槽中安装后获得。一条切削刃用钝后可迅速转位换成相邻的新切削刃继续切削，直到刀片上所有的切削刃均已用钝，刀片才报废回收。更换新刀片后，车刀又可继续切削工作。使用可转位刀具具有以下优点：

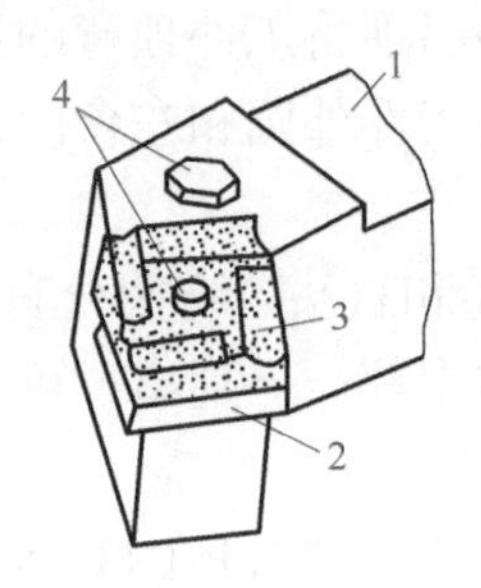

图 15-31　机夹可转位车刀结构形式

1—刀杆；2—刀垫；3—可转位刀片；4—夹固元件

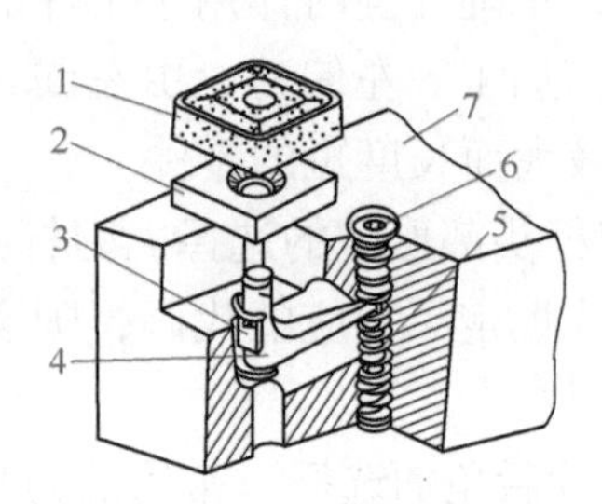

图 15-32　可转位车刀的内部结构

1 —刀片；2—刀垫；3，5—弹簧；4—杠杆；6—螺钉；7—刀柄

① 刀具寿命高。由于刀片避免了由焊接和刃磨高温引起的缺陷，刀具几何参数完全由刀片和刀杆槽来保证，因而切削性能稳定，刀具寿命高。

② 生产效率高。由于车床操作人员不再磨刀，减少了停机换刀等辅助时间。

③ 有利于推广新技术、新工艺。使用可转位刀具有利于推广使用涂层、陶瓷等新型刀具材料。

④ 有利于降低刀具成本。由于刀杆使用寿命长，减少了刀杆的消耗和库存量，简化了刀具的管理工作，因而降低了刀具的成本。

1）刀片材质的选择

可转位刀片是各种可转位刀具最关键的部分，其中应用最多的是硬质合金和涂层硬质合金刀片。选择刀片材质的主要依据是被加工工件的材料，被加工表面的精度、表面质量要求，切削载荷的大小以及切削过程有无冲击和振动等。

2）可转位车刀的选用

① 刀片的紧固方式。在国家标准中，一般紧固方式有上压式（代码为 C）、

上压与销孔夹紧（代码 M）、销孔夹紧（代码 P）和螺钉夹紧（代码 S）4 种。各种夹紧方式是为适用于不同的应用范围设计的。

② 刀片外形的选择。刀片外形与加工的对象、刀具的主偏角、刀尖角和有效刃数等有关。在选用时，应根据加工条件恶劣与否，按重、中、轻切削有针对性地选择。在车床刚性、功率允许的条件下，大余量、粗加工应选用刀尖角较大的刀片，反之，车床刚性和功率小、小余量、精加工时宜选用较小刀尖角的刀片。常见可转位车刀刀片形式可根据加工内容和要求进行选择。

一般外圆车削常用 80°凸三角形、四方形和 80°菱形刀片；仿形加工常用 55°、35°菱形和圆形刀片；在车床刚性、功率允许的条件下，大余量、粗加工应选择刀尖角较大的刀片，反之选择刀尖角较小的刀片。

90°外圆车刀简称偏刀，按进给方向不同分为左偏刀和右偏刀两种，一般常用右偏刀。右偏刀，由右向左进给，用来车削工件的外圆、端面和右台阶。它主偏角较大，车削外圆时作用于工件的径向力小，不易出现将工件顶弯的现象。一般用于半精加工。左偏刀，由左向右进给。用于车削工件外圆和左台阶，也用于车削外径较大而长度短的零件。

③ 刀杆头部形式的选择。刀杆头部形式按主偏角和直头、弯头分有 15 ～ 18 种，各形式规定了相应的代码，国家标准和刀具样本中都一一列出，可以根据实际情况选择。

④ 刀片后角的选择。常用的刀片后角有 N（0°）、C（7°）、P（11°）、E（20°）等。一般粗加工、半精加工可用 N 型：半精加工、精加工可用 C、P 型。

⑤ 左右手刀柄的选择。左右手刀柄有 R（右手）、L（左手）、N（左右手）三种。选择时要考虑车床刀架是前置式还是后置式、主轴的旋转方向以及需要的进给方向等。

⑥ 刀尖圆弧半径的选择。刀尖圆弧半径不仅影响切削效率，而且关系到被加工表面的粗糙度及加工精度。从刀尖圆弧半径与最大进给量关系来看，最大进给量不应超过刀尖圆弧半径尺寸 80%，否则将恶化切削条件。因此，从断屑可靠出发，通常对于小余量、小进给车削加工应采用小的刀尖圆弧半径，反之宜采用较大的刀尖圆弧半径。

3）可转位车刀选用注意事项

① 粗加工时，注意以下几点。

第一，为提高刀刃强度，应尽可能选择大刀尖半径的刀片，大刀尖半径可允许大进给。

第二，在有振动倾向时，则选择较小的刀尖半径。

第三，常用刀尖半径为 1.2 ～ 1.6mm。

第四，粗车时进给量不能超过表 15-3 给出的最大进给量，作为经验法则，一般进给量可取为刀尖圆弧半径的一半。

② 精加工时，注意以下几点。

第一，精加工的表面质量不仅受刀尖圆弧半径和进给量的影响，而且受工件装夹稳定性、夹具和车床的整体条件等因素的影响。

第二，在有振动倾向时选较小的刀尖半径。

第三，非涂层刀片比涂层刀片加工的表面质量高。

15.7.2 装夹刀具的工具系统

数控车床的刀具系统，常用的有两种形式，一种是刀块形式，用凸键定位，螺钉夹紧，定位可靠，夹紧牢固，刚性好，但换装费时，不能自动夹紧，如图15-33所示。另一种是圆柱柄上铣齿条的结构，可实现自动夹紧，换装也快捷，刚性较刀块的形式稍差，如图15-34所示。

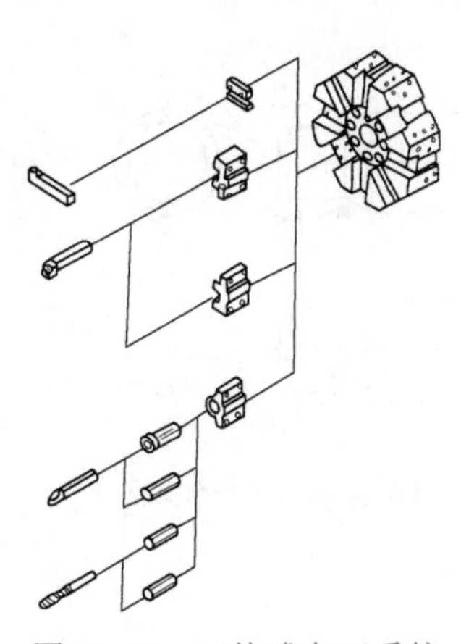

图15-33 刀块式车刀系统

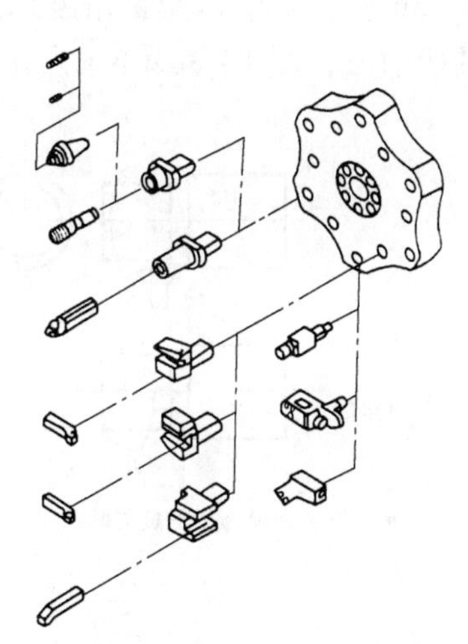

图15-34 圆柱齿条式车刀系统

瑞典山德维克公司（Sndvik）推出了一套模块化的车刀系统，其刀柄是一样的，仅需更换刀头和刀杆即可用于各种加工。这种车刀的刀头很小，更换快捷定位精度高，也可以自动更换，如图15-35所示。另外，类似的小刀头刀具系统尚有多种。

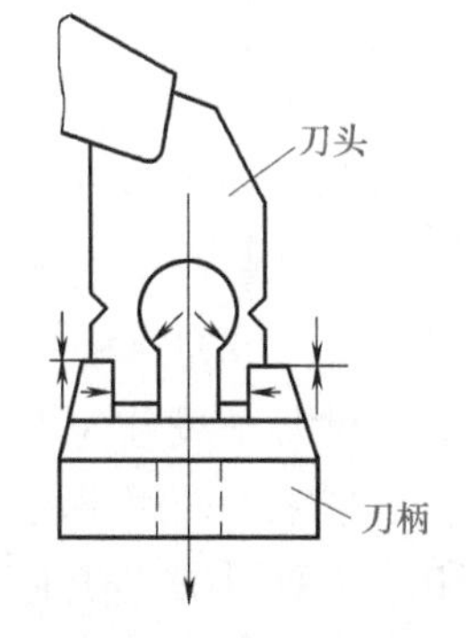

图15-35 小刀尖刀具

在车削中心上，开发了许多动力刀具刀柄，如能装钻头、立铣刀、三面刃铣刀、锯片、螺纹铣刀、丝锥等刀柄。用于工件车削时，可将工件固定，活动刀具在工件端面或外圆上进行各种加工；也可令工件做圆周进给，在工件端面或外圆上进行加工。也有接触式测头刀柄，用于各种测量。

15.7.3 装刀与对刀

装刀与对刀是数控机床加工中极其重要并十分棘手的一项基本工作。对刀质量的高低，将直接影响到加工程序的编制及零件的尺寸精度。通过对刀或刀具预调，还可同时测定其各号刀的刀位偏差，有利于设定刀具补偿量。

（1）车刀的安装

在实际切削中，车刀安装的高低，车刀刀杆轴线是否垂直，对车刀角度有很大影响。以车削外圆（或横车）为例，当车刀刀尖高于工件轴线时，因其车削平面与基面的位置发生变化，使前角增大，后角减小；反之，则前角减小，后角增大。车刀安装的歪斜，对主偏角、副偏角影响较大，特别是在车螺纹时，会使牙型半角产生误差。因此，正确地安装车刀，是保证加工质量，减小刀具磨损，提高刀具使用寿命的重要步骤。

图 15-36 所示为车刀安装角度示意。图 15-36（a）所示为“-”的倾斜角度，增大刀具切削力；图 15-36（b）所示为“+”的倾斜角度，减小刀具切削力。

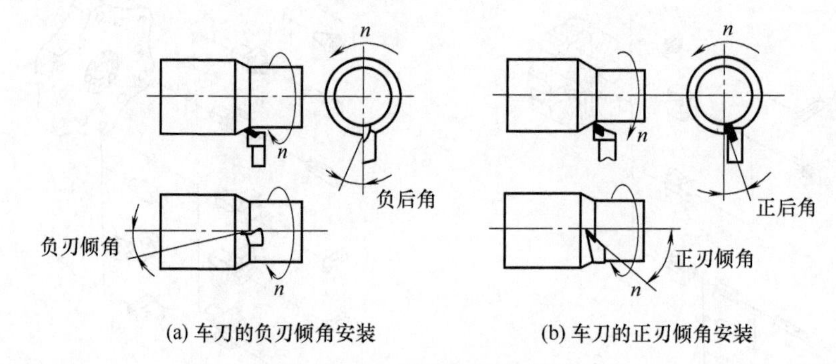

图 15-36 车刀的安装角度

（2）刀位点

刀位点是指在加工程序编制中，用以表示刀具特征的点，也是对刀和加工的基准点。对于车刀，各类车刀的刀位点如图 15-37 所示。

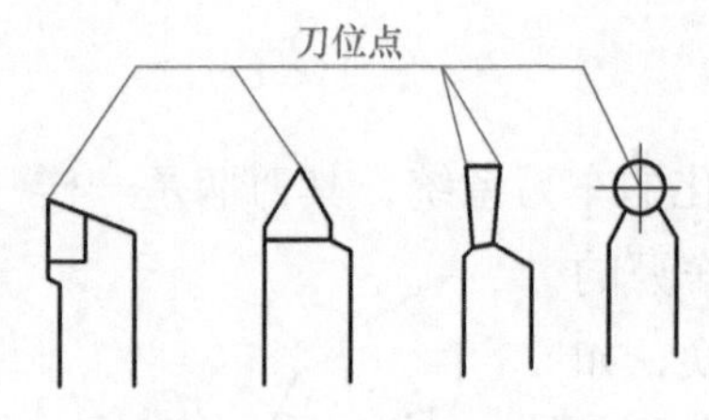

图 15-37 车刀的刀位点

（3）对刀

在加工程序执行前，调整每把刀的刀位点，使其尽量重合于某一理想基准点，这一过程称为对刀。理想基准点可以设在基准刀的刀尖或刀具相关点上。

对刀一般分为手动对刀和自动对刀两大类。目前，绝大多数的数控机床（特别是车床）采用手动对刀，其基本方法有定位对刀法、光学对刀法、ATC 对刀法和试切对刀法。在前三种手动对刀方法中，均可能因受到手动和目测等多种误差的影响，降低对刀精度，往往通过试切对刀，以得到更加准确和可靠的结果。数控车床常用的试切对刀方法如图 15-38 所示。

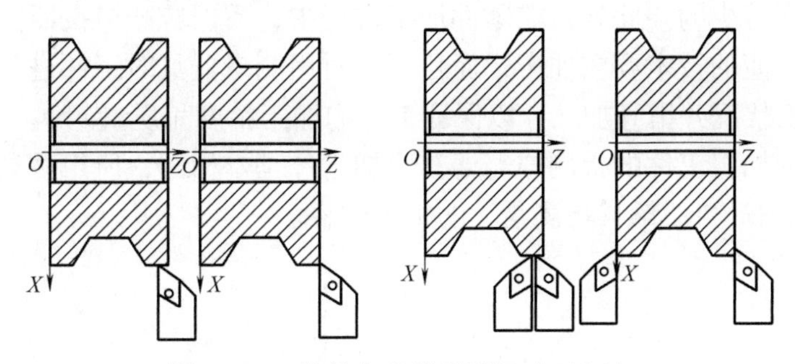

图 15-38　数控车床常用试切对刀方法

（4）对刀点和换刀点位置的确定

对刀点是指在数控车床上加工零件时，刀具相对零件作切削运动的起始点。换刀点是指在编制加工中心、数控车床等多刀加工的各种数控车床所需加工程序时，相对于车床固定原点而设置的一个自动换刀位置。

1）对刀点位置的确定

① 尽量与工件的尺寸设计基准或工艺基准相一致。

② 尽量使加工程序的编制工作简单和方便。

③ 便于用常规量具和量仪在车床上进行找正。

④ 该点的对刀误差应较小，或可能引起的加工误差为最小。

⑤ 尽量使加工程序中的引入（或返回）路线短，并便于换（转）刀。

⑥ 应选择在与车床约定机械间隙状态（消除或保持最大间隙方向）相适应的位置上，避免在执行其自动补偿时造成“反补偿”。

⑦ 必要时，对刀点可设定在工件的某一要素或其延长线上，或设定在与工件定位基准有一定坐标关系的夹具某位置上。

确定对刀点位置的方法较多，对设置了固定原点的数控车床，可配合手动及显示功能进行确定；对未设置固定原点的数控车床，则可视其确定的精度要求而分别采用位移换算法、模拟定位法或近似定位法等进行确定。

2）换刀点位置的确定

换刀的位置可设定在程序原点、机床参考点上或浮动原点上，其具体的位置应根据工序内容而定。

为了防止在换（转）刀时碰撞到被加工零件或夹具，除特殊情况外，其换刀点都设置在被加工零件的外面，并留有一定的安全量。

15.8　量具与测量

尽管数控车床的车削具有加工精度高、自动化程度高且产品质量稳定的特点，但作为保证及控制产品加工品质的重要手段之一，对其所加工的零件进行检测也是必不可少的。此外，在零件加工过程中，不但应严格按照图样规定的形状、尺寸和其他的技术要求加工，而且要随时用测量器具对工件进行测量，以便及时了解加工状况并指导加工，以保证工件的加工精度和质量。

数控车削加工工件的检测与普通车床加工件基本相同，所用量具与测量方法具体可参见本书“4.2 量具与测量”的相关内容。

第16章 数控车床编程基础

16.1 数控加工程序及其编制过程

准确、合理的编制好数控车床的加工程序是保证待车削件质量的关键。理想的数控程序不仅应该保证加工出符合零件图样要求的合格零件，而且还应该使数控车床的功能得到合理的应用与充分的发挥，使数控车床能安全、可靠、高效地工作，但数控程序的编制是一项很严格的技术工作，首先它必须在严格遵守相关标准的基础上，在掌握好程序编制的基础知识，并在掌握一些编程方法之后，经过适当的学习，最终才能编出正确的程序。

（1）数控加工程序的概念

数控车床加工不需要通过手工去进行直接操作，而是严格按照一套特殊的命令（简称指令），并经车床数控系统处理后，使车床自动完成零件加工。这一套特殊命令的作用，除了与工艺卡的作用相同外，还能被数控装置所接受。这种能被车床数控系统所接收的指令集合，就是数控车床加工中所必需的加工程序。

由此可以得出数控车床加工程序的定义是：按规定格式描述零件几何形状和加工工艺的数控指令集。

（2）数控编程的种类

在数控车床上加工零件，首先需要根据零件图样分析零件的工艺过程、工艺参数等内容，用规定的代码和程序格式编制出合适的数控加工程序，这个过程称为数控编程。数控编程可分为手工编程和自动编程（计算机辅助编程）两大类。

不同的数控系统，甚至不同的数控机床，它们的零件加工程序的指令是不同的。编程时必须按照数控机床的规定进行编程。

1）手工编程　编程过程依赖人工完成的称为手工编程，手工编程主要适合编制结构简单，并可以方便地使用数控系统提供的各种简化编程指令的零件的加工程序。由于数控机床主要加工对象是回转类零件，零件程序的编制相对简单，因此，车削类零件的数控加工程序主要依靠手工编程完成。但手工编程工作量大、繁琐且易出错，目前也借助计算机辅助设计软件的CAD（计算机辅助几何设计）功能来求取轮廓的基点和节点。

手工编程的两大“短”原则：一是零件加工程序要尽可能短，即尽可能使用简化编程指令编制程序，一般来说，程序越简短，编程人员出错的概率也越低。二是零件加工路线要尽可能短，这主要包括两个方面：切削用量的合理选择和程序中空走刀路线的选择。合理的加工路线对提高零件的生产效率有非常重要的作用。

手工编程一般过程如图16-1所示。

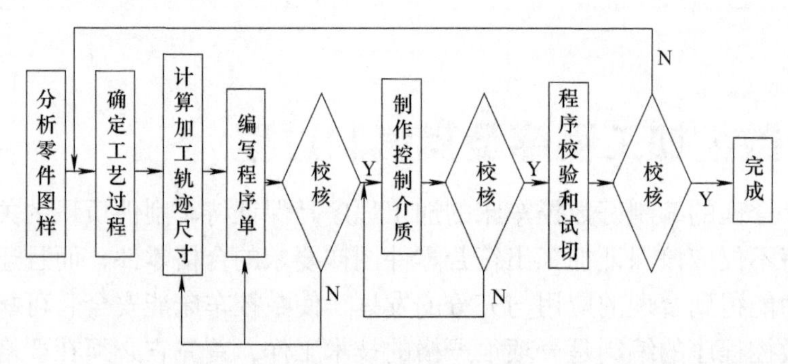

图16-1　手工编程一般过程

① 图样分析。编程人员在拿到零件图样后，首先应准确地识读，并理解零件图样表述的各种信息，这些信息主要包括零件的材料、形状、尺寸、精度、批量毛坯形状和热处理要求等。通过对这些信息的分析，确定该零件是否适合在数控车床上加工，或适宜在哪种数控车床上加工，甚至还要确定零件的哪几道工序在数控车床上加工。

② 确定工艺过程。在分析图样的基础上，还要进行工艺分析，选定车床、刀具和夹具，确定零件加工的工艺路线、工步顺序以及切削用量等工艺参数。

③ 计算加工轨迹和加工尺寸。根据零件图样、加工路线和零件加工允许的误差，计算出零件轮廓的坐标值。对于无刀具补偿功能的车床，还要算出刀具中心的轨迹。

④ 编写加工程序单和校核。根据加工路线、切削用量、刀具号码、刀具补偿量、车床辅助动作及刀具运动轨迹，按照数控系统使用的指令代码和程序段格式编写零件加工的程序单，并校核上述两个步骤的内容，纠正其中的错误。

⑤ 制作控制介质。零件加工程序单是数控车床加工过程的文字记录，要控制数控车床加工，还需要将程序单上的内容记录在数控车床的控制介质上，作为数控系统的输入信息。控制介质随数控系统的类别不同而不同，一般为磁盘。在现代数控车床上，也可直接通过键盘将其输入。

⑥ 程序校验和试切削。所制作的控制介质，在正式使用之前必须经过进一步地校验和试切削。一般将控制介质上的内容输入数控系统，进行空运行检验。在具有 CRT 屏幕动态图形显示的数控车床上，可动态模拟零件的加工过程。确认程序可行后，进行首件试切。首件试切的方法，不仅可以检验程序的错误，而且还可检验加工精度是否符合要求。当发现错误时，通过分析错误的性质来修改程序或调整刀具尺寸补偿量，直至达到零件图样的要求。

2）自动编程 计算机辅助编程是指编程人员使用计算机辅助设计与制造软件绘制出零件的三维或二维图形，根据工艺参数选择切削方式，设置刀具参数和切削用量等相关内容，再经计算机后置处理自动生成数控加工程序，并且可以通过动态图形模拟查看程序的正确性。自动生成的数控加工程序可以通过转送电缆从计算机传送至数控机床。自动编程需要计算机辅助制造软件作支持，也需要编程人员具有一定的工艺分析和手工编程的能力。

16.2 数控车床坐标系的规定

为了便于编程时描述车床的运动，简化程序的编制方法及保证记录数据的互换性，数控车床的坐标和运动的方向均已标准化。

16.2.1 数控机床坐标系及运动方向的命名原则

国际标准化组织 2001 年颁布的 ISO 841：2001 标准规定的命名原则有以下几条。

（1）刀具相对于静止工件而运动的原则

这一原则使编程人员能在不知道是刀具移近工件还是工件移近刀具的情况下，就可根据零件图样，确定机床的加工过程。

（2）标准坐标（机床坐标）系的规定

在数控机床上，机床的动作是由数控装置来控制的，为了确定机床上的成形运动和辅助运动，必须先确定机床上运动的方向和运动的距离，这就需要一个坐标系才能实现，这个坐标系就称为机床坐标系。

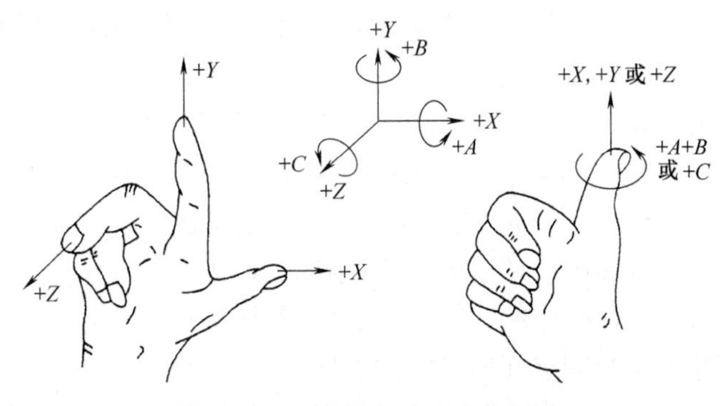

图 16-2 右手笛卡儿直角坐标系

标准的机床坐标系是一个右手笛卡儿直角坐标系，如图 16-2 所示。图中 X，Y，Z 表示三个移动坐标，大拇

指的方向为 X 轴的正方向，食指的方向为 Y 轴的正方向，中指的方向为 Z 轴的正方向。这个坐标系的各个坐标轴与机床的主要导轨相平行。

在确定了 X，Y，Z 坐标的基础上，根据右手螺旋方法，可以很方便地确定出 A，B，C 三个旋转坐标的方向。

ISO 841：2001 标准中将机床的某一运动部件运动的正方向，规定为增大刀具与工件之间距离的方向。

① Z 坐标的运动。Z 坐标的运动由传递切削动力的主轴所决定，与主轴轴线平行的标准坐标轴即为 Z 坐标。数控车床的 Z 轴为工件的回转轴线，其正方向是增大刀具和工件之间距离的方向，如图 16-3 所示。

② X 坐标运动。X 坐标运动是水平的，它平行于工件装夹面，是刀具或工件定位平面内运动的主要坐标，对于数控车床，X 坐标的方向是在工件的径向上，且平行于横滑座。X 的正方向是安装在横向滑座的主要刀架上的刀具离开工件回转中心的方向，如图 16-3 所示。

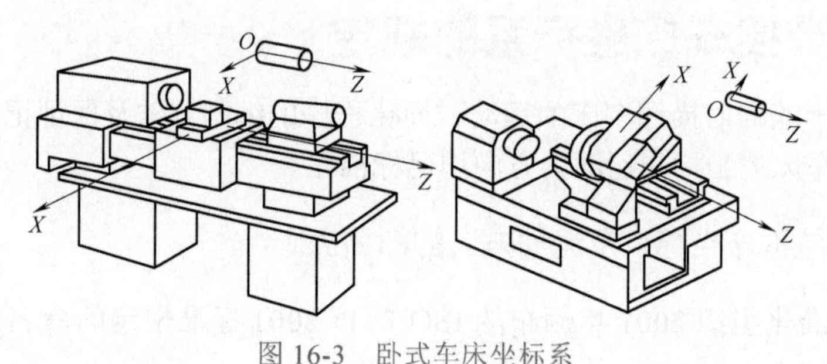

图 16-3 卧式车床坐标系

16.2.2 数控车床的坐标系

在数控车床上，一般来讲，通常使用的有两个坐标系：一个是机床坐标系；另外一个是工件坐标系，也叫程序坐标系。

（1）机床坐标系

机床坐标系是用来确定工件坐标系的基本坐标系，是机床本身所固有的坐标系，是机床安装、调试的基础，是机床生产厂家设计时自定的，其位置由机械挡块决定，不能随意改变。不同的机床有不同的坐标系。图 16-4 所示即是卧式数控车床以机床原点为坐标原点建立起来的 XOZ 直角坐标系。

机床原点也称为机械原点，是机床坐标系的原点，为车床上的一个固定点，在机床装配、调试时就由生产厂家决定了。卧式数控车床的机床原点一般取在主轴前端面与中心线交点处，但这个点不是一个物理点，而是一个定义点，它是通过机床参考点间接确定的。

机床参考点是一个物理点。其位置由 X，Z 向的挡块和行程开关确定。对某台数控车床来讲，机床参考点与机床原点之间有严格的位置关系，机床出厂前已调试准确，确定为某一固定值，这个值就是机床参考点在机床坐标系中的坐标，如图 16-5 给出了机床原点与机床参考点（点 O' 即为参考点）之间的相对位置关系。

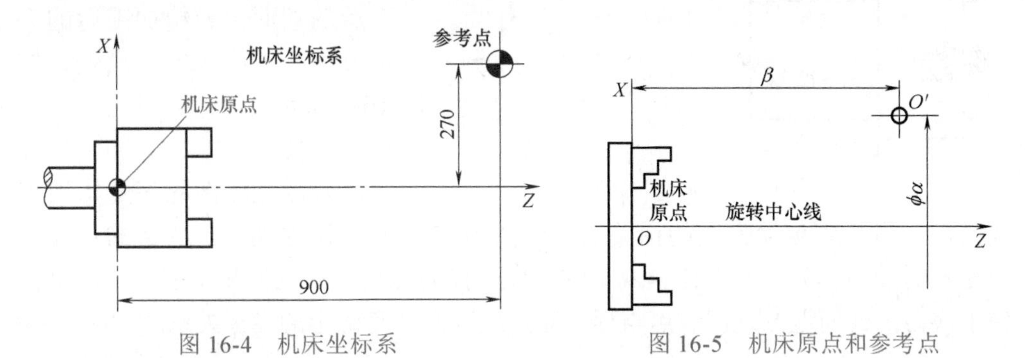

图 16-4　机床坐标系　　图 16-5　机床原点和参考点

当机床回参考点后，显示的 Z 与 X 的坐标值均为零。当完成回参考点的操作后，则马上显示此时的刀架中心（对刀参考点）在机床坐标系中的坐标值，就相当于数控系统内部建立了一个以机床原点为坐标原点的机床坐标系。当出现下列情况时必须进行回机床参考点操作（简称回零操作）。这样通过机床回零操作，确定了机床原点，从而准确地建立机床坐标系。

① 机床首次开机，或关机后重新接通电源时。

② 解除机床急停状态后。

③ 解除机床超程报警信号后。

（2）工件坐标系

以程序原点为原点，所构成的坐标系称为工件坐标系。工件坐标系也称编程坐标系，是编程人员在编程和加工时使用的坐标系，即程序的参考坐标系。

数控车床加工时，工件可以通过卡盘夹持于机床坐标系下的任意位置。这样一来用机床坐标系描述刀具轨迹就显得不大方便。为此编程人员在编写零件加工程序时通常要选择一个工件坐标系，也称编程坐标系，这样刀具轨迹就变为工件轮廓在工件坐标系下的坐标了。编程人员就不用考虑工件上的各点在坐标系下的位置，从而大大简化了问题。

工件坐标系是人为设定的，设定的依据既要符合尺寸标注的习惯，又要便于坐标的计算和编程。一般工件坐标系的原点最好选择在工件的定位基准、尺寸基准或夹具的适当位置上。根据数控车床的特点，工件原点［在程序设计时，依工件图尺寸转换成坐标系，在转换成坐标系前即会选定某一点来当作坐标系零点。然后以此零点为基准计算出各点坐标，此零点即称为工件零点也称程序零点（程序原点）。工件坐标系的原点就是工件原点，也叫作工件零点。］通常设在工件

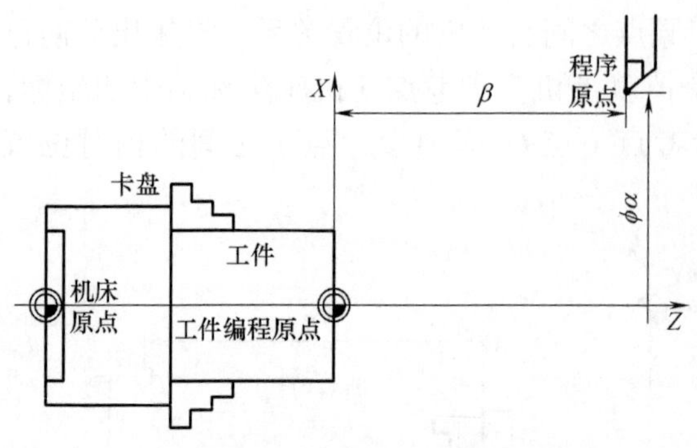

图 16-6 工件原点和工件坐标系

左、右端面的中心或卡盘前端面的中心，如图 16-6 所示。

实际加工时考虑加工余量和加工精度，工件原点应选择在精加工后的端面上或精加工后的夹紧定位面与轴心线的交点处，如图 16-7 所示。

（3）换刀点

换刀点是零件程序开始加工或是加工过程中更换刀具的相关点，如图 16-8 所示。设立换刀点的目的是在更换刀具时让刀具处于一个比较安全的区域。换刀点可远离工件和尾座处，也可在便于换刀的任何地方，但该点与程序原点之间必须有确定的坐标关系。

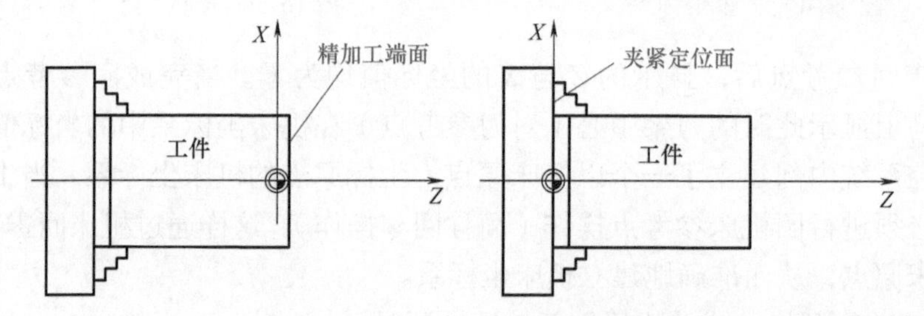

(a) 工件原点选择在精加工后的端面中心 (b) 工件原点选择在精加工后的夹紧定位面中心

图 16-7 实际加工时的工件坐标系

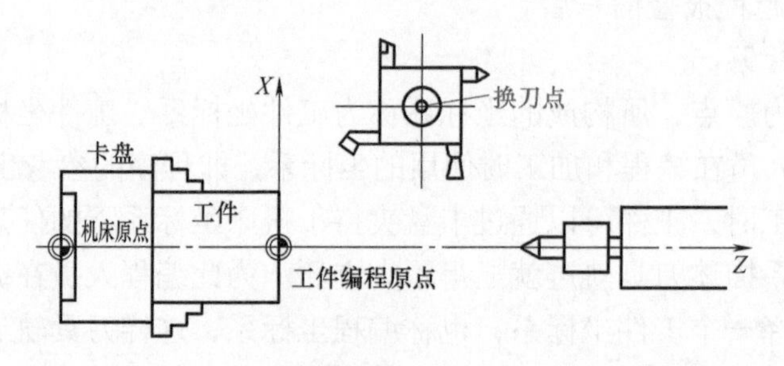

图 16-8 换刀点

16.3 数控车床的编程规则

数控编程时，必须按照一定的编程规则进行，主要有以下方面。

（1）绝对值编程和增量值编程

数控车床编程时，可以采用绝对值编程、增量值（也称相对值）编程或混合值编程。

绝对值编程是根据已设定的工件坐标系计算出工件轮廓上各点的绝对坐标值进行编程的方法，程序中常用 X，Z 表示。增量值编程是用相对前一个位置的坐标增量来表示坐标值的编程方法，程序中 U，W 表示，其正负由行程方向确定，当行程方向与工件坐标轴方向一致时为正，反之为负。混合编程是将绝对值编程和增量值编程混合起来进行编程的方法。如图 16-9 所示的位移，如用绝对值编程：

X70.0　Z40.0；

如用增量值编程：

U40.0　W-60.0；

混合编程：

X70.0　W-60.0；

或 U40.0　Z40.0；

当 X 和 U 或 Z 和 W 在一个程序段中同时指令时，后面的指令有效。

有些数控系统，用 G90 表示绝对值编程，用 G91 表示增量值编程，编程时都使用地址字 X、Z。如图 16-9 所示的位移，如用绝对值编程：

G90　X70.0　Z40.0

若用增量值编程：

G91　X40.0　Z-60.0

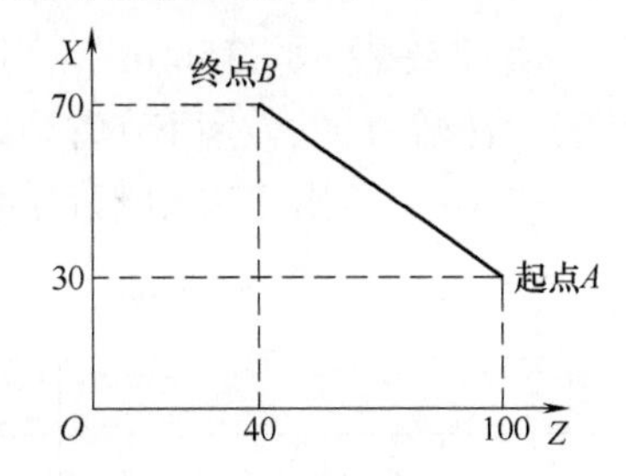

图 16-9　绝对值 / 增量值编程

（2）直径编程和半径编程

因为车削零件的横截面一般都为圆形，所以尺寸有直径指定和半径指定两种方法。当用直径指定时称为直径编程，当用半径指定时称为半径编程。具体的机床，是用直径指定还是半径指定，可以用参数设置。

当 *X* 轴用直径指定时，注意表 16-1 中所列的规定。

表 16-1　直径指定时的注意事项

项目	注意事项
Z 轴指令	与直径指定还是半径指定无关
X 轴指令	用直径指定
用地址 U 的增量值指令	用直径指定
坐标系设定（G50）	用直径指定 X 轴坐标值
刀具位置补偿量 X 值	用参数设定直径值还是半径值
用 G90 ～ G94 的 *X* 轴切深（R）	用半径指令
圆弧插补的半径指令（R，I，K）	用半径指令
X 轴方向进给速度	用半径指令
X 轴位置显示	用直径值显示

注：1. 在后面的说明中，凡是没有特别指出是直径指定还是半径指定，均为直径指定。

2. 刀具位置偏置值，当切削外径时，用直径指定，位置偏置值的变化量与零件外径的直径变化量相同。例如：当直径指定时，刀具补偿量变化 10mm，则零件外径的直径也变化 10mm。

3. 当刀具位置偏置量用半径指定时，刀具位置补偿是指刀具的长度。

若有数台机床时，直径编程还是半径编程，要设置成一致，都为直径编程时，程序可以通用。

（3）小数点编程

程序中控制刀具移动的指令中坐标字的表示方式有两种：用小数点表示法和不用小数点表示法。

① 用小数点表示法。即数值的表示用小数点“.”明确地标示出个位的位置。如“X12.89”，其中“2”为个位，故数值大小很明确。

② 不用小数点表示法。即数值中没有小数点者，这时数控装置会将此数值乘以最小移动量（米制：0.001mm，英制：0.0001in）作为输入数值。如“X35”，则数控装置会将 35×0.001mm=0.035mm 作为输入数值。

这实际上用脉冲量来表示。在数控车床中，相对于每一个脉冲信号，车床移动部件产生的位移量叫做脉冲当量，它对应于最小移动值。坐标值的表示方式也就是一个脉冲当量。例如当脉冲当量是 0.001mm/ 脉冲时（最小移动量，米制：0.001mm），要求向 *X* 轴正方向移动 0.035mm，用 X35 表示。

因此要表示“35mm”，可用“35.0”“35.”或“35000”表示，一般用小数点表示法较方便，还可节省系统的存储空间。

表 16-2 给出了采用不同的小数点表示法输入后的实际数值。

表 16-2　小数点表示法（假定系统的脉冲当量为 0.001mm/ 脉冲）

程序指定	用小数点输入的数值	不用小数点输入的数值
X1000	1000mm	1mm
X1000.	1000mm	1000mm

一般程序中都采用小数点表示方式来描述坐标位置数值，由表中可知：在编制和输入数控程序时，应特别小心，尤其是坐标数值是整数时，常常可能会遗漏小数点。如欲输入“Z25.”；但键入“Z25”，其实际的数值是 0.025mm，相差 1000 倍，可能会造成重大事故，不可不谨慎。程序中用小数点表示与不用小数点表示的数值可以混合使用，例如 G00 X25.0 Y3000 Z5.0。

控制系统可以输入带小数点的数值，对于表示距离、时间和速度单位的指令值可以使用小数点，小数点的位置是 mm、in、″ 或°的位置。

一般以下地址均可选择使用小数点表示法或不使用小数点表示法：X，Y，R，F 等。但也有一些地址不允许使用小数点表示法，如 P 等。例如暂停指令，如指令程序暂停 3s，必须如下书写：

G04　X3.;

G04　X3000;

G04　P3000;

16.4 常用术语及指令代码

输入数控系统中的、使数控机床执行一个确定的加工任务的、具有特定代码和其他符号编码的一系列指令，称为数控程序（NC Program）或零件程序（Part Program）。生成用数控机床进行零件加工的数控程序的过程，称为数控编程（NC Programming）。

程序语法要能被数控系统识别，同时程序语义能正确地表达加工工艺要求。数控系统的种类繁多，为实现系统兼容，国际标准化组织制定了相应的标准，我国也在国际标准基础上制定了相应标准。由于数控技术的高速发展和市场竞争等因素，导致不同系统间存在部分不兼容，如FANUC-0i系统编制的程序无法在SIEMENS系统上运行。因此编程必须注意具体的数控系统或机床，应该严格按机床编程手册中的规定进行程序编制。但从数控加工功能上来讲，各数控系统的各项指令通常都含有以下常用术语及指令代码。

（1）字符

字符是一个关于信息交换的术语，它的定义是：用来组织、控制或表示数据的各种符号，如字母、数字、标点符号和数学运算符号等。字符是计算机进行存储或传送的信号。字符也是我们所要研究的加工程序的最小组成单位。常规加工程序用的字符分四类。一类是字母，它由大写26个英文字母组成。第二类是数字和小数点，它由0～9共10个阿拉伯数字及一个小数点组成。第三类是符号，由正号（+）和负号（-）组成。第四类是功能字符，它由程序开始（结束）符、程序段结束符、跳过任选程序段符、机床控制暂停符、机床控制恢复符和空格符等组成。

（2）程序字

数控机床加工程序由若干“程序段”组成，每个程序段由按照一定顺序和规定排列的程序字组成。程序字是一套有规定次序的字符，可以作为一个信息单元（即信息处理的单位）存储、传递和操作，如X1234.56就是由8个字符组成的一个字。

（3）地址和地址字

地址又称为地址符，在数控加工程序中，它是指位于程序字头的字符或字符组，用以识别其后的数据；在传递信息时，它表示其出处或目的地。在数控车床加工程序中常用的地址有N，G，X，Z，U，W，I，K，R，F，S，T和M等字符，每个地址都有它的特定含义，见表16-3。

由带有地址的一组字符而组成的程序字，称为地址字。例如“N200 M30”这一程序段中，就有N200及M30这两个地址字。加工程序中常见的地址字有以下几种：

表 16-3 常用地址符含义

功能	代码	备注
程序号	O	程序号
程序段号	N	顺序号
准备功能	G	定义运动方式
坐标地址	X、Y、Z U、V、W A、B、C R I、J、K	轴向运动指令 附加轴运动指令 旋转坐标轴 圆弧半径 圆心坐标
进给速度	F	定义进给速度
主轴转速	S	定义主轴转速
刀具功能	T	定义刀具号
辅助功能	M	机床的辅助动作
子程序号	P	子程序号
重复次数	L	子程序的循环次数

1）顺序号字

顺序号字也称程序段号，它是数控加工程序中用的最多，但又不容易引起人们重视的一种程序字。顺序号字一般位于程序段开头，它由地址符 N 和随后跟 1～4 位数字组成。顺序号字可以用在主程序、子程序和用户宏程序中。

使用顺序号字应注意如下问题：数字部分应为正整数，所以最小顺序号是 N1，不建议使用 N0；顺序号字的数字可以不连续使用，也可以不从小到大使用；顺序号字不是程序段中的必用字，对于整个程序，可以每个程序段均有顺序号字，也可以均没有顺序号字，也可以部分程序段没有顺序号字。

顺序号字的作用：便于人们对程序作校对和检索修改；用于加工过程中的显示屏显示；便于程序段的复归操作，此操作也称“再对准”，如回到程序的中断处，或加工从程序的中途开始的操作；主程序或子程序或宏程序中用于条件转向或无条件转向的目标。

2）准备功能字

准备功能字的地址符是 G，所以又称 G 功能或 G 指令，它是设立机床工作方式或控制系统工作方式的一种命令。所以在程序段中 G 功能字一般位于尺寸字的前面。原机械工业部根据 ISO 标准制定了 JB/T 3208—1999 标准，规定 G 指令由字母 G 及其后面的二位数字组成，从 G00 到 G99 共 100 种代码，见表 16-4。

G 指令分为模态指令（续效代码）和非模态指令（非续效代码）两类。表 16-4 中第三列标有字母的行所对应的 G 指令为模态指令，标有相同字母的 G 指令为一组。模态指令在程序中一经使用后就一直有效，直到出现同组中的其他任一 G 指令将其取代后才失效。表中第三列没有字母的行所对应的 G 指令为非模态指令，它只在编有该代码的程序段中有效（如G04），下一程序段需要时必须重写。

表 16-4 准备功能 G 代码（JB/T 3208—1999）

代码	功能	程序指令类别	功能仅在出现段内有效
G00	点定位	a	
G01	直线插补	a	
G02	顺时针圆弧插补	a	
G03	逆时针圆弧插补	a	
G04	暂停		*
G05	不指定	#	#
G06	抛物线插补	a	
G07	不指定	#	#
G08	自动加速		*
G09	自动减速		*
G10 ~ G16	不指定	#	#
G17	*XY* 面选择	c	
G18	*ZX* 面选择	c	
G19	*YZ* 面选择	c	
G20 ~ G32	不指定	#	#
G33	等螺距螺纹切削	a	
G34	增螺距螺纹切削	a	
G35	减螺距螺纹切削	a	
G36 ~ G39	永不指定	#	#
G40	注销刀具补偿或刀具偏置	d	
G41	刀具左补偿	d	
G42	刀具右补偿	d	
G43	刀具正偏置	#（d）	#
G44	刀具负偏置	#（d）	#
G45	刀具偏置（Ⅰ象限）+/+	#（d）	#
G46	刀具偏置（Ⅳ象限）+/-	#（d）	#
G47	刀具偏置（Ⅲ象限）-/-	#（d）	#
G48	刀具偏置（Ⅱ象限）-/+	#（d）	#
G49	刀具偏置（*Y* 轴正向）0/+	#（d）	#
G50	刀具偏置（*Y* 轴负向）0/-	#（d）	#
G51	刀具偏置（*X* 轴正向）+/0	#（d）	#
G52	刀具偏置（*X* 轴负向）-/0	#（d）	#
G53	直线偏移注销	f	
G54	沿 *X* 轴直线偏移	f	
G55	沿 *Y* 轴直线偏移	f	
G56	沿 *Z* 轴直线偏移	f	

续表

代码	功能	程序指令类别	功能仅在出现段内有效
G57	*XOY* 平面直线偏移	f	
G58	*XOZ* 平面直线偏移	f	
G59	*YOZ* 平面直线偏移	f	
G60	准确定位 1（精）	h	
G61	准确定位 2（中）	h	
G62	快速定位（粗）	h	
G63	攻螺纹方式		*
G64 ～ G67	不指定	#	#
G68	内角刀具偏置	#（d）	#
G69	外角刀具偏置	#（d）	#
G70 ～ G79	不指定	#	#
G80	注销固定循环	e	
G81 ～ G89	固定循环	e	
G90	绝对尺寸	j	
G91	增量尺寸	j	
G92	预置寄存，不运动	j	
G93	时间倒数进给率	k	
G94	每分钟进给	k	
G95	主轴每转进给	k	
G96	主轴恒线速度	i	
G97	主轴每分钟转速，注销 G96	i	
G98 ～ G99	不指定	#	#

注：1. “#”号表示如选作特殊用途必须在程序格式解释中说明。

2. 指定功能代码中，程序指令类别标有 a，c，h，e，f，j，k 及 i，为同一类别代码。在程序中，这种代码为模态指令，可以被同类字母指令所代替或注销。

3. 指定了功能的代码，不能用于其他功能。

4. “*”号表示功能仅在所出现的程序段内有用。

5. 永不指定代码，在本标准内，将来也不指定。

在程序编制时，对所要进行的操作，必须预先了解所使用的数控装置本身所具有的 G 功能指令。对于同一台数控车床的数控装置来说，它所具有的 G 指令功能只是标准中的一部分，而且各车床由于性能要求不同，也各不一样。

3）坐标尺寸字

坐标尺寸字在程序中主要用来指令机床的刀具运动到达的坐标位置。尺寸字是由规定的地址符及后续的带正、负号或者带正、负号又有小数点的多位十进制数组成。地址符用的较多的有三组：第一组是 X，Y，Z，U，V，W，P，Q，R，主要是用来指令到达点坐标值或距离；第二组是 A，B，C，D，E，主要用来指令到达点角度坐标；第三组是I，J，K，主要用来指令零件圆弧轮廓圆心点的坐标尺寸。

尺寸字可以使用米制，也可以使用英制，多数系统用准备功能字选择。例如，FANUC 系统用 G21/G20 切换，美国 A-B 公司系统用 G71/G70 切换，也有一些系统用参数设定来选择是米制还是英制。尺寸字中数值的具体单位，采用米制时一般用 1μm、10μm、1mm 为单位；采用英制时常用 0.0001in 和 0.001in 为单位。选择何种单位，通常用参数设定。现代数控系统在尺寸字中允许使用小数点编程，有的允许在同一程序中有小数点和无小数点的指令混合使用，给用户带来方便。无小数点的尺寸字指令的坐标长度等于数控机床设定单位与尺寸字中后续数字的乘积。例如，采用米制单位若设定为 1μm，我们指令 Y 向尺寸 360mm 时，应写成 Y360. 或 Y360000。

4）进给功能字

进给功能字的地址符为 F，所以又称为 F 功能或 F 指令。它的功能是指令切削的进给速度。现代的 CNC 机床一般都能使用直接指定方式（也称直接指定法），即可用 F 后的数字直接指定给速度，为用户编程带来方便。

有的数控系统，进给速度的进给量单位用 G94 和 G95 指定。G94 表示进给速度与主轴速度无关的每分钟进给量，单位为 mm/min 或 in/min; G95 表示与主轴速度有关的主轴每转进给量，单位为 mm/r 或 in/r，如切螺纹、攻螺纹或套螺纹的进给速度单位用 G95 指定。

5）主轴转速功能字

主轴转速功能字的地址符用 S，所以又称为 S 功能或 S 指令。它主要来指定主轴转速或速度，单位为 r/min 或 m/min。中档以上的数控车床的主轴驱动已采用主轴伺服控制单元，其主轴转速采用直接指定方式，例如 S1500 表示主轴转速为 1500r/min。

对于中档以上的数控车床，还有一种使切削速度保持不变的所谓恒线速度功能。这意味着在切削过程中，如果切削部位的回转直径不断变化，那么主轴转速也要不断地作相应变化，此时 S 指令是指定车削加工的线速度。在程序中可用 G96 或 G97 指令配合 S 指令来指定主轴的速度。其中 G96 为恒线速控制指令，如用 G96 S200 表示主轴的速度为 200m/min，G97 S200 表示取代 G96，即主轴不是恒线速功能，其转速为 200r/min。

6）刀具功能字

刀具功能字用地址符 T 及随后的数字代码表示，所以也称为 T 功能或 T 指令。它主要用来指令加工中所用刀具号及自动补偿编组号，其自动补偿内容主要指刀具的刀位偏差或长度补偿及刀具半径补偿。

数控车床的 T 的后续数字可分为 1，2，4，6 位四种。T 后随 1 位数字的形式用的比较少，在少数车床（如 CK0630）的数控系统中（如 HN-100T）中，因除了刀具的编码（刀号）之外，其他如刀具偏置、刀具半径的自动补偿值，都不需要填入加工程序段内。故只需用一位数表示刀具编码号即可。在经济型数控车床系统中，普遍采用 2 位数的规定，一般前一位数字表示刀具的编码号，常用 0 ～ 8 共 9 个数字，其中"0"表示不转刀；后一位数字表示刀具补偿的编组号，常用 0 ～ 8 共 9 个数字，其中"0"表示补偿量为零，即撤销其补偿。T 后跟 4 位数字的形式用的比较多，一般前两位数来选择刀具的编码号，后两位为刀具补偿的编组号。T 后跟 6 位数字的形式用的比较少，此种情况中前两位数来选择刀具的编码号，中间两位表示刀尖圆弧半径补偿号，最后两位为刀具长度补偿的编组号。

7）辅助功能字

辅助功能又称 M 功能或 M 指令，它用以指令数控机床中辅助装置的开关动作或状态。例如，主轴的启、停，冷却液通、断，更换刀具等。与 G 指令一样，M 指令由字母 M 和其后的二位数字组成，从 M00 至 M99 共 100 种，见表 16-5。M 指令又分为模态指令与非模态指令。

表 16-5　辅助功能 M 代码（JB/T 3208—1999）

代码（1）	功能开始时间		模态（4）	非模态（4）	功能（6）
	同时（2）	滞后（3）			
M00	–	*	–	*	程序停止
M01	–	*	–	*	计划停止
M02	–	*	–	*	程序结束
M03	*	–	*	–	主轴顺时针方向运转
M04	*	–	*	–	主轴逆时针方向运转
M05	–	*	*	–	主轴停止
M06	#	#			换刀
M07	*	–	*	–	2 号切削液开
M08	*	–	*	–	1 号切削液开
M09	–	*	*	–	切削液关
M10	#	#	*	–	夹紧
M11	#	#	*	–	松开
M12	#	#	#	#	不指定
M13	*	–	*	–	主轴顺时针方向运转切削液开
M14	*	–	*	–	主轴逆时针方向运转切削液开
M15	*	–	–	*	正运动
M16	*	–	–	*	负运动
M17 ～ M18	#	#	#	#	不指定
M19	–	*	*	–	主轴定向停止
M20 ～ M29	#	#	#	#	永不指定

续表

代码（1）	功能开始时间		模态（4）	非模态（4）	功能（6）
	同时（2）	滞后（3）			
M30	–	*	–	*	纸带结束
M31	#	#	–	*	互锁旁路
M32 ~ M35	#	#	#	#	不指定
M36	*	–	#	–	进给范围 1
M37	*	–	#	–	进给范围 2
M38	*	–	#	–	主轴速度范围 1
M39	*	–	#	–	主轴速度范围 2
M40 ~ M45	#	#	#	#	不指定或齿轮换挡
M46 ~ M47	#	#	#	#	不指定
M48	–	*	*	–	注销 M49
M49	*	–	#	–	进给率修正旁路
M50	*	–	#	–	3 号冷却液开
M51	*	–	#	–	4 号冷却液开
M52 ~ M54	#	#	#	#	不指定
M55	*	–	#	–	刀具直线位移，位置 1
M56	*	–	#	–	刀具直线位移，位置 2
M57 ~ M59	#	#	#	#	不指定
M60	–	*	–	*	更换零件
M61	*	–	*	–	零件直线位移，位置 1
M62	*	–	*	–	零件直线位移，位置 2
M63 ~ M70	#	#	#	#	不指定
M71	*	–	*	–	零件角度位移，位置 1
M72	*	–	–	–	零件角度位移，位置 2
M73 ~ M89	#	#	#	#	不指定
M90 ~ M99	#	#	#	#	永不指定

注：1.“#”号表示如选作特殊用途，必须在程序中注明。

2.“*”号表示对该具体情况起作用。

常用的 M 指令有：

① 程序暂停 M00。执行 M00 指令，主轴停、进给停、切削液关闭、程序停止。按下控制面板上的循环启动键可取消 M00 状态，使程序继续向下执行。

② 选择停止 M01。其功能和 M00 相似。不同的是 M01 只有在机床操作面板上的“选择停止”开关处于“ON”状态时此功能才有效。M01 常用于关键尺寸的检验和临时暂停。

③ 程序结束 M02。该指令表示加工程序全部结束。它使主轴运动、进给运动、切削液供给等停止，机床复位。

④ 主轴正转 M03。该指令使主轴正转。主轴转速由主轴功能字 S 指定。如某程序段为：Nl0 S500 M03，它的意义为指定主轴以 500r/min 的转速正转。

⑤ 主轴反转 M04。该指令使主轴反转，与 M03 相似。

⑥ 主轴停止 M05。在 M03 或 M04 指令作用后，可以用 M05 指令使主轴停止。

⑦ 自动换刀 M06。该指令为自动换刀指令，用于电动控制刀架或多轴转塔刀架的自动换刀。

⑧ 切削液开 M08。该指令使切削液开启供给。

⑨ 切削液关 M09。该指令使切削液停止供给。

⑩ 程序结束并返回到程序开始 M30。程序结束并返回程序的第一条语句，准备下一个零件的加工。

16.5 数控加工程序的格式与组成

每种数控系统，根据系统本身的特点和编程的需要，都有一定的格式。对于不同的机床，其编程格式也不尽相同。通常数控加工程序的格式与组成主要有以下方面的内容。

（1）加工程序的组成

一个完整的数控加工程序由程序号、程序的内容和程序结束三部分组成。如：

```
09999;                          程序号
N0010  G92  X100  Z50  LF;
N0020  S300  M03  LF;
N0030  G00  X40  Z0  LF;        程序内容
……
N0120  M05  LF;
N0130  M02  LF;                 程序结束。
```

① 程序号。程序号位于程序主体之前，是程序的开始部分，一般独占一行。为了区别存储器中的程序，每个程序都要有程序号。程序号一般由规定的字母“O”、“P”或符号“%”、“：”开头，后面紧跟若干位数字，常用的有两位数和四位数两种，前面的“0”可以省略。

② 程序内容。程序内容部分是整个程序的核心部分，是由若干程序段组成。一个程序段表示零件的一段加工信息，若干个程序段的集合，则完整的描述了一个零件加工的所有信息。

③ 程序结束。程序结束是以程序结束指令 M02 或 M30 来结束整个程序。M02 和 M30 允许与其他程序字合用一个程序段，但最好还是将其单列一段。

（2）加工程序的结构

数控加工程序的结构形式，随数控系统功能的强弱而略有不同。对功能较强的数控系统的加工程序可分为主程序和子程序，其结构见表 16-6。

表 16-6 主程序与子程序的结构形式

主程序	子程序
O3001　　　；主程序号 Nl0 G92 Xl00 Z50 N20 S800 M03 T0101 … N80 M98 P24001　　；调用子程序 2 次 … N200 M30　　；程序结束	O4001　　；子程序号 Nl0 G01 U-12. F0.1 N20 G04 Xl.0 N30 G01 U12. FO.2 N40 M99　　；程序返回

① 主程序。主程序即加工程序，它由指定加工顺序、刀具运动轨迹和各种辅助动作的程序段组成，是加工程序的主体结构。在一般情况下，数控机床是按其主程序的指令执行加工的。

② 子程序。编制程序时，有时会遇到一组程序段在一个程序中多次出现，或者在几个程序中都要用它的情况，这时可以将这个典型的加工程序做成固定程序，并单独加以命名，这组程序段就称为子程序。

a. 使用子程序的目的和作用。使用子程序可以减少不必要的编程重复，从而达到简化编程的目的。子程序可以在存储器方式下调出使用，即主程序可以调用子程序，一个子程序也可以调用下一级子程序。

b. 子程序的调用。在主程序中，调用子程序指令是一个程序段，其格式随具体的数控系统而定，FANUC-0i 系统子程序调用格式为：

M98　P□□□　□□□□

其中，M98 为子程序调用，后四位数值代表在内存中的子程序编号，前三位数值是子程序重复调用的次数，如果忽略，子程序只调用一次。

c. 子程序的返回。子程序返回主程序用指令 M99，它表示子程序运行结束，返回到主程序。

d. 子程序的嵌套。子程序调用下一级子程序称为嵌套。上一级子程序与下一级子程序的关系和主程序与第一层子程序的关系相同。子程序可以嵌套多少层由具体的数控系统决定，可参照编程手册。

（3）程序段格式

所谓程序段，就是为了完成某一动作要求所需“程序字”（简称字）的组合。每一个“字”是一个控制机床的具体指令，它是由地址符（英文字母）和字符（数字及符号）组成。例如 G00 表示快速点定位移动指令，M05 表示主轴停转等。

程序段格式是指“字”在程序段中的顺序及书写方式的规定。不同的数控系统，其规定的程序段的格式不一定相同。程序段格式有多种，如固定程序段格式、使用分隔符的程序段格式、使用地址符的程序段格式等，现在最常用的是使用地址符的程序段格式，其格式见表 16-7。

表 16-7 使用地址符的程序段格式

1	2	3	4	5	6	7	8	9	10	11
N	G	X U	Y V	Z W	I_J_K_R	F	S	T	M	LF
顺序号	准备功能	坐标尺寸字				进给功能	主轴转速	刀具功能	辅助功能	结束符号

表 16-7 所示的程序段格式是用地址码来指明指令数据的意义，程序段中字的数目是可变的，因此程序段的长度也是可变的，所以这种形式的程序段又称为地址符可变程序段格式。使用地址符的程序段格式的优点是程序段中所包含的信息可读性高，便于人工编辑修改，为数控系统解释执行数控加工程序提供了一种便捷的方式。

例如：N20 S800 T0101 M03 LF

N30 G01 X25.0 Z80.0 F0.1 LF

注意：每种数控系统根据系统本身的特点及编程的需要，都有一定的程序格式。对于不同的机床，其程序的格式也不同。因此编程人员必须严格按照机床说明书的规定格式进行编程。

16.6 程序编制中的数学处理

在编制程序，特别是手工编程时，往往需要根据零件图样和加工路线计算出机床控制装置所需输入的数据，也就是进行机床各坐标轴位移数据的计算和插补计算。此时，就需要通过数学方法计算出后续数控编程所需的各组成图素坐标的数值。通常编程时的数学处理方法主要有以下几种。

（1）数值换算

当图样上的尺寸基准与编程所需要的尺寸基准不一致时，应将图样上的尺寸基准、尺寸换算为编程坐标系中的尺寸，再进行下一步数学处理工作。

① 直接换算。指直接通过图样上的标注尺寸，即可获得编程尺寸的一种方法。

进行直接换算时，可对图样上给定的基本尺寸或极限尺寸的中值，经过简单的加、减运算后即可完成。

如图 16-10（b）所示，除尺寸 42.1mm 外，其余均属直接按图 16-10（a）所示标注尺寸经换算后而得到的编程尺寸。其中 ϕ59.94mm、ϕ20mm 及 ϕ140.08mm 三个尺寸为分别取两极限尺寸平均值后得到的编程尺寸。

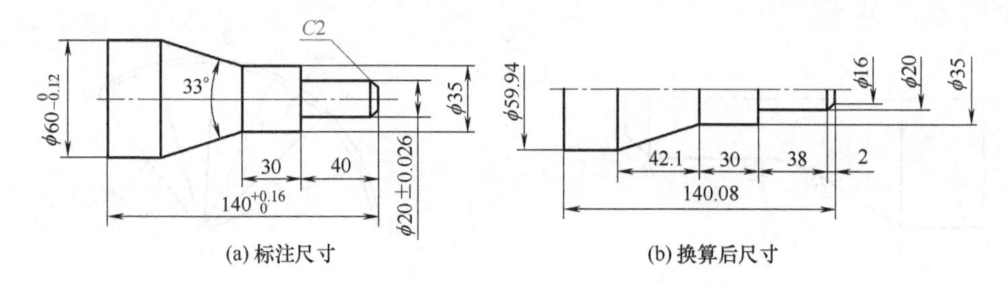

图 16-10　标注尺寸换算

在取极限尺寸中值时，应根据数控系统的最小编程单位进行圆整。当数控系统最小编程单位规定为 0.01mm 时，如果遇到有第三位小数值（或更多位小数），基准孔按照“四舍五入”方法，基准轴则将第三位进上，例如：

a. 当孔尺寸为 $\phi20_{0}^{+0.025}$ mm 时，其中值尺寸取 $\phi20.01$mm。

b. 当轴尺寸为 $\phi16_{-0.07}^{0}$ mm 时，其中值尺寸取（15.965±0.005）mm 为 $\phi15.97$mm。

c. 当孔尺寸为 $\phi16_{0}^{+0.07}$ mm 时，其中值尺寸取 $\phi16.04$mm。

② 间接换算。指需要通过平面几何、三角函数等计算方法进行必要计算后，才能得到其编程尺寸的一种方法。

用间接换算方法所换算出来的尺寸，可以是直接编程时所需的基点坐标尺寸，也可以是为计算某些基点坐标值所需要的中间尺寸。

例如，图 16-10（b）所示的尺寸 42.1mm 就是属于间接换算后所得到的编程尺寸。

（2）基点与节点

编制加工程序时，需要进行的坐标值计算工作有基点的直接计算、节点的拟合计算及刀具中心轨迹的计算等。

① 基点。构成零件轮廓的不同几何素线的交点或切点称为基点（图 16-11），它可以直接作为其运动轨迹的起点或终点。如图 16-11 所示的 A、B、C、D、E 和 F 点都是该零件轮廓上的基点。

基点的直接计算主要有每条运动轨迹（线段）的起点或终点在选定坐标系中的各坐标值和圆弧运动轨迹的圆心坐标值。

基点直接计算的方法比较简单，一般根据零件图样所给的已知条件人工完成。

② 节点。当采用不具备非圆曲线插补功能的数控机床加工非圆曲线轮廓的零件时，在加工程序的编制工作中，常常需要用直线或圆弧去近似代替非圆曲线，称为拟合处理。拟合线段的交点或切点就称为节点。如图 16-12 所示的 B_1、B_2 等点为直线拟合非圆曲线时的节点。

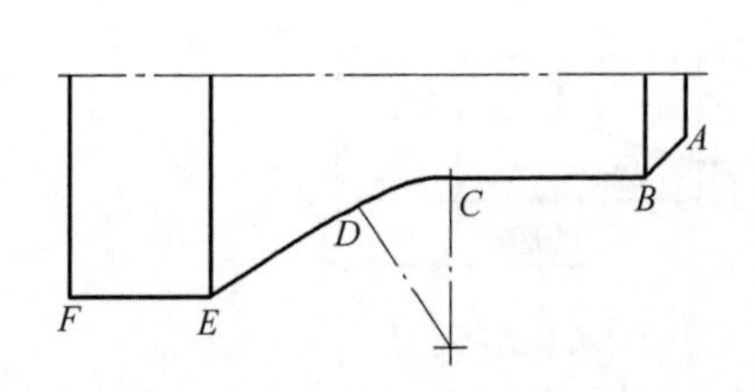

图 16-11 两维轮廓零件的基点计算

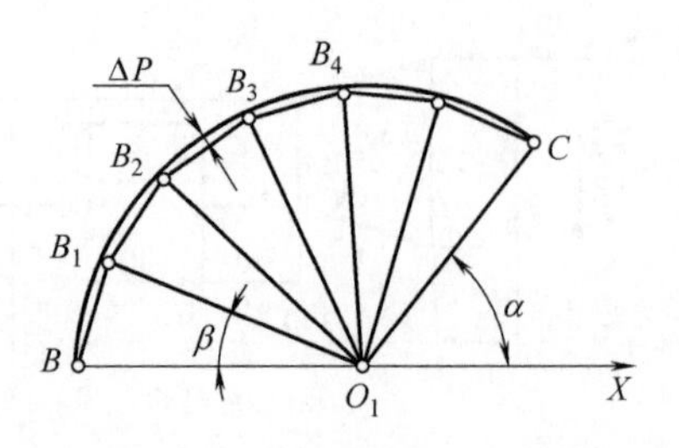

图 16-12 节点计算

节点拟合计算的难度及工作量都较大，故宜通过计算机完成；有时，也可由人工计算完成，但对编程者的数学处理能力要求较高。拟合结束后，还必须通过相应的计算，对每条拟合段的拟合误差进行分析。

（3）计算实例

车削如图 16-13 所示的手柄，计算出编程所需数值。

此零件由半径为 3mm，29mm，45mm 三个圆弧光滑连接而成。对圆弧工件编程时，必须求出以下三个点的坐标值：

a. 圆弧的起始点坐标值。

b. 圆弧的结束点（目标点）坐标值。

c. 圆弧中心点的坐标值。

取编程零点为 W_1（图 16-14）。计算方法如下：

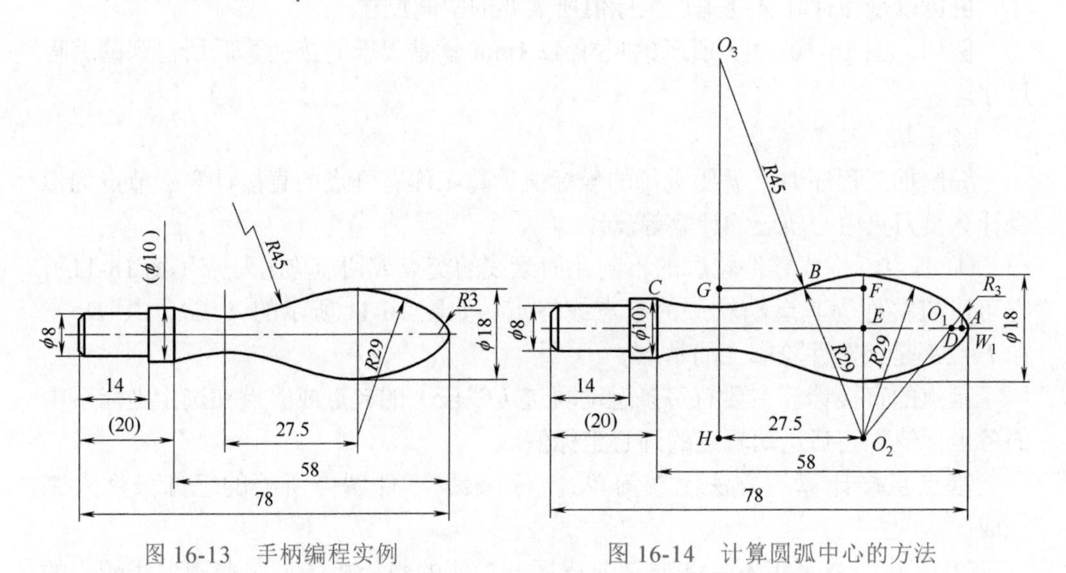

图 16-13 手柄编程实例　　图 16-14 计算圆弧中心的方法

在△ O_1EO_2 中

已知：$O_2E=29-9=20$（mm）

$O_1O_2=29-3=26$（mm）

$O_1E=\sqrt{(o_1o_2)^2-(o_2E)^2}=\sqrt{26^2-20^2}=16.613$（mm）

① 先求出 A 点坐标值及 O_1 的 I，K 值，其中 I 代表圆心 O_1 的 X 坐标（直径编程），K 代表圆心 O_1 的 Z 坐标。

因△ ADO_1 ≌△ O_1EO_2，则有

$$\frac{AD}{O_2E}=\frac{O_1A}{O_1O_2}$$

$AD=O_2E\times\dfrac{O_1A}{O_1O_2}=20\times\dfrac{3}{26}=2.308$（mm）

$$\frac{O_1D}{O_1E}=\frac{O_1A}{O_1O_2}$$

$O_1D=O_1E\times\dfrac{O_1A}{O_1O_2}=16.613\times\dfrac{3}{26}=1.917$（mm）

得 A 的坐标值：

$X_A=2\times2.308$（mm）$=4.616$（mm）（直径编程）

$DW_1=O_1W_1-O_1D=3-1.917=1.083$（mm）

则　$Z_A=1.083$（mm）

求圆心 O_1 相对于圆弧起点 W_1 的增量坐标，得

$I_{O_1}=0$（mm）

$K_{O_1}=-3$（mm）

由上可知，A 的坐标值（4.616，1.083），O_1 的 I、K 值为 0 和 -3。

② 求 B 点坐标值及 O_2 点的 I、K 值

因△ O_2HO_3 ≌△ BGO_3，则有

$$\frac{BG}{O_2H}=\frac{O_3B}{O_3O_2}$$

$BG=O_2H\times\dfrac{O_3B}{O_3O_2}=27.5\times\dfrac{45}{(45+29)}=16.723$（mm）

$BF=O_2H-BG=27.5-16.723=10.777$（mm）

$W_1O_1+O_1E+BF=3+16.613+10.777=30.39$（mm）

则　$Z_B=-30.39$（mm）

在△ O_2FB 中

$O_2F=\sqrt{(o_2B)^2-(BF)^2}=\sqrt{29^2-10.777^2}=26.923$（mm）

$EF=O_2F-O_2E=26.923-20=6.923$（mm）

因是直径编程，有

$X_B=2\times6.923=13.846$（mm）

求圆心 O_2 相对于 A 点的增量坐标

$I_{O_2}=-(AD+O_2E)=-(2.308+20)=-22.308$（mm）

$K_{O_2}=-(O_1D+O_1E)=-(1.917+16.613)=-18.53$（mm）

由上可知，B 的坐标值（13.846，-30.390），O_2 的 I、K 值为 -22.308 和 -18.53。

③ 求 C 点的坐标值及 O_3 点的 I、K 值

从图 16-14 可知

$X_C=10.000$mm

$Z_C=-(78-20)=-58$mm

$GO_3=\sqrt{(o_3B)^2-(GB)^2}=\sqrt{45^2-16.723^2}=41.777$（mm）

O_3 点相对于 B 点的坐标增量

$I_{O_3}=41.777$（mm）

$K_{O_3}=-16.72$（mm）

由上可知，C 的坐标值（10.00，-58.00），O_3 的 I、K 值为 41.777 和 -16.72。

16.7 刀具补偿功能

刀具补偿功能是用来补偿刀具实际安装位置（或实际刀尖圆弧半径）与理论编程位置（刀尖圆弧半径）之差的一种功能。刀具补偿功能是数控车床的一种主要功能，它分为刀具位置补偿（即刀具偏移补偿）和刀尖圆弧半径补偿两种功能。

16.7.1 刀具位置补偿

工件坐标系设定是以刀具基准点（以下简称基准点）为依据的，零件加工程序中的指令值是刀位点（刀尖）的值。刀位点到基准点的矢量，即刀具位置补偿值。用刀具位置补偿后，改变刀具时，只需改变刀具位置补偿值，而不必变更零件加工程序，以简化编程。

（1）刀具位置补偿的设定

当系统执行过返回参考点操作后，刀架位于参考点上，此时，刀具基准点与参考点重合。刀具基准点在刀架上的位置，由操作者设定。一般可以在刀夹更换基准位置或基准刀具刀位点上。有的机床刀架上由于没有自动更换刀夹装置，此时基准点可以设在刀架边缘。有时用第一把刀作基准刀具，此时基准点设在第一把刀的刀位点上，如图 16-15 所示。

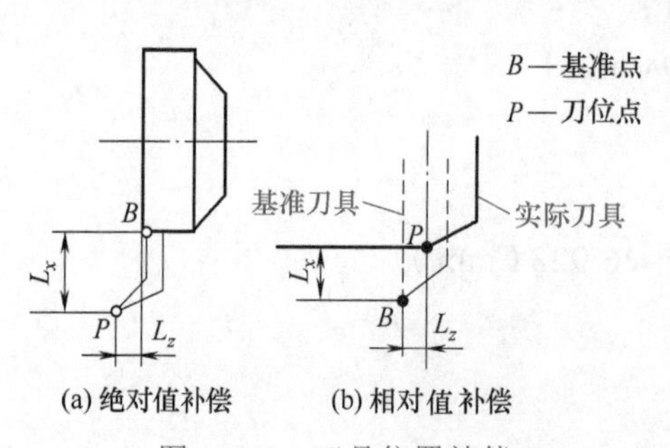

图 16-15 刀具位置补偿

矢量方向是从刀位点指向基准点，车

床的刀具位置补偿，用坐标轴上的分量分别表示。当矢量分量与坐标轴正方向一致时，补偿量为正值，反之为负值。当基准点设在换刀基准上时，为绝对值补偿，如图 16-15（a）所示，补偿量等于刀具的实际长度，该值可以用机外对刀仪测量。当基准点设在基准刀具点上时，为相对值补偿，又称为增量值补偿，如图 16-15（b）所示，其补偿值是实际刀具相对于基准刀具的差值。

（2）刀具几何形状补偿与刀具磨损补偿

刀具位置补偿可分为刀具几何形状补偿（G）和刀具磨损补偿（W）两种，需分别加以设定。几何形状补偿是对刀具形状的测量值，而磨损补偿是对刀具实切后的变动值，如图 16-16 所示。

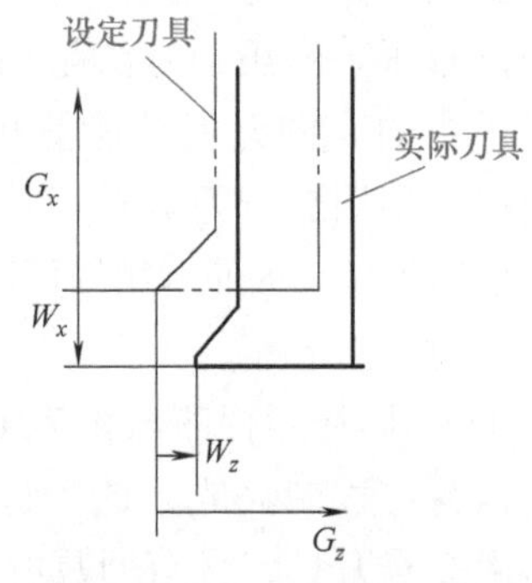

图 16-16　刀具几何形状补偿与磨损补偿

有时把刀具几何形状补偿和刀具磨损补偿合在一起，统称刀具位置补偿，作为刀具磨损补偿量的设定，如图 16-16 所示。则有

$$L_x=G_x+W_x$$

$$L_z=G_z+W_z$$

（3）刀具位置补偿功能的实现

刀具位置补偿功能是由程序段中的 T 代码来实现。T 代码后的 4 位数码中，前两位为刀具号，后两位为刀具补偿号。刀具补偿号实际上是刀具补偿寄存器的地址号，该寄存器中放有刀具的几何偏置量和磨损偏置量（X 轴偏置和 Z 轴偏置），如图 16-17 所示。刀具补偿号可以是 00 ～ 32 中的任意一个数，刀具补偿号为 00 时，表示不进行刀具补偿或取消刀具补偿。

刀具补偿

O0001 N00000

序号	X轴	Z轴	半径	TIP
001	0.000	0.000	0.000	0
002	1.486	−49.561	0.000	0
003	1.486	−49.561	0.000	0
004	1.486	0.000	0.000	0
005	1.486	−49.561	0.000	0
006	1.486	−49.561	0.000	0
007	1.486	−49.561	0.000	0
008	1.486	−49.561	0.000	0

当前位置　（相对坐标）

U　0.000　　W　0.000

　　　　　　H　0.000

>Z120

MD1　…　…　…　　16:17:33

［NO. 检索］　［测定］　［C 输入］　［+输入］　［输入］

图 16-17　刀具补偿寄存器页面

当刀具磨损后或工件尺寸有误差时，只要修改每把刀具相应存储器中的数值即可。例如某工件加工后外圆直径比要求尺寸大（或小）了 0.02mm，则可以用 U-0.02（或 U0.02）修改相应存储器中的数值；当长度方向尺寸有误差时，修改方法类同。

由此可见，刀具偏移可以根据实际需要分别或同时对刀具轴向和径向的偏移量进行修正。修正的方法是在程序中事先给定各刀具及其刀具补偿号，每个刀具补偿号中的 X 向刀具补偿值和 Z 向补偿值，由操作者按实际需要输入数控装置。每当程序调用这一刀具补偿号时，该刀具补偿值就生效，使刀尖从偏离位置恢复到编程轨迹上，从而实现刀具补偿量的修正。

注意：

① 刀具补偿程序段内有 G00 或 G01 功能才有效。而且偏移量补偿在一个程序的执行过程中完成，这个过程是不能省略的。例如 G00 X20.0 Z10.0 T0202 表示调用 2 号刀具，且有刀具补偿，补偿量在 02 号储存器内。

② 在调用刀具时，必须在取消刀具补偿状态下调用刀具。

16.7.2 刀尖圆弧半径补偿

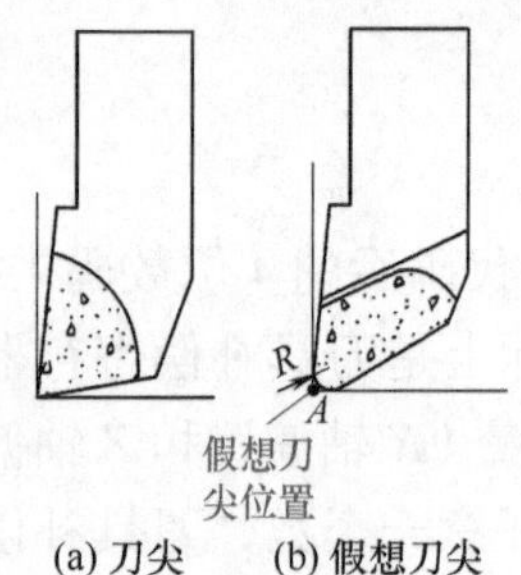

图 16-18 刀尖圆弧和刀尖

切削加工中，为了提高刀尖强度，降低加工表面粗糙度，通常在车刀刀尖处制有一圆弧过渡刃。一般的不重磨刀片刀尖处均呈圆弧过渡，且有一定的半径值。即使是专门刃磨的“尖刀”其实际状态还是有一定的圆弧倒角，不可能绝对是尖角。因此，实际上真正的刀尖是不存在的，这里所说的刀尖只是一“假想刀尖”而已。但是，编程计算点是根据理论刀尖（假想刀尖）A，如图 16-18（b）所示来计算的，相当于图 16-18（a）中尖头刀的刀尖点。

图 16-19 所示的一把带有刀尖圆弧的外圆车刀。无论是采用在机试切对刀还是机外预调仪对刀，得到的长度为 L_1、L_2，建立刀具位置补偿后将由 L_1、L_2 长度获得的“假想刀尖”跟随编程路线轨迹运动。当加工与坐标轴平行的圆柱面和端面轮廓时，刀尖圆弧并不影响其尺寸和形状，只是可能在起点与终点处造成欠切，这可采用分别加导入、导出切削段的方法解决。但当加工锥面、圆弧等非坐标方向轮廓时，刀尖圆弧将引起尺寸和形状误差。

图 16-19 所示中的锥面和圆弧面尺寸均较编程轮廓大，而且圆弧形状也发生了变化。这种误差的大小不仅与轮廓形状、走势有关，而且还与刀具刀尖圆弧半径有关。如果零件精度较高，就可能出现超差。

早期的经济型车床数控系统，一般不具备刀尖圆弧半径补偿功能。当出现上述问题时，精加工采用刀尖半径小的刀具可以减小误差，但这将降低刀具寿命，导致频繁换刀，降低生产率。较好的方法是采用局部补偿计算加工或按刀尖圆弧中心编程加工。

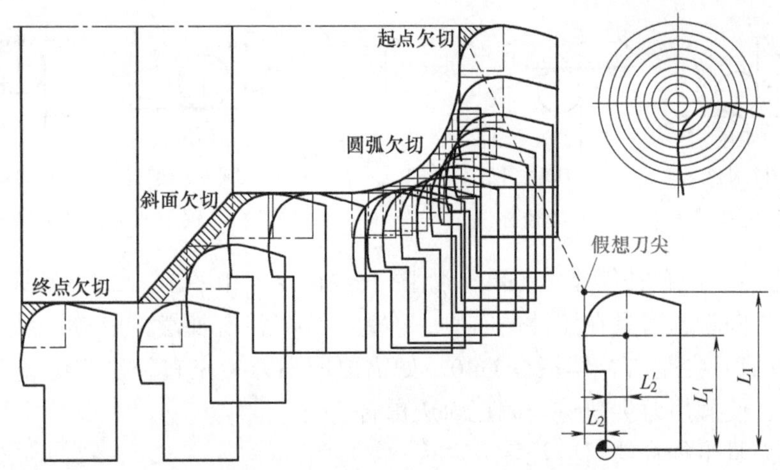

图 16-19 车刀刀尖半径与加工误差

图 16-20 所示即为按刀尖圆弧中心轨迹编程加工的情况。对图中所示手柄的三段轮廓圆弧分别作等距线即图中虚线，求出其上各基点坐标后按此虚线轨迹编程，但此时使用的刀具位置补偿为刀尖中心参数。当位置补偿建立后，即由刀具中心跟随编程轨迹（图中虚线）运行；实际工件轮廓通过刀尖刃口圆弧包络而成，从而解决了上述误差问题。

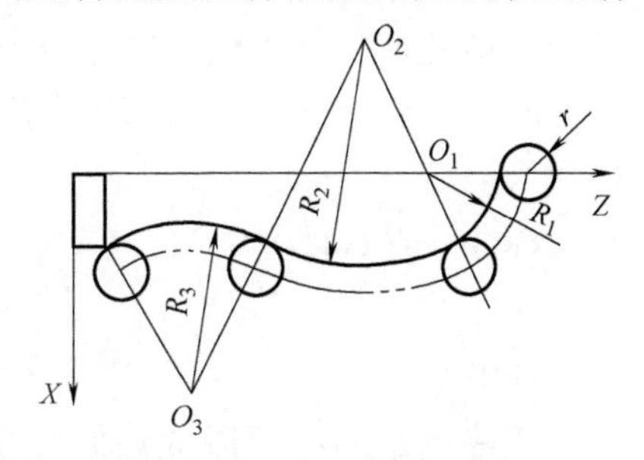

图 16-20 刀具中心轨迹编程

刀尖圆弧中心编程存在的问题是中心轮廓轨迹需要人工处理，轮廓复杂程度的增加将给计算带来困难。尤其在刀具磨损、重磨或更换新刀时，刀具半径发生变化，刀具中心轨迹必须重新计算，并对加工程序作相应修改，既繁琐，又不易保证加工精度，生产中缺乏灵活性。

现代数控车床控制系统一般都具有刀具半径补偿功能。这类系统在编程时不必计算上述刀具中心的运动轨迹，而只需要直接按零件轮廓编程，并在加工前输入刀具半径数据，通过在程序中使用刀具半径补偿指令，数控装置可自动计算出刀具中心轨迹，并使刀具中心按此轨迹运动。也就是说，执行刀具半径补偿后，刀具中心将自动在偏离工件轮廓一个半径值的轨迹上运动，从而加工出所要求的工件轮廓。

（1）刀尖圆弧半径补偿的指令

刀尖圆弧半径补偿一般必须通过准备功能指令 G41/G42 建立，刀具半径补偿建立后，刀具中心在偏离编程工件轮廓一个半径的等距线轨迹上运动。

① 刀尖半径左补偿指令 G41。如图 16-21（b）和图 16-22（a）所示，顺着刀具运动方向看，刀具在工件左侧，称为刀尖半径左补偿，用 G41 代码编程。

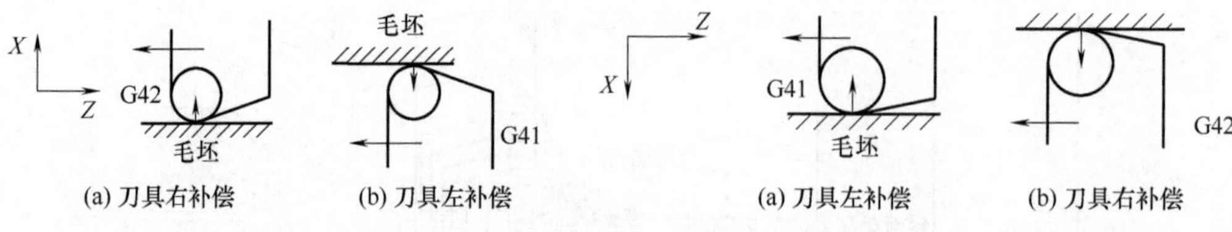

图 16-21 后置刀架刀尖圆弧半径补偿　　图 16-22 前置刀架刀尖圆弧补偿

② 刀尖半径右补偿指令 G42。如图 16-21（a）和图 16-22（b）所示，顺着刀具运动方向看，刀具在工件的右侧，称为刀尖半径右补偿，用 G42 代码编程。

③ 取消刀尖左右补偿指令 G40。如需要取消刀尖左右补偿，可编入 G40 代码。这时，使假想刀尖轨迹与编程轨迹重合。

使用刀具半径补偿时应注意：

a. G41、G42、G40 指令不能与圆弧切削指令写在同一个程序段内，可与 G01、G00 指令在同程序段出现，即它是通过直线运动来建立或取消刀具补偿的。

b. 在调用新刀具前或要更改刀具补偿方向时，中间必须取消刀具补偿。目的是为了避免产生加工误差或干涉。

c. 在 G41 或 G42 程序段后面加入 G40 程序段，便是刀尖半径补偿取消，其格式为：

G41（或 G42）

…

G40

程序的最后必须以取消偏置状态结束，否则刀具不能在终点定位，而是停在与终点位置偏移一个矢量刀尖圆弧半径的位置上。

d. G41、G42、G40 是模态代码。

e. 在 G41 方式中，不要再指定 G42 方式，否则补偿会出错。同样，在 G42 方式中，不要再指定 G41 方式，当补偿取负值时，G41 和 G42 互相转化。

f. 在使用 G41 和 G42 之后的程序段，不能出现连续两个或两个以上的不移动指令，否则 G41 和 G42 会失效。

（2）刀尖圆弧半径补偿的过程

刀尖圆弧半径补偿的过程分为三步：刀补的建立，刀具中心从编程轨迹重合过渡到与编程轨迹偏离一个偏移量的过程；刀补的进行，执行 G41 或 G42 指令的程序段后，刀具中心始终与编程轨迹相距一个偏移量；刀补的取消，刀具离开工件，刀具中心轨迹要过渡到与编程重合的过程。图 16-23 所示为刀补建立与取消的过程。

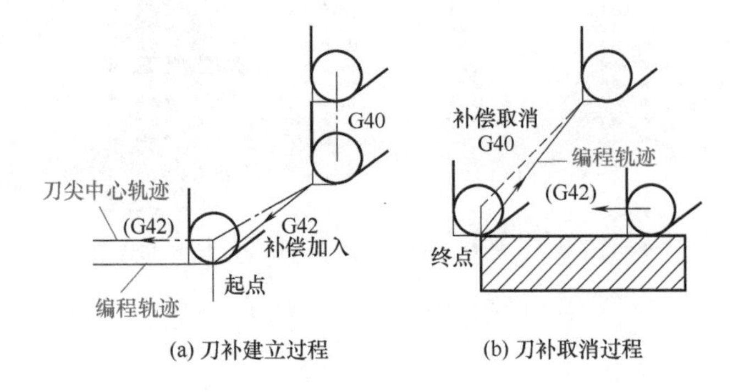

(a) 刀补建立过程　　(b) 刀补取消过程

图 16-23　刀具半径补偿的建立与取消

（3）刀尖方位的确定

具备刀尖圆弧半径补偿功能的数控系统，除利用刀尖圆弧半径补偿指令外，还应根据刀具在切削时所处的位置，选择假想刀尖的方位，从而使系统能根据假想刀尖方位确定计算补偿量。假想刀尖方位共有 9 件，如图 16-24 所示。

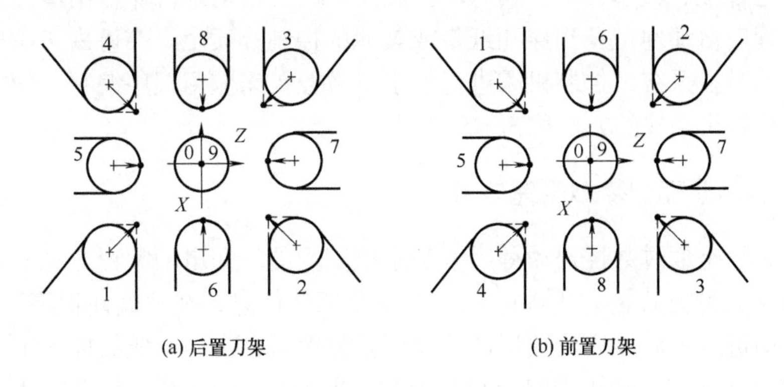

(a) 后置刀架　　(b) 前置刀架

图 16-24　刀尖方位号

（4）刀具补偿量的确定

对应每一个刀具补偿号，都有一组偏置量 X、Z 和刀尖圆弧半径补偿量 *R* 以及刀尖方位号 T。可根据装刀位置、刀具形状来确定刀尖方位号，通过机床面板上的功能键“OFFSET”分别设定、修改这些参数。数控加工中，根据相应的指令进行调用，以提高零件的加工精度。

图 16-25 所示为某控制面板上的刀具偏置与刀具方位画面。用 T0404 号刀具，刀尖圆弧半径为 0.2mm，刀具位置在第 3 象限。在加工工件时的实际测量值直径比要求大 0.03mm，长度为 0.05mm，需要进行刀具磨损补偿。在如图的磨损画面中，将光标处于 W04 位置，X 方向键入“X-0.03”后按输入键，Z 方向键入“Z0.05”后按输入键。当程序在执行 T0404 时，工件的实际测量值将达到要求。

工具补正 / 磨损　　　　O0001 N00002

番号	X	Z	R	T
W 01	0.035	0.000	0.000	8
W 02	-0.020	0.000	0.000	0
W 03	0.000	0.000	0.400	3
W 04	-0.030	0.050	0.200	3
W 05	0.000	0.000	0.000	0
W 06	0.000	0.000	0.000	0
W 07	0.000	0.000	0.000	0
W 08	0.000	0.000	0.000	0

现在位置（相对坐标）
U -411.257　　W -666.646

)_　　S 0 T0000

JOG **** *** ***　10:13:20

[NO检索][测量][C. 输入][+输入][输入]

图 16-25　刀具偏置与刀具方位画面

16.8 自动编程概述

手工编程对于编制外形不太复杂或计算工作量不大的零件程序时，简便、易行。但随着零件的复杂程度的增加，将使得数学计算量、程序段数目将大大增加，单纯依靠手工编程将变得困难且精度差、易出错。而可由计算机代替手工编程进行工艺处理、数值计算、编写零件加工程序、自动地打印输出零件加工程序单，并将程序自动地记录到穿孔纸带或其他的控制介质上。亦可由通信接口将程序直接送到数控系统，控制机床进行加工。数控机床应用程序编制工作的大部分或全部由计算机完成的方法称为自动编程。

16.8.1 自动编程的基本原理与特点

自动编程是通过数控自动程序编制系统实现的，在自动编程方式下，编程人员只需采用某种方式输入工件的几何信息及工艺信息，在“编译程序”支持下，计算机自动进行译码、完成数据计算和后置处理后，自动生成数控加工所需的二进制代码穿孔纸带（卡），或通过打印机打印成加工程序单，或通过计算机通信接口，将加工程序直接输送给CNC存储器予以调用，这些工作都无需人过多的参与。

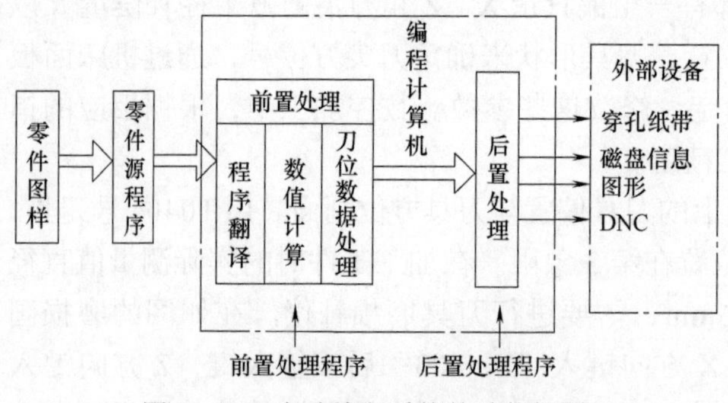

图 16-26　自动编程系统的功能框图

（1）自动编程基本原理

自动编程系统的组成和自动编程的过程如图 16-26 所示。

第一阶段：对零件图样进行工艺分析，用编程语言编写零件加工的零件源程序。编写源程序就是按自动编程系统所规定的“语言”和

"语法"，来描述被加工零件的几何形状、尺寸、加工时刀具相对于工件的运动轨迹、切削条件、机床的辅助功能等一些必要的工艺参数内容。将源程序制成源程序带作为编程计算机的输入信息。

应该注意的是：这种用"语言"编写的零件源程序和手工编程所得的零件数控加工程序有本质上的差别。前者不能用于控制数控机床进行零件加工，仅能作为编程计算机处理的依据。

第二个阶段：借助编译程序和计算机，对源程序进行处理，并且自动打印零件加工的程序单和数控加工的控制介质，这和手工编程所得的数控加工程序单和介质是完全相同的。

当零件源程序输入给计算机后，由编译程序将源程序翻译成计算机能够接受的机器语言，然后再进行主信息计算和后置处理，最后获得某特定数控机床所需的一套加工指令代码，并能自动地将其制备到穿孔纸带或打印出程序清单。其中主信息处理完成诸如刀具中心轨迹、基点、节点计算，并制定辅助功能等工作；后置处理则针对机床数控系统的要求，将主信息处理后的数据变成数控装置所要求的数控加工程序，因此不同的数控系统，有相应的后置处理程序。

自动编程主要通过电子计算机完成编程工作，用零件源程序作为编程计算机的输入，用编译程序和后置处理程序来处理零件源程序。编程的大量计算、制备数控加工程序、制作穿孔纸带、程序和纸带的校对等工作，都由计算机自动完成，因此加快了编程的进度，减少了出错的机会。

（2）自动编程的主要特点

① 数学处理能力强。自动编程借助于系统软件强大的数学处理能力，人们只需给计算机输入该二次曲线的描述语句，计算机就能自动计算出加工该曲线的刀具轨迹，快速且又准确。功能较强的自动编程系统还能处理手工编程难以胜任的二次曲面和特种曲面。

② 能快速、自动生成数控程序。自动编程的一大优点就是在完成计算刀具运动轨迹之后，后置处理程序能在极短的时间内自动生成数控程序，且该数控程序不会出现语法错误。当然自动生成程序的速度还取决于计算机硬件的档次，档次越高，速度越快。

③ 后置处理程序灵活多变。同一个零件在不同的数控机床上加工，由于数控系统的指令形式不相同，机床的辅助功能也不一样，伺服系统的特性也有差别。因此，数控程序也是不一样的。但在前置处理过程中，大量的数学处理、轨迹计算却是一致的。这就是说，前置处理可以通用化，只要稍微改变一下后置处理程序，就能自动生成适用于不同数控机床的数控程序来，后置处理相比前置处理工作量要小得多，但它灵活多变，适应不同的数控机床。

④ 程序自检、纠错能力强。自动编程能够借助于计算机在屏幕上对数控程

序进行动态模拟，连续、逼真地显示刀具加工轨迹和零件加工轮廓，发现问题及时修改，快速又方便。现在，往往在前置处理阶段计算出刀具运动轨迹以后，立即进行动态模拟检查，确定无误以后再进入后置处理，从而编写出正确的数控程序来。

⑤ 便于实现与数控系统的通信。自动编程系统通信可以把自动生成的数控程序经通信接口直接输入数控系统，控制数控机床加工。无需再制备穿孔纸带等控制介质，而且可以做到边输入，边加工，不必考虑数控系统内存不够大，免除了将数控程序分段。自动编程的通信功能进一步提高了编程效率，缩短了生产周期。

自动编程技术优于手工编程，这是不容置疑的。但是，并不等于说凡是编程必选自动编程。编程方法的选择必须考虑被加工零件形状的复杂程度、数值计算的难度和工作量的大小、现有设备条件（计算机、编程系统等）以及时间和费用等诸多因素。一般说来，加工形状简单的零件，如点位加工或直线切削零件，用手工缩程所需的时间和费用与计算机自动编程所需的时间和费用相差不大，这时采用手工编程比较合适。

16.8.2 自动编程系统的基本类型与特点

美国麻省理工学院（MIT）于1952年研制成功世界上第一台数控铣床。为了充分发挥数控机床的加工能力，克服手工编程时计算工作量大、繁琐易出错、编程效率低、质量差、对于形状复杂零件由于计算困难而难以编程等缺点，美国麻省理工学院伺服机构实验室于1953年在美国空军的资助下，开始研究数控自动编程问题，并于1955年发布了世界上第一个语言自动编程系统APT-Ⅰ（Automatically Programmed Tools），后来迅速应用于生产。之后短短几十年，自动编程技术飞跃发展，自动编程种类越来越多，极大地促进了数控机床在全球范围内日益广泛的使用。

（1）自动编程系统的类型

① 按使用的计算机硬件种类划分。可分为微机自动编程，小型计算机自动编程，大型计算机自动编程，工作站自动编程，依靠机床本身的数控系统进行自动编程。

② 按程序编制系统（编程机）与数控系统紧密程度划分。可分为离线自动编程和在线自动编程。

离线自动编程是指与数控系统相脱离，采用独立机器进行程序编制工作。其特点是可为多台数控机床编程，功能多而强，编程时不占用机床工作时间。随着计算机硬件价格的下降，离线自动编程将是未来的趋势。

在线自动编程指的是数控系统不仅用于控制机床，而且用于自动编程。

③ 按编程信息的原始输入方式划分。

a. 语言自动编程。这是在自动编程初期发展起来的一种编程技术。语言自动编程的基本方法是：编程人员在分析零件加工工艺的基础上，采用编程系统所规定的数控语言，对零件的几何尺寸信息、工艺参数、切削刀具、切削用量、工件的相对运动轨迹、加工过程和辅助要求等原始信息进行描述形成“零件源程序”。然后，把零件源程序输入计算机，由存于计算机内的数控编程系统软件自动完成机床刀具运动轨迹数据的计算，得到加工程序单和控制介质（或加工程序的输入），并进行程序的模拟仿真、校验等工作。

b. 图形自动编程。这是一种先进的自动编程技术，目前很多CAD/CAM系统都采用这种方法。在这种方法中，编程人员直接输入各种图形要素，从而在计算机内部建立起加工对象的几何模型，然后编程人员在该模型上进行工艺规划、选择刀具、确定切削用量以及走刀方式，之后由计算机自动完成机床刀具运动轨迹数据的计算、加工程序的编制和控制介质的制备（或加工程序的输入）等工作。此外，计算机系统还能够对所生成的程序进行检查与模拟仿真，以消除错误，减少试切。

目前，在国内市场上销售比较成熟的CAD/CAM系统软件有十几种。比较典型的有：CAXA、UG、CATIA、Solid Work、MasterCAM等。

c. 其他输入方式的自动编程。除了前面两种主要的输入方式外，还有语音自动编程和数字化技术自动编程两种方式。

语音自动编程是指采用语音识别技术，直接采用音频数据作为自动编程的输入信息，并与计算机和显示器直接对话，令计算机编出加工程序的一种方法。编程时，编程员只需对着传声器讲出所需的指令即可。编程前应使系统“熟悉”编程员的“声音”，即首次使用该系统时，编程员必须对着传声器讲该系统约定的各种词汇和数字，让系统记录下来，并转换成计算机可以接受的数字指令。用语音自动编程的主要优点是：便于操作，未经训练的人员也可使用语音编程系统；可免除打字错误，编程速度快，编程效率高。

数字化技术自动编程适用于有模型或实物而无尺寸零件加工的程序编制，因此也称为实物编程。这种编程方法是指通过一台三坐标测量机或装有探针、具有相应扫描软件的数控机床，对已有零件或实物模型进行扫描；将测得的数据直接送往数控编程系统；由计算机将所测数据进行处理，生成数控加工指令，形成加工程序；最后控制输出设备，输出零件加工程序单或穿孔纸带，即所谓的探针编程。这种系统可编制两坐标或三坐标数控铣床加工复杂曲面的程序。

（2）自动编程系统的特点

1）语言自动编程的特点

自动编程技术的研究是从语言自动编程系统开始的，世界各国已研制出上百种数控语言系统。其中最早出现的、功能最强、使用最多的是以美国的 APT 语言系统最具代表性。经过多年的研究开发，先后又开发出的 APT 系统有 APT-Ⅱ、APT-Ⅲ、APT-Ⅳ。其中 APT-Ⅱ是曲线（平面零件）的自动编程，APT-Ⅲ是 3 ～ 5 坐标立体曲面的自动编程，APT-Ⅳ是自由曲面编程，并可联机和图形输入。APT 系统编程语言的词汇量较多，定义的几何类型也较全面，后置处理程序有近 1000 个，在各国得到广泛应用。但 APT 系统软件庞大，价格昂贵。

因此，各国根据零件加工的特点和用户的需求，开发出许多具有不同特点的自动编程系统，如日本富士通研制的 FAPT，法国研制的 IFAPT 和 HAPT，德国研制的 EXAPT1 ～ EXAPT3，意大利研制的 MODAPT 等系统。我国自 20 世纪 50 年代末期开始研制数控机床，20 世纪 60 年代中期开始数控自动编程方面的研究工作。20 世纪 70 年代已研制出了 SKC、ZCK、ZBC-1 等具有二维半铣削加工、车削加工等功能的数控语言自动编程系统。后来又研制成功具有复杂曲面编程功能的数控语言自动编程系统 CAM-251。随着微机性能价格比的提高，后来又推出了 HZAPT、EAPT、SAPT 等微机数控语言自动编程系统。这些语言系统的开发都是参考 APT 系统的思路，是 APT 的衍生。

2）图形自动编程系统特点

正是由于语言自动编程的种种缺点，使人们开始研究图形自动编程技术。而世界上第一台图形显示器于 1964 年在美国研制成功，为图形自动编程系统的研制奠定了硬件基础；计算机图形学等学科的发展，又为图形自动编程系统的研制准备了理论基础。

图形自动编程系统又称为图形交互式自动编程系统，就是应用计算机图形交互技术开发出来的数控加工程序自动编程系统，使用者利用计算机键盘、鼠标等输入设备以及屏幕显示设备，通过交互操作，建立、编辑零件轮廓的几何模型，选择加工工艺策略，生成刀具运动轨迹，利用屏幕动态模拟显示数控加工过程，最后生成数控加工程序。现代图形交互式自动编程是建立在 CAD 和 CAM 系统基础上的，典型的图形交互式自动编程系统都采用 CAD/CAM 集成数控编程系统模式。图形交互式自动编程系统通常有两种类型的结构，一种是 CAM 系统中内嵌三维造型功能；另一种是独立的 CAD 系统与独立的 CAM 系统集成方式构成数控编程系统。

① 图形交互式自动编程可分为五大步骤：

a. 几何造型。主要是利用 CAD 软件或 CAM 软件的三维造型、编辑修改、曲线造型功能，把要加工工件的三维几何模型构造出来，并将零件被加工部位的几何图形准确地绘制在计算机屏幕上。与此同时，在计算机内自动形成零件三维几何模型数据库。它相当于 APT 语言编程中，用几何定义语句定义零件的几何图形的过程，其不同点就在于它不是用语言，而是用计算机造型的方法将零件的图形数据输送到计算机中。这些三维几何模型数据是下一步刀具轨迹计算的依据。自动编程过程中，交互式图形编程软件将根据加工要求提取这些数据，进行分析判断和必要的数学处理，形成加工的刀具位置数据。

b. 加工工艺决策。选择合理的加工方案以及工艺参数是准确、高效加工工件的前提条件。加工工艺决策内容包括定义毛坯尺寸、边界、刀具尺寸、刀具基准点、进给率、快进路径以及切削加工方式。首先按模型形状及尺寸大小设置毛坯的尺寸形状，然后定义边界和加工区域，选择合适的刀具类型及其参数，并设置刀具基准点。

CAM 系统中有不同的切削加工方式供编程中选择，可为粗加工、半精加工、精加工各个阶段选择相应的切削加工方式。

c. 刀位轨迹的计算机生成。图形交互式自动编程的刀位轨迹的生成是面向屏幕上的零件模型交互进行的。首先在刀位轨迹生成菜单中选择所需的菜单项；然后根据屏幕提示，用光标选择相应的图形目标，指定相应的坐标点，输入所需的各种参数；交互式图形编程软件将自动从图形文件中提取编程所需的信息，进行分析判断，计算出节点数据，并将其转换成刀位数据，存入指定的刀位文件中或直接进行后置处理生成数控加工程序，同时在屏幕上显示出刀位轨迹图形。

d. 后置处理。由于各种机床使用的控制系统不同，所用的数控指令文件的代码及格式也有所不同。为解决这个问题，交互式图形编程软件通常设置一个后置处理文件。在进行后置处理前，编程人员需对该文件进行编辑，按文件规定的格式定义数控指令文件所使用的代码、程序格式、圆整化方式等内容；在执行后置处理命令时将自行按设计文件定义的内容生成所需要的数控指令文件。另外，由于某些软件采用固定的模块化结构，其功能模块和控触系统是一一对应的，后置处理过程已固化在模块中，所以在生成刀位轨迹的同时便自动进行后置处理生成数控指令文件，而无需再进行单独后置处理。

e. 程序输出。图形交互式自动编程软件在计算机内自动生成刀位轨迹图形文件和数控程序文件，可采用打印机打印数控加工程序单，也可在绘图机上绘制出刀位轨迹图，使机床操作者更加直观地了解加工的走刀过程，还可使用计算机直接驱动的纸带穿孔机制作穿孔纸带，提供给有读带装置的机床控制系统使用。对于有标准通信接口的机床控制系统，可以和计算机直接联机，由计算机将加工程序直接输送给机床控制系统。

② 图形交互式自动编程的特点

a. 这种编程方法既不像手工编程那样需要用复杂的数学手工计算算出各节点的坐标数据，也不需要像 APT 语言编程那样用数控编程语言去编写描绘零件几何形状、加工走刀过程及后置处理的源程序，而是在计算机上直接面向零件的几何图形以光标指点、菜单选择及交互对话的方式进行编程，其编程结果也以图形的方式显示在计算机上。所以该方法具有简便、直观、准确、便于检查的优点。

b. 图形交互式自动编程软件和相应的 CAD 软件是有机地联在一起的一体化软件系统，既可用来进行计算机辅助设计，又可以直接调用设计好的零件图进行交互编程，对实现 CAD/CAM 一体化极为有利。

c. 这种编程方法的整个编程过程是交互进行的，简单易学，在编程过程中可以随时发现问题并进行修改。

d. 编程过程中，图形数据的提取、节点数据的计算、程序的编制及输出都是由计算机自动进行的。因此，编程的速度快、效率高、准确性好。

e. 此类软件都是在通用计算机上运行的，不需要专用的编程机，所以非常便于普及推广。

参考文献

[1] 钟翔山 . 图解车工入门与提高［M］. 北京：化学工业出版社，2015.

[2] 钟翔山 . 图解数控车削入门与提高［M］. 北京：化学工业出版社，2015.

[3]《职业技能培训 MES 系列教材》编委会 . 车工技能［M］. 第 3 版. 北京：航空工业出版社，2008.

[4] 夏祖印 . 车工操作技法与实例［M］. 上海：上海科学技术出版社，2009.

[5] 马贤智 . 实用机械加工手册［M］. 沈阳：辽宁科学技术出版社，2002.

[6] 陈宏钧 . 实用金属切削手册［M］. 北京：机械工业出版社，2009.

[7] 耿玉岐 . 怎样识读机械图样［M］. 北京：金盾出版社，2006.

[8] 钟翔山 . 实用钣金操作技法［M］. 北京：机械工业出版社，2013.

[9] 金福昌 . 车工（高级）［M］. 北京：机械工业出版社，2006.

[10] 徐峰 . 数控加工操作技法与实例［M］. 上海：上海科学技术出版社，2009.

[11] 陈宏钧. 车工实用技术［M］. 北京：机械工业出版社，2007.

[12] 钟翔山. 机车工识图［M］. 北京：化学工业出版社，2013.

[13] 古文生. 数控机床及应用［M］. 北京：电子工业出版社，2002.

[14] 晏丙午. 高级车工工艺与技能训练［M］. 北京：中国劳动社会保障出版社，2006.

[15] 胡国强. 机械加工高招与诀窍［M］. 北京：中国劳动社会保障出版社，2007.

[16] 邱言龙，王兵，刘继福 . 车工实用技术手册［M］. 北京：中国电力出版社，2010.

[17] 何建民. 车工操作技术与窍门［M］. 第 2 版. 北京：机械工业出版社，2014.

[18] 范逸明. 简明车工手册［M］. 北京：国防工业出版社，2009.

[19] 常宝珍，郭舜福，刘药 . 车工技术问答［M］. 第 2 版 . 北京：机械工业出版社，2012.

[20] 陈家芳 . 车工操作技术［M］. 上海：上海科学技术文献出版社，2013.

[21] 王兵. 图解车工技术快速入门［M］. 上海：上海科学技术出版社，2010.

[22] 陈刚，刘迎军. 车工技术［M］. 北京：机械工业出版社，2014.

[23] 高僖贤 . 车工基本技术［M］. 北京：金盾出版社，2008.

[24]《职业技能鉴定教材》、《职业技能鉴定指导》编审委员会. 车工［M］. 北京：中国劳动社会保障出版社，2001.

[25] 崔兆华 . 数控车工（中级）［M］. 北京：机械工业出版社，2007.

[26] 彭效润. 数控车工（中级）［M］. 北京：中国劳动社会保障出版社，2007.

[27]《职业技能培训 MES 系列教材》编委会 车工技能［M］. 第 3 版 . 北京：航空工业出版社，2008.

[28] 高晓萍，于田霞 . 数控车床编程与操作［M］. 北京：清华大学出版社，2011.

[29] 徐国权 . 数控加工技术［M］. 北京：中国劳动社会保障出版社，2005.

[30] 谭斌 . 数控机床的编程与操作实训［M］. 北京：北京航空航天大学出版社，2010.

[31] 徐峰 . 数控加工操作技法与实例［M］. 上海：上海科学技术出版社，2009.

[32] 程艳，贾芸. 数控加工工艺与编程［M］. 北京：中国水利水电出版社，2010.

［33］ 王双林，牟志华，张华忠．数控加工编程与操作［M］．天津：天津大学出版社，2009.

［34］ 数控技能教材编写组．数控车床编程与操作［M］．上海：复旦大学出版社，2008.

［35］ 杨琳. 数控车床加工工艺与编程［M］．北京：中国劳动社会保障出版社，2009.

［36］ 韩鸿鸾．数控加工工艺学［M］．北京：中国劳动社会保障出版社，2005.

［37］ 关颖．数控车床［M］．沈阳：辽宁科学技术出版社，2005.

［38］ 蔡兰，王霄．数控加工工艺学［M］．北京：化学工业出版社，2005.

［39］ 王令其，张思弟．数控加工技术［M］．北京：机械工业出版社，2007.

［40］ 陈江进，雷黎明．数控加工工艺［M］．北京：中国铁道出版社，2013.